Cerbe/Hoffmann
Einführung in die Thermodynamik

Günter Cerbe
Hans-Joachim Hoffmann

Einführung in die Thermodynamik

Von den Grundlagen zur technischen Anwendung

Mit 216 Bildern, 38 Tafeln,

130 Beispielen, 135 Aufgaben und 175 Kontrollfragen

13., verbesserte und erweiterte Auflage

HANSER

Dr.-Ing. Günter Cerbe
Professor für Thermodynamik, Energietechnik und Gastechnik an der
Fachhochschule Braunschweig/Wolfenbüttel

Dipl.-Ing. Hans-Joachim Hoffmann (gest. 1980)
Professor für Thermodynamik, Energietechnik und Klimatechnik an der
Fachhochschule Braunschweig/Wolfenbüttel

Die Deutsche Bibiliothek – CIP-Einheitsaufnahme

Ein Titeldatensatz für diese Publikation
ist bei Der Deutschen Bibliothek erhältlich.

ISBN 3-446-22079-8

www.hanser.de
Projektleitung: Dipl.-Phys. Jochen Horn
Herstellung: Renate Roßbach
Umschlag: Büro für Text und Gestaltung, Augsburg
Druck und Bindung: Druckhaus „Thomas Müntzer" GmbH, Bad Langensalza
Printed in Germany

Vorwort zur ersten Auflage

Entstanden aus dem Kolleg der Verfasser, wendet sich dieses Buch an die Studenten der Ingenieurwissenschaften, um sie mit den Grundlagen der technischen Wärmelehre vertraut zu machen, sowie an die in der Praxis mit wärmetechnischen Fragen Beschäftigten, die sich mit den neueren Methoden und Begriffen der Thermodynamik systematisch befassen wollen.

Kennzeichnend für die Darstellung sind:

die konsequente Verwendung von *Größengleichungen* bis auf einige unumgängliche Fälle,

die Bevorzugung des *Internationalen Einheitensystems* bei gleichzeitiger Übung der Umrechnung in das Technische Einheitensystem,

die Bearbeitung des Stoffes mittels der *thermodynamischen Theorie* unter Verwendung des Begriffes *thermodynamisches System*,

die ausführliche Behandlung *nichtumkehrbarer Vorgänge* und ihre Beurteilung durch die *Exergie*,

die große Zahl von Beispielen mit durchgerechneten Lösungen und von Aufgaben mit Lösungsergebnissen, die den Übergang zur *technischen Anwendung* schaffen und das *Selbststudium* ermöglichen.

Bei der Entwicklung des Stoffes haben sich die Verfasser um korrekte Definitionen der Begriffe bemüht und dabei gleichzeitig versucht, das wegen seines abstrakten Charakters manchmal als schwer zugänglich angesehene Wissensgebiet von vermeidbaren Schwierigkeiten zu befreien; hierbei kam den Autoren eine langjährige Unterrichtserfahrung zunutze.

Wolfenbüttel, im Frühjahr 1968

Günter Cerbe
Hans-Joachim Hoffmann

Vorwort zur zehnten Auflage

Mit der zehnten Auflage stellt sich die vor mehr als 25 Jahren erschienene erste Auflage der „Einführung in die Wärmelehre" mit dem neuen Titel „Einführung in die Thermodynamik" vor.

Damit wird im Titel zum Ausdruck gebracht, was inhaltlich in den letzten Auflagen schon vollzogen und gefestigt wurde: Die vertiefte Behandlung der thermodynamischen Grundlagen unter Verzicht auf Kompromisse an die kalorische Wärmelehre, die bei den ersten Auflagen noch für notwendig gehalten wurden.

An den thermodynamischen Grundlagen wurde auch in der zehnten Auflage weiter gearbeitet, wobei besonderer Wert auf eine verständliche Darstellung gelegt wurde. Das eigentliche Ziel aller Auflagen dieses Lehr- und Fachbuches war und bleibt die Umsetzung der thermodynamischen Grundlagen in die technische Anwendung, wozu eine größere Anzahl zusätzlicher Beispiele und Aufgaben aufgenommen wurde. Deren Gesamtzahl beträgt jetzt 255 und erleichtert zusammen mit 170 Kontrollfragen das Studium.

Die zehnte Auflage wurde gründlich überarbeitet. Erweiterungen wurden besonders im Bereich des rationellen Energieeinsatzes und der Umwelteinwirkungen durch Energieverwendung vorgenommen. Vollständig neu wurde der Abschnitt Gemische gestaltet, der jetzt als eine Einführung in die Thermodynamik der Gemische – sowohl von Gasen als auch von Flüssigkeiten – betrachtet werden kann. Diese Aufgabe hat Professor Dr.-Ing. Hans-Herbert Vogel übernommen, wofür ich ihm besonders herzlich danke.

Die Überarbeitung durchzieht das ganze Buch und führt in den einzelnen Abschnitten zu unterschiedlichen Veränderungen. So wurden z.B. in Abschn. 1 die Begriffe System, Phase, Prozeß- und Zustandsgröße klarer definiert, schon in Abschn. 3 der exergetische Wirkungsgrad und die thermodynamische Mitteltemperatur eingeführt und der Exergieverlust allgemeiner dargestellt. In Abschn. 5 wurden die GUD-Prozesse, die vermehrt Bedeutung erlangt haben, thermodynamisch und anwendungsorientiert vertieft, die Umweltbeeinträchtigung durch Kältemittel behandelt, ablesbare Diagramme für umweltfreundlichere Kältemittel aufgenommen und Bewertungsverfahren für Wärmepumpen mit Verbrennungsmotoren eingeführt. In Abschn. 8 wurden die Gleichungen für den konvektiven Wärmeübergang bei freier Strömung teilweise gegen Gleichungen ausgetauscht, die auf neueren Untersuchungen basieren sowie Hinweise zur Verfahrensoptimierung bei der Wärmenutzung gegeben. Schließlich wurden in Abschn. 9 der Abgastaupunkt und die Emissionsminderung bei Feuerungsanlagen neu aufgenommen.

Zu diesen Änderungen und Ergänzungen wurde ich angeregt und bestärkt durch zahlreiche Anmerkungen von Fachkollegen. Eine wesentliche Hilfe waren mir Anregungen von und Diskussionen mit meinen Kollegen in Wolfenbüttel, den Professoren Dr.-Ing. Otto Carlowitz, Dr.-Ing. Thomas Diehn, Dr.-Ing. Jürgen Krüger, Dr.-Ing. Hans-Herbert Vogel und Dr.-Ing. Gernot Wilhelms. Ihnen allen gilt mein herzlicher Dank.

Die vorliegende Fassung wendet sich gleichermaßen an die Ingenieurstudenten der Fachhochschulen und an die Ingenieurstudenten im Grundstudium an den Technischen Universitäten/Hochschulen, um ihnen den Weg *von den Grundlagen zur technischen Anwendung* zu weisen.

Wolfenbüttel, im Frühjahr 1994 Günter Cerbe

Vorwort zur dreizehnten Auflage

Die dreizehnte Auflage knüpft im wesentlichen an die vorhergehenden Auflagen an. Verschiedene Ergänzungen und Veränderungen waren aber doch notwendig oder sinnvoll. Einige von ihnen seien nachfolgend genannt.

Neu aufgenommen wurde die Brennstoffzelle, an deren Entwicklung zu einem marktfähigen Produkt z.Z. mit hohem Aufwand gearbeitet wird. Die thermodynamische Bearbeitung der Brennstoffzelle machte die vorausgehende Einführung in chemische Reaktionen erforderlich, zu deren praktischer Anwendung in Beispielen und Aufgaben auch die notwendigen Tabellen aufgenommen wurden. Diese Ergänzung ermöglichte eine direkte Ableitung der Brennstoffexergie und deren klarere Abgrenzung zur reversiblen Reaktionsarbeit von Brennstoffen.

Die Temperaturabhängigkeit der Wärmekapazität von Gasen wurde in früheren Auflagen nur tabellarisch erfasst. Zu deren Ergänzung sind in der Neuauflage Polynome mit Tabellen für die Koeffizienten verschiedener Gase wiedergegeben. Bei den Kältemitteln sind ab dem Jahr 2000 nur noch chlor- und bromfreie Stoffe zugelassen, was durch Aufnahme entsprechender Arbeitsdiagramme berücksichtigt wird, deren Anwendung in Beispielen und Aufgaben geübt wird. Beim Kolbenverdichter wurden einige Begriffe an die Normung angepasst. Die geschlossene Gasturbinenanlage wird z.Z. nicht gebaut. Das wird in der Darstellung und auch in Beispielen und Aufgaben berücksichtigt. Bei dem in der Praxis effizientestem Verfahren zur Umwandlung von Brennstoffenergie in elektrische Energie, der GUD-Technologie, wurde der aktuelle Stand berücksichtigt. Tabellen und Zitate aus Normen wurden auf den neuesten Stand gebracht.

Zu den Änderungen haben auch dieses Mal eine Reihe Fachkollegen wertvolle Anregungen gegeben. Ihnen allen, insbesondere meinen Wolfenbütteler Kollegen, den Professoren Dr.-Ing. Thomas Diehn, Dr.-Ing. Jürgen Krüger, Dr.-Ing. Hans-Herbert Vogel und Dr.-Ing. Gernot Wilhelms gilt mein herzlicher Dank.

Wolfenbüttel, im Mai 2002 Günter Cerbe

Inhaltsverzeichnis

Die Übersicht der benutzten Formelzeichen befindet sich auf den Seiten 464 bis 466.

1 Grundlagen der Thermodynamik

1.1 Aufgabe der Thermodynamik

Das zentrale Thema der Thermodynamik ist die Energie. Man kann die Thermodynamik daher als allgemeine Energielehre innerhalb der Physik betrachten, die Grundlage für fast alle Ingenieurdisziplinen ist.

Aufgabe der Thermodynamik ist die Entwicklung von Verfahren, mit denen Energieumwandlungen und -übertragungen allgemein beschrieben werden. Das geschieht auf der Basis von zwei naturwissenschaftlichen Erfahrungstatsachen: Dem 1. und 2. Hauptsatz der Thermodynamik. Der 1. Hauptsatz verknüpft die unterschiedlichen Energieformen, der 2. Hauptsatz gestattet eine Bewertung der Energie. Die Folgerungen aus den beiden Hauptsätzen gehen weit über das engere Fachgebiet der Thermodynamik hinaus.

Die Verfahren zur Energieumwandlung und Energieübertragung erfordern Apparate und Maschinen, die in ihrer Grundkonzeption dargestellt werden. In den Maschinen und Apparaten befinden sich Gase und Flüssigkeiten, deren thermisches Verhalten daher ebenfalls eingehend untersucht wird.

1.2 Größen und Einheitensysteme

1.2.1 Physikalische Größen und Größenarten

Physikalische Größen G kennzeichnen physikalische Eigenschaften von Stoffen oder physikalischen Erscheinungen.

Bestimmte physikalische Größen enthalten zwei Aussagen: den *Zahlenwert* $\{G\}$ und die *Einheit* $[G]$.

$$G=\{G\}\cdot[G]$$

Die Einheit ist eine willkürlich wählbare, aber vereinbarte Größe der gleichen Art wie die betrachtete Größe. Der Zahlenwert gibt das Vielfache der physikalischen Größe in der vereinbarten Einheit an. Die physikalische Größe $l=0{,}1$ m z.B. besteht aus dem Zahlenwert $\{l\}=0{,}1$ und der Einheit $[l]=\mathrm{m}$. Statt der Einheit m kann eine andere Einheit verwendet werden, sie muß jedoch von der Art einer Länge sein, wie z.B. cm oder Zoll. Das ändert an dieser physikalischen Größe nichts, sie wird dann beispielsweise beschrieben durch $l=10$ cm, mit dem Zahlenwert $\{l\}=10$ und der Einheit $[l]=\mathrm{cm}$ oder durch $l=3{,}94$ Zoll.

Unter dem Begriff *Größenart* sind gleichartige Größen zusammengefaßt; z.B. stellt die Größe Arbeit etwas anderes als die Größe Wärme dar, beide gehören jedoch der gemeinsamen Größenart Energie an.

Die überwiegende Zahl der physikalischen Größenarten ist durch die Naturgesetze miteinander verknüpft. Einige jedoch müssen unabhängig voneinander definiert werden. Man bezeichnet sie als *Grundgrößenarten* oder *Basisgrößen*. Aus ihnen werden mittels der Naturgesetze die *abgeleiteten Größenarten* definiert. Zum Beispiel müssen in dem Naturgesetz für gleichförmige Bewegung

$$\text{Geschwindigkeit}=\frac{\text{Weg}}{\text{Zeit}}$$

zwei Größenarten unabhängig voneinander festgelegt sein, dann kann die dritte abgeleitet werden.

Das Potenzprodukt in o. Gl, das aus Basisgrößen gebildet ist, wird als Dimensionsprodukt oder *Dimension* bezeichnet: dim $C = \mathrm{LT}^{-1}$ (C = Geschwindigkeit, L = Länge, T = Zeit). Größen gleicher Art haben immer gleiche Dimension, dagegen müssen bei gleicher Dimension die Größen nicht unbedingt gleicher Art sein; z. B. haben die Größen Volumen und Widerstandsmoment die gleiche Dimension, sind aber nicht gleicher Art. Die manchmal anzutreffende falsche Bezeichnung „Dimension" für den Begriff der Einheit muß vermieden werden.

Welche Größenart Basisgröße ist, ist weitgehend als Vereinbarung anzusehen, lediglich die Anzahl liegt fest. In obigem Beispiel ist die Geschwindigkeit die abgeleitete Größenart, da Länge und Zeit als Basisgröße vereinbart sind. Nur für die Basisgrößen müssen Einheiten festgelegt werden, man bezeichnet sie als *Grundeinheiten* oder *Basiseinheiten*. Ihre Wahl erfolgt willkürlich. Bedingung ist lediglich eine möglichst internationale Vereinbarung über ihre gemeinsame Verwendung. Für die abgeleiteten Größenarten werden aufgrund der mathematisch formulierten Naturgesetze die *abgeleiteten Einheiten* gebildet, für die Geschwindigkeit beispielsweise

$$\text{Geschwindigkeitseinheit} = \frac{\text{Längeneinheit}}{\text{Zeiteinheit}}$$

Mit den Basiseinheiten m für die Länge und s für die Zeit wird die abgeleitete Einheit für die Geschwindigkeit m/s. Häufig gibt man der abgeleiteten Einheit eine neue Bezeichnung, wie z. B. der Arbeit die Einheit J (*Joule*[1]).

1.2.2 Größengleichungen

Gleichungen zwischen physikalischen Größen heißen *Größengleichungen*. Da die Naturgesetze von der Wahl der Einheiten unabhängig sind, müssen auch Größengleichungen so formuliert sein, daß beliebige Einheiten für die einzelnen Größen eingesetzt werden können. Größengleichungen enthalten nur die Symbole der physikalischen Größen und Zahlenwerte, die aus der mathematischen Entwicklung der Gleichung, z. B. beim Differenzieren, entstehen; andere Zahlenwerte und Zeichen, die aus der Umrechnung verschiedener Einheiten herrühren, enthalten sie nicht.

In Größengleichungen muß die physikalische Größe vollständig, d. h. als Produkt aus Zahlenwert und Einheit, eingesetzt werden. Betrachten wir als Beispiel das physikalische Gesetz

$$\begin{aligned} \text{Arbeit} &= \text{Kraft} \cdot \text{Weg} \\ W &= F \cdot s \end{aligned}$$

Bei einer Kraft von $F = 10\,000$ N (*Newton*[2]) sind der Zahlenwert $\{F\} = 10\,000$ und die Einheit $[F] = \mathrm{N}$ in die Größengleichung einzusetzen; entsprechend ist mit dem Weg von beispielsweise $s = 7{,}2$ m zu verfahren. Die Arbeit ist dann, mit 1 Nm = 1 J:

$$W = Fs = 10\,000\ \mathrm{N} \cdot 7{,}2\ \mathrm{m} = 72\,000\ \mathrm{Nm} = 72\,000\ \mathrm{J}.$$

In Ausnahmefällen ist bei wiederholt vorkommenden Berechnungen die Verwendung einer *zugeschnittenen Größengleichung* als Rechenerleichterung von Nutzen. Ist bei-

[1] *Joule* (sprich dʒu'l) (1818—1889), engl. Physiker, untersuchte besonders die Wärmeentwicklung elektrischer Ströme (Joulesches Gesetz) und das Verhalten von Gasen bei Drosselung (Joule-Thomson-Effekt).

[2] *Newton* (sprich njutɛn) (1643—1727), Prof. für Naturwissenschaften in England, einer der genialsten Naturforscher, befaßte sich u. a. mit der Bewegung der Himmelskörper, fand das Gravitationsgesetz.

spielsweise in einer tabellarischen Berechnung die Arbeit in kW h zu ermitteln, so läßt sich durch Einsetzen des Umrechnungsfaktors $3{,}6 \cdot 10^6$ J/kW h (s. **T 1.8**) folgende zugeschnittene Größengleichung bilden:

$$W = Fs = Fs \frac{1}{3{,}6 \cdot 10^6} \frac{\text{kW h}}{\text{N m}} = \frac{1}{3{,}6 \cdot 10^6} \left(\frac{F}{\text{N}}\right) \left(\frac{s}{\text{m}}\right) \text{kWh}$$

Die Einheiten sind als Faktoren zu behandeln, sie können daher an beliebiger Stelle geschrieben werden. Am anschaulichsten ist es, wenn sie bei den dazugehörigen Größen stehen, d.h. die Einheit N bei der Kraft (F) und die Einheit m bei dem Weg (s).

Auch diese Gleichung ist eine Größengleichung, da die Kraft F und der Weg s in beliebigen Einheiten eingesetzt werden können, lediglich für die Arbeit liegt die auf diesen Rechnungszweck „zugeschnittene" Einheit kW h fest. Aufgrund ihres Aufbaus ist die Gleichung allerdings für die Krafteinheit N und die Längeneinheit m besonders gut geeignet, da sich dann die einzusetzenden Einheiten mit den in der Gleichung vorhandenen kürzen. Für das obige Beispiel ergibt die Berechnung nach der zugeschnittenen Größengleichung

$$W = \frac{1}{3{,}6 \cdot 10^6} \frac{10\,000 \text{ N}}{\text{N}} \frac{7{,}2 \text{ m}}{\text{m}} \text{kW h} = 0{,}02 \text{ kW h}$$

Größengleichungen gelten unabhängig von den gewählten Einheiten, wir werden sie daher, wann immer es möglich ist, benutzen.

1.2.3 Zahlenwertgleichungen

Beziehungen zwischen reinen Zahlen sind *Zahlenwertgleichungen*. Wir verwenden sie nur in Sonderfällen. Beispielsweise wurde neben der *Celsius*-Temperaturskala[1] in englisch sprechenden Ländern die *Fahrenheit*-Skala[2] verwendet. Die Zahlenwerte bei den unterschiedlichen Einheiten sind durch eine Zahlenwertgleichung verknüpft.

$$\{t_C\} = \frac{5}{9} (\{t_F\} - 32)$$

Die Gleichung ergibt den Zahlenwert der Celsius-Temperatur; für die Temperatur der Fahrenheit-Skala ist deren reiner Zahlenwert einzusetzen. Für 122 °F ergibt sich z. B.

$$\{t_C\} = \frac{5}{9} (122 - 32) = 50$$

Man findet manchmal zu Zahlenwertgleichungen umgearbeitete Größengleichungen, beispielsweise in der Form

$$W = \frac{1}{3{,}6 \cdot 10^6} Fs$$

Die Gleichung ist aus der zugeschnittenen Größengleichung des Abschnittes 1.2.2 hervorgegangen. Sie gilt nur für ganz bestimmte Einheiten von W, F und s, die unbedingt zusätzlich genannt werden müssen. Solche Art Gleichungen wollen wir grundsätzlich vermeiden, da sie leicht zu Fehlern Anlaß geben und oft keinen Rückschluß auf den physikalischen Sachverhalt ermöglichen.

---

[1] *Celsius* (1701—1744), schwedischer Astronom, führte die nach ihm benannte Thermometereinteilung ein.

[2] *Fahrenheit* (1686—1726), Physiker in Danzig und Amsterdam.

1.2.4 Einheitensysteme

Werden alle für ein bestimmtes Gebiet der Physik erforderlichen Basisgrößen und Basiseinheiten vereinbart, so läßt sich ein Einheitensystem entwickeln.

Die erforderliche Zahl der Basisgrößen hängt von dem Umfang des behandelten physikalischen Problems ab. So genügen für das Gebiet der Mechanik drei, für das Gebiet der Thermodynamik vier, für die gesamte Physik sechs Basisgrößen mit sechs Basiseinheiten. Tritt in allen Einheitengleichungen nur der Umrechnungsfaktor 1 auf, so bezeichnet man das System als *kohärentes Einheitensystem.* In nichtkohärenten Einheitensystemen treten von 1 verschiedene Umrechnungsfaktoren auf.

In kohärenten Einheitensystemen treten oft bei den abgeleiteten Größenarten ziemlich große oder kleine Stellenzahlen auf. Wegen der besseren Übersicht werden in solchen Fällen die Zahlenwerte um eine oder mehrere Zehnerpotenzen vergrößert oder verkleinert, was durch Vorsilben zu den Einheiten gekennzeichnet wird. Diese Vorsilben sind genormt, ein Auszug ist in Tafel 1.1 aufgeführt.

T 1.1 Genormte Vorsilben für dezimale Vielfache und Teile von Einheiten (DIN 1301, Auszug)

Vorsilbe	Kurzzeichen	Bedeutung der Vorsilbe
Peta	P	das 10^{15}fache der Einheit
Tera	T	„ 10^{12} „ „ „
Giga	G	„ 10^{9} „ „ „
Mega	M	„ 10^{6} „ „ „
Kilo	k	„ 10^{3} „ „ „
Hekto	h	„ 10^{2} „ „ „
Deka	da	„ 10^{1} „ „ „
Dezi	d	„ 10^{-1} „ „ „
Zenti	c	„ 10^{-2} „ „ „
Milli	m	„ 10^{-3} „ „ „
Mikro	µ	„ 10^{-6} „ „ „
Nano	n	„ 10^{-9} „ „ „
Piko	p	„ 10^{-12} „ „ „

Zu beachten ist, daß durch Zufügen einer Vorsilbe das ursprüngliche Einheitensystem verändert wird. Durch die freie Wahl der Basisgrößen und Basiseinheiten sowie der Umrechnungsfaktoren für abgeleitete Einheiten, sind im Laufe der Entwicklung der Naturwissenschaften mehrere Einheitensysteme entstanden. Das brauchbarste metrische Einheitensystem ist das Internationale Einheitensystem, daneben ist das früher viel benutzte Technische Einheitensystem zu nennen.

Dem *Internationalen Einheitensystem* (SI) liegen für das Gebiet der Mechanik folgende Basisgrößen und Basiseinheiten zugrunde:

T 1.2 Basisgrößen und Basiseinheiten des SI

Basisgröße	Basiseinheit	
	Bezeichnung	Kurzzeichen
Länge	Meter	m
Masse	Kilogramm	kg
Zeit	Sekunde	s

Das System wird auch als MKS-(*M*eter-, *K*ilogramm-, *S*ekunde-)System bezeichnet; es wurde 1901 von *Giorgi*[1] vorgeschlagen.

Die Einheit Meter ist seit 1983 mit Hilfe der Lichtgeschwindigkeit definiert und damit von eventuellen Veränderungen des Urmeters, das etwas kürzer als der 40millionste Teil des Pariser Meridians ist, unabhängig[2]. Die Einheit Kilogramm wird durch die Masse eines bei Paris aufbewahrten Zylinders aus 90 Teilen Platin und 10 Teilen Iridium verkörpert. Ursprünglich verstand man unter 1 kg die Masse von 1 Liter Wasser bei 4 °C. Die Sekunde wurde ursprünglich aus der Umlaufzeit der Erde um die Sonne definiert. Sie wird heute mittels der Periodendauer der Strahlung des Nuklids Zäsium Cs 133 festgelegt.

Später wurden zum Anschluß der Elektrotechnik, Thermodynamik und Optik an das Internationale Einheitensystem folgende Basisgrößen zusätzlich vereinbart:

T 1.3
Basisgrößen und Basiseinheiten zur Vervollständigung des Internationalen Einheitensystems

Fachgebiet	Basisgröße	Basiseinheit	
		Bezeichnung	Kurzzeichen
Elektrotechnik	Elektr. Stromstärke	Ampere	A
Thermodynamik	Thermodyn. Temperatur	Kelvin	K
Optik	Lichtstärke	Candela	cd

In der erweiterten Form heißt das Internationale Einheitensystem auch MKSA- oder MKSAKC-System, wiederum unter Verwendung der Anfangsbuchstaben der Basiseinheiten. Als zusätzliche Basisgröße wurde die Stoffmenge n (auch Substanzmenge oder Molmenge) mit der Basiseinheit Mol (Kurzzeichen mol) eingeführt.

Durch das „Gesetz über Einheiten im Meßwesen" vom 2. Juli 1969 wurde das Internationale Einheitensystem für die Bundesrepublik Deutschland gesetzlich vorgeschrieben. Über die SI-Einheiten hinaus umfaßt dieses *Gesetzliche Einheitensystem* die nicht kohärenten Teile und Vielfache der SI-Einheiten, die atomphysikalischen Einheiten und einige zum SI nicht kohärente Einheiten, wie z.B. die Zeit in h oder den Druck in bar.

Als Beispiel einer abgeleiteten Größenart wollen wir die Kraft betrachten. Für sie gilt das Gesetz:

$$\text{Kraft} = \text{Masse} \times \text{Beschleunigung}$$
$$F = m \cdot a$$

Mit der Masse $m = 1$ kg als Basisgröße und der Beschleunigung $a = 1\,\frac{\text{m}}{\text{s}^2}$ als bereits abgeleitete Größenart ergibt sich

$$F = m\,a = 1\,\text{kg}\;1\,\frac{\text{m}}{\text{s}^2} = 1\,\frac{\text{kg m}}{\text{s}^2} = 1\,\text{N}$$

Die abgeleitete Einheit $\frac{\text{kg m}}{\text{s}^2}$ hat die neue Bezeichnung N erhalten. 1 N ist demnach die Kraft, die der Masse $m = 1$ kg die Beschleunigung $a = 1\,\frac{\text{m}}{\text{s}^2}$ erteilt.

---

[1] *Giorgi, Giov.* (1871 – 1950), ital. Prof. für Elektrotechnik.

[2] Das Meter ist die Länge der Strecke, die Licht im Vakuum während des Intervalls von 1/299 792 458 Sekunden durchläuft (17. Generalkonferenz für Maß und Gewicht, 20.11.1983).

T 1.4 Einige abgeleitete Größenarten und Einheiten des Internationalen Einheitensystems

Größenart	Einheit	physikalische Gleichung	Einheitengleichung
Kraft	N (Newton)	$F = m \cdot a$	$\mathrm{N} = \frac{\mathrm{kg\,m}}{\mathrm{s}^2}$
Energie	J (Joule)	$W = F \cdot s$	$\mathrm{J} = \mathrm{N\,m} = \frac{\mathrm{kg\,m}^2}{\mathrm{s}^2}$
Leistung	W (Watt)	$P = \frac{W}{\tau}$	$\mathrm{W} = \frac{\mathrm{J}}{\mathrm{s}} = \frac{\mathrm{kg\,m}^2}{\mathrm{s}^3}$

Der Übergang vom früher verwendeten *Technischen Einheitensystem* auf das Gesetzliche Einheitensystem machte eine Abkehr von den früher gewohnten Zahlenwerten und eine Neuzusammenstellung vieler Tabellen und Diagramme erforderlich. Wir werden Beispiele und Aufgaben unter Verwendung des Gesetzlichen Einheitensystems rechnen und zusätzlich die Umrechnung der Ergebnisse in das Technische Einheitensystem an einigen Beispielen üben. Bei der Verwendung von Größengleichungen können Einheitenfehler, selbst bei der Benutzung verschiedener Einheitensysteme in der gleichen Aufgabe, nicht auftreten, da beim Einsetzen der physikalischen Größe in die Gleichung auch deren Einheit eingesetzt wird.

Zur Umrechnung der im Technischen Einheitensystem verwendeten Krafteinheit kp in die SI-Krafteinheit N definieren wir[1]:

$$1\,\mathrm{kp} = 9{,}8066\mathbf{5}\,\mathrm{N}$$

oder aufgerundet: $1\,\mathrm{kp} = 9{,}81\,\mathrm{N}$

Als Beispiel für die Umrechnung vom Internationalen in das Technische Einheitensystem betrachten wir wieder den Zusammenhang zwischen Kraft und Masse:

Die Gewichtskraft eines auf der Erde befindlichen Körpers mit der Masse $m = 10\,\mathrm{kg}$ beträgt mit der Fallbeschleunigung $g = 9{,}81\,\frac{\mathrm{m}}{\mathrm{s}^2}$

$$F = mg = 10\,\mathrm{kg} \cdot 9{,}81\,\frac{\mathrm{m}}{\mathrm{s}^2} = 98{,}1\,\mathrm{N}$$

Bei Umrechnung dieser SI-Krafteinheit N in die Krafteinheit des technischen Einheitensystems kp ergibt sich unter Berücksichtigung des nichtkohärenten Umrechnungsfaktors $\frac{9{,}81\,\mathrm{N}}{\mathrm{kp}}$

$$F = 98{,}1\,\mathrm{N}\,\frac{\mathrm{kp}}{9{,}81\,\mathrm{N}} = 10\,\mathrm{kp}$$

Es erscheint für die Gewichtskraft im technischen Einheitensystem der Zahlenwert 10 (in kp), wenn die Masse 10 kg beträgt.

Beispiel 1.1: Ein Mensch tritt auf eine Hebelwaage, die sich auf 70 kg einstellt. Die Messung wird durch eine Federwaage kontrolliert, deren Zeiger ebenfalls auf die Zahl 70 ausschlägt.

a) In welcher Einheit erfolgte die zweite Messung?

b) In welchen Einheitensystemen wurden die Meßwerte angegeben?

[1] Bei Zahlen, die durch Vereinbarung festgelegt sind, ist die letzte Ziffer fettgedruckt.

c) Welche Massen bzw. Gewichtskräfte ergeben sich zu den Meßwerten in dem jeweiligen Einheitensystem?

Zu a: Die Hebelwaage vergleicht Massen, die Federwaage Kräfte. Die zweite Messung erfolgte demnach in einer Krafteinheit. Es ist die Einheit kp, da ein Körper von der Masse 70 kg die Kraft von 70 kp auf seine Unterlage ausübt, wenn die Fallbeschleunigung ca. 9,81 m/s² beträgt.

Zu b: Die Messung der Masse durch die Hebelwaage erfolgte in der Einheit kg, also in einer Basiseinheit des Internationalen Einheitensystems. Die Gewichtskraft wurde durch die Federwaage in kp, einer Basiseinheit des Technischen Einheitensystems gemessen.

Zu c: Über das Gesetz Kraft = Masse × Beschleunigung, in diesem Fall Gewichtskraft = Masse × Fallbeschleunigung, ergibt sich:

im Internationalen Einheitensystem

$$F = mg = 70\ \text{kg}\ 9{,}81\ \frac{\text{m}}{\text{s}^2} = 686{,}7\,\frac{\text{kg m}}{\text{s}^2} = \underline{686{,}7\ \text{N}}$$

im Technischen Einheitensystem

$$m = \frac{F}{g} = \frac{70\ \text{kp s}^2}{9{,}81\ \text{m}} = 7{,}14\,\frac{\text{kp s}^2}{\text{m}}$$

Rechnet man die Kraft $F = 686{,}7$ N in die Krafteinheit des Technischen Einheitensystems um, so ergibt sich mit 1 kp = 9,81 N

$$F = 686{,}7\ \text{N} = 686{,}7\ \text{N}\,\frac{1}{9{,}81}\,\frac{\text{kp}}{\text{N}} = \underline{70\ \text{kp}}$$

Beispiel 1.2: Welche abgeleitete Einheit ergibt sich im Internationalen Einheitensystem für die Leistung aus den Basiseinheiten?

$$\text{Leistung} = \frac{\text{Arbeit}}{\text{Zeit}}; \quad \text{Arbeit} = \text{Kraft} \times \text{Weg}; \quad \text{Kraft} = \text{Masse} \times \text{Beschleunigung}$$

$$[P] = \left[\frac{W}{\tau}\right] = \left[\frac{Fs}{\tau}\right] = \left[\frac{mas}{\tau}\right] = \frac{\text{kg}\,\frac{\text{m}}{\text{s}^2}\,\text{m}}{\text{s}} = \underline{\frac{\text{kg m}^2}{\text{s}^3}}$$

Die Einheit der Leistung im Internationalen Einheitensystem ist $\frac{\text{kg m}^2}{\text{s}^3}$. Sie erhält die neue Bezeichnung Watt[1] W.

Aufgabe 1.1: In einem Kraftwerk ist eine Turbinenleistung von 100 MW installiert. Welche Arbeit verrichten die Turbinen in 10 Minuten? Die Arbeit ist

a) in der Einheit des Internationalen Einheitensystems,

b) in der Einheit kW h anzugeben.

Aufgabe 1.2: Welchen Druck übt ein auf der Erde befindlicher Körper mit der Masse 3000 kg bei einer Auflagerfläche von 5000 mm² auf seine Unterlage aus? $\left(\text{Druck} = \frac{\text{Kraft}}{\text{Fläche}}\right)$

Der Druck ist anzugeben in den Einheiten des

a) Internationalen Einheitensystems,

b) Technischen Einheitensystems, d.h. in kp/m².

---

[1] *Watt* (sprich wɔt) (1736—1819), erfand 1765 die Dampfmaschine.

1.3 Thermische Zustandsgrößen

Die Eigenschaften eines Stoffes werden durch physikalische Größen beschrieben. Diese Größen heißen *Zustandsgrößen.* Sie haben für einen bestimmten Zustand des Stoffes feste Werte. Zwei Gruppen, die *thermischen* und die *kalorischen* Zustandsgrößen, werden wir eingehend behandeln. Die thermischen Zustandsgrößen sind Volumen V, Druck p und Temperatur T[1].

1.3.1 Volumen

Das *Volumen* V ist der Raum, den der Stoff mit der Masse m ausfüllt. Bei konstanten physikalischen Bedingungen ist das Volumen eines Stoffes von der Menge des Stoffes abhängig.

Das *spezifische Volumen* v ist das *auf die Masse bezogene* Volumen.

$$v = \frac{V}{m} \tag{Gl 1.1}$$

Solche auf die in einem System enthaltene Menge eines Stoffes *bezogenen* Größen sind von der Größe des Systems unabhängig[2].

Beispiel 1.3: Ein Gasbehälter ist mit 250000 kg Erdgas gefüllt, das einen Raum von 300000 m³ einnimmt. Bei konstanter Temperatur werden 100000 kg Gas entnommen, wobei die auf dem Gasinhalt schwimmende obere Begrenzungsscheibe entsprechend absinkt.

Wie verhalten sich Volumen und spezifisches Volumen?

Das Volumen verringert sich durch Absinken der oberen Scheibe bei konstanten Werten für Druck und Temperatur um das Verhältnis der Massen im Behälter:

$$V_2 = V_1 \frac{m_2}{m_1} = 300000 \text{ m}^3 \frac{150000 \text{ kg}}{250000 \text{ kg}} = \underline{180000 \text{ m}^3}$$

Das spezifische Volumen ist

$$v_1 = \frac{V_1}{m_1} = \frac{300000 \text{ m}^3}{250000 \text{ kg}} = \underline{1{,}2 \frac{\text{m}^3}{\text{kg}}}$$

oder

$$v_2 = \frac{V_2}{m_2} = \frac{180000 \text{ m}^3}{150000 \text{ kg}} = \underline{1{,}2 \frac{\text{m}^3}{\text{kg}}}$$

d.h.: v ist von der Masse unabhängig.

Andere physikalische Bedingungen, wie z.B. höhere Temperatur oder höherer Druck, können jedoch das Volumen und das spezifische Volumen verändern. In einer verschlossen gehaltenen Fahrradpumpe z.B. verringern sich mit dem Hereindrücken des Kolbens bei konstanter Luftmasse sowohl das Volumen V als auch das spezifische Volumen v.

Der Kehrwert des spezifischen Volumens ist die *Dichte* des Stoffes

$$\varrho = \frac{1}{v} = \frac{m}{V} \tag{Gl. 1.2}$$

---

[1] Anstelle des Begriffes *Stoff* führen wir später das *thermodynamische System* ein (Abschn. 1.5.1). Weitere thermodynamische Zustandsgrößen sind in Abschn. 1.5.2 zusammengestellt.

[2] *Spezifische* Zustandsgrößen: Sie sind auf die Masse m bezogen, z.B. v.

Eine für thermodynamische Betrachtungen weniger wichtige Größe ist die *Wichte*:

$$\gamma = \frac{G}{V} = \frac{mg}{V} = \varrho g \qquad \textbf{(Gl 1.3)}$$

Die Bezeichnung spezifisches Gewicht für γ soll nicht mehr benutzt werden.

1.3.2 Druck

Als Druck p bezeichnet man die senkrecht auf eine Fläche A wirkende und darauf bezogene Kraft F_n (Normalkraft).

$$p = \frac{F_n}{A}$$

Bei Flüssigkeiten und Gasen ist der Druck an den Begrenzungsflächen und im Inneren des Systems wirksam. Die Kraft F kann durch das Eigengewicht des Mediums oder durch äußere Belastung hervorgerufen werden.

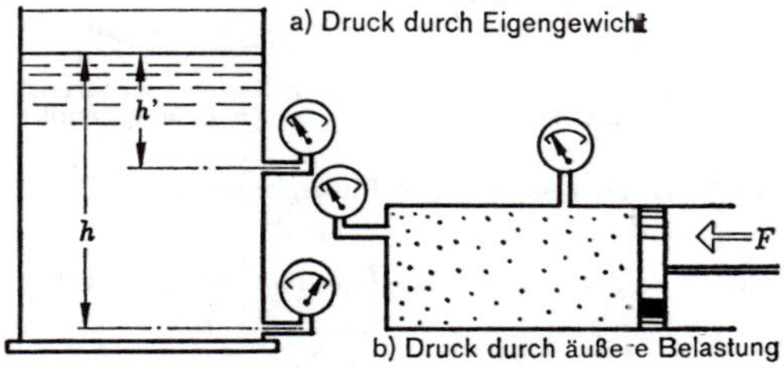

B 1.1 Druck in Flüssigkeiten und Gasen

Der durch die Gewichtskraft G der Flüssigkeits- oder Gassäule auf die Bodenfläche A eines Zylinders verursachte Druck ist **(B 1.1 a)**:

$$p = \frac{G}{A} = \frac{mg}{A}$$

Wir führen (Gl 1.2) ein und ersetzen das Volumen durch $V = Ah$

$$p = \frac{\varrho V g}{A} = \frac{\varrho A h g}{A}$$

$$p = \varrho h g \qquad \textbf{(Gl 1.4)}$$

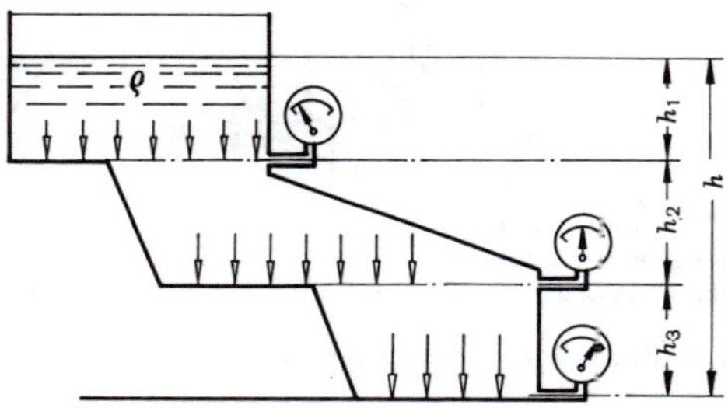

B 1.2 Druck durch Gewicht in beliebigem Gefäß

Der Druck durch Eigengewicht ist von der Höhe h der Flüssigkeits- oder Gassäule abhängig. (Gl 1.4) gilt, solange ϱ und g von der Höhe h unabhängig sind.

In beliebigen Gefäßen gilt (Gl 1.4) ebenfalls, da sich der Druck in Flüssigkeiten und Gasen nach allen Richtungen gleichmäßig fortpflanzt **(B 1.2)**.

Oft ist die äußere Belastung so groß, daß der Druck infolge des Eigengewichtes vernachlässigt werden kann. Dann wird an beliebiger Stelle des Systems annähernd der gleiche Druck gemessen **(B 1.1 b)**.

In den in der Thermodynamik behandelten Systemen ist bei Gasen die Veränderung des Gasdruckes mit der Höhe in der Regel vernachlässigbar und nur die äußere Belastung maßgebend, bei Flüssigkeiten ist dagegen oft die Höhe der Flüssigkeitssäule zu beachten. Die Flüssigkeitssäule kann zur Absolutdruckmessung **(B 1.4c)** und zur Differenzdruckmessung zwischen dem System und der Umgebung herangezogen werden **(B 1.3)**.

Der Umgebungsdruck heißt Bezugsdruck p_b, er ist meist, aber nicht immer, der jeweilige Atmosphärendruck, der dann mit p_{amb} bezeichnet wird.[1] Ist der Absolutdruck p (auch als p_{abs} bezeichnet) im Behälter größer als der Bezugsdruck, so mißt das Manometer eine positive Druckdifferenz p_d (Überdruckbereich, **B 1.3a**), ist der Absolutdruck im Behälter kleiner als der Bezugsdruck, so mißt das Manometer eine negative Druckdifferenz p_d (Unterdruckbereich, **B 1.3b**).

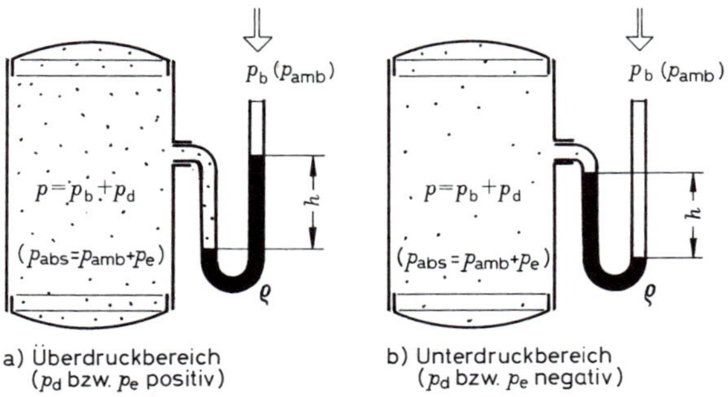

B 1.3 Druckmessung durch Flüssigkeitssäule

$$p = p_b + p_d \qquad \textbf{(Gl 1.5a)}$$

Die Druckdifferenz gegenüber atmosphärischem Bezugsdruck p_{amb} wird Überdruck p_e genannt.[2] Dann kann statt Gl 1.5a geschrieben werden:

$$p_{abs} = p_{amb} + p_e \qquad \textbf{(Gl 1.5b)}$$

Der Zustand eines Stoffes wird immer durch den Absolutdruck p (p_{abs}) beschrieben.

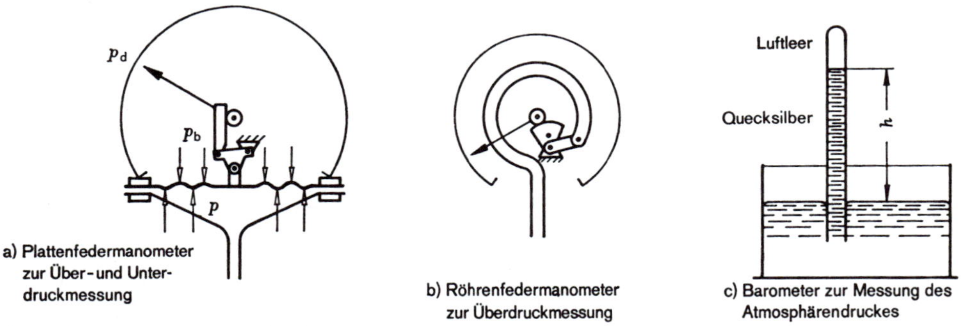

B 1.4 Beispiele von Druckmeßgeräten

Die meisten Meßgeräte **(B 1.4)** erfassen nicht den Absolutdruck, sondern wie das U-Rohrmanometer den Differenzdruck zum Bezugsdruck, der zusätzlich gemessen werden muß. Zur Differenzdruckbestimmung ist in Gl 1.4 p_d (bzw. p_e) statt p einzuführen. Veränderungen des Bezugsdruckes führen bei gleichem Absolutdruck des Systems zu unterschiedlichen Werten für den Über- und Unterdruckbereich **(B 1.5).**

Die SI-Einheit des Druckes ist das Pascal[3] (Pa), $1\,\text{Pa} = 1\,\frac{\text{N}}{\text{m}^2}$. Besonderer Name für 10^5 Pascal ist das Bar[4] (bar), eine im Gesetzlichen Einheitensystem zulässige Einheit. In der Technik werden kleine Drücke oft in mbar angegeben, in der Meteorologie wird für gleiche Werte die Einheit hPa (Hektopascal) verwendet: 1 hPa = 1 mbar.

[1] ambiens (lat.) = umgebend

[2] excedens (lat.) = überschreitend

[3] *Pascal* (1623—1662), franz. Mathematiker und Philosoph, entdeckte das Gesetz der Druckfortpflanzung in Flüssigkeiten.

[4] Bar von baros (griech.) = Gewicht, Schwere.

Der Druck, den das Gewicht der Luftsäule der Erde auf die Erdoberfläche ausübt, wird Atmosphärendruck genannt. Er schwankt in engen Grenzen mit den meteorologischen Bedingungen. (Gl 1.4) ist nicht anwendbar, da sich infolge großer Höhe ϱ und g mit der Höhe ändern. Als physikalischer Normaldruck ist der Luftdruck vereinbart, der einer 760 mm hohen Quecksilbersäule von 0 °C bei Normalfallbeschleunigung das Gleichgewicht hält. Dieser Druck heißt „physikalische Atmosphäre", frühere Einheit atm. Für den 760sten Teil dieses Druckes war die Einheit 1 Torr eingeführt. Diese Druckeinheit ist nach *Torricelli*[1] benannt, der zur Messung des Atmosphärendruckes eine Anlage nach **B 1.4c** benutzte.

$$1 \text{ atm} = 760 \text{ Torr} = 1{,}01325 \text{ bar}$$

Die Druckmessung durch Flüssigkeitssäulen führte dazu, statt des Druckes die Höhe der Flüssigkeitssäule anzugeben, die diesem Druck das Gleichgewicht hält, und als Druckeinheit ihre Höhe zu verwenden, wie mm WS (Wassersäule) oder mm Hg (Quecksilbersäule). Solche Einheitenzeichen müssen jedoch vermieden werden, da der durch eine Flüssigkeitssäule verursachte Druck von deren Wichte abhängt, die sich mit der Temperatur und der örtlich unterschiedlichen Fallbeschleunigung ändert.

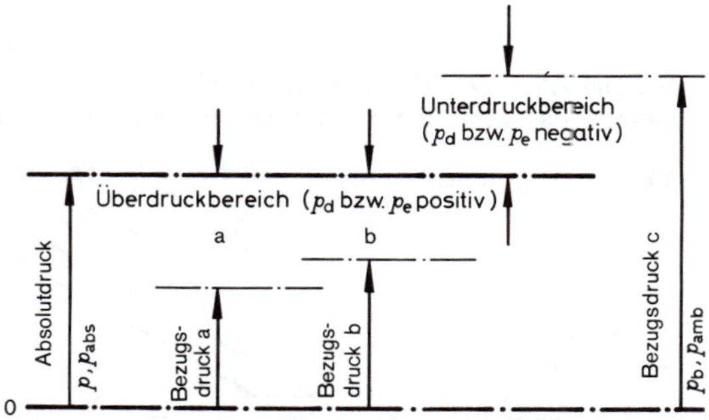

B 1.5 Absolutdruck, Über- und Unterdruckbereich

T 1.5 Druckeinheiten[2]

	bar	$\text{at} = \frac{\text{kp}}{\text{cm}^2}$	$\text{Pa} = \frac{\text{N}}{\text{m}^2}$	Torr	$\frac{\text{kp}}{\text{m}^2}$
1 bar	1	1,01972	10^5	750,062	10197,2
$1 \text{ at} = 1 \frac{\text{kp}}{\text{cm}^2}$	0,980665	1	98066,5	735,559	10^4
$1 \text{ Pa} = 1 \frac{\text{N}}{\text{m}^2}$	10^{-5}	$1{,}01972 \cdot 10^{-5}$	1	$750{,}062 \cdot 10^{-5}$	0,101972
1 Torr	$1{,}333224 \cdot 10^{-3}$	$1{,}35951 \cdot 10^{-3}$	133,3224	1	13,5951
$1 \frac{\text{kp}}{\text{m}^2}$	$0{,}980665 \cdot 10^{-4}$	10^{-4}	9,80665	0,0735559	1

Beispiel 1.4: In einem Vakuumkondensator hat sich Wasser angestaut. An der Meßstelle 1, die sich oberhalb des Wasserspiegels befindet, wird ein Absolutdruck von 0,06 bar, an der unterhalb des Wasserspiegels liegenden Meßstelle 2 wird eine Druckdifferenz von −880 mbar gegenüber Atmosphärendruck gemessen. Der augenblickliche Atmosphärendruck beträgt 1,01 bar (= 1010 hPa), die Dichte des Wassers 994 kg/m³.

Wie hoch liegt der Wasserspiegel über der Meßstelle 2?

Der Absolutdruck an der Meßstelle 2 ist (Gl 1.5b)

$$p_{abs\,2} = p_{amb} + p_{e\,2}$$

$$p_{abs\,2} = (1{,}01 - 0{,}88) \text{ bar} = 0{,}13 \text{ bar}$$

---

[1] *Torricelli* (1608—1647), ital. Mathematiker und Physiker, wies als erster den Luftdruck nach.

[2] at, Torr und $\frac{\text{kp}}{\text{m}^2}$ sind seit dem 1. 1. 1978 nicht mehr zulässig, das gleiche gilt für m WS und mm Hg.

Die Druckdifferenz zwischen den beiden Meßstellen wird durch die Wassersäule mit der Höhe h verursacht (Gl 1.4).

$$p_{abs\,2} - p_{abs\,1} = \varrho h g$$

$$h = \frac{p_{abs\,2} - p_{abs\,1}}{\varrho g} = \frac{(0{,}13 - 0{,}06)\ \text{bar}\ 10^5\ \dfrac{\text{N}}{\text{m}^2\text{bar}}}{994\ \dfrac{\text{kg}}{\text{m}^3}\ 9{,}81\ \dfrac{\text{m}}{\text{s}^2}}\ \frac{\dfrac{\text{kg m}}{\text{s}^2}}{\text{N}}$$

$$\underline{h = 0{,}718\ \text{m}}$$

Beispiel 1.5: Der Druck in einem Gasbehälter wird durch ein Schrägrohrmanometer **(B 1.6)** gemessen, das gegenüber dem nichtbelasteten Zustand einen Ausschlag von $l = 4{,}9$ cm anzeigt.

B 1.6 Schrägrohrmanometer

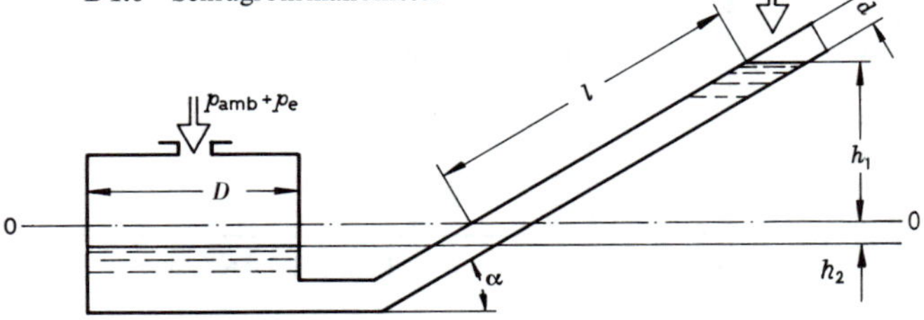

$D = 50$ mm ∅

$d = 5$ mm ∅

$\alpha = 30°$

$\varrho = 850\ \text{kg/m}^3$
(Dichte der Füllflüssigkeit)

Wie hoch ist der Überdruck in dem Gasbehälter in Pa und in mbar bzw. hPa?

Der Überdruck im Behälter ist gleich dem Druck der Flüssigkeitssäule im Schrägrohrmanometer entsprechend Gl 1.4

$$p_e = \varrho g h$$

Die Flüssigkeitssäule h setzt sich aus der Teilhöhe h_1 und der Spiegelabsenkung h_2 zusammen:

$$h_1 = l \sin\alpha \qquad \frac{\pi D^2}{4}\ h_2 = \frac{\pi d^2}{4}\ l$$

$$h_2 = \left(\frac{d}{D}\right)^2 l$$

Die Gesamthöhe h ist:

$$h = h_1 + h_2 = l \left[\sin\alpha + \left(\frac{d}{D}\right)^2\right] = 4{,}9\ \text{cm} \left[0{,}5 + \left(\frac{5\ \text{mm}}{50\ \text{mm}}\right)^2\right]$$

$$h = 4{,}9\ \text{cm} \cdot 0{,}51 = 2{,}5\ \text{cm} = 0{,}025\ \text{m}$$

Damit ergibt sich der Überdruck:

$$p_e = \varrho g h = 850\ \frac{\text{kg}}{\text{m}^3}\ 9{,}81\ \frac{\text{m}}{\text{s}^2}\ 0{,}025\ \text{m}\ \frac{\text{N}}{\dfrac{\text{kg m}}{\text{s}^2}}$$

$$p_e = 208\ \frac{\text{N}}{\text{m}^2} = \underline{208\ \text{Pa}}$$

$$p_e = 208\ \text{Pa} \cdot 10^{-5}\ \frac{\text{bar}}{\text{Pa}} \cdot 10^3\ \frac{\text{mbar}}{\text{bar}} = \underline{2{,}08\ \text{mbar}} = \underline{2{,}08\ \text{hPa}}$$

Aufgabe 1.3: Mit einem U-Rohr-Manometer wird der statische Druck in einer Dampfleitung gemessen. Bei von der Meßstelle abgetrenntem und kondensatfreiem Manometer befindet sich die Druckentnahme in der Dampfleitung 2,0 m über dem Quecksilberspiegel des U-Rohres. Bei einer solchen Meßanordnung kondensiert in der heruntergeführten Druckentnahmeleitung der Dampf. Durch eine sogenannte Vorlage (Kondensgefäß) wird dafür gesorgt, daß die Druckentnahmeleitung vollständig mit kondensiertem Wasser gefüllt ist. Der Barometerstand beträgt 0,99 bar (=990 hPa). Die Dichten des Wassers und Quecksilbers sind für 20 °C und etwa 1 bar mit

$$\varrho_w = 998\ \frac{kg}{m^3} \quad \text{und} \quad \varrho_{Hg} = 13\,550\ \frac{kg}{m^3}$$

anzusetzen.

a) Wie hoch ist der Absolutdruck des Dampfes in Pa und in bar, wenn die Quecksilbersäule 500 mm hoch ist und sich der höhere Stand in dem freien Schenkel einstellt?

b) Welche Höhe hätte die Quecksilbersäule, wenn die Messung an einer Gasleitung mit dem gleichen Absolutdruck wie in der Dampfleitung durchgeführt würde?

Aufgabe 1.4: Der Druck $1{,}5\ \frac{kp}{cm^2}$ ist in den Einheiten des Internationalen und des Technischen Einheitensystems sowie in den Einheiten bar und Torr anzugeben.

1.3.3 Temperatur

Temperaturbegriff. Die *Temperatur* ist eine aus der Erfahrung bekannte physikalische Größenart, mit der wir die Begriffe „warm" und „kalt" verbinden. Sie ist eine der wenigen Basisgrößen der Physik, die nicht aus anderen Größenarten abgeleitet werden können.

Bringt man zwei Stoffe mit verschiedenen Temperaturen miteinander in Berührung, so wird der Stoff mit der höheren Temperatur kälter, der mit der niedrigeren Temperatur wärmer. Erfahrungsgemäß stellt sich eine gemeinsame Temperatur ein, die sich nicht mehr ändert. Diesen Beharrungszustand nennt man *thermisches Gleichgewicht*. Daraus ergibt sich die Folgerung:

Zwei Systeme mit der gleichen Temperatur sind im thermischen Gleichgewicht.

Diese Tatsache wird als *„nullter Hauptsatz"* der Thermodynamik bezeichnet. Man nennt ihn auch *„Satz von der Existenz der Temperatur"*.

Temperaturmessung. Die Temperatur wird durch Thermometer gemessen. Thermometer ermitteln leicht erfaßbare physikalische Größen, die sich mit der Temperatur ändern. Die bekanntesten Thermometer sind Flüssigkeitsthermometer, in denen die durch die Temperaturerhöhung verursachte Ausdehnung der Flüssigkeit gemessen wird. Daneben gibt es verschiedene andere Temperaturmeßgeräte **(B 1.7)**, die nur erwähnt werden sol-

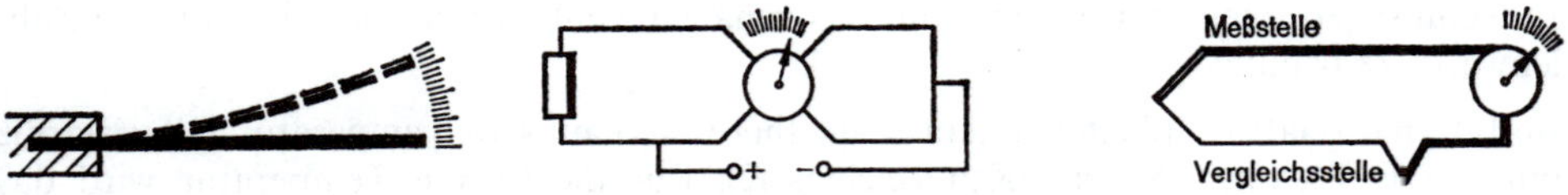

a) Metallausdehnungsthermometer
b) Widerstandsthermometer mit Kreuzspulmeßwerk
c) Thermoelement mit Drehspulmeßwerk

B 1.7 Beispiele von Temperaturmeßgeräten

len, wie Flüssigkeitsfederthermometer, Dampfdruckfederthermometer, Metallausdehnungsthermometer, Widerstandsthermometer, Thermoelemente, Strahlungsthermometer.

Temperaturskalen. Man erhält eine *empirische Temperaturskala*, wenn man reproduzierbare Temperaturfestpunkte vereinbart, z.B. bei einem Druck von 1,01325 bar den Schmelzpunkt des Eises mit 0 °C und den Verdampfungspunkt des Wassers mit 100 °C (Celsius, 1742).

Erwärmt man ein Thermometer, beispielsweise ein Quecksilber-Glasthermometer, von 0 °C auf 100 °C, teilt die eingetretene Verlängerung des Quecksilberfadens in 100 gleiche Teile und vergleicht diese Skala mit der in gleicher Weise gewonnenen Skala eines Alkoholthermometers, so stellt man Differenzen fest, die durch die unterschiedliche Temperaturabhängigkeit der Wärmeausdehnungskoeffizienten von Quecksilber und Alkohol verursacht werden.

Der einzige Stoff, dessen Wärmeausdehnung nicht mit der Temperatur veränderlich ist, ist das ideale Gas. Es dehnt sich bei konstantem Druck je °C Temperaturerhöhung um $\frac{1}{273{,}15}$ des Volumens aus, das es bei 0 °C ausfüllt. Das Volumen des idealen Gases ändert sich daher linear mit der Temperatur, so daß die mit dem idealen Gas gewonnene Temperaturskala die einzige exakt unterteilte ist. Sie heißt *Temperaturskala des idealen Gases.* Das Gasthermometer arbeitet im Prinzip nach **B 1.3,** statt der Volumenänderung wird demnach die Druckänderung als leichter zu handhabende Meßgröße verwendet.

Mit Hilfe des 2. Hauptsatzes konnte Kelvin nachweisen, daß unabhängig von der Wahl eines Thermometers eine universelle Temperatur, die *thermodynamische Temperatur*, mit einem *absoluten Nullpunkt* existiert[1]. Diese Temperatur läßt sich theoretisch exakt durch ein ideales Gasthermometer darstellen.

Zur Definition der Einheit der thermodynamischen Temperatur wählte man 1954 als einzigen Festpunkt den Tripelpunkt des Wassers, bei dem unter 6,1 mbar Eis, Wasser und Wasserdampf gleichzeitig vorkommen. Diesem Festpunkt ordnete man die Temperatur

$$T_{tr} = 273{,}16\ \text{K}$$

zu[2]. Damit ist die Einheit der thermodynamischen Temperatur

$$1\ \text{K} = \frac{T_{tr}}{273{,}16} \qquad \textbf{(Gl 1.6)}$$

Der Tripelpunkt des Wassers liegt etwa 0,01 K über dem Eispunkt (also bei 0,01 °C), so daß Celsius-Temperatur und thermodynamische Temperatur zusammenhängen nach

$$t = T - T_0; \quad T_0 = 273{,}15\ \text{K} \qquad \textbf{(Gl 1.7)}$$

In technischen Rechnungen wird statt des genauen Zahlenwertes der abgerundete Zahlenwert 273 benutzt.

Im Internationalen Einheitensystem ist die thermodynamische Temperatur T Basisgröße mit der Basiseinheit Kelvin (Kurzzeichen K). Für die Celsius-Temperatur wird das Formelzeichen t verwendet, ihr Einheitenname ist das Grad Celsius (Kurzzeichen °C), ein besonderer Name für das Kelvin.

Bei Temperaturdifferenzen ergeben sich für thermodynamische und Celsius-Temperaturen gleiche Werte; als Einheit ist K zu benutzen, bei Differenzen aus Celsius-Temperaturen ist aber auch °C zulässig.

---

[1] *Lord Kelvin* (sprich k'ɛlvin) (*Sir William Thomson*), lebte 1824–1907 in England als Physiker, erkannte gleichzeitig mit Clausius den 2. Hauptsatz der Thermodynamik. $T = 0$ K ist nicht erreichbar, erzielt wurde bisher $T \approx 0{,}2$ mK. Zur Benennung s. Abschn. 2.4.4.

[2] Mit dieser Zuordnung sollte erreicht werden, daß Temperaturdifferenzen mit den Intervallen der Celsius-Skala übereinstimmen, d.h. die Siedetemperatur des Wassers liegt 100 K über der Eispunkttemperatur (nach neueren Messungen exakt 99,975 K).

Da das Gasthermometer, das die thermodynamische Temperatur exakt wiedergibt, schwierig zu handhaben ist, sind international eine Reihe weiterer Temperaturfestpunkte vereinbart, wie beispielsweise der Erstarrungspunkt des Silbers mit 1234,93 K, der des Goldes mit 1337,33 K[1]. Auf diese Weise entstand die *Internationale Temperaturskala (ITS)*, die 1927 als Internationale Praktische Temperaturskala (IPTS) geschaffen, 1990 zuletzt verbessert wurde (ITS-90). Sie beginnt bei 0,65 K und gibt die thermodynamische Temperaturskala möglichst genau wieder. Sie ist in vielen Ländern gesetzlich eingeführt.

Durch den Index 90 am Formelzeichen kann im Bedarfsfall auf die Anwendung der ITS-90 aufmerksam gemacht werden (T_{90}, t_{90}).

Abweichungen der ITS-90 gegenüber der Temperaturskala des idealen Gases liegen innerhalb der heute erreichbaren kleinsten Meßunsicherheit.

In englischsprechenden Ländern wurden bislang zusätzlich die *Fahrenheit*- und *Rankine*-Skala[2] mit den Einheiten °F und °R verwendet, mit dem Eispunkt des Wassers bei 32 °F und dem Siedepunkt bei 212 °F. Umgerechnet wird nach den Zahlenwertgleichungen:

$$\{T_K\} = \frac{5}{9}\{T_R\} \qquad \{t_C\} = \frac{5}{9}(\{t_F\} - 32)$$

Beispiel 1.6: Die Celsius-Temperatur $t = 40\,°C$ ist in K, °F und °R auszudrücken.

$$T = t + T_0 = 40\,°C + 273\,K = \underline{313\,K}$$

$$\{T_R\} = \frac{9}{5}\{T_K\} = \frac{9}{5}313 = 564; \quad T_R = \underline{564\,°R}$$

$$\{t_F\} = \frac{9}{5}\{t_C\} + 32 = \frac{9}{5}40 + 32 = 104; \quad t_F = \underline{104\,°F}$$

Aufgabe 1.5: Welchen Zahlenwerten in °C, K und °R entspricht die Temperatur $t_F = 100\,°F$?

1.3.4 Thermische Zustandsgleichung

Zwischen den thermischen Zustandsgrößen Druck p, spezifisches Volumen v und Temperatur T besteht bei allen homogenen Stoffen ein Zusammenhang, der ausgedrückt werden kann durch die Beziehungen $f(p, v, T) = 0$ oder

$$p = p(v, T) \qquad v = v(p, T) \qquad T = T(p, v)$$

Demnach ist durch zwei thermische Zustandsgrößen eines homogenen Systems auch die dritte festgelegt. Die mathematische Verknüpfung der drei Zustandsgrößen heißt *thermische Zustandsgleichung*.

Auch sämtliche übrigen Zustandsgrößen werden durch jeweils zwei bekannte Zustandsgrößen bestimmt, so daß ein homogenes System durch zwei beliebige Zustandsgrößen eindeutig beschrieben ist. Bei heterogenen Systemen sind weitere Angaben notwendig. So kennzeichnen z.B. bei der Verdampfung eines Stoffes die Zustandsgrößen p und T den Zustand nicht eindeutig.

Für Gase nimmt die thermische Zustandsgleichung eine einfache Form an. Hierauf gehen wir in Abschn. 2.1 näher ein.

---

[1] Meßunsicherheit ca. 10 mK beim Silbererstarrungspunkt.

[2] *Rankine* (sprich r'ænkin) (1802 – 1872), Ingenieur und Physiker in England, lieferte die erste Theorie der Dampfmaschine.

1.4 Thermische Ausdehnung

Unter konstantem Druck stehende Körper dehnen sich mit steigender Temperatur aus. Der Vorgang wird als *thermische Ausdehnung* oder *Wärmedehnung* bezeichnet. Ausnahmen von diesem Verhalten sind selten, wie beispielsweise beim Wasser, das bei +4 °C sein geringstes Volumen erreicht.

Die *Längenänderung* Δl fester Körper ist von der Länge l des Körpers, seiner Temperaturerhöhung und einem Stoffwert, dem thermischen Längenausdehnungskoeffizienten α, abhängig.

Als *thermischen Längenausdehnungskoeffizienten* definiert man:

$$\alpha = \frac{1}{l}\frac{\mathrm{d}l}{\mathrm{d}T} \qquad \textit{bei } p = \textit{konst.} \tag{Gl 1.8a}$$

α kann man sich anschaulich vorstellen als Verlängerung eines Stabes, bezogen auf die Ausgangslänge, bei 1 K Temperaturerhöhung.

α ist temperaturabhängig. α wird üblicherweise als Mittelwert zwischen einer Bezugstemperatur und der Endtemperatur t, bezogen auf die Länge bei der Bezugstemperatur, tabelliert. Dann kann die Bezugslänge l bei der Integration der Gl 1.8a als konstante Größe behandelt werden. In **T 1.6** ist als Bezugstemperatur 0 °C gewählt[1]; damit ist der Mittelwert $\alpha_m|_{0\,°C}^{t_1}$ auf die Länge l_0 bei 0 °C bezogen. Somit ergibt sich für die Längenänderung bei Temperaturerhöhung von 0 °C auf t_1:

$$l_1 - l_0 = l_0\, \alpha_m|_{0\,°C}^{t_1} (t_1 - 0\,°C) \tag{Gl 1.9a}$$

Zur Ermittlung der Längenänderung bei Temperaturerhöhung zwischen t_1 und t_2 integrieren wir Gl 1.8a für den Temperaturbereich zwischen 0 °C und t_2

$$l_2 - l_0 = l_0\, \alpha_m|_{0\,°C}^{t_2} (t_2 - 0\,°C) \tag{Gl 1.9b}$$

und bilden die Differenz[2]

$$\Delta l = l_2 - l_1 = l_0 (\alpha_m|_{0\,°C}^{t_2}\, t_2 - \alpha_m|_{0\,°C}^{t_1}\, t_1) \tag{Gl 1.10a}$$

oder, mit dem Mittelwert für α_m zwischen t_1 und t_2:

$$\Delta l = l_2 - l_1 = l_0\, \alpha_m|_{t_1}^{t_2} (t_2 - t_1) \tag{Gl 1.10b}$$

Hierin ist

$$\alpha_m|_{t_1}^{t_2} = \frac{\alpha_m|_{0\,°C}^{t_2}\, t_2 - \alpha_m|_{0\,°C}^{t_1}\, t_1}{t_2 - t_1} \tag{Gl 1.11a}$$

Oft wird auf die exakte Ermittlung von $\alpha_m|_{t_1}^{t_2}$ verzichtet und bei Berechnungen näherungsweise der Wert für $\alpha_m|_{0\,°C}^{t_2}$ eingesetzt.

Der nach Gl 1.11a gebildete Mittelwert $\alpha_m|_{t_1}^{t_2}$ ist auf diejenige Länge bezogen, die den tabellierten Werten zugrunde liegt, hier also auf l_0 bei 0 °C. In der Regel ist aber die Länge l_1 bei t_1 bekannt; l_1 hängt mit l_0 zusammen nach Gl 1.9a:

$$l_1 = l_0 (1 + \alpha_m|_{0\,°C}^{t_1}\, t_1) \tag{Gl 1.9c}$$

---

[1] In DIN 51045, T1 (09.89) „Bestimmung der Längenänderung fester Körper" wird als Regelfall 20 °C vorausgesetzt.

[2] Zur Vereinfachung der Gleichungen wird der Ausdruck 0 °C z.T. weggelassen, da bei der Produktbildung das Glied ohnehin wegfällt. Die Einheit °C für t_1 (statt exakt $t_1 - 0$ °C) steht dann für eine Temperatur*differenz* und kann z.B. gegen die Einheit K gekürzt werden.

Wir ersetzen in Gl 1.10b l_0 durch Gl 1.9c:

$$\Delta l = l_1\, \alpha_m\Big|_{t_1}^{t_2}(t_2 - t_1)\,\frac{1}{1+\alpha_m\Big|_{0\,^\circ C}^{t_1} t_1}$$

Der Term $\frac{1}{1+\alpha_m t_1}$ nimmt wegen des kleinen Zahlenwertes des Produktes $\alpha_m t_1$ (s. T 1.6) etwa den Wert 1 an, so daß mit guter Näherung auch bei Einsetzen des auf l_0 bezogenen Mittelwertes für $\alpha_m\Big|_{t_1}^{t_2}$ gilt:

$$\Delta l \approx l_1\, \alpha_m\Big|_{t_1}^{t_2}(t_2 - t_1) \qquad \textbf{(Gl 1.12)}$$

Das Verhältnis der Längenänderung zur Ausgangslänge heißt relative Längenänderung oder *Längendehnung* $\left(\varepsilon = \frac{\Delta l}{l_1}\right)$.

Die *Volumenänderung* ΔV eines Körpers ist bei konstantem Druck von dem Volumen V des Körpers, seiner Temperaturerhöhung und einem Stoffwert, dem thermischen Volumenausdehnungskoeffizienten γ, abhängig.

Als *thermischen Volumenausdehnungskoeffizienten* definiert man:

$$\gamma = \frac{1}{V}\,\frac{\mathrm{d}V}{\mathrm{d}T} \qquad \textit{bei } p = \textit{konst.} \qquad \textbf{(Gl 1.8b)}$$

γ kann man sich anschaulich vorstellen als Volumenzunahme, bezogen auf das Ausgangsvolumen, bei 1 K Temperaturerhöhung.

T 1.6 Mittlere Längen- und Volumenausdehnungskoeffizienten[1], geltend für die Länge bzw. das Volumen des Körpers bei 0 °C

	Längenausdehnungskoeffizient $\alpha_m\Big\|_{0\,^\circ C}^{t}$ in $\frac{m}{K\,m} = \frac{1}{K}$	
Temperaturbereich	0 °C – 100 °C	0 °C – 200 °C
Aluminium (99,5 %)	$23{,}8 \cdot 10^{-6}$	$24{,}5 \cdot 10^{-6}$
Gußeisen	$10{,}4 \cdot 10^{-6}$	$11{,}1 \cdot 10^{-6}$
Glas (technisch)	$(3{,}5 - 8{,}1) \cdot 10^{-6}$	$(3{,}6 - 8{,}4) \cdot 10^{-6}$
Quarzglas	$0{,}5 \cdot 10^{-6}$	$0{,}6 \cdot 10^{-6}$
Kupfer	$16{,}5 \cdot 10^{-6}$	$16{,}9 \cdot 10^{-6}$
Messing (mit 62 % Cu)	$18{,}4 \cdot 10^{-6}$	$19{,}3 \cdot 10^{-6}$
Stahl (mit 0,2 – 0,6 % C)	$11{,}0 \cdot 10^{-6}$	$12{,}0 \cdot 10^{-6}$
	Volumenausdehnungskoeffizient $\gamma_m\Big\|_{0\,^\circ C}^{t}$ in $\frac{m^3}{m^3 K} = \frac{1}{K}$	
Temperaturbereich	0 °C – 50 °C	0 °C – 100 °C
Quecksilber	$182{,}2 \cdot 10^{-6}$	$182{,}6 \cdot 10^{-6}$
Glyzerin	$520 \cdot 10^{-6}$	—

[1] Nach Hütte. Die Grundlagen der Ingenieurwissenschaften [15].

γ ist temperaturabhängig; beim idealen Gas ist $\gamma = \frac{1}{T}$. Im **T 1.6** ist der Mittelwert γ_m für den Temperaturbereich zwischen 0 °C und t, bezogen auf das Volumen V_0 bei 0 °C tabelliert. Ähnlich den Ableitungen bei der Längenänderung gilt somit:

$$\Delta V = V_2 - V_1 = V_0 (\gamma_m|_{0\,°C}^{t_2} t_2 - \gamma_m|_{0\,°C}^{t_1} t_1) \qquad \textbf{(Gl 1.13a)}$$

oder

$$\Delta V = V_2 - V_1 = V_0\, \gamma_m|_{t_1}^{t_2} (t_2 - t_1) \qquad \textbf{(Gl 1.13b)}$$

Hierin ist

$$\gamma_m|_{t_1}^{t_2} = \frac{\gamma_m|_{0\,°C}^{t_2} t_2 - \gamma_m|_{0\,°C}^{t_1} t_1}{t_2 - t_1} \qquad \textbf{(Gl 1.11b)}$$

Auch bei der Berechnung der Volumenänderung wird oft auf die genaue Ermittlung von $\gamma_m|_{t_1}^{t_2}$ verzichtet und der Wert für $\gamma_m|_{0\,°C}^{t_2}$ verwendet. Der nach Gl 1.11 b gebildete Mittelwert $\gamma_m|_{t_1}^{t_2}$ ist auf das Volumen bezogen, das den tabellierten Werten zugrunde liegt, hier also auf V_0 bei 0 °C. In der Regel ist aber das Volumen V_1 bei t_1 bekannt. Ähnlich der Ableitung zu Gl 1.9c bei der Längenänderung gilt mit

$$V_1 = V_0 (1 + \gamma_m|_{0\,°C}^{t_1} t_1) \qquad \textbf{(Gl 1.13c)}$$

Eingesetzt in Gl 1.13b erhält man:

$$\Delta V = V_1\, \gamma_m|_{t_1}^{t_2} (t_2 - t_1) \frac{1}{1 + \gamma_m|_{0\,°C}^{t_1} t_1}$$

Bei festen Stoffen und in der Regel auch bei *Flüssigkeiten* nimmt das Glied $\frac{1}{1 + \gamma_m t_1}$ wegen des kleinen Zahlenwertes des Produktes $\gamma_m t_1$ etwa den Wert 1 an, so daß sich auch bei Einsetzen des auf V_0 bezogenen Mittelwertes für $\gamma_m|_{t_1}^{t_2}$ mit guter Näherung ergibt:

$$\Delta V \approx V_1\, \gamma_m|_{t_1}^{t_2} (t_2 - t_1) \qquad \textbf{(Gl 1.14)}$$

Das Verhältnis der Volumenänderung zum Ausgangsvolumen heißt relative Volumenänderung oder *Volumendehnung*.

Thermischer Längen- und Volumenausdehnungskoeffizient sind einander proportional. Wird ein Würfel mit dem Volumen V_0 und der Kantenlänge l_0 von 0 °C auf t_1 erwärmt, so wachsen seine Kantenlänge und damit sein Volumen:

$$V_1 = l_1^3 = l_0^3 (1 + \alpha_m t_1)^3 = l_0^3 (1 + 3\alpha_m t_1 + 3\alpha_m^2 t_1^2 + \alpha_m^3 t_1^3)$$

Wegen des kleinen Zahlenwertes von $\alpha_m t_1$ werden die 2. und 3. Potenzen von $\alpha_m t_1$ vernachlässigbar klein, so daß mit $V_0 = l_0^3$ gilt

$$V_1 \approx V_0 (1 + 3\alpha_m|_{0\,°C}^{t_1} t_1)$$

Durch Vergleich mit Gl 1.13c ergibt sich angenähert

$$\gamma_m \approx 3\alpha_m \qquad \textbf{(Gl 1.15)}$$

Bei *Gasen* ist der Ausdehnungskoeffizient γ wesentlich größer als bei festen und flüssigen Stoffen, so daß das Glied $\frac{1}{1+\gamma_m t_1}$ nicht angenähert gleich 1 gesetzt werden darf; (Gl 1.14) ist dann nicht verwendbar.

Für das ideale Gas sind die Zusammenhänge einfach, da $\gamma = \frac{1}{T}$ ist. Wir führen in Gl 1.13c den auf V_0 bei 0 °C bezogenen thermischen Volumenausdehnungskoeffizienten $\gamma_0 = \frac{1}{T_0} = \frac{1}{273{,}15\ \mathrm{K}}$ ein und erhalten mit Gl 1.7:

$$V_1 = V_0(1+\gamma_0 t_1) = V_0\left(1+\frac{t_1}{T_0}\right) = V_0\,\frac{T_0+t_1}{T_0} = V_0\,\frac{T_1}{T_0}$$

Ebenso gilt bei Erwärmung des idealen Gases von $T_0 = 273{,}15$ K auf T_2:

$$V_2 = V_0\,\frac{T_2}{T_0}$$

Wir dividieren die beiden letzten Gleichungen und erhalten das allgemein gültige Ausdehnungsgesetz für das ideale Gas bei konstantem Druck, das nach *Gay-Lussac*[1] benannt ist.

$$\frac{V_2}{V_1} = \frac{T_2}{T_1}; \qquad \frac{V}{T} = \text{konst} \qquad \textit{bei } p = \textit{konstant} \qquad \textbf{(Gl 1.16)}$$

Beispiel 1.7: In die 200 m lange Heißwasserleitung in einem Heizkraftwerk sind, jeweils 50 m vom Leitungsende entfernt, zwei Kompensatoren zur Aufnahme der Wärmedehnung eingebaut. Leitungsmaterial: Stahl mit 0,3% Kohlenstoff. Die Leitung wird bei 20 °C verlegt, die maximale Leitungstemperatur beträgt 120 °C, die niedrigste 10 °C. Die Änderung der Einbaulänge der Ausdehnungsstücke selbst infolge Temperatureinfluß ist zu vernachlässigen. Der Längenausdehnungskoeffizient ist mit konstantem Wert für den Temperaturbereich 0 °C–100 °C einzusetzen.

a) Welche Längenänderung muß jeder Kompensator insgesamt aufnehmen?

b) Um welche Länge müssen die Kompensatoren vorgestreckt werden, damit ihre Belastung bei den Extremwerten der Temperatur gleich groß ist?

c) Welche Druckspannung würde in der Leitung maximal auftreten, wenn sie ohne Kompensatoren verlegt worden wäre?

Zu a: Je Kompensator ist die Längenänderung von 100 m Stahlleitung aufzunehmen. Sie ist (Gl 1.12):

$$\Delta l \approx l_1\,\alpha_m(t_2 - t_1) = 100\,\mathrm{m}\ 11\cdot 10^{-6}\ \frac{\mathrm{m}}{\mathrm{K\,m}}\ (120-10)\ \mathrm{K}$$

$$\Delta l \approx \underline{0{,}121\ \mathrm{m}}$$

Zu b: Die Kompensatoren müssen bei vernachlässigter Temperaturabhängigkeit des Längenausdehnungskoeffizienten bei der mittleren Temperatur von $t_m = \frac{t_1+t_2}{2} = 65$ °C ihre Normallänge

[1] *Gay-Lussac* (sprich gɛ lysak) (1778—1850), französischer Naturwissenschaftler, fand 1802 das Ausdehnungsgesetz für das ideale Gas.

haben, damit sie bei den Grenztemperaturen gleiche Längenänderungen aufnehmen. Beim Verlegen bei $t_b = 20\,°C$ müssen sie daher gestreckt werden um

$$\Delta l_r \approx l_1\, \alpha_m (t_m - t_b) = 100\ \text{m}\ 11 \cdot 10^{-6} \frac{\text{m}}{\text{K m}}\ (65 - 20)\ \text{K}$$

$$\Delta l_r \approx \underline{0{,}050\ \text{m}}$$

Zu c: Ändert sich die Temperatur eines Körpers und greifen gleichzeitig Kräfte an, so berechnet sich die Dehnung als Summe der einzelnen Dehnungen:

$$\varepsilon = \alpha_m\, \Delta t + \frac{\sigma}{E}$$

E ist der Elastizitätsmodul. Der Zusammenhang gilt im Proportionalbereich des Hookeschen Gesetzes, auf das wir hier nicht eingehen.

Durch die feste Einspannung der Leitung soll die Dehnung völlig unterbunden sein ($\varepsilon = 0$). Dann ist die Druckspannung σ, mit $E = 202\,000\ \text{N/mm}^2$ für Stahl mit 0,3% Kohlenstoff:

$$\sigma = -\alpha_m\, \Delta t\, E = -\alpha_m (t_2 - t_b)\, E$$

$$\sigma = -11 \cdot 10^{-6} \frac{1}{\text{K}} (120 - 20)\ \text{K}\ 202\,000 \frac{\text{N}}{\text{mm}^2} = \underline{-222 \frac{\text{N}}{\text{mm}^2}}$$

Beispiel 1.8: Ein Quecksilberbarometer mit Messingskala wurde bei 20 °C in der Einheit bar geeicht. Bei 32 °C wird ein Meßwert von 1,0200 bar abgelesen. Welches ist der wirkliche Barometerstand?

a) Bei Beachtung der Quecksilberausdehnung und Vernachlässigung der Längenänderung der Messingskala.

b) Unter Berücksichtigung der Ausdehnung des Quecksilbers und der Messingskala.

Die Temperaturabhängigkeit der Ausdehnungskoeffizienten ist zu vernachlässigen.

Zu a: Bei der Eichtemperatur $t_1 = 20\,°C$ wird der Druck von $p_1 = 1{,}0200$ bar durch eine Quecksilbersäule der Höhe h_1 verursacht. Hier wird daher die Marke 1,0200 bar angebracht.

$$p_1 = h_1 \varrho_1 g \quad \text{mit} \quad \varrho_1 = \text{Dichte des Quecksilbers bei } t_1 = 20\,°C$$

In dieser Höhe h_1 befindet sich bei der Ablesung die Quecksilbersäule, jedoch bei der Temperatur von $t_2 = 32\,°C$. Infolge veränderter Dichte ϱ_2 hält aber das Quecksilber nicht dem Druck 1,0200 bar, sondern dem Luftdruck p_2 das Gleichgewicht.

$$p_2 = h_1 \varrho_2 g \quad \text{mit} \quad \varrho_2 = \text{Dichte des Quecksilbers bei } t_2 = 32\,°C$$

Aus den beiden Gleichungen ergibt sich:

$$\frac{p_2}{p_1} = \frac{\varrho_2}{\varrho_1} = \frac{v_1}{v_2}$$

Wir setzen (Gl 1.13c) mit $v = v_0(1 + \gamma_m t)$ ein:

$$p_2 = p_1 \frac{v_1}{v_2} = p_1 \frac{1 + \gamma_m t_1}{1 + \gamma_m t_2} = 1{,}0200\ \text{bar} \frac{1 + 182{,}2 \cdot 10^{-6} \frac{\text{m}^3}{\text{m}^3\,\text{K}}\ 20\,°C}{1 + 182{,}2 \cdot 10^{-6} \frac{\text{m}^3}{\text{m}^3\,\text{K}}\ 32\,°C}$$

$$p_2 = \underline{1{,}0178\ \text{bar}}$$

Der wirkliche Barometerstand ist kleiner als der Meßwert, da die Dichte des Quecksilbers infolge der Erwärmung gefallen ist.

Zu b: Bei der Eichung bei $t_1 = 20\,°C$ hatte die Messingskala die Länge (Gl 1.9c):

$$h_1 = h_0 (1 + \alpha_m t_1)$$

Hier wurde die Marke 1,0200 bar angebracht. Durch Erwärmung auf $t_2 = 32\,°C$ hat sich die Skala verlängert und die Marke 1,0200 bar verschoben auf

$$h_2 = h_0(1 + \alpha_m t_2)$$

In der Höhe h_2 befindet sich die Quecksilbersäule bei der Messung, sie steht daher im Gleichgewicht mit dem Druck

$$p_2' = h_2 \varrho_2 g$$

Durch Verbindung mit $p_1 = h_1 \varrho_1 g$, d.h. mit den Werten bei Eichtemperatur, ergibt sich

$$\frac{p_2'}{p_1} = \frac{h_2 \varrho_2}{h_1 \varrho_1} = \frac{h_2 v_1}{h_1 v_2}$$

Wir führen für h_1 und h_2 (Gl 1.9c) und für $\frac{v_1}{v_2}$ die unter a) ermittelte Beziehung ein:

$$p_2' = p_1 \frac{(1 + \alpha_m t_2)(1 + \gamma_m t_1)}{(1 + \alpha_m t_1)(1 + \gamma_m t_2)}$$

$$p_2' = 1{,}0200 \text{ bar} \frac{\left(1 + 18{,}4 \cdot 10^{-6} \frac{1}{K} 32\,°C\right)\left(1 + 182{,}2 \cdot 10^{-6} \frac{1}{K} 20\,°C\right)}{\left(1 + 18{,}4 \cdot 10^{-6} \frac{1}{K} 20\,°C\right)\left(1 + 182{,}2 \cdot 10^{-6} \frac{1}{K} 32\,°C\right)}$$

$$p_2' = \underline{1{,}0180 \text{ bar}}$$

Die Längenänderung der Messingskala beeinflußt die Messung günstig. Der Einfluß ist jedoch gering, er liegt außerhalb der Ablesegenauigkeit des Barometers.

Aufgabe 1.6: Ein gebrochener Stahlträger wird bei +5°C Außentemperatur durch das Anbringen von Stahllaschen repariert, die mittels spannungslos eingezogener erwärmter Gewindebolzen von 50 mm ∅, aus Stahl mit 0,30% Kohlenstoff, mit dem Stahlträger befestigt werden. Die Zugkraft je Bolzen soll bei einer Umgebungstemperatur von 20 °C 343 kN betragen. Träger und Laschen sind starr anzunehmen. Für den Längenausdehnungskoeffizienten kann der Wert zwischen 0 °C und 100 °C eingesetzt werden. Die Durchmesseränderung des Bolzens infolge der Erwärmung ist zu vernachlässigen.

a) Welche Temperatur müssen die Bolzen beim Einziehen haben?

b) Welche Zugkraft ist je Bolzen nach Abkühlen auf 5 °C Außentemperatur aufzunehmen?

Aufgabe 1.7: Ein im Freien stehender Stickstoffbehälter von 100 m³ Inhalt ist durch ein Sicherheitsventil gegen unzulässig hohen Druck geschützt. Der Behälter wurde bei 15 °C vollständig gefüllt. Durch Sonnenbestrahlung steigt die Behältertemperatur auf 32 °C, wobei der Druck infolge des Sicherheitsventils konstant bleibt.

Wieviel % der ursprünglichen Stickstoffmenge entweichen durch das Sicherheitsventil?

1.5 Arbeit und innere Energie

Mit diesem Abschnitt beginnen wir die Untersuchung thermodynamischer Begriffe. Diese Untersuchung wird meist an gasförmigen, manchmal auch an flüssigen Stoffen vorgenommen, die sich in wärmetechnischen Anlagen befinden oder sie durchströmen. Zur Beschreibung eines untersuchten Gegenstandes oder Stoffes führen wir den Begriff *„thermodynamisches System“* ein. Für Gase oder Flüssigkeiten verwenden wir auch die gemeinsame Bezeichnung *Fluide.*

1.5.1 Thermodynamisches System

Als *thermodynamisches System* bezeichnet man einen abgegrenzten Bereich, der untersucht werden soll. Er ist von seiner *Umgebung* durch *Systemgrenzen* getrennt. Zwischen dem System und seiner Umgebung können Wechselwirkungen auftreten, indem Materie, Arbeit oder Wärme die Systemgrenze überschreiten.

Ein System, über dessen Grenze keine Materie tritt, heißt *geschlossenes System.* Es enthält eine abgemessene, unverändert große Stoffmenge. Ein System, über dessen Grenze Materie tritt, heißt *offenes System.* Es wird von Stoff durchströmt.

Zum Beispiel ist als geschlossenes System ein Gas anzusehen, das in einem Zylinder eingeschlossen ist **(B 1.8a),** als offenes System ein Zylinder mit ein- und ausströmendem Gas **(B 1.8b).**

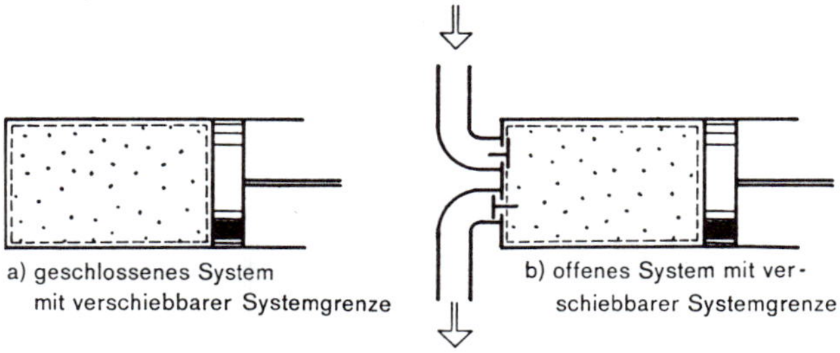

a) geschlossenes System mit verschiebbarer Systemgrenze

b) offenes System mit verschiebbarer Systemgrenze

B 1.8 Thermodynamische Systeme

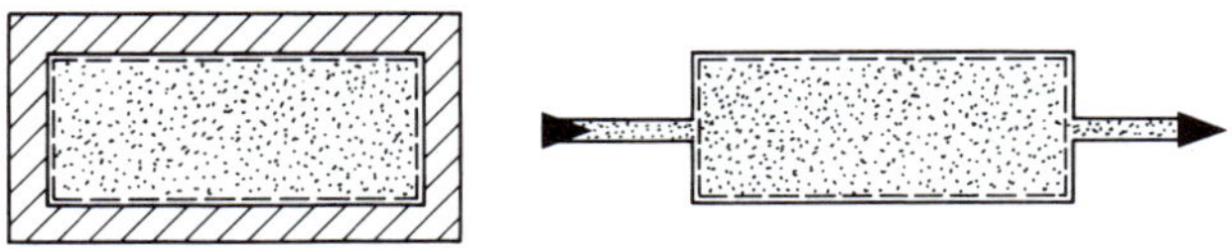

a) adiabate, starre Systemgrenze

b) nichtadiabate, starre Systemgrenze

B 1.9 Systemgrenzen

Systemgrenzen können wirkliche oder gedachte Wände sein. Sie sind entweder verschiebbar **(B 1.8)** oder auch starr **(B 1.9).** Systemgrenzen heißen auch *Bilanzhüllen,* weil Energie- und Stoffströme, die die Systemgrenzen überschreiten, erfaßt und bilanziert werden.

Ein wichtiges Merkmal der Systemgrenzen ist ihre Eigenschaft, *adiabat*[1] (*wärmedicht*) **(B 1.9a)** oder *nichtadiabat* bzw. *diatherm* (*wärmedurchlässig*) **(B 1.9b)** zu sein. Bei unterschiedlichen Temperaturen des Systems und der Umgebung gleichen sich bei nichtadiabater Systemgrenze die Temperaturen aus. Bei adiabater Systemgrenze treten Veränderungen im System aufgrund eines Temperaturunterschiedes zwischen System und Umgebung nicht auf.

Ein System, bei dem jede Wechselwirkung mit seiner Umgebung ausgeschlossen ist, bei dem also weder Stoff noch Energie die Systemgrenze überschreiten können, heißt *isoliertes* oder *ab*geschlossenes System[2].

Wir betrachten zunächst *homogene* Systeme, das sind Systeme mit einem einheitlichen Stoff oder Stoffgemisch, wie z.B. Stickstoff oder Luft in Gasphase. Jeder homogene Teil eines Systems heißt *Phase.* Systeme mit mehreren Phasen, z.B. eine Mischung aus Wasser und Wasserdampf, heißen *heterogene* Systeme. Die Stoffeigenschaften verschiedener Phasen unterscheiden sich in der Regel erheblich.

[1] ἀδιάβατος (griech.) = unpassierbar. Adiabate Systemgrenzen verhindern den Übergang von Wärme. Definition der Wärme s. Abschn. 1.6.1.

[2] Ein System ohne Stoff- und Wärmezu- oder -abfuhr heißt *thermisch isoliert* [DIN 1345 (12.93)].

1.5.2 Zustandsgrößen und Prozeßgrößen

Die hier zusammengestellten Größen werden z.T. erst in späteren Abschnitten definiert. Die Zusammenstellung ist als Hilfestellung beim Nachschlagen zu verstehen.

Zustandsgrößen. Physikalische Größen, die den Zustand eines thermodynamischen Systems beschreiben, nennt man thermodynamische Zustandsgrößen. Man unterscheidet:

Thermische Zustandsgrößen: Volumen V, Druck p, Temperatur T (Abschn. 1.3).

Kalorische Zustandsgrößen: Z.B. Innere Energie U (Abschn. 1.5.5), Enthalpie H (Abschn. 1.6.2) und weitere.

Spezifische Zustandsgrößen: Auf die Masse m bezogene Zustandsgrößen. Sie werden mit *Klein*buchstaben bezeichnet (Ausnahmen: Masse m und Stoffmenge n, für die ebenfalls kleine Buchstaben verwendet werden.) Beispiel: $v=\frac{V}{m}$ (Abschn. 1.3.1).

Molare Zustandsgrößen: Auf die Stoffmenge n (Substanzmenge, Molmenge) bezogene Zustandsgrößen, auch stoffmengenbezogene Zustandsgrößen genannt. Sie werden durch den *Index* m gekennzeichnet, z.B. $V_m=\frac{V}{n}$ (Abschn. 2.1.3).

Intensive Zustandsgrößen: Sie sind von der Größe des Systems unabhängig, z.B. Druck p, Temperatur T. Spezifische und molare Größen gehören zu den intensiven Zustandsgrößen.

Extensive Zustandsgrößen: Sie sind proportional zur Größe des Systems; bei dessen Teilung teilen sie sich, beim Zusammenfügen addieren sie sich, z.B. Volumen V, Masse m, Stoffmenge n.

Zur Beschreibung des *Zustandes eines Systems* mit einem homogenen Fluid, z.B. Luft, sind nur zwei intensive Zustandsgrößen erforderlich, z.B. p und T. Soll auch die *Größe des Systems* angegeben werden, so benötigt man zusätzlich eine extensive Zustandsgröße, z.B. die Masse m oder die Stoffmenge n.

Prozeßgrößen. Prozeßgrößen – wie Arbeit oder Wärme – treten an der Systemgrenze auf. Sie sind vom Verlauf der Zustandsänderung abhängig.

1.5.3 Thermodynamische Prozesse und Zustandsänderungen

Zustandsänderungen. Thermodynamische *Prozesse* (Vorgänge) verändern den Zustand eines thermodynamischen Systems und damit dessen Zustandsgrößen. Wird z.B. Gas in einem adiabaten Zylinder komprimiert (ähnlich **B 1.8a**), so steigt der Gasdruck. Hierbei baut sich in Kolbennähe vorübergehend ein etwas höherer Druck als im Inneren auf, es entsteht also vorübergehend ein Ungleichgewicht. Der Ausgleich erfolgt jedoch mit weit höherer Geschwindigkeit als der mittleren Kolbengeschwindigkeit, so daß man bei diesem und vielen anderen thermodynamischen Vorgängen mit einer Folge von Gleichgewichtszuständen während einer Zustandsänderung rechnen kann, man spricht dann von einer *quasistatischen Zustandsänderung*.

Reversible und irreversible Prozesse. Ein Prozeß ist *reversibel* oder *umkehrbar*, wenn der ursprüngliche Zustand des Systems wieder erreicht werden kann, ohne daß Änderungen in der Umgebung zurückbleiben. Als Beispiel betrachten wir den gasgefüllten Zylinder nach **B 1.8a:** Wird der Kolben nach links bewegt, so wird dem System Arbeit zugeführt. Wird bei einer anschließenenden Kolbenbewegung nach rechts bis zur Anfangsstellung der Anfangszustand (p, T) erreicht und eine gleich große Arbeit vom System an die Umgebung abgegeben, dann dürfen auch keine Ungleichgewichte im System aufgetreten sein (wie die oben beschriebene Druckdifferenz zwischen Kolbennähe und dem Inneren), d.h. der Vorgang ist als Folge von Gleichgewichtszuständen abgelaufen. Ein reversibler Vorgang verläuft daher quasistatisch.

Ein Prozeß ist *irreversibel* oder *nichtumkehrbar*, wenn er nicht vollständig wieder rückgängig gemacht werden kann. Das System kann zwar seinen Anfangszustand wieder erreichen, es bleiben aber Veränderungen in der Umgebung zurück. Ursache hierfür sind:

1. Vorgänge wie Reibung, Formänderungsarbeit, elektrische Vorgänge u.a., die als *dissipative Effekte*[1] bezeichnet werden.
2. *Ausgleichsvorgänge.* Soweit es sich hierbei um den Ausgleich vorübergehender geringer Ungleichgewichte zwischen Teilen des Systems (z.B. Druckdifferenz zwischen Kolbennähe und dem Inneren) handelt, können alle Zwischenzustände näherungsweise als Gleichgewichtszustände und die *Zustandsänderung quasistatisch* betrachtet werden.

   Daneben treten Ausgleichsvorgänge bei größeren Temperatur-, Druck- und Konzentrationsdifferenzen innerhalb eines Systems oder zwischen verschiedenen Systemen ein, bei denen nur der Anfangs- und Endzustand Gleichgewichtszustände sind, die Zwischenzustände aber nicht. Die Zustandsänderung ist dann *nichtstatisch.*

Wir behandeln irreversible Vorgänge näher in Abschn. 3.0.

1.5.4 Arbeit am geschlossenen System

Volumenänderungsarbeit. Wir führen einem Gas in einem geschlossenen System durch einen Kolben Arbeit zu, indem wir das Gas *reversibel* verdichten **(B 1.10a).** Das Gas nimmt im Ausgangszustand, den wir in der Regel durch den Index 1 kennzeichnen wollen, das Zylindervolumen V_1 ein und befindet sich unter dem Druck p_1.

Nach der Arbeitszufuhr hat sich das Zylindervolumen auf V_2 verkleinert, während der Druck auf p_2 gestiegen ist. Den Endpunkt nach einer Zustandsänderung wollen wir normalerweise durch den Index 2 kennzeichnen. Wir tragen den Ausgangs- und Endzustand in ein Koordinatensystem mit den Achsen p und V ein und verbinden diese Punkte durch die dazwischen liegenden Zustandspunkte **(B 1.10b).**

Die aufzuwendende Arbeit ist nach den Gesetzen der Mechanik

$$\text{Arbeit} = \text{Kraft} \cdot \text{Weg}.$$

Für eine beliebige Zwischenstellung des Kolbens gilt, mit der senkrecht auf den Kolben wirkenden Kraft F und dem Weg ds:

$$\mathrm{d}W = F \cdot \mathrm{d}s$$

[1] Dissipieren (lat.) = zerstreuen

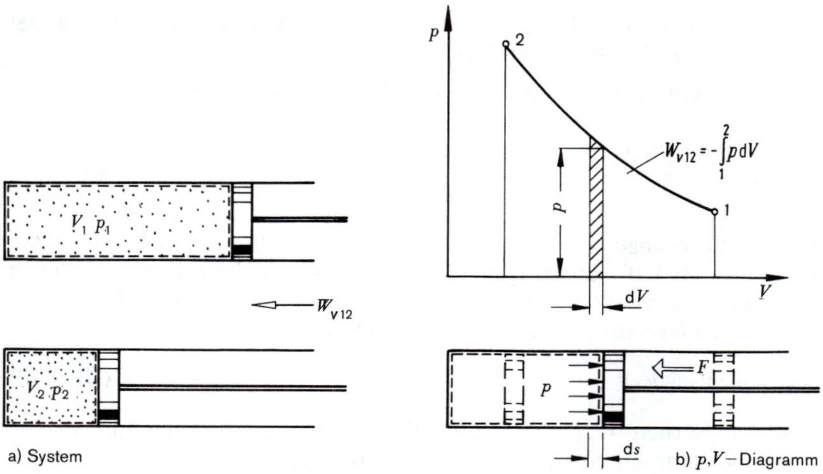

B 1.10 Volumenänderungsarbeit

Die Kolbenkraft F hält der entgegengerichteten Kraft des auf die Kolbenfläche A wirkenden Gasdruckes p das Gleichgewicht

$$F = -p \cdot A$$

Oben eingesetzt ergibt sich

$$\mathrm{d}W = -p \cdot A \cdot \mathrm{d}s$$

Das Produkt $A \cdot \mathrm{d}s$ stellt die Volumenänderung $\mathrm{d}V$ dar.

$$\mathrm{d}W_v = -p\,\mathrm{d}V$$

$$W_{v12} = -\int_1^2 p\,\mathrm{d}V \qquad \textit{geschlossenes System} \qquad \textbf{(Gl 1.17)}$$

Als Volumenänderungsarbeit W_{v12} (sprich: w v eins zwei) *bezeichnen wir die einem geschlossenen System reversibel über die Systemgrenze zu- oder abgeführte Arbeit.* Die Systemgrenze kann adiabat oder nichtadiabat sein.

Das Vorzeichen der Volumenänderungsarbeit W_{v12} ist aufgrund des oben gemachten Ansatzes bei zugeführter Arbeit positiv, da $\int_1^2 p\,\mathrm{d}V$ bei Volumenverringerung negativ wird. Wird die Volumenänderungsarbeit vom System an die Umgebung abgegeben, so sind die Zustandspunkte 1 und 2 gegenüber der Darstellung in **B 1.10b** vertauscht, wodurch $\int_1^2 p\,\mathrm{d}V$ positiv und damit die Arbeit W_{v12} negativ werden. Diese Regel, nach der *zugeführte Energie positiv, abgeführte Energie negativ* sind, gilt für alle Energiearten.

Der Betrag der Volumenänderungsarbeit hängt von dem Wert des Integrals $p \cdot \mathrm{d}\,V$ ab. Zur Durchführung der Integration muß ein formelmäßiger Zusammenhang zwischen p und V, d.h. der Verlauf der Zustandsänderung, bekannt sein. Die Volumenänderungsarbeit ist demnach vom Verlauf der Zustandsänderung abhängig, sie ist eine *Prozeßgröße,* keine Zustandsgröße. Das Produkt $p \cdot \mathrm{d}\,V$ kann im p, V-Diagramm durch den schraffierten Flächenstreifen grafisch dargestellt werden **(B 1.10b).** Das Integral über

$p \cdot dV$ und damit die gesamte Volumenänderungsarbeit sind durch die Fläche unter der Zustandsänderung zur V-Achse darstellbar.

Bezogen auf die Masse ergibt sich die *spezifische Volumenänderungsarbeit*

$$w_{v12} = \frac{W_{v12}}{m} = -\int_1^2 p \, dv$$

Nutzarbeit an der Kolbenstange. Die Volumenänderungsarbeit wird zwischen dem System und dem *Kolben* **(B 1.10)** übertragen. Wird durch die Volumenänderung auch das Volumen einer unter konstantem Druck befindlichen Umgebung (z.B. auf der Erde) geändert, so ist die *Verschiebearbeit* W_{u12} zu berücksichtigen.

$$W_{u12} = -p_b(V_2 - V_1) \qquad \textbf{(Gl 1.18)}$$

Die Volumenänderungsarbeit W_{v12} teilt sich auf diese Verschiebearbeit und die an der Kolben*stange* übertragenen Nutzarbeit W_{n12} auf **(B 1.11):**

$$W_{v12} = W_{u12} + W_{n12}$$

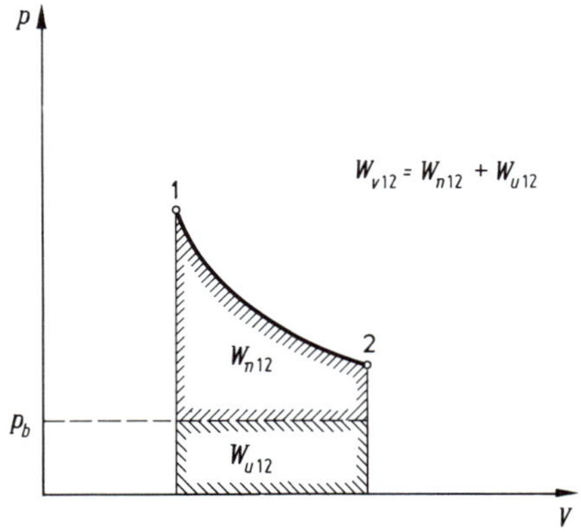

B 1.11 Nutzarbeit an der Kolbenstange W_{n12} und Verschiebearbeit W_{u12} am geschlossenen System

Die *Nutzarbeit an der Kolbenstange* ist:

$$W_{n12} = W_{v12} - W_{u12} \qquad \textit{geschlossenes System} \qquad \textbf{(Gl 1.19)}$$

$$W_{n12} = -\int_1^2 p \, dV + p_b(V_2 - V_1) = -\int_1^2 (p - p_b) \, dV \qquad \textit{geschlossenes System} \qquad \textbf{(Gl 1.20)}$$

Dissipationsenergie. Durch Reibung und andere Vorgänge wird Energie entwertet, wir bezeichnen sie als *Dissipationsenergie* oder *Dissipationsarbeit* $W_{diss\,12}$,

Den größten Anteil an der Dissipation hat die *Reibungsarbeit* W_{r12}. Oft wird daher auch nur von Reibungsarbeit gesprochen, wobei sonstige dissipative Effekte vernachlässigt bzw. im Begriff „Reibungsarbeit“ berücksichtigt sind [1].

---

[1] Wir verstehen unter dem Begriff *Reibungsarbeit* immer *dissipierte* Energie. Das ist z. B. bei reibungsbehafteten Strömungsprozessen zu beachten. Bei ihnen erzeugen Schubspannungen, die die Verformung und Bewegung verursachen, Reibung. Es wird aber nur derjenige Anteil der Arbeit dissipiert, der die Verformung bewirkt (Näheres s. z. B. [6]).
Im älteren Schrifttum findet man auch die Bezeichnung Reibungs*wärme* statt Reibungsarbeit, da Reibungsarbeit wie zugeführte Wärme wirkt.

Die gesamte am geschlossenen System verrichtete Arbeit W_{g12} kann somit aus Volumenänderungsarbeit und Dissipationsenergie bestehen.

$$W_{g12} = W_{v12} + W_{diss\,12} \qquad \textit{geschlossenes System} \qquad \text{(Gl 1.21)}$$

$$W_{g12} = -\int_1^2 p\,dV + W_{diss\,12} \qquad \textit{geschlossenes System} \qquad \text{(Gl 1.22)}$$

Die Dissipationsenergie kann dem System nur zugeführt werden, sie ist somit immer positiv. Daher *vergrößert* sie die zur Kompression eines Systems erforderliche Arbeit W_{g12}, bei der Expansion *verringert* sie den Betrag der nach außen abgegebenen Arbeit W_{g12}.

Auf die Masse m bezogen ergeben sich die spezifischen Arbeiten:

$$w_{g12} = w_{v12} + w_{diss\,12} = -\int_1^2 p\,\mathrm{d}v + w_{diss\,12}$$

Bei Kompression oder Expansion auftretende Dissipation kann den Verlauf der Zustandsänderung und damit auch die (reversible) Volumenänderungsarbeit W_{v12} beeinflussen. So wird z.B. bei adiabater Systemgrenze infolge von Dissipation der Enddruck bei gleicher Volumenänderung größer, so daß auch der Betrag des Integrals $-\int_1^2 p\,\mathrm{d}V$ und damit der Volumenänderungsarbeit größer werden **(B 1.12)**.

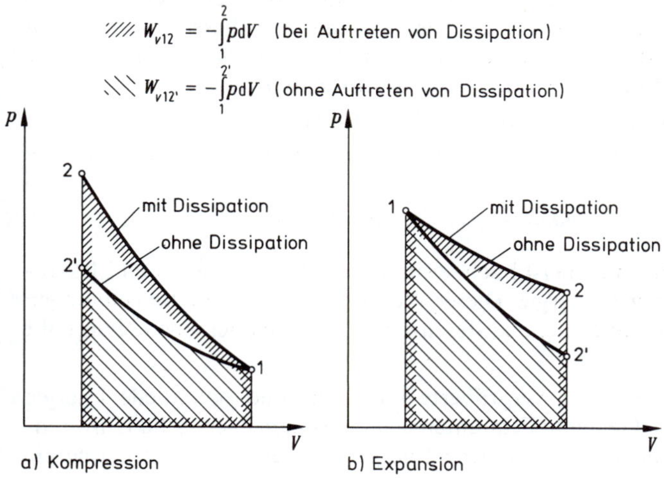

Oft kann bei Verdichtungs- und Entspannungsvorgängen am geschlossenen System die Dissipationsenergie vernachlässigt werden.

B 1.12 Zustandsänderung und Volumenänderungsarbeit mit und ohne Dissipation bei geschlossenem adiabaten System

1.5.5 Innere Energie

Wir führen einem adiabat eingeschlossenen Gas Volumenänderungsarbeit W_{v12} zu **(B 1.13a)**.

Da Energie nicht verloren gehen kann, muß die als Volumenänderungsarbeit zugeführte Energie im Gas gespeichert werden. Eine gleich große Energie wird einem ähnlichen System **(B 1.13b)** durch einen Rührer zugeführt (Wellenarbeit W_{w12})[1]. Dieser Vorgang ist irreversibel, die Arbeit dissipiert im System, es handelt sich um Dissipationsenergie $W_{diss\,12}$. Dann wird die gleiche Energie wie vorher im Gas gespeichert, da vom System keinerlei Energie an die Umgebung abgegeben wird.

[1] Definition s. Gl 1.36a.

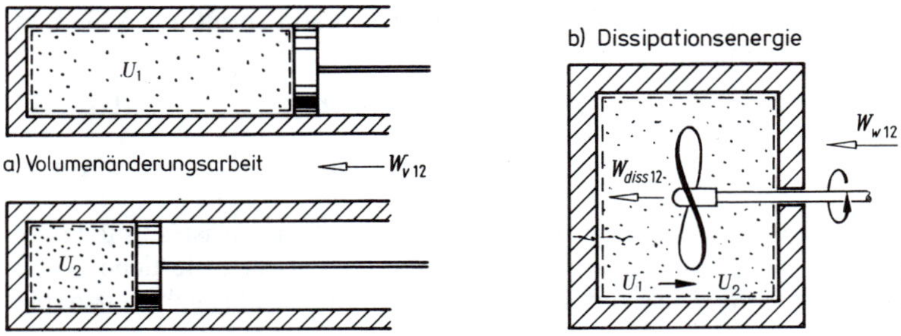

B 1.13 Arbeitszufuhr an ein adiabates, geschlossenes System

Die in einem System gespeicherte Energie nennen wir *innere Energie U*. Wird einem adiabaten geschlossenen System Arbeit zugeführt, so muß die innere Energie steigen:

$$\int_1^2 \mathrm{d}W_g = \int_1^2 \mathrm{d}U$$

$$W_{g\,12} = U_2 - U_1 \qquad \textit{adiabates, geschlossenes System} \qquad \textbf{(Gl 1.23)}$$

Wir erkennen: Es tritt trotz verschiedener Arten von zugeführter Arbeit die gleiche Erhöhung der inneren Energie des Systems ein. Auch bei Verteilung der Arbeit auf gleichzeitig auftretende Kompression und Dissipation würde die Erhöhung der inneren Energie gleich groß sein. Wir folgern daraus: Die einem adiabat geschlossenen System zugeführte Arbeit erhöht die innere Energie U des Systems. Da diese Erhöhung nur von dem Betrag, nicht von der Art der Arbeit abhängt, *ist die innere Energie eine Zustandsgröße*. Sie gehört zur Gruppe der *kalorischen Zustandsgrößen*.

Die innere Energie U stellt den Energievorrat eines Systems dar[1].
Bezogen auf die Masse ergibt sich die *spezifische innere Energie* $u = \frac{U}{m}$ und die *spezifische Arbeit*

$$w_{g\,12} = \frac{W_{g\,12}}{m} = u_2 - u_1 \qquad \textit{adiabates, geschlossenes System.}$$

Der absolute Wert der inneren Energie ist hoch, er umfaßt z. B. auch die in den Elektronen und Atomkernen gespeicherte Energie. Dieser Wert ist für technische Berechnungen bedeutungslos, es genügt daher, mit Energiedifferenzen zu rechnen oder einen Nullpunkt zu vereinbaren.

Höhere innere Energie wirkt sich als vergrößerte kinetische und potentielle Energie der Moleküle des Systems aus. Gehen in dem untersuchten System chemische Umwandlungen vor sich, so ist die chemisch gebundene Energie als Teil der inneren Energie zu berücksichtigen.

Beispiel 1.9: In einem adiabaten Zylinder von 500 l **(B 1.14)** befindet sich ein ideales Gas, dessen Druck durch einen konstant belasteten Kolben auf 2 bar (abs.) gehalten wird. Dem Gas wird die Dissipationsenergie $W_{diss\,12} = 0{,}2$ kWh zugeführt, wobei sich die Temperatur von 18 °C auf 600 °C erhöht. Der Umgebungsdruck beträgt 0,98 bar.

a) Wie groß ist die abgeführte Volumenänderungsarbeit?
b) Um welchen Wert ändert sich die innere Energie des Systems?
c) Wie groß ist die an die Umgebung abgegebene Verschiebearbeit?
d) Wie groß ist die an die Kolbenstange abgegebene Nutzarbeit?

[1] Ferner gehören potentielle und kinetische Energie zur Energie eines Systems. Wir beschränken unsere Betrachtungen aber auf *ruhende* Systeme, in denen sich kinetische und potentielle Energie nicht ändern.

Zu a: Volumenänderungsarbeit (Gl 1.17) bei konstantem Druck:

$$W_{v12} = -\int_1^2 p\,\mathrm{d}V = -p(V_2 - V_1)$$

Hierin V_2 (Gl. 1.16):

$$V_2 = V_1 \frac{T_2}{T_1} = 500\,\mathrm{l}\,\frac{873\,\mathrm{K}}{291\,\mathrm{K}} = 1500\,\mathrm{l}$$

$$W_{v12} = -2\,\mathrm{bar}\;10^5\,\frac{\mathrm{N}}{\mathrm{m^2\,bar}}\,(1500-500)\,\mathrm{l}\,\frac{\mathrm{m^3}}{10^3\,\mathrm{l}}\,\frac{\mathrm{kJ}}{10^3\,\mathrm{Nm}}$$

$$W_{v12} = \underline{-200\,\mathrm{kJ}} \quad \text{(neg., d.h. abgeführt)}$$

Zu b: Für adiabate Systeme gilt (Gl. 1.23), in die wir (Gl. 1.21) einführen:

$$U_2 - U_1 = W_{g12} = W_{v12} + W_{diss\,12}$$

$$= -200\,\mathrm{kJ} + 0{,}2\,\mathrm{kW\,h}\cdot 3{,}6\cdot 10^3\,\frac{\mathrm{kJ}}{\mathrm{kW\,h}}$$

$$U_2 - U_1 = \underline{+520\,\mathrm{kJ}} \quad \text{(pos., d.h. die innere Energie steigt)}$$

Zu c: Verschiebearbeit (Gl. 1.18)

$$W_{u12} = -p_b(V_2 - V_1)$$

$$W_{u12} = -0{,}98\,\mathrm{bar}\;10^5\,\frac{\mathrm{N}}{\mathrm{m^2\,bar}}\,(1500-500)\,\mathrm{l}\,\frac{\mathrm{m^3}}{10^3\,\mathrm{l}}\,\frac{\mathrm{kJ}}{10^3\,\mathrm{Nm}}$$

$$W_{u12} = \underline{-98\,\mathrm{kJ}} \quad \text{(neg., d.h. abgeführt)}$$

Zu d: Nutzarbeit an der Kolbenstange (Gl. 1.19):

$$W_{n12} = W_{v12} - W_{u12} = -200\,\mathrm{kJ} - (-98\,\mathrm{kJ})$$

$$W_{n12} = \underline{-102\,\mathrm{kJ}} \quad \text{(neg., d.h. abgeführt)}$$

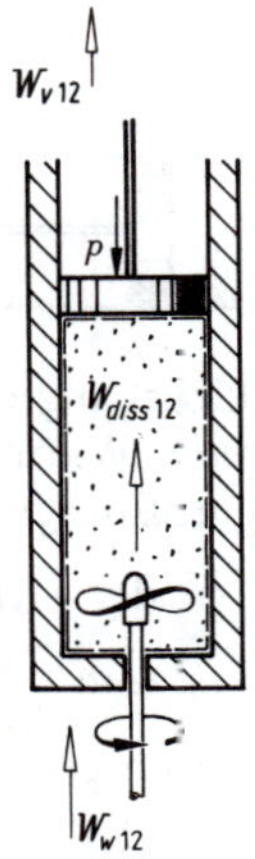

B 1.14 Zufuhr von Dissipationsenergie an ein adiabates geschlossenes System

Aufgabe 1.8: Einem adiabaten gasgefüllten Behälter wird reversibel die Volumenänderungsarbeit 1,5 MJ entzogen.

a) Um welchen Betrag fällt die innere Energie des Systems?
b) Welche Dissipationsenergie ist zuzuführen, damit die innere Energie ihren ursprünglichen Wert wieder erreicht?

1.6 Arbeit und Wärme

1.6.1 Wärme

Wir führen einem nichtadiabat eingeschlossenen Gas Arbeit zu **(B 1.15).** In **B 1.13** hatten wir den Vorgang der Arbeitzufuhr bei adiabater Systemgrenze betrachtet. Die zugeführte Arbeit blieb dabei in dem System und erhöhte dessen innere Energie.

Bei einem System mit nichtadiabater Systemgrenze wird bei Zufuhr der gleichen Arbeit die innere Energie weniger stark erhöht, wenn die Temperatur der Umgebung niedriger als die des Systems ist. Ein Teil der zugeführten Energie muß demnach die nichtadiabate Systemgrenze überschritten haben. Wir bezeichnen diese Energie als Wärme.

Wärme ist die Energie, die bei einem System mit nichtadiabater Grenze allein aufgrund eines Temperaturunterschiedes zu seiner Umgebung über die Systemgrenze tritt.

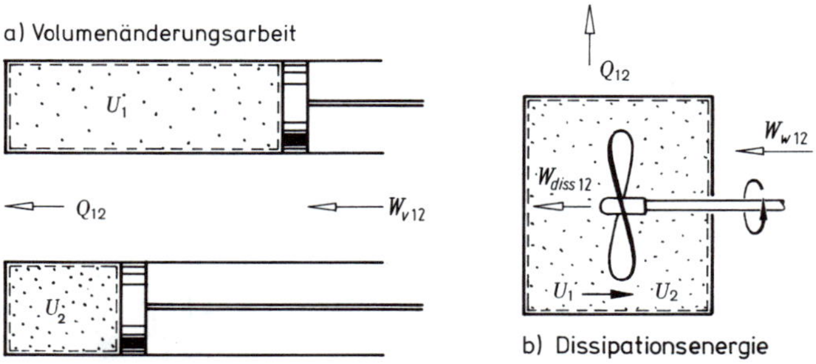

B 1.15 Arbeitszufuhr an ein geschlossenes System mit nichtadiabater Systemgrenze

Den Übergang dieser Energie über die Systemgrenze nennen wir *Wärmezu-* oder *Wärmeabfuhr*. Wärme und Arbeit bewirken demnach gemeinsam eine Änderung der inneren Energie; Energiebilanz:

$$\mathrm{d}Q + \mathrm{d}W_g = \mathrm{d}U \qquad \textit{geschlossenes System} \qquad \textbf{(Gl 1.24a)}$$

$$Q_{12} + W_{g12} = U_2 - U_1 \qquad \textit{geschlossenes System} \qquad \textbf{(Gl 1.24b)}$$

Aus der umgestellten Gl 1.24b

$$Q_{12} = U_2 - U_1 - W_{g12} \qquad \textit{geschlossenes System}$$

ist die Wärme formal definiert:

Wärme ist die Differenz aus der Änderung der inneren Energie und der verrichteten Arbeit, wenn das betrachtete System geschlossen ist.

Wir erhalten eine auch für offene Systeme geltende Gleichung, indem wir die Arbeit W_{g12} formal durch Gl 1.22 ersetzen:

$$Q_{12} - \int_1^2 p\,\mathrm{d}V + W_{diss\,12} = U_2 - U_1 \qquad \textit{gilt allgemein} \qquad \textbf{(Gl 1.25)}$$

Dann ist allerdings $\int_1^2 p\,\mathrm{d}V$ ein rein mathematischer Term, der *nicht die Bedeutung einer Arbeit* hat.

Dividieren wir Gl 1.24 bzw Gl 1.25 durch die Masse des Systems, so tritt darin die auf die *Masse bezogene Wärme* auf.

$$q_{12} + w_{g12} = u_2 - u_1 \qquad \textit{geschlossenes System}$$

$$q_{12} - \int_1^2 p\,\mathrm{d}v + w_{diss\,12} = u_2 - u_1 \qquad \textit{gilt allgemein}$$

Wird nur Volumenänderungsarbeit W_{v12} verrichtet, so wird diese statt W_{g12} angesetzt (Gl 1.21).

Mit obigem Ansatz ist auch das Vorzeichen für die Wärmezu- oder Wärmeabfuhr festgelegt: *Zugeführte Wärme wird positiv, abgeführte Wärme negativ.*

Die Wärme Q_{12} ist – wie die Arbeit W_{g12} – eine Prozeßgröße und damit vom Prozeßverlauf abhängig. Das ist aus Gl 1.24 erkennbar, nach der eine bestimmte Änderung der Zustandsgröße U durch unterschiedliche Anteile der Prozeßgrößen Q_{12} und W_{g12} bewirkt werden kann.

Wärme und Arbeit sind Formen der Energieübertragung. Beide treten nur beim Überschreiten der Systemgrenzen auf, im Inneren des Systems existieren diese Größen nicht. Für das Innere des Systems muß der Begriff innere Energie verwendet werden.

Beispiel 1.10: Einem gleichen System wie im Beispiel 1.9, jedoch mit nichtadiabatem Zylinder, wird die Dissipationsenergie 0,2 kWh zugeführt. Die Hälfte dieser Arbeit erhöht die innere Energie des Systems, wobei die Temperatur von 18 °C auf 309 °C steigen soll.

Welche Volumenänderungsarbeit und Wärme werden abgegeben?

Erhöhung der inneren Energie:

$$U_2 - U_1 = \frac{W_{diss\,12}}{2} = \frac{0{,}2\,\text{kW h}\;3{,}6\cdot 10^3\,\text{kJ}}{2\,\text{kW h}} = 360\,\text{kJ}$$

Volumenänderungsarbeit:

$$W_{v12} = -p(V_2 - V_1)$$

Hierin V_2 (Gl 1.16):

$$V_2 = V_1\,\frac{T_2}{T_1} = 500\,\text{l}\,\frac{582\,\text{K}}{291\,\text{K}} = 1000\,\text{l}$$

$$W_{v12} = -2\,\text{bar}\;10^5\,\frac{\text{N}}{\text{m}^2\,\text{bar}}\,(1000-500)\,\text{l}\,\frac{\text{m}^3}{10^3\,\text{l}}\,\frac{\text{kJ}}{10^3\,\text{Nm}}$$

$$W_{v12} = \underline{-100\,\text{kJ}}\ \text{(neg., d.h. abgegeben)}$$

Wärme nach (Gl 1.24b), in Verbindung mit (Gl 1.21):

$$Q_{12} = U_2 - U_1 - W_{g\,12} = U_2 - U_1 - (W_{diss\,12} + W_{v12})$$

$$= 360\,\text{kJ} - \left(0{,}2\,\text{kW h}\;3{,}6\cdot 10^3\,\frac{\text{kJ}}{\text{kW h}} - 100\,\text{kJ}\right)$$

$$Q_{12} = \underline{-260\,\text{kJ}}\ \text{(neg., d.h. abgegeben)}$$

Aufgabe 1.9: Das System nach Beispiel 1.10 befindet sich in einer Umgebung mit dem atmosphärischen Bezugsdruck 1,02 bar.

a) Wie groß ist die an die Umgebung übertragene Verschiebearbeit?

b) Wie groß ist die Nutzarbeit an der Kolbenstange?

1.6.2 Arbeit am offenen System und Enthalpie

Die bisher behandelten Prozesse liefen in geschlossenen Systemen ab, wobei ein eingeschlossener Stoff einmalig die Arbeit W_{g12}, bei reversibler Expansion einmalig die Volumenänderungsarbeit W_{v12}, abgeben kann. In der Technik sind jedoch die offenen Systeme wichtiger, weil die meisten Prozesse mit Stoffdurchfluß verlaufen und hierbei in einer Maschine stetig Arbeit verrichtet werden kann.

Diese an einem offenem System verrichtete Arbeit nennen wir innere Arbeit W_{i12}. Sie besteht aus einem *reversiblen* Anteil – der *technischen Arbeit* W_{t12} – und der Dissipationsenergie $W_{diss\,12}$.[1]

$$W_{i12} = W_{t12} + W_{diss\,12} \qquad \textbf{(Gl 1.26)}$$

[1] Diese Bezeichnungsweise ist vielfach gebräuchlich und abgestimmt mit den bei Strömungsmaschinen üblichen Begriffen *innerer* Turbinen- oder *innerer* Verdichterwirkungsgrad (z.B. DIN 1943, Febr. 1975: Wärmetechnische Abnahmeversuche an Dampfturbinen), bzw. mit den bei Motoren und Kompressoren üblichen Begriffen *indizierte* Leistung, *Innen*leistung, *Innen*wirkungsgrad (z.B. DIN 1940, Dez. 1976: Hubkolbenmotoren; DIN 1945 T1, Nov. 1980: Verdrängerkompressoren). In der thermodynamischen Literatur wird aber auch abweichend von der hier gewählten Benennung statt innerer Arbeit die Bezeichnung *technische Arbeit* ($W_{t\,12}$) und für den reversiblen Anteil die Bezeichnung *reversible technische Arbeit* ($W_{t\,rev\,12}$) verwendet.

Auf die Masse bezogen ergibt sich die spezifische innere Arbeit w_{i12} mit der spezifischen (reversiblen) technischen Arbeit w_{t12}:

$$w_{i12} = w_{t12} + w_{diss\,12}$$

Die Systemgrenze kann adiabat oder nichtadiabat sein. Wir behandeln bei offenen Systemen nur *stationäre Prozesse*. Bei ihnen wird vorausgesetzt, daß die zu- und abströmenden Stoffmengen, die im System befindliche Stoffmenge, die Zustandsgrößen beim Zu- und Abfluß und die Energieübertragung über die Systemgrenze zeitlich konstant sind; alle Vorgänge verlaufen also unter *Beharrung*.

Wir betrachten einen Prozeß, bei dem ein strömender Stoff eine Maschine antreibt. Die Systemgrenzen sind zunächst adiabat **(B 1.16)**.

Statt des offenen Systems verfolgen wir als leichter zu überschauendes geschlossenes Ersatzsystem eine bestimmte Stoffmasse m, die sich bei Beginn des Prozesses mit dem Volumen V_1 vor der Maschine, am Ende des Prozesses mit dem Volumen V_2 hinter der Maschine befindet. Diese Stoffmasse ist in **B 1.16** schraffiert dargestellt. Sie verrichtet in der Maschine die Arbeit W_{i12}, die über die Systemgrenze nach außen abgegeben wird. Die Stoffmasse m wird von der nachströmenden Stoffmasse durch die Maschine

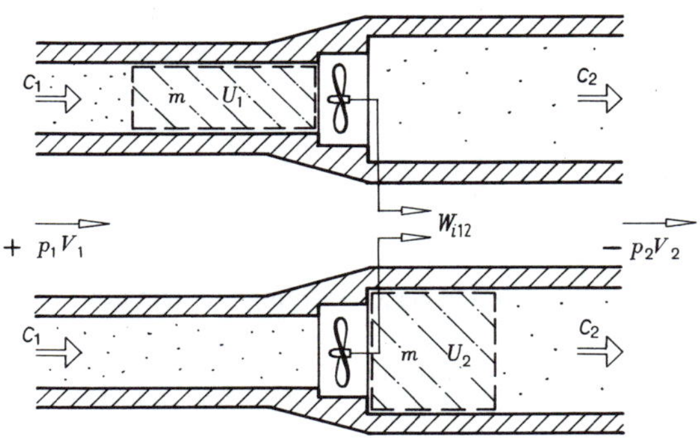

B 1.16 Innere Arbeit W_{i12} an einem offenen System mit adiabaten Grenzen

gedrückt und verdrängt ihrerseits die Stoffmasse am Abfluß. Diesen Vorgang können wir durch eine Verdrängung mittels konstant belasteter Kolben ersetzt denken. Der linke Kolben verdrängt die Stoffmasse m mit dem Volumen V_1 gegen den konstanten Druck p_1. Hierbei führt der Kolben dem System die *Einschubarbeit* $+p_1\,V_1$ zu (zugeführte Arbeit ist positiv).

Während des Überströmens verdrängt die Stoffmasse m mit dem Volumen V_2 den rechten Kolben gegen den konstanten Druck p_2, wobei das System an den rechten Kolben die *Ausschubarbeit* $-p_2\,V_2$ abgibt (abgegebene Arbeit ist negativ).

Die innere Energie des Ersatzsystems ändert sich beim Durchströmen von U_1 auf U_2. Wir setzen bei zunächst *vernachlässigter Änderung der kinetischen und potentiellen Energie* die Energiebilanz für das geschlossene Ersatzsystem an (Gl 1.23):

$$W_{g12} = U_2 - U_1 \qquad \textit{für adiabate Systeme}$$

Die Arbeit W_{g12} setzt sich aus der inneren Arbeit W_{i12} und den Arbeiten durch die Volumenverdrängung der Stoffmasse m zusammen.

$$W_{i12} + p_1\,V_1 - p_2\,V_2 = U_2 - U_1$$

Die Differenz $p_1 V_1 - p_2 V_2$ wird *Verschiebearbeit* genannt, sie ist zur Verschiebung des Stoffes durch das System notwendig. Die Verschiebearbeit wird nur aus Zustandsgrößen des Anfangs- und Endzustandes gebildet und ist somit selbst eine Zustandsgröße. Wir stellen obige Gl um:

$$W_{i12} = (U_2 + p_2 V_2) - (U_1 + p_1 V_1)$$

Die Klammerausdrücke enthalten nur Zustandsgrößen, die zu einer neuen Zustandsgröße, der *Enthalpie*[1], zusammengefaßt werden.

$$H = U + p V \qquad \textbf{(Gl 1.27)}$$

Auf die Masse m bezogen ergibt sich die *spezifische Enthalpie*

$$h = \frac{H}{m} = u + p v$$

Die *innere Arbeit* bei adiabaten Systemen kann demnach – bei vernachlässigter Änderung der kinetischen und potentiellen Energie – als Differenz zweier Zustandsgrößen berechnet werden

$$W_{i12} = H_2 - H_1 \qquad \textit{adiabates, offenes System} \qquad \textbf{(Gl 1.28a)}$$

Die *spezifische innere Arbeit* bei adiabaten Systemen ergibt sich, wenn man die innere Arbeit auf die am Prozeß beteiligte Stoffmasse bezieht (Änderung der kinetischen und potentiellen Energie vernachlässigt):

$$w_{i12} = \frac{W_{i12}}{m} = h_2 - h_1 \qquad \textit{adiabates, offenes System}$$

Berücksichtigt man die Änderung der kinetischen Energie $\frac{m}{2}(c_2^2 - c_1^2)$ und der potentiellen Energie $mg(z_2 - z_1)$ – mit z als Höhe – so geht Gl 1.28a über in[2]

$$W_{i12}^* = H_2 - H_1 + \frac{m}{2}(c_2^2 - c_1^2) + mg(z_2 - z_1) \qquad \textit{adiabates, offenes System} \qquad \textbf{(Gl 1.28b)}$$

Die Vernachlässigung der potentiellen Energie ist meist gerechtfertigt, bei hohen Differenzen der Zu- und Abströmgeschwindigkeit (c_1, c_2) ist die Änderung der kinetischen Energie zu berücksichtigen. Die Summe aus Enthalpie und kinetischer Energie wird *Totalenthalpie* genannt:

$$H^* = H + m\frac{c^2}{2} \qquad \textbf{(Gl 1.29)}$$

Sind die Systemgrenzen nichtadiabat, so muß bei der Energiebilanz die an der Systemgrenze übertretende Wärme berücksichtigt werden (Gl. 1.24b). Unter Vernachlässigung der Änderung der kinetischen und potentiellen Energie ergibt sich:

$$Q_{12} + W_{g12} = U_2 - U_1$$

$$Q_{12} + W_{i12} + p_1 V_1 - p_2 V_2 = U_2 - U_1$$

$$Q_{12} + W_{i12} = (U_2 + p_2 V_2) - (U_1 + p_1 V_1)$$

$$Q_{12} + W_{i12} = H_2 - H_1 \qquad \textit{offenes System} \qquad \textbf{(Gl 1.30a)}$$

[1] ἐνθάλπειν (griech.) = sich erwärmen.

[2] Den Index * verwenden wir für die innere und die technische Arbeit, wenn die Änderung der kinetischen und potentiellen Energie berücksichtigt wird.

Auf die Masse m bezogen gilt

$$q_{12}+w_{i12}=h_2-h_1 \qquad \textit{offenes System}$$

Berücksichtigt man die Änderung der kinetischen und potentiellen Energie, so erhält man

$$Q_{12}+W^*_{i12}=H_2-H_1+\frac{m}{2}(c_2^2-c_1^2)+mg(z_2-z_1) \qquad \textit{offenes System} \qquad \textbf{(Gl 1.30b)}$$

auf die Masse m bezogen

$$q_{12}+w^*_{i12}=h_2-h_1+\tfrac{1}{2}(c_2^2-c_1^2)+g(z_2-z_1)$$

Die innere Arbeit, die nach Gl 1.30 mit der Enthalpie und der Wärme verknüpft ist, kann auch ohne Kenntnis kalorischer Größen ermittelt werden. Hierzu gehen wir von der differenzierten Gl 1.27 aus:

$$\mathrm{d}H=\mathrm{d}U+p\,\mathrm{d}V+V\,\mathrm{d}p$$

$$\mathrm{d}U=\mathrm{d}H-p\,\mathrm{d}V-V\,\mathrm{d}p$$

und führen sie in die differenzierte Gl 1.25 ($\mathrm{d}Q-p\,\mathrm{d}V+\mathrm{d}W_{diss}=\mathrm{d}U$) ein. Wir erhalten damit eine vom offenen System unabhängige Gleichung:

$$\mathrm{d}Q-p\,\mathrm{d}V+\mathrm{d}W_{diss}=\mathrm{d}H-p\,\mathrm{d}V-V\,\mathrm{d}p$$

$$\mathrm{d}Q+V\,\mathrm{d}p+\mathrm{d}W_{diss}=\mathrm{d}H$$

$$Q_{12}+\int_1^2 V\,\mathrm{d}p+W_{diss\,12}=H_2-H_1 \qquad \textit{gilt allgemein} \qquad \textbf{(Gl 1.31)}$$

Auf die Masse m bezogen:

$$q_{12}+\int_1^2 v\,\mathrm{d}p+w_{diss\,12}=h_2-h_1 \qquad \textit{gilt allgemein}$$

Gl 1.31 gilt auch für geschlossene Systeme. Dann ist allerdings $\int_1^2 V\mathrm{d}p$ ein rein mathematischer Term, der *nicht die Bedeutung einer Arbeit hat* (vgl. Gl. 1.34).
Wir stellen Gl. 1.30b um

$$Q_{12}+W^*_{i12}-\frac{m}{2}(c_2^2-c_1^2)-mg(z_2-z_1)=H_2-H_1$$

und erhalten durch Gleichsetzen mit Gl 1.31 für die innere Arbeit eine von kalorischen Größen unabhängige Gleichung:

$$W^*_{i12}=\int_1^2 V\,\mathrm{d}p+\frac{m}{2}(c_2^2-c_1^2)+mg(z_2-z_1)+W_{diss\,12} \qquad \textit{offenes System} \qquad \textbf{(Gl 1.32)}$$

Auf die Masse m bezogen:

$$w^*_{i12}=\int_1^2 v\,\mathrm{d}p+\tfrac{1}{2}(c_2^2-c_1^2)+g(z_2-z_1)+w_{diss\,12} \qquad \textit{offenes System}$$

Wir ersetzen in Gl 1.32 $W_{i12}-W_{diss\,12}$ nach Gl. 1.26 und erhalten die (reversible) technische Arbeit W_{t12}:

$$W^*_{t12}=\int_1^2 V\,\mathrm{d}p+\frac{m}{2}(c_2^2-c_1^2)+mg(z_2-z_1) \qquad \textit{offenes System} \qquad \textbf{(Gl 1.33)}$$

Auf die Masse m bezogen:

$$w^*_{t12} = \int_1^2 v\,dp + \tfrac{1}{2}(c_2^2 - c_1^2) + g(z_2 - z_1) \qquad \textit{offenes System}$$

Die technische Arbeit W_{t12} ist die am offenen System reversibel verrichtete Arbeit. Bei einem irreversiblen Vorgang ist W_{t12} der reversible Anteil der Arbeit.
Ändern sich kinetische und potentielle Energie nicht, so ist die technische Arbeit

$$W_{t12} = \int_1^2 V\,dp \qquad \textit{offenes System} \qquad \textbf{(Gl 1.34)}$$

Diese Arbeit kann im p, V-Diagramm **(B 1.17)** dargestellt werden. $V\,dp$ ist der schraffierte Flächenstreifen, die technische Arbeit $W_{t12} = \int_1^2 V\,dp$ die gesamte Fläche unter der Zustandsänderung zur p-Achse, wenn sich die kinetische und potentielle Energie nicht ändern.
Auch zugeführte technische Arbeit wird, wie jede zugeführte Arbeit, positiv, denn $\int_1^2 V\,dp$ ist bei Druckerhöhung positiv, so daß $W_{t12} = \int_1^2 V\,dp$ positiv wird.

Auf die Masse m bezogen ist die *spezifische technische Arbeit* ohne Änderung der kinetischen und potentiellen Energie:

$$w_{t12} = \frac{W_{t12}}{m} = \int_1^2 v\,dp \qquad \textit{offenes System}$$

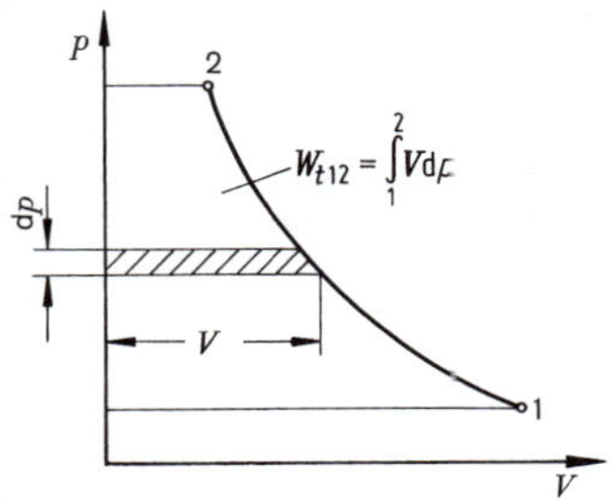

B 1.17 Technische Arbeit ohne Änderung der kinetischen und potentiellen Energie im p, V-Diagramm

Dieses Integral ist vergleichbar mit dem schon für geschlossene Systeme ermittelten $-\int_1^2 p\,dV$ (Gl 1.17). Natürlich läßt sich auch für das geschlossene System der Ausdruck $\int_1^2 V\,dp$ (Gl 1.34) berechnen, die Bedeutung einer tatsächlich verrichteten Arbeit hat er jedoch nur beim offenen System. Entsprechend gilt, daß $-\int_1^2 p\,dV$ (Gl 1.17) nur beim geschlossenen System die Bedeutung einer wirklich verrichteten Arbeit – der Volumenänderungsarbeit W_{v12} – hat. Dagegen behalten die innere Energie U und die Enthalpie H unabhängig vom System ihre Bedeutung als *Zustandsgröße*.

Wie schon beim geschlossenen System erläutert, kann Dissipation den Verlauf der Zustandsänderung und damit die (reversible) technische Arbeit W_{t12} beeinflussen. So wird z. B bei adiabater Systemgrenze das Endvolumen bei gleicher Druckänderung größer, so daß auch der Betrag des Integrals $\int_1^2 V\,dp$ und damit der Betrag der technischen Arbeit größer werden **(B 1.18).**

Wir werden vereinfachend die Vorgänge oft reversibel ($W_{diss\,12} = 0$) und ohne Änderung der kinetischen und der potentiellen Energie behandeln. Eine nähere Behandlung der

Dissipation folgt in Abschn. 3.0, auf die Änderung der kinetischen und potentiellen Energie gehen wir in Abschn. 7.2 und 7.4 näher ein.

In die Gleichungen kann statt der Stoffmasse m auch der Massenstrom $\dot{m}$ eingeführt werden, dann treten Leistungen anstelle von Arbeiten auf, z.B. die *innere Leistung*[1]

$$P_{i12} = \dot{m} w_{i12} \qquad \textbf{(Gl 1.35)}$$

Abschließend sei an die aus der Mechanik bekannte *Wellenarbeit* erinnert, die an einer sich drehenden Welle übertragen wird:

$$W_{w12} = 2\pi \int_{\tau_1}^{\tau_2} n M_d \, d\tau = \int_{\tau_1}^{\tau_2} M_d \omega \, d\tau \qquad \textbf{(Gl 1.36a)}$$

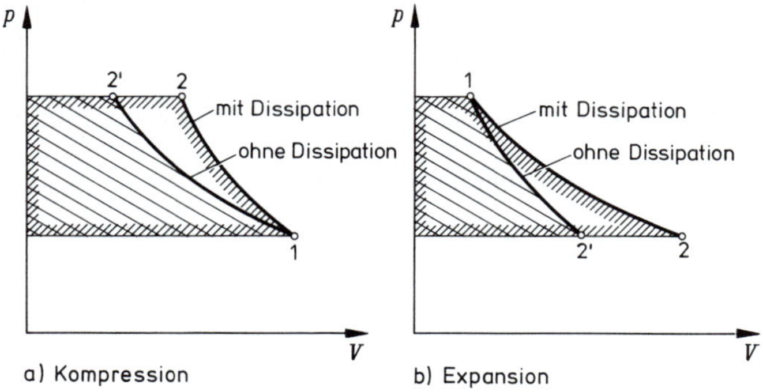

////// $W_{t12} = \int_1^2 V dp$ (bei Auftreten von Dissipation)

\\\\ $W_{t12'} = \int_1^{2'} V dp$ (ohne Auftreten von Dissipation)

B 1.18 Zustandsänderung und technische Arbeit mit und ohne Dissipation bei offenem adiabatem System (ohne Änderung kinetischer und potentieller Energie)

In dem System nach B 1.16 setzt sich z.B. innere Arbeit in Wellenarbeit um, in dem System nach B 1.13b wird Wellenarbeit in Dissipationsenergie umgesetzt.

Die *Wellenleistung* ist

$$P_w = \frac{d W_w}{d\tau} = M_d \omega \qquad \textbf{(Gl 1.36b)}$$

Beispiel 1.11: Einer adiabaten Maschine **(B 1.16)** strömen 10,0 m³ Luft mit 5 bar zu. Die Luft gibt in der Maschine die innere Arbeit 6,04 MJ ab und tritt mit 1 bar aus, wobei sich das Luftvolumen auf 34,5 m³ vergrößert hat. Die Änderung der kinetischen und potentiellen Energie kann vernachlässigt werden.

Wie ändern sich Enthalpie und innere Energie der Luft während des Durchströmens?

Änderung der Enthalpie in adiabaten Systemen (Gl 1.28a):

$$H_2 - H_1 = W_{i12} = \underline{-6{,}04 \text{ MJ}} \quad \text{(die Enthalpie fällt)}$$

Änderung der inneren Energie aus der vor (Gl 1.27) abgeleiteten Gleichung:

$$U_2 - U_1 = W_{i12} + p_1 V_1 - p_2 V_2$$

$$U_2 - U_1 = -6{,}04 \text{ MJ} + 5 \text{ bar } 10 \text{ m}^3 - 1 \text{ bar } 34{,}5 \text{ m}^3$$

[1] Vgl. Abschn. 7.2.1

$$U_2 - U_1 = -6{,}04\ \text{MJ} + 15{,}5\ \text{bar m}^3\ 10^5\ \frac{\text{N}}{\text{m}^2\ \text{bar}}\ \frac{\text{MJ}}{10^6\ \text{Nm}}$$

$$U_2 - U_1 = \underline{-4{,}49\ \text{MJ}} \quad \text{(die innere Energie fällt weniger stark als die Enthalpie)}$$

Aufgabe 1.10: In einem Verdichter mit nichtadiabaten Wänden wird Luft komprimiert, wobei ihr die innere Arbeit 10 MJ zugeführt wird. Die Enthalpie der Luft soll sich während des Verdichtungsvorgangs nicht ändern.
Wieviel Wärme muß zu- oder abgeführt werden?

1.6.3 Kalorische Zustandsgleichungen und spezifische Wärmekapazitäten

Kalorische Zustandsgleichungen. Zwei Zustandsgrößen beschreiben den Zustand eines homogenen thermodynamischen Systems eindeutig. Die spezifische innere Energie und die spezifische Enthalpie können demnach aus den Beziehungen ermittelt werden:

$$u = u(v, T) \qquad h = h(p, T)$$

Diese Funktionen heißen *kalorische Zustandsgleichungen*. Wir bilden deren vollständiges Differential, indem wir bei der Ableitung nach der einen Unbekannten die andere jeweils konstant halten:

$$\mathrm{d}u = \left(\frac{\partial u}{\partial T}\right)_v \mathrm{d}T + \left(\frac{\partial u}{\partial v}\right)_T \mathrm{d}v \qquad \textbf{(Gl 1.37 a)}$$

$$\mathrm{d}h = \left(\frac{\partial h}{\partial T}\right)_p \mathrm{d}T + \left(\frac{\partial h}{\partial p}\right)_T \mathrm{d}p \qquad \textbf{(Gl 1.37 b)}$$

Spezifische Wärmekapazitäten. Die jeweils ersten Differentialquotienten in Gl 1.37 a und Gl 1.37 b haben für die thermodynamische Praxis besondere Bedeutung, da sie bei vielen Vorgängen auftreten. Sie werden *spezifische Wärmekapazität* genannt:

$$c_v = \left(\frac{\partial u}{\partial T}\right)_v \quad \textit{spezifische Wärmekapazität bei konstantem Volumen} \qquad \textbf{(Gl 1.38)}$$

$$c_p = \left(\frac{\partial h}{\partial T}\right)_p \quad \textit{spezifische Wärmekapazität bei konstantem Druck} \qquad \textbf{(Gl 1.39)}$$

Man kann die spezifische Wärmekapazität messen, indem man einem System, das keine Aggregatzustandsänderung erfährt, bei konstantem Volumen bzw. konstantem Druck Wärme oder Dissipationsarbeit zuführt:

Aus Gl 1.25 ($\mathrm{d}q - p\,\mathrm{d}v + \mathrm{d}w_{diss} = \mathrm{d}u$) ergibt sich mit Gl 1.37 a und Gl 1.38 bei konstantem Volumen ($\mathrm{d}v = 0$):

$$\mathrm{d}q + \mathrm{d}w_{diss} = c_v\,\mathrm{d}T \qquad \textit{bei konstantem Volumen} \qquad \textbf{(Gl 1.40 a)}$$

$$Q_{12} + W_{diss\,12} = m \int_1^2 c_v\,\mathrm{d}T \qquad \textit{bei konstantem Volumen} \qquad \textbf{(Gl 1.40 b)}$$

Aus Gl 1.31 ($\mathrm{d}q + v\,\mathrm{d}p + \mathrm{d}w_{diss} = \mathrm{d}h$) ergibt sich mit Gl 1.37 b und Gl 1.39 bei konstantem Druck ($\mathrm{d}p = 0$):

$$\mathrm{d}q + \mathrm{d}w_{diss} = c_p\,\mathrm{d}T \qquad \textit{bei konstantem Druck} \qquad \textbf{(Gl 1.41 a)}$$

$$Q_{12} + W_{diss\,12} = m \int_1^2 c_p\,\mathrm{d}T \qquad \textit{bei konstantem Druck} \qquad \textbf{(Gl 1.41 b)}$$

Die spezifische Wärmekapazität ist somit meßbar und anschaulich vorstellbar als diejenige Wärme (oder Dissipationsarbeit), mit der man die Temperatur von 1 kg eines Stoffes, der keine Aggregatzustandsänderung erfährt, um 1 K steigern kann. Bei konstantem Volumen ist c_v, bei konstantem Druck c_p zu verwenden.

Bei festen und flüssigen Stoffen tritt Temperaturerhöhung bei konstantem Volumen seltener auf, so daß in der Regel mit c_p zu rechnen ist. Die Zahlenwerte von c_p und c_v unterscheiden sich bei diesen Stoffen in den üblichen Druck- und Temperaturbereichen kaum, man findet daher anstelle der genauen Bezeichnung c_p häufig die Bezeichnung c.

Die spezifische Wärmekapazität ist, ausgenommen beim *einatomigen* idealen Gas, temperaturabhängig, bei realen Gasen auch druckabhängig. Näherungsweise lässt sich die spezifische Wärmekapazität bei einer bestimmten Temperatur durch Polynome berechnen. Hierzu wurden unterschiedliche Potenzreihen entwickelt. Für die spezifische Wärmekapazität des idealen Gases bei konstantem Druck kann man z.B. verwenden [35]:

$$c_p = R_\text{i}(\text{a} + \text{b}\,T + \text{c}\,T^2 + \text{d}\,T^3 + \text{e}T^4) \qquad \textbf{(Gl 1.42)}$$

Werte für die Koeffizienten a ... e für einige ideale Gase s. T 2.4 (Anhang A4). R_i ist für ein bestimmtes Gas eine Konstante (die spezifische Gaskonstante), auf die wir in Abschn. 2.1 näher eingehen werden; Werte s. T 2.1.

In der Regel rechnet man mit dem *Mittelwert der spezifischen Wärmekapazität:*

$$Q_{12} + W_{diss\,12} = m\,c_\text{m}\big|_{t_1}^{t_2}(t_2 - t_1) \qquad \textbf{(Gl 1.43)}$$

Gl 1.43 gilt unter der Bedingung, daß der Aggregatzustand sich nicht ändert. Gl 1.43 muß mit Gl 1.40 b bzw Gl 1.41 b übereinstimmen. Daraus ergibt sich

$$c_\text{m}\big|_{t_1}^{t_2} = \frac{\int_{t_1}^{t_2} c\,\text{d}t}{t_2 - t_1} = \frac{\int_{T_1}^{T_2} c\,\text{d}T}{T_2 - T_1} \qquad \textbf{(Gl 1.44a)}$$

B 1.19 zeigt als Beispiel den Verlauf der spezifischen Wärmekapazität für Wasser zwischen 0 °C und 100 °C bei 1,01325 bar. Zur Unterscheidung von der meist benutzten mittleren spezifischen Wärmekapazität wird die für eine bestimmte Temperatur gültige auch als *wahre spezifische Wärmekapazität* bezeichnet.

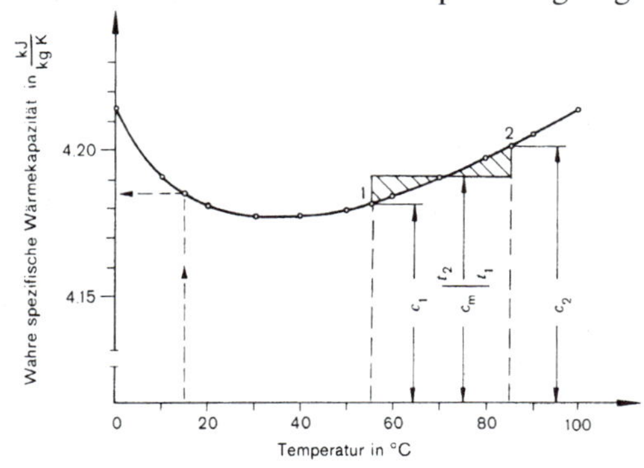

B 1.19 Wahre spezifische Wärmekapazität von Wasser bei 1,01325 bar.

Der Mittelwert der spezifischen Wärmekapazität zwischen t_1 und t_2 kann geometrisch als Höhe eines dem Integral über $c\,\text{d}t$ flächengleichen Rechtecks mit der Breite $t_2 - t_1$ gedeutet werden.

In **T 1.7 a** ist die mittlere spezifische Wärmekapazität für verschiedene Stoffe zwischen 0 °C und t angegeben. Aus diesen Werten kann die mittlere spezifische Wärmekapa-

T 1.7 a Mittlere spezifische Wärmekapazität $c_{pm}|_{0\,°C}^{t}$ einiger Metalle

Temperaturbereich	0 °C—100 °C $\frac{kJ}{kg\,K}$	0 °C—300 °C $\frac{kJ}{kg\,K}$	0 °C—500 °C $\frac{kJ}{kg\,K}$
Aluminium	0,908	0,954	0,992
Blei	0,131	0,136	—
Eisen, rein	0,464	0,469	0,473
Stahl, 0,2 % C	0,473	0,502	0,540
Stahl, 1,0 % C	0,490	0,515	0,552
Gußeisen	0,544	0,573	0,590
Kupfer	0,387	0,401	0,408

T 1.7 b Wahre spezifische Wärmekapazität c_p einiger fester und flüssiger Stoffe bei 20 °C

Fester Stoff	$\frac{kJ}{kg\,K}$	Flüssigkeit	$\frac{kJ}{kg\,K}$
Beton	0,88	Benzol	1,72
Holz	2,1–2,9	Quecksilber	0,138
Eis (bei 0 °C)	2,04	Wasser	4,1816

zität für beliebige Temperaturbereiche nach der Überlegung berechnet werden, daß die zur Erwärmung von t_1 auf t_2 erforderliche Wärme gleich der Differenz zwischen einer Erwärmung des Körpers von 0 °C auf t_2 und einer Erwärmung von 0 °C auf t_1 ist.[1]

$$Q_{12} = Q_{02} - Q_{01}$$

$$m\,c_m|_{t_1}^{t_2}(t_2 - t_1) = m\,c_m|_{0\,°C}^{t_2}(t_2 - 0\,°C) - m\,c_m|_{0\,°C}^{t_1}(t_1 - 0\,°C)$$

$$c_m|_{t_1}^{t_2} = \frac{c_m|_{0\,°C}^{t_2}\,t_2 - c_m|_{0\,°C}^{t_1}\,t_1}{t_2 - t_1} \qquad \textbf{(Gl 1.44b)}$$

Wird c_p gemäß dem Polynom nach Gl 1.42 in Gl 1.44a eingesetzt und die Gleichung integriert, so lässt sich die mittlere spezifische Wärmekapazität berechnen nach:

$$c_{pm}|_{T_1}^{T_2} = R_i \frac{a\,(T_2 - T_1) + \frac{b}{2}(T_2^2 - T_1^2) + \frac{c}{3}(T_2^3 - T_1^3) + \frac{d}{4}(T_2^4 - T_1^4) + \frac{e}{5}(T_2^5 - T_1^5)}{T_2 - T_1} \qquad \textbf{(Gl 1.44c)}$$

Oft wird in vereinfachten Berechnungen oder zur klaren Hervorhebung der thermodynamischen Zusammenhänge die Temperaturabhängigkeit der spezifischen Wärmekapazität vernachlässigt und mit dem Wert für 0 °C oder für den mittleren der behandelten Temperaturbereiche gerechnet.

Die *spezifische* Wärmekapazität gilt für 1 kg, ist also auf die Masse bezogen, das Produkt *mc* ist die *Wärmekapazität* eines Stoffes mit der Masse *m.*

Beispiel 1.12: 500 kg Aluminium sind durch Wärmezufuhr von 300 °C auf 500 °C zu erwärmen. Welche Wärme ist zuzuführen?

Mittlere spezifische Wärmekapazität (Gl 1.44b):

$$c_m|_{t_1}^{t_2} = \frac{c_m|_{0\,°C}^{t_2}\,t_2 - c_m|_{0\,°C}^{t_1}\,t_1}{t_2 - t_1} = \frac{0{,}992\,\frac{kJ}{kg\,K}\,500\,°C - 0{,}954\,\frac{kJ}{kg\,K}\,300\,°C}{(500 - 300)\,K} = 1{,}049\,\frac{kJ}{kg\,K}$$

[1] s. Fußnote zu Gl 1.10a.

Zuzuführende Wärme (Gl 1.43) mit $W_{diss\,12} = 0$:

$$Q_{12} = m\,c_{\mathrm{m}}|_{t_1}^{t_2}(t_2 - t_1) = 500\ \mathrm{kg}\ 1{,}049\ \frac{\mathrm{kJ}}{\mathrm{kg\,K}}\ 200\ \mathrm{K} = 104\,900\ \mathrm{kJ}\ \frac{\mathrm{MJ}}{10^3\ \mathrm{kJ}} \qquad Q_{12} = \underline{104{,}9\ \mathrm{MJ}}$$

Aufgabe 1.11: Die spezifische Wärmekapazität von trockener Luft, die bei etwa 1 bar zur Trocknung verwendet werden soll, ist mittels Polynom zu ermitteln und mit den Werten in T 8.3a bzw. nach T 2.2 zu vergleichen: a) als wahre spezifische Wärmekapazität bei 600 °C, b) als mittlere spezifische Wärmekapazität zwischen 100 °C und 600 °C.

Aufgabe 1.12: In einem Wärmeübertrager werden 100 kg Luft von 100 °C auf 20 °C bei konstant bleibendem Druck gekühlt. Reibungsverluste im Wärmeübertrager sind zu vernachlässigen.

Mittlere spezifische Wärmekapazität der Luft $c_{pm}|_{t_1}^{t_2} = 1{,}013\ \frac{\mathrm{kJ}}{\mathrm{kg\,K}}$.

a) Welche Wärme wird der Luft entzogen? b) Wie ändert sich die Enthalpie der Luft?

Temperaturausgleich zwischen zwei Systemen. Werden zwei Systeme mit unterschiedlicher Temperatur über eine nichtadiabate Systemgrenze verbunden oder zwei Stoffe mit unterschiedlicher Temperatur gemischt, so geht Wärme von dem System höherer Temperatur (a) an das System niederer Temperatur (b) über. Bei Temperaturausgleich zwischen beiden Systemen stellt sich die gleiche Endtemperatur ein, wir nennen sie *Ausgleichs- oder Mischtemperatur*. Die Mischtemperatur kann aus der Energiebilanz errechnet werden:

$$Q_{\mathrm{a,Mi}} + Q_{\mathrm{b,Mi}} = 0 \qquad \textit{Gesamtsystem adiabat} \qquad \textbf{(Gl 1.45)}$$

Treten keine Phasenänderungen (Aggregatzustandsänderungen) auf, so gilt mit Gl 1.42 bei $W_{diss\,12} = 0$:

$$m_{\mathrm{a}}\,c_{\mathrm{m\,a}}|_{t_{\mathrm{Mi}}}^{t_{\mathrm{a}}}(t_{\mathrm{M}i} - t_{\mathrm{a}}) + m_{\mathrm{b}}\,c_{\mathrm{m\,b}}|_{t_{\mathrm{b}}}^{t_{\mathrm{Mi}}}(t_{\mathrm{Mi}} - t_b) = 0$$

$$t_{\mathrm{Mi}} = \frac{m_{\mathrm{a}}\,c_{\mathrm{m\,a}}|_{t_{\mathrm{Mi}}}^{t_{\mathrm{a}}}\,t_{\mathrm{a}} + m_{\mathrm{b}}\,c_{\mathrm{m\,b}}|_{t_{\mathrm{b}}}^{t_{\mathrm{Mi}}}\,t_{\mathrm{b}}}{m_{\mathrm{a}}\,c_{\mathrm{m\,a}}|_{t_{\mathrm{Mi}}}^{t_{\mathrm{a}}} + m_{\mathrm{b}}\,c_{\mathrm{m\,b}}|_{t_{\mathrm{b}}}^{t_{\mathrm{Mi}}}} \qquad \textit{ohne Phasenänderung} \qquad \textbf{(Gl 1.46a)}$$

Bei konstant bleibendem Volumen ist c_v, bei konstant bleibendem Druck ist c_p einzusetzen.

Bei Systemen mit gleicher spezifischer Wärmekapazität vereinfacht sich die Berechnung der Mischtemperatur, da aus Gl 1.46a c herausfällt:

$$t_{\mathrm{Mi}} = \frac{m_{\mathrm{a}}\,t_{\mathrm{a}} + m_{\mathrm{b}}\,t_{\mathrm{b}}}{m_{\mathrm{a}} + m_{\mathrm{b}}} \qquad \textit{bei } c_{\mathrm{m\,a}}|_{t_{\mathrm{Mi}}}^{t_{\mathrm{a}}} = c_{\mathrm{m\,b}}|_{t_{\mathrm{b}}}^{t_{\mathrm{Mi}}} \qquad \textit{ohne Phasenänderung} \qquad \textbf{(Gl 1.46b)}$$

Es wurde vorausgesetzt, daß das Gesamtsystem gegenüber seiner Umgebung adiabat ist. Tritt gleichzeitig Wärmeübertragung mit der Umgebung (Q_{U}) auf, so gilt in Ergänzung der Gl 1.45:

$$Q_{\mathrm{a,Mi}} + Q_{\mathrm{b,Mi}} = Q_{\mathrm{U}} \qquad \textbf{(Gl 1.47)}$$

Bei Wärmeverlust wird Q_{U} vom Gesamtsystem an die Umgebung abgegeben und ist somit negativ.

Beispiel 1.13: Ein Stahlgußstück von 120 kg, mittlere spezifische Wärmekapazität $c_{\mathrm{m\,a}}|_{t_{\mathrm{Mi}}}^{t_{\mathrm{a}}} = 0{,}58\ \frac{\mathrm{kJ}}{\mathrm{kg\,K}}$ wird zum Härten in ein Ölbad von 550 kg gebracht, dessen Temperatur von 22 °C auf 65 °C ansteigt. Mittlere spezifische Wärmekapazität des Härteöls $c_{\mathrm{m\,b}}|_{t_{\mathrm{b}}}^{t_{\mathrm{Mi}}} = 1{,}7\ \frac{\mathrm{kJ}}{\mathrm{kg\,K}}$. Das System kann adiabat angenommen werden.

Mit welcher Temperatur wurde der Stahl eingetaucht?

Die Mischtemperatur ist $t_{Mi}=65$ °C. Wir lösen (Gl 1.46a) nach t_a auf:

$$t_a=\frac{t_{Mi}\left(m_a\, c_{m\,a}\big|_{t_{Mi}}^{t_a}+m_b\, c_{m\,b}\big|_{t_b}^{t_{Mi}}\right)-m_b\, c_{m\,b}\big|_{t_b}^{t_{Mi}}\, t_b}{m_a\, c_{m\,a}\big|_{t_{Mi}}^{t_a}}$$

$$t_a=\frac{65\ °C\left(120\ kg\ 0{,}58\ \frac{kJ}{kg\ K}+550\ kg\ 1{,}7\ \frac{kJ}{kg\ K}\right)-550\ kg\ 1{,}7\ \frac{kJ}{kg\ K}\ 22\ °C}{120\ kg\ 0{,}58\ \frac{kJ}{kg\ K}}$$

$$t_a=\underline{643\ °C}$$

Beispiel 1.14: Die mittlere spezifische Wärmekapazität einer Metallegierung soll zwischen 20 °C und 300 °C durch Messung in einem Kalorimeter bestimmt werden.

Das Kalorimeter wird mit 3,2 kg Wasser von 15 °C gefüllt. Das Kalorimeter selbst nimmt ohne Wasserfüllung je 1 K Temperaturerhöhung die Wärme 4,1 $\frac{kJ}{K}$ auf. Diese Energie dient zur Erwärmung der verschiedenen Materialien des Kalorimeters mit deren unterschiedlichen spezifischen Wärmekapazitäten, $\Sigma(m_{kal}c_{kal})$; sie wird auch als Wärmekapazität (früher „Wasserwert") des Kalorimeters bezeichnet. Man denkt sich hierbei das Gefäß durch die Wassermenge m_w ersetzt, der je K Temperatursteigerung eine gleich große Energie $m_w c_w$ zugeführt werden muß: $m_w c_w = \Sigma(m_{kal}c_{kal})$. Es werden 500 g Metall von 300 °C in das Kalorimeter gegeben, das sich dadurch auf 20 °C erwärmt.

(Gl 1.45) $$Q_{a,Mi}+Q_{b,Mi}=0$$

$$m_a\, c_{m\,a}\big|_{t_a}^{t_{Mi}}(t_{Mi}-t_a)+m_b\, c_{m\,b}\big|_{t_{Mi}}^{t_b}(t_{Mi}-t_b)+\Sigma\left(m_{kal}\, c_{m\,kal}\big|_{t_{Mi}}^{t_b}\right)(t_{Mi}-t_b)=0$$

$$c_{m\,a}\big|_{t_a}^{t_{Mi}}=\frac{\left[m_b\, c_{m\,b}\big|_{t_{Mi}}^{t_b}+\Sigma\left(m_{kal}\, c_{m\,kal}\big|_{t_{Mi}}^{t_b}\right)\right](t_{Mi}-t_b)}{m_a(t_a-t_{Mi})}$$

$$c_{m\,a}\big|_{20\,°C}^{300\,°C}=\frac{\left(3{,}2\ kg\ 4{,}18\ \frac{kJ}{kg\ K}+4{,}1\ \frac{kJ}{K}\right)(20-15)\ K}{0{,}5\ kg(300-20)\ K} \qquad c_{m\,a}\big|_{20\,°C}^{300\,°C}=\underline{0{,}625\ \frac{kJ}{kg\ K}}$$

Beispiel 1.15: 10 kg Luft, die sich mit 20 °C in einem geschlossenen Behälter mit starrer Systemgrenze befindet, wird durch Dissipation die Arbeit 500 kJ zugeführt. Durch die nichtadiabate Wand gibt die Luft 600 kJ als Wärme ab. Die mittlere spezifische Wärmekapazität der Luft bei konstantem Volumen ist 0,718 $\frac{kJ}{kg\ K}$.

a) Wie ändert sich die innere Energie der Luft?

b) Welche Temperatur nimmt die Luft an?

Zu a: (Gl 1.24b) $U_2-U_1=Q_{12}+W_{g12}=-600\ kJ+500\ kJ$

$U_2-U_1=\underline{-100\ kJ}$ (negativ, d. h. die innere Energie fällt)

Zu b: (Gl 1.43) $Q_{12}+W_{diss\,12}=m\,c_{vm}\big|_{t_1}^{t_2}(t_2-t_1)$

$$t_2=\frac{Q_{12}+W_{diss\,12}}{m\,c_{vm}\big|_{t_1}^{t_2}}+t_1=\frac{-600\ kJ+500\ kJ}{10\ kg\ \ 0{,}718\ \frac{kJ}{kg\ K}}+20\ °C$$

$$t_2=-13{,}9\ K+20{,}0\ °C=\underline{6{,}1\ °C}$$

Anmerkung zu t_2: Addiert man zu einer Celsius-Temperatur (hier $t_1=20$ °C) eine Temperaturdifferenz in K oder °C (hier $-13{,}9$ K), so erhält man das Ergebnis als Celsius-Temperatur.

Aufgabe 1.13: Heißem Abgas, von dem stündlich 80 kg mit 700 °C aus einem Industrieofen austreten, wird zur Absenkung der Temperatur stündlich 110 kg Luft von 20 °C bei konstant bleibendem Druck beigemischt. Während des Mischungsvorganges werden stündlich 20000 kJ als Wärme an die Umgebung abgegeben. Der Mittelwert der spezifischen Wärmekapazität bei konstantem Druck zwischen der jeweiligen Eintrittstemperatur und der Mischtemperatur beträgt beim Abgas $1{,}13\,\frac{\text{kJ}}{\text{kg K}}$, bei der Luft $1{,}01\,\frac{\text{kJ}}{\text{kg K}}$.
Wie hoch ist die Temperatur nach der Mischung?

Aufgabe 1.14: In einem Wärmeübertrager werden bei konstantem Druck stündlich 50000 kg Gas, $c_{pm\,G}\big|_{30\,°\text{C}}^{70\,°\text{C}} = 1{,}26\,\frac{\text{kJ}}{\text{kg K}}$, von 70 °C auf 30 °C durch Wasser gekühlt, das sich dabei von 22 °C auf 32 °C aufwärmt.
Wieviel Wasser ist stündlich erforderlich?

Aufgabe 1.15: 2 kg Stahl mit 1% Kohlenstoff werden mit 300 °C in ein Wasserbad von 20 °C getaucht, das sich, ohne zu verdampfen, auf 100 °C erwärmt. Das System ist adiabat anzunehmen.

a) Wieviel Wasser befindet sich in dem System, wenn die Energieaufnahme des Behälters (Kalorimeter) selbst vernachlässigt wird?
b) Wieviel Wasser befindet sich in dem System, wenn es aus einem Kalorimeter mit der Wärmekapazität $545\,\frac{\text{J}}{\text{K}}$ besteht?

Aufgabe 1.16: Der Inhalt des bei 10 °C mit 250000 kg gefüllten 300000 m^3 großen Gasbehälters des Beispiels 1.3 erwärmt sich durch Sonneneinstrahlung von 10 °C auf 40 °C. Der Behälter steht unter einem Überdruck von 30 mbar, der Umgebungsdruck beträgt 1,01 bar. Mittlere spezifische Wärmekapazität des Erdgases: $c_{pm}\big|_{10\,°\text{C}}^{40\,°\text{C}} = 1{,}8\,\frac{\text{kJ}}{\text{kg K}}$.

a) Wie groß ist die zugeführte Wärme?
b) Wie groß ist die abgegebene Volumenänderungsarbeit?
c) Wie ändert sich die innere Energie?

1.6.4 Erster Hauptsatz der Thermodynamik

Der erste Hauptsatz der Thermodynamik spricht die in den vorhergehenden Abschnitten bereits angewandte und uns selbstverständlich erscheinende Erfahrungstatsache aus:

Wärme ist eine Energieform.

Diese Erkenntnis wurde von *Robert Mayer*[1] zum erstenmal theoretisch begründet und 1842 veröffentlicht. Unabhängig voneinander waren einige Jahre vorher *Carnot*[2], wie erst lange nach seinem Tode bekannt wurde, und ein Jahr später *Joule* zu dem gleichen Ergebnis wie Mayer gelangt. Joule wies in einem Versuch in einer Anlage ähnlich B 1.13b nach, daß die Zufuhr von Dissipationsarbeit an ein System die gleiche Wirkung wie die Zufuhr von Wärme hatte, so daß Wärme und Arbeit Größen gleicher Art sein mußten.

---

[1] *Robert Mayer* (1814—1878), Arzt und Physiker in Heilbronn, berechnete aus vorliegenden Messungen erstmals den Umrechnungswert der Einheit kcal in die Einheit kpm.

[2] *Carnot* (1796—1832), franz. Physiker, führte die Kreisprozesse in die Thermodynamik ein, entdeckte den 2. Hauptsatz.

Der Begriff „Wärme“ erfuhr zu dieser Zeit eine Wandlung. Man stellte sich die Wärme als eine Art unwägbaren Stoff („Caloricum“)[1] vor, der von einem System an ein anderes übergehen konnte. Dieser Vorstellung widersprachen schon 1798 *Rumford* und 1799 *Davy*.[2]

Eine direkte Verknüpfung der Begriffe Wärme und mechanische Energie geht auf *Clausius*[3] zurück, der die bei Wärmezufuhr zu beobachtende Temperaturerhöhung auf eine vergrößerte Bewegungsenergie der Moleküle zurückführte. Auf dieser molekularen Betrachtung baute die „mechanische Wärmetheorie“ auf. Ihr großer Nachteil ist die Verwischung der Begriffe Wärme und innere Energie, da beide als Molekularbewegung gedeutet werden.

Zu Anfang des 20. Jahrhunderts setzte sich eine neue Betrachtungsweise, die „thermodynamische Theorie“ durch, die auf den Erfahrungstatsachen des ersten und zweiten Hauptsatzes aufbaut und auf eine molekulare Behandlung sowie auf Aussagen über das Wesen der Wärme ganz verzichtet. Diese Theorie ermöglicht eine scharfe begriffliche Trennung zwischen Wärme und innerer Energie: die innere Energie kennzeichnet den Zustand des Systems, während die Wärme nur beim Überschreiten der Systemgrenze in Erscheinung tritt.

Zur Zeit der Stofftheorie war es notwendig, die Wärme als Basisgröße zu betrachten. Als Einheit wurde im metrischen System die Wärme gewählt, die 1 kg Wasser zugeführt werden muß, um es bei 1,01325 bar von 14,5 °C auf 15,5 °C zu erwärmen. Die so festgelegte Wärmeeinheit wurde als 15 °C-Kalorie ($kcal_{15\,°C}$) bezeichnet.

Der Umrechnungsfaktor von der früheren Wärmeeinheit kcal in die bereits vorher festliegende Arbeitseinheit kpm wurde von Mayer theoretisch berechnet und von Joule in dem beschriebenen Versuch gemessen. Für die Umrechnung gilt

$$1\ kcal_{15\,°C} = 426{,}8\ kp\,m = 4185{,}5\ J$$ [4]

In der Energiestatistik ist auch die sogenannte *Steinkohleneinheit* (SKE)[5] gebräuchlich:

$$1\ kg\ SKE = 29{,}3\ MJ \qquad 1\ Mio\ t\ SKE = 29{,}3\ PJ$$

Im Internationalen Einheitensystem ist die Einheit der Wärme, wie die aller Energieformen, das Joule, mit 1 J = 1 Nm. Der in o. Gl angegebene Zusammenhang gilt für die 15 °C-Kalorie. In den Wasserdampftafeln des Internationalen Einheitensystems wird als Einheit das Joule, in denen des Technischen Einheitensystems wurde die internationale Tafelkalorie ($kcal_{IT}$) angegeben, die definiert ist als der 860ste Teil einer internationalen Kilowattstunde[6]. Die internationale Tafelkalorie ersetzte seit 1955 die vorn über die Stoffeigenschaft des Wassers definierte kcal. Ein für praktische Rechnungen zu berücksichtigender Unterschied der Zahlenwerte beider Definitionen der Kalorie besteht nicht, für ihre Umrechnung gilt

$$1\ kcal_{15\,°C} = 0{,}99968\ kcal_{IT}$$

[1] Statt „Caloricum“ auch „Phlogiston“ = Feuerstoff, der verbrennenden Stoffen entweichen sollte; Theorie von *G. E. Stahl* (1660—1734).

[2] *Sir Humphrey Davy* (1778—1829), brit. Professor für Chemie, gilt als Begründer der Elektrochemie.
Graf Rumford (*Benjamin Thompson*) lebte 1753—1814 in Amerika, England und Deutschland als Chemiker und Physiker.

[3] *Clausius* (1822—1888), deutscher Physiker, lehrte in Zürich, Würzburg und Bonn, formulierte die beiden Hauptsätze quantitativ, führte den Begriff Entropie ein.

[4] Die Einheiten kcal und kp m sind seit dem 1. 1. 1978 nicht mehr zulässig.

[5] Die Einheit SKE ist zurückzuführen auf Steinkohle mit H_u = 7000 kcal/kg = 29,3 MJ/kg.

[6] $1\ W_{IT} = 1{,}00019\ W_{abs}$.

T 1.8 Energieeinheiten

	J	$kcal_{15\,°C}$	$kcal_{IT}$	kp m	kW h
1 J	1	$2{,}3892 \cdot 10^{-4}$	$2{,}38846 \cdot 10^{-4}$	0,101972	$2{,}77778 \cdot 10^{-7}$
1 $kcal_{15\,°C}$	4185,5	1	0,99968	426,8	$1{,}16264 \cdot 10^{-3}$
1 $kcal_{IT}$	4186,**8**	1,00031	1	426,935	$1{,}163 \cdot 10^{-3}$
1 kp m	9,8066**5**	$2{,}34301 \cdot 10^{-3}$	$2{,}34225 \cdot 10^{-3}$	1	$2{,}72407 \cdot 10^{-6}$
1 kW h	$3{,}6 \cdot 10^{6}$	860,11	859,845	367098	1

Für den 1. Hauptsatz sind weitere Definitionen gebräuchlich, wie:

Eine Maschine kann nur Arbeit verrichten, wenn ihr der gleiche Betrag anderer Energie zugeführt wird.

Speziell auf das geschlossene oder offene System angewendet, kann der 1. Hauptsatz wie folgt formuliert werden:

1. Geschlossenes ruhendes System (Gl 1.24):

Beim geschlossenen ruhenden System wandelt sich die als Wärme und als Arbeit zugeführte Energie in innere Energie um.

$$Q_{12} + W_{g\,12} = U_2 - U_1$$

2. Offenes System, stationärer Prozeß (Gl 1.30b):

Beim offenen System wandelt sich die als Wärme und als Arbeit zugeführte Energie in Enthalpie, kinetische und potentielle Energie um.

$$Q_{12} + W_{i\,12}^{*} = H_2 - H_1 + \frac{m}{2}\,(c_2^2 - c_1^2) + mg\,(z_2 - z_1)$$

Ohne Änderung der kinetischen und potentiellen Energie (für vereinfachte, grundlegende Betrachtungen, Gl 1.30a):

$$Q_{12} + W_{i\,12} = H_2 - H_1$$

Die Gültigkeit der Hauptsätze der Thermodynamik setzt immer eine so große Anzahl von Molekülen voraus, daß eine makroskopische Beobachtung möglich ist. Die Ergebnisse, nämlich die Hauptsätze, werden als reine Erfahrungstatsachen hingenommen, die nicht näher untersucht werden. Sie sind nicht dadurch beweisbar, daß man sie auf andere Sätze zurückführt.

Daneben besteht die Möglichkeit molekularstatistischer Untersuchungen, die von der molekularen und atomaren Struktur der Materie ausgehen. Aus den statistischen Mittelwerten der kinetischen Zustände aller Moleküle werden die makroskopischen Größen — die Zustandsgrößen — erklärt und die Hauptsätze aufgrund noch allgemeinerer Naturgesetze entwickelt, die allerdings ebenfalls nicht „beweisbar" sind.

Die dem Ingenieur geläufigere Vorstellung ist die makroskopische, so daß die Literatur der technischen Thermodynamik von dieser „phänomenologischen" Betrachtungsweise her entwickelt wird.

Aufgabe 1.17: Die Ergebnisse der Aufgabe 1.15 sind in den Einheiten $kcal_{15\,°C}$, kp m und kW h anzugeben.

Kontrollfragen (Antworten Abschnitt 11.1)

1.2 1. Welches sind die Basisgrößen und Basiseinheiten des SI-Systems?

1.3 2. Was versteht man unter Zustandsgrößen; welche Gruppen von Zustandsgrößen unterscheidet man in der Thermodynamik, welche können Sie benennen?

3. Definieren Sie Absolutdruck, Über- und Unterdruckbereich. Welche Druckeinheiten verwendet das SI-System?

4. Was versteht man unter a) einer empirischen b) der thermodynamischen c) der internationalen Temperaturskala?

1.4 5. a) Wie werden durch Temperaturänderung verursachte Längen- und Volumenänderung berechnet; Gleichung?
b) Was versteht man unter Längendehnung?
c) Bei welchem Stoff ist der thermische Ausdehnungskoeffizient temperaturunabhängig? Gibt es Stoffe, die sich bei Abkühlung ausdehnen?

1.5 6. Was versteht man unter geschlossenen bzw. offenen Systemen?

1.6 7. In welchem System kann technische Arbeit, in welchem Volumenänderungsarbeit auftreten?

8. Wie sind folgende Begriffe definiert:
a) Volumenänderungsarbeit,
b) Technische Arbeit,
c) Innere Energie,
d) Enthalpie,
e) Wärme?

9. Skizzieren Sie im p, V-Diagramm und benennen Sie die einem a) geschlossenen, b) offenen System (ohne Änderung der kinetischen und potentiellen Energie) reversibel zugeführte Arbeit; Vorzeichen?

10. Wie ändert sich die innere Energie eines geschlossenen Systems mit starren Grenzen, wenn es:
a) adiabat ist und 10 kJ in Form von Dissipationsarbeit
b) nichtadiabat ist und 10 kJ in Form von Wärme
c) nichtadiabat ist und 10 kJ in Form von Dissipationsarbeit und weitere 10 kJ in Form von Wärme zugeführt werden?

11. a) Wie kann man die spezifische Wärmekapazität messen?
b) Bei welchen Stoffen ist c temperaturabhängig?

12. Was wird a) als Nullter b) als Erster Hauptsatz der Thermodynamik bezeichnet?

2 Zustandsänderungen des idealen Gases

2.1 Zustandsgesetze

2.1.1 Thermische Zustandsgleichung des idealen Gases

Die mathematische Verknüpfung der drei thermischen Zustandsgrößen p, v und T heißt *thermische Zustandsgleichung* (s. Abschn. 1.3.4).

$$p = p(v, T) \qquad v = v(p, T) \qquad T = T(p, v) \tag{Gl 2.1}$$

Die thermische Zustandsgleichung ist für Systeme, in denen Aggregatzustandsänderungen auftreten, kompliziert. Es liegt bisher keine Zustandsgleichung vor, die für alle Aggregatzustände befriedigend genaue Ergebnisse liefert. Durch Messungen ist jedoch erwiesen, daß bei einem Gas unter sehr niedrigem Druck ($p \to 0$) der Ausdruck $\frac{pv}{T}$ für verschiedene Meßwerte von p, v und T immer den gleichen konstanten Wert annimmt, der als *individuelle*, *spezielle* oder *spezifische Gaskonstante* R_i eines bestimmten Gases bezeichnet wird[1].

$$\frac{pv}{T} = R_i \qquad \text{für } p \to 0$$

Der Zahlenwert von R_i ist für verschiedene Gase unterschiedlich, für ein und dasselbe Gas jedoch unabhängig vom Zustand des Gases **(T 2.1).** Streng genommen gilt die Gleichung nur für den Grenzfall, daß der Druck des Gases den Wert Null annimmt.

Meist wird die Gleichung umgestellt und in der Form

$$pv = R_i T \tag{Gl 2.2}$$

angegeben. Ein Gas, das (Gl 2.2) bei allen Drücken exakt befolgen würde, heißt *ideales Gas*. (Gl 2.2) ist demnach die *thermische Zustandsgleichung des idealen Gases.* Ein solches Gas gibt es in Wirklichkeit nicht, viele Gase können aber bei nicht zu hohen Drücken rechnerisch wie das ideale Gas behandelt werden.

In Zustandsbereichen eines Gases, in denen (Gl 2.2) nicht anwendbar ist, ist für dieses Gas auch die Bezeichnung *nichtideales (reales) Gas* gebräuchlich. Die Ausdrücke ideales oder nichtideales Gas bezeichnen also nicht die Stoffeigenschaften des Gases, sondern kennzeichnen lediglich den zu betrachtenden Zustandsbereich ein und desselben Gases.

Für die Gasmasse m hat die thermische Zustandsgleichung des idealen Gases die Form

$$pV = m R_i T \tag{Gl 2.3}$$

2.1.2 Gesetze von Boyle-Mariotte und Gay-Lussac

In der thermischen Zustandsgleichung für das ideale Gas sind zwei schon früher gefundene physikalische Gesetze enthalten. *Boyle*[2] und *Mariotte*[3] erkannten, daß für Gase bei konstanter Temperatur das Produkt aus Druck und Volumen konstant bleibt.

$$pV = \text{konstant} \qquad \textit{bei } T = \textit{konstant} \tag{Gl 2.4}$$

[1] Nach der kinetischen Gastheorie sind in diesem Zustand das Eigenvolumen der Moleküle und die zwischen den Molekülen wirkenden Kräfte vernachlässigbar klein.

[2] *Boyle* (sprich bɔil) (1627—1691), engl. Physiker und Chemiker, entdeckte 1662 das nach beiden Wissenschaftlern benannte Gesetz.

[3] *Mariotte* (sprich mariɔt) (1620—1684), franz. Physiker, befaßte sich besonders mit der Optik, entdeckte 1676 das Gasgesetz von Boyle wahrscheinlich neu.

Ebenso ist in der thermischen Zustandsgleichung das von *Gay-Lussac* für konstanten Druck entdeckte und nach ihm benannte Gesetz enthalten (Gl 1.16):

$$\frac{V}{T} = \text{konstant} \qquad \textit{bei } p = \textit{konstant}$$

Auch diese Gesetze gelten nur für das ideale Gas.

Beispiel 2.1: In einer Stahlflasche von 10 l Inhalt befindet sich Sauerstoff von 20 °C und 50 bar. Für einen physikalischen Versuch wird Sauerstoff entnommen, wodurch der Flaschendruck auf 40 bar bei konstanter Temperatur fällt. Der Druck des entnommenen Sauerstoffs wird über ein Ventil auf 1,04 bar reduziert, die Temperatur wird durch Beheizung auf 60 °C erhöht.

a) Welche Sauerstoffmasse wurde entnommen?

b) Welches Volumen nimmt der entnommene Sauerstoff ein?

Zu a: Die Sauerstoffmassen in der Flasche vor und nach der Entnahme sind (Gl 2.3):

$$m_1 = \frac{p_1 V}{R_{O_2} T} \qquad m_2 = \frac{p_2 V}{R_{O_2} T}$$

Die Differenz dieser Massen wurde entnommen (Stoffwerte s. **T 2.1**):

$$m_e = m_1 - m_2 = \frac{V}{R_{O_2} T}(p_1 - p_2) = \frac{0{,}01\ \text{m}^3\ \text{kg K}}{259{,}8\ \text{J} \cdot 293\ \text{K}}(50 - 40)\ \text{bar} \cdot 10^5\ \frac{\text{N}}{\text{m}^2\ \text{bar}}$$

$$m_e = \underline{0{,}131\ \text{kg}}$$

Zu b: Volumen des entnommenen Sauerstoffs:

$$V_e = \frac{m_e R_{O_2} T_e}{p_e} = \frac{0{,}131\ \text{kg} \cdot 259{,}8\ \text{J} \cdot 333\ \text{K}\ \text{m}^2\ \text{bar}}{\text{kg K} \cdot 1{,}04\ \text{bar} \cdot 10^5\ \text{N}}$$

$$V_e = \underline{0{,}109\ \text{m}^3}$$

Beispiel 2.2: Ein Kompressor mit nachgeschaltetem Kühler fördert 25 $\frac{\text{kg}}{\text{h}}$ Preßluft von 28 °C in einen Windkessel von 4 m³. Im Windkessel bleibt die Temperatur konstant bei 28 °C. Der Windkessel versorgt einen Verbraucher, der 5 $\frac{\text{m}^3}{\text{h}}$ Luft von 20 °C mit einem Überdruck von 2 bar benötigt. Die Abkühlung der Luft von 28 °C auf 20 °C tritt in der Zuleitung ein. Der Kompressor wird in Abhängigkeit vom Windkesseldruck ein- bzw. ausgeschaltet. Die Einschaltung erfolgt bei einem Überdruck von 2,5 bar, die Ausschaltung bei einem Überdruck von 7 bar. Der Barometerstand beträgt 1,01 bar.

Wie groß sind

a) die Stillstandszeit,

b) die Laufzeit des Kompressors?

Zu a: Nach Abschalten des Kompressors befindet sich die Luftmasse m_1 im Windkessel, bei Einschalten die Luftmasse m_2. Die Differenz m_v wird vom Verbraucher mit dem stündlichen Bedarf $\dot{m}_v$ während der Stillstandszeit τ_s des Kompressors entnommen.

$$\tau_s = \frac{m_v}{\dot{m}_v} = \frac{m_1 - m_2}{\dot{m}_v}$$

T 2.1 Stoffwerte von Gasen*

* R_i, C_{mp} und c_p nach Stephan/Mayinger [6], für

Gas	Chemisches Symbol	Molares Normvolumen V_{mn} bei 0 °C, 1,01325 bar $\frac{m^3}{kmol}$	Molare Masse M $\frac{kg}{kmol}$	Spezielle Gaskonstante R_i $\frac{J}{kg\,K}$
Helium	He	22,425	4,0026	2077,3
Argon	Ar	22,392	39,948	208,1
Wasserstoff	H_2	22,428	2,0159	4124,5
Stickstoff	N_2	22,403	28,0135	296,8
Sauerstoff	O_2	22,392	31,9988	259,8
Luft (trocken)	—	22,401	28,9626	287,2
Kohlenmonoxid	CO	22,398	28,010	296,8
Kohlendioxid	CO_2	22,264	44,010	188,9
Schwefeldioxid	SO_2	21,876	64,065	129,8
Ammoniak	NH_3	22,078	17,0306	488,2
Methan	CH_4	22,360	16,043	518,3
Ethin (Acetylen)	C_2H_2	22,212	26,038	319,3
Ethen (Ethylen)	C_2H_4	22,246	28,054	296,4
Ethan	C_2H_6	22,190	30,070	276,5

Die einzelnen Massen berechnen wir nach der thermischen Zustandsgleichung (Gl 2.3).

$$m_1 = \frac{p_1 V_1}{R_1 T_1} = \frac{(7+1{,}01)\ \text{bar}\ 4\ \text{m}^3\ \text{kg K}\ 10^5\ \text{N}}{287{,}2\ \text{J}\ 301\ \text{K}\ \text{m}^2\ \text{bar}} = 37{,}1\ \text{kg}$$

$$m_2 = \frac{p_2 V_2}{R_1 T_2} = \frac{(2{,}5+1{,}01)\ \text{bar}\ 4\ \text{m}^3\ \text{kg K}\ 10^5\ \text{N}}{287{,}2\ \text{J}\ 301\ \text{K}\ \text{m}^2\ \text{bar}} = 16{,}2\ \text{kg}$$

$$\dot m_v = \frac{p_v \dot V_v}{R_1 T_v} = \frac{(2+1{,}01)\ \text{bar}\ 5\ \text{m}^3\ \text{kg K}\ 10^5\ \text{N}}{\text{h}\ 287{,}2\ \text{J}\ 293\ \text{K}\ \text{m}^2\ \text{bar}} = 17{,}9\ \frac{\text{kg}}{\text{h}}$$

Die Stillstandszeit ist:

$$\tau_s = \frac{(37{,}1-16{,}2)\ \text{kg h}}{17{,}9\ \text{kg}} = \underline{1{,}17\ \text{h}}$$

Zu b: Der Kompressor liefert stündlich die Luftmasse $\dot m_k$. Davon wird während der Lieferung vom Verbraucher stündlich die Masse $\dot m_v$ entnommen, die Differenz $\dot m_k - \dot m_v$ füllt den Windkessel, der bis zum Ausschalten des Kompressors die Luftmasse $m_v = m_1 - m_2$ aufnimmt. Die Auffüllzeit ist:

$$\tau_1 = \frac{m_v}{\dot m_k - \dot m_v} = \frac{20{,}9\ \text{kg}}{25\ \frac{\text{kg}}{\text{h}} - 17{,}9\ \frac{\text{kg}}{\text{h}}} = \underline{2{,}95\ \text{h}}$$

Aufgabe 2.1: Wie groß sind Volumen, spezifisches Volumen und Dichte von 5 kg Luft bei dem Druck 4 bar und der Temperatur 82 °C?

Helium nach Baehr [1]. M, V_{mn} und ϱ_n nach DIN 1871 (05.99) und DIN 51857 (03.97), C_{mv}, c_v und $\varkappa$ nach Gl 2.21 und Gl 2.22 berechnet.

Dichte im Normzustand ϱ_n bei 0 °C, 1,01325 bar	Molare und spezifische Wärmekapazität bei 0 °C und idealem Gaszustand				$\varkappa = \frac{c_p}{c_v}$ bei 0 °C und idealem Gaszustand	Gas
	C_{mp}	c_p	C_{mv}	c_v		
$\frac{kg}{m^3}$	$\frac{kJ}{kmol\ K}$	$\frac{kJ}{kg\ K}$	$\frac{kJ}{kmol\ K}$	$\frac{kJ}{kg\ K}$		
0,1785	20,7859	5,1931	12,4714	3,1158	1,667	Helium
1,7841	20,7858	0,5203	12,4713	0,3122	1,667	Argon
0,0899	28,6228	14,2003	20,3083	10,0758	1,409	Wasserstoff
1,2504	29,0967	1,0389	20,7823	0,7421	1,400	Stickstoff
1,4290	29,2722	0,9150	20,9578	0,6552	1,397	Sauerstoff
1,2929	29,0743	1,0043	20,7598	0,7171	1,401	Luft
1,2506	29,1242	1,0403	20,8097	0,7435	1,399	Kohlenmonoxid
1,9767	35,9336	0,8169	27,6191	0,6280	1,301	Kohlendioxid
2,9285	38,9666	0,6092	30,6521	0,4794	1,271	Schwefeldioxid
0,7714	35,0018	2,0557	26,6873	1,5675	1,312	Ammoniak
0,7175	34,5667	2,1562	26,2522	1,6379	1,316	Methan
1,1722	39,3536	1,5127	31,0391	1,1934	1,268	Ethin (Acetylen)
1,2611	45,1842	1,6119	36,8697	1,3155	1,225	Ethen (Ethylen)
1,3551	51,9556	1,7291	43,6411	1,4526	1,190	Ethan

Aufgabe 2.2: In einer Unterdruckkammer von 2 m^3 soll gegenüber dem Umgebungszustand eine Druckdifferenz von $-0{,}3$ bar bei konstanter Temperatur von 26 °C erzeugt werden.
Welche Luftmasse ist abzusaugen?

Aufgabe 2.3: Welches ist die Erdgastemperatur im Beispiel 1.3, wenn die Gaskonstante $450 \frac{J}{kg\ K}$ und der Überdruck 35,8 mbar bei einem Atmosphärendruck von 1,026 bar betragen?

Aufgabe 2.4: Welche Stickstoffmasse befand sich nach der Füllung im Behälter der Aufgabe 1.7, wenn der Überdruck im Behälter 9 bar bei einem Atmosphärendruck von 1 bar betrug?

2.1.3 Materiemaße Kilomol und Normvolumen; molare Gaskonstante

Kilomol. Bisher hatten wir zur Angabe von Materiemengen die Masse benutzt, die im Internationalen Einheitensystem eine Basisgröße ist. Die Masse wird als Mengenmaß in der Thermodynamik bevorzugt. Neben der Masse können aber auch andere Größen zur Beschreibung von Materiemengen verwendet werden. Denkbar wäre es beispielswiese, die Zahl der Moleküle anzugeben. Diese Art der Mengenangabe hätte jedoch den Nachteil, daß die außerordentlich hohen Zahlenwerte den menschlichen Denkgewohnheiten fremd sind. Statt die Zahl der Moleküle selbst als Größe zu verwenden, wurde deshalb eine ganz bestimmte Molekülzahl als neue SI-Basiseinheit mit der Bezeichnung *Mol* (Zeichen: mol) eingeführt. Damit wurde die *Stoffmenge n* (auch *Sub-*

stanzmenge oder *Molmenge*) zu einer zusätzlichen SI-Basisgröße. Die Zahl der Moleküle eines Kilomols ist die *Avogadro-* oder *Loschmidt-Konstante:*[1]

$$\boldsymbol{N}_{\mathrm{A}} = 6{,}022 \cdot 10^{26}\ \frac{1}{\mathrm{kmol}}{}^{2} \qquad \textit{Avogadro-Konstante}$$

Ursache für gerade diese Molekülzahl war die Festlegung der molaren Masse[3] des Wasserstoffs mit $M_{\mathrm{H}_2} \approx 2$ kg/kmol, also mit soviel kg, wie die relative Molekülmasse angibt. In der Wasserstoffmasse von 2 kg sind nämlich $6{,}022 \cdot 10^{26}$ Moleküle enthalten. Ein Kilomol eines anderen Stoffes muß — bei den vereinbarten $6{,}022 \cdot 10^{26}$ Molekülen — eine andere Masse haben, da die Masse des einzelnen Moleküls eine andere ist. Für Sauerstoff ergibt sich beispielsweise mit der relativen Molekülmasse 32 die molare Masse zu $M_{\mathrm{O}_2} = 32$ kg/kmol.

Alle relativen Molekülmassen waren ursprünglich auf das Wasserstoffatom mit der Masse 1 bezogene Relativzahlen, daher ist durch die relative Molekülmasse eines jeden Stoffes der Zahlenwert der molaren Masse M bestimmt.

Die Stoffmenge n und die Masse m lassen sich mittels der molaren Masse ineinander umrechnen:

$$m = n\,M \qquad \textbf{(Gl 2.5)}$$

Statt der relativen Molekülmasse vom Wasserstoff wird seit 1962 das eindeutiger darstellbare Kohlenstoffisotop ^{12}C mit der relativen Molekülmasse 12 als Bezugsgröße verwendet.[4] Werte für M s. **T. 2.1**.

Normvolumen. Nach dem Gesetz von *Avogadro* ist bei allen idealen Gasen in gleichem Volumen bei gleichen Drücken und Temperaturen dieselbe Anzahl Moleküle enthalten. Das bedeutet, daß ein Kilomol eines jeden idealen Gases mit der Molekülzahl $\{\boldsymbol{N}_{\mathrm{A}}\} = 6{,}022 \cdot 10^{26}$ bei gleichen physikalischen Bedingungen das gleiche Volumen, molares Volumen V_{m} genannt, einnimmt. Bei *physikalischem Normzustand*, worunter 0 °C und 1,01325 bar verstanden werden[5], ist dieses molare Volumen $V_{\mathrm{m\,n}} = 22{,}4141\ \frac{\mathrm{m}^3}{\mathrm{kmol}}$ [DIN 1343 (01.90)], abgerundet[6]

$$V_{\mathrm{mn}} = 22{,}4\ \frac{\mathrm{m}^3}{\mathrm{kmol}} \qquad \textit{molares Normvolumen, bei idealem Gas.} \qquad \textbf{(Gl 2.6)}$$

$$t_{\mathrm{n}} = 0\,^\circ\mathrm{C} \qquad p_{\mathrm{n}} = 1{,}01325\ \mathrm{bar} \qquad \textit{physikalischer Normzustand}$$

---

[1] *Avogadro* (1776–1856), italienischer Physiker, veröffentlichte 1811 das nach ihm benannte Gesetz. *Loschmidt* (1821–1895), Prof. in Wien, lieferte Beiträge zur Kinetischen Gastheorie, berechnete die Avogadro- bzw. Loschmidt-Konstante; international empfohlener Wert $(6{,}0221367 \pm 0{,}0000036)\ 10^{26}$ 1/kmol.

[2] Physikalische Konstanten werden durch fettgedruckte Formelzeichen gekennzeichnet.

[3] Statt der Bezeichnungen molare Masse, molares Volumen und molare Wärmekapazität findet man auch Molmasse, Molvolumen und Molwärme.

[4] Allgemein gilt: 1 Mol ist die Stoffmenge eines Systems, das aus ebensovielen Teilchen (Atomen, Molekülen o.a. Teilchen genau angegebener Zusammensetzung) besteht, wie Atome in 12 g ^{12}C enthalten sind [DIN 1301, Teil 1 (12.85)].

[5] Als „chemischer Standardzustand" sind $t_0 = 25\,^\circ$C, $p_0 = 1{,}0$ bar bei neueren Tabellierungen üblich, daneben wird auch $p_0 = 1{,}01325$ bar verwendet (vergl. Abschn. 9.8.1).

[6] Genauer Wert: $V_{\mathrm{m\,n}} = 22{,}4141 \pm 0{,}00019$ m³/kmol (nach DIN 1343).

V_{mn} wird molares Normvolumen genannt. Bei nichtidealen Gasen weicht das molare Normvolumen V_{mn} etwas von $22{,}4\,\frac{m^3}{kmol}$ ab **(T 2.1).**

Der Index n kennzeichnet den physikalischen Normzustand. Das von einer bestimmten Gasmenge hierbei ausgefüllte Volumen heißt *Normvolumen* V_n.

Das Normvolumen V_n kann aus der Stoffmenge n und dem molaren Normvolumen V_{mn} berechnet werden nach

$$V_n = n\,V_{mn} \qquad \textbf{(Gl 2.7)}$$

Die Dichte eines Gases ist (Gl 1.2)

$$\varrho = \frac{1}{v} = \frac{m}{V} = \frac{M}{V_m} \qquad \textbf{(Gl 2.8a)}$$

mit dem molaren Volumen $V_m = M\,v$, das von 1 kmol eingenommen wird. Im physikalischen Normzustand ist

$$\varrho_n = \frac{M}{V_{mn}} \qquad \textbf{(Gl 2.8b)}$$

Normvolumen und Masse sind durch die Dichte im physikalischen Normzustand miteinander verknüpft:

$$m = \varrho_n\,V_n \qquad \textbf{(Gl 2.9)}$$

Werte für ϱ_n **(T 2.1)**, sonst nach (Gl 2.8b).

Molare Gaskonstante. Die thermische Zustandsgleichung des idealen Gases (Gl 2.2) nimmt für die Stoffmenge 1 kmol, d.h. für die molare Masse M die Form an

$$p\,M\,v = M\,R_i\,T$$

Hierin wird (Gl 2.8a) eingeführt

$$p\,V_m = M\,R_i\,T \qquad \textbf{(Gl 2.10)}$$

Da das molare Volumen V_m für alle idealen Gase unter gleichen physikalischen Bedingungen gleich groß ist, wird der Ausdruck $\frac{p\,V_m}{T}$ ein für alle idealen Gase gleich großer konstanter Wert mit der Bezeichnung *molare* oder *universelle (allgemeine) Gaskonstante* R_m.[1] Damit ergibt sich die thermische Zustandsgleichung für 1 kmol:

$$p\,V_m = R_m\,T \qquad \textbf{(Gl 2.11)}$$

Für die Stoffmenge n gilt, mit $V_m = \frac{V}{n}$ (Gl 2.7):

$$p\,V = n\,R_m\,T \qquad \textbf{(Gl 2.12)}$$

[1] Statt der Schreibweise R_m verwenden DIN 1304 und DIN 1345 R_0 oder R. Die auf 1 Molekül bezogene molare Gaskonstante heißt *Boltzmann-Konstante:* $\mathbf{k} = \frac{R_m}{\mathbf{N_A}} = 1{,}38 \cdot 10^{-23}\,\frac{J}{K}$.

Der Zahlenwert der molaren Gaskonstanten kann durch Einsetzen des physikalischen Normzustandes aus Gl 2.11 berechnet werden:[1]

$$R_m = \frac{p V_m}{T} = \frac{101\,325 \frac{N}{m^2} 22{,}4141 \text{ m}^3}{\text{kmol } 273{,}15 \text{ K}} = 8314{,}51 \frac{J}{\text{kmol K}} = 8{,}31451 \frac{kJ}{\text{kmol K}}$$

(Gl 2.13)

Aus der molaren Gaskonstanten R_m wird die spezielle Gaskonstante eines bestimmten Gases R_i ermittelt nach

$$R_i = \frac{R_m}{M} \qquad \textbf{(Gl 2.14)}$$

Beispiel 2.3: Für die entnommene Sauerstoffmenge des Beispiels 2.1 sind die Stoffmenge in kmol und das Normvolumen anzugeben:

Die Stoffmenge n ist (Gl 2.5):

$$n = \frac{m}{M} = \frac{0{,}131 \text{ kg kmol}}{31{,}999 \text{ kg}} = \underline{0{,}0041 \text{ kmol}}$$

Das Normvolumen ist (Gl 2.7):

$$V_n = n V_{mn} = 0{,}0041 \text{ kmol } 22{,}392 \frac{m^3}{\text{kmol}} = \underline{0{,}0917 \text{ m}^3}$$

Aufgabe 2.5: Für CO sind mit Hilfe der molaren Masse die Dichte im physikalischen Normzustand und die spezielle Gaskonstante zu berechnen.

2.1.4 Kalorische Zustandsgleichungen des idealen Gases

Als kalorische Zustandsgleichung hatten wir die Beziehung:

$$u = u(v, T) \qquad h = h(p, T)$$

bzw. deren vollständiges Differential bezeichnet (Abschn. 1.6.3):

$$du = \left(\frac{\partial u}{\partial T}\right)_v dT + \left(\frac{\partial u}{\partial v}\right)_T dv \qquad \textbf{(Gl 1.37 a)}$$

$$dh = \left(\frac{\partial h}{\partial T}\right)_p dT + \left(\frac{\partial h}{\partial p}\right)_T dp \qquad \textbf{(Gl 1.37 b)}$$

Beim idealen Gas werden die zweiten Ausdrücke in Gl 1.37 zu Null, so daß innere Energie und Enthalpie nur von der Temperatur abhängen. Für $\left(\frac{\partial u}{\partial v}\right)_T$ beweist das ein von *Gay-Lussac* (1807) durchgeführter und später von *Joule* (1845) verbesserter Überströmversuch **(B 2.1)**.

Im linken Gefäß eines wärmedichten Systems befindet sich Gas, das rechte Gefäß steht unter Vakuum. Öffnet man das Ventil, so strömt ein Teil des Gases in das rechte Gefäß über, wobei sich das Gas im linken Gefäß abkühlt und im rechten erwärmt. Nach Ausgleich der Temperatur wird die Ausgangstemperatur beim idealen Gas exakt er-

[1] Genauer Wert: $R_m = 8{,}314510 \pm 0{,}000070 \frac{kJ}{\text{kmol K}}$

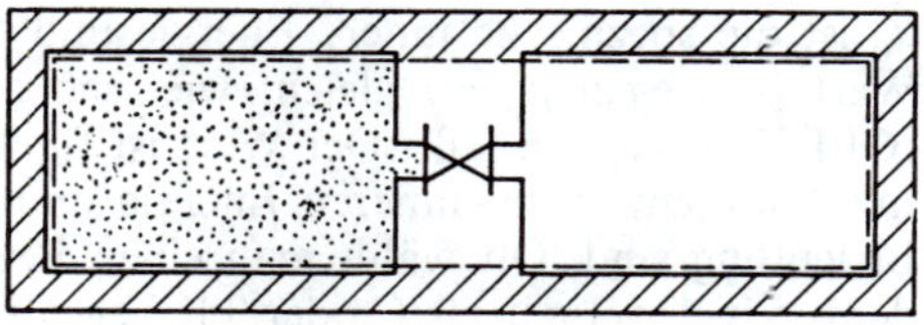

B 2.1 Überströmversuch

reicht, wie durch Temperaturmessung nachweisbar ist, beim nichtidealen Gas stellt sich meist eine Abkühlung ein, bei sehr hohen Temperaturen kann auch eine Erwärmung beobachtet werden (Abschn. 5.2.4).

Die spezifische innere Energie des Systems muß nach dem Überströmen die gleiche wie vorher sein, da Energie in keiner Form die Systemgrenze überschritten hat; das spezifische Volumen hat sich jedoch vergrößert. Demnach ist die innere Energie des idealen Gases bei konstanter Temperatur vom Volumen unabhängig. Die Ableitung der inneren Energie nach dem Volumen $\left(\frac{\partial u}{\partial v}\right)_T$ muß dann gleich Null sein. Somit entfällt in Gl 1.37a beim idealen Gas das zweite Glied und die innere Energie wird zu einer reinen Temperaturfunktion, mit $\left(\frac{\partial u}{\partial T}\right)_v = c_v$ (Gl 1.38):

$$du = \left(\frac{\partial u}{\partial T}\right)_v dT = c_v \, dT \qquad \textbf{(Gl 2.15)}$$

Auch die Enthalpie des idealen Gases ist eine reine Temperaturfunktion, wie sich durch Einführung der thermischen Zustandsgleichung des idealen Gases (Gl 2.2) in (Gl 1.27) zeigt:

$$h = u + pv = u + R_i T$$

Da u eine reine Temperaturfunktion ist, kann auch h nur von der Temperatur abhängen und muß somit unabhängig vom Druck sein. Das bedeutet, daß der Ausdruck $\left(\frac{\partial h}{\partial p}\right)_T$ in (Gl 1.37b) beim idealen Gas gleich Null sein muß. Dadurch vereinfacht sich Gl 1.37b mit $\left(\frac{\partial h}{\partial T}\right)_p = c_p$ (Gl 1.39) zu

$$dh = \left(\frac{\partial h}{\partial T}\right)_p dT = c_p \, dT \qquad \textbf{(Gl 2.16)}$$

Gl 2.15 und Gl 2.16 sind die *kalorischen Zustandsgleichungen des idealen Gases*

Die Gl gelten für das ideale Gas bei Zustandsänderungen jeder Art, wie durch den Überströmversuch nachgewiesen ist. Für alle übrigen Stoffe gilt bei Vorgängen mit unverändertem Aggregatzustand Gl 2.15 nur bei v=konst. und Gl 2.16 nur bei p=konst., da nur dann die zweiten Glieder in Gl 1.37 entfallen.

Unter der vereinfachenden Annahme konstanter spezifischer Wärmekapazität ergibt sich mit den Integrationskonstanten u_0 und h_0:

$$u = c_v T + u_0 \qquad \textbf{(Gl 2.17)}$$

$$h = c_p T + h_0 \qquad \textbf{(Gl 2.18)}$$

u_0 ist die spezifische innere Energie und h_0 ist die spezifische Enthalpie bei 0 K. Ihr Wert ist wegen $p_0 = 0$ gleich, wie sich aus der Definition der Enthalpie $h = u + pv$ (Gl 1.27) erkennen läßt. Der Wert ist für Berechnungen jedoch nicht von Interesse, da nur Differenzen der inneren Energie und der Enthalpie bei Zustandsänderungen von Bedeutung sind. Oft wählt man einen Bezugspunkt mit dem Wert Null für u oder h, der beispielsweise bei 0 °C oder 0 K liegen kann.

Meist berechnet man jedoch Differenzen der inneren Energie und der Enthalpie durch das bestimmte Integral, wobei die Temperaturabhängigkeit der spezifischen Wärmekapazität berücksichtigt und für c_p und c_v die Mittelwerte (c_{pm} und c_{vm}) der behandelten Temperaturbereiche eingesetzt werden:

$$u_2 - u_1 = \int_{T_1}^{T_2} c_v \, \mathrm{d}T = c_{vm}\Big|_{T_1}^{T_2} (T_2 - T_1) \qquad \textbf{(Gl 2.19)}$$

$$h_2 - h_1 = \int_{T_1}^{T_2} c_p \, \mathrm{d}T = c_{pm}\Big|_{T_1}^{T_2} (T_2 - T_1) \qquad \textbf{(Gl 2.20)}$$

Die Temperaturänderung eines idealen Gases kann demnach aus der Änderung der inneren Energie oder Enthalpie nach Gl 2.19 und Gl 2.20 berechnet werden.

Beispiel 2.4: Wie ändern sich stündlich innere Energie und Enthalpie bei der Kühlung des Gases nach Aufgabe 1.13? $\left(\text{Spez. Wärmekapazität } c_{vm}\Big|_{T_1}^{T_2} = 0{,}90 \dfrac{\text{kJ}}{\text{kg K}}\right)$

Änderung der inneren Energie (Gl 2.19):

$$\dot U_2 - \dot U_1 = \dot m \, c_{vm}\Big|_{T_1}^{T_2} (T_2 - T_1) = 50\,000 \frac{\text{kg}}{\text{h}} \cdot 0{,}90 \frac{\text{kJ}}{\text{kg K}} (303 - 343)\ \text{K} \frac{\text{GJ}}{10^6\ \text{kJ}} = \underline{-1{,}8\ \text{GJ/h}}$$

Änderung der Enthalpie (Gl 2.20):

$$\dot H_2 - \dot H_1 = \dot m \, c_{pm}\Big|_{T_1}^{T_2} (T_2 - T_1) = 50\,000 \frac{\text{kg}}{\text{h}} \cdot 1{,}26 \frac{\text{kJ}}{\text{kg K}} (303 - 343)\ \text{K} \frac{\text{GJ}}{10^6\ \text{kJ}} = \underline{-2{,}52\ \text{GJ/h}}$$

$\dot U$ und $\dot H$ fallen, wie durch das negative Vorzeichen zum Ausdruck gebracht wird.[1]

Aufgabe 2.6: Um welchen Wert haben sich in Aufgabe 1.12 nach der Mischung die Enthalpien a) des Abgases, b) der Luft stündlich verändert?

2.1.5 Spezifische Wärmekapazitäten des idealen Gases

Zusammenhang zwischen c_p und c_v. Die Differenz zwischen h und u ist (Gl 1.27):

$$h - u = pv$$

Wir führen die thermische Zustandsgleichung (Gl 2.2) ein und differenzieren:

$$h - u = R_i T \qquad \mathrm{d}h - \mathrm{d}u = R_i \, \mathrm{d}T$$

$\mathrm{d}h$ und $\mathrm{d}u$ ersetzen wir nach (Gl 2.15) und (Gl 2.16): $c_p \, \mathrm{d}T - c_v \, \mathrm{d}T = R_i \, \mathrm{d}T$

$$c_p - c_v = R_i \qquad \textbf{(Gl 2.21 a)}$$

[1] Der Punkt über dem Formelzeichen zeigt an, daß es sich um Vorgänge innerhalb einer bestimmten Zeit – hier je Stunde – handelt, z.B. um den Massenstrom $\dot m$ in kg/h.

Die Differenz der beiden spezifischen Wärmekapazitäten des idealen Gases ist gleich der speziellen Gaskonstanten R_i und somit unabhängig von der Temperatur, obwohl c_p und c_v mit den Temperaturen veränderlich sind, **(B 2.2)** und **(T 2.2).**

Aus (Gl 2.21 a) berechnete *Robert Mayer* den Umrechnungsfaktor zwischen der Arbeitseinheit kp m und der Wärmeeinheit kcal, die im Technischen Einheitensystem verwendet wurden.

Das Verhältnis der spezifischen Wärmekapazitäten wird mit $\varkappa$ bezeichnet.

$$\varkappa = \frac{c_p}{c_v} \qquad \textbf{(Gl 2.22 a)}$$

Beim idealen Gas ist $\varkappa$ gleich dem *Isentropenexponenten.*[1]

Wir führen (Gl 2.21 a) ein:

$$\varkappa = \frac{c_v + R_i}{c_v} = 1 + \frac{R_i}{c_v}$$

Mit steigender Temperatur wächst bei zwei- und mehratomigen idealen Gasen c_v, demnach muß $\varkappa$ mit steigender Temperatur fallen. Die Temperaturabhängigkeit von $\varkappa$ ist beim zweiatomigen idealen Gas bei nicht zu hohen Temperaturen gering und kann häufig vernachlässigt werden, bei mehratomigen Gasen ist sie jedoch zu beachten. Beim nichtidealen Gas sind die spezifischen Wärmekapazitäten außerdem druckabhängig.

Mittels der kalorischen Zustandsgleichungen kann mit $\varkappa_m$ folgender Zusammenhang zwischen der Änderung der Enthalpie und der inneren Energie hergestellt werden:

$$h_2 - h_1 = \varkappa_m (u_2 - u_1) \qquad \textbf{(Gl 2.23)}$$

Hierin ist $\varkappa_m$ der Mittelwert für $\varkappa$ zwischen den Temperaturen t_1 und t_2:

$$\varkappa_m \Big|_{t_1}^{t_2} = \frac{c_{pm}\Big|_{t_1}^{t_2}}{c_{vm}\Big|_{t_1}^{t_2}} \qquad \textbf{(Gl 2.22 b)}$$

Beispiel 2.5: Das Verhältnis der spezifischen Wärmekapazitäten ist für Luft von 0 °C und für Luft in den Temperaturbereichen 0 °C—500 °C und 1000 °C—2000 °C aus den Werten der **T 2.2** zu berechnen.

(Gl 2.22 a): $\varkappa = \frac{c_p}{c_v} = \frac{c_p}{c_p - R_l}$

$$\varkappa_0 = \frac{c_{p0}}{c_{p0} - R_l} = \frac{1{,}004 \frac{\text{kJ}}{\text{kg K}}}{1{,}004 \frac{\text{kJ}}{\text{kg K}} - 0{,}2872 \frac{\text{kJ}}{\text{kg K}}} = 1{,}40$$

$$\varkappa_m \Big|_{0\,°\text{C}}^{500\,°\text{C}} = \frac{c_{pm}\Big|_{0\,°\text{C}}^{500\,°\text{C}}}{c_{pm}\Big|_{0\,°\text{C}}^{500\,°\text{C}} - R_l} = \frac{1{,}040 \frac{\text{kJ}}{\text{kg K}}}{1{,}040 \frac{\text{kJ}}{\text{kg K}} - 0{,}2872 \frac{\text{kJ}}{\text{kg K}}} = \underline{1{,}38}$$

[1] Nähere Erläuterung folgt in Abschn. 2.2.5 bzw. 3.3.6

T 2.2: Mittlere isobare molare und isobare spezifische Wärmekapazität von Gasen für den

Temp. in °C	H_2		N_2		O_2		CO	
	$C_{mp}\|_{0\,°C}^{t}$ $\frac{kJ}{kmol\,K}$	$c_{pm}\|_{0\,°C}^{t}$ $\frac{kJ}{kg\,K}$	$C_{mp}\|_{0\,°C}^{t}$ $\frac{kJ}{kmol\,K}$	$c_{pm}\|_{0\,°C}^{t}$ $\frac{kJ}{kg\,K}$	$C_{mp}\|_{0\,°C}^{t}$ $\frac{kJ}{kmol\,K}$	$c_{pm}\|_{0\,°C}^{t}$ $\frac{kJ}{kg\,K}$	$C_{mp}\|_{0\,°C}^{t}$ $\frac{kJ}{kmol\,K}$	$c_{pm}\|_{0\,°C}^{t}$ $\frac{kJ}{kg\,K}$
0	28,62	14,20	29,10	1,039	29,27	0,9150	29,12	1,040
100	28,94	14,36	29,12	1,039	29,53	0,9227	29,16	1,041
200	29,07	14,42	29,20	1,042	29,92	0,9351	29,29	1,046
300	29,14	14,45	29,35	1,048	30,39	0,9496	29,50	1,053
400	29,19	14,48	29,56	1,055	30,87	0,9646	29,77	1,063
600	29,32	14,54	30,11	1,075	31,75	0,9922	30,41	1,086
800	29,52	14,64	30,69	1,096	32,49	1,0154	31,05	1,109
1000	29,79	14,78	31,25	1,116	33,11	1,0347	31,65	1,130
1200	30,12	14,94	31,77	1,134	33,62	1,0508	32,17	1,149
1400	30,47	15,12	32,22	1,150	34,07	1,0648	32,63	1,165
1600	30,84	15,30	32,62	1,164	34,47	1,0772	33,03	1,1[illegible]
1800	31,21	15,48	32,97	1,177	34,83	1,0885	33,38	1,192
2000	31,58	15,66	33,28	1,188	35,17	1,0990	33,69	1,203
2200	31,93	15,84	33,55	1,198	35,48	1,1089	33,96	1,212
2500	32,44	16,09	33,91	1,210	35,93	1,1229	34,31	1,225
3000	33,22	16,48	34,40	1,228	36,62	1,1443	34,79	1,242
M in $\frac{kg}{kmol}$	2,0159		28,0135		31,9988		28,010	
ϱ_n in $\frac{kg}{m^3}$	0,0899		1,2504		1,4290		1,2506	

Anmerkungen zu T 2.2:

Isochore spezifische Wärmekapazität $c_{vm}|_{0\,°C}^{t}$ nach (Gl 2.21 a): $c_{vm}|_{0\,°C}^{t} = c_{pm}|_{0\,°C}^{t} - R_i$

Isochore molare Wärmekapazität $C_{mv}|_{0\,°C}^{t}$ nach (Gl 2.21 b): $C_{mv}|_{0\,°C}^{t} = C_{mp}|_{0\,°C}^{t} - R_m$

Mittelwert $\varkappa_m|_{0\,°C}^{t}$ nach (Gl 2.22): $\varkappa_m|_{0\,°C}^{t} = \dfrac{c_{pm}|_{0\,°C}^{t}}{c_{vm}|_{0\,°C}^{t}} = \dfrac{C_{mp}|_{0\,°C}^{t}}{C_{mv}|_{0\,°C}^{t}}$

$c_{pm}|_{t_1}^{t_2}$ kann auch mittels Polynom (Gl 1.44 c) berechnet werden. Die Ergebnisse können von den Tabellenwerten leicht abweichen.

$$\varkappa_m|_{1000\,°C}^{2000\,°C} = \frac{c_{pm}|_{1000\,°C}^{2000\,°C}}{c_{pm}|_{1000\,°C}^{2000\,°C} - R_1} = \frac{1{,}231\,\dfrac{kJ}{kg\,K}}{1{,}231\,\dfrac{kJ}{kg\,K} - 0{,}2872\,\dfrac{kJ}{kg\,K}} = \underline{1{,}30}$$

mit (Gl 1.44): $$c_{pm}|_{t_1}^{t_2} = \frac{c_{pm}|_{0\,°C}^{t_2}\,t_2 - c_{pm}|_{0\,°C}^{t_1}\,t_1}{t_2 - t_1}$$

$$c_{pm}|_{t_1}^{t_2} = \frac{1{,}161\,\dfrac{kJ}{kg\,K}\cdot 2000\,°C - 1{,}091\,\dfrac{kJ}{kg\,K}\cdot 1000\,°C}{2000\,°C - 1000\,°C} = 1{,}231\,\frac{kJ}{kg\,K}$$

idealen Gaszustand[1] $C_{mp}|_{0\,°C}^{t}$ in $\frac{kJ}{kmol\,K}$ $c_{pm}|_{0\,°C}^{t}$ in $\frac{kJ}{kg\,K}$

Temp. in °C	H_2O $C_{mp}\|_{0\,°C}^{t}$ $\frac{kJ}{kmol\,K}$	H_2O $c_{pm}\|_{0\,°C}^{t}$ $\frac{kJ}{kg\,K}$	CO_2 $C_{mp}\|_{0\,°C}^{t}$ $\frac{kJ}{kmol\,K}$	CO_2 $c_{pm}\|_{0\,°C}^{t}$ $\frac{kJ}{kg\,K}$	SO_2 $C_{mp}\|_{0\,°C}^{t}$ $\frac{kJ}{kmol\,K}$	SO_2 $c_{pm}\|_{0\,°C}^{t}$ $\frac{kJ}{kg\,K}$	Luft $C_{mp}\|_{0\,°C}^{t}$ $\frac{kJ}{kmol\,K}$	Luft $c_{pm}\|_{0\,°C}^{t}$ $\frac{kJ}{kg\,K}$
0	33,47	1,859	35,93	0,8169	38,97	0,6092	29,07	1,004
100	33,71	1,871	38,17	0,8673	40,71	0,6355	29,15	1,007
200	34,08	1,892	40,13	0,9118	42,43	0,6624	29,30	1,012
300	34,54	1,917	41,83	0,9505	43,99	0,6868	29,52	1,019
400	35,05	1,945	43,33	0,9846	45,35	0,7079	29,79	1,029
600	36,15	2,007	45,85	1,0417	47,55	0,7423	30,41	1,050
800	37,34	2,073	47,86	1,0875	49,20	0,7680	31,03	1,071
1000	38,56	2,140	49,50	1,1248	50,47	0,7879	31,60	1,091
1200	39,76	2,207	50,85	1,1555	51,49	0,8038	32,11	1,109
1400	40,91	2,271	51,98	1,1811	52,31	0,8167	32,57	1,124
1600	42,00	2,332	52,93	1,2027	53,00	0,8273	32,97	1,138
1800	43,03	2,388	53,74	1,2211	53,59	0,8365	33,32	1,150
2000	43,97	2,441	54,44	1,2370	54,09	0,8444	33,64	1,161
2200	44,86	2,490	55,06	1,2510	54,54	0,8514	33,93	1,171
2500	46,07	2,557	55,85	1,2690	55,13	0,8606	34,31	1,185
3000	47,82	2,654	56,91	1,2932	55,95	0,8734	34,84	1,203
M in $\frac{kg}{kmol}$	18,0153		44,010		64,065		28,9626	
ϱ_n in $\frac{kg}{m^3}$	0,8038		1,9767		2,9285		1,2929	

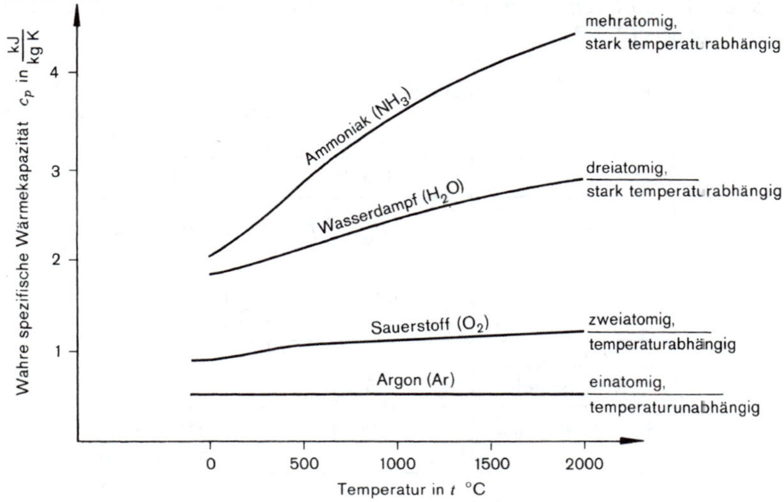

B 2.2 Wahre spezifische Wärmekapazität c_p einiger Gase für den idealen Gaszustand

[1] Auszug der Werte für $C_{mp}|_{0\,°C}^{t}$ aus Tabellen nach Baehr, H.D. [1] und Stephan/Mayinger [6], M und ϱ_n nach DIN 1871 (05.99) und DIN 51857 (03.97), $c_{pm}|_{0\,°C}^{t}$ berechnet, für H_2O bei 0 °C nach Wagner/Kruse [18]. Auf den zusätzlichen Index m zur Kennzeichnung des Mittelwertes bei der molaren Wärmekapazität wird verzichtet; wir schreiben $C_{mp}|_{0\,°C}^{t}$ statt $C_{mpm}|_{0\,°C}^{t}$.

[2] Werte nach [10]

Die molaren Wärmekapazitäten des idealen Gases. Die auf 1 kmol eines Gases bezogene Wärmekapazität heißt molare Wärmekapazität.

$$C_{m\,v} = M\,c_v \qquad \textbf{(Gl 2.24a)}$$

$$C_{m\,p} = M\,c_p \qquad \textbf{(Gl 2.24b)}$$

Die Differenz der beiden molaren Wärmekapazitäten ist mit (Gl 2.21 a) und (Gl 2.14) *gleich der molaren Gaskonstanten* R_m:

$$C_{mp} - C_{mv} = M(c_p - c_v) = M\,R_i$$

$$C_{mp} - C_{mv} = R_m \qquad \textbf{(Gl 2.21b)}$$

Das Verhältnis der beiden molaren Wärmekapazitäten ist wie das der spezifischen Wärmekapazitäten

$$\varkappa = \frac{C_{mp}}{C_{mv}} \qquad \textbf{(Gl 2.22c)}$$

da der Faktor M herausfällt. Wir führen $\varkappa$ in Gl 2.21 b ein:

$$\varkappa C_{mv} - C_{mv} = C_{mv}(\varkappa - 1) = R_m$$

$$C_{mv} = \frac{1}{\varkappa - 1}\,R_m \qquad \textbf{(Gl 2.25a)}$$

$$C_{mp} = \frac{\varkappa}{\varkappa - 1}\,R_m \qquad \textbf{(Gl 2.25b)}$$

Die molaren Wärmekapazitäten idealer Gase hängen nur von R_m und $\varkappa$ ab (Gl 2.25). $\varkappa$ hat für das einatomige ideale Gas den konstanten Zahlenwert 1,667, für das zweiatomige ideale Gas im mittleren Temperaturbereich etwa den Wert 1,4; folglich haben die molaren Wärmekapazitäten für ideale Gase mit gleicher Atomzahl gleiche Zahlenwerte **(T 2.3).**

T 2.3 Molare Wärmekapazitäten idealer Gase

ideales Gas	einatomig	zweiatomig
$\varkappa$	1,667	1,4
C_{mv}	$\frac{1}{0{,}667} R_m = \frac{3}{2} R_m$	$\frac{1}{0{,}4} R_m = \frac{5}{2} R_m$
C_{mp}	$\frac{3}{2} R_m + R_m = \frac{5}{2} R_m$	$\frac{5}{2} R_m + R_m = \frac{7}{2} R_m$
Zahl der Freiheitsgrade	3	5
Geltungsbereich	allgemein	mittlere Temperaturen

Die kinetische Gastheorie deutet die molaren Wärmekapazitäten aus der Vorstellung des einatomigen Moleküls als Kugel, des zweiatomigen Moleküls als Hantel. Nach dieser Theorie, die die Temperaturerhöhung als vergrößerte Bewegungsenergie der Moleküle erklärt[1], führt die Kugel

[1] Vergleiche Abschn. 1.6.4.

reine Translationsbewegungen in drei möglichen Richtungen aus, die Zahl ihrer Freiheitsgrade ist drei. Die Hantel kann zusätzlich um zwei senkrecht zur Verbindungslinie der beiden Atome liegenden Achsen rotieren, wodurch sich die Zahl ihrer Freiheitsgrade um zwei auf fünf erhöht.

Mit der Zahl der Freiheitsgrade eines idealen Gases wächst die molare Wärmekapazität direkt proportional **(T 2.3)**, und zwar steigt je Freiheitsgrad der Bewegung bei Erwärmung eines Kilomols um 1 K die innere Energie um $\frac{1}{2} R_m$. Diese einfachen Verhältnisse treffen exakt nur für das einatomige ideale Gas zu, bei dem sich die molaren Wärmekapazitäten nicht mit der Temperatur ändern. Beim zweiatomigen idealen Gas gelten diese Modellvorstellungen nur im Gebiet mittlerer Temperaturen in der Größenordnung der Raumtemperatur. Mit steigender Temperatur schwingen bei diesen Gasen die beiden Atome zusätzlich innerhalb des Moleküls auf zweierlei Weise (längs und quer), so daß zwei weitere Freiheitsgrade zu berücksichtigen sind und die molaren Wärmekapazitäten sich asymptotisch den Werten $C_{mv} = \frac{7}{2} R_m$ und $C_{mp} = \frac{9}{2} R_m$ nähern. Bei niedriger Temperatur kommt dagegen neben der Schwingungsbewegung auch die Rotationsbewegung zum Stillstand, wodurch die Zahl der Freiheitsgrade auf die der reinen Translation, also auf drei, fällt. Die molaren Wärmekapazitäten nähern sich mit fallender Temperatur den Werten $C_{mv} = \frac{3}{2} R_m$ und $C_{mp} = \frac{5}{2} R_m$.

Bei drei- und mehratomigen idealen Gasen ist eine Deutung in dieser einfachen Form nicht möglich, da weitere Freiheitsgrade auftreten.

Beispiel 2.6: Für Kohlendioxid unter niedrigem Druck sind die spezifischen und molaren Wärmekapazitäten bei konstantem Volumen und konstantem Druck in dem Temperaturbereich 150 °C bis 1500 °C zu berechnen.

(Gl 1.44): $$c_{pm}\Big|_{t_1}^{t_2} = \frac{c_{pm}\Big|_{0\,°C}^{t_2} t_2 - c_{pm}\Big|_{0\,°C}^{t_1} t_1}{t_2 - t_1}$$

$$c_{pm}\Big|_{150\,°C}^{1500\,°C} = \frac{1{,}1919 \frac{kJ}{kg\,K} \cdot 1500\,°C - 0{,}8896 \frac{kJ}{kg\,K} \cdot 150\,°C}{1500\,°C - 150\,°C} = \underline{1{,}225 \frac{kJ}{kg\,K}}$$

(Gl 2.21 a): $c_v = c_p - R_{CO_2}$

$$c_{vm}\Big|_{150\,°C}^{1500\,°C} = 1{,}225 \frac{kJ}{kg\,K} - 0{,}189 \frac{kJ}{kg\,K} = \underline{1{,}036 \frac{kJ}{kg\,K}}$$

Molare Wärmekapazitäten:

(Gl 2.24a): $$C_{mv}\Big|_{150\,°C}^{1500\,°C} = M\, c_{vm}\Big|_{150\,°C}^{1500\,°C} = 44{,}01 \frac{kg}{kmol} \cdot 1{,}036 \frac{kJ}{kg\,K} = \underline{45{,}6 \frac{kJ}{kmol\,K}}$$

(Gl 2.24b): $$C_{mp}\Big|_{150\,°C}^{1500\,°C} = M\, c_{pm}\Big|_{150\,°C}^{1500\,°C} = 44{,}01 \frac{kg}{kmol} \cdot 1{,}225 \frac{kJ}{kg\,K} = \underline{53{,}9 \frac{kJ}{kmol\,K}}$$

Aufgabe 2.7: 129300 kg/h Luft unter niedrigem Druck sind von 90 °C auf 25 °C zu kühlen. Die Luft durchströmt bei konstantem Druck einen Wärmeübertrager, in dem die Wärme von Kühlwasser aufgenommen wird, das sich dabei von 20 °C auf 32 °C erwärmt.
Welche Kühlwassermenge ist stündlich erforderlich?

2.2 Geschlossene Systeme

2.2.1 Prozesse und Zustandsänderungen in geschlossenen Systemen

Prozesse (Vorgänge) verursachen *Zustandsänderungen* in den beteiligten Systemen (Abschn. 1.5.3). Gleiche Zustandsänderungen können durch unterschiedliche Prozesse bewirkt werden, z.B. könnte die Zustandsänderung, die durch den Prozeß nach **B 1.13b** eintritt, auch durch Wärmezufuhr erzielt werden.

Wir betrachten hier nur *reversible* Vorgänge, d.h. Prozesse *ohne Dissipation*, die einfache, quasistatische Zustandsänderungen hervorrufen. Diese lassen sich rechnerisch leicht erfassen. Sie ermöglichen es, auch komplizierte Prozesse zu berechnen, indem diese Prozesse in Teilvorgänge mit einfachen Zustandsänderungen zerlegt werden. In geschlossenen Systemen kann die eingeschlossene Stoffmenge eine einfache Zustandsänderung, z.B. Expansion vom Anfangsdruck p_1 auf den Enddruck p_2 bei konstanter Temperatur, nur einmal durchlaufen.

Bei den einzelnen Zustandsänderungen werden wir aus der thermischen Zustandsgleichung jeweils eine Gleichung ermitteln, die die Veränderung der Zustandsgrößen erfaßt, außerdem die Volumenänderungsarbeit und die zu- oder abgeführte Wärme.

Die Änderung der inneren Energie kann aus (Gl 2.19), die Änderung der Enthalpie aus (Gl 2.20) ermittelt werden. Diese Berechnungen sind in allen Fällen gleich und werden nicht besonders aufgeführt.

Die Behandlung irreversibler Vorgänge folgt im Abschn. 3.0.

2.2.2 Isochore

Die Isochore ist eine Zustandsänderung bei konstantem Volumen **(B 2.3)**.

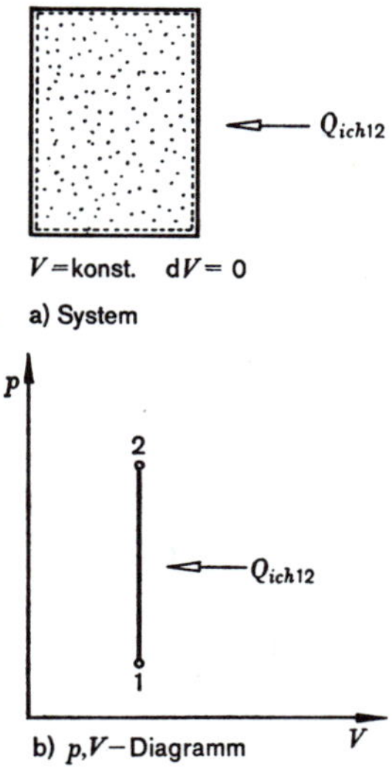

B 2.3 Isochore Zustandsänderung

Für die Veränderung der thermischen Zustandsgrößen gilt:

$$p_1 V = m R_i T_1 \qquad p_2 V = m R_i T_2$$

$$\frac{p_1}{p_2} = \frac{T_1}{T_2}; \quad \frac{p}{T} = \text{konstant} \qquad \textbf{(Gl 2.26)}$$

Die Volumenänderungsarbeit ist $W_{v12} = -\int_1^2 p\,\mathrm{d}V$; mit $\mathrm{d}V = 0$ wird daraus

$$W_{v\,ich\,12} = 0$$ [1]

Die zu- oder abzuführende Wärme ist nach (Gl 1.24b) und (Gl 2.19) mit $W_{v\,ich\,12} = 0$ und $W_{diss\,12} = 0$

$$Q_{ich\,12} = U_2 - U_1 = m \int_{T_1}^{T_2} c_v\,\mathrm{d}T = m\,c_{vm}\big|_{T_1}^{T_2}(T_2 - T_1) \qquad \textbf{(Gl 2.27)}$$

Die zugeführte Wärme wird vollständig zur Erhöhung der inneren Energie des Systems verwendet, die abgeführte Wärme wird umgekehrt aus der inneren Energie des Systems gedeckt.

[1] Der Index *ich* kennzeichnet die Art der Zustandsänderung, in diesem Fall die Isochore. Wir werden in späteren Abschnitten auf diese ausführliche Indexbezeichnung meist verzichten.

(Gl 2.27) gilt nicht nur für das ideale Gas, sondern für beliebige Stoffe bei unverändertem Aggregatzustand, wie aus Gl 1.37a (mit $dv=0$) erkennbar ist.

Beispiel 2.7: In einem 20 m³ fassenden Kugelgasbehälter befindet sich Stickstoff unter 10 bar bei 25 °C. Dem Behälter werden zusätzlich 10 kmol Stickstoff zugeführt, wodurch die Temperatur auf 70 °C steigt. Dieser Vorgang verläuft sehr schnell, so daß die Behälterwand während des Auffüllens als adiabat angesehen werden kann. Erst anschließend sinkt die Temperatur durch Wärmeabgabe an die Umgebung wieder auf 25 °C. Die spezifische Wärmekapazität ist als konstanter Wert für 0 °C einzusetzen.

a) Welche Stickstoffmassen sind vor und nach dem Auffüllen im Behälter?

b) Welcher Druck stellt sich unmittelbar nach dem Auffüllen ein?

c) Wie ändern sich Druck und innere Energie durch Abkühlung nach Beendigung des Auffüllens?

d) Wie groß ist die an die Umgebung nach Beendigung des Auffüllens abgeführte Wärme?

Zu a): (Gl 2.3):

$$m_a = \frac{p_a V}{R_{N_2} T_a} = \frac{10 \text{ bar} \cdot 10^5 \text{ N} \cdot 20 \text{ m}^3 \text{ kg K}}{\text{m}^2 \text{ bar} \cdot 296{,}8 \text{ J} \cdot 298 \text{ K}} = \underline{226 \text{ kg}}$$

$$m_{Mi} = m_a + m_b = m_a + nM = 226 \text{ kg} + 10 \text{ kmol} \cdot 28 \frac{\text{kg}}{\text{kmol}}$$

$$m_{Mi} = \underline{506 \text{ kg}}$$

Zu b): Druck (Gl 2.3):

$$p_{Mi} = \frac{m_{Mi} R_{N_2} T_{Mi}}{V} = \frac{506 \text{ kg} \cdot 296{,}8 \text{ J} \cdot 343 \text{ K}}{\text{kg K} \cdot 20 \text{ m}^3} \cdot \frac{\text{Nm}}{\text{J}} \cdot \frac{\text{m}^2 \text{ bar}}{10^5 \text{ N}} = \underline{25{,}8 \text{ bar}}$$

Zu c): Druckabfall (Gl 2.26):

$$p_2 = p_{Mi} \frac{T_2}{T_{Mi}} = 25{,}8 \text{ bar} \frac{298 \text{ K}}{343 \text{ K}} = \underline{22{,}4 \text{ bar}}$$

Verringerung der inneren Energie (Gl 2.19):

$$U_2 - U_{Mi} = m_{Mi} c_v (T_2 - T_{Mi}) = 506 \text{ kg} \cdot 0{,}742 \frac{\text{kJ}}{\text{kg K}} (298 - 343) \text{ K}$$

$$U_2 - U_{Mi} = -\underline{16895 \text{ kJ}}$$

Zu d): Abgeführte Wärme (Gl 1.20b) mit $W_{gMi,2} = 0$:

$$Q_{Mi,2} = U_2 - U_{Mi} = -\underline{16895 \text{ kJ}}$$

Aufgabe 2.8: In einem Autoreifen, dessen Volumen konstant mit 0,025 m³ angenommen werden soll, befindet sich Luft mit 18 °C bei einem Überdruck von 1,57 bar. Der Luft wird durch Sonnenbestrahlung die Wärme 2,55 kJ zugeführt. Der Barometerstand beträgt 0,99 bar.

a) Welche Lufttemperatur stellt sich im Reifen ein?

b) Welcher Reifenüberdruck tritt auf?

c) Wie ändern sich innere Energie und Enthalpie des Reifeninhalts?

d) Welche Luftmasse ist abzulassen, damit sich der ursprüngliche Reifendruck wieder einstellt (Temperatur hierbei unverändert)?

2.2.3 Isobare

Eine Zustandsänderung bei konstantem Druck heißt Isobare **(B 2.4).**

Die Veränderung der thermischen Zustandsgrößen bei der Isobaren berechnen wir aus der thermischen Zustandsgleichung.

$$p V_1 = m R_i T_1 \qquad p V_2 = m R_i T_2$$

$$\frac{V_1}{V_2} = \frac{T_1}{T_2}; \quad \frac{V}{T} = \text{konstant} \qquad \textbf{(Gl 1.16)}$$

Es handelt sich um das schon bekannte Ausdehnungsgesetz für Gase nach *Gay-Lussac*. Die Volumenänderungsarbeit ist $W_{v12} = -\int_1^2 p \, dV$; mit $p = \text{konstant}$ wird daraus

$$W_{v\,ib12} = p(V_1 - V_2) \qquad \textbf{(Gl 2.28a)}$$

Mit der thermischen Zustandsgleichung des idealen Gases (Gl 2.3) ergibt sich

$$W_{v\,ib12} = m R_i (T_1 - T_2) \qquad \textbf{(Gl 2.28b)}$$

Bei Expansion **(B 2.4)** wird die Arbeit vom System abgegeben, ihr Wert ist negativ. $W_{v\,ib12}$ ist im p, V-Diagramm als Fläche dargestellt **(B 2.4b).**

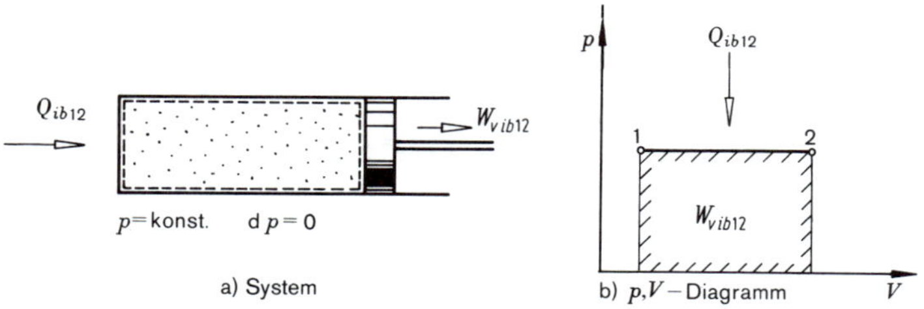

B 2.4 Isobare Zustandsänderung

Die bei Expansion zugeführte Wärme ist für reversible Vorgänge nach (Gl 1.31) und (Gl 2.20) mit $dp = 0$:

$$Q_{ib12} = H_2 - H_1 = m \int_{T_1}^{T_2} c_p \, dT = m \, c_{pm}\Big|_{T_1}^{T_2} (T_2 - T_1) \qquad \textbf{(Gl 2.29)}$$

Die zugeführte Wärme (positiv) ist gleich der Enthalpieerhöhung des Systems. Von der als Wärme zugeführten Energie bleibt ein Teil als erhöhte innere Energie in dem System (Gl 1.24b mit $W_{diss\,12} = 0$):

$$U_2 - U_1 = Q_{ib\,12} + W_{v\,ib\,12}$$

Ein kleinerer Anteil wird in Form von Volumenänderungsarbeit $W_{v\,ib\,12}$ vom System wieder abgegeben.

(Gl 2.28a), (Gl 2.29) und die folgende Gl gelten nicht nur für das ideale Gas, sondern für beliebige Stoffe bei unveränderten Aggregatzustand, wie aus Gl 1.37b (mit $dp = 0$) erkennbar ist.

Die Isobare wurde für eine Volumenvergrößerung besprochen. Die Gleichungen gelten unverändert auch für die isobare Volumenverkleinerung, jedoch wird hierbei Volumenänderungsarbeit zugeführt (positiv), während Wärme abgeführt wird (negativ). Die Wärmeabfuhr wird aus der Enthalpieerniedrigung des Systems bestritten (Gl 2.29). Die innere Energie fällt um die Differenz zwischen abgeführter Wärme und zugeführter Volumenänderungsarbeit (Gl 1.24).

Beispiel 2.8: In dem Zylinder eines Verbrennungsmotors befindet sich 1 g Luft unter 45 bar, 590 °C. Während sich das Zylindervolumen beim Rückgang des Kolbens vergrößert, wird dem System durch eingespritzten und dabei verbrannten Brennstoff die Energie 2,0 kJ zugeführt. Die Brennstoffzufuhr wird so dosiert, daß der Druck im Zylinder konstant bleibt. Nach dem beschriebenen Verfahren arbeitet der Dieselmotor.

Die Veränderung der Masse und der Gaszusammensetzung im Zylinder ist zu vernachlässigen; auch nach der Verbrennung ist mit den Stoffwerten für Luft zu rechnen. Der Vorgang soll reversibel verlaufen.

a) Die thermischen Zustandsgrößen vor und nach der Brennstoffzufuhr sind zu bestimmen.

b) Welche Volumenänderungsarbeit wird vom Gas an den Kolben abgegeben?

c) Wie ändern sich Enthalpie und innere Energie?

Zu a): Thermische Zustandsgrößen vor der Verbrennung:

$$p_1 = \underline{45\ \text{bar}} \qquad t_1 = \underline{590\,°\text{C}} \qquad T_1 = \underline{863\ \text{K}}$$

$$v_1 = \frac{R_1 T_1}{p_1} = \frac{287{,}2\ \text{J} \cdot 863\ \text{K} \cdot \text{m}^2\,\text{bar}}{\text{kg K} \cdot 45\ \text{bar} \cdot 10^5\ \text{N}} = \underline{0{,}0551\ \frac{\text{m}^3}{\text{kg}}}$$

$$V_1 = m v_1 = 0{,}001\ \text{kg} \cdot 0{,}0551\ \frac{\text{m}^3}{\text{kg}} \cdot 10^6\ \frac{\text{cm}^3}{\text{m}^3} = \underline{55{,}1\ \text{cm}^3}$$

Thermische Zustandsgrößen nach der Verbrennung:

Die Energiezufuhr durch die Verbrennung kann wie eine Wärmezufuhr bei $p =$ konstant aus der Umgebung behandelt werden; nach (Gl 2.29):

$$T_2 - T_1 = \frac{Q_{ib12}}{m\, c_{pm}\big|_{T_1}^{T_2}} = \frac{2\ \text{kJ kg K}}{0{,}001\ \text{kg} \cdot 1{,}216\ \text{kJ}} = 1645\ \text{K}$$

$$T_2 = \underline{2508\ \text{K}} \qquad t_2 = \underline{2235\,°\text{C}}$$

Hierin wurde die mittlere spezifische Wärmekapazität nach (Gl 1.44) bestimmt, in der $t_2 = 2200\,°\text{C}$ vorausgeschätzt wurde:

$$c_{pm}\big|_{T_1}^{T_2} = c_{pm}\big|_{t_1}^{t_2} = \frac{c_{pm}\big|_{0\,°\text{C}}^{t_2} t_2 - c_{pm}\big|_{0\,°\text{C}}^{t_1} t_1}{t_2 - t_1}$$

$$c_{pm}\big|_{T_1}^{T_2} = \frac{1{,}171\ \frac{\text{kJ}}{\text{kg K}} \cdot 2200\,°\text{C} - 1{,}049\ \frac{\text{kJ}}{\text{kg K}} \cdot 590\,°\text{C}}{(2200 - 590)\ \text{K}} = 1{,}216\ \frac{\text{kJ}}{\text{kg K}}$$

Die annähernd richtig vorausgeschätzte Temperatur macht eine Nachrechnung von c_{pm} nicht erforderlich.

Nach (Gl 1.16):

$$V_2 = V_1 \frac{T_2}{T_1} = 55{,}1\ \text{cm}^3\ \frac{2508\ \text{K}}{863\ \text{K}} = \underline{160{,}0\ \text{cm}^3}$$

$$v_2 = \frac{V_2}{m} = \frac{160{,}0\ \text{cm}^3\ \text{m}^3}{0{,}001\ \text{kg} \cdot 10^6\ \text{cm}^3} = \underline{0{,}160\ \frac{\text{m}^3}{\text{kg}}}$$

$$p_2 = p_1 = \underline{45\ \text{bar}}$$

Zu b): Volumenänderungsarbeit nach (Gl 2.28):

$$W_{v\,ib\,12} = p(V_1 - V_2) = 45\ \text{bar} \cdot 10^5\ \frac{\text{N}}{\text{m}^2\ \text{bar}}\ (55{,}1 - 160{,}0)\ \text{cm}^3\ \frac{\text{m}^3}{10^6\ \text{cm}^3}\ \frac{\text{J}}{\text{Nm}}$$

$$W_{v\,ib\,12} = \underline{-472\ \text{J}}\ \text{(neg., d.h. abgegeben)}$$

Zu c): Änderung der Enthalpie nach (Gl 2.29):

$$H_2 - H_1 = Q_{ib\,12} = \underline{2{,}0\ \text{kJ}}\ \text{(pos., d.h. gestiegen)}$$

Änderung der inneren Energie nach (Gl 2.19):

$$U_2 - U_1 = m\,c_{vm}\big|_{T_1}^{T_2}(T_2 - T_1)$$

mit (Gl 2.21)

$$c_{vm} = c_{pm} - R_1 = 1{,}216\ \frac{\text{kJ}}{\text{kg K}} - 0{,}2872\ \frac{\text{kJ}}{\text{kg K}}$$

$$c_{vm} = 0{,}929\ \frac{\text{kJ}}{\text{kg K}}$$

$$U_2 - U_1 = 0{,}001\ \text{kg} \cdot 0{,}929\ \frac{\text{kJ}}{\text{kg K}} \cdot 1645\ \text{K} = \underline{1{,}53\ \text{kJ}}\ \text{(pos., d.h. gestiegen)}$$

Aufgabe 2.9: Zur Erwärmung des Gases der Aufgabe 1.15 sind zu ermitteln:

a) Volumen und spezifisches Volumen nach der Erwärmung,

b) Änderung der Enthalpie.

2.2.4 Isotherme

Die Isotherme ist eine Zustandsänderung bei konstanter Temperatur **(B 2.5)**.

Die thermischen Zustandsgrößen verändern sich nach dem schon bekannten Gesetz von *Boyle-Mariotte*.

$$p_1 V_1 = p_2 V_2; \qquad p\,V = \text{konstant} \tag{Gl 2.4}$$

Im p, V-Diagramm verläuft die Isotherme als gleichseitige Hyperbel, mit den Koordinatenachsen als Asymptoten, wie die mathematische Form der (Gl 2.4), $xy = \text{konstant}$,

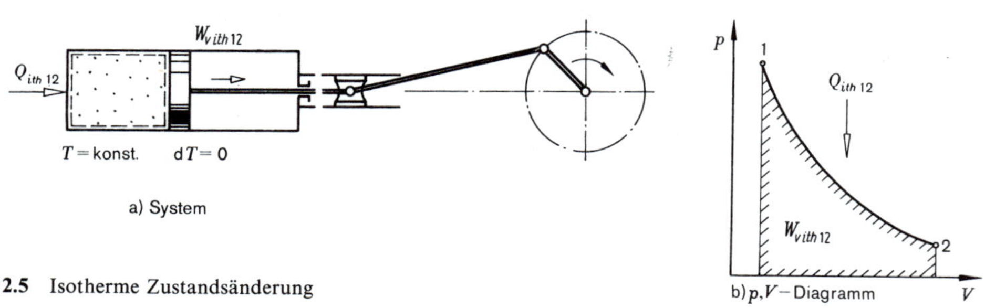

B 2.5 Isotherme Zustandsänderung

erkennen läßt. Wir ermitteln die Neigung der Isothermen durch die 1. Ableitung der (Gl 2.4):

$$p V = \text{konstant} \qquad p\,\mathrm{d}V + V\,\mathrm{d}p = 0$$

$$\tan\alpha_{ith} = \frac{\mathrm{d}p}{\mathrm{d}V} = -\frac{p}{V}$$

Die Subtangente stellt immer das Volumen V_1 dar, da $\tan\alpha_{ith\,1} = -\frac{p_1}{V_1}$ ist.

Beachtet man diesen Zusammenhang, so kann man die Hyperbel im p, V-Diagramm schnell angenähert richtig konstruieren **(B 2.6)**.

Die Volumenänderungsarbeit ist mit $p = \frac{m R_i T}{V}$

$$W_{v\,12} = -\int_1^2 p\,\mathrm{d}V = -\int_1^2 m R_i T \frac{\mathrm{d}V}{V}$$

mit T = konst. wird daraus

$$W_{v\,ith\,12} = m R_i T \ln\frac{V_1}{V_2} = p_1 V_1 \ln\frac{p_2}{p_1} \qquad \textbf{(Gl 2.30)}$$

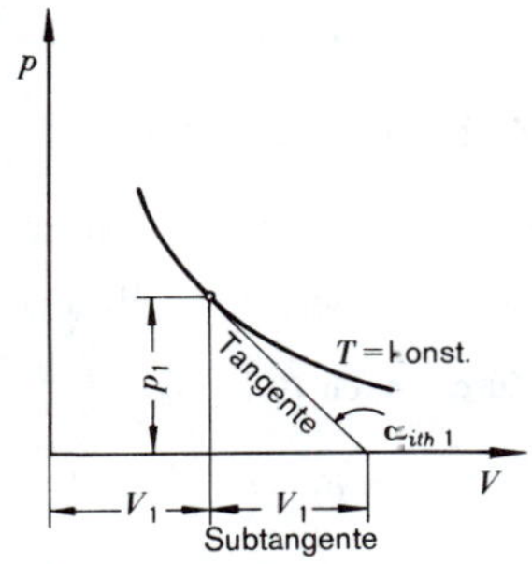

B 2.6 Die Isotherme, eine gleichseitige Hyperbel

Hierin wurden $\frac{V_1}{V_2} = \frac{p_2}{p_1}$ (Gl 2.4) und $p_1 V_1 = m R_i T$ (Gl 2.3) eingeführt. Der Wert der Arbeit ist bei Expansion des Systems, bei der Arbeit abgegeben wird, wie vereinbart, negativ, da $\ln\frac{p_2}{p_1}$ bei Expansion negativ ist. Bei Kompression des Systems wird Arbeit zugeführt und der Wert ist positiv. Im p, V-Diagramm ist $W_{v\,ith\,12}$ als Fläche dargestellt **(B 2.5b)**. Die Volumenänderungsarbeit hängt nur von der Temperatur und vom Druckverhältnis $\frac{p_2}{p_1}$ ab, nicht aber vom Ausgangsdruck p_1 (Gl 2.30).

Die Änderung der inneren Energie ist Null, da $\mathrm{d}T = 0$ ist (Gl 2.19). Die bei reversibler isothermer Expansion zugeführte Wärme ist somit (Gl 1.24b mit $W_{diss\,12} = 0$):

$$Q_{ith\,12} = -W_{v\,ith\,12}, \qquad \text{da } U_2 = U_1 \qquad \textbf{(Gl 2.31)}$$

Bei reversiblem Vorgang wird demnach die gesamte abgegebene isotherme Volumenänderungsarbeit aus zugeführter Wärme gedeckt. Umgekehrt wird die gesamte bei isothermer Kompression dem System zugeführte Volumenänderungsarbeit in Form von Wärme abgeführt.

Beispiel 2.9: In einem gut gekühlten 10 l großen Zylinder wird Luft von 1 bar bei konstant bleibender Temperatur durch einen Kolben zunächst auf das Volumen von 1 l, anschließend auf das Volumen von 0,1 l reversibel verdichtet.

a) Welche Volumenänderungsarbeit ist für jeden Teilvorgang erforderlich?

b) Wieviel Wärme wird jeweils zu- oder abgeführt?

c) Wie ändern sich Druck, innere Energie und Enthalpie?

d) Wie ändern sich die Ergebnisse zu a) bis c), wenn statt der Luft Wasserstoff verdichtet wird?

Zu a): nach (Gl 2.30): $W_{v\,ith\,12} = p_1 V_1 \ln \frac{V_1}{V_2}$

$$W_{v\,ith\,12} = 1 \text{ bar} \cdot 10^5 \frac{\text{N}}{\text{m}^2 \text{ bar}} \cdot 0{,}01 \text{ m}^3 \ln\left(\frac{10 \text{ l}}{1 \text{ l}}\right) \frac{\text{kJ}}{10^3 \text{ Nm}} = \underline{2{,}3 \text{ kJ}} \text{ (positiv, d. h. zugeführt)}$$

$$W_{v\,ith\,23} = p_2 V_2 \ln \frac{V_2}{V_3}$$

daraus wird mit (Gl 2.4): $p_1 V_1 = p_2 V_2$ und $\frac{V_2}{V_3} = \frac{1 \text{ l}}{0{,}1 \text{ l}} = 10 = \frac{V_1}{V_2}$

$$W_{v\,ith\,23} = W_{v\,ith\,12} = \underline{2{,}3 \text{ kJ}} \text{ (positiv, d. h. zugeführt)}$$

Zu b): nach (Gl 2.31):

$$Q_{ith\,12} = -W_{v\,ith\,12} = \underline{-2{,}3 \text{ kJ}} \text{ (negativ, d. h. abgeführt)}$$

$$Q_{ith\,23} = -W_{v\,ith\,23} = \underline{-2{,}3 \text{ kJ}} \text{ (negativ, d. h. abgeführt)}$$

Zu c): nach (Gl 2.4):

$$p_2 = p_1 \frac{V_1}{V_2} = 1 \text{ bar} \frac{10 \text{ l}}{1 \text{ l}} = \underline{10 \text{ bar}}$$

$$p_3 = p_1 \frac{V_1}{V_3} = 1 \text{ bar} \frac{10 \text{ l}}{0{,}1 \text{ l}} = \underline{100 \text{ bar}}$$

Innere Energie und Enthalpie ändern sich nicht, da sie nur von der Temperatur abhängen [(Gl 2.19) und (Gl 2.20)], die bei der Isothermen konstant bleibt.

Zu d: Die Gasart hat bei gleichem Anfangsdruck und -volumen, d.h. bei gleicher Molekülzahl, jedoch nicht bei gleicher Masse, auf die Volumenänderungsarbeit, die Wärmeübertragung und die Änderung der Zustandsgrößen bei der isothermen Zustandsänderung keinen Einfluß, trotz ungleicher Massen.

Aufgabe 2.10: In einem Zylinder ist 0,1 kg Luft unter 20 bar, 20 °C eingeschlossen, der bei konstant bleibendem Druck die Wärme 30,6 kJ zugeführt wird. Anschließend wird die Luft bei konstant bleibender Temperatur reversibel auf 1 bar entspannt. Die Temperaturabhängigkeit der spezifischen Wärmekapazität soll berücksichtigt werden.

a) Welche Volumenänderungsarbeit gibt die Luft bei der Entspannung an den Kolben ab?
b) Wieviel Wärme wird bei der Entspannung zu- oder abgeführt?
c) Welche Werte ergeben sich für Volumenänderungsarbeit und Wärmeübertragung bei der isothermen Entspannung, wenn die Luft ohne vorherige Erwärmung, d.h. bei 20 °C, reversibel auf den gleichen Enddruck entspannt worden wäre?

2.2.5 Isentrope

Eine reversible Zustandsänderung in einem adiabaten System heißt Isentrope[1] **(B 2.7).**

Wir entwickeln die Zusammenhänge zwischen den thermischen Zustandsgrößen bei der Isentropen: Aus (Gl 1.24a) ergibt sich mit $\mathrm{d}W_{diss} = 0$ in Verbindung mit (Gl 1.17) und (Gl 2.15)

$$\mathrm{d}Q = \mathrm{d}U - \mathrm{d}W_v = 0$$

$$m c_v \,\mathrm{d}T + p\,\mathrm{d}V = 0 \qquad \text{oder } p\,\mathrm{d}V = -m c_v \,\mathrm{d}T$$

[1] Namenserklärung folgt in Abschn. 3.3.6.

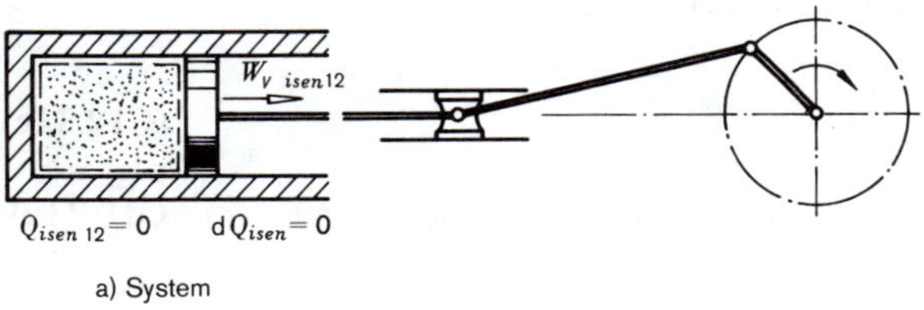

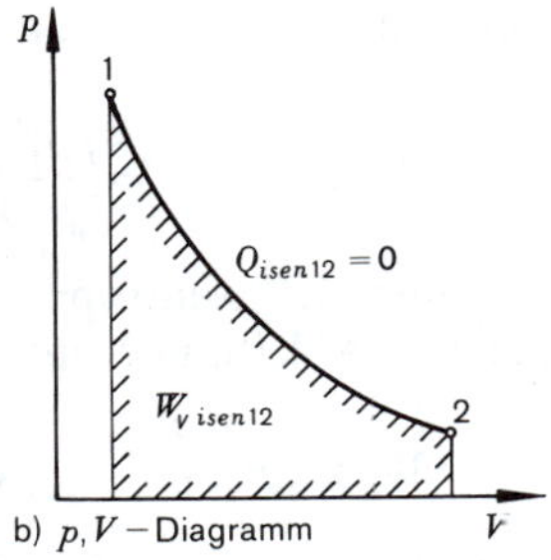

B 2.7 Isentrope Zustandsänderung

In die differenzierte Form der (Gl 1.31) führen wir (Gl 2.16) ein und erhalten mit $W_{diss\,12} = 0$:

$$\mathrm{d}Q = \mathrm{d}H - V\mathrm{d}p = m c_p \mathrm{d}T - V\mathrm{d}p = 0 \qquad \text{oder } V\mathrm{d}p = m c_p \mathrm{d}T$$

Die beiden entwickelten Gleichungen dividieren wir:

$$-\frac{V\mathrm{d}p}{p\mathrm{d}V} = \frac{c_p}{c_v}$$

Der Term auf der linken Seite der Gl wird *Isentropenexponent* genannt:

$$k = -\frac{V\mathrm{d}p}{p\mathrm{d}V} \qquad \text{bei } S = \text{konst.} \qquad \textbf{(Gl 2.32)}$$

Das Verhältnis der spezifischen Wärmekapazitäten (rechte Seite der Gl) hatten wir mit $\varkappa$ bezeichnet (Gl 2.22a). Beim idealen Gas ist somit $k = \varkappa$. Wir setzen $\varkappa$ ein:

$$\frac{\mathrm{d}p}{p} = -\varkappa \frac{\mathrm{d}V}{V}$$

$\varkappa$ ist beim zwei- und mehratomigen idealen Gas temperaturabhängig (Abschn. 2.15). Setzt man den Mittelwert

$$\varkappa_{\mathrm{m}}\Big|_{T_1}^{T_2} = \frac{c_{p\mathrm{m}}\Big|_{T_1}^{T_2}}{c_{v\mathrm{m}}\Big|_{T_1}^{T_2}}$$

ein, so kann die Gleichung integriert und dann entlogarithmiert werden. Wir verzichten auf die ausführliche Schreibweise des Exponenten und schreiben statt $\varkappa_{\mathrm{m}}\Big|_{T_1}^{T_2}$ nur $\varkappa$.

$$\ln\frac{p_2}{p_1} = -\varkappa \ln\frac{V_2}{V_1} = \ln\left(\frac{V_1}{V_2}\right)^{\varkappa}$$

$$\frac{p_2}{p_1} = \left(\frac{V_1}{V_2}\right)^{\varkappa} \qquad \textbf{(Gl 2.33a)}$$

$$p_1 V_1^{\varkappa} = p_2 V_2^{\varkappa}; \qquad p V^{\varkappa} = \text{konstant} \qquad \textbf{(Gl 2.33b)}$$

Wir führen (Gl 2.2) in (Gl 2.33a) ein und erhalten den Zusammenhang mit der dritten thermischen Zustandsgröße, der Temperatur:

$$p_1 = \frac{m R_{\mathrm{i}} T_1}{V_1} \qquad p_2 = \frac{m R_{\mathrm{i}} T_2}{V_2} \qquad \frac{p_2}{p_1} = \frac{T_2 V_1}{V_2 T_1} = \left(\frac{V_1}{V_2}\right)^{\varkappa}$$

Wir stellen die Gleichung um und führen wieder (Gl. 2.33a) ein:

$$\frac{T_1}{T_2}=\left(\frac{V_2}{V_1}\right)^{\varkappa-1}=\left(\frac{p_1}{p_2}\right)^{\frac{\varkappa-1}{\varkappa}} \qquad \textbf{(Gl 2.33c)}$$

Die Neigung der Isentropen im p, V-Diagramm kann aus der bereits vor (Gl 2.33a) gebildeten 1. Ableitung ermittelt werden.

$$\tan\alpha_{isen}=\frac{\mathrm{d}p}{\mathrm{d}V}=-\varkappa\frac{p}{V}$$

Der Tangens des Neigungswinkels der Isentropen ist $\varkappa$-mal größer als bei der Isothermen. Die Subtangente stellt bei der Isentropen $\frac{V_1}{\varkappa}$ dar, da

$$\tan\alpha_{isen\,1}=-\varkappa\frac{p_1}{V_1}=-\frac{p_1}{\left(\frac{V_1}{\varkappa}\right)}$$

ist. Die Isentrope verläuft im p, V-Diagramm steiler als die Isotherme **(B 2.8).**

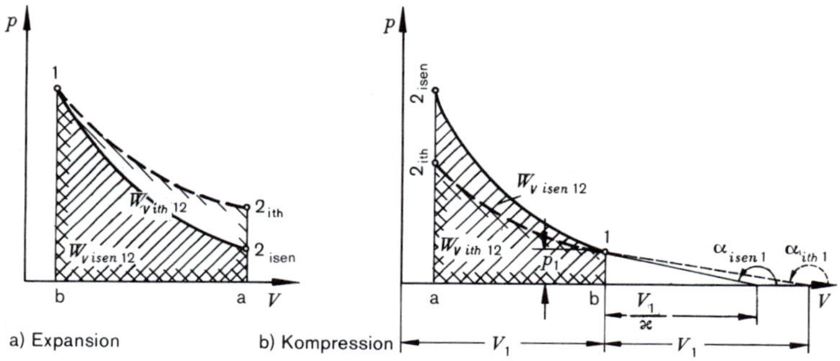

B 2.8 Isentrope und Isotherme

Die Isotherme ist die erwünschtere Zustandsänderung **(B 2.8),** denn ein isotherm entspanntes System verrichtet die größere Volumenänderungsarbeit, während ein isotherm komprimiertes System den geringeren Aufwand an Volumenänderungsarbeit erfordert (Fläche 12_{ith} a b), verglichen mit der jeweiligen Isentropen (Fläche 12_{isen} a b). Die Volumenänderungsarbeit ist

$$W_{v12}=-\int_1^2 p\,\mathrm{d}V \qquad \text{mit (Gl 2.33b)} \quad p=\frac{p_1 V_1^{\varkappa}}{V^{\varkappa}}:$$

$$W_{v\,isen\,12}=-p_1 V_1^{\varkappa}\int_1^2\frac{\mathrm{d}V}{V^{\varkappa}}$$

$$W_{v\,isen\,12}=\frac{-p_1 V_1^{\varkappa}}{-\varkappa+1}\left(V_2^{-\varkappa+1}-V_1^{-\varkappa+1}\right)=\frac{p_1 V_1^{\varkappa}}{\varkappa-1}\left(\frac{V_2}{V_2^{\varkappa}}-\frac{V_1}{V_1^{\varkappa}}\right)$$

$$W_{v\,isen\,12}=\frac{p_1 V_1}{\varkappa-1}\left(\frac{V_2 V_1^{\varkappa}}{V_2^{\varkappa}V_1}-\frac{V_1^{\varkappa}}{V_1^{\varkappa}}\right)$$

$$W_{v\,isen\,12}=\frac{p_1 V_1}{\varkappa-1}\left[\left(\frac{V_1}{V_2}\right)^{\varkappa-1}-1\right] \qquad \textbf{(Gl 2.34a)}$$

Wir ersetzen $\left(\frac{V_1}{V_2}\right)^{\varkappa-1}$ nach (Gl 2.33c).

$$W_{v\,isen\,12} = \frac{p_1 V_1}{\varkappa - 1}\left(\frac{T_2}{T_1} - 1\right) \qquad \textbf{(Gl 2.34b)}$$

$$W_{v\,isen\,12} = \frac{p_1 V_1}{\varkappa - 1}\left[\left(\frac{p_2}{p_1}\right)^{\frac{\varkappa-1}{\varkappa}} - 1\right] \qquad \textbf{(Gl 2.34c)}$$

$p_1 V_1$ kann auch durch $m R_i T_1$ (Gl 2.3) ersetzt werden. Dann ist zu erkennen (Gl 2.34c), daß die Volumenänderungsarbeit für ein bestimmtes Gas nicht vom Ausgangsdruck p_1, sondern nur vom Druckverhältnis $\frac{p_2}{p_1}$ und von der Ausgangstemperatur T_1 abhängt. In (Gl 2.34b) setzen wir $p_1 V_1 = m R_i T_1$:

$$W_{v\,isen\,12} = \frac{m R_i}{\varkappa - 1}(T_2 - T_1) \qquad \textbf{(Gl 2.35)}$$

und führen die thermische Zustandsgleichung erneut ein:

$$W_{v\,isen\,12} = \frac{1}{\varkappa - 1}(p_2 V_2 - p_1 V_1) \qquad \textbf{(Gl 2.36)}$$

(Gl 2.34) bis (Gl 2.36) sind, wie in Abschn. 2.2.6 gezeigt wird, Sonderfälle von allgemeinen, über den Bereich der Isentropen hinausgehenden Gleichungen für die Volumenänderungsarbeit.

Eine nur auf die Isentrope zugeschnittene, nicht auf allgemeine Zustandsänderungen erweiterbare Gleichung für die Volumenänderungsarbeit ergibt sich aus der für adiabate Systeme geltenden (Gl 1.23) mit $W_{diss\,12} = 0$, in die wir (Gl 2.19) einsetzen:

$$W_{v\,isen\,12} = U_2 - U_1 = m\, c_{vm}\big|_{T_1}^{T_2}(T_2 - T_1) \qquad \textbf{(Gl 2.37)}$$

Einem System bei reversiblem Vorgang zugeführte isentrope Volumenänderungsarbeit dient demnach ausschließlich der Erhöhung der inneren Energie des Systems. Abgegebene Volumenänderungsarbeit wird vollständig aus der inneren Energie des Systems gedeckt (Gl 2.37).

Die Vorzeichenvereinbarung, nach der zugeführte Arbeit positiv ist, trifft auch für die Isentropengleichungen zu. Beispielsweise wird nach (Gl 2.34c) bei Kompression $p_2 > p_1$, so daß der Klammerausdruck und damit $W_{v\,isen\,12}$ positiv werden.

Beispiel 2.10: In einem 10 l großen, adiabaten Zylinder wird durch einen Kolben Luft von 1 bar, 15 °C zunächst auf das Volumen 1 l, dann weiter auf das Volumen von 0,1 l reversibel verdichtet. Die Temperaturabhängigkeit der spezifischen Wärmekapazität und deren Verhältnis $\varkappa$ ist zu vernachlässigen, ihre Zahlenwerte sind für 0 °C einzusetzen.

a) Welche Volumenänderungsarbeit ist für jede Teilverdichtung erforderlich?

b) Wie ändern sich bei den Teilverdichtungen die thermischen und kalorischen Zustandsgrößen?

Zu a: Volumenänderungsarbeit der ersten Teilverdichtung:

(Gl 2.34a): $$W_{v\,isen\,12} = \frac{p_1 V_1}{\varkappa - 1}\left[\left(\frac{V_1}{V_2}\right)^{\varkappa-1} - 1\right]$$

$$W_{v\,isen\,12} = \frac{1\ \text{bar} \cdot 10^5\ \text{N} \cdot 0{,}01\ \text{m}^3}{\text{m}^2\ \text{bar}\,(1{,}40 - 1)}\left[\left(\frac{10\ \text{l}}{1\ \text{l}}\right)^{1{,}40-1} - 1\right]\frac{1}{10^3}\frac{\text{kJ}}{\text{Nm}} = \underline{3{,}78\ \text{kJ}}$$

(positiv, d.h. zugeführt)

Zwischendruck (Gl 2.33b):

$$p_2 = p_1\left(\frac{V_1}{V_2}\right)^{\varkappa} = 1\ \text{bar}\left(\frac{10\ \text{l}}{1\ \text{l}}\right)^{1{,}40} = 25{,}1\ \text{bar}$$

Volumenänderungsarbeit der zweiten Teilverdichtung:

$$W_{v\,isen\,23} = \frac{p_2 V_2}{\varkappa - 1}\left[\left(\frac{V_2}{V_3}\right)^{\varkappa-1} - 1\right]$$

$$W_{v\,isen\,23} = \frac{25{,}1\ \text{bar} \cdot 10^5\ \text{N} \cdot 0{,}001\ \text{m}^3}{\text{m}^2\ \text{bar}\,(1{,}40 - 1)}\left[\left(\frac{1\ \text{l}}{0{,}1\ \text{l}}\right)^{1{,}40-1} - 1\right]\frac{\text{kJ}}{10^3\ \text{Nm}} = \underline{9{,}49\ \text{kJ}}$$

(positiv, d.h. zugeführt)

Im Vergleich mit Beispiel 2.9 (Isotherme) steigt die Volumenänderungsarbeit erheblich. Außerdem ist trotz gleicher Volumenverhältnisse die Volumenänderungsarbeit bei der zweiten Teilverdichtung größer als bei der ersten, da die Ausgangstemperatur T_2 höher als T_1 ist. Bei gleicher Ausgangstemperatur sind die Volumenänderungsarbeiten auch bei der Isentropen bei gleichen Druck- oder Volumenverhältnissen gleich, wie aus (Gl 2.34) durch Ersetzen des Gliedes $p_1 V_1$ durch $m R_1 T_1$ erkennbar ist.

Zu b: Thermische Zustandsgrößen nach der ersten Teilverdichtung:

$$\underline{p_2 = 25{,}1\ \text{bar}} \qquad v_2 = \frac{V_2}{m} = \frac{0{,}001\ \text{m}^3}{0{,}0121\ \text{kg}} = \underline{0{,}0827\ \frac{\text{m}^3}{\text{kg}}}$$

mit m nach (Gl 2.3): $$m = \frac{p_1 V_1}{R_1 T_1} = \frac{1\ \text{bar} \cdot 10^5\ \text{N} \cdot 0{,}01\ \text{m}^3\ \text{kg K}}{\text{m}^2\ \text{bar} \cdot 287{,}2\ \text{J} \cdot 288\ \text{K}} = 0{,}0121\ \text{kg}$$

(Gl 2.33c): $$T_2 = T_1\left(\frac{V_1}{V_2}\right)^{\varkappa-1} = 288\ \text{K}\left(\frac{10\ \text{l}}{1\ \text{l}}\right)^{1{,}40-1} = \underline{723\ \text{K}} \qquad t_2 = \underline{450\,^\circ\text{C}}$$

Thermische Zustandsgrößen nach der zweiten Teilverdichtung:

$$p_3 = p_2\left(\frac{V_2}{V_3}\right)^{\varkappa} = 25{,}1\ \text{bar}\left(\frac{1\ \text{l}}{0{,}1\ \text{l}}\right)^{1{,}40} = \underline{630\ \text{bar}}$$

$$v_3 = \frac{V_3}{m} = \frac{0{,}0001\ \text{m}^3}{0{,}0121\ \text{kg}} = \underline{0{,}00827\ \frac{\text{m}^3}{\text{kg}}}$$

$$T_3 = T_2\left(\frac{V_2}{V_3}\right)^{\varkappa-1} = 723\ \text{K}\left(\frac{1\ \text{l}}{0{,}1\ \text{l}}\right)^{1{,}40-1} = \underline{1817\ \text{K}} \qquad t_3 = \underline{1544\,^\circ\text{C}}$$

Änderung der kalorischen Zustandsgrößen durch die 1. Teilverdichtung:

(Gl 2.19): $$U_2 - U_1 = m c_v (T_2 - T_1) = 0{,}0121\ \text{kg} \cdot 0{,}717\ \frac{\text{kJ}}{\text{kg K}}\,(723 - 288)\ \text{K}$$

$$U_2 - U_1 = \underline{3{,}78\ \text{kJ}}$$

oder nach (Gl 2.37):

$$U_2 - U_1 = W_{v\,isen\,12} = \underline{3{,}78\ \text{kJ}}\ \text{(positiv, d.h. steigt)}$$

(Gl 2.23):
$$H_2 - H_1 = \varkappa(U_2 - U_1)$$

$$H_2 - H_1 = 1{,}40 \cdot 3{,}78\ \text{kJ} = \underline{5{,}30\ \text{kJ}}\ \text{(positiv, d.h. steigt)}$$

Änderung der kalorischen Zustandsgrößen durch die 2. Teilverdichtung:

$$U_3 - U_2 = m\,c_v(T_3 - T_2) = 0{,}0121\ \text{kg} \cdot 0{,}717\ \frac{\text{kJ}}{\text{kg K}}(1817 - 723)\ \text{K}$$

$$U_3 - U_2 = \underline{9{,}49\ \text{kJ}}$$

oder nach (Gl 2.37):

$$U_3 - U_2 = W_{v\,isen\,23} = \underline{9{,}49\ \text{kJ}}\ \text{(positiv, d.h. steigt)}$$

(Gl 2.23):
$$H_3 - H_2 = \varkappa(U_3 - U_2) = 1{,}40 \cdot 9{,}49\ \text{kJ} = \underline{13{,}3\ \text{kJ}}\ \text{(positiv, d.h. steigt)}$$

Aufgabe 2.11: In dem Zylinder des Beispiels 2.10 wird nach der 1. Teilverdichtung die komprimierte Lufte bei Stillstand des Kolbens auf 15 °C gekühlt und erst anschließend auf 0,1 l reversibel weiter verdichtet. Vernachlässigungen wie in Beispiel 2.10.

a) und b) sind wie in Beispiel 2.10 zu ermitteln.

c) Wieviel Wärme ist bei der Zwischenkühlung abzuführen, wie ändern sich hierbei innere Energie und Enthalpie der Luft?

d) Der Gesamtvorgang ist im p, V-Diagramm schematisch darzustellen.

2.2.6 Polytrope

Alle bisher besprochenen einfachen Zustandsänderungen können als Sonderfall einer allgemeinen Zustandsänderung, der Polytropen, angesehen werden. Wir formen die ermittelten Zusammenhänge zwischen den thermischen Zustandsgrößen p und V für die einzelnen Zustandsänderungen folgendermaßen um:

Isochore	$V = \text{konst.}$, $p^0\,V = \text{konst.}$	$\rightarrow$	$p\,V^{\frac{1}{0}} = p\,V^{\infty} = \text{konst.}$;	$n = \infty$
Isobare	$p = \text{konst.}$	$\rightarrow$	$p\,V^0 = \text{konst.}$;	$n = 0$
Isotherme	$p\,V = \text{konst.}$	$\rightarrow$	$p\,V^1 = \text{konst.}$;	$n = 1$
Isentrope	$p\,V^{\varkappa} = \text{konst.}$	$\rightarrow$	$p\,V^{\varkappa} = \text{konst.}$;	$n = \varkappa$

Es zeigt sich, daß sich für alle Zustandsänderungen p und V nach dem Gesetz

$$p\,V^n = \text{konstant} \qquad \textbf{(Gl 2.38)}$$

ändern, in dem der Exponent n für die verschiedenen Zustandsänderungen unterschiedliche Werte annimmt. Sie alle lassen sich als Polytropen im p, V-Diagramm darstellen **(B 2.9)**.

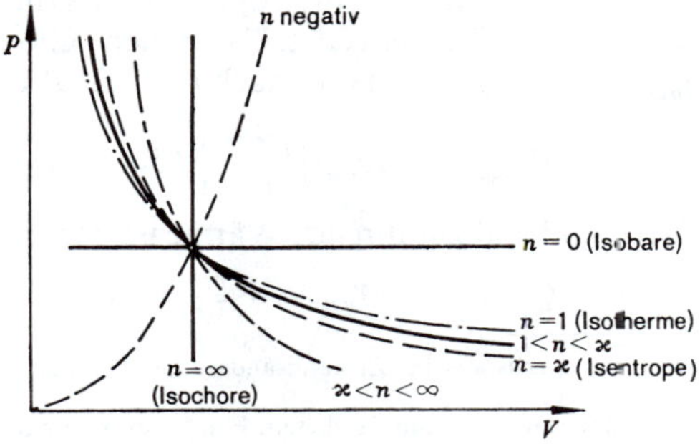

B 2.9 Polytropen im p, V-Diagramm

Die Zusammenhänge zwischen den thermischen Zustandsgrößen können aus Abschnitt 2.2.5 übernommen werden, für den der Sonderfall der Isentropen mit $n=\varkappa$ zugrunde gelegt worden war. Die Beziehungen lauten in Anlehnung an (Gl 2.33):

$$p_1 V_1^n = p_2 V_2^n \quad \textbf{(Gl 2.39a)} \qquad \frac{T_1}{T_2} = \left(\frac{V_2}{V_1}\right)^{n-1} = \left(\frac{p_1}{p_2}\right)^{\frac{n-1}{n}} \quad \textbf{(Gl 2.39b)}$$

Sind der Anfangs- und Endzustand bekannt, so läßt sich aus (Gl 2.39) der Polytropenexponent n durch Logarithmieren der Gl errechnen, z.B. aus (Gl 2.39b):[1]

$$n = \frac{\ln \frac{p_2}{p_1}}{\ln \frac{p_2}{p_1} - \ln \frac{T_2}{T_1}} \qquad \textbf{(Gl 2.39c)}$$

Für die Volumenänderungsarbeit gelten die Gleichungen entsprechend; durch die Einführung des Exponenten n anstelle von $\varkappa$ sind die Gleichungen nicht mehr auf adiabate Systeme beschränkt.

$$W_{v\,pol\,12} = \frac{p_1 V_1}{n-1}\left[\left(\frac{V_1}{V_2}\right)^{n-1} - 1\right] \qquad \textbf{(Gl 2.40a)}$$

$$W_{v\,pol\,12} = \frac{p_1 V_1}{n-1}\left(\frac{T_2}{T_1} - 1\right) \qquad \textbf{(Gl 2.40b)}$$

$$W_{v\,pol\,12} = \frac{p_1 V_1}{n-1}\left[\left(\frac{p_2}{p_1}\right)^{\frac{n-1}{n}} - 1\right] \qquad \textbf{(Gl 2.40c)}$$

$$W_{v\,pol\,12} = \frac{m R_i}{n-1}(T_2 - T_1) \qquad \textbf{(Gl 2.41)}$$

$$W_{v\,pol\,12} = \frac{1}{n-1}(p_2 V_2 - p_1 V_1) \qquad \textbf{(Gl 2.42)}$$

Auch in diesen Gleichungen kann nach der thermischen Zustandsgleichung $p_1 V_1 = m R_i T_1$ (Gl 2.3) eingeführt werden. Wie bei der Isentropen ist $W_{v\,pol\,12}$ für ein bestimmtes Gas nur von der Ausgangstemperatur T_1 und vom Druckverhältnis $\frac{p_2}{p_1}$ abhängig, nicht aber vom Ausgangsdruck p_1.

(Gl 2.37) darf für die Polytrope nicht übernommen werden, sie ist auf adiabate Systeme beschränkt. Eine der (Gl 2.37) ähnliche Gleichung ergibt sich jedoch, wenn in (Gl 2.41) $c_{p\,m} - c_{v\,m} = c_{v\,m}(\varkappa - 1) = R_i$ nach (Gl 2.21a) und (Gl 2.22a) eingeführt wird:

$$W_{v\,pol\,12} = m\, c_{vm}\Big|_{T_1}^{T_2} \frac{\varkappa - 1}{n-1}(T_2 - T_1) \qquad \textbf{(Gl 2.43)}$$

Die zu- oder abzuführende Wärme ist nach (Gl 1.24b) mit $W_{diss\,12} = 0$:

$$Q_{pol\,12} = -W_{v\,pol\,12} + U_2 - U_1$$

[1] Da wir quasistatische Zustandsänderungen vorausgesetzt haben (Abschn. 2.2.1), ist n für den gesamten Zustandsverlauf konstant. In diesem Fall lassen sich z.B. beliebige Zwischenzustände und $W_{v12} = \int_1^2 p\,\mathrm{d}V$ berechnen.

Wir führen (Gl 2.43) und (Gl 2.19) ein:

$$Q_{pol\,12} = -m\,c_{vm}\Big|_{T_1}^{T_2} \frac{\varkappa - 1}{n-1}(T_2 - T_1) + m\,c_{vm}\Big|_{T_1}^{T_2}(T_2 - T_1)$$

$$Q_{pol\,12} = m\,c_{vm}\Big|_{T_1}^{T_2} \frac{n - \varkappa}{n-1}(T_2 - T_1) \qquad \textbf{(Gl 2.44)}$$

Wir dividieren (Gl 2.44) durch (Gl 2.43) und erhalten zwischen zu- oder abgeführter Wärme und reversibel verrichteter Arbeit die Beziehung

$$\frac{Q_{pol\,12}}{W_{v\,pol\,12}} = \frac{n-\varkappa}{\varkappa - 1} \qquad \textbf{(Gl 2.45)}$$

Bei Verdichtungs- und Entspannungsvorgängen ist der Bereich der Polytropen von besonderer Bedeutung, der zwischen der Isothermen und der Isentropen liegt. Der Grenzfall der Isothermen nämlich tritt nur ein, wenn die gesamte bei der Kompression bzw. Expansion des Systems verrichtete Arbeit in Form von Wärme über die Systemgrenze ab- bzw. zugeführt wird. Das ist nur theoretisch, und zwar bei sehr langsam verlaufenden Vorgängen möglich. Für den zweiten Grenzfall, die Isentrope, ist eine völlig adiabate Systemgrenze vorausgesetzt, was ebenfalls nur theoretisch, bei sehr schnell verlaufenden Vorgängen jedoch angenähert erreicht wird.

Bei reversiblen Vorgängen, d. h. bei Vernachlässigung von Dissipation, verlaufen demnach normalerweise die Kompression oder Expansion zwischen der Isothermen und der Isentropen **(B 2.10)** mit dem Polytropenexponenten

$$1 < n < \varkappa$$

In der Praxis nähert sich die Zustandsänderung dieser Polytropen der Isentropen, u. zw. um so mehr, je schnellaufender die Maschine ist.

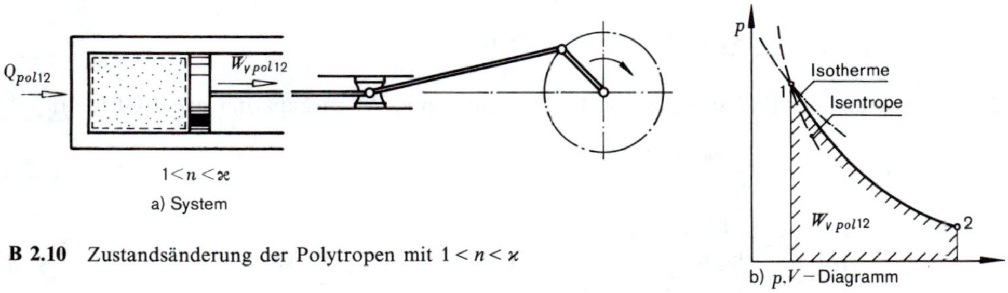

B 2.10 Zustandsänderung der Polytropen mit $1 < n < \varkappa$

Die Zustandslinie $n = \varkappa$ ist bei reversiblen Vorgängen die Grenzlinie zwischen Wärmezu- und -abfuhr. Beispielsweise wird bei einer reversiblen Expansion bei $n > \varkappa$ Wärme abgeführt, bei $n < \varkappa$ Wärme zugeführt, bei $n < 1$ (auch bei negativen n) wird sogar mehr Wärme zu- als Arbeit abgeführt, bei negativem n ist die Wärmezufuhr so groß, daß trotz Volumenvergrößerung Druck und Temperatur zunehmen (vgl. Bsp. 2.11).

Beispiel 2.11: In dem Zylinder eines Verbrennungsmotors befindet sich 1 g Luft unter 29,5 bar, 945 °C. Während sich das Zylindervolumen beim Rückgang des Kolbens vergrößert, wird gleichzeitig Brennstoff eingespritzt und verbrannt. Dadurch findet eine Volumenvergrößerung mit dem Polytropenexponenten $n = -1$ statt, während der Druck auf 38,2 bar steigt.

Die Veränderung der Gaszusammensetzung durch die Verbrennung ist zu vernachlässigen, die Temperaturabhängigkeit der spez. Wärmekapazität und deren Verhältnis $\varkappa$ ist jedoch zu beachten. Der Vorgang soll reversibel verlaufen.

a) bis c) sind wie in Beispiel 2.8 zu bestimmen.

d) Welche Energie wird durch den Brennstoff zugeführt?

e) Die Zustandsänderung ist im p, V-Diagramm darzustellen.

Zu a: Thermische Zustandsgrößen vor der Verbrennung:

$$p_1 = \underline{29{,}5\ \text{bar}} \qquad t_1 = \underline{945\ °\text{C}} \qquad T_1 = \underline{1218\ \text{K}}$$

$$v_1 = \frac{R_1 T_1}{p_1} = \frac{287{,}2\ \text{J} \cdot 1218\ \text{K}\ \text{m}^2\ \text{bar}}{\text{kg K} \cdot 29{,}5\ \text{bar} \cdot 10^5\ \text{N}} = \underline{0{,}1186\ \frac{\text{m}^3}{\text{kg}}}$$

$$V_1 = m v_1 = 0{,}001\ \text{kg} \cdot 0{,}1186\ \frac{\text{m}^3}{\text{kg}} \cdot 10^6\ \frac{\text{cm}^3}{\text{m}^3} = \underline{118{,}6\ \text{cm}^3}$$

Thermische Zustandsgrößen nach der Verbrennung:

$$p_2 = \underline{38{,}2\ \text{bar}}$$

nach (Gl 2.39):

$$\frac{T_1}{T_2} = \left(\frac{p_1}{p_2}\right)^{\frac{n-1}{n}} \qquad T_2 = 1218\ \text{K} \left(\frac{38{,}2\ \text{bar}}{29{,}5\ \text{bar}}\right)^{\frac{-1-1}{-1}} = \underline{2040\ \text{K}} \qquad t_2 = \underline{1767\ °\text{C}}$$

$$\frac{V_2}{V_1} = \left(\frac{p_1}{p_2}\right)^{\frac{1}{n}}; \quad V_2 = 118{,}6\ \text{cm}^3 \left(\frac{29{,}5\ \text{bar}}{38{,}2\ \text{bar}}\right)^{\frac{1}{-1}} = \underline{153{,}6\ \text{cm}^3}$$

Zu b: Volumenänderungsarbeit nach (Gl 2.41):

$$W_{v\,pol\,12} = \frac{m R_1}{n-1}(T_2 - T_1) = \frac{0{,}001\ \text{kg} \cdot 287{,}2\ \text{J}}{\text{kg K}\ (-1-1)}(2040 - 1218)\ \text{K}$$

$$W_{v\,pol\,12} = \underline{-118\ \text{J}}\ \text{(neg., d. h. abgegeben)}$$

Zu c: Änderung der Enthalpie nach (Gl 2.20); mittl. spez. Wärmekapazität nach (Gl 1.44):

$$c_{pm}\Big|_{T_1}^{T_2} = c_{pm}\Big|_{t_1}^{t_2} = \frac{c_{pm}\big|_{0\,°\text{C}}^{t_2} t_2 - c_{pm}\big|_{0\,°\text{C}}^{t_1} t_1}{t_2 - t_1}$$

$$c_{pm}\Big|_{T_1}^{T_2} = \frac{1{,}148\ \frac{\text{kJ}}{\text{kg K}} \cdot 1767\ °\text{C} - 1{,}086\ \frac{\text{kJ}}{\text{kg K}} \cdot 945\ °\text{C}}{(1767 - 945)\ \text{K}} = \underline{1{,}22\ \frac{\text{kJ}}{\text{kg K}}}$$

$$H_2 - H_1 = m c_{pm}\Big|_{T_1}^{T_2}(T_2 - T_1) = 0{,}001\ \text{kg} \cdot 1220\ \frac{\text{J}}{\text{kg K}}(2040 - 1218)\ \text{K}$$

$$H_2 - H_1 = \underline{1003\ \text{J}}\ \text{(pos., d. h. gestiegen)}$$

Änderung der inneren Energie nach (Gl 2.15); c_{vm} nach (Gl 2.21 a):

$$c_{vm} = c_{pm} - R_1 = 1220\ \frac{\text{J}}{\text{kg K}} - 287\ \frac{\text{J}}{\text{kg K}} = 933\ \frac{\text{J}}{\text{kg K}}$$

$$U_2 - U_1 = m c_{vm}\Big|_{T_1}^{T_2}(T_2 - T_1) = 0{,}001\ \text{kg} \cdot 933\ \frac{\text{J}}{\text{kg K}}(2040 - 1218)\ \text{K}$$

$$U_2 - U_1 = \underline{767\ \text{J}}\ \text{(pos., d. h. gestiegen)}$$

Zu d: Die Energiezufuhr durch Verbrennung wird wie eine Wärmezufuhr aus der Umgebung betrachtet; nach (Gl 2.44):

$$Q_{pol\,12} = m\,c_{vm}\Big|_{T_1}^{T_2} \frac{\varkappa - n}{n-1}(T_1 - T_2)$$

mit $\varkappa_m$ nach (Gl 2.22a): $\varkappa_m = \dfrac{c_{pm}}{c_{vm}} = \dfrac{1{,}22\ \dfrac{\text{kJ}}{\text{kg K}}}{0{,}933\ \dfrac{\text{kJ}}{\text{kg K}}} = 1{,}31$

$$Q_{pol\,12} = 0{,}001\ \text{kg} \cdot 933\ \frac{\text{J}}{\text{kg K}}\ \frac{1{,}31-(-1)}{-1-1}\ (1218-2040)\ \text{K}$$

$$Q_{pol\,12} = \underline{885\ \text{J}}\ \text{(pos., d.h. zugeführt)}$$

Durch eine Energiebilanz kontrollieren wir die Rechnung:

$$Q_{pol\,12} = U_2 - U_1 - W_{v\,pol\,12}$$

$$\underline{885\ \text{J}} = 767\ \text{J} - (-118\ \text{J}) = \underline{885\ \text{J}}$$

Zu e: Der Verlauf der Zustandsänderung ist mit

$$p\,V^{-1} = \text{konst.}$$

$$p = \text{konst.}\ V^1$$

im p, V-Diagramm eine Gerade durch den Koordinatennullpunkt **(B 2.11)**.

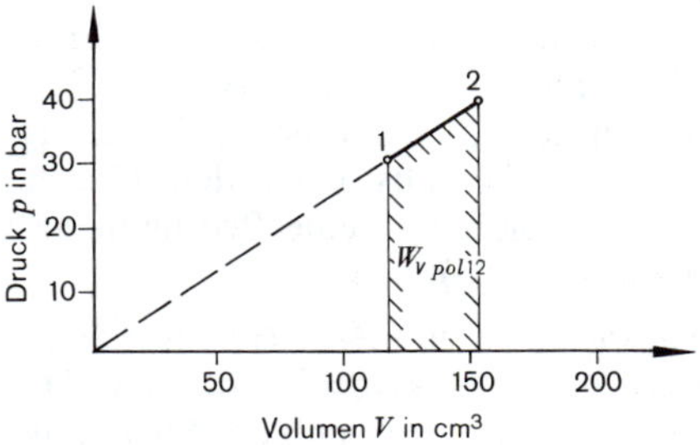

B 2.11 Polytrope mit $n = -1$

Aufgabe 2.12: In einem 10 l großen nichtadiabaten Zylinder wird durch einen Kolben Luft von 1 bar, 15 °C auf 1 l längs einer Polytropen mit dem Exponenten $n = 1{,}2$ reversibel verdichtet. Die Temperaturabhängigkeit der spez. Wärmekapazität ist zu vernachlässigen, es ist mit dem Wert bei 0 °C zu rechnen.

a) Wie ändern sich Druck, Temperatur, innere Energie und Enthalpie?

b) Welche Werte ergeben sich für Volumenänderungsarbeit und Wärmeübertragung?

Aufgabe 2.13: 5 kg Helium expandieren in einem geschlossenen System von 10 bar, 400 °C reversibel auf 2 bar, 120 °C.

a) Mit welchem Polytropenexponenten verläuft die Expansion?

b) Welche Volumenänderungsarbeit wird verrichtet?

c) Wieviel Wärme wird zu- oder abgeführt?

d) Wie ändern sich innere Energie und Enthalpie?

2.3 Offene Systeme

2.3.1 Prozesse und Zustandsänderungen in offenen Systemen

Bei den Prozessen in geschlossenen Systemen haben wir die eingeschlossene Stoffmasse m betrachtet, nach deren einmaliger Zustandsänderung der Prozeß beendet war. Die meisten thermodynamischen Prozesse verlaufen aber in offenen Systemen **(B 2.12)**, denen der Stoffstrom $\dot{m}$ zuströmt, der eine Zustandsänderung in dem offenen System erfährt und es anschließend wieder verläßt.

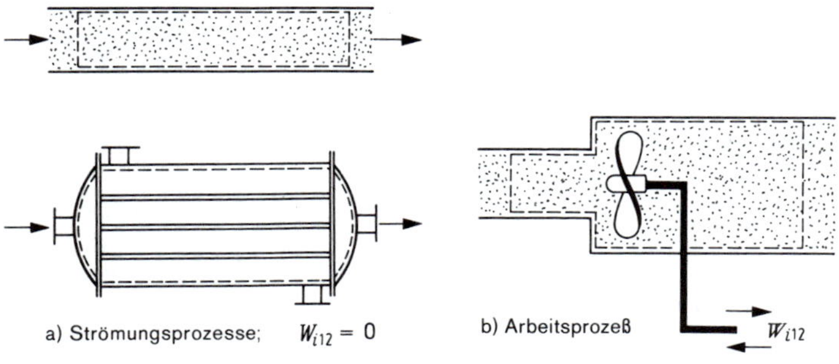

B 2.12 Prozesse in offenen Systemen

Wir behandeln in diesem Abschnitt nur *stationäre reversible Prozesse* unter vernachlässigter Änderung der kinetischen und potentiellen Energie.[1] Die Berechnung der Zustandsgrößen erfolgt auch bei offenen Systemen nach den in Abschn. 2.2 genannten Gleichungen, denn Zustandsgrößen sind von der Art der Zustandsänderung unabhängig. Die zu- oder abgeführte Wärme kann ebenfalls nach den Gleichungen des Abschn. 2.2 berechnet werden, da bei deren Ableitung keine Bedingungen verwendet wurden, die nicht auch in offenen Systemen gelten können.

Bei offenen Systemen kann man *Strömungsprozesse* und *Arbeitsprozesse* unterscheiden. Strömungsprozesse verlaufen in Systemen, in denen keine Vorrichtung zur Zu- oder Abfuhr von Arbeit vorhanden ist: $W_{i12} = 0$. Bei reversiblen Strömungsprozessen ($W_{diss\,12} = 0$) und konstanter kinetischer und potentieller Energie ist der Druck konstant ($\mathrm{d}p = 0$), so daß auch die technische Arbeit $W_{t12} = \int_1^2 V\,\mathrm{d}p = 0$ ist (Gl 1.34). Beispiele für Strömungsprozesse sind die Vorgänge in Wärmeübertragern und Rohrleitungen. Für diese Prozesse sind in erster Linie Wärmezu- und -abfuhr zu ermitteln, so daß sich ihre Behandlung in diesem Zusammenhang erübrigt.

Arbeitsprozesse laufen in Systemen ab, denen innere bzw (reversible) technische Arbeit zugeführt („Arbeitsmaschine“) oder entnommen wird („Kraftmaschine“). Beispiele für Arbeitsprozesse sind Turbinen-, Verdichter- und Kolbenmaschinenprozesse. Als Besonderheit bei den offenen Systemen ist demnach bei reversiblen Arbeitsprozessen nur die technische Arbeit für die einfachen Zustandsänderungen zu ermitteln. Wir verwenden hierzu die bereits entwickelten allgemeinen Gleichungen (Abschn. 1.6.2).

[1] Die Behandlung irreversibler Prozesse folgt in Abschn. 3.0. Zusätzlich werden in Abschn. 7.2 die Änderung der kinetischen und potentiellen Energie berücksichtigt.

2.3.2 Technische Arbeit bei einfachen Zustandsänderungen

Die hier angegebenen Gleichungen gelten bei konstant bleibender kinetischer und potentieller Energie. Wenn statt der Masse m der Massen*strom* $\dot{m}$ eingesetzt wird, ergibt sich statt der Arbeit $W_{t\,12}$ die *Leistung* $P_{t\,12}$.

Isochore. Für die technische Arbeit ergibt sich bei $V=$ konst. nach Gl 1.34 sowie mit Gl 2.3:

$$W_{t\,ich\,12}=\int_1^2 V\,\mathrm{d}p=V(p_2-p_1)=m\,R_\mathrm{i}(T_2-T_1) \qquad \textbf{(Gl 2.46)}$$

Isobare. Die technische Arbeit (Gl 1.34) wird mit $\mathrm{d}p=0$ zu

$$W_{t\,ib\,12}=0 \qquad \textbf{(Gl 2.47)}$$

Isotherme. In (Gl 1.34) führen wir die thermische Zustandsgleichung (Gl 2.3) ein:

$$W_{t\,12}=\int_1^2 V\,\mathrm{d}p=\int_1^2 \frac{m\,R_\mathrm{i}\,T}{p}\,\mathrm{d}p$$

$$W_{t\,ith\,12}=m\,R_\mathrm{i}\,T\ln\frac{p_2}{p_1}$$

Durch Vergleich mit (Gl 2.30) ergibt sich

$$W_{t\,ith\,12}=W_{v\,ith\,12} \qquad \textbf{(Gl 2.48a)}$$

Technische Arbeit und Volumenänderungsarbeit sind bei der Isothermen gleich groß. In (Gl 2.31) kann anstelle von $W_{v\,ith\,12}$ die technische Arbeit $W_{t\,ith\,12}$ eingeführt werden, so daß auch die gesamte bei Expansion abgegebene technische Arbeit aus zugeführter Wärme gedeckt und die gesamte bei Kompression zugeführte technische Arbeit als Wärme vom System an die Umgebung abgegeben wird.

Isentrope. Für adiabate Systeme ($Q_{12}=0$) wurde schon abgeleitet (Gl 1.28a mit $W_{diss\,12}=0$):

$$W_{t\,isen\,12}=H_2-H_1$$

Die technische Arbeit der Isentropen ist also gleich der Enthalpiedifferenz des Systems. Wir führen in obige Gl (Gl 2.20) ein und ersetzen c_p durch c_v (Gl 2.22a):

$$W_{t\,isen\,12}=m\,c_{pm}\big|_{T_1}^{T_2}(T_2-T_1)=m\,\varkappa\,c_{vm}\big|_{T_1}^{T_2}(T_2-T_1)$$

Ein Vergleich mit (Gl 2.37) ergibt

$$W_{t\,isen\,12}=\varkappa\,W_{v\,isen\,12} \qquad \textbf{(Gl 2.48b)}$$

Alle unter Abschn. 2.2.5 aufgeführten Gleichungen für die Volumenänderungsarbeit ergeben, mit $\varkappa$ multipliziert, die technische Arbeit der Isentropen.

Polytrope. Wie bei den geschlossenen Systemen schließen wir auch hier von dem Sonderfall der Isentropen auf den allgemeinen Fall der Polytropen, indem wir zur Ermittlung der technischen Arbeit n statt $\varkappa$ einführen:

$$W_{t\,pol\,12}=n\,W_{v\,pol\,12} \qquad \textbf{(Gl 2.48c)}$$

Zur Berechnung der technischen Arbeit aus der Volumenänderungsarbeit können auch bei der Polytropen alle unter Abschn. 2.2.6 abgeleiteten Gleichungen verwendet werden. Ein Vergleich der (Gl 2.48a) und (Gl 2.48c) zeigt, auch anhand der technischen Arbeit, daß die Isotherme ein Sonderfall der Polytropen mit $n = 1$ ist.

Die Erkenntnis, daß die isotherme Zustandsänderung die wünschenswertere ist, wird bestätigt **(B 2.13).** Bei der Expansion von dem Anfangsdruck p_1 auf den Enddruck p_2 ist die von dem offenen System verrichtete technische Arbeit bei der Isothermen größer (Fläche 1 2_{ith} a b) als bei der Isentropen (Fläche 1 2_{isen} a b), während bei der Kompression der Arbeitsaufwand bei der Isothermen kleiner als bei der Isentropen ist. Der wirkliche Verlauf der Zustandsänderung bei reversiblem Vorgang liegt auch beim offenen System zwischen der Isothermen und der Isentropen ($1 < n < \varkappa$), und zwar nahe der Isentropen.

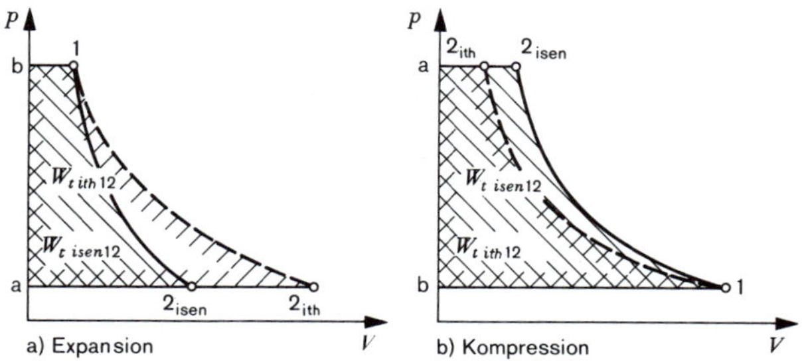

B 2.13 Technische Arbeit ohne Änderung der kinetischen und potentiellen Energie im p, V-Diagramm

Bei allen Arbeitsprozessen, sowohl mit isothermer, isentroper als auch polytroper Zustandsänderung, ist die technische Arbeit — wie für die Volumenänderungsarbeit bereits erkannt war — für ein bestimmtes Gas nicht vom Ausgangsdruck p_1 sondern nur vom Druckverhältnis $\frac{p_2}{p_1}$ und von der Ausgangstemperatur T_1 abhängig.

Es ist zu beachten, daß die Gleichungen für das ideale Gas gelten und daß sie nur in Zustandsbereichen angewandt werden dürfen, in denen sich der behandelte Stoff näherungsweise wie das ideale Gas verhält.

Wie schon erwähnt, können zur Berechnung der Wärmezu- und -abfuhr sowie der Zustandsgrößen die in Abschn. 2.2 entwickelten Gleichungen verwendet werden.

Aufgabe 2.14: 10 l Luft von 1 bar, 15 °C werden in einem Kompressor zunächst auf 10 bar, anschließend auf 100 bar reversibel verdichtet. Die Verdichtung erfolgt wahlweise

a) in einem nichtadiabaten Kompressor bei konstanter Temperatur

b) in einem adiabaten Kompressor

c) in einem nichtadiabaten Kompressor mit dem Polytropenexponenten $n = 1{,}2$

Die Temperaturabhängigkeit spez. Wärmekapazitäten und deren Verhältnis $\varkappa$ ist zu vernachlässigen, kinetische und potentielle Energie sollen sich nicht ändern.

Für die beiden Teilverdichtungen sind in den Fällen a) bis c) zu ermitteln

1. die technische Arbeit
2. die zu- oder abgeführte Wärme
3. die Änderung der inneren Energie und der Enthalpie
4. der Verlauf im p, V-Diagramm mit Kennzeichnung der Flächen für die technische Arbeit.

2.4 Kreisprozesse

2.4.1 Kontinuierlicher Ablauf in Kreisprozessen

Wir haben bisher Prozesse betrachtet, die die Zustandsänderung eines Stoffes vom Zustand 1 zum Zustand 2 bewirkten und damit abgeschlossen waren.

Eine solche Zustandsänderung kann ein geschlossenes System nur einmal, ein offenes System nur so lange durchlaufen, wie — bspw. bei Expansion — Stoff vom Zustand 1 nachgeliefert wird. Nachströmender Stoff steht jedoch nicht unbegrenzt zur Verfügung, so daß auch in offenen Systemen kein endloser Ablauf möglich ist. Bei geeigneter Zustandsänderung von 1 nach 2, z.B. bei isothermer Expansion, kann auf diese Weise von geschlossenen Systemen einmalig, von offenen Systemen für eine begrenzte Zeit Arbeit verrichtet werden.

Es gibt aber eine Möglichkeit, bei beiden Systemen einen periodischen bzw. ununterbrochenen Verlauf der betrachteten Expansion von 1 nach 2 zu erreichen! Das geschlossene System muß hierzu durch einen zweckmäßigen Vorgang wieder in den Anfangszustand 1 gebracht werden, wonach die Zustandsänderung von 1 nach 2 sich wiederholen und die Expansionsarbeit erneut abgegeben werden kann **(B 2.14a)**.

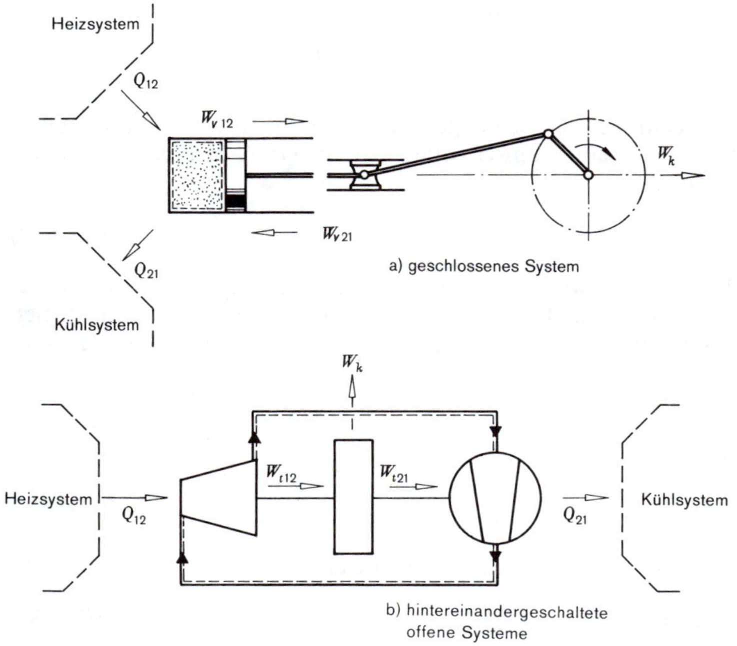

B 2.14 Schaltbilder von Kreisprozessen

Beim offenen System muß der abströmende Stoff vom Zustand 2 in einem nachgeschalteten zweiten offenen System auf geeignete Weise ständig wieder in den Anfangszustand 1 gebracht werden. Dadurch wird die Expansionsarbeit bei der Zustandsänderung von 1 nach 2 kontinuierlich verrichtet **(B 2.14b)**.

Ein solcher Prozeß, bei dem ein System seinen Anfangszustand wieder erreicht, ist ein *Kreisprozeß* **(B 2.15)**.

2.4.2 Arbeit des reversiblen Kreisprozesses

Wir betrachten in einem geschlossenen System einen beliebigen reversiblen Kreisprozeß **(B 2.15)**. Ein solcher Prozeß kann beispielsweise durch eine Kolbenmaschine verwirklicht gedacht werden **(B 2.14a)**. Das in dem Zylinder der Maschine eingeschlossene Gas expandiert von 1 über x nach 2 und gibt dabei an den Kolben die negative Volumenänderungsarbeit W_{v12} ab, die in einen Energiespeicher gegeben wird. Anschließend wird das Gas durch den Kolben über den Zustand y auf den Anfangszustand 1 verdichtet. Die hierfür erforderliche positive Volumenänderungsarbeit W_{v21} wird dem Energiespeicher entnommen.

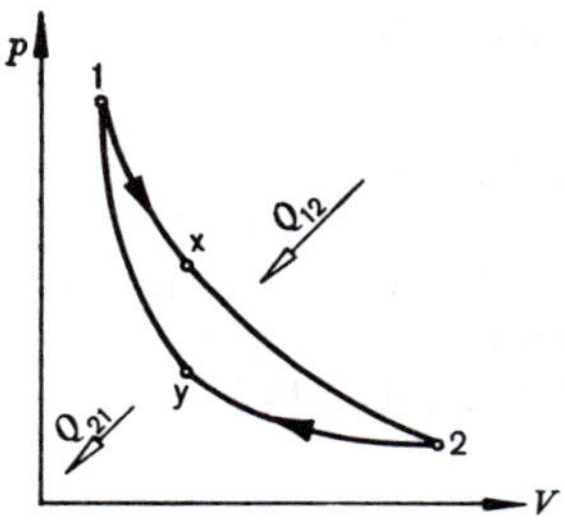

B 2.15
Kreisprozeß im *p*, *V*-Diagramm

Bei diesem Prozeß ist nach Wiedererreichen des Anfangspunktes 1 ein negativer Energiebetrag im Speicher zurückgeblieben, der als Arbeit nach außen abgegeben werden kann. Wir nennen sie die *Arbeit des reversiblen Kreisprozesses* W_k.[1]

Für die Zustandsänderungen von 1 nach 2 über x und von 2 nach 1 über y setzen wir jeweils (Gl 1.24b) mit $W_{diss\,12}=0$ an und addieren die Gleichungen:

$$Q_{12}+W_{v12}=U_2-U_1$$

$$Q_{21}+W_{v21}=U_1-U_2$$

$$W_{v12}+W_{v21}=-(Q_{12}+Q_{21})$$

Die Summen der vom Gas an den Kolben abgegebenen und dann wieder vom Kolben dem Gas zugeführten Volumenänderungsarbeiten hatten wir Arbeit des reversiblen Kreisprozesses W_k genannt:

$$W_k=\Sigma W_v=-\Sigma Q \qquad \textbf{(Gl 2.49)}$$

Den Kreisprozeß **(B 2.15)** können wir auch in hintereinandergeschalteten offenen Systemen ablaufen lassen **(B 2.14b)**. Für die Zustandsänderungen in den einzelnen offenen Systemen setzen wir jeweils (Gl 1.30a) mit $W_{diss\,12}=0$ an und addieren die Gleichungen[2]:

$$Q_{12}=H_2-H_1-W_{t12}$$

$$Q_{21}=H_1-H_2-W_{t21}$$

$$W_{t12}+W_{t21}=-(Q_{12}+Q_{21})$$

Nach (Gl 2.49) ist $W_k=-\Sigma Q$, somit wird aus obiger Gleichung

$$W_k=\Sigma W_t=-\Sigma Q \qquad \textbf{(Gl 2.50)}$$

Die Arbeit des reversiblen Kreisprozesses W_k ist gleich der Summe aller zu- und abgeführten Volumenänderungsarbeiten bzw. technischen Arbeiten. Der Betrag $|-W_k|$ ist gleich der Summe aller zu- und abgeführten Wärmen (Gl 2.49 und Gl 2.50).

---

[1] Eine Behandlung der irreversiblen Kreisprozesse folgt in den Abschnitten 3.3.3 und 4.0

[2] Die kinetische und potentielle Energie fallen bei der Addition heraus, daher wurden sie weggelassen und Gl 1.30a statt Gl 1.30b angesetzt.

Diese Aussagen wollen wir durch das p, V-Diagramm veranschaulichen **(B 2.16)**.

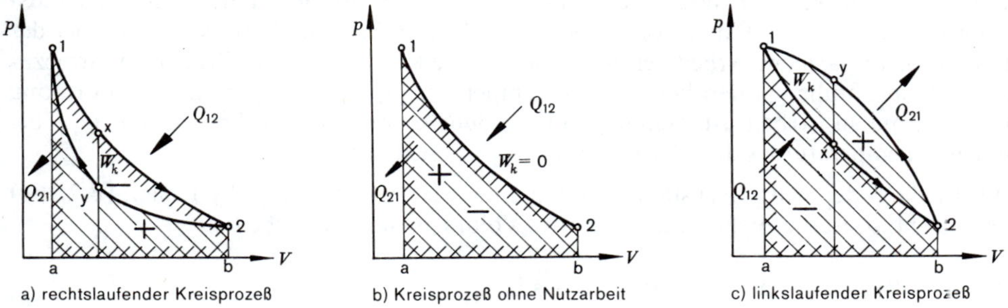

B 2.16 Arbeit des reversiblen Kreisprozesses, $W_k = \Sigma W_v$

Nach (Gl 2.49) ist die Arbeit des reversiblen Kreisprozesses gleich der Summe der Volumenänderungsarbeiten. Bei der Expansion von 1 nach 2 über x wird die negative Volumenänderungsarbeit

$$W_{v\,12} = -\int_1^2 p\,\mathrm{d}V \mathrel{\hat{=}} \text{Fläche 1 x 2 b a}$$

frei. Nach der Expansion wird der Anfangszustand durch eine über y verlaufende Zustandsänderung erreicht. Dabei muß dem System die positive Volumenänderungsarbeit

$$W_{v\,21} = -\int_2^1 p\,\mathrm{d}V \mathrel{\hat{=}} \text{Fläche 2 y 1 a b}$$

zugeführt werden.

Beim Kreisprozeß nach **(B 2.16a)** ist die bei Expansion abgeführte negative Volumenänderungsarbeit größer als die bei Kompression zuzuführende positive, so daß bei dem gesamten Kreisprozeß ein negativer Betrag für die Arbeit übrigbleibt, die vom System abgegeben wird. Im p, V-Diagramm wird diese reversible Arbeit W_k durch die von den Zustandsänderungen eingeschlossene Fläche dargestellt.

Dieser Prozeß ist ein *rechtslaufender Kreisprozeß,* weil in der Darstellung des Diagramms die aufeinanderfolgenden Zustandsänderungen im Uhrzeigersinn verlaufen. Die Arbeit des rechtslaufenden Kreisprozesses ist als eine vom System nach außen abgegebene Arbeit immer negativ, wir nennen sie in diesem Fall auch *Nutzarbeit des Kreisprozesses.* Dann muß nach (Gl 2.49) ΣQ positiv werden, es muß mehr Wärme zu- als abgeführt, insgesamt also Wärme aufgenommen werden. Die Temperatur T_x, bei der die Wärme Q_{12} zugeführt wird, ist höher als die Temperatur T_y, bei der die Wärme Q_{21} abgeführt wird **(B 2.16a)**, denn für ein beliebiges Volumen $V = V_x = V_y$ ist (Gl 2.2):

$$T_x = \frac{p_x V}{m R_i} \qquad T_y = \frac{p_y V}{m R_i}$$

$$\frac{T_x}{T_y} = \frac{p_x}{p_y} > 1 \rightarrow T_x > T_y$$

Die Maschine oder Anlage, in der dieser Kreisprozeß abläuft, bei dem *Wärme aufgenommen und Arbeit abgegeben wird,* ist eine *Wärmekraftmaschine* (*Wärmekraftanlage*). Der Überschuß aus der zugeführten gegenüber der abgeführten Wärme wird in Wärmekraftmaschinen (-anlagen) in Arbeit umgesetzt.

Die eingeschlossene Fläche im p, V-Diagramm und damit die Arbeit des Kreisprozesses werden zu Null, wenn zur Wiedergewinnung des Anfangszustandes 1 die gleiche Zustandsänderung wie bei der Expansion verwendet würde **(B 2.16b).** Dann würde die bei der Expansion abgegebene Arbeit gerade wieder für die Kompression verbraucht. Wärmezu- und Wärmeabfuhr würden bei gleicher Temperatur, $T_x = T_y$ erfolgen. Die Umformung von Wärme in Arbeit ist demnach nur möglich, wenn die Wärmezufuhr Q_{12} bei höherer Temperatur als die Wärmeabfuhr Q_{21} vor sich geht.

Wird jedoch der Anfangszustand 1 durch eine Zustandsänderung 2 y 1 nach **(B 2.16c)** angestrebt, so ist die zuzuführende positive Volumenänderungsarbeit

$$W_{v\,21} = -\int_2^1 p\,\mathrm{d}V \mathrel{\hat{=}} \text{Fläche 2 y 1 a b}$$

größer als die bei Expansion abgegebene negative Volumenänderungsarbeit

$$W_{v\,12} = -\int_1^2 p\,\mathrm{d}V \mathrel{\hat{=}} \text{Fläche 1 x 2 b a.}$$

Insgesamt wird die Arbeit dieses *linkslaufenden Kreisprozesses* positiv und ist von außen zuzuführen. ΣQ wird negativ (Gl 2.49), es wird mehr Wärme ab- als zugeführt, insgesamt also Wärme abgegeben. Die Wärmeaufnahme Q_{12} findet bei niedrigerer Temperatur als die Wärmeabgabe Q_{21} statt: $T_x < T_y$.

Die Maschine, in der dieser Kreisprozeß abläuft, bei dem *Wärme abgegeben und Arbeit aufgenommen* wird, heißt *Wärmepumpe* oder *Kältemaschine*. Die abgeführte Wärme wird aus der zugeführten Wärme und der zugeführten Arbeit gedeckt.

Wenn wir (Gl 2.50) auf den reversiblen Kreisprozeß anwenden, so ergibt sich die Arbeit des Kreisprozesses als Summe der technischen Arbeiten. Die technischen Arbeiten bei konstanter kinetischer und potentieller Energie $W_{t\,12} = \int_1^2 V\,\mathrm{d}p$ und $W_{t\,21} = \int_2^1 V\,\mathrm{d}p$ sind im p, V-Diagramm als Fläche unter den Zustandsänderungen zur p-Achse darstellbar. Auch durch die Summe der technischen Arbeiten erscheint die von den Zustandsänderungen eingeschlossene Fläche als Arbeit des reversiblen Kreisprozesses **(B 2.17).**

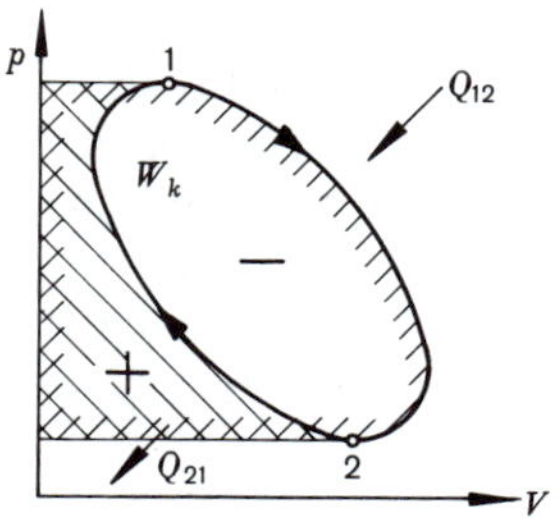

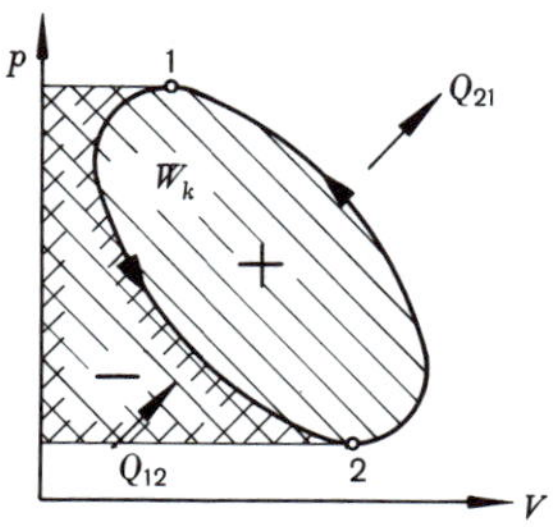

B 2.17 Arbeit des reversiblen Kreisprozesses, $W_k = \Sigma W_t$

Beispiel 2.12: 100 kg Luft von 150 bar, 40 °C durchlaufen in drei hintereinandergeschalteten offenen Systemen einen Kreisprozeß. Zunächst werden in einem Wärmeübertrager der durchströmenden Luft 50 MJ als Wärme isobar zugeführt, dann wird die Luft in einer Turbine entspannt und gleichzeitig durch eingespritzten Brennstoff beheizt, so daß die Expansion mit $n = 1{,}2$ polytrop verläuft. Anschließend wird die Luft in einem gut gekühlten Verdichter bei konstanter Temperatur auf den Ausgangszustand verdichtet. Der Prozeß soll reversibel verlaufen.

Die Veränderung der Gaszusammensetzung durch die Verbrennung, die Temperaturabhängigkeit der spez. Wärmekapazität und deren Verhältnis $\varkappa$ sind zu vernachlässigen; die Zahlenwerte sollen für Luft von 0 °C und idealen Gaszustand eingesetzt werden.

a) Der Kreisprozeß ist schematisch im *p, V*-Diagramm darzustellen.

b) Für die Eckpunkte des Kreisprozesses sind Druck, Volumen, Temperatur, innere Energie und Enthalpie zu bestimmen, wobei $U_1 = 0$ gesetzt werden soll.

c) Die Nutzarbeit ist zu berechnen.

Zu a: **(B 2.18)**

Zu b: *Punkt 1:* $p_1 = \underline{150\ \text{bar}}$ $t_1 = \underline{40\,°\text{C}}$ $T_1 = \underline{313\ \text{K}}$

(Gl 2.3): $$V_1 = \frac{m R_1 T_1}{p_1} = \frac{100\ \text{kg} \cdot 287{,}2\ \text{J} \cdot 313\ \text{K m}^2\,\text{bar}}{\text{kg K} \cdot 150\ \text{bar} \cdot 10^5\ \text{N}} = \underline{0{,}599\ \text{m}^3} \qquad U_1 = \underline{0}$$

(Gl 1.27): $$H_1 = U_1 + p_1 V_1 = 0 + 150\ \text{bar}\ 10^5\ \frac{\text{N}}{\text{m}^2\ \text{bar}} \cdot 0{,}599\ \text{m}^3\ \frac{\text{MJ}}{10^6\ \text{Nm}} = \underline{9{,}0\ \text{MJ}}$$

Punkt 2: $p_2 = \underline{150\ \text{bar}}$

(Gl 1.42): $$t_2 = \frac{Q_{12}}{m c_p} + t_1 = \frac{50\,000\ \text{kJ kg K}}{100\ \text{kg} \cdot 1{,}004\ \text{kJ}} + 40\,°\text{C}$$

$$t_2 = \underline{538\,°\text{C}} \qquad T_2 = \underline{811\ \text{K}}$$

(Gl 1.16): $$V_2 = V_1\,\frac{T_2}{T_1} = 0{,}599\ \text{m}^3\ \frac{811\ \text{K}}{313\ \text{K}} = \underline{1{,}55\ \text{m}^3}$$

(Gl 2.19): $$U_2 = m c_v (T_2 - T_1) + U_1 = 100\ \text{kg} \cdot 0{,}7171\ \frac{\text{kJ}}{\text{kg K}} (811 - 313)\ \text{K}\ \frac{\text{MJ}}{10^3\ \text{kJ}} + 0$$

$$U_2 = \underline{35{,}7\ \text{MJ}}$$

(Gl 2.20): $$H_2 = m c_p (T_2 - T_1) + H_1 = 100\ \text{kg} \cdot 1{,}004\ \frac{\text{kJ}}{\text{kg K}} (811 - 313)\ \text{K}\ \frac{\text{MJ}}{10^3\ \text{kJ}} + 9{,}0\ \text{MJ}$$

$$H_2 = \underline{59{,}0\ \text{MJ}}$$

Punkt 3: $t_3 = t_1 = \underline{40\,°\text{C}}$

$$T_3 = T_1 = \underline{313\ \text{K}}$$

(Gl 2.39): $$p_3 = p_2 \left(\frac{T_3}{T_2}\right)^{\frac{n}{n-1}} = 150\ \text{bar} \left(\frac{313\ \text{K}}{811\ \text{K}}\right)^{\frac{1{,}2}{1{,}2-1}} = \underline{0{,}5\ \text{bar}}$$

$$V_3 = V_2 \left(\frac{T_2}{T_3}\right)^{\frac{1}{n-1}} = 1{,}55\ \text{m}^3 \left(\frac{811\ \text{K}}{313\ \text{K}}\right)^{\frac{1}{1{,}2-1}} = \underline{180\ \text{m}^3}$$

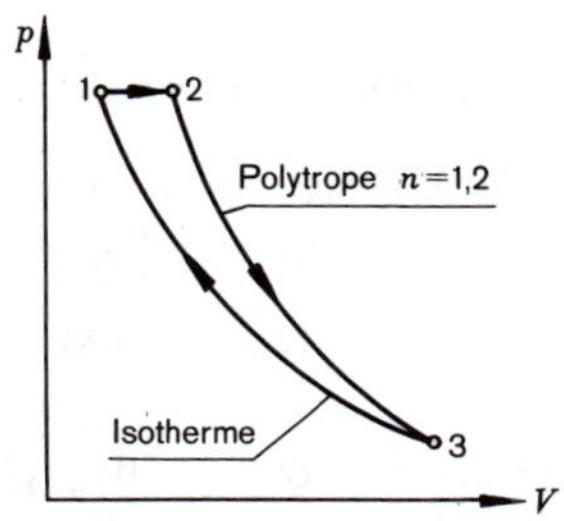

B 2.18 Kreisprozeß des Bsp. 2.12

$$U_3 = m c_v (T_3 - T_2) + U_2 = 100\ \text{kg} \cdot 0{,}7171\ \frac{\text{kJ}}{\text{kg K}} (313 - 811)\ \text{K}\ \frac{\text{MJ}}{10^3\ \text{kJ}} + 35{,}7\ \text{MJ}$$

$$U_3 = \underline{0}$$

$$H_3 = m c_p (T_3 - T_2) + H_2 = 100\ \text{kg} \cdot 1{,}004\ \frac{\text{kJ}}{\text{kg K}} (313 - 811)\ \text{K}\ \frac{\text{MJ}}{10^3\ \text{kJ}} + 59{,}1\ \text{MJ}$$

$$H_3 = \underline{9{,}0\ \text{MJ}}$$

Die Punkte 3 und 1 sind durch eine Isotherme verbunden, d.h. $T_3 = T_1$. Dann müssen auch $U_3 = U_1$ und $H_3 = H_1$ sein, da innere Energie und Enthalpie nur von der Temperatur abhängen. Die Zahlenrechnung bestätigt diese Überlegung.

Geht man von Punkt 3 zum Anfangspunkt 1 zurück, so erreichen alle Zustandsgrößen wieder ihren ursprünglichen Wert.

Zu c: Die *Nutzarbeit* kann nach (Gl 2.49) oder (Gl 2.50) ermittelt werden.

nach (Gl 2.49): $W_k = \Sigma W = W_{v\,ib\,12} + W_{v\,pol\,23} + W_{v\,ith\,31}$

(Gl 2.28): $W_{v\,ib\,12} = p_1 (V_1 - V_2) = 150\ \text{bar} \cdot 10^5 \dfrac{\text{N}}{\text{m}^2\ \text{bar}} (0{,}599 - 1{,}55)\ \text{m}^3 \dfrac{\text{MJ}}{10^6\ \text{Nm}}$

$W_{v\,ib\,12} = -14{,}25\ \text{MJ}$

(Gl 2.41): $W_{v\,pol\,23} = \dfrac{mR_1}{n-1}(T_3 - T_2) = \dfrac{100\ \text{kg} \cdot 287{,}2\ \text{J}}{\text{kg K}(1{,}2-1)}(313 - 811)\ \text{K} \dfrac{\text{MJ}}{10^6\ \text{J}}$

$W_{v\,pol\,23} = -71{,}45\ \text{MJ}$

(Gl 2.30): $W_{v\,ith\,31} = mR_1\, T_1 \ln \dfrac{p_1}{p_3} = 100\ \text{kg} \cdot 287{,}2 \dfrac{\text{J}}{\text{kg K}} \cdot 313\ \text{K} \dfrac{\text{MJ}}{10^6\ \text{J}} \ln \dfrac{150\ \text{bar}}{0{,}5\ \text{bar}}$

$W_{v\,ith\,31} = 51{,}3\ \text{MJ}$

$W_k = -14{,}25\ \text{MJ} - 71{,}45\ \text{MJ} + 51{,}3\ \text{MJ} = \underline{-34{,}4\ \text{MJ}}$

nach (Gl 2.50): $W_k = \Sigma W_t = W_{t\,ib\,12} + W_{t\,pol\,23} + W_{t\,ith\,31}$

(Gl 2.47): $W_{t\,ib\,12} = 0$

(Gl 2.48c): $W_{t\,pol\,23} = n\, W_{v\,pol\,23} = -1{,}2 \cdot 71{,}45\ \text{MJ} = -85{,}7\ \text{MJ}$

(Gl 2.48a): $W_{t\,ith\,31} = W_{v\,ith\,31} = 51{,}3\ \text{MJ}$

$W_k = 0 - 85{,}7\ \text{MJ} + 51{,}3\ \text{MJ} = \underline{-34{,}4\ \text{MJ}}$

Wir prüfen das Ergebnis nach einer dritten Methode:

(Gl 2.49) oder (Gl 2.50):

$W_k = -\Sigma Q = -(Q_{ib\,12} + Q_{pol\,23} + Q_{ith\,31})$

$Q_{ib\,12} = 50\ \text{MJ}$

(Gl 2.45): $Q_{pol\,23} = W_{v\,pol\,23} \dfrac{n - \varkappa}{\varkappa - 1} = -71{,}45\ \text{MJ} \dfrac{1{,}2 - 1{,}4}{1{,}4 - 1} = 35{,}7\ \text{MJ}$

(Gl 2.31): $Q_{ith\,31} = -W_{v\,ith\,31} = -51{,}3\ \text{MJ}$

$W_k = -(50\ \text{MJ} + 35{,}7\ \text{MJ} - 51{,}3\ \text{MJ}) = \underline{-34{,}4\ \text{MJ}}$

Die drei Lösungsgänge liefern die gleiche Nutzarbeit. In der Regel genügt die Lösung nach der einfachsten Methode, in diesem Fall nach (Gl 2.50), da hierin $W_{t\,ib\,12} = 0$ wird.

Beispiel 2.13: Der in Beispiel 2.12 behandelte rechtslaufende reversible Kreisprozeß soll durch Umkehrung aller Zustandsänderungen als linkslaufender Kreisprozeß arbeiten. Vom Anfangspunkt 1 aus wird die Luft zunächst isotherm entspannt, dann polytrop verdichtet und anschließend isobar abgekühlt.

a) Wie verläuft der Prozeß im p, V-Diagramm?

b) Wie groß ist die von außen zuzuführende Arbeit?

c) Welche Wärme wird aufgenommen und abgegeben?

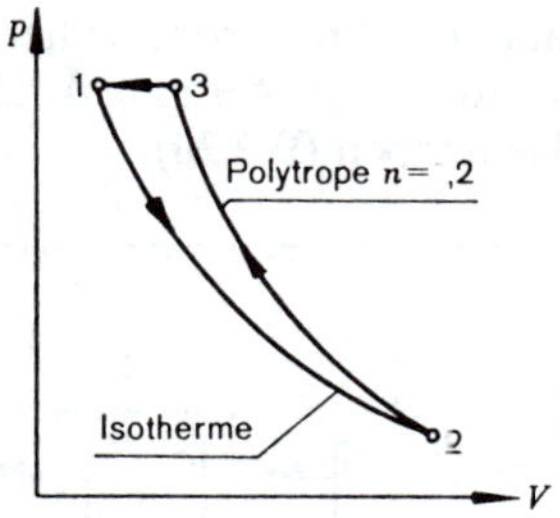

B 2.19 Kreisprozeß des Bsp. 2.13

Zu a: **(B 2.19)**

Zu b: (Gl 2.50): $W_k = \Sigma W_t = W_{t\,ith\,12} + W_{t\,pol\,23} + W_{t\,ib\,31}$

Die Zahlenwerte für die technischen Arbeiten sind die gleichen wie in Beispiel 2.12, die Vorzeichen sind jeweils umgekehrt.

$$W_k = -51{,}3\ \text{MJ} + 85{,}7\ \text{MJ} + 0 = \underline{+34{,}4\ \text{MJ}}$$

Zu c: Auch für die übertragenen Wärmen können die Zahlenwerte des Beispiels 2.12 mit jeweils umgekehrten Vorzeichen verwendet werden.

$$Q_{\text{zu}} = Q_{ith\,12} = \underline{51{,}3\ \text{MJ}}$$

$$Q_{\text{ab}} = Q_{pol\,23} + Q_{ib\,31} = -35{,}7\ \text{MJ} - 50\ \text{MJ} = \underline{-85{,}7\ \text{MJ}}$$

Die abgeführte Wärme (85,7 MJ) wird aus der Summe der zugeführten Wärme (51,3 MJ) und der zugeführten Arbeit (34,4 MJ) gedeckt.

2.4.3 Thermischer Wirkungsgrad

Beim rechtslaufenden Kreisprozeß wird einer Maschine Wärme zugeführt und durch sie in Arbeit verwandelt. Wünschenswert ist ein Kreisprozeß, bei dem ein möglichst großer Teil der zugeführten Wärme von der Maschine in Form von Arbeit abgegeben wird. Wir werden sehen, daß diese Energieumwandlung von Wärme in Arbeit nie vollständig sein kann, sondern daß auch im günstigsten Fall nur ein Teil der zugeführten Wärme als Arbeit abgegeben wird. Das Verhältnis des Betrages der abgegebenen Nutzarbeit des reversiblen Kreisprozesses zur zugeführten Wärme wird als *thermischer Wirkungsgrad* bezeichnet.

$$\eta_{th} = \frac{|W_k|}{Q_{\text{zu}}} \qquad \textbf{(Gl 2.51)}$$

Der thermische Wirkungsgrad gibt an, welcher Anteil der zugeführten Wärme in Arbeit verwandelt wird.

Beispiel 2.14: Welcher thermische Wirkungsgrad ergibt sich für den Kreisprozeß nach Beispiel 2.12?

(Gl 2.51): $\eta_{th} = \frac{|W_k|}{Q_{\text{zu}}} = \frac{|W_k|}{Q_{ib\,12} + Q_{pol\,23}} = \frac{34{,}4\ \text{MJ}}{50\ \text{MJ} + 35{,}7\ \text{MJ}} = \underline{0{,}401}$

2.4.4 Carnot-Prozeß

Arbeit aus Wärme. An einem von *Carnot* 1824 vorgeschlagenen und nach ihm benannten reversiblen Kreisprozeß lassen sich die Verhältnisse anschaulich behandeln. Die Wärmezu- und Wärmeabfuhr erfolgen beim Carnot-Prozeß bei jeweils konstanter Temperatur. Dadurch wird der größte überhaupt mögliche Anteil der zugeführten Wärme in Nutzarbeit umgewandelt, wie später nachgewiesen wird. Das trifft auch für andere Kreisprozesse zu, z.B. für den Stirling-Prozeß (Abschn. 4.3.2) und den Ericsson-Prozeß (Abschn. 4.2.3). Der Carnot-Prozeß wird gern als Vergleichsprozeß zur Beurteilung anderer Kreisprozesse herangezogen. Er ist aber bisher in keiner Maschine verwirklicht worden (vgl. Abschn. 4.1.2). Der Carnot-Prozeß besteht aus zwei Isothermen und zwei Isentropen **(B 2.20).**

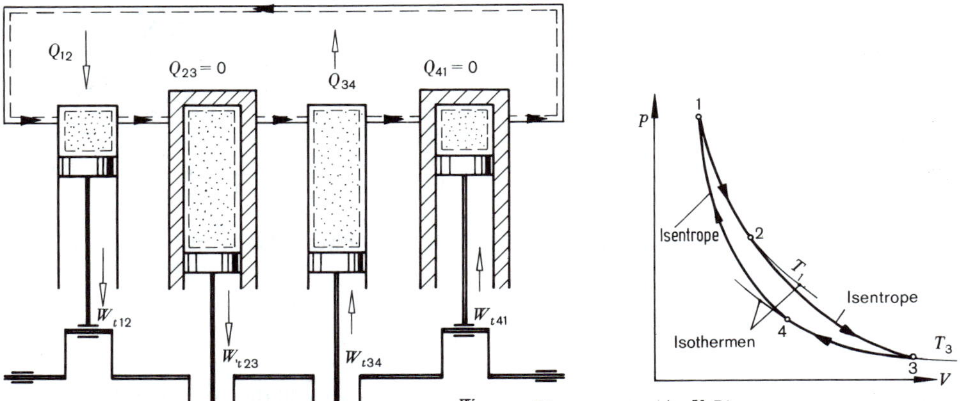

a) geschlossenes System, bestehend aus vier offenen Systemen

b) pV-Diagramm

B 2.20 Carnot-Prozeß

Die Nutzarbeit des Carnot-Prozesses W_{car} ist nach (Gl 2.49) oder (Gl 2.50) mit $Q_{23}=Q_{41}=0$:

$$W_{car}=-(Q_{12}+Q_{34})$$

Hierin ist die isotherme Wärmeübertragung [(Gl 2.31) und (Gl 2.30)]:

$$Q_{12}=m R_i T_1 \ln \frac{V_2}{V_1}$$

$$Q_{34}=m R_i T_3 \ln \frac{V_4}{V_3}=-m R_i T_3 \ln \frac{V_3}{V_4}$$

Der Quotient $\frac{V_3}{V_4}$ kann durch $\frac{V_2}{V_1}$ ersetzt werden (Gl 2.33c):

$$\frac{T_3}{T_1}=\left(\frac{V_1}{V_4}\right)^{\varkappa-1}=\left(\frac{V_2}{V_3}\right)^{\varkappa-1} \rightarrow \frac{V_1}{V_4}=\frac{V_2}{V_3} \text{ oder } \frac{V_2}{V_1}=\frac{V_3}{V_4}$$

Somit gilt $Q_{34}=-m R_i T_3 \ln \frac{V_2}{V_1}$

Wir dividieren die ab- durch die zugeführte Wärme:

$$\frac{Q_{34}}{Q_{12}}=-\frac{T_3}{T_1}$$

$$\frac{Q_{12}}{T_1}+\frac{Q_{34}}{T_3}=0; \quad \Sigma \frac{Q_{ith}}{T}=0 \qquad \textbf{(Gl 2.52)}$$

Die *Nutzarbeit des Carnot-Prozesses* ist mit $Q_{34} = -Q_{12}\,\frac{T_3}{T_1}$ (Gl 2.52):

$$W_{car} = -(Q_{12} + Q_{34}) = -\left(Q_{12} - Q_{12}\,\frac{T_3}{T_1}\right)$$

$$W_{car} = -\left(1 - \frac{T_3}{T_1}\right) Q_{12} \qquad \textbf{(Gl 2.53)}$$

Carnot-Faktor. Dem thermischen Wirkungsgrad des Carnot-Prozesses geben wir als dem besten in einem Kreisprozess überhaupt möglichen die Bezeichnung *Carnot-Faktor* [1].[1]

$$\eta_c = \eta_{th\,\max} = \frac{|W_{car}|}{Q_{12}} = 1 - \frac{T_3}{T_1} \qquad \textbf{(Gl 2.54)}$$

Der Carnot-Faktor gibt an, welcher Anteil der einem Kreisprozeß zugeführten Wärme maximal in Arbeit umwandelbar ist. Der Carnot-Faktor ist von dem Arbeitsmittel und von allen Einzelheiten in der Bauart des Systems völlig unabhängig, sondern nur durch die Temperaturen T_1 und T_3 bestimmt, zwischen denen der Prozeß abläuft.

Wir erkennen (Gl 2.54):

1. Der Carnot-Faktor wird um so günstiger, je höher die Temperatur T_1 ist, bei der die Wärme Q_{12} zugeführt wird, und je niedriger die Temperatur T_3 ist, bei der die Wärme Q_{34} abgeführt wird. Die tiefstmögliche Temperatur T_3 ist in der Regel die Umgebungstemperatur T_b.
2. Der Wert $\eta_c = 1$ ist nicht erreichbar, weil in Wärmekraftmaschinen die Temperatur T_3 nicht auf 0 K gesenkt werden kann. Die zugeführte Wärme kann demnach beim Kreisprozeß niemals vollständig, sondern nur zu einem Teil in Arbeit umgeformt werden. Der übrige Teil wird bei geringer Temperatur an die Umgebung abgeführt.
3. Der Carnot-Faktor und damit die Nutzarbeit des Carnot-Prozesses werden zu Null, wenn zwischen Wärmezufuhr und Wärmeabfuhr kein Temperaturgefälle ($T_3 = T_1$) besteht. Die mit Umgebungstemperatur T_b zur Verfügung stehenden riesigen Energien in den Meeren und in der Luft sind somit thermodynamisch wertlos.

Thermodynamische Temperatur. Aus dem Carnot-Faktor läßt sich mittels eines Gedankenexperiments die *Temperatur thermodynamisch definieren:* Man legt für eine der beiden Temperaturen, z.B. für T_1, einen willkürlichen Zahlenwert fest, mißt an einer nach dem Carnot-Prozeß arbeitenden Anlage den thermischen Wirkungsgrad $\left(\eta_c = \frac{|W_{car}|}{Q_{12}}\right)$ und kann daraus die unbekannte Temperatur T_3 berechnen $\left(\eta_c = 1 - \frac{T_3}{T_1}\right)$. Diese einwandfreie physikalische Definition der Temperatur fand zuerst Kelvin, nach dem die Einheit der thermodynamischen Temperatur benannt ist. Die auf diese Weise gewonnene Temperatur stimmt mit der des Gasthermometers überein. Praktisch ist dieser Versuch nicht durchführbar, da der Carnot-Prozeß bisher in keiner Maschine verwirklicht wurde (vgl. Abschnitt 4.1.2).

[1] Der Carnot-Faktor begrenzt den Wirkungsgrad aller Prozesse, in deren Verlauf Energie, z.B. Brennstoffenergie, zunächst in Wärme und schließlich in Arbeit umgewandelt wird. Dieser Einschränkung unterliegen elektrochemische Energieumwandlungen nicht (s. Brennstoffzelle, Abschnitt 9.9).

2.4.5 Wärmepumpe und Kältemaschine

Beim linkslaufenden Kreisprozeß **(B 2.21)** erfolgt die Wärmeabgabe (negativ) bei hoher Temperatur; sie ist größer als die Wärmeaufnahme (positiv) bei niedriger Temperatur. ΣQ wird somit negativ, W_k positiv (Gl 2.49), es ist also Arbeit zuzuführen.

Dieses „Heben" von Wärme auf eine höhere Temperatur ist der Zweck der linkslaufenden Kreisprozesse. Sie können auf zwei Arten technisch genutzt werden: als Wärmepumpe und als Kältemaschine.

Bei der *Wärmepumpe* dient die bei dem Prozeß abgeführte Wärme zur Beheizung eines Gebäudes oder Stoffes. Als Nutzen ist die bei höherer Temperatur T_1 abgegebene Wärme Q_{ab} zu betrachten. Die aufgenommene Wärme Q_{zu} steht aus der Umgebung bei T_b oder aus Abwärme bei T_3 (etwas höher als T_b) kostenlos zur Verfügung. Aufzuwenden ist demnach nur die Arbeit des Kreisprozesses W_k.

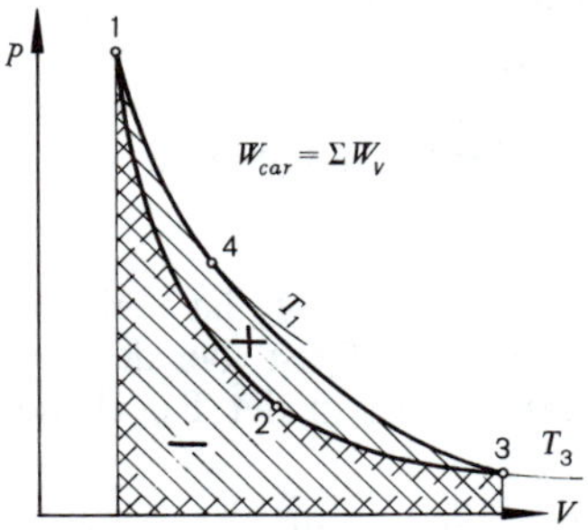

Wir bewerten die Wärmepumpe mittels der *Leistungszahl* ε_w:

$$\varepsilon_w = \frac{|Q_{ab}|}{W_k} = \frac{Q_{ab}}{\Sigma Q} \qquad \textbf{(Gl 2.55)}$$

Auch der Carnot-Prozeß kann als linkslaufender Kreisprozeß arbeiten. Das ist möglich, da jede der betreffenden Zustandsänderungen in beiden Richtungen verlaufen kann.

B 2.21 Linkslaufender Carnot-Prozeß

Für den linkslaufenden Carnot-Prozeß **(B 2.21)** setzen wir in (Gl 2.55) $Q_{ab} = Q_{41}$ und $\Sigma Q = Q_{41} + Q_{23}$

$$\varepsilon_{w\,car} = \frac{Q_{41}}{Q_{41} + Q_{23}} = \frac{Q_{41}}{Q_{41} - \frac{T_3}{T_1} Q_{41}} = \frac{1}{1 - \frac{T_3}{T_1}}$$

Hierin wurde Q_{23} nach $\frac{Q_{23}}{T_3} + \frac{Q_{41}}{T_1} = 0$ [entspr. (Gl 2.52)] ersetzt.

Wir führen nach (Gl 2.54) η_c ein:

$$\varepsilon_{w\,car} = \frac{1}{\eta_c} = \frac{T_1}{T_1 - T_3} \qquad \textbf{(Gl 2.56)}$$

Da der Carnot-Faktor kleiner als 1 ist, ist ε_w größer als 1. Bei der Wärmepumpe wird mehr Energie als Wärme zu Heizzwecken abgegeben, als die Anlage an mechanischer oder elektrischer Energie aufnimmt. Die Differenz wird aus der kostenlos verfügbaren Energie der Umgebung gedeckt. Die Energiekosten sind daher wesentlich niedriger als bei der direkten elektrischen Heizung. Im Vergleich mit brennstoffbeheizten Systemen zur Gebäudeheizung nimmt das Interesse an Wärmepumpen mit steigenden Brennstoffpreisen trotz höherer Anlagekosten zu. Daneben werden Wärmepumpen oft beim Eindampfen und Destillieren verwendet.

Zweck der *Kältemaschine* ist die Kühlung eines Raumes oder Systems, dem Wärme bei niedriger Temperatur entzogen wird. Diese der Kältemaschine bei niedriger Temperatur zugeführte Wärme Q_{zu} ist der Nutzen des Prozesses. Aufzuwenden ist die Arbeit des Kreisprozesses W_k. Die Kältemaschine wird durch die *Leistungszahl* ε_k bewertet.

$$\varepsilon_k = \frac{Q_{zu}}{W_k} = \frac{Q_{zu}}{|\Sigma Q|} \qquad \textbf{(Gl 2.57)}$$

Für den linkslaufenden Carnot-Prozeß **(B 2.21)** ist $Q_{zu} = Q_{23}$ und $\Sigma Q = Q_{41} + Q_{23}$, worin wir Q_{41} wie bei der Wärmepumpe ersetzen.

$$\varepsilon_{k\,car} = \frac{Q_{23}}{|Q_{41} + Q_{23}|} = \frac{Q_{23}}{\left|-\frac{T_1}{T_3} Q_{23} + Q_{23}\right|} = \frac{1}{\left|-\frac{T_1}{T_3} + 1\right|}$$

$$\varepsilon_{k\,car} = \frac{T_3}{T_1 - T_3} \qquad \textbf{(Gl 2.58)}$$

Zusammenhang zwischen ε_w und ε_k:

$$\varepsilon_w = \frac{Q_{ab}}{\Sigma Q} = \frac{\Sigma Q - Q_{zu}}{\Sigma Q} = 1 - \frac{Q_{zu}}{\Sigma Q} = 1 + \frac{Q_{zu}}{|\Sigma Q|}$$

$$\varepsilon_w = 1 + \varepsilon_k \qquad \textbf{(Gl 2.59)}$$

ε_w wird bei *gleichem* Prozeß um 1 größer als ε_k. Der Wert ε_k kann größer oder kleiner als 1 werden.

Kältemaschine und Wärmepumpe werden in der Praxis überwiegend mit Dämpfen und weniger mit Gasen betrieben. Als Vergleichsprozeß ist der für das ideale Gas geltende linkslaufende Carnot-Prozeß jedoch von Bedeutung.

Eine Gegenüberstellung von Wärmekraftmaschine, Wärmepumpe und Kältemaschine zeigt **B 2.22**.

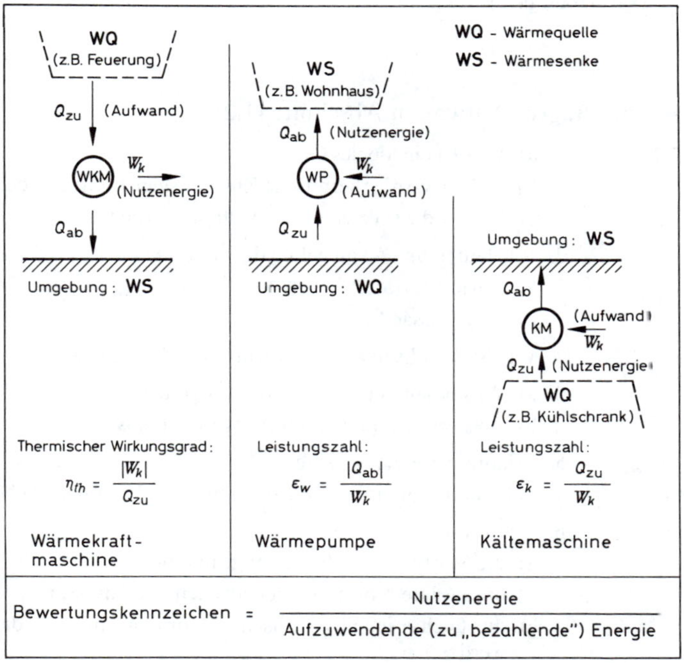

B 2.22 Gegenüberstellung von Wärmekraftmaschine, Wärmepumpe und Kältemaschine

Beispiel 2.15: Mit welcher Leistungszahl arbeitet der Kreisprozeß nach Beispiel 2.13, wenn er

a) in einer Wärmepumpe,

b) in einer Kältemaschine,

verwirklicht würde? Es soll angenommen werden, daß bei der Ausführung als Wärmepumpe auch die bei der polytropen Verdichtung abgegebene Wärme vollständig zur Raumheizung verwendbar ist.

Zu a: (Gl 2.55): $$\varepsilon_w = \frac{|Q_{ab}|}{W_k} = \frac{85{,}7\ \text{MJ}}{34{,}4\ \text{MJ}} = \underline{2{,}49}$$

Zu b: (Gl 2.57): $$\varepsilon_k = \frac{Q_{zu}}{W_k} = \frac{51{,}3\ \text{MJ}}{34{,}4\ \text{MJ}} = \underline{1{,}49}$$

oder (Gl 2.59): $$\varepsilon_k = \varepsilon_w - 1 = 2{,}49 - 1 = \underline{1{,}49}$$

Aufgabe 2.15: Ein Gebäude mit einer erforderlichen Heizleistung von 1 MW soll mittels einer Wärmepumpe und mit dem Kühlwasser einer Wärmekraftmaschine, die zum Antrieb der Wärmepumpe dient, beheizt werden. Die Wärmekraftmaschine führt mit Luft einen Carnot-Prozeß aus. Die Wärmezufuhr bei diesem Prozeß erfolgt bei 680 °C, die Wärmeabfuhr bei 110 °C. Die bei 110 °C abgeführte Wärme wird vollständig zur Raumbeheizung verwendet.

Die von der Wärmekraftmaschine angetriebene Wärmepumpe führt ebenfalls mit Luft einen Carnot-Prozeß aus, bei dem die Wärmezufuhr bei 3 °C, die Wärmeabfuhr bei 110 °C erfolgt. Die abgegebene Wärme dient ebenfalls vollständig zur Raumheizung. Die Carnot-Prozesse sollen reversibel, die gesamte Anlage verlustlos arbeiten.

a) Wie groß ist die der Wärmekraftmaschine als Wärmestrom zuzuführende Energie?

b) Wie groß ist das Verhältnis der Heizleistung zum zugeführten Wärmestrom (Heizziffer der Wärmepumpe ξ)?

Kontrollfragen (Antworten Abschnitt 11.2)

2.1

1. a) Was ist ein ideales Gas?
   b) Geben Sie die thermische Zustandsgleichung des idealen Gases an.
   c) Wie ist die spezielle Gaskonstante definiert?
2. Wie lauten und wann gelten die Gesetze von
   a) Boyle-Mariotte,
   b) Gay-Lussac?
3. Wie ist der physikalische Normzustand festgelegt?
4. a) Was besagt das Gesetz von Avogadro?
   b) Was versteht man unter Avogadro-Konstante?
5. Erläutern Sie die Begriffe
   a) Kilomol, b) molare Masse, c) molares Volumen, d) Normvolumen?
6. Wie kann
   a) die Masse aus der Stoffmenge in kmol,
   b) das molare Normvolumen aus dem Normvolumen,
   c) die Dichte im physikalischen Normzustand aus der molaren Masse berechnet werden?

7. a) Wie ist die molare Gaskonstante definiert?
   b) Weisen Sie nach, daß sie für alle idealen Gase den gleichen Wert hat.
   c) Wie hängen molare und spezielle Gaskonstante zusammen?
8. a) Geben Sie die kalorischen Zustandsgleichungen des idealen Gases an.
   b) Für welche Zustandsänderungen gelten sie?
   c) Unter welchen Bedingungen gelten die Gleichungen auch bei beliebigen Stoffen?
9. Welches ist das Ergebnis des Überströmungsversuchs von Gay-Lussac und Joule?
10. a) Geben Sie Beziehungen zwischen den spezifischen Wärmekapazitäten des idealen Gases an.
    Sind sie temperaturabhängig?
    b) Was versteht man unter molarer Wärmekapazität, wie hängt sie mit der spezifischen Wärmekapazität zusammen?
    c) Geben Sie Beziehungen zwischen den molaren Wärmekapazitäten des idealen Gases an. Sind sie temperaturabhängig?

2.2

11. Erläutern Sie den Zusammenhang zwischen Prozeß und Zustandsänderung.
12. a) Wie wird bei einem starren Behälter die bei Temperaturabfall eines idealen Gases abgegebene Wärme berechnet, aus welcher Energie wird sie gedeckt?
    b) Wie ändern sich innere Energie und Enthalpie?
    c) Welche Volumenänderungsarbeit wird zu- oder abgeführt?
    Welches Vorzeichen ergibt sich zu a) bis c)?
13. Beantworten Sie die Fragen nach 12., wenn statt des starren Behälters das System durch einen konstant belasteten Zylinder dargestellt wird.
14. a) Welche Zustandsänderung verläuft im p, V-Diagramm als gleichseitige Hyperbel?
    b) Was stellt die Fläche unter der Zustandsänderung bis zur V-Achse dar?
    c) Wie muß die Systemgrenze beschaffen sein?
    d) Wie ändern sich innere Energie und Enthalpie?
15. Die isotherme Verdichtung von 1 kmol Stickstoff und 1 kmol Helium unter gleichen physikalischen Bedingungen ist zu vergleichen. Welchen Einfluß hat die Gasart auf die Volumenänderungsarbeit, die übertragene Wärme und die Zustandsgrößen nach der Verdichtung?
16. a) Unter welcher Bedingung verläuft eine Zustandsänderung isentrop?
    b) Was stellt die Fläche unter der Zustandsänderung bis zur V-Achse dar?
    c) Wie hängen p und V bei der Isentropen zusammen?
17. Ist die Isotherme oder die Isentrope die erwünschte Zustandsänderung? p, V-Diagramm!
18. a) Wie hängen p und V bei der Polytropen zusammen?
    b) Bei welchen Werten des Polytropenexponenten n geht die Polytrope in eine andere einfache Zustandsänderung über? p, V-Diagramm hierzu!
    c) Bei welchen Werten für n findet die Expansion in der Praxis statt?
    d) Wie verläuft die Polytrope $n = -1$ (Begründung)?
19. a) Für ein geschlossenes System sind im p, V-Diagramm jeweils eine isotherme, eine isentrope und eine polytrope Kompression mit $1 < n < \varkappa$ sowie die zugeführten Arbeiten darzustellen.
    b) In welche Energie wandelt sich die zugeführte Arbeit jeweils um?

2.3

20. Was versteht man unter
    a) Strömungsprozessen, b) Arbeitsprozessen?

21. Einem Gas wird reversibel Arbeit zugeführt. Die Arbeit ist im p, V-Diagramm darzustellen, zu benennen und es ist das Vorzeichen anzugeben, falls es sich
    a) um ein geschlossenes, b) um ein offenes System (bei konstant bleibender kinetischer und potentieller Energie) handelt.

22. Wie hängen technische Arbeit (bei konstant bleibender kinetischer und potentieller Energie) und Volumenänderungsarbeit zusammen, wenn die Zustandsänderung
    a) isotherm, b) isentrop, c) polytrop verläuft?

23. Einem System nach a) B 1.13a und b) B 1.16 (bei konstant bleibender kinetischer und potentieller Energie) wird reversibel Arbeit zugeführt. Wie wird die Arbeit genannt und berechnet, welches Vorzeichen ergibt sich, in welche Energieform wird sie umgewandelt, wie heißt die Zustandsänderung?
    Die Arbeit ist im p, V-Diagramm darzustellen.

24. a) Wird bei isothermer, bei isentroper oder bei polytroper Expansion ($1 < n < \varkappa$) die größere Arbeit abgegeben, wenn es sich einmal um geschlossene, im anderen Fall um offene Systeme (bei konstant bleibender kinetischer und potentieller Energie) handelt? Die Arbeiten sind zu benennen. Vorzeichen?
    b) Stellen Sie die Arbeiten im p, V-Diagramm dar.
    c) Aus welcher Energieform wird die Arbeit jeweils gedeckt?

25. Die Frage unter 24. a) ist für den Fall der zugeführten Arbeit bei Kompression zu beantworten.

2.4

26. Was ist a) ein Kreisprozeß, b) ein Arbeitsprozeß?

27. Wie kann die Arbeit eines reversiblen Kreisprozesses ermittelt werden?

28. Die Arbeit eines a) rechtslaufenden, b) linkslaufenden Kreisprozesses ist im p, V-Diagramm darzustellen. Vorzeichen?

29. Welche Maschine liegt bei
    a) rechts-, b) linkslaufenden Kreisprozessen vor, was geschieht in ihr, welche Aufgabe hat sie? Welches ist die Nutzenergie?

30. Was versteht man unter
    a) thermischem Wirkungsgrad,
    b) Leistungszahl der Wärmepumpe,
    c) Leistungszahl der Kältemaschine? Sind die Werte 1 erreichbar?
    d) Wie hängen die beiden Leistungszahlen zusammen?

31. a) Aus welchen Zustandsänderungen besteht der Carnot-Prozeß?
    b) Erläutern Sie anhand des Carnot-Faktors, welche Prozeßführung anzustreben ist und warum $\eta_c = 1$ nicht erreicht wird.

32. In dem System nach B 4.4c läuft ein reversibler Kreisprozeß ab, wobei der Verdichter und die Turbine adiabat sind.
    a) Stellen Sie den Prozeßverlauf und die Arbeit des Kreisprozesses im p, V-Diagramm dar. Vorzeichen?
    b) Um welche Art von Kreisprozeß mit welcher Aufgabenstellung handelt es sich?

33. Wie kann mittels eines Gedankenversuchs die thermodynamische Temperatur definiert werden?

3 Irreversible Vorgänge und Zustandsgrößen zu ihrer Beurteilung

3.1 Reversible und irreversible Prozesse

Nach Einführung der Begriffe reversibel und irreversibel in Abschn. 1.5.3 haben wir bei den bisher behandelten Prozessen und den durch sie verursachten Zustandsänderungen meistens angenommen, daß sie umkehrbar oder reversibel sind.

Als Beispiel für solche reversiblen Vorgänge denken wir aus dem Bereich der Mechanik an die Schwingung eines Pendels. Wenn keinerlei Luft- oder Lagerreibung vorhanden ist, stellt sich periodisch der Ausgangszustand wieder ein: diese Schwingung ist reversibel. Als einen anderen reversiblen mechanischen Vorgang können wir uns die Dehnung einer Feder vorstellen **(B 3.1)**, bei der durch eine reibungsfreie Hebelübersetzung eine Zugfeder dauernd mit der Gewichtskraft des Körpers *K* im Gleichgewicht steht. Der Körper *K* kann durch beliebig kleine Kräfte auf- oder abwärts bewegt und so der Ausgangszustand wieder hergestellt werden.

Auch thermodynamische Vorgänge können wir uns reversibel denken. Als Beispiel betrachten wir eine Vorrichtung zur Verdichtung und Entspannung eines Gases in einem adiabaten Zylinder **(B 3.2).** Durch Entspannung des Gases wird der Körper *K* gehoben und die vom Gas abgegebene Arbeit als potentielle Energie in dem Körper *K* gespeichert. Wenn keinerlei Reibung vorhanden ist und der Vorgang bei beliebig kleiner Geschwindigkeit verläuft, der Kolben sich also in jeder Lage im Gleichgewicht befindet, ist der Vorgang reversibel: Er besteht aus einer Folge von Gleichgewichtszuständen.

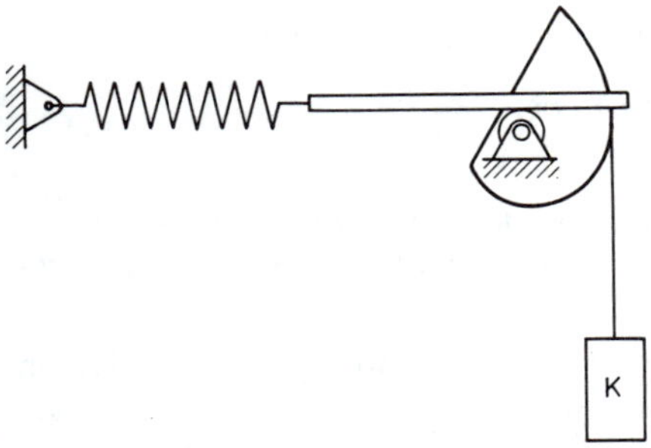

B 3.1 Dehnung einer gespannten Feder

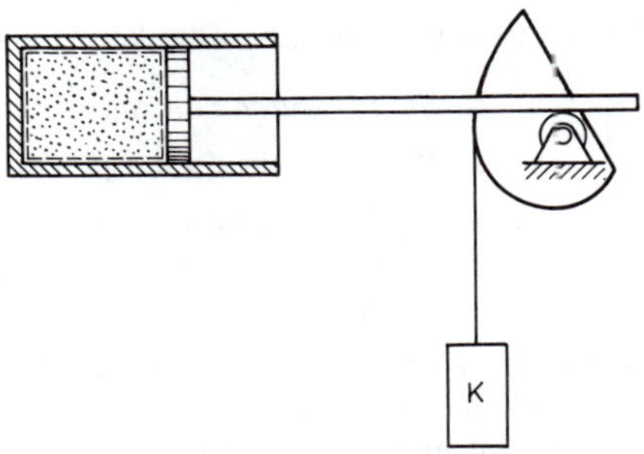

B 3.2 Verdichtung und Entspannung eines Gases

Die beschriebenen Vorgänge sind somit reversibel, wenn sie sehr langsam verlaufen und Reibung oder andere Art von Dissipation ausgeschlossen ist.

Auch Kreisprozesse hatten wir bisher reversibel betrachtet. Soll z.B. von einem rechtslaufenden Carnot-Prozeß (Wärmekraftmaschine WKM) Nutzarbeit abgegeben werden, so muß von einem System hoher Temperatur Wärme an die WKM übertragen und eine geringere Wärme von der WKM an ein System niedriger Temperatur weitergegeben werden. Treibt man mit dieser Arbeit einen linkslaufenden Carnot-Prozeß zwischen den gleichen Temperaturniveaus an, so muß die geringere Wärme von dem System niedriger Temperatur zurückgegeben und gemeinsam mit der als Arbeit zugeführten Energie in Form von Wärme an das System hoher Temperatur übertragen werden.

Es werden dabei in entgegengesetzter Richtung die gleichen Energien wie beim rechtslaufenden Prozeß übertragen. Erfolgt die Wärmeübertragung jeweils ohne Temperaturgefälle, so wird bei allen beteiligten Systemen der Anfangszustand wieder erreicht. Der so beschriebene Kreisprozeß ist reversibel.

Dagegen lehrt die Erfahrung, daß alle in der Natur ablaufenden Vorgänge irreversibel sind. Reversible Vorgänge sind somit nur gedanklich durchführbar. So ist z.B. eine Pendelschwingung nicht reibungsfrei, so daß nach einer Schwingung die Ausgangslage nicht wieder erreicht wird.

Auch thermodynamische Vorgänge verlaufen irreversibel: So kann z.B. Sauerstoff aus einem Druckbehälter ausströmen und sich mit Umgebungsluft mischen, die Sauerstoffmoleküle kehren aber nicht von allein wieder in den Druckbehälter zurück. Beim Ausströmen hätte der Sauerstoff Arbeit verrichten können, statt dessen wurde durch Reibung Energie dissipiert und dadurch entwertet, was fälschlich auch als „Energieverlust" bezeichnet wird. Durch Trennen des Sauerstoffs von der Luft und durch Verdichten könnte der Ausgangszustand im Druckbehälter wieder hergestellt werden. Dann muß aber von außen Arbeit aufgebracht werden, wodurch sich der Zustand eines anderen Systems ändert.

Dieses Beispiel läßt erkennen, daß man bei irreversiblen Vorgängen unterscheiden kann zwischen

Dissipationsprozessen, wie z.B. reibungsbehaftete Strömung, plastische Verformung, elektrische Vorgänge, Verbrennung und

Ausgleichsprozessen, wie z.B. Temperatur-, Druck- oder Konzentrationsausgleich.

Dieses Beispiel zeigt auch die kennzeichnenden *drei Merkmale irreversibler Prozesse:*

1. *Sie verlaufen von selbst nur in einer Richtung.*
2. *Bei ihnen wird Energie entwertet.*
3. *Sie lassen sich nur dann wieder rückgängig machen, wenn von außen in das System eingegriffen wird, wodurch Veränderungen in der Umgebung zurückbleiben.*

Auch die vorn beschriebenen rechts- und linkslaufenden Carnot-Prozesse verlaufen in Wirklichkeit irreversibel, da infolge von Reibung die von dem rechtslaufenden Carnot-Prozeß abgegebene Arbeit nicht ausreicht, um den linkslaufenden Carnot-Prozeß zu betreiben und da Wärmeübertragung ohne Temperaturgefälle nicht möglich ist.

Allgemein läßt sich formulieren:

Ein Prozeß ist reversibel oder umkehrbar, wenn der Anfangszustand des Systems wieder erreicht werden kann, ohne daß Änderungen in der Umgebung zurückbleiben.

Ein Prozeß ist irreversibel oder nichtumkehrbar, wenn nach Erreichen des Anfangszustandes des Systems Änderungen in der Umgebung eingetreten sind.

3.2 Zweiter Hauptsatz der Thermodynamik

Die Erkenntnisse über irreversible Vorgänge sind im zweiten Hauptsatz der Thermodynamik zusammengefaßt, der das *Prinzip der Irreversibilität* zum Ausdruck bringt. *Der zweite Hauptsatz ist ein Erfahrungssatz* und läßt sich nicht beweisen.

Die erste Formulierung des zweiten Hauptsatzes der Thermodynamik stammt von *Clausius* 1850 und betraf die Wärmeübertragung bei Temperaturgefälle:

Wärme kann nie von selbst von einem System niederer Temperatur auf ein System höherer Temperatur übergehen.

Der Zusatz „von selbst" ist dabei wichtig. Er besagt, daß der Vorgang, wie ja auch die Wärmepumpe und die Kältemaschine (Abschn. 2.4.5) zeigen, durchaus möglich ist. Es ist jedoch dabei zusätzlich Arbeit aufzuwenden, so daß der Vorgang nicht von selbst abläuft.

Planck[1] legte bei der Formulierung des zweiten Hauptsatzes den Schwerpunkt auf die Reibung:

Alle Prozesse, bei denen Reibung auftritt, sind irreversibel.

Die reversiblen Prozesse lassen sich nur annähernd verwirklichen, sie sind als Grenzfälle der in der Natur vorkommenden Vorgänge anzusehen. Die reversiblen Prozesse zeichnen sich durch die beste Energieumwandlung aus und werden daher häufig als ideale Vergleichsprozesse herangezogen.

Baehr[2] faßte die Aussagen über den zweiten Hauptsatz zusammen

Alle natürlichen Prozesse sind irreversibel.

Eine mathematische Formulierung des zweiten Hauptsatzes folgt in Abschn. 3.3.2.

3.3 Entropie[3]

3.3.1 Definition der Entropie

Zur rechnerischen Erfassung der Irreversibilität führen wir eine neue kalorische Zustandsgröße, die *Entropie* ein. Sie wurde zuerst von *Clausius* verwendet. Die Entropie ist nicht anschaulich vorstellbar, sie ermöglicht aber neben der zahlenmäßigen Bewertung der Irreversibilität die anschauliche Darstellung der bei einem Prozeß auftretenden Wärme und Dissipationsenergie, wie wir in Abschn. 3.3.5 erkennen werden.

Wir gehen von der allgemein gültigen Gl 1.25 aus[4]

$$\mathrm{d}Q_i + \mathrm{d}W_{diss} = \mathrm{d}U + p\,\mathrm{d}V$$

und dividieren diese Gl durch T:

$$\frac{\mathrm{d}Q_i + \mathrm{d}W_{diss}}{T} = \frac{\mathrm{d}U + p\,\mathrm{d}V}{T} \qquad \textbf{(Gl 3.1)}$$

Für das ideale Gas läßt sich leicht nachweisen, daß die Integration der Gl vom Integrationsweg unabhängig ist. Wir führen dazu $\mathrm{d}U = m\,c_v\,\mathrm{d}T$ (Gl 2.15) und $p = \frac{m\,R_\mathrm{i}\,T}{V}$ (Gl 2.3) ein:

$$\frac{\mathrm{d}Q_i + \mathrm{d}W_{diss}}{T} = m\,c_v\,\frac{\mathrm{d}T}{T} + m\,R_\mathrm{i}\,\frac{\mathrm{d}V}{V} \qquad \textbf{(Gl 3.2)}$$

---

[1] *Max Planck* (1858–1947), Prof. in Berlin und Göttingen. Er führte die Quantentheorie in die Strahlungslehre ein.

[2] *Hans-Dieter Baehr*, geb. 1928, Prof. für Thermodynamik in Berlin, Braunschweig, Bochum, Hamburg und Hannover.

[3] Entropie vom griech. entrepein „umkehren".

[4] Für die bei irreversiblen Prozessen zu- oder abgeführte Wärme wird hier zunächst die Bezeichnung Q_{i12} eingeführt, um den Unterschied zu der bei reversiblen Prozessen auftretenden Wärme Q_{12} hervorzuheben. Später wird die Fußnote i weggelassen.

Eine Integration der Gl 3.2 ist vom Weg unabhängig, wie aus der rechten Seite erkennbar ist. Es kann aber auch ohne Einschränkung auf das ideale Gas nachgewiesen werden, daß mit T als integrierendem Nenner die rechte Seite in Gl 3.1 ein vollständiges Differential und eine Integration damit vom Wege unabhängig ist[1]. Da die rechten Seiten der Gl 3.1 und 3.2 somit nur von Zustandsgrößen abhängen, führen wir für sie eine neue Zustandsgröße, die Entropie, ein:

$$\mathrm{d}S = \frac{\mathrm{d}U + p\,\mathrm{d}V}{T} \qquad \textbf{(Gl 3.3)}$$

Wenn wir bei der Ableitung von der allgemein gültigen Gl 1.31

$$\mathrm{d}Q_i + \mathrm{d}W_{diss} = \mathrm{d}H - V\,\mathrm{d}p$$

ausgehen, so ergibt sich in gleicher Weise

$$\mathrm{d}S = \frac{\mathrm{d}H - V\,\mathrm{d}p}{T} \qquad \textbf{(Gl 3.4)}$$

Gl 3.3 und Gl 3.4 sind *Definitionsgleichungen der Entropie einfacher Systeme.* Solche Systeme sind durch zwei Zustandsgrößen eindeutig beschrieben. Die Gleichungen gelten für reversible und für irreversible Vorgänge.

Durch den aus Gl 3.1 erkennbaren Zusammenhang ergibt sich als häufig anzuwendende *Berechnungsgleichung für die Entropie*

$$\mathrm{d}S = \frac{\mathrm{d}Q_i + \mathrm{d}W_{diss}}{T} \qquad \textbf{(Gl 3.5a)}$$

Gl 3.5a zeigt, daß sich die Entropie durch Wärmezu- bzw. -abfuhr und durch irreversible Vorgänge ändert. S stellt die Entropie für die Masse m dar. Für den Gl 3.5a entsprechenden Term $\frac{Q_{12}}{T_1}$ (Gl 2.52), den wir beim Carnot-Prozeß bei konstanter Temperatur T_1 und bei $W_{diss\,12} = 0$ fanden, führte *Clausius* den Namen „Entropie“ ein.

Aus (Gl 3.5a) erhält man durch Integration die Entropie einer Masse m

$$S = \int \frac{\mathrm{d}Q_i + \mathrm{d}W_{diss}}{T} + C$$

Die Integrationskonstante C ist so zu wählen, daß die Entropie bei $T = 0$ K den Wert Null erhält (Näheres s. Abschn. 9.8.1). In der Thermodynamik interessieren meist nur die Änderungen der Entropie, die durch das bestimmte Integral gegeben sind:

$$S_2 - S_1 = \int_1^2 \frac{\mathrm{d}Q_i + \mathrm{d}W_{diss}}{T} \qquad \textbf{(Gl 3.5b)}$$

Wird Gl 3.5b durch die Masse des Systems dividiert, so erhält man die Änderung der spezifischen Entropie.

$$s_2 - s_1 = \int_1^2 \frac{\mathrm{d}q_i + \mathrm{d}w_{diss}}{T}$$

[1] Auf den Nachweis wird hier verzichtet, näheres s. z.B. in [1] oder in [6].

3.3.2 Entropie und zweiter Hauptsatz

Allgemein. Mittels der Zustandsgröße Entropie läßt sich der 2. Hauptsatz mathematisch formulieren.

Die Entropie eines Systems ändert sich, wenn Wärme über die Systemgrenze transportiert wird ($\mathrm{d}Q$) oder wenn Energie im Inneren des Systems dissipiert ($\mathrm{d}W_{diss}$). Bei dieser Betrachtung ergibt sich aus Gl 3.5a:

$$\mathrm{d}S = \mathrm{d}S_q + \mathrm{d}S_i \qquad \textbf{(Gl 3.6a)}$$

mit dem *Entropietransport* $\mathrm{d}S_q$ und der *Entropieerzeugung* $\mathrm{d}S_i$

$$\mathrm{d}S_q = \frac{\mathrm{d}Q}{T} \qquad \textit{Entropietransport, durch Wärme bewirkt}^{1} \qquad \textbf{(Gl 3.6b)}$$

$$\mathrm{d}S_i = \frac{\mathrm{d}W_{diss}}{T} \qquad \textit{Entropieerzeugung, durch Dissipation bewirkt} \qquad \textbf{(Gl 3.6c)}$$

oder aus Gl 3.5b:

$$S_2 - S_1 = S_{q12} + S_{i12} \qquad \textbf{(Gl 3.7a)}$$

mit dem Entropietransport S_{q12} und der Entropieerzeugung S_{i12}

$$S_{q12} = \int_1^2 \frac{\mathrm{d}Q}{T} \qquad \textit{Entropietransport, durch Wärme bewirkt} \qquad \textbf{(Gl 3.7b)}$$

$$S_{i12} = \int_1^2 \frac{\mathrm{d}W_{diss}}{T} \qquad \textit{Entropieerzeugung, durch Dissipation bewirkt} \qquad \textbf{(Gl 3.7c)}$$

Der Transport von Arbeit über die Systemgrenze ändert die Entropie des Systems *nicht*.

Entropietransport über die Systemgrenze und Entropieerzeugung im Inneren haben den Charakter von Prozeßgrößen, wir kennzeichnen sie daher – wie bei Prozeßgrößen üblich – mit dem Index 12: S_{q12} und S_{i12}. Diese beiden Größen bewirken eine Änderung der Zustandsgröße S des Systems vom Anfangszustand 1 zum Endzustand 2, die wir – wie bei Zustandsgrößen üblich – mit $S_2 - S_1$ bezeichnen.

Mit Wärme wird über die Systemgrenze Entropie S_{q12} zu- oder abgeführt. Sie kann positiv oder negativ sein und erhöht oder verringert die Entropie des Systems:

$$S_2 - S_1 = S_{q12} \gtreqless 0 \qquad \textit{positiv oder negativ} \qquad \textbf{(Gl 3.8a)}$$

Entropieerzeugung S_{i12} erhöht immer die Entropie des Systems, da Dissipationsenergie ($\mathrm{d}W_{diss}$) nur positiv sein kann:

$$S_2 - S_1 = S_{i12} \geq 0 \qquad \textit{positiv oder Null} \qquad \textbf{(Gl 3.8b)}$$

Entropietransport (S_{q12}) und Entropieerzeugung (S_{i12}) verursachen

beim geschlossenen System:	eine Entropieänderung des Systems,
beim offenen System (stationärer Prozeß):	eine Entropieänderung des Stoffstromes.

[1] Wir verzichten bei der Wärme Q auf den Index i.

Man erkennt aus Gl 3.7c und Gl 3.8b:

Bei allen irreversiblen Prozessen wird Entropie erzeugt. Nur bei reversiblen Prozessen ist die Entropieerzeugung gleich Null.

$S_{i\,12}>0$ *Irreversibler Prozeß*
$S_{i\,12}=0$ *Reversibler Prozeß*

Adiabate Systeme. Für adiabate Systeme ist $S_{q\,12}=0$. Somit gilt für geschlossene Systeme:

$$S_2-S_1=S_{i\,12}\geq 0 \quad \textit{adiabates geschlossenes System} \qquad \textbf{(Gl 3.9a)}$$

Für adiabate offene Systeme mit stationären Prozessen gilt mit dem Entropiestrom $\dot{S}=\dfrac{\mathrm{d}S}{\mathrm{d}\tau}$ bzw. $\dot{S}_i=\dfrac{\mathrm{d}S_i}{\mathrm{d}\tau}$:

$$\dot{S}_2-\dot{S}_1=\dot{m}(s_2-s_1)=\dot{S}_i\geq 0 \quad \textit{adiabates offenes System} \qquad \textbf{(Gl 3.9b)}$$

In adiabaten geschlossenen Systemen bleibt somit die erzeugte Entropie im System, in offenen Systemen wird sie von dem Stoffstrom $\dot{m}$ aufgenommen. Damit läßt sich der 2. Hauptsatz wie folgt formulieren:

In adiabaten Systemen nimmt die Entropie bei irreversiblen Prozessen zu, bei reversiblen bleibt sie konstant. Sie kann nicht abnehmen.

Die Entropieänderung in Kreisprozessen wird in den Abschn. 3.3.3 und 3.3.4, die Entropieerzeugung durch Temperaturausgleich in Abschn. 3.6, durch Mischung unterschiedlicher Stoffe in Abschn. 6.2.4 und 6.3.3, durch Wärmeübertragung in Abschn. 8.6.4 und durch Verbrennung in Abschn. 9.8.3 behandelt.

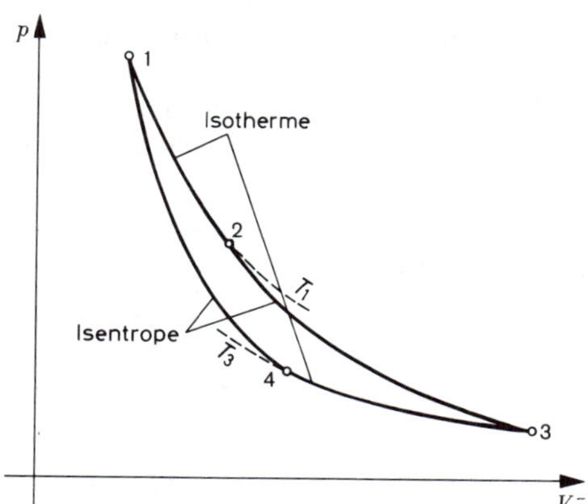

B 3.5 Carnot-Prozeß im p, V-Diagramm

3.3.3 Entropieänderungen bei Kreisprozessen

Am Beispiel eines reversiblen und eines irreversiblen Carnot-Prozesses sollen die Entropieänderungen aller an einem Kreisprozeß beteiligten Systeme betrachtet werden.

Beispiel 3.1: Ein rechtslaufender reversibler Carnot-Prozeß **(B 3.5)** soll mit 10 kg Luft durchgeführt werden. Der Anfangszustand ist mit $p_1=20$ bar, $T_1=1000$ K gegeben. Die erste Expansion erfolgt isotherm auf $p_2=10$ bar, die zweite Expansion erfolgt isentrop auf $p_3=2$ bar. Die Isentrope ist mit $\varkappa=1{,}4$ zu berechnen.

Die zu- und abzuführende Wärme, die Nutzarbeit und die Entropieänderungen sind zu bestimmen. Zur Durchführung des Carnot-Prozesses mit dem Arbeitsmittel Luft, System B, muß von einem Heizkörper, System A, Wärme zugeführt und an einen Kühlkörper, System C, Wärme abgegeben werden **(B 3.6)**. Die Wand um das System B muß während der isentropen Zustandsänderungen adiabat, während der isothermen dagegen nichtadiabat sein.

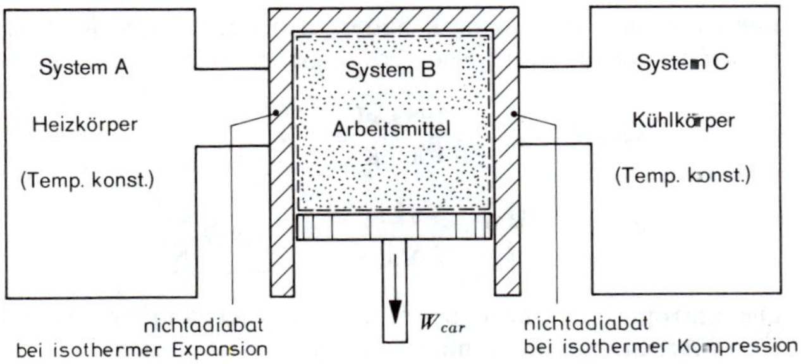

B 3.6 Schematische Darstellung der am Carnot-Prozeß beteiligten Systeme

Bestimmung der Zustandsgrößen (Gl 2.33c)

$$\frac{T_2}{T_3} = \left(\frac{p_2}{p_3}\right)^{\frac{\varkappa-1}{\varkappa}} = 5^{\frac{1,4-1}{1,4}} = 1,584$$

$$T_3 = \frac{T_2}{1,584} = \frac{1000 \text{ K}}{1,584} = 631 \text{ K}$$

$$\frac{p_2}{p_3} = \frac{p_1}{p_4}; \quad p_4 = \frac{p_1 p_3}{p_2}$$

$$p_4 = \frac{20 \text{ bar}}{10 \text{ bar}} \, 2 \text{ bar} = 4 \text{ bar}$$

Zustands-punkt	p bar	T K
1	20	1000
2	10	1000
3	2	631
4	4	631

Die Wärmezufuhr bei der isothermen Expansion ist (Gl 2.30)

$$Q_{12} = -W_{v\,12} = m R_1 T_1 \ln \frac{p_1}{p_2}$$

$$Q_{12} = 10 \text{ kg } 0,287 \frac{\text{kJ}}{\text{kg K}} 1000 \text{ K} \ln \frac{20 \text{ bar}}{10 \text{ bar}}$$

$$Q_{12} = \underline{1989 \text{ kJ}}$$

Die Wärmeabfuhr bei der isothermen Kompression ist

$$Q_{34} = -W_{v\,34} = m R_1 T_3 \ln \frac{p_3}{p_4}$$

$$Q_{34} = 10 \text{ kg } 0,287 \frac{\text{kJ}}{\text{kg K}} 631 \text{ K} \ln \frac{2 \text{ bar}}{4 \text{ bar}}$$

$$Q_{34} = -\underline{1255 \text{ kJ}}$$

Die Wärmeübertragung bei der isentropen Expansion und Kompression ist gleich Null. Folglich ist die Nutzarbeit dieses Carnot-Prozesses (Gl 2.49)

$$W_{car} = -(Q_{12} + Q_{34})$$

$$W_{car} = -(1989 \text{ kJ} - 1255 \text{ kJ}) = -\underline{734 \text{ kJ}}$$

Die Entropie des Systems B ändert sich nur bei den isothermen Zustandsänderungen. Bei den Isentropen ist die Entropieänderung gleich Null.

$$S_2 - S_1 = \frac{Q_{12}}{T_1} = \frac{1989 \text{ kJ}}{1000 \text{ K}} = \underline{1{,}989 \frac{\text{kJ}}{\text{K}}}$$

$$S_4 - S_3 = \frac{Q_{34}}{T_3} = \frac{-1255 \text{ kJ}}{631 \text{ K}} = \underline{-1{,}989 \frac{\text{kJ}}{\text{K}}}$$

Die Entropieänderungen bei Hin- und Rückgang sind dem Betrag nach gleich; es wird nach einem Arbeitsspiel der Anfangszustand wieder erreicht.

Erfolgt die Wärmeübertragung von A nach B und von B nach C ohne Temperaturgefälle, dann ist die Entropieänderung des Systems A $\Delta S_A = -(S_2 - S_1) = -1{,}989 \frac{\text{kJ}}{\text{K}}$ und die des Systems C $\Delta S_C = -(S_4 - S_3) = +1{,}989 \frac{\text{kJ}}{\text{K}}$. Die *Summe der Entropieänderungen* aller am Carnot-Prozeß beteiligten Systeme ist also gleich *Null. Der Gesamtvorgang ist somit reversibel.*

Beispiel 3.2: Der Carnot-Prozeß nach Beispiel 3.1 ist nun mit Reibung behaftet und dadurch irreversibel. Bei gleicher Luftmenge treten die gleichen Drücke und Temperaturen auf, aber bei den Isothermen wird 10% der Volumenänderungsarbeit dem System B durch Reibungsarbeit (Dissipationsenergie) zugeführt.

Die zu- und abzuführende Wärme, die Nutzarbeit und Entropieänderungen sind zu bestimmen.

Da sich die Drücke und die Temperaturen gegenüber dem Beispiel 3.1 nicht ändern, bleiben auch die Volumenänderungsarbeiten gleich.

$$W_{v12} = -1989 \text{ kJ}; \qquad W_{v34} = 1255 \text{ kJ}$$

Folglich ist entsprechend der Aufgabenstellung

$$W_{r12} = 199 \text{ kJ}; \qquad W_{r34} = 126 \text{ kJ}$$

Die bei der isothermen Expansion vom Arbeitsmittel B an den Kolben abgegebene Arbeit W_{g12} ist (Gl 1.24b und 1.21) mit $U_1 = U_2$ dem Betrage nach gleich der zugeführten Wärme Q_{i12}

$$Q_{i12} = -W_{g12} = -(W_{v12} + W_{r12})$$
$$Q_{i12} = -W_{g12} = 1989 \text{ kJ} - 199 \text{ kJ} = \underline{1790 \text{ kJ}}$$

Diese Arbeit $(-W_{g12})$ ist kleiner als die bei reversiblen Prozessen bei der isothermen Expansion vom Arbeitsmittel an den Kolben abgegebene Arbeit $(-W_{v12})$. Es wird aber auch von System A weniger Wärme (Q_{i12}) dem System B zugeführt.

Die bei der isothermen Kompression vom Kolben dem Arbeitsmittel B zugeführte Arbeit W_{g34} ist gleich dem Betrag der Wärmeabfuhr Q_{i34}

$$Q_{i34} = -W_{g34} = -(W_{v34} + W_{r34})$$
$$Q_{i34} = -W_{g34} = -(1255 \text{ kJ} + 126 \text{ kJ}) = \underline{-1381 \text{ kJ}}$$

Die beim Rückgang, bei der isothermen Kompression, vom Kolben dem System B zugeführte Arbeit W_{g34} ist größer als die Volumenänderungsarbeit W_{v34}, denn der Kolben muß auch die Reibungsarbeit aufbringen. Es muß aber auch mehr Wärme (Q_{i34}) als bei dem reversiblen Prozeß an das System C abgegeben werden. Der Betrag der Nutzarbeit dieses irreversiblen Carnot-Prozesses $W_{i\,car}$ ist nun gleich der Summe der zu- und abgeführten Wärme (entspr. Gl 2.49)

$$W_{i\,car} = \Sigma\, W_g = -\Sigma\, Q_i$$

$$W_{i\,car} = -(Q_{i12} + Q_{i34}) = -(1790\text{ kJ} - 1381\text{ kJ}) = \underline{-409\text{ kJ}}$$

Diese Nutzarbeit reicht nicht aus, um bei der Umkehr des Prozesses die dem System C zugeführte Energie Q_{i34} von der Temperatur T_3 wieder auf die Temperatur T_1 zu heben. Der Prozeß mit Reibung ist, wie nicht anders zu erwarten war, irreversibel.

Die Entropieänderungen des Systems B sind

$$S_2 - S_1 = \frac{Q_{i12} + W_{r12}}{T_1} = \frac{1790\text{ kJ} + 199\text{ kJ}}{1000\text{ K}} = 1{,}989\,\frac{\text{kJ}}{\text{K}}$$

$$S_4 - S_3 = \frac{Q_{i34} + W_{r34}}{T_3} = \frac{-1381\text{ kJ} + 126\text{ kJ}}{631\text{ K}} = -1{,}989\,\frac{\text{kJ}}{\text{K}}$$

d.h. die Entropie des Systems B ändert sich nicht.

Die Entropieänderungen der Systeme A und C sind bei der Wärmeübertragung ohne Temperaturgefälle

$$\Delta S_A = \frac{(Q_{i12})_A}{T_1} = \frac{-1790\text{ kJ}}{1000\text{ K}} = -1{,}790\,\frac{\text{kJ}}{\text{K}}$$

Die dem System B zugeführte Wärme Q_{i12} wird A entzogen, sie hat bei A den gleichen Betrag $(Q_{i12})_A$, aber das entgegengesetzte Vorzeichen. Entsprechend ist für C:

$$\Delta S_C = \frac{(Q_{i34})_C}{T_3} = \frac{1381\text{ kJ}}{631\text{ K}} = 2{,}189\,\frac{\text{kJ}}{\text{K}}$$

Die Entropieänderungen aller beteiligten Systeme ist (mit $\Delta S_B = 0$):

$$\Delta S_{ges} = \Delta S_A + \Delta S_C = \underline{0{,}399\,\frac{\text{kJ}}{\text{K}}}$$

Die Summe der Entropien aller an dem Carnot-Prozeß beteiligten Systeme wird größer. Die Ursache liegt bei den irreversiblen Reibungsvorgängen.

3.3.4 Vergleich reversibler und irreversibler Kreisprozesse

Durch Betrachtung aller an einem Carnot-Prozeß beteiligten Systeme (B 3.6) soll das Verhalten der Entropie bei irreversiblen Kreisprozessen erläutert werden. Es werden folgende Prozesse tabellarisch gegenübergestellt:

1. Reibungsfreier Carnot-Prozeß nach Beispiel 3.1
   Wärmeübertragung ohne Temperaturgefälle. Der Gesamtvorgang ist reversibel.
2. Reibungsfreier Carnot-Prozeß nach Beispiel 3.1
   Wärmeübertragung mit einem Temperaturgefälle von 30 K zwischen den Systemen A und B und den Systemen B und C. Der Gesamtvorgang ist irreversibel.
3. Reibungsbehafteter Carnot-Prozeß nach Beispiel 3.2
   Wärmeübertragung mit einem Temperaturgefälle von 30 K zwischen den Systemen A und B und den Systemen B und C. Der Gesamtvorgang ist stärker irreversibel als Prozeß Nr. 2.

T 3.1 Gegenüberstellung der drei Carnot-Prozesse mit den Zahlenwerten der Beispiele 3.1 und 3.2, bei Nr. 2 und 3 aber mit einem Temperaturgefälle von 30 K

Prozeß Nr.	Heizkörper System A	Arbeitsmittel System B	Kühlkörper System C
1 a) Übertragene Wärme	1989 kJ		1255 kJ
b) Temperatur, bei der Wärme abgegeben oder aufgenommen wird	1000 K	1000 K; 631 K	631 K
c) Nutzarbeit		-734 kJ	
d) Entropieänderung	$-1{,}989\ \frac{kJ}{K}$	0	$+1{,}989\ \frac{kJ}{K}$
e) Entropieänderung aller Systeme		0	
2 a) Übertragene Wärme	1989 kJ		1255 kJ
b) Temperatur, bei der Wärme abgegeben oder aufgenommen wird	1030 K	1000 K; 631 K	601 K
c) Nutzarbeit		-734 kJ	
d) Entropieänderung	$-1{,}931\ \frac{kJ}{K}$	0	$+2{,}085\ \frac{kJ}{K}$
e) Entropieänderung aller Systeme		$+0{,}154\ \frac{kJ}{K}$	
3 a) Übertragene Wärme	1790 kJ		1381 kJ
b) Temperatur, bei der Wärme abgegeben oder aufgenommen wird	1030 K	1000 K; 631 K	601 K
c) Nutzarbeit		-409 kJ	
d) Entropieänderung	$-1{,}738\ \frac{kJ}{K}$	0	$+2{,}298\ \frac{kJ}{K}$
e) Reibungsarbeit		325 kJ	
f) Entropieänderung aller Systeme		$+0{,}56\ \frac{kJ}{K}$	

Die Zusammenstellung zeigt (T 3.1):

1. Die Summe der Entropien aller beteiligten Systeme bei Prozeß Nr. 1, dem reversiblen Prozeß, bleibt konstant.
2. Die Summe der Entropien aller beteiligten Systeme nimmt dagegen sowohl bei Prozeß Nr. 2, der durch die Wärmeübertragung unter Temperaturgefälle irreversibel ist, und bei Prozeß Nr. 3, der außerdem durch die im Zylinder auftretende Reibung irreversibel ist, zu.
3. Die Entropie des Arbeitsmittels selbst erreicht unabhängig davon, ob der Prozeß reversibel oder irreversibel verläuft, nach jedem Umlauf wieder den Ausgangswert, da die Entropie eine Zustandsgröße ist.

3.3.5 T, S-Diagramm

Volumenänderungsarbeit und technische Arbeit können als Fläche im p, V-Diagramm dargestellt werden (Abschn. 1.5.3, B 1.10 und Abschn. 1.6.2, B 1.17). Um auch andere bei einem Vorgang auftretende Energien in einem Diagramm zu veranschaulichen, formen wir Gl 3.5a um:

$$\mathrm{d}S = \frac{\mathrm{d}Q_i + \mathrm{d}W_{diss}}{T}$$

$$T\,\mathrm{d}S = \mathrm{d}Q_i + \mathrm{d}W_{diss} \qquad \textbf{(Gl 3.10a)}$$

$$\int_1^2 T\,\mathrm{d}S = Q_{i\,12} + W_{diss\,12} \qquad \textbf{(Gl 3.10b)}$$

In einem Diagramm mit den Koordinaten T und S stellt $T\,\mathrm{d}S$ einen schmalen Flächenstreifen, $\int_1^2 T\,\mathrm{d}S$ die Fläche unter der Zustandsänderung dar **(B 3.7).** Wir erkennen (Gl 3.10):

Im T, S-Diagramm stellt die Fläche unter der Zustandsänderung die Summe aus zu- oder abgeführter Wärme $Q_{i\,12}$ und Dissipationsenergie $W_{diss\,12}$ dar.

Bei reversiblen Vorgängen ($W_{diss\,12} = 0$) stellt diese Fläche die Wärme, bei adiabaten Vorgängen ($Q_{i\,12} = 0$) die Dissipationsenergie dar.

Auch andere Energien oder Energieänderungen können im T, S-Diagramm dargestellt werden, wie in Abschn. 3.3.6 gezeigt wird.

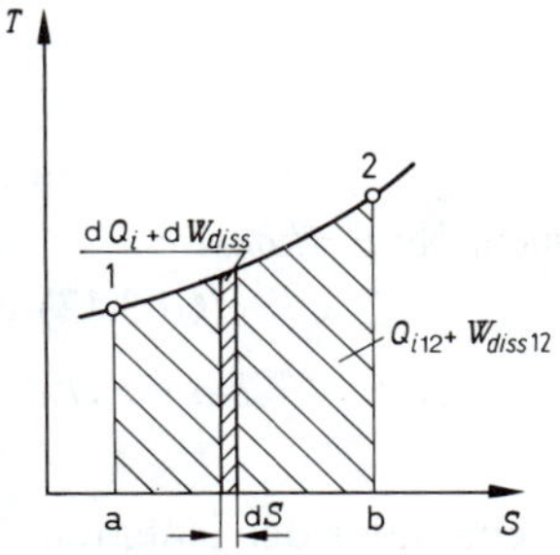

B 3.7 Zustandsänderung im T, S-Diagramm

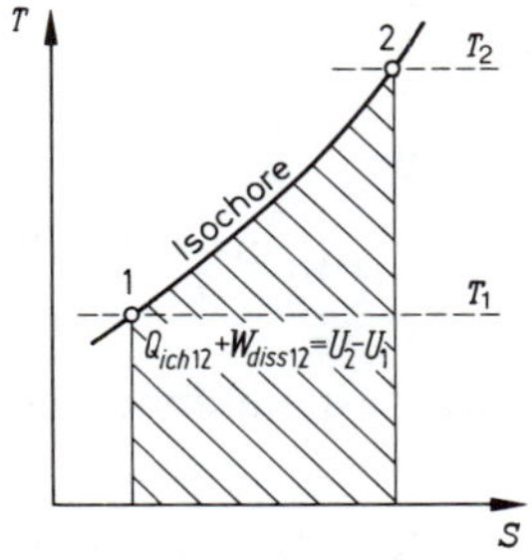

B 3.8 Isochore Drucksteigerung im T, S-Diagramm

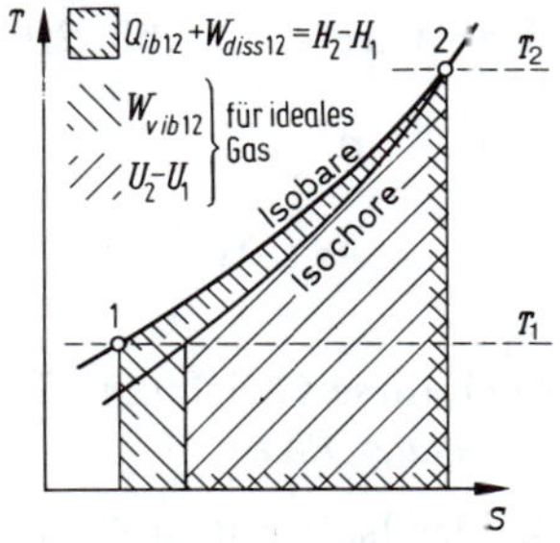

B 3.9 Isobare Volumenvergrößerung im T, S-Diagramm

3.3.6 Zustandsänderungen im T, S-Diagramm

Isochore. Mit V = konstant gilt (Gl 3.3 mit $\mathrm{d}V = 0$)

$$\mathrm{d}S = \frac{\mathrm{d}U}{T}$$

Wir führen Gl 2.15 ($\mathrm{d}U = mc_v\,\mathrm{d}T$) ein, die bei isochoren Zustandsänderungen ($\mathrm{d}V = 0$) für alle Stoffe gilt, wenn sich der Aggregatzustand nicht ändert, nicht nur für das ideale Gas (s. Abschn. 2.1.4):

$$\mathrm{d}S = \frac{mc_v\,\mathrm{d}T}{T}$$

Integriert ergibt sich[1]

$$S_2 - S_1 = m\, c_{v\mathrm{m}}|_{t_1}^{t_2} \ln \frac{T_2}{T_1} \quad \textit{gilt allgemein bei } V = \textit{konst.} \qquad \textbf{(Gl 3.11)}$$

Die Gleichung gilt für alle isochore Zustandsänderungen *beliebiger Stoffe bei gleichbleibender Phase.* Die Isochore hat im T, S-Diagramm bei $c_{v\mathrm{m}} = \text{konst.}$ infolge des logarithmischen Zusammenhangs der Temperaturen einen exponentiellen Verlauf (Gl 3.11).

Zur Darstellung dieser Zustandsänderung kann der Nullpunkt für S willkürlich angenommen werden, da die Zustandsänderung nur durch die Temperaturen und die Entropiedifferenzen dargestellt wird. Oft wird der Nullpunkt $s = 0$ für $t = 0$ °C angenommen. Da bei der Isochoren $Q_{i\,12} + W_{diss\,12} = U_2 - U_1$ ist, stellt die Fläche unter der Kurve nicht nur die Summe aus zu- oder abgeführte Wärme und Dissipationsenergie, sondern auch die Änderung der inneren Energie dar **(B 3.8).**

Für alle Zustandsänderungen des idealen Gases ist $\mathrm{d}u = c_v \mathrm{d}T$; Punkte gleicher innerer Energie liegen also auf einer Isothermen. Daraus folgt:

Die Fläche unter der Isochoren zwischen zwei Temperaturen stellt im T, S-Diagramm beim idealen Gas immer die Änderung der inneren Energie dar. Das gilt auch für irreversible Vorgänge (Gl 3.1 und Gl 3.5a).

Isobare. Mit $p = \text{konstant}$ gilt (Gl 3.4 mit $\mathrm{d}p = 0$):

$$\mathrm{d}S = \frac{\mathrm{d}H}{T}$$

Wir führen Gl 2.16 ($\mathrm{d}H = m c_p \,\mathrm{d}T$) ein, die bei isobaren Zustandsänderungen ($\mathrm{d}p = 0$) für alle Stoffe gilt, wenn sich der Aggregatzustand nicht ändert, nicht nur für das ideale Gas (s. Abschn. 2.1.4):[2]

$$\mathrm{d}S = \frac{m\, c_p \,\mathrm{d}T}{T}$$

$$S_2 - S_1 = m\, c_{p\mathrm{m}}|_{t_1}^{t_2} \ln \frac{T_2}{T_1} = m\, \varkappa\, c_{v\mathrm{m}}|_{t_1}^{t_2} \ln \frac{T_2}{T_1} \quad \textit{gilt allgemein bei } p = \textit{konst.} \qquad \textbf{(Gl 3.12)}$$

Auch diese Gleichung gilt für isobare Zustandsänderungen *beliebiger Stoffe bei gleichbleibender Phase.*

Bei der Isobaren ist $Q_{i\,12} + W_{diss\,12} = H_2 - H_1$, also stellt die Fläche unter der Isobaren im T, S-Diagramm nicht nur die Summe aus zu- oder abgeführter Wärme und Dissipationsenergie, sondern auch die Änderung der Enthalpie dar **(B 3.9).**

Für alle Zustandsänderungen des idealen Gases is $\mathrm{d}h = c_p \,\mathrm{d}T$; Punkte gleicher Enthalpie liegen auch auf einer Isothermen. Daraus folgt:

Die Fläche unter der Isobaren zwischen zwei Temperaturen ergibt beim idealen Gas immer, auch bei irreversiblen Vorgängen, die Änderung der Enthalpie zwischen diesen Temperaturen.

Die Isobare hat bei $c_{p\mathrm{m}} = \text{konst.}$ im T, S-Diagramm einen exponentiellen Verlauf (Gl 3.12), der aber flacher als bei der Isochoren ist.

---

[1] Strenggenommen ist $\frac{c_v}{T}\left(\text{bzw. } \frac{c_p}{T}\right)$ unter Beachtung der Temperaturabhängigkeit von c_v (bzw. c_p) zu integrieren, was bei hohen Temperaturen und mehr als zweiatomigen Gasen u.U. zu berücksichtigen ist. Näherungsweise kann aber $c_{v\mathrm{m}}$ (bzw. $c_{p\mathrm{m}}$) als konstanter Wert nach Gl 1.44 eingesetzt werden.

[2] Zur Integration gilt analog die *Fußnote 1* zu Gl 3.11.

Beim idealen Gas kann unter der Isochoren als Hilfslinie zwischen den Temperaturen T_1 und T_2 die Änderung der inneren Energie dargestellt werden, wie bei der Isochoren erläutert wurde. Die Restfläche zeigt die Volumenänderungsarbeit W_{v12}, wie aus Gl 1.24a/1.21 hervorgeht:

$$Q_{i12} + W_{diss\,12} = U_2 - U_1 - W_{v12}$$

Die abgegebene Volumenänderungsarbeit W_{v12} ist negativ, daher ist die Fläche für die Änderung der inneren Energie kleiner als die Gesamtfläche **(B 3.9).**

Isotherme. Bei T=konstant gilt für alle Stoffe (Gl 3.5):

$$S_2 - S_1 = \frac{Q_{i12} + W_{diss\,12}}{T} \qquad \textit{gilt allgemein bei } T = \textit{konst.} \qquad \textbf{(Gl 3.13)}$$

Für das ideale Gas gehen wir von Gl 3.4 aus. Darin ist $\mathrm{d}H=0$, da $\mathrm{d}T=0$ ist (Gl 2.16: $\mathrm{d}h = c_p\,\mathrm{d}T$) und $\frac{V}{T} = \frac{m\,R_i}{p}$ (Gl 2.3).

$$\mathrm{d}S = -\frac{V\,\mathrm{d}p}{T} = -m\,R_i\,\frac{\mathrm{d}p}{p}$$

$$S_2 - S_1 = mR_i \ln\frac{p_1}{p_2} \qquad \textit{für ideales Gas bei } T = \textit{konst.} \qquad \textbf{(Gl 3.14a)}$$

Anstelle des Druckverhältnisses kann auch das Volumenverhältnis eingeführt werden $\left(\frac{p_1}{p_2} = \frac{V_2}{V_1} \text{ nach Gl 2.4}\right)$:

$$S_2 - S_1 = mR_i \ln\frac{V_2}{V_1} \qquad \textit{für ideales Gas bei } T = \textit{konst.} \qquad \textbf{(Gl 3.14b)}$$

Beim idealen Gas hat bei isothermer Kompression oder Expansion die ab- oder zugeführte Wärme den gleichen Betrag wie die verrichtete Arbeit, beim offenen System konstante kinetische und potentielle Energie vorausgesetzt (Gl 1.24a und Gl 1.30a mit $\mathrm{d}U=0$ und $\mathrm{d}H=0$):

$$Q_{i12} = -W_{g12} = -W_{i12} \qquad \textbf{(Gl 3.15)}$$

Wir führen für das geschlossene System Gl 1.21 ($W_{g12} = W_{v12} + W_{diss\,12}$) oder für das offene System Gl 1.26 ($W_{i12} = W_{t12} + W_{diss\,12}$) und außerdem Gl 3.13 ein:

$$Q_{i12} + W_{diss\,12} = -W_{v\,ith\,12} = -W_{t\,ith\,12} = T(S_2 - S_1) \qquad \textit{für ideales Gas bei } T = \textit{konst.} \qquad \textbf{(Gl 3.16)}$$

Die Fläche unter der Isothermen stellt daher beim idealen Gas neben $Q_{i12} + W_{diss\,12}$ auch die Volumenänderungsarbeit $W_{v\,ith\,12}$ (beim geschlossenen System) und – bei konstanter potentieller und kinetischer Energie – die technische Arbeit $W_{t\,ith\,12}$ (beim offenen System) dar **(B 3.10).** Bei reversiblen Vorgängen entfällt $W_{diss\,12}$.

Isentrope. S=konstant; $\mathrm{d}S=0$. Die Isentrope ist eine *Zustandsänderung bei konstanter Entropie;* womit ihr Name erklärt ist. Eine Isentrope liegt vor, wenn die Summe

$$Q_{i12} + W_{diss\,12} = 0$$

ist (Gl 3.5b).

Auch hier können für das ideale Gas durch die als Hilfslinie eingezeichnete Isochore zwischen den beiden Temperaturen die Änderung der inneren Energie und durch die als Hilfslinie eingezeichnete Isobare die Änderung der Enthalpie bei der isentropen Zustandsänderung dargestellt werden **(B 3.11).** Bei reversiblen Vorgängen ist die Fläche unter der Isochoren wegen $W_{v\,isen\,12} = U_2 - U_1$ (Gl 2.37) gleich der Volumenänderungsarbeit und die Fläche unter der Isobaren wegen $W_{t\,isen} = H_2 - H_1$ (Gl 1.28a, ohne Dissipation) gleich der technischen Arbeit, wenn sich kinetische und potentielle Energie nicht ändern.

Polytrope. Für die Polytrope gilt Gl 1.24a mit Gl 1.21

$$\mathrm{d}Q_i + \mathrm{d}W_{diss} = \mathrm{d}U - \mathrm{d}W_v$$

Wir führen die polytrope Volumenänderungsarbeit des idealen Gases (Gl 2.43)

$$\mathrm{d}W_v = m\,c_v\,\frac{\varkappa - 1}{n - 1}\,\mathrm{d}T$$

sowie die kalorische Zustandsgleichung des idealen Gases (Gl 2.15: $\mathrm{d}U = m c_v\,\mathrm{d}T$) ein

$$\mathrm{d}Q_i + \mathrm{d}W_{diss} = m c_v\,\frac{n - \varkappa}{n - 1}\,\mathrm{d}T \qquad \textbf{(Gl 3.17a)}$$

und integrieren

$$Q_{i\,12} + W_{diss\,12} = m\,c_{vm}|_{t_1}^{t_2}\,\frac{n - \varkappa}{n - 1}\,(T_2 - T_1) \qquad \textbf{(Gl 3.17b)}$$

Bei reversiblen Vorgängen ($W_{diss\,12} = 0$) wird daraus Gl 2.44.

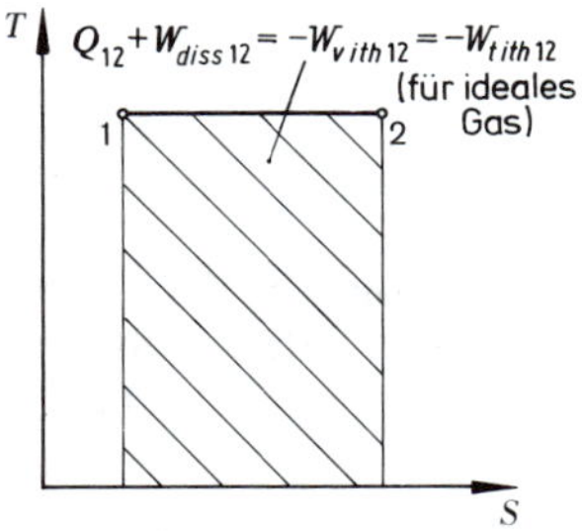

B 3.10 Isotherme Expansion im T, S-Diagramm

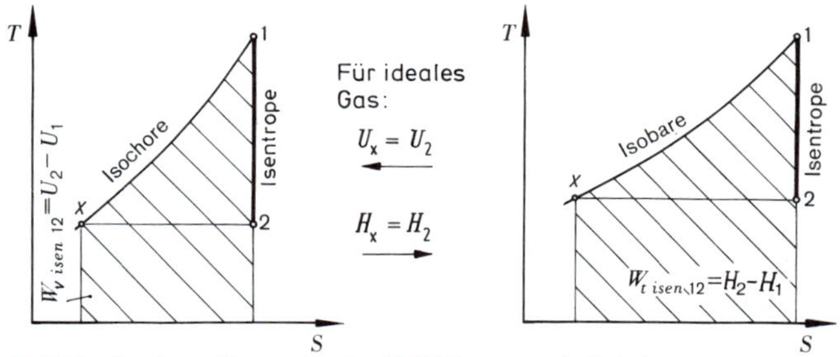

B 3.11 Isentrope Expansion im T, S-Diagramm (adiabates System, reversibler Vorgang)

Aus Gl 3.17a erhalten wir:[1]

$$\mathrm{d}S = \frac{\mathrm{d}Q_i + \mathrm{d}W_{diss}}{T} = m\,c_v\,\frac{n - \varkappa}{n - 1}\,\frac{\mathrm{d}T}{T}$$

$$S_2 - S_1 = m\,c_{vm}|_{t_1}^{t_2}\,\frac{n - \varkappa}{n - 1}\,\ln\frac{T_2}{T_1} = m\,c_{vm}|_{t_1}^{t_2}\,\frac{\varkappa - n}{n - 1}\,\ln\frac{T_1}{T_2} \quad \textit{für ideales Gas} \qquad \textbf{(Gl 3.18)}$$

Wird die Entropieänderung aus Gl 3.4 abgeleitet, so ergibt sich mit Gl 2.16 und Gl 2.3

$$\mathrm{d}S = \frac{\mathrm{d}H}{T} - \frac{V\,\mathrm{d}p}{T} = m\,c_p\,\frac{\mathrm{d}T}{T} - m\,R_i\,\frac{\mathrm{d}p}{p}$$

$$S_2 - S_1 = m\,c_{pm}|_{t_1}^{t_2}\,\ln\frac{T_2}{T_1} - m\,R_i\,\ln\frac{p_2}{p_1} \quad \textit{für ideales Gas} \qquad \textbf{(Gl 3.19a)}$$

---

[1] Mit der Vernachlässigung bei c_{vm} bzw. c_{pm} (Gln 3.18/3.19) gemäß Fußnote zu Gl 3.11.

Entsprechend gilt (aus Gl 3.3)

$$S_2 - S_1 = m\, c_{v\,\mathrm{m}}|_{t_1}^{t_2} \ln \frac{T_2}{T_1} + m\, R_{\mathrm{i}} \ln \frac{V_2}{V_1} \quad \textit{für ideales Gas} \qquad \textbf{(Gl 3.19b)}$$

Wird die Polytrope im T, S-Diagramm dargestellt, so kann für das ideale Gas mit der Isochoren als Hilfslinie zwischen den beiden Temperaturen T_1 und T_2 **(B 3.12a)** die Änderung der inneren Energie bei der Polytropen als Fläche unter der Isochoren

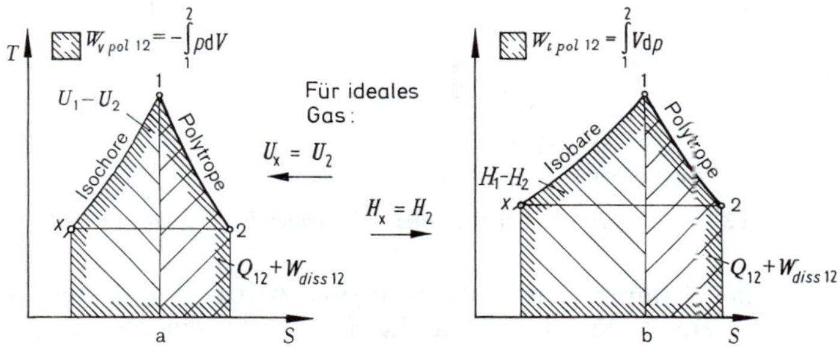

B 3.12 Polytrope reversible Expansion $\varkappa > n > 1$ im T, S-Diagramm

und die (reversible) Volumenänderungsarbeit $W_{v\,12}$ (Gl 1.24b und Gl 1.25) als gesamte Fläche gezeigt werden. Wird außer der Polytropen die Isobare als Hilfslinie zwischen den Temperaturen T_1 und T_2 gezeichnet **(B 3.12b),** so entsprechen die Fläche unter der Isobaren der Änderung der Enthalpie und die gesamte Fläche der (reversiblen) technischen Arbeit $W_{t\,12}$ (Gl 1.30a und Gl 1.31), wenn sich kinetische und potentielle Energie nicht ändern.

Adiabate Systeme. In der technischen Praxis verlaufen Energieumwandlungen häufig so schnell, daß Wärmezu- oder -abfuhr gegenüber den übrigen beteiligten Energien vernachlässigt und die Prozesse adiabat betrachtet werden können.

Bei reversiblen Vorgängen ist die Zustandsänderung dann eine Isentrope, bei irreversiblen Vorgängen dagegen eine Polytrope, bei der die *Entropie steigt* **(B 3.13).** Die Fläche unter der Zustandsänderung im T, S-Diagramm stellt bei einem irreversiblen adiabaten Vorgang die Dissipationsenergie dar (Gl 3.5b mit $Q_{i\,12} = 0$).

$$S_2 - S_1 = \int_1^2 \frac{\mathrm{d}W_{diss}}{T}$$

Wir ermitteln $W_{diss\,12}$ aus Gl 3.17b (mit $Q_{i\,12} = 0$):

$$W_{diss\,12} = m\, c_{v\,\mathrm{m}}|_{T_1}^{T_2} \frac{n - \varkappa}{n - 1} (T_2 - T_1) \quad \textit{für adiabate Systeme und ideales Gas} \qquad \textbf{(Gl 3.20)}$$

Bei offenen Systemen kann mit Hilfe der Enthalpieänderung (beim idealen Gas Fläche unter der Isobaren zwischen T_1 und T_2) die innere Arbeit $W_{i\,12}$ (Gl 1.30a mit $Q_{i\,12} = 0$; ohne Änderung der kinetischen und potentiellen Energie)

$$W_{i\,12} = H_2 - H_1$$

als Fläche dargestellt werden (B 3.13).

$W_{i\,12}$ kann in den reversiblen Teil $W_{t\,12}$ und den dissipierten Teil $W_{diss\,12}$ zerlegt werden (Gl 1.26). Somit ist auch $W_{t\,12}$ als Fläche darstellbar.

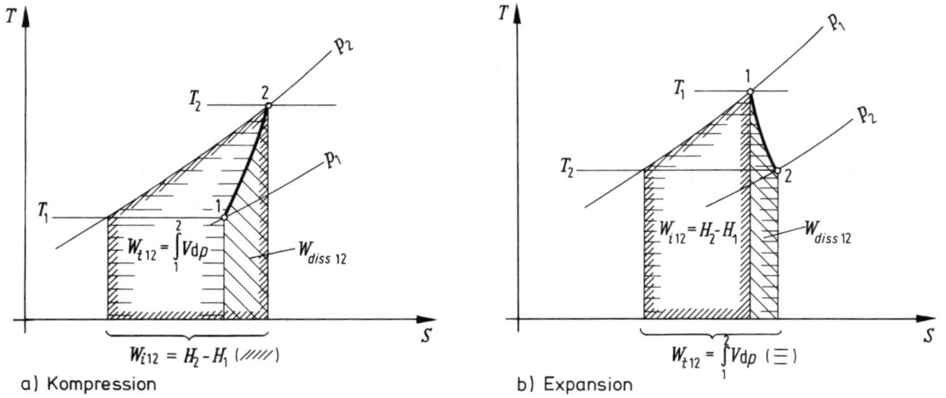

B 3.13 Prozesse in adiabaten offenen Systemen im T, S-Diagramm

Bei Kompression ist die reversible Arbeit $W_{t\,12}$ kleiner als die tatsächlich erforderliche innere Arbeit $W_{i\,12}$, da die Dissipationsenergie $W_{diss\,12}$ zusätzlich aufzuwenden ist (B 3.13a). Bei Expansion ist die reversible Arbeit $W_{t\,12}$ größer als die tatsächlich abgegebene innere Arbeit $W_{i\,12}$, da die Dissipationsenergie $W_{diss\,12}$ im Fluid verbleibt (B 3.13b).

Die in B 3.13 dargestellte technische Arbeit gilt für den Zustandsverlauf 1 → 2. Dissipation verändert aber auch bei adiabaten Systemen den Verlauf der Zustandsänderung und damit auch den Betrag der technischen Arbeit (B 1.18). Bei der Definition von Wirkungsgraden gehen wir hierauf näher ein (Abschn. 4.2.4).

Bei geschlossenen Systemen können in ähnlicher Weise mit Hilfe der Isochoren zwischen T_1 und T_2 die Änderung der inneren Energie, die tatsächlich zu- oder abgeführte Arbeit $W_{g\,12}$ und die (reversible) Volumenänderungsarbeit $W_{v\,12}$ dargestellt werden.

Beispiel 3.3: In einem Wärmeübertrager mit der Wärmeleistung 1000 kW werden 1,9 kg/s Helium, Eintrittstemperatur 10 °C, isobar bei 15 bar erwärmt. Helium soll als ideales Gas behandelt werden.

Wie ändert sich der Entropiestrom?

Austrittstemperatur nach Gl 1.42 mit $W_{diss\,12} = 0$:

$$\dot{Q}_{12} = \dot{m}\, c_p (t_2 - t_1)$$

$$t_2 = t_1 + \frac{\dot{Q}_{12}}{\dot{m}\, c_p} = 10\ °\mathrm{C} + \frac{1000\ \mathrm{kW\ s\ kg\ K}}{1{,}9\ \mathrm{kg}\ 5{,}1931\ \mathrm{kJ}} = \underline{111{,}35\ °\mathrm{C}}$$

Änderung des Entropiestromes (Gl 3.12):

$$\dot{S}_2 - \dot{S}_1 = \dot{m}\, c_p \ln \frac{T_2}{T_1}$$

$$\dot{S}_2 - \dot{S}_1 = 1{,}9\ \frac{\mathrm{kg}}{\mathrm{s}}\ 5{,}1931\ \frac{\mathrm{kJ}}{\mathrm{kg\ K}} \ln \frac{384{,}35\ \mathrm{K}}{283\ \mathrm{K}} = \underline{3{,}02\ \frac{\mathrm{kW}}{\mathrm{K}}}$$

Beispiel 3.4: Luft expandiert polytrop mit konstantem Exponenten n von 5 bar und 180 °C auf 1 bar und 30 °C. Die spezifische Entropieänderung bei der Expansion ist zu berechnen. Bei der Berechnung ist die Veränderlichkeit der spezifischen Wärmekapazität mit der Temperatur zu berücksichtigen. Um zu zeigen, daß solche Aufgaben auf verschiedene Arten gelöst werden können, sollen hier drei Wege zur Lösung eingeschlagen werden:

a) Die Entropieänderung ist längs der Polytropen zu berechnen.
b) Die Entropieänderung ist längs einer Isentropen bis zur Temperatur 30 °C und dann längs der Isothermen zum Endpunkt zu bestimmen.
c) Die Entropieänderung ist längs einer Isentropen bis zum Druck 1 bar und dann längs der Isobaren zum Endpunkt zu bestimmen.

Alle drei Möglichkeiten sind im *T,S*-Diagramm darzustellen **(B 3.14).**

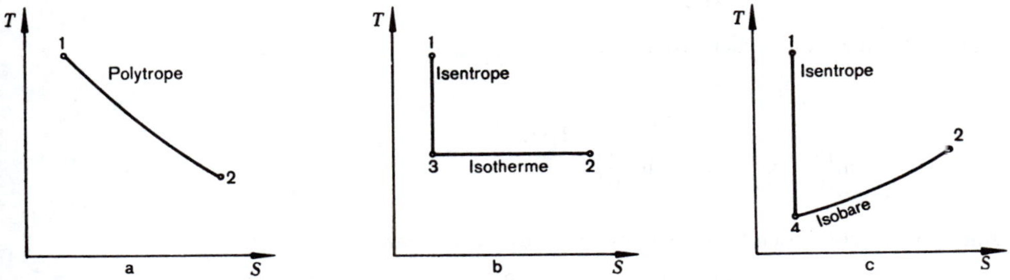

B 3.14 Drei Wege zur Bestimmung der Entropiedifferenz

Gegeben: $t_1 = 180\,°C$ $\quad T_1 = 453$ K $\quad p_1 = 5$ bar

$t_2 = 30\,°C$ $\quad T_2 = 303$ K $\quad p_2 = 1$ bar

Zu a: Für die Polytrope ist nach Gl 3.19a:

$$s_2 - s_1 = c_{pm}\Big|_{t_1}^{t_2} \ln \frac{T_2}{T_1} - R_1 \ln \frac{p_2}{p_1}$$

Zunächst wird die mittlere spezifische Wärmekapazität berechnet.

$$c_{pm}\Big|_{0\,°C}^{30\,°C} = 1{,}005\,\frac{\text{kJ}}{\text{kg K}} \qquad c_{pm}\Big|_{0\,°C}^{180\,°C} = 1{,}012\,\frac{\text{kJ}}{\text{kg K}} \qquad \text{(T 2.2)}$$

$$c_{pm}\Big|_{t_1}^{t_2} = \frac{c_{pm}\big|_{0\,°C}^{t_2}\, t_2 - c_{pm}\big|_{0\,°C}^{t_1}\, t_1}{t_2 - t_1} \qquad \text{(Gl 1.44)}$$

$$c_{pm}\Big|_{30\,°C}^{180\,°C} = \frac{1{,}005\,\frac{\text{kJ}}{\text{kg K}}\, 30\,°C - 1{,}012\,\frac{\text{kJ}}{\text{kg K}}\, 180\,°C}{30\,°C - 180\,°C} = 1{,}013\,\frac{\text{kJ}}{\text{kg K}}$$

$$R_1 = 0{,}2872\,\frac{\text{kJ}}{\text{kg K}} \qquad \text{(T 2.1)}$$

Damit ergibt sich

$$s_2 - s_1 = 1{,}013\,\frac{\text{kJ}}{\text{kg K}} \ln \frac{303\text{ K}}{453\text{ K}} - 0{,}2872\,\frac{\text{kJ}}{\text{kg K}} \ln \frac{1\text{ bar}}{5\text{ bar}} = \underline{0{,}055\,\frac{\text{kJ}}{\text{kg K}}}$$

Die Lösung zu a) ist auch mittels Gl 3.18 möglich:

$$s_2 - s_1 = c_{vm}\Big|_{t_1}^{t_2} \frac{n - \varkappa}{n - 1} \ln \frac{T_2}{T_1}$$

Darin ist:

$$c_{vm}\Big|_{t_1}^{t_2} = c_{pm}\Big|_{t_1}^{t_2} - R_1 \qquad \text{(Gl 2.21)}$$

$$c_{vm}\Big|_{30\,°C}^{180\,°C} = 1{,}013\,\frac{kJ}{kg\,K} - 0{,}2872\,\frac{kJ}{kg\,K} = 0{,}726\,\frac{kJ}{kg\,K}$$

$$\varkappa_m = \frac{c_{pm}}{c_{vm}} = \frac{1{,}013\,\frac{kJ}{kg\,K}}{0{,}726\,\frac{kJ}{kg\,K}} = 1{,}396 \qquad \text{(Gl 2.22a)}$$

Nun muß n bestimmt werden (Gl 2.39c):

$$n = \frac{\ln\frac{p_1}{p_2}}{\ln\frac{p_1}{p_2} - \ln\frac{T_1}{T_2}} = \frac{\ln 5}{\ln 5 - \ln\frac{453}{303}} = 1{,}333$$

Auch danach ergibt sich für die spezifische Entropiedifferenz

$$s_2 - s_1 = 0{,}726\,\frac{kJ}{kg\,K}\,\frac{1{,}333 - 1{,}396}{1{,}333 - 1}\ln\frac{303\,K}{453\,K} = \underline{0{,}055\,\frac{kJ}{kg\,K}}$$

Zu b: Für die Isotherme ist $s_2 - s_1 = R_1 \ln\frac{p_3}{p_2}$ (Gl 3.14)

Zunächst ist das Druckverhältnis zu berechnen

$$\left(\frac{p_1}{p_3}\right)^{\frac{\varkappa-1}{\varkappa}} = \frac{T_1}{T_2} = \frac{453\,K}{303\,K} = 1{,}495 \qquad \text{(Gl 2.33c)}$$

$$\frac{p_1}{p_3} = 1{,}495^{\frac{1{,}396}{0{,}396}} = 4{,}13 \qquad p_3 = \frac{5\,bar}{4{,}13} = 1{,}212\,bar$$

Da $s_1 = s_3 \rightarrow s_2 - s_1 = s_2 - s_3$

$$s_2 - s_3 = 0{,}2872\,\frac{kJ}{kg\,K}\ln\frac{1{,}212\,bar}{1\,bar} = \underline{0{,}055\,\frac{kJ}{kg\,K}}$$

Zu c) Für die Isobare ist

$$s_2 - s_4 = c_{pm}\Big|_{t_2}^{t_4}\ln\frac{T_2}{T_4} \qquad \text{(Gl 3.12)}$$

Zunächst muß das Temperaturverhältnis berechnet werden $\frac{T_1}{T_4} = \left(\frac{p_1}{p_2}\right)^{\frac{\varkappa-1}{\varkappa}}$ (Gl 2.33c)

Die hierbei zu erwartende Änderung von $\varkappa_m$ wird vernachlässigbar klein. Es wird mit dem vorn bestimmten Wert $\varkappa_m = 1{,}396$ weitergerechnet.

$$\frac{T_1}{T_4} = 5^{\frac{0{,}396}{1{,}396}} = 1{,}58 \qquad T_4 = \frac{453\,K}{1{,}58} = 287{,}0\,K$$

Da $s_1 = s_4 \rightarrow s_2 - s_1 = s_2 - s_4$

Hier wird näherungsweise $c_{pm}\Big|_{0\,°C}^{t_2}$ eingesetzt.

$$s_2 - s_4 = 1{,}005\,\frac{kJ}{kg\,K}\ln\frac{303\,K}{287\,K} = \underline{0{,}055\,\frac{kJ}{kg\,K}}$$

Die Rechnung zeigt, daß es verschiedene Wege zur Lösung dieser Aufgabe gibt.

Beispiel 3.5: In einem adiabaten Verdichter wird ein Normvolumenstrom von 100000 m^3/h Methan von 10 bar, 12 °C auf 40 bar verdichtet, wodurch die Temperatur auf 150 °C steigt. Methan soll als ideales Gas behandelt, die spezifische Wärmekapazität kann mit dem Wert für 0 °C eingesetzt, die Änderung der kinetischen und potentiellen Energie vernachlässigt werden.

a) Welche Verdichterleistung ist erforderlich (Lagerreibung vernachlässigt)?

b) Welche Leistung wird dissipiert?

c) Wie ändert sich der Entropiestrom?

d) Wie groß ist die (reversible) technische Verdichterleistung?

Zu a: Massenstrom nach Gl 2.9:

$$\dot{m} = \dot{V}_n \varrho_n = 100\,000 \frac{m^3}{h} \frac{h}{3600\,s} 0{,}7175 \frac{kg}{m^3} = 19{,}93 \frac{kg}{s}$$

Innere Leistung nach Gl 1.30a mit $\dot{Q}_{i\,12} = 0$; $h_2 - h_1$ nach Gl 2.20:

$$P_{i\,12} = \dot{H}_2 - \dot{H}_1 = \dot{m}\, c_p (T_2 - T_1)$$

$$P_{i\,12} = 19{,}93 \frac{kg}{s} 2{,}1562 \frac{kJ}{kg\,K} (423 - 285)\,K = \underline{5930\,kW}$$

Zu b: Polytropenexponent aus Gl 2.39c:

$$n = \frac{\ln \frac{p_2}{p_1}}{\ln \frac{p_2}{p_1} - \ln \frac{T_2}{T_1}} = \frac{\ln \frac{40\,bar}{10\,bar}}{\ln \frac{40\,bar}{10\,bar} - \ln \frac{423\,K}{285\,K}} = 1{,}398$$

Dissipierte Leistung (Gl 3.20):

$$P_{diss\,12} = \dot{m}\, c_v \frac{\varkappa - n}{n-1} (T_1 - T_2)$$

$$P_{diss\,12} = 19{,}93 \frac{kg}{s} 1{,}6379 \frac{kJ}{kg\,K} \frac{1{,}316 - 1{,}398}{1{,}398 - 1} (285 - 423)\,K = \underline{928\,kW}$$

Zu c: Entropiestromänderung (Gl 3.18):

$$\dot{S}_2 - \dot{S}_1 = \dot{m}\, c_v \frac{\varkappa - n}{n-1} \ln \frac{T_1}{T_2}$$

$$\dot{S}_2 - \dot{S}_1 = 19{,}93 \frac{kg}{s} 1{,}6379 \frac{kJ}{kg\,K} \frac{1{,}316 - 1{,}398}{1{,}398 - 1} \ln \frac{285\,K}{423\,K} = \underline{2{,}66 \frac{kW}{K}}$$

Zu d: (Reversible) technische Verdichterleistung (Gl 1.26):

$$P_{t\,12} = P_{i\,12} - P_{diss\,12}$$

$$P_{t\,12} = (5930 - 928)\,kW = \underline{5002\,kW}$$

Aufgabe 3.1: 10 m^3 Luft von 1 bar, 60 °C werden isochor auf 300 °C erwärmt. Für die spezifische Wärmekapazität soll der Wert bei 0 °C eingesetzt werden. Die Luft soll als ideales Gas behandelt werden.

Wie ändert sich die Entropie?

Aufgabe 3.2: Die Isobare für Luft $p = 1$ bar ist maßstäblich in das T, s-Diagramm von $T_1 = 300$ K bis $T_5 = 1500$ K einzuzeichnen. Der Anfangspunkt soll $s_1 = 0$ angenommen werden. Es sind 3 Zwischenpunkte bei $T_2 = 600$ K, $T_3 = 900$ K und $T_4 = 1200$ K zu berechnen.

Die Veränderlichkeit der spezifischen Wärmekapazität mit der Temperatur ist bei der Rechnung zu berücksichtigen.

Aufgabe 3.3: 100 kg Stickstoff werden in einem offenen System reversibel von 1 bar, 27 °C bei konstanter Temperatur auf 15 bar verdichtet. Der Stickstoff soll als ideales Gas behandelt werden.

Wie ändert sich die Entropie?

Aufgabe 3.4: 5 kmol Kohlendioxid werden in einem offenen System reversibel polytrop von 1 bar, 25 °C auf 30 bar verdichtet, Endtemperatur 320 °C. Das Kohlendioxid soll als ideales Gas behandelt werden. Änderungen der kinetischen und potentiellen Energie sind zu vernachlässigen. Die Temperaturabhängigkeit der spezifischen Wärmekapazität und des Polytropenexponenten sind zu berücksichtigen, wobei die Werte aus Tafel 2.2 näherungsweise linear interpoliert werden sollen.

a) Wie ändert sich die Entropie?

b) Wie groß ist die zu- oder abzuführende Wärme?

c) Welche Arbeit ist erforderlich?

Aufgabe 3.5: In einer adiabaten Gasturbine expandieren irreversibel 100000 kg/h Luft von 10 bar, 960 K auf 1 bar, Austrittstemperatur 600 K. Die spezifische Wärmekapazität soll mit dem Wert bei 0 °C eingesetzt werden, die Luft soll als ideales Gas behandelt werden. Änderungen der kinetischen und potentiellen Energie sind zu vernachlässigen.

a) Welche Leistung gibt die Turbine ab (Lagerreibung vernachlässigt)?

b) Welche Leistung wird dissipiert?

c) Wie ändert sich der Entropiestrom?

d) Wie groß ist die (reversible) technische Leistung der Turbine?

3.3.7 Der Carnot-Prozeß im *T, S*-Diagramm

Der aus zwei Isentropen und zwei Isothermen bestehende reversible Carnot-Prozeß ergibt im *T, S*-Diagramm ein Rechteck **(B 3.15a)**. Bei diesem Prozeß können die dem Arbeitsmittel zu- und abgeführte Wärme sowie auch die Nutzarbeit als Rechteck dem Diagramm entnommen werden.

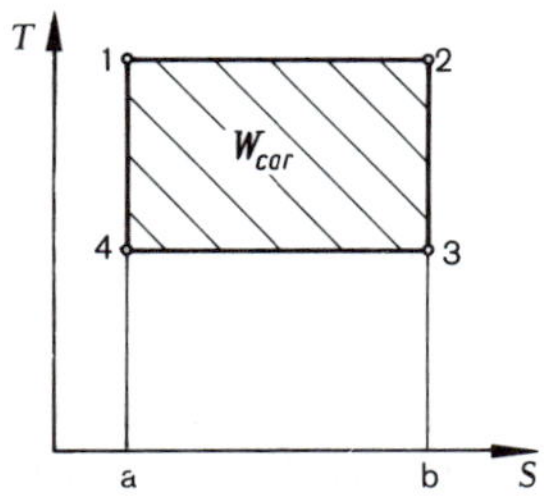

B 3.15 Rechtslaufender reversibler Carnot-Prozeß im *T, S*-Diagramm

Fläche 12ba $\triangleq Q_{12}$ = zugeführte Wärme
Fläche 43ba $\triangleq Q_{34}$ = abgeführte Wärme
Fläche 1234 $\triangleq W_{car} = -\Sigma Q$ = Nutzarbeit

Aus dem *T, S*-Diagramm sind die Arbeitsweise des Carnot-Prozesses und sein thermischer Wirkungsgrad zu erkennen. Die Wärme wird bei der höchsten im Prozeß vorkommenden Temperatur isotherm zugeführt und bei der tiefsten Temperatur isotherm abgeführt.

Der thermische Wirkungsgrad kann als Flächenverhältnis gedeutet werden **(B 3.15)**

$$\eta_{th\,car} = \frac{\text{Fläche 1234}}{\text{Fläche 12ba}}$$

Wird ein beliebiger reversibler Kreisprozeß im *T, S*-Diagramm **(B 3.16)** durch viele Senkrechten in Teilprozesse zerlegt, dann ist der thermische Wirkungsgrad

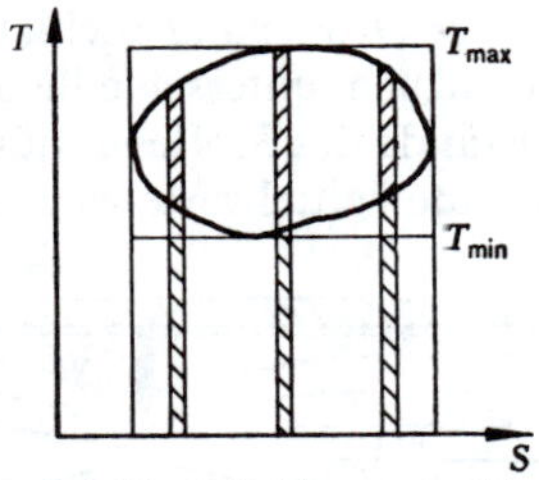

B 3.16 Beliebiger reversibler Kreisprozeß im *T, S*-Diagramm

$$\eta_{th} = \frac{\Sigma \text{ Fläche } ///}{\Sigma \text{ Fläche } (/// + \backslash\backslash\backslash)}$$

Durch Betrachtung der einzelnen thermischen Wirkungsgrade — also der Flächenverhältnisse — der Teilprozesse können wir den Einfluß der verschiedenen Teile des Prozesses auf den thermischen Wirkungsgrad erkennen.

Wird dem beliebigen Kreisprozeß mit den Temperaturen T_{max} und T_{min} ein Carnot-Prozeß umschrieben, so wird durch die Flächenverhältnisse bewiesen, daß der thermische Wirkungsgrad der Teilprozesse meist kleiner und nur im Grenzfall gleich dem des entsprechenden Teil-Carnot-Prozesses ist. Der thermische Wirkungsgrad des Carnot-Prozesses ist folglich im allgemeinen größer, unter Umständen gleich dem thermischen Wirkungsgrad der anderen Kreisprozesse (vgl. Abschn. 2.4.4).

Es ist kein Kreisprozeß mit einem besseren thermischen Wirkungsgrad als beim Carnot-Prozeß denkbar.

Aufgabe 3.6: Ein reversibler Carnot-Prozeß mit Luft ist maßstäblich in ein *T, s*-Diagramm einzutragen.

Der Anfangszustand ist 20 bar, 748 °C. Von dort erfolgt die Entspannung zunächst isotherm auf 9 bar und dann isentrop auf 2 bar. Die spezifische Entropie für den Anfangszustand soll $s_1 = 0$ angenommen werden. Es ist mit konstantem $\varkappa = 1{,}4$ zu rechnen.

3.4 Adiabate Drosselung

Zustandsänderung. Die Drosselung ist ein irreversibler Vorgang. Sie kommt zustande, wenn in einen Strömungskanal ein Hindernis eingebaut wird. Dieses Hindernis kann eine Verengung, ein Gitter oder etwas anderes sein, es darf aber keine Vorrichtung zur Abnahme einer Arbeit enthalten. Die Drosselung bewirkt demnach die Druckminderung eines strömenden Fluids[1] ohne Arbeitsabgabe.

Bei der Ableitung der für die Drosselung geltenden Gesetze machen wir zwei Einschränkungen:

1. Das Fluid soll durch eine adiabate Drosselstelle strömen.
2. Der Vorgang soll stationär verlaufen.

Wenn wir die Drosselung so definieren, ist das Entleeren eines Behälters, das in der Literatur verschiedentlich auch zur Drosselung gerechnet wird, und bei dem der Druck des ausströmenden Stoffes ebenfalls sinkt, ohne daß Arbeit abgegeben wird, keine Drosselung. Der Vorgang verläuft nicht stationär.

[1] *Fluid:* Gas, Dampf, Flüssigkeit. Zum Begriff s. Abschn. 1.5.

Bei der Drosselung erleidet das Gas durch Reibung und Verwirbelung Drucksenkungen, die örtlich unterschiedlich sein können. Für die Ableitung der Gesetze müssen die Zustände des Stoffes genügend weit vor und hinter der Drosselstelle betrachtet werden, wo gute Mittelwerte zu erwarten sind **(B 3.17).**

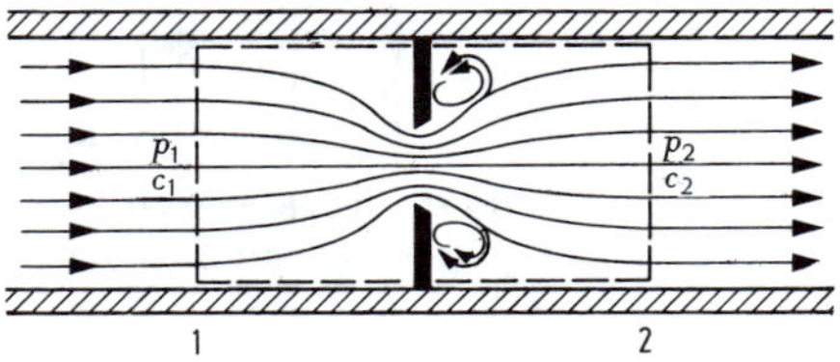

B 3.17 Drosselung eines Gases im offenen System mit adiabaten Systemgrenzen

Wir wenden die Energiebilanz (Gl 1.30 b)

$$Q_{i\,12} + W^*_{i\,12} = H_2 - H_1 + \frac{m}{2}(c_2^2 - c_1^2) + m\,g(z_2 - z_1)$$

auf diesen stationären Strömungsvorgang für das Durchströmen der Masse m mit den Voraussetzungen $Q_{i\,12} = 0$, keiner Abnahme von Arbeit durch eine Maschine ($W^*_{i\,12} = 0$) und unveränderter potentieller Energie ($z_2 = z_1$) an und erhalten:

$$H_2 + \frac{m}{2}c_2^2 = H_1 + \frac{m}{2}c_1^2 \qquad \textbf{(Gl 3.21 a)}$$

oder mit der Totalenthalpie $H^* = H + \frac{m}{2}c^2$ (Gl 1.29)

$$H_2^* = H_1^* \qquad \textbf{(Gl 3.21 b)}$$

Wenn durch Querschnittserweiterung die Geschwindigkeiten vor und nach der Drosselstelle gleich groß sind ($c_2 = c_1$), dann wird aus Gleichung 3.21 a:

$$H_2 = H_1 = \text{konstant}; \quad \mathrm{d}H = 0 \quad (\text{bei } c_2 = c_1) \qquad \textbf{(Gl 3.22)}$$

Auf die Masse m bezogen ist $\mathrm{d}h = 0$.

Bei unveränderter Strömungsgeschwindigkeit ist die Zustandsänderung eine *Isenthalpe.* Voraussetzungen:

Stationäre Strömung, keine Arbeitsabgabe an der Drosselstelle, adiabater Abschluß, keine Änderung der kinetischen und der potentiellen Energie.

Ein Diagramm mit den Koordinaten h und s eignet sich für alle Stoffe zur einfachen Darstellung der Drosselung. Die Drosselungen werden hier immer durch waagerechte Linien dargestellt.

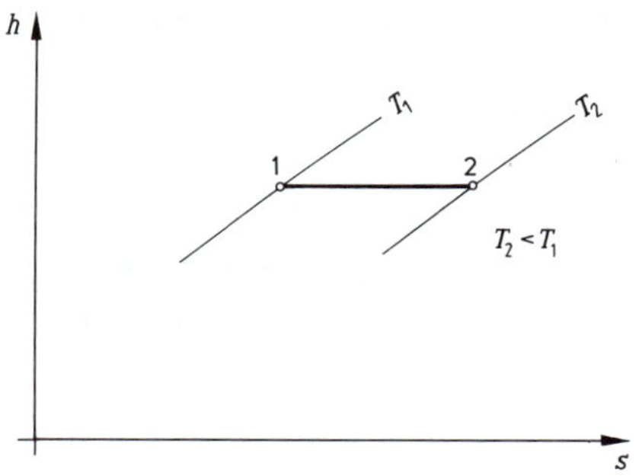

Beim realen Gas fällt beim Drosseln häufig die Temperatur (*Joule-Thomson-Effekt*) **(B 3.18).** Daher kann man ein Gas durch Drosseln abkühlen. Bei sehr hohen Drükken und bei hohen Temperaturen wird aber auch eine Temperaturerhöhung beim Drosseln des realen Gases beobachtet.

B 3.18 Drosselung eines realen Gases im h, s-Diagramm bei $c_2 = c_1$ (horizontale Strömung)

Adiabate Drosselung des idealen Gases.

Aus (Gl 2.16) $\mathrm{d}H = m\,c_p\,\mathrm{d}T$ folgt für $\mathrm{d}H=0$ auch $\mathrm{d}T=0$.
Aus (Gl 2.15) $\mathrm{d}U = m\,c_v\,\mathrm{d}T$ folgt für $\mathrm{d}T=0$ auch $\mathrm{d}U=0$.

Bei der Drosselung des idealen Gases ist nicht nur $\mathrm{d}H=0$, sondern auch $\mathrm{d}U=0$ und $\mathrm{d}T=0$; die Drosselung verläuft also bei konstanter Enthalpie, konstanter innerer Energie und konstanter Temperatur; die Änderung potentieller Energie und Geschwindigkeitsänderungen wurden jeweils ausgeschlossen.

Die Entropieänderung bei der Drosselung des idealen Gases errechnet sich bei $c_2=c_1$ und horizontaler Strömung nach der für T=konstant abgeleiteten Gl 3.14:

$$S_2 - S_1 = m\,R_\mathrm{i} \ln \frac{p_1}{p_2}$$

Da bei der Drosselung der Druck immer fällt, ist $p_1 > p_2$, infolgedessen steigt die Entropie bei jeder Drosselung. Zur Darstellung der Drosselung des idealen Gases eignet sich das T, S-Diagramm, denn beim idealen Gas fallen die Linien h=konst. mit den Isothermen zusammen **(B 3.19).**

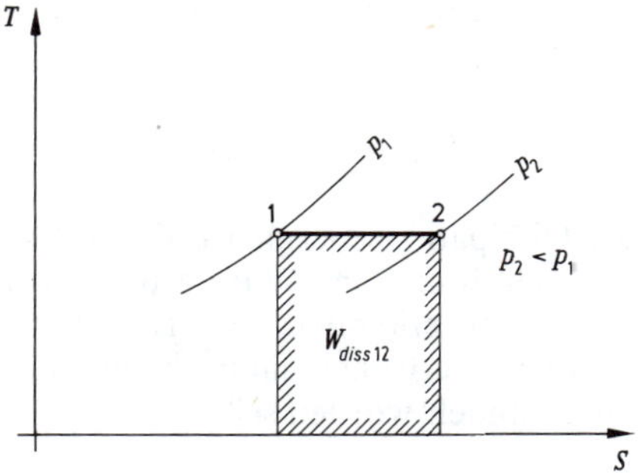

B 3.19 Drosselung eines idealen Gases im T, S-Diagramm bei $c_2=c_1$ (horizontale Strömung)

Veranschaulichung der Drosselung (B 3.20).

Die an der adiabaten Drosselstelle auftretende Dissipationsenergie läßt sich durch Gleichsetzen der erzeugten Entropie $\mathrm{d}S_i = \frac{\mathrm{d}W_{diss}}{T}$ (Gl 3.6c) und der Entropieänderung des Fluids $\mathrm{d}S = -\frac{V\,\mathrm{d}p}{T}$ (Gl 3.4 mit dem hier bei $c_2=c_1$ konstanten H) berechnen:

$$W_{diss\,12} = -\int_1^2 V\,\mathrm{d}p = -\int_1^2 \frac{m\,R_\mathrm{i}\,T}{p}\,\mathrm{d}p$$

$$W_{diss\,12} = m\,R_\mathrm{i}\,T \ln \frac{p_1}{p_2} \qquad \textbf{(Gl 3.23a)}$$

Die Dissipationsenergie ist also gleich dem Betrag der Arbeit $W_{t\,12}$ (Gl 1.34), die verrichtet werden könnte, wenn das Fluid in einer Maschine von 1 auf 2 reversibel expandieren würde. Bei der Drosselung wird diese Arbeit aber nicht abgegeben. Die Möglichkeit, nutzbare Arbeit zu verrichten, wird also versäumt. Mit Gl 3.14a gilt:

$$W_{diss\,12} = T(S_2 - S_1) \qquad \textbf{(Gl 3.23b)}$$

$W_{diss\,12}$ ist als Fläche im T, S-Diagramm darstellbar (B 3.19).

Zum besseren Verständnis der Drosselung denken wir uns die Drosselstelle durch eine Maschine ersetzt **(B 3.20)**. Dann könnte der gleiche Zustand wie nach der Drosselung erreicht werden, wenn die in der Maschine abgegebene Arbeit verlustlos in elektrische

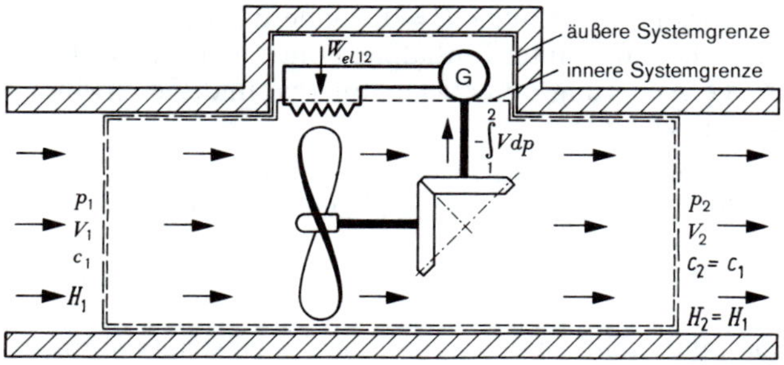

B 3.20 Ersatz der Drosselstelle durch eine Maschine

Energie umgewandelt und über einen elektrischen Widerstand dem Fluid zugeführt werden würde. Auch jetzt bleiben die Enthalpien an den Stellen 1 und 2 gleich groß, denn es wird keine Energie nach außen abgeführt. Für die zugeführte (d.h. positive) elektrische Energie gilt:

$$W_{\mathrm{el}\,12} = -\int_1^2 V\,\mathrm{d}p$$

Die Dissipationsenergie ist gleich der auf diese Weise zugeführten elektrischen Energie, die auch durch eine Wärmezufuhr von außen ersetzt werden könnte. Aus der Betrachtung ist zu erkennen, daß Dissipationsenergie wie eine Wärmezufuhr wirkt. Hieraus resultiert die früher häufig benutzte Aussage, daß „Energie durch Reibung in Wärme umgewandelt worden sei“.

Beispiel 3.6: Durch ein Druckminderventil wird Luft von 6 bar auf 2 bar bei 20 °C adiabat gedrosselt. Die Strömungsgeschwindigkeit soll konstant bleiben, die Luft als ideales Gas behandelt werden.

a) Wie ändert sich die spezifische Entropie?

b) Wie groß ist die spezifische Dissipationsenergie?

Zu a: Änderung der spezifischen Entropie (Gl 3.14 a):

$$s_2 - s_1 = R_1 \ln \frac{p_1}{p_2}$$

$$s_2 - s_1 = 0{,}2872 \frac{\mathrm{kJ}}{\mathrm{kg\,K}} \ln \frac{6\ \mathrm{bar}}{2\ \mathrm{bar}} = \underline{0{,}3155 \frac{\mathrm{kJ}}{\mathrm{kg\,K}}}$$

Zu b: Spezifische Dissipationsenergie (Gl 3.23 a):

$$w_{diss\,12} = R_1\, T \ln \frac{p_1}{p_2}$$

$$w_{diss\,12} = 0{,}2872 \frac{\mathrm{kJ}}{\mathrm{kg\,K}}\ 293\ \mathrm{K} \ln \frac{6\ \mathrm{bar}}{2\ \mathrm{bar}} = \underline{92{,}4 \frac{\mathrm{kJ}}{\mathrm{kg}}}$$

Bei reversibler isothermer Expansion würde diese Energie als spezifische technische Arbeit abgegeben.

Aufgabe 3.7: 3 kmol Stickstoff von 5 bar, −100 °C werden auf 1 bar adiabat gedrosselt. Die Strömungsgeschwindigkeit soll sich dabei nicht ändern, der Stickstoff soll als ideales Gas betrachtet werden.

a) Wie ändert sich die Entropie?

b) Wie groß ist die dissipierte Energie?

3.5 Füllen eines Behälters

Zu den irreversiblen Vorgängen gehört das Einströmen eines Gases in einen Behälter. Auch hier strömt der Stoff ohne Arbeitsabgabe unter Druckminderung durch eine Verengung, aber im Gegensatz zum Drosseln ändert sich durch die Veränderung des Behälterdrucks die Druckdifferenz vor und nach der Verengung beim Füllen. Es handelt sich also um einen *instationären Vorgang*.

Wir betrachten den Behälter einschließlich des einzufüllenden Gases als adiabates geschlossenes System **(B 3.21)**. In den Behälter soll ein Gas vom Druck p_a und gleicher Temperatur T_1 wie das Gas im Behälter einströmen. Die Wirkung des mit konstantem Druck nachströmenden Gases denken wir uns durch einen Kolben ersetzt. Der Kolben wird so geführt, daß zu jeder Zeit vor der Verengung der Druck p_a erhalten bleibt.

Der Kolben führt dem System die Einschubarbeit $W_{g\,12} = p_a V_a$ zu (s. Abschn. 1.6.2), wodurch sich die innere Energie erhöht (Gl 1.24b mit $Q_{12} = 0$):

$$W_{g\,12} = U_2 - U_1 = p_a V_a$$

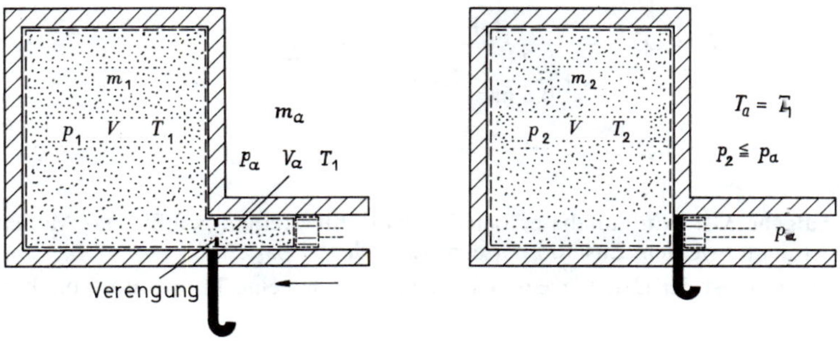

B 3.21
Füllen eines Behälters

Nach dem Auffüllen hat sich der Druck im Behälter auf $p_2 \leqq p_a$ erhöht; das Gas im Behälter wird durch das einströmende Gas verdichtet, wodurch seine Temperatur steigt. Die Masse im Behälter hat sich um die Masse des einströmenden Gases vergrößert: $m_2 = m_1 + m_a$. Für das ideale Gas erhält man die Temperatur T_2 nach dem Auffüllen (Gl 2.3 und 2.19):

$$m_2 c_{vm} (T_2 - T_1) = p_a V_a = m_a R_i T_1 = (m_2 - m_1) R_i T_1$$

$$\frac{p_2 V}{R_i T_2} c_{vm} (T_2 - T_1) = \left(\frac{p_2 V}{R_i T_2} - \frac{p_1 V}{R_i T_1} \right) R_i T_1$$

Mit $R_i = c_{v\,m}(\varkappa - 1)$ (Gl 2.21a und Gl 2.22a)

$$p_2 - p_2 \frac{T_1}{T_2} = p_2 \frac{T_1}{T_2}(\varkappa - 1) - p_1(\varkappa - 1)$$

$$p_2 \frac{T_1}{T_2}(\varkappa - 1 + 1) = p_2 + p_1(\varkappa - 1)$$

$$\frac{T_1}{T_2}\varkappa = 1 + \frac{p_1}{p_2}(\varkappa - 1)$$

$$T_2 = T_1 \frac{\varkappa}{1 + \frac{p_1}{p_2}(\varkappa - 1)} \qquad \textit{für ideales Gas und } T_a = T_1 \qquad \textbf{(Gl 3.24)}$$

Die Temperatur nach dem Füllen ist nur vom Druckverhältnis im Behälter abhängig. Der Einströmdruck beeinflußt die Temperatur nicht. Sind die Temperaturen des eingeschlossenen und einströmenden Gases vor dem Füllen nicht gleich, so muß dies bei der Berechnung von T_2 berücksichtigt werden.

Beispiel 3.7: Ein adiabater Versuchsraum ist teilweise evakuiert. Die verbliebene Luft hat einen Druck von 0,2 bar bei 20 °C. Es strömt Außenluft mit 20 °C in den Raum ein.
Die Raumtemperatur ist zu berechnen, wenn der Druck nach dem Auffüllen 0,8 bar beträgt.

$$T_2 = T_1 \frac{\varkappa}{1 + \frac{p_1}{p_2}(\varkappa - 1)} \qquad \text{(Gl 3.24)}$$

$$T_2 = 293\ \text{K} \frac{1{,}4}{1 + \frac{0{,}2\ \text{bar}}{0{,}8\ \text{bar}}(1{,}4 - 1)} = \underline{373\ \text{K}}$$

$$t_2 = 100\,°\text{C}$$

Aufgabe 3.8: Ein adiabater Behälter wird mit Methan gefüllt. Das Methan soll als ideales Gas betrachtet werden. Zustand vor dem Auffüllen: 1 bar, 25 °C.
Wie groß ist der Druck, wenn nach dem Auffüllen eine Temperatur von 90 °C gemessen wird?

3.6 Temperaturausgleich

Ausgleichsprozesse gehören, wie die bisher behandelten Dissipationsprozesse, zu den irreversiblen Vorgängen (Abschn. 3.1). Als Beispiel behandeln wir den Temperaturausgleich zwischen Systemen oder bei der Mischung von Stoffen mit unterschiedlicher Temperatur. Die Phase (Aggregatzustand) der Stoffe soll sich nicht ändern, die Stoffe sollen chemisch nicht miteinander reagieren.

Die Ausgleichs- oder *Mischtemperatur* ist bei drei Komponenten a, b, c entspr. Gl 1.46a:

$$T_{Mi} = \frac{m_a\, c_{m\,a}\big|_{t_a}^{t_{Mi}} T_a + m_b\, c_{m\,b}\big|_{t_b}^{t_{Mi}} T_b + m_c\, c_{m\,c}\big|_{t_c}^{t_{Mi}} T_c}{m_a\, c_{m\,a}\big|_{t_a}^{t_{Mi}} + m_b\, c_{m\,b}\big|_{t_b}^{t_{Mi}} + m_c\, c_{m\,c}\big|_{t_c}^{t_{Mi}}} \qquad \textbf{(Gl 3.25)}$$

Bei isochorem Temperaturausgleich ändert sich die Entropie der Komponenten nach Gl 3.11, bei isobarem Ausgleich nach Gl 3.12. Wir schreiben allgemein für die *Entropieänderung beim Temperaturausgleich:*

$$\Delta S_{Mi,T} = m_a \, c_{m\,a}\Big|_{t_a}^{t_{Mi}} \ln \frac{T_{Mi}}{T_a} + m_b \, c_{m\,b}\Big|_{t_b}^{t_{Mi}} \ln \frac{T_{Mi}}{T_b} + m_c \, c_{m\,c}\Big|_{t_c}^{t_{Mi}} \ln \frac{T_{Mi}}{T_c}$$

für beliebige Stoffe bei gleichbleibender Phase **(Gl 3.26)**

$\Delta S_{Mi,T}$ ist immer positiv. Bei *isochorem* Temperaturausgleich ist die spezifische Wärmekapazität bei konstantem Volumen $c_{v\,m}$, bei *isobarem* Ausgleich ist $c_{p\,m}$ einzusetzen.[1]

Neben der Entropievermehrung durch Temperaturausgleich $\Delta S_{Mi,T}$ tritt bei der Mischung unterschiedlicher Stoffe eine weitere Entropieerhöhung ein, die als Mischungsentropie ΔS_{Mi} bezeichnet wird (Abschn. 6.2.4 und 6.3.3).

Beispiel 3.8: Es werden 3 Luftströme **(B 3.22)** bei konst. Druck $p = 1{,}2$ bar gemischt.

$$\dot m_a = 400 \,\frac{\text{kg}}{\text{h}}, \quad t_a = 20\,°\text{C},$$

$$\dot m_b = 1000 \,\frac{\text{kg}}{\text{h}}, \quad t_b = 80\,°\text{C},$$

$$\dot m_c = 600 \,\frac{\text{kg}}{\text{h}}, \quad t_c = 50\,°\text{C}.$$

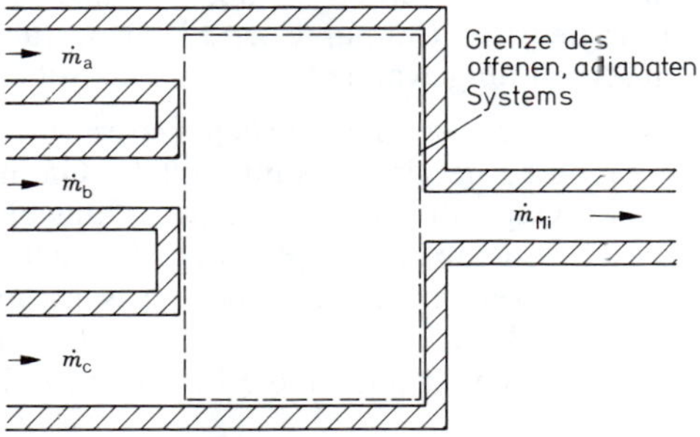

B 3.22 Mischung dreier Gasströme

Zu bestimmen sind:

a) Die Mischtemperatur,

b) die Entropiezunahme durch den Temperaturausgleich bei der Mischung.

Es ist mit konstanter mittlerer spezifischer Wärmekapazität $c_{pm} = 1{,}006 \,\frac{\text{kJ}}{\text{kg K}}$ zu rechnen.

Bestimmung der Mischtemperatur (Gl 3.25):

$$T_{Mi} = \frac{\dot m_a c_{p\,a\,m} T_a + \dot m_b c_{p\,b\,m} T_b + \dot m_c c_{p\,c\,m} T_c}{\dot m_a c_{p\,a\,m} + \dot m_b c_{p\,b\,m} + \dot m_c c_{p\,c\,m}}$$

$$T_{Mi} = \frac{400 \,\frac{\text{kg}}{\text{h}}\, 293\,\text{K} + 1000 \,\frac{\text{kg}}{\text{h}}\, 353\,\text{K} + 600 \,\frac{\text{kg}}{\text{h}}\, 323\,\text{K}}{2000 \,\frac{\text{kg}}{\text{h}}}$$

$$T_{Mi} = \underline{332\,\text{K}}, \quad t_{Mi} = 59\,°\text{C}$$

Gesamtänderung der Entropieströme durch den Temperaturausgleich (Gl 3.26):

$$\Delta \dot S_{Mi,T} = \dot m_a c_{p\,m} \ln \frac{T_{Mi}}{T_a} + \dot m_b c_{p\,m} \ln \frac{T_{Mi}}{T_b} + \dot m_c c_{p\,m} \ln \frac{T_{Mi}}{T_c}$$

[1] Zum Mittelwert von c_m gilt die Vernachlässigung gemäß Fußnote zu Gl 3.11.

$$\Delta\dot{S}_{Mi,T} = 1{,}006\,\frac{\text{kJ}}{\text{kg K}}\left(400\,\frac{\text{kg}}{\text{h}}\ln\frac{332\,\text{K}}{293\,\text{K}} + 1000\,\frac{\text{kg}}{\text{h}}\ln\frac{332\,\text{K}}{353\,\text{K}} + 600\,\frac{\text{kg}}{\text{h}}\ln\frac{332\,\text{K}}{323\,\text{K}}\right)$$

$$\Delta\dot{S}_{Mi,T} = 5{,}172\,\frac{\text{kJ}}{\text{K h}} = \underline{1{,}437\,\frac{\text{W}}{\text{K}}}$$

Da *gleiche* Stoffe gemischt werden, tritt keine weitere Entropieänderung ein: $\Delta S_{Mi} = 0$ (Abschn. 6.3.3).

3.7 Exergie und Anergie

3.7.1 Begrenzte Umwandelbarkeit der inneren Energie und der Wärme

Der 1. Hauptsatz sagt aus, daß Energie nicht gewonnen und nicht verloren gehen kann. Der 2. Hauptsatz und der Zustand der Umgebung – z.B. der Erde – schränken die Umwandlung von einer Energieform in eine andere teilweise ein.

So kann z.B. elektrische Energie bei einem reversiblen Vorgang vollständig in Arbeit umgewandelt werden – und umgekehrt. Dagegen können die Energieformen innere Energie (bzw. Enthalpie) und Wärme auch bei reversiblen Vorgängen nicht vollständig in Arbeit umgewandelt werden. Das sollen die folgenden Beispiele verdeutlichen:

Bei Drosselung eines idealen Gases von 1 nach 3 (**B 3.23**) bleiben die Enthalpie und die innere Energie konstant. Soll das Gas in einer adiabaten Maschine auf einen vorgegebenen Gegendruck p_2 (z.B. den Umgebungsdruck) entspannt werden, dann wird bei dieser isentropen Entspannung des nicht gedrosselten Gases vom Zustand 1 nach 2 mehr Arbeit verrichtet als bei der isentropen Entspannung des gedrosselten Gases vom Zustand 3 nach 4. Obgleich die Enthalpien vor der Entspannung jeweils gleich groß waren, so hat sich doch die Fähigkeit, Arbeit abzugeben, durch die irreversible Drosselung verschlechtert. Die Enthalpie und damit auch die innere Energie ließen diese Verschlechterung nicht erkennen.

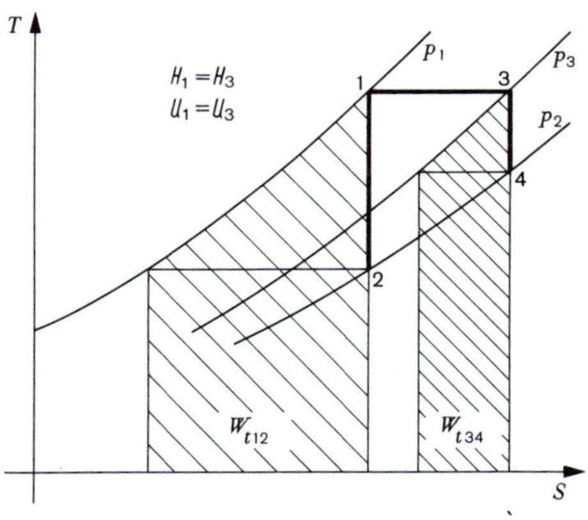

B 3.23 Isentrope Entspannung des idealen Gases im *T, S*-Diagramm

Eine andere Überlegung zeigt das gleiche Ergebnis:

In einem Druckluftbehälter, in dem sich Luft bei hohem Druck, aber bei Umgebungstemperatur befindet, ist nach $du = c_v dT$ die spezifische innere Energie der Luft im Behälter gleich der der Umgebungsluft. Andererseits kann die im Behälter befindliche Luft trotz gleicher spezifischer innerer Energie beim Ausströmen und z. B. isothermer Entspannung auf den Umgebungsdruck Arbeit verrichten. Zwar wird bei dieser isothermen Entspannung eine der Arbeit entsprechende Energie aus der Umgebung als Wärme zugeführt, aber die Luft im Behälter ist erst durch ihren höheren Druck in der Lage, diese Arbeit zu verrichten. Durch die Betrachtung der inneren Energie allein ist diese Fähigkeit nicht erkennbar.

Auch Wärme ist nicht vollständig in Arbeit umwandelbar, wie wir selbst bei dem günstigsten aller Kreisprozesse, dem Carnot-Prozeß, erkannt haben. Zur Schließung dieses

Kreisprozesses muß Wärme an die Umgebung abgeführt werden, im günstigsten Fall bei Umgebungstemperatur t_b. Die Angabe der Größe der zugeführten Wärme allein sagt also noch nichts darüber aus, wieviel von ihr in Arbeit umgewandelt werden kann.

Diese Beispiele zeigen:

1. *Nicht alle Energieformen lassen sich vollständig in beliebige andere Energieformen umwandeln.*
2. *Die Eigenschaften der Umgebung beeinflussen die Energieumwandlung.*

Für den beliebig umwandelbaren Teil der Energie führen wir als neuen Begriff die *Exergie E,* für den restlichen nicht beliebig umwandelbaren Teil den Begriff *Anergie B* ein[1]. Dann gilt:

$$\begin{aligned} &Energie = Exergie + Anergie \\ &Energie = \quad E \quad + \quad B \end{aligned} \qquad \textbf{(Gl 3.32)}$$

Für die beiden Teile der Energie definieren wir:

Exergie ist der Teil der Energie, der sich in einer vorgegebenen Umgebung in jede beliebige Energieform umwandeln läßt.

Anergie ist der Teil der Energie, der nicht in Exergie umgewandelt werden kann.

Auf die Masse m eines Systems bezogen ergeben sich die spezifische Exergie $e = \frac{E}{m}$ und die spezifische Anergie $b = \frac{B}{m}$.

Um die Exergie eines Systems zu nutzen, muß das System verlustlos mit der Umgebung ins Gleichgewicht gebracht werden. Wir können daher für den 2. Hauptsatz definieren:

Bei allen natürlichen Prozessen wird Exergie in Anergie umgewandelt.

Es gibt Energieformen, die nur aus Exergie bestehen, wie z.B. elektrische, kinetische oder potentielle Energie und auch solche, die nur aus Anergie bestehen, wie z.B. die innere Energie der Umgebung oder Wärme bei Umgebungstemperatur.

Auch die bei chemischen Umwandlungen beim Ausgleich mit den in der Umgebung vorkommenden Stoffen verlustlos freiwerdende Energie ist Exergie, z.B. bei Brennstoffen (s. Abschn. 9.8.2).

3.7.2 Exergie und Anergie eines strömenden Fluids

Die Exergie eines stationär strömenden Fluids E_{f1} ist der Betrag der technischen Arbeit, die das Fluid höchstens verrichten kann, wenn es aus seinem Anfangszustand 1 mit der Umgebung reversibel ins Gleichgewicht gebracht wird. Endzustand ist also der Umgebungszustand b.

$$E_{f1} = -W_{t\,1b}$$

---

[1] ex ergon = Arbeit. *Z. Rant* (1904–1972), Prof. für Verfahrenstechnik in Ljubljana und Braunschweig, hat die Begriffe Exergie (1953) und Anergie (1962) geprägt.

Die Exergie eines Fluids wird im Schrifttum auch als Arbeitsfähigkeit bezeichnet. Wir führen den 1. Hauptsatz für reversible Prozesse in offenen Systemen ein (Gl 1.30b mit $W_{diss\,12}=0$):

$$Q_{1\mathrm{b}}+W^*_{t\,1\mathrm{b}}=H_\mathrm{b}-H_1+\frac{m}{2}(c_\mathrm{b}^2-c_1^2)+m\,g(z_\mathrm{b}-z_1)$$

Da die Exergie des zu *betrachtenden* Fluids ermittelt wird, darf Wärmezu- oder -abfuhr nur mit der Umgebung zugelassen werden. Deren Temperatur T_b ändert sich wegen der sehr großen Umgebung nicht. Da die Wärme reversibel, d.h. ohne Temperaturdifferenz, übertragen werden muß, muß bei der Wärmeübertragung auch die Fluidtemperatur $T_\mathrm{f}=T_\mathrm{b}=$konstant sein. Somit gilt (Gl 3.10 mit $W_{diss\,12}=0$):

$$Q_{1\mathrm{b}}=T_\mathrm{b}(S_\mathrm{b}-S_1)$$

Oben eingeführt, sowie $c_\mathrm{b}=0$ und $z_\mathrm{b}=0$ gesetzt, ergibt sich für die *Exergie eines stationär strömenden Fluids:* [1]

$$E_{\mathrm{f}\,1}=H_1-H_\mathrm{b}+T_\mathrm{b}(S_\mathrm{b}-S_1)+\frac{m}{2}c_1^2+m\,g\,z_1 \qquad \textbf{(Gl 3.33)}$$

Die *Anergie eines stationär strömenden Fluids* $B_{\mathrm{f}\,1}$ ist die Differenz zwischen dessen Energie $\left(H_1+m\frac{c_1^2}{2}+mgz_1\right)$ und seiner Exergie $E_{\mathrm{f}\,1}$:

$$B_{\mathrm{f}\,1}=H_1+m\frac{c_1^2}{2}+mgz_1-E_{\mathrm{f}\,1}$$

$$B_{\mathrm{f}\,1}=H_\mathrm{b}+T_\mathrm{b}(S_1-S_\mathrm{b}) \qquad \textbf{(Gl 3.34)}$$

Oft werden die kinetische und potentielle Energie vernachlässigt. Dann ist die Exergie des Fluids $E_{\mathrm{f}\,1}$ gleich der *Exergie* E_1 *der Enthalpie*:

$$E_1=H_1-H_\mathrm{b}+T_\mathrm{b}(S_\mathrm{b}-S_1) \qquad \textbf{(Gl 3.35)}$$

Die *Anergie* B_1 *der Enthalpie* ist wieder die Differenz zwischen der Energie – hier H_1 – und der Exergie, so daß sich der gleiche Wert wie für die Anergie eines Fluids ergibt:

$$B_1=H_\mathrm{b}+T_\mathrm{b}(S_1-S_\mathrm{b});\qquad B_1=B_{\mathrm{f}\,1} \qquad \textbf{(Gl 3.36)}$$

In der Exergie E und der Anergie B tritt der Umgebungszustand auf. Dieser muß festgelegt werden, dann können E und B als Zustandsgrößen behandelt werden.

Die Ableitung gilt für beliebige Fluide, also nicht nur für das ideale Gas.

Für das ideale Gas stellen wir die Exergie E_1 der Enthalpie im p, V- und T, S-Diagramm dar, wobei die Enthalpiedifferenz H_1-H_b durch die Isentrope ($Q_{12}=0$) und der Term $T_\mathrm{b}(S_\mathrm{b}-S_1)$ durch die Isotherme ($Q_{2\mathrm{b}}=0$) als Fläche gekennzeichnet werden **(B 3.24).**

Für das reale Gas ist zu beachten, daß die Linien $H=$konstant im T, S-Diagramm nicht waagerecht verlaufen **(B 3.25).**

[1] Auftrieb vernachlässigt; s. Abschn. 7.2.

Zwischen zwei Zuständen 1 und 2 mit den Enthalpien H_1 und H_2 besteht die *Exergiedifferenz*

$$E_2 - E_1 = H_2 - H_b + T_b(S_b - S_2) - [H_1 - H_b + T_b(S_b - S_1)]$$

$$E_2 - E_1 = H_2 - H_1 + T_b(S_1 - S_2) \qquad \textbf{(Gl 3.37)}$$

Für die Isentrope ist $S_2 = S_1$ und daher für beliebige Stoffe

$$E_2 - E_1 = H_2 - H_1 \qquad \textit{isentrop, beliebiger Stoff} \qquad \textbf{(Gl 3.38)}$$

Bei der Isothermen des idealen Gases ist $H_2 = H_1$ (wegen $\mathrm{d}h = c_p\,\mathrm{d}T$) und daher

$$E_2 - E_1 = T_b(S_1 - S_2) \qquad \textit{isotherm, ideales Gas} \qquad \textbf{(Gl 3.39)}$$

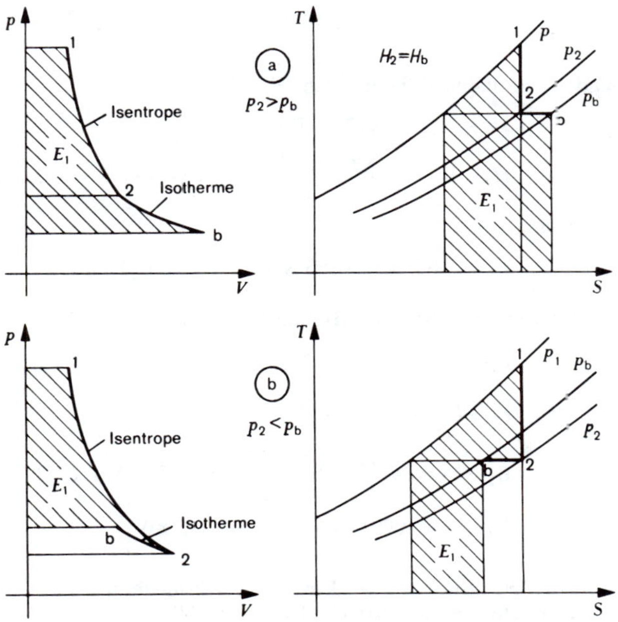

B 3.24 Exergie idealer Gase im *p, V*-Diagramm und im *T, S*-Diagramm

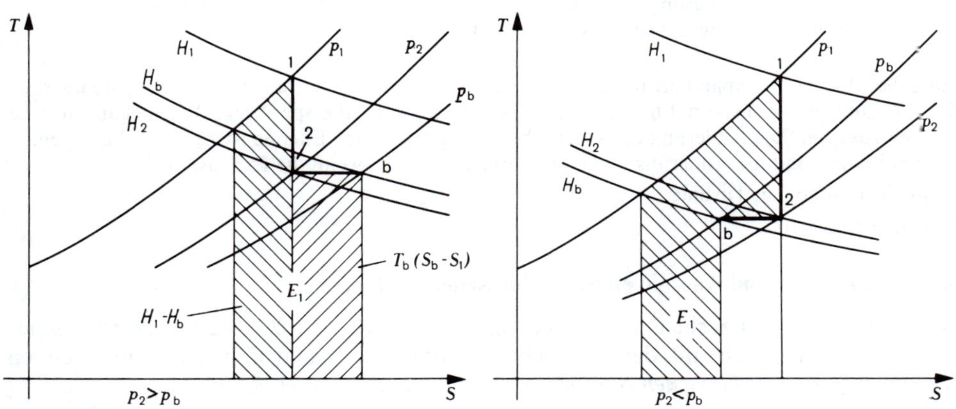

B 3.25 Exergie realer Gase ohne Änderung des Aggregatzustandes im *T, S*-Diagramm

Beispiel 3.9: Für das nach Beispiel 3.3 erwärmte Helium sind für den Bezugszustand 1 bar, 20 °C zu ermitteln: ($c_1=0$, $z_1=0$):

a) Die Exergie des Heliumstromes vor der Wärmezufuhr,

b) die Exergieänderung des Heliumstromes infolge der Erwärmung.

Zu a: Exergie des Heliumstromes nach Gl 3.35:

$$\dot{E}_1=\dot{H}_1-\dot{H}_b+T_b(\dot{S}_b-\dot{S}_1)$$

Darin sind die Entropiedifferenz (Gl 3.19 a):

$$\dot{S}_b-\dot{S}_1=\dot{m}\ c_p \ln\frac{T_b}{T_1}-\dot{m}\ R_i \ln\frac{p_b}{p_1}$$

$$\dot{S}_b-\dot{S}_1=1{,}9\ \frac{\text{kg}}{\text{s}}\cdot 5{,}1931\ \frac{\text{kJ}}{\text{kg K}}\ln\frac{293\ \text{K}}{283\ \text{K}}-1{,}9\ \frac{\text{kg}}{\text{s}}\ 2{,}0773\frac{\text{kJ}}{\text{kg K}}\ln\frac{1\ \text{bar}}{15\ \text{bar}}=11{,}03\ \frac{\text{kW}}{\text{K}}$$

und die Enthalpiedifferenz nach Gl 2.20:

$$\dot{H}_1-\dot{H}_b=\dot{m}\ c_p(T_1-T_b)$$

$$\dot{H}_1-\dot{H}_b=1{,}9\ \frac{\text{kg}}{\text{s}}\ 5{,}1931\ \frac{\text{kJ}}{\text{kg K}}(283-293)\ \text{K}=-98{,}7\ \text{kW}$$

Oben eingesetzt:

$$\dot{E}_1=-98{,}7\,\text{kW}+293\ \text{K}\ 11{,}03\ \frac{\text{kW}}{\text{K}}=\underline{3\,133\ \text{kW}}$$

Zu b: Exergieänderung des Heliumstromes nach Gl 3.37:

$$\dot{E}_2-\dot{E}_1=\dot{H}_2-\dot{H}_1+T_b(\dot{S}_1-\dot{S}_2)$$

$$\dot{E}_2-\dot{E}_1=\dot{m}\ c_p(T_2-T_1)+T_b\ \dot{m}\ c_p \ln\frac{T_1}{T_2}$$

$$\dot{E}_2-\dot{E}_1=1{,}9\ \frac{\text{kg}}{\text{s}}\ 5{,}1931\ \frac{\text{kJ}}{\text{kg K}}(384{,}35-283)\ \text{K}+293\ \text{K}\ 1{,}9\ \frac{\text{kg}}{\text{s}}\ 5{,}1931\ \frac{\text{kJ}}{\text{kg K}}\ln\frac{283\ \text{K}}{384{,}35\ \text{K}}$$

$$\dot{E}_2-\dot{E}_1=1000\ \text{kW}-885\ \text{kW}=\underline{115\ \text{kW}}$$

Aufgabe 3.9: Stickstoff wird in einem Wärmeübertrager isobar bei 6 bar von 100 °C auf 250 °C erwärmt. Umgebungszustand 1 bar, 15 °C. Näherungsweise ist die spezifische Wärmekapazität bei 0 °C einzusetzen. Die Änderung der kinetischen und potentiellen Energie ist zu vernachlässigen. Wie groß ist die Änderung der spezifischen Exergie?

Aufgabe 3.10: Luft expandiert reversibel in einer Turbine von 6 bar auf 1 bar. Anfangstemperatur 182 °C, Umgebungszustand 1 bar, 20 °C. Näherungsweise ist die spezifische Wärmekapazität bei 0 °C einzusetzen. Die Änderung der kinetischen und potentiellen Energie ist zu vernachlässigen. Zu bestimmen sind die Änderungen der spezifischen Exergie, wenn die Expansion

a) in einer adiabaten Turbine,

b) isotherm verläuft.

3.7.3 Exergie und Anergie eines geschlossenen Systems

Den Betrag der Nutzarbeit an der Kolbenstange (Gl 1.19/1.20), die ein geschlossenes System bei Ausgleich mit dem Umgebungszustand maximal abgeben kann, nennen wir *Exergie des geschlossenen Systems* oder *Exergie der inneren Energie*

$$E_{g1}=-W_{n\,1b}=-W_{v\,1b}-p_b(V_b-V_1)$$

V_b ist das Volumen des Systems bei Bezugszustand (p_b, T_b). Wir führen den 1. Hauptsatz für reversible Vorgänge $(W_{v1b}+Q_{1b}=U_b-U_1)$ mit der zwischen System und der Umgebung übertragbaren Wärme (reine Anergie) $Q_{1b}=T_b(S_b-S_1)$ ein

$$W_{v1b}=U_b-U_1-Q_{1b}=U_b-U_1-T_b(S_b-S_1)$$

und erhalten für die *Exergie eines geschlossenen Systems* (*Exergie der inneren Energie*)

$$E_{g1}=U_1-U_b+T_b(S_b-S_1)-p_b(V_b-V_1) \qquad \textbf{(Gl 3.40)}$$

Für das ideale Gas stellen wir die Exergie des geschlossenen Systems im p, V-Diagramm dar, wobei die Differenz der inneren Energie (U_1-U_b) durch die Isentrope von 1 nach 2, der Term $T_b(S_b-S_1)$ durch die Isotherme von 2 nach b und der Term $p_b(V_b-V_1)$ als Rechteckfläche unter p_b darstellbar sind **(B 3.26)**.

Als Differenz zwischen der inneren Energie und der Exergie der inneren Energie erhalten wir die *Anergie eines geschlossenen Systems* (*Anergie der inneren Energie*)

$$B_{g1}=U_1-E_{g1}$$

$$B_{g1}=U_b-T_b(S_b-S_1)+p_b(V_b-V_1) \qquad \textbf{(Gl 3.41)}$$

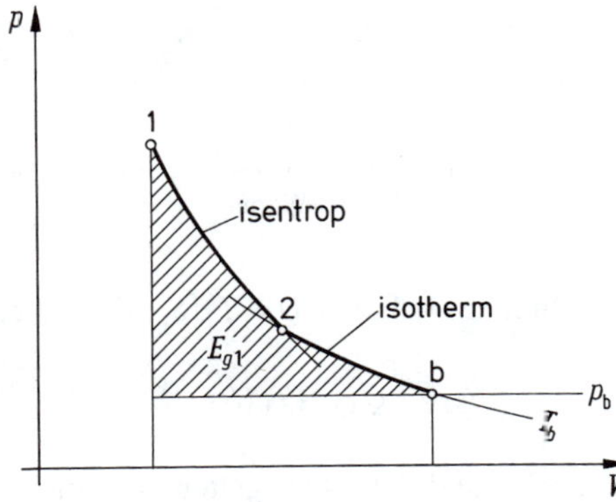

B 3.26 Exergie der inneren Energie im p, V-Diagramm

3.7.4 Exergie und Anergie der Wärme

Bei den Kreisprozessen hatten wir erkannt, daß Wärme nicht vollständig in Arbeit umgewandelt werden kann (Abschn. 2.4).

Wir bezeichnen den Teil der Wärme, der im günstigsten Fall in Arbeit umwandelbar ist, als *Exergie* E_{q12} der Wärme. Der günstigste Fall ist ein Kreisprozeß, bei dem die Wärme bei tiefstmöglicher Temperatur – das ist die Umgebungstemperatur T_b – abgeführt wird. Dann ist die abgegebene Wärme nur noch *Anergie* B_{q12} **(B 3.27)**.

Wir zerlegen einen Kreisprozeß 12ab **(Bild 3.28)**, dem Wärme bei veränderlicher Temperatur ($T \neq$ konstant) zugeführt und bei dem Abwärme bei konstanter Umgebungstemperatur T_b abgeführt wird, in unendlich viele beliebig kleine Kreisprozesse (z.B. cdef). Dann wird in jedem dieser Teilprozesse der für die Temperatur T bestmögliche Wirkungsgrad $\eta_c=1-\frac{T_b}{T}$ (Gl 2.54) erreicht. Die in dem jeweiligen Kreisprozeß in Arbeit $(\mathrm{d}W_k)$ umwandelbare Wärme $(\mathrm{d}Q)$ ist (Gl 2.51):

$$\mathrm{d}E_q=-\mathrm{d}W_k=\eta_c\,\mathrm{d}Q=\left(1-\frac{T_b}{T}\right)\mathrm{d}Q$$

Integriert:

$$E_{q12}=\int_1^2\left(1-\frac{T_b}{T}\right)\mathrm{d}Q=Q_{12}-T_b\int_1^2\frac{\mathrm{d}Q}{T} \qquad \textbf{(Gl 3.42a)}$$

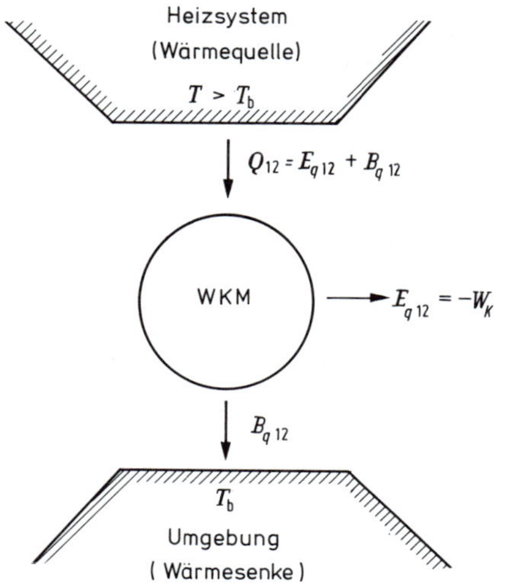

B 3.27 Umwandlung von Wärme in Arbeit; Exergie E_{q12} und Anergie B_{q12} der Wärme

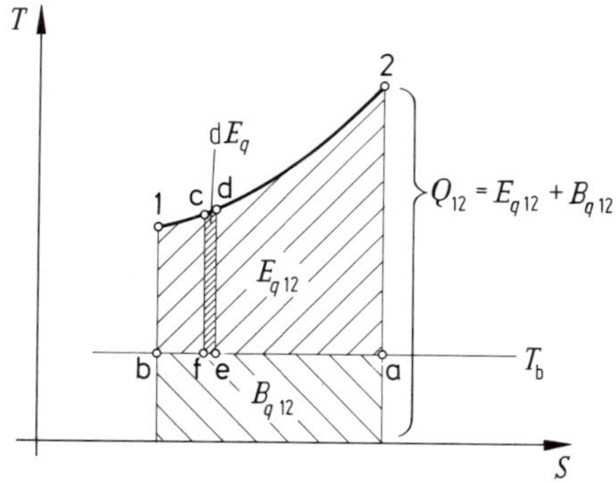

B 3.28 Exergie und Anergie der Wärme

Wir führen Gl 3.5a ($dQ = T\,dS - dW_{diss}$) ein:

$$E_{q12} = Q_{12} - T_b(S_2 - S_1) + T_b \int_1^2 \frac{dW_{diss}}{T} \qquad \textbf{(Gl 3.42b)}$$

Gl 3.42a und Gl 3.42b gelten allgemein. Für reversible Vorgänge wird in Gl 3.42b $dW_{diss} = 0$.

Die Exergie der zu- oder abgeführten Wärme ändert sich mit Auftreten von Dissipation nicht, wie Gl 3.42a zeigt **(B 3.29).**

Gl 3.42a kann vereinfacht werden, wenn man die thermodynamische Mitteltemperatur T_m einführt. Wir ersetzen $\int_1^2 \frac{dQ}{T} = S_{q12}$ nach Gl 3.7b und berechnen den Entropietrans-

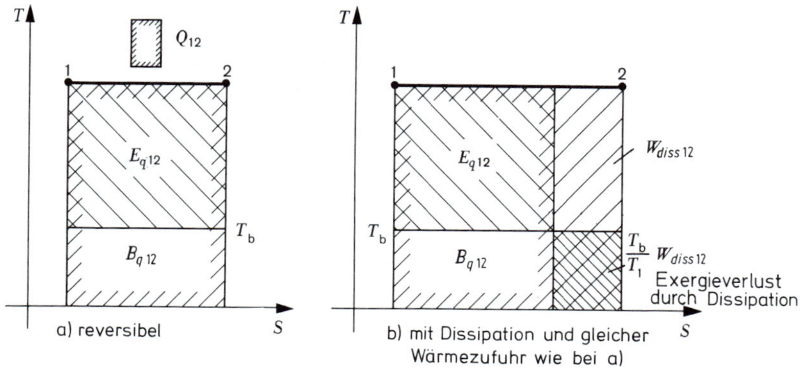

B 3.29 Exergie und Anergie zugeführter Wärme bei reversibler und irreversibler isothermer Expansion

port $S_{q\,12}$ so, als ob er durch die bei konstanter mittlerer Temperatur T_m zu- oder abgeführte Wärme Q_{12} verursacht würde:

$$S_{q\,12}=\int_1^2 \frac{dQ}{T}=\frac{Q_{12}}{T_m}$$

Dann ergibt sich als *thermodynamische Mitteltemperatur*

$$T_m=\frac{Q_{12}}{\int_1^2 \frac{dQ}{T}}=\frac{Q_{12}}{S_{q\,12}} \qquad \textit{gilt allgemein} \qquad \textbf{(Gl 3.43a)}$$

Eingeführt in Gl 3.42a:

$$E_{q\,12}=\left(1-\frac{T_b}{T_m}\right)Q_{12}=\eta_c\,Q_{12} \qquad \textbf{(Gl 3.44)}$$

Gl 3.44 gilt allgemein, wenn der Carnot-Faktor η_c mit der thermodynamischen Mitteltemperatur T_m gebildet wird.

Für ideales Gas kann T_m bei *reversiblen* Prozessen aus der Anfangs- und Endtemperatur berechnet werden. Wir führen in Gl 3.43a $S_{q\,12}=S_2-S_1$ (Gl 3.8a) sowie

$$Q_{12}=m\,c_{vm}\Big|_{T_1}^{T_2}\frac{n-\varkappa}{n-1}(T_2-T_1) \qquad \text{(Gl 2.44) und}$$

$$S_2-S_1=m\,c_{vm}\Big|_{T_1}^{T_2}\frac{n-\varkappa}{n-1}\ln\frac{T_2}{T_1} \qquad \text{(Gl 3.18) ein und erhalten}^1\text{:}$$

$$T_m=\frac{T_2-T_1}{\ln\frac{T_2}{T_1}} \qquad \textit{ideales Gas, reversibler Prozeß} \qquad \textbf{(Gl 3.43b)}$$

Für *irreversible* Prozesse gilt Gl 3.43b nur angenähert, da in S_2-S_1 nach Gl 3.18 neben $S_{q\,12}$ auch $S_{i\,12}$ enthalten ist.

Auf die Masse bezogen erhalten wir die spezifische Exergie

$$e_{q\,12}=\frac{E_{q\,12}}{m}$$

Die Exergie von Systemen mit Temperaturen unterhalb der Umgebungs-Temperatur ($T<T_b$) *ist positiv,* wie folgende Überlegung zeigt:

Die von einem Stoff bei $T<T_b$ abgegebene Wärme (neg) hat einen geringeren Betrag als der (neg) Term $T_b\,(S_2-S_1)$ **(B 3.30).** Somit wird die nach Gl 3.42b (mit d $W_{diss}=0$) errechnete Exergie der abgegebenen (negativen) Wärme positiv! Die Exergie des gekühlten Systems steigt bei $T<T_b$ durch die Wärmeabgabe (Beispiel 3.11).

Wird Wärme bei $T>T_b$ abgeführt, so ist allerdings deren Exergie negativ und die Exergie des gekühlten Systems verringert sich durch Wärmeabgabe.

[1] Mit der Vernachlässigung bei c_{vm} gemäß Fußnote zu Gl 3.11.

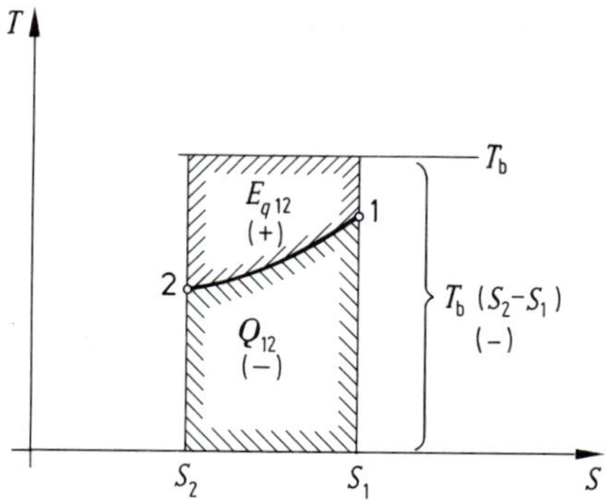

B 3.30 Exergiezunahme durch Kühlung bei $T < T_b$

Die beim reversiblen Kreisprozeß bei Umgebungstemperatur abgegebene Abwärme ist der nicht in Arbeit umwandelbare Teil der zugeführten Wärme, also die Anergie B_{q12} der zugefügten Wärme (B 3.27):

$$B_{q12} = T_b(S_2 - S_1) \qquad \textbf{(Gl 3.45)}$$

Beispiel 3.10: Für den nach Beispiel 3.3/3.9 erwärmten Heliumstrom sind zu bestimmen:

a) Die Exergie des zugeführten Wärmestromes; das Ergebnis ist mit der Exergieänderung des erwärmten Heliumstromes nach Beispiel 3.9 zu vergleichen,

b) die Anergie des zugeführten Wärmestromes,

c) die thermodynamische Mitteltemperatur,

d) die Exergie des zugeführten Wärmestromes mit Hilfe der thermodynamischen Mitteltemperatur; das Ergebnis ist mit der Lösung nach a) zu vergleichen.

Zu a: Exergie des zugeführten Wärmestromes nach Gl 3.42b mit $\mathrm{d}W_{diss} = 0$:

$$\dot{E}_{q12} = \dot{Q}_{12} - T_b(\dot{S}_2 - \dot{S}_1)$$

Hierin: $\dot{Q}_{12} = 1000$ kW (Bsp. 3.3) $T_b(\dot{S}_2 - \dot{S}_1) = 885$ kW (Bsp. 3.9)

$$\dot{E}_{q12} = 1000\ \mathrm{kW} - 885\ \mathrm{kW} = \underline{115\ \mathrm{kW}}$$

Das Ergebnis stimmt, wie erwartet, mit der Exergieänderung des Heliumstromes überein (Beispiel 3.9b).

Zu b: Anergie des zugeführten Wärmestromes (Gl 3.45):

$$\dot{B}_{q12} = T_b(S_2 - S_1) = \underline{885\ \ \mathrm{kW}} \quad \text{(Bsp. 3.9)}$$

Zu c: Thermodynamische Mitteltemperatur (Gl 3.43a), mit $\dot{Q}_{12} = 1000$ kW und $\dot{S}_{q12} = \dot{S}_2 - \dot{S}_1 = 3{,}02\ \frac{\mathrm{kW}}{\mathrm{K}}$ (Bsp. 3.3):

$$T_m = \frac{\dot{Q}_{12}}{\dot{S}_{q12}} = \frac{1000\ \mathrm{kW\ K}}{3{,}02\ \mathrm{kW}} = \underline{331{,}1\ \mathrm{K}}$$

oder nach Gl 3.43b, mit $t_1 = 10$ °C, $t_2 = 111{,}35$ °C (Bsp. 3.3):

$$T_m = \frac{T_2 - T_1}{\ln \frac{T_2}{T_1}} = \frac{(384{,}35 - 283)\ \mathrm{K}}{\ln \frac{384{,}35\ \mathrm{K}}{283\ \mathrm{K}}} = \underline{331{,}1\ \mathrm{K}}$$

Zu d: Exergie des zugeführten Wärmestromes (Gl 3.44) mit $t_b = 20\,°C$ (Bsp. 3.9):

$$\dot{E}_{q12} = \left(1 - \frac{T_b}{T_m}\right)\dot{Q}_{12} = \left(1 - \frac{293\,K}{331{,}1\,K}\right) 1000\,kW = \underline{115\,kW}$$

Das Ergebnis stimmt mit dem nach a) überein.

Beispiel 3.11: 1000 kg Methan sollen in einem Vorkühler zur Verflüssigung von −20 °C auf −80 °C bei konstantem Druck gekühlt werden. Das Methan soll als ideales Gas betrachtet, die spezifische Wärmekapazität bei 0 °C eingesetzt werden. Bezugstemperatur 20 °C.

Wie ändert sich die Exergie des Methans infolge der Kühlung?

Die Exergie des Methans ändert sich um die Exergie der abgeführten Wärme (vgl. Beispiel 3.10) nach Gl 3.42 b (mit $d\,W_{diss} = 0$):

$$E_{q12} = Q_{12} - T_b(S_2 - S_1)$$

Hierin ist die abgeführte Wärme (Gl 1.41 b mit $W_{diss\,12} = 0$):

$$Q_{12} = m\,c_p(T_2 - T_1) = 1000\,kg\;2{,}1562\,\frac{kJ}{kg\,K}\,(193 - 253)\,K = -129372\,kJ$$

Entropiedifferenz nach Gl 3.12:

$$S_2 - S_1 = m\,c_p \ln\frac{T_2}{T_1} = 1000\,kg\;2{,}1562\,\frac{kJ}{kg\,K}\ln\frac{193\,K}{253\,K} = -583{,}7\,\frac{kJ}{K}$$

Oben eingesetzt:

$$E_{q12} = \left[-129372\,kJ - 293\,K\left(-583{,}7\,\frac{kJ}{K}\right)\right]\frac{MJ}{1000\,kJ}$$

$$E_{q12} = \underline{+41{,}65\,MJ}$$

Trotz der *abgeführten* Wärme ($Q_{12} = -129{,}37$ MJ) *steigt* die Exergie des Methans!

3.7.5 Exergieverlust

Wir hatten am Beispiel der Drosselung erkannt, daß ein Fluid nach diesem irreversiblen Vorgang weniger Arbeit verrichten kann als vorher (B 3.23), seine Exergie hat somit abgenommen. Wir folgern:

> *Für die Exergie gibt es keinen Erhaltungssatz. Bei allen irreversiblen Vorgängen tritt ein Exergieverlust E_{v12} auf.*

Exergie wandelt sich dabei in Anergie um, der Exergieverlust ist gleich der Anergievermehrung. Auf die Zeit bezogen spricht man von *Exergieverluststrom* oder *Exergieverlustleistung* $\dot{E}_{v12}$. Bei reversiblen Vorgängen ist der Exergieverlust Null.

Wir leiten den Exergieverlust für offene und geschlossene Systeme ab und stellen fest, daß wir zum gleichen Ergebnis kommen:

Offene Systeme. Der durch Dissipation entstehende Exergieverlust ist gleich der Differenz zwischen den zu- und abgeführten Exergien **(B 3.31)**:

$$E_{v12} = E_{f1} - E_{f2} + E_{q12} + W^*_{i12} \qquad \textbf{(Gl 3.46)}$$

Wir ersetzen E_f nach Gl 3.33, E_{q12} nach Gl 3.42b und W_{i12}^* nach Gl 1.30b:

$$E_{v12} = H_1 - H_2 + T_b(S_2 - S_1) + \frac{m}{2}(c_1^2 - c_2^2) + m g (z_1 - z_2)$$
$$+ Q_{12} - T_b(S_2 - S_1) + T_b \int_1^2 \frac{\mathrm{d}W_{diss}}{T}$$
$$+ H_2 - H_1 + \frac{m}{2}(c_2^2 - c_1^2) + m g (z_2 - z_1) - Q_{12}$$

Wir lösen auf und führen Gl 3.7c ein:

$$E_{v12} = T_b \int_1^2 \frac{\mathrm{d}W_{diss}}{T} = T_b S_{i12} \qquad \textit{gilt allgemein} \qquad \textbf{(Gl 3.47)}$$

Geschlossene Systeme. Der durch Dissipation entstehende Exergieverlust ist gleich der Differenz zwischen der Exergie E_{g1} vor und E_{g2} nach dem Prozeß, zuzüglich der mit der Wärme (E_{q12}) und der Arbeit zu- oder abgeführten Exergie. Die Exergie der Arbeit am geschlossenen System ist gleich der Nutzarbeit ($W_{g12} - W_{u12}$).

$$E_{v12} = E_{g1} - E_{g2} + E_{q12} + W_{g12} - W_{u12}$$

Wir ersetzten E_g nach Gl 3.40, E_{q12} nach Gl 3.42b, W_{g12} nach Gl 1.24b, W_{u12} nach Gl 1.18 und erhalten – wie bei der Ableitung der Gl 3.47 – das Ergebnis:

$$E_{v12} = T_b \int_1^2 \frac{\mathrm{d}W_{diss}}{T} = T_b S_{i12} \qquad \textit{gilt allgemein} \qquad \text{(Gl 3.47)}$$

Allgemein. Für *alle* irreversiblen Vorgänge gilt:

Der Exergieverlust ist das Produkt aus der Umgebungstemperatur T_b und der durch irreversible Vorgänge erzeugten Entropie S_{i12}.

Das gilt für die hier behandelte Reibung, aber auch z.B. für den Temperaturausgleich (Abschn. 3.6), die Gemischbildung (Abschn. 6.3.3), die Wärmeübertragung (Abschn. 8.6.4) oder die Verbrennung (Abschn. 9.8.3).

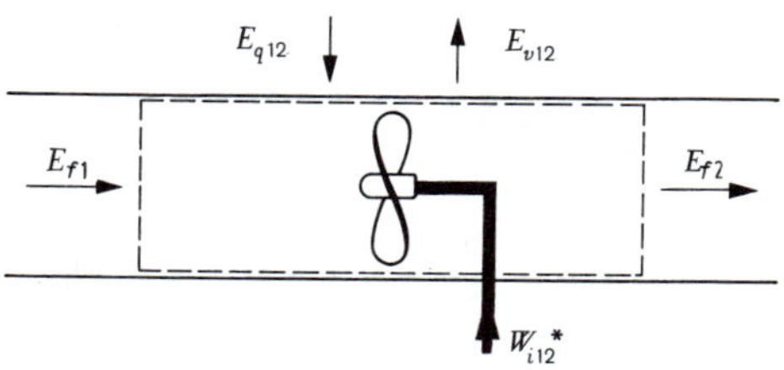

B 3.31 Exergiebilanz eines strömenden Fluids

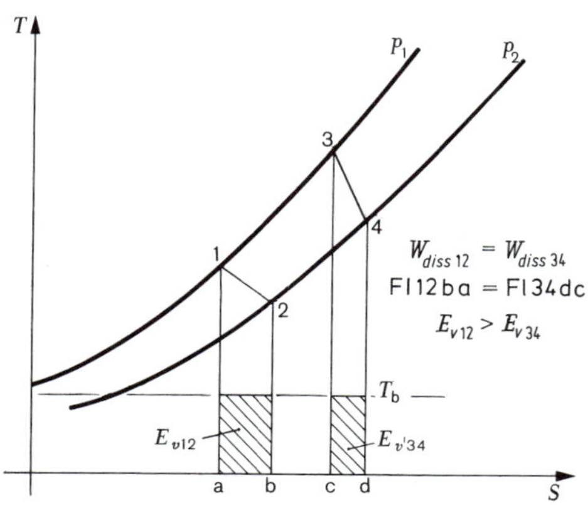

B 3.32 (rechts) Exergieverluste in adiabaten Systemen bei gleicher Dissipationsarbeit aber verschiedenen Anfangstemperaturen

Adiabate Vorgänge. Auch hier gilt Gl 3.47. Da $S_{q\,12}=0$ ist, ist die Entropieerzeugung $S_{i\,12}$ gleich der Entropieänderung des Systems S_2-S_1 (Gl 3.9):

$$E_{v\,12}=T_b\,S_{i\,12}=T_b(S_2-S_1) \qquad \textit{adiabates System} \qquad \textbf{(Gl 3.48)}$$

S_2-S_1 kann für ideales Gas nach Gl 3.18 oder Gl 3.19 berechnet werden. $E_{v\,12}$ ist bei gleicher Dissipationsenergie um so größer, je niedriger die Temperatur ist, bei der Dissipation auftritt **(B 3.32). Bild 3.33** zeigt den Exergieverlust bei adiabater Kompression oder Expansion im *T, S*-Diagramm.

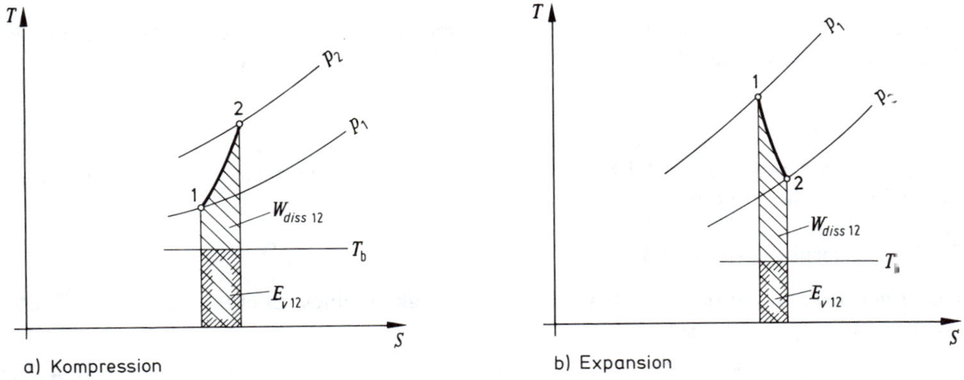

B 3.33 Exergieverlust bei adiabaten Prozessen im *T, S*-Diagramm

Beispiel 3.12: Zu bestimmen ist der spezifische Exergieverlust durch die im Beispiel 3.6 berechnete adiabate Drosselung. Zustand der Umgebung 20 °C und 1 bar.

(Gl 3.48): $$e_{v\,12}=T_b\,(s_2-s_1)=293\text{ K}\;0{,}3155\,\frac{\text{kJ}}{\text{kg K}}=\underline{92{,}4\,\frac{\text{kJ}}{\text{kg}}}$$

Beispiel 3.13: Welcher Exergieverluststrom tritt bei 20 °C Umgebungstemperatur bei der irreversiblen adiabaten Kompression nach Beispiel 3.5 ein?

Exergieverluststrom für adiabate Systeme nach Gl 3.48:

$$\dot{E}_{v\,12}=T_b(\dot{S}_2-\dot{S}_1) \qquad \text{Hierin:}\quad \dot{S}_2-\dot{S}_1=2{,}66\,\frac{\text{kW}}{\text{K}} \quad \text{(Bsp. 3.5c)}$$

$$\dot{E}_{v\,12}=293\text{ K}\;2{,}66\,\frac{\text{kW}}{\text{K}}=\underline{779\text{ kW}}$$

Aufgabe 3.11: Luft von 1 bar Überdruck und 30 °C wird um 0,2 bar adiabat gedrosselt. Die Strömungsgeschwindigkeit soll konstant bleiben. Umgebungszustand 1 bar Absolutdruck und 20 °C.

Es sind zu bestimmen:

a) Der spezifische Exergieverlust,

b) die spezifische Dissipationsarbeit.

Aufgabe 3.12: Welcher Exergieverluststrom tritt bei 20 °C Umgebungstemperatur bei der irreversiblen adiabaten Expansion nach Aufgabe 3.5 ein?

3.7.6 Exergetischer Wirkungsgrad

Das Verhältnis der in einem Prozeß genutzten Exergie zur aufgewandten Exergie wird als *exergetischer Wirkungsgrad* bezeichnet.

$$\zeta = \frac{E_{\text{Nutz}}}{E_{\text{Aufwand}}} \qquad \textbf{(Gl 3.49)}$$

Führt man $E_{\text{Nutz}} = E_{\text{Aufwand}} - E_v$ ein, so ergibt sich:

$$\zeta = 1 - \frac{E_v}{E_{\text{Aufwand}}} \qquad \textbf{(Gl 3.50)}$$

Für den jeweils zu beurteilenden Prozeß müssen die aufzuwendende und die genutzte Exergie definiert werden. So gilt z.B. für Wärmekraftmaschinen (Abschn. 2.4):

$$\zeta = \frac{|W_k|}{E_{q\,zu}}$$

Wir gehen in Abschn. 4.1.2 (Gl 4.1 a/b), in den Abschn. 4.2 bis 4.4 sowie in Abschn. 5.3.2 und 5.6 näher hierauf ein.

3.7.7 Energiequalitätsgrad

Der *Energiequalitätsgrad* φ_{EQ} bewertet die Fähigkeit eines Energieträgers zur Energieumwandlung. Definition [30]:

$$\varphi_{EQ} = \frac{\text{Exergie}}{\text{Energie}} \qquad \textbf{(Gl 3.51)}$$

Es gilt z.B. $\varphi_{EQ} = 1$ für elektrische, kinetische und potentielle Energie (Abschn. 3.7.1), $\varphi_{EQ} \approx 1$ für Brennstoffe (T 9.5/9.6), $\varphi_{EQ} = \eta_c$ für Wärme (Gl 3.44). So kann z.B. Abwärme unterschiedlicher Temperatur mittels des Energiequalitätsgrades bewertet werden; für Abwärme mit Umgebungstemperatur T_b ist $\varphi_{EQ} = 0$.

Aufgabe 3.13: Welchen Wert hat der Energiequalitätsgrad folgender Wärmeträger bei einer Umgebungstemperatur von 20 °C:

a) Heizwasser, das von 70 °C auf 50 °C gekühlt wird,

b) Raumluft mit 20 °C?

3.7.8 Energie- und Exergie-Flußbild

Zur Untersuchung der Arbeitsweise einer Maschine oder einer Anlage verwendet man neben dem Energie-Flußbild (Sankey[1]-Diagramm) auch das Exergie-Flußbild. Die Güte einer Energieumwandlung kann mit einer solchen Exergiebetrachtung besser beurteilt werden als mit einer reinen Energiebetrachtung.

Beispiel 3.14: Für den reversiblen und irreversiblen Carnot-Prozeß (Beispiele 3.1 und 3.2) sind die Energie- und Exergie-Flußbilder maßstäblich zu zeichnen. Umgebungstemperatur 20 °C.

1. Reversibler Carnot-Prozeß nach Beispiel 3.1.

Folgende Werte wurden im Beispiel berechnet:

$$Q_{12} = 1989\ \text{kJ} \quad \text{bei} \quad T_1 = 1000\ \text{K}$$

$$|Q_{34}| = 1255\ \text{kJ} \quad \text{bei} \quad T_3 = 631\ \text{K}; \quad |W_{car}| = 734\ \text{kJ}$$

[1] *Henry Riall Sankey* (sprich s'ænki) (1853–1921), irischer Ingenieur, veröffentlichte 1898 erstmalig ein Energie-Flußbild

Die Exergie der zugeführten Wärme ist, da $T_1 = \text{konst.}$

$$E_{q12} = \eta_c \quad Q_{12} = \left(1 - \frac{T_b}{T_1}\right) Q_{12} = \left(1 - \frac{293\ \text{K}}{1000\ \text{K}}\right) \cdot 1989\ \text{kJ} = 1407\ \text{kJ}$$

Die Exergie der abgeführten Wärme

$$|E_{q34}| = \eta_c |Q_{34}| = \left(1 - \frac{T_b}{T_3}\right) |Q_{34}| = \left(1 - \frac{293\ \text{K}}{631\ \text{K}}\right) \cdot 1255\ \text{kJ} = 673\ \text{kJ}$$

Die Exergiebilanz ergibt **(B 3.34):** $E_{q\,12} = |W_{car}| + |E_{q\,34}|$

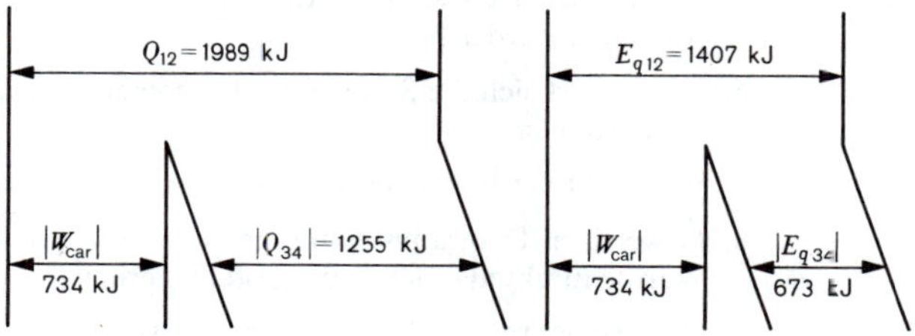

B 3.34 Energie- und Exergieflußbild des reversiblen Carnot-Prozesses

2. Irreversibler Carnot-Prozeß nach Beispiel 3.2.
Folgende Werte wurden im Beispiel berechnet:

$$Q_{i12} = 1\,790\ \text{kJ} \quad \text{bei} \quad T_1 = 1\,000\ \text{K}; \quad W_{diss\,12} = 199\ \text{kJ}$$
$$|Q_{i34}| = 1\,381\ \text{kJ} \quad \text{bei} \quad T_3 = 631\ \text{K}; \quad W_{diss\,34} = 126\ \text{kJ}; \quad |W_{i\,car}| = 409\ \text{kJ}$$

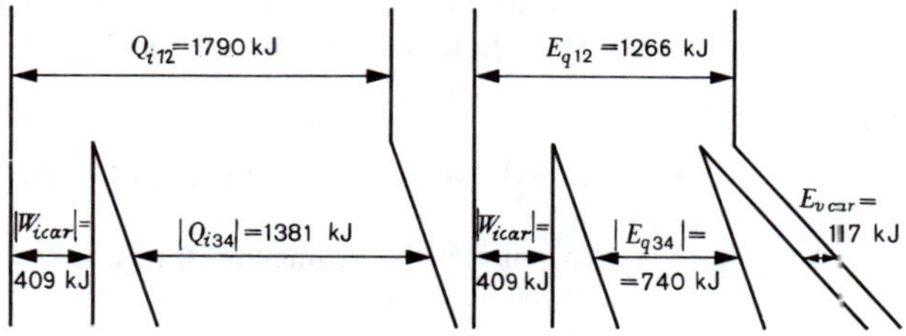

B 3.35 Energie- und Exergieflußbild des irreversiblen Carnot-Prozesses

Exergie der zugeführten Wärme: $E_{q\,12} = \eta_c\, Q_{i\,12} = \left(\frac{1 - T_b}{T_1}\right) Q_{i\,12} = \left(1 - \frac{293\ \text{K}}{1\,000\ \text{K}}\right) 1\,790\ \text{kJ} = 1\,266\ \text{kJ}$

Exergie der abgeführten Wärme: $|E_{q34}| = \eta_c\, |Q_{i34}| = \left(1 - \frac{T_b}{T_3}\right) |Q_{i34}| = \left(1 - \frac{293\ \text{K}}{631\ \text{K}}\right) 1381\ \text{kJ} = 740\ \text{kJ}$

Der Exergieverlust durch die Reibung tritt in diesem Fall bei den Temperaturen T_1 und T_3 auf und kann daher berechnet werden nach

$$E_{v\,12} = \left(\frac{T_b}{T_1}\right) W_{diss\,12} = \left(\frac{293\ \text{K}}{1\,000\ \text{K}}\right) 199\ \text{kJ} = 58{,}4\ \text{kJ}$$

$$E_{v\,34} = \left(\frac{T_b}{T_3}\right) W_{diss\,34} = \left(\frac{293\ \text{K}}{631\ \text{K}}\right) 126\ \text{kJ} = 58{,}4\ \text{kJ}$$

Gesamter Exergieverlust des Prozesses: $E_{v\,car} = E_{v\,12} + E_{v\,34} = 116{,}8\ \text{kJ}$ abgerundet 117 kJ.

Exergiebilanz **(B 3.35):** $E_{q\,12} = |W_{i\,car}| + |E_{q\,34}| + E_{v\,12} + E_{v\,34} = |W_{i\,car}| + |E_{q\,34}| + E_{v\,car}$.

Aufgabe 3.14: Für den reversiblen Carnot-Prozeß nach Beispiel 3.1 und 3.14 sind zu ermitteln:

a) Der thermische Wirkungsgrad,

b) der exergetische Wirkungsgrad.

Kontrollfragen (Antworten Abschn. 11.3)

3.1

1. Durch welche Merkmale sind irreversible Vorgänge gekennzeichnet?
2. Welche thermodynamischen Vorgänge verlaufen irreversibel?

3.2

3. Wie heißt die erste Formulierung des 2. Hauptsatzes der Thermodynamik?
4. Wie heißt die allgemeinste Form des 2. Hauptsatzes?

3.3

5. Nach welcher Gleichung kann die Entropie für reversible und irreversible Vorgänge berechnet werden?
6. Wie ändert sich die Summe der Entropien aller an irreversiblen Vorgängen beteiligten Systemen?
7. Was stellt die Fläche unter einer Zustandsänderung im T, S-Diagramm dar?
8. In welchem Diagramm kann die bei einem reversiblen Vorgang zu- oder abgeführte Wärme direkt als Fläche dargestellt werden?
9. Die zu einer reversiblen polytropen Zustandsänderung des idealen Gases mit $\varkappa > n > 1$ gehörenden Energien
   a) die Änderungen der Enthalpie und inneren Energie
   b) die technische Arbeit und die Volumenänderungsarbeit
   c) die zugeführte Wärme
   sind als Flächen im T, S-Diagramm darzustellen.
10. a) Der Carnot-Prozeß ist im T, S-Diagramm darzustellen.
    b) Mit Hilfe dieser Zeichnung ist η_{th} dieses Prozesses abzuleiten.

3.4

11. a) Was ist eine Drosselung?
    b) Unter welchen Voraussetzungen gelten die dafür allgemein abgeleiteten Gleichungen?
    c) Welche zusätzliche Bedingung ist zu erfüllen, damit die Drosselung bei konstanter Enthalpie verläuft?

3.7

12. a) Warum wurde der Begriff „Exergie" eingeführt?
    b) Wie lautet der Zusammenhang zwischen Energie, Exergie und Anergie?
13. Wie sind Exergie und Anergie definiert?
14. a) Wie heißt die Gleichung für die Exergie eines strömenden Fluids?
    b) Die Exergie eines strömenden idealen Gases ist im T, S-Diagramm darzustellen.
15. Wie ist die Exergie der Wärme definiert?
16. Bei welchen Vorgängen treten Exergieverluste auf?
17. Im T, S-Diagramm sind mit Hilfe einer irreversiblen isothermen Expansion folgende Größen als Fläche darzustellen:
    a) die zugeführte Wärme und die Dissipationsarbeit,
    b) Exergie und Anergie der Wärme,
    c) Exergieverlust.
18. Welchen Vorteil hat das Exergie- gegenüber dem Energieflußbild?

4 Das ideale Gas in Maschinen und Anlagen

Die für unser tägliches Leben und für industrielle Prozesse benötigte mechanische (bzw. elektrische) Energie wird durch Umwandlung von Primärenergie bereitgestellt. In Anlagen der Energietechnik werden als Primärenergie Brennstoff-, Nuklear-, Solarenergie und geothermische Energie eingesetzt. Die Umwandlung der Primärenergie erfolgt überwiegend – über die Zwischenstufe thermische Energie – in Kreisprozessen.

Die direkte Umwandlung von Brennstoff- und Solarenergie in elektrische Energie ist in Brennstoff- bzw. Solarzellen möglich. In Brennstoffzellen verläuft eine elektrochemische Reaktion, wir behandeln sie in Abschnitt 9.9. Solarzellen basieren auf dem photovoltaischen Effekt. Der Anteil beider Verfahren am Gesamtenergieaufkommen ist wegen der z.Z. noch nicht erreichten Wirtschaftlichkeit gering.

Wir gehen nachfolgend auf die für die technische Praxis wichtigen *Kreisprozesse* in Wärme- und Verbrennungskraftanlagen näher ein.

4.1 Kreisprozesse für Wärme- und Verbrennungskraftanlagen

4.1.1 Vergleichsprozesse

In *Wärmekraftanlagen* (*Wärmekraftmaschinen*) wird Wärme in Arbeit umgewandelt (Abschn. 2.4). Die Wärme wird dem in der Anlage im Kreisprozeß strömenden Fluid bei möglichst hoher Temperatur zugeführt. In *Verbrennungskraftanlagen* (*Verbrennungskraftmaschinen*) wird chemisch gebundene Brennstoffenergie durch Reaktion mit Luftsauerstoff innerhalb der Maschine freigesetzt, der Prozeß wird dann mit dem Verbrennungsgas fortgesetzt.

Die Wärmekraftanlage ist somit insgesamt ein *geschlossenes System*, in dem das Fluid nach mehreren Einzelvorgängen wieder zu seinem Ausgangspunkt zurückgeführt wird. Die Verbrennungskraftanlage ist dagegen ein *offenes System*, dem Brennstoff und Luft zugeführt und von dem Abgas abgegeben wird.

Wir können aber beide Anlagetypen einheitlich anhand von Kreisprozessen behandeln und bewerten. Hierzu legen wir für die wirklichen, irreversiblen Prozesse in Wärme- und Verbrennungskraftanlagen vereinfachte *reversible Vergleichsprozesse* mit einfachen Zustandsänderungen fest, die das thermodynamische Arbeitsprinzip dieser Anlagen möglichst gut wiedergeben. Die Vergleichsprozesse stellen somit einen der Arbeitsweise der Anlagen nahekommenden Idealfall dar.

Wir behandeln in Abschn. 4 nur gasförmige Fluide und betrachten diese als ideale Gase, was in den zur Anwendung kommenden Zustandsbereichen zulässig ist (Dampfkraftanlagen s. Abschn. 5.3 und 5.4).

4.1.2 Bewertungsziffern für die idealisierten Kreisprozesse

Geeignete Bewertungsziffern ermöglichen einen Vergleich der verschiedenen idealisierten Kreisprozesse und eine Gegenüberstellung der verschiedenen Ausführungen innerhalb einer Anlagengattung.

Der thermische Wirkungsgrad η_{th}. Der thermische Wirkungsgrad wurde bereits definiert (Abschn. 2.4.3): Es ist das Verhältnis der Nutzarbeit des idealisierten (reversiblen) Kreisprozesses zur zugeführten Wärme.

$$\eta_{th}=\frac{|W_k|}{Q_{zu}} \qquad \textbf{(Gl 2.51)}$$

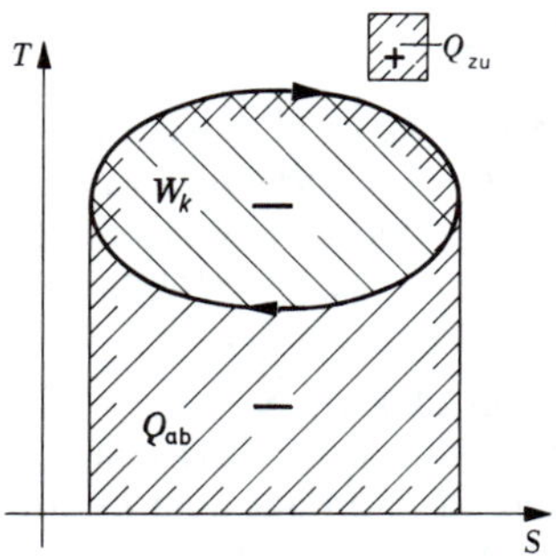

B 4.1 Beliebiger reversibler Kreisprozeß im *T, S*-Diagramm

Durch die Darstellung eines Kreisprozesses im *T, S*-Diagramm haben wir die Möglichkeit η_{th} zu veranschaulichen **(B 4.1).** Der bestmögliche Wert für η_{th} ergibt sich bei einem Kreisprozeß mit jeweils konstanter Temperatur bei der Wärmezu- und Wärmeabfuhr, wie z.B. beim Carnot-Prozeß (Abschn. 3.3.7).

Der exergetische Wirkungsgrad ζ. Neben dem thermischen Wirkungsgrad hatten wir in Abschn. 3.7.6 als exergetischen Wirkungsgrad das Verhältnis der Nutzarbeit des reversiblen Kreisprozesses (genutzte Exergie) zur Exergie der zugeführten Wärme (aufgewandte Exergie) definiert

$$\zeta = \frac{|W_k|}{E_{q\,\mathrm{zu}}} \qquad \textbf{(Gl 4.1 a)}$$

Exergetischer und thermischer Wirkungsgrad sind miteinander verknüpft. Wir ersetzen in Gl 2.51 $|W_k|$ nach Gl 4.1a und führen $E_{q\,\mathrm{zu}} = \eta_c\, Q_{\mathrm{zu}}$ (Gl 3.44) ein:

$$\eta_{th} = \frac{|W_k|}{Q_{\mathrm{zu}}} = \frac{\zeta E_{q\,\mathrm{zu}}}{Q_{\mathrm{zu}}} = \frac{\zeta \eta_c Q_{\mathrm{zu}}}{Q_{\mathrm{zu}}}$$

$$\eta_{th} = \zeta \eta_c \quad \text{mit} \quad \eta_c = 1 - \frac{T_{\mathrm{b}}}{T_{\mathrm{m}}} \qquad \textbf{(Gl 4.1 b)}$$

η_c ist mit der thermodynamischen Mitteltemperatur T_{m} (Gl 3.43) bei der Wärmezufuhr zu bilden. Bei isotherm zugeführter Wärme, z.B. beim Carnot-Prozeß, ist $T_{\mathrm{m}} = T_{\mathrm{zu}}$.

Das Arbeitsverhältnis r_w. Die Betrachtung des Carnot-Prozesses zeigte, daß ein Prozeß mit einem besseren thermischen Wirkungsgrad nicht möglich ist. Auf der anderen Seite wurde der Carnot-Prozeß in keiner Maschine verwirklicht. Die Erklärung hierfür finden wir nicht beim reversiblen Kreisprozeß mit dem hervorragenden thermischen Wirkungsgrad, sondern wir müssen für unsere Überlegungen den irreversiblen Prozeß heranziehen.

Bei der Druckminderung von 1 nach 3 wird die Arbeit $W_{t\,12} + W_{t\,23} = W_t^-$ vom Gas an den Kolben abgegeben, dagegen muß bei der Drucksteigerung von 3 nach 1 die Arbeit $W_{t\,34} + W_{t\,41} = W_t^+$ vom Kolben dem Gas zugeführt werden **(B 2.20).** Verläuft der Prozeß nun irreversibel, so wird infolge von Verlusten der bei der Expansion vom Gas abgegebene Betrag der Arbeit W_i^- kleiner als der beim reversiblen Prozeß abgegebene Betrag der Arbeit W_t^-. Die bei der Kompression dem Gas zuzuführende Arbeit W_i^+ muß größer als W_t^+ sein.

Allgemein kann daraus für jeden idealisierten Kreisprozeß gefolgert werden, daß die Nutzarbeit W_k im Verhältnis zu der bei der Druckminderung abgegebenen Arbeit W_t^- genügend groß sein muß, damit bei der Übertragung des Prozesses auf eine Maschine nach Abzug der Verluste eine ausreichende Arbeit übrig bleibt.

Der Einfluß von Dissipation beim irreversiblen Prozeß wird um so größer, je kleiner W_k im Verhältnis zu W_t^- ist. Dieses Arbeitsverhältnis – r_w – wird in Anlehnung an Baehr als Bewertungsziffer eingeführt.

$$r_w = \frac{W_k}{W_t^-} \qquad \textbf{(Gl 4.2)}$$

Für einen günstig auf eine Maschine zu übertragenden idealisierten Kreisprozeß ist neben einem hohen thermischen Wirkungsgrad auch ein gutes Arbeitsverhältnis, möglichst nahe 1, zu fordern. Beim Carnot-Prozeß **(B 2.20)** ist die Arbeit W_k im Verhältnis zur Arbeit W_t^- klein, daher ist der Carnot-Prozeß in keiner Maschine verwirklicht worden[1].

Zur Kennzeichnung der oben geschilderten Eigenart der Kreisprozesse wird auch oft der „mittlere Druck" p_m benutzt.

$$p_m = \frac{\text{Fläche des Kreisprozesses im } p, V\text{-Diagramm}}{\Delta V\text{-Linie im } p, V\text{-Diagramm}}$$

Wir werden nur das Arbeitsverhältnis zur Beurteilung der Kreisprozesse heranziehen.

4.1.3 Bewertung der Abweichung der wirklichen von idealisierten Prozessen

Mit den drei abgeleiteten Bewertungsziffern kann der *idealisierte* Kreisprozeß beurteilt werden. Die folgenden Bewertungsziffern dienen der Beurteilung der *irreversiblen* Wärme- und Verbrennungskraftanlagen. Bei der Aufstellung der Bewertungsziffern muß darauf hingewiesen werden, daß weder in der Literatur noch in der Normung Einheitlichkeit besteht. Wir wählen einfache, häufig übliche Bezeichnungen, die sich für alle Prozesse in gleicher Weise verwenden und sich sinngemäß auch auf Arbeitsmaschinen übertragen lassen.

Der innere Wirkungsgrad η_i. In Anlehnung an die in einem offenen System in einer Maschine verrichtete innere Arbeit W_{i12} (Abschn. 1.6.2) definieren wir die *innere Arbeit der Prozesse* W_{ik}: Es ist die vom Arbeitsmittel bei einem wirklichen, irreversiblen Prozeß in den Maschinen insgesamt verrichtete Arbeit.

W_{ik} kann als Summe aller am Prozeß beteiligten irreversiblen Arbeiten ermittelt werden (entspr. Gl 2.49 und Gl 2.50)

$$W_{ik} = \sum W_g = \sum W_i \qquad \textbf{(Gl 4.3)}$$

oder aus einer Bilanz der Energie, die die Systemgrenze überschreitet.

Ist auch der wirkliche Prozeß ein Kreisprozeß (geschlossenes Gesamtsystem, **B 4.12**), dann gilt

$$|W_{ik}| = -W_{ik} = Q_{i\,\text{zu}} + Q_{i\,\text{ab}} \qquad \textbf{(Gl 4.4)}$$

Läuft der wirkliche Prozeß dagegen in einem offenen System ab **(B 4.11)**, dann muß auch die Enthalpie des ein- und austretenden Arbeitsmittels berücksichtigt werden. Bei vernachlässigter Änderung der kinetischen und potentiellen Energie gilt dann

$$|W_{ik}| = -W_{ik} = Q_{i\,\text{zu}} + Q_{i\,\text{ab}} + H_{\text{ein}} - H_{\text{aus}} \qquad \textbf{(Gl 4.5)}$$

Darin sind: $Q_{i\,\text{zu}}$ und $Q_{i\,\text{ab}}$ die dem wirklichen Prozeß insgesamt zugeführte bzw. abgeführte Wärme, H_{ein} und H_{aus} die Enthalpien des ein- und austretenden Arbeitsmittels.

---

[1] Ein weiterer Grund liegt in dem für einen guten Wirkungsgrad beim Carnot-Prozeß notwendigen hohen Druck nach der isentropen Kompression.

Die Arbeit ist als abgegebene Arbeit bei den hier behandelten rechtslaufenden Kreisprozessen immer negativ. In vielen Fällen interessiert aber nur der Betrag dieser Arbeit $|W_{ik}|$.

Die innere Arbeit W_{ik} ist infolge der inneren Verluste und anderer Abweichungen des wirklichen vom idealisierten Prozeß kleiner als die Arbeit W_k. Die inneren Verluste sind u.a. Reibungsarbeiten bei der Kompression oder der Expansion, wie z.B. die Strömungsverluste an den Schaufeln, die die Entropie des Arbeitsmittels erhöhen.

Um den wirklichen Prozeß mit dem Vergleichsprozeß direkt vergleichen zu können verabreden wir, daß beim wirklichen Kreisprozeß und dem zugehörenden idealisierten Kreisprozeß neben sinnvoller Anpassung der Einzelvorgänge die *zugeführte Wärme gleich sein soll.*

$$Q_{i\,\mathrm{zu}} = Q_{\mathrm{zu}} \qquad \textbf{(Gl 4.6)}$$

Vorteile dieser Vereinbarung: Ein einfacher Vergleich der beiden Prozesse ist möglich.

Die Vereinbarung gestattet die Definition des *inneren Wirkungsgrades* η_i, das Verhältnis der Arbeit des irreversiblen Prozesses zu der des idealisierten Kreisprozesses:

$$\eta_i = \frac{W_{ik}}{W_k} \qquad \textbf{(Gl 4.7 a)}$$

Entsprechend sind die Wirkungsgrade bei den Dampfkraftanlagen definiert, wodurch ein Vergleich zwischen den verschiedenen Wärme- und Verbrennungskraftanlagen möglich wird. Ferner läßt sich so der Gesamtwirkungsgrad als Produkt der Einzelwirkungsgrade errechnen.

Nachteile der Vereinbarung: Durch die Kompression in adiabaten Systemen beginnt die Wärmezufuhr bei höherer Temperatur als nach der reversiblen Kompression. Soll nun die Endtemperatur des idealisierten Prozesses erreicht werden, so muß bei gleichem Betrag der zugeführten Wärme die Masse des Arbeitsmittels beim wirklichen Prozeß (m) größer als beim idealisierten (m') sein ($m > m'$). Beide Prozesse lassen sich nicht mehr unmittelbar in einem Diagramm darstellen und der innere Wirkungsgrad kann nicht mehr mit den spezifischen Arbeiten errechnet werden.

Ferner wird die Wärme, außer bei isothermen Zustandsänderungen in den Maschinen, beim idealisierten und wirklichen Prozeß bei unterschiedlichen Temperaturen zu- und abgeführt. Daher sind die Exergien der zu- als auch der abgeführten Wärme nicht gleich ($E_{q\,i\,\mathrm{zu}} > E_{q\,\mathrm{zu}}$).

Bei der getroffenen Vereinbarung muß beim wirklichen Kreisprozeß mehr Wärme als beim idealisierten an das Kühlsystem abgeführt werden, damit nach einem Arbeitsspiel der Ausgangszustand wieder erreicht wird ($|Q_{i\,\mathrm{ab}}| > |Q_{\mathrm{ab}}|$).

Wegen dieser Nachteile wird teilweise in der Literatur auf die Definition von η_i und damit auf den wichtigen direkten Vergleich des wirklichen mit dem idealisierten Prozeß verzichtet. So ist es z.B. üblich, das Verhältnis der Arbeit des irreversiblen Kreisprozesses $|W_{ik}|$ zur zugeführten Wärme $Q_{i\,\mathrm{zu}}$ als *thermischen Wirkungsgrad des wirklichen (irreversiblen) Kreisprozesses* $\eta_{th\,i}$ zu bezeichnen:

$$\eta_{th\,i} = \eta_{th}\,\eta_i = \frac{|W_{ik}|}{Q_{i\,\mathrm{zu}}} \qquad \textbf{(Gl 4.8 a)}$$

An einem einfachen, irreversiblen Kreisprozeß **(B 4.2)** sollen die Verhältnisse näher erläutert werden. Zwei Verdichter und zwei Gasturbinen bilden die Anlage. Der erste

Verdichter arbeitet reversibel mit einer solchen Wärmeabfuhr, daß die Kompression 12 isotherm verläuft; der zweite Verdichter arbeitet adiabat, aber irreversibel, so daß sich eine polytrope Kompression 23 ergibt. Die erste Gasturbine arbeitet reversibel mit einer solchen Wärmezufuhr, daß das Gas isotherm (34) expandiert; die zweite Gasturbine arbeitet adiabat, aber irreversibel, so daß die Expansion 41 polytrop verläuft. Dieser wirkliche Kreisprozeß soll zur Untersuchung seiner thermodynamischen Gesetzmäßigkeit durch einen möglichst gut angepaßten, einfachen, reversiblen Kreisprozeß bei gleicher Wärmezufuhr ersetzt werden. Hierfür eignet sich der reversible Carnot-Prozeß 1′ 2′ 3 4 **(B 4.2).**

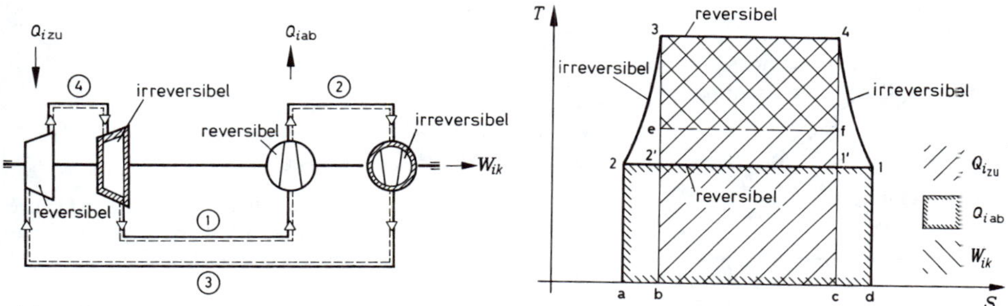

a) Maschinenanordnung

b) Vergleich des irreversiblen mit dem reversiblen Carnot-Prozeß im T, S-Diagramm

B 4.2 Irreversibler Kreisprozeß, vergleichbar mit dem Carnot-Prozeß

Die Arbeit des zu bewertenden Kreisprozesses ist (Gl 4.4):

$$|W_{ik}| = Q_{i\,zu} + Q_{i\,ab}$$

Sie ist kleiner als die von den Zustandsänderungen im T, S-Diagramm eingeschlossene Fläche, wie die nachfolgende Betrachtung zeigt:

Bei dem zu bewertenden Kreisprozeß entspricht die abgegebene Wärme der Fläche 12ad, sie wird ersetzt durch die gleich große Fläche efcb. Da die Arbeit W_{ik} gleich der Differenz der Flächen 3 4 c b und 1 2 a d (entspr. e f c b) ist, entspricht die Arbeit der Fläche 3 4 f e. Wir erkennen, daß im Gegensatz zu den reversiblen Kreisprozessen (Abschnitt 2.4.2 und 3.3.7) bei den wirklichen, irreversiblen Kreisprozessen der Betrag der Arbeit bei rechtslaufenden Kreisprozessen kleiner (bei linkslaufenden größer) als die von den Zustandsänderungen eingeschlossene Fläche ist.

Die Wirkungsgrade können bei diesem einfachen Kreisprozeß durch folgende Flächenverhältnisse veranschaulicht werden:

$$\eta_{th} = \frac{\text{Fläche } 3\,4\,1'\,2'}{\text{Fläche } 3\,4\,c\,b} \qquad \eta_i = \frac{\text{Fläche } 3\,4\,f\,e}{\text{Fläche } 3\,4\,1'\,2'} \qquad \eta_{th\,i} = (\eta_{th}\,\eta_i) = \frac{\text{Fläche } 3\,4\,f\,e}{\text{Fläche } 3\,4\,c\,b}$$

Bei den Kolbenmaschinen wird häufig die Arbeit mit Hilfe des Indikators ermittelt, der den wirklichen Zustandsverlauf im p, V-Diagramm aufzeichnet. Aus diesem kann *die indizierte Arbeit* W_{ind} berechnet und mit ihr der *indizierte Wirkungsgrad* η_{ind}, das Verhältnis der indizierten Arbeit zur Arbeit des idealisierten Kreisprozesses, der den wirklichen Prozeß durch einfache Zustandsänderungen möglichst gut umschließt, gebildet werden.

$$\eta_{ind} = \frac{W_{ind}}{W_k} \qquad \textbf{(Gl 4.7b)}$$

Dieser Wirkungsgrad wird zur Beurteilung der Kolbenmaschinen herangezogen und in der Literatur häufig dem inneren Wirkungsgrad η_i gleichgesetzt. Dies ist nicht richtig, da die indizierte Arbeit W_{ind} bei Wärmekraftmaschinen größer als die innere Arbeit W_{ik} ist **(B 4.3).** Allerdings ist bei Kolbenmaschinen der dadurch gemachte Fehler klein, denn die inneren Verluste sind wegen der kleinen Strömungsgeschwindigkeit des Arbeitsmittels gering.

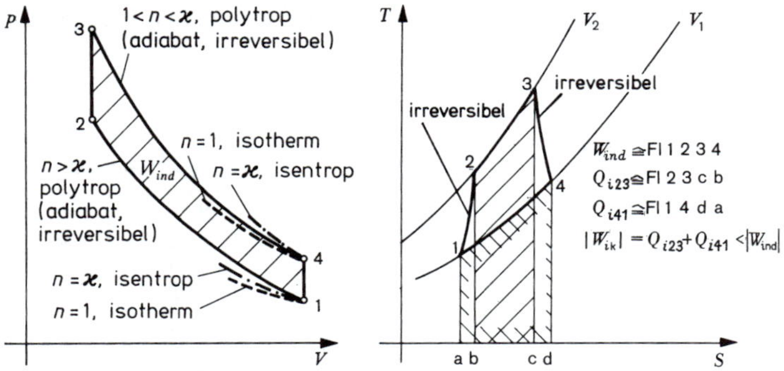

B 4.3 Indizierte und innere Arbeit einer Kolbenkraftmaschine

In DIN 1940[1] z.B. wird der thermische Wirkungsgrad als Wirkungsgrad des vollkommenen Motors η_v und der indizierte Wirkungsgrad als Gütegrad η_g bezeichnet. Das Verhältnis der inneren bzw. der indizierten Arbeit zur zugeführten Wärme

$$\eta_{th\,ind} = \eta_{th}\,\eta_{ind} = \frac{|W_{ind}|}{Q_{i\,zu}} \qquad \textbf{(Gl 4.8 b)}$$

wird dort Innenwirkungsgrad oder indizierter Wirkungsgrad genannt.

Der mechanische Wirkungsgrad η_m. Die Arbeit, die an der Kupplung der Wärme- oder Verbrennungskraftanlage auf die angetriebene Maschine, z.B. den Generator, übertragen wird, nennen wir die *Kupplungsarbeit* W_{ek}. Sie ist um die äußeren Reibungsverluste, z.B. Kolben-, Lager-, Stopfbuchsenreibung u.a.m., kleiner als die innere Arbeit des Kreisprozesses. Die äußeren Verluste sind die Reibungsarbeiten, durch die die Temperatur der äußeren Teile, das sind die Teile, die nicht in Wärmeübertragung mit dem Arbeitsmittel stehen, erhöht wird. Diese Energie wird als Wärme an die Umgebung abgeführt.

Zur Kennzeichnung der äußeren Verluste wird der *mechanische Wirkungsgrad* des Kreisprozesses $\eta_{m\,k}$ als Verhältnis der Kupplungsarbeit zur inneren Arbeit des Kreisprozesses eingeführt.

$$\eta_{m\,k} = \frac{W_{ek}}{W_{ik}} \qquad \textbf{(Gl 4.9 a)}$$

Wird η_{ind} der Beurteilung einer Kolbenmaschine zugrunde gelegt, dann muß auch der mechanische Wirkungsgrad mit der indizierten Arbeit gebildet werden.

$$\eta^*_{m\,k} = \frac{W_{ek}}{W_{ind}} \qquad \textbf{(Gl 4.9 b)}$$

[1] DIN 1940 (12.76): Verbrennungsmotoren. Hubkolbenmotoren. Begriffe, Formelzeichen, Einheiten

Dadurch werden die inneren Verluste mit den äußeren zusammen im mechanischen Wirkungsgrad erfaßt, der dann gegenüber der Berechnung mit der inneren Arbeit etwas kleiner wird.

Der Nutzwirkungsgrad η_e. Der Nutzwirkungsgrad ist das Verhältnis der Kupplungsarbeit zur zugeführten Wärme; er kann folglich auch als Gesamtwirkungsgrad der Wärme- oder Verbrennungskraftanlage bezeichnet werden.

$$\eta_e = \frac{|W_{ek}|}{Q_{i\,zu}} = \eta_{th}\,\eta_i\,\eta_{m\,k} \qquad \textbf{(Gl 4.10a)}$$

oder

$$\eta_e = \frac{|W_{ek}|}{Q_{i\,zu}} = \eta_{th}\,\eta_{ind}\,\eta^*_{m\,k} \qquad \textbf{(Gl 4.10b)}$$

Auf die Bestimmung des Nutzwirkungsgrades hat die Unterscheidung zwischen indizierter Arbeit und innerer Arbeit keinen Einfluß.

4.2 Kreisprozesse der Gasturbinenanlagen

4.2.1 Arbeitsprinzip der Gasturbinenanlagen

Es wurde bereits gezeigt (Abschn. 2.4.1), daß ein Kreisprozeß auch durch ein Hintereinanderschalten von offenen Systemen erreicht werden kann.

Soll in einer Gasturbinenanlage im Kreislauf Arbeit durch Gasentspannung gewonnen werden, so muß diese Anlage einen Verdichter und eine Turbine enthalten. Schaltet man einen Turboverdichter und eine Gasturbine hintereinander **(B 4.4a),** so würde bei reversiblem Prozeß und adiabatem Abschluß der Anlage die von der Gasturbine abgegebene Arbeit gerade ausreichen, um den Verdichter anzutreiben. – Da die Anlage aber Arbeit nach außen abgeben soll, muß auf dem Wege vom Verdichter zur Turbine Wärme zugeführt werden **(B 4.4b).** Dieser Prozeß ergibt aber keinen Kreisprozeß, da sich die Entropie und die Temperatur des Arbeitsmittels fortlaufend erhöhen. Zur Verwirklichung eines Kreisprozesses muß zusätzlich auf dem Wege von der Turbine zum Verdichter Wärme abgeführt werden, damit vor der Verdichtung der Ausgangszustand wieder erreicht wird **(B 4.4c).** Die Wärmezu- und -abfuhr zwischen den Maschinen verlaufen in der Praxis etwa isobar; die Kompression und die Expansion können sich

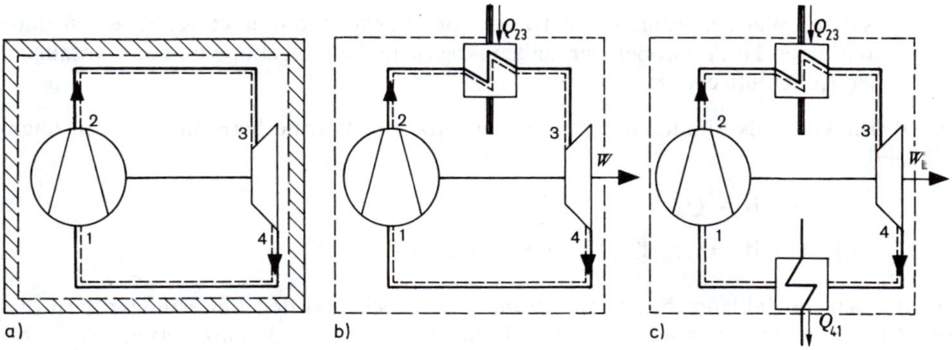

B 4.4 Schematische Darstellung einer Gasturbinenanlage

der Isentropen oder der Isothermen nähern. Statt der Turbomaschinen sind auch Kolbenmaschinen möglich, jedoch hat diese Ausführungsart kaum praktische Bedeutung. Wir untersuchen von den beiden wichtigsten Gasturbinenverfahren die idealisierten Kreisprozesse unter den beschriebenen Voraussetzungen (Abschn. 4.1.1).

4.2.2 Joule-Prozeß als Vergleichsprozeß der Gasturbinenanlage

Ein Prozeß mit isentroper Kompression und Expansion und isobarer Wärmezu- und -abfuhr zwischen den Maschinen heißt Joule-Prozeß.

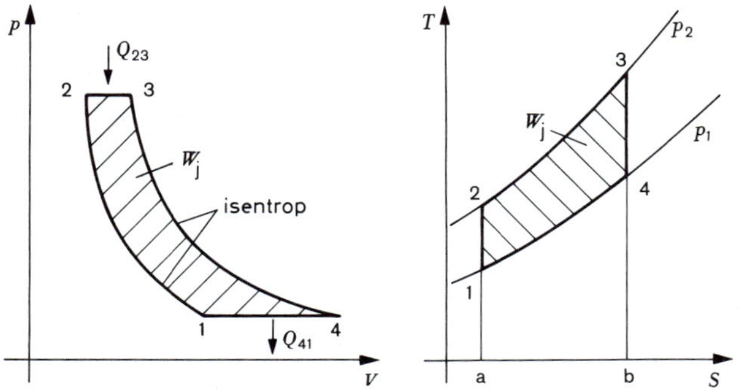

B 4.5 Joule-Prozeß im p, V- und im T, S-Diagramm

Die in den Diagrammen **(B 4.5)** dargestellten Zustandsänderungen haben folgende Bedeutung:

1...2 Isentrope Verdichtung der Luft (oder eines anderen Arbeitsmittels) im Verdichter.

2...3 Isobare Wärmezufuhr, die entweder die Wärmezufuhr über Heizflächen darstellt oder die Wärmezufuhr durch Verbrennung, auch innere Wärmezufuhr genannt, ersetzt. Die Veränderung der chemischen Zusammensetzung des Arbeitsmittels bei der Verbrennung wird nicht berücksichtigt.

3...4 Isentrope Ausdehnung der Luft in der Turbine; im offenen Kreislauf mit innerer Wärmezufuhr ersetzt diese Zustandsänderung die isentrope Expansion der Verbrennungsgase.

4...1 Isobare Wärmeabfuhr, die entweder die Wärmeabfuhr über Kühlflächen darstellt oder das Ausstoßen der heißen Abgase in die Umgebung und das Ansaugen der Außenluft ersetzt.

Die *Arbeit* kann als Summe der zu- und abgeführten Wärme berechnet werden nach (Gl 2.49).

$$|W_j| = -W_j = Q_{23} + Q_{41}$$

$$|W_j| = -W_j = m\,c_{pm}\big|_{t_2}^{t_3}(T_3 - T_2) + m\,c_{pm}\big|_{t_1}^{t_4}(T_1 - T_4)$$

Für die genaue Zahlenrechnung ist bei der Nutzarbeit und den Bewertungsziffern die mit der Temperatur veränderliche spezifische Wärmekapazität einzusetzen. Zur Ableitung der vereinfachten Gesetzmäßigkeiten wird jedoch mit einer während des ganzen

Kreisprozesses konstanten spezifischen Wärmekapazität gerechnet. Mit c_{pm} = konst. wird aus obiger Gleichung

$$|W_j| = -W_j = m c_{pm}(T_1 - T_2 + T_3 - T_4) \qquad \textbf{(Gl 4.11)}$$

Der *thermische Wirkungsgrad* ist mit temperaturveränderlicher spezifischer Wärmekapazität (Gl 2.51):

$$\eta_{th} = \frac{|W_j|}{Q_{23}} = 1 + \frac{Q_{41}}{Q_{23}} = 1 + \frac{m c_{pm}\big|_{t_1}^{t_4} (T_1 - T_4)}{m c_{pm}\big|_{t_2}^{t_3} (T_3 - T_2)}$$

Mit c_{pm} = konst. wird daraus:

$$\eta_{th} = 1 - \frac{T_4 - T_1}{T_3 - T_2}$$

Die Punkte 1 und 2 sowie 3 und 4 sind durch Isentropen zwischen den gleichen Drücken verbunden, daher ist (Gl 2.33c)

$$\frac{T_1}{T_2} = \left(\frac{p_1}{p_2}\right)^{\frac{\varkappa - 1}{\varkappa}} = \frac{T_4}{T_3} \quad \text{also} \quad T_4 = T_3 \frac{T_1}{T_2}$$

$$\eta_{th} = 1 - \frac{T_3 \dfrac{T_1}{T_2} - \dfrac{T_1}{T_2} T_2}{T_3 - T_2}$$

$$\eta_{th} = 1 - \frac{T_1}{T_2} = 1 - \left(\frac{p_1}{p_2}\right)^{\frac{\varkappa - 1}{\varkappa}} \qquad \textbf{(Gl 4.12)}$$

Der thermische Wirkungsgrad η_{th} (Gl 4.12) hängt für ein bestimmtes Gas nur vom Temperaturverhältnis bzw. vom Druckverhältnis bei der isentropen Kompression oder Expansion ab. Die Wärmezufuhr beeinflußt den thermischen Wirkungsgrad nicht. Zur Steigerung von η_{th} muß also das Druckverhältnis $\frac{p_2}{p_1}$ vergrößert werden **(B 4.6)**. Außerdem steigt η_{th} mit höherem $\varkappa$, z.B. bei Verwendung einatomiger Gase wie Helium.

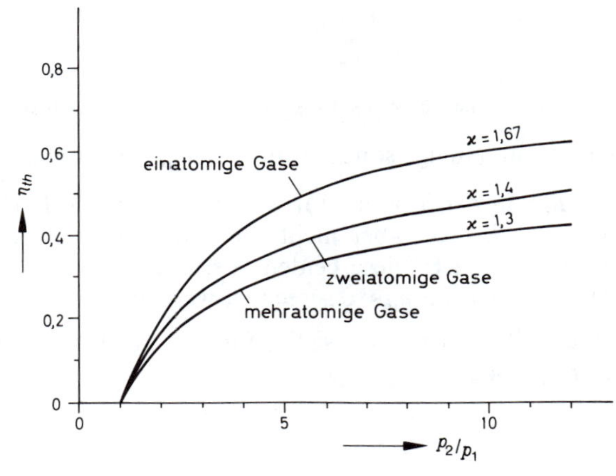

B 4.6 Der thermische Wirkungsgrad des Joule-Prozesses

Der Einfluß des Druckverhältnisses auf den thermischen Wirkungsgrad ist aus dem T, S-Diagramm zu erkennen **(B 4.5).** Da die Isentropen zwischen zwei Isobaren liegen, ist, solange c_{pm} = konst. angenommen werden kann, das Verhältnis der Strecken 1a : 2a immer gleich dem der Strecken 4b : 3b. Der thermische Wirkungsgrad ist also von der Lage der Isentropen 3 4 und damit von dem Betrag der zugeführten Wärme Q_{23} unabhängig.

Neben dem thermischen Wirkungsgrad ist der *exergetische Wirkungsgrad* des Prozesses von Bedeutung (Gl. 4.1 a):

$$\zeta = \frac{|W_j|}{E_{q23}}$$

E_{q23} ist die Exergie der isobar zugeführten Wärme (Gl 3.42 b), mit $\mathrm{d}W_{diss} = 0$ ist

$$E_{q23} = Q_{23} - T_b(S_3 - S_2)$$

Wir ersetzen Q_{23} nach Gl 1.42 und $S_3 - S_2$ nach Gl 3.12:

$$E_{q23} = m c_{pm}\big|_{t_2}^{t_3} (T_3 - T_2) - T_b m c_{pm}\big|_{t_2}^{t_3} \ln\frac{T_3}{T_2}$$

Mit c_{pm} = konst. ist

$$\zeta = \frac{m c_{pm}(T_1 - T_2 + T_3 - T_4)}{m c_{pm}\left[T_3 - T_2 - T_b \ln\left(\frac{T_3}{T_2}\right)\right]}$$

$$\zeta = \frac{T_1 - T_2 + T_3 - T_4}{T_3 - T_2 - T_b \ln\left(\frac{T_3}{T_2}\right)} \qquad \textbf{(Gl 4.13a)}$$

Durch die gleiche Umformung wie bei der Ableitung des thermischen Wirkungsgrades erhält man aus (Gl 4.13 a) die Formen

$$\zeta = \frac{1 - \frac{T_1}{T_2}}{1 - \frac{T_b}{T_3 - T_2} \ln\frac{T_3}{T_2}} = \frac{\eta_{th}}{1 - \frac{T_b}{T_3 - T_2} \ln\frac{T_3}{T_2}} \qquad \textbf{(Gl. 4.13b)}$$

Der exergetische Wirkungsgrad ist also nicht nur, wie der thermische Wirkungsgrad, von $\frac{T_1}{T_2}$ abhängig, sondern auch neben der nicht beeinflußbaren Umgebungstemperatur T_b von der Temperatursteigerung T_2 nach T_3 **(B 4.7).** η_{th} wird gleich ζ für $T_b = 0$ K oder für $T_3 \to \infty$, aber nicht, wenn $T_3 = T_2$ ist, wie durch eine Grenzwertbestimmung nachweisbar ist. Diese beiden Werte können praktisch nicht erreicht werden. Es muß daher immer mit $\eta_{th} < \zeta$ gerechnet werden.

Eine weitere Bewertungsziffer für den idealisierten Kreisprozeß ist das *Arbeitsverhältnis* r_w (Gl 4.2):

$$r_w = \frac{W_j}{W_{t34}}$$

mit $W_{t34} = m c_{pm}|_{t_3}^{t_4} (T_4 - T_3)$

Bei $c_{pm} = \text{konst.}$ ist

$$r_w = \frac{-(T_1 - T_2 + T_3 - T_4)}{T_4 - T_3} = 1 - \frac{T_2 - T_1}{T_3 - T_4}$$

mit $T_4 = T_3 \dfrac{T_1}{T_2}$

$$r_w = 1 - \frac{T_2 - T_1}{T_3 - T_3 \dfrac{T_1}{T_2}} = 1 - \frac{T_2 \left(1 - \dfrac{T_1}{T_2}\right)}{T_3 \left(1 - \dfrac{T_1}{T_2}\right)}$$

$$r_w = 1 - \frac{T_2}{T_3} \qquad \textbf{(Gl 4.14)}$$

oder $r_w = 1 - \dfrac{T_1}{T_3} \dfrac{T_2}{T_1}$

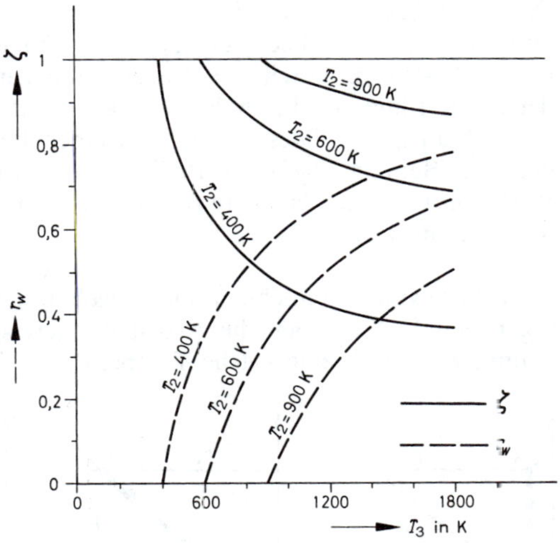

B 4.7 Exergetischer Wirkungsgrad ζ und Arbeitsverhältnis r_w des Joule-Prozesses für $T_1 = 300$ K und $T_b = 300$ K

Das Arbeitsverhältnis wächst mit kleiner werdendem Verhältnis $\dfrac{T_2}{T_3}$, d.h. mit größer werdender Temperatur T_3 (Gl 4.14 und **B 4.7**).

Die niedrigste Temperatur des Kreisprozesses T_1 liegt im günstigsten Fall nur wenig über der Umgebungstemperatur; die maximale Temperatur T_3 wird nach oben durch die Werkstoffeigenschaften begrenzt. Damit kann das Temperaturverhältnis $\dfrac{T_1}{T_3}$ einen bestimmten Wert nicht unterschreiten. Nehmen wir dieses Verhältnis als gegeben an (**B 4.8**) und wird in Gl 4.14 das Temperaturverhältnis der Kompression $\dfrac{T_2}{T_1}$ eingeführt, dann erkennt man, daß das Arbeitsverhältnis mit wachsendem Temperaturverhältnis $\dfrac{T_2}{T_1}$ und damit auch steigendem Druckverhältnis $\dfrac{p_2}{p_1}$ und steigendem thermischen Wirkungsgrad η_{th} kleiner wird. Hierin zeigt sich ein Nachteil des Joule-Prozesses. Wollen wir einen guten thermischen Wirkungsgrad verwirklichen, so hat der Prozeß ein kleines Arbeitsverhältnis und wird damit bei der praktischen Ausführung gegen die inneren Verluste empfindlich. Da sich mit Hilfe des T, S-Diagrammes thermodynamische Zusammenhänge besonders anschaulich erklären lassen, sind auch die drei extremen Möglichkeiten des Joule-Prozesses an Hand der Darstellung in diesem Diagramm untersucht (B 4.8). Gegeben sind der Anfangszustand mit p_1 und T_1 und ferner die maximale Temperatur T_3.

Den besten thermischen Wirkungsgrad (Gl 4.12) und den besten exergetischen Wirkungsgrad (Gl 4.13) erhält man, wenn $T_2 = T_3$ wird (**B 4.8a**). – Der Joule-Prozeß verläuft dann auf der Isentropen 1 ... 2 hin und zurück, da von 2 nach 3 keine Wärme mehr zugeführt werden kann, denn T_2 ist ja bereits gleich der höchsten Temperatur T_3. Die Punkte 2 und 3 fallen zusammen.

Das beste Arbeitsverhältnis (Gl 4.14) wird erreicht, wenn $T_2 = T_1$ wird. Die Drücke p_1 und p_2 sind dann gleich, der Joule-Prozeß verläuft auf der Isobaren p_1 **(B 4.8b).** In beiden Fällen verlaufen die Zustandsänderungen im Diagramm hin und zurück auf derselben Linie, wodurch keine Fläche entsteht und die Arbeit des Kreisprozesses gleich Null ist. — Diese beiden extremen Fälle haben demnach keine praktische Bedeutung. Bei den gegebenen Bedingungen ist es nicht sinnvoll, den besten thermischen Wirkungsgrad oder das beste Arbeitsverhältnis anzustreben. Wir müssen einen günstigen Kompromiß suchen.

Eine Auslegungsmöglichkeit bietet sich mit der Temperatur T_2 an, für die bei den gegebenen Bedingungen die Arbeit des Kreisprozesses ein Maximum wird. Das Diagramm zeigt, daß eine solche Temperatur zwischen T_1 und T_3 liegen muß **(B 4.8c).**

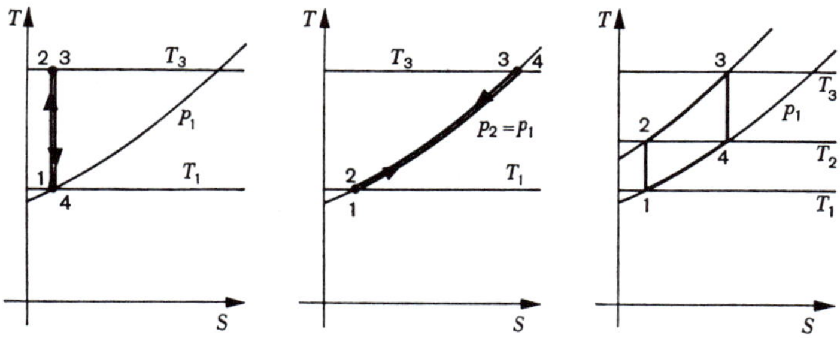

a) Optimales η_{th} b) Optimales r_w c) Optimales W_j

B 4.8 Drei Möglichkeiten des Joule-Prozesses

$$|W_j| = m\,c_{pm}(T_1 - T_2 + T_3 - T_4); \qquad T_4 = \frac{T_3\,T_1}{T_2}$$

$$|W_j| = m\,c_{pm}\left(T_1 - T_2 + T_3 - \frac{T_3\,T_1}{T_2}\right)$$

$$\frac{d|W_j|}{dT_2} = m\,c_{pm}\left(-1 + \frac{T_3\,T_1}{T_2^2}\right); \text{ für } \frac{d|W_j|}{dT_2} = 0 \text{ ergibt sich}$$

$$T_2^2 = T_1\,T_3$$

$$T_2 = \sqrt{T_1\,T_3} \qquad \textbf{(Gl 4.15)}$$

Für diese Temperatur T_2 wird die größtmögliche Arbeit des Kreisprozesses erreicht; T_4 wird gleich T_2 ($T_4 = T_2$). Die Werte für η_{th} und r_w werden gleich groß (vgl. Aufg. 4.1).

Wie schon erwähnt, ist T_3 durch die Werkstoffeigenschaften begrenzt. Bei neuesten Entwicklungen werden $t_3 = 1300\,°C$ erreicht, wozu das Turbineneintrittsgehäuse mit metallischen Hitzschild-Platten ausgekleidet wurde. Bei den Turbinenschaufeln werden Keramikbeschichtungen erprobt. Für vollkeramische Leit- oder sogar Laufschaufeln wurden noch keine befriedigenden Ergebnisse erzielt.

Bei einem Verdichtungsdruck von $p_2 = 16$ bar tritt das Abgas – bei 1300 °C Eintrittstemperatur – mit $t_4 = (550 \ldots 570)$ °C aus der Turbine aus [29]. Die hohe Abgastemperatur ist bei GUD-Prozessen von besonderem Interesse, in denen das Abgas in einer nachgeschalteten Dampfkraftanlage genutzt wird (Abschn. 5.4).

Beispiel 4.1: Eine Gasturbinenanlage arbeitet mit Luft nach dem Joule-Prozeß zwischen den Drücken 1 bar und 6 bar. Anfangstemperatur $t_1 = 30\,°\mathrm{C}$, höchste Temperatur des Prozesses $t_3 = 650\,°\mathrm{C}$, Umgebungstemperatur $t_b = 15\,°\mathrm{C}$.

Unter Annahme konstanter spezifischer Wärmekapazität und mit $\varkappa = 1{,}4$ sind zu bestimmen:

a) der thermische Wirkungsgrad η_{th},

b) der exergetische Wirkungsgrad ζ,

c) das Arbeitsverhältnis r_w,

d) die Temperatur am Ende der isentropen Expansion T_4.

Zu a: Bestimmung des thermischen Wirkungsgrades (Gl 4.12):

$$\eta_{th} = 1 - \left(\frac{p_1}{p_2}\right)^{\frac{\varkappa-1}{\varkappa}} = 1 - \left(\frac{1\ \mathrm{bar}}{6\ \mathrm{bar}}\right)^{\frac{1,4-1}{1,4}} = \underline{0{,}4}$$

Zu b: Bestimmung des exergetischen Wirkungsgrades (Gl 4.13)

Bestimmung der nicht gegebenen Temperaturen (Gl 2.33c):

$$T_1 = 303\ \mathrm{K}; \quad T_3 = 923\ \mathrm{K}; \quad T_b = 288\ \mathrm{K}$$

$$\left(\frac{p_2}{p_1}\right)^{\frac{\varkappa-1}{\varkappa}} = \frac{T_2}{T_1} \qquad 6^{\frac{1,4-1}{1,4}} = 1{,}668 \qquad T_2 = 1{,}668\ T_1 = 505\ \mathrm{K}$$

$$\zeta = \frac{\eta_{th}}{1 - \dfrac{T_b}{T_3 - T_2} \ln \dfrac{T_3}{T_2}} = \frac{0{,}4}{1 - \dfrac{288\ \mathrm{K}}{923\ \mathrm{K} - 505\ \mathrm{K}} \ln \dfrac{923\ \mathrm{K}}{505\ \mathrm{K}}} = \underline{0{,}685}$$

Zu c: Bestimmung des Arbeitsverhältnisses (Gl 4.14):

$$r_w = 1 - \frac{T_2}{T_3} = 1 - \frac{505\ \mathrm{K}}{923\ \mathrm{K}} = \underline{0{,}453}$$

Zu d: Bestimmung der Temperatur T_4 (Gl 2.33c):

$$\left(\frac{p_2}{p_1}\right)^{\frac{\varkappa-1}{\varkappa}} = \frac{T_3}{T_4} \qquad T_4 = \frac{T_3}{1{,}668} = \underline{554\ \mathrm{K}}$$

Die Rechnung ergibt, daß 40 % der zugeführten Wärme im idealisierten Kreisprozeß in Arbeit umgewandelt und von der Exergie der zugeführten Wärme 68,5 % ausgenutzt werden. Die letztere Zahl zeigt uns weit besser als der thermische Wirkungsgrad, was durch eine thermische Verbesserung des Verfahrens noch erreicht werden kann. — Das Arbeitsverhältnis werden wir mit dem der anderen Kreisprozesse vergleichen.

Beispiel 4.2: Die im Beispiel 4.1 berechnete Gasturbinenanlage ist bei gleichem Druckverhältnis und gleichen gegebenen Temperaturen T_b, T_1 und T_3 aber mit temperaturabhängigem Exponenten $\varkappa$ zu untersuchen. — Zu bestimmen sind:

a) $\varkappa_m$ für Kompression und Expansion, (dabei ist mit den im Beispiel 4.1 bestimmten Temperaturen zu rechnen. Eine Nachkontrolle von $\varkappa_m$ mit den nun berechneten, genauen Temperaturen soll nicht durchgeführt werden),

b) die Temperaturen T_2 und T_4,

c) die mittleren spezifischen Wärmekapazitäten für die isobare Erwärmung und Abkühlung,

d) der thermische Wirkungsgrad,

e) ein Vergleich mit den Werten des Beispieles 4.1.

Zu a: Bestimmung von $\varkappa_m$ nach (Gl 2.21a) und (Gl 2.22a) $\varkappa_m = \dfrac{c_{pm}}{c_{pm} - R_l}$

Kompression: $t_1 = 30\,°C$ und $t_2 = 232\,°C$ (Beispiel 4.1) nach (Gl 1.44)

$$c_{pm}\Big|_{t_1}^{t_2} = \frac{c_{pm}\big|_{0\,°C}^{t_2} t_2 - c_{pm}\big|_{0\,°C}^{t_1} t_1}{t_2 - t_1} = \frac{1{,}014\,\frac{kJ}{kg\,K}\,232\,°C - 1{,}005\,\frac{kJ}{kg\,K}\,30\,°C}{232\,°C - 30\,°C}$$

$$c_{pm}\Big|_{t_1}^{t_2} = 1{,}015\,\frac{kJ}{kg\,K} \qquad R_l = 0{,}2872\,\frac{kJ}{kg\,K}$$

$$\varkappa_m\Big|_{t_1}^{t_2} = \frac{1{,}015}{1{,}015 - 0{,}2872} = \underline{1{,}395}$$

Expansion: $t_3 = 650\,°C$ $\quad t_4 = 281\,°C$ (Beispiel 4.1)

$$c_{pm}\Big|_{t_3}^{t_4} = \frac{c_{pm}\big|_{0\,°C}^{t_3} t_3 - c_{pm}\big|_{0\,°C}^{t_4} t_4}{t_3 - t_4} = \frac{1{,}055\,\frac{kJ}{kg\,K}\,650\,°C - 1{,}018\,\frac{kJ}{kg\,K}\,281\,°C}{650\,°C - 281\,°C}$$

$$c_{pm}\Big|_{t_3}^{t_4} = 1{,}083\,\frac{kJ}{kg\,K} \qquad \varkappa_m\Big|_{t_3}^{t_4} = \frac{1{,}083}{1{,}083 - 0{,}2872} = \underline{1{,}36}$$

Zu b: $\quad \left(\dfrac{p_2}{p_1}\right)^{\frac{\varkappa-1}{\varkappa}} = 6^{\frac{\varkappa-1}{\varkappa}}$

eingesetzt wird nun für $\varkappa$ stets das zu der Zustandsänderung gehörende $\varkappa_m$.

Kompression: $\quad \dfrac{\varkappa_m - 1}{\varkappa_m} = \dfrac{1{,}395 - 1}{1{,}395} = 0{,}283; \quad 6^{0{,}283} = 1{,}661$

$$T_2 = 1{,}661\,T_1 = 1{,}661 \cdot 303\,K = \underline{503\,K}$$

Die Abweichung gegenüber Beispiel 4.1 ist vernachlässigbar klein.

Expansion: $\quad \dfrac{\varkappa_m - 1}{\varkappa_m} = \dfrac{1{,}36 - 1}{1{,}36} = 0{,}2645; \quad 6^{0{,}2645} = 1{,}607$

$$T_4 = \frac{T_3}{1{,}607} = \frac{923\,K}{1{,}607} = \underline{574\,K}$$

Die Abweichung ist merklich, trotzdem erfolgt keine Nachrechnung (s. Aufgabenstellung).

Zu c: Isobare Erwärmung: Diese spezifischen Wärmekapazitäten werden mit neuen Temperaturen berechnet.

$$c_{pm}\Big|_{t_2}^{t_3} = \frac{c_{pm}\big|_{0\,°C}^{t_3} t_3 - c_{pm}\big|_{0\,°C}^{t_2} t_2}{t_3 - t_2} = \frac{1{,}055\,\frac{kJ}{kg}\,650\,°C - 1{,}014\,\frac{kJ}{kg\,K}\,230\,°C}{650\,°C - 230\,°C}$$

$$= \underline{1{,}078\,\frac{kJ}{kg\,grd}}$$

Isobare Abkühlung:

$$c_{pm}\Big|_{t_1}^{t_4} = \frac{c_{pm}\Big|_{0\,°C}^{t_4} t_4 - c_{pm}\Big|_{0\,°C}^{t_1} t_1}{t_4 - t_1} = \frac{1{,}019\,\frac{kJ}{kg\,K}\,301\,°C - 1{,}005\,\frac{kJ}{kg\,K}\,30\,°C}{301\,°C - 30\,°C}$$

$$= \underline{1{,}021\,\frac{kJ}{kg\,K}}$$

Zu d: $$\eta_{th} = 1 + \frac{c_{pm}\Big|_{t_1}^{t_4}(T_1 - T_4)}{c_{pm}\Big|_{t_2}^{t_3}(T_3 - T_2)} = 1 + \frac{1{,}021\,\frac{kJ}{kg\,K}\,(-271\,K)}{1{,}078\,\frac{kJ}{kg\,K}\,420\,K} = \underline{0{,}389}$$

Entsprechend $\zeta = 0{,}662$ $r_w = 0{,}463$

Zu e: Das temperaturabhängige $\varkappa_m$ ergibt eine höhere Temperatur T_4, während T_2 fast den gleichen Wert behält. — Durch Einsetzen der so bestimmten Temperatur T_4 und der temperaturabhängigen spezifischen Wärmekapazität erhalten wir einen etwas kleineren thermischen und exergetischen Wirkungsgrad, während das Arbeitsverhältnis etwas größer wird. Der Aufwand für die Berechnung wird gegenüber Beispiel 4.1 erheblich größer, wobei noch zu berücksichtigen ist, daß im Beispiel 4.2 der errechnete Wert für die spezifische Wärmekapazität $c_{pm}\big|_{t_3}^{t_4}$ nicht mit der neu bestimmten Temperatur T_4 nachgeprüft wurde.

Im allgemeinen werden, da die Abweichungen nur klein sind, der Einfachheit halber die idealisierten Kreisprozesse mit konstanter spezifischer Wärmekapazität berechnet. Die größere Genauigkeit ist auch nicht erforderlich, solange die Dissoziation bei hohen Temperaturen und die Veränderung der chemischen Zusammensetzung bei der Verbrennung nicht berücksichtigt werden. Beim Vergleich des wirklichen Vorganges in der Maschine mit dem idealisierten Prozeß treten Unterschiede auf, die nicht nur auf der Unvollkommenheit der Maschine, sondern auch auf den Abweichungen der Eigenschaften des Arbeitsmittels von den angenommenen beruhen.

Aufgabe 4.1: Eine geschlossene Gasturbinenanlage arbeitet mit Luft nach dem Joule-Prozeß. Anfangszustand $p_1 = 1$ bar; $t_1 = 40\,°C$; Temperatur nach der isobaren Erwärmung $t_3 = 810\,°C$. Umgebungstemperatur 20 °C.

Das Druckverhältnis p_2/p_1 ist so festzulegen, daß sich bei den angegebenen Temperaturen die maximale Arbeit des Joule-Prozesses ergibt.

Unter Annahme konstanter spezifischer Wärmekapazität $c_{pm} = 1{,}005\,\frac{kJ}{kg\,K}$; $\varkappa_m = 1{,}4$ sind für den idealisierten Kreisprozeß zu bestimmen:

a) das Druckverhältnis $\frac{p_2}{p_1}$,

b) der thermische und exergetische Wirkungsgrad,

c) die spezifische Arbeit,

d) das Arbeitsverhältnis,

e) die spezifische Entropiedifferenz bei der isobaren Erwärmung.

4.2.3 Ericsson[1]-Prozeß als Vergleichsprozeß in der Gasturbinenanlage[2]

Ein Prozeß mit isothermer Kompression und Expansion und isobarer Wärmeübertragung in einem Wärmeübertrager zwischen den Maschinen, aber *innerhalb* des Gesamtprozesses, heißt Ericsson-Prozeß. Bei ihm sind die Beträge der in dem Wärmeübertrager

[1] John Ericsson (1803 – 1899), schwedisch-amerikanischer Ingenieur, der 1833 eine Heißluftmaschine erfand.

[2] Auch Ackeret-Keller-Prozeß genannt. *Jacob Ackeret* (geb. 1898), Schweizer Ingenieur, war Professor in Zürich; *Curt Keller* (geb. 1904), Schweizer Ingenieur, war ebenfalls Professor in Zürich. Beide entwickelten von 1935 – 1945 die geschlossene Gasturbinenanlage in Zürich und verwendeten diesen Prozeß als Vergleichsprozeß.

zwischen den Maschinen zu- bzw. abzuführende Wärme gleich groß und die Wärmeübertragung erfolgt bei den gleichen Temperaturen. Diese Wärme wird **(B 4.9)** in einem in den Kreislauf eingebauten Wärmeübertrager übertragen, also nicht von außen zu- oder nach außen abgeführt ($|Q_{41}| = Q_{23}$).

Von *außen zugeführt* wird die Wärme Q_{34} bei der isothermen Expansion in der Turbine, nach *außen abgeführt* wird die Wärme Q_{12} bei der isothermen Kompression im Verdichter.

Wir verfolgen den Prozeß im p, V-Diagramm und im T, S-Diagramm **(B 4.10)**.

Die *Arbeit des Kreisprozesses* wird als Summe der von außen zu- und nach außen abgeführten Wärme berechnet (Gl 2.49).

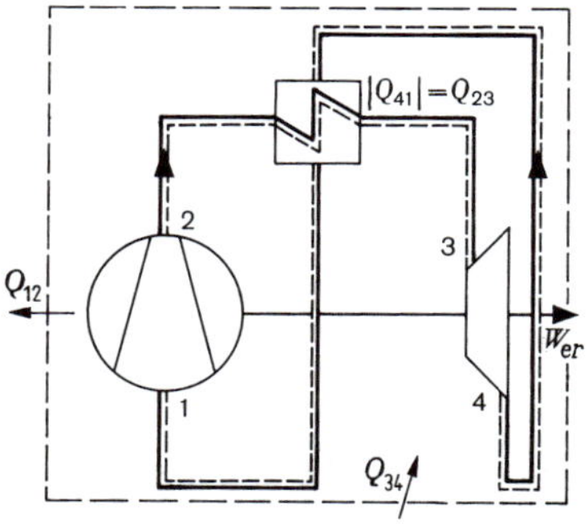

B 4.9 Schematische Darstellung einer Gasturbinenanlage mit isothermer Kompression und Expansion

$$|W_{er}| = -W_{er} = Q_{34} + Q_{12}$$

$$|W_{er}| = m R_i T_3 \ln \frac{p_2}{p_1} + m R_i T_1 \ln \frac{p_1}{p_2}$$

$$|W_{er}| = -W_{er} = m R_i (T_3 - T_1) \ln \frac{p_2}{p_1} \qquad \textbf{(Gl 4.16)}$$

Der *thermische Wirkungsgrad* ist (Gl 2.51)

$$\eta_{th} = \frac{|W_{er}|}{Q_{34}} = \frac{m R_i (T_3 - T_1) \ln \left(\frac{p_2}{p_1}\right)}{m R_i T_3 \ln \left(\frac{p_2}{p_1}\right)}$$

$$\eta_{th} = 1 - \frac{T_1}{T_3} \qquad \textbf{(Gl 4.17)}$$

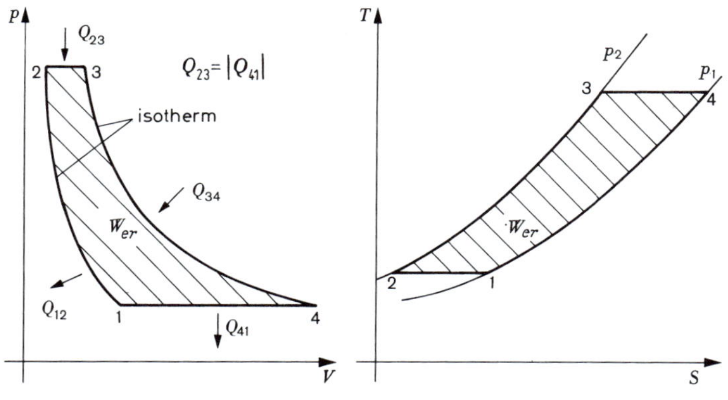

B 4.10 Ericsson-Prozeß im p, V- und im T, S-Diagramm

Diese Gleichung zeigt, daß der thermische Wirkungsgrad des Ericsson-Prozesses gleich dem des Carnot-Prozesses, also gleich dem bestmöglichen thermischen Wirkungsgrad ist (Abschn. 4.1.2). Er hängt nur von dem Verhältnis der Temperaturen bei der isothermen Kompression und der isothermen Expansion ab.

Der *exergetische Wirkungsgrad* ist (Gl 4.1 a)

$$\zeta = \frac{|W_{er}|}{E_{q\,34}}$$

Hierin führen wir die Exergie der zugeführten Wärme bei konstant bleibender Temperatur $T_3 = T_m$ ein (Gl 3.44):

$$E_{q34} = \eta_c Q_{34} = \left(1 - \frac{T_b}{T_3}\right) Q_{34}$$

und setzen $\frac{|W_{er}|}{Q_{34}} = \eta_{th}$ ein:

$$\zeta = \frac{\eta_{th}}{\eta_c} = \frac{\eta_{th}}{\left(1 - \frac{T_b}{T_3}\right)}$$

$$\zeta = \frac{T_3 - T_1}{T_3 - T_b} \qquad \textbf{(Gl 4.18)}$$

Der exergetische Wirkungsgrad ist neben dem Verhältnis $\frac{T_1}{T_3}$ auch von dem Verhältnis $\frac{T_b}{T_3}$ abhängig; bei $T_1 = T_b$ wird $\zeta = 1$. Der exergetische Wirkungsgrad des Ericsson-Prozesses ist gleich dem des Carnot-Prozesses.

Das *Arbeitsverhältnis* ist (Gl 4.2)

$$r_w = \frac{W_{er}}{W_{t34}} = \frac{|W_{er}|}{Q_{34}} = \eta_{th} = 1 - \frac{T_1}{T_3}$$

$$r_w = 1 - \frac{T_1}{T_3} = \eta_{th} \qquad \textbf{(Gl 4.19)}$$

Das Arbeitsverhältnis hat den gleichen Wert wie der thermische Wirkungsgrad und erhöht sich mit ihm. Das ist ein großer Vorteil des Ericsson-Prozesses.

Beispiel 4.3: Eine Gasturbinenanlage arbeitet mit Luft nach dem Ericsson-Prozeß zwischen den Drücken 1 bar und 6 bar. Anfangstemperatur $t_1 = 30\,°C$, höchste Temperatur des Prozesses $t_3 = 650\,°C$, Umgebungstemperatur $t_b = 15\,°C$. Unter Annahme konstanter spezifischer Wärmekapazität und $\varkappa = 1{,}4$ sind zu bestimmen:

a) der thermische Wirkungsgrad η_{th},

b) der exergetische Wirkungsgrad ζ,

c) das Arbeitsverhältnis r_w.

Die Kelvin-Temperaturen sind: $T_1 = 303$ K; $T_3 = 923$ K; $T_b = 288$ K.

Zu a: Der thermische Wirkungsgrad ist (Gl 4.17)

$$\eta_{th} = 1 - \frac{T_1}{T_3} = 1 - \frac{303\text{ K}}{923\text{ K}} = \underline{0{,}672}$$

Zu b: Der exergetische Wirkungsgrad ist (Gl 4.18)

$$\zeta = \frac{T_3 - T_1}{T_3 - T_b} = \frac{923\text{ K} - 303\text{ K}}{923\text{ K} - 288\text{ K}} = \underline{0{,}976}$$

Zu c: Das Arbeitsverhältnis ist gleich dem thermischen Wirkungsgrad (Gl 4.19):

$$r_w = \underline{0{,}672}$$

Das Beispiel 4.1 behandelte eine Gasturbinenanlage, die bei gleichen Drücken und bei gleicher höchster und niedrigster Temperatur nach dem Joule-Prozeß arbeitet. Thermischer Wirkungsgrad, exergetischer Wirkungsgrad und auch das Arbeitsverhältnis des Ericsson-Prozesses sind trotz der sonst gleichen Verhältnisse wesentlich besser als die des Joule-Prozesses.

Es ist also naheliegend, den Ericsson-Prozeß anzustreben. Nun sind in einem Kompressor und auch in einer normalen Gasturbine isotherme Zustandsänderungen nicht zu verwirklichen. Eine Annäherung an die Isotherme wird durch stufenweise Verdichtung mit Zwischenkühlung und durch stufenweise Entspannung mit Zwischenerwärmung erreicht. Eine so arbeitende Turbinenanlage wurde durch Leist[1] entwickelt und der Prozeß Isex-Prozeß genannt [20]. Bei diesem Verfahren erfolgt die Zwischenerhitzung im Innern der Turbine – ohne Zwischenschaltung von Brennkammern – durch Verbrennung in den Räumen zwischen den Schaufelkränzen, so daß die axiale Durchströmung der Turbine nicht unterbrochen wird.

Aufgabe 4.2: Die in den Beispielen 4.1 und 4.3 berechneten Prozesse sind maßstäblich im T,S-Diagramm darzustellen. Es soll $s_1 = 0$ angenommen und mit $c_{pm} = 1{,}005 \frac{\text{kJ}}{\text{kg K}}$ gerechnet werden.

Aufgabe 4.3: Eine geschlossene Gasturbinenanlage, in der alle Vorgänge reversibel aufgenommen werden sollen, arbeitet mit Stickstoff. Das Gas wird bei 35 °C isotherm von 2 bar auf 12 bar verdichtet, bei 12 bar isobar von 35 °C auf 700 °C erwärmt, adiabat auf 2 bar entspannt und isobar auf den Ausgangszustand abgekühlt. – Unter Annahme konstanter spezifischer Wärmekapazität $c_{pm} = 1{,}039 \frac{\text{kJ}}{\text{kg K}}$; $\varkappa = 1{,}4$ sind zu bestimmen:

a) der schematische Verlauf im T,S-Diagramm,

b) die Temperatur nach der isentropen Expansion,

c) die spezifische Arbeit des Kreisprozesses,

d) der thermische Wirkungsgrad.

4.2.4 Der wirkliche Prozeß in der Gasturbinenanlage

Prozeßverlauf und Anlagenarten. Der wirkliche Prozeß in der Gasturbinenanlage hat gegenüber dem idealisierten Kreisprozeß folgende Abweichungen:

a) wegen der reibungsbehafteten Strömung in den Wärmeübertragern erfolgt die Wärmeübertragung nicht isobar, sondern bei leicht fallendem Druck,

b) beim Joule-Prozeß verlaufen auch bei reversiblen Vorgängen die Kompression im ungekühlten Verdichter und die Expansion in der isolierten Turbine wegen des nicht vollständig adiabaten Abschlusses nicht isentrop, sondern auf etwas davon abweichende Polytropen, wobei sich – streng genommen – der Polytropenexponent während des Vorgangs ändert,

c) durch Dissipation in den Maschinen treten beim Joule-Prozeß größere Abweichungen von den Isentropen auf: die Entropie steigt bei der Kompression und Expansion,

d) beim Ericsson-Prozeß nähern sich Kompression und Expansion wegen der stufenweisen Zwischenkühlung bzw. Zwischenerwärmung (Isex-Prozeß) nur stufenweise der Isothermen.

---

[1] *Karl Leist* (1901 – 1960), Professor in Braunschweig und Aachen, entwickelte das Isex-Gasturbinenverfahren.

Prinzipiell läßt sich eine Gasturbinenanlage in zwei Anlagearten ausführen: Als Verbrennungskraftanlage mit offenem Kreislauf und innerer Wärmezufuhr **(B 4.11)** und als Wärmekraftanlage mit geschlossenem Kreislauf und äußerer Wärmezufuhr **(B 4.12).** Bei der inneren Wärmezufuhr erfolgt die Erwärmung des Arbeitsmittels durch Ver-

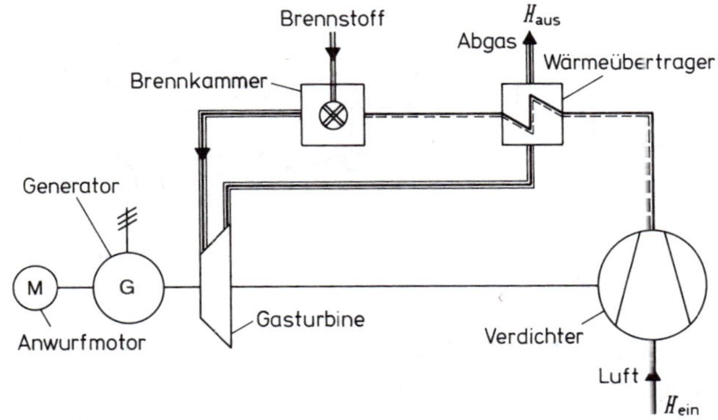

B 4.11 Gasturbinenanlage mit offenem Kreislauf und innerer Wärmezufuhr

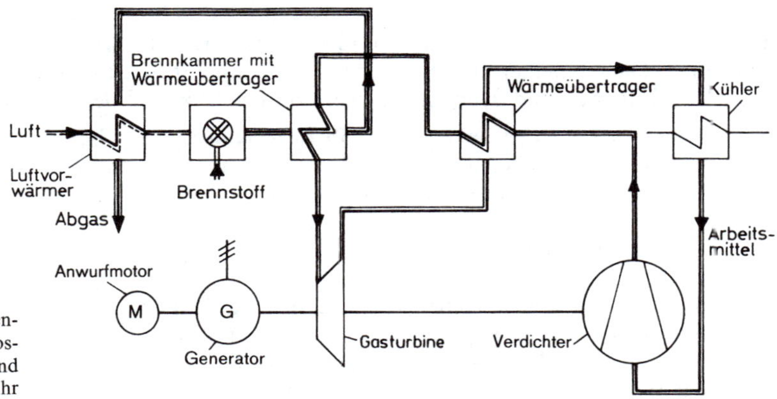

B 4.12 Gasturbinenanlage mit geschlossenem Kreislauf und äußerer Wärmezufuhr

brennen von Brennstoffen in dem offenen Kreislauf, wodurch sich die chemische Zusammensetzung des Arbeitsmittels ändert. Bei der äußeren Wärmezufuhr wird die Wärme über Heizflächen dem Arbeitsmittel zugeführt. Bei dem offenen Kreislauf saugt der Verdichter Luft aus dem Freien an, die Turbine läßt die Abgase nach der Arbeitsabgabe mit höherer Temperatur wieder ins Freie treten. Bei dem geschlossenen Kreislauf läuft immer dasselbe Arbeitsmittel um.

Die außer der Brennkammer und dem Kühler angeordneten Wärmeübertrager haben die Aufgabe, den Wirkungsgrad der Anlagen zu verbessern.

Die offene Anlage ist die einzige Möglichkeit für mobile Gasturbinen, sie hat sich auch für stationäre Anlagen durchgesetzt. Gegenüber der geschlossenen Anlage hat sie folgende Vorteile: Kleinere Heizflächen, geringeres Gewicht, schnelleres Anfahren, geringere Investitionskosten. Die Vorteile der geschlossenen Anlage, wie die Verwendbarkeit billigerer Brennstoffe, besserer Teillastwirkungsgrad durch Veränderung des Druckniveaus, Betrieb mit beliebigen Gasen (z.B. Helium oder in ORC-Anlagen organische Arbeitsmittel, s. Kap. 5.5) gleichen die wirtschaftliche Überlegenheit der offenen

Anlage nicht aus. Geschlossene Gasturbinenanlagen werden daher z.Z. nicht gebaut. Das Schnittbild einer einstufigen offenen Gasturbinenanlage ohne Abwärmenutzung zeigt **B 4.13.**

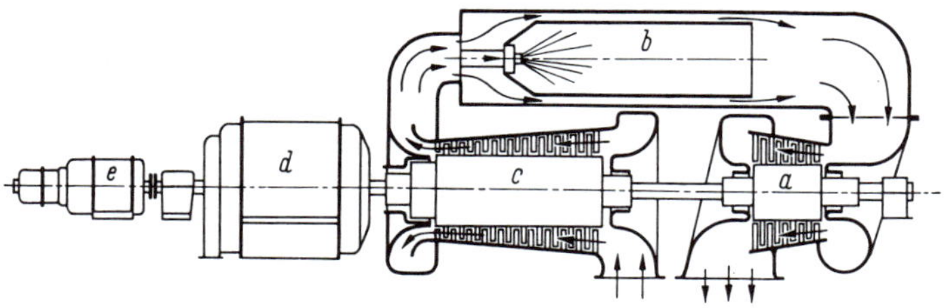

B 4.13 Einstufige offene Gasturbinenanlage ohne Abwärmenutzung. *a* Gasturbine; *b* Brennkammer; *c* Verdichter; *d* Generator; *e* Anwurfmotor

Berechnung des wirklichen Prozesses. Für jeden wirklichen Prozeß ist der Verlauf des idealisierten Vergleichsprozesses festzulegen. So ist es sinnvoll, für den wirklichen und den idealisierten Prozeß als gemeinsame Eckwerte die Zustandspunkte 1 und 3 zu wählen, denn in der Praxis sind der Zustandspunkt 1 durch die Umgebung, der Zustandspunkt 3 mit höchster Temperatur und höchstem Druck durch die Materialbelastung bestimmt. Das Arbeitsmittel hat dann jeweils am Eintritt in Verdichter und Turbine bei dem wirklichen und dem zugehörigen Vergleichsprozeß den gleichen Zustand.

Die *innere Arbeit des wirklichen Gasturbinenprozesses* W_{ik} kann nach dem in Abschn. 4.1.3 beschriebenen Verfahren aus den inneren Arbeiten der Turbine $W_{i\mathrm{T}}$ und des Verdichters $W_{i\mathrm{V}}$ ermittelt werden (Gl 4.3):

$$W_{ik} = W_{i\mathrm{T}} + W_{i\mathrm{V}} \qquad \textbf{(Gl 4.20)}$$

Die innere Arbeit der Turbine $W_{i\mathrm{T}}$ und des Verdichters $W_{i\mathrm{V}}$ sind über die inneren Maschinenwirkungsgrade ($\eta_{i\mathrm{T}}$ und $\eta_{i\mathrm{V}}$) mit der vergleichbaren (reversiblen) technischen Arbeit der Turbine $W_{t\mathrm{T}}$ und des Verdichters $W_{t\mathrm{V}}$ verknüpft. Innere Arbeit und technische Arbeit sind mit den gleichen Massen (bei Leistungen: Massenströmen) zu berechnen.

Der Zustandsverlauf für die vergleichbaren technischen Arbeiten wird anhand der Vergleichsprozesse ermittelt:

Beim *Joule-Prozeß* liegt mit den Zustandspunkten 1 und 3 und den Zustandsänderungen (2 Isentropen, 2 Isobaren) der Vergleichsprozeß mit den Punkten 1 2′ 3 4′ fest **(B 4.14).**

Als Vergleichsarbeiten werden die bei den *isentropen* Zustandsänderungen verrichteten technischen Arbeiten zugrunde gelegt. Somit gilt

für den *isentropen oder inneren Verdichterwirkungsgrad*

$$\eta_{i\mathrm{V}} = \frac{W_{t\mathrm{V}\,12'}}{W_{i\mathrm{V}\,12}} \qquad \textbf{(Gl. 4.21)}$$

für den *isentropen oder inneren Turbinenwirkungsgrad*

$$\eta_{i\mathrm{T}} = \frac{W_{i\mathrm{T}\,34}}{W_{t\mathrm{T}\,34'}} \qquad \textbf{(Gl 4.22)}$$

in Gl 4.20 eingesetzt:

$$W_{ik} = \eta_{i\mathrm{T}}\, W_{t\mathrm{T}34'} + \frac{W_{t\mathrm{V}12'}}{\eta_{i\mathrm{V}}} \qquad \textbf{(Gl 4.23)}$$

Bei mehreren Turbinen und Verdichtern in der Gesamtanlage sind die Terme $\sum \eta_{i\mathrm{T}}\, W_{t\mathrm{T}}$ und $\sum \frac{W_{i\mathrm{V}}}{\eta_{i\mathrm{V}}}$ einzusetzen.

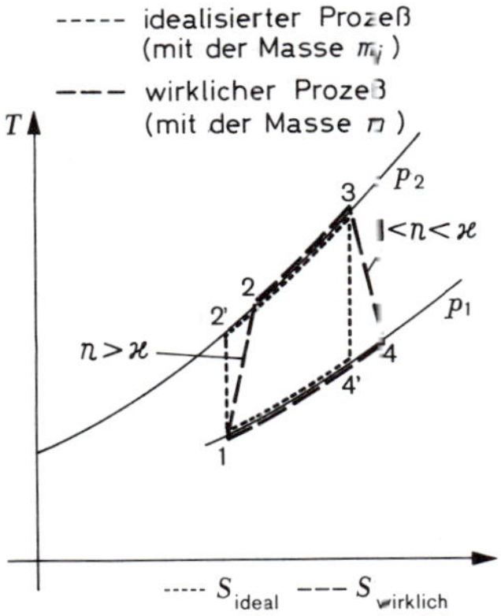

B 4.14 Der wirkliche Joule-Prozeß im T, S-Diagramm

Für den *Joule-Prozeß* können bei vernachlässigter Änderung der kinetischen und potentiellen Energie die Arbeiten aus der Enthalpiedifferenz des Fluids ermittelt werden (Gl 1.28a):

$W_{i\mathrm{V}12} = H_2 - H_1 = m c_{pm}\big|_{t_1}^{t_2} (T_2 - T_1)$ innere Verdichterarbeit

$W_{t\mathrm{V}12'} = H_{2'} - H_1 = m c_{pm}\big|_{t_1}^{t_{2'}} (T_{2'} - T_1)$ isentrope technische Vergleichsarbeit des Verdichters

$W_{i\mathrm{T}34} = H_4 - H_3 = m c_{pm}\big|_{t_3}^{t_4} (T_4 - T_3)$ innere Turbinenarbeit

$W_{t\mathrm{T}34'} = H_{4'} - H_3 = m c_{pm}\big|_{t_3}^{t_{4'}} (T_{4'} - T_3)$ isentrope technische Vergleichsarbeit der Turbine

Die inneren (oder isentropen) Wirkungsgrade $\eta_{i\mathrm{V}}$ und $\eta_{i\mathrm{T}}$ berücksichtigen sämtliche „inneren" Verluste, wie z.B. Radreibungsverluste zwischen Laufrad und Fluid, Spaltverluste infolge Rückströmung eines Teilstromes des geförderten Fluids, hydraulische Verluste außerhalb der Laufschaufeln durch Reibung, Strömungsablösung, Stoß.

Bei der Definition der inneren (oder isentropen) Wirkungsgrade weichen demnach die Zustandsänderungen für die wirkliche Arbeit und die Vergleichsarbeit voneinander ab: Für die Vergleichsarbeiten verlaufen sie isentrop, für die wirklichen Arbeiten infolge der Dissipationsverluste polytrop (B 4.14).

Es werden aber – neben den hier definierten inneren Wirkungsgraden – auch Wirkungsgrade definiert, die für die (reversible) technische Arbeit den gleichen Zustandsverlauf wie für die wirkliche Arbeit voraussetzen. Diese Wirkungsgrade werden polytrope oder hydraulische Wirkungsgrade genannt. Wir verwenden sie hier nicht.

Beim *Ericcson-Prozeß* liegen ebenfalls die Zustandspunkte 1 und 3 und die Zustandsänderungen fest. Als verlustlose Vergleichsarbeiten sind hier die für die reversible isotherme Kompression und Expansion verrichteten Arbeiten anzusetzen.

W_{ik} kann – statt aus den Einzelarbeiten – auch aus der zu- und abgeführten Wärme ermittelt werden (Gl 4.4 oder Gl 4.5). Dann ist die dem wirklichen Prozeß zugeführte Wärme gleich der dem Vergleichsprozeß zugeführten Wärme ($Q_{i\,\mathrm{zu}} = Q_{\mathrm{zu}}$) zu setzen, dagegen wird die abgeführte Wärme des wirklichen Prozesses größer als die des Vergleichsprozesses ($Q_{i\,\mathrm{ab}} > Q_{\mathrm{ab}}$). Wirklicher Prozeß und Vergleichsprozeß sind dann mit unterschiedlichen Massen zu berechnen (Abschn. 4.1.3 und Beispiel 4.4).

Die *Kupplungsarbeit der Gasturbinenanlage* wird aus der Kupplungsarbeit der Turbine $W_{e\mathrm{T}}$ und des Verdichters $W_{e\mathrm{V}}$ ermittelt

$$W_{ek} = W_{e\mathrm{T}} + W_{e\mathrm{V}} \qquad \textbf{(Gl 4.24 a)} \qquad\qquad W_{ek} = \eta_{m\mathrm{T}}\, W_{i\mathrm{T}} + \frac{W_{i\mathrm{V}}}{\eta_{m\mathrm{V}}} \qquad \textbf{(Gl 4.24 b)}$$

Darin sind

$$\eta_{m\mathrm{V}} = \frac{W_{i\mathrm{V}}}{W_{e\mathrm{V}}} \qquad \textit{mechanischer Verdichtungswirkungsgrad} \qquad \textbf{(Gl 4.25 a)}$$

$$\eta_{m\mathrm{T}} = \frac{W_{e\mathrm{T}}}{W_{i\mathrm{T}}} \qquad \textit{mechanischer Turbinenwirkungsgrad} \qquad \textbf{(Gl 4.25 b)}$$

Falls die Gasturbinenanlage in einem Kraftwerk zur Stromerzeugung eingesetzt wird, ergibt sich nach Abzug des Generatorverlustes und des Kraftwerkseigenbedarfs von der Kupplungsleistung die *Kraftwerksnettoleistung* (*Klemmenleistung*) P_{kl}. Setzt man diese zur zugeführten Brennstoffleistung ins Verhältnis, so erhält man den Gesamtwirkungsgrad des Kraftwerks η_{ges} (vgl. Abschn. 5.3.5). Beim Joule-Prozeß werden Gesamtwirkungsgrade von $\eta_{ges} = (30 \ldots 35)\%$, bei einer Eintrittstemperatur von 1300 °C auch $\eta_{ges} = 37\%$ erreicht.

Beispiel 4.4: In einer offenen Gasturbinenanlage wird ein irreversibler Prozeß mit einem Luftmassenstrom von 20 kg/s durchgeführt. Als idealisierter Vergleichsprozeß eignet sich am besten der Joule-Prozeß. Umgebungszustand: 1 bar und 20 °C. Es soll vereinfachend mit den Stoffwerten von Luft bei 0 °C und idealem Gasverhalten gerechnet werden. Prozeßverlauf:

1 ... 2 Kompression von 1,0 bar und 20 °C auf 8,0 bar in einem adiabaten Verdichter mit einem inneren Verdichterwirkungsgrad, bezogen auf die isentrope Verdichtung, von 80%,

2 ... 3 isobare Erwärmung auf 1000 °C,

3 ... 4 Expansion auf 1,0 bar in einer adiabaten Turbine mit einem inneren Turbinenwirkungsgrad, bezogen auf die isentrope Expansion, von 90%,

4 ... 1 isobare Wärmeabfuhr.

Zu skizzieren und zu bestimmen sind:

a) die schematische Darstellung der Prozesse im T, S-Diagramm,

b) die Temperaturen nach der Kompression und der Expansion,

c) die dem Verdichter zugeführte Leistung,

d) die in der Turbine verrichtete Leistung,

e) die Leistung des irreversiblen Prozesses,

f) der zugeführte Wärmestrom,

g) die Leistung des Vergleichsprozesses,

h) der thermische und exergetische Wirkungsgrad des Vergleichsprozesses,

i) der innere Wirkungsgrad des irreversiblen Prozesses.

Zu a: Schematische Darstellung beider Prozesse **B 4.14.**

Zu b: Temperaturen nach der isentropen Kompression und Expansion nach (Gl 2.33 c):

$$T_2' = T_1 \left(\frac{p_2}{p_1}\right)^{\frac{\varkappa-1}{\varkappa}} = 293\,\mathrm{K} \left(\frac{8\,\mathrm{bar}}{1\,\mathrm{bar}}\right)^{\frac{0{,}401}{1{,}401}} = \underline{\underline{531\,\mathrm{K}}}$$

$$T_4' = T_3 \left(\frac{p_1}{p_2}\right)^{\frac{\varkappa-1}{\varkappa}} = 1293\,\mathrm{K} \left(\frac{1\,\mathrm{bar}}{8\,\mathrm{bar}}\right)^{\frac{0{,}401}{1{,}401}} = \underline{\underline{713\,\mathrm{K}}}$$

Die Temperaturen nach den Polytropen werden mit Hilfe der Wirkungsgrade bestimmt (Gl 4.21 und Gl 4.22):

$$\eta_{iV} = \frac{P_{t12'}}{P_{i12}} = \frac{\dot{H}_2' - \dot{H}_1}{\dot{H}_2 - \dot{H}_1} = \frac{\dot{m}\, c_p(T_2' - T_1)}{\dot{m}\, c_p(T_2 - T_1)}$$

$$T_2 = \frac{T_2' - T_1}{\eta_{iV}} + T_1 = \frac{531\,\mathrm{K} - 293\,\mathrm{K}}{0{,}8} + 293\,\mathrm{K} = \underline{591\,\mathrm{K}}$$

$$\eta_{iT} = \frac{P_{i34}}{P_{t34'}} = \frac{T_4 - T_3}{T_4' - T_3}\,; \quad T_4 = T_3 - (T_3 - T_4')\,\eta_{iT}$$

$$T_4 = 1273\,\mathrm{K} - (1273\,\mathrm{K} - 713\,\mathrm{K})\,0{,}90 = \underline{769\,\mathrm{K}}$$

Dann sind die Celsius-Temperaturen:

$$t_2' = 258\,°\mathrm{C}; \quad t_4' = 440\,°\mathrm{C} \quad \text{und} \quad t_2 = 318\,°\mathrm{C}; \quad t_4 = 498\,°\mathrm{C}.$$

Zu c: Die innere Leistung ist bei adiabaten Maschinen bei vernachlässigter Änderung der kinetischen und potentiellen Energie gleich der Differenz der Enthalpieströme (Gl 1.28a)

$$P_{iV} = P_{i12} = \dot{H}_2 - \dot{H}_1 = \dot{m}\, c_p(T_2 - T_1) = 20\,\frac{\mathrm{kg}}{\mathrm{s}}\,1{,}004\,\frac{\mathrm{kJ}}{\mathrm{kg\,K}}\,(591 - 293)\,\mathrm{K}$$

$$P_{iV} = \underline{5\,982\,\mathrm{kW}} \quad \text{(im Verdichter zugeführt)}$$

Zu d:

$$P_{iT} = P_{i34} = \dot{H}_4 - \dot{H}_3 = \dot{m}\, c_p(T_4 - T_3) = 20\,\frac{\mathrm{kg}}{\mathrm{s}}\,1{,}004\,\frac{\mathrm{kJ}}{\mathrm{kg\,K}}\,(769 - 1273)\,\mathrm{K}$$

$$P_{iT} = \underline{-10\,120\,\mathrm{kW}} \quad \text{(in der Turbine abgegeben)}$$

Zu e: Die Leistung des irreversiblen Kreisprozesses ist gleich der Summe der inneren Leistungen der Maschinen (Gl 4.20):

$$P_{ik} = P_{iV} + P_{iT} = (5\,982 - 10\,120)\,\mathrm{kW} = -\underline{4\,138\,\mathrm{kW}}$$

Zu f: Dem irreversiblen Kreisprozeß wird ein Wärmestrom längs 2 ... 3 zugeführt.

$$\dot{Q}_{i\,zu} = \dot{Q}_{23} = \dot{m}\, c_p(T_3 - T_2) = 20\,\frac{\mathrm{kg}}{\mathrm{s}}\,1{,}004\,\frac{\mathrm{kJ}}{\mathrm{kg\,K}}\,(1273 - 591)\,\mathrm{K}$$

$$\dot{Q}_{23} = \underline{13\,697\,\mathrm{kW}}$$

Zu g: Die Bedingung, durch die der irreversible Prozeß mit dem Joule-Prozeß vergleichbar wird, lautet $\dot{Q}_{i\,zu} = \dot{Q}_{zu}$. Also ist

$$\dot{Q}_{23} = \dot{Q}_{2'3} = 13\,697\,\mathrm{kW}$$

Hieraus kann der Massenstrom für den Vergleichsprozeß (Joule-Prozeß) berechnet werden. Er ist kleiner als der Massenstrom in dem irreversiblen Kreisprozeß.

$$\dot{m}_j = \frac{\dot{Q}_{2'3}}{c_p(T_3 - T_{2'})} = \frac{13\,697\,\mathrm{kW}}{1{,}004\,\frac{\mathrm{kJ}}{\mathrm{kg\,K}}\,(1273 - 531)\,\mathrm{K}}$$

$$\dot{m}_j = 18{,}4\,\mathrm{kg/s}$$

Leistung des Joule-Prozesses (Gl 4.11):

$$P_j = -\dot{m}_\mathrm{j}\, c_p (T_1 - T_{2'} + T_3 - T_{4'})$$

$$P_j = -18{,}4\ \frac{\mathrm{kg}}{\mathrm{s}}\ 1{,}004\ \frac{\mathrm{kJ}}{\mathrm{kg\,K}}\ (293 - 531 + 1273 - 713)\ \mathrm{K} = \underline{-5\,940\ \mathrm{kW}}$$

Zu h: Thermischer Wirkungsgrad (Gl 2.51):

$$\eta_{th} = \frac{|P_k|}{\dot{Q}_\mathrm{zu}} = \frac{|P_j|}{\dot{Q}_{23}} = \frac{5\,940\ \mathrm{kW}}{13\,697\ \mathrm{kW}} = \underline{0{,}434}$$

Exergetischer Wirkungsgrad (Gl 4.13):

$$\zeta = \frac{T_1 - T_{2'} + T_3 - T_{4'}}{T_3 - T_{2'} - T_\mathrm{b} \ln \dfrac{T_3}{T_{2'}}} = \frac{293 - 531 + 1273 - 713}{1273 - 531 - 293 \ln \dfrac{1273}{531}} = \underline{0{,}66}$$

Zu i: Innerer Wirkungsgrad (Gl 4.7a):

$$\eta_i = \frac{P_{ik}}{P_k} = \frac{-4\,138\ \mathrm{kW}}{-5\,940\ \mathrm{kW}} = \underline{0{,}70}$$

Aufgabe 4.4: In einer offenen Gasturbinenanlage wird ein Luftmassenstrom von 300 000 kg/h mit 1 bar, 20 °C angesaugt, der in einem adiabaten Verdichter irreversibel auf 7 bar verdichtet wird; Verdichtungsendtemperatur 260 °C. Danach wird die Luft in der Brennkammer isobar auf 900 °C erwärmt. In der nachfolgenden adiabaten Turbine wird die Luft irreversibel auf 1 bar, 450 °C entspannt.

Der Prozeß soll vereinfachend mit den Stoffwerten von Luft bei 0 °C und idealem Gasverhalten berechnet werden.

Es sind zu ermitteln:

a) die innere Leistung der Gasturbinenanlage,

b) der innere Wirkungsgrad des Kreisprozesses.

Aufgabe 4.5: Bei einem offenen Gasturbinen-Prozeß werden 50 kg/s Luft von 1 bar, 20 °C angesaugt und in einem gekühlten Verdichter mit einem isothermen inneren Wirkungsgrad von 0,87 auf 10 bar verdichtet, Verdichtungstemperatur 100 °C.

Anschließend wird die Luft in einem Wärmeübertrager durch das Turbinenabgas auf 300 °C vorgewärmt, danach in der Brennkammer auf 1 000 °C erhitzt und dann in der adiabaten Turbine mit einem isentropen Turbinenwirkungsgrad von 0,90 auf 1 bar entspannt.

Der mechanische Wirkungsgrad der Anlage beträgt 0,98, der Generatorwirkungsgrad 0,99. Der Prozeß ist mit Luft (c_p, c_v bei 0 °C) zu rechnen, Massen- und Stoffänderungen in der Brennkammer sollen vernachlässigt werden, ebenso Druckverluste in den Wärmeübertragern.

Es sind zu ermitteln:

b) die innere Verdichterleistung,

c) die innere Turbinenleistung,

d) die Generatorleistung,

e) der Gesamtwirkungsgrad (Eigenbedarf vernachlässigt).

4.3 Kreisprozeß des Heißgasmotors

4.3.1 Arbeitsprinzip des Heißgasmotors

Im Heißgasmotor durchläuft ein Gas innerhalb eines Zylinders einen Kreisprozeß, indem es durch einen Verdrängerkolben hin- und herbewegt wird. Dabei wird im Wechsel Wärme bei hoher Temperatur zu- und bei niedriger Temperatur abgeführt sowie Arbeit an einen Arbeitskolben abgegeben. Es handelt sich somit um einen Wärmekraftmaschinenprozeß in einem geschlossenen System.

Der Motor wurde von Stirling[1] schon vor der Erfindung des Otto- oder Dieselmotors vorgeschlagen.

4.3.2 Stirling-Prozeß als Vergleichsprozeß des Heißgasmotors

Ein Prozeß mit isothermer Kompression und Expansion und isochorer Wärmeübertragung im Inneren heißt Stirling-Prozeß **(B 4.15** und **B 4.16)**.

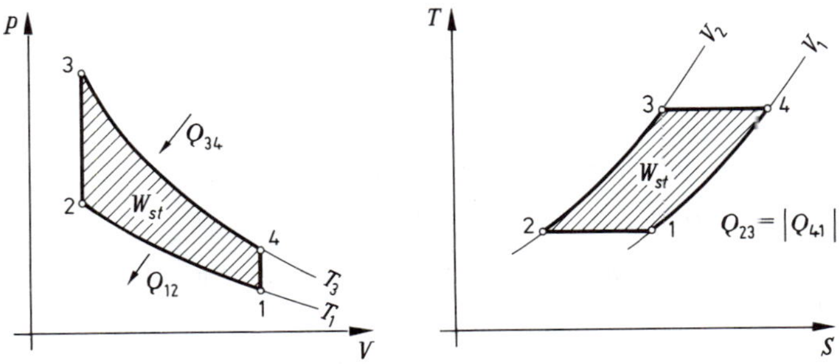

B 4.15 Stirling-Prozeß im p, V- und T, S-Diagramm

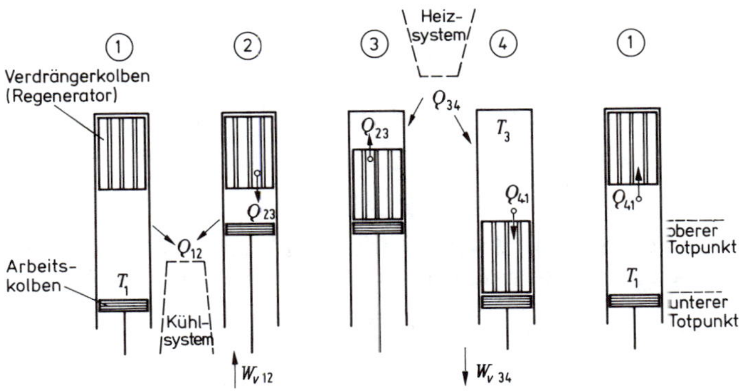

B 4.16 Vorgänge im Philips-Stirling-Motor

Vorgang	Zustandsänderung	Arbeitskolben	Verdrängerkolben
1→2	$T_1 = \text{konst.}$	bewegt sich aufwärts	bleibt stehen
2→3	$V_2 = \text{konst.}$	bleibt stehen	bewegt sich abwärts
3→4	$T_3 = \text{konst.}$	bewegt sich abwärts	abwärts mit Arbeitskolben
4→1	$V_1 = \text{konst.}$	bleibt stehen	bewegt sich aufwärts

[1] *Stirling, R.* (1790–1878), Geistlicher und Minister in Schottland, meldete 1816 ein Patent für einen Heißluftmotor an.

Die Zustandsänderungen sind:

1 ... 2 Isotherme Kompression; Wärmeabfuhr nach außen, Arbeitszufuhr vom Arbeitskolben.

2 ... 3 Isochore innere Wärmezufuhr von einem Regenerator (Verdrängerkolben), der vorher erwärmt wurde.[1]

3 ... 4 Isotherme Expansion; Wärmezufuhr von außen, Arbeitsabfuhr an den Arbeitskolben.

4 ... 1 Isochore innere Wärmeabfuhr an den Regenerator (Verdrängerkolben), der sich dabei erwärmt.

Die Arbeit wird als Summe der von außen zu- und abgeführten Wärme ermittelt (Gl 2.49):

$$|W_{st}| = -W_{st} = Q_{34} + Q_{12} = m\, R_i\, T_3 \ln \frac{V_4}{V_3} + m\, R_i\, T_1 \ln \frac{V_2}{V_1}$$

Mit $V_4 = V_1$ und $V_3 = V_2$ sowie dem bei Kolbenmaschinen gebräuchlichen *Verdichtungsverhältnis*

$$\varepsilon = \frac{V_1}{V_2} \qquad \textbf{(Gl 4.26)}$$

erhält man als *Nutzarbeit des Stirling-Prozesses*

$$|W_{st}| = -W_{st} = m\, R_i (T_3 - T_1) \ln \varepsilon \qquad \textbf{(Gl 4.27)}$$

Die Arbeit errechnet sich wie beim Ericsson-Prozeß (Gl 4.16). Entsprechend gilt auch für

den *thermischen Wirkungsgrad* (Gl 4.17):

$$\eta_{th} = 1 - \frac{T_1}{T_3}$$

und den *exergetischen Wirkungsgrad* (Gl 4.18):

$$\zeta = \frac{T_3 - T_1}{T_3 - T_b}$$

Beim Stirling-Prozeß werden, wie beim Ericsson-Prozeß, für η_{th} und ζ die gleichen Werte wie beim Carnot-Prozeß, also die bestmöglichen, erreicht.

Das *Arbeitsverhältnis* ist (Gl 4.2):

$$r_w = \frac{W_{st}}{W_{t\,34} + W_{t\,41}}$$

Darin sind

$$W_{t\,34} = m\, R_i\, T_3 \ln \frac{V_2}{V_1} = -m\, R_i\, T_3 \ln \varepsilon \qquad \text{(Gl 2.48a mit Gl 4.26)}$$

$$W_{t\,41} = m\, R_i (T_1 - T_3) \qquad \text{(Gl 2.46)}$$

Oben eingesetzt ergibt sich mit $\eta_{th} = \dfrac{W_{st}}{W_{t\,34}} = \dfrac{W_{st}}{-Q_{34}} = 1 - \dfrac{T_1}{T_3}$:

[1] Erläuterung des Begriffes *Regenerator* in Abschn. 8.6.

$$r_w = \frac{\frac{W_{st}}{W_{t\,34}}}{1+\frac{W_{t\,41}}{W_{t\,34}}} = \frac{\eta_{th}}{1+\frac{T_3-T_1}{T_3}\,\frac{1}{\ln\varepsilon}}$$

$$r_w = \frac{1}{\frac{1}{\eta_{th}}+\frac{1}{\ln\varepsilon}} \qquad \text{(Gl 4.28)}$$

Das Arbeitsverhältnis r_w steigt mit dem thermischen Wirkungsgrad η_{th} und dem Verdichtungsverhältnis ε.

4.3.3 Der wirkliche Prozeß im Heißgasmotor

Die dem Stirling-Prozeß entsprechenden Zustandsänderungen werden näherungsweise in einem von Philips entwickelten Motor verwirklicht (B 4.16).

Die innere Wärmeübertragung erfolgt regenerativ, indem das Gas die Wärme Q_{41} an den Verdrängerkolben bei dessen Aufwärtsbewegung (4 → 1) abgibt, der später, bei seiner Abwärtsbewegung (2 → 3) diese gespeicherte Energie dem Gas als Wärme Q_{23} ($=|Q_{41}|$) wieder zuführt.

Der Zylinder wird im oberen Teil beheizt, wobei die Wärme Q_{34} von außen zugeführt wird, so daß die Expansion 3 → 4 (Abwärtsbewegung des Arbeitskolbens) näherungsweise bei konstanter Temperatur T_3 erfolgt. Der Zylinder wird im unteren Teil gekühlt, wobei die Wärme Q_{12} an die Umgebung abgeführt wird, so daß die Kompression 1 → 2 (Aufwärtsbewegung des Arbeitskolbens) näherungsweise bei konstanter Temperatur T_1 erfolgt.

Infolge der Wärmezufuhr von außen sind beliebige Energiequellen denkbar. Auch bei Verwendung von Brennstoff ist durch günstige Brennraumgestaltung eine erhebliche Minderung der Schadstoffmengen gegenüber den gebräuchlichen Verbrennungsmotoren möglich, so daß der Heißgasmotor die Umweltbelastung verringern könnte.

Der Motor kann mit beliebigen Gasen betrieben werden, verwendet wird neben Luft auch Wasserstoff oder Helium. Der Stirling-Motor konnte sich jedoch wegen technischer Schwierigkeiten und hoher Herstellungskosten bislang nicht durchsetzen.

Beispiel 4.5: In einem Stirling-Motor, Drehzahl $3000\,\frac{1}{\text{min}}$, befinden sich im kalten Zylinderteil 2 l Luft bei 1 bar, 50 °C. Die Luft wird durch den Arbeitskolben auf 0,3 l verdichtet und anschließend durch den Verdrängerkolben regenerativ auf 700 °C erwärmt.

Die Luft kann als ideales Gas, ihre spezifischen Wärmekapazität bei 0 °C als konstanter Wert angesetzt werden. Umgebungstemperatur 20 °C.

Für den Vergleichsprozeß sind zu ermitteln:

a) Die Leistung des Stirling-Prozesses,
b) der thermische Wirkungsgrad,
c) der exergetische Wirkungsgrad,
d) das Arbeitsverhältnis.

Zu a: Bewegte Masse im Zylinder (Gl 2.3):

$$\dot{m} = \frac{p_1\,\dot{V}_1}{R_1\,T_1} = \frac{10^5\,\text{N}\;2\cdot 10^{-3}\,\text{m}^3\;3000\,\text{min kg K}}{\text{m}^2\,\text{min}\;60\,\text{s}\;287{,}2\,\text{J}\;323\,\text{K}} = 0{,}108\,\frac{\text{kg}}{\text{s}}$$

Verdichtungsverhältnis (Gl 4.26):

$$\varepsilon=\frac{V_1}{V_2}=\frac{2\,\mathrm{l}}{0{,}3\,\mathrm{l}}=6{,}67$$

Leistung des Stirling-Prozesses (Gl 4.27):

$$P_{st}=-\dot{m}\,R_1(T_3-T_1)\ln\varepsilon=-0{,}108\,\frac{\mathrm{kg}}{\mathrm{s}}\,0{,}2872\,\frac{\mathrm{kJ}}{\mathrm{kg\,K}}\,(973-323)\,\mathrm{K}\,\ln 6{,}67$$

$$P_{st}=\underline{-38{,}2\,\mathrm{kW}}$$

Zu b: Thermischer Wirkungsgrad (Gl 4.17):

$$\eta_{th}=1-\frac{T_1}{T_3}=1-\frac{323\,\mathrm{K}}{973\,\mathrm{K}}=\underline{0{,}668}$$

Zu c: Exergetischer Wirkungsgrad (Gl 4.18):

$$\zeta=\frac{T_3-T_1}{T_3-T_b}=\frac{(973-323)\,\mathrm{K}}{(973-293)\,\mathrm{K}}=\underline{0{,}956}$$

Zu d: Arbeitsverhältnis (Gl 4.28):

$$r_w=\frac{1}{\frac{1}{\eta_{th}}+\frac{1}{\ln\varepsilon}}=\frac{1}{\frac{1}{0{,}668}+\frac{1}{\ln 6{,}67}}=\underline{0{,}494}$$

Aufgabe 4.6: Für den Vergleichsprozeß des Stirling-Motors nach Beispiel 4.5 sind zu ermitteln:

a) Der von außen zuzuführende Wärmestrom,

b) der nach außen abzuführende Wärmestrom,

c) der vom Verdrängerkolben regenerativ übertragene Wärmestrom.

4.4 Kreisprozesse der Verbrennungsmotoren

4.4.1 Übertragung des Arbeitsprinzips der Motoren in einen Kreisprozeß

Sehr bedeutungsvolle Verbrennungskraftanlagen sind die Verbrennungsmotoren, in denen die chemische Energie eines Brennstoffes durch Verbrennung in einer Kolbenmaschine in mechanische Arbeit umgewandelt wird. Die Verbrennungsmotoren stellen somit offene Systeme mit innerer Wärmezufuhr dar.

Um ihre Arbeitsweise als Kreisprozeß darstellen zu können, müssen wir, wie vorn gezeigt, die innere Wärmezufuhr durch eine solche von außen und außerdem das Ausstoßen der heißen Abgase und das Ansaugen der frischen Gase durch eine Wärmeabfuhr ersetzen. Dabei wird mit Luft als Arbeitsmittel gerechnet und damit die Veränderung der Gaszusammensetzung vernachlässigt.

Durch unterschiedlichen Ladungswechsel sind das Zweitakt- und das Viertaktverfahren möglich. Beim ersteren Verfahren kommt auf jede Kurbelumdrehung ein Arbeitshub, beim letzteren dagegen auf jede zweite. Auf die Besonderheiten des Ladungswechsels wird hier nicht näher eingegangen.

Durch unterschiedliche Art der Verbrennung und damit der Wärmezufuhr sind verschiedene Motorarten möglich, der Otto-, der Diesel- und der Seiligermotor. Bei

Untersuchung dieser Prozesse gehen wir besonders auf den Ottoprozeß ein, um den Unterschied zu den Gasturbinen zu zeigen. Bei der Untersuchung der beiden anderen Prozesse machen wir nur auf ihre Besonderheiten aufmerksam und bestimmen den thermischen Wirkungsgrad.

4.4.2 Otto-Prozeß[1] als Vergleichsprozeß des Verbrennungsmotors (Gleichraumprozeß)

Ein Prozeß mit zwei Isentropen und zwei Isochoren heißt Gleichraumprozeß, der im Otto-Motor näherungsweise verwirklicht wird.

Die in den Diagrammen **(B 4.17)** dargestellten Zustandsänderungen haben folgende Bedeutung:

1 . . . 2 Isentrope Verdichtung der Luft, die die Verdichtung des Gemisches ersetzt.

2 . . . 3 Isochore Drucksteigerung durch Wärmezufuhr für die nach der Fremdzündung des brennbaren Gemisches sehr schnell erfolgende Verbrennung.

3 . . . 4 Isentrope Ausdehnung der Luft, die die Ausdehnung der Verbrennungsgase ersetzt.

4 . . . 1 Isochore Druckminderung durch Wärmeabfuhr für das Ausstoßen der heißen Abgase und das Ansaugen des frischen Gemisches.

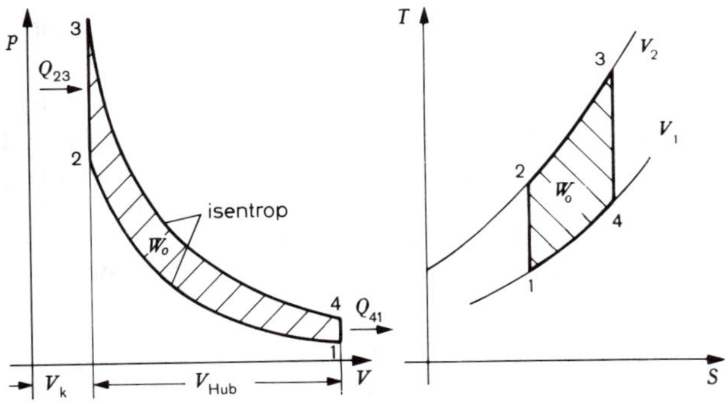

B 4.17 Otto-Prozeß im p, V- und im T, S-Diagramm

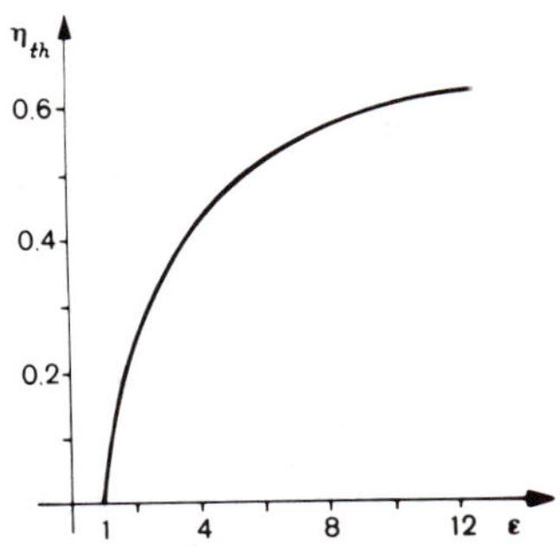

B 4.18 Der thermische Wirkungsgrad des Otto-Prozesses für $\varkappa = 1{,}4$

Die *Nutzarbeit des Otto-Prozesses* wird als Summe der zu- und abgeführten Wärme berechnet (Gl 2.49).

$$|W_o| = -W_o = Q_{23} + Q_{41}$$

$$|W_o| = -W_o = m c_{vm}\Big|_{t_2}^{t_3} (T_3 - T_2) + m c_{vm}\Big|_{t_1}^{t_4} (T_1 - T_4)$$

Mit $c_{vm} = \text{konst.}$ (Abschn. 4.1.3)

$$|W_o| = -W_o = m c_{vm} (T_1 - T_2 + T_3 - T_4) \qquad \textbf{(Gl 4.29)}$$

[1] *Nikolaus Otto* (1832—1891), deutscher Ingenieur, verwirklichte 1876 in Köln das Viertaktverfahren in einem Gasmotor.

Wir hatten als Verdichtungsverhältnis

$$\varepsilon = \frac{V_1}{V_2} = \frac{\text{Volumen vor Kompression}}{\text{Volumen nach Kompression}} \qquad \text{(Gl 4.26)}$$

bezeichnet (Abschn. 4.3.2). Mit V_{Hub} = Hubvolumen, V_{K} = Kompressionsvolumen erhält man:

$$\varepsilon = \frac{V_1}{V_2} = \frac{V_{\text{Hub}} + V_{\text{K}}}{V_{\text{K}}}$$

Der *thermische Wirkungsgrad* (Gl 2.51) kann in Abhängigkeit von diesem Verdichtungsverhältnis angegeben werden:[1]

$$\eta_{th} = \frac{|W_o|}{Q_{23}} = 1 + \frac{Q_{41}}{Q_{23}} = 1 + \frac{m\, c_{vm}|_{t_1}^{t_4} (T_1 - T_4)}{m\, c_{vm}|_{t_2}^{t_3} (T_3 - T_2)}$$

Mit c_{vm} = konst. folgt daraus

$$\eta_{th} = 1 - \frac{T_4 - T_1}{T_3 - T_2}$$

Die Punkte 1 und 2 sowie 3 und 4 sind durch Isentropen zwischen den gleichen Volumen verbunden, daher ist, mit Gl 2.33c und Gl 4.26

$$\left(\frac{V_1}{V_2}\right)^{\varkappa - 1} = \varepsilon^{\varkappa - 1} = \frac{T_3}{T_4} = \frac{T_2}{T_1}; \quad T_4 = T_3 \frac{T_1}{T_2}$$

$$\eta_{th} = 1 - \frac{T_1}{T_2} = 1 - \frac{1}{\varepsilon^{\varkappa - 1}} \qquad \textbf{(Gl 4.30)}$$

Der thermische Wirkungsgrad η_{th} (Gl 4.30) hängt bei konstantem $\varkappa$ nur vom Temperaturverhältnis bei der isentropen Kompression oder Expansion ab. Dieses Verhältnis kann auch durch das Druck- bzw. das Verdichtungsverhältnis ε ausgedrückt werden. Je höher verdichtet wird, um so größer wird der thermische Wirkungsgrad. Bei konstantem $\varkappa$ ist η_{th} eine eindeutige Funktion von ε **(B 4.18).** Das größtmögliche Verdichtungsverhältnis ist durch die Gefahr der Selbstentzündung des angesaugten brennbaren Gemisches, auch Klopfen genannt, begrenzt.

Der *exergetische Wirkungsgrad* wird aus (Gl 4.1a) abgeleitet. – Die Ableitung ergibt einen ähnlichen Zusammenhang wie beim Joule-Prozeß (Abschn. 4.2.2), lediglich erscheint statt der spezifischen Wärmekapazität c_{pm} die bei konstantem Volumen c_{vm}. Bei konstanter spezifischer Wärmekapazität fällt diese aus den Gleichungen heraus und wir erhalten auch für den Otto-Prozeß die schon vorn abgeleitete Gl:

$$\zeta = \frac{T_1 - T_2 + T_3 - T_4}{T_3 - T_2 - T_b \ln \dfrac{T_3}{T_2}} = \frac{\eta_{th}}{1 - \dfrac{T_b}{T_3 - T_2} \ln \dfrac{T_3}{T_2}} \qquad \textbf{(Gl 4.13a/b)}$$

Die aus dieser Gleichung zu ziehenden Folgerungen wurden bereits besprochen (Abschnitt 4.1.3).

Das *Arbeitsverhältnis* (Gl 4.2) ist

$$r_w = \frac{W_o}{W_{t34} + W_{t41}}$$

---

[1] Zur Bezeichnung der Wirkungsgrade bei Verbrennungsmotoren (DIN 1940) s. Ausführungen vor Gl 4.8b.

Darin sind:

$$W_{t\,34} = m\,\varkappa\,c_{vm}|_{t_3}^{t_4}(T_4 - T_3) \qquad \text{(Gl 2.48 b und Gl 2.37)}$$
$$W_{t\,41} = m\,R_i(T_1 - T_4) \qquad \text{(Gl 2.46)}$$

mit $c_v(\varkappa - 1) = R_i$ wird daraus $W_{t\,41} = m\,c_{vm}|_{t_1}^{t_4}(\varkappa - 1)(T_1 - T_4)$. Für c_{vm} = konst. ist

$$r_w = \frac{-(T_1 - T_2 + T_3 - T_4)}{\varkappa(T_4 - T_3) + (\varkappa - 1)(T_1 - T_4)}$$

$$r_w = \frac{T_1 - T_2 + T_3 - T_4}{\varkappa(T_3 - T_1) - (T_4 - T_1)} \qquad \textbf{(Gl 4.31 a)}$$

Durch eine Umformung wie bei η_{th} kann folgende Form abgeleitet werden

$$r_w = \frac{1}{\dfrac{\varkappa - 1}{\eta_{th}} + 1 + \dfrac{\varkappa}{\dfrac{T_3}{T_2} - 1}} \qquad \textbf{(Gl 4.31 b)}$$

Aus dieser Gleichung sind die Zusammenhänge besser zu erkennen als aus (Gl 4.31). Das Arbeitsverhältnis wächst mit steigendem Temperaturverhältnis $\dfrac{T_3}{T_2}$ und mit größer werdendem thermischen Wirkungsgrad.

Beispiel 4.6: Der idealisierte Kreisprozeß eines Ottomotors mit dem Verdichtungsverhältnis $\varepsilon = 10$, einem Anfangszustand $T_1 = 343$ K; $p_1 = 1$ bar, einer höchsten Temperatur $T_3 = 1973$ K, mit Luft als Arbeitsmittel bei konstanter spezifischer Wärmekapazität und $\varkappa = 1{,}4$ ist zu berechnen.

Zu bestimmen sind:

a) Druck und Temperatur für die vier Endpunkte der Zustandsänderungen,
b) der thermische Wirkungsgrad,
c) der exergetische Wirkungsgrad bei einer Umgebungstemperatur $t_b = 20\,°C$,
d) das Arbeitsverhältnis.

Zu a: Für die Isentrope 1 . . . 2 gilt (Gl 2.32 a) und (Gl 2.33):

$$\frac{p_2}{p_1} = \varepsilon^{\varkappa} = 10^{\varkappa} = 25{,}12; \quad p_2 = 25{,}12 \cdot p_1 = \underline{25{,}12 \text{ bar}}$$

$$\frac{T_2}{T_1} = \varepsilon^{\varkappa - 1} = 10^{\varkappa - 1} = 2{,}512; \quad T_2 = 2{,}512 \cdot T_1 = 2{,}512 \cdot 343 \text{ K} = \underline{862 \text{ K}}$$

Für die Isochore 2 . . . 3 gilt (Gl 2.26):

$$\frac{p_3}{p_2} = \frac{T_3}{T_2} = \frac{1973 \text{ K}}{862 \text{ K}} = 2{,}29; \quad p_3 = 2{,}29 \cdot p_2 = 2{,}29 \cdot 25{,}12 \text{ bar} = \underline{57{,}5 \text{ bar}}$$

Für die Isentrope 3 ... 4 gilt (Gl 2.33 b und c):

$$\frac{p_3}{p_4} = \varepsilon^{\varkappa} = 25{,}12; \qquad p_4 = \frac{p_3}{25{,}12} = \frac{57{,}5 \text{ bar}}{25{,}12} = \underline{2{,}29 \text{ bar}}$$

$$\frac{T_3}{T_4} = \varepsilon^{\varkappa - 1} = 2{,}512; \qquad T_4 = \frac{T_3}{2{,}512} = \frac{1973 \text{ K}}{2{,}512} = \underline{785 \text{ K}}$$

Zu b: Der thermische Wirkungsgrad ist (Gl 4.30)

$$\eta_{th} = 1 - \frac{T_1}{T_2} = 1 - \frac{343 \text{ K}}{862 \text{ K}} = 1 - 0{,}398 = \underline{0{,}602}$$

Zu c: Der exergetische Wirkungsgrad ist (Gl 4.13 a)

$$\zeta = \frac{T_1 - T_2 + T_3 - T_4}{T_3 - T_2 - T_b \ln\left(\dfrac{T_3}{T_2}\right)} = \frac{343 \text{ K} - 862 \text{ K} + 1973 \text{ K} - 785 \text{ K}}{1973 \text{ K} - 862 \text{ K} - 293 \text{ K} \ln\left(\dfrac{1973}{862}\right)} = \underline{0{,}770}$$

Zu d: Das Arbeitsverhältnis ist (Gl 4.31a)

$$r_w = \frac{T_1 - T_2 + T_3 - T_4}{\varkappa(T_3 - T_4) + (\varkappa - 1)(T_4 - T_1)}$$

$$r_w = \frac{343 \text{ K} - 862 \text{ K} + 1973 \text{ K} - 785 \text{ K}}{1{,}4 \,(1973 \text{ K} - 785 \text{ K}) + 0{,}4 \,(785 \text{ K} - 343 \text{ K})} = \underline{0{,}364}$$

Im Vergleich zu dem Joule-Prozeß (Beispiel 4.1) erkennt man, daß die Bewertungsziffern mit Ausnahme von r_w beim Otto-Prozeß größer sind als beim Joule-Prozeß, der allerdings eine kleinere Höchsttemperatur hat. — Beim Ericsson-Prozeß liegen die Bewertungsziffern trotz der kleineren Höchsttemperatur höher als beim Otto-Prozeß.

Aufgabe 4.7: In einem Ottomotor ist als Endtemperatur der isentropen Verdichtung des Arbeitsmittels von 30 °C eine Temperatur von 490 °C zulässig. Wie groß ist das Verdichtungsverhältnis ε, bei dem diese Temperatur erreicht wird? – Das Arbeitsmittel habe die Eigenschaften der Luft bei konstanter spezifischer Wärmekapazität und $\varkappa = 1{,}4$.

4.4.3 Diesel-Prozeß[1] als Vergleichsprozeß des Verbrennungsmotors (Gleichdruckprozeß)

Ein Prozeß mit zwei Isentropen, einer isobaren Expansion und einer isochoren Druckminderung heißt Gleichdruckprozeß, der seinen Namen von der bei konstantem Druck erfolgenden Wärmezufuhr erhalten hat und der im Dieselmotor näherungsweise verwirklicht wird **(B 4.19).** Im Gegensatz zum Ottomotor wird Luft verdichtet und dann Brennstoff eingespritzt, der sich selbst entzündet.

Die *Nutzarbeit* wird als Summe der zu- und abgeführten Wärme berechnet (Gl 2.49)

$$|W_d| = -W_d = Q_{23} + Q_{41} = m\varkappa c_{vm}\big|_{t_2}^{t_3} (T_3 - T_2) + m c_{vm}\big|_{t_1}^{t_4} (T_1 - T_4)$$

[1] *Rudolf Diesel* (1858—1913), deutscher Ingenieur. Er entwickelte in Augsburg einen Schwerölmotor (Dieselmotor).

Für $c_{vm} = \text{konst.}$ wird daraus

$$|W_d| = -W_d = m c_{vm}(T_1 - \varkappa T_2 + \varkappa T_3 - T_4) \qquad \textbf{(Gl 4.32)}$$

Für c_{vm} kann auch $\dfrac{R_i}{(\varkappa - 1)}$ eingesetzt werden.

Da durch das schon beim Stirling-Prozeß definierte Verdichtungsverhältnis $\varepsilon = \dfrac{V_1}{V_2}$ der Prozeß noch nicht eindeutig festgelegt ist, wird eine weitere Größe, das *Einspritzverhältnis* φ, eingeführt.

$$\varphi = \frac{V_3}{V_2} = \frac{T_3}{T_2} \qquad \textbf{(Gl 4.33)}$$

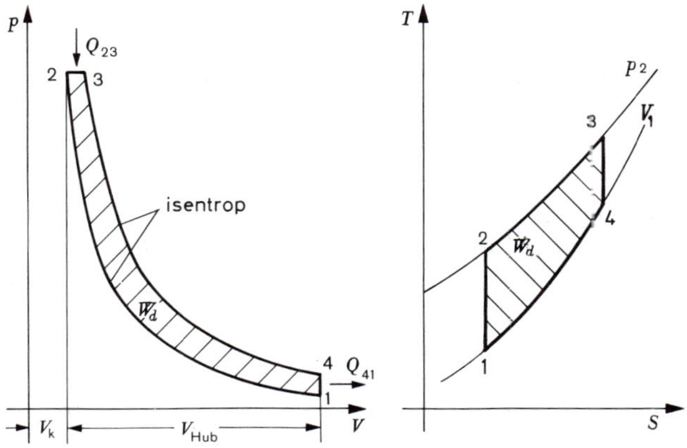

B 4.19 Diesel-Prozeß im p, V- und im T, S-Diagramm

Dann ist der *thermische Wirkungsgrad* (Gl 2.51)

$$\eta_{th} = \frac{|W_d|}{Q_{23}} = 1 + \frac{Q_{41}}{Q_{23}}$$

$$\eta_{th} = 1 + \frac{m c_{vm}|_{t_1}^{t_4} (T_1 - T_4)}{m \varkappa c_{vm}|_{t_2}^{t_3} (T_3 - T_2)} \qquad \text{mit} \quad c_{vm} = \text{konst. folgt daraus:}$$

$$\eta_{th} = 1 - \frac{T_4 - T_1}{\varkappa (T_3 - T_2)}$$

Für die Isobare 2…3 ist $\varphi = \dfrac{V_3}{V_2} = \dfrac{T_3}{T_2}$; $\quad T_3 = \varphi T_2$

Für die Isentrope 3…4 ist (Gl 2.33c)

$$\frac{T_4}{T_3} = \left(\frac{V_3}{V_4}\right)^{\varkappa - 1} = \left(\frac{V_3}{V_2}\,\frac{V_2}{V_4}\right)^{\varkappa - 1} = \varphi^{\varkappa - 1}\,\frac{T_1}{T_2}; \quad T_4 = \varphi T_2 \varphi^{\varkappa - 1}\,\frac{T_1}{T_2}; \quad T_4 = \varphi^{\varkappa} T_1$$

Die Temperaturen T_3 und T_4 werden in die Gleichung für η_{th} eingesetzt.

$$\eta_{th} = 1 - \frac{\varphi^{\varkappa} T_1 - T_1}{\varkappa (\varphi T_2 - T_2)}$$

$$\eta_{th} = 1 - \frac{T_1}{T_2}\,\frac{\varphi^{\varkappa} - 1}{\varkappa (\varphi - 1)} = 1 - \frac{1}{\varepsilon^{\varkappa - 1}}\,\frac{\varphi^{\varkappa} - 1}{\varkappa (\varphi - 1)} \qquad \textbf{(Gl 4.34)}$$

Für den *exergetischen Wirkungsgrad* läßt sich ableiten

$$\zeta = \frac{\eta_{th}}{1 - \dfrac{T_b}{T_1}\,\dfrac{\ln \varphi}{\varepsilon^{\varkappa - 1}(\varphi - 1)}} \qquad \textbf{(Gl 4.35)}$$

und für das *Arbeitsverhältnis*

$$r_w = \frac{\eta_{th}(\varphi - 1)}{\varphi - \dfrac{\varphi^{\varkappa} + \varkappa - 1}{\varkappa \varepsilon^{\varkappa - 1}}} \qquad \textbf{(Gl 4.36)}$$

Der thermische Wirkungsgrad des Diesel-Prozesses ist nicht nur vom Verdichtungsverhältnis, sondern auch vom Einspritzverhältnis abhängig. Der thermische Wirkungsgrad steigt mit wachsendem Verdichtungsverhältnis, aber mit fallendem Einspritzverhältnis, ist also bei kleiner Wärmezufuhr größer.

Rudolf Diesel erfand diesen Motor. Diese Erfindung ist eine der bedeutendsten Ingenieurleistungen, denn der Motor wurde in seinen thermodynamischen Voraussetzungen berechnet und aus den theoretischen Überlegungen in die Praxis umgesetzt.

Beispiel 4.7: Der idealisierte Kreisprozeß eines Dieselmotors mit dem Verdichtungsverhältnis $\varepsilon = 18$, einem Anfangszustand $T_1 = 343$ K; $p_1 = 1$ bar, einer höchsten Temperatur $T_3 = 1973$ K mit Luft als Arbeitsmittel mit konstanter spezifischer Wärmekapazität und $\varkappa = 1{,}4$ ist zu berechnen.

Zu bestimmen sind:

a) Druck und Temperatur für die vier Endpunkte der Zustandsänderungen, wobei zu beachten ist, daß einige Punkte mit denen des Beispiels 4.6 übereinstimmen,

b) das Einspritzverhältnis,

c) der thermische Wirkungsgrad.

Zu a: Für die Isentrope 1 ... 2 gilt (Gl 2.33a) und (Gl 2.33c)

$$\frac{p_2}{p_1} = \varepsilon^{\varkappa} = 18^{\varkappa} = 57{,}4; \quad p_2 = 57{,}4 \cdot p_1 = \underline{57{,}4 \text{ bar}}$$

$$\frac{T_2}{T_1} = \varepsilon^{\varkappa - 1} = 18^{\varkappa - 1} = 3{,}18; \quad T_2 = 3{,}18 \cdot T_1 = 3{,}18 \cdot 343 \text{ K}$$

$$T_2 = \underline{1090 \text{ K}}$$

Für die Isobare 2 . . . 3 gilt (Gl 1.16)

$$\frac{V_3}{V_2} = \frac{T_3}{T_2}; \quad T_3 = \underline{1973 \text{ K}} \text{ lt. Aufgabe}; \quad p_2 = p_3 = \underline{57{,}4 \text{ bar}}$$

Die Isentrope 3...4 ist mit der Isentropen des Beispiels 4.6 identisch.

$$p_4 = \underline{2{,}28 \text{ bar}}; \quad T_4 = \underline{785 \text{ K}}$$

Zu b: Das Einspritzverhältnis ist (Gl 4.33)

$$\varphi = \frac{V_3}{V_2} = \frac{T_3}{T_2} = \frac{1973 \text{ K}}{1090 \text{ K}} = \underline{1{,}811}$$

Zu c: Der thermische Wirkungsgrad ist (Gl 4.34)

$$\eta_{th} = 1 - \frac{T_1}{T_2} \cdot \frac{\varphi^{\varkappa} - 1}{\varkappa(\varphi - 1)} = 1 - \frac{343 \text{ K}}{1090 \text{ K}} \frac{1{,}811^{1{,}4} - 1}{1{,}4 \cdot 0{,}811} = \underline{0{,}64}$$

Der Vergleich mit Beispiel 4.6 zeigt, daß der thermische Wirkungsgrad des Diesel-Prozesses trotz gleicher Höchstbeanspruchung (Druck und Temperatur) merklich besser ist als der des Otto-Prozesses.

Aufgabe 4.8: Für den im Beispiel 4.7 berechneten Diesel-Prozeß sind der exergetische Wirkungsgrad für $t_b = 20\,°C$ und das Arbeitsverhältnis zu berechnen. — Die gefundenen Werte sind mit denen des Otto-Prozesses nach Beispiel 4.5 zu vergleichen.

Aufgabe 4.9: Die in den Beispielen 4.6 und 4.7 berechneten Prozesse sind maßstäblich in einem T, S-Diagramm darzustellen. Es soll $s_1 = 0$ angenommen und mit $c_{pm} = 1{,}004$ kJ/kg K gerechnet werden.

4.4.4 Seiliger-Prozeß[1] als Vergleichsprozeß des Verbrennungsmotors (Gemischter Vergleichsprozeß)

Im Seiliger-Prozeß sind der Otto- und der Diesel-Prozeß als Grenzfälle enthalten. Der idealisierte Seiliger-Prozeß besteht aus zwei Isentropen, zwei Isochoren und einer Isobaren **(B 4.20).** Durch die zunächst isochore und anschließend isobare Wärmezufuhr lassen sich die tatsächlichen Verbrennungsvorgänge näherungsweise gut ersetzen.

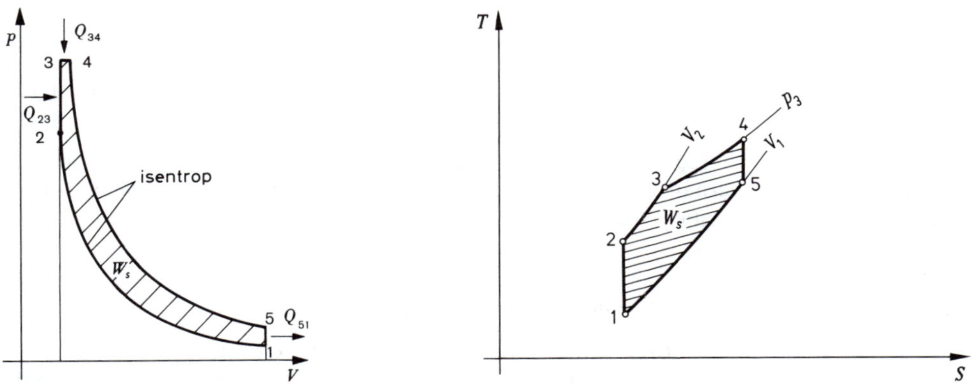

B 4.20 Seiliger-Prozeß im p, V- *und* T, S-Diagramm

Die *Nutzarbeit* wird als Summe der zu- und abgeführten Wärme berechnet (Gl 2.49).

$$|W_s| = -W_s = Q_{23} + Q_{34} + Q_{51} = m c_{vm}\big|_{t_2}^{t_3}(T_3 - T_2) + m\varkappa c_{vm}\big|_{t_3}^{t_4}(T_4 - T_3) + m c_{vm}\big|_{t_1}^{t_5}(T_1 - T_5)$$

Für $c_{vm} = \text{konst.}$ wird daraus

$$|W_s| = -W_s = m c_{vm}[T_1 - T_2 - (\varkappa - 1) T_3 + \varkappa T_4 - T_5] \qquad \textbf{(Gl 4.37)}$$

Neben den schon definierten Verhältniszahlen

Verdichtungsverhältnis $\varepsilon = \dfrac{V_1}{V_2}$; $\quad \varepsilon^{\varkappa - 1} = \left(\dfrac{V_1}{V_2}\right)^{\varkappa - 1} = \dfrac{T_2}{T_1}$

Einspritzverhältnis $\quad \varphi = \dfrac{V_4}{V_3} = \dfrac{T_4}{T_3}$

wird als weitere Größe das *Druckverhältnis* ψ bei der isochoren Wärmezufuhr festgelegt.

---
[1] *Moritz Seiliger*, Ingenieur, untersuchte 1911 den gemischten Vergleichsprozeß.

$$\psi = \frac{p_3}{p_2} = \frac{T_3}{T_2} \qquad \textbf{(Gl 4.38)}$$

Der *thermische Wirkungsgrad* ist

$$\eta_{th} = \frac{|W_s|}{Q_{23} + Q_{34}} = 1 + \frac{Q_{51}}{Q_{23} + Q_{34}}$$ für $c_{vm} = \text{konst.}$ folgt daraus:

$$\eta_{th} = 1 - \frac{T_5 - T_1}{T_3 - T_2 + \varkappa (T_4 - T_3)}$$

$$\eta_{th} = 1 - \frac{\frac{T_1}{T_2}\frac{T_5}{T_1} - \frac{T_1}{T_2}}{\frac{T_3}{T_2} - 1 + \varkappa \left(\frac{T_4}{T_3}\frac{T_3}{T_2} - \frac{T_3}{T_2}\right)} = 1 - \frac{1}{\varepsilon^{\varkappa - 1}} \frac{\frac{T_5}{T_1} - 1}{\psi - 1 + \varkappa (\psi \varphi - \psi)}$$

Durch eine Umstellung erhält man für $\frac{T_5}{T_1} = \varphi^{\varkappa} \psi$

$$\eta_{th} = 1 - \frac{1}{\varepsilon^{\varkappa - 1}} \frac{\psi \varphi^{\varkappa} - 1}{\psi - 1 + \varkappa \psi (\varphi - 1)} \qquad \textbf{(Gl 4.39)}$$

Der thermische Wirkungsgrad wächst mit steigendem Verdichtungsverhältnis ε und mit sinkendem Einspritzverhältnis φ. Das steigende Druckverhältnis ψ ergibt einen allerdings sehr geringen Anstieg von η_{th}.

4.4.5 Der wirkliche Prozeß in den Verbrennungsmotoren

Bei den Verbrennungsmotoren nähert sich der Prozeß in den Maschinen ebenfalls dem idealisierten Kreisprozeß, jedoch sind hier die Abweichungen besonders wegen des Ladungswechsels größer als bei den Gasturbinenanlagen.

Das Gemisch verbrennt im Ottomotor nach der Fremdzündung zwar sehr schnell, es ist jedoch eine gewisse Zeit für die Verbrennung erforderlich, so daß der Druckanstieg nicht isochor verläuft. — Beim Dieselmotor erfolgt nach dem Einspritzen des Brennstoffes zunächst durch die Verbrennung ein Druckanstieg und dann durch die Expansion eine Drucksenkung. Die Isobare wird nicht genau verwirklicht. Bei beiden Motoren ergibt die Wärmezufuhr im p, V-Diagramm dadurch keine Gerade, sondern einen abgerundeten Verlauf der Zustandsänderungen. — Eine weitere Abrundung bewirkt der Ladungswechsel, der durch einen isochoren Wärmeentzug vereinfachend ersetzt wurde. Beim Viertaktmotor **(B 4.21)** entsteht durch den Ladungswechsel sogar eine Verlustfläche **(B 4.22).**

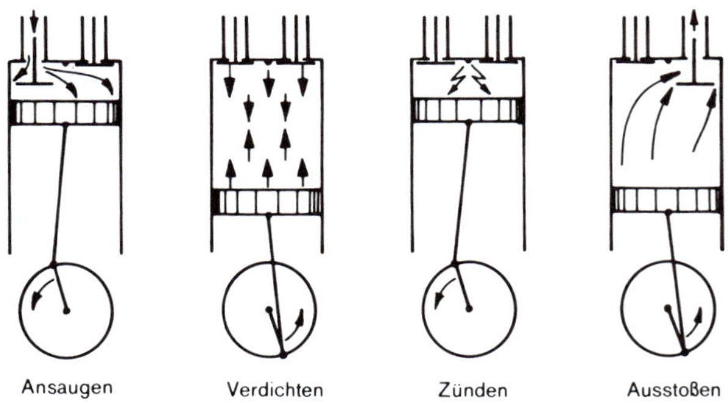

B 4.21 Schematische Darstellung eines Viertakt-Ottomotors

Kompression und Expansion verlaufen wegen Reibung und Wärmeübertragung längs einer Polytropen, die allerdings in der Nähe der Isentropen liegt.

Die Kreisprozesse der Verbrennungsmotoren können außer in Hubkolbenmaschinen **(B 4.21)** auch in Rotationskolbenmaschinen verwirklicht werden. Die von Wankel[1] entwickelte Kreiskolbenmaschine **(B 4.23),** bekannt unter dem Namen Wankelmotor, hat einen feststehenden umschließenden Körper, während der umschlossene Körper eine planetenartig kreisende Bewegung ausführt. Bei der Kreiskolbenmaschine über-

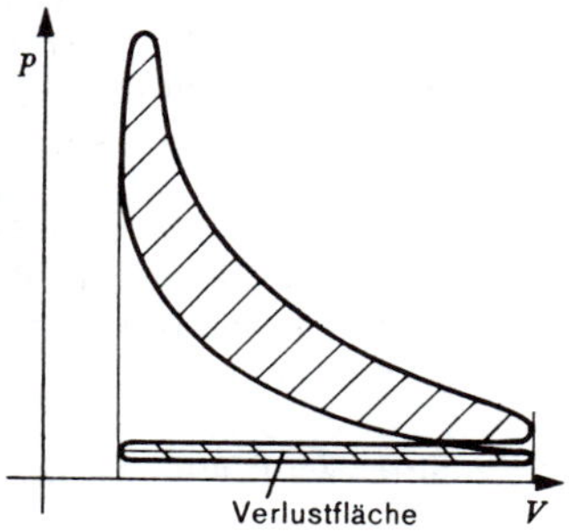

B 4.22 Indikatordiagramm eines Viertakt-Ottomotors

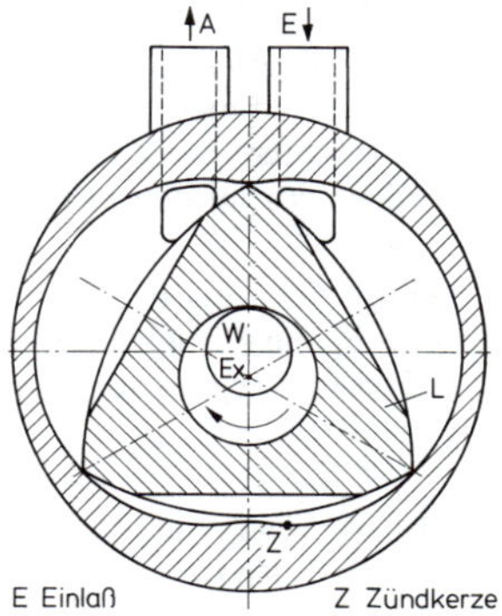

E Einlaß
A Auslaß
W Exzenterwelle
Z Zündkerze
Ex Exzenter
L Läufer

B 4.23 Kreiskolben-Viertaktmotor, Ottoverfahren

nimmt die Exzenterwelle W, mit der der Exzenter Ex fest verbunden ist, die Leistungsabgabe. Auf dem Exzenter ist der Läufer L gelagert. Durch ein Getriebe zwischen Läufer und Welle wird ein Drehzahlverhältnis von 1:3 erreicht. Für das untere Volumen ist der Läufer im oberen Totpunkt, in dem das Gemisch gezündet wird, gezeichnet. Der umschließende Körper enthält Einlaß, Auslaß und Zündvorrichtung.

4.5 Kolbenverdichter

Bisher wurden Maschinen behandelt, deren Arbeitsprinzipien näherungsweise durch Kreisprozesse beschrieben wurden. Daneben gibt es Maschinen, die sinnvoll nur als offene Systeme betrachtet werden können. Dies sind u.a. Maschinen, die den Druck eines Gases erhöhen und dieses Gas fördern sollen, so der als Beispiel für die offenen Systeme hier behandelte Kolbenverdichter.

4.5.1 Der verlustlose Kolbenverdichter ohne Schadraum[2]

Einstufiger Kolbenverdichter. Da es sich um ein offenes System handelt, ist die bei reversibler Verdichtung und vernachlässigter Änderung der kinetischen und potentiellen Energie von der Maschine an das Arbeitsmittel zu übertragende Arbeit (Gl 1.30a mit $W_{diss\,12} = 0$):

$$W_{t\,12} = H_2 - H_1 - Q_{12}$$

[1] *Felix Wankel* (1902–1988), deutscher Ingenieur, entwickelte in Lindau 1954–1960 den nach ihm benannten Kreiskolbenmotor.

[2] Begriffserläuterung Abschn. 4.5.2

Wir betrachten dabei den Vorgang im Kolbenverdichter als stationären Prozeß, indem wir die Ein- und Austrittszustände genügend weit in die Ansaug- und Ausblaskanäle hinein an solche Stellen verlegen, an denen die periodischen Druckschwankungen bereits abgeklungen sind.

Die technische Arbeit W_{t12} wurde als die an einem offenen System bei reversiblen stationären Vorgängen verrichtete Arbeit definiert (Abschn. 1.6.2) und bei vernachlässigter Änderung der kinetischen und potentiellen Energie nach (Gl 1.34) $W_{t12} = \int_1^2 V\,\mathrm{d}p$ berechnet, wodurch sie als Fläche im p, V-Diagramm gedeutet werden konnte.

Um die Gleichwertigkeit der Betrachtungsweisen am offenen System (ruhender Beobachter) oder am geschlossenen System (abgegrenzte Stoffmenge, mitbewegter Beobachter) zu erläutern, wird am Beispiel des Kolbenverdichters die Arbeit, die dem zu verdichtenden Fluid im Dauerbetrieb zuzuführen ist, aus der Sicht des mitbewegten Beobachters für eine abgegrenzte Stoffmenge (geschlossenes System) abgeleitet.

Der Kolbenverdichter saugt Gas aus der Ansaugleitung an, verdichtet es und drückt es restlos wieder aus dem Zylinder in die Druckleitung hinein **(B 4.24).** Die von dem Kolben während eines Arbeitsspieles an dieser abgegrenzten Stoffmenge aufzubringende Arbeit kann als Summe der Einzelarbeiten berechnet werden.

$W_{v12} = -\int_1^2 p\,\mathrm{d}V \mathrel{\hat=} \mathrm{Fl}\ 12\mathrm{bc}$	die dem eingeschlossenen Gas zugeführte Verdichtungsarbeit (positiv),
$W_{23} = p_2 V_2 \mathrel{\hat=} \mathrm{Fl}\ 23\mathrm{ab}$	die dem Gas von Kolben zugeführte Ausschubarbeit (positiv),
$W_{34} = 0$	der arbeitslose Druckwechsel,
$W_{41} = -p_1 V_1 \mathrel{\hat=} \mathrm{Fl}\ 41\mathrm{ca}$	die vom Gas an den Kolben abgegebene Einschubarbeit (negativ).

$$W_{t12} = W_{v12} + W_{23} + W_{41} + W_{34} = \int_1^2 V\,\mathrm{d}p \mathrel{\hat=} \mathrm{Fl}\ 1234$$

Diese Arbeit ist die schon vorn abgeleitete technische Arbeit, die im Dauerbetrieb ständig von der Maschine aufzubringen ist (Gl 1.34). Sie wird dem Gas zugeführt und ist somit positiv.

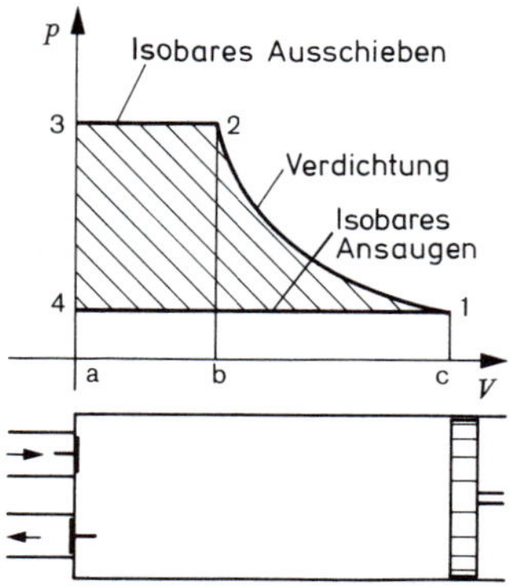

B 4.24 Arbeit eines Kolbenverdichters ohne Schadraum

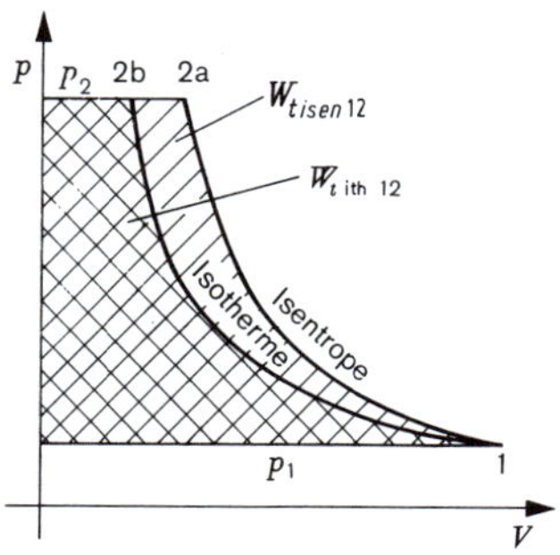

B 4.25 Isotherme und isentrope Verdichtung im p, V-Diagramm

Die isotherme Verdichtung erfordert die kleinste Arbeit (Abschn. 2.3.2), daher wird sie häufig als Vergleichsarbeit der Betrachtung des Kolbenverdichters zugrunde gelegt. Falls der Verdichter ungekühlt ist, vergleicht man seinen Arbeitsaufwand auch mit der isentropen Verdichtungsarbeit **(B 4.25).** Für die Vergleichsarbeit wird ein reversibler

Vorgang vorausgesetzt und die Änderung der kinetischen und potentiellen Energie vernachlässigt. Die *Vergleichsarbeit* W_{kv} ist bei *einstufiger* Verdichtung

$$W_{kv-ith} = W_{t\,ith\,12} = -Q_{12} \qquad \textit{isotherme Vergleichsarbeit}$$

oder

$$W_{kv-isen} = W_{t\,isen\,12} = H_2 - H_1 \qquad \textit{isentrope Vergleichsarbeit}$$

Da verschiedene Vergleichsarbeiten zugrunde gelegt werden, erhalten wir auch verschiedene Wirkungsgrade und müssen stets angeben, auf welche Vergleichsarbeit sie bezogen sind. Die Verdichter arbeiten heute im allgemeinen mit sehr hohen Drehzahlen, daher verläuft die Kompression selbst bei gekühlten Maschinen bei vernachlässigter Dissipation in der Nähe der Isentropen.

Mehrstufiger Kolbenverdichter. Bei großem Druckverhältnis werden die Endtemperatur und damit die Belastung des Materials und des Schmieröls hoch. Außerdem wächst der ungünstige Einfluß des Schadraumes auf das Ansaugvolumen (Abschn. 4.5.2). Daher ist eine mehrstufige Verdichtung mit Kühlung zwischen den Stufen u.U. unvermeidlich.

Mehrstufige Verdichtung mit Zwischenkühlung führt zur Arbeitsersparnis, wie nachfolgend gezeigt wird. Als Vergleichsarbeit des mehrstufigen Verdichters legen wir die technische Arbeit für stufenweise isentrope Verdichtung und isobare Abkühlung zwischen den Stufen zugrunde **(B 4.26)**.

Fl. 234e: Arbeitsersparnis durch Zwischenkühlung

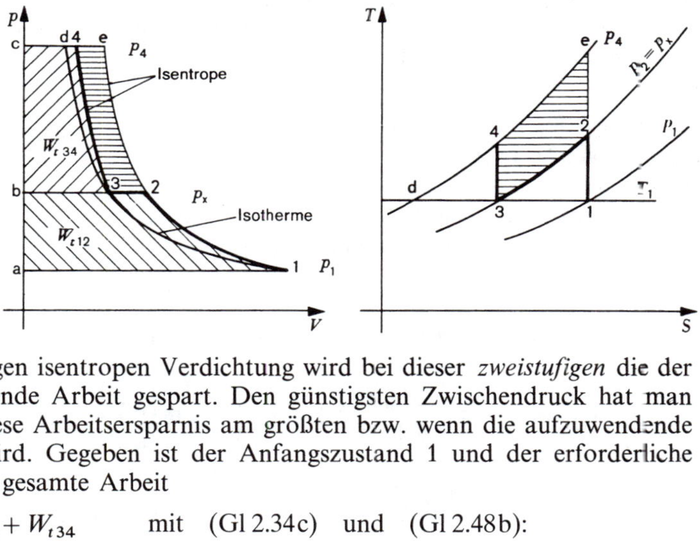

B 4.26 Zweistufige isentrope Verdichtung mit isobarer Zwischenkühlung

Gegenüber der einstufigen isentropen Verdichtung wird bei dieser *zweistufigen* die der Fläche 234e entsprechende Arbeit gespart. Den günstigsten Zwischendruck hat man dann gewählt, wenn diese Arbeitsersparnis am größten bzw. wenn die aufzuwendende Arbeit am kleinsten wird. Gegeben ist der Anfangszustand 1 und der erforderliche Druck p_4, dann ist die gesamte Arbeit

$$W_{kv\text{-}isen} = W_{t\,12} + W_{t\,34} \qquad \text{mit} \quad (\text{Gl } 2.34\text{c}) \quad \text{und} \quad (\text{Gl } 2.48\text{b}):$$

$$W_{kv\text{-}isen} = \frac{\varkappa}{\varkappa - 1}\, m R_i T_1 \left[\left(\frac{p_x}{p_1}\right)^{\frac{\varkappa-1}{\varkappa}} - 1\right] + \frac{\varkappa}{\varkappa - 1}\, m R_i T_1 \left[\left(\frac{p_4}{p_x}\right)^{\frac{\varkappa-1}{\varkappa}} - 1\right]$$

$$W_{kv\text{-}isen} = \frac{\varkappa}{\varkappa - 1}\, m R_i T_1 \left[\left(\frac{p_x}{p_1}\right)^{\frac{\varkappa-1}{\varkappa}} + \left(\frac{p_4}{p_x}\right)^{\frac{\varkappa-1}{\varkappa}} - 2\right]$$

Zur Bestimmung der minimalen Arbeit wird $W_{kv\text{-}isen}$ nach p_x abgeleitet und die Ableitung gleich Null gesetzt.

$$\frac{\mathrm{d}W_{kv\text{-}isen}}{\mathrm{d}p_x}=\frac{\varkappa}{\varkappa-1}\,m\,R_i\,T_1\left[\frac{\varkappa-1}{\varkappa}\,\frac{p_x^{-\frac{1}{\varkappa}}}{p_1^{\frac{\varkappa-1}{\varkappa}}}-\frac{\varkappa-1}{\varkappa}\,\frac{p_4^{\frac{\varkappa-1}{\varkappa}}}{p_x^{\frac{2\varkappa-1}{\varkappa}}}\right]=0$$

$$\frac{p_x^{-\frac{1}{\varkappa}}}{p_1^{\frac{\varkappa-1}{\varkappa}}}=\frac{p_4^{\frac{\varkappa-1}{\varkappa}}}{p_x^{\frac{2\varkappa-1}{\varkappa}}}\rightarrow p_x^{\frac{2(\varkappa-1)}{\varkappa}}=p_1^{\frac{\varkappa-1}{\varkappa}}\cdot p_4^{\frac{\varkappa-1}{\varkappa}}$$

$$\frac{p_x}{p_1}=\frac{p_4}{p_x} \qquad \textbf{(Gl 4.40a)}$$

Der Arbeitsaufwand für eine bestimmte Drucksteigerung ist am kleinsten, wenn die Druckverhältnisse der beiden Stufen gleich groß sind. Hierdurch werden die Arbeiten für beide Stufen und, bei Zwischenkühlung auf die Anfangstemperatur, die Temperaturen am Ende der Stufen gleich. Auch bei mehrstufigen Verdichtern erhält man den kleinsten Arbeitsaufwand für gleiche Druckverhältnisse in jeder Stufe. Sind n die Stufenzahl und p_z der geforderte Enddruck, dann ist das Druckverhältnis je Stufe

$$\frac{p_2}{p_1}=\sqrt[n]{\frac{p_z}{p_1}}=\frac{p_3}{p_2}=\frac{p_4}{p_3} \qquad \textbf{(Gl 4.40b)}$$

(Gl 4.39) und (Gl 4.40) gelten nur für das ideale Gas, da in der Ableitung die Gesetze des idealen Gases (Gl 2.34c) und (Gl 2.48b) enthalten sind. Sie können auch auf den Turboverdichter angewandt werden.

Beispiel 4.8: In einem Kolbenverdichter ohne Schadraum wird trockene Luft von 1 bar, 20 °C reversibel auf 7 bar verdichtet.

Zu bestimmen sind:

a) die spezifische isotherme Verdichtungsarbeit,

b) die spezifische isentrope Verdichtungsarbeit.

Es ist mit $\varkappa=1{,}4$ zu rechnen.

Zu a: $w_{kv\text{-}ith}=w_{t\,12}=R_i\,T_1\ln\frac{p_2}{p_1}$ (Gl 2.30) und (Gl 2.48a)

$$w_{kv\text{-}ith}=w_{t\,12}=0{,}2872\,\frac{\mathrm{kJ}}{\mathrm{kg\,K}}\,293\,\mathrm{K}\,\ln\frac{7\,\mathrm{bar}}{1\,\mathrm{bar}}=\underline{163{,}9\,\frac{\mathrm{kJ}}{\mathrm{kg}}}$$

Zu b: $w_{kv\text{-}isen}=w_{t\,12}=\frac{\varkappa R_i T_1}{\varkappa-1}\left[\left(\frac{p_2}{p_1}\right)^{\frac{\varkappa-1}{\varkappa}}-1\right]$ (Gl 2.34c) und (Gl 2.48b)

$$w_{kv\text{-}isen}=w_{t\,12}=\frac{1{,}4}{0{,}4}\,0{,}2872\,\frac{\mathrm{kJ}}{\mathrm{kg\,K}}\,293\,\mathrm{K}\left(7^{\frac{1,4-1}{1,4}}-1\right)=\underline{218{,}5\,\frac{\mathrm{kJ}}{\mathrm{kg}}}$$

Das Ergebnis zeigt, daß die isentrope Arbeit wesentlich größer als die isotherme ist.

Beispiel 4.9: Ein dreistufiger verlustloser Kolbenverdichter ohne Schadraum saugt Luft von 1 bar, 20 °C an und verdichtet sie isentrop auf 27 bar. Nach jeder Zwischenstufe wird die Luft isobar auf 20 °C gekühlt. – Die Berechnung ist mit $\varkappa=1{,}4$ und $c_{pm}=1{,}004\,\frac{\mathrm{kJ}}{\mathrm{kg\,K}}$ durchzuführen.

Der Vorgang ist schematisch im p, V-Diagramm darzustellen.

Zu bestimmen sind:

a) die Zwischendrücke, bei denen der Arbeitsaufwand je Stufe gleich groß ist,

b) die Temperaturen am Ende jeder Stufe nach der Verdichtung,

c) die Änderung der spezifischen Entropie bei der isobaren Kühlung.

Schematische Darstellung im p, V-Diagramm **(B 4.27)**

Zu a: Bestimmung der Drücke:

$$\frac{p_2}{p_1} = \sqrt[n]{\frac{p_z}{p_1}} \qquad \text{(Gl 4.40b)}$$

$$\frac{p_2}{p_1} = \sqrt[3]{\frac{27\ \text{bar}}{1\ \text{bar}}} = 3$$

$p_1 = \underline{1\ \text{bar}}$; $p_2 = \underline{3\ \text{bar}}$; $p_3 = \underline{9\ \text{bar}}$; $p_4 = \underline{27\ \text{bar}}$

Zu b: Die Temperaturen nach den isentropen Verdichtungen sind gleich (Gl 2.33c)

$$\frac{T_2}{T_1} = \left(\frac{p_2}{p_1}\right)^{\frac{\varkappa-1}{\varkappa}} = \left(\frac{3\ \text{bar}}{1\ \text{bar}}\right)^{\frac{1{,}4-1}{1{,}4}} = 1{,}369$$

$$T_2 = 1{,}369 \cdot T_1 = 1{,}369 \cdot 293\ \text{K} = \underline{401\ \text{K}}$$

$$t_2 = 128\,°\text{C} = t_3 = t_4$$

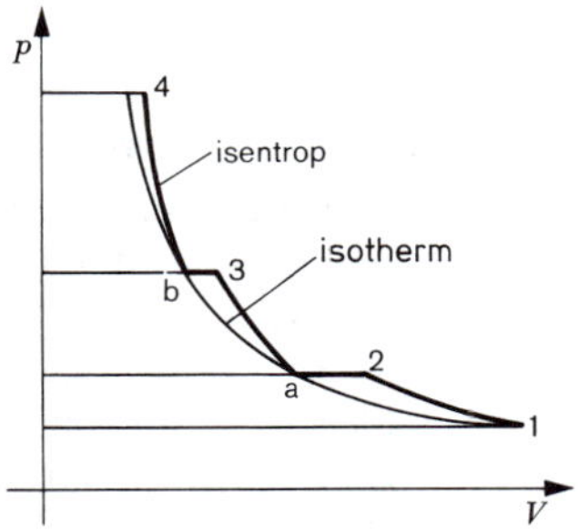

B 4.27 Dreistufige Verdichtung mit Zwischenkühlung

Zu c: Die Änderungen der spezifischen Entropien bei der isobaren Kühlung nach der 1. und 2. Stufe sind gleich.

$$s_a - s_2 = c_{pm} \ln \frac{T_a}{T_2} \qquad \text{(Gl 3.12)}$$

$$s_a - s_2 = 1{,}004\ \frac{\text{kJ}}{\text{kg K}} \ln \frac{293\ \text{K}}{401\ \text{K}} = \underline{-0{,}315\ \frac{\text{kJ}}{\text{kg K}}} = s_b - s_3$$

Aufgabe 4.10: Die im Beispiel 4.9 berechnete dreistufige Verdichtung ist für 1 kg Luft maßstäblich im p, V-Diagramm und im T, S-Diagramm darzustellen.

a) Für die Darstellung im p, V-Diagramm sind die Volumen für die Endpunkte jeder Zustandsänderung zu bestimmen.

b) Die Darstellung im p, V-Diagramm soll mit Hilfe der Endpunkte und der Subtangenten erfolgen.

c) Die Zustandsänderungen im T, S-Diagramm sind mit Hilfe der Endpunkte jeder Zustandsänderung und eines Zwischenpunktes für die Isobaren bei der halben Temperaturdifferenz darzustellen.

Aufgabe 4.11: Ein vierstufiger verlustloser Kolbenverdichter ohne Schadraum saugt Sauerstoff von 1,5 bar, 20 °C an und verdichtet ihn in jeder Stufe isentrop, so daß nach 4 Stufen der Enddruck 40 bar erreicht wird.

Die Berechnung ist mit $\varkappa = 1{,}4$ durchzuführen. — Zu bestimmen sind:

a) die Zwischendrücke für den kleinsten Arbeitsaufwand, wenn nach jeder Stufe der Sauerstoff isobar auf 20 °C gekühlt wird,

b) die Temperaturen am Ende jeder Stufe,

c) die Temperatur nach einstufiger isentroper Verdichtung von 1,5 bar auf 40 bar.

4.5.2 Bewertungsziffern für den Kolbenverdichter[1]

Bewertung des Kolbenverdichters mit Schadraum (Schadraum und Füllungsgrad). Da bei restloser Entleerung des Zylinders der Kolben an den Zylinderdeckel anstoßen würde und wegen des für die Ventile erforderlichen Volumens ist es nicht möglich, das Gas, wie vorn zunächst angenommen wurde **(B 4.24)**, restlos aus dem Zylinder zu schieben. Es bleibt noch ein verdichteter Rest im Zylinder zurück. Den vom Kolben nicht entleerten Raum in Zylinder nennt man den *Schadraum* V_3 **(B 4.28).** Das in ihm befindliche verdichtete Gas dehnt sich beim Rückgang des Kolbens zunächst aus, wodurch nur ein Teil des Hubvolumens zum Ansaugen des nicht verdichteten Gases ausgenutzt werden kann. Hieraus ist der Name „Schadraum" für V_3 zu erklären.

Im Diagramm bedeuten:

1 ... 2 Verdichten der im Zylinder eingeschlossenen Gasmasse m_{kv1},

2 ... 3 isobares Ausschieben des größten Teils des Druckgases (bei diesem Ausschieben ändert sich die im Zylinder enthaltene Gasmenge, dies darf nicht mit einer isobaren Verdichtung [z. B. **B 4.5**] verwechselt werden),

3 ... 4 Rückexpansion der im Schadraum verbliebenen Druckgasmasse m_{kv4},

4 ... 1 Ansaugen neuen Gases.

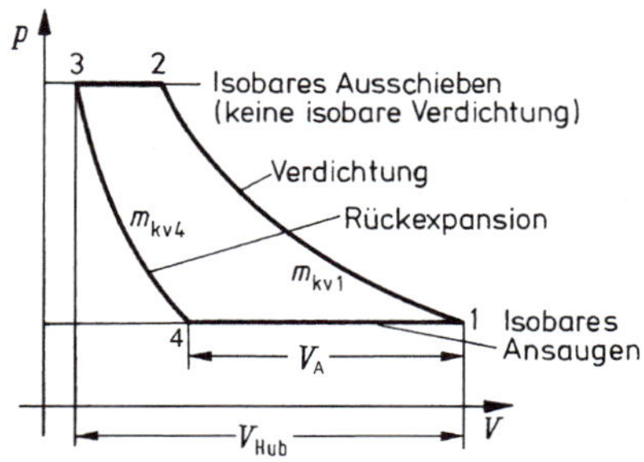

B 4.28 Arbeisweise eines Kolbenverdichters mit Schadraum im *p*, *V*-Diagramm

Der Arbeitsprozeß des Kolbenverdichters ist *kein* Kreisprozeß, wenn auch die Darstellung im *p*, *V*-Diagramm das gleiche Aussehen hat. Bei einem Kreisprozeß arbeitet während des ganzen Vorganges immer die gleiche Stoffmenge, beim Kolbenverdichter wird dagegen längs 4 ... 1 Gas angesaugt und längs 2 ... 3 Gas ausgestoßen. Die Stoffmenge ändert sich also während eines Arbeitsspieles.

Als *relativen Schadraum* ε_0 bezeichnet man das Verhältnis des Schadraumes V_3 zum Hubvolumen V_{Hub}:

$$\varepsilon_0 = \frac{V_3}{V_{Hub}} \qquad \textit{relativer Schadraum} \qquad \textbf{(Gl 4.41)}$$

Bei guten Ventil-Verdichtern umfaßt der Schadraum etwa 1 ... 2% des Hubvolumens.

Da sich der Schadraum bei unterschiedlichen Druckverhältnissen verschieden stark auf das angesaugte Volumen auswirkt, wurde als Maß für diesen Einfluß der *Füllungsgrad* μ (auch volumetrischer Wirkungsgrad genannt) eingeführt. Dieser ist gleich dem Verhältnis des nutzbaren Ansaugvolumens $V_A = (V_1 - V_4)$ zum Hubvolumen V_{Hub}.

$$\mu = \frac{V_A}{V_{Hub}} = \frac{V_1 - V_4}{V_{Hub}} \qquad \textit{Füllungsgrad}^2 \qquad \textbf{(Gl 4.42)}$$

Erfolgt die Rückexpansion des idealen Gases nach einer Polytropen mit dem Exponenten n_R, dann kann der Füllungsgrad als Funktion des Druckverhältnisses ausgedrückt werden. Dazu führen wir in Gl 4.42 die Beziehungen ein

[1] DIN 1945, T1 (11.80): Verdrängerkompressoren. Thermodynamische Abnahme- und Leistungsversuche.

[2] Beim *wirklichen* Kolbenverdichter wird als nutzbares Ansaugvolumen V_A der Abschnitt auf der Linie des Ansaugdruckes p_A eingesetzt (B 4.29).

$$V_1 = V_{Hub} + V_3 \quad \text{(B 4.28)}; \qquad \frac{V_4}{V_3} = \left(\frac{p_2}{p_1}\right)^{\frac{1}{n_R}} \text{(Gl 2.38)}; \quad V_3 = \varepsilon_0 V_{Hub} \quad \text{(Gl 4.41)}$$

und erhalten:

$$\mu = \frac{V_{Hub} + V_3 - V_3 \left(\frac{p_2}{p_1}\right)^{\frac{1}{n_R}}}{V_{Hub}} = \frac{V_{Hub} + \varepsilon_0 V_{Hub} - \varepsilon_0 V_{Hub} \left(\frac{p_2}{p_1}\right)^{\frac{1}{n_R}}}{V_{Hub}}$$

$$\mu = 1 - \varepsilon_0 \left[\left(\frac{p_2}{p_1}\right)^{\frac{1}{n_R}} - 1\right] \qquad \textbf{(Gl 4.43)}$$

Der Füllungsgrad nimmt (Gl 4.43) mit wachsendem Druckverhältnis und wachsendem Schadraum ab und kann sogar den Wert Null annehmen.[1] Bei mehrstufigen Verdichtern ist das Druckverhältnis der 1. Stufe maßgeblich.

Die für den *verlustlosen Verdichter erforderliche Arbeit* W_{kv} ist gleich der Summe der technischen Arbeiten der Kompression und der Rückexpansion.

$$W_{kv} = m_{kv1} w_{t12} + m_{kv4} w_{t34}$$

Dabei sind m_{kv1} die Masse des Gases, die in der Kolbenstellung 1 im Zylinder enthalten ist, und m_{kv4} die im Schadraum verbleibende Masse des verlustlosen Kolbenverdichters mit Schadraum. Falls die Verdichtung und die Rückexpansion polytrope Zustandsänderungen mit dem gleichen Exponenten n sind $(n_V = n_R)$, dann gilt

$$w_{t12} = -w_{t34}, \quad \text{also}$$

$$W_{kv} = w_{t12}(m_{kv1} - m_{kv4}) \qquad \textit{für } n_R = n_V \qquad \textbf{(Gl 4.44)}$$

Die Arbeit W_{kv} ist somit bei $n_R = n_V$ gleich der technischen Verdichtungsarbeit für die geförderte Gasmasse $(m_{kv1} - m_{kv4})$. Die für die Masse m_{kv4} bei der Verdichtung erforderliche Arbeit kann daher bei der Berechnung der gesamten Arbeit des Kolbenverdichters unberücksichtigt bleiben, denn bei der Rückexpansion von m_{kv4} wird die gleiche Arbeit wieder an die Maschine zurückgegeben. Daraus folgt für 1 kg geförderter Gasmasse bei gleichem Exponenten für die polytrope Verdichtung und Rückexpansion

$$w_{kv} = w_{t12} \qquad \textit{für } n_R = n_V \qquad \textbf{(Gl 4.45)}$$

Streng genommen ändert sich der Polytropenexponent n während des Verdichtungsverlaufs: Beim Verdichtungsbeginn wird das Gas durch die warme Zylinderwand erwärmt, am Verdichtungsende gibt das durch Kompression erwärmte Gas Wärme an die Zylinderwand ab. Für die Rückexpansion gilt entsprechendes. Man rechnet aber mit konstantem Polytropenexponenten.

Beispiel 4.10: Luft wird in einem adiabaten Kolbenverdichter reversibel (also isentrop) mit $\varkappa = 1{,}4$ von 1 bar, 20 °C auf 2, 8, 16, 32, 64 bar verdichtet.

Bei welchem relativen Schadraum wird der Füllungsgrad zu Null, wenn die Rückexpansion auch mit $\varkappa = 1{,}4$ erfolgt?

[1] Drosselverluste und Temperaturerhöhung des Gases beim Ansaugen wurden hier nicht berücksichtigt. Das erfolgt später im Liefergrad (Gl 4.46). Bei Berücksichtigung der Drosselverluste würde sich in Gl 4.43 anstelle des Summanden 1 näherungsweise der Wert 0,96 ergeben [5].

Vor der tabellarisch durchzuführenden Rechnung muß die dieser zugrunde liegende Gleichung entwickelt werden.

(Gl 4.43) $\mu = 1 - \varepsilon_0 \left[\left(\frac{p_2}{p_1} \right)^{\frac{1}{\varkappa}} - 1 \right]$ $\mu = 0$ $\varepsilon_0 = \frac{1}{\left(\frac{p_2}{p_1} \right)^{\frac{1}{\varkappa}} - 1}$

p_x bar	$\frac{p_x}{p_1}$	$\left(\frac{p_x}{p_1}\right)^{\frac{1}{\varkappa}}$	$\left(\frac{p_x}{p_1}\right)^{\frac{1}{\varkappa}} - 1$	Relativer Schadraum ε_0
2	2	1,641	0,641	1,560
8	8	4,415	3,415	0,2925
16	16	7,246	6,246	0,1603
32	32	11,89	10,89	0,0918
64	64	19,51	18,51	0,0540

Bei einem Druckverhältnis $\frac{p_x}{p_1} = 64$ wird der Füllungsgrad μ bereits bei einem Schadraum gleich Null, der dem Schadraum schlechter Schieber-Kolbenverdichter entspricht. Wegen des immer kleiner werdenden Füllungsgrades muß bei größerem Druckverhältnis mehrstufig verdichtet werden.

Aufgabe 4.12: In einem Kolbenverdichter wird Luft polytrop ($n_V = 1{,}3$) von 1 bar auf 6 bar reversibel verdichtet. Die Rückexpansion soll ebenfalls mit $n_R = 1{,}3$ erfolgen. Relativer Schadraum $\varepsilon_0 = 0{,}02$.

Wie groß ist der Füllungsgrad μ?

Bewertung des wirklichen Kolbenverdichters (Liefergrad). Der *Liefergrad* λ berücksichtigt alle volumetrischen Verluste durch Drosselung und Aufheizen beim Ansaugen sowie auch innere Undichtheiten. Er ist definiert als das Verhältnis der geförderten Gasmasse m_{gef} zu der Gasmasse, die den Hubraum im Ansaugezustand füllen würde **(B 4.29).**

$$\lambda = \frac{m_{gef}}{V_{Hub} \varrho_A} \qquad \textit{Liefergrad} \qquad \textbf{(Gl 4.46)}$$

Bei Vernachlässigung innerer Undichtheiten ist $m_{gef} = m_1 - m_4$. m_1 und m_4 sind dann die tatsächlichen Gasmassen. Sie weichen von den Gasmassen in dem verlustlosen Kolbenverdichter mit Schadraum $m_{kv\,1}$ und $m_{kv\,4}$ ab **(B 4.30).**

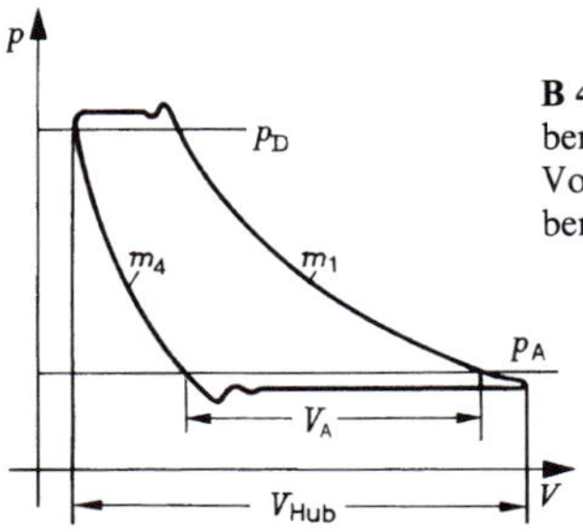

◀ **B. 4.29** Indikatordiagramm eines Kolbenverdichters

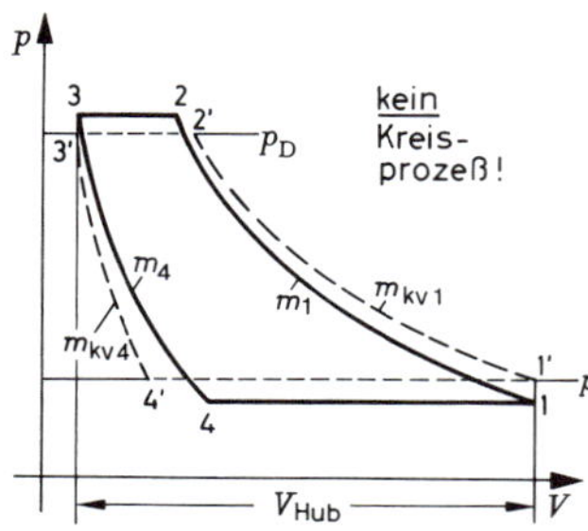

B 4.30 *p, V*-Diagramm eines Kolbenverdichters, verglichen mit dem Vorgang in einem reversiblen Kolbenverdichter mit Schadraum ▶

Bei Abnahmeversuchen wird die geförderte Gasmenge in der Druckleitung gemessen, um Fehler durch undichte Kolben zu vermeiden.

Beispiel 4.11: Ein ideales Gas mit einem Druck p_A und einer Temperatur T_A soll in einem Kolbenverdichter komprimiert werden. Der allgemeine Zusammenhang zwischen dem Liefergrad λ und dem Füllungsgrad μ ist zu bestimmen, wenn

- die Verdichtung und die Rückexpansion mit dem gleichen Exponenten erfolgen,
- beim Ansaugen eine Druckminderung von p_A auf p_1 und eine Temperatursteigerung von T_A auf T_1 stattfinden,
- beim Ausschieben die Temperatur T_2 konstant bleibt,
- innere Undichtheiten vernachlässigt werden.

Liefergrad, bei Vernachlässigung innerer Undichtheiten ($m_{gef} = m_1 - m_4$):

$$\lambda = \frac{m_1 - m_4}{V_{Hub}\varrho_A} \qquad \text{(Gl 4.46)}$$

m und ϱ werden durch die Zustandsgleichung des idealen Gases ausgedrückt, (Gl 1.2) und (Gl 2.3). Da in dem angenommenen Fall die Temperatur des angesaugten Gases von T_A auf T_1 steigt und Kompression und Rückexpansion mit gleichem Exponenten erfolgen, ist $T_4 = T_1 > T_A$; außerdem ist $p_4 = p_1 < p_A$.

$$\lambda = \frac{\dfrac{p_1 V_1}{R_i T_1} - \dfrac{p_4 V_4}{R_i T_4}}{\dfrac{V_{Hub} p_A}{R_i T_A}} = \frac{\dfrac{p_1}{T_1}(V_1 - V_4)}{\dfrac{p_A}{T_A} V_{Hub}} = \frac{p_1}{p_A}\,\frac{T_A}{T_1}\,\frac{V_1 - V_4}{V_{Hub}}$$

Mit dem Füllungsgrad μ nach Gl 4.42 ergibt sich der Liefergrad λ in Abhängigkeit von μ, wobei μ mit den Drücken p_1 und p_2 zu bestimmen ist.

$$\underline{\lambda = \frac{p_1}{p_A}\,\frac{T_A}{T_1} = \lambda_P\,\lambda_A\,\mu}$$

p_1/p_A wird als *Drosselgrad* λ_P, T_A/T_1 wird als *Aufheizgrad* λ_A bezeichnet.

Aufgabe 4.13: Ein Kolbenverdichter mit $\varepsilon_0 = 0{,}05$ komprimiert Luft isentrop ($\varkappa = 1{,}4$) von 1 bar, 20 °C auf 7 bar. Vor dem Verdichter hatte die Luft bei einem Druck $p_A = 1{,}02$ bar die Temperatur $t_A = 10$ °C

Zu bestimmen sind:

a) der Füllungsgrad, wenn die Rückexpansion auch mit $\varkappa = 1{,}4$ erfolgt,

b) der Liefergrad, wenn die im Beispiel 4.11 angegebenen Voraussetzungen erfüllt sind.

Bewertung des irreversiblen Kolbenverdichters (Arbeiten und Wirkungsgrade, B 4.31). Infolge dissipativer Vorgänge ist die tatsächlich für einen Verdichter erforderliche innere Arbeit $W_{i\,kv}$ **(B 4.31 b)** größer als die reversible Vergleichsarbeit W_{kv}. Für den Turboverdichter hatten wir diese Fragen schon erörtert (Abschn. 4.2.4) und einen entsprechenden Verdichterwirkungsgrad definiert (Gl 4.21).

Beim ungekühlten Kolbenverdichter wird als Vergleichsarbeit die technische Arbeit für die isentrope Kompression $W_{kv\text{-}isen}$ vom Umgebungszustand (p_A, T_A) auf den erforderlichen Enddruck p_D zugrunde gelegt **(B 4.31 c).**

Damit ergibt sich der schon mit Gl 4.21 definierte isentrope innere Wirkungsgrad

$$\eta_{isen\text{-}i} = \frac{W_{kv\text{-}isen}}{W_{i\,kv}} \qquad \textit{isentroper innerer Wirkungsgrad} \qquad \textbf{(Gl 4.47)}$$

Beim gekühlten Verdichter wird als Vergleichsarbeit die technische Arbeit für die isotherme Kompression $W_{kv\text{-}ith}$ vom Umgebungszustand (p_A, T_A) auf den erforderlichen

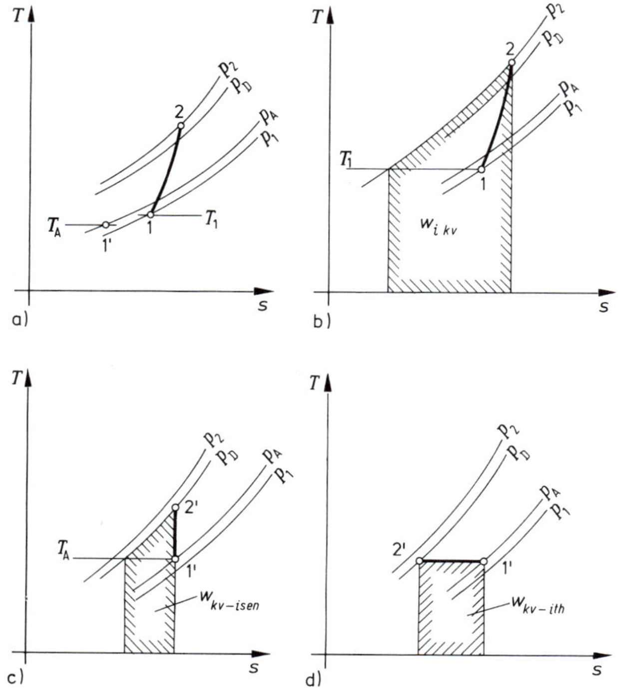

B 4.31 Verdichtung von idealem Gas in einem Kolbenverdichter im T, S-Diagramm

a) Verdichtungsverlauf
b) Spezifische innere Arbeit des adiabaten Kolbenverdichters
c) Spezifische isentrope Vergleichsarbeit des Kolbenverdichters
d) Spezifische isotherme Vergleichsarbeit des Kolbenverdichters

Enddruck p_D zugrunde gelegt **(B 4.31 d).** Damit ergibt sich der isotherme innere Wirkungsgrad

$$\eta_{ith\text{-}i} = \frac{W_{\mathrm{kv}\text{-}ith}}{W_{i\,\mathrm{kv}}} \qquad \textit{isothermer innerer Wirkungsgrad} \qquad \textbf{(Gl 4.48)}$$

Beim Kolbenverdichter wird anstelle der inneren Arbeit auch die aus dem Indikatordiagramm (B 4.30) ermittelbare *indizierte Arbeit* des Kolbenverdichters $W_{ind\,\mathrm{kv}}$ verwendet, die etwas kleiner als die innere Arbeit $W_{i\mathrm{kv}}$ ist. In diesem Fall ergeben sich folgende indizierten Wirkungsgrade:

$$\eta_{isen\text{-}ind} = \frac{W_{\mathrm{kv}\text{-}isen}}{W_{ind\,\mathrm{kv}}} \qquad \textit{isentroper indizierter Wirkungsgrad} \qquad \textbf{(Gl 4.49)}$$

$$\eta_{ith\text{-}ind} = \frac{W_{\mathrm{kv}\text{-}ith}}{W_{ind\,\mathrm{kv}}} \qquad \textit{isothermer indizierter Wirkungsgrad} \qquad \textbf{(Gl 4.50)}$$

Da $W_{ind\,\mathrm{kv}} < W_{i\,\mathrm{kv}}$ ist, ergeben sich für $\eta_{ind\,\mathrm{kv}}$ höhere Werte als für $\eta_{i\,\mathrm{kv}}$ ($\eta_{ind\,\mathrm{kv}} > \eta_{i\,\mathrm{kv}}$).[1]

Der innere oder der indizierte Wirkungsgrad erfaßt die inneren Verluste des Kolbenverdichters. Die äußeren Verluste werden durch den *mechanischen Verdichterwirkungsgrad* berücksichtigt:

$$\eta_{m\mathrm{V}} = \frac{W_{i\,\mathrm{kv}}}{W_{e\,\mathrm{kv}}} \qquad \textbf{(Gl 4.51)}$$

[1] Bei Wärmekraftmaschinen ist es umgekehrt, vgl. Bemerkung zu Gl 4.7 b.

oder

$$\eta_{m\,V}^{*}=\frac{W_{ind\,kv}}{W_{e\,kv}} \qquad \textbf{(Gl 4.52)}$$

mit der *Kupplungsarbeit* $W_{e\,kv}$. Der *Kupplungswirkungsgrad* (Gesamtwirkungsgrad) η_e ist

$$\eta_e=\frac{W_{kv}}{W_{e\,kv}} \qquad \textbf{(Gl 4.53)}$$

Für die reversible Vergleichsarbeit W_{kv} kann isentrope oder isotherme Kompression angesetzt werden, wodurch sich unterschiedliche Werte für η_e ergeben. Die Unterscheidung zwischen innerer Arbeit $W_{i\,kv}$ und indizierter Arbeit $W_{ind\,kv}$ hat jedoch auf den Kupplungswirkungsgrad η_e keinen Einfluß:

$$\eta_e=\eta_{i\,kv}\,\eta_{m\,V}=\eta_{ind\,kv}\,\eta_{m\,V}^{*} \qquad \textbf{(Gl 4.54)}$$

Zur besseren Übersicht sind die verschiedenen Verdichterwirkungsgrade in **T 4.1** zusammengestellt.

T 4.1 Verdichterwirkungsgrade

	Die innere Arbeit ist bestimmbar (Turboverdichter, Kolbenverdichter)		Die indizierte Arbeit ist bestimmbar (Kolbenverdichter)	
	Vergleichsarbeit isentrope	Vergleichsarbeit isotherme	Vergleichsarbeit isentrope	Vergleichsarbeit isotherme
Erfassung der Abweichung des wirklichen Prozesses vom Vergleichsprozeß	$\eta_{isen\text{-}i}=\frac{W_{kv\text{-}isen}}{W_{i\,kv}}$ **(Gl 4.47)**	$\eta_{ith\text{-}i}=\frac{W_{kv\text{-}ith}}{W_{i\,kv}}$ **(Gl 4.48)**	$\eta_{isen\text{-}ind}=\frac{W_{kv\text{-}isen}}{W_{ind\,kv}}$ **(Gl 4.49)**	$\eta_{ith\text{-}ind}=\frac{W_{kv\text{-}ith}}{W_{ind\,kv}}$ **(Gl 4.50)**
Erfassung der mechanischen Verluste	$\eta_{m\,V}=\frac{W_{i\,kv}}{W_{e\,kv}}$ **(Gl 4.51)**		$\eta_{m\,V}^{*}=\frac{W_{ind\,kv}}{W_{e\,kv}}$ **(Gl 4.52)**	
Kupplungswirkungsgrad (Gesamtwirkungsgrad)	$\eta_{isen\text{-}e}=\frac{W_{kv\text{-}isen}}{W_{e\,kv}}$ **(Gl 4.53a)**	$\eta_{ith\text{-}e}=\frac{W_{kv\,ith}}{W_{e\,kv}}$ **(Gl 4.53b)**	$\eta_{isen\text{-}e}=\frac{W_{kv\text{-}isen}}{W_{e\,kv}}$ **(Gl 4.53a)**	$\eta_{ith\text{-}e}=\frac{W_{kv\text{-}ith}}{W_{e\,kv}}$ **(Gl 4.53b)**

Aufgabe 4.14: In einem einfachwirkenden, einstufigen Kolbenverdichter werden 180 m^3/h trokkene Luft (gemessen beim Ansaugzustand 1 bar und 20 °C) von 0,97 bar, 25 °C auf 6,53 bar verdichtet. Der Druck in der Druckleitung beträgt 6,5 bar. Durch Indizieren wurde die spezifische indizierte Arbeit 201,1 $\frac{kJ}{kg}$ ermittelt.

Zu bestimmen sind:

a) der isotherme indizierte Wirkungsgrad.

b) die Kupplungsleistung in kW bei einem mechanischen Verdichterwirkungsgrad von 0,94.

Kontrollfragen (Antworten Abschnitt 11.4)

4.1

1. Welche Eigenschaften sollen die Vergleichsprozesse der Wärmekraftmaschinen haben?
2. Welches Ziel wurde mit der Einführung der Vergleichsprozesse verfolgt?
3. Wie sind die folgenden Bewertungsziffern definiert:
   a) der thermische Wirkungsgrad,
   b) der exergetische Wirkungsgrad,
   c) das Arbeitsverhältnis?
4. Welche Aussage macht das Arbeitsverhältnis über den idealisierten Kreisprozeß?

4.2

5. Welchen Nachteil hat der Joule-Prozeß?
6. Wie ändert sich der thermische Wirkungsgrad des Joule-Prozesses mit steigender Wärmezufuhr?
7. Welche Zustandsänderungen ergeben den Ericsson-Prozeß?
8. Welche Vor- und Nachteile hat der Ericsson-Prozeß gegenüber dem Joule-Prozeß?
9. Welche Vorteile haben die verschiedenen Gasturbinenanlagen?
   a) die geschlossene Anlage mit äußerer Wärmezufuhr,
   b) die offene Anlage mit innerer Wärmezufuhr?

4.4

10. Welche drei Kreisprozesse werden nach der Art der Wärmezufuhr bei den Verbrennungsmotoren unterschieden?
11. In einem p,V- und einem T,S-Diagramm sind Otto- und Diesel-Prozeß mit gleichen Zuständen 1 und 3 zeichnerisch darzustellen.
12. Warum kann das Verdichtungsverhältnis des Otto-Motors nicht beliebig gesteigert werden?
13. Wie heißt der als Rotationskolbenmaschine arbeitende Verbrennungsmotor?

4.5

14. Bei welchem Druckverhältnis ist der Arbeitsaufwand bei einer zweistufigen Verdichtung mit Zwischenkühlung am kleinsten?
15. Warum ist das Restvolumen beim Kolbenverdichter ein „Schadraum"?
16. Wie sind die Kenngrößen des Kolbenverdichters definiert:
    a) der Füllungsgrad,
    b) der Liefergrad?
17. Warum ist der Liefergrad eines Kolbenverdichters kleiner als der Füllungsgrad?

5 Der Dampf und seine Anwendung in Maschinen und Anlagen

5.1 Das wirkliche Verhalten der Stoffe

Bisher wurden neben den Energiebetrachtungen hauptsächlich die Zustandsänderungen des idealen Gases und seine Anwendung in Maschinen behandelt. In der Praxis werden die Stoffe aber häufig in Zustandsbereichen angewandt, in denen sie sich nicht wie das ideale Gas verhalten. Dieses Verhalten wird nachfolgend untersucht.

5.1.1 Aggregatzustandsänderungen, Phasenwechsel

Bei einer Aggregatzustandsänderung treten unterschiedliche Phasen in einem System auf. Ein System mit einheitlichen Eigenschaften hatten wir als homogen bezeichnet, es besteht aus einer Phase (Abschn. 1.5.1). Wenn sich der Aggregatzustand ändert, z.B. beim Verdampfen einer Flüssigkeit, tritt neben der flüssigen Phase auch die gasförmige Phase auf, es handelt sich dann um ein heterogenes System mit zwei Phasen.

Verdampfen. In vielen Maschinen treten die Stoffe sowohl im flüssigen als auch im gasförmigen Aggregatzustand auf. Den Übergang von der Flüssigkeit zum Gas bezeichnet man als Verdampfen, das in den technisch wichtigen offenen Systemen, z.B. im Dampferzeuger, bei konstantem Druck durchgeführt wird.

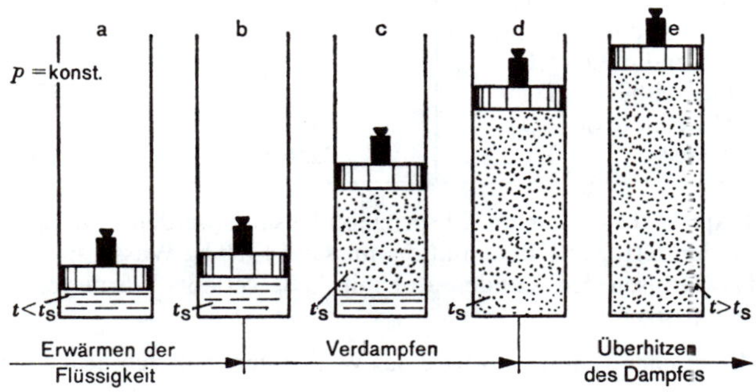

B 5.1 Verdampfungsvorgang bei konstantem Druck

Wir verfolgen daher das Verhalten einer Flüssigkeit bei isobarer Wärmezufuhr **(B 5.1).** In einem durch einen Kolben abgeschlossenen Zylinder ist eine bestimmte Flüssigkeitsmasse m eingeschlossen (a). Es handelt sich um ein homogenes System in flüssiger Phase. Ein Gewicht auf dem Kolben sorgt für konstanten Druck in der Flüssigkeit, der ein konstanter Wärmestrom zugeführt wird. Dabei wird zunächst die Flüssigkeit wärmer, bis die *Siedetemperatur* t_s (b) erreicht wird. Infolge der Erwärmung ist das Volumen der Flüssigkeit größer geworden. Bei weiterer Wärmezufuhr beginnt die Verdampfung, bei der die Temperatur konstant bleibt (c). Ist nur ein Teil der Flüssigkeit verdampft, so nennt man das Gemisch aus siedender Flüssigkeit und Sattdampf *Naßdampf.* Es handelt sich um ein heterogenes System mit zwei Phasen. Wenn die Flüssigkeit gerade vollständig verdampft ist, nennt man den Stoff, der sich nun restlos im gasförmigen Aggregatzustand befindet, *Sattdampf* oder *trockengesättigten Dampf* (d). Das jetzt gasförmige System ist wieder homogen und besteht aus einer Phase. Beim Verdampfen wächst das Volumen meist beträchtlich. Wird dem Sattdampf weiter Wärme zugeführt, so steigt die Temperatur, der Dampf wird bei Vergrößerung des Volumens überhitzt (e). Man nennt diesen Dampf *Heißdampf* oder *überhitzten Dampf.*

Wird der beschriebene Versuch bei anderen Drücken durchgeführt, so bleiben die Erscheinungen im üblichen Bereich die gleichen, nur die Siedetemperatur hat jedesmal einen anderen Wert. Der Zusammenhang zwischen Siededruck p_s und Siedetemperatur t_s ist eindeutig. Die zum Verdampfen von 1 kg bei konstantem Druck erforderliche Energie nennt man *Verdampfungsenthalpie* oder auch *Verdampfungswärme r*. Sie ist stoff- und druckabhängig. Beim Kondensieren muß die gleiche Energie dem Dampf entzogen werden. Mit steigendem Druck wird die Verdampfungsenthalpie kleiner und bei einem bestimmten Druck, kritischer Druck genannt, zu Null. Der Übergang von der Flüssigkeit zum Dampf erfolgt bei diesem Druck stetig, ohne daß sich der Stoff wie im Naßdampfgebiet in Flüssigkeit und Dampf trennt. Dem kritischen Druck p_k ist eine bestimmte kritische Temperatur T_k zugeordnet. Man nennt diesen Zustandspunkt auch *kritischen Punkt* K.

T 5.1 Verdampfungsenthalpie und Siedetemperatur bei 1,01325 bar und kritischer Punkt verschiedener Stoffe[1]

Stoff		Verdampfungsenthalpie bei 1,01325 bar $\frac{kJ}{kg}$	Siedetemperatur bei 1,01325 bar °C	kritische Daten	
				p_k bar	t_k °C
Ammoniak	NH_3	1369	−33,4	112,8	132,3
Äthylalkohol	C_2H_5OH	846	78,3	63,8	243,1
Kohlendioxid	CO_2	(574[2])	(−78,5[3])	73,9	31,0
Quecksilber	Hg	285	356,7	1608	1480
Schwefeldioxid	SO_2	402	−10,0	78,8	157,5
Wasser	H_2O	2256,5	100[4]	220,64	373,95

Beispiel 5.1: In einem Einspritzkondensator werden 1500 kg Dampf von 100 °C und 1,01325 bar kondensiert. Zur Kondensation müssen 14300 kg Wasser in den Dampf eingespritzt werden, damit das Gemisch den Kondensator mit 75 °C verläßt. Wärmeverluste des Kondensators sind zu vernachlässigen.

Mit welcher Temperatur wird das Wasser dem Kondensator zugeführt?

Die Energiebilanz ergibt:

(Gl 1.45) $Q_{a,Mi} + Q_{b,Mi} = 0$

Die zu- und abzuführende Wärme werden unter Berücksichtigung der Verdampfungsenthalpie eingesetzt, Indizes a = Dampf, b = Wasser.

$$m_a\,[-r + c_w(t_{Mi} - t_a)] + m_b c_w (t_{Mi} - t_b) = 0$$

$$1500\,\text{kg}\left[-2256{,}5\,\frac{\text{kJ}}{\text{kg}} + 4{,}186\,\frac{\text{kJ}}{\text{kg K}}\,(75\,°\text{C} - 100\,°\text{C})\right] + 14\,300\,\text{kg}\cdot 4{,}186\,\frac{\text{kJ}}{\text{kg K}}\cdot(75\,°\text{C} - t_b) = 0$$

$$t_b = 75\,°\text{C} - \frac{1500\,\text{kg}\cdot 2361\,\frac{\text{kJ}}{\text{kg}}}{14\,300\,\text{kg}\cdot 4{,}186\,\frac{\text{kJ}}{\text{kg K}}} = \underline{15{,}8\,°\text{C}}$$

---

[1] Werte aus Wagner/Kruse [18], VDI-Wärmeatlas [10], Baehr [1], Stephan/Mayinger [6] und D'Ans-Lax [19]
[2] Sublimationsenthalpie.
[3] Sublimationstemperatur – sublimiert bei 1,01325 bar.
[4] Wissenschaftlich genauer Wert: 99,97 °C [18]

Aufgabe 5.1: 15 kg Wasser mit einer Temperatur von 20 °C sind bei einem Druck von 1,01325 bar auf Siedetemperatur zu erwärmen und dann zu verdampfen.

Welche Wärme muß dem Wasser zugeführt werden?

Schmelzen. Für die Anwendung in Maschinen ist der feste Aggregatzustand praktisch ohne Bedeutung, aber zur Beurteilung des thermischen Verhaltens der Stoffe muß auch dieser Aggregatzustand betrachtet werden. Den Übergang vom festen zum flüssigen Aggregatzustand bezeichnet man als Schmelzen. Zum Schmelzen von 1 kg Stoff bei konstantem Druck und damit konstanter Temperatur muß eine bestimmte Energie zugeführt werden, die *Schmelzenthalpie* oder *Schmelzwärme* σ genannt wird. Auch beim Schmelzen tritt bei der Wärmezufuhr ein Zustandsgebiet auf, bei dem beide Aggregatzustände, der feste Stoff und die Flüssigkeit, nebeneinander auftreten. Man nennt dieses Zustandsgebiet *Schmelzgebiet*. Es handelt sich um ein heterogenes System mit zwei Phasen.

In weiten Zustandsbereichen ist die Schmelztemperatur vom Schmelzdruck unabhängig. Das spezifische Volumen der meisten Stoffe nimmt beim Schmelzen zu, wodurch bei hohen Drücken die Schmelztemperatur höher ist. Das spezifische Volumen des H_2O sinkt beim Schmelzen, daher schmilzt Eis mit höheren Drücken bei niedrigeren Temperaturen.

T 5.2 Schmelzenthalpie und Schmelztemperaturen einiger Stoffe bei 1,01325 bar[1]

Stoff		Schmelzenthalpie σ kJ/kg	Schmelztemp. t_{sch} °C
Ammoniak	NH_3	339	− 77,9
Äthylalkohol	C_2H_5OH	108	− 114,2
Kohlendioxid[2]	CO_2	184	− 56,6
Quecksilber	Hg	11,3	− 38,9
Schwefeldioxid	SO_2	116,8	− 75,5
Wasser (Eis)	H_2O	333,5	0
Aluminium	Al	356	658
Blei	Pb	23,9	327,3
Eisen, rein	Fe	207	1530
Stahl mit ca. 0,2 % C		~209	~1500
Grauguß		~ 96	~1200
Kupfer	Cu	209	1083

T 5.3 Tripelpunkte des Kohlendioxids und des Wassers[3]

Stoff	Tripelpunkt Druck p_{tr} bar	Temperatur t_{tr} °C
Kohlendioxid CO_2	5,18	− 56,6
Wasser H_2O	0,0061	0,01

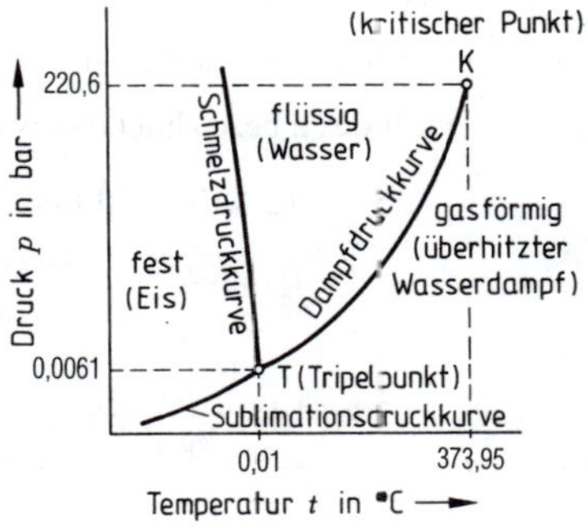

B 5.2 p, t-Diagramm für H_2O

[1] Werte aus VDI-Wärmeatlas [10], Dubbel I [14] und Hütte I [15].

[2] σ und t_{sch} gelten für den Tripelpunkt, da CO_2 erst bei Drücken ab 5,18 bar schmilzt.

[3] Werte aus *Bosnjaković/Knoche:* Technische Thermodynamik [3]. Genauerer Wert für den Druck bei H_2O: $p_{tr} = 6{,}1166$ mbar [1].

Wird das Schmelzen bei immer tieferen Drücken durchgeführt, so erreicht man schließlich einen Druck, unterhalb dessen kein Schmelzen mehr möglich ist. Mit der zugehörenden Schmelztemperatur erhält man einen Zustandspunkt, der *Tripelpunkt* T genannt wird, da in ihm alle drei Aggregatzustände möglich sind.

Sublimieren. Bei Drücken, die niedriger sind als der des Tripelpunktes, erfolgt nach Erreichen der Sublimationstemperatur durch Wärmezufuhr bei konstantem Druck ein direkter Übergang vom festen in den gasförmigen Aggregatzustand, *Sublimieren* genannt. Der umgekehrte Vorgang heißt *Desublimieren.* Das p, t-Diagramm **(B 5.2)** zeigt drei Kurven, von denen jeder Punkt ein zusammengehöriges Wertpaar p und t bestimmt, bei dem zwei Aggregatzustände nebeneinander beständig sind.

Die Siedelinie endet im kritischen Punkt. Schmelz-, Siede- und Sublimationslinie treffen sich im Tripelpunkt. Ein Ende der Schmelzlinie wurde bisher nicht gefunden.

Es ist zu beachten, daß sich die Stoffwerte, u.a. die spezifische Wärmekapazität, für die verschiedenen Phasen erheblich unterscheiden. So hat z.B. Eis in der Nähe der Temperatur 0 °C die spezifische Wärmekapazität $c_{eis} = 2{,}04\,\frac{\text{kJ}}{\text{kg K}}$, das Wasser die spezifische Wärmekapazität $c_w = 4{,}186\,\frac{\text{kJ}}{\text{kg K}}$ und der Wasserdampf bei 1,01325 bar und 100 °C die spezifische Wärmekapazität $c_{pd} = 1{,}865\,\frac{\text{kJ}}{\text{kg K}}$.

Beispiel 5.2: Welche Wärme ist erforderlich, um 15 kg Blei mit einer Anfangstemperatur von 5 °C zu schmelzen?

$$Q_{12} = m\,[c_m(t_{sch} - t_1) + \sigma]$$

Für c_m wird näherungsweise die spezifische Wärmekapazität von 0°–300 °C nach **T 1.7** eingesetzt.

$$Q_{12} = 15\,\text{kg}\left[0{,}136\,\frac{\text{kJ}}{\text{kg K}}(327\,°\text{C} - 5\,°\text{C}) + 23{,}9\,\frac{\text{kJ}}{\text{kg}}\right] = \underline{1015{,}4\,\text{kJ}}$$

Beispiel 5.3: Welche Mischtemperatur erhält man durch Mischung von 3 kg Wasser von 85 °C mit 1 kg Eis von −10 °C? Es ist mit konstanter spezifischer Wärmekapazität des Wassers und des Eises zu rechnen. Eine Überschlagsrechnung zeigt, daß nach der Mischung alles Eis geschmolzen ist. Es ist auch möglich, daß sich als Mischungszustand Eis oder eine Mischung aus Wasser und Eis ergibt. Wärmeverluste sind zu vernachlässigen.

(Gl 1.45) $Q_{a,Mi} + Q_{b,Mi} = 0$

Der Index a bezeichnet das Wasser, b das Eis.

$$m_a\,c_w(t_{Mi} - t_a) + m_b[c_{eis}(t_{sch} - t_b) + \sigma + c_w(t_{Mi} - t_{sch})] = 0$$

$$t_{Mi} = \frac{m_a\,c_w\,t_a - m_b[c_{eis}(t_{sch} - t_b) + \sigma - c_w\,t_{sch}]}{c_w(m_a + m_b)}$$

$$t_{Mi} = \frac{3\,\text{kg}\,4{,}186\,\frac{\text{kJ}}{\text{kg K}}\,85\,°\text{C} - 1\,\text{kg}\left[2{,}04\,\frac{\text{kJ}}{\text{kg K}}(0\,°\text{C} - [-10\,°\text{C}]) + 333{,}5\,\frac{\text{kJ}}{\text{kg}} - 4{,}186\,\frac{\text{kJ}}{\text{kg K}}\,0\,°\text{C}\right]}{4{,}186\,\frac{\text{kJ}}{\text{kg K}}(3\,\text{kg} + 1\,\text{kg})}$$

$$t_{Mi} = \underline{42{,}6\,°\text{C}}$$

Aufgabe 5.2: Welche Wärme ist erforderlich, um 21 kg Kupfer bei 1083 °C zu schmelzen?

Aufgabe 5.3: 2 kg Wasser von 95 °C werden bei 1 bar mit 3 kg Eis von −8 °C gemischt. Dabei entsteht ein Gemisch aus Wasser und Eis. Wieviel kg Eis enthält das Gemisch? Es ist mit konstanter spezifischer Wärmekapazität des Wassers und des Eises zu rechnen. Wärmeverluste sind zu vernachlässigen.

5.1.2 Zustandsgleichungen realer Gase

Für das ideale Gas wurde die Zustandsgleichung $pv = R_i T$ (Gl 2.2) angegeben und festgestellt, daß diese Gleichung auf viele Gase dann anwendbar ist, wenn sie unter einem nicht zu hohen Druck stehen (Abschn. 2.1.1). Bei kleineren spezifischen Volumen und bei höheren Drücken treten im Verhalten der Stoffe Abweichungen von der durch die thermische Zustandsgleichung des idealen Gases gegebenen Gesetzmäßigkeiten auf, die nicht mehr vernachlässigt werden können. Im Verlauf der Geschichte der Thermodynamik hat es nicht an Versuchen gefehlt, diese Abweichungen durch empirische Gleichungen zu erfassen.

Eine Möglichkeit zur Berücksichtigung der Abweichungen besteht darin, die thermische Zustandsgleichung des idealen Gases durch den *Realgasfaktor Z* zu korrigieren.

$$pv = Z R_i T \qquad \textbf{(Gl 5.1)}$$

Für das ideale Gas ist $Z = 1$, für reale Gase werden sog. *Virialkoeffizienten*[1] angehängt, die empirisch, in bestimmten Fällen auch rechnerisch, zu ermitteln sind

$$Z = \frac{pv}{R_i T} = 1 + \frac{B(T)}{v} + \frac{C(T)}{v^2} + \frac{D(T)}{v^3} + \cdots \qquad \textbf{(Gl 5.2)}$$

Z ist vom physikalischen Zustand abhängig. $B(T)$ ist der zweite, $C(T)$ der dritte Virialkoeffizient usw. Die Abhängigkeit des Realgasfaktors Z für trockene Luft von p und T zeigt **B 5.3.**

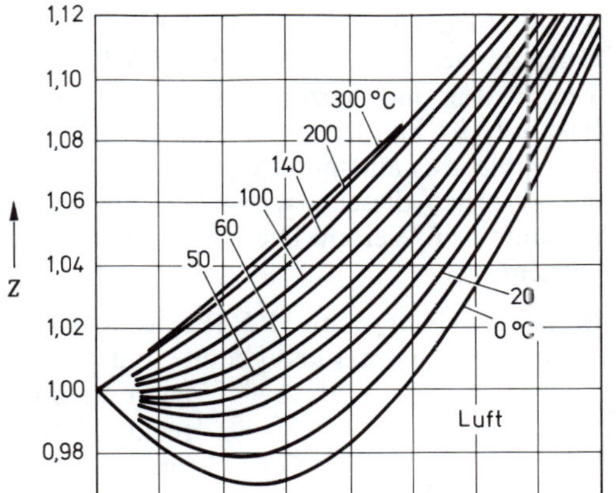

B 5.3 Realgasfaktor Z für trockene Luft

Eine historisch interessante Gleichung stellte *van der Waals*[2] auf, der die Kräfte zwischen den Molekülen, die die Abweichungen bewirken, durch anschauliche, aber nicht sehr genaue Korrekturglieder zur thermischen Zustandsgleichung des idealen Gases berücksichtigte.

$$\left(p + \frac{a}{v^2}\right)(v - b) = R_i T \qquad \textbf{(Gl 5.3a)}$$

Außer den bereits bekannten Größen treten in der Gleichung die Größen a und b auf, zwei für die betrachtete Stoffart charakteristische Konstante.

[1] vires (lat.), Kräfte — zwischen den Molekülen

[2] *Van der Waals* (1837—1923), holländischer Physiker, veröffentlichte 1873 eine Zustandsgleichung der Gase, Dämpfe und Flüssigkeiten.

Die physikalische Bedeutung der Zusatzglieder kann mit Hilfe der Molekulartheorie erklärt werden. Bei dieser geht man von der Vorstellung aus, daß die Gase aus Molekülen bestehen, die sich frei im Raum bewegen. Der Druck des Gases auf die Wand ist dann die Wirkung einer großen Zahl von Molekülstößen. Durch die bei kleinerem spezifischem Volumen wirksam werdenden Anziehungskräfte zwischen den Molekülen wird der Druck auf die Wände verkleinert. Da die Zustandsgleichung die mathematische Verknüpfung der Zustandsgrößen eines Stoffes angibt, muß in die Gleichung statt des gemessenen Druckes p der größere Wert $\left(p+\frac{a}{v^2}\right)$ eingesetzt werden. Den Quotienten $\frac{a}{v^2}$ bezeichnet man als Kohäsionsdruck.

Bei sehr kleinem spezifischen Volumen macht sich das Eigenvolumen der Moleküle der Gase bemerkbar. Schließlich reichen selbst die höchsten Drücke nicht mehr aus, um den Gasraum weiter zu verkleinern. Aber auch schon bei etwas größeren spezifischen Volumen kann in die Zustandsgleichung nur der für die freie Bewegung der Moleküle verfügbare Raum $(v-b)$ eingesetzt werden. Der Ausdruck b wird als Kovolumen bezeichnet und ist etwa gleich dem Volumen der Flüssigkeit.

Die Gleichung von van der Waals gilt nicht nur für den gasförmigen Aggregatzustand, sondern auch für das Naßdampfgebiet und die Flüssigkeit.

Ordnet man die Gleichung nach Potenzen von v, so erkennt man die Gleichung dritten Grades.

$$v^3 - v^2\left(\frac{R_i T}{p}+b\right)+v\frac{a}{p}-\frac{ab}{p}=0 \qquad \textbf{(Gl 5.3b)}$$

Bei einer Gleichung dritten Grades sind drei reelle Lösungen möglich. Für große Werte von v entfallen die Zusatzglieder (Gl 5.3) und wir erhalten die Zustandsgleichung des idealen Gases. Im p, V-Diagramm sind die Isothermen dann gleichseitige Hyperbeln. In diesem Zustandsbereich hat die Gleichung 5.3 nur eine reelle Lösung für v. Für nicht zu hohe Werte von p und T hat die Gleichung drei reelle Lösungen für v, die Isothermen im p, V-Diagramm müssen in diesem Zustandsbereich einen Wendepunkt haben. In einem Punkt fallen die drei rellen Lösungen zusammen, und die Wendetangente verläuft waagerecht **(B 5.4).** Dies ist der kritische Punkt K. Sind Druck, Temperatur und spezifisches Volumen und Verlauf der Isothermen für diesen Punkt bekannt, so können die Zusatzglieder (Gl 5.3) berechnet werden. Mit diesen liegen dann alle Zustandspunkte nach der Gleichung von van der Waals fest. Jedoch zeigt ein Vergleich dieser errechneten Werte starke Abweichungen von den empirisch aufgenommenen Werten. Die Gleichung von van der Waals ist daher für Berechnungen unbrauchbar.

In das p, v-Diagramm **(B 5.4)** sind auch die Grenzkurven eingezeichnet, die das Naßdampfgebiet vom Flüssigkeits- und Gasgebiet trennen. Nach unseren Erfahrungen beim Verdampfen (Abschn. 5.1.1) erwarten wir waagerechte Isothermen im Naßdampfgebiet, da sich beim isobaren Verdampfen die Temperatur nicht ändert. Die Isothermen nach van der Waals weichen von der Waagerechten ab. Die Abweichungen lassen sich durch überhitzte Flüssigkeit im Bereich zwischen der unteren Grenzkurve und dem Minimum (*Siedeverzug*, $t>t_s$) und durch unterkühlten Dampf zwischen dem Maximum und der oberen Grenzkurve ($t<t_s$) verwirklichen. Diese Zustände können bestehen, wenn keine Störung auftritt. Der mittlere Bereich ist dagegen nicht verwirklichbar.

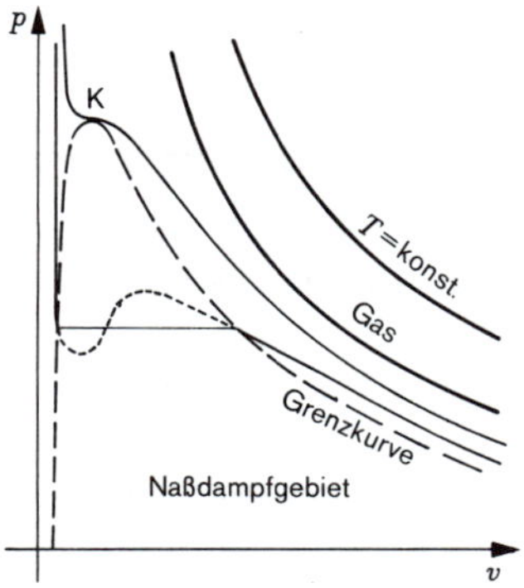

B 5.4 Isotherme nach van der Waals im p, v-Diagramm

5.1.3 p, v, T-Diagramm

In ein p, v-Diagramm tragen wir für einen Stoff, der dadurch gekennzeichnet ist, daß, wie bei den meisten Stoffen, das spezifische Volumen beim Schmelzen größer wird, die Isothermen und die Grenzkurven zwischen den einzelnen Phasengebieten ein **(B 5.5)**.[1]

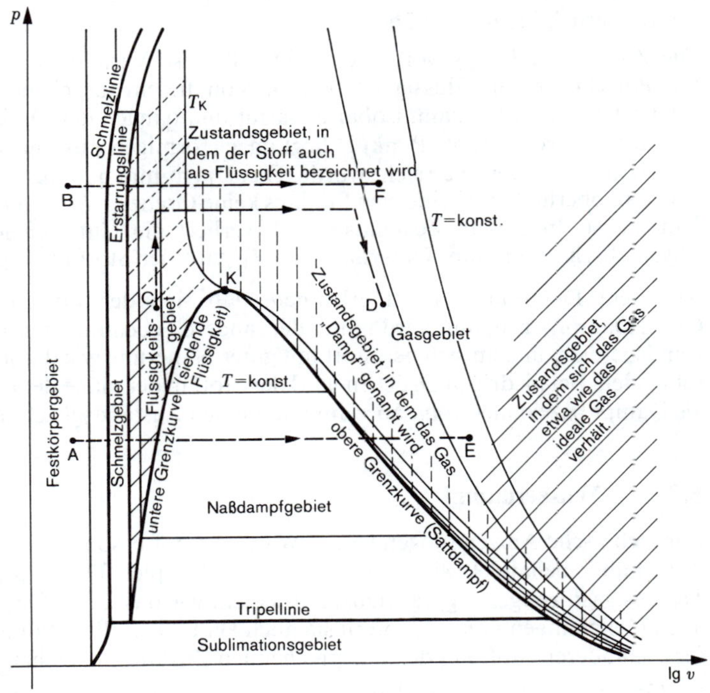

B 5.5 p, v-Diagramm eines Stoffes mit Grenzkurven und Isothermen

Im Naßdampfgebiet verlaufen die Isothermen im Gegensatz zur mathematischen Bedingung der Gleichung von van der Waals waagerecht. Bei großen spezifischen Volumen sind die Isothermen des Gases gleichseitige Hyperbeln.

Wird der Stoff isobar vom Zustandspunkt A bis zum Zustandspunkt E erwärmt, so lassen sich die Aggregatzustandsänderungen übersichtlich verfolgen: Bei der isobaren Erwärmung des Festkörpers steigen spezifisches Volumen und Temperatur, bis bei einer bestimmten Temperatur das Schmelzen beginnt. Im Schmelzgebiet sind Festkörper und Flüssigkeit nebeneinander im Gleichgewicht. Während des Schmelzens ändert sich die Temperatur nicht. Ist der ganze Stoff geschmolzen, so steigen bei weiterer Wärmezufuhr die Temperatur und das spezifische Volumen, bis bei einer bestimmten Temperatur das Sieden beginnt. Nun geht bei konstanter Temperatur der Stoff in den gasförmigen Aggregatzustand über. Während des Siedens sind Flüssigkeit und Dampf nebeneinander im Gleichgewicht, wobei die Trennung längs einer deutlich sichtbaren Grenzlinie erfolgt. Den Stoff nennt man in diesem Übergangsgebiet Naßdampf. Ist der Stoff vollständig verdampft, so ist das Gebiet des gasförmigen Aggregatzustandes erreicht. Etwas ober-

[1] Bei H_2O hat das Diagramm ein komplizierteres Aussehen, da $v_{eis} > v_{flüssig}$ bei gleicher Temperatur

halb der oberen Grenzkurve nennt man das Gas häufig Dampf. Wird bei konstantem Druck weiter erwärmt, so wird das Zustandsgebiet erreicht, in dem sich der Stoff wie das ideale Gas verhält.

Erwärmt man den Stoff dagegen beginnend von B isobar bis F bei einem Druck $p > p_k$, so wird im Gegensatz zur ersten Erwärmung keine Grenzkurve zwischen Flüssigkeit und Gas überschritten. Die beiden Phasengebiete gehen in diesem Zustandsbereich kontinuierlich ineinander über.

Die Zustandsänderung von C nach D soll diese Verhältnisse noch deutlicher zeigen. Der Punkt C liegt im Flüssigkeitsbereich. Von diesem ausgehend wird zunächst isotherm der Druck gesteigert, dann isobar erwärmt und danach der Druck wieder isotherm vermindert. Der so erreichte Punkt D liegt im gasförmigen Zustandsbereich, der ohne Überschreiten einer Grenze erreicht wurde. Das Diagramm und die letzten Überlegungen zeigen, daß oberhalb des kritischen Punktes keine Grenze zwischen Flüssigkeit und Gas vorhanden ist. In diesem Zustandsbereich verliert die Unterscheidung Gas—Flüssigkeit physikalisch ihren Sinn. Unterhalb von T_k wird der Stoff als Flüssigkeit bezeichnet.

Aus dem Diagramm ist zu erkennen, daß sich der Zustandsbereich, in dem das Gas „Dampf" genannt wird, und der andere, ebenfalls schraffiert dargestellte Zustandsbereich, in dem sich der Stoff mit guter Näherung wie das ideale Gas verhält, überschneiden. Bei niedrigen Drücken wird der Stoff in der Nähe der oberen Grenzkurve zwar als Dampf bezeichnet, folgt aber annähernd den Zustandsgleichungen des idealen Gases.

5.2 Wasserdampf

Für technische Anwendungen ist der Wasserdampf besonders wichtig. Er wird anschließend näher behandelt als charakteristisches Beispiel für die Stoffe, die sich in einem Teil des gasförmigen Aggregatzustandes nicht wie das ideale Gas verhalten. Die abgeleiteten Gleichungen können, sofern sie noch keine speziellen Zahlenwerte enthalten, auch für die anderen Stoffe in den entsprechenden Zustandsbereichen angewandt werden.

Im Gegensatz zu vielen anderen Stoffen hat das Wasser (H_2O) in jedem Aggregatzustand einen besonderen Namen: als Festkörper heißt es Eis, als Flüssigkeit Wasser und im ganzen gasförmigen Aggregatzustand, also nicht nur in der Nähe der oberen Grenzkurve, Wasserdampf.

5.2.1 Zustandsgleichungen des Wasserdampfes

Wegen der großen Bedeutung des Wasserdampfes als Energieträger wird bei seiner Zustandsgleichung eine große Genauigkeit gefordert. Eine Stufe in dieser Entwicklung ist die von Clausius in enger Anlehnung an die Gleichung von van der Waals aufgestellte Beziehung zwischen den thermischen Zustandsgrößen

$$\left(p+\frac{\varphi(T)}{(v+c)^2}\right)(v-b)=R_d\,T \qquad \textbf{(Gl 5.4)}$$

Statt der Konstanten a wurde die Funktion $\varphi(T)$ eingeführt und eine zusätzliche Konstante c in die Gleichung aufgenommen, $R_d = 461{,}5\,\frac{\mathrm{J}}{\mathrm{kg\,K}}$. Gl 5.4 ist zwar exakter als Gl 5.3, genügt aber nicht heutigen Genauigkeitsansprüchen.

Die z.Z. genaueste Berechnung der thermischen Zustandsgrößen von H_2O ist nach einer Standard-Zustandsgleichung möglich, die 1995 unter der Bezeichnung „*IAPWS* (*I*nternational *A*ssociation for the *P*roperties of *W*ater and *S*team) *Formulation 1995 for the Thermodynamic Properties of Ordinary Water Substance for General and Scientific Use*“ (*IAPWS-95 Formulation*) international angenommen wurde. Daneben wird für den industriellen Gebrauch international ab 1999 die daran angepaßte „*IAPWS Industrial Formulation 1997 for the Thermodynamic Properties of Water and Steam*“ (*IAPWS IF 97*) verwendet [18]. Der Satz von Zustandsgleichungen der IAPWS IF 97 ersetzt die weniger genaue Fassung der Industrie-Formulation IFC-67. Den Lösungen der Beispiele und Aufgaben dieses Buches liegt die IAPWS IF 97 zugrunde (T 5.4, T 5.5 und T 6 1).

Auf die Wiedergabe der umfangreichen Gleichungen wird hier verzichtet. Üblicherweise werden die Gleichungen in EDV-Anlagen programmiert, so daß die für thermodynamische Berechnungen notwendigen Größen direkt ermittelt werden können.

Als *Dampfgehalt* x des Naßdampfes bezeichnet man das Verhältnis der Masse des (*gesättigten*) Dampfes im Naßdampf zur *gesamten* Masse des Naßdampfes. $(1-x)$ wird als *Dampfnässe* des Naßdampfes bezeichnet. Dieses x darf nicht mit dem ebenfalls mit x bezeichneten Feuchtegehalt von Gasen verwechselt werden (Abschn. 6.4.3).

Im Naßdampfgebiet kann das spezifische Volumen des Naßdampfes v_x aus dem spezifischen Volumen des Sattdampfes v'' und dem spezifischen Volumen der siedenden Flüssigkeit v' bzw. aus den Dichten ϱ'' u. ϱ' berechnet werden.

$$v_x = (1-x)\,v' + x\,v'' \quad \text{oder} \quad v_x = v' + x(v'' - v') \qquad \textbf{(Gl 5.5)}$$

Da bei kleinen Drücken v'' sehr viel größer als v' ist, gilt in diesem Bereich bei nicht zu kleinem x in guter Annäherung

$$v_x \approx x\,v'' \qquad \textbf{(Gl 5.6)}$$

5.2.2 Kalorische Zustandsgrößen

Die Enthalpie. Wie bei dem spezifischen Volumen werden bei den kalorischen Zustandsgrößen mit h', u', s' die siedende Flüssigkeit und mit h'', u'', s'' der Sattdampf bezeichnet.

Um die kalorischen Zustandsgrößen für einen Zustand durch bestimmte Zahlenwerte auszudrücken, muß ein Nullpunkt vereinbart werden (Abschn. 1.5.5). Dieser *Bezugspunkt* soll durch physikalische Eigenschaften hervorgehoben sein und ferner bei der Berechnung der Zahlenwerte möglichst keine negativen Werte ergeben. Man wählte hierfür *siedendes Wasser im Tripelpunkt* mit $t_{tr} = 0{,}01\,°C$ und $p_{tr} = 0{,}0061$ bar. Hierfür setzte man $u'_{tr} = 0$ und[1] $s'_{tr} = 0$.

Damit ergibt sich nach Gl 1.27:

$$h'_{tr} = u'_{tr} + p_{tr}v'_{tr} = 0 + 0{,}0061 \cdot 10^5 \frac{\text{N}}{\text{m}^2}\, 0{,}001 \frac{\text{m}^3}{\text{kg}} \frac{\text{kJ}}{10^3\text{Nm}} = 0{,}00061 \frac{\text{kJ}}{\text{kg}}$$

Die spezifische Enthalpie im Tripelpunkt h'_{tr} hat somit einen geringen positiven Wert, der aber in den Wasserdampftafeln (T 5.4) als Null erscheint.

---

[1] Streng genommen wurde die spezifische freie Energie f'_{tr} gleich Null gesetzt. Die spezifische *freie Energie* (auch *Helmholtz-Funktion*) ist definiert durch $f = u - T\,s$. Mit $f'_{tr} = 0$ und $s'_{tr} = 0$ ist dann auch $u'_{tr} = 0$.

Ziel der nachfolgenden Ausführungen ist eine anschauliche Berechnung der spezifischen Enthalpie für überhitzten Wasserdampf mit dem Druck p und der Temperatur T. Die gesuchte Enthalpie wird als Differenz zu der Enthalpie des Bezugspunktes h'_{tr} bestimmt.

Der *Weg*, längs dessen wir die Enthalpiedifferenz berechnen, ist beliebig, da die Enthalpie eine Zustandsgröße ist und die Differenz von dem Verlauf der Zustandsänderungen unabhängig ist. Der Weg soll aber einfach und praxisnah sein. Diese Eigenschaften hat die Isobare, denn die Erwärmung des Wassers, die Verdampfung und die Überhitzung des Dampfes erfolgen meist isobar. Ferner ist bei der Isobaren $\mathrm{d}h = \mathrm{d}q$, die Enthalpiedifferenz kann also leicht bestimmt werden.

Vom Bezugspunkt – dem Tripelpunkt – ausgehend, muß der Enddruck aber erst erreicht werden. Hierfür wählen wir die Isotherme. Damit liegt der Weg, längs dessen hier die Enthalpiedifferenz berechnet werden soll, fest.

1. Isotherme Drucksteigerung des Wassers bei $t_{tr} = 0{,}01\,°\mathrm{C}$ ($\approx 0\,°\mathrm{C}$) von p_{tr} auf p. Bei der isothermen Drucksteigerung des kalten Wassers bis zu Drücken von etwa 100 bar ist das Wasser fast inkompressibel, also $\mathrm{d}\,v \approx 0$ und folglich (Gl 1.37 a) auch $\mathrm{d}\,u \approx 0$.

Aus der Definitionsgleichung für die Enthalpie (Gl 1.27) folgt durch vollständige Differentiation

$$\mathrm{d}h = \mathrm{d}u + v\,\mathrm{d}p + p\,\mathrm{d}v$$

Es folgt für $\mathrm{d}u = 0$ und $\mathrm{d}v = 0$

$$\mathrm{d}h = v\,\mathrm{d}p$$

Das bestimmte Integral von p_{tr} bis p mit $v_0 = \text{konst.}$ ergibt

$$h_0 - h'_{tr} = v_0\,(p - p_{tr})$$

Mit $h'_{tr} = u'_{tr} + p_{tr}\,v'_{tr}$ (Gl 1.27), $u'_{tr} = 0$ und $v'_{tr} = v_0$ erhält man

$$h_0 = v_0 p \qquad \textbf{(Gl 5.7)}$$

Der Index „o“ bezeichnet die Größen bei $t_{tr} = 0{,}01\,°\mathrm{C}$ ($\approx 0\,°\mathrm{C}$) und dem geforderten Druck p. Es ist zu erkennen (Gl 5.7), daß die Enthalpie bei der isothermen Drucksteigerung im genannten Bereich, d. h. bis etwa 100 bar, proportional mit dem Druck wächst. Der aus der Gleichung gewonnene Wert zeigt aber nicht mehr, daß h_0 aus einer Enthalpiedifferenz entstanden ist.

2. Isobare Erwärmung des Wassers von $t_{tr} = 0{,}01\,°\mathrm{C}$ ($\approx 0\,°\mathrm{C}$) auf t_s

Längs der Isobaren ist $\mathrm{d}h = \mathrm{d}q$, folglich

$$h' - h_0 = q_f,$$

wenn q_f die zur Erwärmung von 1 kg Wasser von t_{tr} auf t_s erforderliche Energie ist. q_f wird *Flüssigkeitsenthalpie* (auch *Flüssigkeitswärme*) genannt und kann, da $\mathrm{d}q = \mathrm{d}h$ ist, nach folgender Gleichung bestimmt werden:

$$q_f = \int_{t_{tr}}^{t_s} c_{pw} \, d\,t = c_{pmw} \Big|_{t_{tr}}^{t_s} (t_s - t_{tr})$$

Mit $t_{tr} = 0{,}01\,°C \approx 0\,°C$ erhält man

$$q_f = c_{pmw} \Big|_{0\,°C}^{t_s} t_s \qquad \textbf{(Gl 5.8)}$$

Bei nicht zu hohen Temperaturen[1] ist für Wasser $c_{pmw}\Big|_{0\,°C}^{t_s} \approx 4{,}186 \frac{kJ}{kg\,K}$

$$h' = h_0 + q_f = h_0 + c_{pmw}\Big|_{0\,°C}^{t_s} t_s \qquad \textbf{(Gl 5.9a)}$$

Beliebige Zwischenwerte:

$$h_w = h_0 + c_{pmw}\Big|_{0\,°C}^{t_w} t_w \qquad \textbf{(Gl 5.9b)}$$

3. *Isobare Verdampfung des Wassers.* Auch hier gilt $d q = d h$, also ist

$$h'' - h' = r \qquad \textit{Verdampfungsenthalpie}$$

$$h'' = h' + r \qquad \textbf{(Gl 5.10)}$$

Mit $h = u + p\,v$ (Gl 1.27) ist $r = u'' - u' + p(v'' - v')$

Die *Verdampfungsenthalpie* oder *Verdampfungswärme r* (beim Kondensieren auch *Kondensationsenthalpie* genannt) setzt sich aus zwei Anteilen zusammen, die oft gesondert zusammengefaßt werden.

$$\varrho = u'' - u' \qquad \textbf{(Gl 5.11)}$$

$$\psi = p(v'' - v') \qquad \textbf{(Gl 5.12)}$$

Dabei sind ϱ die *innere* und ψ die *äußere Verdampfungsenthalpie*

$$r = \varrho + \psi \qquad \textbf{(Gl 5.13)}$$

Die innere Verdampfungsenthalpie dient zur Aufhebung der Anziehungskräfte zwischen den Molekülen beim Übergang von der Flüssigkeits- in die Dampfphase, während die äußere Verdampfungsenthalpie die bei der Verdampfung abzugebende Volumenänderungsarbeit deckt.

p bar	v_0 m^3/kg	h_0 kJ/kg	r kJ/kg	ψ kJ/kg	ϱ kJ/kg
1	0,001	0,1	2257,5	169,3	2088,2
100	0,001	10	1317,6	165,5	1152,1

Die vorstehende Tabelle zeigt den Anstieg von h_0 und den starken Abfall von r und ϱ mit steigendem Druck.

Häufig ist es notwendig, die spezifische Enthalpie des Naßdampfes zu bestimmen. Im Naßdampfgebiet wird nur der Dampfgehalt x(kg Dampf/kg H_2O) verdampft, folglich ist

$h_x - h' = x r$ die Enthalpiesteigerung bei der Verdampfung von x.

$$h_x = h' + x r \qquad \textbf{(Gl 5.14)}$$

Entsprechend erhalten wir für die spezifische innere Energie im Naßdampfgebiet

$$u_x = u' + x \varrho \qquad \textbf{(Gl 5.15)}$$

[1] Bis ca. 80 °C. Genauere Werte s. **B 1.19** und **T 8.2.**

4. Isobare Überhitzung des Dampfes von t_s auf t

Ist das gesamte Wasser verdampft, so führt eine weitere Wärmezufuhr wieder zu einer Temperatursteigerung. Mit $dq = c_p\,dt$ wird

$$h - h'' = \int_{t_s}^{t} c_{pd}\,dt = c_{pmd}\Big|_{t_s}^{t}(t - t_s) \text{ also}$$

$$h = h'' + c_{pmd}\Big|_{t_s}^{t}(t - t_s) \qquad \textit{(nur selten verwendbar)} \qquad \textbf{(Gl 5.16)}$$

Da die spezifische Wärmekapazität des Wasserdampfes neben der Temperatur auch stark vom Druck abhängig ist, werden (Gl5.16) und (Gl5.20) *nur in Ausnahmefällen* zur Bestimmung von h und s benutzt, wie beispielsweise beim Wasserdampf in feuchter Luft (Abschn. 6.4.5). Im allgemeinen arbeitet man im überhitzten Gebiet mit Tabellen **(T 5.4** und **T 55)** oder Diagrammen **(B 5.5** und **5.6)**, sofern nicht EDV-Anlagen eingesetzt werden.

Die Entropie. Der Berechnung der Entropie von überhitztem Wasserdampf liegen die gleichen Überlegungen zugrunde wie der der Enthalpie.

Bezugspunkt: $s'_{tr} = 0$ für Wasser im Tripelpunkt (0,01 °C, 0,0061 bar).

Ziel: Es soll die Entropie von überhitztem Wasserdampf mit dem Druck p und der Temperatur t bestimmt werden.

Weg: Auch hier ist die Entropiedifferenz zwischen dem willkürlich gewählten Nullpunkt und dem Endzustand unabhängig vom Weg, längs dessen sie berechnet wird, da die Entropie eine Zustandsgröße ist. Es wird der gleiche Weg wie bei der Berechnung der Enthalpie gewählt.

1. Isotherme Drucksteigerung von p_{tr} auf p bei $t_{tr} = 0{,}01\,°C$ ($\approx 0\,°C$). Im inkompressiblen Bereich sind $dv = 0$ und $du = 0$ (siehe Enthalpie), daher ist (Gl3.3):

$$ds = 0; \quad s_0 = s'_{tr} = 0$$

2. Isobare Erwärmung der Flüssigkeit auf t_s (Gl 3.12):[1]

$$s' - s_0 = \int_{T_{tr}}^{T_s} c_{pw}\frac{dT}{T} = c_{pmw}\Big|_{t_{tr}}^{t_s} \ln\frac{T_s}{T_{tr}}; \quad T_{tr} = 273{,}16\text{ K } (\approx 0\,°C)$$

$$s' = s_0 + c_{pmw}\Big|_{0\,°C}^{t_s} \ln\frac{T_s}{T_{tr}} = c_{pmw}\Big|_{0\,°C}^{t_s} \ln\frac{T_s}{T_{tr}} \qquad \textbf{(Gl 5.17a)}$$

Beliebige Zwischenwerte:

$$s_w = s_0 + c_{pmw}\Big|_{0\,°C}^{t_w} \ln\frac{T_w}{T_{tr}} = c_{pmw}\Big|_{0\,°C}^{t_w} \ln\frac{T_w}{T_{tr}} \qquad \textbf{(Gl 5.17b)}$$

3. Isobare Verdampfung des Wassers (Gl 3.13, mit $w_{diss\,12} = 0$):

$$s'' - s' = \frac{r}{T_s} \qquad \textit{Verdampfungsentropie}$$

$$s'' = s' + \frac{r}{T_s} \qquad \textbf{(Gl 5.18)}$$

[1] Vergl. Fußnote 1 zu Gl 3.11

Im Naßdampfgebiet mit x kg Dampf/kg H_2O gilt

$$s_x - s' = \frac{x\,r}{T_s}$$

$$s_x = s' + \frac{x\,r}{T_s} = s' + x(s'' - s') \qquad \textbf{(Gl 5.19)}$$

4. Isobare Überhitzung des Dampfes von t_s auf t (Gl 3.12):[1]

$$s - s'' = \int_{T_s}^{T} c_{pmd} \frac{\mathrm{d}T}{T} = c_{pmd}\Big|_{t_s}^{t} \ln \frac{T}{T_s}$$

$$s = s'' + c_{pmd}\Big|_{t_s}^{t} \ln \frac{T}{T_s} \qquad \textit{(nur selten verwendbar)} \qquad \textbf{(Gl 5.20)}$$

Auch Gl 5.20 kann zur Berechnung in der Regel *nicht* verwendet werden, vergl. Gl 5.16.

Wasserdampftafeln und Diagramme. Die *Wasserdampftafel* für den Sättigungszustand **(T 5.4)** enthält neben dem Druck p und der dazugehörigen Temperatur t die spezifischen Volumen v' und v'' die spezifischen Enthalpien und Entropien für die siedende Flüssigkeit (h' und s') und den Sattdampf (h'' und s'') sowie die Verdampfungsenthalpie r. Die Tabelle beginnt bei niedrigen Drücken und endet beim kritischen Druck, bei welchem die Verdampfungsenthalpie r zu Null geworden ist. Die Wasserdampftafel für den überhitzten Dampf **(T 5.5)** enthält für eine Reihe von Drücken für verschiedene Temperaturen die spezifischen Volumen, Enthalpien und Entropien.

Beide Entropie-Diagramme, das T, s-Diagramm **(B 5.6)** und das h, s-Diagramm **(B 5.7)**, zeigen neben den Grenzkurven einige Isobaren und im Naßdampfgebiet einige Linien gleichen Dampfgehaltes. In das T, s-Diagramm wurden außerdem einige Linien gleicher Enthalpie und in das h, s-Diagramm einige Isothermen eingetragen.

Im *T, s-Diagramm* verlaufen die Isobaren im Naßdampfgebiet waagerecht, sie durchsetzen die obere Grenzkurve mit einem Knick und sind im weit überhitzten Gebiet logarithmische Linien. Die Flüssigkeitsisobaren liegen dicht über der unteren Grenzkurve. Da das Wasser bei niedrigen Temperaturen fast inkompressibel ist, folgt für eine isotherme Drucksteigerung $\mathrm{d}s = 0$ (Gl 3.3) wegen $\mathrm{d}v = 0$ und $\mathrm{d}u = 0$ (vgl. Enthalpie und Entropie Abschn. 5.2.2). Die Entropieänderung ist bei der isothermen Drucksteigerung der inkompressiblen Flüssigkeit gleich Null. Die Isobaren münden folglich im Nullpunkt $t_{tr} = 0{,}01\,°C$ ($\approx 0\,°C$); $s = 0$. Die sehr geringen Abweichungen, die durch die kaum feststellbare Kompressibilität, die oben ganz vernachlässigt wurde, auftreten, sollen hier nicht behandelt werden.

Die Tripellinie wurde in das Eisgebiet verlängert, sie führt so in das Gebiet negativer Entropie („negativ" infolge der willkürlichen Festlegung des Bezugspunktes $s_{tr} = 0$). Durch die Tripellinie kann das Sublimationsgebiet sichtbar gemacht werden.

Die Linien gleicher Enthalpie verlaufen im stark überhitzten Gebiet waagrecht, decken sich dort mit den Isothermen. In diesem Bereich verhält sich der Wasserdampf wie das ideale Gas. Im Flüssigkeitsgebiet stellen wir z.T. ein Steigen und im unteren Bereich ein Fallen der Linien gleicher Enthalpie fest und können folgern, daß beim Drosseln der Flüssigkeit die Temperatur sowohl steigen als auch fallen kann (Abschn. 3.4).

Das h, s-Diagramm eignet sich bei adiabaten offenen Systemen besonders gut zur Ermittlung der über die Systemgrenze gegebenen Arbeit (Gl 1.30a), da die Enthalpiedifferenz direkt abgegriffen werden kann.

Im Naßdampfgebiet ist für die Isothermen und Isobaren $\mathrm{d}h = \mathrm{d}q = T\,\mathrm{d}s$ und daraus $\dfrac{\mathrm{d}h}{\mathrm{d}s} = T = \text{konst.}$

[1] Vergl. Fußnote 1 zu Gl 3.11

T 5.4 Wasserdampftafel, Stättigungszustand (Drucktafel)[1]

p bar	t °C	v' m³/kg	v'' m³/kg	h' kJ/kg	h'' kJ/kg	r kJ/kg	s' kJ/kg K	s'' kJ/kg K
0,0061	0	0,00100002	206,14	–0,04	2500,9	2500,9	–0,0002	9,1558
0,0061	0,01	0,00100002	206,00	0,00	2500,9	2500,9	0	9,1555
0,01	6,97	0,00100001	129,18	29,30	2513,7	2484,4	0,1059	8,9749
0,02	17,50	0,0010014	66,99	73,43	2532,9	2459,5	0,2606	8,7227
0,03	24,08	0,0010028	45,66	100,99	2544,9	2443,9	0,3543	8,5766
0,04	28,96	0,0010041	34,79	121,40	2553,7	2432,3	0,4224	8,4735
0,05	32,88	0,0010053	28,19	137,77	2560,8	2423,0	0,4763	8,3939
0,06	36,16	0,0010064	23,73	151,49	2566,7	2415,2	0,5209	8,3291
0,07	39,00	0,0010075	20,53	163,37	2571,8	2408,4	0,5591	8,2746
0,08	41,51	0,0010085	18,10	173,85	2576,2	2402,4	0,5925	8,2274
0,09	43,76	0,0010094	16,20	183,26	2580,3	2397,0	0,6223	8,1859
0,1	45,81	0,0010103	14,671	191,81	2583,9	2392,1	0,6492	8,1489
0,2	60,06	0,0010171	7,648	251,40	2609,0	2357,6	0,8320	7,9072
0,3	69,10	0,0010222	5,229	289,23	2624,6	2335,3	0,9439	7,7675
0,4	75,86	0,0010264	3,993	317,57	2636,1	2318,5	1,0259	7,6690
0,5	81,32	0,0010299	3,240	340,48	2645,2	2304,7	1,0910	7,5930
0,6	85,93	0,0010331	2,732	359,84	2652,9	2293,0	1,1452	7,5311
0,7	89,93	0,0010359	2,365	376,68	2659,4	2282,7	1,1919	7,4790
0,8	93,49	0,0010385	2,087	391,64	2665,2	2273,5	1,2328	7,4339
0,9	96,69	0,0010409	1,870	405,13	2670,3	2265,2	1,2694	7,3942
1,0	99,61	0,0010431	1,694	417,44	2675,0	2257,5	1,3026	7,3588
1,1	102,29	0,0010453	1,550	428,77	2679,2	2250,4	1,3328	7,3268
1,2	104,78	0,0010473	1,428	439,30	2683,1	2243,8	1,3608	7,2976
1,3	107,11	0,0010492	1,325	449,13	2686,7	2237,5	1,3867	7,2708
1,4	109,29	0,0010510	1,237	458,37	2690,0	2231,6	1,4109	7,2460
1,5	111,35	0,0010527	1,159	467,08	2693,1	2226,0	1,4335	7,2239
2,0	120,21	0,0010605	0,8857	504,68	2706,2	2201,6	1,5301	7,1269
3,0	133,53	0,0010732	0,6058	561,46	2724,9	2163,4	1,6718	6,9916
4,0	143,61	0,0010836	0,4624	604,72	2738,1	2133,3	1,7766	6,8954
6,0	158,83	0,0011006	0,3156	670,50	2756,1	2085,6	1,9311	6,7592
8,0	170,41	0,0011148	0,2403	721,02	2768,3	2047,3	2,0460	6,6615
10	179,89	0,0011272	0,1943	762,7	2777,1	2014,4	2,1384	6,5850
15	198,30	0,0011539	0,1317	844,7	2791,0	1946,3	2,3147	6,4431
20	212,38	0,0011768	0,0996	908,6	2798,4	1889,8	2,4470	6,3392
30	233,86	0,0012167	0,0667	1008,4	2803,3	1794,9	2,6456	6,1858
40	250,36	0,0012526	0,0498	1087,4	2800,9	1713,5	2,7967	6,0697
50	263,94	0,0012864	0,0394	1154,5	2794,2	1639,7	2,9207	5,9737
60	275,59	0,0013193	0,0324	1213,7	2784,6	1570,8	3,0274	5,8901
70	285,83	0,0013519	0,0274	1267,4	2772,6	1505,1	3,1220	5,8146
80	295,01	0,0013847	0,0235	1317,1	2758,6	1441,5	3,2077	5,7448
90	303,35	0,0014181	0,0205	1363,7	2742,9	1379,2	3,2866	5,6790
100	311,00	0,001453	0,0180	1407,9	2725,5	1317,6	3,3603	5,6159
110	318,08	0,001489	0,0160	1450,3	2706,4	1256,1	3,4300	5,5545
120	324,68	0,001526	0,0143	1491,3	2685,6	1194,3	3,4965	5,4941
130	330,86	0,001566	0,0128	1531,4	2662,9	1131,5	3,5606	5,4339
140	336,67	0,001610	0,0115	1570,9	2638,1	1067,2	3,6230	5,3730
150	342,16	0,001657	0,0103	1610,2	2610,9	1000,7	3,6844	5,3108
160	347,36	0,001710	0,0093	1649,7	2580,8	931,1	3,7457	5,2463
180	356,99	0,001839	0,0075	1732,0	2509,6	777,6	3,8717	5,1056
200	365,75	0,002039	0,0059	1827,1	2411,5	584,4	4,0155	4,9301
210	369,83	0,002212	0,0050	1889,4	2337,7	448,3	4,1093	4,8065
220	373,71	0,002750	0,0036	2021,9	2169,3	147,3	4,3109	4,5386
220,64	373,95	0,003106		2087,55		0	4,4120	

[1] Auszug aus den Wasserdampftafeln [18]. Bei Berechnung von h'' nach Gl 5.10 ($h'' = h' + r$) treten gegenüber den Tabellenwerten z.T. rundungsbedingte Abweichungen auf. Temperaturtafel s. **T 6.1.**

T 5.5 Wasserdampftafel, überhitzter Dampf[1]

p bar	t °C	v m³/kg	h kJ/kg	s kJ/kg K	t °C	v m³/kg	h kJ/kg	s kJ/kg K
0,2	100	8,586	2686,2	8,1262	350	14,375	3177,4	9,1311
	150	9,749	2782,3	8,3680	400	15,530	3279,8	9,2892
	200	10,907	2879,1	8,5842	450	16,684	3383,8	9,4383
	250	12,064	2977,1	8,7811	500	17,839	3489,6	9,5797
	300	13,220	3076,5	8,9624	600	20,147	3706,2	9,8431
0,4	100	4,280	2683,7	7,8009	350	7,185	3177,0	8,8108
	150	4,866	2780,9	8,0455	400	7,763	3279,5	8,9690
	200	5,448	2878,2	8,2629	450	8,341	3383,6	9,1182
	250	6,028	2976,5	8,4602	500	8,918	3489,4	9,2596
	300	6,607	3076,0	8,6419	600	10,073	3706,0	9,5231
0,6	100	2,845	2681,1	7,6083	350	4,788	3176,6	8,6232
	150	3,239	2779,5	7,8557	400	5,174	3279,2	8,7815
	200	3,628	2877,3	8,0743	450	5,559	3383,3	8,9308
	250	4,016	2975,8	8,2722	500	5,944	3489,1	9,0722
	300	4,402	3075,5	8,4541	600	6,714	3705,9	9,3358
1,0	100	1,696	2675,8	7,3610	350	2,871	3175,8	8,3865
	150	1,937	2776,6	7,6147	400	3,103	3278,5	8,5451
	200	2,172	2875,5	7,8356	450	3,334	3382,8	8,6945
	250	2,406	2974,5	8,0346	500	3,566	3488,7	8,8361
	300	2,639	3074,5	8,2171	600	4,028	3705,6	9,0998
1,2	150	1,611	2775,1	7,5278	400	2,585	3278,2	8,4606
	200	1,809	2874,6	7,7499	450	2,778	3382,6	8,6101
	250	2,004	2973,9	7,9495	500	2,971	3488,5	8,7517
	300	2,198	3074,1	8,1323	550	3,164	3596,1	8,8866
	350	2,392	3175,4	8,3019	600	3,356	3705,4	9,0155
1,5	150	1,286	2772,9	7,4207	400	2,067	3277,8	8,3571
	200	1,445	2873,1	7,6447	450	2,222	3382,2	8,5067
	250	1,601	2972,9	7,8451	500	2,376	3488,2	8,6484
	300	1,757	3073,3	8,0284	550	2,530	3595,8	8,7833
	350	1,912	3174,9	8,1983	600	2,685	3705,2	8,9123
2,0	150	0,9599	2769,1	7,2809	400	1,5493	3277,0	8,2235
	200	1,0805	2870,8	7,5081	450	1,6655	3381,5	8,3733
	250	1,1989	2971,3	7,7100	500	1,7814	3487,6	8,5151
	300	1,3162	3072,1	7,8940	550	1,8973	3595,4	8,6501
	350	1,4330	3173,9	8,0643	600	2,0130	3704,8	8,7792
4,0	150	0,4709	2752,8	6,9305	400	0,7726	3273,9	7,9001
	200	0,5343	2861,0	7,1724	450	0,8311	3379,0	8,0507
	250	0,5952	2964,6	7,3805	500	0,8894	3485,5	8,1931
	300	0,6549	3067,1	7,5677	550	0,9475	3593,6	8,3286
	350	0,7139	3170,0	7,7398	600	1,0056	3703,2	8,4579
6,0	200	0,3521	2850,7	6,9684	450	0,5530	3376,4	7,8609
	250	0,3939	2957,7	7,1834	500	0,5920	3483,3	8,0039
	300	0,4344	3062,1	7,3740	550	0,6309	3591,7	8,1398
	350	0,4743	3166,1	7,5480	600	0,6698	3701,7	8,2694
	400	0,5137	3270,7	7,7095	650	0,7085	3813,2	8,3937
8,0	200	0,2609	2839,8	6,8176	450	0,4139	3373,8	7,7255
	250	0,2932	2950,5	7,0403	500	0,4433	3481,2	7,8690
	300	0,3242	3056,9	7,2345	550	0,4726	3589,9	8,0053
	350	0,3544	3162,2	7,4106	600	0,5019	3700,1	8,1353
	400	0,3843	3267,6	7,5733	650	0,5310	3811,9	8,2598

[1] Auszug aus den Wasserdampftafeln [18].

Fortsetzung ▶

T 5.5 Wasserdampftafel, überhitzter Dampf (Fortsetzung)[1]

p bar	*t* °C	*v* m³/kg	*h* kJ/kg	*s* kJ/kg K	*t* °C	*v* m³/kg	*h* kJ/kg	*s* kJ/kg K
10	200	0,2060	2828,3	6,6955	450	0,3304	3371,2	7,6198
	250	0,2327	2943,2	6,9266	500	0,3541	3479,0	7,7640
	300	0,2580	3051,7	7,1247	550	0,3777	3588,1	7,9007
	350	0,2825	3158,2	7,3028	600	0,4011	3698,6	8,0309
	400	0,3066	3264,4	7,4668	650	0,4245	3810,6	8,1557
15	200	0,1324	2796,0	6,4537	450	0,2192	3364,7	7,4259
	250	0,1520	2924,0	6,7111	500	0,2352	3473,6	7,5716
	300	0,1697	3038,3	6,9199	550	0,2510	3583,5	7,7093
	350	0,1866	3148,0	7,1035	600	0,2668	3694,6	7,8404
	400	0,2030	3256,4	7,2708	650	0,2825	3807,2	7,9657
20	250	0,1145	2903,2	6,5474	500	0,1757	3468,1	7,4335
	300	0,1255	3024,3	6,7685	550	0,1877	3578,9	7,5723
	350	0,1386	3137,6	6,9582	600	0,1996	3690,7	7,7042
	400	0,1512	3248,2	7,1290	650	0,2115	3803,8	7,8301
	450	0,1635	3358,1	7,2863	700	0,2233	3918,2	7,9509
30	250	0,07062	2856,6	6,2893	500	0,11619	3457,0	7,2356
	300	0,08118	2994,4	6,5412	550	0,12437	3569,6	7,3767
	350	0,09056	3116,1	6,7449	600	0,13245	3682,8	7,5102
	400	0,09938	3132,6	6,9233	650	0,14045	3797,0	7,6373
	450	0,10788	3344,7	7,0853	700	0,14840	3912,3	7,7590
40	300	0,05887	2961,7	6,3638	550	0,09270	3560,2	7,2353
	350	0,06647	3093,3	6,5843	600	0,09886	3674,9	7,3704
	400	0,07343	3214,4	6,7712	650	0,10494	3790,2	7,4989
	450	0,08004	3331,0	6,9383	700	0,11097	3906,4	7,6125
	500	0,08441	3445,8	7,0919	750	0,11696	4023,8	7,7391
60	300	0,03619	2885,5	6,0702	550	0,06102	3541,2	7,0306
	350	0,04225	3043,9	6,3356	600	0,06526	3658,8	7,1692
	400	0,04742	3178,2	6,5431	650	0,06943	3776,4	7,3002
	450	0,05217	3302,8	6,7216	700	0,07354	3894,5	7,4248
	500	0,05667	3423,0	6,8824	750	0,07761	4013,4	7,5439
80	300	0,02428	2786,4	5,7935	550	0,04517	3521,8	6,8798
	350	0,02998	2988,1	6,1319	600	0,04846	3642,4	7,0221
	400	0,03435	3139,3	6,3657	650	0,05167	3762,4	7,1557
	450	0,03820	3273,2	6,5577	700	0,05483	3882,4	7,2823
	500	0,04177	3399,4	6,7264	750	0,05793	4002,9	7,4930
100	350	0,02244	2924,0	5,9458	600	0,03838	3625,8	6,9045
	400	0,02644	3097,4	6,2139	650	0,04102	3748,3	7,0409
	450	0,02979	3242,3	6,4217	700	0,04359	3870,3	7,1696
	500	0,03281	3375,1	6,5993	750	0,04613	3992,3	7,2918
	550	0,03566	3501,9	6,7584	800	0,04862	4114,7	7,4087
150	350	0,01148	2693,0	5,4435	600	0,02492	3583,3	6,6797
	400	0,01567	2975,6	5,8817	650	0,02680	3712,4	6,8235
	450	0,01848	3157,8	6,1433	700	0,02862	3839,5	6,9576
	500	0,02083	3310,8	6,3479	750	0,03039	3965,6	7,0839
	550	0,02295	3450,5	6,5230	800	0,03212	4091,3	7,2039
200	400	0,00995	2816,8	5,5525	650	0,01969	3675,6	6,6596
	450	0,01272	3061,5	5,9041	700	0,02113	3808,2	6,7994
	500	0,01479	3241,2	6,1445	750	0,02252	3938,5	6,9301
	550	0,01657	3396,2	6,3390	800	0,02387	4067,7	7,0534
	600	0,01818	3539,2	6,5077				

[1] Auszug aus den Wasserdampftafeln [18].

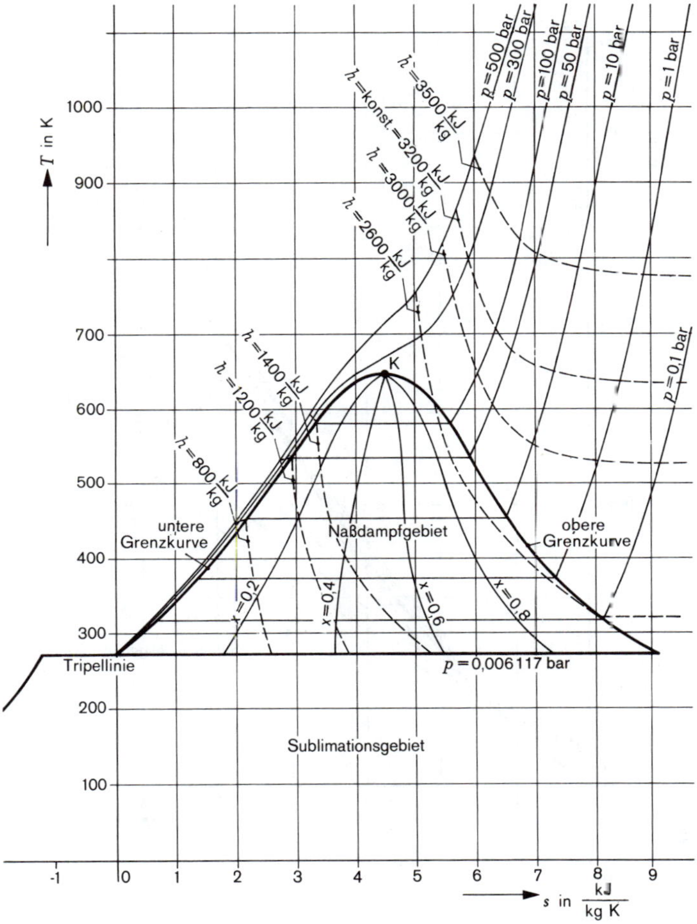

B 5.6 T,s-Diagramm für Wasserdampf

Die Isothermen und die mit diesen zusammenfallenden Isobaren sind daher in diesem Gebiet Geraden mit der Steigerung $\frac{dh}{ds} = T$. Die Isobaren überschreiten die obere Grenzkurve ohne Knick und sind im stark überhitzten Gebiet logarithmische Kurven. Die Isothermen sind in dem Gebiet, in dem sich der Wasserdampf wie das ideale Gas verhält, waagerechte Linien, die sich bei Annäherung an die Grenzkurve je nach der Höhe der Temperatur mehr oder weniger krümmen und mit einem Knick die Grenzkurve überschreiten. Die Grenzkurve wurde in das Eisgebiet verlängert.

In den folgenden Abschnitten werden von diesen Entropiediagrammen nur die zum Verständnis erforderlichen Ausschnitte gezeichnet, wobei häufig der Nullpunkt unterdrückt und auch das negative Gebiet weggelassen werden. Die Diagramme **(B 5.6)** und **(B 5.7)** dienen der Anschauung. **Bild 5.8** ist zur näherungsweisen Ermittlung von Zahlenwerten geeignet. Wegen seiner Größe können die Werte aber nicht sehr genau entnommen werden, es empfiehlt sich daher, bei größeren Genauigkeitsansprüchen ein „Mollier[2]-Diagramm zu den Wasserdampftafeln“[1] zu benutzen.

[1] Mollier-Diagramm zu den Properties of Water and Steam [18].

[2] *Richard Mollier* (1863—1935), deutscher Thermodynamiker, lehrte in Dresden und entwickelte das h,s-Diagramm für Wasserdampf und das h,x-Diagramm für feuchte Luft.

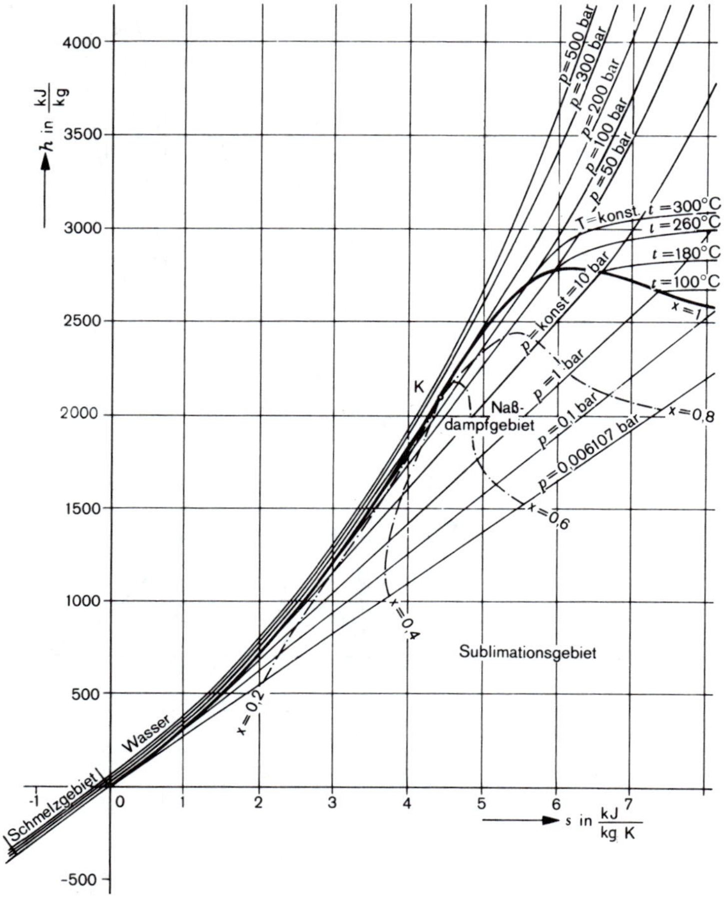

B 5.7 *h,s*-Diagramm für Wasserdampf

Beispiel 5.4: 80 m^3 Naßdampf, $x=0{,}6$, stehen unter einem Druck von 50 bar.

Zu bestimmen sind:

a) das spezifische Volumen des Naßdampfes,

b) die Masse des Naßdampfes und die Masse des Wassers im Naßdampf,

c) die spezifische Enthalpie.

Zu a: (Gl 5.5) $v_x = v' + x(v'' - v')$

$$v_x = 0{,}00129\,\frac{m^3}{kg} + 0{,}6\left(0{,}0394\,\frac{m^3}{kg} - 0{,}00129\,\frac{m^3}{kg}\right) \qquad \underline{v_x = 0{,}024\,\frac{m^3}{kg}}$$

Zu b: (Gl 1.1)

$$m = \frac{V}{v_x} = \frac{80\ m^3\ kg}{0{,}024\ m^3} = 3330\ kg$$

$$m_w = (1-x)\,m = 0{,}4 \cdot 3330\ kg = \underline{1332\ kg}$$

Zu c: (Gl 5.14)

$$h_x = h' + x\,r = 1154{,}5\,\frac{kJ}{kg} + 0{,}6 \cdot 1639{,}7\,\frac{kJ}{kg} = \underline{2138{,}3\,\frac{kJ}{kg}}$$

Aufgabe 5.4: Die Differenzen der spezifischen Enthalpien und der spezifischen Volumen zwischen dem Zustand 1: 20 bar und 500 °C, und dem Zustand 2: 1,0 bar (Naßdampf) $x = 0{,}3$, sind rechnerisch mit Hilfe der Tabellen zu ermitteln und die spezifischen Enthalpien sind mit Hilfe des h, s-Diagrammes zu kontrollieren.

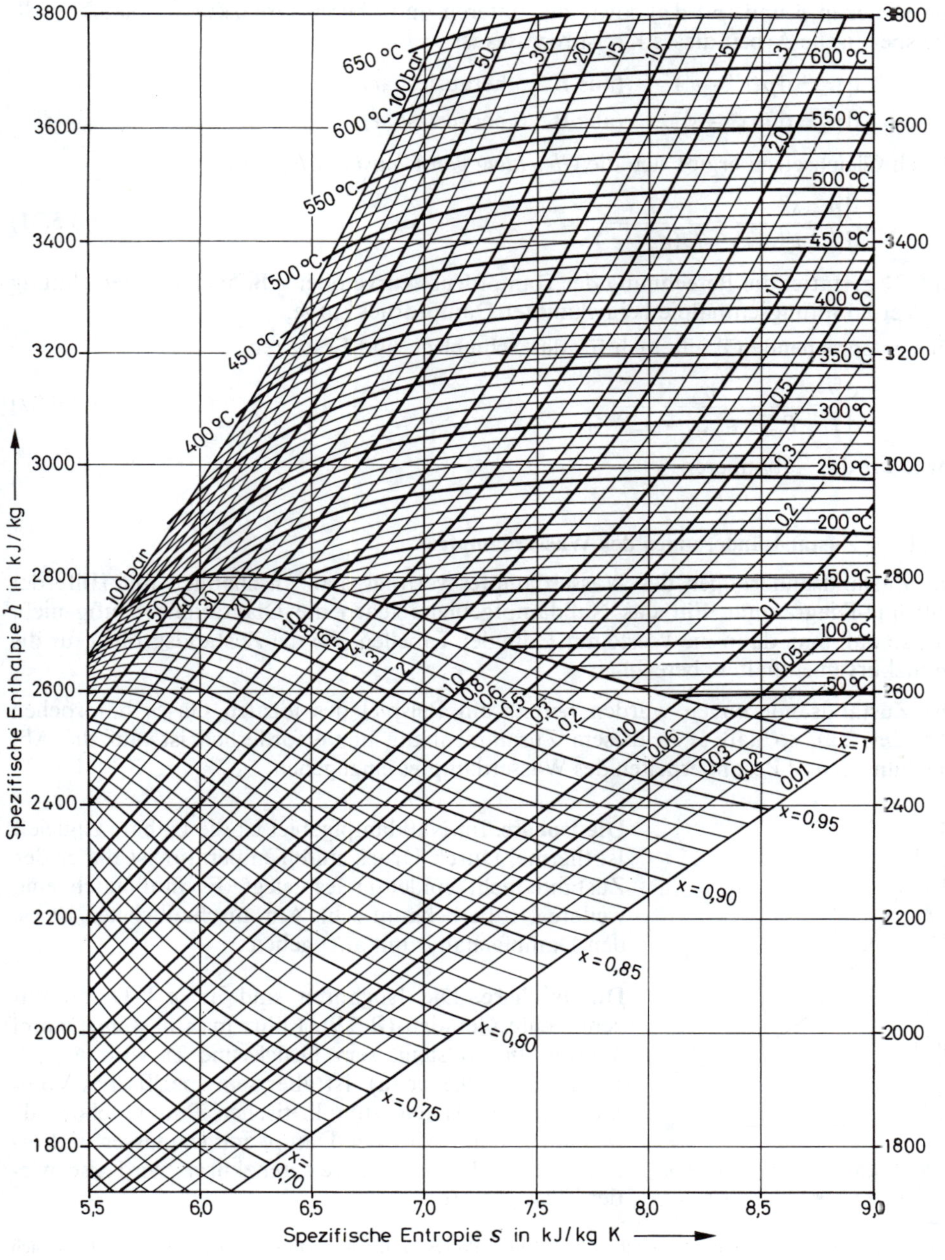

B 5.8 Mollier h, s-Diagramm für Wasserdampf (Ausschnitt)

5.2.3 Gleichung von Clausius und Clapeyron

Die Gleichung von *Clausius* und *Clapeyron*[1] verknüpft die Verdampfungsenthalpie r und die Verdampfungsentropie $s''-s'$ mit den thermischen Zustandsgrößen T und v. Wir leiten die Gl mit Hilfe eines Kreisprozesses im Naßdampfgebiet ab, der zwischen den Drücken p und $(p+\mathrm{d}p)$ sowie der unteren und oberen Grenzkurve ablaufen soll. Die spezifische Arbeit dieses Kreisprozesses ist

$$\mathrm{d}w_k = \mathrm{d}p(v''-v') \qquad \text{(aus B 5.5 herauslesbar)}$$

$$\mathrm{d}w_k = \mathrm{d}T(s''-s') \qquad \text{(aus B 5.6 herauslesbar)}$$

Durch Gleichsetzen ergibt sich die *Gleichung von Clausius-Clapeyron:*

$$\frac{\mathrm{d}p}{\mathrm{d}T} = \frac{s''-s'}{v''-v'} = \frac{r}{T_s(v''-v')} \qquad \textbf{(Gl 5.21)}$$

Gl 5.21 gestattet die Berechnung der Dampfdruckkurve oder z.B. auch die Berechnung der Verdampfungsenthalpie bei bekannter Dampfdruckkurve.

Eine entsprechende Gl gilt auch für das Schmelzen und Erstarren:

$$\frac{\mathrm{d}p}{\mathrm{d}T} = \frac{\sigma}{T_{\text{sch}}(v_{\text{flüssig}} - v_{\text{fest}})} \qquad \textbf{(Gl 5.22)}$$

sowie für das Sublimieren.

5.2.4 Zustandsänderungen des Wasserdampfes

Die Zustandsänderungen des Wasserdampfes verfolgt man anschaulich mit Hilfe der Entropie-Diagramme. Für das Naßdampfgebiet reichen die Diagramme häufig nicht aus, so daß man dann die Werte mit Hilfe der Tabellen, die die Zustandsgrößen für die Grenzkurven enthalten, berechnet.

Die Zustandsänderungen wurden bereits am Beispiel des idealen Gases besprochen (Abschn. 2.2), so daß es in diesem Zusammenhang nur erforderlich ist, auf die Abweichungen und Besonderheiten des Wasserdampfes einzugehen.

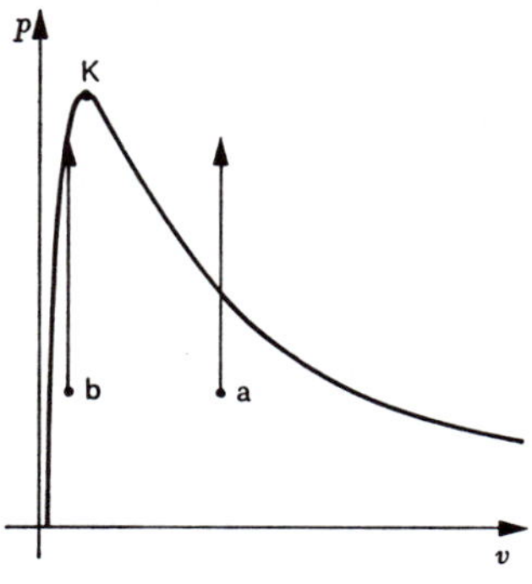

B 5.9 Isochore Druckerhöhung im p, v-Diagramm für Wasserdampf

Die Isobare. Im Naßdampfgebiet ist die Isobare zugleich Isotherme. Durch Druck und Temperatur ist daher der Zustand nicht eindeutig festgelegt. Es muß noch eine weitere Größe bekannt sein. Am anschaulichsten ist es, den Dampfgehalt x mit anzugeben.

Die Isochore. Die Isochoren sind im p, V-Diagramm senkrechte Geraden **(B 5.9).** Führt man nassem Dampf Wärme zu, so steigt sein Druck und er wird im allgemeinen trockener (a). Ist aber sein spezifisches Volumen kleiner als das zum kritischen Punkt gehörende Volumen, dann wird der Dampf immer nasser und erreicht schließlich die untere Grenzkurve, wird also wieder Flüssigkeit (b).

[1] *Benoit Pierre Emile Clapeyron* (1799–1864), franz. Professor für Mechanik, lehrte in Paris, befaßte sich mit den Untersuchungen von Carnot.

Die Isentrope. Die Isentropen sind im T, s- und h, s-Diagramm senkrechte Geraden. Entspannt man überhitzten Dampf mit $s > s_k$ isentrop, so wird er kälter, erreicht schließlich die obere Grenzkurve und wird bei weiterem Sinken der Temperatur immer nasser (a). Das Flüssigkeitsgebiet kann durch diese isentrope Entspannung nicht erreicht werden **(B 5.10).** Wird siedendes Wasser entspannt, so verdampft es teilweise (b).

Die Drosselung. Für adiabate Drosselung ist bei gleichbleibender Geschwindigkeit in einem horizontalen System

$$H_2 = H_1 \qquad \text{(Gl 3.22)}$$

Es ist daher günstig, diese Zustandsänderungen im h, s-Diagramm darzustellen, in dem sie waagerechte Geraden sind **(B 5.11).**
In dem Zustandsbereich, in dem sich der Wasserdampf wie das ideale Gas verhält, verlaufen die Linien $h =$ konst, also die Drossellinien, längs der Isothermen (a). In der Nähe der Grenzkurve kann, je nach der Lage des Anfangspunktes, die Drosselung eine starke oder geringe Abkühlung ergeben (Joule-Thomson-Effekt). Im dargestellten Bereich ist bei hohen Drücken die Abkühlung beträchtlich (b).

Der Zustand des nassen Dampfes kann durch Messung von Druck und Temperatur nicht festgelegt werden, da in diesem Gebiet die Isobaren und die Isothermen zusammenfallen. Die anderen Zustandsgrößen lassen sich aber hier nicht durch eine einfache Messung bestimmen. Man ermittelt darum den Dampfgehalt des nassen Dampfes durch eine Drosselung. Zu diesem Zwecke läßt man den nassen Dampf durch eine gut isolierte Drosselstelle strömen, in der der Druck so weit gesenkt werden muß, daß der Dampf beim Austritt aus der Drosselstelle überhitzt ist (c). Im überhitzten Gebiet liegt der Zustand durch Druck und Temperatur eindeutig fest. Verfolgt man nun im h, s-Diagramm die Drosselung von diesem Punkt an rückwärts, so kann durch den Schnittpunkt der Linie $h =$ konst mit der Anfangsisobaren der Zustand im Naßdampfgebiet und damit auch der Dampfgehalt bestimmt werden.

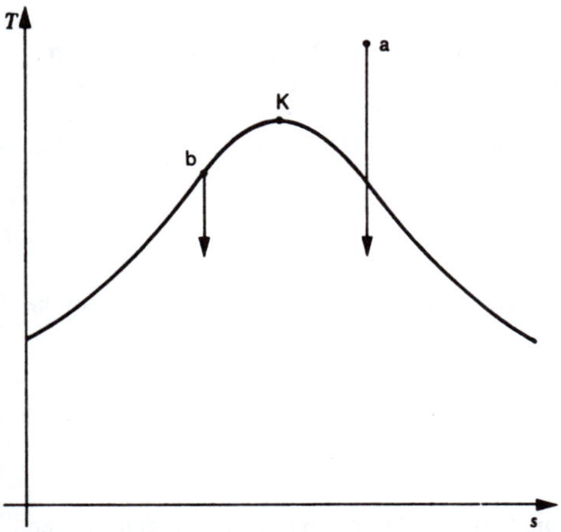

B 5.10 Isentrope Expansion im T, s-Diagramm für Wasserdampf

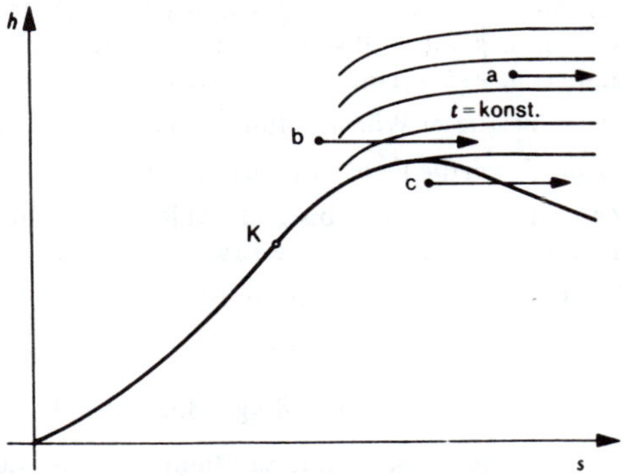

B 5.11 Drosselung im h, s-Diagramm für Wasserdampf (Geschwindigkeit konstant)

Beispiel 5.5: Überhitzter Dampf wird von 50 bar und 500 °C isentrop auf 0,1 bar entspannt. Mit Hilfe des h, s-Diagrammes sind zu bestimmen:

a) die spezifische Enthalpie im Zustand 1,

b) die spezifische Enthalpie, die Temperatur, der Dampfgehalt im Zustand 2,

c) die Enthalpiedifferenz bei isentroper Entspannung.

Zu a: $\underline{h_1 = 3434\,\frac{\text{kJ}}{\text{kg}}}$ Zu b: $\underline{h_2 = 2210\,\frac{\text{kJ}}{\text{kg}}}$; $t_2 = \underline{46\,°\text{C}}$ $x_2 = \underline{0{,}844}$

Zu c: $h_2 - h_1 = \underline{-1224\,\frac{\text{kJ}}{\text{kg}}}$

Beispiel 5.6: In einer horizontalen Naßdampfleitung wird ein Druck von 10 bar gemessen. Zur Bestimmung des Dampfgehaltes wird der Dampf auf 0,1 bar gedrosselt und nach der Drosselung eine Temperatur von 100 °C gemessen. Die Dampfgeschwindigkeit vor und hinter der Drosselstelle soll gleich sein. Der Dampfgehalt vor der Drosselung ist mit Hilfe des h, s-Diagrammes zu bestimmen.

$$h_2 = h_1 = \underline{2685\,\frac{\text{kJ}}{\text{kg}}}$$

Wird die Linie $h =$ konst. bis 10 bar zurückverfolgt, so findet man den Dampfgehalt des Anfangszustandes.

$$x_1 = \underline{0{,}955}$$

Aufgabe 5.5: Naßdampf 1 bar und $x = 0{,}9$ wird isobar auf 400 °C erwärmt. Es sind zu bestimmen und mit Hilfe des h, s-Diagrammes zu kontrollieren:

a) die spezifische Enthalpie vor der Erwärmung,

b) die spezifische Enthalpie nach der Erwärmung,

c) die bei der Isobaren je kg zuzuführende Wärme.

Aufgabe 5.6: Überhitzter Dampf von 200 bar und 400 °C wird bei $h =$ konst. auf 10 bar gedrosselt ($c_2 = c_1$ und $z_2 = z_1$). Es sind zu bestimmen:

a) die spezifische Enthalpie bei der Drosselung,

b) die Temperatur nach der Drosselung mit Hilfe des h, s-Diagramms.

Beispiel 5.7: Ein Dampfkessel mit einem Wasser-Dampf-Raum von 10 m³ ist zur Hälfte mit siedendem Wasser und zur anderen Hälfte mit Sattdampf von 15 bar gefüllt. Durch Versagen der Steuerung wird bei geschlossenem Absperrventil dem Kessel durch die Feuerung weiter Wärme zugeführt. Bis zum Abblasen des Sicherheitsventils ist der Druck im Kessel auf 20 bar gestiegen. — Mit Hilfe der Tabellen sind zu bestimmen:

a) die bei dieser Wärmezufuhr verdampfte Wassermenge,

b) die durch die Feuerung zugeführte Wärme.

Zu a: Da der Kessel bis zum Ablassen geschlossen bleibt, handelt es sich bei dieser Zustandsänderung um eine isochore Erwärmung.

Die gesamte Masse im Kessel ist

$$m = m_{d1} + m_{w1} = \frac{V_{d1}}{v_1''} + \frac{V_{w1}}{v_1'} = \frac{5\text{ m}^3}{0{,}1317\text{ m}^3/\text{kg}} + \frac{5\text{ m}^3}{0{,}001154\text{ m}^3/\text{kg}}$$

$$m = 38\text{ kg} + 4333\text{ kg} = 4371\text{ kg}.$$

Der gesamte Kesselinhalt, Sattdampf und Wasser, kann als Naßdampf angesehen werden, dessen Dampfgehalt

$$x_1 = \frac{m_{d1}}{m} = \frac{38\text{ kg}}{4371\text{ kg}} = 0{,}0087 \text{ ist.}$$

Bei der isochoren Zustandsänderung bleibt das spezifische Volumen konstant.

$$v_{1x} = v_{2x}$$

(Gl 1.1): $$v_{1x} = \frac{V}{m} = \frac{10\ \mathrm{m}^3}{4371\ \mathrm{kg}} = 0{,}002288\ \frac{\mathrm{m}^3}{\mathrm{kg}}$$

(Gl 5.5): $$v_{2x} = v_2' + x_2(v_2'' - v_2')$$

$$x_2 = \frac{v_{2x} - v_2'}{v_2'' - v_2'} = \frac{0{,}002288\ \mathrm{m}^3/\mathrm{kg} - 0{,}001177\ \mathrm{m}^3/\mathrm{kg}}{0{,}0995\ \mathrm{m}^3/\mathrm{kg} - 0{,}001177\ \mathrm{m}^3/\mathrm{kg}} = 0{,}01130$$

$$m_{d2} = x_2 m = 0{,}0113 \cdot 4371\ \mathrm{kg} = 49{,}4\ \mathrm{kg}$$

$$\Delta m_d = m_{d2} - m_{d1} = 49{,}4\ \mathrm{kg} - 38{,}0\ \mathrm{kg} = \underline{11{,}4\ \mathrm{kg}}$$

werden bei der Wärmezufuhr verdampft.

Zu b: Da es sich um eine isochore Erwärmung handelt, ist

(Gl 1.24b): $$Q_{12} = U_2 - U_1$$

(Gl 1.27): $$U_{1x} = H_{1x} - p_1 V \qquad U_{1x} = m(h_1' + x_1 r_1) - p_1 V$$

$$U_{1x} = 4371\ \mathrm{kg}\left(844{,}7\ \frac{\mathrm{kJ}}{\mathrm{kg}} + 0{,}0087 \cdot 1946{,}3\ \frac{\mathrm{kJ}}{\mathrm{kg}}\right) - 15\ \mathrm{bar} \cdot 10\ \mathrm{m}^3 = 3{,}766 \cdot 10^6\ \mathrm{kJ}$$

$$U_{2x} = m(h_2' + x_2 r_2) - p_2 V$$

$$U_{2x} = 4371\ \mathrm{kg}\left(908{,}6\ \frac{\mathrm{kJ}}{\mathrm{kg}} + 0{,}01130 \cdot 1889{,}8\ \frac{\mathrm{kJ}}{\mathrm{kg}}\right) - 20\ \mathrm{bar}\ 10\ \mathrm{m}^3 = 4{,}065 \cdot 10^6\ \mathrm{kJ}$$

$$Q_{12} = U_{2x} - U_{1x} = 4{,}065 \cdot 10^6\ \mathrm{kJ} - 3{,}766 \cdot 10^6\ \mathrm{kJ} = \underline{0{,}299 \cdot 10^6\ \mathrm{kJ}}$$

Aufgabe 5.7: 25000 kg/h Dampf werden in einem Zwischenerhitzer zwischen Hochdruck- und Niederdruckteil einer Turbine bei einem Druck von 4 bar von 150 °C auf 450 °C erwärmt. Welche Wärme ist dem Dampf im Zwischenüberhitzer stündlich und in MW zuzuführen? Es ist mit den Tabellen zu rechnen.

Aufgabe 5.8: Einem Kondensator strömen stündlich 3800 kg Naßdampf mit 0,06 bar und einem Dampfgehalt $x = 0{,}96$ zu und sollen in ihm isobar verflüssigt werden. Welche Wärme ist dem Dampf stündlich und in MW zur Verflüssigung zu entziehen? Es ist mit den Tabellen zu rechnen.

Aufgabe 5.9: Siedendes Wasser von 1,2 bar wird bei konstanter Enthalpie auf 0,5 bar gedrosselt ($c_2 = c_1$ und $z_2 = z_1$). Wieviel Dampf bildet sich je kg Wasser bei der Drosselung?

5.3 Wasserdampf in Maschinen und Anlagen

5.3.1 Arbeitsprinzip der Dampfkraftanlagen

Soll in einer Dampfkraftanlage im Kreislauf Arbeit durch Entspannung des Wasserdampfes gewonnen werden, so muß, wie bei der Gasturbinenanlage (Abschn. 4.2.1), die Anlage neben der Expansionsmaschine und der *Pumpe* auch Wärmeübertrager zur Zu- und Abfuhr der Wärme enthalten. Die Expansionsmaschine ist in den meisten Fällen eine *Dampfturbine*, während die Dampfkolbenmaschine heute nur noch in Sonderfällen Anwendung findet. – Die Wärmeübertrager haben entsprechend ihrer Aufgabe besondere Namen erhalten: *Verdampfer* und *Überhitzer*, zusammengefaßt zum *Dampferzeuger (Dampfkessel)*, werden die Wärmeübertrager für die Wärmezufuhr genannt, *Kondensator* der Wärmeübertrager für die Wärmeabfuhr. Die genannten Maschinen bilden eine einfache Dampfkraftanlage **(B 5.12).**

Im Verdampfer wird das eingesetzte Wasser isobar bis zur Siedetemperatur erwärmt und dann isobar verdampft. Durch weitere Wärmezufuhr steigt die Temperatur des

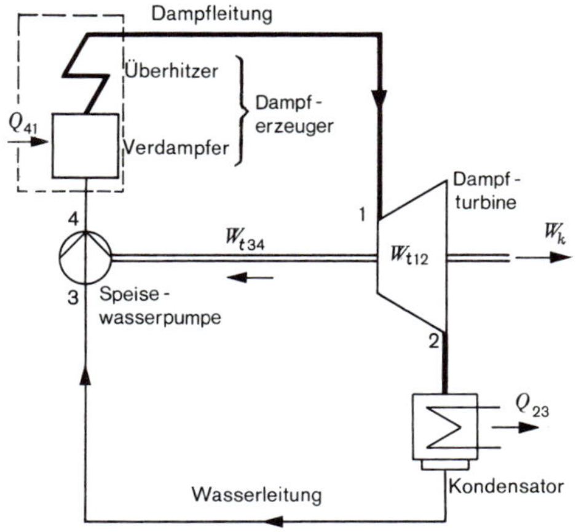

B 5.12 Schaltbild einer Dampfkraftanlage

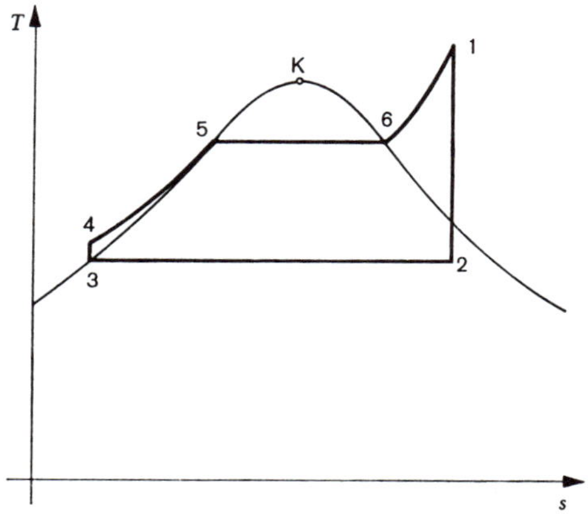

B 5.13 Clausius-Rankine-Prozeß im *T*, *s*-Diagramm

Dampfes im Überhitzer über die Sättigungstemperatur. In der Turbine expandiert der Dampf unter Arbeitsabgabe, wobei der Druck meist so weit gesenkt wird, daß der Dampf am Austritt Wasser enthält, also naß geworden ist. Im Kondensator wird dieser Dampf dann durch Entzug seiner restlichen Kondensationsenthalpie isobar verflüssigt. Die Pumpe erhöht den Druck auf den Kesseldruck und fördert das Wasser wieder in den Kessel. Da die Dampfkraftanlagen zu den Wärmekraftanlagen gehören, werden die Bewertungsziffern und die Vergleichsprozesse in der gleichen Weise wie bei den Wärmekraftanlagen des idealen Gases (Abschn. 4.1) aufgestellt.

5.3.2 Clausius-Rankine-Prozeß als Vergleichsprozeß der Dampfkraftanlage

Ein Dampfprozeß mit isentroper Kompression und Expansion und isobarer Wärmeübertragung zwischen den Maschinen heißt *Clausius-Rankine-Prozeß*. Er unterscheidet sich vom Joule-Prozeß, der von den gleichen Zustandsänderungen gebildet wird, durch den Zustandsbereich, in dem das Arbeitsmittel verwendet wird. Der Joule-Prozeß arbeitet in einem Bereich, in dem sich die Stoffe näherungsweise wie das ideale Gas verhalten, während der Clausius-Rankine-Prozeß auch die Aggregatzustandsänderung flüssig-gasförmig mit einbezieht.

Die im *T*, *s-Diagramm* **(B 5.13)** dargestellten Zustandsänderungen haben folgende Bedeutung:

1 ... 2 isentrope Entspannung des Dampfes in der Turbine oder Kolbenmaschine,

2 ... 3 isobare Wärmeabfuhr zur Kondensation des Dampfes im Kondensator,

3 ... 4 isentrope Druckerhöhung in der Pumpe,

4 ... 5 ... 1 isobare Wärmezufuhr im Dampferzeuger zur Erwärmung und Verdampfung des Wassers und zur Überhitzung des Dampfes.

Die Linie 3...4 und der Abstand der Isobaren im Flüssigkeitsgebiet von der unteren Grenzkurve wurden zur besseren Anschauung stark übertrieben gezeichnet.

Die Nutzarbeit des Kreisprozesses kann mittels der Summe der zu- und abgeführten Wärme oder als Summe der Arbeiten der Turbine und der Pumpe berechnet werden (Gl 2.50).

$$|W_{c/r}| = -W_{c/r} = Q_{41} + Q_{23} \quad \text{oder} \quad W_{c/r} = W_{t12} + W_{t34}$$

$$|W_{c/r}| = -W_{c/r} = H_1 - H_2 + H_3 - H_4 \qquad \textbf{(Gl 5.23a)}$$

Es ist günstig, die Nutzarbeit mit Hilfe der Enthalpien zu berechnen, da sie Tabellen oder Diagrammen entnommen werden können. Die Enthalpie erfaßt auch die zur Verdampfung erforderliche und die bei der Kondensation freiwerdende Energie.

Der thermische Wirkungsgrad ist (Gl 2.51):

$$\eta_{th} = \frac{|W_{c/r}|}{Q_{zu}} = \frac{|W_{t12} + W_{t34}|}{Q_{41}} = \frac{H_1 - H_2 + H_3 - H_4}{H_1 - H_4} = 1 - \frac{H_2 - H_3}{H_1 - H_4} \qquad \textbf{(Gl 5.24a)}$$

Die Möglichkeiten zur Beeinflussung des thermischen Wirkungsgrades sind aus dieser Gleichung nicht klar zu erkennen, so daß später noch Untersuchungen hierüber angeschlossen werden sollen.

Der exergetische Wirkungsgrad ist (Gl 4.1a):

$$\zeta = \frac{|W_{c/r}|}{E_{q41}}$$

E_{q41} ist die Exergie der isobar zugeführten Wärme. Diese ist bei Reibungsfreiheit (Gl 3.42b) mit $W_{diss\,41} = 0$):

$$E_{q41} = Q_{41} - T_b(S_1 - S_4) = H_1 - H_4 - T_b(S_1 - S_4)$$

$$\zeta = \frac{H_1 - H_2 + H_3 - H_4}{H_1 - H_4 - T_b(S_1 - S_4)} = \frac{\eta_{th}}{1 - \dfrac{T_b(S_1 - S_4)}{H_1 - H_4}} \qquad \textbf{(Gl 5.25)}$$

Der exergetische Wirkungsgrad wächst mit steigendem thermischen Wirkungsgrad. ζ nähert sich dem Wert eins, je kleiner der Unterschied zwischen T_2 und T_b wird.

Das Arbeitsverhältnis ist am besten mit Hilfe des p,v-Diagrammes zu erkennen **(B 5.14).** Das Arbeitsverhältnis ist (Gl 4.2):

$$r_w = \frac{W_{c/r}}{W_{t12}} = \frac{W_{t12} + W_{t34}}{W_{t12}} = 1 + \frac{W_{t34}}{W_{t12}} = 1 - \frac{W_{t34}}{|W_{t12}|}$$

$$r_w = 1 - \frac{H_4 - H_3}{H_1 - H_2} \qquad \textbf{(Gl 5.26)}$$

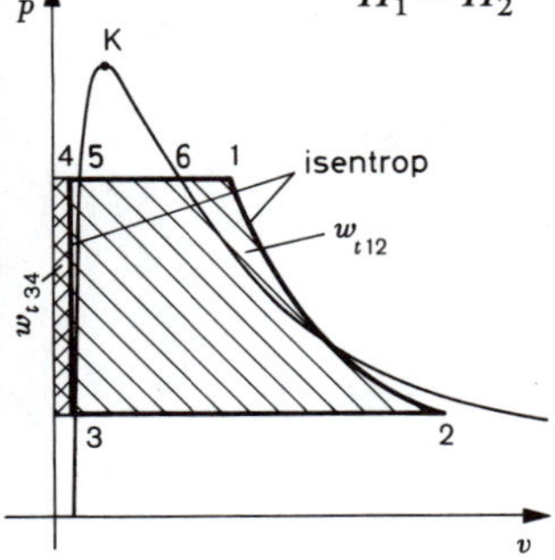

B 5.14 Clausius-Rankine-Prozeß im p,v-Diagramm

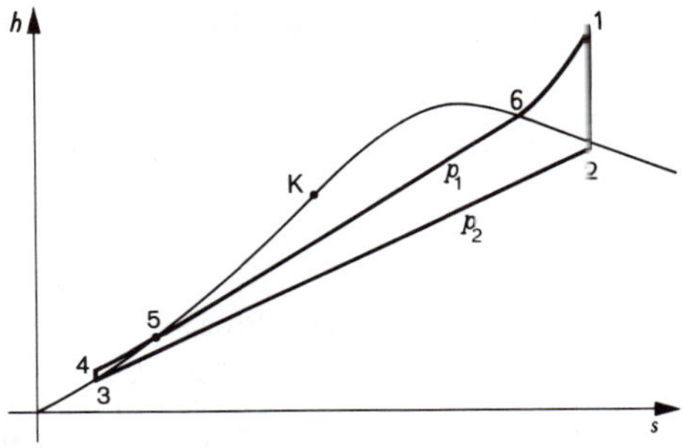

B 5.15 Clausius-Rankine-Prozeß im h,s-Diagramm

Da $W_{t34} = V_3(p_1 - p_2)$ sehr klein ist, nähert sich r_w dem Wert 1. Dies ist ein großer Vorteil des Clausius-Rankine-Prozesses. Es ist vorteilhaft, den Prozeß im h, s-Diagramm darzustellen **(B 5.15)**, da die Nutzarbeit des Prozesses und die Bewertungsziffern mit Hilfe der Enthalpien bestimmt werden.

Beispiel 5.8: In einer Dampfkraftanlage verläßt der Dampf den Dampferzeuger mit 60 bar und 500 °C. Im Kondensator herrscht ein Gegendruck von 0,1 bar. Die spezifische Nutzarbeit, der thermische Wirkungsgrad, der exergetische Wirkungsgrad und das Arbeitsverhältnis des Clausius-Rankine-Prozesses sind zu bestimmen. $t_b = 20\,°C$.

Zur Lösung werden zunächst die erforderlichen Zustandsgrößen ermittelt.

$h_1 = 3423{,}0 \dfrac{kJ}{kg}$ aus **T 5.5**

$h_2 = 2179 \dfrac{kJ}{kg}$ aus dem h, s-Diagramm

$s_1 = 6{,}8824 \dfrac{kJ}{kg\,K}$ aus **T 5.5**

$h_3 = 191{,}8 \dfrac{kJ}{kg}$, $s_4 = s_3 = 0{,}6492 \dfrac{kJ}{kg\,K}$ aus **T 5.4**

$$w_{t34} = h_4 - h_3 = v_3(p_4 - p_3)$$

$$h_4 = h_3 + v_3(p_4 - p_3) = 191{,}8 \frac{kJ}{kg} + 0{,}00101 \frac{m^3}{kg}(60 - 0{,}1)\,bar \frac{10^5\,N}{m^2\,bar} \frac{kJ}{10^3\,Nm}$$

$$h_4 = 191{,}8 \frac{kJ}{kg} + 6{,}05 \frac{kJ}{kg} = 197{,}9 \frac{kJ}{kg}$$

Die spezifische Arbeit dieses Clausius-Rankine-Prozesses ist (Gl 5.23a)

$$-w_{c/r} = h_1 - h_2 + h_3 - h_4 = 3423{,}0 \frac{kJ}{kg} - 2179 \frac{kJ}{kg} + 191{,}8 \frac{kJ}{kg} - 197{,}9 \frac{kJ}{kg}$$

$$-w_{c/r} = 1244{,}0 \frac{kJ}{kg} - 6{,}1 \frac{kJ}{kg} = 1237{,}9 \frac{kJ}{kg} \qquad \underline{w_{c/r} \approx -1238 \frac{kJ}{kg}}$$

Der thermische Wirkungsgrad dieses Prozesses ist (Gl 5.24a)

$$\eta_{th} = \frac{h_1 - h_2 + h_3 - h_4}{h_1 - h_4} = \frac{1238 \dfrac{kJ}{kg}}{3423 \dfrac{kJ}{kg} - 197{,}8 \dfrac{kJ}{kg}} = \underline{0{,}384}$$

Der exergetische Wirkungsgrad dieses Prozesses ist (Gl 5.25)

$$\zeta = \frac{\eta_{th}}{1 - \dfrac{T_b(s_1 - s_4)}{h_1 - h_4}} = \frac{0{,}384}{1 - \dfrac{293\,K\left(6{,}8824 \dfrac{kJ}{kg\,K} - 0{,}6492 \dfrac{kJ}{kg\,K}\right)}{3423{,}0 \dfrac{kJ}{kg} - 197{,}8 \dfrac{kJ}{kg}}} = \underline{0{,}885}$$

Das Arbeitsverhältnis dieses Prozesses ist (Gl 5.26)

$$r_w = 1 - \frac{h_4 - h_3}{h_1 - h_2} = 1 - \frac{6{,}1 \dfrac{kJ}{kg}}{1244{,}0 \dfrac{kJ}{kg}} = \underline{0{,}995}$$

Auch dieses Zahlenbeispiel zeigt das ausgezeichnete Arbeitsverhältnis dieses Prozesses, der sich daher sehr gut in die Praxis umsetzen läßt.

Aufgabe 5.10: Am Austritt einer Gegendruckturbine wird ein Druck von 1 bar und ein Dampfgehalt im Naßdampf von 0,96 gefordert. Für den Clausius-Rankine-Prozeß sind zu bestimmen:

a) der Dampfeintrittsdruck in die Turbine, wenn die Dampfeintrittstemperatur wegen der zu verwendenden Werkstoffe 600 °C betragen soll,

b) die spezifische Arbeit und der thermische Wirkungsgrad.

Die Zahlenbeispiele zeigen, daß die Arbeit der Speisepumpe im Verhältnis zur Turbinenarbeit sehr klein ist. Bei überschläglichen Berechnungen wird deshalb die Arbeit der Speisepumpe nicht bei der Nutzarbeit des Clausius-Rankine-Prozesses und des thermischen Wirkungsgrades, sondern beim Eigenbedarf berücksichtigt (Abschn. 5.3.5). Dann sind

$$|W^*_{c/r}| = -W^*_{c/r} = -W_{t\,12} = H_1 - H_2 \quad \text{und} \qquad \textbf{(Gl 5.23b)}$$

$$\eta^*_{th} = \frac{|W_{t\,12}|}{Q_{41}} = \frac{H_1 - H_2}{H_1 - H_4} = \frac{H_1 - H_2}{H_1 - H_3} \qquad \textbf{(Gl 5.24b)}$$

Diese Vereinfachung ergibt eine leichtere Übersicht über das Verhalten der Anlagen, durch deren technischen Aufbau eine Vernachlässigung der Speisepumpenarbeit bei der Bestimmung der Nutzarbeit und des thermischen Wirkungsgrades sinnvoll ist, denn die Speisewasserpumpen werden nur in Ausnahmefällen direkt von der Dampfturbine angetrieben. Im allgemeinen haben die Pumpen einen elektrischen Einzelantrieb. Es ist daher naheliegend, sie mit den anderen Antrieben und Nebenverbrauchern einer Anlage im Eigenbedarf zusammenzufassen. Die vereinfachten Gleichungen (Gl 5.23 b) und (Gl 5.24 b) berücksichtigen nur die Turbine.

Beispiel 5.9: Der Einfluß des Dampfeintrittszustandes und des Gegendruckes auf den thermischen Wirkungsgrad ist zu untersuchen und graphisch darzustellen. Zur besonderen Vereinfachung ist nicht nur mit den (Gl 5.23b) und (Gl 5.24b) zu rechnen, sondern es ist auch die Enthalpie des Speisewassers in dieser Berechnung $H_4 = 0$ zu setzen. Tabellarisch sind die spezifische Arbeit des Clausius-Rankine-Prozesses, der thermische Wirkungsgrad und der Dampfgehalt am Turbinenaustritt zu ermitteln.

a) Bei konstantem Eintritts- und Gegendruck des Dampfes $p_1 = 20$ bar und $p_2 = 1$ bar ist der Einfluß der Eintrittstemperatur zu untersuchen, indem die geforderten Werte für $t_1 = 300$ °C, 400 °C, 500 °C und 600 °C bestimmt werden.

b) Bei konstanter Eintrittstemperatur und konstantem Gegendruck $t_1 = 500$ °C und $p_2 = 1$ bar ist der Einfluß des Eintrittsdruckes zu untersuchen, indem die geforderten Werte für $p_1 = 20$ bar, 50 bar, 100 bar, 200 bar bestimmt werden.

Zu a: $p_1 = 20$ bar $\quad p_2 = 1$ bar

t_1	300 °C	400 °C	500 °C	600 °C
h_1	3024	3248	3468	3691 $\frac{kJ}{kg}$
h_2	2454	2586	2701	2817 $\frac{kJ}{kg}$
$w^*_{c/r}$	−570	−662	−767	−874 $\frac{kJ}{kg}$
η^*_{th}	0,188	0,204	0,221	0,237
x_2	0,903	0,963	—	—

Zu b: $t_1 = 500\,°C$ $p_2 = 1$ bar

p_1	20 bar	50 bar	100 bar	200 bar
h_1	3468	3434	3375	3241 $\frac{kJ}{kg}$
h_2	2701	2533	2393	2225 $\frac{kJ}{kg}$
$w^*_{c/r}$	−767	−901	−982	−1016 $\frac{kJ}{kg}$
η^*_{th}	0,221	0,262	0,291	0,313
x_2	—	0,937	0,877	0,802

c) Bei konstantem Eintrittszustand des Dampfes $p_1 = 20$ bar und $t_1 = 500\,°C$ ist der Einfluß des Gegendruckes zu untersuchen, indem die geforderten Werte für $p_2 = 1$ bar, 0,5 bar, 0,1 bar und 0,05 bar bestimmt werden.

Zu c: $p_1 = 20$ bar $t_1 = 500\,°C$

p_1	1 bar	0,5 bar	0,1 bar	0,05 bar
h_1	3468	3468	3468	3468 $\frac{kJ}{kg}$
h_2	2701	2588	2355	2265 $\frac{kJ}{kg}$
$w^*_{c/r}$	−767	−880	−1113	−1203 $\frac{kJ}{kg}$
η^*_{th}	0,221	0,254	0,321	0,347
x_2	—	0,975	0,903	0,878

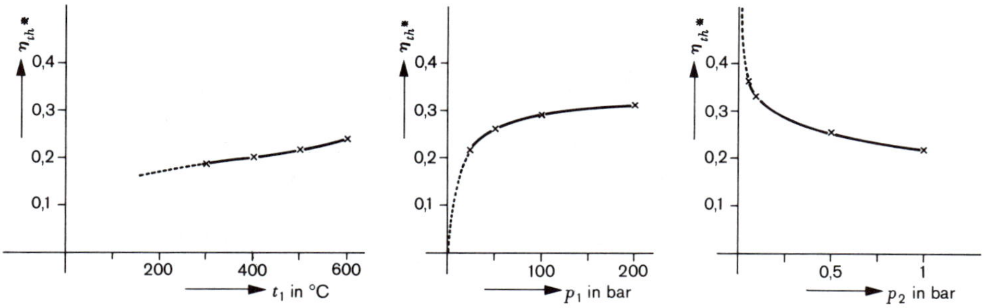

B 5.16 Abhängigkeit des thermischen Wirkungsgrades von p_1, t_1 und p_2

Die Rechnung und die graphische Darstellung **(B 5.16)** zeigen, daß der thermische Wirkungsgrad mit steigender Eintrittstemperatur, mit steigendem Eintrittsdruck und mit sinkendem Gegendruck wächst. Der Anstieg des thermischen Wirkungsgrades mit dem Eintrittsdruck ist bei niedrigen Drücken stärker als bei höheren Drücken. Der Anstieg mit sinkendem Gegendruck ist sehr stark, so daß man sich bemühen wird, den Gegendruck so weit wie möglich zu senken. Im Vergleich zu den anderen Wärmekraftmaschinen ist wegen des niedrigen Temperaturniveaus bei der Wärmezufuhr der thermische Wirkungsgrad klein.

Die Untersuchungen zeigen weiter, daß bei einer sehr weit in das Naßdampfgebiet hineingehenden Expansion der Wassergehalt im Dampf u.U. zu hoch wird (vgl. Abschn. 5.3.4). Es können Erosionsschäden in den Maschinen auftreten.

5.3.3 Verfahren zur Erhöhung des thermischen Wirkungsgrades

Da der Clausius-Rankine-Prozeß im Verhältnis zu den anderen Wärmekraftanlagen einen niedrigen thermischen Wirkungsgrad hat, ist es besonders wegen der großen Bedeutung des Prozesses notwendig, Verfahren zur Verbesserung dieses Wirkungsgrades zu untersuchen. Der Einfluß der verschiedenen Teile eines Kreisprozesses auf den thermischen Wirkungsgrad kann anschaulich mit Hilfe des T, s-Diagrammes dargestellt werden (Abschn. 3.3.6), indem der Prozeß in verschiedene Teilprozesse zerlegt wird **(B 5.17).**

Kondensations-Turbinen. Aus dem Diagramm ist zu erkennen, daß es anzustreben ist, den Kondensationsdruck so weit wie möglich zu senken **(B 5.17a).** Bei reinem Kraftwerksbetrieb wird der Dampf nach der Turbine in einem Kondensator verflüssigt, dessen Druck eindeutig von der Temperatur abhängt, die im Kondensator gehalten werden kann. Diese Temperatur wiederum ist von der Eintrittstemperatur des Kühlmittels, meist Wasser, abhängig.

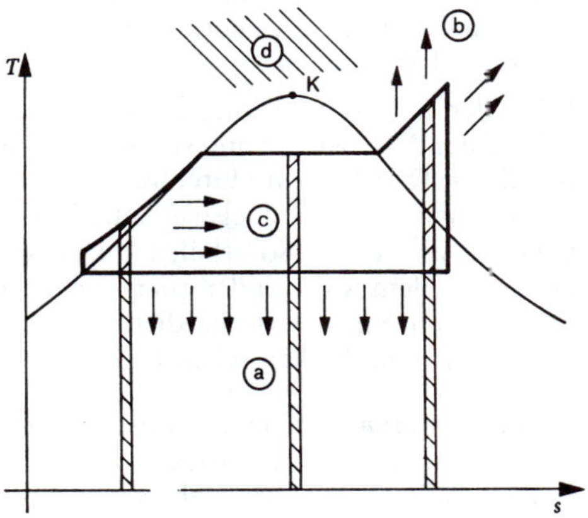

ⓐ Gegendruck senken

ⓑ Turbinen-Eintrittsdruck und Eintrittstemperatur steigern

ⓒ Wegfall von Flächen mit schlechtem η_{th} durch Speisewasservorwärmung

ⓓ Neue Flächen durch Zweistoffverfahren

B 5.17 Maßnahmen zur Erhöhung von η_{th}

So ist es z. B. möglich, bei einer Kühlwasser-Eintrittstemperatur von 20 °C und einer Kühlwasser-Austrittstemperatur von 28 °C eine Temperatur im Kondensator von 35 °C zu halten. Dieser Temperatur entspricht ein Sättigungs-Dampfdruck 0,056 bar. Das wäre, bei Vernachlässigung der Strömungsverluste in der Abdampfleitung, der Gegendruck der Turbine. Begrenzt ist die Druckabsenkung durch die Kühlmitteltemperatur, die sich im günstigsten Fall der Umgebungstemperatur nähern kann.

Wird der Dampf nach der Expansion in der Turbine noch für Heizzwecke benötigt *(Kraft-Wärme-Kopplung)*, so sind der Drucksenkung durch die Temperatur des Heizmittels Grenzen gesetzt. Obwohl die Turbinenleistung dadurch gemindert wird, sind solche *Heizkraftwerke* anzustreben, da sich die Gesamtnutzung der eingesetzten Primärenergie erheblich verbessert. Die damit verbundene *Fernwärmeversorgung* ist bei ausreichender Wärmeversorgungsdichte wirtschaftlich durchführbar.

Verwendung des Dampfes oberhalb des kritischen Druckes. Der thermische Wirkungsgrad des Clausius-Rankine-Prozesses steigt, wenn das durchschnittliche Flächenverhältnis im T, s-Diagramm besser wird. Hat man den Gegendruck so weit wie möglich gesenkt, dann besteht eine andere Verbesserungsmöglichkeit darin, die Eintrittstemperatur oder den Eintrittsdruck des Dampfes in die Turbine zu erhöhen. Hierdurch werden dem Prozeß im T,s-Diagramm Flächen hinzugefügt, deren Flächenverhältnis besser ist als das durchschnittliche des Prozesses, bzw. die Flächenverhältnisse aller Teilprozesse werden verbessert **(B 5.17b).**

Diese Maßnahmen bringen wohl eine Steigerung des thermischen Wirkungsgrades, erhöhen aber auf der anderen Seite sehr stark die Beanspruchung des Materials und erfordern daher immer hochwertigere Werkstoffe. Da die zusätzlichen günstigen Flächen **(B 5.17b)** klein sind, ist die Steigerung des thermischen Wirkungsgrades im Verhältnis zum erforderlichen Mehraufwand für Werkstoffe und Verarbeitung im Gebiet hoher Temperaturen und Drücke gering. Um dennoch einen wirtschaftlichen Nutzen zu erzielen, mußten neue Wege gefunden werden.

Im normalen Druckbereich erfolgt der Übergang von der Flüssigkeit zum Dampf über das Naßdampfgebiet. Der Dampf wird in den üblichen Dampferzeugern in einer großen Kesseltrommel vom Wasser getrennt. Die Wasseroberfläche wurde dabei möglichst groß gehalten, um ein Mitreißen von Wassertropfen zu verhindern. Die steigenden Drücke erforderten sehr dickwandige Kesseltrommeln, wodurch die erforderlichen Materialkosten stark anwuchsen. Hierdurch sank trotz steigendem thermischen Wirkungsgrad der wirtschaftliche Nutzen.

Wird der Druck im Dampferzeuger aber über den kritischen Druck gesteigert, dann erfolgt der Übergang vom Wasser zum Dampfzustand stetig. Die Verdampfung kann bei diesen Drücken im Durchfluß in einem Rohr erfolgen. Bei den nach diesem Prinzip arbeitenden Dampferzeugern entfällt die Kesseltrommel, die den größten Materialaufwand erforderte. So erhält man bei einer Steigerung des Druckes in diesen Bereich hinein mit dem wachsenden thermischen Wirkungsgrad trotz der hochwertigeren Materialien noch einen wirtschaftlichen Nutzen. Dampferzeuger dieser Art arbeiten heute auch unterhalb des kritischen Druckes.

Anzapfvorwärmung. Der thermische Wirkungsgrad des gesamten Prozesses wird trotz Steigerung des Eintrittsdruckes und der Eintrittstemperatur niedrig bleiben, weil die Arbeitsflächen unter der isobaren Flüssigkeitserwärmung im T,s-Diagramm sehr klein sind, und sie damit den gesamten thermischen Wirkungsgrad immer wieder entscheidend verschlechtern. Es wäre viel gewonnen, wenn ein Dampfkraftprozeß so geführt werden könnte, daß die Erwärmung des Speisewassers im Dampferzeuger und damit diese Flächen wegfallen **(B 5.17c)**.

Dies wäre z.B. der Fall, wenn die Kondensation vorzeitig unterbrochen und der Naßdampf isentrop auf den Siedezustand verdichtet werden könnte. Ein solcher Prozeß ist bisher noch nicht ausgeführt worden, da die Verdichtung eines Wasser-Dampf-Gemisches, bei der der Dampfanteil kondensiert, kaum durchzuführen ist, ohne die Kompressionsmaschine durch Wasserschläge zu gefährden.

Eine andere Möglichkeit, die Flächen mit kleinem thermischen Wirkungsgrad entfallen zu lassen, ist die Anzapfvorwärmung **(B 5.18** und **B 5.19)**. Die dargestellte zweistufige Vorwärmung des Speisewassers erfolgt durch Anzapfdampf. Ein Teil der zur Erwärmung der Flüssigkeit erforderlichen Energie wird dem Speisewasser nicht mehr durch die Abgase im Kessel, sondern stufenweise durch Anzapfdampf zugeführt, der vorher in der Turbine durch Expansion einen Teil seiner Enthalpie abgegeben hat und der der Turbine bei unterschiedlichen Drücken entnommen wird.

Die Expansion des Dampfes geht im Diagramm von 1 über 2 und 3 nach 4. Der Endpunkt der Expansion ist also 4. Bei der Darstellung ist zu beachten, daß von 2 bis 4 nicht mehr die Dampfmenge 1 kg, für die sonst das Diagramm gilt, expandiert, sondern daß die expandierende Dampfmenge durch den Anzapfdampf kleiner geworden ist. Die Zustandsänderungen im Diagramm, die nicht mehr für 1 kg gelten, und die Kondensation des Anzapfdampfes wurden gestrichelt gezeichnet.

Bei dem dargestellten Anzapfprozeß **(B 5.18)** werden der Turbine bei p_2 je 1 kg Arbeitsdampf $\{\alpha\}$ kg Anzapfdampf entnommen. Dieser kondensiert und gibt die Wärme entspr. Fl 2 12 f g ab, die gleich der zur Erwärmung von $\{1-\alpha\}$ kg Speisewasser von 9 nach 10 erforderlichen Wärme ist. Entsprechend wird der Turbine bei p_3 $\{\beta\}$ kg Anzapfdampf entnommen.

Die bei dessen Kondensation abgegebene Wärme entspr. Fl 14 13 f e deckt die zur Erwärmung von $\{1-\alpha-\beta\}$ kg Speisewasser von 8 nach 9 erforderliche Wärme. Im Dampferzeuger ist dann nur noch die Wärme entspr. Fl 10 11 1 g c zuzuführen.

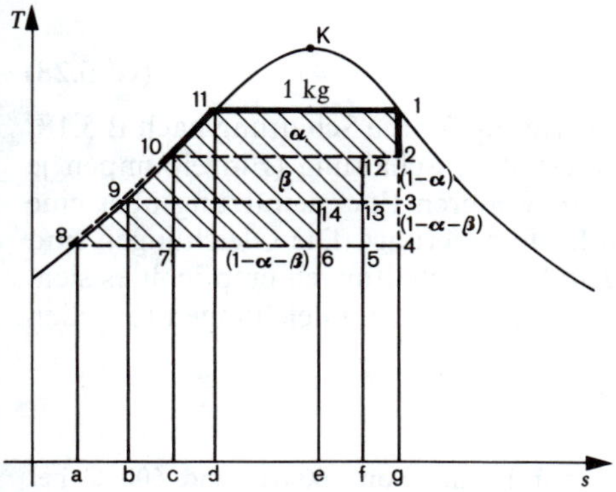

B 5.18 Clausius-Rankine-Prozeß mit Anzapfvorwärmung

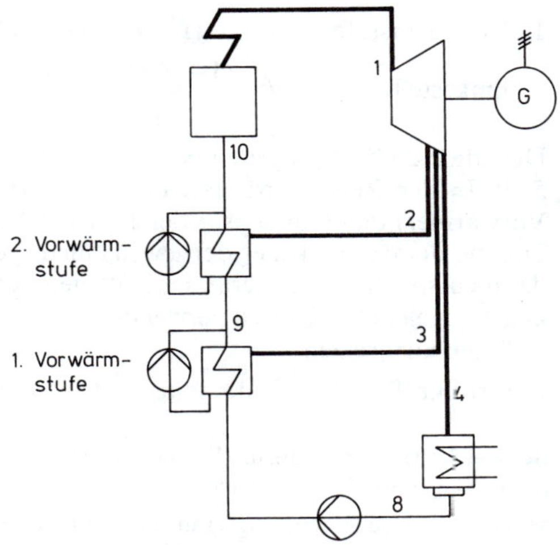

B 5.19 Schema einer Dampfturbinenanlage mit Anzapfvorwärmung

Da die Zustandsänderungen zum Teil nicht mehr für 1 kg gelten, stellen die Flächen unter diesen Zustandsänderungen auch nicht mehr die bei diesen zu- oder abzuführende Wärme dar. Sie können für diese nur noch nährungsweise eingesetzt werden, ergeben dann aber ein anschauliches Bild über die Wirkung des Prozesses. Die bei Kondensation des Anzapfdampfes abgegebene Wärme kann durch Flächen dargestellt werden, wodurch ein treppenförmiges Diagramm entsteht. Die schraffierte Fläche ist etwa gleich der Nutzarbeit des Prozesses mit Anzapfvorwärmung. Die dem Abdampf nach der Maschine im Kondensator zu entziehende Wärme ist etwa gleich der Fläche 8 6 e a oder der Fläche 7 4 g c. Durch die Differenz der zu- und abgeführten Wärme kann der Nutzen näherungsweise durch die Fläche 10 11 1 4 7 dargestellt werden. Hierdurch ist zu erkennen, daß die Arbeit der Prozesse gleich der eines anderen Prozesses ist, bei dem die Arbeitsflächen unter der isobaren Speisewasservorwärmung fortgefallen sind. Dies ist das Ziel der Anzapfvorwärmung.

Die Vorwärmung des Speisewassers erfolgt in der Regel in Rohrbündel-Wärmeübertragern **(B 5.19)** in denen der Anzapfdampf kondensiert und die dabei abgegebene Wärme an das Speisewasser übertragen wird.

Die spezifische Nutzarbeit des Clausius-Rankine-Prozesses mit zweistufiger Anzapfvorwärmung (B 5.18/5.19) ist bei Vernachlässigung der Pumpenarbeit:

$$|w^*_{c/r\,A}| = -w^*_{c/r\,A} = h_1 - h_2 + (1-\alpha)(h_2 - h_3) + (1-\alpha-\beta)(h_3 - h_4) \qquad \textbf{(Gl 5.25)}$$

Thermischer Wirkungsgrad bei zweistufiger Anzapfvorwärmung:

$$\eta^*_{th\,A} = \frac{|w^*_{c/r\,A}|}{q_{10/1}} = \frac{h_1 - h_2 + (1-\alpha)(h_2 - h_3) + (1-\alpha-\beta)(h_3 - h_4)}{h_1 - h_{10}} \qquad \textbf{(Gl 5.26)}$$

Die Anzapfmengen werden durch Energiebilanz der Vorwärmer ermittelt:

2. Vorwärmstufe $\alpha h_2 + (1-\alpha)\, h_9 = h_{10}$

umgestellt

$$\alpha = \frac{h_{10} - h_9}{h_2 - h_9} \qquad \textbf{(Gl 5.27)}$$

1. Vorwärmstufe $\beta h_3 + (1-\alpha-\beta)\, h_8 = (1-\alpha)\, h_9$

umgestellt

$$\beta = \frac{(1-\alpha)\,(h_9 - h_8)}{h_3 - h_8} \qquad \textbf{(Gl 5.28)}$$

Die Gln 5.25 bis 5.28 gelten bei zweistufiger Vorwärmung für die Schaltung nach B 5.18/5.19. In der Regel wird statt der in B 5.19 dargestellten Schaltung (Einzelpumpen je Vorwärmer) das Kondensat der höheren Stufe zur weiteren Energienutzung über eine Drossel dem Vorwärmer der jeweils niedrigeren Stufe zugeführt. Die Gleichungen sind dann entsprechend zu verändern. Wegen der Vielfalt der Schaltungen empfiehlt es sich, keine abgeleiteten Gln zu verwenden, sondern die erforderlichen Gleichungen für jeden Fall neu anzusetzen.

In Großkraftwerken findet man acht bis zehn Vorwärmstufen..

Beispiel 5.10: Ein Clausius-Rankine-Prozeß arbeitet mit Dampf von 100 bar und 600 °C bei einem Gegendruck von 0,1 bar.

a) Der thermische Wirkungsgrad dieses Prozesses ist zu bestimmen.

b) Zur Verbesserung des thermischen Wirkungsgrades wird der Turbine bei 10 bar und bei 2 bar Anzapfdampf entnommen und dieser zum Vorwärmen des Speisewassers benutzt. Die Anzapfdampfmenge soll jeweils so groß sein, daß das Speisewasser bis auf die zum Anzapfdruck gehörende Sättigungstemperatur erwärmt wird.

   Der thermische Wirkungsgrad dieses Prozesses mit Anzapfvorwärmung ist zu bestimmen.

   Die Enthalpieerhöhung in den Pumpen soll vernachlässigt werden, so daß für die Rechnung immer die zu den entsprechenden Drücken gehörenden Werte für das siedende Wasser einzusetzen sind.

Bezeichnungen **(s. B 5.18).**

Lt. Diagramm sind: $h_1 = 3623\,\frac{\text{kJ}}{\text{kg}}$ $h_2 = 2932\,\frac{\text{kJ}}{\text{kg}}$ $h_3 = 2620\,\frac{\text{kJ}}{\text{kg}}$ $h_4 = 2187\,\frac{\text{kJ}}{\text{kg}}$

Lt. Tabellen sind: $h_8 = 191{,}8\,\frac{\text{kJ}}{\text{kg}}$ $h_9 = 504{,}7\,\frac{\text{kJ}}{\text{kg}}$ $h_{10} = 762{,}7\,\frac{\text{kJ}}{\text{kg}}$

Zu a: Thermischer Wirkungsgrad ohne Anzapfung (entspr. Gl 5.24b)

$$\eta^*_{th} = \frac{h_1 - h_4}{h_1 - h_8} = \frac{3623\,\frac{\text{kJ}}{\text{kg}} - 2187\,\frac{\text{kJ}}{\text{kg}}}{3623\,\frac{\text{kJ}}{\text{kg}} - 191{,}8\,\frac{\text{kJ}}{\text{kg}}} = \underline{0{,}419}$$

Zu b: Ermittlung der Anzapfmengen (Gl 5.27 und Gl 5.28)

$$\alpha(h_2 - h_{10}) = (1-\alpha)(h_{10} - h_9)$$

$$\alpha = \frac{h_{10} - h_9}{h_2 - h_9} = \frac{762{,}7\,\frac{\text{kJ}}{\text{kg}} - 504{,}7\,\frac{\text{kJ}}{\text{kg}}}{2932\,\frac{\text{kJ}}{\text{kg}} - 504{,}7\,\frac{\text{kJ}}{\text{kg}}} = 0{,}106$$

$$\beta(h_3 - h_9) = (1 - \alpha - \beta) \cdot (h_9 - h_8)$$

$$\beta = \frac{(1-\alpha)\cdot(h_9 - h_8)}{h_3 - h_8} = \frac{(1 - 0{,}106)\left(504{,}7\,\frac{\text{kJ}}{\text{kg}} - 191{,}8\,\frac{\text{kJ}}{\text{kg}}\right)}{2620\,\frac{\text{kJ}}{\text{kg}} - 191{,}8\,\frac{\text{kJ}}{\text{kg}}} = 0{,}115$$

Thermischer Wirkungsgrad mit Anzapfung (Gl 5.26)

$$\eta^*_{th\,\text{A}} = \frac{h_1 - h_2 + (1-\alpha)(h_2 - h_3) + (1 - \alpha - \beta)(h_3 - h_4)}{h_1 - h_{10}}$$

$$\eta^*_{th\,\text{A}} = \frac{3623 - 2932 + (1 - 0{,}106)(2932 - 2620) + (1 - 0{,}106 - 0{,}115)(2620 - 2187)\ \frac{\text{kJ}}{\text{kg}}}{(3623 - 762{,}7)\ \frac{\text{kJ}}{\text{kg}}}$$

$$\eta^*_{th\,\text{A}} = \underline{0{,}457}$$

Gegenüber dem einfachen Clausius-Rankine-Prozeß ist der thermische Wirkungsgrad merklich besser geworden.

Aufgabe 5.11: Ein Clausius-Rankine-Prozeß arbeitet mit Dampf von 70 bar und 500 °C bei einem Gegendruck von 0,2 bar. 10 % des Dampfes werden der Turbine bei 4 bar entnommen und durch direktes Einspritzen zur Speisewasser-Vorwärmung benutzt.

Der Druck des Speisewassers wird zunächst auf 4 bar erhöht, dann erfolgt die Vorwärmung durch den Anzapfdampf. Da die Anzapfdampfmenge gegeben ist, wird bei der Vorwärmung nicht die zum Anzapfdampfdruck gehörende Sättigungstemperatur erreicht.

a) Die Anlage ist schematisch darzustellen.

b) Die Temperatur des Speisewassers nach der Vorwärmung und der thermische Wirkungsgrad des Prozesses sind unter Vernachlässigung der Enthalpieerhöhung in den Pumpen zu bestimmen.

Zweistoffprozesse. Die mit Wasserdampf arbeitenden verbesserten Clausius-Rankine-Prozesse können den thermischen Wirkungsgrad auch bei Anzapfvorwärmung und Drücken $> p_k$ nur begrenzt steigern, da hohe Temperaturen wegen der Stoffeigenschaften des H_2O nicht erreichbar sind. Die Flächen im Bereich **B 5.17d** bleiben immer frei. Um diesen Hochtemperaturbereich zu nutzen, muß ein Stoff mit höherer kritischer Temperatur verwendet werden. Die Sättigungsdrücke dieses Stoffes sollen bei hoher Temperatur geringer als beim H_2O sein, um die Materialbeanspruchung herabzusetzen.

Entspannt man diesen Stoff bis auf seinen Sättigungsdruck bei Umgebungstemperatur, so wird sein Volumen so groß, daß die Maschinen und Apparate unausführbar werden. Daher läßt man den Stoff bei höherer Temperatur kondensieren und verdampft mit der freiwerdenden Kondensationsenthalpie Wasser, das dann als Wasserdampf in einer anderen Turbine entspannt wird. So werden in einem Verfahren zwei Stoffe hintereinander verwendet. Die Anlagen werden auch als *BRC-(Binary Rankine-Cycle-) Anlagen* bezeichnet.

Erprobt wurde bisher in den USA Quecksilber (Zustand am Kesselaustritt 8,2 bar, 500 °C), mit dem ein thermischer Gesamtwirkungsgrad von ca. 57% erreicht wurde. In einer deutschen Studie wurde mit Kalium als Stoff für den Hochtemperaturkreislauf (Kesselaustrittszustand 8,2 bar, 850 °C) ein Gesamtwirkungsgrad von 50% einschließlich Rauchgasreinigung errechnet[1]. Neben Quecksilber und Kalium sind Diphenyloxid $(C_6H_5)_2O$ und einige Bromide denkbar.

Wegen technologischer Schwierigkeiten haben sich solche Zweistoffanlagen bisher nicht durchgesetzt.

Ein Zweistoffprozeß läge auch bei Hintereinanderschaltung einer H_2O- und einer ORC-Anlage (Abschn. 5.4) vor. Durch diese Kombination können die großen Querschnitte am Turbinenende, die bei weiterer Steigerung der Kraftwerkseinheiten von z.Zt. 1000 MW auf vielleicht 2000 MW nicht mehr baubar sind, vermieden werden, indem das H_2O bei z.B. 20 bar kondensiert wird. Die dabei freiwerdende Energie wird der nachgeschalteten ORC-Anlage zugeführt. Der Wirkungsgrad wird durch diese Schaltung nicht verbessert.

5.3.4 Zwischenüberhitzen. Verfahren zur Verringerung des Wassergehaltes im Abdampf

Bei einer Expansion auf sehr niedrige Drücke wird häufig im Naßdampfgebiet ein Zustandsbereich mit zu hohem Wassergehalt im Dampf erreicht (Beispiel 5.8). Dieser Zustandsbereich kann vermieden werden, wenn die Expansion in der Turbine oberhalb der oberen Grenzkurve unterbrochen, und der Dampf von der Maschine in einen Überhitzer geführt wird; das ist ein meist von den Verbrennungsgasen beheizter Wärmeübertrager. In diesem wird der Dampf etwa isobar auf eine so hohe Temperatur erwärmt, daß er bei der nachfolgenden Expansion in der Turbine den Zustandsbereich mit hohem Wassergehalt im Naßdampf nicht erreicht **(B 5.20)**. Da diese Erwärmung zwischen der Expansion im ersten und zweiten Teil der Turbine erfolgt, spricht man von einer Zwischenüberhitzung. Manchmal wird der Dampf auch im Verlauf der Expansion in einer Anlage zweimal zwischenüberhitzt. – Bei weniger hohen Zwischenüberhitzungstemperaturen fällt der thermische Wirkungsgrad, er steigt dagegen bei hohen Temperaturen. Die unterschiedlichen Flächen unter den Zwischenüberhitzungsisobaren zeigen den Einfluß auf den thermischen Wirkungsgrad.

Beispiel 5.11: Überhitzter Wasserdampf strömt in eine Turbine mit 100 bar und 550 °C. Der Dampf expandiert in der Turbine auf 0,08 bar, das Speisewasser wird mit $h_w = 175\ \frac{\text{kJ}}{\text{kg}}$ in den Dampferzeuger gedrückt.

a) Die Arbeit, der thermische Wirkungsgrad und der Dampfgehalt am Austritt aus der Turbine sind für den Clausius-Rankine-Prozeß zu bestimmen.

b) Der Dampf wird bei 10 bar der Dampfturbine entnommen und isobar auf 500 °C zwischenüberhitzt. Die Arbeit, der thermische Wirkungsgrad des abgewandelten Clausius-Rankine-Prozesses und der Dampfgehalt am Austritt aus der Turbine sind zu bestimmen.

Die Enthalpien und die Dampfgehalte werden dem Diagramm entnommen. Bezeichnungen dieses Beispiels nach **(B 5.20)**.

[1] Studie für ein BRC-Kraftwerk der Deutschen Babcock Werke AG und Interatom (1988)

$h_1 = 3502\,\frac{\text{kJ}}{\text{kg}}$

$h_2 = 2860\,\frac{\text{kJ}}{\text{kg}}$

$h_3 = 3479\,\frac{\text{kJ}}{\text{kg}}$

$h_4 = 2429\,\frac{\text{kJ}}{\text{kg}}$

$h_5 = 2115\,\frac{\text{kJ}}{\text{kg}}$

$x_4 = 0{,}938$

$x_5 = 0{,}806$

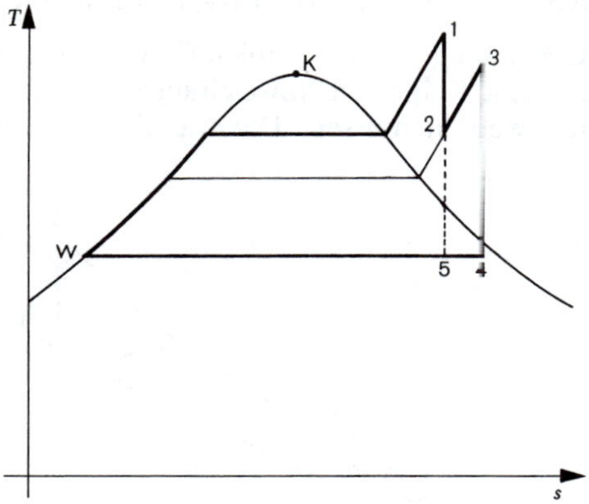

B 5.20 Zwischenüberhitzung im T,s-Diagramm

Zu a: $w^*_{c/r} = -(h_1 - h_5) = -\left(3502\,\frac{\text{kJ}}{\text{kg}} - 2115\,\frac{\text{kJ}}{\text{kg}}\right) = \underline{-1387\,\frac{\text{kJ}}{\text{kg}}}$

$$\eta^*_{th} = \frac{h_1 - h_5}{h_1 - h_w} = \frac{3502\,\frac{\text{kJ}}{\text{kg}} - 2115\,\frac{\text{kJ}}{\text{kg}}}{3502\,\frac{\text{kJ}}{\text{kg}} - 175\,\frac{\text{kJ}}{\text{kg}}} = \underline{0{,}417} \qquad x_5 = \underline{0{,}806}$$

Zu b: $w^*_{c/r\,Z} = -(h_1 - h_2 + h_3 - h_4) = -\,(3502 - 2860 + 3479 - 2429)\,\frac{\text{kJ}}{\text{kg}} = \underline{-1692\,\frac{\text{kJ}}{\text{kg}}}$

$$\eta^*_{th\,Z} = \frac{h_1 - h_2 + h_3 - h_4}{h_1 - h_w + h_3 - h_2} = \frac{(3502 - 2860 + 3479 - 2429)\,\frac{\text{kJ}}{\text{kg}}}{(3502 - 175 + 3479 - 2860)\,\frac{\text{kJ}}{\text{kg}}} = \underline{0{,}429}$$

In der obigen Gleichung ist $h_3 - h_2$ der Aufwand bei Zwischenüberhitzungen von 2 nach 3.

$x_4 = \underline{0{,}938}$

Bei diesem Clausius-Rankine-Prozeß mit Zwischenüberhitzung ist die Arbeit des Kreisprozesses merklich größer als beim einfachen Clausius-Rankine-Prozeß, jedoch ist der thermische Wirkungsgrad mit der Zwischenüberhitzung nur unwesentlich gestiegen, da mit dem größeren Nutzen auch der Aufwand gewachsen ist. Entscheidend größer wurde durch die Zwischenüberhitzung der Dampfgehalt im Naßdampf am Austritt der Turbine. Der Dampfgehalt x_4 ist ohne Bedenken zuzulassen, besonders wenn man berücksichtigt, daß durch die Reibungsverluste in der wirklichen Maschine bei konstantem Austrittsdruck die Austrittsenthalpie und damit auch der Dampfgehalt wachsen.

Aufgabe 5.12: Überhitzter Wasserdampf strömt in eine Turbine mit 80 bar und 580 °C. Auf welche Temperatur ist der Dampf bei 5 bar mindestens isobar zwischen Hoch- und Niederdruckteil zu erwärmen, damit am Austritt aus der Turbine der Dampfgehalt bei 0,1 bar 0,95 $\frac{\text{kg Dampf}}{\text{kg Naßdampf}}$ nicht unterschreitet?

5.3.5 Der wirkliche Prozeß in Dampfkraftanlagen

Gegenüber dem reversiblen Clausius-Rankine-Prozeß treten in den ausgeführten Anlagen eine Reihe von Abweichungen auf, die bei der Berechnung des Prozesses berücksichtigt werden müssen. Die wichtigsten Abweichungen sind: die Reibungsverluste und Wärmeverluste in den Rohrleitungen, bei den Kolbenmaschinen die Drosselverluste, die Wandverluste, sowie die Verluste durch unvollständige Expansion und bei den Turbinen die Strömungsverluste.

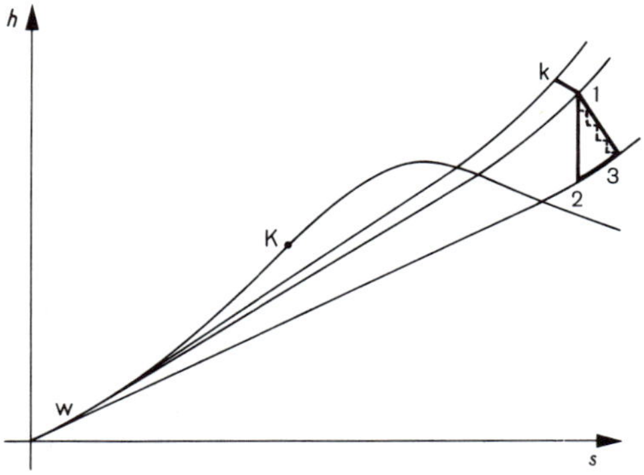

B 5.21 Mit Verlusten behafteter Clausius-Rankine-Prozeß im h, s-Diagramm

Es wird jedoch weiter mit adiabaten Maschinen gerechnet. Die Verluste lassen sich mit Ausnahme der Drosselverluste durch Wirkungsgrade ausdrücken, die Drosselverluste können durch die mit der Drosselung verbundene Drucksenkung sichtbar gemacht werden **(B 5.21).** In der Zusammenstellung **(B 5.22)** sind alle Wirkungsgrade einer Dampfkraftanlage erfaßt und nicht nur die Wirkungsgrade des mit Verlusten behafteten Clausius-Rankine-Prozesses.

Zusammenstellung der Wirkungsgrade des einfachen Dampfkraft-Prozesses

Der *Kesselwirkungsgrad* ist das Verhältnis der vom Dampf im Dampferzeuger (Dampfkessel) einschließlich Überhitzer aufgenommenen Wärmeleistung $\dot{Q}_d = \dot{m}_\mathrm{d}(h_\mathrm{k} - h_\mathrm{w})$ zu der zugeführten Brennstoffleistung $\dot{Q}_b = \dot{m}_\mathrm{b}\, H_u$ (Feuerungswärmeleistung).

$$\eta_\mathrm{k} = \frac{\dot{Q}_d}{\dot{Q}_b} = \frac{\dot{m}_\mathrm{d}(h_\mathrm{k} - h_\mathrm{w})}{\dot{m}_\mathrm{b}\, H_u} \qquad \textbf{(Gl 5.29)}$$

Dabei sind: $\dot{m}_\mathrm{d}$ = der Dampfmassenstrom
$\dot{m}_\mathrm{b}$ = der Brennstoffmassenstrom

Der *Rohrleitungswirkungsgrad* ist das Verhältnis der der Maschine zugeführten Energie zur im Kessel vom Dampf aufgenommenen Energie. Bei dieser Rechnung wird die der Maschine zugeführte Energie auch auf die Speisewasserenthalpie bezogen.

$$\eta_r = \frac{h_1 - h_\mathrm{w}}{h_\mathrm{k} - h_\mathrm{w}} \qquad \textbf{(Gl 5.30)}$$

Dieser Wirkungsgrad erfaßt nur die Wärmeverluste in der Rohrleitung, durch die die Enthalpie in der Rohrleitung sinkt; nicht dagegen erfaßt er die Drosselverluste in der Rohrleitung, denn bei der Drosselung bleibt die Enthalpie konstant.

Bei dieser zusammenfassenden Berechnung soll der vereinfachte *thermische Wirkungsgrad* benutzt werden. (Gl 5.24b)

$$\eta_{th}^* = \frac{h_1 - h_2}{h_1 - h_\mathrm{w}}$$

B 5.22 Energieflußbild und Wirkungsgrade bei Dampfkraftanlagen

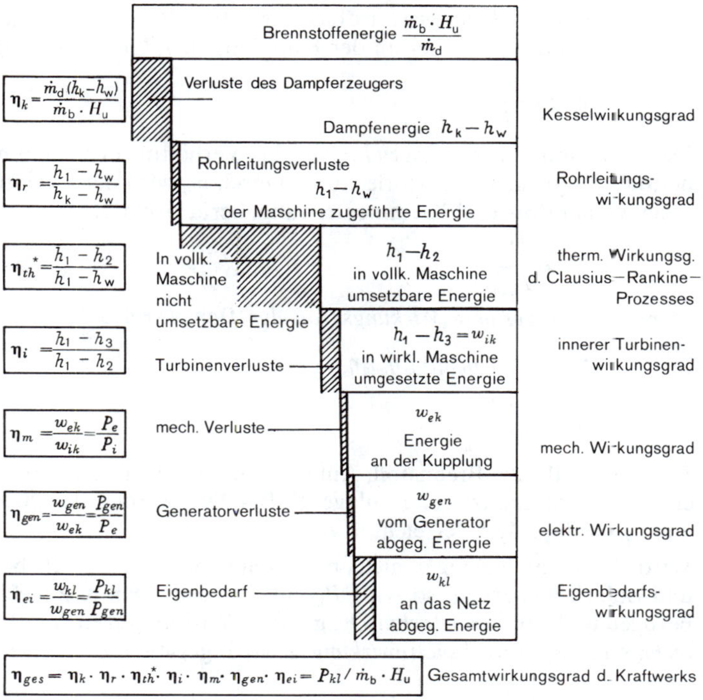

Anmerkungen:

1. Die Gleichungen gelten bei reinem Kraftwerksbetrieb ohne Zwischenüberhitzung oder Anzapfung. Bei Kraft-Wärme-Kopplung sind weitere Korrekturen erforderlich.
2. Die Arbeit der Speisewasserpumpe ist im Eigenbedarf enthalten und daher bei der Bestimmung der Einzelwirkungsgrade nicht berücksichtigt. Diese Berechnungsmethode hat sich wegen der besseren Übersicht eingeführt.
3. Die im Energieflußbild aufgeführten Energien sind auf den Dampfmassenstrom bezogen, z.T. also spezifische, z.T. bezogene Größen.

Bedeutung der Formelzeichen:

$\dot{m}_b$ = Brennstoffmassenstrom
$\dot{m}_d$ = Dampfmassenstrom
h_w = spezifische Enthalpie des Wassers am Dampferzeugereintritt
h_k = spezifische Enthalpie des Dampfes am Dampferzeugeraustritt
h_1 = spezifische Enthalpie des Dampfes am Turbineneingang
h_2 = spezifische Enthalpie des Dampfes nach Turbine bei isentroper Expansion
h_3 = spezifische Enthalpie des Dampfes nach Turbine bei wirkl. Expansion
P_i = innere Leistung
P_e = Kupplungsleistung
P_{gen} = Generatorleistung
P_{kl} = Klemmenleistung am Netz; Kraftwerksnettoleistung
H_u = Heizwert (Definition Abschn. 9.1.1)

Der Aufwand für die Speisewasserpumpe wird im Eigenbedarf berücksichtigt. Dadurch ist der innere Wirkungsgrad der Maschine, das Verhältnis der in der Maschine vom Arbeitsmittel abgegebenen Energie zu der nach dem Clausius-Rankine-Prozeß umsetzbaren Energie, gleich dem *inneren Wirkungsgrad* des Prozesses.

$$\eta_i = \frac{h_1 - h_3}{h_1 - h_2} \qquad \textbf{(Gl 5.31)}$$

Der *mechanische Wirkungsgrad* ist das Verhältnis der an der Kupplung übertragenen Leistung zu der vom Fluid an die Maschine abgegebenen Leistung.

$$\eta_m = \frac{P_e}{P_i} \qquad \textbf{(Gl 5.32)}$$

Dabei sind:

P_i = innere Leistung, die vom Fluid an die Maschine abgegeben wird,
$|P_i| = \dot{m}_d (h_1 - h_3)$ $\qquad$ P_e = Kupplungsleistung.

Der *Generatorwirkungsgrad* ist das Verhältnis der vom Generator abgegebenen elektrischen Leistung P_{gen} zu der an der Kupplung dem Generator zugeführten Leistung.

$$\eta_{gen}=\frac{P_{gen}}{P_e} \qquad \textbf{(Gl 5.33)}$$

Der *Eigenbedarfswirkungsgrad* η_{ei} ist das Verhältnis der Klemmenleistung (Kraftwerksnettoleistung) zur Generatorleistung. Durch η_{ei} wird der Eigenbedarf, die Differenz zwischen Generator- und Klemmenleistung, berücksichtigt.

$$\eta_{ei}=\frac{P_{kl}}{P_{gen}} \qquad \textbf{(Gl 5.34)}$$

Dann ist der *gesamte Wirkungsgrad der Dampfkraftanlage (Kraftwerksnettowirkungsgrad)*

$$\eta_{ges}=\eta_k\eta_r\eta_{th}^*\eta_i\eta_m\eta_{gen}\eta_{ei} \qquad \textbf{(Gl 5.35a)}$$

$$\eta_{ges}=\frac{|P_{kl}|}{\dot{m}_b H_u} \qquad \textbf{(Gl 5.35b)}$$

Je nach Schaltung, Brennstoff, Aufwand für eine Rauchgasentschwefelungs- (REA) oder eine Stickoxidreduzierungsanlage (DENOX) werden Kraftwerksnettowirkungsgrade von $\eta_{ges}=(34\ldots42)\%$ erreicht.

Wird der Dampferzeuger nicht mit Brennstoff beheizt, z.B. bei Abhitzekesseln, Kern- und Solarkraftwerken, so wird P_{kl} auf die dem Dampf zugeführte Wärmeleistung $\dot{Q}_{\mathrm{d}}$ bezogen und der *wärmetechnische* gesamte Wirkungsgrad der Dampfkraftanlage (*wärmetechnischer Kraftwerksnettowirkungsgrad*) angegeben:

$$\eta_{\mathrm{D}}=\frac{|P_{\mathrm{kl}}|}{\dot{Q}_{\mathrm{d}}}=\frac{|P_{\mathrm{kl}}|}{\dot{m}_{\mathrm{d}}\,(h_{\mathrm{k}}-h_{\mathrm{w}})} \qquad \textbf{(Gl 5.35c)}$$

η_{D} ist mit η_{ges} durch den Kesselwirkungsgrad (Gl 5.29) verknüpft:

$$\eta_{\mathrm{ges}}=\eta_{\mathrm{k}}\,\eta_{\mathrm{D}} \qquad \textbf{(Gl 5.35d)}$$

Für den durch Zwischenüberhitzung oder Anzapfvorwärmung verbesserten Clausius-Rankine-Prozeß sind die Wirkungsgrade η_k, η_r, η_{th}^*, η_i sinngemäß einzusetzen.

In diesem Fall ist es zweckmäßig, das Produkt $\eta_{th\,i}^*=(\eta_{th}^*\,\eta_i)$ (Gl 4.8a), d.h. den thermischen Wirkungsgrad des irreversiblen Prozesses, statt der Einzelwirkungsgrade η_{th}^* und η_i anzugeben. Für dieses Produkt ergibt sich z.B. bei einer Dampfkraftanlage mit einfacher Vorwärmung und einstufiger Zwischenüberhitzung **(B 5.23):**

$$\eta_{th\,i}^*=\eta_{th}^*\,\eta_i=\frac{|w_{ic/r}|}{q_{\mathrm{zu}}}=\frac{h_1-h_3+(1-\alpha)(h_4-h_6)}{h_1-h_8+(1-\alpha)(h_4-h_3)} \qquad \textbf{(Gl 5.36)}$$

Die Zustände 3 und 6 ergeben sich aus den inneren Turbinenwirkungsgraden der jeweiligen Turbinenstufe (Gl 4.22):

$$\eta_{i\,\mathrm{T\,(St\,1)}}=\frac{h_1-h_3}{h_1-h_2}$$

$$\eta_{i\,\mathrm{T\,(St\,2)}}=\frac{h_4-h_6}{h_4-h_5}$$

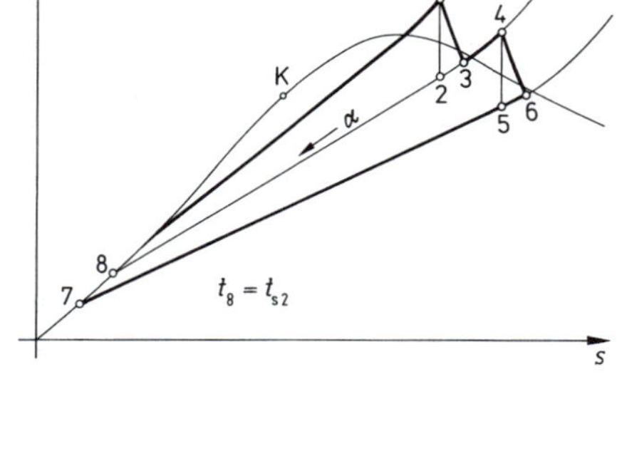

B 5.23 Irreversibler Clausius-Rankine-Prozeß mit einstufiger Vorwärmung und einfacher Zwischenüberhitzung im *h*, *s*-Diagramm

Beispiel 5.12: Eine nach dem einfachen Clausius-Rankine-Prozeß arbeitende Dampfkraftanlage **(B 5.21)** ist zu berechnen. Der Dampf verläßt den Dampferzeuger nach dem Überhitzer mit 100 bar und 540 °C. Wegen der Wärmeverluste und der Reibung in der Rohrleitung tritt der Dampf mit 90 bar und 530 °C in die Turbine ein, die er mit 0,05 bar verläßt. Wirkungsgrade: $\eta_{ik}=0{,}92$; $\eta_i=0{,}86$; $\eta_m=0{,}98$; $\eta_{gen}=0{,}99$; $\eta_{ei}=0{,}93$. Bezugstemperatur $t_b=20$ °C. Das Kondensat tritt im Sättigungszustand aus dem Kondensator aus. Es sind zu bestimmen:

a) der thermische Wirkungsgrad des reversiblen und des irreversiblen Prozesses,
b) die spezifische Arbeit des reversiblen und des irreversiblen Prozesses,
c) der Rohrleitungswirkungsgrad,
d) der für eine Klemmenleistung von 10000 kW bei adiabater Isolierung der Turbine erforderliche Dampfmassenstrom,
e) der für diese Leistung bei einem Heizwert $H_u=31{,}4\,\frac{\text{MJ}}{\text{kg}}$ erforderliche Brennstoffmassenstrom,
f) die Änderung der spezifischen Enthalpie und der spezifischen Exergie in der Rohrleitung,
g) der spezifische Arbeitsverlust der wirklichen Turbine gegenüber dem reversiblen Vergleichsprozeß,
h) der spezifische Exergieverlust in der Turbine,
i) der Gesamtwirkungsgrad (Kraftwerksnettowirkungsgrad).

Die Bezeichnungen nach **(B 5.21).**

Die Enthalpien und die Entropien werden dem h,s-Diagramm (B 5.8) bzw. der Wasserdampftafel (T 5.4) entnommen.

$$h_k=3475\,\frac{\text{kJ}}{\text{kg}} \qquad h_1=3463\,\frac{\text{kJ}}{\text{kg}} \qquad h_2=2060\,\frac{\text{kJ}}{\text{kg}} \qquad h_w=137{,}8\,\frac{\text{kJ}}{\text{kg}}$$

$$s_k=6{,}73\,\frac{\text{kJ}}{\text{kg K}} \qquad s_1=s_2=6{,}76\,\frac{\text{kJ}}{\text{kg K}}$$

$$h_1-h_3=\eta_i(h_1-h_2)=0{,}86\left(3463\,\frac{\text{kJ}}{\text{kg}}-2060\,\frac{\text{kJ}}{\text{kg}}\right)=1207\,\frac{\text{kJ}}{\text{kg}}$$

$$h_3=h_1-(h_1-h_3)=3463\,\frac{\text{kJ}}{\text{kg}}-1207\,\frac{\text{kJ}}{\text{kg}}=2256\,\frac{\text{kJ}}{\text{kg}} \qquad \Big|\; s_3=7{,}41\,\frac{\text{kJ}}{\text{kg K}}$$

Zu a: Thermischer Wirkungsgrad des reversiblen Prozesses (Gl 5.24b):

$$\eta_{th}^*=\frac{h_1-h_2}{h_1-h_w}=\frac{3463\,\frac{\text{kJ}}{\text{kg}}-2060\,\frac{\text{kJ}}{\text{kg}}}{3463\,\frac{\text{kJ}}{\text{kg}}-137{,}8\,\frac{\text{kJ}}{\text{kg}}}=\underline{0{,}422}$$

Thermischer Wirkungsgrad des irreversiblen Prozesses (Gl 5.36):

$$\eta_{th\,i}^*=\eta_{th}^*\,\eta_i=0{,}422\cdot 0{,}86=\underline{0{,}363}$$

Zu b: Spezifische Arbeit des reversiblen Clausius-Rankine-Prozesses (Gl 5.23b):

$$w_{c/r}^*=-(h_1-h_2)=-\left(3463\,\frac{\text{kJ}}{\text{kg}}-2060\,\frac{\text{kJ}}{\text{kg}}\right)=-1403\,\frac{\text{kJ}}{\text{kg}}$$

Spezifische Arbeit des irreversiblen Prozesses

$$w_{ic/r}^*=-(h_1-h_3)=-(3463-2256)\,\frac{\text{kJ}}{\text{kg}}=\underline{-1207\,\frac{\text{kJ}}{\text{kg}}}$$

Zu c: Rohrleitungswirkungsgrad (Gl 5.30):

$$\eta_r = \frac{h_1 - h_w}{h_k - h_w} = \frac{3463\,\frac{\text{kJ}}{\text{kg}} - 137{,}8\,\frac{\text{kJ}}{\text{kg}}}{3475\,\frac{\text{kJ}}{\text{kg}} - 137{,}8\,\frac{\text{kJ}}{\text{kg}}} = \underline{0{,}996}$$

Zu d: Die innere Arbeit ist bei adiabater Isolierung der Turbine $W_{ik} = -(H_1 - H_3)$. Also ist die innere Leistung $P_i = -\dot{m}_d(h_1 - h_3)$.

Die Klemmleistung ist $P_{kl} = P_i\,\eta_m\,\eta_{gen}\,\eta_{ei} = -\dot{m}_d(h_1 - h_3)\,\eta_m\,\eta_{gen}\,\eta_{ei}$.

Daraus wird der Dampfmassenstrom berechnet

$$\dot{m}_d = \frac{-P_{kl}}{(h_1 - h_3)\,\eta_m\,\eta_{gen}\,\eta_{ei}} = \frac{-(-10000\text{ kW})\,3{,}6\cdot 10^3\,\frac{\text{kJ}}{\text{kW h}}}{1207\,\frac{\text{kJ}}{\text{kg}}\,0{,}98\cdot 0{,}99\cdot 0{,}93} = \underline{33056\,\frac{\text{kg}}{\text{h}}}$$

Zu e: Der Brennstoffmassenstrom ist (Gl 5.29)

$$\dot{m}_b = \frac{\dot{m}_d(h_k - h_w)}{\eta_k H_u} = \frac{33056\,\frac{\text{kg}}{\text{h}}\left(3475\,\frac{\text{kJ}}{\text{kg}} - 137{,}8\,\frac{\text{kJ}}{\text{kg}}\right)}{0{,}92\cdot 31400\,\frac{\text{kJ}}{\text{kg}}} = \underline{3819\,\frac{\text{kg}}{\text{h}}}$$

Zu f: Die Änderung der spezifischen Enthalpie in der Rohrleitung ist

$$h_k - h_1 = 3475\,\frac{\text{kJ}}{\text{kg}} - 3463\,\frac{\text{kJ}}{\text{kg}} = \underline{12\,\frac{\text{kJ}}{\text{kg}}}$$

Die Differenz der spezifischen Exergien in der Rohrleitung ist (Gl 3.37, Änderung der kinetischen und potentiellen Energie vernachlässigt)

$$e_k - e_1 = h_k - h_1 + T_b(s_1 - s_k) = 12\,\frac{\text{kJ}}{\text{kg}} + 293\text{ K}\,(6{,}76 - 6{,}73)\,\frac{\text{kJ}}{\text{kg K}} = \underline{20{,}8\,\frac{\text{kJ}}{\text{kg}}}$$

Dies ist auch gleich der Summe aus dem Exergieverlust durch die Reibung und dem Betrag der Exergie der abgeführten Wärme in der Rohrleitung, denn für $w_{ik1} = 0$ wird (Gl 3.46, Änderung der kinetischen und potentiellen Exergie vernachlässigt)

$$e_{vk1} + |e_{qk1}| = e_k - e_1\,.$$

Zu g: Der spezifische Arbeitsverlust in der Turbine ist

$$(h_1 - h_2) - (h_1 - h_3) = h_3 - h_2 = (2256 - 2060)\,\frac{\text{kJ}}{\text{kg}} = \underline{196\,\frac{\text{kJ}}{\text{kg}}}$$

Zu h: Der spezifische Exergieverlust in der adiabaten Turbine ist (Gl 3.48)

$$e_{v13} = T_b(s_3 - s_1) = 293\text{ K}\,(7{,}41 - 6{,}76)\,\frac{\text{kJ}}{\text{kg K}} = \underline{190{,}5\,\frac{\text{kJ}}{\text{kg}}}$$

Zu i: Gesamtwirkungsgrad (Gl 5.35a):

$$\eta_{ges} = \eta_k\,\eta_r\,\eta_{th}^*\,\eta_i\,\eta_m\,\eta_{gen}\,\eta_{ei} = 0{,}92\cdot 0{,}996\cdot 0{,}363\cdot 0{,}98\cdot 0{,}99\cdot 0{,}93 = \underline{0{,}300}$$

Dieses Zahlenbeispiel zeigt, daß der Exergieverlust kleiner ist als der spezifische Arbeitsverlust. Durch die den Arbeitsverlust verursachende Dissipation ist die Temperatur des Dampfes am Austritt aus der Turbine höher als bei isentroper Entspannung, wodurch der Dampf eine höhere Exergie am Austritt und damit einen kleineren Exergieverlust hat.

Aufgabe 5.13: Dampf verläßt den Dampferzeuger mit 40 bar und 350 °C. Bei einem Rohrleitungswirkungsgrad von $\eta_r = 0{,}99$ kommt der Dampf mit 35 bar zur Turbine. Für den Dampfeintrittszustand sind die Temperatur, die spezifische Enthalpie und die spezifische Entropie zu bestimmen. Enthalpie des Speisewassers 200 kJ/kg.

Aufgabe 5.14: In eine Turbine strömt Dampf mit 80 bar und 520 °C, er verläßt die Turbine als Naßdampf mit 0,14 bar und $x = 0{,}88$. Die Wirkungsgrade $\eta_k = 0{,}87$; $\eta_r = 0{,}97$; $\eta_m = 0{,}95$; $\eta_{gen} = 0{,}95$; $\eta_{ei} = 0{,}92$ sind bekannt. Zu bestimmen sind:

a) der thermische Wirkungsgrad für $h_w = 220$ kJ/kg,

b) die Klemmenleistung bei einem Brennstoffverbrauch von 15760 kg/h und einem Heizwert von 14,23 MJ/kg.

Aufgabe 5.15: In einer Dampfkraftanlage mit einstufiger Vorwärmung und einfacher Zwischenüberhitzung (ähnlich **B 5.23**) wird Wasserdampf mit 200 bar, 600 °C einer adiabaten Turbine zugeleitet und in der 1. Turbinenstufe irreversibel auf 4 bar, Sattdampfzustand entspannt. In diesem Zustand werden 5% Dampf zur Anzapfvorwärmung des Speisewassers entnommen und – nach Kondensation – hinter dem Vorwärmer in den Speisewasserkreislauf eingepumpt. Das Kondensat verläßt den Vorwärmer im Siedezustand.

Der übrige Dampf wird auf 400 °C zwischenüberhitzt und anschließend in der 2. Stufe der Turbine irreversibel auf 0,04 bar, 2% Dampfnässe entspannt.

Es ist der thermische Wirkungsgrad des irreversiblen Prozesses $\eta_{th\,i}^* = \eta_{th}^* \eta_i$ zu ermitteln.

Aufgabe 5.16: In einem Dampferzeuger werden 1000 t/h Wasserdampf von 160 bar, 550 °C (Dampferzeugeraustritt) erzeugt. Infolge von Druck- und Wärmeverlusten in der Rohrleitung steht der Dampf am Turbineneintritt mit 140 bar, 520 °C zur Verfügung. In einer Gegendruckturbine expandiert der Dampf auf 4 bar; bei 40 bar und 10 bar wird Dampf zur Anzapfvorwärmung entnommen. Der innere Wirkungsgrad je Turbinenstufe beträgt 85%.

Weitere Wirkungsgrade sind:

$$\eta_m = 96\%, \qquad \eta_{gen} = 99\%, \qquad \eta_{ei} = 95\%$$

In den Vorwärmern wird das Kesselspeisewasser jeweils auf die Sättigungstemperatur des Anzapfdampfes vorgewärmt; das jeweils austretende Kondensat wird mit Sättigungstemperatur dem Speisewasser nach der Vorwärmung mittels Pumpen wieder zugeführt.

Wie groß ist die Klemmenleistung in MW?

5.4 Kombiniertes Gas-Dampf-Kraftwerk (GUD-Prozeß)

5.4.1 Zweck der Kombination

Im kombinierten Gas-Dampf-Kraftwerk wird die hohe Temperatur, die nach der Verbrennung von Brennstoffen zur Verfügung steht, zunächst in einer nach dem Joule-Prozeß arbeitenden offenen Gasturbinenanlage *(GTA)* genutzt.

Anschließend wird das heiße Turbinenabgas, das bei Verwendung von Heizöl oder Erdgas noch einen Sauerstoffgehalt von ca. 16% besitzt, einer Dampfkraftanlage *(DKA)* zugeführt.

B 5.24 zeigt die schematische Darstellung eines kombinierten Gas-Dampf-Kraftwerks. Für diese Schaltung wird auch die Bezeichnung *GUD-Prozeß* verwendet. Ohne Brennstoffzufuhr zur Dampfkraftanlage handelt es sich um eine Anlage mit Abhitzdampferzeuger, in dem nur die noch verfügbare Turbinenabgasenthalpie (Abgastemperatur ca. 500 °C) genutzt wird. Durch Brennstoffzufuhr in der Dampfkraftanlage kann die Verbrennungsgastemperatur erhöht werden (z.B. auf 800 °C), wobei das Turbinenabgas den zur Verbrennung erforderlichen Sauerstoff liefert. Soll in dem Dampfkraftprozeß ein möglichst hoher Energieumsatz stattfinden, so muß dem Dampferzeuger bei erhöhter Brennstoffzufuhr auch zusätzlich Verbrennungsluft zugeführt werden.

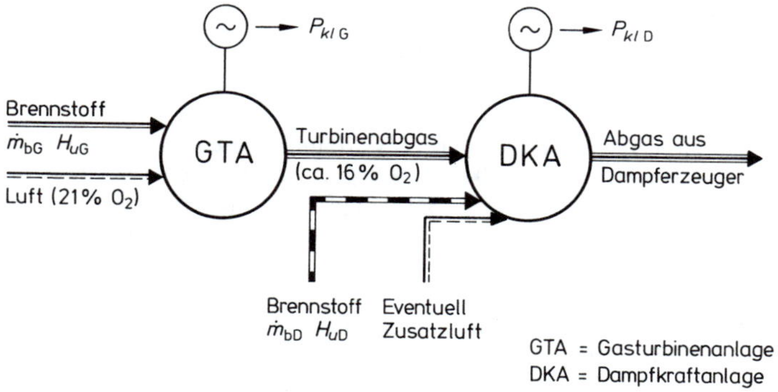

B 5.24 Schema eines kombinierten Gas-Dampf-Kraftwerkes mit Zusatzfeuerung (GUD-Prozeß)

5.4.2 Grundschaltung des Gas-Dampf-Kraftwerkes

Es sind unterschiedliche Kombinationen der Gas-Dampf-Kraftwerke möglich. Bei der einfachsten Schaltung wird das Turbinenabgas in einem Dampferzeuger auf niedrige Temperatur gekühlt und die dabei abgegebenen Wärme zur Dampferzeugung verwendet, u.U. wird Zusatzbrennstoff zugeführt **(B 5.25).** Es handelt sich um die Hintereinanderschaltung eines Joule- und eines Clausius-Rankine-Prozesses mit folgender Arbeitsweise:

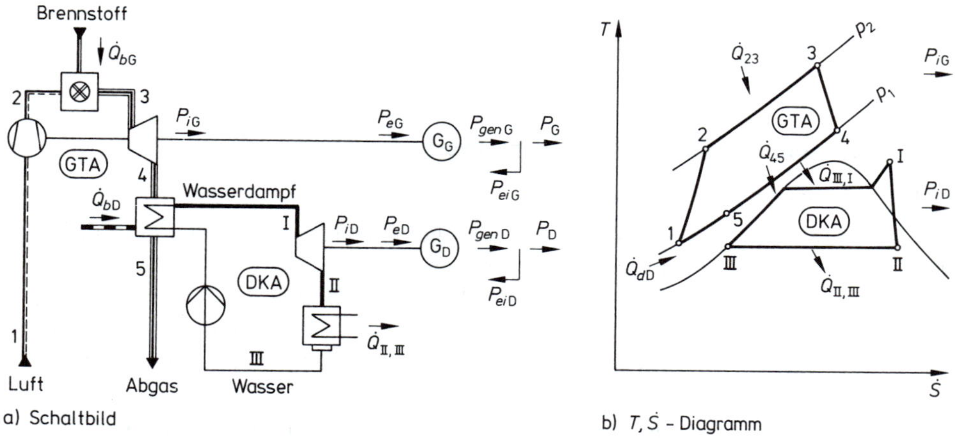

B 5.25 Schaltbild und $T, \dot{S}$-Diagramm eines GUD-Prozesses

Die mit Umgebungstemperatur angesaugte Luft (1) wird adiabat verdichtet (2) und anschließend durch gasförmigen oder flüssigen Brennstoff in der Brennkammer isobar, z.B. auf 1100 °C, erwärmt (3), wobei wir die zugeführte *Brennstoffleistung* ($\dot{Q}_{bG} = \dot{m}_{bG} H_{uG} = \dot{Q}_{23}$) als zugeführte Wärmeleistung betrachten wollen (vgl. Abschn. 4.2.2). Das Abgas wird in der adiabaten Gasturbine irreversibel auf Umgebungsdruck entspannt (4) und gibt dabei die innere Leistung P_{iT34} an die Turbinenwelle ab. P_{iT34} ist teils zum Antrieb des Verdichters (P_{iV12}) erforderlich, der übrige Betrag wird als innere Nutzleistung der Gasturbinenanlage (P_{iG}) abgegeben. Nach Abzug der mechanischen Verluste, des Generatorverlustes und des Eigenbedarfs verbleibt die Nettoleistung P_G.

Das Abgas der Gasturbine – mit z.B. 550 °C – wird isobar in einem Dampferzeuger gekühlt (5). Dabei gibt es die Wärmeleistung $|\dot{Q}_{45}|$ ab. Bei vernachlässigten Verlusten wird $\dot{Q}_{45}$ an den Wasser-Dampf-Kreislauf übertragen. Bei Zusatzfeuerung kommt die aus der Verbrennung herrührende Nutzwärmeleistung $\dot{Q}_{dD}$ hinzu. Beide Wärmeleistungen summieren sich zu der im Dampferzeuger gesamt genutzten Wärmeleistung:

$$\dot{Q}_{\mathrm{III,I}} = |\dot{Q}_{45}| + \dot{Q}_{dD}$$

Das Abgas wird im Zustand 5 in die Umgebung geleitet. Bei Kühlung des Turbinenabgases bis auf Umgebungstemperatur könnte im Grenzfall $|\dot{Q}_{41}|$ genutzt werden. Der Aufwand für eine eventuelle Zusatzfeuerung ist die Brennstoffleistung $\dot{Q}_{bD}$. Beides zusammen wird als aufgewandte Wärmeleistung betrachtet und damit der Ausnutzungsgrad η_a definiert:

$$\eta_a = \frac{\dot{Q}_{\mathrm{III,I}}}{|\dot{Q}_{41}| + \dot{Q}_{bD}} = \frac{|\dot{Q}_{45}| + \dot{Q}_{dD}}{|\dot{Q}_{41}| + \dot{Q}_{bD}} \qquad \textbf{(Gl 5.37)}$$

Je niedriger t_5 ist, um so besser wird η_a. Zusatzfeuerung verbessert η_a in Richtung auf den in der Regel höheren Kesselwirkungsgrad η_k (Gl 5.29)[1]. Praktisch erreichbar ist $\eta_a = 0{,}7 \ldots 0{,}8$.

Bei Zusatzfeuerung im Dampferzeuger wird das *Verhältnis der Brennstoffleistungen* in der Gasturbinen- und Dampfkraftanlage definiert als

$$\beta = \frac{\dot{Q}_{bD}}{\dot{Q}_{bG}} = \frac{\dot{m}_{bD} H_{uD}}{\dot{m}_{bG} H_{uG}} \qquad \textbf{(Gl 5.38)}$$

Geringe Zusatzfeuerung wird vorgesehen, wenn die Abgastemperatur der Gasturbine zu niedrig ist, um die in der Dampfkraftanlage gewünschte Frischdampftemperatur zu erreichen; z.B. kann mit $\beta = 0{,}3$ die Abgastemperatur um ca. (200 … 300) K angehoben werden. Die maximalen Werte für die Zusatzfeuerung liegen bei $\beta = 2 \ldots 3$. Bei größerer Zusatzfeuerung reicht der im Turbinenabgas enthaltene Sauerstoff nicht aus, so daß dann im Dampferzeuger zusätzlich Verbrennungsluft zugeführt werden muß.

Als Dampfkraftprozeß wird hier ein einfacher Clausius-Rankine-Prozeß ohne Vorwärmung und ohne Zwischenüberhitzung betrachtet, wobei wir die Antriebsleistung der Speisewasserpumpe – wie üblich – im Eigenbedarf berücksichtigen wollen. Wir verzichten aber zur Vereinfachung der Gln auf den hochgestellten Index * (Gln 5.23b und 5.24b). Die Dampfkraftanlage gibt als Nutzleistung die innere Leistung $P_{iD} = P_{i\,\mathrm{I,II}}$ an die Turbinenwelle ab. Nach Abzug der mechanischen Verluste, des Generatorverlustes und des Eigenbedarfs verbleibt die Nettoleistung P_D.

[1] Beim Vergleich von η_a nach Gl 5.37 und η_k nach Gl 5.29 ist zu beachten, daß die Massenströme $\dot{m}_d$ und $\dot{m}_b$ in beiden Fällen unterschiedlich sind.

Die gesamte an das Netz abgegebene *Kraftwerksnettoleistung (Klemmenleistung) des GUD-Prozesses* ist

$$P_{\mathrm{GUD}} = P_{\mathrm{G}} + P_{\mathrm{D}} \qquad \textbf{(Gl 5.39a)}$$

Entsprechend gilt für die gesamte *innere Leistung*

$$P_{i\,\mathrm{GUD}} = P_{i\mathrm{G}} + P_{i\mathrm{D}} \qquad \textbf{(Gl 5.39b)}$$

oder, falls *reversible Prozesse* untersucht werden sollen,

$$P_{k\,\mathrm{GUD}} = P_{j} + P_{c/r} \qquad \textbf{(Gl 5.39c)}$$

5.4.3 Wirkungsgrade beim Gas-Dampf-Kraftwerk

Der *Gesamtwirkungsgrad eines GUD-Kraftwerks* ist

$$\eta_{\mathrm{GUD}} = \frac{|P_{\mathrm{GUD}}|}{\dot{Q}_{b\mathrm{G}} + \dot{Q}_{b\mathrm{D}}} = \frac{|P_{\mathrm{G}}| + |P_{\mathrm{D}}|}{\dot{m}_{\mathrm{bG}} H_{u\mathrm{G}} + \dot{m}_{\mathrm{bD}} H_{u\mathrm{D}}} \qquad \textbf{(Gl 5.40)}$$

In Gl 5.40 sind alle Verluste berücksichtigt.

Aus der Verknüpfung des Wirkungsgrades des GUD-Prozesses mit denen eines bezüglich der Schaltung, der Temperaturen und somit der Einzelwirkungsgrade vergleichbaren, aber jeweils für sich betriebenen Gasturbinen- und Dampfkraft-Prozesses lassen sich die Verbesserungen durch die Prozeßkopplung erkennen. Wir führen in Gl 5.40 den Gesamtwirkungsgrad des Gasturbinenprozesses ein:

$$\eta_{\mathrm{G}} = \frac{|P_{\mathrm{G}}|}{\dot{Q}_{b\mathrm{G}}} = \frac{|P_{\mathrm{G}}|}{\dot{m}_{\mathrm{bG}} H_{u\mathrm{G}}} \qquad \textbf{(Gl 5.41)}$$

Den Dampfkraftprozeß wollen wir hier durch den wärmetechnischen Kraftwerksnettowirkungsgrad η_{D} bewerten (Gl 5.35c):

$$\eta_{\mathrm{D}} = \frac{|P_{\mathrm{D}}|}{\dot{Q}_{\mathrm{III,I}}} \qquad \textbf{(Gl 5.42)}$$

Es ist zu beachten, daß η_{D} auf die dem Dampf zugeführte Wärmeleistung bezogen ist, nicht auf die zugeführte Brennstoffleistung. Der im Dampferzeuger auftretende Verlust wird im Ausnutzungsgrad η_a berücksichtigt. Zusammenhang mit dem Gesamtwirkungsgrad des vergleichbaren Dampfkraftprozesses $\eta_{ges\,\mathrm{D}}$ (entspr. Gl 5.35d):

$$\eta_{ges\,\mathrm{D}} = \eta_{\mathrm{a}}\, \eta_{\mathrm{D}} \qquad \textbf{(Gl 5.43)}$$

Wir gehen von Gl 5.40 aus:

$$\eta_{\mathrm{GUD}} = \frac{|P_{\mathrm{G}}| + |P_{\mathrm{D}}|}{\dot{Q}_{b\mathrm{G}} + \dot{Q}_{b\mathrm{D}}} = \frac{|P_{\mathrm{G}}| + |P_{\mathrm{D}}|}{\dot{Q}_{b\mathrm{G}}(1+\beta)} = \frac{1}{1+\beta}\left(\frac{|P_{\mathrm{G}}|}{\dot{Q}_{b\mathrm{G}}} + \frac{|P_{\mathrm{D}}|}{\dot{Q}_{b\mathrm{G}}}\right)$$

Wir ersetzen (Gln 5.42 und 5.37):

$$|P_{\mathrm{D}}| = \eta_{\mathrm{D}}\, \dot{Q}_{\mathrm{III,I}} = \eta_{\mathrm{D}}\, \eta_a (|\dot{Q}_{41}| + \dot{Q}_{b\mathrm{D}})$$

und erhalten mit $|\dot{Q}_{41}| = \dot{Q}_{bG} - |P_{iG}|$ für $\frac{|P_D|}{\dot{Q}_{bG}}$:

$$\frac{|P_D|}{\dot{Q}_{bG}} = \frac{\eta_D \eta_a \dot{Q}_{bG} - \eta_D \eta_a |P_{iG}| + \eta_D \eta_a \dot{Q}_{bD}}{\dot{Q}_{bG}}$$

Für $\frac{P_{iG}}{\dot{Q}_{bG}}$ führen wir nach Gl 4.8a η_{thiG} ein, das wir durch $\eta_G = \eta_{thiG} \eta_{mG} \eta_{genG} \eta_{eiG}$ (nach Gl 5.35a mit $\eta_k = 1$, d.h. verlustfreie Turbinenbrennkammer) ersetzen:

$$\frac{|P_D|}{\dot{Q}_{bG}} = \eta_a \eta_D - \frac{\eta_a \eta_D \eta_G}{\eta_{mG} \eta_{genG} \eta_{eiG}} + \eta_a \eta_D \beta$$

$$\frac{P_D}{\dot{Q}_{bG}} = \eta_a \eta_D \left(1 + \beta - \frac{\eta_G}{\eta_{mG} \eta_{genG} \eta_{eiG}}\right) \qquad \textbf{(Gl 5.44)}$$

Oben eingesetzt ergibt sich für die *Verknüpfung des Gesamtwirkungsgrades des GUD-Prozesses mit denen der Gasturbinen- und Dampfkraftanlage* bei der Schaltung nach B 5.25:

$$\eta_{GUD} = \frac{1}{1+\beta} \left[\eta_G + \eta_a \eta_D (1+\beta) - \frac{\eta_a \eta_D \eta_G}{\eta_{mG} \eta_{genG} \eta_{eiG}}\right]$$

$$\eta_{GUD} = \eta_a \eta_D + \frac{\eta_G}{1+\beta} \left(1 - \frac{\eta_a \eta_D}{\eta_{mG} \eta_{genG} \eta_{eiG}}\right) \qquad \textbf{(Gl 5.45)}$$

Hierin ist η_G der Gesamtwirkungsgrad der Gasturbinenanlage (Gl 5.41), η_D der auf die Wärmeleistung des Dampferzeugers bezogene Wirkungsgrad der vergleichbaren Dampfkraftanlage, d.h. der *wärmetechnische* Kraftwerksnettowirkungsgrad (Gl 5.42 und Gl 5.43).

Ohne Zusatzfeuerung ist $\beta = 0$. Bei reinem Dampfbetrieb ($\beta = \infty$) ergibt sich $\eta_{GUD} = \eta_a \eta_D$; η_a wird zum Kesselwirkungsgrad η_k. Die erreichbaren Werte für η_k sind wegen der hohen Verbrennungstemperaturen jedoch höher als die für η_a.

Bei gas- oder ölbefeuerten GUD-Kraftwerken ohne Zusatzfeuerung werden Gesamtwirkungsgrade bis ca. $\eta_{GUD} = 53\%$ erreicht, bei Zusatzfeuerung mit Erdgas oder Heizöl sind ca. $\eta_{GUD} = 46\%$ erreichbar. Bei GUD-Kraftwerken mit integrierter Kohlevergasung rechnet man mit Wirkungsgraden von ca. $\eta_{GUD} = (42 \ldots 46)\%$.

Das *Verhältnis der Leistungen* der Gasturbinen- zur Dampfkraftanlage P_G/P_D hängt vom Ausnutzungsgrad η_a, von den Wirkungsgraden η_G und η_D, sowie sehr stark auch von β, also von der Größe der Zusatzfeuerung, ab. Mit den Gln 5.41 und 5.44 gilt für die Schaltung nach B 5.25:

$$\frac{P_G}{P_D} = \frac{\eta_G}{\eta_a \eta_D \left(1 + \beta - \frac{\eta_G}{\eta_{mG} \eta_{genG} \eta_{eiG}}\right)} \qquad \textbf{(Gl 5.46)}$$

Übliche Leistungsverhältnisse betragen bei der Schaltung nach B 5.25 für Anlagen ohne Zusatzfeuerung $P_G/P_D \approx 2$, bei maximaler Zusatzfeuerung $P_G/P_D \approx 0{,}2$.

5.4.4 Schaltungsbeispiele

Neben der in Abschn. 5.4.2 näher behandelten Grundschaltung ist eine Vielzahl von Schaltungen ausgeführt oder entworfen worden, von denen nachfolgend einige erläutert werden. Für die verschiedenen Schaltungen wurden z.T. besondere Bezeichnungen vorgeschlagen (B 5.26).

Unter der als *„GUD-Technik"* bezeichneten Schaltung **(B 5.26 a)** wird hier die Verwendung des Turbinenabgases in einem Abhitzedampferzeuger verstanden. Durch die Weiterentwicklung der Gasturbinen (Eintrittstemperatur bis zu 1400 °C) tritt das Turbinenabgas mit so hoher Temperatur (ca. 600 °C, vgl. Abschn. 4.2.4) in den Dampferzeuger ein, daß zur Erzeugung von Heißdampf ausreichender Temperatur eine Zusatzfeuerung nicht erforderlich ist. Als Brennstoff ist nur Gas oder Heizöl möglich. Bei Neuanlagen wird diese Schaltung bevorzugt; die Investitionskosten sind günstig. Das größte europäische kombinierte Gas-Dampf-Kraftwerk nach dieser Schaltung mit P_{GUD} = 1350 MW ist z.Z. (2002) in der Türkei in Betrieb. Bei dieser Schaltung wird der höchstmögliche Gesamtwirkungsgrad erreicht, er beträgt bis zu 60%.

Mit *„Kombi-Technik"* **(B 5.26 b)** wird hier die Schaltung bezeichnet, bei der das Turbinenabgas in einem Dampferzeuger als Sauerstoffträger verwendet wird; oft wird Zusatzluft

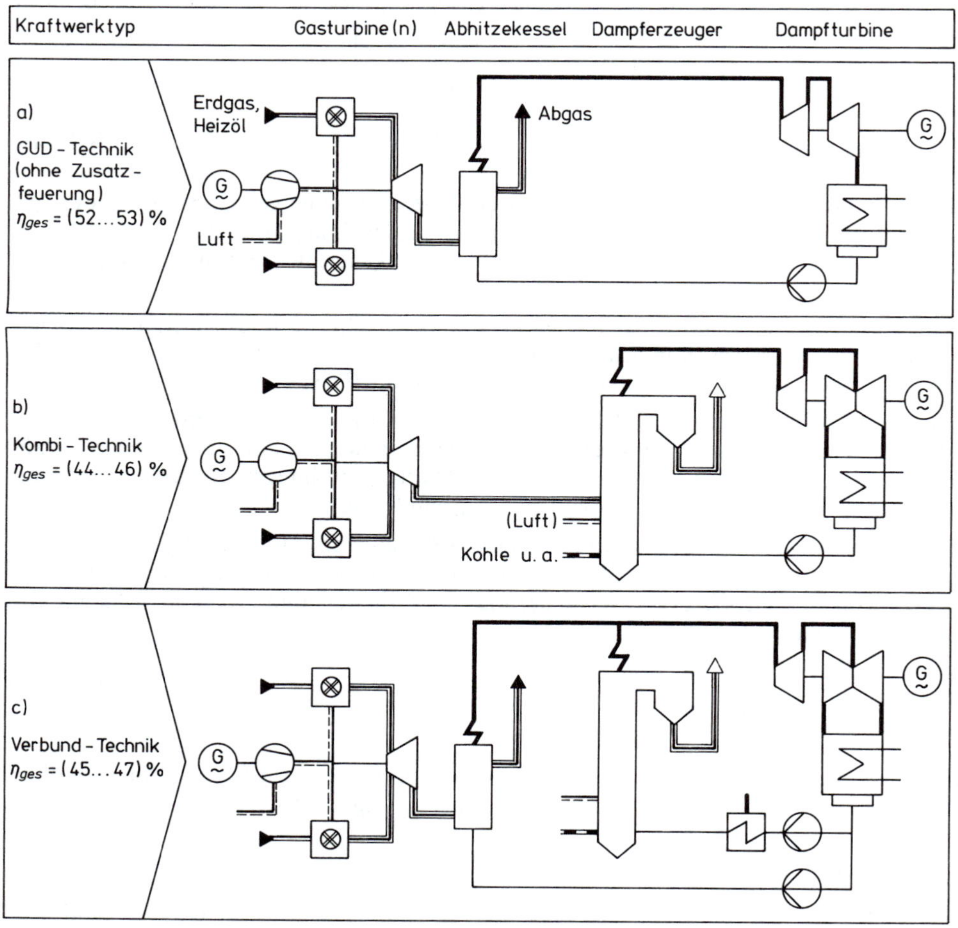

B 5.26 Schaltungsbeispiele von Gas-Dampf-Kraftwerken [23]

zugeführt. Der Dampferzeuger kann mit beliebigem Brennstoff – auch Kohle – befeuert werden. Diese Schaltung wurde anfänglich (um 1970) in Deutschland bevorzugt. Mit ihr werden auch Dampfkraftwerke durch Vorschalten einer Gasturbinenanlage nachgerüstet („*Topping*“-Verfahren). Der erreichbare Gesamtwirkungsgrad beträgt ca. (46...49)%.

Mit „*Verbund-Technik*“ **(B 5.26 c)** wird hier die Parallelschaltung eines Abhitzedampferzeugers, der mit dem Turbinenabgas beschickt wird, und eines mit beliebigem Brennstoff befeuerbaren weitern Dampferzeugers verstanden. Der erreichbare Gesamtwirkungsgrad liegt etwas über dem der Kombi-Technik, d.h. bei ca. (48...50)%.

Da bei der Schaltung nach B 5.26 a nur gasförmiger oder flüssiger Brennstoff eingesetzt werden kann, wird auch an der Weiterentwicklung der *Kohlevergasung* – z.B. bei höherem Druck – im Zusammenhang mit GUD-Prozessen gearbeitet. Das größte in Betrieb befindliche GUD-Kraftwerk mit Kohledruckvergasung erreicht bei einer Kraftwerksnettoleistung von 300 MW einen Gesamtwirkungsgrad von ca. 45%. Mit der weiteren Entwicklung werden Wirkungsgrade von über 50% erwartet.

Einen Vergleich der erreichbaren Nettowirkungsgrade verschiedener Schaltungen mit den Nettowirkungsgraden von herkömmlichen fossil befeuerten Dampfkraftwerken oder Gasturbinenanlagen sowie den Einfluß der Turbineneintrittstemperatur zeigt **B 5.27**.

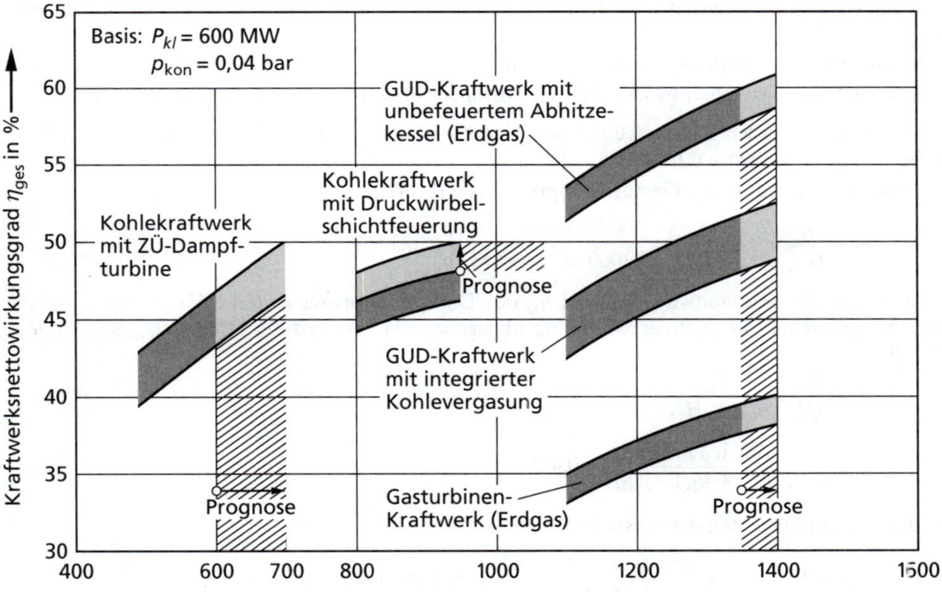

B 5.27 Entwicklung des Nettowirkungsgrades fossilbefeuerter Kraftwerke; Stand 2002 [23]

Auch *geschlossene Gasturbinen*-Prozesse, in denen beliebige – auch feste Brennstoffe – verwendet werden können, wurden im Zusammenhang mit kombinierten Gas- und Dampf-Kraftanlagen thermodynamisch untersucht. Der Erhitzer im Gasturbinen-Prozeß ist jedoch für die angestrebten hohen Temperaturen technisch noch nicht ausgereift. Der erreichbare Wirkungsgrad würde etwa bei Werten wie im GUD-Prozeß liegen.

Weitere Schaltungsvarianten werden nur erwähnt, wie z. B.

- Verwendung des Turbinenabgases zur Speisewasservorwärmung,
- Verwendung des Turbinenabgases zur Verbrennungsluftvorwärmung für den Dampferzeuger,
- Zwei- oder Dreidruck-GUD-Prozeß, bei dem der Dampf bei unterschiedlichen Drükken für den Hoch- und Niederdruckteil der Dampfturbine in unterschiedlichen Wärmeübertragern des Dampferzeugers erzeugt wird, wodurch sich der Wirkungsgrad etwas erhöht,
- Kombinierte Gas-Dampf-Prozesse mit Fernwärmeauskopplung (GUD-Heizkraftwerke), wodurch sich die gesamte Primärenergienutzung auf mehr als 80% erhöhen läßt.

Beispiel 5.13: Eine offene Gasturbinenanlage nach dem Joule-Prozeß mit einer Nettoleistung von 100 MW hat einen Erdgasverbrauch (Normvolumen) von 30000 m^3/h, Heizwert (Normzustand) 37,35 MJ/m^3.

Wirkungsgrade: $\eta_{m\,G}=98\%$ $\eta_{gen\,G}=99\%$ $\eta_{ei\,G}=97\%$

Das Abgas soll in einer nachgeschalteten Dampfkraftanlage verwendet werden, die ohne die Kopplung eine Nettoleistung von 50 MW abgeben würde, wobei der Steinkohlenverbrauch 14,5 t/h betragen würde. Heizwert der Kohle 31 MJ/kg, Kesselwirkungsgrad 92%, Ausnutzungsgrad 70%. Nach der Kopplung sollen 5 t/h Steinkohle als Zusatzfeuerung im Dampferzeuger eingesetzt werden.

a) Welcher Gesamtwirkungsgrad ist zu erwarten?

b) Welches Leistungsverhältnis zwischen Gasturbinen- und Dampfkraftanlage stellt sich ein?

Zu a: Zunächst werden die Wirkungsgrade der Einzelanlagen η_G und η_D sowie das Verhältnis der Brennstoffleistungen β ermittelt.

Gesamtwirkungsgrad η_G des Gasturbinenprozesses (Gl 5.41):

$$\eta_G=\frac{|P_G|}{\dot{Q}_{bG}}=\frac{|P_G|}{\dot{V}_{nG}\,H_{u\,nG}}=\frac{100\text{ MW h m}^3\text{ 3600 s}}{30000\text{ m}^3\text{ 37,35 MJ h}}=0{,}3213$$

Wärmetechnischer Gesamtwirkungsgrad η_D des Dampfkraftprozesses (Gl 5.42), bezogen auf die vom Dampferzeuger *ohne* Prozeßkopplung abgegebene Wärmeleistung $\dot{Q}_d^*=\eta_k\,\dot{Q}_{bD}^*=\eta_k\,\dot{m}_{bD}^*\,H_{u\,D}$ (Gl 5.29):

$$\eta_D=\frac{|P_D|}{\dot{Q}_d^*}=\frac{P_D}{\eta_k\,\dot{m}_{bD}^*\,H_{u\,D}}$$

$$\eta_D=\frac{50\text{ MW h 3600 s kg}}{0{,}92\cdot 14500\text{ kg h 31 MJ}}=0{,}435$$

Mit der Brennstoffleistung der Gasturbinenanlage

$$\dot{Q}_{b\,G}=\dot{V}_{n\,G}\,H_{u\,nG}=\frac{30000\text{ m}^3\text{ h 37,35 MJ}}{\text{h 3600 s m}^3}=311{,}25\text{ MW}$$

und der Brennstoffleistung der Dampfkraftanlage *nach* der Prozeßkopplung

$$\dot{Q}_{b\,D}=\dot{m}_{bD}\,H_{u\,D}=\frac{5000\text{ kg h 31 MJ}}{\text{h 3600 s kg}}=43{,}06\text{ MW}$$

ergibt sich das Brennstoffleistungsverhältnis (Gl 5.38):

$$\beta=\frac{\dot{Q}_{b\,D}}{\dot{Q}_{b\,G}}=\frac{43{,}06\text{ MW}}{311{,}25\text{ MW}}=0{,}1383$$

Damit wird der Gesamtwirkungsgrad des GUD-Prozesses (Gl 5.45):

$$\eta_{\mathrm{GUD}} = \eta_a \eta_{\mathrm{D}} + \frac{\eta_{\mathrm{G}}}{1+\beta}\left(1 - \frac{\eta_a \eta_{\mathrm{D}}}{\eta_{m\mathrm{G}}\, \eta_{gen\,\mathrm{G}}\, \eta_{ei\,\mathrm{G}}}\right)$$

$$\eta_{\mathrm{GUD}} = 0{,}7 \cdot 0{,}435 + \frac{0{,}3213}{1+0{,}1383}\left(1 - \frac{0{,}7 \cdot 0{,}435}{0{,}98 \cdot 0{,}99 \cdot 0{,}97}\right) = \underline{0{,}496}$$

Zu b: Verhältnis der Leistungen (Gl 5.46):

$$\frac{P_{\mathrm{G}}}{P_{\mathrm{D}}} = \frac{\eta_{\mathrm{G}}}{\eta_a \eta_{\mathrm{D}}\left(1+\beta - \dfrac{\eta_{\mathrm{G}}}{\eta_{m\mathrm{G}}\, \eta_{gen\,\mathrm{G}}\, \eta_{ei\,\mathrm{G}}}\right)}$$

$$\frac{P_{\mathrm{G}}}{P_{\mathrm{D}}} = \frac{0{,}3213}{0{,}7 \cdot 0{,}435\left(1+0{,}1383 - \dfrac{0{,}3213}{0{,}98 \cdot 0{,}99 \cdot 0{,}97}\right)} = \underline{1{,}32}$$

Beispiel 5.14: In einem kombinierten Gas-Dampf-Kraftwerk (GUD-Prozeß) beträgt die innere Leistung der Gasturbinenanlage 100 MW.

Der offene Gasturbinenprozeß arbeitet als Joule-Prozeß. Ansaugzustand der Luft 1 bar, 20 °C, Zustand am Verdichteraustritt 8 bar, 300 °C, Temperatur vor der Turbine 900 °C, Temperatur am Turbinenaustritt 450 °C. Das Abgas der Gasturbine wird in einem Abhitzedampferzeuger auf 200 °C abgekühlt; die übertragene Wärme wird dem Dampfkraftprozeß zugeführt.

Die Dampfkraftanlage arbeitet ohne Vorwärmung und ohne Zwischenüberhitzung. Dampfzustand vor der Dampfturbine 40 bar, 350 °C; hinter der Dampfturbine 0,1 bar, $x = 0{,}90$.

Weitere Angaben: Mechanische Verluste 2%, Generatorverlust 1%, Eigenbedarf 8% für jeden der Teilprozesse. Dampfkraftprozeß ohne Rohrleitungsverlust, Speisepumpenleistung im Eigenbedarf. Gasturbinenprozeß mit Luft, spezifische Wärmekapazität bei 0 °C.

Hinweis: Die Erwärmung des Turbinenabgases auf 900 °C durch den Brennstoffenergieumsatz $\dot{m}_{\mathrm{bG}} H_{u\mathrm{G}}$ soll verlustfrei erfolgen.

Es sind zu ermitteln:

a) der Gesamtwirkungsgrad der kombinierten Anlage,

b) die Klemmenleistung der kombinierten Anlage (Kraftwerksnettoleistung),

c) das Verhältnis der Leistungen der Gasturbinen- zur Dampfkraftanlage.

Bezeichnungen nach B 5.25.

Zu a: Aus den Aufgabendaten lassen sich die thermischen Wirkungsgrade der irreversiblen Einzelprozesse $\eta_{th\,i}$ ermitteln (Gl 4.8 a).

$$\eta_{th\,i\,\mathrm{G}} = \frac{|P_{i\mathrm{G}}|}{\dot{Q}_{i\,\mathrm{zu}}} = \frac{Q_{2\,3} + Q_{4\,1}}{Q_{2\,3}}$$

$$\eta_{th\,i\,\mathrm{G}} = \frac{\dot{m}_{\mathrm{L}}\, c_{p\mathrm{L}}(T_3 - T_2 + T_1 - T_4)}{\dot{m}_{\mathrm{L}}\, c_{p\mathrm{L}}(T_3 - T_2)}$$

Da nur Temperaturdifferenzen auftreten, können auch Celsius- statt Kelvin-Temperaturen eingesetzt werden:

$$\eta_{th\,i\,\mathrm{G}} = \frac{(900 - 300 + 20 - 450)\ \mathrm{K}}{(900 - 300)\ \mathrm{K}} = 0{,}2833$$

Für den Dampfkraftprozeß:

$$\eta_{thi\mathrm{D}} = \frac{|P_{i\mathrm{D}}|}{\dot{Q}_{\mathrm{III,I}}} = \frac{h_{\mathrm{I}} - h_{\mathrm{II}}}{h_{\mathrm{I}} - h_{\mathrm{III}}}$$

Hierzu, mit Werten nach T 5.4 und T 5.5:

$$h_{\mathrm{I}} = 3093{,}3 \,\frac{\mathrm{kJ}}{\mathrm{kg}}$$

$$h_{\mathrm{II}} = h'_{\mathrm{II}} + x\,r = (191{,}81 + 0{,}9 \cdot 2392{,}1)\,\frac{\mathrm{kJ}}{\mathrm{kg}} = 2344{,}7\,\frac{\mathrm{kJ}}{\mathrm{kg}}$$

$$h_{\mathrm{III}} = 191{,}81\,\frac{\mathrm{kJ}}{\mathrm{kg}}$$

$$\eta_{thi\mathrm{D}} = \frac{(3093{,}3 - 2344{,}7)\ \mathrm{kJ/kg}}{(3093{,}3 - 191{,}81)\ \mathrm{kJ/kg}} = 0{,}2580$$

Gesamtwirkungsgrad der Gasturbinenanlage (entspr. Gl 5.35 a):

$$\eta_{\mathrm{G}} = \eta_{thi\mathrm{G}}\,\eta_m\,\eta_{gen}\,\eta_{ei} = 0{,}2833 \cdot 0{,}98 \cdot 0{,}99 \cdot 0{,}92 = 0{,}2529$$

Auf die Wärmeleistung des Dampferzeugers bezogener wärmetechnischer Gesamtwirkungsgrad der Dampfkraftanlage (Gl 5.35 d und Gl 5.35 a mit $\eta_{\mathrm{r}} = 1$):

$$\eta_{\mathrm{D}} = \eta_{thi\mathrm{D}}\,\eta_m\,\eta_{gen}\,\eta_{ei} = 0{,}2580 \cdot 0{,}98 \cdot 0{,}99 \cdot 0{,}92 = 0{,}2303$$

Ausnutzungsgrad des Abhitzedampferzeugers (Gl 5.37)

$$\eta_a = \frac{\dot{Q}_{45}}{\dot{Q}_{41}} = \frac{\dot{m}_{\mathrm{L}}\,c_{p\mathrm{L}}(T_5 - T_4)}{\dot{m}_{\mathrm{L}}\,c_{p\mathrm{L}}(T_1 - T_4)} = \frac{(200 - 450)\ \mathrm{K}}{(20 - 450)\ \mathrm{K}} = 0{,}5814$$

Gesamtwirkungsgrad des GUD-Prozesses (Gl 5.45 mit $\beta = 0$):

$$\eta_{\mathrm{GUD}} = \eta_a\,\eta_{\mathrm{D}} + \eta_{\mathrm{G}}\left(1 - \frac{\eta_a\,\eta_{\mathrm{D}}}{\eta_{m\mathrm{G}}\,\eta_{gen\mathrm{G}}\,\eta_{ei\mathrm{G}}}\right)$$

$$\eta_{\mathrm{GUD}} = 0{,}5814 \cdot 0{,}2303 + 0{,}2529\left(1 - \frac{0{,}5814 \cdot 0{,}2303}{0{,}98 \cdot 0{,}99 \cdot 0{,}92}\right) = \underline{0{,}349}$$

Zu b: Dem Gasturbinen-Prozeß zugeführte Brennstoffleistung (entspr. Gl 5.41):

$$\dot{Q}_{b\mathrm{G}} = \frac{|P_{i\mathrm{G}}|}{\eta_{thi\mathrm{G}}} = \frac{100\ \mathrm{MW}}{0{,}2833} = 353{,}0\ \mathrm{MW}$$

Kraftwerksnettoleistung des GUD-Prozesses (Gl 5.40):

$$|P_{\mathrm{GUD}}| = \eta_{\mathrm{GUD}}\,\dot{Q}_{\mathrm{bG}} = 0{,}349 \cdot 353{,}0\ \mathrm{MW} = \underline{123{,}2\ \mathrm{MW}}$$

Zu c: (Gl 5.46 mit $\beta = 0$):

$$\frac{P_{\mathrm{G}}}{P_{\mathrm{D}}} = \frac{\eta_{\mathrm{G}}}{\eta_a\,\eta_{\mathrm{D}}\left(1 - \dfrac{\eta_{\mathrm{G}}}{\eta_{m\mathrm{G}}\,\eta_{gen\mathrm{G}}\,\eta_{ei\mathrm{G}}}\right)} \cdot \frac{\eta_{\mathrm{G}}}{\eta_a\,\eta_{\mathrm{D}}(1 - \eta_{thi\mathrm{G}})}$$

$$\frac{P_{\mathrm{G}}}{P_{\mathrm{D}}} = \frac{0{,}2529}{0{,}5814 \cdot 0{,}2303\,(1 - 0{,}2833)} = \underline{2{,}63}$$

Kontrolle nach Gl 5.39 a mit (entspr. Gl 5.35 a):

$$|P_G| = |P_{th\,i\,G}| \cdot \eta_m \, \eta_{gen} \, \eta_{ei} = 100\,\text{MW} \cdot 0{,}98 \cdot 0{,}99 \cdot 0{,}92 = 89{,}3\,\text{MW}$$

$$|P_D| = |P_{GUD}| - |P_G| = (123{,}2 - 89{,}3)\,\text{MW} = 33{,}9\,\text{MW}$$

$$\frac{P_G}{P_D} = \frac{89{,}3\,\text{MW}}{33{,}9\,\text{MW}} = \underline{2{,}63}$$

Aufgabe 5.17: Der Dampfkraftanlage nach Beispiel 5.12 wird eine Gasturbinenanlage als offener Joule-Prozeß mit einem Gesamtwirkungsgrad von 33% vorgeschaltet, wobei das Turbinenabgas einem Abhitzewärmeerzeuger mit 75% Ausnutzungsgrad zugeführt wird. Für die Wirkungsgrade η_m, η_{gen} und η_{ei} der Gasturbinenanlage sollen die gleichen Werte wie bei der Dampfkraftanlage angesetzt werden.

Wie hoch sind der Gesamtwirkungsgrad des GUD-Prozesses und das Leistungsverhältnis der Gasturbinen- zur Dampfkraftanlage

a) ohne Zusatzfeuerung,

b) mit Zusatzfeuerung im Dampferzeuger ($\beta = 0{,}3$)?

Aufgabe 5.18: In einem kombinierten Gas-Dampf-Kraftwerk werden 20000 kg/h Luft mit 1 bar, 10 °C von dem adiabaten Verdichter des Gasturbinen-Prozesses auf 10 bar verdichtet. Innerer (isentroper) Verdichterwirkungsgrad 85%. Die Luft wird anschließend in einer Brennkammer auf 900 °C erwärmt und in einer nachfolgenden adiabaten Turbine auf 1 bar entspannt, innerer (isentroper) Gasturbinenwirkungsgrad 90%.

Das Turbinenabgas wird für den nachgeschalteten Wasserdampf-Prozeß als Sauerstoffträger einem Dampferzeuger zugeführt, in dem ein Normvolumenstrom von 1000 m³/h Erdgas ($H_{un} = 37\,350$ kJ/m³) verfeuert wird. Ausnutzungsgrad 80%.

Der Dampf tritt am Dampferzeuger mit 100 bar, 500 °C aus (= Dampfturbineneintrittszustand, $\eta_r = 100\%$) und wird ohne Zwischenüberhitzung und ohne Anzapfung in einer adiabaten Dampfturbine auf 0,05 bar, Dampfnässe 7% entspannt.

Weitere Wirkungsgrade: $\eta_m = 98\%$, $\eta_{gen} = 99\%$, $\eta_{ei} = 95\%$ (für beide Prozesse gleich).

Bemerkungen: Massen- und Stoffänderungen, Änderung der kin. u. pot. Energie sowie Rohrleitungsverluste im Gasturbinen-Prozeß sind zu vernachlässigen, c_p und $\varkappa$ für Luft bei 0 °C, Pumpenarbeit im Eigenbedarf, keine Kondensatunterkühlung.

Ermitteln Sie:

a) Die Nettoleistung des Gasturbinen-Prozesses,

b) die Nettoleistung des Dampfturbinen-Prozesses,

c) die Kraftwerksnettoleistung des GUD-Prozesses,

d) den Gesamtwirkungsgrad (Kraftwerksnettowirkungsgrad) des GUD-Prozesses.

5.5 Organische Rankine-Prozesse (ORC)

Zur Umwandlung von Wärme mit niedriger Temperatur in mechanische Arbeit eignen sich Wärmekraftanlagen mit organischem Fluid als Arbeitsmedium. Diese Anlagen werden als *ORC-(Organischer Rankine-Cyclus-)Anlagen* bezeichnet. Mögliche Wärmequellen sind Abwärme, Abgas, Abdampf, Solarenergie, geothermische Energie. Der Investitionsaufwand ist hoch, daher sind bisher erst wenige ORC-Anlagen gebaut worden, von deutschen Herstellern z.B. bis 1989 nur 15 Anlagen mit zusammen weniger als 3 MW installierter Leistung. Seit 1990 stagniert die Entwicklung.

5.5.1 Prozeßverlauf

Den Kreisprozeß einer ORC-Anlage zeigt **B 5.28.** Die Einzelvorgänge sind:

1 → 2 Irreversible Expansion des Dampfes in einer adiabaten Expansionsmaschine (Turbine oder Schraubenexpansionsmaschine).

2 → 3 Isobare Kühlung des Dampfes bis annähernd zur Sättigungstemperatur. Die abgegebene Wärme dient zur Vorwärmung der Flüssigkeit.

3 → 4 Restkühlung und Kondensation des Dampfes.

4 → 5 Druckerhöhung in der Pumpe.

5 → 6 Isobare Vorwärmung der Flüssigkeit durch den Dampf.

6 → 1 Erwärmen der Flüssigkeit, Verdampfung und Überhitzung des Dampfes durch Wärmezufuhr von außen.

Der Verlauf ist bis auf die innere Wärmeübertragung (2 → 3 bzw 5 → 6) der gleiche wie beim Clausius-Rankine-Prozeß mit H_2O. Die innere Wärmeübertragung ist zur Wirkungsgradverbesserung notwendig, weil durch die bei vielen Kältemitteln überhängende Sättigungslinie im Entropiediagramm **(B 5.28b)** die Temperatur nach der Expansion (Zustand 2) hoch ist. Trotzdem bleiben die erreichbaren Wirkungsgrade wegen des niedrigen Temperaturniveaus gering (Beispiel 5.15).

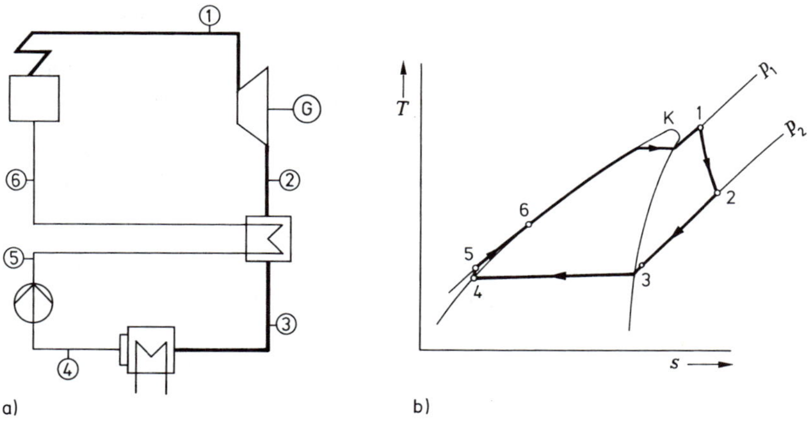

B 5.28 ORC-Anlage. a) Schaltbild; b) *T, s*-Diagramm

5.5.2 Organische Arbeitsmedien

Die maximalen Arbeitstemperaturen in ORC-Prozessen liegen je nach Energiequelle im Bereich von etwa 90 °C (Abwärme) bis 300 °C (Abgas), mit dem Hauptanwendungsbereich bis 200 °C. Für diese Temperaturen eignen sich als Arbeitsmedien organische *Kältemittel*, einige brennbare Stoffe und – als anorganischer Stoff – Ammoniak.

Überwiegend wurde in ORC-Anlagen R 114, seltener R 11 verwendet. Beide Stoffe gehören zu den *Fluorchlorkohlenwasserstoffen (FCKW)*, bei denen *zwei umweltschädigende Effekte* eintreten **(T 5.6)**:

Ozonabbau. Aus technischen Anlagen emittierter FCKW zerfällt und setzt Chlor – bei bromhaltigem FCKW auch Brom – frei, das O_3 (Ozon) zu O_2 umwandelt. Dadurch wird die Ozonschicht in der Stratosphäre, die die Erde gegen UV-Strahlung schützt, abgebaut. Unter den FCKW baut R 11 das Ozon am stärksten ab. Bei Austritt der gleichen Masse eines anderen Kältemittels wird in Relation zu R 11 weniger Ozon abgebaut. Diese Relation wird als *ODP (ozone depletion potential = Ozonabbaupotential)* definiert. Teilhalogenierte H-FCKW (sie enthalten Wasserstoff), z. B. R 22, sind weniger schädlich als vollhalogenierte (ohne Wasserstoff), z. B. R 12.

Treibhauseffekt. Durch FCKW wird, wie auch durch andere Spurengase in der Atmosphäre – vor allem CO_2 –, die von der Erdoberfläche abgegebene Wärmestrahlung verstärkt absorbiert und zurück zur Erde reflektiert, wodurch die Erdtemperatur steigt. Diese Klimawirksamkeit wird als *Treibhauspotential GWP (global warming potential)*, bezogen auf CO_2, angegeben. Der Beitrag des R 11 zum Treibhauseffekt beträgt bei gleicher emittierter Masse gegenüber CO_2 das 3500fache.[1] Für R 11 ist somit $GWP_{R\,11} = 3\,500$. Untereinander werden die Kältemittel durch Bezug auf R 11 verglichen. Diese Relation bezeichnen wir als *HGWP-Wert (Halogen-GWP)*. Daneben wurde der *TEWI-Wert (total equivalent warming impact)* vorgeschlagen, der u.a. auch den indirekten Effekt des CO_2-Ausstoßes beim Energieverbrauch des betreffenden Gerätes während seiner Lebensdauer berücksichtigt.

International soll die Verwendung von FCKW erheblich verringert werden. In Deutschland werden durch die FCKW-Halon-Verbots-Verordnung vom 6. 5. 1991 nach einer inzwischen abgelaufenen Übergangsfrist nur noch chlor- und bromfreie Kältemittel eingesetzt. Die längste Frist galt für R 22, das ab dem Jahr 2000 in Neuanlagen nicht mehr zulässig ist.

In den letzten Jahren wurden Substitutionsprodukte für FCKW entwickelt, z.B. R 134a als Ersatz für R 12. R 407C ist für bestimmte Anwendungen als Ersatz für R 22 geeignet. Die Dampfdruckkurven der FCKW und ihrer Substitute sind vergleichbar **(B 5.31).** Bei dem Dreistoffgemisch R 407C steigt jedoch beim isobaren Verdampfen die Temperatur um ca. 7 K: „Temperatur-Gleit" (B 5.30).

T 5.6 Umwelt-Gefährdungspotential einiger Kältemittel [33]

Kältemittel	Chemische Formel	Ozonabbaupotential (bezogen auf R 11) *ODP*	Treibhauspotential (bezogen auf R 11)* *HGWP*
R 11	CCl_3F	1,0	1,0
R 12	CCl_2F_2	0,9	3,0
R 22	$HCClF_2$	0,055	0,33
R 114	$C_2Cl_2F_4$	0,85	7,1
R 134a	CH_2FCF_3	0	0,3
R 407C	$CH_2F_2/CHF_2CF_3/CH_2FCF_3$	0	0,36

* Bezogen auf die gleiche Masse emittiertes CO_2, integriert für einen Zeitraum von 100 Jahren, ist R 11 mit $GWP = 3\,500$, bei 500 Jahren mit $GWP = 1\,500$ zu bewerten, die anderen Kältemittel entsprechend. Die Tabellenwerte gelten für den Zeitraum von 500 Jahren.

Wie beim H_2O sind auch für die organischen Arbeitsmittel Zustandsgleichungen aufgestellt worden. Die daraus gewonnenen Stoffwerte sind in Tabellen und Diagrammen darstellbar. Als Beispiel sind für R 134a und für R 407C die *h*, lg *p*-Diagramme **(B 5.29** und **B 5.30)** wiedergegeben. Bei Verwendung unterschiedlicher Tabellenwerke ist der jeweils festgelegte Nullpunkt zu beachten!

[1] Der Wert gilt für einen integrierten Zeitraum von 100 Jahren. Für 500 Jahre gilt $GWP_{R\,11} = 1\,500$, da die Stoffe sich zeitlich unterschiedlich abbauen.

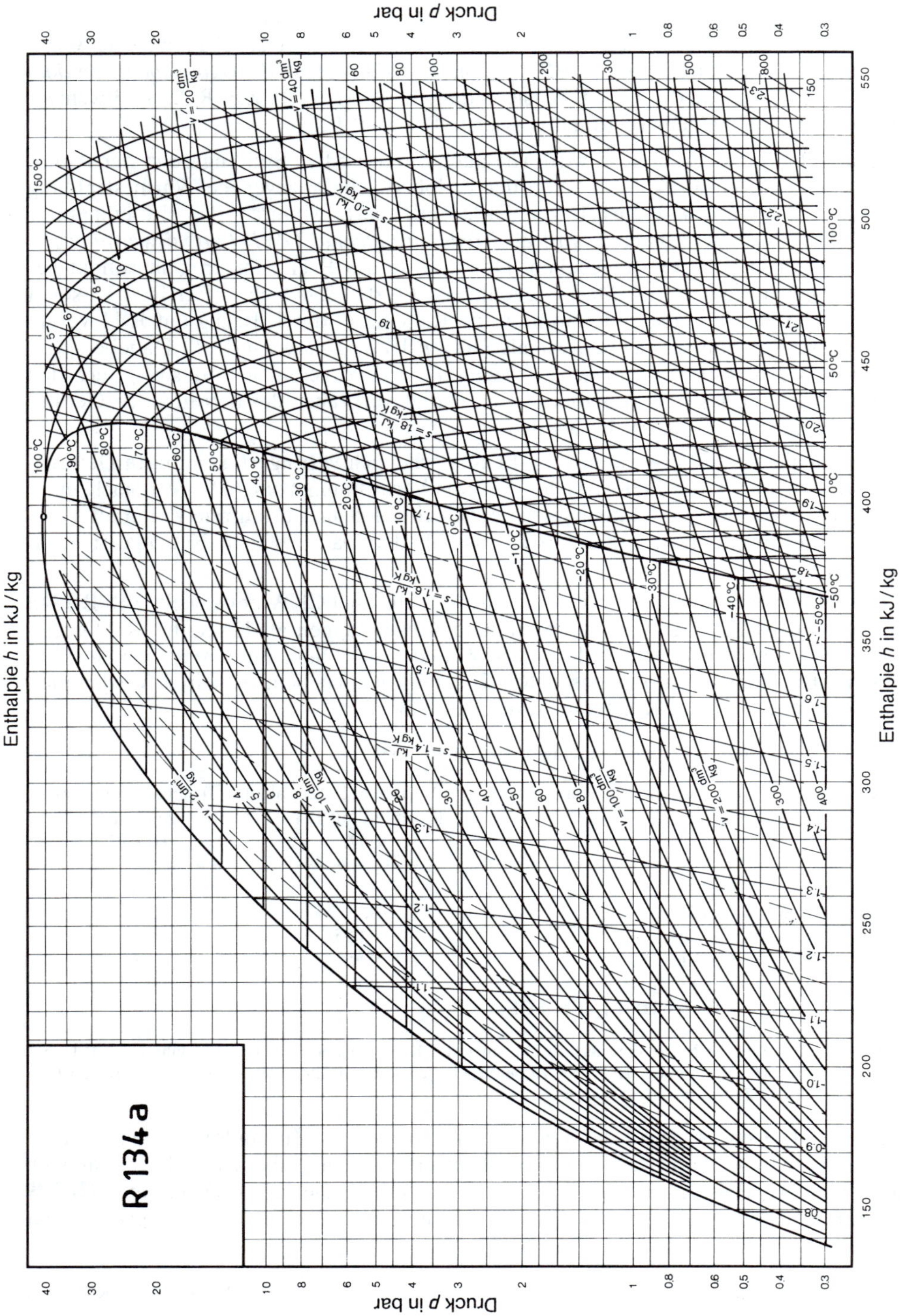

B 5.29 h, lg p-Diagramm für das Kältemittel R 134 a ($CF_3 - CH_2F$). Erstellt nach der Zustandsgleichung von *Rombusch*, $h' = 200$ kJ/kg und $s' = 1$ kJ/kg K bei $t = 0$ °C [22]

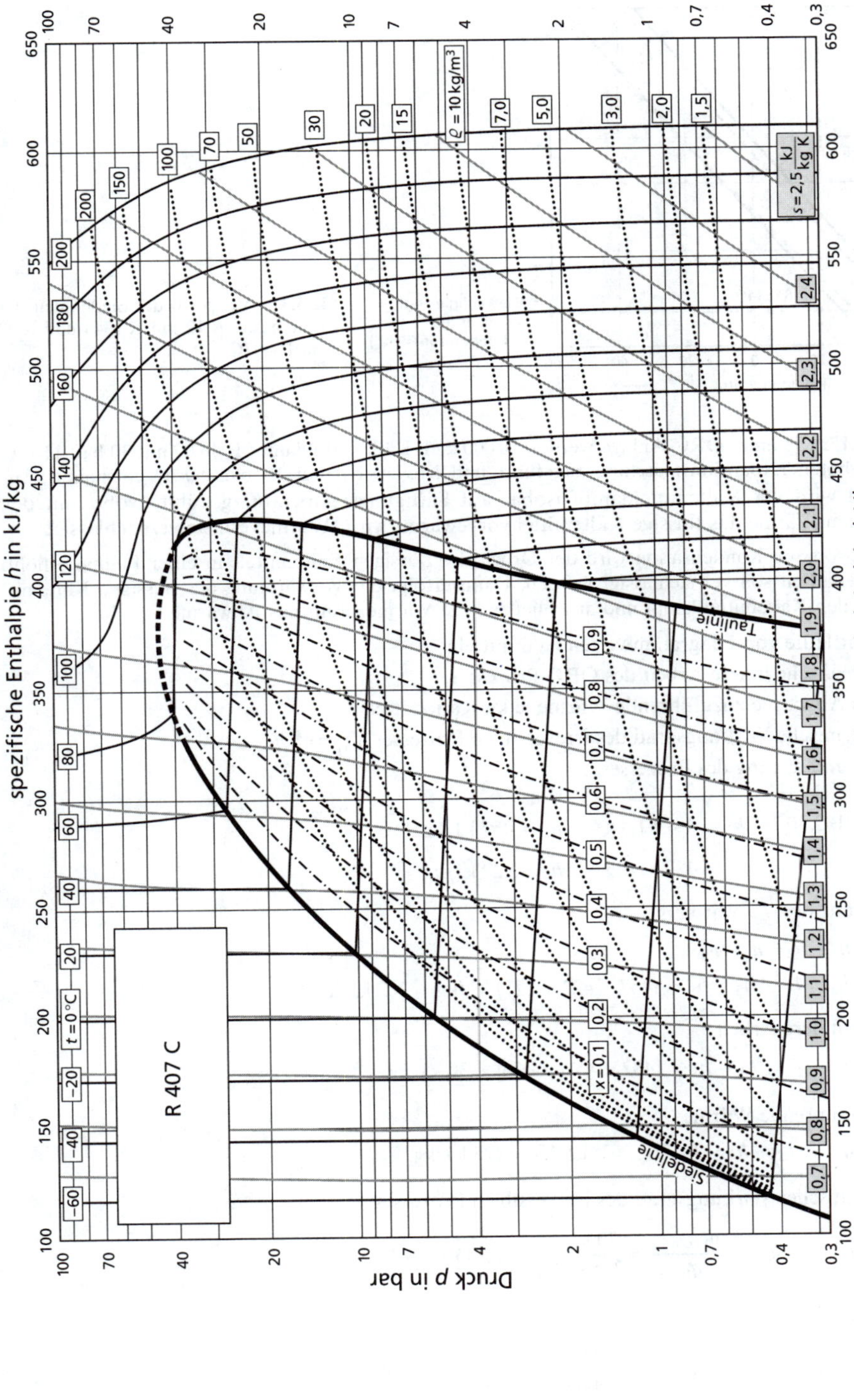

B 5.30 *h*, lg *p*-Diagramm für das Kältemittel R 407C ($CH_2F_2-CHF_2CF_3-CH_2FCF_3$). Erstellt nach der Zustandsgleichung von *Chen* und *Kruse*, $h' = 200$ kJ/kg und $s' = 1$ kJ/kg K bei $t = 0$ °C [33]

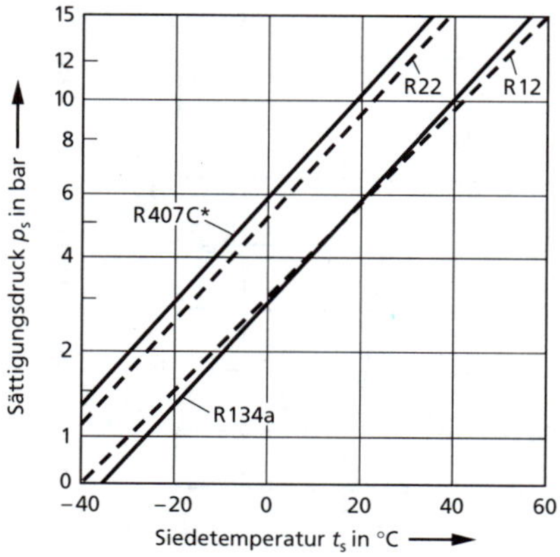

* Die Taulinie liegt 7 K niedriger („Temperatur-Gleit")

B 5.31 Vergleich der Siedelinien der Kältemittel R 12 mit R 134a und R 22 mit R 407C

Beispiel 5.15: In einer ORC-Anlage werden 10 000 kg/h Kältemitteldampf R 407C mit 30 bar, 110 °C einer adiabaten Expansionsmaschine zugeführt und irreversibel auf 10 bar, 60 °C entspannt. Anschließend wird der Kältemitteldampf isobar auf Sättigungstemperatur gekühlt, wobei mit der abgegebenen Wärme das flüssige Kältemittel vorgewärmt wird (Wärmeverluste vernachlässigt).

Nach der isobaren Kondensation wird der Druck des flüssigen Kältemittels in einer Pumpe erhöht, die Pumpenarbeit soll vernachlässigt werden. Dann erfolgt die Vorwärmung des flüssigen Kältemittels durch den Kältemitteldampf und anschließend die Wärmezufuhr aus Abwärme.

Es sind mit Hilfe von Diagrammwerten zu ermitteln:

a) Die spezifische innere Arbeit des ORC-Prozesses,
b) die aus Abwärme zuzuführende Wärme je kg Kältemittel,
c) der thermische Wirkungsgrad des irreversiblen Prozesses $\eta^*_{th\,i} = \eta^*_{th}\,\eta_i$,
d) die innere Leistung des Prozesses.

Zu a: Aus B 5.30: $h_1 = 487$ kJ/kg $\quad h_2 = 457$ kJ/kg

$h_3 = 422$ kJ/kg $\quad h_4 = 227$ kJ/kg

Energiebilanz des Vorwärmers:

$$h_6 - h_5 = h_2 - h_3$$
$$h_6 = h_2 - h_3 + h_5 = (457 - 422 + 227)\ \text{kJ/kg} = 262\ \text{kJ/kg}$$

Spezifische innere Arbeit:

$$|w_{i\,ORC}| = h_1 - h_2 = (487 - 457)\ \text{kJ/kg} = \underline{30\ \text{kJ/kg}}$$

Zu b: Zuzuführende Wärme

$$q_{61} = h_1 - h_6 = (487 - 262)\ \text{kJ/kg} = \underline{225\ \text{kJ/kg}}$$

Zu c: Thermischer Wirkungsgrad des irreversiblen Prozesses

$$\eta^*_{th\,i} = \eta^*_{th}\eta_i = \frac{|w_{i\,ORC}|}{q_{61}} = \frac{30\ \text{kJ/kg}}{225\ \text{kJ/kg}} = \underline{0{,}133} \mathrel{\hat{=}} \underline{13{,}3\,\%}$$

Zu d: Innere Leistung

$$|P_{iORC}| = \dot{m}|w_{iORC}| = \frac{10\,000\ \text{kg h}}{\text{h}\ 3600\ \text{s}}\ 30\ \frac{\text{kJ}}{\text{kg}} = \underline{83{,}3\ \text{kW}}$$

Aufgabe 5.19: Eine ORC-Anlage wird mit dem Kältemittel R 134a betrieben. Die Entspannung in der Expansionsmaschine erfolgt adiabat irreversibel von 40 bar, 120 °C auf 10 bar, 59 °C. Im übrigen arbeitet die Anlage wie in Beispiel 5.15 beschrieben.

Es sind mit Hilfe von Diagrammwerten die in Beispiel 5.15 unter a) bis d) genannten Werte zu ermitteln.

5.6 Linkslaufende Kreisprozesse mit Dämpfen

Als Vergleichsprozeß für linkslaufende Kreisprozesse mit Dämpfen verwendet man den Clausius-Rankine-Prozeß **(B 5.32)** [1]. Die Maschine kann je nach Verwendungszweck als Wärmepumpe oder Kältemaschine eingesetzt werden (Abschn. 2.4.5). Der Arbeitsprozeß verläuft zum größten Teil im Naßdampfgebiet bei tiefen Temperaturen, daher spricht man von Kaltdampf und *Kaltdampfmaschinen.*

In den Kaltdampfmaschinen werden heute chlorfreie Kältemittel eingesetzt (Abschn. 5.5.2), wobei in kleineren Anlagen (Kühlschränke) auch Propan (C_3H_8) verwendet wird.

Gaskältemaschinen (Abschn. 2.4.5) sind nur für Sonderaufgaben, z.B. zur Erzeugung extrem niedriger Temperaturen, üblich.

Beim linkslaufenden Clausius-Rankine-Prozeß **(B 5.33)** wird das Arbeitsmedium bei niedriger Temperatur durch Wärmezufuhr Q_{81} verdampft und der Dampf isentrop verdichtet. Hierfür ist die Arbeit W_{t12} erforderlich. Dem Dampf wird bei höherer Temperatur und höherem Druck die Wärme Q_{25} isobar entzogen, wodurch zunächst

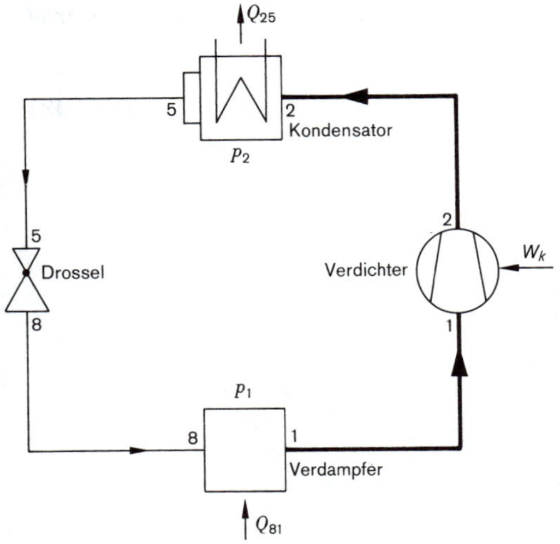

B 5.32 Schematische Darstellung einer Kaltdampfmaschine

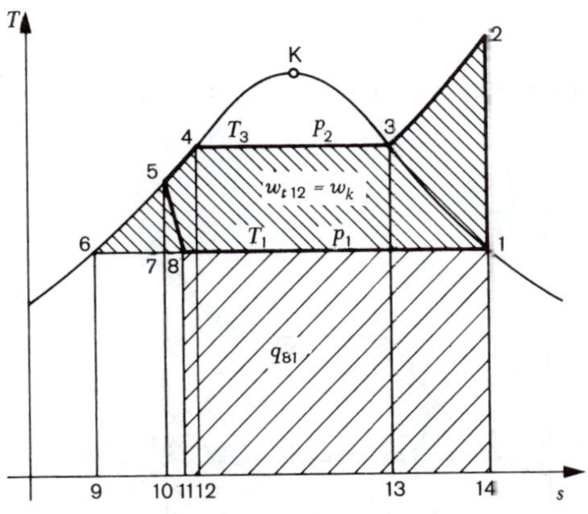

B 5.33 Linkslaufender Clausius-Rankine-Prozeß im *T,s*-Diagramm

[1] Wegen weitgehender Übereinstimmung wird der Vergleichsprozeß der Kaltdampfmaschine trotz vorhandener Abweichungen (Drosselung) als linkslaufender Clausius-Rankine-Prozeß bezeichnet.

seine Temperatur sinkt, er dann verflüssigt wird und die Flüssigkeit noch etwas gekühlt werden kann. Das Kondensat muß auf den Verdampfungsdruck gedrosselt werden, wobei es bei konstanter Enthalpie zum Teil verdampft und die Temperatur auf die Verdampfungstemperatur sinkt. Auf diese Weise kann einem System bei niedriger Temperatur Wärme (Fläche 11 8 1 14) entzogen, durch einen Verdichter dem Arbeitsmedium die Verdichtungsarbeit (Fläche 1 2 3 4 6 1) zugeführt und an ein anderes System die gesamte vom Arbeitsmedium aufgenommene Energie als Wärme (Fläche 14 2 3 4 5 10) abgegeben werden.

Wärmepumpe. Arbeitet die Kaltdampfmaschine als *Wärmepumpe*, dann nimmt das Arbeitsmedium im Verdampfer Wärme aus der Umgebung – Luft, Wasser, Abwasser oder Erdboden – auf. Der Kondensator dient als Wärmeübertrager zum Erwärmen eines Heizmittels. Die Temperatur T_1 liegt etwas unter der Umgebungstemperatur, die Temperatur T_3 merklich darüber. Je höher die geforderte Temperaturdifferenz ist, um so mehr Arbeit muß der Verdichter aufbringen. Da die Wärmepumpe bei Heizanlagen in Konkurrenz zur Beheizung mit den Brennstoffen Kohle, Öl und Gas steht, muß im Verhältnis zur abgegebenen Wärme möglichst wenig Energie durch den Verdichter zugeführt werden. Man ist daher bestrebt, die Temperaturerhöhung so klein wie möglich zu halten **(B 5.33).**

Die *Leistungszahl der Wärmepumpe* ist (Gl 2.55)

$$\varepsilon_w = \frac{Q_\mathrm{h}}{W_\mathrm{k}} = \frac{h_2 - h_5}{h_2 - h_1} \qquad \textbf{(Gl 5.47)}$$

Die einem zu beheizenden System, dessen Temperatur T_h beträgt, zuzuführende Wärme Q_h enthält die Exergie $E_{q\,\mathrm{h}}$ (genutzte Exergie). Bezogen auf die tatsächlich zuzuführende Arbeit (aufgewandte Exergie) ergibt sich nach Gl 3.49 der *exergetische Wirkungsgrad der Wärmepumpe* **(B 5.34)**:

$$\zeta_w = \frac{E_{q\,\mathrm{h}}}{W_k} \qquad \textbf{(Gl 5.48)}$$

Praktisch erreicht wird $\zeta_w \approx 0{,}45$.

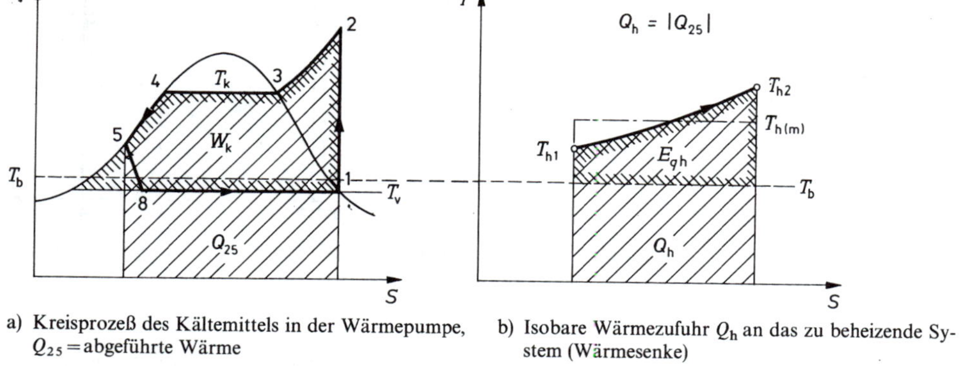

a) Kreisprozeß des Kältemittels in der Wärmepumpe, Q_{25} = abgeführte Wärme

b) Isobare Wärmezufuhr Q_h an das zu beheizende System (Wärmesenke)

Bild 5.34 *T,S*-Diagramme für Vorgänge bei der Wärmepumpe

Mit $E_{qh} = \frac{T_h - T_b}{T_h} Q_h$ (Bild 5.34 b) und $Q_h = \varepsilon_w W_k$ (Gl 5.47) ergibt sich der Zusammenhang:

$$\zeta_w = \frac{T_h - T_b}{T_h} \varepsilon_w \qquad \textbf{(Gl 5.49)}$$

Bei Warmwasserheizung ist mit guter Näherung $T_h = \frac{T_{\text{Vorlauf}} + T_{\text{Rücklauf}}}{2}$. T_b ist die Temperatur der Umgebungsluft.

Das Verhältnis der — jeweils gleiche Wärme Q_h vorausgesetzt — in einem Carnot-Prozeß zwischen den Temperaturen im Verdampfer T_v und im Kondensator T_k aufzuwendenden Arbeit zu der tatsächlich aufzuwendenden Arbeit wird als *Gütegrad der Wärmepumpe* bezeichnet. Er ist, mit $W_{car} = \frac{Q_h}{\varepsilon_{w\,car}}$ und $W_k = \frac{Q_h}{\varepsilon_w}$ (Gl 5.47):

$$\eta_w = \frac{W_{car}}{W_k} = \frac{\varepsilon_w}{\varepsilon_{w\,car}} = \frac{\zeta_w}{\zeta_{w\,car}} \qquad \textbf{(Gl 5.50)}$$

Erreicht wird $\eta_w = 0{,}5 \ldots 0{,}6$.

Bei *Wärmepumpen mit Verbrennungsmotorantrieb* werden auch die Abwärme des Motors und des Abgases der Heizung zugeführt. Die gesamte Heizenergie ist dann

$$Q_{\text{Heiz}} = Q_{25} + Q_{\text{Motor}} + Q_{\text{Abgas}} \qquad \textbf{(Gl 5.51)}$$

Bezieht man Q_{Heiz} auf die eingesetzte Primärenergie $m_b H_u$ mit der Brennstoffmenge m_b und dem Heizwert H_u (Abschn. 9.1), so erhält man die *Heizzahl*:

$$\xi = \frac{Q_{\text{Heiz}}}{m_b H_u} \qquad \textbf{(Gl 5.52 a)}$$

Da für Nebenantriebe elektrische Energie W_{el} erforderlich ist, z. B. für Ventilatoren bei Verdampfern, muß korrekterweise auch diese Energie mit ihrem Erzeugerwirkungsgrad η_{ges} (Gl 5.35) berücksichtigt werden. Dann ergibt sich die *korrigierte Heizzahl*

$$\xi^* = \frac{Q_{\text{Heiz}}}{m_b H_u + \frac{W_{el}}{\eta_{ges}}} \qquad \textbf{(Gl 5.52 b)}$$

Absorptionswärmepumpen, auf die wir hier nicht eingehen, werden ebenfalls entsprechend Gl 5.52 bewertet.

Kältemaschine. Arbeitet die Kaltdampfmaschine als *Kältemaschine*, dann nimmt das Arbeitsmittel im Verdampfer Wärme aus dem zu kühlenden Raum auf und gibt durch den Kondensator Wärme an die Umgebung ab. Die Temperatur T_3 muß etwas über der Umgebungstemperatur liegen. Die *Leistungszahl der Kältemaschine* ist (Gl 2.57)

$$\varepsilon_k = \frac{Q_0}{W_k} = \frac{h_1 - h_8}{h_2 - h_1} \qquad \textbf{(Gl 5.53)}$$

Der *exergetische Wirkungsgrad der Kältemaschine* ist nach Gl 3.49 **(B 5.35)**

$$\zeta_k = \frac{E_{q0}}{W_k} \qquad \textbf{(Gl 5.54)}$$

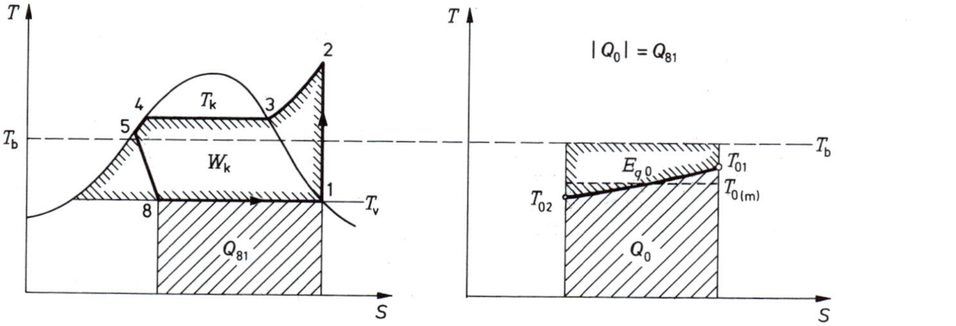

a) Kreisprozeß des Kältemittels in der Kältemaschine, Q_{81} = zugeführte Wärme

b) Isobare Wärmeabfuhr Q_o aus dem zu kühlenden System (Wärmequelle)

B 5.35 Schaltbild und *T, S*-Diagramme für Vorgänge bei der Kältemaschine

mit der Exergie E_{q0} der dem zu kühlenden System entzogenen Wärme (Q_0), dessen Temperatur T_0 beträgt (Bild 5.35 b).

Zusammenhang mit ε_k:

$$\zeta_k = \frac{T_b - T_0}{T_0} \varepsilon_k \qquad \textbf{(Gl 5.55)}$$

Der *Gütegrad der Kältemaschine* läßt sich entsprechend Gl 5.50 definieren:

$$\eta_k = \frac{W_{car}}{W_k} = \frac{\varepsilon_k}{\varepsilon_{k\,car}} = \frac{\zeta_k}{\zeta_{k\,car}} \qquad \textbf{(Gl 5.56)}$$

Auch bei den Kaltdampfmaschinen besteht, wie bei den Gaskältemaschinen (Abschn. 2.4.5), bei gleichen Prozeßverläufen und Temperaturen für Wärmepumpe und Kältemaschine bei den Leistungsziffern der Zusammenhang:

$$\varepsilon_w = 1 + \varepsilon_k \qquad \text{(Gl 2.59)}$$

Beispiel 5.16: In einer mit dem Kältemittel R 134a betriebenen Kompressionskältemaschine mit adiabatem, reversibel arbeitendem Verdichter, deren Kälteleistung 10 kW beträgt, wird das Kältemittel bei −30 °C isobar bis zum Sättigungszustand verdampft und bei +27 °C kondensiert. Das Kondensat wird nicht unterkühlt.

Die Temperatur des durch die Kältemaschine zu kühlenden Raumes beträgt −25 °C, die Bezugstemperatur der Umgebung +20 °C.

Es sind zu ermitteln:

a) Die erforderliche Verdichterleistung,

b) die an die Umgebung abgegebene Wärmeleistung,

c) die Leistungszahl der Kompressionskältemaschine,

d) der exergetische Wirkungsgrad der Kompressionskältemaschine,

e) der Gütegrad der Kompressionskältemaschine.

Zu a: Prozeßverlauf entspr. B 5.33, aber ohne Kühlung 4 → 5. Stoffwerte aus B 5.29

$$h_1 = 379 \text{ kJ/kg}$$
$$h_2 = 424 \text{ kJ/kg}$$
$$h_8 = h_4 = 237 \text{ kJ/kg} \quad \text{(Drosselung } 4 \rightarrow 8\text{)}$$

Massenstromermittlung:

$$\dot{Q}_0 = \dot{Q}_{8\,1} = \dot{m}(h_1 - h_8) = \dot{m}(h_1 - h_4)$$
$$\dot{m} = \frac{\dot{Q}_0}{h_1 - h_4} = \frac{10 \text{ kJ kg}}{\text{s}(379 - 237) \text{ kJ}} = 0{,}0704 \frac{\text{kg}}{\text{s}}$$

Verdichterleistung:

$$P = \dot{m}(h_2 - h_1) = 0{,}0704 \frac{\text{kg}}{\text{s}} (424 - 379) \frac{\text{kJ}}{\text{kg}} = \underline{3{,}17 \text{ kW}}$$

Zu b: An die Umgebung abgegebene Wärmeleistung:

$$\dot{Q}_\text{h} = \dot{Q}_{2\,4} = \dot{m}(h_4 - h_2) = 0{,}0704 \frac{\text{kg}}{\text{s}} (237 - 424) \frac{\text{kJ}}{\text{kg}} = \underline{-13{,}17 \text{ kW}}$$

oder (Gl 2.49):

$$\dot{Q}_\text{h} = -(P + \dot{Q}_0) = -(3{,}17 + 10) \text{ kW} = \underline{-13{,}17 \text{ kW}}$$

Zu c: Leistungszahl der Kompressionskältemaschine (Gl 5.53):

$$\varepsilon_k = \frac{h_1 - h_8}{h_2 - h_1} = \frac{(379 - 237) \frac{\text{kJ}}{\text{kg}}}{(424 - 379) \frac{\text{kJ}}{\text{kg}}} = \underline{3{,}16}$$

oder (Gl 2.57):

$$\varepsilon_k = \frac{\dot{Q}_0}{P} = \frac{10 \text{ kW}}{3{,}17 \text{ kW}} = \underline{3{,}16}$$

Zu d: Exergetischer Wirkungsgrad der Kompressionskältemaschine (Gl 5.54/5.55):

$$\zeta_k = \frac{\dot{E}_{q\,0}}{P} = \frac{T_\text{b} - T_0}{T_0} \varepsilon_k = \frac{(293 - 248) \text{ K}}{248 \text{ K}} 3{,}16 = \underline{0{,}57}$$

Zu e: Leistung eines Carnot-Prozesses zwischen den Temperaturen im Verdampfer T_v, und im Kondensator T_k (Gl 2.57/2.58):

$$P_{car} = \frac{T_\text{k} - T_\text{v}}{T_\text{v}} Q_0 = \frac{(300 - 243) \text{ K}}{243 \text{ K}} 10 \text{ kW} = 2{,}35 \text{ kW}$$

Gütegrad der Kompressionskältemaschine (Gl 5.56):

$$\eta_k = \frac{P_{car}}{P} = \frac{2{,}35 \text{ kW}}{3{,}17 \text{ kW}} = \underline{0{,}74}$$

oder (Gl 5.56):

$$\eta_k = \frac{\varepsilon_k}{\varepsilon_{k\,car}} = \frac{3{,}16}{4{,}27} = \underline{0{,}74}$$

mit (Gl 2.58):

$$\varepsilon_{k\,car} = \frac{T_v}{T_k - T_v} = \frac{243 \text{ K}}{(300 - 243) \text{ K}} = 4{,}27$$

Kontrollfragen (Anworten Abschnitt 11.5)

5.1
1. Welche Zustandsgröße ändert sich beim Verdampfen bei konstantem Druck außer dieser Zustandsgröße nicht?
2. Was ist der kritische Punkt?
3. Wie sind definiert:
   a) Verdampfungsenthalpie,
   b) Schmelzenthalpie?
4. Was ist der Tripelpunkt?
5. a) Was gibt die Gleichung von van der Waals an?
   b) Welchen Vorteil hat sie?
6. Gibt es eine physikalische Grenze zwischen Flüssigkeit und Dampf oberhalb des kritischen Punktes?

5.2
7. Auf welchen Nullpunkt werden Enthalpie und Entropie des Wasserdampfes bei den Berechnungen und Tabellen bezogen?
8. Wie ändern sich beim Verdampfen
   a) spezifische Enthalpie,
   b) spezifische Entropie?
9. Ein T,s-Diagramm für Wasserdampf ist zu skizzieren. (Grenzkurven, Isobaren, Linien konstanten Wasserdampfgehaltes im Naßdampfgebiet, Linien konstanter spezifischer Enthalpie)
10. Woran ist im h,s-Diagramm zu erkennen, ob sich der Wasserdampf im betrachteten Zustandsbereich wie das ideale Gas verhält?
11. Eine Drosselung für Wasserdampf (bei gleichbleibender Geschwindigkeit) ist im h,s-Diagramm zu skizzieren.
12. Kann durch isochoren Wärmeentzug überhitzter Dampf mit $v > v_k$ vollständig verflüssigt werden?

5.3
13. Welche Gemeinsamkeiten und welche Unterschiede haben Joule-Prozeß und Clausius-Rankine-Prozeß?
14. Warum hat der Clausius-Rankine-Prozeß ein hohes Arbeitsverhältnis?
15. Das Schaltschema einer Kondensations-Dampfkraftanlage mit einfacher Anzapfvorwärmung mittels Einspritzung ist zu zeichnen.
16. a) Welche Maßnahmen zur Erhöhung des thermischen Wirkungsgrades des Clausius-Rankine-Prozesses gibt es?
    b) Die Wirkung dieser Maßnahmen ist anhand des T,s-Diagrammes zu erläutern.
17. Welche Aufgabe hat das Zwischenüberhitzen?
18. Unter welchen Bedingungen kann die Arbeit der irreversiblen Dampfturbine direkt dem h,s-Diagramm entnommen werden?

5.4
19. Welchen Vorteil hat die Kombination einer Gasturbinen- mit einer Dampfkraftanlage?

5.5
20. Welche Eigenschaften erwartet man von Arbeitsmedien in ORC-Anlagen?
21. Welche Umweltgefährdung geht von FCKW als herkömmlichem Kältemittel aus? Welche Substitutionsprodukte gibt es?
22. Wann werden ORC-Anlagen verwendet?

5.6
23. Wodurch unterscheidet sich der Vergleichsprozeß der Kaltdampfmaschine vom linkslaufenden Clausius-Rankine-Prozeß, dessen Name trodem für den Kaltdampfprozeß übernommen wurde?

6 Gemische

Gemische bestehen aus mehreren einheitlichen Stoffen, den *Komponenten.* Ein *ideales Gemisch* liegt vor, wenn sich bei einer isotherm und isobar geführten Gemischbildung das Volumen, die innere Energie, die Enthalpie und die Wärmekapazität als Summe der jeweiligen Einzelgrößen ergeben. Viele Fluide (Gase und Flüssigkeiten) lassen sich so behandeln.

Dagegen stellen sich bei *realen Gemischen* Mischungseffekte ein, d.h. das Volumen, die innere Energie, die Enthalpie und die Wärmekapazität ändern sich bei der Gemischbildung, wodurch z.B. das Volumen des Gemisches kleiner als die Summe der Einzelvolumen wird („Volumenkontraktion").

Hat ein Gemisch überall die gleichen Eigenschaften, so ist es *homogen*; es bildet eine *Phase.* Ist die Mischbarkeit begrenzt, so bilden sich mehrere Phasen, wie z.B. bei einem Gemisch aus Wasser und Öl oder Luft und Wasser (Abschn. 1.5.1 und 6.4). Bei Flüssigkeiten spricht man dann von der *Löslichkeit*, z.B. ist, abhängig von Druck und Temperatur, in Wasser nur wenig Öl und in Öl nur wenig Wasser löslich.

Abgesehen von Gas-Dampf-Gemischen (Abschn. 6.4) behandeln wir nur *homogene Gemische.* Chemische Reaktionen sollen bei der Gemischbildung nicht auftreten.

6.1 Die Zusammensetzungen von Gemischen

Ein Gemisch wird durch die Materiemenge (Masse m, Stoffmenge n oder Normvolumen V_n) jeder Komponente beschrieben. Im allgemeinen interessiert man sich nur für den intensiven – d.h. von der Größe des Systems unabhängigen – Zustand. Die Einzelmengen werden daher auf eine extensive Zustandsgröße – d.h. eine zur Materiemenge proportionale Größe, wie die Masse, die Stoffmenge, das Normvolumen, u.U. das Gemischvolumen – bezogen. Die Einzelmengen kennzeichnen die Zusammensetzung des Gemisches. Daneben benötigt man – wie allgemein bei homogenen Stoffen – zwei voneinander unabhängige intensive Zustandsgrößen, z.B. p und T.

6.1.1 Massenanteil

Ein System enthalte die drei Komponenten a, b und c mit den entsprechenden Massen m_a, m_b und m_c. Die Masse des Gemisches ist dann

$$m_{Mi} = m_a + m_b + m_c \qquad \textbf{(Gl 6.1)}$$

Als *Massenanteile* der Komponenten definiert man

$$\mu_a = \frac{m_a}{m_{Mi}} \qquad \mu_b = \frac{m_b}{m_{Mi}} \qquad \mu_c = \frac{m_c}{m_{Mi}} \qquad \textbf{(Gl 6.2)}$$

wobei nach Gl 6.1 die Summe der Massenanteile

$$\mu_a + \mu_b + \mu_c = 1 \qquad \textbf{(Gl 6.3)}$$

ist. Danach ist der intensive Zustand eines Gemisches aus drei Komponenten, außer von Druck und Temperatur, durch die Angabe von zwei Massenanteilen festgelegt. Der Massenanteil der dritten Komponente berechnet sich aus Gl 6.3.

6.1.2 Stoffmengenanteil (Molanteil)

Die Masse einer Komponente läßt sich durch deren Stoffmenge ersetzen; beispielsweise ist nach Gl 2.5 ($m = nM$) die Stoffmenge der Komponente a

$$n_a = \frac{m_a}{M_a} \qquad \textbf{(Gl 6.4)}$$

Hierin ist M_a die molare Masse der Komponente a.

Die *Stoffmenge des Gemisches* ist, wenn chemische Reaktionen und dadurch verursachte Stoffmengenänderungen ausgeschlossen werden,

$$n_{Mi} = n_a + n_b + n_c \qquad \textbf{(Gl 6.5)}$$

Die *Stoffmengenanteile (Molanteile)* der Komponenten sind definiert durch

$$y_a = \frac{n_a}{n_{Mi}} \qquad y_b = \frac{n_b}{n_{Mi}} \qquad y_c = \frac{n_c}{n_{Mi}} \qquad \textbf{(Gl 6.6)}$$

wobei die Summe

$$y_a + y_b + y_c = 1 \qquad \textbf{(Gl 6.7)}$$

bildet.

6.1.3 Molare Masse des Gemisches

Man definiert als *molare Masse des Gemisches*, ausgehend von Gl 2.5 ($m = nM$):

$$M_{Mi} = \frac{m_{Mi}}{n_{Mi}} \qquad \textbf{(Gl 6.8)}$$

Wir dividieren M_{Mi} durch die molare Masse der Komponente, führen Gl 6.2 und Gl 6.6 ein, und erhalten zur *Umrechnung zwischen Massen- und Stoffmengenanteil:*

$$\frac{M_{Mi}}{M_a} = \frac{m_{Mi}}{m_a} \frac{n_a}{n_{Mi}}$$

$$\frac{M_{Mi}}{M_a} = \frac{y_a}{\mu_a} \qquad \frac{M_{Mi}}{M_b} = \frac{y_b}{\mu_b} \qquad \frac{M_{Mi}}{M_c} = \frac{y_c}{\mu_c} \qquad \textbf{(Gl 6.9)}$$

Die molare Masse des Gemisches läßt sich entweder aus den Massen- oder den Stoffmengenanteilen berechnen. Für die molare Masse des Gemisches gilt mit Gl 6.1 und Gl 2.5:

$$M_{Mi} = \frac{m_{Mi}}{n_{Mi}} = \frac{1}{n_{Mi}} (m_a + m_b + m_c) = \frac{1}{n_{Mi}} (M_a n_a + M_b n_b + M_c n_c)$$

$$M_{Mi} = M_a y_a + M_b y_b + M_c y_c \qquad \textbf{(Gl 6.10)}$$

Aus dem Kehrwert der molaren Masse des Gemisches folgt mit Gl 6.8 und Gl 6.5:

$$\frac{1}{M_{Mi}} = \frac{n_{Mi}}{m_{Mi}} = \frac{1}{m_{Mi}} (n_a + n_b + n_c) = \frac{1}{m_{Mi}} \left(\frac{m_a}{M_a} + \frac{m_b}{M_b} + \frac{m_c}{M_c} \right)$$

Mit Gl 6.2 ergibt sich:

$$\frac{1}{M_{Mi}} = \frac{\mu_a}{M_a} + \frac{\mu_b}{M_b} + \frac{\mu_c}{M_c} \qquad \textbf{(Gl 6.11)}$$

Beispiel 6.1: Eine Flasche enthält ein flüssiges Gemisch mit 20 Massen-% Ethanol (a) und 80 Massen-% Wasser (b). Die molare Masse von Ethanol ist 46,069 kg/kmol, die von Wasser 18,015 kg/kmol. Für das Gemisch sind zu bestimmen:

a) die molare Masse M_{Mi},

b) die Stoffmengenanteile y_a und y_b.

Zu a: Mit Gl 6.11 und Gl 6.3 folgt

$$\frac{1}{M_{Mi}}=\frac{\mu_a}{M_a}+\frac{\mu_b}{M_b}=\frac{\mu_a}{M_a}+\frac{1-\mu_a}{M_b}$$

$$\frac{1}{M_{Mi}}=\frac{0{,}2}{46{,}069\,\frac{\text{kg}}{\text{kmol}}}+\frac{0{,}8}{18{,}015\,\frac{\text{kg}}{\text{kmol}}}\rightarrow \underline{M_{Mi}=20{,}513\,\frac{\text{kg}}{\text{kmol}}}$$

Zu b: Mit Gl 6.9 und Gl 6.7 ergibt sich

$$y_a=\mu_a\frac{M_{Mi}}{M_a}=0{,}2\,\frac{20{,}513\text{ kg/kmol}}{46{,}069\text{ kg/kmol}}=0{,}0891\mathrel{\hat{=}}\underline{8{,}91\text{ Mol-\%}}$$

$$y_b=1-y_a=1-0{,}0891=0{,}9109\mathrel{\hat{=}}\underline{91{,}09\text{ Mol-\%}}$$

Aufgabe 6.1: Nach einer Stoffanalyse ist Erdgas L ein Gemisch aus CH_4, C_2H_6, C_3H_8, C_4H_{10}, CO_2 und N_2 mit folgenden Stoffmengenanteilen und molaren Massen:

Komponente i	Chemische Formel	Stoffmengenanteil y_i	Molare Masse M_i in kg/kmol
Methan	CH_4	0,818	16,043
Ethan	C_2H_6	0,028	30,070
Propan	C_3H_8	0,004	44,097
n-Butan	n-C_4H_{10}	0,002	58,124
Kohlendioxid	CO_2	0,008	44,010
Stickstoff	N_2	0,140	28,013

Man bestimme für Erdgas L

a) die molare Masse,

b) die Massenanteile der Komponenten.

Aufgabe 6.2: Ein Generatorgas besteht aus 50 Mol-% Kohlenmonoxid (a) und 50 Mol-% Stickstoff (b). Es sind die Massenanteile zu bestimmen.

6.1.4 Beladung

Bei vielen technischen Prozessen, die in der Gasphase ablaufen, bleibt die Materiemenge einer Komponente oder Komponentengruppe unverändert, während sich die Menge weiterer Komponenten – beispielsweise durch Kondensation oder Verdunstung – ändert. In diesen Fällen ist es zweckmäßig, die Menge der unverändert bleibenden Komponente b als Bezugsmenge einzuführen. Wir beschränken uns auf ein Gemisch mit zwei Komponenten, das *binäre Gemisch*. Mit der Masse als Mengenmaß bezeichnet man

$$x=\frac{m_a}{m_b} \qquad \textbf{(Gl 6.12 a)}$$

als *Beladung*. Dieses x darf nicht mit dem Dampfgehalt verwechselt werden (Abschn. 5.2.1). In manchen Fällen wird die Beladung auch mit den Stoffmengen definiert:

$$x_m = \frac{n_a}{n_b} \qquad \textbf{(Gl 6.12b)}$$

Mit Gl 6.2 und Gl 6.3 erhält man den *Zusammenhang zwischen Beladung x und Massenanteil* μ_a:

$$\mu_a = \frac{m_a}{m_a + m_b} = \frac{x}{x+1}$$

Wir lösen nach der Beladung auf, und erhalten

$$x = \frac{\mu_a}{1 - \mu_a} \qquad \textbf{(Gl 6.13a)}$$

Eine analoge Ableitung für die Beladung x_m mit Gl 6.6 und Gl 6.7 liefert

$$x_m = \frac{y_a}{1 - y_a} \qquad \textbf{(Gl 6.13b)}$$

Mit Gl 6.4 ist der *Zusammenhang zwischen Beladung x und Stoffmengenanteil* y_a:

$$x = \frac{m_a}{m_b} = \frac{n_a M_a}{n_b M_b} = \frac{M_a}{M_b} x_m$$

$$x = \frac{M_a}{M_b} \frac{y_a}{1 - y_a} \qquad \textbf{(Gl 6.14)}$$

Beispiel 6.2: Feuchte Luft läßt sich als binäres Gasgemisch der beiden Komponenten Wasserdampf (a) und trockene Luft (b) auffassen. Durch Kondensation oder Verdunstung kann sich nur die Menge des Wasserdampfes in der Gasphase ändern. Die molaren Massen sind für Wasser 18,015 kg/kmol und für trockene Luft 28,963 kg/kmol (Tafel 2.2). Der Molanteil des Wasserdampfes sei 1,4 Mol-%. Man bestimme die *Wasserdampfbeladung x*.

Mit Gl 6.14 erhält man:

$$x = \frac{M_a}{M_b} \frac{y_a}{1 - y_a} = \frac{18{,}015 \dfrac{\text{kg H}_2\text{O}}{\text{kmol}}}{28{,}963 \dfrac{\text{kg tr L}}{\text{kmol}}} \frac{0{,}014}{1 - 0{,}014} = 0{,}00883 \frac{\text{kg H}_2\text{O}}{\text{kg tr L}}$$

$$\underline{x = 8{,}83 \frac{\text{g Wasserdampf}}{\text{kg trockene Luft}}}$$

6.2 Ideale Gemische

6.2.1 Gesetz von Amagat

Das *Gesetz von Amagat*[1] gilt für isotherme und isobare Gemischbildung, wobei wir vollständige Mischbarkeit voraussetzen wollen. Die Gemischbildung läßt sich in folgender Weise durchführen. Drei Zylindergefäße **(B 6.1)**, verschlossen mit reibungsfreien Kolben derselben Fläche und Masse, sind mit den Komponenten a, b und c jeweils bei gleicher Temperatur gefüllt. Durch die Kolben bleiben die Drücke der Komponenten

[1] Emile Hilaire Amagat (1841 – 1915), französischer Physiker, lehrte an der Universität von Lyon, zahlreiche Veröffentlichungen auf dem Gebiet der Physik und Chemie.

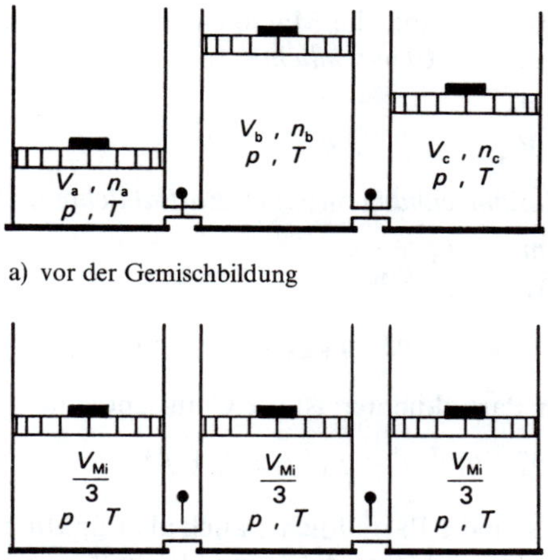

a) vor der Gemischbildung

b) nach der Gemischbildung

Nach Ziehen der Schieber diffundieren die Komponenten in die benachbarten Gefäße. Für $V_{Mi}=V_a+V_b+V_c$ liegt ein ideales Gemisch vor.

B 6.1 Isotherme und isobare Gemischbildung der Komponenten a, b und c

konstant. Durch eine Thermostatisierung der Gefäße bleiben auch die Temperaturen konstant. Nach Öffnung der Ventile vermischen sich die Komponenten durch die Prozeßführung *isotherm und isobar*.

Ein *ideales Gemisch* liegt vor, wenn für $T=$konst. und $p=$konst. die Bedingung

$$V_{Mi}=V_a+V_b+V_c \qquad \textbf{(Gl 6.15)}$$

eingehalten wird, d.h. die Teilvolumen der reinen Komponenten addieren sich zum Gemischvolumen (Gesetz von Amagat). Mit Hilfe der Gemisch-Thermodynamik läßt sich nachweisen, daß bei einem idealen Gemisch während der Gemischbildung keine Wärme zwischen Gemisch und Umgebung übertragen wird, d.h. es tritt keine Enthalpieänderung *(„Wärmetönung")* auf. Bei realen Gemischen treten Abweichungen von Gl 6.15 auf. Diese werden üblicherweise durch ein *Zusatzvolumen* berücksichtigt. Das Zusatzvolumen wird auf die Teilvolumen der Komponenten derart verteilt, daß sie sich formal wieder zum Gemischvolumen addieren. Das führt zur Definition der partiell molaren Volumen, auf die wir hier nicht eingehen[1].

Bei Gasen ist das Gesetz von Amagat meistens gut erfüllt. Bei Flüssigkeiten eignet es sich für überschlägige Berechnungen der Gemischdichte, auf die wir im folgenden Abschnitt eingehen.

6.2.2 Partialdichte (Massenkonzentration) und Gemischdichte

Häufig benutzt man für ideale Gemische als extensive Bezugsgröße das Gemischvolumen V_{Mi}.

Dies führt zur Definition der *Teil- oder Partialdichte (Massenkonzentration)*[2]:

$$\varrho_a^*=\frac{m_a}{V_{Mi}} \qquad \varrho_b^*=\frac{m_b}{V_{Mi}} \qquad \varrho_c^*=\frac{m_c}{V_{Mi}} \qquad \textbf{(Gl 6.16)}$$

[1] Dieselbe Betrachtung gilt auch für andere extensive Zustandsgrößen, z.B. die partiell molare Enthalpie [6].

[2] Wir kennzeichnen die auf das *Gemisch*volumen V_{Mi} bezogene *Teil*dichte mit dem hochgestellten Index *, z.B. $\varrho_a^*=m_a/V_{Mi}$. Die Teil- oder Partialdichte ist von der Dichte der ungemischten Komponenten, z.B. $\varrho_a=m_a/V_a$, zu unterscheiden (vgl. Abschn. 6.2.3).

Die Partialdichte ist somit die Masse einer Komponente bezogen auf das *Gemischvolumen.* Bei Kenntnis der *Gemischdichte*

$$\varrho_{Mi} = \frac{m_{Mi}}{V_{Mi}} \qquad \textbf{(Gl 6.17)}$$

folgt für den *Zusammenhang zwischen Partialdichte und Massenanteil*

$$\varrho_a^* = \frac{m_a}{V_{Mi}} = \frac{m_a}{m_{Mi}} \varrho_{Mi}$$

$$\varrho_a^* = \mu_a \varrho_{Mi} \qquad \varrho_b^* = \mu_b \varrho_{Mi} \qquad \varrho_c^* = \mu_c \varrho_{Mi} \qquad \textbf{(Gl 6.18)}$$

Die Summe der Partialdichten ist die Gemischdichte

$$\varrho_{Mi} = \varrho_a^* + \varrho_b^* + \varrho_c^* = \varrho_{Mi}(\mu_a + \mu_b + \mu_c) \qquad \textbf{(Gl 6.19)}$$

Mit Gl 6.9 läßt sich die Partialdichte auch als Funktion des Stoffmengenanteils ausdrükken, wobei die molare Masse des Gemisches mit Gl 6.10 bestimmt wird:

$$\varrho_a^* = y_a \frac{M_a}{M_{Mi}} \varrho_{Mi} \qquad \varrho_b^* = y_b \frac{M_b}{M_{Mi}} \varrho_{Mi} \qquad \varrho_c^* = y_c \frac{M_c}{M_{Mi}} \varrho_{Mi} \qquad \textbf{(Gl 6.20)}$$

Beispiel 6.3: Für die Zusammensetzung der feuchten Luft nach Beispiel 6.2 beträgt die Partialdichte des Wasserdampfes (a) 0,01066 kg/m³. Man bestimme die Gemischdichte der feuchten Luft.

Die molare Masse des Gemisches ist mit Gl 6.10:

$$M_{Mi} = y_a M_a + (1 - y_a) M_b$$

$$M_{Mi} = 0{,}014 \cdot 18{,}015 \frac{\text{kg}}{\text{kmol}} + 0{,}986 \cdot 28{,}963 \frac{\text{kg}}{\text{kmol}} = 28{,}810 \frac{\text{kg}}{\text{kmol}}$$

Die Gemischdichte folgt aus Gl 6.20:

$$\varrho_{Mi} = \frac{\varrho_a^*}{y_a} \frac{M_{Mi}}{M_a} = \frac{0{,}01066 \frac{\text{kg}}{\text{m}^3}}{0{,}014} \frac{28{,}810 \frac{\text{kg}}{\text{kmol}}}{18{,}015 \frac{\text{kg}}{\text{kmol}}} = \underline{1{,}218 \frac{\text{kg}}{\text{m}^3}}$$

6.2.3 Raumanteil

Wir definieren als Maß für die Zusammensetzung auch die *Raumanteile*

$$r_a = \frac{V_a}{V_{Mi}} \qquad r_b = \frac{V_b}{V_{Mi}} \qquad r_c = \frac{V_c}{V_{Mi}} \qquad \textbf{(Gl 6.21)}$$

Das Gemischvolumen ersetzen wir durch Gl 6.15, in der wir zuvor spezifische Volumen bei jeweils gleichen Werten für p und T einführen (Gl 1.1: $V_a = m_a v_a$):

$$V_{Mi} = m_{Mi} v_{Mi} = m_a v_a + m_b v_b + m_c v_c$$

Wir erhalten mit Gl 6.2 ($\mu_a = m_a/m_{Mi}$) das *spezifische Volumen des Gemisches*

$$v_{Mi} = \mu_a v_a + \mu_b v_b + \mu_c v_c \qquad \textbf{(Gl 6.22 a)}$$

bzw. mit $\varrho = 1/v$ (Gl 1.2) die Gemischdichte ϱ_{Mi}:

$$\frac{1}{\varrho_{Mi}} = \frac{\mu_a}{\varrho_a} + \frac{\mu_b}{\varrho_b} + \frac{\mu_c}{\varrho_c} \qquad \textbf{(Gl 6.22 b)}$$

Hierin ist z.B. ϱ_a die *Dichte* der ungemischten Komponente a, d.h. die Masse der Komponente m_a bezogen auf das Einzelvolumen V_a. Davon ist die *Partialdichte* ϱ_a^* zu unterscheiden, bei der die Masse m_a auf das *Gemisch*volumen V_{Mi} bezogen ist (Gl 6.16).

Sind anstelle der Massenanteile die Raumanteile bekannt, läßt sich die Gemischdichte mit Gl 6.1 ($m_{Mi} = m_a + m_b + m_c$) und Gl 1.2 ($m_a = \varrho_a V_a$) berechnen:

$$\varrho_{Mi} = \frac{m_{Mi}}{V_{Mi}} = \frac{1}{V_{Mi}} (m_a + m_b + m_c) = \frac{1}{V_{Mi}} (\varrho_a V_a + \varrho_b V_b + \varrho_c V_c)$$

Mit Gl 6.21 ergibt sich

$$\varrho_{Mi} = r_a \varrho_a + r_b \varrho_b + r_c \varrho_c \qquad \textbf{(Gl 6.23a)}$$

bzw. mit der Partialdichte

$$\varrho_a^* = \frac{m_a}{V_{Mi}} = \frac{V_a}{V_{Mi}} \varrho_a = r_a \varrho_a \qquad \textbf{(Gl 6.23b)}$$

$$\varrho_{Mi} = \varrho_a^* + \varrho_b^* + \varrho_c^* \qquad \textbf{(Gl 6.23c)}$$

Die Gln 6.22 und 6.23 basieren auf der Gültigkeit von Gl 6.15, d.h. sie gelten für ideale Gemische exakt, für reale Gemische näherungsweise.

Die *Umrechnung zwischen Raumanteil r_a und Massenanteil μ_a* erfolgt mit

$$\frac{\varrho_{Mi}}{\varrho_a} = \frac{m_{Mi}}{m_a} \frac{V_a}{V_{Mi}}$$

$$\frac{\varrho_{Mi}}{\varrho_a} = \frac{r_a}{\mu_a} \qquad \frac{\varrho_{Mi}}{\varrho_b} = \frac{r_b}{\mu_b} \qquad \frac{\varrho_{Mi}}{\varrho_c} = \frac{r_c}{\mu_c} \qquad \textbf{(Gl 6.24)}$$

Durch Substitution des Massenanteils mit Gl 6.9 ($\mu_a = y_a M_a/M_{Mi}$) folgt für die *Umrechnung zwischen Raumanteil r_a und Stoffmengenanteil y_a*:

$$\frac{\varrho_{Mi}}{\varrho_a} = \frac{r_a}{y_a} \frac{M_{Mi}}{M_a} \qquad \frac{\varrho_{Mi}}{\varrho_b} = \frac{r_b}{y_b} \frac{M_{Mi}}{M_b} \qquad \frac{\varrho_{Mi}}{\varrho_c} = \frac{r_c}{y_c} \frac{M_{Mi}}{M_c} \qquad \textbf{(Gl 6.25)}$$

Die molare Masse des Gemisches M_{Mi} (Abschn. 6.1.3) läßt sich auch aus den Raumanteilen ermitteln. Wir ersetzen in Gl 6.8 ($M_{Mi} = m_{Mi}/n_{Mi}$) n_{Mi} durch Gl 6.5 ($n_{Mi} = n_a + n_b + n_c$) sowie m_{Mi} durch Gl 1.2 ($m_{Mi} = \varrho_{Mi} V_{Mi}$) und führen für die Stoffmengen Gl 6.4 ($n_a = m_a/M_a$) ein:

$$\frac{1}{M_{Mi}} = \frac{n_{Mi}}{m_{Mi}} = \frac{1}{\varrho_{Mi} V_{Mi}} (n_a + n_b + n_c) = \frac{1}{\varrho_{Mi} V_{Mi}} \left(\frac{m_a}{M_a} + \frac{m_b}{M_b} + \frac{m_c}{M_c} \right)$$

Die Masse der Komponenten ersetzen wir nach Gl 2.1 ($m_a = \varrho_a V_a$):

$$\frac{1}{M_{Mi}} = \frac{1}{\varrho_{Mi} V_{Mi}} \left(\frac{\varrho_a V_a}{M_a} + \frac{\varrho_b V_b}{M_b} + \frac{\varrho_c V_c}{M_c} \right)$$

Mit den Raumanteilen nach Gl 6.21 ($r_a = V_a/V_{Mi}$) ergibt sich die molare Masse des Gemisches als Funktion der Raumanteile:

$$\frac{1}{M_{Mi}} = \frac{1}{\varrho_{Mi}} \left(r_a \frac{\varrho_a}{M_a} + r_b \frac{\varrho_b}{M_b} + r_c \frac{\varrho_c}{M_c} \right) \qquad \textbf{(Gl 6.26)}$$

Die Gln 6.24 bis 6.26 gelten mit Gln 6.23 für ideale Gemische exakt, für reale Gemische näherungsweise.

Beispiel 6.4: Die gemessene Dichte des binären Flüssigkeitsgemisches aus Propan (a) und n-Butan (b) bei 150 K und 1 bar beträgt 691,39 kg/m³. Die Dichten und molaren Massen betragen für Propan 667,71 kg/m³ und 44,097 kg/kmol sowie für n-Butan 721,33 kg/m³ und 58,124 kg/kmol. Mit dem Gesetz von Amagat (ideales Gemisch) bestimme man für das Gemisch

a) die Raumanteile,

b) die Stoffmengenanteile.

Zu a: Mit Gl 6.23a und Gl 6.21 ist die Gemischdichte

$$\varrho_{Mi} = r_a\,\varrho_a + r_b\,\varrho_b = r_a\,\varrho_a + (1 - r_a)\,\varrho_b$$

Durch Auflösung nach r_a folgt:

$$r_a = \frac{\varrho_{Mi} - \varrho_b}{\varrho_a - \varrho_b} = \frac{(691{,}39 - 721{,}33)\,\frac{\text{kg}}{\text{m}^3}}{(667{,}71 - 721{,}33)\,\frac{\text{kg}}{\text{m}^3}} = 0{,}5584 \mathrel{\hat{=}} \underline{55{,}84\ \text{Vol.-\%}}$$

$$r_b = 1 - r_a = 1 - 0{,}5584 = 0{,}4416 \mathrel{\hat{=}} \underline{44{,}16\ \text{Vol.-\%}}$$

Zu b: Zur Berechnung der Stoffmengenanteile mit Gl 6.25 benötigt man die molare Masse nach Gl 6.26:

$$\frac{1}{M_{Mi}} = \frac{1}{\varrho_{Mi}}\left(r_a\,\frac{\varrho_a}{M_a} + r_b\,\frac{\varrho_b}{M_b}\right)$$

$$\frac{1}{M_{Mi}} = \frac{1}{691{,}39\,\frac{\text{kg}}{\text{m}^3}}\left(0{,}5584\,\frac{667{,}71\,\frac{\text{kg}}{\text{m}^3}}{44{,}097\,\frac{\text{kg}}{\text{kmol}}} + 0{,}4416\,\frac{721{,}33\,\frac{\text{kg}}{\text{m}^3}}{58{,}124\,\frac{\text{kg}}{\text{kmol}}}\right)$$

$$M_{Mi} = \underline{49{,}614\ \text{kg/kmol}}$$

Mit der molaren Masse folgen die Stoffmengenanteile:

$$y_a = r_a\,\frac{\varrho_a}{\varrho_{Mi}}\,\frac{M_{Mi}}{M_a} = 0{,}5584\,\frac{667{,}71\,\frac{\text{kg}}{\text{m}^3}}{691{,}39\,\frac{\text{kg}}{\text{m}^3}}\,\frac{49{,}614\,\frac{\text{kg}}{\text{kmol}}}{44{,}097\,\frac{\text{kg}}{\text{kmol}}}$$

$$y_a = 0{,}6067 \mathrel{\hat{=}} \underline{60{,}67\ \text{Mol-\%}}$$

$$y_b = 1 - y_a = 0{,}3933 \mathrel{\hat{=}} \underline{39{,}33\ \text{Mol-\%}}$$

Der Meßwert für den Stoffmengenanteil des Propans (a) beträgt 60,65 Mol-%. Dieses Flüssigkeitsgemisch verhält sich nahezu ideal.

Aufgabe 6.3: Ein binäres Flüssigkeitsgemisch aus Ethanol (a) und Wasser (b) enthält 60 Massen-% Ethanol. Bei 10 °C beträgt die Gemischdichte 899,3 kg/m³. Die Dichten sind für Ethanol 797,7 kg/m³ und für Wasser 999,7 kg/m³.

a) Man bestimme die Gemischdichte als Näherung (Annahme: ideales Gemisch).

b) Worauf ist die Dichteabweichung zurückzuführen?

6.2.4 Die extensiven Zustandsgrößen des idealen Gemisches

Allgemeine Regeln. Alle *extensiven Gemischgrößen* Z_{Mi} eines idealen Gemisches bei isothermer ($T = T_a = T_b = T_c$) und isobarer ($p = p_a = p_b = p_c$) Gemischbildung gehorchen mit

Ausnahme der Entropie und von ihr abhängender Zustandsgrößen (z.B. der Exergie) der Gleichung

$$Z_{Mi} = Z_a + Z_b + Z_c \qquad \textbf{(Gl 6.27)}$$

Unter Einführung der Materiemaße Masse, Stoffmenge und Normvolumen gelten folgende Aussagen:

$$Z_{Mi} = m_{Mi}\, z_{Mi} = m_a\, z_a + m_b\, z_b + m_c\, z_c \qquad \textbf{(Gl 6.28 a)}$$

$$z_{Mi} = \mu_a\, z_a + \mu_b\, z_b + \mu_c\, z_c \qquad \textbf{(Gl 6.28 b)}$$

$$Z_{Mi} = n_{Mi}\, Z_{m\,Mi} = n_a\, Z_{m\,a} + n_b\, Z_{m\,b} + n_c\, Z_{m\,c} \qquad \textbf{(Gl 6.29 a)}$$

$$Z_{m\,Mi} = y_a\, Z_{m\,a} + y_b\, Z_{m\,b} + y_c\, Z_{m\,c} \qquad \textbf{(Gl 6.29 b)}$$

$$Z_{Mi} = V_{n\,Mi}\, Z_{n\,Mi} = V_{n\,a}\, Z_{n\,a} + V_{n\,b}\, Z_{n\,b} + V_{n\,c}\, Z_{n\,c} \qquad \textbf{(Gl 6.30 a)}$$

$$Z_{n\,Mi} = r_a\, Z_{n\,a} + r_b\, Z_{n\,b} + r_c\, Z_{n\,c} \qquad \textbf{(Gl 6.30 b)}$$

Danach ist beispielsweise die *spezifische isobare Wärmekapazität* des Gemisches nach Gl 6.28 b:

$$c_{p\,Mi} = \mu_a\, c_{p\,a} + \mu_b\, c_{p\,b} + \mu_c\, c_{p\,c} \qquad \textbf{(Gl 6.31)}$$

Beispiel 6.5: Ein Gasgemisch besteht aus trockener Luft und Wassergas mit folgender Zusammensetzung in Vol.-%:

60% Luft (a), 20% CO (b) und 20% H_2 (c).

Für dieses ideale Gasgemisch sind zu bestimmen:

a) die Dichte im Normzustand,

b) die molare Masse,

c) die Massenanteile,

d) die spezifische Wärmekapazität im Normzustand.

Zu a: Die Dichten der Komponenten im Normzustand enthält T 2.1. Mit Gl 6.23 a folgt:

$$\varrho_{n\,Mi} = r_a\, \varrho_{n\,a} + r_b\, \varrho_{n\,b} + r_c\, \varrho_{n\,c}$$

$$\varrho_{n\,Mi} = 0{,}6 \cdot 1{,}2929\, \frac{kg}{m^3} + 0{,}2 \cdot 1{,}2506\, \frac{kg}{m^3} + 0{,}2 \cdot 0{,}0899\, \frac{kg}{m^3} = \underline{1{,}0438\, \frac{kg}{m^3}}$$

Zu b: Mit Gl 6.26 und den molaren Massen in T 2.1 folgt:

$$\frac{1}{M_{Mi}} = \frac{1}{\varrho_{n\,Mi}} \left(r_a \frac{\varrho_{n\,a}}{M_a} + r_b \frac{\varrho_{n\,b}}{M_b} + r_c \frac{\varrho_{n\,c}}{M_c} \right)$$

$$\frac{1}{M_{Mi}} = \frac{1}{1{,}0438\, \frac{kg}{m^3}} \left(0{,}6\, \frac{1{,}2929\, \frac{kg}{m^3}}{28{,}963\, \frac{kg}{kmol}} + 0{,}2\, \frac{1{,}2506\, \frac{kg}{m^3}}{28{,}010\, \frac{kg}{kmol}} + 0{,}2\, \frac{0{,}0899\, \frac{kg}{m^3}}{2{,}0159\, \frac{kg}{kmol}} \right)$$

$$M_{Mi} = \underline{23{,}387\, \frac{kg}{kmol}}$$

Zu c: Die Massenanteile folgen aus Gl 6.24, beispielsweise für die Komponente a:

$$\mu_a = r_a \frac{\varrho_{na}}{\varrho_{nMi}}$$

$$\mu_a = 0{,}6 \frac{1{,}293\ \text{kg/m}^3}{1{,}0439\ \text{kg/m}^3} = 0{,}7432 \mathrel{\hat{=}} \underline{74{,}32\ \text{Massen-\%}}$$

$$\mu_b = 0{,}2 \frac{1{,}2505\ \text{kg/m}^3}{1{,}0439\ \text{kg/m}^3} = 0{,}2396 \mathrel{\hat{=}} \underline{23{,}96\ \text{Massen-\%}}$$

$$\mu_c = 0{,}2 \frac{0{,}08988\ \text{kg/m}^3}{1{,}0439\ \text{kg/m}^3} = 0{,}0172 \mathrel{\hat{=}} \underline{1{,}72\ \text{Massen-\%}}$$

Zu d: Mit Gl 6.31 und den spezifischen Wärmekapazitäten der Komponenten im Normzustand in T 2.1 folgt:

$$c_{pMi} = \mu_a c_{pa} + \mu_b c_{pb} + \mu_c c_{pc}$$

$$c_{pMi} = (0{,}7432 \cdot 1{,}0043 + 0{,}2396 \cdot 1{,}0403 + 0{,}0172 \cdot 14{,}2003) \frac{\text{kJ}}{\text{kg K}}$$

$$\underline{c_{pMi} = 1{,}240 \frac{\text{kJ}}{\text{kg K}}}$$

Beispiel 6.6: Für feuchte Luft mit 1 Massen-% Wasserdampf bestimme man im idealen Gaszustand die spezifische Enthalpie bei 100 °C. Hierbei sollen die Enthalpienullpunkte

a) für Wasserdampf (a) und Luft (b),

b) für flüssiges Wasser (a) und Luft (b)

bei $t_n = 0$ °C festgelegt werden.

Zu a: Zunächst berechnen wir mit Gl 2.20 und c_{pm} nach T 2.2 die Enthalpien der Komponenten:

$$h_a = h_{na} + c_{pma}(t - t_n)$$

$$h_a = 0 + 1{,}871 \frac{\text{kJ}}{\text{kg K}} (100 - 0)\ \text{K} = 187{,}1 \frac{\text{kJ}}{\text{kg}}$$

$$h_b = 0 + 1{,}007 \frac{\text{kJ}}{\text{kg K}} (100 - 0)\ \text{K} = 100{,}7 \frac{\text{kJ}}{\text{kg}}$$

Mit Gl 6.28 b folgt:

$$h_{Mi} = \mu_a h_a + \mu_b h_b = (0{,}01 \cdot 187{,}1 + 0{,}99 \cdot 100{,}7) \frac{\text{kJ}}{\text{kg}}$$

$$\underline{h_{Mi} = 101{,}56 \frac{\text{kJ}}{\text{kg}}}$$

Zu b: In der Regel wählt man für Wasserdampf den Enthalpienullpunkt im Zustand „flüssiges Wasser" bei $t_n = 0$ °C. Bei dieser Temperatur beträgt die Verdampfungsenthalpie etwa $r_n \approx 2500$ kJ/kg. Mit Gl 5.10 ist die spezifische Enthalpie des Wasserdampfes bei 100 °C:

$$h_a = h''_{na} + c_{pma}(t - t_n) = h'_{na} + r_n + c_{pma}(t - t_n)$$

$$h_a = 0 + 2500 \frac{\text{kJ}}{\text{kg}} + 1{,}871 \frac{\text{kJ}}{\text{kg}} (100 - 0)\ \text{K} = 2687{,}1 \frac{\text{kJ}}{\text{kg}}$$

Mit Gl 6.28 b erhält man jetzt:

$$h_{Mi} = \mu_a h_a + \mu_b h_b$$

$$h_{Mi} = (0{,}01 \cdot 2687{,}1 + 0{,}99 \cdot 100{,}7) \frac{kJ}{kg} = \underline{126{,}56 \frac{kJ}{kg}}$$

Aufgabe 6.4: Ein binäres Flüssigkeitsgemisch aus Ethanol (a) und Wasser (b) enthält 60 Massen-% Ethanol. Bei 20 °C und 1 bar betragen die spezifischen Wärmekapazitäten für Ethanol $2{,}232 \frac{kJ}{kg\,K}$ und für Wasser $4{,}182 \frac{kJ}{kg\,K}$.

a) Man bestimme den Näherungswert für die Gemischwärmekapazität.

b) Wie groß ist die relative Abweichung vom Meßwert $3{,}224 \frac{kJ}{kg\,K}$?

Mischungsentropie. Jeder reale Mischungsprozeß ist irreversibel, denn die Wiederherstellung des unvermischten Zustandes erfordert Arbeit. Somit muß sich die Entropie vermehren. Die Entropie des idealen Gemisches für eine *isotherme und isobare Gemischbildung* ist

$$S_{Mi} = S_a + S_b + S_c + \Delta S_{Mi} \qquad \textbf{(Gl 6.32)}$$

Die Entropiezunahme

$$\Delta S_{Mi} = -R_m (n_a \ln y_a + n_b \ln y_b + n_c \ln y_c) \qquad \textbf{(Gl 6.33 a)}$$

nennt man *Mischungsentropie des idealen Gemisches*; sie berücksichtigt den irreversiblen Mischungsvorgang. Mit dem Stoffmengenanteil nach Gl 6.6 ($y_a = n_a/n_{Mi}$) folgt die *molare Mischungsentropie* des idealen Gemisches

$$\Delta S_{m\,Mi} = \frac{\Delta S_{Mi}}{n_{Mi}} = -R_m (y_a \ln y_a + y_b \ln y_b + y_c \ln y_c) \qquad \textbf{(Gl 6.33 b)}$$

In Gl 6.33 a ersetzen wir die Stoffmengenanteile mit Gl 6.9 ($y_a = \mu_a M_{Mi}/M_a$), die Stoffmengen mit Gl 2.5 ($M_a = m_a/n_a$), die allgemeine Gaskonstante mit Gl 2.14 ($R_m = R_a M_a$), und erhalten

$$\Delta S_{Mi} = -\left[m_a R_a \ln\left(\mu_a \frac{M_{Mi}}{M_a}\right) + m_b R_b \ln\left(\mu_b \frac{M_{Mi}}{M_b}\right) + m_c R_c \ln\left(\mu_c \frac{M_{Mi}}{M_c}\right)\right] \qquad \textbf{(Gl 6.34 a)}$$

Mit Gl 6.2 ($m_a = \mu_a m_{Mi}$) folgt die *spezifische Mischungsentropie* des idealen Gemisches:

$$\Delta s_{Mi} = \frac{\Delta S_{Mi}}{m_{Mi}} = -\left[\mu_a R_a \ln\left(\mu_a \frac{M_{Mi}}{M_a}\right) + \mu_b R_b \ln\left(\mu_b \frac{M_{Mi}}{M_b}\right) + \mu_c R_c \ln\left(\mu_c \frac{M_{Mi}}{M_c}\right)\right] \qquad \textbf{(Gl 6.34 b)}$$

Zur Ableitung der Mischungsentropie des idealen Gemisches sei auf die Literatur der Gemisch-Thermodynamik verwiesen [6]. Die Mischungsentropie wird am Beispiel der Gemische idealer Gase im Abschn. 6.3.3 abgeleitet.

Beispiel 6.7: In einem Mischer, vergleichbar zum **B 3.22**, werden die Flüssigkeiten Benzol (a) und Aceton (b) von jeweils 0,1 kg/s adiabat und isobar gemischt. Die Temperatur von Benzol ist 50 °C, die von Aceton 20 °C. Die molaren Massen und die konstant angenommenen spezifischen Wärmekapazitäten sind für Benzol 78,11 kg/kmol und $1{,}77\,\frac{\text{kJ}}{\text{kg K}}$, für Aceton 58,08 kg/kmol und $2{,}2\,\frac{\text{kJ}}{\text{kg K}}$. Das gebildete Gemisch sei ideal. Die potentielle und kinetische Energie der Flüssigkeitsströme sollen sich nicht ändern, und die Flüssigkeitsdichten seien konstant. Man bestimme

a) die Temperatur des Gemisches in °C und K,
b) die molare Masse des Gemisches,
c) die irreversible Zunahme des Entropiestroms.

Zu a: Die Gemischtemperatur ist mit Gl 6.31

$$t_{\text{Mi}} = \frac{\dot{m}_a\, c_{pa}\, t_a + \dot{m}_b\, c_{pb}\, t_b}{\dot{m}_a\, c_{pa} + \dot{m}_b\, c_{pb}}$$

$$t_{\text{Mi}} = \frac{0{,}1\,\frac{\text{kg}}{\text{s}}\,1{,}77\,\frac{\text{kJ}}{\text{kg K}}\,50\,°\text{C} + 0{,}1\,\frac{\text{kg}}{\text{s}}\,2{,}2\,\frac{\text{kJ}}{\text{kg K}}\,20\,°\text{C}}{0{,}1\,\frac{\text{kg}}{\text{s}}\,1{,}77\,\frac{\text{kJ}}{\text{kg K}} + 0{,}1\,\frac{\text{kg}}{\text{s}}\,2{,}2\,\frac{\text{kJ}}{\text{kg K}}} = \underline{33{,}37\,°\text{C}}$$

$$T_{\text{Mi}} = (33{,}37 + 273{,}15)\,\text{K} = \underline{306{,}52\,\text{K}}$$

Zu b: Aus Gl 6.2 folgen die Massenanteile

$$\mu_a = \frac{\dot{m}_a}{\dot{m}_a + \dot{m}_b} = \frac{0{,}1\,\frac{\text{kg}}{\text{s}}}{0{,}1\,\frac{\text{kg}}{\text{s}} + 0{,}1\,\frac{\text{kg}}{\text{s}}} = 0{,}5 \qquad \mu_b = 1 - \mu_a = 1 - 0{,}5 = 0{,}5$$

Mit Gl 6.11 ist die molare Masse des Gemisches

$$\frac{1}{M_{\text{Mi}}} = \frac{\mu_a}{M_a} + \frac{\mu_b}{M_b}$$

$$\frac{1}{M_{\text{Mi}}} = \frac{0{,}5}{78{,}11\,\frac{\text{kg}}{\text{kmol}}} + \frac{0{,}5}{58{,}08\,\frac{\text{kg}}{\text{kmol}}}$$

$$M_{\text{Mi}} = \underline{66{,}62\,\frac{\text{kg}}{\text{kmol}}}$$

Zu c: Der Entropiestrom erhöht sich irreversibel einerseits durch den Temperaturausgleich

$$\Delta\dot{S}_{\text{Mi},T} = \dot{m}_a\, c_{pa} \ln\frac{T_{\text{Mi}}}{T_a} + \dot{m}_b\, c_{pb} \ln\frac{T_{\text{Mi}}}{T_b} \qquad \text{(Gl 3.26)}$$

andererseits durch den Stoffausgleich

$$\Delta\dot{S}_{\text{Mi}} = -\left[\dot{m}_a\, R_a \ln\left(\mu_a\,\frac{M_{\text{Mi}}}{M_a}\right) + \dot{m}_b\, R_b \ln\left(\mu_b\,\frac{M_{\text{Mi}}}{M_b}\right)\right] \qquad \text{(Gl 6.34a)}$$

Wir erhalten für den Temperaturausgleich

$$\Delta\dot{S}_{\mathrm{Mi},T} = 0{,}1\,\frac{\mathrm{kg}}{\mathrm{s}}\,1{,}77\,\frac{\mathrm{kJ}}{\mathrm{kg\,K}}\ln\frac{306{,}52\,\mathrm{K}}{323{,}15\,\mathrm{K}} + 0{,}1\,\frac{\mathrm{kg}}{\mathrm{s}}\,2{,}2\,\frac{\mathrm{kJ}}{\mathrm{kg\,K}}\ln\frac{306{,}52\,\mathrm{K}}{293{,}15\,\mathrm{K}} = 0{,}47\,\frac{\mathrm{W}}{\mathrm{K}}$$

und für den Stoffausgleich mit $R_a = R_m/M_a$

$$\Delta\dot{S}_{\mathrm{Mi}} = -8{,}3145\,\frac{\mathrm{kJ}}{\mathrm{kmol\,K}}\left[\frac{0{,}1\,\frac{\mathrm{kg}}{\mathrm{s}}}{78{,}11\,\frac{\mathrm{kg}}{\mathrm{kmol}}}\ln\left(0{,}5\,\frac{66{,}62\,\frac{\mathrm{kg}}{\mathrm{kmol}}}{78{,}11\,\frac{\mathrm{kg}}{\mathrm{kmol}}}\right)\right.$$

$$\left. + \frac{0{,}1\,\frac{\mathrm{kg}}{\mathrm{s}}}{58{,}08\,\frac{\mathrm{kg}}{\mathrm{kmol}}}\ln\left(0{,}5\,\frac{66{,}62\,\frac{\mathrm{kg}}{\mathrm{kmol}}}{58{,}08\,\frac{\mathrm{kg}}{\mathrm{kmol}}}\right)\right] = 17{,}03\,\frac{\mathrm{W}}{\mathrm{K}}$$

Die gesamte Zunahme des Entropiestroms ist

$$\Delta\dot{S}_{\mathrm{Mi\,ges}} = \Delta\dot{S}_{\mathrm{Mi},T} + \Delta\dot{S}_{\mathrm{Mi}} = (0{,}47 + 17{,}03)\,\frac{\mathrm{W}}{\mathrm{K}} = \underline{17{,}50\,\frac{\mathrm{W}}{\mathrm{K}}}$$

Aufgabe 6.5: Für eine Verbrennungsreaktion werden trockene Luft (a) von 25 °C und Methan (b) von 12 °C isobar und adiabat gemischt. Der Stoffstrom der Luft beträgt 34,3 kmol/h, der Stoffstrom des Methans 3,6 kmol/h. Die molaren Massen und die konstant angenommenen molaren Wärmekapazitäten sind für trockene Luft $28{,}96\,\frac{\mathrm{kg}}{\mathrm{kmol}}$ und $29{,}07\,\frac{\mathrm{kJ}}{\mathrm{kmol\,K}}$, für Methan $16{,}04\,\frac{\mathrm{kg}}{\mathrm{kmol}}$ und $34{,}6\,\frac{\mathrm{kJ}}{\mathrm{kmol\,K}}$. Man bestimme

a) die Gemischtemperatur,

b) die molare Änderung der Entropie,

c) die Änderung des Entropiestroms.

6.3 Gemisch idealer Gase

Gemische idealer Gase folgen dem Gesetz von Amagat (Gl 6.15) und gehorchen somit, wie ihre Komponenten, der *thermischen Zustandsgleichung idealer Gase*, wie im Abschn. 6.3.1 nachgewiesen wird. Daraus ergeben sich einfache Zusammenhänge für die Berechnung von Gasgemischen.

6.3.1 Thermische Zustandsgleichung

Wir ersetzen in Gl 6.15 ($V_{\mathrm{Mi}} = V_a + V_b + V_c$) die Einzelvolumen durch die thermische Zustandsgleichung idealer Gase nach Gl 2.3, beispielsweise

$$V_a = m_a\,\frac{R_a\,T}{p} \qquad \text{(Gl 2.3)}$$

und erhalten für das isotherm und isobar gebildete Gemischvolumen **(B 6.1)**

$$V_{\mathrm{Mi}} = (m_a\,R_a + m_b\,R_b + m_c\,R_c)\,\frac{T}{p} = m_{\mathrm{Mi}}(\mu_a\,R_a + \mu_b\,R_b + \mu_c\,R_c)\,\frac{T}{p}$$

Mit Gl 2.14 ($R_a = R_m/M_a$) und $\dfrac{1}{M_{Mi}} = \dfrac{\mu_a}{M_a} + \dfrac{\mu_b}{M_b} + \dfrac{\mu_c}{M_c}$ (Gl 6.11) folgt für das Gemischvolumen

$$V_{Mi} = m_{Mi}\, R_m \left(\frac{\mu_a}{M_a} + \frac{\mu_b}{M_b} + \frac{\mu_c}{M_c}\right) \frac{T}{p} = m_{Mi} \frac{R_m\, T}{M_{Mi}\, p}$$

Die thermische Zustandsgleichung des Gemisches idealer Gase lautet somit für die Gemischmasse m_{Mi}

$$p\, V_{Mi} = m_{Mi}\, R_{Mi}\, T \qquad \textbf{(Gl 6.35a)}$$

bzw. für die Stoffmenge des Gemisches n_{Mi}

$$p\, V_{Mi} = n_{Mi}\, R_m\, T \qquad \textbf{(Gl 6.35b)}$$

Ideale Gase und das Gemisch idealer Gase werden durch dieselbe thermische Zustandsgleichung beschrieben. Mit der Definition des spezifischen Volumens $v_{Mi} = V_{Mi}/m_{Mi}$ (Gl 1.1) gilt

$$p\, v_{Mi} = R_{Mi}\, T \qquad \textbf{(Gl 6.36)}$$

In den Gln 6.35a und 6.36 ist $R_{Mi} = R_m/M_{Mi}$ die spezielle Gaskonstante des Gemisches. Mit Gl 6.11 gilt

$$R_{Mi} = \frac{R_m}{M_{Mi}} = R_m \left(\frac{\mu_a}{M_a} + \frac{\mu_b}{M_b} + \frac{\mu_c}{M_c}\right) \qquad \textbf{(Gl 6.37)}$$

bzw. mit $R_a = R_m/M_a$

$$R_{Mi} = \frac{R_m}{M_{Mi}} = \mu_a\, R_a + \mu_b\, R_b + \mu_c\, R_c \qquad \textbf{(Gl 6.38)}$$

6.3.2 Partialdruck (Gesetz von Dalton)

Wir wollen die *isotherme und isobare* Gemischbildung (B 6.1) am Beispiel idealer Gase genauer betrachten. Vor der Gemischbildung herrscht in allen Gefäßen der gemeinsame Druck p. Nach Ziehen der Schieber bleibt dieser Druck unverändert, für das Gemischvolumen gilt $V_{Mi} = V_a + V_b + V_c$. Der unveränderte Druck wird jetzt jedoch durch die Summe der Stoffmengen n_a, n_b und n_c hervorgerufen. Mit der thermischen Zustandsgleichung für das Gemisch nach Gl 6.35b

$$p = n_{Mi} \frac{R_m\, T}{V_{Mi}} = (n_a + n_b + n_c) \frac{R_m\, T}{V_{Mi}} \qquad \textbf{(Gl 6.39)}$$

läßt sich dieser Druck als Summe der *Partialdrücke des Gasgemisches*

$$p_a^* = n_a \frac{R_m\, T}{V_{Mi}} \qquad p_b^* = n_b \frac{R_m\, T}{V_{Mi}} \qquad p_c^* = n_c \frac{R_m\, T}{V_{Mi}} \qquad \textbf{(Gl 6.40)}$$

mit

$$p = p_a^* + p_b^* + p_c^* \qquad \textbf{(Gl 6.41)}$$

auffassen, d.h. jede Komponente im Gemisch verhält sich bezüglich des Drucks so, als ob sie allein mit ihrer Stoffmenge im Gemischvolumen vorhanden wäre (*Gesetz von Dalton*[1]).

[1] John Dalton (1766–1844), englischer Chemiker, begründete 1808 die chemische Atomtheorie.

Wir dividieren die Partialdrücke (Gl 6.40) durch den Gesamtdruck (Gl 6.39)

$$\frac{p_a^*}{p} = \frac{n_a}{n_a + n_b + n_c} = y_a \qquad \textbf{(Gl 6.42)}$$

und erhalten für die Partialdrücke

$$p_a^* = y_a\, p \qquad p_b^* = y_b\, p \qquad p_c^* = y_c\, p \qquad \textbf{(Gl 6.43)}$$

6.3.3 Mischungsentropie und Exergie eines Gemisches idealer Gase [1]

Bei einer *isobaren* Gemischbildung (Abschn. 6.3.2) wird jede zu mischende Gaskomponente vom Ausgangsdruck p durch Diffusion *irreversibel* auf ihren Partialdruck gedrosselt, beispielsweise die Komponente a von p auf $p_a^* = y_a\, p$. Für ideale Gase verläuft bei *adiabater Prozeßführung* diese Drosselung *isotherm*; dabei wird die reversibel gewinnbare Arbeit (Gl 3.23 a) dissipiert:

$$W_{a\,diss,\,\mathrm{Mi}} = m_a\, R_a\, T \ln \frac{p}{p_a^*} = n_a\, R_m\, T \ln \frac{p}{p_a^*} = n_a\, R_m\, T \ln \frac{1}{y_a}$$

$$W_{a\,diss,\,\mathrm{Mi}} = -n_a\, R_m\, T \ln y_a \qquad \textbf{(Gl 6.44)}$$

Dieser dissipierten Energie entspricht nach Gl 3.23 b die irreversible Entropiezunahme

$$\Delta S_{a,\,\mathrm{Mi}} = \frac{W_{a\,diss,\,\mathrm{Mi}}}{T} = -n_a\, R_m \ln y_a \qquad \textbf{(Gl 6.45)}$$

für die *isotherm und isobar* gemischte Komponente a.

Wir berücksichtigen die übrigen Komponenten und erhalten die *Mischungsentropie* (Gl 6.33 a)

$$\Delta S_{\mathrm{Mi}} = -R_m (n_a \ln y_a + n_b \ln y_b + n_c \ln y_c)$$

für eine isotherme und isobare Gemischbildung idealer Gase.

Mit Gl 3.47 läßt sich auch der *Mischungsexergieverlust*

$$E_{v,\,\mathrm{Mi}} = T_{amb}\, \Delta S_{\mathrm{Mi}} \qquad \textbf{(Gl 6.46)}$$

als Maß für die Irreversibilität dieser Gemischbildung einführen. Möchte man ein Gemisch idealer Gase, das zuvor mit der Umgebung ins thermische ($T = T_{amb}$)[2] und mechanische ($p = p_{amb}$) Gleichgewicht gebracht worden ist, in seine Komponenten zerlegen, so ist bei reversibler Prozeßführung mindestens dieser Exergieverlust als *Entmischungsarbeit* $W_{t,\,\mathrm{Mi}}$ aufzuwenden:

$$W_{t,\,\mathrm{Mi}} = E_{v,\,\mathrm{Mi}} = T_{amb}\, \Delta S_{\mathrm{Mi}}$$

Die Entmischungsarbeit dient dazu, die unter ihren Partialdrücken p_a^*, p_b^*, p_c^* vorliegenden Gaskomponenten jeweils isotherm und reversibel auf den Gesamtdruck $p_{amb} = p_a^* + p_b^* + p_c^*$ zu verdichten.

---

[1] Die Ergebnisse dieses Abschn. 6.3.3 lassen sich auf alle idealen Gemische übertragen.

[2] Anstelle des Index b für den Umgebungszustand verwenden wir hier amb, um Verwechslungen mit der Gemischkomponente b zu vermeiden.

Die Exergie eines ungemischten Gasstroms, der noch nicht ins thermische und mechanische Gleichgewicht mit der Umgebung überführt worden ist, ist nach Gl 3.35

$$E_a = H_a - H_a^{amb} - T_{amb}(S_a - S_a^{amb})$$

und die Exergie eines ungemischten Gases im geschlossenen System nach Gl 3.40

$$E_{ga} = U_a - U_a^{amb} - T_{amb}(S_a - S_a^{amb}) + p_{amb}(V_a - V_a^{amb}).$$

Mit dem Exergieverlust nach Gl 6.46 erhalten wir schließlich die *Exergie des Gemisches idealer Gase* bei offenen Systemen

$$E_{Mi} = E_a + E_b + E_c - E_{v,Mi}$$

$$E_{Mi} = E_a + E_b + E_c - T_{amb}\,\Delta S_{Mi} \qquad \textbf{(Gl 6.47a)}$$

oder analog bei geschlossenen Systemen

$$E_{gMi} = E_{ga} + E_{gb} + E_{gc} - T_{amb}\,\Delta S_{Mi} \qquad \textbf{(Gl 6.47b)}$$

Nach Abschn. 6.2.4 trifft die Beziehung für die Mischungsentropie (Gl 6.33a) auf alle idealen Gemische zu, also auch auf diejenigen Flüssigkeiten, die dem Gesetz von Amagat folgen. Wegen der adiabaten Prozeßführung – es treten keine Zusatzgrößen auf – gelten die Gln 6.45, 6.46 und 6.47 unverändert auch für ideale Flüssigkeitsgemische.

Die Gln 6.47 sind nicht exakt, denn die Gaskomponenten sind beim Druck p_{amb} gar nicht in der Umgebung ungemischt vorhanden. Abhängig von der Zusammensetzung der Umgebung (*Umgebungsmodell*) läßt sich jedes ungemischte Gas, z. B. Gas a, reversibel unter Nutzung von technischer Arbeit von p_{amb} auf den Umgebungspartialdruck $(p_a^*)_{amb}$ expandieren, d. h. das ungemischte Gas besitzt bei T_{amb} und p_{amb} abweichend zu Gl 3.35 bzw. Gl 3.40 die zusätzliche Exergie

$$\Delta E_a = n_a R_m T_{amb} \ln\left(\frac{p_{amb}}{(p_a^*)_{amb}}\right)$$

$$\Delta E_a = -n_a R_m T_{amb} \ln(y_a)_{amb} \qquad \textbf{(Gl 6.48)}$$

Nach Festlegung des Umgebungsmodells können die Gln 3.35, 3.40 und 6.47 entsprechend korrigiert werden.

Beispiel 6.8: Aus trockener Umgebungsluft (Zustand 1) soll reiner Sauerstoff (a) bei $p_{a2} = 10$ bar und reiner Stickstoff (b) bei $p_{b2} = 2$ bar (Zustand 2) gewonnen werden. Die trockene Luft bestehe aus 21 Mol-% Sauerstoff und 79 Mol-% Stickstoff mit der molaren Masse 28,96 kg/kmol. Der Umgebungszustand liegt bei 20 °C und 1 bar vor. Welche spezifische Mindestarbeit ist zur Trennung erforderlich, wenn sich die kinetische und potentielle Energie nicht ändern?

Die Mindestarbeit liegt vor, wenn der Trennprozeß reversibel verläuft, also kein Exergieverlust auftritt. Die Exergiebilanz nach Gl 3.46 (zugeführte Exergieströme = abgeführte Exergieströme) liefert die Mindestleistung:

$$\dot{W}_{t12} + \dot{E}_1 = \dot{E}_{a2} + \dot{E}_{b2}$$

$$\dot{W}_{t12} = \dot{E}_{a2} + \dot{E}_{b2} - \dot{E}_1$$

Der Exergiestrom des trockenen Luftgemisches (Zustand 1) beträgt nach Gl 6.47a mit Gl 3.35 im Umgebungszustand

$$\dot{E}_1 = \dot{E}_{Mi} = -T_{amb}\,\Delta\dot{S}_{Mi} = -T_{amb}\,\dot{n}_{Mi}\,\Delta S_{mMi}$$

da thermisches und mechanisches Gleichgewicht vorliegt[1]. Mit Gl 3.19a, $m_a = n_a M_a$ und $R_a = R_m/M_a$ sind bei T_{amb} die Exergieströme der entmischten Gase

$$\dot{E}_{a2} = \dot{n}_a R_m T_{amb} \ln \frac{p_{a2}}{p_{amb}} \qquad \dot{E}_{b2} = \dot{n}_b R_m T_{amb} \ln \frac{p_{b2}}{p_{amb}}$$

Wir erhalten für die Mindestleistung

$$\dot{W}_{t12} = R_m T_{amb} \left(\dot{n}_a \ln \frac{p_{a2}}{p_{amb}} + \dot{n}_b \ln \frac{p_{b2}}{p_{amb}} \right) + \dot{n}_{Mi} T_{amb} \Delta S_{mMi}$$

Mit Gl 6.33b, Gl 6.6 ($y_a = n_a/n_{Mi}$) und Gl 6.8 ($m_{Mi} = n_{Mi} M_{Mi}$) folgt die spezifische Mindestarbeit

$$w_{t12} = \frac{\dot{W}_{t12}}{\dot{m}_{Mi}} = \frac{\dot{W}_{t12}}{\dot{n}_{Mi} M_{Mi}} = \frac{R_m T_{amb}}{M_{Mi}} \left[y_a \left(\ln \frac{p_{a2}}{p_{amb}} - \ln y_a \right) + y_b \left(\ln \frac{p_{b2}}{p_{amb}} - \ln y_b \right) \right]$$

$$w_{t12} = \frac{8{,}3145 \frac{\text{kJ}}{\text{kmol K}} \, 293{,}15 \text{ K}}{28{,}96 \frac{\text{kg}}{\text{kmol}}} \left[0{,}21 \left(\ln \frac{10 \text{ bar}}{1 \text{ bar}} - \ln 0{,}21 \right) + 0{,}79 \left(\ln \frac{2 \text{ bar}}{1 \text{ bar}} - \ln 0{,}79 \right) \right]$$

$$\underline{w_{t12} = 130 \frac{\text{kJ}}{\text{kg}}}$$

Aufgabe 6.6: Durch Verbrennung von Kohle entsteht Abgas mit 29,5 Massen-% Kohlendioxid (a) und 70,5 Massen-% Stickstoff (b). Die molaren Massen und die konstant angenommenen spezifischen Wärmekapazitäten betragen für Kohlendioxid $44{,}01 \frac{\text{kg}}{\text{kmol}}$ und $0{,}87 \frac{\text{kJ}}{\text{kg K}}$, für Stickstoff $28{,}01 \frac{\text{kg}}{\text{kmol}}$ und $1{,}04 \frac{\text{kJ}}{\text{kg K}}$. In der Umgebung werden 20 °C und 1 bar gemessen. Das Abgas soll reversibel und adiabat getrennt werden, wobei die getrennten Komponenten die Temperatur und den Druck der Umgebung (Zustand 2) haben sollen. Welche spezifische Mindestarbeit ist zur Trennung erforderlich, wenn im Zustand 1 das Abgas bei

a) T_{amb} und p_{amb},
b) 100 °C und p_{amb}

vorliegt.

6.3.4 Zusammensetzung von Gemischen idealer Gase

Bei Gemischen idealer Gase sind die Zusammenhänge zwischen Raum- und Stoffmengenanteilen, Gemischdichte und Beladung einfach darstellbar.

Raum- und Stoffmengenanteile. Zunächst wollen wir die Übereinstimmung von Raum- und Stoffmengenanteil für ein Gemisch idealer Gase nachweisen, wobei wir konsequent auf Gl 6.25 zurückgreifen. Mit Gl 6.17 ($\varrho_{Mi} = m_{Mi}/V_{Mi}$) und Gl 6.35a ($V_{Mi} = m_{Mi} R_{Mi} T/p$) ist die Gemischdichte

$$\varrho_{Mi} = \frac{m_{Mi}}{V_{Mi}} = \frac{p}{R_{Mi} T} \qquad \textbf{(Gl 6.49a)}$$

[1] Es liegt auch stoffliches Gleichgewicht vor, so daß strenggenommen $\dot{E}_1 = \dot{E}_{Mi} = 0$ gilt; dann müssen jedoch die Exergien der reinen Gase E_{a2} und E_{b2} (Gl 3.35) konsequent um ΔE_{a2} und ΔE_{b2} (Gl 6.48) korrigiert werden, beispielsweise $\Delta E_{a2} = -n_a R_m T_{amb} \ln(y_a)_{amb}$. Die zuzuführende spezifische Mindestarbeit ändert sich nicht.

und analog die Dichte der Komponente a

$$\varrho_a = \frac{m_a}{V_a} = \frac{p}{R_a\, T} \qquad \textbf{(Gl 6.49 b)}$$

Aus Gl 6.25

$$\frac{\varrho_{Mi}}{\varrho_a} = \frac{r_a}{y_a} \frac{M_{Mi}}{M_a}$$

folgt mit Gl 2.14 ($R_m = R_a\, M_a = R_{Mi}\, M_{Mi}$)

$$r_a = y_a \frac{\varrho_{Mi}}{\varrho_a} \frac{M_a}{M_{Mi}} = y_a \frac{R_a\, M_a}{R_{Mi}\, M_{Mi}} = y_a \frac{R_m}{R_m}$$

$$r_a = y_a \qquad \textbf{(Gl 6.50)}$$

Raum- und Stoffmengenanteile stimmen überein.

Gemischdichte. Für die Partialdichte (Massenkonzentration) nach Gl 6.20

$$\varrho_a^* = \frac{m_a}{V_{Mi}} = y_a \frac{M_a}{M_{Mi}} \varrho_{Mi}$$

erhält man mit Gl 6.49 a zunächst

$$\varrho_a^* = y_a \frac{M_a}{M_{Mi}} \frac{p}{R_{Mi}\, T} = y_a \frac{p}{R_a\, T}$$

und mit dem Partialdruck nach Gl 6.43 ($p_a^* = y_a\, p$)

$$\varrho_a^* = \frac{p_a^*}{R_a\, T} \qquad \varrho_b^* = \frac{p_b^*}{R_b\, T} \qquad \varrho_c^* = \frac{p_c^*}{R_c\, T} \qquad \textbf{(Gl 6.51)}$$

Nach Gl 6.19 bildet die Summe der Partialdichten die Gemischdichte

$$\varrho_{Mi} = \varrho_a^* + \varrho_b^* + \varrho_c^*$$

also

$$\varrho_{Mi} = \frac{p_a^*}{R_a\, T} + \frac{p_b^*}{R_b\, T} + \frac{p_c^*}{R_c\, T} \qquad \textbf{(Gl 6.52)}$$

Beladung. Die Beladung eines binären Gemisches idealer Gase (Gl 6.14)

$$x = \frac{m_a}{m_b} = \frac{M_a}{M_b} \frac{y_a}{1 - y_a}$$

läßt sich nach Erweiterung mit dem Gemischdruck p durch den Partialdruck ($p_a^* = y_a\, p$) ausdrücken:

$$x = \frac{m_a}{m_b} = \frac{M_a}{M_b} \frac{y_a\, p}{p - y_a\, p} = \frac{M_a}{M_b} \frac{p_a^*}{p - p_a^*} \qquad \textbf{(Gl 6.53)}$$

Beispiel 6.9: Ein adiabater Behälter (geschlossenes System) ist in zwei Kammern aufgeteilt. Die eine enthält 6 kg Wasserstoff (a) der molaren Masse 2 kg/kmol bei 25 °C und 1 bar, die andere 28 kg Stickstoff (b) der molaren Masse 28 kg/kmol bei 25 °C und 3 bar (Zustand 1). Der Umgebungszustand sei 25 °C und 1 bar. Nach Entfernung der Trennwand vermischen sich die Gase und bilden ein Gemisch idealer Gase (Zustand 2). Man bestimme:

a) die Zustandsgrößen Temperatur, Druck und Stoffmengenanteile,

b) die irreversible Entropiezunahme,

c) den Exergieverlust,

d) die Partialdichten der Komponenten

nach der Gemischbildung.

Zu a: Die innere Energie U idealer Gase hängt nur von der Temperatur T ab. Da weder Arbeit noch Wärme an den Behälter übertragen werden, ist die Energiebilanz nach Gl 1.24b

$$U_2 - U_1 = 0$$

Man erhält mit Gl 6.28a, angewendet auf die Innere Energie,

$$m_a c_{v a} T_2 + m_b c_{v b} T_2 - m_a c_{v a} T_{a1} - m_b c_{v b} T_{b1} = 0$$

Nach Aufgabenstellung ist im Anfangszustand $T_{a1} = T_{b1}$, folglich kann keine Temperaturänderung auftreten. Die Zustandsänderung ist isotherm, d.h.

$$T = T_2 = \underline{T_{a1} = T_{b1}}$$

Den Gemischdruck p_2 bestimmen wir mit der thermischen Zustandsgleichung. Das konstante Behältervolumen ist im Zustand 1

$$V = V_{a1} + V_{b1} = n_a \frac{R_m T}{p_{a1}} + n_b \frac{R_m T}{p_{b1}} = R_m T \left(\frac{n_a}{p_{a1}} + \frac{n_b}{p_{b1}} \right)$$

Eingesetzt in die thermische Zustandsgleichung des Gemisches (Gl 6.35b) folgt

$$p_2 = (n_a + n_b) \frac{R_m T}{V} = \frac{n_a + n_b}{\dfrac{n_a}{p_{a1}} + \dfrac{n_b}{p_{b1}}}$$

Die Stoffmengen sind (Gl 6.4)

$$n_a = \frac{m_a}{M_a} = \frac{6\,\text{kg}}{2\,\dfrac{\text{kg}}{\text{kmol}}} = 3\,\text{kmol} \qquad n_b = \frac{m_b}{M_b} = \frac{28\,\text{kg}}{28\,\dfrac{\text{kg}}{\text{kmol}}} = 1\,\text{kmol}$$

Wir erhalten für den Gemischdruck

$$p_2 = \frac{(3+1)\,\text{kmol}}{\dfrac{1\,\text{kmol}}{3\,\text{bar}} + \dfrac{3\,\text{kmol}}{1\,\text{bar}}} = \underline{1{,}2\,\text{bar}}$$

Die Stoffmengenanteile sind (Gl 6.6)

$$y_a = \frac{n_a}{n_a + n_b} = \frac{3\,\text{kmol}}{(1+3)\,\text{kmol}} = \underline{0{,}75} \qquad y_b = 1 - y_a = 1 - 0{,}75 = \underline{0{,}25}$$

Zu b: Die irreversible Entropiezunahme beruht einerseits auf dem isothermen Druckausgleich[1] (gedankliche Vorstellung: verschiebbare und wärmedurchlässige Trennwand) und andererseits auf der isothermen und isobaren Gemischbildung (Stoffausgleich durch Entfernung der Trennwand). Mit der Entropiebilanz

$$\Delta S_{\mathrm{Mi\,ges}} = S_2 - S_1$$

und Gl 6.32 erhalten wir

$$\Delta S_{\mathrm{Mi\,ges}} = S_{\mathrm{a}\,2} - S_{\mathrm{a}\,1} + S_{\mathrm{b}\,2} - S_{\mathrm{b}\,1} + \Delta S_{\mathrm{Mi}}$$

Durch den irreversiblen isothermen Druckausgleich ist die Entropiezunahme der Komponente a mit Gl 3.14a

$$S_{\mathrm{a}\,2} - S_{\mathrm{a}\,1} = m_{\mathrm{a}}\, R_{\mathrm{a}} \ln\left(\frac{p_{\mathrm{a}\,1}}{p_2}\right) = n_{\mathrm{a}}\, R_{\mathrm{m}} \ln\left(\frac{p_{\mathrm{a}\,1}}{p_2}\right)$$

Wir berücksichtigen die Komponente b und erhalten für die gesamte Entropiezunahme

$$\Delta S_{\mathrm{Mi\,ges}} = n_{\mathrm{Mi}}\, R_{\mathrm{m}} \left[y_{\mathrm{a}} \ln\left(\frac{p_{\mathrm{a}\,1}}{p_2}\right) + y_{\mathrm{b}} \ln\left(\frac{p_{\mathrm{b}\,1}}{p_2}\right) \right] + \Delta S_{\mathrm{Mi}}$$

bzw. mit Gl 6.33a

$$\Delta S_{\mathrm{Mi\,ges}} = n_{\mathrm{Mi}}\, R_{\mathrm{m}} \left\{ y_{\mathrm{a}} \left[\ln\left(\frac{p_{\mathrm{a}\,1}}{p_2}\right) - \ln y_{\mathrm{a}} \right] + y_{\mathrm{b}} \left[\ln\left(\frac{p_{\mathrm{b}\,1}}{p_2}\right) - \ln y_{\mathrm{b}} \right] \right\}$$

Mit $n_{\mathrm{Mi}} = n_{\mathrm{a}} + n_{\mathrm{b}} = (3+1)\,\mathrm{kmol} = 4\,\mathrm{kmol}$ folgt

$$\Delta S_{\mathrm{Mi\,ges}} = 4\,\mathrm{kmol}\ 8{,}3145\,\frac{\mathrm{kJ}}{\mathrm{kmol\,K}} \left\{ 0{,}75 \left[\ln\left(\frac{1\,\mathrm{bar}}{1{,}2\,\mathrm{bar}}\right) - \ln 0{,}75 \right] \right.$$

$$\left. + 0{,}25 \left[\ln\left(\frac{3\,\mathrm{bar}}{1{,}2\,\mathrm{bar}}\right) - \ln 0{,}25 \right] \right\}$$

$$\underline{\Delta S_{\mathrm{Mi\,ges}} = 21{,}77\,\frac{\mathrm{kJ}}{\mathrm{K}}}$$

Zu c: Der Exergieverlust des adiabaten Systems ist mit Gl 3.47

$$E_{v,\mathrm{Mi\,ges}} = T_{\mathrm{amb}}\, \Delta S_{\mathrm{Mi\,ges}} = 298{,}15\,\mathrm{K}\ 21{,}77\,\frac{\mathrm{kJ}}{\mathrm{K}} = \underline{6492\,\mathrm{kJ}}$$

Zu d: Nach Gl 6.51 sind die Partialdichten im Zustand 2

$$\varrho^*_{\mathrm{a}2} = \frac{p^*_{\mathrm{a}2}}{R_{\mathrm{a}}\, T} = \frac{y_{\mathrm{a}}\, p_2}{R_{\mathrm{a}}\, T} = \frac{y_{\mathrm{a}}\, p_2}{\dfrac{R_{\mathrm{m}}}{M_{\mathrm{a}}}\, T}$$

$$\varrho^*_{\mathrm{a}2} = M_{\mathrm{a}}\, \frac{y_{\mathrm{a}}\, p_2}{R_{\mathrm{m}}\, T} \qquad \varrho^*_{\mathrm{b}2} = M_{\mathrm{b}}\, \frac{y_{\mathrm{b}}\, p_2}{R_{\mathrm{m}}\, T}$$

[1] Genauer betrachtet überlagern sich Druck- und Temperaturausgleich. Im denkbaren Grenzfall des reversiblen und adiabaten Druckausgleichs (verschiebbarer Kolben als diatherme Trennwand) wird die Entropieerzeugung nur durch den Temperaturausgleich herbeigeführt.

$$\varrho_{a2}^* = 2\,\frac{\text{kg}}{\text{kmol}}\,\frac{0{,}75\cdot 1{,}2\cdot 10^5\,\dfrac{\text{J}}{\text{m}^3}}{8314{,}5\,\dfrac{\text{J}}{\text{kmol K}}\,298{,}15\,\text{K}} = \underline{0{,}073\,\frac{\text{kg}}{\text{m}^3}}$$

$$\varrho_{b2}^* = 28\,\frac{\text{kg}}{\text{kmol}}\,\frac{0{,}25\cdot 1{,}2\cdot 10^5\,\dfrac{\text{J}}{\text{m}^3}}{8314{,}5\,\dfrac{\text{J}}{\text{kmol K}}\,298{,}15\,\text{K}} = \underline{0{,}339\,\frac{\text{kg}}{\text{m}^3}}$$

Aufgabe 6.7: Welche Mindestleistung ist erforderlich, um den unvermischten Ursprungszustand im Beispiel 6.7 wieder herbeizuführen? Die Umgebungstemperatur sei 20 °C.

6.4 Gas-Dampf-Gemisch

In einem Gas-Dampf-Gemisch bezeichnet man als Dampf diejenige Komponente, die im betrachteten Druck- und Temperaturbereich als Flüssigkeit oder Festkörper kondensieren kann. Die übrigen Komponenten bleiben in ihrer Menge unverändert und werden zu einer Komponentengruppe, dem nichtkondensierbaren Gas, zusammengefaßt.

Bei geringen Drücken können Gas und Dampf als ein Gemisch idealer Gase behandelt werden. Für die Gasphase gelten dann die Gesetzmäßigkeiten der Abschn. 6.1, 6.2 und 6.3. Von besonderer Bedeutung ist das Gesetz von Dalton. Das wichtigste Beispiel ist die atmosphärische Luft, ein Gemisch aus trockener Luft und Wasserdampf.

Da sich nicht beliebige Dampfmengen mit dem nichtkondensierenden Gas mischen, sind drei Zustände zu unterscheiden:

Ungesättigter Zustand. Es liegt nur die Gasphase, nämlich das Gas-Dampf-Gemisch vor. Der Partialdruck des Dampfes p_d^* ist kleiner als der Sättigungsdruck p_s^* des Dampfes im Gemisch. Der Gesamtdruck ist $p = p_g^* + p_d^*$.

Gesättigter Zustand. In der Gasphase beginnt die Kondensatbildung. Die Gasphase besteht aus dem nichtkondensierenden Gas und aus gesättigtem Dampf, d. h. der Partialdruck des Dampfes im Gemisch ist gleich dem Sättigungsdruck des Dampfes an der Oberfläche des entstehenden Kondensats *(stoffliches Gleichgewicht)*: $p_d^* = p_s^*$. Der Gesamtdruck ist $p = p_g^* + p_s^*$. Gasphase und entstehende Kondensatphase haben dieselbe Temperatur T *(thermisches Gleichgewicht)* und denselben Gesamtdruck p *(mechanisches Gleichgewicht)*. Bei mäßigem Gesamtdruck stimmt der Sättigungsdruck p_s^* der kondensierbaren Komponente mit dem Dampfdruck p_s dieses Stoffes im ungemischten System (Einkomponentensystem) überein. Beispielsweise ist dann der Sättigungsdruck des Wasserdampfes im Gas-Dampf-Gemisch gleich dem Dampf- bzw. Sublimationsdruck des H_2O (flüssig bzw. fest), vgl. T 5.4 und **T 6.1.**

Übersättigter Zustand. Es liegen Gas- und Kondensatphase vor, wobei die Gasphase gesättigt ist. Es gelten für die Gasphase die Beziehungen des gesättigten Zustandes.

T 6.1 Partialdruck des Wasserdampfes und absolute Feuchte (Partialdichte) in gesättigter feuchter Luft und anderen gesättigten Gasen[1]

t °C	p_s bar	ϱ_s $\frac{kg}{m^3}$	t °C	p_s bar	ϱ_s $\frac{kg}{m^3}$
−20	0,001033	0,000884	26	0,033637	0,024404
−18	0,001249	0,001061	27	0,035679	0,025801
−16	0,001507	0,001270	28	0,037828	0,027266
−14	0,001812	0,001515	29	0,040089	0,028802
−12	0,002173	0,001804	30	0,042467	0,030412
−10	0,002599	0,002141	32	0,047592	0,033864
−8	0,003100	0,002534	34	0,053247	0,037647
−6	0,003687	0,002992	36	0,059475	0,041785
−4	0,004375	0,003523	38	0,066324	0,046306
−2	0,005177	0,004139	40	0,073844	0,051237
0	0,006112	0,004851	42	0,082090	0,056608
1	0,006571	0,005196	44	0,091118	0,062451
2	0,007060	0,005563	46	0,100988	0,068797
3	0,007581	0,005952	48	0,111764	0,075682
4	0,008135	0,006365	50	0,123513	0,083140
5	0,008726	0,006802	52	0,136305	0,091210
6	0,009354	0,007265	54	0,150215	0,099931
7	0,010021	0,007756	56	0,165322	0,109344
8	0,010730	0,008276	58	0,181704	0,119492
9	0,011483	0,008825	60	0,199458	0,130418
10	0,012282	0,009407	62	0,218664	0,142170
11	0,013129	0,010021	64	0,239421	0,154795
12	0,014028	0,010670	66	0,261827	0,168344
13	0,014981	0,011355	68	0,285986	0,182869
14	0,015989	0,012078	70	0,312006	0,198423
15	0,017057	0,012840	72	0,340001	0,215063
16	0,018188	0,013644	74	0,370088	0,232846
17	0,019383	0,014491	76	0,402389	0,251832
18	0,020647	0,015384	78	0,437031	0,272083
19	0,021982	0,016324	80	0,474147	0,293663
20	0,023392	0,017313	90	0,701824	0,423882
21	0,024881	0,018353	100	1,014180	0,598136
22	0,026452	0,019447			
23	0,028109	0,020596			
24	0,029856	0,021804			
25	0,031697	0,023073			

6.4.1 Taupunkt

Bei isobarer Kühlung eines ungesättigten Gas-Dampf-Gemisches bleibt der Partialdruck p_d^* so lange konstant, bis bei einer bestimmten Temperatur, der Taupunkttemperatur t_τ, $p_d^* = p_s$ ist; das Gemisch ist gesättigt und es beginnt die Kondensatbildung. Man nennt diesen Zustand *Taupunkt* des Gemisches **(B 6.2)**. Bei weiterer isobarer Abkühlung fällt

[1] Als Partialdruck wurde der Dampfdruck p_s des H_2O tabelliert. Bei mäßigem Gesamtdruck, wie er z. B. in Anlagen der Trocknungs- und Klimatechnik vorliegt (um 1 bar), stimmen p_s^* und p_s überein. Drücke für $t = -20$ °C bis -2 °C aus Wagner/Saul/Pruß [31], Partialdichten aus Pruß/Wagner [32]; Werte für $t = 0$ °C bis 100 °C: Wasserdampftafeln [18]. Drucktafel s. T 5.4.

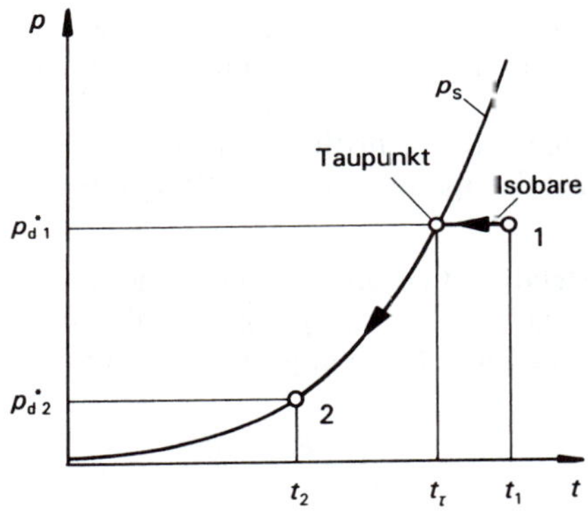

B 6.2 Taupunkt und Taupunkttemperatur t_τ im p,t-Diagramm

zunehmend Kondensat aus, wobei der Sättigungszustand in der Gasphase erhalten bleibt. Der Partialdruck p_d^* des Dampfes folgt dem geringer werdenden Sättigungsdruck p_s.

6.4.2 Feuchte Luft

Prozesse mit feuchter Luft sind bedeutend in der Meteorologie, der Klimatechnik und der Trocknungstechnik. Feuchte Luft besteht aus trockener Luft (Index l), die sich aus ca. 21 Vol.-% Sauerstoff, 78 Vol.-% Stickstoff und 1 Vol.-% Argon zusammensetzt, und Wasserdampf (Index d). Der Tripelpunkt des Wassers liegt bei 0,01 °C (T 5.3), näherungsweise bei 0 °C. Bei der Kondensation von Wasserdampf unterhalb dieser Temperatur bildet sich Eis oder Eisnebel.

6.4.3 Zusammensetzung der feuchten Luft

Als Maß für die Zusammensetzung der ungesättigten oder gesättigten feuchten Luft benutzt man vorzugsweise die absolute Feuchte, die relative Feuchte oder den Feuchtegehalt.

Absolute Feuchte. Diese ist identisch mit der im Abschn. 6.2.2 eingeführten Partialdichte für den Wasserdampf (Gl 6.16):

$$\varrho_d^* = \frac{m_d}{V_{Mi}} = \frac{m_d}{V_d + V_l} \qquad \textbf{(Gl 6.54)}$$

Mit Gl 6.51 erhalten wir den Zusammenhang zwischen absoluter Feuchte und Partialdruck des Wasserdampfes

$$\varrho_d^* = \frac{m_d}{V_{Mi}} = \frac{p_d^*}{R_{H_2O}\,T} \qquad \textbf{(Gl 6.55 a)}$$

Für eine vorgegebene Temperatur erreicht die absolute Feuchte ihren Maximalwert, wenn der Sättigungszustand mit $p_d^* = p_s$ erreicht ist:

$$\varrho_s^* = \frac{p_s}{R_{H_2O}\,T} \approx \frac{1}{v''_{H_2O}} \qquad \textbf{(Gl 6.55 b)}$$

Diese nur von der Temperatur abhängende Größe heißt Sättigungs(partial)dichte. Die Sättigungsgrößen p_s und ϱ_s^* können der Wasserdampftafel T 5.4 entnommen werden. Sie sind in T 6.1 in Temperaturschritten von 1 K tabelliert. Wird die Sättigungspartialdichte überschritten, fällt aus der gesättigten feuchten Luft Kondensat aus, oberhalb der Temperatur des Tripelpunktes als Flüssigkeit, darunter als Eis.

Relative Feuchte. Bei einer gegebenen Temperatur ist das Verhältnis von absoluter Feuchte und Sättigungspartialdichte gleich dem Verhältnis von Wasserdampfpartialdruck und Sättigungsdruck (Gln 6.55). Man nennt das Verhältnis *relative Feuchte*

$$\varphi = \frac{\varrho_d^*}{\varrho_s^*} = \frac{p_d^*}{p_s} \qquad \textbf{(Gl 6.56)}$$

Die relative Feuchte läßt sich leicht messen, z.B. mit einem Haarhygrometer. Bei $\varphi = 1$ ist die feuchte Luft gesättigt, bei $\varphi < 1$ ist sie ungesättigt.

Wir ersetzen in Gl 6.55a den Wasserdampfpartialdruck durch $p_d^* = \varphi\, p_s$ und erhalten

$$\varrho_d^* = \frac{m_d}{V_{Mi}} = \frac{\varphi\, p_s}{R_{H_2O}\, T} \qquad \textbf{(Gl 6.57)}$$

In der analogen Beziehung für die Partialdichte der trockenen Luft

$$\varrho_l^* = \frac{m_l}{V_{Mi}} = \frac{p_l^*}{R_l\, T}$$

ersetzen wir den Partialdruck der trockenen Luft durch $p_l^* = p - p_d^* = p - \varphi\, p_s$ (Gesetz von Dalton):

$$\varrho_l^* = \frac{m_l}{V_{Mi}} = \frac{p - \varphi\, p_s}{R_l\, T} \qquad \textbf{(Gl 6.58)}$$

Aus den Gln 6.57 und 6.58 können für einen bestimmten Zustand bei gegebener Masse der trockenen Luft oder des Wasserdampfes das Volumen V_{Mi} der feuchten Luft bzw. bei gegebenem Volumen die entsprechenden Massen berechnet werden.

Die Gemischdichte der feuchten Luft kann mit Gl 6.56 und Gl 6.58 aus der Masse und dem Volumen bestimmen werden

$$\varrho_{Mi} = \frac{m_{Mi}}{V_{Mi}} = \frac{m_d + m_l}{V_{Mi}}$$

$$\varrho_{Mi} = \varrho_d^* + \varrho_l^* = \varphi\, \varrho_s^* + \frac{p - \varphi\, p_s}{R_l\, T} \qquad \textbf{(Gl 6.59)}$$

Feuchtegehalt (Wasserbeladung)[1]**.** Der *Feuchtegehalt* ist gemäß Abschn. 6.1.4 als Beladung der trockenen Luft mit H_2O – Wasserdampf und auch Wasser (Nebel) – definiert (Gl 6.12a):

$$x = \frac{m_{H_2O}}{m_l} \qquad \textbf{(Gl 6.60)}$$

[1] Auch Wassergehalt, Wasserdampfgehalt, relativer Wassergehalt, absolute Feuchte oder Feuchtegrad genannt.

Für den ungesättigten Zustand mit $p_d^* = y_d\, p$ (Gl 6.43) gilt nach Gl 6.53

$$x = \frac{m_d}{m_l} = \frac{M_{H_2O}}{M_l} \frac{p_d^*}{p - p_d^*} \qquad \textbf{(Gl 6.61 a)}$$

und für den gesättigten Zustand mit $p_s = p_d^*$

$$x_s = \frac{M_{H_2O}}{M_l} \frac{p_s}{p - p_s} \qquad \textbf{(Gl 6.62 a)}$$

Der Vorteil für die Definition[1] von x liegt in der bei den üblichen technischen Vorgängen der Klima- und Trocknungstechnik konstanten Bezugsgröße m_l.

Wir ersetzen den Wasserdampfpartialdruck in Gl 6.61 a durch Gl 6.56 und führen die jeweiligen molaren Massen nach T 2.1 ein:

$$x = \frac{m_d}{m_l} = \frac{M_{H_2O}}{M_l} \frac{\varphi\, p_s}{p - \varphi\, p_s} = 0{,}622 \frac{\varphi\, p_s}{p - \varphi\, p_s} \qquad \textbf{(Gl 6.61 b)}$$

Für den gesättigten Zustand ($\varphi = 1$) gilt:

$$x_s = 0{,}622 \frac{p_s}{p - p_s} \qquad \textbf{(Gl 6.62 b)}$$

x bzw. x_s ist das Verhältnis der Massen zweier Stoffe und daher eine reine Verhältniszahl. Als Gedankenstütze für die Definition dieser Größe ist es oft vorteilhaft, die Einheiten der Massen mit einzusetzen und durch eine Beifügung anzugeben, um welchen Stoff es sich handelt, z. B. kg tr L oder kg H_2O, beispielsweise

$$x = \frac{5\,\text{kg}\,H_2O}{1000\,\text{kg tr L}} = 0{,}005 \frac{\text{kg}\,H_2O}{\text{kg tr L}} = 0{,}005$$

Da sich p_s eindeutig mit der Temperatur verändert, kann x aus den meßbaren Größen Temperatur, relative Feuchte und Gesamtdruck berechnet werden (Gln 6.61). Die je Masse trockener Luft maximal aufnehmbare Wasserdampfmasse m_d (gesättigter Zustand) wird bei konstanter Temperatur mit steigendem Gesamtdruck kleiner (Gln 6.62).

Stoffmengenanteil und Wasserdampfpartialdruck. Auf diese Größen hatten wir bei der Definition der absoluten Feuchte, der relativen Feuchte und des Feuchtegehaltes zurückgegriffen. Der Stoffmengenanteil des Wasserdampfes in der feuchten Luft nach Gl 6.6

$$y_d = \frac{n_d}{n_d + n_l}$$

bzw. der Partialdruck nach Gl 6.43

$$p_d^* = y_d\, p$$

ist ein Maß für die Stoffmenge n_d des Wasserdampfes.

Beispiel 6.10: 5000 m³/h feuchte Luft strömen mit 15 °C, einer relativen Feuchte von 60% und einem Gesamtdruck von 1,01325 bar durch eine Rohrleitung. Zu bestimmen sind

a) der Partialdruck des Wasserdampfes,

b) der Massenstrom des Wasserdampfes in der feuchten Luft $\left(R_{H_2O} = 461{,}5 \dfrac{\text{J}}{\text{kg K}}\right)$.

[1] Dieses x darf nicht mit dem Naßdampfgehalt im Naßdampf verwechselt werden, der ebenfalls mit x bezeichnet wird (Abschn. 5.2).

Zu a: Der Sättigungsdruck ist bei 15 °C (T 6.1) $p_s = 0{,}017057$ bar. Mit Gl 6.56 erhalten wir den Partialdruck des Wasserdampfes

$$p_d^* = \varphi\, p_s = 0{,}6 \cdot 0{,}017057 \text{ bar} = \underline{0{,}010234 \text{ bar}}$$

Zu b: Mit der Partialdichte ϱ_d^* (Gl 6.55 a) folgt

$$\dot m_d = \varrho_d^* \dot V_{Mi} = \frac{p_d^*}{R_{H_2O}\, T} \dot V_{Mi}$$

$$\dot m_d = \frac{0{,}010234 \cdot 10^5 \dfrac{\text{J}}{\text{m}^3}}{461{,}5 \dfrac{\text{J}}{\text{kg K}} 288{,}15 \text{ K}} 5000 \frac{\text{m}^3}{\text{h}} = \underline{38{,}5 \frac{\text{kg}}{\text{h}}}$$

Beispiel 6.11: In einem Trockner werden 10 t/h Getreide getrocknet, wobei ein verdunstender Wasserdampfstrom von 500 kg/h durch Luft abzuführen ist. Die Luft wird mit 15 °C, 70% relativer Luftfeuchte und 1,01325 bar angesaugt, im Lufterhitzer auf 80 °C erwärmt (Zustand 1) und verläßt den Trockner mit 29 °C und 90% relativer Feuchte bei gleichem Druck (Zustand 2). Man bestimme den (feuchten) anzusaugenden Luftvolumenstrom.

Mit der Definition des Feuchtegehaltes (Gl 6.60) stellen wir die Massenbilanz auf:

$$\Delta \dot m_d = \dot m_l (x_2 - x_1)$$

Der erforderliche trockene Luftmassenstrom ist

$$\dot m_l = \frac{\Delta \dot m_d}{x_2 - x_1}$$

Für die Zustände 1 und 2 ermitteln wir die Feuchtegehalte (Gl 6.61 b):

$$x_1 = 0{,}622 \frac{\varphi_1\, p_{s1}}{p - \varphi_1\, p_{s1}} = 0{,}622 \frac{0{,}7 \cdot 0{,}017057 \text{ bar}}{1{,}01325 \text{ bar} - 0{,}7 \cdot 0{,}017057 \text{ bar}} = 0{,}00742$$

$$x_2 = 0{,}622 \frac{\varphi_2\, p_{s2}}{p - \varphi_2\, p_{s2}} = 0{,}622 \frac{0{,}9 \cdot 0{,}04009 \text{ bar}}{1{,}01325 \text{ bar} - 0{,}9 \cdot 0{,}04009 \text{ bar}} = 0{,}02297$$

Damit ergibt sich

$$\dot m_l = \frac{500 \dfrac{\text{kg H}_2\text{O}}{\text{h}}}{(0{,}02297 - 0{,}00742) \dfrac{\text{kg H}_2\text{O}}{\text{kg tr L}}} = 32\,155 \frac{\text{kg tr L}}{\text{h}}$$

Der feuchte Luftvolumenstrom im Zustand 1 folgt aus Gl 6.58:

$$\dot V_{Mi\,1} = \frac{\dot m_l R_l T_1}{p - \varphi_1\, p_{s1}} = \frac{32\,155 \dfrac{\text{kg}}{\text{h}} 287{,}2 \dfrac{\text{J}}{\text{kg K}} 288 \text{ K}}{(1{,}01325 \text{ bar} - 0{,}7 \cdot 0{,}017057 \text{ bar})\, 10^5 \dfrac{\text{N}}{\text{m}^2 \text{ bar}}} = \underline{26\,561 \frac{\text{m}^3}{\text{h}}}$$

Beispiel 6.12: Ein feuchter Luftstrom mit 500 m³/h wird von 26 °C, 80% relativer Feuchte und 1 bar (Zustand 1) auf 5 bar verdichtet und anschließend in einem Oberflächenkondensator auf 46 °C isobar gekühlt (Zustand 2). Dabei kondensiert Wasserdampf. Die Luft verläßt den Kühler gesättigt. Man bestimme den Kondensatstrom.

Die Wasserbilanz liefert für den Kondensatstrom (Index w)

$$\Delta \dot m_w = \dot m_l (x_2 - x_1) = \dot m_l (x_s - x_1)$$

Mit Gl 6.58 erhalten wir den Massenstrom der trockenen Luft:

$$\dot{m}_1 = \varrho_{l1}^{*} \dot{V}_{\mathrm{Mi}\,1} = \frac{p_1 - \varphi_1 p_{s1}}{R_1 T_1} \dot{V}_{\mathrm{Mi}\,1}$$

$$\dot{m}_1 = \frac{(1\,\mathrm{bar} - 0{,}8 \cdot 0{,}0336\,\mathrm{bar})\, 10^5 \dfrac{\mathrm{N}}{\mathrm{m^2\,bar}}}{287{,}2 \dfrac{\mathrm{J}}{\mathrm{kg\,K}}\, 299\,\mathrm{K}}\, 500 \frac{\mathrm{m^3}}{\mathrm{h}} = 566{,}6 \frac{\mathrm{kg\,tr\,L}}{\mathrm{h}}$$

Die Feuchtegehalte folgen aus Gl 6.61 b:

$$x_1 = 0{,}622 \frac{\varphi_1 p_{s1}}{p_1 - \varphi_1 p_{s1}} = 0{,}622 \frac{0{,}8 \cdot 0{,}03364\,\mathrm{bar}}{1\,\mathrm{bar} - 0{,}8 \cdot 0{,}03364\,\mathrm{bar}} = 0{,}01720$$

$$x_s = x_2 = 0{,}622 \frac{p_{s2}}{p_2 - p_{s2}} = 0{,}622 \frac{0{,}10099\,\mathrm{bar}}{5\,\mathrm{bar} - 0{,}10099\,\mathrm{bar}} = 0{,}01282$$

Mit der Wasserbilanz erhalten wir den ausfallenden Kondensatstrom

$$\Delta \dot{m}_w = 566{,}6 \frac{\mathrm{kg\,tr\,L}}{\mathrm{h}} (0{,}01282 - 0{,}01720) \frac{\mathrm{kg\,H_2O}}{\mathrm{kg\,tr\,L}} = \underline{-2{,}48 \frac{\mathrm{kg\,H_2O}}{\mathrm{h}}}$$

Aufgabe 6.8: Zur Klimatisierung eines Raumes wird feuchte Luft mit 12000 kg trockener Luft stündlich benötigt. Wie groß ist das erforderliche Zuluftvolumen, wenn die Luft mit 18 °C, einer relativen Feuchte von 55% und einem Druck von 1 bar in den Raum strömen soll?

Aufgabe 6.9: Feuchte Luft mit 80 °C, 20% relativer Feuchte und 0,8 bar soll bei konstantem Druck in einem Oberflächenkühler auf 30 °C gekühlt werden. Die Luft verläßt den Kühler gesättigt. Wie groß ist die je kg trockene Luft im Kühler ausgeschiedene Wassermasse?

Aufgabe 6.10: Die Verdichtung der feuchten Luft (Beispiel 6.12) erfolgt nur auf 3 bar. Die Kühlung der Luft in dem nachgeschalteten Oberflächenkühler erfolgt bei konstantem Feuchtegehalt. Die relative Feuchte der ungesättigten Luft am Kühleraustritt ist zu bestimmen.

6.4.4 Spezifisches Volumen feuchter Luft

Wegen der Einführung des Feuchtegehaltes (Wasserbeladung) empfiehlt es sich, anstelle der üblichen Definition für das spezifische Volumen

$$v_{\mathrm{Mi}} = \frac{V_{\mathrm{Mi}}}{m_1 + m_{\mathrm{H_2O}}} = \frac{\text{Volumen der feuchten Luft}}{\text{Masse der feuchten Luft}}$$

die Definition

$$v_{1+x} = \frac{V_{\mathrm{Mi}}}{m_1} = \frac{\text{Volumen der feuchten Luft}}{\text{Masse der trockenen Luft}}$$

für das *spezifische Volumen der mit H_2O beladenen Luft einzuführen.*

Aus dem Volumen der beladenen (feuchten) Luft

$$V_{\mathrm{Mi}} = m_1 v_{1+x} = (m_1 + m_{\mathrm{H_2O}})\, v_{\mathrm{Mi}}$$

folgt mit $x = m_{H_2O}/m_l$ unmittelbar der Zusammenhang zwischen beiden Definitionen:

$$v_{1+x} = \frac{m_l + m_{H_2O}}{m_l}\, v_{Mi}$$

$$v_{1+x} = (1+x)\, v_{Mi} \qquad \textbf{(Gl 6.63)}$$

Für ungesättigte und gerade gesättigte Luft ($x \leq x_s$ bzw. $\varphi \leq 1$ und $m_{H_2O} = m_d$) erhalten wir mit Gl 6.22a

$$v_{Mi} = \mu_l\, v_l + \mu_d\, v_d = \frac{m_l}{m_l + m_d}\, v_l + \frac{m_d}{m_l + m_d}\, v_d$$

die Beziehung

$$v_{1+x} = (1+x)\, v_{Mi} = \frac{m_l + m_d}{m_l}\left(\frac{m_l}{m_l + m_d}\, v_l + \frac{m_d}{m_l + m_d}\, v_d\right)$$

$$v_{1+x} = v_l + x\, v_d \qquad \textbf{(Gl 6.64)}$$

Hierin sind v_l und v_d die spezifischen Volumen der jeweiligen Gaskomponenten beim Gesamtdruck p. Mit der thermischen Zustandsgleichung für das spezifische Volumen der ungemischten Stoffe ($v_i = R_i\, T/p$) und der speziellen Gaskonstanten $R_i = R_m/M_i$ folgt schließlich für $x \leq x_s$:

$$v_{1+x} = \frac{R_l\, T}{p} + x\, \frac{R_{H_2O}\, T}{p} = \frac{R_l\, T}{p}\left(1 + x\, \frac{R_{H_2O}}{R_l}\right)$$

$$v_{1+x} = \frac{R_l\, T}{p}\left(1 + x\, \frac{M_l}{M_{H_2O}}\right) = \frac{R_l\, T}{p}\left(1 + \frac{x}{0{,}622}\right) \qquad \textbf{(Gl 6.65)}$$

Beispiel 6.13: Für den Trockner nach Beispiel 6.11 ist das erforderliche anzusaugende Luftvolumen mit Hilfe des spezifischen Volumens v_{1+x} zu bestimmen.

Die Definition für das spezifische Volumen liefert

$$\dot{V}_{Mi\,1} = \dot{m}_l (v_{1+x})_1$$

Mit Gl 6.65 folgt:

$$\dot{V}_{Mi\,1} = \dot{m}_l\, \frac{R_l\, T_1}{p}\left(1 + \frac{x_1}{0{,}622}\right)$$

Mit den Zwischenergebnissen von Beispiel 6.11:

$$\dot{V}_{Mi\,1} = 32\,155\, \frac{\text{kg}}{\text{h}}\, \frac{287{,}2\, \frac{\text{J}}{\text{kg K}}\, 288\ \text{K}}{1{,}01325\ \text{bar}\ 10^5\, \frac{\text{N}}{\text{m}^2\ \text{bar}}}\left(1 + \frac{0{,}00742}{0{,}622}\right) = \underline{26\,562\, \frac{\text{m}^3}{\text{h}}}$$

6.4.5 Spezifische Enthalpie feuchter Luft

Wie beim spezifischen Volumen (Abschn. 6.4.4) bezieht man die Enthalpie der mit H_2O beladenen Luft auf die Masse der trockenen Luft

$$h_{1+x} = \frac{H_{Mi}}{m_l} = \frac{\text{Enthalpie der feuchten Luft}}{\text{Masse der trockenen Luft}}$$

Mit den spezifischen Enthalpien der ungemischten Stoffe

$$h_1 = \frac{H_1}{m_1} \qquad h_{H_2O} = \frac{H_{H_2O}}{m_{H_2O}}$$

erhalten wir analog zu Abschnitt 6.4.4 die spezifische Enthalpie der beladenen Luft

$$h_{1+x} = h_1 + x\, h_{H_2O} \qquad \textbf{(Gl 6.66)}$$

Wie in Beispiel 6.6 vereinbaren wir die Enthalpienullpunkte ($h_n = 0$) bei $t_n = 0\,°C$ für trockene Luft und flüssiges Wasser. Die spezifische Enthalpie der trockenen Luft ist somit

$$h_1 = h_{n1} + c_{p1}(t - t_n)$$

und die des Wasserdampfes

$$h_{H_2O} = h_d = h'_{n\,H_2O} + r_n + c_{pd}(t - t_n)$$

Wir vernachlässigen die Temperaturabhängigkeit der spezifischen Wärmekapazitäten für die trockene Luft c_{p1} und für den Wasserdampf c_{pd}, was im üblichen Anwendungsbereich zulässig ist. r_n ist die spezifische Verdampfungsenthalpie des Wassers und $h'_{n\,H_2O}$ die spezifische Enthalpie des siedenden Wassers jeweils bei der Temperatur t_n. Mit $h_{n1} = 0$ und $h'_{n\,H_2O} = 0$ bei $t_n = 0\,°C$ folgt aus Gl 6.66

$$h_{1+x} = c_{p1}\, t + x(r_{0\,°C} + c_{pd}\, t) \quad \text{für } \varphi \le 1 \qquad \textbf{(Gl 6.67 a)}$$

Ist die feuchte Luft übersättigt und enthält flüssiges Wasser als Nebel ($x > x_s$ bzw. $\varphi > 1$), so besteht das Gemisch aus trockener Luft (Masse m_1), aus gesättigtem Wasserdampf (Masse $m_1\, x_s$) und aus flüssigem Wasser mit der Masse $m_1(x - x_s)$. Die spezifische Enthalpie der gesättigten Luft ($x = x_s$) nach Gl 6.67 a ist um die auf m_1 bezogene Enthalpie des flüssigen Wassers

$$(x - x_s)(h_w - h'_{n\,H_2O}) = (x - x_s)\, c_w (t - t_n)$$

zu ergänzen. Mit den oben festgelegten Nullpunkten erhalten wir

$$h_{1+x} = (h_{1+x})_s + (x - x_s)\, c_w\, t$$

$$h_{1+x} = c_{p1}\, t + x_s(r_{0\,°C} + c_{pd}\, t) + (x - x_s)\, c_w\, t \quad \text{für } \varphi > 1,\ t \ge 0\,°C \qquad \textbf{(Gl 6.67 b)}$$

c_w ist die spezifische Wärmekapazität des flüssigen Wassers.

Möglich ist auch ein übersättigter Zustand unterhalb der Temperatur von 0 °C. Die Masse des Kondensats $m_1(x - x_s)$ besteht dann aus Eis oder Schnee. In diesem Fall ist die Gl 6.67 a um die auf m_1 bezogene Enthalpie des Eises

$$(x - x_s)(h_{eis} - h'_{n\,H_2O}) = (x - x_s)[-\sigma_n + c_{eis}(t - t_n)]$$

zu ergänzen. Hierin bedeutet c_{eis} die spezifische Wärmekapazität und σ_n die spezifische Schmelzenthalpie von erstarrtem Wasser. Mit den festgelegten Nullpunkten folgt

$$h_{1+x} = (h_{1+x})_s + (x - x_s)(-\sigma_{0\,°C} + c_{eis}\, t)$$

$$h_{1+x} = c_{p1}\, t + x_s(r_{0\,°C} + c_{pd}\, t) + (x - x_s)(-\sigma_{0\,°C} + c_{eis}\, t) \quad \text{für } \varphi > 1,\ t \le 0\,°C \qquad \textbf{(Gl 6.67 c)}$$

Für die Stoffgrößen in den Gln 6.67 werden folgende Werte gewählt:

$$c_{p1} = 1{,}004\, \frac{\text{kJ}}{\text{kg K}} \quad \text{(T 2.2)} \qquad c_{pd} = 1{,}86\, \frac{\text{kJ}}{\text{kg K}} \quad \text{(T 2.2)}$$

$$c_w \;= 4{,}19 \frac{\text{kJ}}{\text{kg K}} \quad \text{(B 1.19)} \qquad c_{eis} \;= 2{,}04 \frac{\text{kJ}}{\text{kg K}} \quad \text{(T 1.7 b)}$$

$$r_{0\,°C} = 2500{,}9 \frac{\text{kJ}}{\text{kg}} \quad \text{(T 5.4)} \qquad \sigma_{0\,°C} = 333{,}5 \frac{\text{kJ}}{\text{kg}} \quad \text{(T 5.2)}$$

Beispiel 6.14: Die spezifische Enthalpie feuchter Luft von 25 °C, 35% relativer Feuchte und 1,01325 bar Gesamtdruck ist zu berechnen.

(Gl 6.61 b): $$x = 0{,}622 \frac{\varphi p_s}{p - \varphi p_s} = 0{,}622 \frac{0{,}35 \cdot 0{,}031697 \text{ bar}}{1{,}01325 \text{ bar} - 0{,}35 \cdot 0{,}031697 \text{ bar}}$$

$$x = 0{,}006886 \frac{\text{kg H}_2\text{O}}{\text{kg tr L}}$$

(Gl 6.67 a): $$h_{1+x} = 1{,}004 \frac{\text{kJ}}{\text{kg K}} t + x \left(1{,}86 \frac{\text{kJ}}{\text{kg K}} t + 2500{,}9 \frac{\text{kJ}}{\text{kg}}\right)$$

$$h_{1+x} = 1{,}004 \frac{\text{kJ}}{\text{kg tr L K}} 25\,°\text{C} + 0{,}006886 \frac{\text{kg H}_2\text{O}}{\text{kg tr L}} \left(1{,}86 \frac{\text{kJ}}{\text{kg H}_2\text{O K}} 25\,°\text{C} + 2500{,}9 \frac{\text{kJ}}{\text{kg H}_2\text{O}}\right)$$

$$h_{1+x} = 42{,}64 \frac{\text{kJ}}{\text{kg tr L}}$$

Aufgabe 6.11: Die Enthalpiedifferenz zwischen gesättigter feuchter Luft von 20 °C und nebliger feuchter Luft mit einem Wasserüberschuß von 3 $\frac{\text{g H}_2\text{O}}{\text{kg tr L}}$ bei 1,01325 bar Gesamtdruck ist zu berechnen.

6.4.6 *h*, *x*-Diagramm von Mollier[1]

Zur Darstellung isobarer Zustandsänderungen von feuchter Luft hat Mollier ein Diagramm mit der Enthalpie h_{1+x} als Ordinate und mit dem Feuchtegehalt (Wasserbeladung) x als Abszisse vorgeschlagen.

Für gegebenem Druck läßt sich mit Gl 6.61 b der Feuchtegehalt x aus den meßbaren Größen t und φ bestimmen. Die spezifische Enthalpie h_{1+x} feuchter Luft hängt nach den Gln 6.67 linear von x ab. Daher erscheinen alle Isothermen $t = \text{konst.}$ im h_{1+x}, x-Diagramm als gerade Linien.

Die Steigung dieser Geraden ist vom Sättigungsgrad abhängig. Differenzieren wir die Gln 6.67 für $t = \text{konst.}$ nach x, so erhalten wir:

$$\frac{dh_{1+x}}{dx} = r_{0\,°C} + c_{pd}\, t \qquad \varphi \leq 1 \qquad \textit{(ungesättigt und gesättigt)} \qquad \textbf{(Gl 6.68 a)}$$

$$\frac{dh_{1+x}}{dx} = c_w\, t \qquad \varphi > 1,\; t \geq 0\,°C \qquad \textit{(übersättigt, Wasser)} \qquad \textbf{(Gl 6.68 b)}$$

$$\frac{dh_{1+x}}{dx} = -\sigma_{0\,°C} + c_{eis}\, t \qquad \varphi > 1,\; t \leq 0\,°C \qquad \textit{(übersättigt, Eis)} \qquad \textbf{(Gl 6.68 c)}$$

[1] Hier ist, wie in der Klimatechnik üblich, der Index $1+x$ fortgelassen, da keine Verwechslungsgefahr mit der spezifischen Enthalpie $h_{Mi} = H_{Mi}/(m_l + m_{H_2O})$ besteht.

Danach besteht jede Isotherme aus zwei Geradenstücken, die an der Sättigungslinie $\varphi=1$ mit einem Knick aneinanderstoßen. Das Gebiet der Übersättigung bezeichnet man als Nebelgebiet **(B 6.3)**. Die Sättigungslinie $\varphi=1$ läßt sich für beliebige Temperaturen aus Gl 6.62b berechnen. Für $t=0\,°C$ gibt es zwei Isothermen im Nebelgebiet. Das von ihnen eingeschlossene Gebiet (schraffiert) enthält die übersättigte Luft als Gemisch von trockener Luft und H_2O in drei Aggregatzuständen (Wasserdampf, Wassernebel und Eisnebel).

Nach Gl 6.67a beträgt für die Isotherme $t=0\,°C$ im ungesättigten Gebiet die spezifische Enthalpie $h_{1+x}=x\,r_{0\,°C}$ (B 6.3). Die gestrichelte Gerade ist um $c_{pl}\,t$ parallel verschoben. Die Zunahme der Steigung der Isothermen $t>0\,°C$ resultiert aus dem Summenglied $c_{pd}\,t$, vgl. Gl 6.68a. Die spezifische Enthalpie entspricht Gl 6.67a.

Neben der Sättigungslinie $\varphi=1$ können mit Hilfe der Gln 6.61 weitere Kurven konstanter relativer Feuchte φ im ungesättigten Gebiet eingezeichnet werden.

In diesem Diagramm, das immer nur für einen der Konstruktion zugrunde gelegten Gesamtdruck gilt, ist das ungesättigte Gebiet sehr klein, die Werte für die Zustandsgrößen lassen sich im praktisch wichtigen Gebiet nur ungenau ablesen. Mollier hat ein schiefwinkliges Diagramm gewählt. Die x-Achse wird so weit nach unten gedreht, bis die Isotherme $t=0\,°C$ im ungesättigten Gebiet horizontal verläuft **(B 6.4)**. Die Koordinatenlinien $h_{1+x}=$konst. verlaufen nun von links oben nach rechts unten, also nicht mehr horizontal. Die bisherigen Feststellungen bleiben unberührt. Ein maßstäbliches h,x-Diagramm für feuchte Luft beim Gesamtdruck von 1,01325 bar zeigt **B 6.5.** Der Feuchtegehalt ist in g/kg angegeben[1].

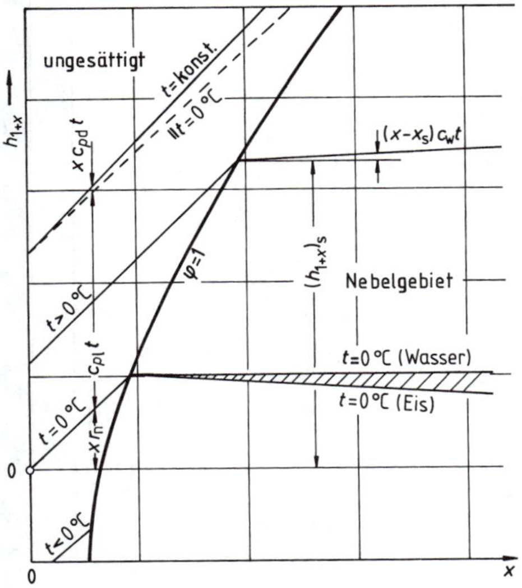

B 6.3 *h,x*-Diagramm mit rechtwinkligen Koordinaten

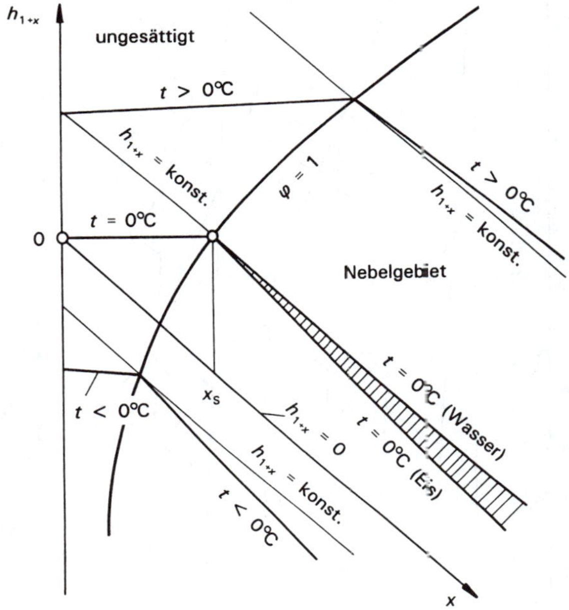

B 6.4 *h,x*-Diagramm mit schiefwinkligen Koordinaten

[1] In den USA wird überwiegend das t,x-Diagramm von *Carrier* („psychometrisches Diagramm") verwendet, auf das hier nicht näher eingegangen wird.

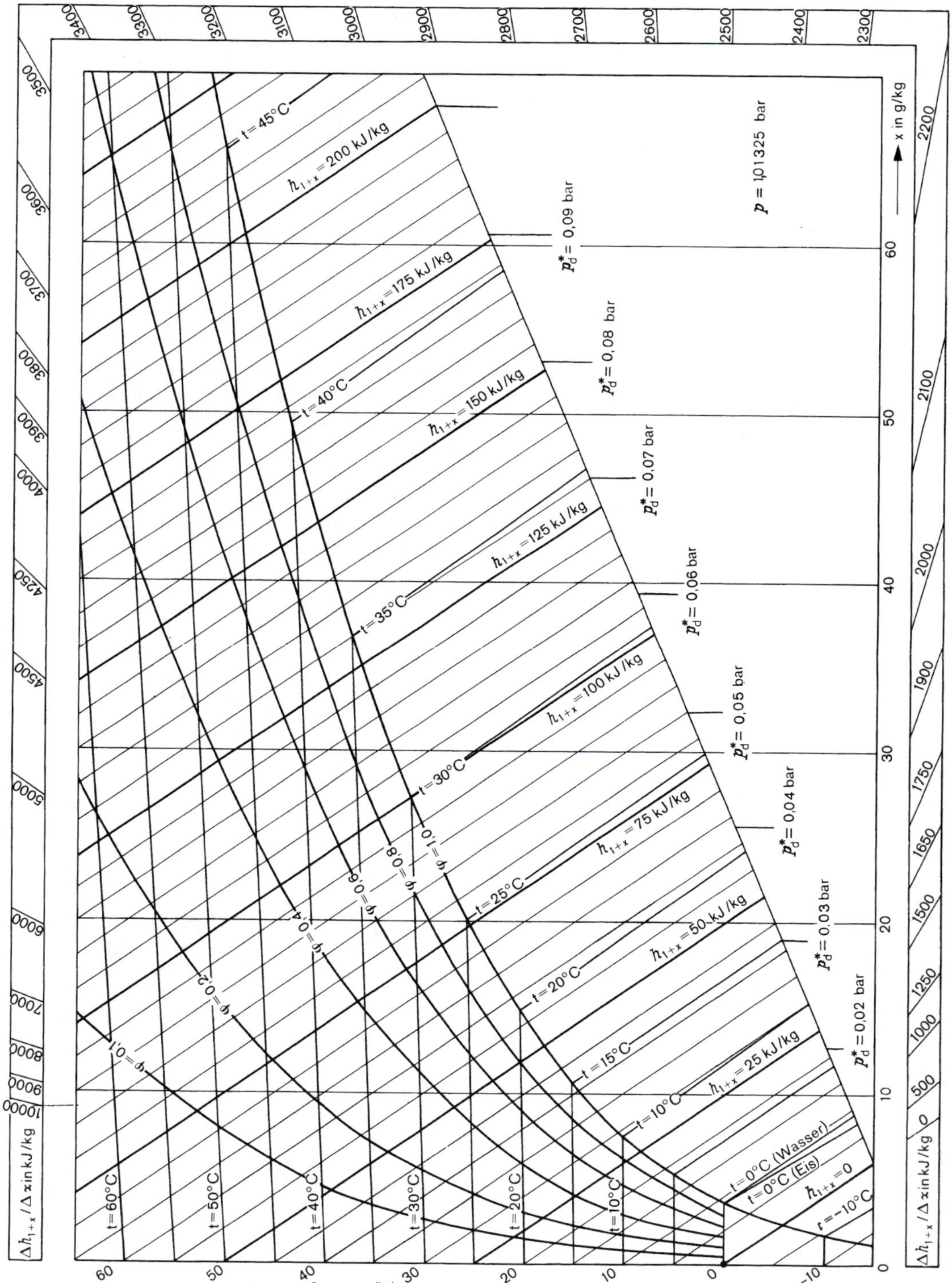

B 6.5 Mollier-h,x-Diagramm für feuchte Luft

Umrechnung auf anderen Gesamtdruck. Ein h,x-Diagramm gilt nur für einen bestimmten Gesamtdruck p_{Diagr}. Da die Enthalpie eines Gemisches idealer Gase vom Druck unabhängig ist, bleiben die Isothermen der ungesättigten Luft von einer Änderung des Gesamtdrucks unbeeinflußt. Es ändern sich jedoch die Linien konstanter relativer Feuchte, insbesondere die Sättigungslinie $\varphi=1$. Nach Gl 6.43 gilt bei einer Änderung des Gesamtdrucks von p_{Diagr} auf p_{vorh}

$$\frac{p_{\text{vorh}}}{p_{\text{Diagr}}}=\frac{p^*_{\text{d vorh}}}{p^*_{\text{d Diagr}}}=\frac{\varphi_{\text{vorh}}\,p_s}{\varphi_{\text{Diagr}}\,p_s}=\frac{\varphi_{\text{vorh}}}{\varphi_{\text{Diagr}}} \qquad \textbf{(Gl 6.69)}$$

Die aus dem Diagramm abgelesene relative Feuchte φ_{Diagr} müssen wir also mit $p_{\text{vorh}}/p_{\text{Diagr}}$ multiplizieren, um die relative Feuchte φ_{vorh} zu erhalten. Die relative Feuchte steigt somit bei höherem Gesamtdruck. Da sich die Sättigungskurve $\varphi=1$ bei einer Änderung des Gesamtdruckes verschiebt, die Steigung der Isothermen im Nebelgebiet nach Gl 6.68 b bzw. 6.68 c aber von p unabhängig ist, verschieben sich die Nebelisothermen bei einer Änderung von p parallel zu ihrer ursprünglichen Lage.

Beispiel 6.15: Bei einem Druck von 0,667 bar wird der Zustand feuchter Luft mit 20 °C und 60% relativer Feuchte gemessen. In dem für 1,01325 bar berechneten h,x-Diagramm ist der Zustandspunkt festzulegen.

a) Bei welchem φ liegt im 1,01325 bar-Diagramm der bei 0,667 bar gemessene Zustand?

b) x und h sind dem Diagramm zu entnehmen.

Zu a: (Gl 6.69): $$\varphi_{\text{Diagr}}=\varphi_{\text{vorh}}\frac{p_{\text{Diagr}}}{p_{\text{vorh}}}$$

$$\varphi_{\text{Diagr}}=60\%\,\frac{1{,}01325\text{ bar}}{0{,}667\text{ bar}}=\underline{91{,}1\%}$$

b) für $t=20\,°\text{C}$ und $\varphi=91{,}1\%$ wird im Diagramm

$$\underline{x=13{,}5\,\frac{\text{g}}{\text{kg}}} \qquad \underline{h=54{,}2\,\frac{\text{kJ}}{\text{kg}}} \qquad \text{abgelesen.}$$

6.4.7 Einfache isobare Zustandsänderungen feuchter Luft im h,x-Diagramm

Der Zustand feuchter Luft ist durch den Feuchtegehalt (Wasserbeladung) x und durch die Temperatur t bzw. durch die spezifische Enthalpie h_{1+x} als Zustandspunkt im h,x-Diagramm für den zugrunde gelegten Gesamtdruck festgelegt.

Erwärmung und Kühlung bei konstantem Feuchtegehalt. Wird feuchte Luft bei konstantem Druck p erwärmt oder abgekühlt, ohne daß H_2O zugegeben wird oder Wasser kondensiert, so bleibt $x=$konst. Im h,x-Diagramm liegen dann Anfangs- und Endzustand senkrecht übereinander **(B 6.6).** In diesem Fall ist nach dem 1. Hauptsatz der zuzuführende oder abzuführende Wärmestrom

$$\dot{Q}_{12}=\dot{m}_l\,[(h_{1+x})_2-(h_{1+x})_1]$$

Die spezifische Enthalpiedifferenz kann im h,x-Diagramm unmittelbar als Strecke abgegriffen werden. Unterschreitet die Luft bei der Abkühlung den Taupunkt ($\varphi=1$), so kann der kondensierende Wasseranteil $\Delta x=x_s-x_1$ ebenfalls aus dem h,x-Diagramm abgelesen werden **(B 6.7).**

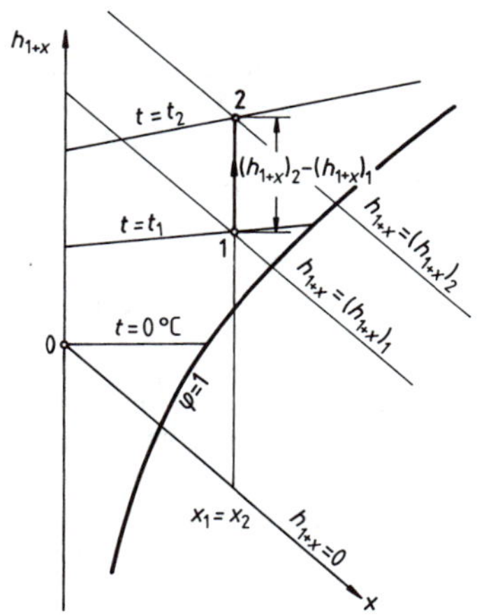

B 6.6 Wärmezufuhr im h,x-Diagramm für $x=$ konst.

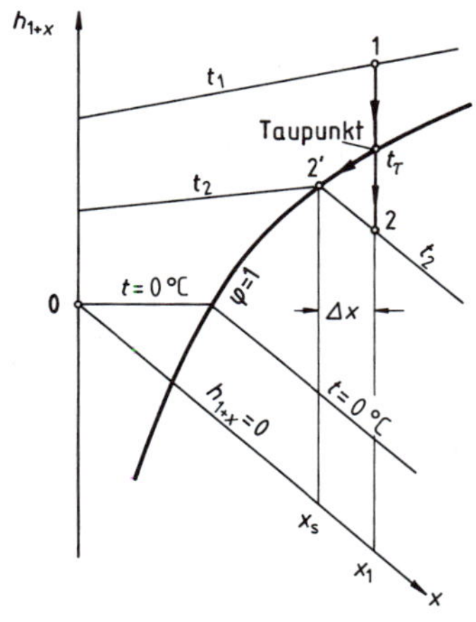

B 6.7 Wärmeabfuhr mit Kondensation im h,x-Diagramm

Adiabate Mischprozesse mit feuchter Luft. Wir wollen zwei mit H_2O beladene Luftströme $\dot{m}_{l\,1}$ und $\dot{m}_{l\,2}$ isobar und adiabat mischen. Die Zustände der beiden Ströme sind durch die Zustandsgrößen x_1 und $(h_{1+x})_1$ sowie x_2 und $(h_{1+x})_2$ gegeben. Dann liegt der Mischungspunkt 3, wie wir ableiten werden, auf der Verbindungsgeraden zwischen den Zustandspunkten 1 und 2 im h,x-Diagramm.

Die Massenbilanzen für die trockene Luft und das H_2O sind

$$\dot{m}_{l\,3}=\dot{m}_{l\,1}+\dot{m}_{l\,2}$$

$$x_3\,\dot{m}_{l\,3}=x_1\,\dot{m}_{l\,1}+x_2\,\dot{m}_{l\,2}$$

Beseitigt man in den Massenbilanzen den Massenstrom $\dot{m}_{l\,3}$ der trockenen Luft, so erhalten wir nach Umformung

$$\frac{\dot{m}_{l\,1}}{\dot{m}_{l\,2}}=\frac{x_3-x_2}{x_1-x_3}=\frac{\overline{32}}{\overline{13}} \qquad \textbf{(Gl 6.70)}$$

d.h. der Feuchtegehalt x_3 liegt um so dichter bei x_1, je größer das Verhältnis der Massenströme $\dot{m}_{l\,1}/\dot{m}_{l\,2}$ ist **(B 6.8)**.

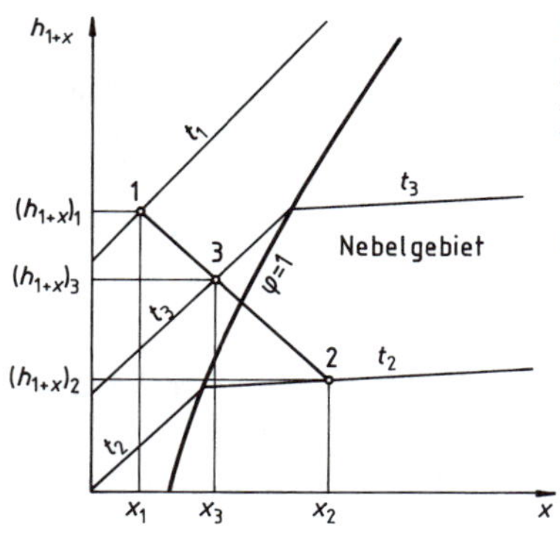

B 6.8 Adiabater Mischungspunkt im rechtwinkligen h,x-Diagramm

Die Energiebilanz für die adiabate Gemischbildung lautet unter Vernachlässigung der kinetischen und potentiellen Energie

$$(\dot{m}_{l\,1}+\dot{m}_{l\,2})(h_{1+x})_3=\dot{m}_{l\,1}(h_{1+x})_1+\dot{m}_{l\,2}(h_{1+x})_2$$

Durch Umformung erhalten wir

$$\frac{\dot{m}_{l\,1}}{\dot{m}_{l\,2}}=\frac{(h_{1+x})_3-(h_{1+x})_2}{(h_{1+x})_1-(h_{1+x})_3}$$

und mit Gl 6.70

$$\frac{\dot{m}_{l\,1}}{\dot{m}_{l\,2}}=\frac{(h_{1+x})_3-(h_{1+x})_2}{(h_{1+x})_1-(h_{1+x})_3}=\frac{x_3-x_2}{x_1-x_3} \qquad \textbf{(Gl 6.71)}$$

Dieser Zusammenhang („Strahlensatz") läßt sich leicht im rechtwinkligen h,x-Diagramm nachvollziehen (B 6.8). Er gilt ohne Einschränkung auch im schiefwinkligen Mollier-Diagramm.

Mischt man zwei Ströme gesättigter feuchter Luft, so bildet sich immer Nebel, da die Verbindungslinie durch das Nebelgebiet verläuft. Mischt man zwei Ströme feuchter Luft mit gleicher Temperatur ($t_1=t_2$), so ist die Temperatur t_3 nur dann unverändert, wenn beide Ausgangszustände entweder im ungesättigten Gebiet oder im Nebelgebiet liegen. Mischt man dagegen übersättigte Luft (Nebel) mit ungesättigter Luft gleicher Temperatur, sinkt die Gemischtemperatur t_3, denn die Mischungsgerade liegt unterhalb der Isothermen $t_1=t_2$. Hierbei verdampft ein Teil des flüssigen Wassers, das zur Abkühlung des Gemisches führt ($t_3<t_1=t_2$).

Adiabater Zusatz von Wasser oder Wasserdampf. Die adiabate Beimischung von Wasser oder Wasserdampf der Temperatur t_{H_2O} kann nicht unmittelbar mit den obigen Beziehungen behandelt werden, da die Zustandspunkte des H_2O ($x\rightarrow\infty$) im h,x-Diagramm nicht enthalten sind. Wir bezeichnen den Zustandspunkt nach der Gemischbildung mit 2. Wird zum beladenen Massenstrom $\dot{m}_l$ der Luft im Zustand x_1 und $(h_{1+x})_1$ der H_2O-Strom $\Delta\dot{m}_{H_2O}=\dot{m}_l(x_2-x_1)$ zugemischt, so ist die Änderung des Feuchtegehaltes

$$\Delta x=x_2-x_1=\frac{\Delta\dot{m}_{H_2O}}{\dot{m}_l} \qquad \textbf{(Gl 6.72)}$$

Die Energiebilanz für den adiabaten Mischprozeß

$$\dot{m}_l(h_{1+x})_2=\dot{m}_l(h_{1+x})_1+\Delta\dot{m}_{H_2O}\,h_{H_2O}$$

führt auf die Beziehung

$$\Delta h_{1+x}=(h_{1+x})_2-(h_{1+x})_1=\frac{\Delta\dot{m}_{H_2O}}{\dot{m}_l}\,h_{H_2O} \qquad \textbf{(Gl 6.73)}$$

mit h_{H_2O} als spezifischer Enthalpie des H_2O.

Aus den Gln 6.72 und 6.73 folgt die Richtung der Zustandsänderung

$$\frac{\Delta h_{1+x}}{\Delta x}=\frac{(h_{1+x})_2-(h_{1+x})_1}{x_2-x_1}=h_{H_2O} \qquad \textbf{(Gl 6.74)}$$

die durch die spezifische Enthalpie des H_2O festgelegt ist. Mit der Wahl des Enthalpienullpunktes nach Abschn. 6.4.5 stimmen die spezifischen Enthalpien je nach Aggregatzustand

dampfförmiges H_2O $\quad h_{H_2O}=h_d=r_{0\,°C}+c_{p\,d}\,t_{H_2O}$ **(Gl 6.75a)**

flüssiges H_2O $\quad h_{H_2O}=h_w=c_w\,t_{H_2O}$ **(Gl 6.75b)**

mit den Steigungen der Isothermen im ungesättigten Gebiet bzw. im Nebelgebiet, vgl. die Gln 6.68a und 6.68b, überein. Zur Ermittlung des Mischungspunktes 2 zeichnet man parallel zur Isothermen mit der H_2O-Temperatur t_{H_2O} eine Gerade durch den

Zustandspunkt 1. Auf dieser Geraden liegt der Mischungspunkt 2. Durch waagerechtes Abtragen von $\Delta x = x_2 - x_1$ (Gl 6.72), ausgehend vom Zustandspunkt 1, erhält man den Zustand 2 **(B 6.9).**

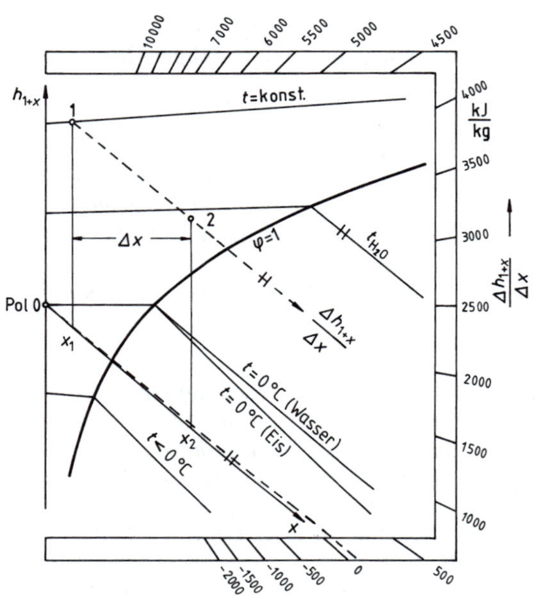

Die Steigung der Isothermen t_{H_2O} und damit die Richtung der Zustandsänderung von 1 nach 2 läßt sich auch mit dem Randmaßstab bestimmen. Der Randmaßstab repräsentiert die Werte für die spezifische Enthalpie des H_2O $\left(h_{H_2O} = \frac{\Delta h_{1+x}}{\Delta x}\right)$.

Ausgehend vom Pol des Randmaßstabes – in der Regel liegt dieser bei $h_{1+x} = 0$ und $x = 0$ – zeichnet man eine Gerade (gestrichelt) durch den Randmaßstabswert h_{H_2O} (B 6.9). Auf der parallelen Geraden durch den Zustandspunkt 1 liegt der Mischungspunkt 2.

B 6.9 Bestimmung von Zustand 2 beim Zufügen von Wasser oder Wasserdampf

Beispiel 6.16: Feuchter Luft, bestehend aus 650 kg tr Luft und Wasserdampf, mit 1,01325 bar, 15 °C und 60% relativer Feuchte werden 13000 kJ in Form von Wärme isobar zugeführt.

Mit Hilfe des h,x-Diagrammes ist der Zustand nach der Wärmezufuhr – Temperatur, relative Feuchte, Feuchtegehalt und Enthalpie – zu bestimmen.

Die Zustandsänderung erfolgt bei $x =$ konstant. Die Energiezufuhr je kg trockene Luft ist

$$h_2 - h_1 = \frac{Q_{12}}{m_1} = \frac{13000\,\text{kJ}}{650\,\text{kg tr L}} = 20\,\frac{\text{kJ}}{\text{kg tr L}}$$

Vom Zustand 1 ausgehend wird diese Enthalpiedifferenz senkrecht im h,x-Diagramm abgetragen und man erhält den Zustand 2:

$$\underline{t_2 = 34{,}7\,°\text{C}} \qquad \underline{x_2 = 6{,}3\,\frac{\text{g}}{\text{kg}}}$$

$$\underline{\varphi_2 = 0{,}18} \qquad \underline{h_2 = 51\,\frac{\text{kJ}}{\text{kg}}}$$

Beispiel 6.17: 750 kg/h feuchte Luft mit 1,01325 bar, 5 °C und 80% relativer Feuchte werden mit 1500 kg/h feuchter Luft mit 1,01325 bar, 35 °C und 40% relativer Feuchte gemischt. Der Mischzustand ist mit Hilfe des h,x-Diagrammes zu bestimmen.

Zur Ermittlung des Mischungsverhältnisses werden die Mengen trockener Luft bestimmt.

Aus dem Diagramm wird abgelesen: $x_1 = 4{,}3\,\frac{\text{g}}{\text{kg}}$ $\quad x_2 = 14{,}13\,\frac{\text{g}}{\text{kg}}$

$$\dot{m}_{l\,1} = \frac{\dot{m}_{\mathrm{Mi}\,1}}{1+x_1} = \frac{750\ \mathrm{kg/h}}{1{,}0043} = 747\ \mathrm{kg/h}$$

$$\dot{m}_{l\,2} = \frac{\dot{m}_{\mathrm{Mi}\,2}}{1+x_2} = \frac{1500\ \mathrm{kg/h}}{1{,}01413} = 1479\ \mathrm{kg/h}$$

$$\frac{\dot{m}_{l\,1}}{\dot{m}_{l\,1}+\dot{m}_{l\,2}} = \frac{\overline{32}}{\overline{12}} = \frac{747\ \mathrm{kg/h}}{2226\ \mathrm{kg/h}} = 0{,}336; \qquad \overline{12} = 5{,}35\ \mathrm{cm} \qquad \text{aus dem Diagramm}$$

$$\overline{32} = 0{,}336 \cdot 5{,}35\ \mathrm{cm} = 1{,}8\ \mathrm{cm}$$

Damit liegt der Mischungspunkt fest.

Die Zustandswerte werden dem Diagramm entnommen:

$$\underline{t_3 = 25\ °C} \qquad \underline{h_3 = 53{,}11\ \frac{\mathrm{kJ}}{\mathrm{kg}}}$$

$$\underline{\varphi_3 = 0{,}55} \qquad \underline{x_3 = 11{,}0\ \frac{\mathrm{g}}{\mathrm{kg}}}$$

Aufgabe 6.12: 1200 kg feuchte Luft von 1,01325 bar, 20 °C, 50% relative Feuchte werden isobar ohne Zufuhr von Feuchtigkeit auf 30 °C erwärmt.

Mit Hilfe des h,x-Diagrammes ist die zuzuführende Wärme zu bestimmen.

Aufgabe 6.13: 60 kg feuchter Luft von 1,01325 bar, 25 °C und 20% relativer Feuchte werden 0,32 kg Wasser mit 90 °C zugeführt.

Der neue Zustandspunkt – Temperatur, relative Feuchte, Feuchtegehalt und Enthalpie – ist mit Hilfe des h,x-Diagrammes zu bestimmen.

Adiabate Verdunstungskühlung und Kühlgrenztemperatur. Feuchte Luft mit dem Eintrittszustand x_1 und $t_{l\,1}$ wird kontinuierlich über eine Wasserfläche geblasen **(B 6.10)**. Dabei verdunstet der Wasserstrom $\Delta\dot{m}_{\mathrm{H_2O}}$, der stetig durch einen flüssigen Zulauf ausgeglichen wird, in die vorbeiströmende feuchte Luft. Das Wasser habe überall dieselbe Temperatur t_{w}, Wärme- und Stoffübertragung sollen nur an der Wasseroberfläche mit der feuchten Luft erfolgen. Der Gesamtdruck p ist konstant. Für den Grenzprozeß, daß sich die abströmende Luft (Zustand 2) im thermischen ($t_{l\,2} = t_{\mathrm{w}}$) und stofflichen Gleichgewicht ($p_{\mathrm{d}}^* = p_{\mathrm{s}}$, d.h. $x_2 = x_{\mathrm{s}}$) mit der Wasseroberfläche befindet, muß die Wassertemperatur einen bestimmten Grenzwert, die Kühlgrenztemperatur $t_{\mathrm{w}} = t_{\mathrm{wg}}$, annehmen. Somit handelt es sich um die adiabate Mischung von Wasser mit t_{wg} und feuchter Luft im Zustand 1. Der Mischungspunkt 2 muß auf der Sättigungslinie $\varphi = 1$ liegen. Massen- und Energiebilanz nach Gl 6.74 liefern mit $(h_{1+x})_2 = (h_{1+x})_{\mathrm{s}}$, $x_2 = x_{\mathrm{s}}$ und $h_{\mathrm{H_2O}} = h_{\mathrm{w}}$

$$\frac{(h_{1+x})_{\mathrm{s}} - (h_{1+x})_1}{x_{\mathrm{s}} - x_1} = h_{\mathrm{w}} \qquad \textbf{(Gl 6.76)}$$

also die Richtung der Zustandsänderung. Diejenige Nebelisotherme, die als Gerade über die Sättigungslinie $\varphi = 1$ verlängert durch den Zustandspunkt 1 verläuft, ist die gesuchte Kühlgrenztemperatur t_{wg} **(B 6.11)**[1].

[1] Dieser Mischprozeß läßt sich auch in zwei Teilprozesse aufspalten [25]:

a) Abkühlung der feuchten Luft von t_{l1} auf t_{wg} unter Abgabe eines Wärmestroms, der zur Verdunstung von $\Delta\dot{m}_{\mathrm{H_2O}}$ dient,

b) adiabate und isotherme Mischung der feuchten Luft und des verdunsteten Wassers bei t_{wg}.

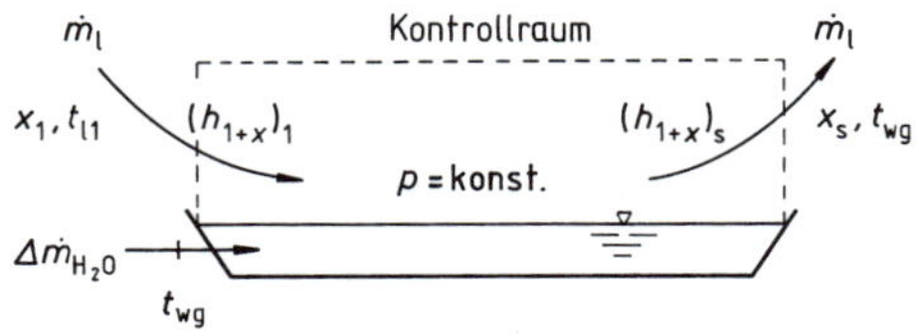

B 6.10 Adiabate und isobare Verdunstungskühlung bei Gleichgewicht zwischen abströmender Luft und Wasseroberfläche

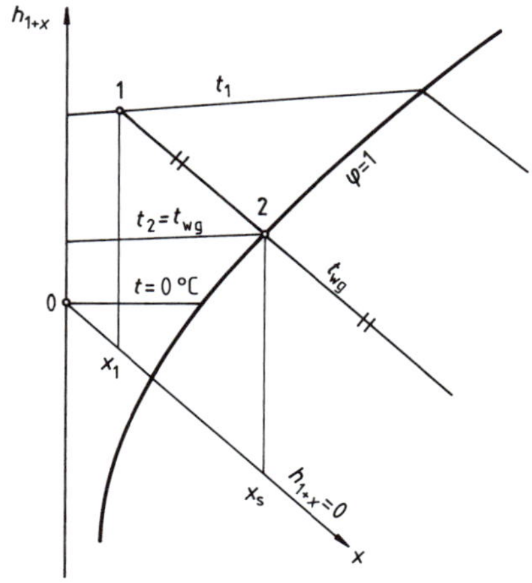

B 6.11 Bestimmung der Kühlgrenztemperatur t_{wg}

Psychrometer. Das Psychrometer dient zur Messung des Feuchtegehaltes der feuchten Luft. Es besteht aus zwei Thermometern, einem trockenen zur Messung der Lufttemperatur t_l und einem feuchten (feuchte Mullpackung) zur Messung der Kühlgrenztemperatur t_{wg}. Der Schnittpunkt zwischen der verlängerten Nebelisothermen t_{wg} und der Lufttemperatur t_l liefert den Zustand der feuchten Luft. Der zugehörige Feuchtegehalt x läßt sich im h, x-Diagramm an der Abszisse ablesen.

Beispiel 6.18: Für ein ideales Rückkühlwerk **(B 6.12)** soll das Verhältnis von Luft- und Wassermassenstrom sowie der verdunstete Wassermassenstrom bestimmt werden. Der Gesamtdruck sei unverändert $p = 1{,}01325$ bar. Warmes Kühlwasser (Massenstrom $\dot m_{w\,1}$) mit der Temperatur $t_{w\,1} = 35$ °C rieselt über Einbauten (z. B. Füllkörper) von oben nach unten und steht dabei im intensiven Wärme- und Stoffaustausch (Verdunstung) mit der aufsteigenden feuchten Luft (trockener Massenstrom $\dot m_l$), die mit $t_{l\,1} = 20$ °C und $\varphi_1 = 0{,}8$ in das Rückkühlwerk eintritt. Das Rückkühlwerk kann als adiabates System angesehen werden. Durch zwei Annahmen wird das ideale Rückkühlwerk charakterisiert.

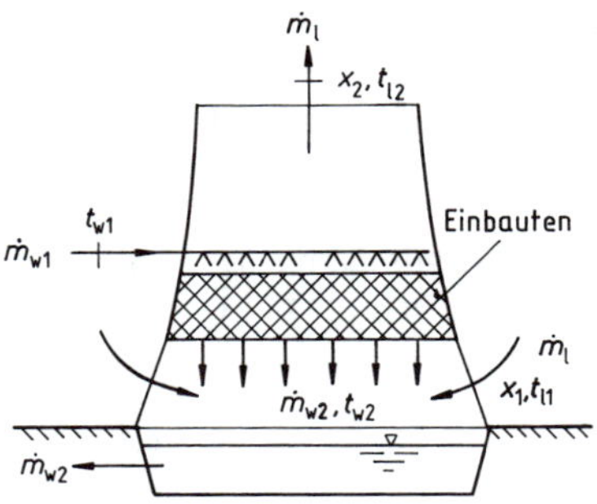

B 6.12 Rückkühlwerk

– der eintretende Luftstrom $\dot m_l$ tritt vollständig in Kontakt mit dem austretenden Wasserstrom $\dot m_{w\,2}$, so daß sich Gleichgewicht einstellt. Dann ist der Wasserzustand 2 durch die Kühlgrenztemperatur $(t_{w\,2})_g = 17{,}5$ °C (Nebelisotherme durch $\varphi = 1$ und Luftzustandspunkt 1 im B 6.5) festgelegt.

– der austretende Luftstrom $\dot{m}_l$ steht im Gleichgewicht mit dem zuströmenden Wasserstrom $\dot{m}_{w1}$. Dann gilt: $t_{12}=t_{w1}=35\,°C$, $x_2=x_s=36{,}6\,\frac{g\,H_2O}{kg\,tr\,L}$ und $(h_{1+x})_2=(h_{1+x})_s=130\,\frac{kJ}{kg}$ (B 6.5).

Aus B 6.5 entnehmen wir für den eintretenden Luftstrom $(h_{1+x1})_1=50\,\frac{kJ}{kg}$ und $x_1=11{,}8\,\frac{g\,H_2O}{kg\,tr\,L}$.

Um das gesuchte Massenstromverhältnis zu berechnen, stellen wir die Energiebilanz auf:

$$\dot{m}_l[(h_{1+x})_2-(h_{1+x})_1]=\dot{m}_{w1}\,h_{w1}-\dot{m}_{w2}\,h_{w2}$$

Die Wasserbilanz ist

$$\dot{m}_{w1}-\dot{m}_{w2}=\Delta\dot{m}_{H_2O}=\Delta\dot{m}_w=\dot{m}_l(x_2-x_1)$$

Eingesetzt in die Energiebilanz folgt mit $h_w=c_w\,t_w$

$$\dot{m}_l[(h_{1+x})_2-(h_{1+x})_1]=\dot{m}_{w1}\,c_w(t_{w1}-t_{w2})+\dot{m}_l(x_2-x_1)\,c_w\,t_{w2}$$

Durch Umformung erhält man schließlich das gesuchte Massenstromverhältnis

$$\frac{\dot{m}_l}{\dot{m}_{w1}}=\frac{c_w(t_{w1}-t_{w2})}{(h_{1+x})_2-(h_{1+x})_1-(x_2-x_1)\,c_w\,t_{w2}} \qquad \textbf{(Gl 6.77)}$$

Zur Auswertung dieser Beziehung werden die Werte für die Ein- (1) und Austrittszustände (2) von Luft und Wasser eingesetzt:

$$\frac{\dot{m}_l}{\dot{m}_{w1}}=\frac{4{,}19\,\frac{kJ}{kg\,K}(35-17{,}5)\,K}{(130-50)\,\frac{kJ}{kg}-(36{,}6-11{,}8)\cdot 10^{-3}\cdot 4{,}19\,\frac{kJ}{kg\,K}\,17{,}5\,K}=\underline{0{,}938}$$

Bei realen Rückkühlwerken erreicht die tatsächliche Wasseraustrittstemperatur t_{w2} nicht die Kühlgrenztemperatur $(t_{w2})_g$. Man berücksichtigt diese Abweichung durch den Abkühlgrad

$$\eta_A=\frac{t_{w1}-t_{w2}}{t_{w1}-(t_{w2})_g}$$

Weiterhin werden am Luftaustritt Wassertröpfchen mitgerissen; die feuchte Luft ist übersättigt $(x_2>x_s)$. Außerdem wird kein thermisches Gleichgewicht mit dem zuströmenden Wasser erreicht $(t_{12}<t_{w1})$. Beide Erscheinungen reduzieren die spezifische Enthalpie der austretenden feuchten Luft $((h_{1+x})_2<(h_{1+x})_s)$.

Abschließend wollen wir den in die Luft verdunsteten Wasserstrom bestimmen. Dieser wird bei geschlossenen Kühlwasserkreisläufen durch Frischwasser ersetzt. Mit der Wasserbilanz

$$\frac{\Delta\dot{m}_w}{\dot{m}_l}=x_2-x_1=x_s-x_1$$

ergibt sich

$$\frac{\Delta\dot{m}_w}{\dot{m}_{w1}}=\frac{\Delta\dot{m}_w}{\dot{m}_l}\,\frac{\dot{m}_l}{\dot{m}_{w1}}=(x_2-x_1)\,\frac{\dot{m}_l}{\dot{m}_{w1}}$$

$$\frac{\Delta\dot{m}_w}{\dot{m}_{w1}}=(36{,}6-11{,}8)\cdot 10^{-3}\cdot 0{,}938=\underline{0{,}0233\mathrel{\hat{=}}2{,}33\%}$$

Aufgabe 6.14: Bei einem Psychrometer sei die Temperatur des feuchten Thermometers 15,5 °C, die des trockenen 26,6 °C. Der Luftdruck sei 1,01325 bar. Man bestimme den Feuchtegehalt.

Kontrollfragen (Antworten Abschnitt 11.6)

6.1

1. Was verstehen Sie unter einem
   a) homogenen Gemisch,
   b) binären Gemisch?
2. Wie lauten die Definitionen der Größen
   a) Massenanteil,
   b) Stoffmengenanteil,
   c) Beladung (binäres Gemisch)
   für die Zusammensetzung eines Gemisches?
3. Wie wird die molare Masse eines Gemisches berechnet, wenn
   a) die Stoffmengenanteile,
   b) die Massenanteile
   der Komponenten gegeben sind?
4. Welcher Zusammenhang besteht zwischen Stoffmengen- und Massenanteil?

6.2

5. Erläutern Sie die Begriffe
   a) ideales Gemisch,
   b) Volumenkontraktion.
6. Wodurch unterscheidet sich die Partialdichte von der Dichte der ungemischten Komponente im idealen Gemisch?
7. Wie lautet die Definition für den Raumanteil im idealen Gemisch?
8. Wie berechnet sich die Gemischdichte im idealen Gemisch mit den
   a) Partialdichten,
   b) Dichten der ungemischten Komponenten bei bekannten Raumanteilen,
   c) Dichten der ungemischten Komponenten bei bekannten Massenanteilen?
9. Wie werden für ein ideales Gemisch die
   a) spezifischen Zustandsgrößen,
   b) die molaren Zustandsgrößen
   bei gegebenen Größen Druck und Temperatur gebildet (ausgenommen sind Entropie und Exergie)?
10. Wie wird für ein ideales Gemisch die molare Entropie bei gegebenen Größen Druck und Temperatur berechnet?

6.3

11. Welche Eigenschaften besitzt ein Gemisch idealer Gase? Geben Sie die thermische Zustandsgleichung mit den speziellen Gaskonstanten der Komponenten an.
12. a) Wie sind die Partialdrücke definiert?
    b) Wie lautet das Gesetz von Dalton?
13. a) Was ist eine isobare Gemischbildung?
    b) Durch welche Anordnung läßt sich im geschlossenen System die isobare Gemischbildung verwirklichen?
14. a) Wie erklärt sich die Irreversibilität (Entropiezunahme) bei der isothermen und isobaren Gemischbildung idealer Gase?
    b) Wie groß ist der Exergieverlust dieser Gemischbildung?

15. a) Welcher Zusammenhang besteht zwischen Raum- und Stoffmengenanteil im Gemisch idealer Gase?

6.4

16. a) Warum ist die Mischbarkeit von Wasserdampf in trockener Luft begrenzt?
    b) Was bedeutet der übersättigte Zustand eines Gas-Dampf-Gemisches?
    c) Wie ist der Taupunkt eines Gas-Dampf-Gemisches definiert?
17. Wie lauten die Definitionen für
    a) die absolute Feuchte,
    b) die relative Feuchte,
    c) den Feuchtegehalt?
18. Wie verändert sich die relative Feuchte in feuchter Luft, wenn bei konstanter Temperatur der Druck gesenkt wird?
19. Wie sind die spezifischen Zustandsgrößen der feuchten Luft
    a) v_{1+x}
    b) h_{1+x}
    definiert?
20. Welche Gültigkeitsbereiche sind bei der Berechnung der spezifischen Enthalpie feuchter Luft zu beachten?
21. Wozu dient der Randmaßstab im h,x-Diagramm?
22. Warum sind negative spezifische Enthalpien feuchter Luft bei der Berechnung möglich?
23. Welche Zustandsgröße bleibt bei der isobaren Erwärmung feuchter Luft konstant? Wie verläuft diese Zustandsänderung im h,x-Diagramm?
24. Wie findet man den isobaren Mischungspunkt von zwei Massen feuchter Luft im h,x-Diagramm?
25. Wie ist die Kühlgrenztemperatur definiert?

7 Strömungsvorgänge

Bei offenen Systemen wurden Strömungs- und Arbeitsprozesse unterschieden (Abschn. 2.3.1). Bei *Strömungsprozessen* überschreitet keine Arbeit die Systemgrenze ($w_{i12}=0$); diese Prozesse wurden bisher mit Ausnahme der Drosselung (Abschn. 3.4) nicht näher behandelt. Bei *Arbeitsprozessen*, das sind Prozesse mit zu- oder abgeführter Arbeit ($w_{i12}\neq 0$), wurde die Änderung kinetischer und auch potentieller Energie in der Regel vernachlässigt.

Soweit Flüssigkeiten (praktisch inkompressibel) und Gase bzw. Dämpfe (kompressibel) sich gleichermaßen behandeln lassen, verwenden wir den Begriff Fluid.

7.1 Kontinuitätsgleichung

Im folgenden betrachten wir nur die stationäre Strömung durch Rohrleitungen und durch Apparate; die freie Strömung im Raum und die instationäre Strömung werden nicht behandelt.

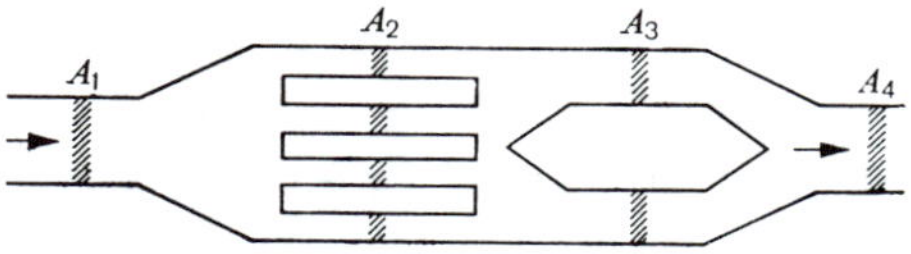

B 7.1 Rohrleitung mit Verzweigungen

Bei einer stationären Rohrströmung fließt durch jeden Querschnitt des Rohres immer der gleiche Massenstrom $\dot{m}$ **(B 7.1).** Die Gesetzmäßigkeit drückt die Kontinuitätsgleichung aus

$$\dot{m}=\varrho_1\, c_{m1}\, A_1=\varrho_2\, c_{m2}\, A_2=\text{konst} \qquad \textit{allgemein} \qquad \textbf{(Gl 7.1)}$$

Ist die Dichte unveränderlich, z.B. weil das durch die Rohrleitung strömende Fluid inkompressibel ist, dann gilt

$$\dot{V}=c_{m1}\, A_1=c_{m2}\, A_2=\text{konst} \qquad \textit{bei konst. Dichte} \qquad \textbf{(Gl 7.2)}$$

c_{m1} und c_{m2} sind mittlere Geschwindigkeiten senkrecht zu den Querschnittsflächen A_1 und A_2 **(B 7.2).**

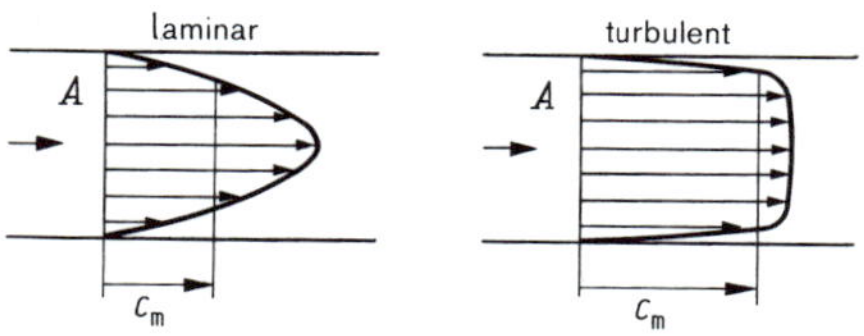

B 7.2 Geschwindigkeitsverteilungen im Kanal

Je nach Größe der Reynoldszahl (Gl 8.14b) sind zwei verschiedene Strömungen möglich: die laminare und die turbulente. Bei sehr kleinen Re-Zahlen strömt das Fluid in Schichten, d.h. laminar. Bei größeren Re-Zahlen überlagert sich der Durchströmung eine ungeordnete Querbewegung, die Strömung ist turbulent. Bei Rohrströmungen erfolgt der Übergang von laminar auf turbulent bei $Re \geqq 2300$. Bei reibungshafter Strömung ist die Geschwindigkeitsverteilung bei laminarer Strömung parabelförmig, während sie mit steigender Turbulenz immer flacher verläuft (B 7.2).

Die Mittelwerte der Geschwindigkeiten c_m werden durch Integration mit Hilfe der wirklichen Geschwindigkeiten an den verschiedenen Stellen im durchströmten Querschnitt bestimmt. Bei konstanter Dichte im Querschnitt gilt:

$$c_m A = \int_0^A c \, dA$$

Der einfacheren Schreibweise wegen wird die Fußnote „m“ weggelassen. In allen folgenden Gleichungen ist immer die mittlere Geschwindigkeit einzusetzen.

7.2 Der erste Hauptsatz der Thermodynamik für Strömungsvorgänge

7.2.1 Arbeitsprozesse

Bei den bisherigen Betrachtungen hatten wir die Änderung der kinetischen und potentiellen Energie häufig vernachlässigt, bei den folgenden Ausführungen werden wir dagegen alle an einem Vorgang beteiligten Energieformen beachten. So lautet der erste Hauptsatz für offene Systeme bei Berücksichtigung der Änderung der kinetischen und potentiellen Energie

$$q_{12} + w_{i12}^* = h_2 - h_1 + \frac{1}{2}(c_2^2 - c_1^2) + g(z_2 - z_1) \qquad \text{(Gl 1.30 b)}$$

Nach Umstellung ergibt sich eine Berechnungsgleichung für die spezifische *innere Arbeit*, die bei Kenntnis der Enthalpieänderung anwendbar ist:

$$w_{i12}^* = h_2 - h_1 + \frac{1}{2}(c_2^2 - c_1^2) + g(z_2 - z_1) - q_{12} \qquad \textbf{(Gl 7.3)}$$

Hierin ist die spezifische innere Arbeit (Gl 1.26):

$$w_{i12}^* = w_{t12}^* + w_{diss\,12}$$

Die innere Arbeit w_{i12}^* setzt sich also aus einem reversiblen Anteil – der technischen Arbeit w_{t12}^* – und dem bei gleichem Zustandsverlauf dissipierten Anteil – der Dissipationsarbeit $w_{diss\,12}$ – zusammen.

Die spezifische innere Arbeit kann auch ohne Kenntnis kalorischer Zustandsgrößen berechnet werden (Gl 1.32):

$$w_{i12}^* = \int_1^2 v \, dp + \frac{1}{2}(c_2^2 - c_1^2) + g(z_2 - z_1) + w_{diss\,12} \qquad \textbf{(Gl 7.4)}$$

Für den *reversiblen Anteil,* also für die spezifische *technische Arbeit,* gilt mit $w_{i12}^* - w_{diss\,12} = w_{t12}^*$:

$$w_{t12}^* = \int_1^2 v \, dp + \frac{1}{2}(c_2^2 - c_1^2) + g(z_2 - z_1) \qquad \textbf{(Gl 7.5)}$$

Die einem strömenden Fluid zugeführte (reversible) technische Arbeit kann somit zur Druckerhöhung, zur Erhöhung der kinetischen oder der potentiellen Energie verwendet werden. Umgekehrt kann ein strömender Stoff technische Arbeit abgeben, wenn sich Druck, kinetische oder potentielle Energie verringern. Eine Volumenänderung muß nicht stattfinden, z.B. nicht bei strömenden Flüssigkeiten.

Die Gleichungen in diesem Abschnitt werden meistens für die spezifischen Größen angegeben, da im allgemeinen nicht eine bestimmte Masse, sondern ein Massenstrom betrachtet wird. Anderenfalls müssen alle Größen mit diesem Massenstrom $\dot{m}$ multipliziert werden.

Aus (Gl 1.30b) ergibt sich dann

$$\dot{m}\, q_{12} + \dot{m}\, w_{i12}^{*} = \dot{m}(h_2 - h_1) + \frac{\dot{m}}{2}(c_2^2 - c_1^2) + \dot{m} g (z_2 - z_1)$$

Setzt man

$$\left.\begin{array}{ll} \dot{Q}_{12} = \dot{m}\, q_{12} & \text{die je Zeiteinheit zugeführte Wärme, also der Wärmestrom,} \\ P_{i12}^{*} = \dot{m}\, w_{i12}^{*} & \text{die innere Leistung der Maschine,} \\ \dot{H}_1 = \dot{m}\, h_1 & \text{die Enthalpie des Massenstromes.} \end{array}\right\} \quad \textbf{(Gl 7.6)}$$

So ergibt sich

$$\dot{Q}_{12} + P_{i12}^{*} = \dot{H}_2 - \dot{H}_1 + \frac{\dot{m}}{2}(c_2^2 - c_1^2) + \dot{m}\, g (z_2 - z_1) \quad \textbf{(Gl 7.7a)}$$

Für ein System mit mehreren Maschinen, Wärme- und Stoffströmen (a, b, ...) gilt:

$$\Sigma \dot{Q}_{12} + \Sigma P_{i12}^{*} = \left(\Sigma \dot{H} + \Sigma \frac{\dot{m}}{2} c^2 + \Sigma\, \dot{m} g z\right)_{\mathrm{AUS}} - \left(\Sigma \dot{H} + \Sigma \frac{\dot{m}}{2} c^2 + \dot{m} g z\right)_{\mathrm{EIN}} \quad \textbf{(Gl 7.7b)}$$

Hierin ist z.B.:

$$\Sigma \dot{Q}_{12} = \dot{Q}_{a12} + \dot{Q}_{b12} + \ldots$$
$$\Sigma \dot{H}_{\mathrm{AUS}} = \dot{H}_{\mathrm{aAUS}} + \dot{H}_{\mathrm{bAUS}} + \ldots$$

Mit den hier aufgeführten Gleichungen ist eine Energiebilanz von Systemen unter Berücksichtigung aller auftretenden Energieströme möglich.

Beispiel 7.1: Aus einer Halle, Luftzustand 20 °C, 1010 mbar, fördert ein Abluftventilator Luft in einen Abluftkanal. Im Ventilator steigt der Luftdruck um 10 mbar, die Temperatur um 1,2 K. Die mittlere Luftgeschwindigkeit im Abluftkanal beträgt 10 m/s, die dort gemessene Luftmenge 17000 m³/h.

Der Ventilator kann als adiabates System angenommen werden, bei der Verdichtung wird Energie dissipiert. Die Luftdichte kann wegen der geringen Druck- und Temperaturerhöhung konstant gesetzt werden.

Ermitteln Sie:

a) die dem Ventilator zuzuführende spezifische Arbeit,
b) die erforderliche Antriebsleistung,
c) die reversible technische Leistung,
d) die im Ventilator dissipierte Leistung,
e) den Anteil der dissipierten Leistung an der Gesamtleistung,
f) den inneren Verdichterwirkungsgrad.

Zu a: Nach Gl 7.3:

$$w_{i12}^* = h_2 - h_1 + \frac{1}{2}(c_2^2 - c_1^2) + g(z_2 - z_1) - q_{12}$$

Mit $z_2 = z_1$, $q_{12} = 0$ und $c_1 = 0$ sowie $h_2 - h_1 = c_{pm}(T_2 - T_1)$ [nach Gl 2.20] gilt:

$$w_{i12}^* = h_2 - h_1 + \frac{c_2^2}{2} = c_{pm}(T_2 - T_1) + \frac{c_2^2}{2}$$

$$w_{i12}^* = 1{,}004 \frac{\text{kJ}}{\text{kg K}} 1{,}2\,\text{K} + \frac{10^2\,\text{m}^2}{\text{s}^2\,2} \frac{\text{N s}^2}{\text{kg m}} \frac{\text{kJ}}{10^3\,\text{N m}} = \underline{1{,}255 \frac{\text{kJ}}{\text{kg}}}$$

Zu b: Massenstrom nach Gl 2.3: $\dot{m} = \frac{p_2\,\dot{V}_2}{R_1 \cdot T_2}$

$$\dot{m} = \frac{102000\,\text{N} \cdot 17000\,\text{m}^3\,\text{h kg K}}{\text{m}^2\,\text{h} \cdot 3600\,\text{s} \cdot 287{,}2\,\text{J} \cdot 294{,}2\,\text{K}} = 5{,}70 \frac{\text{kg}}{\text{s}}$$

Damit ergibt sich die zuzuführende Leistung (Gl 7.6):

$$P_{i12}^* = \dot{m}\, w_{i12}^* = 5{,}70 \frac{\text{kg}}{\text{s}} 1{,}255 \frac{\text{kJ}}{\text{kg}} = \underline{7{,}15\,\text{kW}}$$

Zu c: Reversible technische Leistung nach Gl 7.6, mit w_{t12}^* nach Gl 7.5:

$$P_{t12}^* = \dot{m}\, w_{t12}^* = \int_1^2 \dot{V}\,\mathrm{d}p + \dot{m}\frac{c_2^2}{2}$$

Bei konstanter Dichte gilt mit $\dot{V}$ = konstant:

$$P_{t12}^* = \dot{V}(p_2 - p_1) + \dot{m}\frac{c_2^2}{2}$$

$$P_{t12}^* = \left(\frac{17000\,\text{m}^3\,\text{h}}{\text{h}\,3600\,\text{s}} 10\,\text{mbar} \frac{100\,\text{N}}{\text{m}^2\,\text{mbar}} + 5{,}70 \frac{\text{kg}}{\text{s}} \frac{10^2\,\text{m}^2}{\text{s}^2\,2} \frac{\text{N s}^2}{\text{kg m}}\right) \frac{\text{kW}}{10^3\,\text{W}}$$

$$P_{t12}^* = (4{,}72 + 0{,}29)\,\text{kW} = \underline{5{,}01\,\text{kW}}$$

Die Vernachlässigung der Dichteänderung ist bei Ventilatoren zulässig. Bei Verdichtern oder Turbinen mit stärkerer Druckveränderung ist $\int_1^2 V\,\mathrm{d}p$ entsprechend dem polytropen Zustandsverlauf zu ermitteln (Bsp. 7.2).

Zu d: Dissipierte Leistung (entspr. Gl 1.26):

$$P_{diss\,12}^* = P_{i12}^* - P_{t12}^* = (7{,}15 - 5{,}01)\,\text{kW} = \underline{2{,}14\,\text{kW}}$$

Zu e:

$$\frac{P_{diss\,12}^*}{P_{i\,12}^*} = \frac{2{,}14\,\text{kW}}{7{,}15\,\text{kW}} = 0{,}300 \mathrel{\hat=} \underline{30{,}0\%}$$

Zu f: Innerer Verdichterwirkungsgrad (Gl 4.21):
Wegen der eingeführten Vernachlässigung (ϱ = konst.) kann in Gl 4.21 die unter c) ermittelte isochore anstelle der isentropen Verdichterleistung $P_{t12'}$, eingesetzt werden.

$$\eta_{iV} = \frac{P_{tV12'}^*}{P_{iV12}^*} = \frac{5{,}01\,\text{kW}}{7{,}15\,\text{kW}} = 0{,}700 \mathrel{\hat=} 70{,}0\%$$

Beispiel 7.2: Der Entspannungsturbine eines Hochofens strömt ein Normvolumenstrom von 200 000 m^3/h Hochofengas bei 2 bar, 50 °C mit 20 m/s zu. Das Gas expandiert in der Turbine adiabat mit Dissipation auf 1,2 bar und verläßt sie mit 15 °C und 50 m/s.

Isobare spezifische Wärmekapazität des Hochofengases $1{,}02\ \frac{\text{kJ}}{\text{kg K}}$, Normdichte $1{,}36\ \frac{\text{kg}}{\text{m}^3}$, spezielle Gaskonstante $273\ \frac{\text{J}}{\text{kg K}}$.

Ermitteln Sie:

a) die abgegebene Leistung in MW,

b) die in der Turbine dissipierte Leistung in kW.

Zu a: Spezifische innere Arbeit (Gl 7.3 mit $z_2 = z_1$ und $q_{12} = 0$)

$$w_{i12}^* = h_2 - h_1 + \frac{1}{2}(c_2^2 - c_1^2)$$

Hierin $h_2 - h_1 = c_{pm}(T_2 - T_1)$ nach Gl 2.20:

$$w_{i12}^* = c_{pm}(T_2 - T_1) + \frac{1}{2}(c_2^2 - c_1^2)$$

$$w_{i12}^* = 1{,}02\ \frac{\text{kJ}}{\text{kg K}}(-35\ \text{K}) + \frac{1}{2}(50^2 - 20^2)\ \frac{\text{m}^2}{\text{s}^2}\ \frac{\text{N s}^2\ \text{kJ}}{\text{kg m}\ 10^3\ \text{N m}}$$

$$w_{i12}^* = -35{,}7\ \frac{\text{kJ}}{\text{kg}} + 1{,}05\ \frac{\text{kJ}}{\text{kg}} = -34{,}65\ \frac{\text{kJ}}{\text{kg}}$$

Massenstrom (Gl 2.9):

$$\dot{m} = \dot{V}_n\,\varrho_n = \frac{200\,000\ \text{m}^3\ \text{h}}{\text{h} \cdot 3600\ \text{s}} \cdot 1{,}36\ \frac{\text{kg}}{\text{m}^3} = 75{,}56\ \frac{\text{kg}}{\text{s}}$$

Abgegebene innere Leistung (Gl 7.6):

$$P_{i12}^* = \dot{m}\,w_{i12}^*$$

$$P_{i12}^* = 75{,}56\ \frac{\text{kg}}{\text{s}}\left(-34{,}65\ \frac{\text{kJ}}{\text{kg}}\right)\frac{\text{s MW}}{1000\ \text{kJ}} = \underline{-2{,}62\ \text{MW}}$$

Zu b: Spez. Dissipationsarbeit nach Gl 7.4. Darin ist $\int_1^2 v\,\mathrm{d}p$ für die (quasistatisch angenommene) Zustandsänderung zwischen Zustand 1 und 2 zu ermitteln, mit dem Polytropenexponenten n nach Gl 2.39c:

$$n = \frac{\ln\frac{p_1}{p_2}}{\ln\frac{p_1}{p_2} - \ln\frac{T_1}{T_2}} = \frac{\ln\frac{2\ \text{bar}}{1{,}2\ \text{bar}}}{\ln\frac{2\ \text{bar}}{1{,}2\ \text{bar}} - \ln\frac{323\ \text{K}}{288\ \text{K}}} = 1{,}29$$

$\int_1^2 v\,\mathrm{d}p$ entspr. Gl 2.48c und Gl 2.41:

$$\int_1^2 v\,\mathrm{d}p = n\int_1^2 -p\,\mathrm{d}v = \frac{n}{n-1}R_i(T_2 - T_1)$$

$$\int_1^2 v\,\mathrm{d}p = \frac{1{,}29}{1{,}29 - 1} \cdot 0{,}273\ \frac{\text{kJ}}{\text{kg K}}(-35\ \text{K}) = -42{,}56\ \frac{\text{kJ}}{\text{kg}}$$

Spezifische Dissipationsarbeit (Gl 7.4 mit $z_2 - z_1$):

$$w_{diss\,12} = w_{i\,12}^* - \int_1^2 v\,\mathrm{d}p - \frac{1}{2}(c_2^2 - c_1^2)$$

$$w_{diss\,12} = -34{,}65\,\frac{\mathrm{kJ}}{\mathrm{kg}} - \left(-42{,}65\,\frac{\mathrm{kJ}}{\mathrm{kg}}\right) - 1{,}05\,\frac{\mathrm{kJ}}{\mathrm{kg}} = +6{,}86\,\frac{\mathrm{kJ}}{\mathrm{kg}}$$

Dissipierte Leistung:

$$P_{diss\,12} = \dot{m}\;w_{diss\,12} = 75{,}56\,\frac{\mathrm{kg}}{\mathrm{s}}\;6{,}86\,\frac{\mathrm{kJ}}{\mathrm{kg}} = \underline{518\,\mathrm{kW}}$$

Beispiel 7.3: Eine Kreiselpumpe fördert aus einem Brunnen 100 m^3/h Wasser von 10 °C in einen Behälter, dessen Wasseroberfläche 20 m über der des Brunnens liegt.

Durchmesser der Ansaugleitung: 150 mm. Druckdifferenz zwischen Pumpenein- und -austritt: 0,1 bar (diese Druckdifferenz deckt die Druckverluste in der Saug- und Druckleitung). Dissipationsverlust in der Pumpe: 20% der erforderlichen Antriebsleistung.

Welche Antriebsleistung ist erforderlich?

Spezifische innere Arbeit (Gl 7.4):

$$w_{i\,12}^* = \int_1^2 v\,\mathrm{d}p + \frac{1}{2}(c_2^2 - c_1^2) + g(z_2 - z_1) + w_{diss\,12}$$

Antriebsleistung (mit $c_1 = 0$ und $w_{diss\,12} = 0{,}02\,w_{i\,12}^*$) nach Gl 7.6:

$$P_{i\,12}^* = \int_1^2 \dot{V}\,\mathrm{d}p + \frac{\dot{m}}{2}\,c_2^2 + \dot{m}\,g(z_2 - z_1) + 0{,}02\,P_{i\,12}^*$$

$$P_{i\,12}^* = \frac{\dot{V}(p_2 - p_1) + \frac{\dot{m}}{2}\,c_2^2 + \dot{m}\,g(z_2 - z_1)}{0{,}98}$$

Hierin sind:

$$\dot{V} = 100\,\frac{\mathrm{m}^3}{\mathrm{h}}\,\frac{\mathrm{h}}{3600\,\mathrm{s}} = 0{,}0278\,\frac{\mathrm{m}^3}{\mathrm{s}}$$

$$\dot{m} = \dot{V}\,\varrho = 0{,}0278\,\frac{\mathrm{m}^3}{\mathrm{s}}\;999\,\frac{\mathrm{kg}}{\mathrm{m}^3} = 27{,}75\,\frac{\mathrm{kg}}{\mathrm{s}} \qquad \text{(Gl 1.2)}$$

$$c = \frac{\dot{V}}{A} = \frac{0{,}0278\,\mathrm{m}^3\,4}{\mathrm{s}\,\pi\,0{,}15^2\,\mathrm{m}^2} = 1{,}57\,\frac{\mathrm{m}}{\mathrm{s}} \qquad \text{(Gl 7.2)}$$

Oben eingesetzt:

$$P_{i\,12}^* = \frac{\left(0{,}0278\,\frac{\mathrm{m}^3}{\mathrm{s}}\,0{,}1\cdot 10^5\,\frac{\mathrm{N}}{\mathrm{m}^2} + \frac{27{,}75\,\mathrm{kg}}{2\,\mathrm{s}}\,1{,}57^2\,\frac{\mathrm{m}^2}{\mathrm{s}^2} + 27{,}75\,\frac{\mathrm{kg}}{\mathrm{s}}\,9{,}81\,\frac{\mathrm{m}}{\mathrm{s}^2}\,20\,\mathrm{m}\right)\frac{\mathrm{kW}}{1000\,\mathrm{W}}}{0{,}80}$$

$$P_{i\,12}^* = \underline{7{,}2\,\mathrm{kW}}$$

Aufgabe 7.1: Der Zuluftventilator einer raumlufttechnischen Anlage saugt bei 995 mbar Umgebungsdruck, −10 °C einen Luftvolumenstrom von 10 m^3/s an, verdichtet ihn auf 1000 mbar und fördert ihn in einen Luftkanal mit 0,90 m^2 Querschnitt. Hierbei tritt eine Dissipationsleistung von 3 kW auf. Die Luftdichte und damit auch der Volumenstrom können als konstant angenommen werden.

Ermitteln Sie:

a) die Antriebsleistung,

b) den Anteil der dissipierten Leistung an der Gesamtleistung,

c) den inneren Verdichterwirkungsgrad.

Aufgabe 7.2: Einer Entspannungsturbine strömen 10 kg/s Luft von 5 bar, 170 °C mit 40 m/s zu. Die Luft verläßt die Turbine mit 1,1 bar, 40 °C und 120 m/s. Die Expansion in der Turbine erfolgt mit Dissipation, gleichzeitig tritt ein Wärmeverlust von 2,0 kJ/kg an die Umgebung ein. Die spezifische Wärmekapazität kann näherungsweise bei 0 °C eingesetzt werden.

Ermitteln Sie:

a) die von der Turbine abgegebene Leistung,

b) die dissipierte Leistung.

7.2.2 Strömungsprozesse

Bei Strömungsprozessen tritt keine Arbeit über die Systemgrenze ($w^*_{i12}=0$).

Strömungsprozesse mit Wärmezu- oder Wärmeabfuhr. Die Wärme errechnet sich allgemein, also auch bei reibungsbehafteter Strömung, aus Gl 1.30b mit $w^*_{i12}=0$:

$$q_{12}=h_2-h_1+\frac{1}{2}(c_2^2-c_1^2)+g(z_2-z_1) \qquad \textit{Strömungsprozeß (allgemein)}^1 \qquad \textbf{(Gl 7.8)}$$

Bei vielen Prozessen, insbesondere mit gasförmigen Fluiden, kann z_2-z_1 gesetzt werden:

$$q_{12}=h_2-h_1+\frac{1}{2}(c_2^2-c_1^2) \qquad \textit{Strömungsprozeß (horizontal)} \qquad \textbf{(Gl 7.9)}$$

Mit der Totalenthalpie $h^*=h+\frac{c^2}{2}$ (Gl 1.29) ergibt sich

$$q_{12}=h_2^*-h_1^* \qquad \textit{Strömungsprozeß (horizontal)} \qquad \textbf{(Gl. 7.10)}$$

Die einem Strömungsprozeß bei horizontaler Strömung zu- oder abgeführte Wärme verändert somit die Totalenthalpie des Fluids. Eine Geschwindigkeits*erhöhung* ist aber nur bei Druck*minderung* möglich, wie aus Gl 7.15 erkennbar ist.

Adiabate Strömungsprozesse. Für die Strömung in *adiabaten Systemen* ($q_{12}=0$) wird aus Gl 7.8:

$$h_2+\frac{c_2^2}{2}+g\,z_2=h_1+\frac{c_1^2}{2}+g\,z_1 \qquad \textit{Strömungsprozeß (adiabat)} \qquad \textbf{(Gl 7.11)}$$

Oder mit $h=u+p\,v$ (Gl 1.27):

$$u_2+p_2\,v_2+\frac{c_2^2}{2}+g\,z_2=u_1+p_1\,v_1+\frac{c_1^2}{2}+g\,z_1 \qquad \textit{Strömungsprozeß (adiabat)} \qquad \textbf{(Gl 7.12)}$$

Verläuft die Strömung in *adiabaten Systemen horizontal* ($z_2=z_1$), so gilt (aus Gl 7.11):

$$h_1-h_2=\frac{1}{2}(c_2^2-c_1^2) \qquad \textit{Strömungsprozeß (adiabat, horizontal)} \qquad \textbf{(Gl 7.13)}$$

[1] Mit c_2 ist die Endgeschwindigkeit sowohl bei verlustfreier als auch bei reibungsbehafteter Strömung bezeichnet. Falls unterschieden werden soll, nennen wir c_2 die tatsächliche, $c_{2'}$ die Geschwindigkeit bei verlustfreier Strömung (z. B. Gl 7.31 und Beisp. 7.9).

Das gesamte Enthalpiegefälle dient in einer beschleunigten horizontalen Strömung in einem adiabaten System zur Erhöhung der Geschwindigkeitsenergie.

Gleichungen ohne kalorische Größen für Strömungsprozesse

Eine weitere Verknüpfung der Energien bei Strömungsprozessen, die auch bei nichtadiabaten Systemen gilt, läßt sich aus Gl 7.4 mit $w_{i12}^*=0$ angeben:

$$0=\int_1^2 v\,\mathrm{d}p+\frac{1}{2}(c_2^2-c_1^2)+g\,(z_2-z_1)+w_{diss\,12}$$ *Strömungsprozeß (allgemein)* **(Gl 7.14)**

Für die horizontale Strömung ($z_2=z_1$) gilt:

$$\frac{1}{2}(c_2^2-c_1^2)=-\int_1^2 v\,\mathrm{d}p-w_{diss\,12}$$ *Strömungsprozeß (horizontal)* **(Gl 7.15)**

Um das Fluid zu beschleunigen, muß sich der Druck somit verringern, da die Dissipationsenergie $w_{diss\,12}$ immer positiv ist. Hierauf hatten wir bei Anwendung der Gl 7.8 und 7.9 schon hingewiesen. Die Gleichungen 7.8 bis 7.15 gelten für die Strömung kompressibler und inkompressibler Fluide mit oder ohne Reibung.

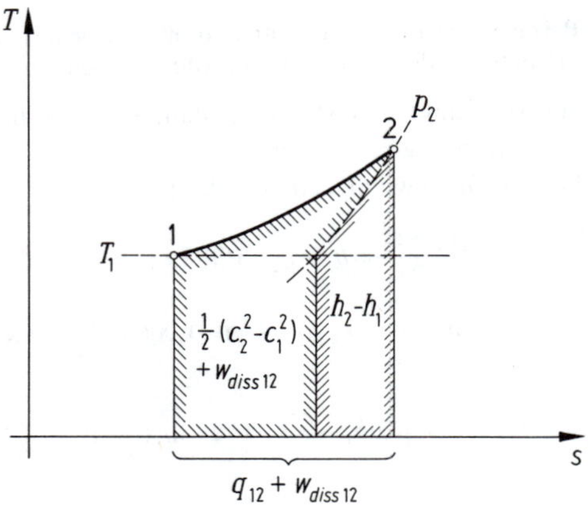

B 7.3 Strömungsprozeß eines Gases im T,s-Diagramm (horizontale Strömung)

Die an einem Strömungsprozeß beteiligten Energien lassen sich im T,s-Diagramm darstellen. **Bild 7.3** zeigt die Zustandsänderung 1 → 2 eines idealen Gases bei horizontaler Strömung. Die Fläche unter dieser Zustandsänderung stellt die Summe aus Wärme und Dissipationsarbeit ($q_{12}+w_{diss\,12}$), bei reibungsfreier Strömung nur die Wärme q_{12} dar (vergl. B 3.7). Die Enthalpiezunahme h_2-h_1 ist durch die Fläche unter der Isobaren zwischen den Temperaturen T_2 und T_1 gekennzeichnet (vergl. B 3.9). Die restliche Fläche zeigt die Summe aus der Geschwindigkeitsenergieänderung $\frac{1}{2}(c_2^2-c_1^2)$ und der Dissipationsenergie $w_{diss\,12}$.

Für *inkompressible* Fluide (Flüssigkeiten) wird aus Gl 7.14 mit $v=$ konst. und $\varrho=\frac{1}{v}$:

$$\frac{p_2}{\varrho}+\frac{c_2^2}{2}+g\,z_2=\frac{p_1}{\varrho}+\frac{c_1^2}{2}+g\,z_1-w_{diss\,12}$$ *Strömungsprozeß (inkompressibel)* **(Gl 7.16)**

Für *reibungsfreie* Strömung *inkompressibler* Fluide gilt mit $w_{diss\,12}=0$:

$$\frac{p_2}{\varrho}+\frac{c_2^2}{2}+g\,z_2=\frac{p_1}{\varrho}+\frac{c_1^2}{2}+g\,z_1$$ *Strömungsprozeß (reibungsfrei, inkompressibel)* **Gl 7.17)**

Gl 7.17 wird *Bernoulli-Gleichung*[1] genannt, sie gilt für reibungsfreie Strömung inkompressibler Fluide. Bei horizontal verlaufenden Strömungen ($z_2=z_1$) lautet die Bernoulli-Gleichung:

$$p_2+\frac{\varrho}{2}\,c_2^2=p_1+\frac{\varrho}{2}\,c_1^2$$ *Strömungsprozeß (reibungsfrei, inkompressibel, horizontal)* **(Gl 7.18)**

p ist der auf die Wand wirkende Druck, der *statische Druck*. Der Term

$$p_{\text{kin}}=\frac{\varrho}{2}\,c^2$$ **(Gl 7.19)**

wird *kinetischer Druck* (auch *Staudruck*) genannt. Die Summe aus statischem und kinetischem Druck wird als *Totaldruck* p_t bezeichnet:[2]

$$p_t=p+p_{\text{kin}}$$ **(Gl 7.20)**

Beispiel 7.4: Luft von 2 bar und 60 °C (ideales Gas) wird aus dem ruhenden Zustand reibungsfrei in einer adiabaten Verengung ohne Arbeitsabgabe beschleunigt, wobei die Temperatur der Luft auf 20 °C sinkt.[3] Es ist mit konstanter spezifischer Wärmekapazität $c_{pm}=1{,}006\,\frac{\text{kJ}}{\text{kg K}}$ und horizontaler Strömung zu rechnen.
Welche Geschwindigkeit erreicht die Luft?

$$\frac{c_2^2-c_1^2}{2}=h_1-h_2 \quad \text{(Gl 7.13)} \qquad c_1=0$$

$$h_1-h_2=c_{pm}(t_1-t_2)=1{,}006\,\frac{\text{kJ}}{\text{kg K}}\,40\text{ K}=40{,}2\,\frac{\text{kJ}}{\text{kg}} \quad \text{(Gl 2.20)}$$

$$c_2=\sqrt{2(h_1-h_2)}=\sqrt{2\cdot 40{,}2\,\frac{\text{kJ}}{\text{kg}}\,10^3\,\frac{\text{N m}}{\text{kJ}}\,\frac{\text{kg m}}{\text{s}^2\,\text{N}}}=\underline{283{,}7\,\frac{\text{m}}{\text{s}}}$$

Beispiel 7.5: Aus einem defekten Gasbehälter, in dem sich Erdgas bei 150 mbar Überdruck, 12 °C befindet, strömt Gas aus. Infolge Reibung an der Austrittsöffnung soll die tatsächlich auftretende Geschwindigkeit halb so groß wie die theoretische sein. Atmosphärischer Bezugsdruck 990 mbar, spezielle Gaskonstante $449\,\frac{\text{J}}{\text{kg K}}$ $\varkappa=1{,}32$.

Ermitteln Sie:

a) die theoretische Ausströmgeschwindigkeit,

b) die wirkliche Ausströmgeschwindigkeit.

---

[1] *Daniel Bernoulli* (1700–1782), Schweizer Physiker, leitete 1738 die Gasgesetze aus der Vorstellung bewegter Gasmoleküle ab. Die Bernoulli-Gleichung wurde hier aus dem Energiesatz entwickelt. Sie läßt sich auch aus dem Impulssatz ableiten.

[2] Bezeichnungen nach DIN 1304 T 5 (09.89): Formelzeichen für die Strömungsmechanik. Der kinetische Druck wurde früher als dynamischer Druck, der Totaldruck als Gesamtdruck bezeichnet. Gegebenenfalls ist beim Totaldruck auch der Term $\varrho g z$ zu berücksichtigen.

[3] Die Temperaturmessung soll reibungsfrei erfolgen, z. B. durch ein mitgeführtes Thermometer.

Zu a: Der Strömungsprozeß kann als adiabat und horizontal verlaufend betrachtet werden (Gl 7.15):

$$\frac{1}{2}(c_2^2 - c_1^2) = -\int_1^2 v\,\mathrm{d}p - w_{\text{diss}\,12}$$

Die theoretische Ausströmgeschwindigkeit (wir nennen sie $c_{2'}$) stellt sich bei verlustlosem Ausströmen ein: $w_{\text{diss}\,12} = 0$. Wir ermitteln $\int_1^2 v\,\mathrm{d}p$ nach Gl 2.48 b und Gl 2.34 c:

$$\int_1^2 v\,\mathrm{d}p = \frac{\varkappa}{\varkappa - 1} R_i T_1 \left[\left(\frac{p_2}{p_1}\right)^{\frac{\varkappa-1}{\varkappa}} - 1\right]$$

$$\int_1^2 v\,\mathrm{d}p = \frac{1{,}32}{1{,}32-1}\, 449\,\frac{\mathrm{J}}{\mathrm{kg\,K}}\, 285\,\mathrm{K}\left[\left(\frac{990\,\mathrm{mbar}}{1\,140\,\mathrm{mbar}}\right)^{\frac{1{,}32-1}{1{,}32}} - 1\right] = -17\,748\,\frac{\mathrm{J}}{\mathrm{kg}}$$

In Gl 7.15 eingesetzt, mit $c_1 = 0$ und $w_{\text{diss}\,12} = 0$ ergibt sich die theoretische Ausströmgeschwindigkeit:

$$c_{2'} = \sqrt{-2\int_1^2 v\,\mathrm{d}p} = \sqrt{-2(-17\,748)\,\frac{\mathrm{J}}{\mathrm{kg}}\,\frac{\mathrm{N\,m}}{\mathrm{J}}\,\frac{\mathrm{kg\,m}}{\mathrm{N\,s^2}}}$$

$$\underline{c_{2'} = 188{,}4\,\frac{\mathrm{m}}{\mathrm{s}}}$$

Zu b: Die wirkliche Ausströmgeschwindigkeit ist

$$c_2 = \alpha c_{2'} = 0{,}5 \cdot 188{,}4\,\frac{\mathrm{m}}{\mathrm{s}} = \underline{94{,}2\,\frac{\mathrm{m}}{\mathrm{s}}}$$

Aufgabe 7.3: Wasser von 10 °C strömt in einer horizontalen Rohrleitung mit 3 m/s bei 4 bar Überdruck einer Austrittsdüse zu.

Ermitteln Sie:

a) die Austrittsgeschwindigkeit bei reibungsfreiem Vorgang in der Düse,

b) die Austrittsgeschwindigkeit, wenn beim Austritt 100 J/kg durch Reibung dissipiert werden.

7.3 Kraftwirkung bei Strömungsvorgängen

7.3.1 Impulssatz

In allgemeiner Form lautet das *dynamische Grundgesetz von Newton*:

$$\vec{F} = \frac{\mathrm{d}(m\,\vec{c})}{\mathrm{d}\tau} \qquad \textbf{(Gl 7.21 a)}$$

Umgestellt:

$$\vec{F}\,\mathrm{d}\tau = \mathrm{d}(m\vec{c})$$

Wirkt somit eine Kraft $\vec{F}$ über den Zeitraum $\mathrm{d}\tau$ auf ein System, so ändert sich der Bewegungszustand des Systems. Integriert erhält man:

$$\vec{F}\,\mathrm{d}\tau = m\vec{c}_2 - m\vec{c}_1 \qquad \textit{Impulssatz} \qquad \textbf{(Gl 7.21 b)}$$

$\vec{F}$ ist die *auf* das System wirkende resultierende Kraft. Das Produkt $m\vec{c}$ nannte Newton *Bewegungsgröße*, wir bezeichnen $m\vec{c}$, wie heute vielfach üblich, als *Impuls* $\vec{I}$.

$$\vec{I} = m\vec{c} \qquad \textbf{(Gl 7.22)}$$

In Gl 7.21 a eingesetzt erhält man:

$$\vec{F} = \frac{\mathrm{d}\vec{I}}{\mathrm{d}\tau} \qquad \textbf{(Gl 7.23)}$$

Nach dem Impulssatz steht *die auf das System wirkende resultierende Kraft mit der zeitlichen Änderung des Impulses im Gleichgewicht*. Wenn der Impuls $\vec{I}$ unverändert bleibt, tritt keine solche Kraft auf.

Die *der äußeren Kraft entgegengerichtete* Kraft heißt *Impulskraft*:

$$\vec{F}_\mathrm{i} = -\vec{F} = -\frac{\mathrm{d}\vec{I}}{\mathrm{d}\tau} \qquad \textbf{(Gl 7.24a)}$$

Die Impulskraft wirkt *vom* Fluid auf die Umgebung, z. B. auf einen Rohrkrümmer. Obige Gleichungen sind als Vektorengleichung geschrieben, da die Kraft $\vec{F}$ und die Geschwindigkeit $\vec{c}$ Vektoren sind.

Wir wenden den Impulssatz auf Strömungsvorgänge von Fluiden an **(B 7.4)**.

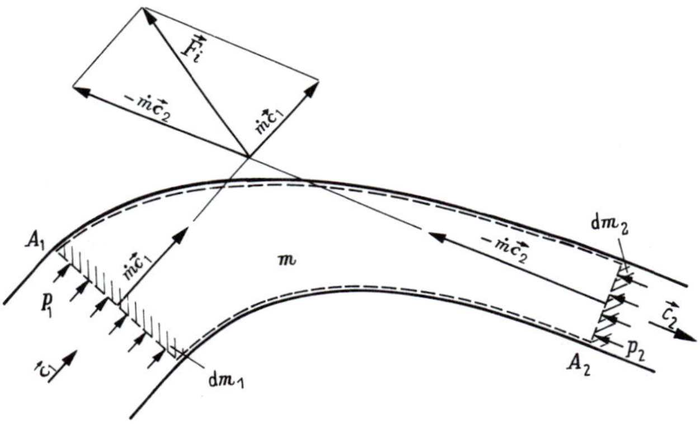

B 7.4 Kräfte und Impulsänderungen (Resultierende Druckkraft nicht dargestellt)

Beim stationären Strömen eines Fluids durch ein offenes System mit festen Systemgrenzen ist die Geschwindigkeit des Fluids an den Zu- und Abströmflächen, die in der Strömungslehre auch Kontrollflächen genannt werden, jeweils konstant.

Während der Zeit $\mathrm{d}\tau$ verschieben sich die Grenzflächen der betrachteten Masse m. Die Teilmasse $\mathrm{d}m_2$ verläßt den bisher von m eingenommenen Raum, während $\mathrm{d}m_1$ in diesen Raum hineinfließt. Aufgrund der Kontinuität ist $\mathrm{d}m_1 = \mathrm{d}m_2 = \mathrm{d}m$ und $\mathrm{d}m = \varrho\,\mathrm{d}V = \varrho\,\dot{V}\,\mathrm{d}\tau = \dot{m}\,\mathrm{d}\tau$. Die Impulsänderung der Masse m in der Zeit $\mathrm{d}\tau$ ist gleich der Differenz zwischen den Impulsen an der Austrittsfläche A_2 und an der Eintrittsfläche A_1.

$$\mathrm{d}\vec{I}_\mathrm{ges} = \mathrm{d}m_2\,\vec{c}_2 - \mathrm{d}m_1\,\vec{c}_1 = \dot{m}\,\mathrm{d}\tau(\vec{c}_2 - \vec{c}_1)$$

So kann die durch die Impulsänderung verursachte Kraft $\vec{F}_\mathrm{i}$, die vom Fluid innerhalb der Kontrollflächen auf die Umgebung wirkt, auch durch den Massenstrom ausgedrückt werden (Gl 7.25):

$$\vec{F}_\mathrm{i} = -\frac{d\vec{I}_\mathrm{ges}}{d\tau} = \dot{m}(\vec{c}_1 - \vec{c}_2) \qquad \textbf{(Gl 7.24b)}$$

Neben der Impulskraft wirkt der statische Druck auf die strömungsbegrenzenden Wände. Dieser bewirkt

– auf die Kontrollfläche am Eintrittsquerschnitt A_1 die Druckkraft

$$\vec{F}_{p1} = \vec{A}_1 (p_1 - p_{amb}) = \vec{A}_1\, p_{e1} \qquad \textbf{(Gl 7.25a)}$$

– auf die Kontrollfläche am Austrittsquerschnitt A_2 die Druckkraft

$$\vec{F}_{p2} = \vec{A}_2 (p_2 - p_{amb}) = \vec{A}_2\, p_{e2} \qquad \textbf{(Gl 7.25b)}$$

Die Flächen A_1 und A_2 sind jeweils senkrecht zu den Geschwindigkeiten c_1 und c_2 anzusetzen; sie sind daher gerichtete Größen und somit als Vektoren gekennzeichnet. Bei Überdruck (p_e pos.) wirkt $\vec{F}_p$ *in* Strömungsrichtung, bei Unterdruck (p_e neg.) wirkt F_p *entgegen* der Strömungsrichtung.

Die resultierende *Druckkraft* ist

$$\vec{F}_p = \vec{F}_{p1} + \vec{F}_{p2} \qquad \textbf{(Gl 7.26)}$$

Die *vom* strömenden Fluid auf die Wände des durchflossenen Systems wirkende resultierende *Gesamtkraft* ist

$$\vec{F}_{res} = \vec{F}_i + \vec{F}_p \qquad \textbf{(Gl 7.27)}$$

$\vec{F}_{res}$ wird auch Reaktionskraft genannt.

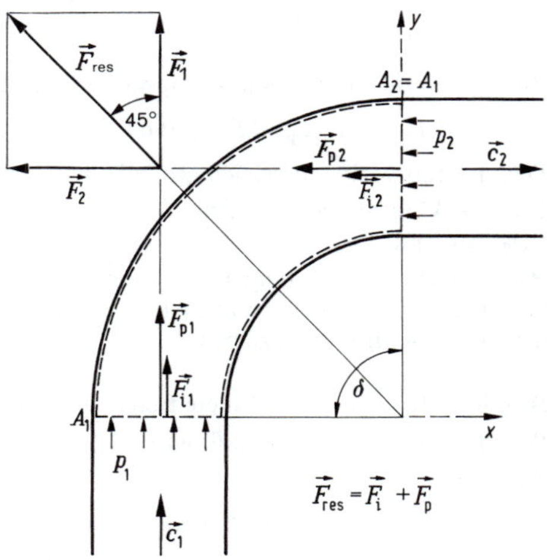

B 7.5 Kräfte am Krümmer

Beispiel 7.6: Durch einen 90°-Krümmer mit einem lichten Durchmesser von 100 mm strömt Wasser von 20 °C bei 6 bar Überdruck reibungsfrei mit einer Geschwindigkeit von 5 m/s **(B 7.5).**

a) Welche Richtung hat die auf die Krümmerwand wirkende resultierende Kraft?

Welchen Betrag haben die vom Fluid auf die Krümmerwand wirkende

b) resultierende Impulskraft,

c) resultierende Druckkraft,

d) resultierende Gesamtkraft des strömenden Wassers?

Zu a): Da die Beträge der Geschwindigkeiten gleich groß ($c_2 = c_1$) und bei reibungsfreier Strömung $p_2 = p_1$ sind, haben die Impuls- und Druckkräfte am Ein- und Austritt jeweils gleiche Beträge.

Die Resultierende liegt somit bei

$$\frac{\delta}{2} = \frac{90°}{2} = 45°$$

zu den beiden Rohren.

Zu b: Massenstrom nach Gl 7.1:

$$\dot{m} = \varrho\, c\, A = 998{,}2 \frac{\text{kg}}{\text{m}^3}\, 5 \frac{\text{m}}{\text{s}} \frac{\pi\, 0{,}1^2}{4} \text{m}^2 = 39{,}20 \frac{\text{kg}}{\text{s}}$$

Resultierende Impulskraft (Gl 7.24b):

$$\vec{F}_\text{i} = \dot{m}(\vec{c}_1 - \vec{c}_2)$$

$$F_\text{i} = \dot{m}\left(c \cos\frac{\delta}{2} + c \cos\frac{\delta}{2}\right) = \dot{m}\, c\, 2 \cos\frac{\delta}{2}$$

$$F_\text{i} = 39{,}20 \frac{\text{kg}}{\text{s}}\, 5 \frac{\text{m}}{\text{s}}\, 2 \cos 45° = 277 \frac{\text{kg m}}{\text{s}^2} = \underline{277\ \text{N}}$$

Zu c: Resultierende Druckkraft, mit $A_1 = A_2 = A$ und $p_{\text{e}1} = p_{\text{e}2} = p_\text{e}$

$$F_\text{p} = A\, p_\text{e} \cos\frac{\delta}{2} + A\, p_\text{e} \cos\frac{\delta}{2} = 2 A\, p_\text{e} \cos\frac{\delta}{2}$$

$$F_\text{p} = 2 \frac{\pi\, 0{,}1^2\ \text{m}^2}{4}\, 6 \cdot 10^5 \frac{\text{N}}{\text{m}^2} \cos 45° = \underline{6664\ \text{N}}$$

Zu d: Resultierende Gesamtkraft des strömenden Wassers auf die Krümmerwand (Gl 7.27):

$$F_\text{res} = F_\text{i} + F_\text{p} = (277 + 6664)\ \text{N} = \underline{6941\ \text{N}}$$

Dieser Kraft wirkt eine gleich große äußere Kraft entgegen.

Die Druckkräfte sind erheblich höher als die Impulskräfte, die bei Krümmern in der Regel vernachlässigbar sind.

Bei Querschnittsänderungen ($c_2 \neq c_1$) haben die resultierende Impuls- und Druckkraft unterschiedliche Richtungen. Dann ist anstelle obiger Lösung eine Berechnung mit Hilfe der x- und y-Komponenten der Kräfte vorzuziehen.

Beispiel 7.7: Aus einer Rakete treten 500000 kg/h Treibgas mit 2000 m/s aus.

Welche Impulskraft wirkt auf die Rakete?

Gl 7.24b:

$$F_\text{i} = \dot{m}(c_1 - c_2) \quad \text{mit } c_1 = 0$$

$$F_\text{i} = \frac{500000\ \text{kg h}}{\text{h}\ 3600\ \text{s}} (0 - 2000) \frac{\text{m}}{\text{s}} \frac{\text{kN s}^2}{1000\ \text{kg m}}$$

$$F_\text{i} = \underline{-277{,}8\ \text{kN}}$$

F_i wirkt entgegen der Ausströmrichtung als Rückstoßkraft auf die Rakete.

Aufgabe 7.4: Durch den gleichen Krümmer wie in Beispiel 7.6 strömt reibungsfrei Luft mit 5 m/s, 5 mbar Überdruck und 20 °C. Atmosphärischer Bezugsdruck 995 mbar.

Ermitteln Sie die Resultierende der vom Fluid auf die Krümmerwand wirkenden

a) Impulskraft,

b) Druckkraft,

c) Gesamtkraft.

Aufgabe 7.5: Einer Rohrverengung (horizontaler Kanal) mit 150 mm lichtem Eintritts- und 50 mm lichtem Austrittsdurchmesser strömt reibungsfrei Wasser mit 3 m/s, 10 °C, 4 bar Überdruck zu. Der Kanal ist beidseitig mit Schläuchen verbunden, die keine Kräfte in Strömungsrichtung aufnehmen sollen.

Ermitteln Sie Betrag und Richtung der auf die Kanalhalterung wirkenden

a) resultierenden Impulskraft,

b) resultierenden Druckkraft,

c) resultierenden Gesamtkraft.

7.3.2 Hauptgleichung der Strömungsmaschinen

Die Anwendung des Impulssatzes auf die stationäre Strömung eines Fluids durch ein Schaufelgitter führt zur *Hauptgleichung der Strömungsmaschinen*, auch *Eulersche*[1] *Hauptgleichung* genannt.

Wir betrachten das kreisförmige Schaufelgitter einer radial wirkenden Kreiselpumpe und legen die Systemgrenze längs der Stromlinien **(B 7.6)**. Für den Impuls sind die *Absolutgeschwindigkeiten* c_1 am Eintritt und c_2 am Austritt maßgebend, in Umfangsrichtung sind es die Komponenten der Absolutgeschwindigkeit $c_{1\,u}$ und $c_{2\,u}$.

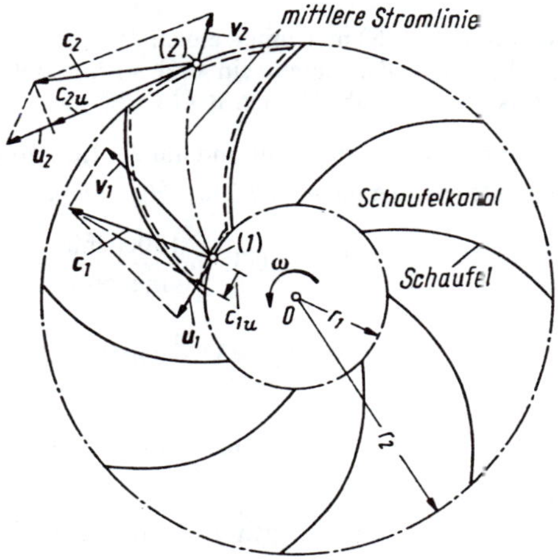

B 7.6 Impulsänderung am Schaufelgitter (Arbeitsmaschine)
c = Absolutgeschwindigkeit
v = Relativgeschwindigkeit
u = Umfangsgeschwindigkeit

In Umfangsrichtung bewirkt die von den Schaufeln auf das Fluid wirkende resultierende Kraft F_u eine Impulsänderung, hier – bei einer Pumpe – eine Impulsvermehrung. F_u steht mit der Impulskraft $-F_i$ im Gleichgewicht. Wir erhalten aus Gl 7.25 mit Gl 7.26

$$F_u = -F_i = \frac{dI}{d\tau} = \dot{m}\, c_{2\,u} - \dot{m}\, c_{1\,u}$$

Das von den Schaufeln auf das Fluid verlustlos wirkende Drehmoment ist

$$M_d = \dot{m}\, c_{2\,u}\, r_2 - \dot{m}\, c_{1\,u}\, r_1 \qquad \textit{Drehmoment} \qquad \textbf{(Gl 7.28)}$$

[1] *Leonhard Euler* (1707–1783), Schweizer Mathematiker und Physiker. Er baute analytische Methoden der Mathematik aus.

Mit der gleichförmigen Winkelgeschwindigkeit ω und der Umfangsgeschwindigkeit $u = r\omega$ erhält man die von den Schaufeln dem Fluid zugeführte Schaufelleistung

$$P_{Sch} = M_d \omega = \dot{m} \omega r_2 c_{2u} - \dot{m} \omega r_1 c_{1u}$$

$$P_{Sch} = \dot{m}(u_2 c_{2u} - u_1 c_{1u}) \qquad \textit{Schaufelleistung, allgemein} \qquad \textbf{(Gl 7.29a)}$$

Für *axial* durchströmte Maschinen ($u_2 = u_1 = u$) vereinfacht sich Gl 7.29a zu

$$P_{Sch} = \dot{m} u (c_{2u} - c_{1u}) \qquad \textit{Schaufelleistung, Axialmaschine} \qquad \textbf{(Gl 7.29b)}$$

Gl 7.29 ist die *Hauptgleichung der Strömungsmaschinen.* Sie wurde am Beispiel einer Arbeitsmaschine abgeleitet, gilt aber in gleicher Form auch für Kraftmaschinen. Bild 7.6 gilt dann sinngemäß, jedoch tritt das Fluid dann außen ein (Zustand 1) und innen aus (Zustand 2). Die Leistung wird bei Pumpen und Verdichtern zugeführt, ist daher positiv ($c_{2u} > c_{1u}$), bei Turbinen wird sie abgeführt, ist daher negativ ($c_{2u} < c_{1u}$)[1].

Die Darlegungen erfassen die Verhältnisse an den Schaufelkanten. Hinter den Schaufeln auftretende Abweichungen (sog. „Minderleistung") werden hier nicht berücksichtigt.

Beispiel 7.8: In einem adiabaten Radialverdichter mit 200 mm Eintrittsdurchmesser, 350 mm Außendurchmesser, Drehzahl $15000 \frac{1}{\text{min}}$, wird 1 kg/s Luft verdichtet. Die Luft tritt mit der Absolutgeschwindigkeit 62 m/s unter einem Winkel von 90° zur Umfangsrichtung („drallfreier Eintritt") in die Laufradschaufeln ein und strömt mit der Absolutgeschwindigkeit 332 m/s unter einem Winkel von 10° ab (ähnlich B 7.6).

Wie groß ist die vom Laufrand auf die Luft übertragene Schaufelleistung?

Schaufelleistung nach Gl 7.29a: $P_{Sch} = \dot{m}(u_2 c_{2u} - u_1 c_{1u})$ mit

$$u_2 = \pi\, d_2 n = \pi\; 0{,}35\;\text{m}\; \frac{15000\;\text{min}}{\text{min}\; 60\;\text{s}} = 274{,}9\;\frac{\text{m}}{\text{s}}$$

$$c_{2u} = c_2 \cos \alpha_2 = 332\;\frac{\text{m}}{\text{s}} \cos 10° = 327{,}0\;\frac{\text{m}}{\text{s}}$$

$$c_{1u} = c_1 \cos \alpha_1 = 62\;\frac{\text{m}}{\text{s}} \cos 90° = 0$$

$$P_{Sch} = 1{,}0\;\frac{\text{kg}}{\text{s}}\,(274{,}9 \cdot 327{,}0 - 0)\;\frac{\text{m}^2}{\text{s}^2}\;\frac{\text{N s}^2}{\text{kg m}}\;\frac{\text{s kW}}{10^3\;\text{N m}} = \underline{89{,}9\;\text{kW}}$$

Aufgabe 7.6: Eine radial arbeitende Kreiselpumpe fördert bei einer Drehzahl von 1500 1/min 100 m³/h Wasser von 10 °C, das unter einem Winkel von 90° gegen die Umfangsrichtung in das Laufrad eintritt und es mit der Absolutgeschwindigkeit von 15 m/s unter einem Winkel von 12° verläßt. Das Laufrad hat am Eintritt einen Durchmesser von 140 mm, am Austritt einen Durchmesser von 300 mm.

Wie groß sind

a) das vom Laufrad auf das Wasser wirkende Drehmoment,

b) die vom Laufrad an das Wasser abgegebene Schaufelleistung?

---

[1] In der Literatur über Strömungsmaschinen ist es üblich, die Indizes an den Schaufelkanten so zu setzen, daß die Leistung bei Kraft- *und* bei Arbeitsmaschinen positiv wird.

7.4 Düsen- und Diffusorströmung

7.4.1 Energieumwandlung in Düsen und Diffusoren

In einer *Düse* wird ein Fluid durch Druckminderung beschleunigt, in einem *Diffusor* soll der Druck durch Verringerung der Geschwindigkeit erhöht werden. In der Düse handelt es sich also um eine *Expansionsströmung*, im Diffusor um eine *Kompressionsströmung* **(B 7.7).** In beiden Fällen kann $z_2 = z_1$ gesetzt werden, was nachfolgend immer geschieht. Dann gilt allgemein Gl 7.15

$$\frac{1}{2}(c_2^2 - c_1^2) = -\int_1^2 v\,\mathrm{d}p - w_{diss\,12}$$

In adiabaten Systemen gilt außerdem Gl 7.13: $\frac{1}{2}(c_2^2 - c_1^2) = h_1 - h_2$ *adiabat*

Bei der *reibungsfreien Düsen*strömung in adiabaten Kanälen ist bei vorgegebenem Druckverhältnis die Enthalpieabnahme und damit die Geschwindigkeitserhöhung am größten **(B 7.8a).** Entsprechend wird bei der *reibungsfreien Diffusor*strömung der Enddruck mit geringster Enthalpieverminderung – und somit geringster Geschwindigkeitsminderung – erzielt **(B 7.8b).** Bei reibungsbehafteter Diffusorströmung tritt eine Druckerhöhung nur ein, wenn die Dissipationsenergie kleiner als die Abnahme der kinetischen Energie ist (Gl 7.15).

Der Einfluß der Reibung kann durch den *isentropen Wirkungsgrad*[1] bewertet werden (B 7.8), dem *Düsenwirkungsgrad*

$$\eta_{Dü} = \frac{h_1 - h_2}{h_1 - h_{2'}} \qquad \textbf{(Gl 7.30a)}$$

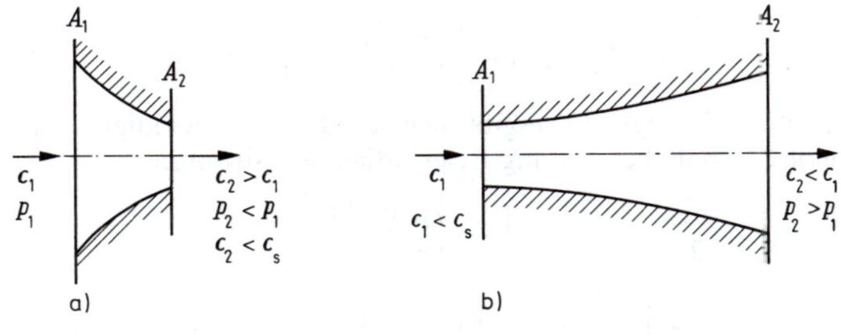

B 7.7 Düse und Diffusor für Unterschallströmung
a) Düse: Das Fluid wird beschleunigt
b) Diffusor: Der Druck wird erhöht

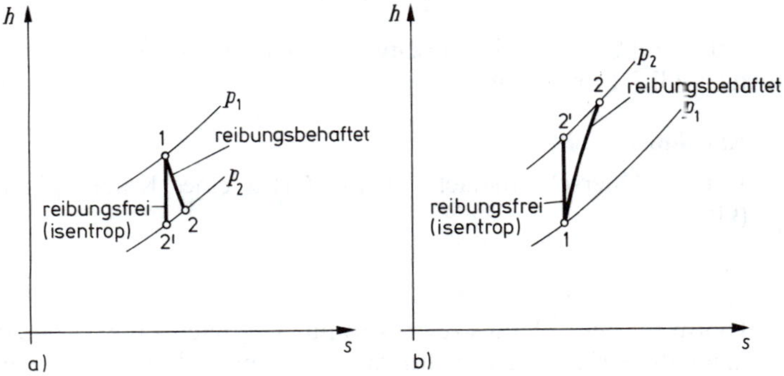

B 7.8 Adiabate Strömung im *h*, *s*-Diagramm
a) Düse b) Diffusor

[1] Neben dem isentropen Wirkungsgrad sind auch andere Wirkungsgraddefinitionen gebräuchlich, z. B. beim Diffusor das Verhältnis des wirklich erreichten zum theoretisch möglichen Druckanstieg.

oder dem *Diffusorwirkungsgrad*

$$\eta_{\text{Diff}} = \frac{h_{2'} - h_1}{h_2 - h_1} \qquad \textbf{(Gl 7.31)}$$

Bei Düsen wird neben dem Wirkungsgrad auch der *Düsenbeiwert* α angegeben, mit c_2 als tatsächlich erreichter und c_2' als verlustloser Austrittsgeschwindigkeit:

$$\alpha = \frac{c_2}{c_{2'}} \qquad \textbf{(Gl 7.31)}$$

Der Diffusor ist die Umkehrung der Düse. Wir betrachten zunächst die Vorgänge in der Düse und übertragen sie dann auf den Diffusor.

7.4.2 Reibungsfreie Düsenströmung

Geschwindigkeit

Für die Geschwindigkeit am Ort x einer Düse gilt bei reibungsfreier Strömung und vernachlässigter Zuströmgeschwindigkeit (Gl 7.15 mit $c_1 = 0$ und $w_{diss\,12} = 0$):

$$\frac{c_x^2}{2} = -\int_1^x v\,\mathrm{d}p \qquad \textbf{(Gl 7.32)}$$

Da der Vorgang schnell verläuft, kann der Kanal adiabat betrachtet werden. Dann verläuft die Zustandsänderung bei reibungsfreier Strömung isentrop, und beim idealen Gas gilt für $\int_1^x v\,\mathrm{d}p$ Gl 2.48 b und Gl 2.34 c:

$$\int_1^x v\,\mathrm{d}p = \frac{\varkappa}{\varkappa - 1}\, p_1 v_1 \left[\left(\frac{p_x}{p_1}\right)^{\frac{\varkappa-1}{\varkappa}} - 1\right] \qquad \textit{ideales Gas, isentrop}$$

In Gl 7.32 eingesetzt ergibt sich für die Geschwindigkeit des idealen Gases am Ort x eines Kanals bei reibungsfreier adiabater Strömung:

$$\frac{c_x^2}{2} = \frac{\varkappa}{\varkappa - 1}\, p_1 v_1 \left[1 - \left(\frac{p_x}{p_1}\right)^{\frac{\varkappa-1}{\varkappa}}\right]$$

$$c_x = \sqrt{\frac{2\varkappa}{\varkappa - 1}\, p_1 v_1 \left[1 - \left(\frac{p_x}{p_1}\right)^{\frac{\varkappa-1}{\varkappa}}\right]} \qquad \textit{ideales Gas, isentrop} \qquad \textbf{(Gl 7.33)}$$

Bei Dämpfen wird die Geschwindigkeit am zweckmäßigsten aus dem Enthalpiegefälle nach Gl 7.13 bestimmt.

Kanalquerschnitt

Für die Querschnittsfläche A_x am Ort x eines Kanals gilt die Kontinuitätsgleichung (Gl 7.1):

$$A_x = \frac{\dot{m}}{\varrho_x c_x} = \frac{\dot{m}\, v_x}{c_x}$$

Hierin ist bei reibungsfreier Strömung c_x nach Gl 7.32 einzusetzen. Für reibungsfreie adiabate Strömung, d.h. für die Isentrope, führen wir c_x nach Gl 7.33 und außerdem $v_x = v_1 \left(\frac{p_1}{p_x}\right)^{1/\varkappa}$ (Gl 2.32) ein.

Nach Einsetzen und Umstellung ergibt sich der gesuchte Kanalquerschnitt:

$$A_x = \frac{v_1 \dot{m}}{\sqrt{2\frac{\varkappa}{\varkappa-1} p_1 v_1}} \cdot \frac{\left(\frac{p_1}{p_x}\right)^{\frac{1}{\varkappa}}}{\sqrt{1-\left(\frac{p_x}{p_1}\right)^{\frac{\varkappa-1}{\varkappa}}}}$$ *ideales Gas, isentrop* **(Gl 7.34)**

Der Kanalquerschnitt A_x wird in Strömungsrichtung zunächst kleiner, dann wieder größer. Die Geschwindigkeit wächst auch nach der Kanalerweiterung weiter an. Einen so ausgebildeten Kanal nennt man *Laval-Düse*.[1]

Laval-Druck

Der Druck im engsten Querschnitt wird *kritischer Druck* oder *Laval-Druck* genannt. Wir bestimmen ihn, indem wir $\frac{\mathrm{d}A_x}{\mathrm{d}p_x}=0$ setzen:

In Gl 7.34 enthält der erste Bruch nur konstante Größen; den zweiten Bruch nennen wir zur Vereinfachung y und setzen $\frac{p_x}{p_1}=z$.

Dann ist

$$y=\left(z^{\frac{2}{\varkappa}}-z^{\frac{\varkappa+1}{\varkappa}}\right)^{-\frac{1}{2}}$$

und

$$\frac{\mathrm{d}y}{\mathrm{d}z}=-\frac{1}{2}\left(z^{\frac{2}{\varkappa}}-z^{\frac{\varkappa+1}{\varkappa}}\right)^{-\frac{3}{2}}\left(\frac{2}{\varkappa}z^{\frac{2-\varkappa}{\varkappa}}-\frac{\varkappa+1}{\varkappa}z^{\frac{1}{\varkappa}}\right)$$

Für $\frac{\mathrm{d}y}{\mathrm{d}z}=0$ erhalten wir z_L und damit den Laval-Druck p_L. Die erste Klammer ist Null für $z=0$ und $z=1$; beides keine Werte für den kleinsten Querschnitt. Wir setzen daher die zweite Klammer gleich Null.

$$\frac{2}{\varkappa}z_L^{\frac{2-\varkappa}{\varkappa}}=\frac{\varkappa+1}{\varkappa}z_L^{\frac{1}{\varkappa}}$$

$$z_L^{\frac{\varkappa-1}{\varkappa}}=\frac{2}{\varkappa+1}$$

$$z_L=\left(\frac{2}{\varkappa+1}\right)^{\frac{\varkappa}{\varkappa-1}}=\frac{p_L}{p_1}$$

$$p_L=p_1\left(\frac{2}{\varkappa+1}\right)^{\frac{\varkappa}{\varkappa-1}}$$ *ideales Gas, isentrop* **(Gl 7.35)**

Bei diesem Laval-Druck p_L wird somit ein Grenzwert für die Querschnittsfläche – A_{min} – erreicht. Bei der Laval-Düse nimmt in Strömungsrichtung der Querschnitt wieder zu **(Bild 7.9 a)**.

[1] *Carl G. P. de Laval* (1845–1913), schwedischer Ingenieur, erfand 1883 die nach ihm benannte Dampfturbine.

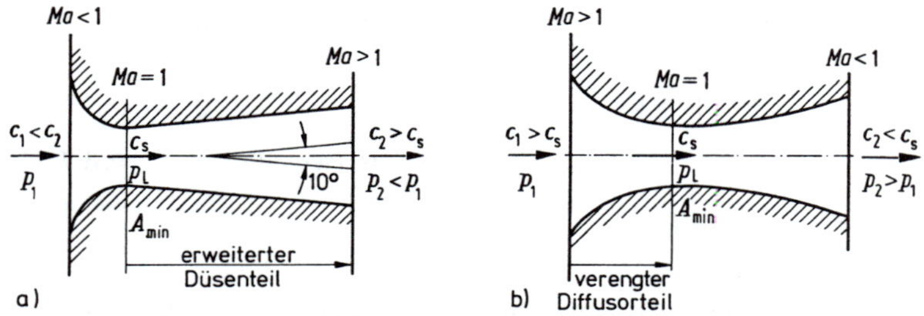

B 7.9 Düse und Diffusor für Überschallströmung
a) Laval-Düse; *Austritt* mit Überschallgeschwindigkeit
b) Überschall-Diffusor; *Eintritt* mit Überschallgeschwindigkeit

Laval-Geschwindigkeit

Die Geschwindigkeit im engsten Querschnitt wird *Laval-Geschwindigkeit* genannt. Sie ist, unter der Voraussetzung, daß $p_2 < p_L$ ist, nach Gl 7.33:

$$c_L = \sqrt{\frac{2\varkappa}{\varkappa-1} p_1 v_1 \left[1 - \left(\frac{p_L}{p_1}\right)^{\frac{\varkappa-1}{\varkappa}}\right]} = \sqrt{\frac{2\varkappa}{\varkappa-1} p_1 v_1 \left[1 - \left(\frac{2}{\varkappa+1}\right)^{\frac{\varkappa}{\varkappa-1}\cdot\frac{\varkappa-1}{\varkappa}}\right]}$$

$$c_L = \sqrt{\frac{2\varkappa}{\varkappa+1} p_1 v_1} = \sqrt{\frac{2\varkappa}{\varkappa+1} R_i T_1} \qquad \textit{ideales Gas, isentrop} \qquad \textbf{(Gl 7.36)}$$

Die Geschwindigkeit hängt also vom Ausgangszustand und von der Gasart ab. Sie kann auch durch die Zustandsgrößen im engsten Querschnitt ausgedrückt werden.

$$\frac{p_L}{p_1} = \left(\frac{T_L}{T_1}\right)^{\frac{\varkappa}{\varkappa-1}} = \left(\frac{2}{\varkappa+1}\right)^{\frac{\varkappa}{\varkappa-1}} \qquad \text{(Gl 2.33)}$$

$$T_1 = T_L \, \frac{\varkappa+1}{2}$$

$$c_L = \sqrt{\varkappa R_i T_L} = \sqrt{\varkappa p_L v_L} \qquad \textit{ideales Gas, isentrop} \qquad \textbf{(Gl 7.37)}$$

Durchflußfunktion

Durch Zusammenfassen der beim Durchströmen der Düse sich ändernden Größen erhält Gl 7.34 die Form

$$A_x = \frac{1}{\sqrt{\frac{\varkappa}{\varkappa-1}\left[\left(\frac{p_x}{p_1}\right)^{\frac{2}{\varkappa}} - \left(\frac{p_x}{p_1}\right)^{\frac{\varkappa+1}{\varkappa}}\right]}} \cdot \frac{\dot{m}}{\sqrt{2\frac{p_1}{v_1}}}$$

oder

$$A_x = \frac{\dot{m}}{\psi \sqrt{2\frac{p_1}{v_1}}} \qquad \textbf{(Gl 7.38)}$$

mit der *Durchflußfunktion* ψ.

$$\psi = \sqrt{\frac{\varkappa}{\varkappa - 1}\left[\left(\frac{p_x}{p_1}\right)^{\frac{2}{\varkappa}} - \left(\frac{p_x}{p_1}\right)^{\frac{\varkappa+1}{\varkappa}}\right]}$$ *ideales Gas, isentrop* **(Gl 7.39)**

Im engsten Querschnitt der Düse $A_{min}(p_x = p_L)$ hat die Durchflußfunktion ψ ihren größten Wert **(B 7.10)**.

$$\psi_{max} = \left(\frac{2}{\varkappa + 1}\right)^{\frac{1}{\varkappa - 1}} \sqrt{\frac{\varkappa}{\varkappa + 1}}$$ **(Gl 7.40)** *ideales Gas, isentrop*

Durch ψ_{max} ist der durch eine Düse strömende Massenstrom begrenzt.

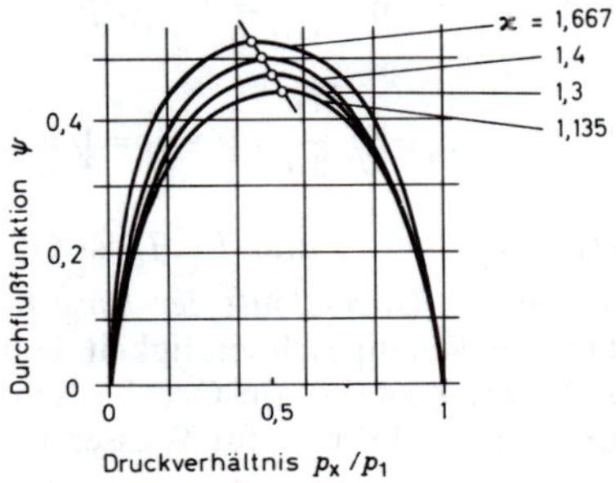

B 7.10 Durchflußfunktion in Abhängigkeit vom Druckverhältnis

Engster Querschnitt

Für den kleinsten Querschnitt gilt, mit den Zustandsgrößen an dieser Stelle (Gl 7.1 mit c_L nach Gl 7.37):

$$A_{min} = \frac{\dot{m}\, v_L}{c_L} = \dot{m}\sqrt{\frac{v_L}{\varkappa\, p_L}}$$ *ideales Gas, isentrop* **(Gl 7.41)**

Mit den Zustandsgrößen am Eintritt in die Düse ergibt sich für A_{min} (Gl 7.38 mit ψ_{max}):

$$A_{min} = \frac{\dot{m}}{\psi_{max}\sqrt{2\frac{p_1}{v_1}}}$$ *ideales Gas, isentrop* **(Gl 7.42)**

Wir setzen ψ_{max} nach Gl 7.40 ein und formen die Gleichung um:

$$A_{min} = \frac{\dot{m}}{\left(\frac{2}{\varkappa+1}\right)^{\frac{1}{\varkappa-1}}\sqrt{\frac{\varkappa}{\varkappa+1}}\sqrt{2\frac{p_1}{v_1}}}$$

$$A_{min} = \dot{m}\sqrt{\frac{v_1}{\varkappa p_1}}\left(\frac{\varkappa+1}{2}\right)^{\frac{\varkappa+1}{2(\varkappa-1)}}$$ *ideales Gas, isentrop* **(Gl 7.43)**

7.4.3 Schallgeschwindigkeit

Unter *Schallgeschwindigkeit* c_s in Gasen und Dämpfen versteht man die Fortpflanzungsgeschwindigkeit von Druck- und Dichteschwankungen bei schwachen Störungen. Der Zusammenhang sei hier ohne Ableitung genannt:

$$c_s = \sqrt{\frac{dp}{d\varrho}}$$ **(Gl 7.44a)**

Laplace[1] erkannte, daß dieser Vorgang adiabat, bei vernachlässigter Reibung also isentrop verläuft. Wir führen die Isentrope des idealen Gases ein (Gl 2.32):

$$p v^{\varkappa} = \text{konst.} \quad \text{oder}$$

$$\frac{dp}{p} + \varkappa \frac{dv}{v} = 0 \quad \text{bzw.} \quad \frac{dp}{p} - \varkappa \frac{d\varrho}{\varrho} = 0$$

und erhalten mit $\frac{dp}{d\varrho} = \varkappa \frac{p}{\varrho} = \varkappa p v$:

$$c_s = \sqrt{\frac{dp}{d\varrho}} = \sqrt{\varkappa p v} = \sqrt{\varkappa R_i T} \qquad \textbf{(Gl 7.44 b)}$$

Mit $p = p_L$, $v = v_L$ und $T = T_L$ ist Gl. 7.44 b identisch mit Gl 7.37, d.h. $c_s = c_L$.
Im engsten Querschnitt der Düse tritt also die Schallgeschwindigkeit auf. Gl 7.44 b zeigt, daß die Schallgeschwindigkeit keinen konstanten Wert hat, sondern von der Gasart und vom Zustand am Ort der Schallgeschwindigkeit abhängt. Bei 0 °C ergibt sich z.B. für Luft $c_s = 333$ m/s, für Wasserstoff: $c_s = 1234$ m/s.
Man nennt das Verhältnis c_x/c_s die *Mach-Zahl.*[2]

$$Ma = \frac{c_x}{c_s} \qquad \textbf{(Gl 7.45)}$$

Im engsten Querschnitt ist $Ma = 1$. Bei $Ma < 1$ liegt Unterschallgeschwindigkeit, bei $Ma > 1$ liegt Überschallgeschwindigkeit vor.

7.4.4 Reibungsfreie Diffusorströmung

Der Diffusor ist die Umkehrung der Düse **(B 7.9 b).** Daher gelten die für die Düse abgeleiteten Gleichungen bei umgekehrter Betrachtungsweise. Bei der Düse hatten wir die Zuströmgeschwindigkeit vernachlässigt, beim Diffusor ist als Grenzfall die Abströmgeschwindigkeit vernachlässigbar: $c_2 = 0$.

Bei reibungsfreier Strömung eines idealen Gases in einem adiabaten Diffusor läßt sich der *maximal erreichbare Enddruck* aus Gl 7.15 (mit $w_{diss\,12} = 0$, $c_2 = 0$, $\int_1^2 v\,dp$ nach Gl 2.34 und Gl 2.48 b) ermitteln:

$$-\frac{c_1^2}{2} = \frac{\varkappa}{\varkappa - 1} R_i T_1 \left[1 - \left(\frac{p_2}{p_1}\right)^{\frac{\varkappa - 1}{\varkappa}}\right]$$

$$p_{2\,(\max)} = p_1 \left(1 + \frac{\varkappa - 1}{\varkappa} \frac{c_1^2}{2 R_i T_1}\right)^{\frac{\varkappa}{\varkappa - 1}} \qquad \textit{ideales Gas, isentrop} \qquad \textbf{(Gl 7.46)}$$

Für den Druck p_L im engsten Diffusorquerschnitt $A_{\min}$ gilt analog zu Gl 7.35:

$$p_L = p_{2\,(\max)} \left(\frac{2}{\varkappa + 1}\right)^{\frac{\varkappa}{\varkappa - 1}} \qquad \textit{ideales Gas, isentrop} \qquad \textbf{(Gl 7.47)}$$

[1] *Pierre Simon Marquis de Laplace* (1749–1827), französischer Mathematiker, vertiefte die Wahrscheinlichkeitsrechnung mit mathematischen Hilfsmitteln.
[2] *Ernst Mach* (1836–1916), österreichischer Physiker, bekannt durch die Erforschung der Bewegung von Festkörpern mit Überschallgeschwindigkeit.

Für die *Laval-Geschwindigkeit* c_L im engsten Diffusorquerschnitt A_{min} gilt analog zu Gl. 7.36/7.37:

$$c_L = \sqrt{\frac{2\varkappa}{\varkappa+1} R_i T_2} = \sqrt{\varkappa R_i T_L} \qquad \textit{ideales Gas, isentrop} \qquad \textbf{(Gl 7.48)}$$

mit der Temperatur T_L nach Gl 2.33:

$$T_L = T_1 \left(\frac{p_L}{p_1}\right)^{\frac{\varkappa-1}{\varkappa}}$$

oder

$$T_L = T_2 \frac{2}{\varkappa+1} \qquad \textit{ideales Gas, isentrop} \qquad \textbf{(Gl 7.49)}$$

Für den *engsten Querschnitt* gilt Gl 7.41 unverändert. Anstelle der Gl. 7.42 gilt:

$$A_{min} = \frac{\dot{m}}{\psi_{max}\sqrt{2\frac{p_2}{v_2}}} \qquad \textit{ideales Gas, isentrop} \qquad \textbf{(Gl 7.50)}$$

oder anstelle von Gl 7.43:

$$A_{min} = \dot{m}\sqrt{\frac{v_2}{\varkappa p_2}} \left(\frac{\varkappa+1}{2}\right)^{\frac{\varkappa+1}{2(\varkappa-1)}} \qquad \textit{ideales Gas, isentrop} \qquad \textbf{(Gl 7.51)}$$

7.4.5 Ausbildung einer Laval-Düse oder eines Überschall-Diffusors

Im engsten Querschnitt einer Laval-Düse oder eines Überschall-Diffusors wird Schallgeschwindigkeit erreicht. Bei einer Düse nimmt in Strömungsrichtung der Querschnitt wieder zu, bei einem Diffusor muß umgekehrt der Querschnitt *vor* Erreichen von A_{min} größer sein **(B 7.9).** In der Düse *wird* die Geschwindigkeit *hinter* der engsten Stelle $c_x > c_L$, im Diffusor *war* die Geschwindigkeit *vor* der engsten Stelle $c_x > c_L$ **(B 7.9).**

Ausschlaggebend für den Massenstrom ist der kleinste Querschnitt A_{min}, während die weitere Ausbildung der Laval-Düse oder des Überschall-Diffusors die Strömung nur wenig beeinflußt. Dieser Querschnitt A_{min} muß zunächst nach Gl 7.41 bis 7.43 bzw. Gl 7.50/7.51 bestimmt werden.

Bei reibungsfreier Strömung sind bei einer Laval-Düse durch den Enddruck p_2 die Zustandsgrößen am Austritt mittels der Isentropen, die Geschwindigkeit c_2 nach Gl 7.33 und der Austrittsquerschnitt A_2 nach Gl 7.34 bestimmbar. Den Übergang vom engsten Querschnitt bis zum Austritt macht man meist geradlinig, wobei die Erweiterung 10° – in Sonderfällen auch mehr – nicht übersteigen soll (B 7.9). Die Verengung zur engsten Stelle muß wegen der möglichen Strahleinschnürung mit einem ausreichend großen Krümmungsradius erfolgen.

In einem Überschall-*Diffusor,* in dem ein mit Überschallgeschwindigkeit zuströmendes Fluid abgebremst werden und der Druck ansteigen soll, muß der Querschnitt zunächst verengt werden, bis die Fluidgeschwindigkeit sich auf Schallgeschwindigkeit verringert hat. Erst anschließend wird der Diffusor wie üblich erweitert. Auch hierbei ist auf günstige strömungstechnische Gestaltung zu achten. Bei reibungsfreier Strömung und schwachem Verdichtungsstoß, der bei $Ma \leqq 2$ vorliegt, sind bei einem Diffusor durch die Zuströmgeschwindigkeit c_1 die Zustandsgrößen am Austrittsquerschnitt mittels der Isentropen und der Enddruck $p_{2(max)}$ nach Gl 7.46 bestimmbar.

Die nähere Gestaltung von Düse und Diffusor – wie Baulänge, Erweiterungswinkel – erfolgt nach den Berechnungsmethoden der Strömungslehre.

Bei einer *reibungsbehafteten* Strömung ist gegenüber reibungsfreier Strömung bei der Düse ein größeres Druckgefälle erforderlich, um die gleiche Endgeschwindigkeit zu erzielen; entsprechend ist beim Diffusor eine größere Geschwindigkeitsminderung erforderlich, um den gleichen Enddruck zu erreichen. Die Verluste sind beim Diffusor in der Regel größer als bei der Düse.

Beispiel 7.9: $0{,}5\,\frac{\text{kg}}{\text{s}}$ Luft von 10 bar und 300 °C strömen reibungsfrei durch eine adiabate Düse. Gegendruck 2 bar, $\varkappa = 1{,}4$, Zuströmgeschwindigkeit 0. Zu bestimmen sind:

a) der Laval-Druck und die Geschwindigkeit im engsten Querschnitt,

b) der engste Querschnitt der Düse,

c) die Austrittsgeschwindigkeit,

d) die Austrittsgeschwindigkeit und der isentrope Düsenwirkungsgrad, wenn infolge Reibung der Düsenbeiwert $\alpha = 0{,}9$ beträgt.

Zu a:

$$p_L = p_1 \left(\frac{2}{\varkappa+1}\right)^{\frac{\varkappa}{\varkappa-1}} \qquad \text{(Gl 7.35)}$$

$$p_L = 10\ \text{bar} \left(\frac{2}{1{,}4+1}\right)^{\frac{1{,}4}{0{,}4}} = \underline{5{,}28\ \text{bar}}$$

$$c_L = \sqrt{\frac{2\varkappa}{\varkappa+1} R_1 T_1} \qquad \text{(Gl 7.36)}$$

$$c_L = \sqrt{\frac{2 \cdot 1{,}4}{1{,}4+1}\, 287{,}2\,\frac{\text{N m}}{\text{kg K}}\, 573\ \text{K}} = \underline{438\,\frac{\text{m}}{\text{s}}}$$

Zu b:

$$A_{\min} = \dot m \sqrt{\frac{v_1}{\varkappa p_1}} \left(\frac{\varkappa+1}{2}\right)^{\frac{\varkappa+1}{2(\varkappa-1)}} \qquad \text{(Gl 7.43)}$$

$$A_{\min} = \dot m \sqrt{\frac{R_1 T_1}{\varkappa p_1^2}} \left(\frac{\varkappa+1}{2}\right)^{\frac{\varkappa+1}{2(\varkappa-1)}}$$

$$A_{\min} = 0{,}5\,\frac{\text{kg}}{\text{s}} \sqrt{\frac{287{,}2\,\frac{\text{N m}}{\text{kg K}}\, 573\ \text{K}}{1{,}4\ 10^2\,(10^5)^2\,\frac{\text{N}^2}{\text{m}^4}}} \left(\frac{1{,}4+1}{2}\right)^{\frac{2{,}4}{2 \cdot 0{,}4}}$$

$$A_{\min} = \underline{2{,}95\quad 10^{-4}\quad \text{m}^2}$$

Zu c:

$$c_{2'} = \sqrt{2\,\frac{\varkappa}{\varkappa-1} R_1 T_1 \left[1 - \left(\frac{p_2}{p_1}\right)^{\frac{\varkappa-1}{\varkappa}}\right]} \qquad \text{(Gl 7.33)}$$

$$c_{2'} = \sqrt{2\,\frac{1{,}4}{1{,}4-1}\, 287{,}2\,\frac{\text{N m}}{\text{kg K}}\, 573\ \text{K}\,\frac{\text{kg m}}{\text{N s}^2} \left[1 - \left(\frac{2\ \text{bar}}{10\ \text{bar}}\right)^{\frac{1{,}4-1}{1{,}4}}\right]}$$

$$c_{2'} = \underline{651{,}6\,\frac{\text{m}}{\text{s}}}$$

Zu d: (Gl 7.31)

$$c_2 = \alpha c_{2'} = 0{,}9 \cdot 651{,}6\,\frac{\text{m}}{\text{s}} = \underline{586{,}5\,\frac{\text{m}}{\text{s}}}$$

$$h_1 - h_{2'} = \frac{1}{2}(c_{2'}^2 - c_1^2) \qquad \text{(Gl 7.13)}$$

$$h_1 - h_{2'} = \frac{1}{2}(651{,}6^2 - 0)\,\frac{\text{m}^2\ \text{N s}^2\ \text{kJ}}{\text{s}^2\ \text{kg m}\ 10^3\ \text{N m}} = 212{,}3\,\frac{\text{kJ}}{\text{kg}}$$

$$h_1 - h_2 = \frac{1}{2}(c_2^2 - c_1^2) = \frac{1}{2}(586{,}5^2 - 0)\,\frac{\text{m}^2\ \text{N s}^2\ \text{kJ}}{\text{s}^2\ \text{kg m}\ 10^3\ \text{N m}} = 172{,}0\,\frac{\text{kJ}}{\text{kg}}$$

$$\eta_{\text{Dü}} = \frac{h_1 - h_2}{h_1 - h_{2'}} \qquad \text{(Gl 7.30 a, B 7.8 a)}$$

$$\eta_{\text{Dü}} = \frac{172{,}0\,\frac{\text{kJ}}{\text{kg}}}{212{,}3\,\frac{\text{kJ}}{\text{kg}}} = \underline{0{,}81}$$

Beispiel 7.10: $0{,}5\,\frac{\text{kg}}{\text{s}}$ Luft strömt mit 1,0 bar, 20 °C, 700 m/s in einen Überschall-Diffusor und wird reibungsfrei auf die Geschwindigkeit 0 abgebremst.

Es sind zu ermitteln:

a) Der Enddruck,
b) die Endtemperatur,
c) der Druck im engsten Diffusorquerschnitt,
d) die Temperatur im engsten Diffusorquerschnitt,
e) die Geschwindigkeit im engsten Diffusorquerschnitt,
f) das spezifische Volumen im engsten Diffusorquerschnitt,
g) der engste Diffusorquerschnitt,
h) der Diffusorwirkungsgrad, falls infolge Reibung ein Enddruck von 6,0 bar erreicht wird, sowie der Verlauf der Zustandsänderungen ohne und mit Reibung im *h, s*-Diagramm.

Zu a: (Gl 7.46)

$$p_{2\,(\text{max})} = p_1 \left(1 + \frac{\varkappa - 1}{\varkappa}\,\frac{c_1^2}{2 R_1 T_1}\right)^{\frac{\varkappa}{\varkappa - 1}}$$

$$p_{2\,(\text{max})} = 1{,}00\ \text{bar} \left(1 + \frac{1{,}4 - 1}{1{,}4}\,\frac{700^2\ \text{m}^2\ \text{kg K}}{\text{s}^2\ 2 \cdot 287{,}2\ \text{J}\ 293\ \text{K}}\,\frac{\text{J s}^2}{\text{kg m}^2}\right)^{\frac{1{,}4}{1{,}4 - 1}}$$

$$p_{2\,(\text{max})} = \underline{8{,}32\ \text{bar}}$$

Zu b: (Gl 2.33)

$$T_2 = T_1 \left(\frac{p_2}{p_1}\right)^{\frac{\varkappa - 1}{\varkappa}} = 293\ \text{K} \left(\frac{8{,}32\ \text{bar}}{1{,}00\ \text{bar}}\right)^{\frac{1{,}4 - 1}{1{,}4}} = \underline{536{,}7\ \text{K}}$$

Zu c: (Gl 7.47)

$$p_\text{L} = p_{2\,(\text{max})} \left(\frac{2}{\varkappa + 1}\right)^{\frac{\varkappa}{\varkappa - 1}}$$

$$p_\text{L} = 8{,}32\ \text{bar} \left(\frac{2}{1{,}4 + 1}\right)^{\frac{1{,}4}{1{,}4 - 1}} = \underline{4{,}40\ \text{bar}}$$

Zu d: (Gl 2.33)

$$T_L = T_1 \left(\frac{p_L}{p_1}\right)^{\frac{\varkappa-1}{\varkappa}} = 293\ \text{K} \left(\frac{4{,}40\ \text{bar}}{1{,}00\ \text{bar}}\right)^{\frac{1{,}4-1}{1{,}4}} = \underline{447{,}3\ \text{K}}$$

oder

$$T_L = T_2 \frac{2}{\varkappa+1} = 536{,}7\ \text{K} \frac{2}{1{,}4+1} = \underline{447{,}3\ \text{K}}$$

Zu e: (Gl 7.48)

$$c_L = \sqrt{\varkappa R_1 T_L} = \sqrt{1{,}4 \cdot 287{,}2 \frac{\text{J}}{\text{kg K}}\, 447{,}3\ \text{K} \frac{\text{kg m}^2}{\text{J s}^2}}$$

$$c_L = \underline{424{,}1\ \text{m/s}}$$

Zu f: (Gl 2.32)

$$v_L = \frac{R_1 T_L}{p_L} = \frac{287{,}2\ \text{J}\ 447{,}3\ \text{K m}^2}{\text{kg K}\ 4{,}40 \cdot 10^5\ \text{N}} \frac{\text{N m}}{\text{J}} = \underline{0{,}2923 \frac{\text{m}^3}{\text{kg}}}$$

Zu g: (Gl 7.41)

$$A_{min} = \frac{\dot{m}\, v_L}{c_L} = \frac{0{,}5\ \text{kg}\ 0{,}2923\ \text{m}^3\ \text{s}\ 10^4\ \text{cm}^2}{\text{s kg}\ 424{,}1\ \text{m}\ \text{m}^2} = \underline{3{,}45\ \text{cm}^2}$$

Zu h: **Bild 7.11**

Endtemperatur bei isentroper Verdichtung auf $p_3 = 6{,}0$ bar (Gl 2.33c):

$$T_{3'} = T_1 \left(\frac{p_3}{p_1}\right)^{\frac{\varkappa-1}{\varkappa}} = 293\ K \left(\frac{6{,}0\ \text{bar}}{1{,}0\ \text{bar}}\right)^{\frac{1{,}4-1}{1{,}4}} = 488{,}9\ \text{K}$$

Diffusorwirkungsgrad (Gl 7.30b mit Gl 2.20 und $T_3 = T_2$):

$$\eta_{Diff} = \frac{h_{3'} - h_1}{h_3 - h_1} = \frac{c_p(T_{3'} - T_1)}{c_p(T_3 - T_1)} = \frac{(488{,}9 - 293)\ \text{K}}{(536{,}7 - 293)\ \text{K}} = \underline{0{,}80}$$

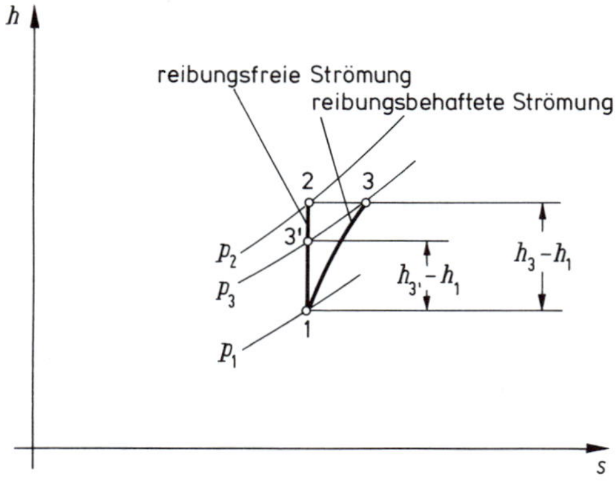

B 7.11 Enthalpiedifferenzen bei der Diffusorströmung (zu Beispiel 7.10)

Aufgabe 7.7: Durch eine adiabate Laval-Düse mit dem engsten Querschnitt 25 mm² strömt reibungsfrei Sauerstoff mit einem Vordruck 100 bar bei 30 °C. Der Gegendruck beträgt 10 bar. c_p bei 0 °C, Zuströmgeschwindigkeit 0, Behandlung als ideales Gas.

Ermitteln Sie:

a) Druck, Temperatur und Geschwindigkeit im engsten Querschnitt,

b) Temperatur und Geschwindigkeit am Düsenaustritt,

c) den Massenstrom,

d) den Düsenbeiwert, wenn infolge Reibung der isentrope Düsenwirkungsgrad 90% beträgt.

Aufgabe 7.8: In den adiabaten Überschall-Diffusor eines Staustrahltriebwerks tritt Luft mit 1200 m/s bei 0,12 bar, 240 K ein und wird auf die Geschwindigkeit 0 reibungsfrei verzögert. Engster Diffusorquerschnitt 0,2 m^2, $\varkappa = 1{,}4$.

Ermitteln Sie:

a) Druck und Temperatur am Diffusoraustritt,

b) Druck und Temperatur im engsten Diffusorquerschnitt,

c) Geschwindigkeit im engsten Diffusorquerschnitt,

d) Massenstrom,

e) den Druck am Diffusoraustritt, falls infolge Reibung ein isentroper Diffusorwirkungsgrad von 82% erreicht wird.

Aufgabe 7.9: In einem adiabaten Diffusor soll der Druck von gesättigtem Wasserdampf bei reibungsfreier Strömung von 50 bar auf 97 bar erhöht werden. Hierbei erhöht sich die Temperatur auf 350 °C und die Enthalpie auf 2936 kJ/kg (näherungsweise in B 5.6 kontrollierbar).
Mit welcher Geschwindigkeit muß der Dampf dem Diffusor zuströmen?

Kontrollfragen (Antworten Abschnitt 11.7)

7.1 1. Wie lautet die Kontinuitätsgleichung für kompressible Fluide?

7.2 2. Wie lautet die Bernoulligleichung für die reibungsfreie Strömung kompressibler Fluide durch adiabate Systeme?

7.3 3. Wozu dient bei einer horizontalen Strömung durch ein adiabates System ohne Arbeitsabgabe oder -aufnahme das Enthalpiegefälle?

4. Wie groß ist die Kraft eines strömenden Fluids auf die Rohrwand infolge einer Umlenkung?

5. Welche Größe kann mit Hilfe der Eulerschen Gleichung berechnet werden?

7.4 6. a) Wie groß ist die Geschwindigkeit in der engsten Stelle einer Laval-Düse?
b) Welche Voraussetzung ist erforderlich?

7. Wie ist die Mach-Zahl definiert?

8 Wärmeübertragung

8.1 Arten der Wärmeübertragung

Ein wärmedurchlässiges System gibt an seine Umgebung Wärme ab oder nimmt sie von ihr auf, wenn zwischen beiden ein Temperaturunterschied besteht. Diese *Wärmeübertragung* verläuft immer in Richtung fallender Temperaturen.

Wärme kann durch drei verschiedene Vorgänge übertragen werden, die in der Praxis meist gemeinsam auftreten, jedoch getrennt behandelt werden: durch Leitung, Konvektion oder Strahlung.

Bei der *Wärmeleitung* wird Wärme nur zwischen direkt benachbarten Teilchen fester Körper oder unbewegter Flüssigkeiten bzw. Gase übertragen. Der Vorgang tritt z.B. zwischen der Innen- und Außenfläche einer Hauswand auf.

Bei der Wärmeübertragung durch *Konvektion* wird Wärme an strömende Flüssigkeits- oder Gasteilchen übertragen. Diese Energie wird von den Teilchen mitgeführt. Wird die Strömung durch die Wärmeübertragung selbst verursacht, wie beispielsweise bei der an einem Raumheizkörper vorbeiströmenden Luft, so heißt die Bewegung *freie Strömung*. Wird die Bewegung unabhängig von der Wärmeübertragung durch Pumpen oder Gebläse hervorgerufen, wie z.B. bei der Kühlung eines Motors, so nennen wir die Bewegung *erzwungene Strömung*.

Bei der *Wärmestrahlung* wird Energie in kleinen, nicht weiter teilbaren Beträgen (Photonen) zwischen einem wärmeren und kälteren Körper ausgetauscht. Ein Übertragungsmedium ist nicht erforderlich. Wärmestrahlung tritt bei festen, flüssigen und einigen gasförmigen Körpern auf. Beispiel für die Energieübertragung durch Wärmestrahlung ist die Aufnahme der von der Sonne ausgesandten Strahlungsenergie durch die Erde.

8.2 Wärmeleitung

Wir behandeln ausschließlich stationäre, d.h. zeitlich unveränderliche Temperaturfelder und setzen voraus, daß sich die Temperatur nur in einer Richtung ändert. Aufheiz- und Abkühlvorgänge, Wärmeleitung mit zusätzlichen Energiequellen u.ä. werden nicht beschrieben.

8.2.1 Ebene Wand

Fourier[1] fand bei der Untersuchung der Wärmeleitung in festen Körpern, daß die durch eine homogene, ebene Wand strömende Wärme der Wandfläche A, dem Temperaturgefälle $t_1 - t_2$, der Zeit τ direkt und der Wandstärke δ umgekehrt proportional ist **(B 8.1)**. Er formulierte unter Berücksichtigung eines Proportionalitätsfaktors λ das *Fouriersche Gesetz*:

$$Q_1 = \frac{\lambda}{\delta} A (t_1 - t_2) \tau \qquad \textbf{(Gl 8.1)}$$

[1] *J. B. Fourier* (sprich furje) (1768—1830), Mitglied der Pariser Akademie der Wissenschaften, behandelte die Wärmeausbreitung, entwickelte die Fourierschen Reihen.

B 8.1 Stationäre Wärmeleitung durch eine ebene Wand

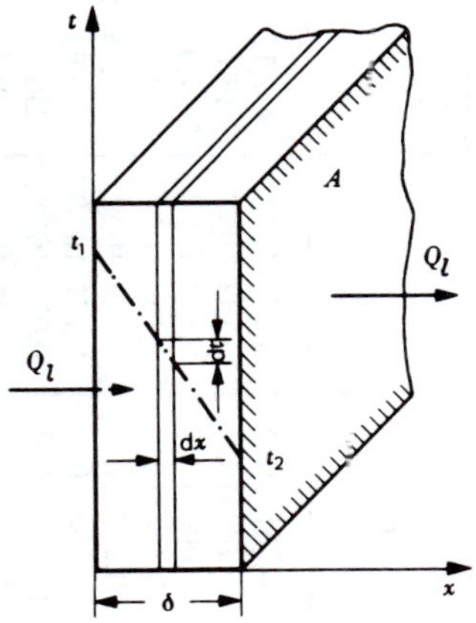

Mit t_1 als der höheren und t_2 als der niedrigeren Oberflächentemperatur der Wand wird die übertragene Wärme positiv. Diese Vorzeichenvereinbarung wird für alle Wärmeübertragungsvorgänge beibehalten.

λ ist ein temperaturabhängiger Stoffwert, der als *Wärmeleitfähigkeit* bezeichnet wird, Werte siehe **T 8.1** bis **T 8.3.** In der Regel wird für λ der Wert bei der mittleren Temperatur der Wandschicht eingesetzt. Die SI-Einheit der Wärmeleitfähigkeit λ ist $\frac{\text{W}}{\text{K m}}$.

$\lambda \left(\text{in } \frac{\text{W}}{\text{K m}}\right)$ kann man sich als die Energie (in J) veranschaulichen, die je Sekunde bei 1 m Wandstärke durch eine 1 m^2 große Fläche geleitet wird, wenn sich die Temperaturen der Wandseiten um 1 K unterscheiden.

Durch die dünne Schicht mit der Stärke dx strömt die gleiche Wärme Q_1 wie durch die gesamte Wand, jedoch hat das Temperaturgefälle dann nur die Größe dt **(B 8.1).** Die Wärme strömt nur in Richtung niedrigerer Temperatur. Daher führen wir das negative Vorzeichen $\left(-\frac{\text{d}t}{\text{d}x}\right)$ ein und erhalten als Grundform für das Fouriersche Gesetz:

$$Q_1 = -\lambda A \frac{\text{d}t}{\text{d}x} \tau \qquad \textbf{(Gl 8.2)}$$

Der Temperaturverlauf in der Wand ist geradlinig (Gl 8.2), wenn die Wand eben ist und die Temperaturabhängigkeit von λ vernachlässigt wird.

T 8.1 Wärmeübertragungseigenschaften einiger fester Stoffe[1]

	t °C	ϱ $\frac{\text{kg}}{\text{m}^3}$	c $\frac{\text{kJ}}{\text{kg K}}$	λ $\frac{\text{W}}{\text{K m}}$	a $\frac{\text{m}^2}{\text{s}}$
Aluminium 99,99	20	2700	0,945	238	$93{,}4 \cdot 10^{-6}$
Stahl, unlegiert	0	7850	0,465	59	$16{,}2 \cdot 10^{-6}$
Stahl, unlegiert	200	7800	0,535	52	$12{,}5 \cdot 10^{-6}$
Stahl, unlegiert	400	7730	0,630	44	$9{,}0 \cdot 10^{-6}$
Kupfer, Handelsware	20	8300	0,419	372	$107 \cdot 10^{-6}$
Messing	20	8600	0,381	81–116	$25\text{–}35 \cdot 10^{-6}$
Zink	20	7130	0,835	113	$39 \cdot 10^{-6}$
Kiesbeton	20	2400	0,88	2,1	$0{,}99 \cdot 10^{-6}$
Fensterglas	20	2500	0,70–0,93	0,80	ca. $0{,}4 \cdot 10^{-6}$
Mauerwerk, Hochlochziegel	20	1200/1400	–	0,50/0,58	ca. $0{,}42 \cdot 10^{-6}$
Glaswolle	25	200	0,66	0,037	$0{,}28 \cdot 10^{-6}$

[1] Werte aus Gröber/Erk/Grigull [9], Stephan/Mayinger [6] und DIN 4108 T4 (03.1998)

T 8.2 Wärmeübertragungseigenschaften einiger Flüssigkeiten[1]

Stoff	t °C	ϱ $\frac{kg}{m^3}$	c_p $\frac{kJ}{kg\,K}$	λ $\frac{W}{K\,m}$	γ $\frac{1}{K}$	η $\frac{kg}{m\,s}=\frac{N\,s}{m^2}$	ν $\frac{m^2}{s}$	a $\frac{m^2}{s}$	Pr –
Ammoniak (NH_3)	20	610	4,77	0,494	0,00244	$220\cdot10^{-6}$	$0{,}361\cdot10^{-6}$	$0{,}17\cdot10^{-6}$	2,12
Wasser	0	999,8	4,217	0,555	0,00006	$1790\cdot10^{-6}$	$1{,}789\cdot10^{-6}$	$0{,}132\cdot10^{-6}$	13,6
Wasser	20	998,2	4,182	0,598	0,00020	$1002\cdot10^{-6}$	$1{,}006\cdot10^{-6}$	$0{,}143\cdot10^{-6}$	7,03
Wasser	60	983	4,184	0,651	0,00054	$469\cdot10^{-6}$	$0{,}478\cdot10^{-6}$	$0{,}159\cdot10^{-6}$	3,01
Wasser	100	958	4,216	0,681	0,00078	$282\cdot10^{-6}$	$0{,}294\cdot10^{-6}$	$0{,}169\cdot10^{-6}$	1,75
Wasser	200	865	4,499	0,665	0,00155	$138\cdot10^{-6}$	$0{,}160\cdot10^{-6}$	$0{,}171\cdot10^{-6}$	0,94
Transformatorenöl	40	854	1,99	0,123	0,00069	$14220\cdot10^{-6}$	$16{,}7\cdot10^{-6}$	$0{,}072\cdot10^{-6}$	230
Transformatorenöl	80	830	2,09	0,120	0,00071	$4315\cdot10^{-6}$	$5{,}2\cdot10^{-6}$	$0{,}066\cdot10^{-6}$	79,4

[1] Bei 0,980665 bar. Wenn der Dampfdruck größer ist, bei dem zu der genannten Temperatur gehörenden Sättigungsdruck.

T 8.3b Wärmeübertragungseigenschaften einiger Gase bei 0,980665 bar[2]

Stoff	t °C	ϱ $\frac{kg}{m^3}$	c_p $\frac{kJ}{kg\,K}$	λ $\frac{W}{K\,m}$	η $\frac{kg}{m\,s}=\frac{N\,s}{m^2}$	ν $\frac{m^2}{s}$	a $\frac{m^2}{s}$	Pr –
Kohlendioxid (CO_2)	50	1,617	0,875	0,0178	$16{,}2\cdot10^{-6}$	$10{,}0\cdot10^{-6}$	$12{,}6\cdot10^{-6}$	0,80
Kohlenmonoxid (CO)	0	1,210	1,040	0,022	$16{,}6\cdot10^{-6}$	$13{,}28\cdot10^{-6}$	$16{,}74\cdot10^{-6}$	0,794
Sauerstoff (O_2)	20	1,289	0,915	0,026	$20{,}3\cdot10^{-6}$	$18{,}4\cdot10^{-6}$	$25{,}7\cdot10^{-6}$	0,716
Schwefeldioxid (SO_2)	0	2,832	0,609	0,0084	$11{,}6\cdot10^{-6}$	$4{,}1\cdot10^{-6}$	$4{,}76\cdot10^{-6}$	0,86
Stickstoff (N_2)	0	1,210	1,039	0,023	$16{,}6\cdot10^{-6}$	$13{,}26\cdot10^{-6}$	$18{,}3\cdot10^{-6}$	0,725
Wasserdampf (H_2O)	100	0,578	1,88	0,0242	$12{,}8\cdot10^{-6}$	$22{,}1\cdot10^{-6}$	$19{,}6\cdot10^{-6}$	1,12
Wasserdampf (H_2O)	200	0,452	1,93	0,0328	$16{,}6\cdot10^{-6}$	$36{,}8\cdot10^{-6}$	$37{,}6\cdot10^{-6}$	0,97
Wasserdampf (H_2O)	400	0,316	2,05	0,0551	$23{,}5\cdot10^{-6}$	$74{,}4\cdot10^{-6}$	$85{,}0\cdot10^{-6}$	0,88
Wasserstoff (H_2)	50	0,0735	14,4	0,202	$9{,}42\cdot10^{-6}$	$128\cdot10^{-6}$	$191\cdot10^{-6}$	0,67
Ammoniak (NH_3)	100	0,540	2,23	0,0300	$13{,}0\cdot10^{-6}$	$24{,}1\cdot10^{-6}$	$24{,}9\cdot10^{-6}$	0,97

Temperaturabhängigkeit der Wärmeleitfähigkeit λ (näherungsweise) bei 0,980665 bar

Luft	$\{\lambda\}=0{,}0242\ (1+0{,}003\ \{t\})$ in W/K · m
Kohlendioxid (CO_2)	$\{\lambda\}=0{,}0143\ (1+0{,}004\ \{t\})$ in W/K · m
Wasserstoff (H_2)	$\{\lambda\}=0{,}176\ (1+0{,}003\ \{t\})$ in W/K · m

[2] ϱ und c_p teilweise aus T 2.1 berechnet. Werte aus Gröber / Erk / Grigull [9].

$\gamma=\frac{1}{T_f}$ (s. Erläuterungen zu Gl 8.14)

$\nu=\nu_{Tab}\,\frac{p_{Tab}}{p}$

T 8.3a Wärmeübertragungseigenschaften von trockener Luft bei 1 bar[1]

t °C	ϱ $\frac{kg}{m^3}$	c_p $\frac{kJ}{kg\,K}$	λ $\frac{W}{K\,m}$	η $\frac{kg}{m\,s}$	ν $\frac{m^2}{s}$	a $\frac{m^2}{s}$	Pr –
−20	1,3765	1,007	0,02263	$16{,}22\cdot10^{-6}$	$11{,}78\cdot10^{-6}$	$16{,}33\cdot10^{-6}$	0,7215
0	1,2754	1,004	0,02418	$17{,}24\cdot10^{-6}$	$13{,}52\cdot10^{-6}$	$18{,}83\cdot10^{-6}$	0,7179
20	1,1881	1,007	0,02569	$18{,}24\cdot10^{-6}$	$15{,}35\cdot10^{-6}$	$21{,}47\cdot10^{-6}$	0,7148
40	1,1120	1,007	0,02716	$19{,}20\cdot10^{-6}$	$17{,}26\cdot10^{-6}$	$24{,}24\cdot10^{-6}$	0,7122
60	1,0452	1,009	0,02860	$20{,}14\cdot10^{-6}$	$19{,}27\cdot10^{-6}$	$27{,}13\cdot10^{-6}$	0,7100
80	0,9859	1,010	0,03001	$21{,}05\cdot10^{-6}$	$21{,}35\cdot10^{-6}$	$30{,}14\cdot10^{-6}$	0,7083
100	0,9329	1,012	0,03139	$21{,}94\cdot10^{-6}$	$23{,}51\cdot10^{-6}$	$33{,}26\cdot10^{-6}$	0,7070
120	0,8854	1,014	0,03275	$22{,}80\cdot10^{-6}$	$25{,}75\cdot10^{-6}$	$36{,}48\cdot10^{-6}$	0,7060
140	0,8425	1,016	0,03408	$23{,}65\cdot10^{-6}$	$28{,}07\cdot10^{-6}$	$39{,}80\cdot10^{-6}$	0,7054
160	0,8036	1,019	0,03539	$24{,}48\cdot10^{-6}$	$30{,}46\cdot10^{-6}$	$43{,}21\cdot10^{-6}$	0,7050
180	0,7681	1,022	0,03668	$25{,}29\cdot10^{-6}$	$32{,}93\cdot10^{-6}$	$46{,}71\cdot10^{-6}$	0,7049
200	0,7356	1,026	0,03795	$26{,}09\cdot10^{-6}$	$35{,}47\cdot10^{-6}$	$50{,}30\cdot10^{-6}$	0,7051
250	0,6653	1,035	0,04106	$28{,}02\cdot10^{-6}$	$42{,}11\cdot10^{-6}$	$59{,}62\cdot10^{-6}$	0,7063
300	0,6072	1,046	0,04409	$29{,}86\cdot10^{-6}$	$49{,}18\cdot10^{-6}$	$69{,}43\cdot10^{-6}$	0,7083
400	0,5170	1,069	0,04996	$33{,}35\cdot10^{-6}$	$64{,}51\cdot10^{-6}$	$90{,}38\cdot10^{-6}$	0,7137
500	0,4502	1,093	0,05564	$36{,}62\cdot10^{-6}$	$81{,}35\cdot10^{-6}$	$113{,}1\cdot10^{-6}$	0,7194
600	0,3986	1,116	0,06114	$39{,}71\cdot10^{-6}$	$99{,}63\cdot10^{-6}$	$137{,}5\cdot10^{-6}$	0,7247
700	0,3576	1,137	0,06646	$42{,}66\cdot10^{-6}$	$119{,}3\cdot10^{-6}$	$163{,}5\cdot10^{-6}$	0,7295
800	0,3243	1,155	0,07154	$45{,}48\cdot10^{-6}$	$140{,}2\cdot10^{-6}$	$191{,}0\cdot10^{-6}$	0,7342
900	0,2967	1,171	0,07633	$48{,}19\cdot10^{-6}$	$162{,}4\cdot10^{-6}$	$219{,}7\cdot10^{-6}$	0,7395
1000	0,2734	1,185	0,08077	$50{,}82\cdot10^{-6}$	$185{,}9\cdot10^{-6}$	$249{,}2\cdot10^{-6}$	0,7458

Bezogen auf die Zeit τ ergibt sich der durch die Fläche A tretende *Wärmestrom* $\dot{Q}$:

$$\dot{Q} = \frac{Q_1}{\tau} = \frac{\lambda}{\delta} A (t_1 - t_2) \qquad \textbf{(Gl 8.3)}$$

Der Wärmestrom $\dot{Q}$ ist von der Größenart einer Leistung, die im Internationalen Einheitensystem die Einheit W hat.

Bezogen auf die Fläche A wird die durchströmende Wärme als *Wärmestromdichte* oder *Heizflächenbelastung* $\dot{q}$ bezeichnet:

$$\dot{q} = \frac{\dot{Q}}{A} = \frac{\lambda}{\delta} (t_1 - t_2) \qquad \textbf{(Gl 8.4)}$$

Oft wird in Anlehnung an das Ohmsche Gesetz der *Wärmewiderstand* definiert (elektrischer Widerstand = Spannung : elektrischen Strom):

$$\text{Wärmewiderstand} = \frac{\text{Temperaturgefälle}}{\text{Wärmestrom}}$$

$$R = \frac{|\Delta t|}{\dot{Q}} \qquad \textbf{(Gl 8.5)}$$

[1] Werte aus VDI-Wärmeatlas, Auszug [10]. c_p bei 0 °C nach Baehr [1] und Stephan/Mayinger [6]. Für c_p nach dem Polynom Gl 1.42 errechnete Werte können von den tabellierten Werten leicht abweichen.

(Gl 8.5) gilt ganz allgemein für jede der drei Arten der Wärmeübertragung. Für den *Wärmeleitwiderstand* der einschichtigen ebenen Wand ergibt sich hieraus mit (Gl 8.3):[1]

$$R_l = \frac{t_1 - t_2}{\dot{Q}} = \frac{\delta}{\lambda A} \qquad \textbf{(Gl 8.6)}$$

Bei einer *mehrschichtigen ebenen Wand* **(B 8.2)** geht durch jede Schicht der gleiche Wärmestrom $\dot{Q}$. Wir behandeln eine dreischichtige ebene Wand; bei mehr als drei Schichten sind die Gleichungen entsprechend zu erweitern:

$$\dot{Q} = \frac{\lambda_1}{\delta_1} A(t_1 - t_2) = \frac{\lambda_2}{\delta_2} A(t_2 - t_3) = \frac{\lambda_3}{\delta_3} A(t_3 - t_4)$$

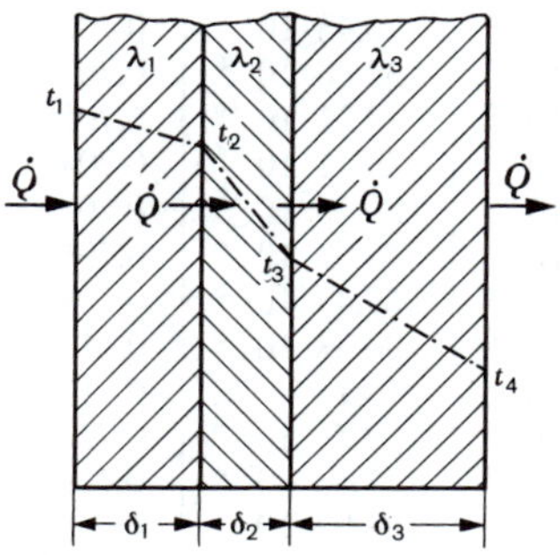

B 8.2 Stationäre Wärmeleitung durch eine mehrschichtige ebene Wand

Wir lösen nach dem jeweiligen Temperaturgefälle auf und addieren:

$$t_1 - t_2 = \frac{\dot{Q}\delta_1}{\lambda_1 A}$$

$$t_2 - t_3 = \frac{\dot{Q}\delta_2}{\lambda_2 A}$$

$$t_3 - t_4 = \frac{\dot{Q}\delta_3}{\lambda_3 A}$$

$$t_1 - t_4 = \frac{\dot{Q}}{A}\left(\frac{\delta_1}{\lambda_1} + \frac{\delta_2}{\lambda_2} + \frac{\delta_3}{\lambda_3}\right)$$

Der Wärmestrom durch eine dreischichtige ebene Wand ist:

$$\dot{Q} = \frac{1}{\dfrac{\delta_1}{\lambda_1} + \dfrac{\delta_2}{\lambda_2} + \dfrac{\delta_3}{\lambda_3}} A(t_1 - t_4) \qquad \textbf{(Gl 8.7)}$$

Hieraus ergibt sich der Wärmeleitwiderstand der dreischichtigen ebenen Wand

$$R_{l\,\text{ges}} = \frac{t_1 - t_4}{\dot{Q}} = \left(\frac{\delta_1}{\lambda_1} + \frac{\delta_2}{\lambda_2} + \frac{\delta_3}{\lambda_3}\right)\frac{1}{A}$$

Er ist mit $R_{l1} = \dfrac{\delta_1}{\lambda_1 A}$ usw. (Gl 8.6) gleich der Summe der Wärmeleitwiderstände der einzelnen Schichten, so daß die Analogie zum Ohmschen Gesetz begründet ist:

$$R_{l\,\text{ges}} = R_{l\,1} + R_{l\,2} + R_{l\,3} \qquad \textbf{(Gl 8.8)}$$

Die Summanden sind vertauschbar, demnach ändert sich der Wärmewiderstand einer ebenen Wand bei Vertauschung der Schichten nicht, solange die Veränderung von λ durch die veränderten Schichttemperaturen vernachlässigt werden kann. Die Tempe-

[1] In der Bautechnik wird der Quotient $\frac{\delta}{\lambda}$ auch als Wärmedämmzahl $\frac{1}{\Lambda}$ bezeichnet. Zusammenhang mit dem Wärmeleitwiderstand: $\frac{1}{\Lambda} = A\,R_l$

raturverteilung in der Wand ist aber eine andere, was bei Isolierungen, insbesondere in der Bautechnik, zu beachten ist. Hier kann bei Diffusion des Wasserdampfes der Umgebungsluft in die Wand der Taupunkt unterschritten und die Wand durchfeuchtet werden.

Beispiel 8.1: Eine 42 m² große Hauswand mit +12 °C Innen- und −3 °C Außentemperatur besteht aus 24 cm Ziegelmauerwerk (Hochlochziegel, $\varrho = 1400\,\mathrm{kg/m^3}$), 0,5 cm Innenputz $\left(\text{Kalkmörtel, } \lambda = 0{,}87\,\frac{\mathrm{W}}{\mathrm{K\,m}}\right)$ und 1 cm äußerer Holzverkleidung $\left(\text{Fichte, } \lambda = 0{,}13\,\frac{\mathrm{W}}{\mathrm{K\,m}}\right)$

Es sind zu ermitteln:

a) der Wärmestrom in kW

b) der Wärmewiderstand der Wand in $\frac{\mathrm{K}}{\mathrm{kW}}$ und die Wärmedämmzahl $\frac{1}{\Lambda}$ in $\frac{\mathrm{m^2\,K}}{\mathrm{W}}$

c) die Zwischentemperaturen an den Schichtgrenzen.

Zu a: (Gl 8.7):
$$\dot{Q} = \frac{1}{\dfrac{\delta_1}{\lambda_1} + \dfrac{\delta_2}{\lambda_2} + \dfrac{\delta_3}{\lambda_3}}\, A\,(t_1 - t_4)$$

$$\dot{Q} = \frac{1}{\left(\dfrac{0{,}005}{0{,}87} + \dfrac{0{,}24}{0{,}58} + \dfrac{0{,}01}{0{,}13}\right)\dfrac{\mathrm{m^2\,K}}{\mathrm{W}}} \cdot 42\,\mathrm{m^2}\,(12+3)\,\mathrm{K}\,\frac{\mathrm{kW}}{10^3\,\mathrm{W}} = \underline{1{,}27\,\mathrm{kW}}$$

Zu b: Wärmewiderstand (Gl 8.5)
$$R_1 = \frac{t_1 - t_4}{\dot{Q}} = \frac{(12+3)\,\mathrm{K}}{1{,}27\,\mathrm{kW}} = \underline{11{,}8\,\frac{\mathrm{K}}{\mathrm{kW}}}$$

Wärmedämmzahl, im Bauwesen gebräuchlicher Begriff (s. Fußnote 1 zu Gl 8.6):
$$\frac{1}{\Lambda} = A R_1 = 42\,\mathrm{m^2}\,\frac{11{,}8\,\mathrm{K\,kW}}{\mathrm{kW}\,10^3\,\mathrm{W}} = \underline{0{,}50\,\frac{\mathrm{m^2\,K}}{\mathrm{W}}}$$

Zu c: Zwischentemperatur Putz/Ziegel nach $t_1 - t_2 = \dfrac{\dot{Q}\,\delta_1}{\lambda_1 A}$
$$t_2 = t_1 - \frac{\dot{Q}\,\delta_1}{\lambda_1 A} = 12\,^\circ\mathrm{C} - \frac{1270\,\mathrm{W} \cdot 0{,}005\,\mathrm{m^2\,K}}{0{,}87\,\mathrm{W} \cdot 42\,\mathrm{m^2}} = \underline{11{,}8\,^\circ\mathrm{C}}$$

Zwischentemperatur Holz/Ziegel nach $t_3 - t_4 = \dfrac{\dot{Q}\,\delta_3}{\lambda_3 A}$
$$t_3 = t_4 - \frac{\dot{Q}\,\delta_3}{\lambda_3 A} = -3\,^\circ\mathrm{C} - \frac{1270\,\mathrm{W} \cdot 0{,}01\,\mathrm{m^2\,K}}{0{,}13\,\mathrm{W} \cdot 42\,\mathrm{m^2}} = \underline{-0{,}7\,^\circ\mathrm{C}}$$

Aufgabe 8.1: Durch welche Fensterfläche mit gleichen Oberflächentemperaturen und 4 mm Glasstärke geht der gleiche Wärmestrom wie durch die Wand des Beispiels 8.1?

Aufgabe 8.2: Auf der 10 mm starken ebenen Wand der Brennkammer eines Heizungskessels aus Stahl (mittlere Wandtemperatur 200 °C) hat sich eine 2 mm dicke Kesselsteinablagerung $\left(\lambda = 1{,}5\,\frac{\mathrm{W}}{\mathrm{K\,m}}\right)$ gebildet. Bei sauberer Heizfläche betrug die Heizflächenbelastung $400\,\frac{\mathrm{kW}}{\mathrm{m^2}}$.

Auf welchen Wert ist sie, unter der Annahme unveränderter Temperaturen der äußeren Wandoberflächen, durch die Kesselsteinschicht zurückgegangen?

8.2.2 Zylindrische Wand

Rohre mit kleinen Wandstärken und großen Durchmessern können angenähert wie ebene Wände berechnet werden. Für große Rohrwandstärken, wie sie z.B. bei Isolierungen vorliegen, ist diese Näherung nicht zulässig. Für das einschichtige Rohr **(B 8.3)** gilt nach (Gl 8.2):

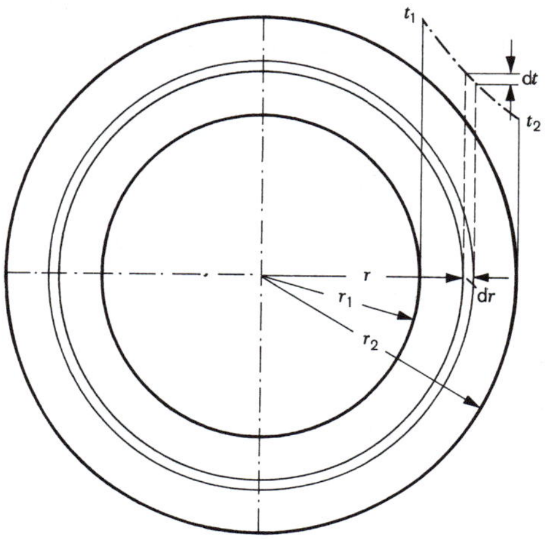

B 8.3 Stationäre Wärmeleitung durch eine einschichtige zylindrische Wand

$$\dot{Q} = -\lambda A \frac{\mathrm{d}t}{\mathrm{d}r}$$

Wir führen die Zylinderfläche $A = 2\pi r l$ mit der Rohrlänge l ein:

$$\dot{Q} = -\lambda 2\pi l r \frac{\mathrm{d}t}{\mathrm{d}r}$$

Umgestellt und integriert ergibt sich

$$\int_1^2 \mathrm{d}t = -\frac{\dot{Q}}{\lambda 2\pi l} \int_1^2 \frac{\mathrm{d}r}{r}$$

$$t_2 - t_1 = -\frac{\dot{Q}}{\lambda 2\pi l} \ln\frac{r_2}{r_1}$$

Der Wärmestrom durch die *einschichtige Zylinderwand* ist:

$$\dot{Q} = \frac{\lambda 2\pi l (t_1 - t_2)}{\ln\dfrac{r_2}{r_1}} \qquad \textbf{(Gl 8.9)}$$

Die Temperatur fällt in der Rohrwand infolge des logarithmischen Einflusses der Radien exponentiell. Der Wärmeleitwiderstand der einschichtigen Zylinderwand ist

$$R_1 = \frac{t_1 - t_2}{\dot{Q}} = \frac{\ln\dfrac{r_2}{r_1}}{\lambda 2\pi l}$$

Beim mehrschichtigen Rohr addieren sich, wie bei der mehrschichtigen Wand, die Wärmeleitwiderstände. Für ein dreischichtiges Rohr gilt:

$$R_{1\,\mathrm{ges}} = \frac{t_1 - t_4}{\dot{Q}} = R_{11} + R_{12} + R_{13} = \frac{1}{2\pi l}\left(\frac{1}{\lambda_1}\ln\frac{r_2}{r_1} + \frac{1}{\lambda_2}\ln\frac{r_3}{r_2} + \frac{1}{\lambda_3}\ln\frac{r_4}{r_3}\right)$$

Daraus ergibt sich der Wärmestrom durch eine *dreischichtige Zylinderwand.*

$$\dot{Q} = \frac{2\pi l (t_1 - t_4)}{\dfrac{1}{\lambda_1}\ln\dfrac{r_2}{r_1} + \dfrac{1}{\lambda_2}\ln\dfrac{r_3}{r_2} + \dfrac{1}{\lambda_3}\ln\dfrac{r_4}{r_3}} \qquad \textbf{(Gl 8.10)}$$

mit dem Innenradius r_1, den Zwischenschichtradien r_2 und r_3 und dem Außenradius r_4, sowie $t_1 > t_4$.

Aufgabe 8.3: Eine 40 m lange Dampfleitung aus 2 mm starkem Stahlrohr, Innendurchmesser 50 mm, Innentemperatur 220 °C, ist mit einem 30 mm starken Glaswollemantel isoliert, der durch ein 1 mm starkes Aluminiumrohr, Außentemperatur 35 °C, begrenzt wird. Soweit nicht näher bekannt, sind die Wärmeleitfähigkeiten bei Raumtemperatur einzusetzen.

a) Welcher Wärmeverluststrom tritt auf?

b) Wieviel Prozent beträgt der Fehler, wenn als Näherung das Rohr wie eine ebene Wand mit der Fläche des mittleren Rohrdurchmessers (Rohr einschließlich Isolierung) berechnet wird?

8.2.3 Hohlkugelwand

Wir führen in die Grundform des Fourierschen Gesetzes (Gl 8.2) $\dot{Q} = -\lambda A \frac{\mathrm{d}t}{\mathrm{d}r}$ die Kugelfläche $A = 4\pi r^2$ ein:

$$\dot{Q} = -\lambda 4\pi r^2 \frac{\mathrm{d}t}{\mathrm{d}r}$$

Umgestellt und integriert ergibt sich:

$$\int_1^2 \mathrm{d}t = -\frac{\dot{Q}}{\lambda 4\pi} \int_1^2 \frac{\mathrm{d}r}{r^2}$$

$$t_2 - t_1 = \frac{\dot{Q}}{\lambda 4\pi} \left(\frac{1}{r_2} - \frac{1}{r_1} \right)$$

mit dem Innenradius r_1 und dem Außenradius r_2 sowie $t_1 > t_2$. Der Wärmestrom durch eine *einschichtige Hohlkugelwand* ist

$$\dot{Q} = \frac{\lambda 4\pi (t_1 - t_2)}{\frac{1}{r_1} - \frac{1}{r_2}} \qquad \textbf{(Gl 8.11)}$$

Die Temperatur verläuft in der Hohlkugelwand hyperbelförmig. Bei einer mehrschichtigen Hohlkugelwand kann der Wärmestrom wieder aus dem gesamten Wärmeleitwiderstand ermittelt werden, der sich als Summe der Wärmeleitwiderstände der Schichten errechnet.

Aufgabe 8.4: Der Wärmeverluststrom durch den 20 mm starken Zylinderdeckel eines wassergekühlten Verbrennungsmotors mit 200 mm Zylinderdurchmesser ist zu berechnen. Deckeltemperatur innen 165 °C, außen 150 °C, $\lambda = 40 \frac{\mathrm{W}}{\mathrm{K\,m}}$.

Die Deckelform ist vereinfachend

a) als Scheibe
b) als Halbkugel

anzunehmen.

8.3 Konvektiver Wärmeübergang

8.3.1 Wärmeübergangsgesetze

Als *Wärmeübergang* bezeichnet man die Wärmeübertragung zwischen bewegten Flüssigkeiten oder Gasen und einer festen Wand **(B 8.4).**

Für Flüssigkeiten und Gase gelten die gleichen Gesetze. Als einheitliche Bezeichnung verwenden wir wieder das Wort *Fluid*. Die Wärmeübertragung zwischen zwei sich berüh-

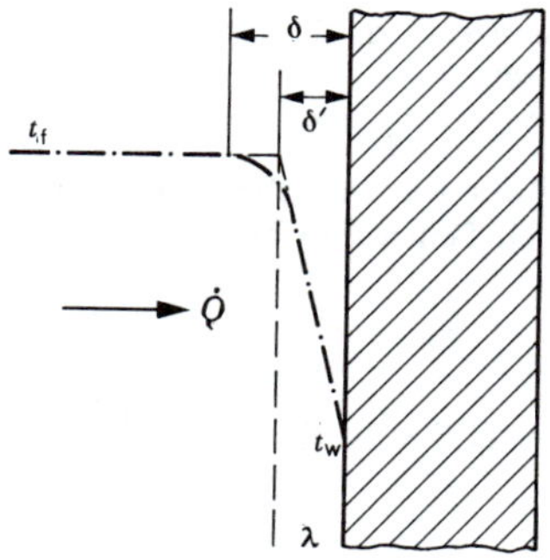

B 8.4 Wärmeübergang

renden Fluiden ohne feste Zwischenwand gehorcht ähnlichen Gesetzen wie bei Vorhandensein einer Wand; hierbei treten Wärmeübergang und Stoffaustausch gemeinsam auf. Dieser Vorgang wird nicht behandelt.

Der von einem Fluid mit der mittleren Temperatur t_f an eine Wandfläche A mit der Oberflächentemperatur t_w übertragene Wärmestrom wird nach einer von *Newton* angegebenen Beziehung ermittelt:

$$\dot{Q} = \alpha A (t_f - t_w) \qquad \textbf{(Gl 8.12)}$$

Bei Übertragung der Wärme von der Wand an das Fluid gilt das gleiche Gesetz, lediglich die Temperaturen sind zu vertauschen.

Der Proportionalitätsfaktor α wird als *Wärmeübergangskoeffizient* bezeichnet. Die SI-Einheit des Wärmeübergangskoeffizienten α ist $\frac{\mathrm{W}}{\mathrm{m^2\,K}}$.

α hängt in komplizierter Weise von sehr verschiedenen Einflußgrößen ab, die durch die physikalischen Eigenschaften und den Strömungszustand des Fluids sowie durch die geometrische Form der Heizflächen bestimmt sind.

Der Wärmeübergang kann auf einen Wärmeleitvorgang in einer an der Wand ruhend gedachten Fluidschicht mit der Wärmeleitfähigkeit λ und der Stärke δ' zurückgeführt werden, wenn man in (Gl 8.12) $\alpha = \frac{\lambda}{\delta'}$ einführt:

$$\dot{Q} = \frac{\lambda}{\delta'} A (t_f - t_w)$$

Der *Wärmeübergangswiderstand* ist nach (Gl 8.5):

$$R_{ü} = \frac{t_f - t_w}{\dot{Q}} = \frac{1}{\alpha A} \qquad \textbf{(Gl 8.13)}$$

Aufgabe 8.5: Durch einen 0,8 m² großen ebenen Raumheizkörper wird mittels kondensierendem Wasserdampf von 1,43 bar, 110 °C eine Wärmeleistung von 600 Watt an Raumluft von 20 °C übertragen. Die Oberflächentemperaturen des Heizkörpers betragen innen 109,9 °C und außen 109,8 °C.

Wie groß sind

a) die Wärmeübergangskoeffizienten innen und außen

b) die Wärmeübergangswiderstände innen und außen

c) der Wärmeleitwiderstand des Heizkörpers?

8.3.2 Ähnlichkeitstheorie des Wärmeübergangs

Der Wärmeübergang wird durch Strömungs- und Wärmeleitungsvorgänge bestimmt. Diese Vorgänge können durch Differentialgleichungen mathematisch beschrieben werden. Es sind jedoch bisher nur einfache Fälle rechnerisch lösbar.

Infolgedessen ist eine experimentelle Ermittlung des Wärmeübergangskoeffizienten erforderlich. Durch die Vielzahl der Einflußgrößen ist es ausgeschlossen, sämtliche Möglichkeiten durch Versuche zu erfassen. Man überträgt daher an bestimmten Modellen gewonnene Ergebnisse auf physikalisch ähnliche Objekte und bestimmt daraus den Wärmeübergangskoeffizienten, wie z. B. die Bestimmung der Längen bei geometrisch ähnlichen Figuren ohne Messung der gesuchten Länge möglich ist.

Nußelt[1] begründete diese *Ähnlichkeitstheorie des Wärmeübergangs*. Er formte die den Wärmeübergang kennzeichnenden Differentialgleichungen so um, daß in ihnen dimensionslose Kenngrößen auftreten. Bei physikalisch ähnlichen Problemen sind die jeweiligen Kenngrößen gleich. Die Zusammenfassung jeweils mehrerer Einflußgrößen – geometrische Größen, Geschwindigkeit, Temperatur und Stoffwerte des Fluids – zu diesen Kenngrößen verringert die Anzahl der Parameter und macht die Probleme übersichtlicher.

Die dimensionslose Form des Wärmeübergangskoeffizienten trägt die Bezeichnung *Nußelt-Zahl*.

$$Nu = \frac{\alpha l}{\lambda} \qquad \textbf{(Gl 8.14a)}$$

Gelingt es, die Nußelt-Zahl zu ermitteln, so kann der Wärmeübergangskoeffizient α berechnet werden **(Gl 8.14a)**, denn der Wärmeleitfähigkeitskoeffizient λ des Fluids und die konstruktive Länge l sind als bekannt vorauszusetzen. Die Nußelt-Zahl wiederum hängt von anderen dimensionslosen Kenngrößen ab, die die Strömungs- und Wärmeleitungsvorgänge kennzeichnen. Diese Kenngrößen sind für den hier behandelten Wärmeübergang ohne Aggregatzustandsänderung des strömenden Stoffes:

$$Re = \frac{w\,l}{\nu} \qquad \textit{Reynolds-Zahl}^{2} \qquad \textbf{(Gl 8.14b)}$$

$$Pe = \frac{w\,l}{a} \qquad \textit{Péclet-Zahl}^{3} \qquad \textbf{(Gl 8.14c)}$$

mit dem Stoffwert

$$a = \frac{\lambda}{\varrho\, c_p} \qquad \textit{Temperaturleitfähigkeit} \qquad \textbf{(Gl 8.14d)}$$

$$Pr = \frac{Pe}{Re} = \frac{\nu}{a} = \frac{\eta\, c_p}{\lambda} \qquad \textit{Prandtl-Zahl}^{4} \qquad \textbf{(Gl 8.14e)}$$

$$Gr = \frac{g\,\gamma\,\Delta t\, l^3}{\nu^2} \qquad \textit{Grashof-Zahl}^{5} \qquad \textbf{(Gl 8.14f)}$$

$$Ra = Gr\, Pr = \frac{g\,\gamma\,\Delta t\, l^3}{\nu\, a} \qquad \textit{Rayleigh-Zahl}^{6} \qquad \textbf{(Gl 8.14g)}$$

---

1 *E. W. Nußelt* (1882—1957), Professor für Thermodynamik an der TH München, veröffentlichte 1915 die Ähnlichkeitsgesetze des Wärmeübergangs.

2 *O. Reynolds* (sprich r·enldz) (1842—1912), englischer Professor für Physik, arbeitete besonders auf dem Gebiet der Strömungslehre.

3 *J. Péclet* (1793—1857), franz. Physiker, befaßte sich bevorzugt mit der Elektrotechnik.

4 *Ludwig Prandtl* (1875—1953), Professor in Hannover und Göttingen, einer der Begründer der Hydro- und Aerodynamik.

5 *F. Grashof* (1826—1893), lehrte an der Gewerbeakademie Berlin und der Polytechnischen Schule Karlsruhe.

6 *Lord Rayleigh* (1842—1919), engl. Physiker, bekannt durch Arbeiten in der Akustik, entdeckte das Argon, erhielt 1904 den Nobelpreis für Physik.

In Gl 8.14 bedeuten:

α = der Wärmeübergangskoeffizient, meist die gesuchte Größe.

l = eine charakteristische Länge, z. B. beim durchströmten Rohr der Innendurchmesser, beim quer angeströmten Rohr der Außendurchmesser, u. U. auch die Überströmlänge πr, die ein Teilchen an der Oberfläche zurücklegen kann; beim unregelmäßigen Kanal der hydraulische Durchmesser $d_h = \frac{4A}{U}$, mit A als Fläche, U als benetzter Umfang; bei einer längs angeströmten Platte deren Länge; bei freier Konvektion die Höhe.

λ = die Wärmeleitfähigkeit des Fluids, temperatur- aber praktisch nicht druckabhängig, außer bei Gasen über 2000 bar und unter 30 mbar sowie in der Nähe des kritischen Punktes.

w = die Geschwindigkeit des Fluids (abweichend von dem sonst verwendeten Formelzeichen c, um Verwechslungen mit der hier häufiger auftretenden spezifischen Wärmekapazität zu vermeiden).

$\nu = \frac{\eta}{\varrho}$ = die kinematische Viskosität des Fluids, mit der dynamischen Viskosität η. Bei Gasen steigen, bei Flüssigkeiten fallen η und ν mit zunehmender Temperatur. Die Druckabhängigkeit von η kann, außer in der Nähe des kritischen Punktes, bei Gasen und Flüssigkeiten vernachlässigt werden; ν ist bei Flüssigkeiten praktisch unabhängig vom Druck, bei idealen Gasen dagegen dem Druck umgekehrt proportional:

$$\nu = \frac{p_{\text{Tab}}}{p} \nu_{\text{Tab}}$$

ϱ = die Dichte des Fluids

c_p = die spezifische Wärmekapazität des Fluids bei konstantem Druck

γ = der Volumenausdehnungskoeffizient des Fluids. γ ist auf das Volumen bei t_f zu beziehen; bei idealem Gas gilt $\gamma = \frac{1}{T_f}$

$\Delta t = t_f - t_w$ = die Differenz mittlerer Fluid- und Wandtemperatur

g = die Fallbeschleunigung

Die Stoffwerte sind, wenn in bestimmten Fällen nicht besonders angegeben, für die mittlere Fluidtemperatur t_f anzusetzen. Nähere Angaben s. Tafel 8.4.

Zwischen den genannten Größen und der Nußelt-Zahl besteht die Beziehung

$$Nu = Nu(Re, Pr, Gr) \qquad \textbf{(Gl 8.15)}$$

(Gl 8.15) gilt für sich überlagernde freie und erzwungene Konvektion, die selten vorkommt, z. B. in senkrechten Kanälen bei kleiner Strömungsgeschwindigkeit.

Bei *erzwungener Konvektion* ist die Grashof-Zahl ohne Einfluß; für die Nußelt-Zahl gilt:

$$Nu = Nu(Re, Pr) \qquad \textbf{(Gl 8.16)}$$

Bei *freier Konvektion* ist die Reynolds-Zahl ohne Einfluß. Die Nußelt-Zahl wird dann ermittelt nach

$$Nu = Nu(Gr, Pr) \qquad \textbf{(Gl 8.17)}$$

Bei freier Konvektion ist die *Nu*-Zahl örtlich unterschiedlich, in der Regel wird der mittlere Wert Nu_m benötigt. Die Prandtl-Zahl ist ein Stoffwert, der besonders bei Flüssigkeiten stark temperaturabhängig ist **(T 8.2** und **T 8.3)**, druckabhängig ist er praktisch nur im Bereich des kritischen Punktes. Bei Gasen ist bei freier und erzwungener Konvektion der Einfluß der Prandtl-Zahl sehr gering und kann oft vernachlässigt werden.

Der funktionale Zusammenhang der (Gl 8.15) bis (Gl 8.17) ist für eine Reihe von Modellen, wie Rohre, Platten u. a., bei den verschiedenen Strömungsformen bekannt. Außer den Abhängigkeiten nach Gl 8.15 bis Gl 8.17 müssen in einigen Fällen geometrische Einflüsse (d/h) oder die Temperaturabhängigkeit der Stoffwerte in der Grenzschicht berücksichtigt werden, was bei Flüssigkeiten durch die Prandtl-Zahlen in der Grenzschicht (Pr_f/Pr_w), bei Gasen durch die Temperaturen in der Grenzschicht (T_f/T_w), in anderen Gleichungen auch durch Viskosität des Fluids in der Grenzschicht (η_f/η_w) geschieht **(T 8.4)**. Für verschiedene Modelle ist die Auswertung der (Gl 8.15) bis (Gl 8.17) graphisch durchgeführt [10].

Neben den in **T 8.4** genannten (Gl 8.18) bis (Gl 8.27) ist eine große Zahl weiterer Berechnungsgleichungen für bestimmte Modelle bekannt. Teilweise gelten die Gleichungen dann auch nur für bestimmte Stoffe und sind direkt auf den Wärmeübergangskoeffizienten zugeschnitten.

Sowohl bei erzwungener als auch bei freier Konvektion ist bei *turbulenter Strömung* der Wärmeübergang besser als bei *laminarer Strömung*, da die turbulente Mischbewegung den Energieaustausch begünstigt. Bei Strömung im Rohr bildet sich unterhalb von $Re = 2300$ auch bei starken Einlaufstörungen mit Sicherheit laminare Strömung aus. Dann folgt ein Übergangsgebiet bis zu $Re = 10000$, in dem die Strömungsform ständig zwischen laminar und turbulent wechselt.[1] Bei $Re > 10000$ ist in technischen Fällen im Rohr turbulente Strömung zu erwarten. Bei längs angeströmten Wänden wird bei der Ermittlung der *Re*-Zahl die Plattenlänge als charakteristische Länge eingesetzt, während es beim Rohr der vergleichsweise kleine Durchmesser ist. Infolgedessen liegt die den Übergang von laminarer zu turbulenter Strömung kennzeichnende kritische *Re*-Zahl bei wesentlich höheren Zahlenwerten. Quer angeströmte Zylinder können wie Platten berechnet werden, wenn als kennzeichnende Länge die *Überströmlänge* $l = \pi r$, die ein Teilchen an der Oberfläche zurücklegt, eingesetzt wird (z. B. Gl 8.21).

Die *Nu*-Zahl und damit der Wärmeübergangskoeffizient α wachsen mit der *Re*-Zahl. Das bedeutet eine Verbesserung des Wärmeübergangs bei höherer Geschwindigkeit. Unter gleichen Bedingungen sind wegen der höheren *Pr*-Zahlen die Wärmeübergangskoeffizienten bei Flüssigkeiten wesentlich höher als bei Gasen.

Beispiel 8.2: Wasser mit 100 °C mittlerer Temperatur (zwischen Ein- und Austritt) wird in einem 3m langen Rohr mit 22mm Innendurchmesser, mittlere Wandtemperatur 60 °C, gekühlt. Das Wasser wird durch eine Pumpe mit 1,2 m/s Wassergeschwindigkeit durch das Rohr gepumpt.

Der Wärmeübergangskoeffizient ist zu bestimmen.

Zur Prüfung der Strömungsform wird die *Re*-Zahl (Gl 8.14b) ermittelt:

$$Re = \frac{w\,d}{\nu} = \frac{1{,}2\,\text{m} \cdot 0{,}022\,\text{m}\,\text{s}}{\text{s} \cdot 0{,}294 \cdot 10^{-6}\,\text{m}^2}$$

$$Re = 89800 \quad \text{(d.h. turbulent)}$$

[1] Dieses Übergangsgebiet zwischen turbulenter und laminarer Strömung ist nicht identisch mit dem bei Druckverlustberechnungen ebenfalls als Übergangsgebiet bezeichneten Bereich, in dem der Druckverlust sowohl von der Re-Zahl als auch von der relativen Rauhigkeit abhängt.

T 8.4 Berechnungsgleichungen für den Wärmeübergang[1]

Modell	Gl Nr.	Gleichung	angegeben von
1. Erzwungene Strömung Rohr innen	**8.18**	$Nu_m = \sqrt[3]{49 + 4{,}17\, Re\, Pr \frac{d}{h}}\, K$	Schlünder
Rohr innen	**8.19**	$Nu_m = 0{,}0214 (Re^{0,8} - 100)\, Pr^{0,4} \left[1 + \left(\frac{d}{h}\right)^{2/3}\right] K$	Hausen und Gnielinski
	8.20	$Nu_m = 0{,}012 (Re^{0,87} - 280)\, Pr^{0,4} \left[1 + \left(\frac{d}{h}\right)^{2/3}\right] K$	Hausen und Gnielinski
Platte längs oder Zylinder quer angeströmt	**8.21**	$Nu_m = 0{,}664 \sqrt{Re}\, \sqrt[3]{Pr}\, K$	Pohlhausen und Krouzhiline
Platte längs oder Zylinder quer angeströmt	**8.22**	$Nu_m = \frac{0{,}037\, Re^{0,8}\, Pr}{1 + 2{,}443\, Re^{-0,1} (Pr^{2/3} - 1)} K$	Petukhov und Popov, Krischer und Kast
Rohrbündelwärmeübertrager mit Umlenkblechen, quer angeströmt	**8.23**	$Nu_m = C \cdot Re^{0,6} \cdot Pr^{0,33} \left(\frac{\eta_f}{\eta_w}\right)^{0,14}$	Donohue

[1] Nach Werten aus Gröber/Erk/Grigull [9]; Stephan/Mayinger [6] und VDI-Wärmeatlas [10]. Alle Gln gelten für mittlere – nicht örtliche – Nußelt-Zahlen.

<table>
<tr><th>Geltungsbereich</th><th>Bezugsgrößen</th></tr>
<tr><td>laminar; $Re=\frac{wd}{\nu}\leqq 2300$
$Re\,Pr\,\frac{d}{h}=0{,}1\div 10^4$
$K=\left(\frac{Pr_f}{Pr_w}\right)^{0,11}$ bei Flüssigkeiten
$K\approx 1$ bei Gasen und Dämpfen</td><td>$t_f=\frac{t_1+t_2}{2}$
mit
t_1 = Eintrittstemperatur des Fluids
t_2 = Austrittstemperatur des Fluids
h = Rohrlänge
d = Rohrdurchmesser oder $d_h=\frac{4A}{U}$
(charakteristische Länge)
Pr_f = Pr-Zahl der Flüssigkeit bei t_f
Pr_w = Pr-Zahl der Flüssigkeit bei t_w</td></tr>
<tr><td>Übergangs- und Turbulenzgebiet;
$Re=\frac{wd}{\nu}=2300\div 10^6$; $Pr=0{,}5\div 1{,}5$
$K=\left(\frac{Pr_f}{Pr_w}\right)^{0,11}$ bei Flüssigkeiten
$K=\left(\frac{T_f}{T_w}\right)^{n}$ bei Gasen und Dämpfen</td><td rowspan="2">wie Gl 8.18
T_f = mittl. Kelvin-Temperatur des Gases
T_w = mittl. Kelvin-Temperatur der Wand
<table><tr><th>n</th><th>Vorgang</th><th>T_f/T_w</th></tr><tr><td>0</td><td>Kühlen des Gases</td><td>>1</td></tr><tr><td>0,45</td><td>Erwärmen von Luft</td><td>0,5 ÷ 1</td></tr><tr><td>0,12</td><td>Erwärmen von CO_2</td><td>0,5 ÷ 1</td></tr><tr><td>−0,18</td><td>Erwärmen von Wasserdampf (21 … 100) bar</td><td>0,67 ÷ 1</td></tr></table></td></tr>
<tr><td>Übergangs- und Turbulenzgebiet
$Pr=1{,}5\div 500$
sonst wie Gl 8.19</td></tr>
<tr><td>laminar; $Re=\frac{wl}{\nu}$
Platte: $Re<10^5$; $Pr=0{,}6\div 2000$
Zylinder: $Re<10$; $Pr=0{,}6\div 1000$
$K=\left(\frac{Pr_f}{Pr_w}\right)^{0,25}$ bei Flüssigkeiten
$K=\left(\frac{T_f}{T_w}\right)^{0,12}$ bei Gasen und Dämpfen</td><td>$t_f=\frac{t_1+t_2}{2}$
t_1 = Fluidtemperatur vor Zuströmung
t_2 = Fluidtemperatur nach Abströmung
w = Anströmgeschwindigkeit
l = Länge der Platte
$l=\pi r$ = Überströmlänge beim Zylinder
(charakteristische Länge)</td></tr>
<tr><td>turbulent; $Re=\frac{wl}{\nu}$
Platte: $Re=5\cdot 10^5\div 10^7$; $Pr=0{,}6\div 2000$
Zylinder: $Re=10\div 10^7$; $Pr=0{,}6\div 1000$</td><td>wie Gl 8.21</td></tr>
<tr><td>$Re=\frac{wd}{\nu}=4\div 50000$
$Pr=0{,}5\div 500$
$C=0{,}22$ bei ungebohrtem Mantelrohr
$C=0{,}25$ bei gebohrtem Mantelrohr
Für Überschlagsrechnungen
Genauere Gleichungen berücksichtigen die Rohranordnung, die Leckströmung an den Umlenkblechen und die Bypass-Strömung zwischen Rohren und Mantel; z.B. [10]</td><td>$t_f=\frac{t_1+t_2}{2}$ $w=\sqrt{w_q\cdot w_1}$
w_q = Geschwindigkeit quer zu den Rohren im engsten Querschnitt
w_1 = Geschwindigkeit in Längsrichtung an der Umlenkung
η_f = Viskosität des Fluids bei t_f
η_w = Viskosität des Fluids bei t_w
d = Rohrdurchmesser, außen
(charakteristische Länge)</td></tr>
</table>

T 8.4 Berechnungsgleichungen für den Wärmeübergang (Fortsetzung)

Modell	Gl Nr.	Gleichung	angegeben von
2. Freie Strömung Senkrechte Wand und Kugel	**8.24a**	$Nu_m = [0{,}825 + 0{,}387(Ra \cdot f_1)^{1/6}]^2$ mit $f_1 = \frac{1}{\left[1 + \left(\frac{0{,}492}{Pr}\right)^{9/16}\right]^{16/9}}$	Churchill und Chu
Senkrechter Zylinder	**8.24b**	$Nu_{\mathrm{Zyl\,m}} = Nu_{\mathrm{Platte\,m}} + 0{,}87\,\frac{h}{d}$	Fujii und Uehara
Horizontale ebene Wand Wärmeabgabe auf der Oberseite	**8.25a**	$Nu_m = 0{,}766\,(Ra \cdot f_2)^{1/5}$ mit $f_2 = \frac{1}{\left[1 + \left(\frac{0{,}322}{Pr}\right)^{11/20}\right]^{20/11}}$	Churchill
	8.25b	$Nu_m = 0{,}15(Ra \cdot f_2)^{1/3}$ mit f_2 wie bei Gl 8.25a	
Horizontale ebene Wand Wärmeabgabe auf der Unterseite	**8.25c**	$Nu_m = 0{,}6(Ra \cdot f_1)^{1/5}$ mit f_1 wie bei Gl 8.24a	Churchill
Horizontaler Zylinder	**8.26a**	$Nu_m = [0{,}752 + 0{,}387(Ra \cdot f_3)^{1/6}]^2$ mit $f_3 = \frac{1}{\left[1 + \left(\frac{0{,}559}{Pr}\right)^{9/16}\right]^{16/9}}$	Churchill und Chu, Korr. nach Martin
Kugel	**8.26b**	$Nu_m = 0{,}56\left[\frac{Pr\,Ra}{0{,}846 + Pr}\right]^{1/4} + 2$	Raithby und Hollands
Geneigte Wand	**8.27a**	Nu_m wie bei senkrechter Wand, jedoch mit $Ra_\varphi = Ra \cos\varphi$	Vliet, Fujii und Imura
	8.27b	$Nu_\varphi = 0{,}56(Ra_c \cos\alpha)^{1/4} + 0{,}13(Ra^{1/3} - Ra_c^{1/3})$ Gl 8.27b beruht auf Messungen für Wasser	

Geltungsbereich	Bezugsgrößen
laminar und turbulent; Senkrechte Wand: $Ra = 0{,}1 \div 10^{12}$ Kugel: $Ra = 10^3 \div 10^{12}$; $Nu > 2$ $Pr = 0{,}001 \div \infty$	Stoffwerte bei $t = \frac{t_f + t_w}{2}$ γ bei t_f $\left(\text{ideales Gas: } \gamma = \frac{1}{T_f}\right)$ $l = h =$ Wandhöhe/Zylinderhöhe $l = d$ (Durchmesser) bei Kugeln
wie Gl 8.24 a	$h =$ Zylinderhöhe $d =$ Zylinderdurchmesser Sonst wie Gl 8.24 a
laminar; $Ra \cdot f_2 < 7 \cdot 10^4$ $Pr = 0 \div \infty$	$l = \frac{a\,b}{2(a+b)}$ bei Rechteckflächen ($a, b =$ Seitenlängen) $l = \frac{d}{4}$ bei Kreisscheiben Sonst wie Gl 8.24 a
turbulent; $Ra \cdot f_2 \geq 7 \cdot 10^4$ $Pr = 0 \div \infty$	wie Gl 8.25 a
laminar; $Ra \cdot f_1 = 10^3 \div 10^{10}$ $Pr = 0{,}001 \div \infty$ Heizfläche in ∞ großer Gesamtfläche	wie Gl 8.25 a
laminar und turbulent; $Ra = 0 \div \infty$ $Pr = 0 \div \infty$	$d = \pi r =$ Überströmlänge (charakteristische Länge) Sonst wie Gl 8.24 a
laminar und turbulent; $Ra = 0 \div \infty$; $Pr = 0 \div \infty$	$d =$ Kugeldurchmesser (charakteristische Länge). Sonst wie Gl 8.24 a
laminar; für $\varphi < 60°$ zur Senkrechten Übergang laminar-turbulent bei der *kritischen Ra-Zahl* Ra_c (Werte s. bei Gl 8.27 b)	$l =$ Wandlänge in Neigungsrichtung (charakteristische Länge)
turbulent; φ: 0° | 15° | 30° | 45° | 60° Ra_c: $8 \cdot 10^8$ | $4 \cdot 10^8$ | 10^8 | 10^7 | $8 \cdot 10^5$	Sonst wie Gl 8.24 a

φ	0°	15°	30°	45°	60°
Ra_c	$8 \cdot 10^8$	$4 \cdot 10^8$	10^8	10^7	$8 \cdot 10^5$

T 8.4 Berechnungsgleichungen für den Wärmeübergang (Fortsetzung)

Modell	Gl Nr.	Gleichung
3. Filmkondensation von ruhendem oder langsam strömendem Dampf senkrechte Wand oder senkrechtes Rohr	**8.28**	$\alpha_m = 0{,}943 \sqrt[4]{\frac{\lambda^3 \cdot \varrho \cdot g \cdot r}{\nu \cdot l \cdot (t_s - t_w)}}$
senkrechte Wand oder senkrechtes Rohr	**8.29**	$\alpha_m = 0{,}003 \cdot \sqrt[2]{\frac{\lambda^3 \cdot g \cdot l \cdot (t_s - t_w)}{\varrho \cdot \nu^3 \cdot r}}$
waagerechtes Rohr, außen	**8.30 a**	$\alpha_{\text{m waag.}} = 0{,}77 \sqrt[4]{\frac{l}{d}} \cdot \alpha_m$
waagerechtes Rohr, außen	**8.30 b**	$\alpha_{\text{m waag.}} = 0{,}725 \sqrt[4]{\frac{\lambda^3 \cdot \varrho \cdot g \cdot r}{\nu \cdot d \cdot (t_s - t_w)}}$
überhitzter Dampf	**8.31**	$\alpha_{ü} = \alpha_m \sqrt[4]{\frac{h_{ü} - h'}{r}}$
4. Verdampfen von Wasser waagerechte Heizfläche	**8.32 a** **8.32 b**	$\{\alpha\} = 1{,}026 \{\dot{q}\}^{0{,}26} \{p\}^{0{,}25}$ in $\frac{\text{kW}}{\text{m}^2\text{K}}$ $\{\alpha\} = 1{,}034 \{t_w - t_s\}^{0{,}351} \{p\}^{0{,}338}$ in $\frac{\text{kW}}{\text{m}^2\text{K}}$
waagerechte und senkrechte Heizfläche	**8.33 a** **8.33 b**	$\{\alpha\} = 0{,}274 \{\dot{q}\}^{0{,}75} \{p\}^{0{,}25}$ in $\frac{\text{kW}}{\text{m}^2\text{K}}$ $\{\alpha\} = 5{,}65 \cdot 10^{-3} \{t_w - t_s\}^3 \{p\}$ in $\frac{\text{kW}}{\text{m}^2\text{K}}$

angegeben von	Geltungsbereich	Bezugsgrößen
Nußelt	**laminare Kondensathaut,** $Re < 400$ Sattdampf, beliebiger Stoff $Re = \frac{w_m \delta}{\nu}$ mit w_m = mittl. Filmgeschwindigkeit δ = Filmdicke	r bei t_s; übrige Stoffwerte für die *flüssige* Phase bei $t = \frac{t_s + t_w}{2}$ t_s = Siedetemperatur l = Wandhöhe bzw. Rohrlänge r = Verdampfungsenthalpie (T 5.4)
Grigull	**turbulente Kondensathaut,** $Re > 400$ Sattdampf, beliebiger Stoff	wie (Gl 8.28)
Nußelt	**laminare Kondensathaut,** $Re < 400$ Sattdampf, beliebiger Stoff	d = Rohrdurchmesser sonst. wie (Gl 8.28)
Kirschbaum	**Heißdampf,** laminare Kondensathaut, beliebiger Stoff	Temperaturgefälle: $t_s - t_w$ h' = Enthalpie des siedenden Wassers (T 5.4) $h_ü$ = Enthalpie des überhitzten Dampfes (T 5.5)
Jakob und Linke	**nur für Wasser** $\dot{q} < 17 \frac{\text{kW}}{\text{m}^2}$ (freie Konvektion) $p = (0{,}5 \ldots 20)$ bar	$\dot{q}$ in $\frac{\text{kW}}{\text{m}^2}$ p in bar Temperaturgefälle: $t_w - t_s$
Fritz	**nur für Wasser** $\dot{q} > 17 \frac{\text{kW}}{\text{m}^2}$ bis $\dot{q} = \dot{q}_{kr}$ (Blasenverdampfung) $p = (0{,}5 \ldots 20)$ bar	wie (Gl 8.32)

Für diese *Re*-Zahl kann die *Nu*-Zahl für $Pr > 1{,}5$ nach Hausen und Gnielinski berechnet werden (Gl 8.20); Bezugstemperatur für die Stoffwerte ist $t_f = 100\,°C$; die *Pr*-Zahl bei Wandtemperatur ist $Pr_w = 3{,}01$.

$$Nu_m = 0{,}012(Re^{0{,}87} - 280)\, Pr^{0{,}4}\left[1 + \left(\frac{d}{h}\right)^{2/3}\right]\left(\frac{Pr_f}{Pr_w}\right)^{0{,}11}$$

$$Nu_m = 0{,}012(89\,800^{0{,}87} - 280)\, 1{,}75^{0{,}4}\left[1 + \left(\frac{0{,}022\text{ m}}{3{,}0\text{ m}}\right)^{2/3}\right]\left(\frac{1{,}75}{3{,}01}\right)^{0{,}11} = 295{,}1$$

Aus der *Nu*-Zahl ergibt sich der Wärmeübergangskoeffizient (Gl 8.14a):

$$\alpha_m = \frac{\lambda\, Nu_m}{d} = \frac{0{,}681\text{ W} \cdot 295{,}1}{\text{K m} \cdot 0{,}022\text{ m}}$$

$$\underline{\alpha_m = 9134\,\frac{\text{W}}{\text{m}^2\text{ K}}}$$

Beispiel 8.3: Unter sonst unveränderten Verhältnissen strömt durch das Rohr des Beispiels 8.2 Luft bei 0,5 bar und 100 °C (mittlere Temperatur zwischen Ein- und Austritt) mit $10\,\frac{\text{m}}{\text{s}}$ bei 200 °C mittlerer Rohrwandtemperatur.

Der Wärmeübergangskoeffizient ist zu ermitteln.

Strömungsform (Gl 8.14b):

$$Re = \frac{w\,d}{\nu} = \frac{10\text{ m } 0{,}022\text{ m s}}{\text{s } 47{,}0 \cdot 10^{-6}\text{ m}^2} = 4679$$

Hierin ist die dem Druck umgekehrt proportionale kinematische Viskosität

$$\nu = \nu_{Tab}\,\frac{p_{Tab}}{p} = 23{,}51 \cdot 10^{-6}\,\frac{\text{m}^2}{\text{s}}\,\frac{1{,}0\text{ bar}}{0{,}5\text{ bar}} = 47.0 \cdot 10^{-6}\,\frac{\text{m}^2}{\text{s}}$$

Für dieses Übergangsgebiet zwischen laminarer und turbulenter Strömung gilt für $Pr = 0{,}5 \div 1{,}5$ nach Hausen und Gnielinski (Gl 8.19), mit $n = 0{,}45$ für Erwärmen von Luft:

$$Nu_m = 0{,}0214\,(Re^{0{,}8} - 100)\, Pr^{0{,}4}\left[1 + \left(\frac{d}{h}\right)^{2/3}\right]\left(\frac{T_f}{T_w}\right)^{n}$$

$$Nu_m = 0{,}0214(4679^{0{,}8} - 100)\, 0{,}707^{0{,}4}\left[1 + \left(\frac{0{,}022\text{ m}}{3{,}0\text{ m}}\right)^{2/3}\right]\left(\frac{373\text{ K}}{473\text{ K}}\right)^{0{,}45} = 13{,}26$$

Wärmeübergangskoeffizient (Gl 8.14a):

$$\alpha_m = \frac{\lambda\, Nu_m}{d} = \frac{0{,}03139\text{ W} \cdot 13{,}26}{\text{K m } 0{,}022\text{ m}} = \underline{18{,}9\,\frac{\text{W}}{\text{m}^2\text{K}}}$$

Beispiel 8.4: An einem 0,2 m hohen senkrechten Plattenheizkörper mit 100 °C Wandtemperatur wird Raumluft von 20 °C und 1,0 bar erwärmt.

Wie groß ist der Wärmeübergangskoeffizient?

Wir ermitteln die Rayleigh-Zahl; Stoffwerte für

$$t = \frac{t_f + t_w}{2} = 60\,°C, \qquad \gamma = \frac{1}{T_f} = \frac{1}{293\text{ K}}$$

(Gl 8.14g): $$Ra = \frac{g\,\gamma\,\Delta t\,h^3}{\nu\,a} = \frac{9{,}81\text{ m } 80\text{ K } 0{,}2^3\text{ m}^3\text{ s s}}{\text{s}^2\text{ } 293\text{ K } 19{,}27 \cdot 10^{-6}\text{ m}^2\text{ } 27{,}13 \cdot 10^{-6}\text{ m}^2} = 4{,}10 \cdot 10^7$$

Nusselt-Zahl nach Gl 8.24a (Churchill und Chu) mit

$$f_1 = \frac{1}{\left[1+\left(\frac{0{,}492}{Pr}\right)^{9/16}\right]^{16/9}}$$

$$f_1 = \frac{1}{\left[1+\left(\frac{0{,}492}{0{,}710}\right)^{9/16}\right]^{16/9}} = 0{,}3470$$

$$Nu_\mathrm{m} = [0{,}825 + 0{,}387 (Ra \cdot f_1)^{1/6}]^2$$

$$Nu_\mathrm{m} = [0{,}825 + 0{,}387 (4{,}10 \cdot 10^7 \cdot 0{,}3470)^{1/6}]^2 = 46{,}9$$

Wärmeübergangskoeffizient (Gl 8.14a):

$$\alpha_\mathrm{m} = \frac{\lambda Nu_\mathrm{m}}{h} = \frac{0{,}02860 \text{ W } 46{,}9}{\text{K m } 0{,}2 \text{ m}} = \underline{6{,}7 \frac{\text{W}}{\text{m}^2\,\text{K}}}$$

Aufgabe 8.6: Ein Rohr mit 32 mm äußerem Rohrdurchmesser, äußere Wandtemperatur 100 °C, wird von Wasserdampf unter 0,981 bar, 200 °C (Mittelwert zwischen Zu- und Abströmtemperatur) mit 8 $\frac{\text{m}}{\text{s}}$ Geschwindigkeit quer angeströmt.

Der Wärmeübergangskoeffizient ist zu berechnen.

Aufgabe 8.7: Durch einen 0,4 m hohen Plattenheizkörper mit 59 °C mittlerer Wandtemperatur strömt Wasser von 0,981 bar bei freier Strömung, mittlere Wassertemperatur zwischen Ein- und Austritt 61 °C.

Der Wärmeübergangskoeffizient ist zu ermitteln.

8.3.3 Wärmeübergang beim Kondensieren und Verdampfen

Kondensieren. Bei Wandtemperaturen unterhalb der Sättigungstemperatur eines die Wand berührenden Dampfes beginnt der Dampf zu kondensieren, auch wenn die mittlere Dampftemperatur noch oberhalb der Sättigungstemperatur liegt. Das Kondensat kann als Flüssigkeitsfilm oder tropfenförmig an der Wand ablaufen.

Die *Filmkondensation* ist für laminaren und turbulenten Kondensatablauf theoretisch berechnet. Für ruhenden und langsam strömenden (< 10 m/s) Sattdampf eines beliebigen Stoffes gelten (Gl. 8.28) bis (Gl 8.30) **(T 8.4).** Darin bedeuten:

α_m = der mittlere Wärmeübergangskoeffizient der Heizfläche
l = die Wandhöhe oder Rohrlänge
d = der Rohrdurchmesser
t_s = die Sättigungstemperatur des Dampfes

Bezieht man den Wärmeübergangskoeffizienten auch bei überhitztem Dampf auf die Sättigungstemperatur, so wird der Wärmeübergangskoeffizient für Heißdampf besser als für Sattdampf (Gl 8.31). Es ist zu beachten, daß der Wärmestrom hierbei mit dem Temperaturgefälle zwischen Sättigungs- und Wandtemperatur zu berechnen ist:

$$\dot{Q} = \alpha_\text{ü} A (t_\mathrm{s} - t_\mathrm{w})$$

Ist jedoch die Wandtemperatur höher als die Sättigungstemperatur, so daß keine Kondensation stattfindet, dann gelten für Heißdampf die gleichen Gesetzmäßigkeiten wie für Gase, wobei sich wesentlich niedrigere Wärmeübergangskoeffizienten als bei kondensierenden Dämpfen ergeben **(T 8.5).**

Die *Tropfenkondensation* liefert höhere Wärmeübergangskoeffizienten als die Filmkondensation **(T 8.5)**. Da jedoch Tropfenkondensation nur bei unbenetzbarer Oberfläche vorkommt, ist ihr Auftreten ungewiß, so daß in der Regel mit Filmkondensation zu rechnen ist.

Bei hoher Strömungsgeschwindigkeit des Dampfes in Richtung des ablaufenden Kondensats wird der Wärmeübergangskoeffizient besser, bei Strömung entgegen dem ablaufenden Kondensat zunächst schlechter, bei sehr hoher Geschwindigkeit durch Aufreißen der Kondensathaut wieder besser. In Anwesenheit nichtkondensierender Gase tritt eine merkliche Verschlechterung des Wärmeübergangskoeffizienten ein.

T 8.5 Wärmeübergangskoeffizienten (Anhaltswerte)

	Wärmeübergangskoeffizient α in $\frac{W}{m^2\,K}$	
	erreichbare Werte	in der Praxis übliche Werte
1. *Gase und Dämpfe*		
freie Strömung	5 ··· 25	8 ··· 15
erzwungene Strömung	12 ··· 120	20 ··· 60
2. *Wasser*		
freie Strömung	70 ··· 700	200 ··· 400
erzwungene Strömung	600 ··· 12000	2000 ··· 4000
Verdampfung	2000 ··· 12000	ca. 4000
Filmkondensation	4000 ··· 12000	ca. 6000
Tropfenkondensation	35000 ··· 45000	–
3. *Zähe Flüssigkeiten*		
erzwungene Strömung	60 ··· 600	300 ··· 400

Beispiel 8.5: Langsam strömender gesättigter Wasserdampf von 0,4 bar kondensiert mit laminarer Kondensathaut an einem 1 m langen stehenden Rohr mit 32 mm äußerem Durchmesser und 44,1 °C Wandtemperatur.

Das Kondensat soll mit Sättigungstemperatur ablaufen.

Es sind zu ermitteln:

a) der Wärmeübergangskoeffizient

b) der Wärmestrom

c) die stündlich kondensierende Dampfmenge.

Zu a: Wärmeübergangskoeffizient (Gl 8.28):

$$\alpha_m = 0{,}943 \sqrt[4]{\frac{\lambda^3 \varrho g r}{\nu\, l\, (t_s - t_w)}}$$

Hierin sind die Verdampfungsenthalpie bei Sättigung mit $r = 2318{,}5\ \frac{kJ}{kg}$ **(T 5.4)** und die übrigen Stoffwerte für die flüssige Phase bei $t_m = \frac{t_s + t_w}{2} = \frac{75{,}9\ °C + 44{,}1\ °C}{2} = 60\ °C$ einzusetzen.

$$\lambda = 0{,}651\ \frac{W}{K\,m} \qquad \textbf{(T 8.2)}$$

$$\nu = 0{,}478 \cdot 10^{-6}\ \frac{m^2}{s} \qquad \textbf{(T 8.2)}$$

$$\varrho = \frac{1}{v} = \frac{\text{kg}}{0{,}0010171\ \text{m}^3} = 983\ \frac{\text{kg}}{\text{m}^3} \qquad \textbf{(T 5.4)} \text{ oder } \textbf{(T 8.2)}$$

$$\alpha_m = 0{,}943 \sqrt[4]{\frac{0{,}651^3\ \text{W}^3 \cdot 983\ \text{kg}\ 9{,}81\ \text{m}\ 2318{,}5\ \text{kJ s}\ 10^3\ \text{W s}}{\text{m}^3\ \text{K}^3\ \text{m}^3\ \text{s}^2\ \text{kg}\ 0{,}478 \cdot 10^{-6}\ \text{m}^2\ 1\ \text{m}\ (75{,}9-44{,}1)\ \text{K kJ}}} = \underline{4232\ \frac{\text{W}}{\text{m}^2\ \text{K}}}$$

Zu b: Wärmestrom (Gl 8.12):

$$\dot{Q} = \alpha A (t_s - t_w) = 4232\ \frac{\text{W}}{\text{m}^2\ \text{K}} \cdot 0{,}101\ \text{m}^2\ (75{,}9-44{,}1)\ \text{K} \cdot 10^{-3}\ \frac{\text{kW}}{\text{W}}$$

$$\dot{Q} = \underline{13{,}6\ \text{kW}}$$

mit der Wandfläche $A = \pi d l = \pi .\ 0{,}032\ \text{m} \cdot 1\ \text{m} = 0{,}101\ \text{m}^2$

Zu c: Damit wird die stündlich kondensierende Dampfmenge

$$\dot{m} = \frac{\dot{Q}}{r} = \frac{13{,}6\ \text{kW kg kJ} \cdot 3600\ \text{s}}{2318{,}5\ \text{kJ kW s h}} = \underline{21{,}1\ \frac{\text{kg}}{\text{h}}}$$

Aufgabe 8.8: Welche Dampfmenge kann stündlich kondensiert werden, wenn das Rohr des Beispiels 8.5 waagerecht angeordnet wird?

Verdampfen. In einem beheizten Gefäß mit geringer Heizflächenbelastung $\dot{q}$ wird die auf Siedetemperatur t_s erhitzte Flüssigkeit durch Auftrieb nach oben bewegt und verdampft vorwiegend an der Oberfläche. An der Heizfläche selbst bilden sich kaum Dampfblasen. Dabei treten Wärmeübergangskoeffizienten wie bei der *freien Konvektion* der Flüssigkeit auf. Der Wärmeübergangskoeffizient α vergrößert sich mit der Heizflächenbelastung $\dot{q}$, die wiederum mit dem Temperaturgefälle zwischen der Heizfläche und der Flüssigkeit $t_w - t_s$ zunimmt **(B 8.5).** Für Wasser liegt dieser Bereich unterhalb von $\dot{q} \approx 17\ \text{kW/m}^2$ und wird durch (Gl 8.32) **(T 8.4)** erfaßt.

Bei stärkerer Heizflächenbelastung $\dot{q}$ bilden sich unmittelbar an der Heizfläche verstärkt Dampfblasen, die nach oben steigen und durch Rührwirkung den Wärmeübergangskoeffizienten wesentlich verbessern. In diesem Bereich der *Blasenverdampfung* gilt für Wasser (Gl 8.33) **(T 8.4).** α und $\dot{q}$ steigen mit dem Temperaturgefälle $t_w - t_s$ stark an.

Von einer kritischen Heizflächenbelastung $\dot{q}_{kr}$ an werden die Wärmeübergangskoeffizienten wieder kleiner, da sich zwischen Heizfläche und Flüssigkeit ein Dampffilm ausbildet, der als zusätzlicher Wärmewiderstand wirkt. In dem Gebiet instabiler *Filmverdampfung* verringert sich α mit dem Temperaturgefälle $t_w - t_s$ sehr stark und erreicht etwa wieder den Wert, wie er bei freier Konvektion vorlag. Nach stabiler Ausbildung der Filmverdampfung steigt α mit wachsendem Temperaturgefälle nur noch unwesentlich an. Die Heizflächenbelastung $\dot{q}$ sinkt im Gebiet der instabilen Filmverdampfung mit zunehmendem Temperaturgefälle und steigt mit dem Erreichen der stabilen Filmverdampfung wieder an.

Der günstigste Kesselbetrieb liegt im Bereich der Blasenverdampfung möglichst nahe bei $\dot{q}_{kr}$. Der Wert $\dot{q}_{kr}$ wird auch als *Ausbrennbelastung* (auch *Durchbrennpunkt* oder *burn out*) bezeichnet, da bei größerer Belastung die Heizfläche durchbrennt **(B 8.5).** $\dot{q}_{kr}$ liegt für verschiedene Flüssigkeiten und Heizflächenausführungen bei unterschiedlichen Werten; z.B. ist für Wasser von 1 bar bei einer Heizfläche aus Stahlrohr $\dot{q}_{kr} \approx 1200\ \text{kW/m}^2$, bei anderen Flüssigkeiten ist $\dot{q}_{kr}$ niedriger.

Die zur Verfügung stehenden Gleichungen zur Berechnung der Wärmeübergangskoeffizienten sind im Gegensatz zu den Gleichungen für die vorher behandelten Probleme nur beschränkt gültig, da der verwickelte Wärmeübergang bei der Ver-

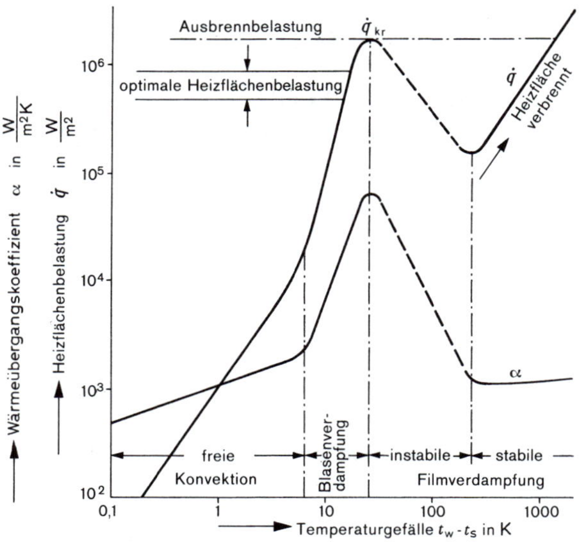

Für *freie Konvektion* ergibt sich aus Gl 8.12 und Gl 8.32b

$$\{\dot{q}\} = 1{,}034\{t_w - t_s\}^{1{,}351}\{p\}^{0{,}338} \quad \textbf{(Gl 8.34a)}$$

Für *Blasenverdampfung* ergibt sich aus Gl 8.12 und Gl 8.33b

$$\{\dot{q}\} = 5{,}65 \cdot 10^{-3}\{t_w - t_s\}^4\{p\} \quad \textbf{(Gl 8.34b)}$$

p in bar. Einheit für $\dot{q}$ ist $\frac{\text{kW}}{\text{m}^2}$.

B 8.5 Wärmeübergangskoeffizient und Heizflächenbelastung beim Verdampfen von Wasser bei $p_b = 0{,}981$ bar

dampfung noch nicht genügend geklärt ist. Allgemeiner gültige Gleichungen sind kompliziert, nur sehr beschränkt gültig und haben nur eine Genauigkeit von $\pm 50\%$. Daher beschränken wir uns hier auf Gleichungen für Wasser. Die Wärmeübergangskoeffizienten anderer Flüssigkeiten werden auf Wasser bezogen, so gilt für Petroleum $\alpha_p = 0{,}52\,\alpha_w$.

Den Wärmeübergangskoeffizienten beim Verdampfen liegt das Temperaturgefälle zwischen Wand- und Siedetemperatur $t_w - t_s$ zugrunde, so daß der Wärmestrom nach

$$\dot{Q} = \alpha A(t_w - t_s)$$

zu ermitteln ist. In Gl 8.34a und Gl 8.34b ist die Wärmestromdichte $\dot{q}$ direkt mit dem Temperaturgefälle $t_w - t_s$ verknüpft.

Aufgabe 8.9: An einer waagerechten Heizfläche verdampfen 100 kg/h Wasser bei 15 bar. Wie groß sind der Wärmeübergangskoeffizient, die Heizflächentemperatur und die erforderliche Heizfläche bei einer Heizflächenbelastung von

a) $11{,}6\,\frac{\text{kW}}{\text{m}^2}$ und b) $116\,\frac{\text{kW}}{\text{m}^2}$?

8.4 Temperaturstrahlung

8.4.1 Einführung

Beschreibung des Phänomens. Als *Temperatur-* oder *Wärmestrahlung* bezeichnet man die Strahlung, die außer von dem Stoff des strahlenden Körpers nur von dessen Temperatur abhängt. Die Temperaturstrahlung wächst mit steigender Temperatur. Feste, flüssige und einige gasförmige Körper geben diese Strahlung ab und nehmen sie auf.

Neben der Temperatur eines Körpers gibt es auch andere Ursachen für die Entstehung von Strahlung: z. B. sendet ein Körper, der von schnell bewegten Elektronen getroffen wird, Strahlen aus, die nach ihrem Entdecker *Röntgenstrahlen*[1] genannt werden. Das Licht eines selbstleuchtenden Körpers beispielsweise wird in den meisten Fällen durch die Temperatur des Körpers verursacht, ist also Wärmestrahlung. Jedoch können auch andere Anlässe zur Aussendung von Lichtstrahlen führen, wie Fluoreszenz, elektrische Gasentladungen u. a.

Bei der hier behandelten Temperaturstrahlung wandelt sich die innere Energie des strahlenden Körpers in viele kleine ausgesandte Energiebeträge um. Zwar können die Bewegung und die Lage eines einzelnen dieser *Photonen* nicht angegeben, das Verhalten einer großen Anzahl aber als *elektromagnetische Welle* beschrieben werden. Wir behandeln daher die Strahlung mittels ihres Wellencharakters.

Die unterschiedlichen Erzeugungsarten der Strahlen haben zu verschiedenen Benennungen geführt, wie z. B. γ-Strahlung, Röntgenstrahlung u. a., die jeweils innerhalb bestimmter Wellenlängenbereiche auftreten, die sich auch überschneiden können **(B 8.6).** Die Überschneidung deutet aber lediglich auf die unterschiedliche Erzeugungsweise gleichartiger Strahlung, nicht etwa auf unterschiedliches Verhalten hin.

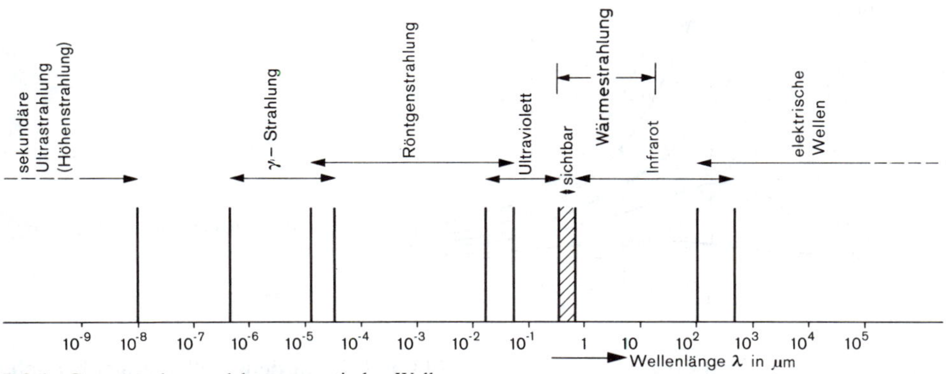

B 8.6 Gesamtspektrum elektromagnetischer Wellen

Ausstrahlung. Der von einem strahlenden Körper in den Halbraum emittierte Energiestrom heißt *Strahlungsleistung* Φ, SI-Einheit: W.[2] Die maximal mögliche Ausstrahlung erreicht der sogenannte *schwarze Körper*. Bezieht man die von einem Element der Oberfläche dA ausgehende Strahlungsleistung dΦ auf die strahlende Oberfläche dA, so ergibt sich die *spezifische Ausstrahlung M* (in W/m^2):

$$M = \frac{\mathrm{d}\Phi}{\mathrm{d}A} \qquad \textbf{(Gl 8.35a)}$$

Die spezifische Ausstrahlung M ist temperaturabhängig und unterschiedlich auf das Spektrum der Wellenlängen λ verteilt. Die Wellenlängenabhängigkeit wird durch die *spektrale spezifische Ausstrahlung* $M_\lambda \left(\text{in } \frac{\text{MW}}{\text{m}^3} \text{ bzw. } \frac{\text{kW/m}^2}{\mu\text{m}}\right)$ erfaßt:

$$M_\lambda = \frac{\mathrm{d}M}{\mathrm{d}\lambda} \qquad \textbf{(Gl 8.35b)}$$

[1] *Conrad W. Röntgen* (1845 – 1923), Professor für Physik in Straßburg, Gießen, Würzburg und Berlin, untersuchte u. a. die Temperaturstrahlung des Wasserdampfes, erhielt 1901 als erster den Nobelpreis für Physik.

[2] Begriffe und Formelzeichen nach DIN 5031: Strahlungsphysik im optischen Bereich und Lichttechnik. In der Literatur werden auch abweichende Bezeichnungen verwendet: z.B. Strahlungsleistung je Flächeneinheit E [10] statt spezifische Ausstrahlung M oder Intensität I [6] statt spektrale spezifische Ausstrahlung M_λ.

Der schwarze Körper erreicht die bei einer bestimmten Temperatur jeweils höchste spektrale spezifische Ausstrahlung $M_{\lambda s}$. Ihre Abhängigkeit von der Wellenlänge beschreibt das *Plancksche Strahlungsgesetz* **(B 8.7)**.

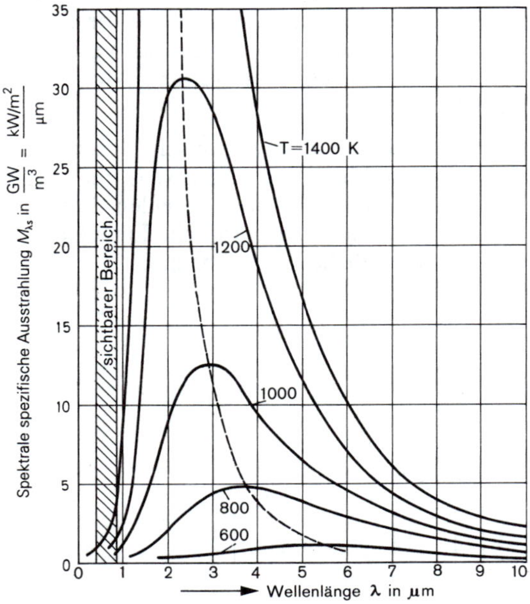

Die Werte gelten für die Ausstrahlung ins Vakuum, näherungsweise auch für die Ausstrahlung in Luft und andere Gase.

B 8.7 Spektrale spezifische Ausstrahlung $M_{\lambda s}$ des schwarzen Körpers

Die spezifische Ausstrahlung M entfällt zum größten Teil auf den Wellenlängenbereich $\lambda = (0{,}35 \ldots 10)\,\mu m$. Innerhalb dieses Bereichs liegt die Lichtstrahlung bei $\lambda = (0{,}35 \ldots 0{,}75)\,\mu m$. Mit höherer Temperatur des Körpers wandert das Maximum der spektralen spezifischen Ausstrahlung zu niedrigeren Wellenlängen, der sichtbare Anteil der Strahlung wird größer. Das Maximum der spektralen spezifischen Ausstrahlung schwarzer Körper liegt bei der Wellenlänge

$$\lambda_{\max s} = \frac{w}{T} \quad \textit{für schwarze Körper}$$

mit $w = 2898\,\mu m \cdot K$. Dieser Zusammenhang heißt *Wiensches Verschiebungsgesetz.*[1] Mit ihm kann bei bekannter Wellenlänge $\lambda_{\max s}$ die Temperatur T eines schwarzen Körpers berechnet werden.

Aus Gl 8.35b läßt sich durch Integration die spezifische Ausstrahlung M berechnen:

$$M = \int_0^\infty M_\lambda \, d\lambda \qquad \textbf{(Gl 8.35c)}$$

Die Fläche unter einer Temperaturkurve in B 8.7 stellt somit die spezifische Ausstrahlung des schwarzen Körpers M_s dar.

[1] *Wilh. Wien* (1864–1928), Prof. für Physik in Aachen, Gießen, Würzburg und München, befaßte sich mit Fragen der Strahlung, erhielt 1911 den Nobelpreis für Physik. Genauer Wert der Wienschen Verschiebungskonstanten: $w = 2897{,}756 \pm 0{,}024\,\mu m \cdot K$.

Für den schwarzen Körper läßt sich aus Gl 8.35c das Gesetz von *Stefan-Boltzmann*[1] entwickeln, nach dem die spezifische Ausstrahlung M_s der 4. Potenz der Kelvin-Temperatur des Körpers proportional ist:

$$M_s = \sigma T^4 \qquad \textbf{(Gl 8.36)}$$

Der Faktor σ ist eine physikalische Konstante mit der Bezeichnung *Stefan-Boltzmann-Konstante.* Sie hat den Wert[2]

$$\sigma = 5{,}67 \cdot 10^{-8} \frac{\mathrm{W}}{\mathrm{m^2 K^4}} = 56{,}7 \frac{\mathrm{nW}}{\mathrm{m^2 K^4}}$$

T 8.6 Emissionskoeffizient senkrecht zur Fläche ε_n für einige Körper*

Oberfläche	Temperatur in °C	ε_n
Kupfer, poliert	20	0,030
Aluminium, walzblank	170	0,039
Eisen, blank, geschmirgelt	20	0,24
Eisen, stark verrostet	19	0,685
Heizkörperlack	100	0,925
schwarzer Lack, matt	80	0,970
Ziegelstein, Mörtel, Putz	20	0,93
Holz (Buche)	70	0,935
Eis, glatt; Wasser	0	0,966

* Nach Messungen von E. Schmidt und E. Eckert [10]

Die Temperaturabhängigkeit von ε_n ist gering. Die Werte für die Emissionskoeffizienten der spezifischen Ausstrahlung einer Fläche ε können bei hohen Werten geringfügig kleiner, bei niedrigen Werten bis zu 30% größer als die Werte ε_n senkrecht zur Fläche sein.

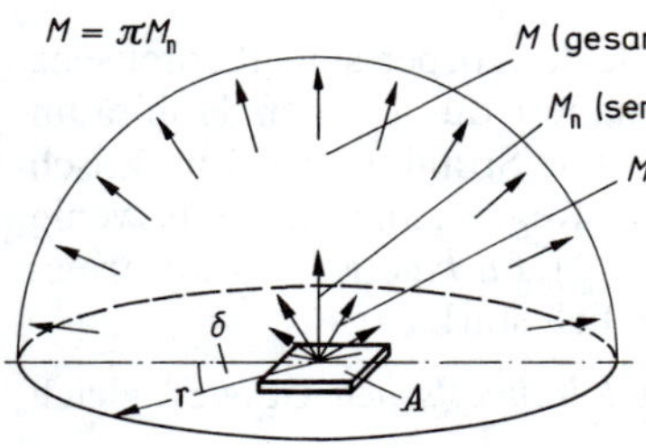

B 8.8 Spezifische Ausstrahlung einer Fläche

Spezifische Ausstrahlung M und gerichtete spezifische Ausstrahlung senkrecht (M_n) oder schräg (M_φ) zu einer Fläche

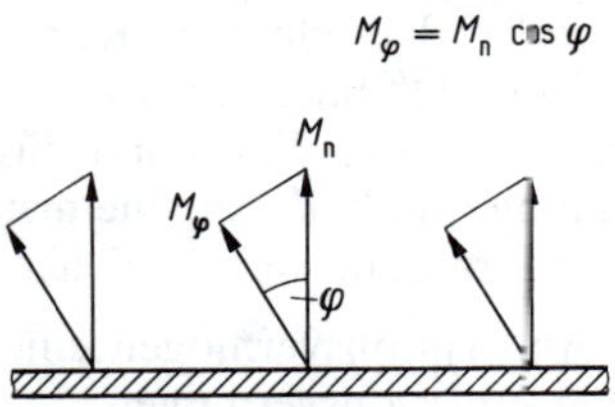

B 8.9 Lambertsches Richtungsgesetz

Die meisten realen Körper sind *grau,* sie emittieren einen jeweils gleichen Anteil ε ($\varepsilon = \text{konst} < 1$) der spektralen spezifischen Ausstrahlung des schwarzen Körpers. Bei *farbigen* Körpern – dazu zählen z.B. verschiedene Gase (Abschn. 8.4.3) – ist ε wellenlängenabhängig [$\varepsilon = f(\lambda) < 1$].

Die *spezifische Ausstrahlung grauer Körper* ist entsprechend ihres von der Wellenlänge unabhängigen *Emissionskoeffizienten* ε geringer als die des schwarzen Körpers (Werte für ε s. **T 8.6**).

$$M = \varepsilon M_s = \varepsilon \sigma T^4 \qquad \textbf{(Gl 8.37)}$$

---

[1] *J. Stefan* (1835–1893), Prof. für Physik in Wien, arbeitete an der kinetischen Gastheorie, formulierte das nach ihm benannte Strahlungsgesetz.
L. Boltzmann (1844–1906), Prof. in Graz, München, Leipzig und Wien, Schüler von Stefan, begründete dessen Strahlungsgesetz.

[2] Genauer Wert: $\sigma = (5{,}67051 \pm 0{,}00019)\, 10^{-8} \frac{\mathrm{W}}{\mathrm{m^2 K^4}}$ [8a].

Schwarze und – mit guter Näherung – graue Oberflächen emittieren die spezifische Ausstrahlung M diffus in den Halbraum. Mit der *gerichteten* spezifischen Ausstrahlung senkrecht zur Oberfläche M_n besteht der Zusammenhang **(B 8.8):**

$$M = \pi M_n \qquad \textbf{(Gl 8.38a)}$$

π ist hier der Raumwinkel $\left(\text{in Steradiant sr} = \frac{m^2}{m^2}\right)$; Einheit für M_n ist somit: $\frac{W/m^2}{sr}$.[1]

Schräg zur Fläche verringert sich die gerichtete spezifische Ausstrahlung nach dem *Lambertschen Richtungsgesetz*[2] zu **(B 8.9)**

$$M_\varphi = M_n \cos\varphi \qquad \textbf{(Gl 8.38b)}$$

Bei $\varphi = 90°$, also längs zur Fläche, ist $M_\varphi = 0$. Bei grauen Körpern treten Abweichungen vom Richtungsgesetz auf.

Der schräg angestrahlte Beobachter sieht von der Fläche A nur die Projektion $A \cos\varphi$, so daß die „Helligkeit" der Fläche unabhängig von der Beobachtungsrichtung φ ist. So sehen wir z. B. Sonne und Mond als Kreisscheibe mit jeweils gleicher Helligkeit.

Bestrahlung. Auf einen Körper auftreffende Strahlung wird absorbiert (Anteil a), reflektiert (Anteil r) oder durchgelassen (Anteil d):

$$a + r + d = 1 \qquad \textbf{(Gl 8.39)}$$

Mit a = *Absorptionskoeffizient*
r = *Reflexionskoeffizient*
d = *Durchlaß-* oder *Transmissionskoeffizient*

Beim *schwarzen Körper* ist $a = 1$, beim *weißen* ist $r = 1$. Beide Körper sind theoretische Grenzfälle, der schwarze Körper läßt sich jedoch angenähert durch einen Hohlraum mit kleiner Öffnung verwirklichen; in die Öffnung eintretende Strahlung wird praktisch völlig absorbiert. Feste und flüssige Körper lassen in der Regel keine oder nur wenig Strahlung durch ($d = 0$). Die meisten Körper sind *grau* ($a < 1$). *Farbige Körper* absorbieren die Strahlung verschiedener Wellenlängen unterschiedlich stark.

Das Absorptionsvermögen eines Körpers ist nach dem *Kirchhoffschen Gesetz*[3] gleich seinem Emissionsvermögen:

$$a = \varepsilon \qquad \textbf{(Gl 8.40)}$$

Beispiel 8.6: Ein gasbeheizter keramischer Strahler mit $720\,cm^2$ großer ebener Oberfläche hat eine Temperatur von 800 °C.

Welche Werte ergeben sich (ohne Berücksichtigung von Reflexion) für
a) die spezifische Ausstrahlung und die Strahlungsleistung,
b) die gerichtete spezifische Ausstrahlung senkrecht zum Strahler,
c) die gerichtete spezifische Ausstrahlung in Richtung auf einen Beobachter, der den Strahler in einem Winkel von 30° zur Senkrechten sieht?

---

[1] π ergibt sich aus dem Doppelintegral $\int\limits_{\delta=0}^{2\pi} \int\limits_{\varphi=0}^{\pi/2} \cos\varphi \sin\varphi \, d\varphi \, d\delta$ mit den Winkeln δ in der Äquatorebene (B 8.8) und φ senkrecht zur strahlenden Fläche (B 8.9). Zur Ableitung s. z. B. [8a; 8b]. π kann als derjenige Raumwinkel gedeutet werden, der auf der Einheits-Halbkugel zu einem Ausschnitt der Größe π führt.

[2] *J.H. Lambert* (1728–1777), Prof. in München und Berlin, Begründer der wissenschaftlichen Photometrie. Das Lambertsche Richtungsgesetz gilt für schwarze Körper, ist aber auch für rauhe Oberflächen gut erfüllt. Es gilt nicht für blanke Metalloberflächen.

[3] *Gustav R. Kirchhoff* (1824–1887), Prof. für Physik in Breslau, Heidelberg und Berlin, stellte die Kirchhoffschen Regeln für die Stromverzweigung auf, behandelte die Thermodynamik und Optik.

Zu a: Spezifische Ausstrahlung (Gl 8.37) mit $\varepsilon = 0{,}93$ (Ziegel):

$$M = \varepsilon \sigma T^4 = 0{,}93 \cdot 5{,}67 \cdot 10^{-8} \frac{\mathrm{W}}{\mathrm{m^2 K}} 1073^4 \mathrm{K}^4 \frac{\mathrm{kW}}{1000\,\mathrm{W}} = 69{,}9 \frac{\mathrm{kW}}{\mathrm{m^2}}$$

Strahlungsleistung (entspr. Gl 8.35 a):

$$\Phi = AM = 0{,}072\,\mathrm{m^2}\; 69{,}9 \frac{\mathrm{kW}}{\mathrm{m^2}} = \underline{5{,}03\,\mathrm{kW}}$$

Zu b: Gerichtete spezifische Ausstrahlung senkrecht zum Strahler (Gl 8.38 a):

$$M_\mathrm{n} = \frac{M}{\pi} = \frac{69{,}9\,\mathrm{kW/m^2}}{\pi\,\mathrm{sr}} = \underline{22{,}2 \frac{\mathrm{kW/m^2}}{\mathrm{sr}}}$$

Zu c: Gerichtete spezifische Ausstrahlung im Winkel φ (Gl 8.38 b):

$$M_\varphi = M_\mathrm{n} \cos\varphi = 22{,}2 \frac{\mathrm{kW/m^2}}{\mathrm{sr}} \cos 30° = \underline{19{,}3 \frac{\mathrm{kW/m^2}}{\mathrm{sr}}}$$

Die Ergebnisse zu b) und c) sagen nichts aus über die Strahlungsleistung, die eine bestimmte Empfängerfläche erreicht. Diese ist von der Größe der Empfängerfläche A_e und dem Abstand r vom Strahler abhängig, die den Raumwinkel Ω bestimmen, sowie von der Neigung der Empfängerfläche zum Strahler. Bei konzentrisch um den Strahler angeordneter Empfängerfläche ist $\Omega = \frac{A_\mathrm{e}}{r^2}$. Zur Lösung dieser Fragen wird auf das Schrifttum verwiesen [8, 10].

8.4.2 Wärmeübertragung durch Strahlung

Zwei Körper unterschiedlicher Temperatur tauschen gegenseitig Energie durch Strahlung aus. Hierbei gibt der wärmere Körper mehr Energie als der kältere ab, so daß insgesamt Energie vom wärmeren (1) an den kälteren Körper (2) übergeht. Wir berechnen den übergehenden Wärmestrom für zwei Körper mit gleich großen, zueinander parallelen ebenen Flächen A, deren Temperaturen jeweils konstant gehalten werden **(B 8.10)**:

Der Körper 1 sendet den Gesamtenergiestrom $\dot{Q}_{12}$, der Körper 2 den Gesamtenergiestrom $\dot{Q}_{21}$ aus. Bei Vernachlässigung seitlicher Verluste setzt sich $\dot{Q}_{12}$ aus der emittierten Strahlungsleistung $\Phi_1 = M_1 A$ und dem reflektierten Energiestrom $r_1 \dot{Q}_{21}$ zusammen:

$$\dot{Q}_{12} = M_1 A + r_1 \dot{Q}_{21}$$

Entsprechend gilt für den Körper 2:

$$\dot{Q}_{21} = M_2 A + r_2 \dot{Q}_{12}$$

Die Differenz der jeweils abgestrahlten Gesamtenergieströme ergibt den *Wärmestrom:*

$$\dot{Q} = \dot{Q}_{12} - \dot{Q}_{21}$$

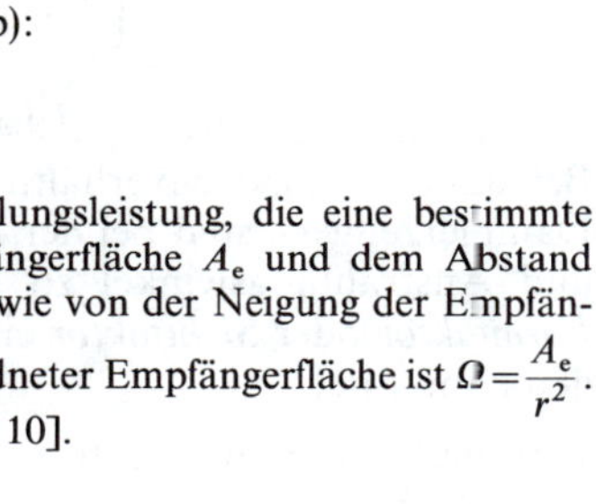

B 8.10 Wärmeübertragung durch Strahlung bei ebenen Wänden

Wir führen $\dot{Q}_{12}$ und $\dot{Q}_{21}$ sowie $M = \varepsilon \sigma T^4$ (Gl 8.37) und $r = 1 - a = 1 - \varepsilon$ (Gl 8.39) mit $d = 0$ und Gl 8.40 ein und erhalten nach Umformung der Gleichung

$$\dot{Q} = \frac{\sigma}{\frac{1}{\varepsilon_1} + \frac{1}{\varepsilon_2} - 1} A (T_1^4 - T_2^4) = C_{12} A (T_1^4 - T_2^4) \qquad \textbf{(Gl 8.41)}$$

Hierin ist C_{12} die *Strahlungsaustauschkonstante* der behandelten *ebenen Wandkombination* **(B 8.10):**

$$C_{12}=\frac{\sigma}{\frac{1}{\varepsilon_1}+\frac{1}{\varepsilon_2}-1} \tag{Gl 8.42}$$

Für zwei schwarze Körper wird hierbei $C_{12}=\sigma$. Ist eine der beiden Platten ein schwarzer Körper, so wird $C_{12}=\varepsilon_1\,\sigma$.

Für ein *Innenrohr* mit der Oberfläche A_1 *in einem Mantelrohr* (A_2) ergibt sich

$$C_{12}=\frac{\sigma}{\frac{1}{\varepsilon_1}+\frac{A_1}{A_2}\left(\frac{1}{\varepsilon_2}-1\right)} \tag{Gl 8.43}$$

wobei der Wärmestrom (Gl 8.41) mit der Oberfläche des *Innenrohres* A_1 zu ermitteln ist. Bei anderen Flächenverhältnissen, wie z.B. bei Rohren in der Brennkammer eines Dampferzeugers, sind bei der Ermittlung von C_{12} die unterschiedlichen Flächengrößen und Anstrahlungswinkel zu berücksichtigen. Hierzu wird der Begriff *Einstrahlzahl, Formfaktor* oder *Sichtfaktor* eingeführt, der rechnerisch oder zeichnerisch ermittelt werden kann [10].

Wärmeübertragung durch Strahlung und Konvektion treten oft gemeinsam auf. Zur Vereinfachung der Berechnung wird dann ein Wärmeübergangskoeffizient der Strahlung α_s eingeführt und der Wärmeübergang durch Strahlung nach $\dot{Q}=\alpha_s\,A(T_1-T_2)$ (Gl 8.12) berechnet. Hieraus und aus (Gl 8.41) folgt für den *Wärmeübergangskoeffizienten durch Strahlung*

$$\alpha_s=C_{12}\,\frac{T_1^4-T_2^4}{T_1-T_2} \tag{Gl 8.44}$$

Der *gemeinsame Wärmeübergangskoeffizient* ist bei *gleichen* Temperaturdifferenzen für Strahlung und Konvektion

$$\alpha_{\text{ges}}=\alpha_{\text{konv}}+\alpha_s \tag{Gl 8.45}$$

8.4.3 Gas- und Flammenstrahlung

Einige *Gase*, wie H_2O, CO_2, CO, SO_2 u.a., absorbieren und emittieren Strahlung in bestimmten Wellenlängenbereichen. Auch in diesem Fall wird in der Regel nicht die spektrale spezifische Ausstrahlung M_λ der einzelnen Wellenlängen, sondern die spezifische Ausstrahlung M ermittelt. Der Wärmestrom ist stark von der Schichtdicke des Gaskörpers abhängig, im Gegensatz zu festen und flüssigen Körpern, bei denen schon sehr dünne Schichten in der Regel völlig undurchlässig sind ($d=0$). Besonders untersucht wurden bisher der Wasserdampf und das Kohlendioxid bei Atmosphärendruck. Für höhere Drücke und andere Gase liegen bisher kaum Berechnungsunterlagen vor.

Ein technisch wichtiger Anwendungsfall ist die *Flammenstrahlung*, die durch glühende Kohlenstoffteilchen, die beim Verbrennungsablauf entstehen, verursacht wird. Die strahlende Flamme kann näherungsweise als grauer Körper behandelt werden, mit zunehmender Flammendicke nähert sich ihr Verhalten dem des schwarzen Körpers. Die Flammenstrahlung in Brennkammern von Kesseln z. B. ist von wesentlich größerem Einfluß als die Gasstrahlung der Verbrennungsgase.

Beispiel 8.7: In die Abgaszüge eines Kessels mit 700 °C Wandtemperatur wird ein Thermoelement eingebaut, das eine Temperatur von 800 °C anzeigt. Die Strahlungsaustauschkonstante des nicht abgeschirmten Thermoelements mit den Umgebungswänden beträgt $2{,}5 \cdot 10^{-8}\,\frac{\text{W}}{\text{m}^2\,\text{K}^4}$, der Wärmeübergangskoeffizient für Konvektion vom Abgas zum Thermoelement beträgt $100\,\frac{\text{W}}{\text{m}^2\,\text{K}}$. Gasstrahlung wird vernachlässigt.

Welchen Wert hat die Abgastemperatur tatsächlich?

Im Thermoelement wird keine Energie gespeichert, so daß der vom Thermoelement durch Konvektion aus dem Abgas aufgenommene Wärmestrom $\dot{Q}_{\text{A/T}}$ gleich dem vom Thermoelement durch Strahlung an die Wände abgegebenen Wärmestrom $\dot{Q}_{\text{T/W}}$ ist:

$$\dot{Q}_{\text{A/T}} = \dot{Q}_{\text{T/W}}$$

(Gl 8.12) und (Gl 8.41) eingesetzt:

$$\alpha A (t_f - t_1) = C_{12}\, A (T_1^4 - T_2^4)$$

$$t_f = t_1 + \frac{C_{12}}{\alpha}(T_1^4 - T_2^4)$$

$$t_f = 800\,°\text{C} + \frac{2{,}5 \cdot 10^{-8}\ \text{W m}^2\ \text{K}}{\text{m}^2\ \text{K}^4 \cdot 100\ \text{W}}\,(1073^4 - 973^4)\ \text{K}^4$$

$$\underline{t_f = 906\,°\text{C}}$$

Die wirkliche Abgastemperatur ist um 106 K höher als die vom Thermoelement angezeigte! Die Meßmethode ist demnach ungeeignet, das Thermoelement muß einen Strahlungsschutz erhalten und der Wärmeübergang durch Konvektion muß verbessert werden.

Aufgabe 8.10: Ein lackierter 0,7 m² großer Plattenheizkörper mit 100 °C Oberflächentemperatur strahlt auf die parallel dazu stehende 0,7 m² große Seitenwand eines Schreibtisches (Buche), die sich dabei auf 70 °C erwärmt. Zur Seite gehende Strahlung ist zu vernachlässigen.

Welche Wärmeleistung in W wird vom Heizkörper an den Schreibtisch durch Strahlung abgegeben?

Aufgabe 8.11: Der Gasstrahler des Beispiels 8.6 wird zur Trocknung von Holz (Buche) verwendet, das in geringem Abstand parallel zum Strahler vorbeitransportiert wird. Seitliche Abstrahlungsverluste sind somit vernachlässigbar. Die Holzoberflächentemperatur beträgt 40 °C.
Welche Wärmeleistung gibt der Strahler an das Holz ab?

8.5 Wärmedurchgang

8.5.1 Wärmedurchgangsgesetze

Bei der Wärmeübertragung zwischen zwei durch eine Wand getrennte Fluide mit den Temperaturen t_{f1} und t_{f2} muß die Wärme zunächst von dem wärmeren Fluid 1 an die Trennwand übergehen, durch die Wand geleitet und anschließend von der Wand an das kältere Fluid 2 übertragen werden **(B 8.11)**.

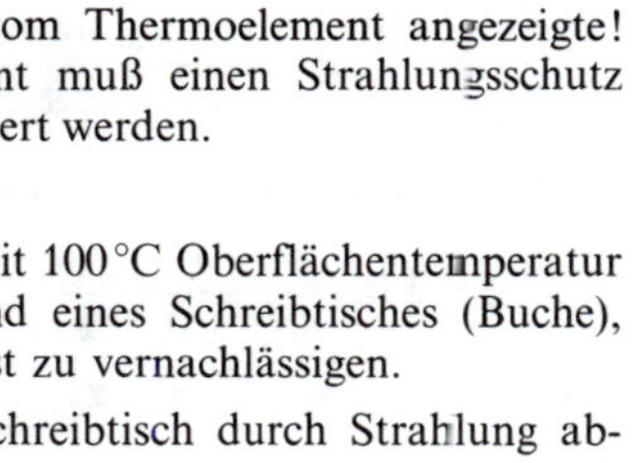

B 8.11 Wärmedurchgang

Statt dieser Einzelvorgänge wird der gesamte als *Wärmedurchgang* bezeichnete Vorgang betrachtet, wodurch die unbekannten und oft nicht näher interessierenden Wandtemperaturen nicht in Erscheinung treten. In Anlehnung an die Beziehung von *Newton* (Gl 8.12) setzen wir für den Wärmedurchgang einer ebenen Wand an:

$$\dot{Q} = k\,A\,(t_{f1} - t_{f2}) \qquad \textbf{(Gl 8.46)}$$

Hierin sind der Proportionalitätsfaktor k der *Wärmedurchgangskoeffizient* und $t_{f1} - t_{f2}$ das Temperaturgefälle zwischen den Fluiden 1 und 2, dessen Wert sich in diesem Fall während des Wärmedurchgangs nicht ändern darf.

Der *Wärmedurchgangswiderstand* ist

$$R_d = \frac{t_{f1} - t_{f2}}{\dot{Q}} = \frac{1}{k\,A} \qquad \textbf{(Gl 8.47)}$$

Beim Wärmedurchgang sind die hintereinandergeschalteten Wärmewiderstände zu überwinden, die sich addieren:

$$R_d = R_{ü1} + \Sigma R_l + R_{ü2}$$

Für die *mehrschichtige ebene Wand* führen wir ein:

$$R_d = \frac{1}{k\,A}\ \text{(Gl 8.47)}, \quad R_l = \frac{\delta}{\lambda A}\ \text{(Gl 8.6)}, \quad R_ü = \frac{1}{\alpha A}\ \text{(Gl 8.13)}$$

$$\frac{1}{k\,A} = \frac{1}{\alpha_1 A} + \Sigma \frac{\delta}{\lambda A} + \frac{1}{\alpha_2 A}$$

Hieraus kann der Wärmedurchgangskoeffizient für eine ebene Wand berechnet werden:

$$k = \frac{1}{\dfrac{1}{\alpha_1} + \Sigma \dfrac{\delta}{\lambda} + \dfrac{1}{\alpha_2}} \qquad \textbf{(Gl 8.48)}$$

Falls bei dem Wärmeübergang zwischen Wand und Fluid auch Strahlungswärmeübertragung stattfindet, so ist diese in den Wärmeübergangskoeffizienten α_1 und α_2 zu berücksichtigen.

Für anders geformte Wandflächen ist die übertragene Wärme ebenfalls aus der Summe der Wärmewiderstände zu berechnen. Für die einschichtige *Zylinderwand* z.B. ergibt sich

$$\dot{Q} = \frac{2\pi l\,(t_{f1} - t_{f2})}{\dfrac{1}{\alpha_1 r_1} + \dfrac{1}{\lambda} \ln \dfrac{r_2}{r_1} + \dfrac{1}{\alpha_2 r_2}} \qquad \textbf{(Gl 8.49)}$$

Für die einschichtige *Hohlkugelwand* gilt

$$\dot{Q} = \frac{4\pi\,(t_{f1} - t_{f2})}{\dfrac{1}{\alpha_1 r_1^2} + \dfrac{1}{\lambda}\left(\dfrac{1}{r_1} - \dfrac{1}{r_2}\right) + \dfrac{1}{\alpha_2 r_2^2}} \qquad \textbf{(Gl 8.50)}$$

Bei verhältnismäßig kleinen Wandstärken wird auch für Zylinder und Hohlkugel die Gleichung für ebene Wände angesetzt [(Gl 8.46) und (Gl. 8.48)].

Hierbei wird die Wärmeübertragungsfläche bei annähernd gleichen Wärmeübergangskoeffizienten α_1 und α_2 mit dem mittleren Rohr- oder Kugeldurchmesser berechnet.

Bei stark unterschiedlichen Wärmeübergangskoeffizienten ist es zweckmäßig, zur Flächenermittlung den Durchmesser der Berührungsfläche zugrunde zu legen, an der der Wärmeübergangskoeffizient den kleineren Wert hat, weil dann die Abweichung von den exakten (Gl 8.49) und (Gl 8.50) am geringsten ist.

8.5.2 Beeinflussung des Wärmedurchgangs

Bei stark unterschiedlichen Wärmeübergangskoeffizienten α_1 und α_2 hat der größere auf den Wärmedurchgangskoeffizienten k kaum einen Einfluß; k ist immer kleiner als der kleinste der beiden Wärmeübergangskoeffizienten.

Soll der Wärmedurchgang *verbessert* werden, was bei Wärmeübertragern erwünscht ist, so müssen die Bemühungen auf der Wandseite mit dem niedrigeren Wärmeübergangskoeffizienten ansetzen. Eine Erhöhung des Wärmeübergangskoeffizienten ist durch größere Strömungsgeschwindigkeit oder durch Einbau von Turbulenzeinrichtungen möglich. Beide Maßnahmen erhöhen jedoch den Reibungsverlust des strömenden Fluids. Neben den technischen Gegebenheiten der Anlage entscheidet vor allem die Wirtschaftlichkeit über die optimale Konstruktion, d.h. über größere Heizflächen (= hohe Investition) oder größeren Druckverlust (= hohe Betriebskosten). Bei laminarer Strömung kann der Wärmeübergangskoeffizient durch Ausnutzung der gestörten Strömung der Anlaufstrecke, z. B. durch kurze Heizflächen mit mehrfacher Umlenkung der Strömung, verbessert werden.

Eine Vergrößerung der Heizfläche durch Rippen auf der Seite des kleineren Wärmeübergangskoeffizienten bringt wesentliche Vorteile. Eine Erhöhung der Wärmeleitfähigkeit der Wand durch geeignetes Wandmaterial, wie z.B. Sondergraphit mit $\lambda = (80 \div 140)$ W/(K m), ist nur dann sinnvoll, wenn die Wärmeübertragungskoeffizienten auf beiden Seiten sehr hoch sind.

Soll der Wärmedurchgang *behindert* werden, z.B. bei Dampfleitungen, so muß der Wärmedurchgangskoeffizient durch eine zusätzliche Isolierschicht mit möglichst kleiner Wärmeleitfähigkeit λ verringert werden. In Wärmeübertragern verursacht eine solche isolierende Schicht, wie sie durch Kesselstein, Rußablagerung o.ä. entstehen kann, eine Verschlechterung der Wärmeübertragerleistung.

8.5.3 Zwischentemperaturen

Die Zwischentemperaturen t_{w1}, t_{w2} usw. können aus dem für den Gesamtvorgang wie auch für die einzelnen Schichten gleichen Wärmestrom $\dot{Q}$ bestimmt werden, z. B. gilt für die Wandtemperatur t_{w1} **(B 8.11):**

$$\dot{Q} = k\,A\,(t_{f1} - t_{f2}) = \alpha_1\,A\,(t_{f1} - t_{w1})$$

$$t_{w1} = t_{f1} - \frac{k}{\alpha_1}\,(t_{f1} - t_{f2}) \qquad \textbf{(Gl 8.51)}$$

Für die Zwischentemperatur t_{w2} **(B 8.11)** gilt:

$$\dot{Q} = \frac{\lambda_1}{\delta_1}\,A\,(t_{w1} - t_{w2}) = \alpha_1\,A\,(t_{f1} - t_{w1})$$

$$t_{w2} = t_{w1} - \frac{\alpha_1\,\delta_1}{\lambda_1}\,(t_{f1} - t_{w1}) \qquad \textbf{(Gl 8.52)}$$

In gleicher Weise können die übrigen Wandtemperaturen berechnet werden.

Aufgabe 8.12: Wie groß sind

a) der Wärmedurchgangskoeffizient

b) der Wärmedurchgangswiderstand

bei dem Raumheizkörper nach Aufgabe 8.5?

Aufgabe 8.13: Im 5 mm starken Flammrohr eines Dampferzeugers beträgt die örtliche Verbrennungsgastemperatur 1200 °C bei einem gemeinsamen Wärmeübergangskoeffizienten für Strahlung und Konvektion von $\alpha_{ges} = 100 \frac{W}{m^2 \cdot K}$. Die vom Verbrennungsgas abgegebene Wärme wird an verdampfendes Wasser von 10 bar übertragen, wobei ein Wärmeübergangskoeffizient von $\alpha_w = 8100 \frac{W}{m^2 K}$ errechnet wurde.

Das Flammrohr kann vereinfachend als ebene Stahlwand betrachtet werden.

Es sind zu ermitteln:

a) der Wärmedurchgangskoeffizient

b) die Heizflächenbelastung

c) der Wärmedurchgangswiderstand einer 1 m^2 großen Heizfläche

d) die Wandtemperaturen.

8.6 Wärmeübertrager

In Wärmeübertragern[1] wird Wärme von einem wärmeren Stoff an einen kälteren abgegeben. Man unterscheidet drei Ausführungsarten:

Rekuperatoren, in denen das wärmere und kältere Fluid zwei durch eine wärmedurchlässige Grenze getrennte Systeme durchströmen, wie z. B. im Dampfkessel;

Regeneratoren, bei denen ein und dasselbe System im zeitlichen Wechsel durch das heiße Fluid erwärmt und die gespeicherte Energie anschließend an das kältere Fluid abgegeben wird, wie z. B. beim Winderhitzer des Hochofens;

Mischwärmeübertrager, in denen sich das warme und kalte Fluid unmittelbar berühren, wie z. B. im Kühlturm.

Wir behandeln nur die stationäre Wärmeübertragung in Rekuperatoren, für die wir die allgemeine Bezeichnung Wärmeübertrager verwenden.

8.6.1 Gegen-, Gleich- und Kreuzstrom

Im Wärmeübertrager laufen in zwei getrennten Systemen Strömungsprozesse ab (Abschn. 2.3.1); bei Reibungsfreiheit bleibt der Druck des durchströmenden Fluids demnach konstant. Je nach der Bauart des Wärmeübertragers strömen die Fluide im *Gegen-, Gleich-* oder *Kreuzstrom* **(B 8.12, 8.13 und 8.14).** Die Temperaturen der Fluide ändern sich während des Durchströmens im Wärmeübertrager **(B 8.12 und 8.13),** bei Aggregatzustandsänderungen eines Stoffes bleibt seine Temperatur für die Dauer dieser Änderung konstant. Auch die Temperaturdifferenz $\Delta t = t_a - t_b$ ändert sich über den Verlauf der Heizfläche. Bevor wir daher den gesamten Wärmestrom berechnen, setzen wir den sehr kleinen Wärmestrom $d\dot{Q}$ an einer beliebigen Stelle für die sehr kleine Teilheizfläche dA an **(B 8.12a):**

$$d\dot{Q} = k \, \Delta t \, dA$$

[1] Auf die Bezeichnung *Wärmeaustauscher* statt *Wärmeübertrager* sei hingewiesen.

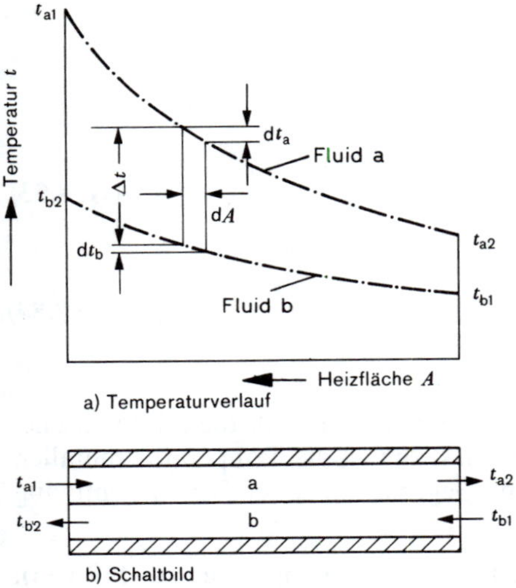

B 8.12 Gegenstromwärmeübertrager

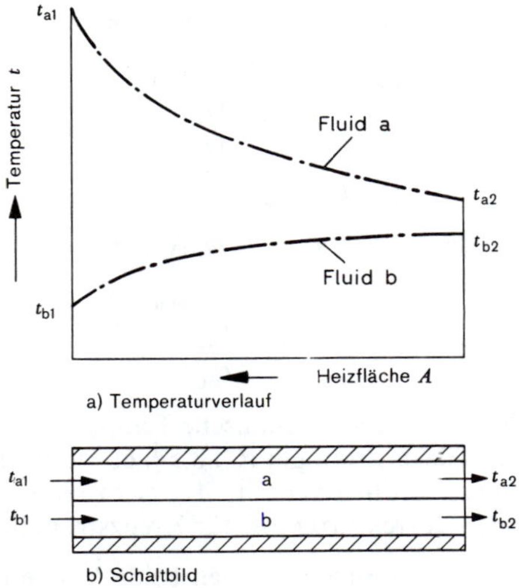

B 8.13 Gleichstromwärmeübertrager

Hierbei wird der Wärmestrom $d\dot{Q}$ von dem Fluid a abgegeben, wobei es sich um die Temperaturdifferenz dt_a abkühlt. Von dem Fluid b, dessen Temperatur sich um dt_b erhöht, wird – bei Vernachlässigung von Wärmeverlusten an die Umgebung – dieser Wärmestrom aufgenommen:

$$d\dot{Q} = |\dot{m}_a c_{pa} \, dt_a| = \dot{m}_b c_{pb} \, dt_b$$

Aus den Gleichungen ergibt sich:

$$|dt_a| = d\dot{Q} \frac{1}{\dot{m}_a c_{pa}} \qquad dt_b = d\dot{Q} \frac{1}{\dot{m}_b c_{pb}}$$

Wir bilden die Differenz und führen obige Gleichung ein:

$$|dt_a| - dt_b = d(\Delta t) = d\dot{Q} \left(\frac{1}{\dot{m}_a c_{pa}} - \frac{1}{\dot{m}_b c_{pb}} \right)$$

$$d(\Delta t) = k \, \Delta t \, dA \left(\frac{1}{\dot{m}_a c_{pa}} - \frac{1}{\dot{m}_b c_{pb}} \right)$$

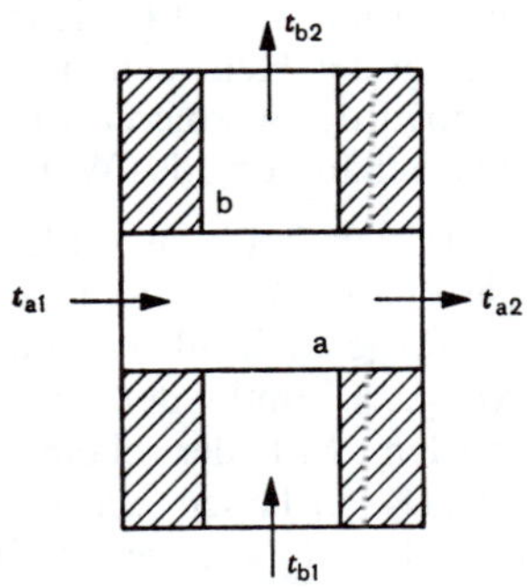

B 8.14 Schaltbild eines Kreuzstromwärmeübertragers

Aus dem Ansatz für den insgesamt im Wärmeübertrager übertragenen Wärmestrom

$$\dot{Q} = \dot{m}_a c_{pa} (t_{a1} - t_{a2}) = \dot{m}_b c_{pb} (t_{b2} - t_{b1})$$

führen wir in obige Gleichung

$$\frac{1}{\dot{m}_a c_{pa}} = \frac{t_{a1} - t_{a2}}{\dot{Q}} \quad \text{und} \quad \frac{1}{\dot{m}_b c_{pb}} = \frac{t_{b2} - t_{b1}}{\dot{Q}} \quad \text{ein}$$

und integrieren:

$$\int_{\Delta t_{min}}^{\Delta t_{max}} \frac{d(\Delta t)}{\Delta t} = \int_0^A k \frac{t_{a1} - t_{a2} - t_{b2} + t_{b1}}{\dot{Q}} \, dA \qquad \ln \frac{\Delta t_{max}}{\Delta t_{min}} = k \frac{\Delta t_{max} - \Delta t_{min}}{\dot{Q}} A$$

Der *gesamte Wärmestrom* beträgt

$$\dot{Q} = k\,A\,\frac{\Delta t_{max} - \Delta t_{min}}{\ln \dfrac{\Delta t_{max}}{\Delta t_{min}}}$$

$$\dot{Q} = k\,A\,\Delta t_m \qquad \textbf{(Gl 8.53)}$$

mit der *mittleren logarithmischen Temperaturdifferenz*[1]

$$\Delta t_m = \frac{\Delta t_{max} - \Delta t_{min}}{\ln \dfrac{\Delta t_{max}}{\Delta t_{min}}} \qquad \textbf{(Gl 8.54)}$$

Die mittlere logarithmische Temperaturdifferenz ist immer kleiner als die arithmetische. Für Gleichstrom gilt (Gl 8.54) ebenfalls. Beim Kreuzstrom ist die Temperatur räumlich unterschiedlich verteilt, Δt_m wird dann wie beim Gegenstrom unter Berücksichtigung eines Korrekturfaktors für Kreuzstrom berechnet.

Beim Gleichstrom streben beide Fluide der gleichen Austrittstemperatur zu **(B 8.13a)**, beim Gegenstrom kann die Austrittstemperatur des kälteren Fluids höher als die des wärmeren sein **(B 8.12a)**.

Bei gleicher Heizfläche ist die Leistung im Gegenstrom größer als im Gleichstrom, beim Kreuzstrom liegt sie zwischen beiden. Trotz des günstigeren Gegenstromes ist jedoch manchmal Gleichstrom erforderlich, da hierbei die Wandtemperaturen an allen Stellen der Heizfläche im mittleren Bereich bleiben, während sie beim Gegenstrom am Eintritt des wärmeren Fluids unzulässig hohe Werte annehmen können, wodurch u. U. eine Schädigung des Wandmaterials oder des zu erwärmenden Fluids eintritt.

Falls sich bei einem Fluid (oder auch bei beiden) während der Wärmeübertragung die Phase (der Aggregatzustand) ändert, wie z.B. beim H_2O im Dampferzeuger, müssen für jeden Teilbereich des Wärmeübertragers die mittlere Temperaturdifferenz (Δt_{m1}, Δt_{m2} ...) und der Wärmedurchgangskoeffizient (k_1, k_2 ...) getrennt berechnet werden. Mit der ebenfalls für jeden Teilvorgang zu ermittelnden Wärmeleistung ($\dot{Q}_1, \dot{Q}_2$ ...) lassen sich dann die Teilheizflächen (A_1, A_2 ...) und die Gesamtheizfläche ($A = A_1 + A_2 + \ldots$) ermitteln.

Zur Veranschaulichung eignet sich besonders das $t, \dot{Q}$-Diagramm **(B 8.15)**, das bei isobarer Wärmeübertragung identisch ist mit dem $t, \dot{H}$-Diagramm. Die isobaren Zustandsverläufe sind horizontal verschiebbar. Man kann in dem Diagramm die örtliche Temperaturdifferenz zwischen den Fluiden, den Einfluß der Massenströme auf die Temperaturverläufe u.ä. gut verfolgen und z.B. abschätzen, ob die minimale Temperaturdifferenz Δt_{min} in einem sinnvollen Bereich liegt.

8.6.2 Berechnungsverfahren

Die Berechnung der Heizfläche eines Wärmeübertragers erfolgt zunächst mit einem vorausgeschätzten Wärmedurchgangskoeffizienten k. Erst dann kann der konstruktive Entwurf und eine genaue Nachrechnung erfolgen, die eventuell wiederholt werden muß, da die Abmessungen der Heizfläche, wie Rohrlänge, Rohrdurchmesser u.ä. die Wärme-

[1] Δt_{max} bzw. Δt_{min} werden in der Praxis – speziell bei der Speisewasservorwärmung in Dampfkraftanlagen – auch als obere bzw. untere *Grädigkeit* bezeichnet.

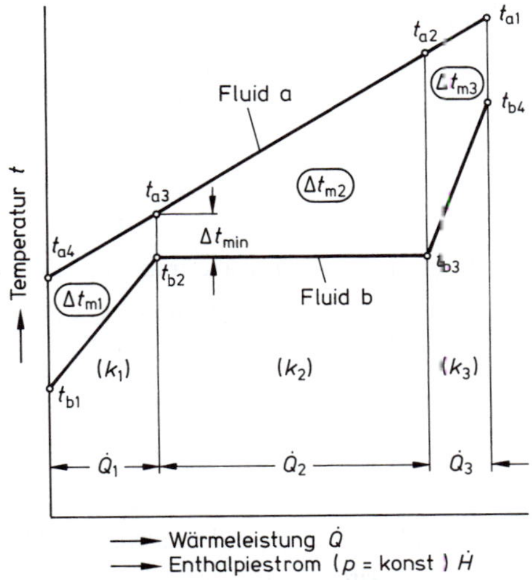

B 8.15 Temperaturverlauf in einem Wärmeübertrager bei Phasenänderung eines Fluids

übergangskoeffizienten beeinflussen. Graphische Verfahren, auf die nicht näher eingegangen werden kann, erleichtern bei Zuhilfenahme der Wärmekapazitäten der Fluide ($C = mc$) die Berechnung besonders dann, wenn Heizfläche und Wärmedurchgangskoeffizient bekannt sind und die Leistung zu ermitteln ist.

Nach der konstruktiven Bemessung des Wärmeübertragers muß der Druckverlust beider Fluide ermittelt werden, der bei erzwungener Strömung den erforderlichen Energieaufwand für den Durchfluß bestimmt. Hohe Strömungsgeschwindigkeiten der Fluide haben zwar kleine Heizflächen zur Folge, sie verursachen jedoch infolge der quadratischen Abhängigkeit von der Strömungsgeschwindigkeit große Druckverluste. Ob eine Verkleinerung der Heizfläche durch Erhöhung der Strömungsgeschwindigkeit tragbar ist, kann nur eine Wirtschaftlichkeitsrechnung zeigen. Diese ist oft nicht im einzelnen durchführbar, so daß man Erfahrungswerte für den zulässigen Druckverlust bestimmter Anlagenteile zugrunde legt, wodurch die Strömungsgeschwindigkeiten begrenzt werden. In der Literatur werden für Wärmeübertrager verschiedene Bewertungsmethoden angegeben, die neben den thermischen Vorgängen auch den Leistungsaufwand berücksichtigen.

Beispiel 8.8: In einem Rohrbündelwärmeübertrager sollen im Gegenstrom 8000 kg/h Transformatorenöl von 95 °C auf 65 °C gekühlt werden. Es steht Kühlturmwasser von 26 °C zur Verfügung, das den Kühler mit 34 °C verlassen soll. Druckverluste durch Reibung sind zu vernachlässigen.

Die Kühlfläche und ihre konstruktive Anordnung sind festzulegen.

a) Vorausberechnung der Kühlfläche

Erforderliche Wärmeübertragerleistung (Gl 1.42):

$$\dot{Q} = \dot{m}_{ö}\, c_{pmö}(t_{ö1} - t_{ö2}) = 8000\,\frac{\text{kg}}{\text{h}} \cdot 2{,}09\,\frac{\text{kJ}}{\text{kg K}}\,(95-65)\,\text{K}\,\frac{\text{h} \cdot \text{kW s}}{3600\ \text{s kJ}} = 139{,}3\ \text{kW}$$

Vorausgeschätzter Wärmedurchgangskoeffizient **(T 8.5):**

$$k \approx 200\,\frac{\text{W}}{\text{m}^2\,\text{K}}$$

Logarithmische Temperaturdifferenz (Gl 8.54, **B 8.16a)**:

$$\Delta t_m = \frac{\Delta t_{max} - \Delta t_{min}}{\ln \dfrac{\Delta t_{max}}{\Delta t_{min}}} = \frac{61\ \mathrm{K} - 39\ \mathrm{K}}{\ln \dfrac{61\ \mathrm{K}}{39\ \mathrm{K}}} = 49{,}2\ \mathrm{K}$$

mit $\Delta t_{max} = t_{ö1} - t_{w2} = (95 - 34)\ \mathrm{K} = 61\ \mathrm{K}$

$\Delta t_{min} = t_{ö2} - t_{w1} = (65 - 26)\ \mathrm{K} = 39\ \mathrm{K}$

Vorausgeschätzte Wärmeübertragerfläche (Gl 8.53):

$$A = \frac{\dot{Q}}{k\,\Delta t_m} = \frac{139{,}3\ \mathrm{kW\ m^2\ K\ 10^3\ W}}{200\ \mathrm{W\ 49{,}2\ K\ kW}} = 14{,}1\ \mathrm{m^2}$$

A wird erhöht auf 15 m²; dann ist

$$k_{erf} = 188\ \frac{\mathrm{W}}{\mathrm{m^2\ K}}$$

b) *Konstruktive Festlegung der Kühlfläche* **(B 8.16b)**

Der k-Wert wird in erster Linie durch den ungünstigen α-Wert des zähen Öls bestimmt. Da sich bei querangeströmten Rohren höhere α-Werte als im Rohr erzielen lassen, wird das Öl durch den Mantelraum und das Wasser durch die Rohre geführt. Der Mantelraum ist durch ein am Ende

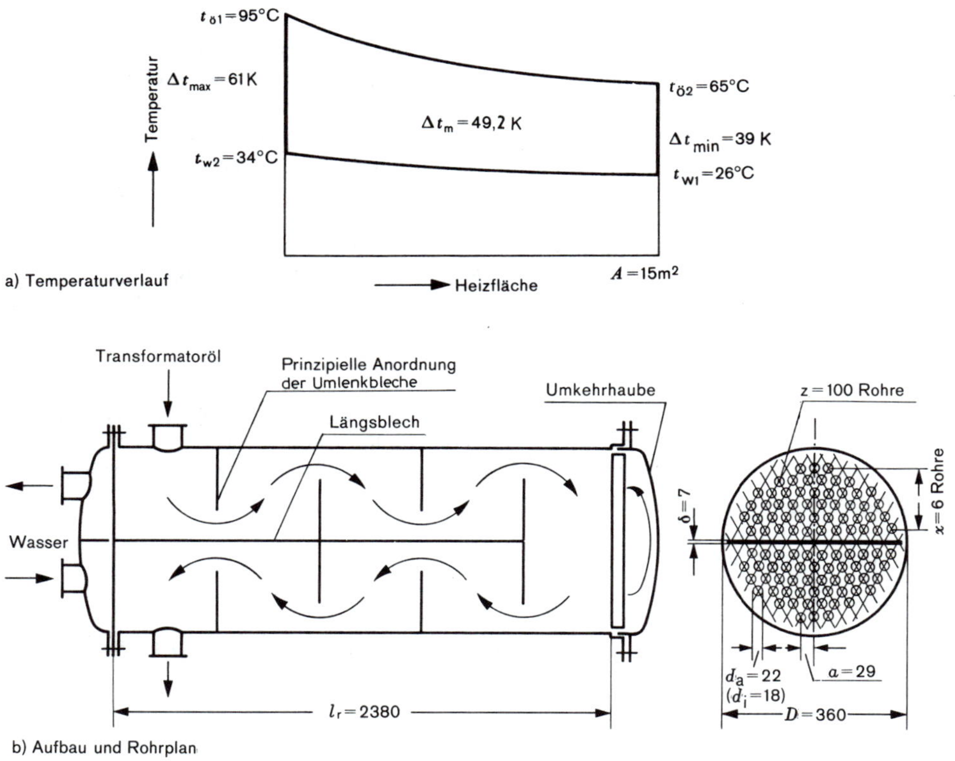

B 8.16 Rohrbündelwärmeübertrager (zu Beispiel 8.8)

geöffnetes Längsblech getrennt, so daß das Öl in zwei Wegen durch den Kühler strömt. Auf diesen Wegen wird es durch Umlenkbleche mehrfach umgelenkt, wodurch es die Rohre quer anströmt. Das Wasser wird im Gegenstrom zum Öl durch die Rohre geführt, die Umlenkung des Wassers erfolgt in einer Umkehrhaube am Ende des Kühlers. Es werden $z=100$ Stahlrohre, $d_a=22$ mm, Wandstärke 2 mm mit 29 mm Rohrteilung eingebaut. Durch Aufskizzieren des Rohrplanes ergibt sich ein Mantelinnendurchmesser von 360 mm.

Nutzbare Rohrlänge, wenn die Rohre als ebene Wände mit der Fläche des mittleren Rohrdurchmessers behandelt werden:

$$l_r = \frac{A}{\pi d_m \cdot z} = \frac{15\ \text{m}^2}{\pi \cdot 0{,}020\ \text{m} \cdot 100} = 2{,}38\ \text{m}$$

Bei je 10 mm Stärke der Rohrscheiben an den Enden, in denen die Rohre zu befestigen sind, ist die Gesamtlänge der Rohre

$$h = 2400\ \text{mm}$$

Bei 4 Leitblechen ergibt sich aus dem Rohrplan ein mittlerer freier Querschnitt an der engsten Stelle zwischen den Rohren von **(B 8.16b)**:

$$A_m = \left(\frac{D}{2} - x \cdot d_a - \frac{\delta}{2}\right)\frac{l_r}{5} = \left(\frac{360}{2} - 6 \cdot 22 - \frac{7}{2}\right)\text{mm}\ \frac{2380\ \text{mm}}{5}\ \frac{\text{cm}^2}{10^2\ \text{mm}^2}$$

$$A_m = 212\ \text{cm}^2$$

Für die Längsströmung an den Umlenkungen wird der gleiche Querschnitt freigelassen, so daß $w_l = w_q$ ist.

c) *Nachrechnung des Wärmedurchgangskoeffizienten*

Öl

Stoffwerte **(T 8.2)** bei $t_ö = \frac{t_1 + t_2}{2} = \frac{95\,°\text{C} + 65\,°\text{C}}{2} = 80\,°\text{C}$

Ölgeschwindigkeit

$$w_ö = \frac{\dot{V}_ö}{A_m} = \frac{\dot{m}_ö}{\varrho_ö A_m}$$

$$w_ö = \frac{8000\ \text{kg m}^3\ \text{h}}{\text{h} \cdot 830\ \text{kg} \cdot 0{,}0212\ \text{m}^2\ 3600\ \text{s}} = 0{,}126\ \frac{\text{m}}{\text{s}}$$

Reynolds-Zahl (Gl 8.14b):

$$Re_ö = \frac{w_ö d_a}{\nu_ö}$$

$$Re_ö = \frac{0{,}126\ \text{m} \cdot 0{,}022\ \text{m s}}{\text{s} \cdot 5{,}2 \cdot 10^{-6}\ \text{m}^2} = 534$$

Nußelt-Zahl, für Wärmeübertrager mit gebohrtem Mantelrohr (C = 0,25):

(Gl 8.23) $$Nu_ö = C \cdot Re_ö^{0,6}\, Pr_ö^{0,33} \left(\frac{\eta_f}{\eta_w}\right)^{0,14}$$

$$Nu_ö = 0{,}25 \cdot 534^{0,6} \cdot 79{,}4^{0,33} \left(\frac{4315}{14220}\right)^{0,14} = 39{,}0$$

η_w wurde für eine geschätzte Wandtemperatur von 40 °C eingesetzt.

Wärmeübergangskoeffizient (Gl 8.14a):

$$\alpha_{\ddot{o}} = \frac{Nu_{\ddot{o}}\lambda_{\ddot{o}}}{d_a} = \frac{39{,}0 \cdot 0{,}120 \text{ W}}{\text{K m} \cdot 0{,}022 \text{ m}}$$

$$\underline{\alpha_{\ddot{o}} = 213 \frac{\text{W}}{\text{m}^2 \text{ K}}}$$

Wasser

Stoffwerte bei $t_w = 30\,°\text{C}$. Da α_w von geringerem Einfluß als $\alpha_{\ddot{o}}$ ist, können die Stoffwerte genügend genau aus **T 8.2** linear interpoliert werden.

Wassermenge (Gl 1.42):

$$\dot{m}_w = \frac{\dot{Q}}{c_{pmw}(t_{w2} - t_{w1})} = \frac{139{,}3 \text{ kJ kg K}}{\text{s} \cdot 4{,}183 \text{ kJ} (34 - 26) \text{ K}} = 4{,}17 \frac{\text{kg}}{\text{s}}$$

Wassergeschwindigkeit:

$$w_w = \frac{\dot{V}_w}{A_r} = \frac{\dot{m}_w}{\varrho_w \dfrac{\pi d_i^2}{4} \cdot \dfrac{z}{2}} = \frac{4{,}17 \text{ kg m}^3}{\text{s} \cdot 994{,}4 \text{ kg} \cdot 0{,}000254 \text{ m}^2 \cdot 50} = 0{,}331 \frac{\text{m}}{\text{s}}$$

Reynolds-Zahl (Gl 8.14b):

$$Re_w = \frac{w_w d_i}{\nu_w} = \frac{0{,}331 \text{ m} \cdot 0{,}018 \text{ m s}}{\text{s} \cdot 0{,}874 \cdot 10^{-6} \text{ m}^2} = 6820$$

Nußelt-Zahl (Gl 8.20), mit Pr_w bei 40 °C:

$$Nu = 0{,}012(Re^{0{,}87} - 280)\ Pr^{0{,}4}\left[1 + \left(\frac{d}{h}\right)^{2/3}\right]\left(\frac{Pr_f}{Pr_w}\right)^{0{,}11}$$

$$Nu = 0{,}012(6820^{0{,}87} - 280)\ 6{,}03^{0{,}4}\left[1 + \left(\frac{18}{2400}\right)^{2/3}\right]\left(\frac{6{,}03}{5{,}02}\right)^{0{,}11} = 49{,}2$$

Wärmeübergangskoeffizient (Gl 8.14a):

$$\alpha_w = \frac{Nu_w \lambda_w}{d_i} = \frac{49{,}2 \cdot 0{,}611 \text{ W}}{\text{K m } 0{,}018 \text{ m}} = \underline{1669 \frac{\text{W}}{\text{m}^2 \text{ K}}}$$

Wärmedurchgangskoeffizient, wenn die Rohre als Platten betrachtet werden (Gl 8.48):

$$k = \frac{1}{\dfrac{1}{\alpha_{\ddot{o}}} + \dfrac{\delta}{\lambda} + \dfrac{1}{\alpha_w}} = \frac{1}{\dfrac{\text{m}^2 \text{ K}}{213 \text{ W}} + \dfrac{0{,}002 \text{ m}^2 \text{ K}}{58 \text{ W}} + \dfrac{\text{m}^2 \text{ K}}{1669 \text{ W}}} = \underline{188 \frac{\text{W}}{\text{m}^2 \text{ K}}}$$

d) *Kontrolle der geschätzten Wandtemperaturen*

(Gl 8.51) $$t_{x1} \approx t_{\ddot{o}m} - \frac{k}{\alpha_{\ddot{o}}} \Delta t_m$$

$$t_{x1} \approx 80\,°\text{C} - \frac{188 \text{ W m}^2 \text{ K}}{\text{m}^2 \text{ K} \cdot 213 \text{ W}} 49{,}2 \text{ K} \approx \underline{36{,}7\,°\text{C}}$$

$$t_{x2} \approx t_{wm} + \frac{k}{\alpha_w} \Delta t_m$$

$$t_{x2} \approx 30\,°C + \frac{188 \text{ W m}^2 \text{ K}}{1669 \text{ W m}^2 \text{ K}} \cdot 49{,}2 \text{ K} \approx \underline{35{,}5\,°C}$$

Die Wandtemperatur war mit 40 °C etwas zu hoch geschätzt worden. Eine Korrektur erübrigt sich jedoch.

e) *Ergebnis*
Die Wärmeübertragerleistung bei Berücksichtigung der wirklichen Form der Kühlfläche ist (Gl 8.49), jedoch mit der mittleren logarithmischen Temperaturdifferenz Δt_m:

$$\dot{Q}_{tats} = \frac{2\pi l z \Delta t_m}{\dfrac{1}{\alpha_w r_1} + \dfrac{1}{\lambda} \ln \dfrac{r_2}{r_1} + \dfrac{1}{\alpha_ö r_2}}$$

$$\dot{Q}_{tats} = \frac{2\pi \cdot 2{,}38 \text{ m} \cdot 100 \cdot 49{,}2 \text{ K}}{\dfrac{\text{m}^2 \text{ K}}{1669 \text{ W} \cdot 0{,}009 \text{ m}} + \dfrac{\text{K m}}{58 \text{ W}} \ln \dfrac{0{,}011}{0{,}009} + \dfrac{\text{m}^2 \text{ K}}{213 \text{ W} \cdot 0{,}011 \text{ m}}} \frac{\text{kW}}{10^3 \text{ W}} = \underline{148{,}1 \text{ kW}}$$

Die tatsächliche Kühlleistung ist um 8,8 kW oder 6,3 % größer als die erforderliche. Die festgelegte mittlere Kühlfläche von 15 m² wird jedoch nicht verkleinert, um Unsicherheiten durch Leckverluste an den Leitblechen für das Öl zu kompensieren.

Der Druckverlust beider Fluide muß nach den Gesetzen der Strömungslehre ermittelt werden. Im Rahmen dieses Beispiels kann hierauf nicht näher eingegangen werden.

Aufgabe 8.14: Der Wärmeübertrager des Beispiels 8.8 soll ohne konstruktive Änderung verwendet werden, um Heizungswasser von 70 °C auf 90 °C mittels Heißwasser von 130 °C zu erwärmen, das den Wärmeübertrager mit 80 °C verlassen soll. Das Heißwasser ist durch den Mantel, das Heizungswasser durch die Rohre zu führen. Die Stoffwerte für Wasser sind aus **T 8.2** zu entnehmen und linear zu interpolieren.
Welche Leistung erreicht der Wärmeübertrager?

Aufgabe 8.15: Bei dem GUD-Prozeß nach Beispiel 5.14 wird in einem Abhitzedampferzeuger Wasser erwärmt, verdampft und der Dampf überhitzt (B 8.15). Für die dort genannten Verhältnisse (z. B. Turbinenabgas als Luft mit c_p für 0 °C gerechnet) sind zu ermitteln:

a) der Abgas- und Wasser-Dampf-Massenstrom,
b) die Wärmeübertragungsleistungen der Teilbereiche,
c) die Temperaturen der Fluide an den jeweiligen Knickpunkten des H_2O im $t,\dot{Q}$-Diagramm,
d) die mittlere logarithmische Temperaturdifferenz zwischen den beiden Fluiden beim Wassererwärmen, Verdampfen und Überhitzen.

8.6.3 Verfahrensoptimierung bei der Wärmenutzung

In verzweigten wärmetechnischen Anlagen sind an verschiedenen Stellen heiße Fluide zu kühlen und kalte Fluide zu erwärmen. Es ist anzustreben, durch Kopplung dieser Energieströme die verfügbare Energie weitgehend und mit möglichst geringem Exergieverlust zu nutzen. Weitgehende Nutzung spart Primärenergie und deren Kosten, erhöht aber die Investitionskosten. Somit sind zur optimalen Lösung sowohl thermodynamische als auch wirtschaftliche Überlegungen zu berücksichtigen.

Es werden verschiedene Methoden angewandt. Ein Verfahren, die *Pinch-Point-Methode*[1], wollen wir kurz erläutern. Das Verfahren geht von einer vorzugebenden optimalen Mindesttemperaturdifferenz Δt^{P}_{min} zwischen den wärmeabgebenden (heißen) und wärmeaufnehmenden (kalten) Fluidströmen aus. Zunächst werden alle heißen bzw. kalten Enthalpieströme des zu analysierenden Systems zu jeweiligen Summenströmen zusammengefaßt und in ein $t,\dot{Q}$- bzw. $t,\dot{H}$-Diagramm (isobare Strömung angenommen) eingetragen **(B 8.17)**.

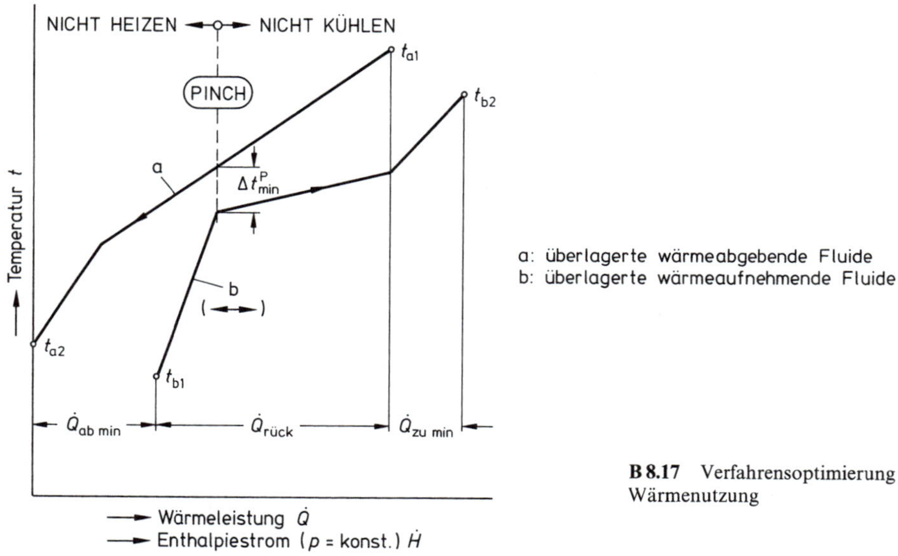

B 8.17 Verfahrensoptimierung bei der Wärmenutzung

Die Linien sind horizontal verschiebbar. Bei ihrer Berührung ist $\Delta t^{P}_{min} = 0$. Für die Wärmeübertragung muß ein Mindestwert für Δt^{P}_{min} eingehalten werden, der für die jeweiligen Verhältnisse vorgegeben wird. Dieser so festgelegte Punkt wird als Pinch-Point bezeichnet.

Aus B 8.17 sind die rückgewinnbare Wärmeleistung $\dot{Q}_{rück}$, sowie die bei hoher Temperatur an die Fluide b von außen zuzuführende Mindestwärmeleistung $\dot{Q}_{zu\ min}$ und die bei niedriger Temperaur von den Fluiden a nach außen abzuführende Mindestwärmeleistung $\dot{Q}_{ab\ min}$ ablesbar. Die unter a zusammengefaßten Fluide sollen rechts vom Pinch nicht von außen gekühlt, die unter b zusammengefaßten Fluide links vom Pinch nicht von außen beheizt werden; über den Pinch hinweg soll keine Wärme von a an b übertragen werden.

Die apparative Verknüpfung der verschiedenen Fluidströme erfolgt in weiteren Schritten.

[1] pinch (engl.): drücken, zusammendrücken. Nähere Ausführungen in [28].

Aufgabe 8.16: Wie hoch ist die Temperaturdifferenz am Pinch-Point bei dem GUD-Prozeß nach Aufgabe 8.15?

8.6.4 Exergieverlust im Wärmeübertrager

Der wegen des Temperaturgefälles irreversible Vorgang der Wärmeübertragung verursacht einen Exergieverlust. Die Exergie des wärmeren Fluids a verringert sich durch die abgegebene Wärme Q_{a12} um E_{qa12} (negativ).

Bei reibungsfreier Strömung gilt mit $dW_r = 0$ (Gl 3.42b):

$$E_{q\,a12} = Q_{a12} - T_b(S_{a2} - S_{a1})$$

Die Exergie des kälteren Fluids c vergrößert sich durch die zugeführte Wärme um den kleineren Betrag $E_{q\,c12}$ (positiv):

$$E_{qc12} = Q_{c12} - T_b(S_{c2} - S_{c1})$$

Der Exergieverlust E_{v12} ist:

$$E_{v12} = |E_{q\,a12}| - E_{q\,c12}$$

$$E_{v12} = |Q_{a12} - T_b(S_{a2} - S_{a1})| - [Q_{c12} - T_b(S_{c2} - S_{c1})]$$

$$E_{v12} = -Q_{a12} + T_b(S_{a2} - S_{a1}) - Q_{c12} + T_b(S_{c2} - S_{c1})$$

Mit $Q_{a12} + Q_{c12} = 0$, also bei nach außen adiabatem Gesamtsystem, ergibt sich:

$$E_{v12} = T_b(S_{a2} - S_{a1} + S_{c2} - S_{c1}) = T_b\,\Delta S_{ges} \quad \textit{gilt allgemein} \qquad \textbf{(Gl 8.55)}$$

Das Ergebnis entspricht – wie erwartet – Gl 3.47.

Die Entropieabnahme des wärmeren Fluids $S_{a2} - S_{a1}$ ist kleiner als die Entropiezunahme des kälteren Fluids $S_{c2} - S_{c1}$ **(B 8.18)**. Der Unterschied zwischen den beiden

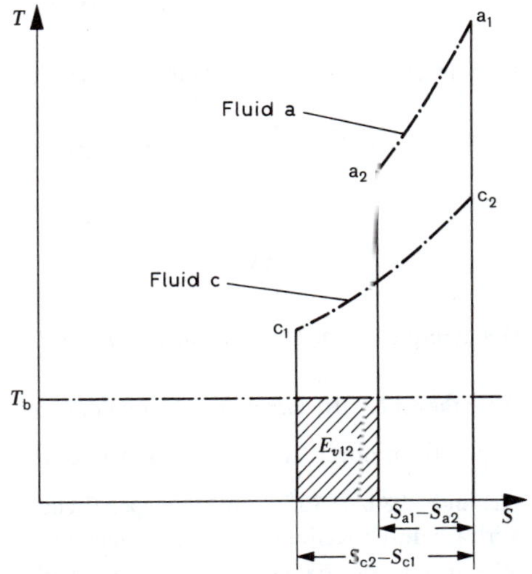

B 8.18 Exergieverlust im Wärmeübertrager[1]

[1] In der Darstellung wurde zur Veranschaulichung c_2 willkürlich unter a_1 gelegt. Das ist zulässig, da nur Entropie*differenzen* betrachtet wurden.

Entropiedifferenzen und damit der Exergieverlust steigen mit der Temperaturdifferenz zwischen dem warmen und kalten Fluid. Nur bei dem reversiblen Vorgang der Wärmeübertragung ohne Temperaturgefälle wird der Exergieverlust zu Null.

Für die oben vorausgesetzte reibungsreie Strömung gilt bei Fluiden mit gleichbleibender Phase (d. h. keine Aggregatzustandsänderungen) mit Gl 3.12:[1]

$$E_{v12} = T_b \left(m_a \, c_{pam}\Big|_{T_{a1}}^{T_{a2}} \ln \frac{T_{a2}}{T_{a1}} + m_c \, c_{pcm}\Big|_{T_{c1}}^{T_{c2}} \ln \frac{T_{c2}}{T_{c1}} \right) \quad \textit{ohne Aggregatzustandsänderung} \qquad \textbf{(Gl 8.56)}$$

Beispiel 8.9: In einem Heißdampfkühler werden 3000 kg/h Dampf unter 150 bar von 550 °C auf 500 °C durch 3000 kg/h Speisewasser von 94 °C, 150 bar gekühlt. Umgebungszustand: 1 bar, 20 °C. Druckverluste durch Reibung sind zu vernachlässigen.

Der Exergieverluststrom (= Exergieverlust/Zeit) ist zu ermitteln.

Spezifische Entropieänderung des Dampfes (s s. **T 5.5**):

$$(s_{d2} - s_{d1}) = (6{,}3479 - 6{,}5230)\,\frac{\text{kJ}}{\text{kg K}} = -\,0{,}1751\,\frac{\text{kJ}}{\text{kg K}}$$

Spezifische Entropieänderung des Speisewassers (Gl 3.12):

$$s_{w2} - s_{w1} = c_w \ln \frac{T_{w2}}{T_{w1}} = 4{,}216\,\frac{\text{kJ}}{\text{kg K}} \ln \frac{400{,}1}{367} = 0{,}3644\,\frac{\text{kJ}}{\text{kg K}}$$

mit der Speisewasseraustrittstemperatur [(Gl 1.42), hierin die Kühlleistung $\dot{Q} = \dot{m}_d (h_{d1} - h_{d2})$, ferner $\dot{m}_d = \dot{m}_w$]:

$$T_{w2} = T_{w1} + \frac{\dot{Q}}{\dot{m}_w c_w} = T_{w1} + \frac{\dot{m}_d (h_{d1} - h_{d2})}{\dot{m}_w c_w} = T_{w1} + \frac{h_{d1} - h_{d2}}{c_w}$$

$$T_{w2} = 367\text{ K} + \frac{(3450{,}5 - 3310{,}8)\text{ kJ kg K}}{\text{kg} \cdot 4{,}216\text{ kJ}} = 400{,}1\text{ K}$$

Exergieverluststrom (Gl 8.55) mit $\dot{S} = \dot{m} s$ und $\dot{m}_d = \dot{m}_w$:

$$\dot{E}_{v12} = T_b (\dot{S}_{d2} - \dot{S}_{d1} + \dot{S}_{w2} - \dot{S}_{w1}) = T_b \dot{m}_d (s_{d2} - s_{d1} + s_{w2} - s_{w1})$$

$$\dot{E}_{v12} = 293\text{ K} \cdot 3000\,\frac{\text{kg}}{\text{h}} (-\,0{,}1751 + 0{,}3644) \frac{\text{kJ kWh}}{\text{kg K} \cdot 3600\text{ kJ}}$$

$$\dot{E}_{v12} = \underline{46{,}2\text{ kW}}$$

Der Exergieverluststrom ist ein *Verlust an Leistungsfähigkeit*.

Aufgabe 8.17: In einem Gasturbinenprozeß werden 10000 $\frac{\text{kg}}{\text{h}}$ Luft von 200 °C auf 600 °C im Gegenstrom durch Abgas von 1400 °C erwärmt, das sich dabei auf 400 °C abkühlt. Umgebungszustand 0,98 bar, 15 °C; mittlere spezifische Wärmekapazität des Abgases $c_{pam} = 1{,}2\,\frac{\text{kJ}}{\text{kg K}}$. Druckverluste durch Reibung sind zu vernachlässigen.

Wie groß ist der Exergieverluststrom in kW?

[1] Mit der Vernachlässigung bei c_p gemäß Fußnote zu Gl 3.11.

Kontrollfragen (Antworten Abschnitt 11.8)

8.1 1. Welche Arten der Wärmeübertragung sind möglich?

8.2 2. a) Wie wird bei Wärmeleitung der Wärmestrom berechnet (Ansatz nach Fourier)?
Was versteht man unter
b) Heizflächenbelastung,
c) Wärmeleitfähigkeit

3. Definieren Sie die Begriffe
a) Wärmewiderstand,
b) Wärmeleitwiderstand.

8.3 4. a) Wie wird konvektiver Wärmeübergang berechnet (Ansatz nach Newton)?
b) Wovon hängt der Wärmeübergangskoeffizient ab?
c) Aus welchen Kennzahlen kann man α ermitteln?

5. Was versteht man unter a) freier und erzwungener Konvektion, b) laminarer und turbulenter Strömung?

6. Erklären Sie die Arten der Kondensation.

7. a) Skizzieren Sie den Verlauf des Wärmeübergangskoeffizienten und der Heizflächenbelastung beim Verdampfen in Abhängigkeit von der Differenz zwischen Heizflächen- und Siedetemperatur.
b) Benennen Sie die Bereiche unterschiedlicher Art der Verdampfung.

8.4 8. a) Welche Ursachen hat die Temperaturstrahlung, wovon hängt sie ab?
b) In welchem Wellenlängenbereich tritt sie vorwiegend auf?

9. Erläutern Sie kurz die Gesetze von a) Planck, b) Wien, c) Kirchhoff, d) Stefan-Boltzmann, e) Lambert.

10. Wie verhalten sich schwarze, weiße, graue und farbige Körper?

11. Was versteht man unter
a) Strahlungskonstante des schwarzen Körpers,
b) Strahlungsaustauschkonstante,
c) Wärmeübergangskoeffizient der Strahlung?

8.5 12. Definieren Sie den a) Wärmeübergangs- b) Wärmedurchgangswiderstand.

13. Wie kann der Wärmedurchgang verbessert werden?

14. a) Welche drei Ausführungsarten von Wärmeübertragern sind möglich?
b) Welche Strömungsführung wird angewandt, welche ergibt bei gleichen Wärmedurchgangskoeffizienten die bessere Wärmeübertragungsleistung? Ursache?

15. Geben Sie die Gleichung zur Berechnung des Wärmestroms bei einem Wärmeübertrager an.

8.6 16. Stellen Sie den im Wärmeübertrager auftretenden Exergieverlust im T,S-Diagramm dar.

9 Verbrennung

9.1 Umwandlung der Brennstoffenergie

9.1.1 Eigenschaften der Brennstoffe

Die wichtigsten Grundlage zur Deckung des Energiebedarfs ist die in den Brennstoffen chemisch gebundene und durch Reaktion mit Sauerstoff freiwerdende Energie.

Die brennbaren Bestandteile sind hauptsächlich Kohlenstoff und Wasserstoff, daneben häufig (unerwünschter) Schwefel. Als Ballaststoffe kommen Sauerstoff, Stickstoff, Asche und Wasser vor. In der Asche sind diejenigen festen Rückstände erfaßt, die nicht mit Sauerstoff reagieren können, also z.B. Quarz u.a., aber auch der in Karbonaten gebundene Kohlenstoff und Sulfidschwefel. Die einzelnen Elemente liegen im Brennstoff in meist nicht näher bekannten Bindungen vor.

Bei *festen und flüssigen Brennstoffen* werden die Mengen der vorhandenen Elemente durch eine Elementaranalyse ermittelt und als Massenanteile angegeben. Auch von der Asche und vom Wasser werden die Massenanteile bestimmt. Zur Kennzeichnung der Massenanteile verwenden wir Kleinbuchstaben, z.B. beim Kohlenstoff c, beim Wasserstoff h, bei der Asche a, beim Wasser w usw.

Die Summe der Massenanteile ist:

$$c + h + s + o + n + a + w = 1 \qquad \textbf{(Gl 9.1 a)}$$

Bei *technischen Brenngasen*, wie Erdgas, Stadtgas u.a. wird keine Elementaranalyse, sondern eine Analyse der Raumanteile der Einzelgase durchgeführt, so daß die Gaszusammensetzung immer in Raumanteilen des trockenen Gases angegeben wird. Als brennbare Gase können z.B. vorkommen: Kohlenmonoxid CO, Wasserstoff H_2, Methan CH_4, Äthen (Äthylen) C_2H_4, Äthan C_2H_6 und nicht näher benannte schwere Kohlenwasserstoffe C_nH_m, außerdem die nicht brennbaren Gase CO_2, N_2, O_2 (Inerte).

Die Raumanteile r kennzeichnen wir durch das chemische Symbol des Gasanteils, z.B. den Raumanteil des Kohlenmonoxids r_{CO} durch das Symbol CO. Handelt es sich bei dem Raumanteil um einen Brenngasbestandteil, so wird das durch den hochgestellten Index b ausgedrückt, um Verwechslungen mit der Abgaszusammensetzung zu vermeiden. Der Raumanteil des Kohlenmonoxids im Brenngas wird demnach mit CO^{b} bezeichnet.

Die Summe der Raumanteile ist:

$$CO^{\mathrm{b}} + H_2^{\mathrm{b}} + CH_4^{\mathrm{b}} + C_2H_4^{\mathrm{b}} + C_2H_6^{\mathrm{b}} + \Sigma\, C_n H_m^{\mathrm{b}} + CO_2^{\mathrm{b}} + N_2^{\mathrm{b}} + O_2^{\mathrm{b}} = 1 \qquad \textbf{(Gl 9.1 b)}$$

Wenn wir diese Gase als ideal ansehen, so sind die Raumanteile gleichzeitig Molanteile. Im Brenngas vorhandenes H_2O wird nicht als Raumanteil, sondern durch Angabe der relativen Gasfeuchte φ_g berücksichtigt.

Die im Brennstoff chemisch gebundene Energie wird durch den *Brennwert* und den *Heizwert* gekennzeichnet:

Der *Brennwert* (früher auch oberer Heizwert genannt) ist die auf die Brennstoffmenge bezogene Energie, die bei vollständiger Verbrennung frei wird, wenn die Verbrennungsprodukte auf die Bezugstemperatur zurückgekühlt werden.

Bei der Bestimmung des Brennwertes kondensiert der vom Brennstoff verursachte Wasserdampf und gibt seine Kondensationsenthalpie ab. In konventionellen technischen Feuerungen wird diese Kondensationsenthalpie nicht nutzbar gemacht, weil eine Ab-

kühlung der Abgabe bis unter den Taupunkt zur Vermeidung von Korrosionen hierin unerwünscht ist.[1] Deshalb wird zusätzlich der Heizwert formuliert, der die Kondensationsenthalpie des Wassers nicht enthält:
Der *Heizwert* (früher auch unterer Heizwert genannt) ist die auf die Brennstoffmenge bezogene Energie, die bei vollständiger Verbrennung frei wird, wenn die Verbrennungsprodukte auf die Bezugstemperatur zurückgekühlt werden, der Wasserdampf jedoch dampfförmig gedacht bleibt.
Als Bezugstemperatur wird vielfach die chemische Standardtemperatur 25 °C verwendet.[2] Brenn- und Heizwert sind leicht von der Bezugstemperatur abhängig, i.d.R fallen sie, bei Wasserstoff steigt der Heizwert mit der Bezugstemperatur. Bei isochorer Verbrennung wird gegenüber isobarer Verbrennung eine geringfügig abweichende Energie frei, vorausgesetzt, daß bei der isobaren Verbrennung eine Volumenänderung nach der Abkühlung zurückbleibt. Die Ursache liegt bei der hierbei verrichteten Volumenänderungsarbeit. Bei gasförmigen Brennstoffen werden immer die isobaren Werte (DIN 81 857), bei festen und flüssigen Brennstoffen in der Regel die isochoren Werte (DIN 51 900) angegeben.
Werden Brennwert und Heizwert auf die Masse m bezogen, so nennt man sie *spezifischer Brennwert* H_o bzw. *spezifischer Heizwert* H_u, werden sie auf die Stoffmenge n bezogen, so heißen sie *molarer Brennwert* H_{om} bzw. *molarer Heizwert* H_{um}. Bei gasförmigen Brennstoffen werden Brennwert und Heizwert auch auf das Normvolumen des trockenen Gases bezogen und mit H_{on} und H_{un} bezeichnet. Umrechnung:

$$H_{om} = H_o M = H_{on} V_{mn} \qquad \textbf{(Gl 9.2 a)}$$

$$H_{um} = H_u M = H_{un} V_{mn} \qquad \textbf{(Gl 9.2 b)}$$

Brennwert und Heizwert unterscheiden sich also durch die Energie, die bei Kondensation des vom Brennstoff herrührenden Wassers bei Bezugstemperatur frei wird. Für die spezifischen Werte H_o und H_u gilt:

$$H_u = H_o - w_a r \qquad \textbf{(Gl 9.3)}$$

Entsprechende Gleichungen gelten für die molaren und die auf das Normvolumen bezogenen Werte. w_a ist die durch den Brennstoff verursachte Feuchtigkeitsmenge im Abgas, bezogen auf die Brennstoffmenge. r ist die Kondensationsenthalpie; sie beträgt z.B. bei 25 °C 2442 kJ/kg bzw. 44,0 MJ/kmol bzw. 1,96 MJ/m³.[3]
Im internationalen Sprachgebrauch und in einigen Normen wird H_o mit H_s (*superior* = höher) und H_u mit H_i (*inferior* = niedriger) bezeichnet.
Die genaue Bestimmung des Brennwertes erfolgt durch Messung im Kalorimeter. Bei gleichzeitiger Ermittlung der dabei gebildeten Wassermenge kann der Heizwert aus dem Brennwert berechnet werden (Gl 9.3). Angenähert können der *spezifische Brenn-* und *Heizwert* für *feste und flüssige Brennstoffe* auch aus der Elementaranalyse mittels empirischer Gleichungen bestimmt werden, von denen hier nur eine genannt werden soll:[4]

$$H_u \approx (34{,}0c + 101{,}6h + 6{,}3n + 19{,}1s - 9{,}8o - 2{,}5w)\,\frac{\text{MJ}}{\text{kg}} \qquad \textbf{(Gl 9.4 a)}$$

$$H_o \approx (34{,}0c + 124{,}3h + 6{,}3n + 19{,}1s - 9{,}8o)\,\frac{\text{MJ}}{\text{kg}} \qquad \textbf{(Gl 9.4 b)}$$

---

[1] In Spezialkonstruktionen („*Brennwertkessel*“) wird die Kondensation zur Erhöhung der Energienutzung bewußt herbeigeführt.

[2] In einigen europäischen Normen wurde als Bezugstemperatur auch 15 °C gewählt, z.B. in DIN EN 437 (12. 1999): Prüfgase, Prüfdrücke und in DIN 51 857 (03. 1997): Berechnung von Brennwert, Heizwert, Dichte, relativer Dichte und Wobbeindex von Gasen und Gasgemischen.

[3] Werte nach DIN 5499: Brennwert und Heizwert, Begriffe; der letzte Wert ist auf das Normvolumen bezogen.

[4] Stickstoff und Sauerstoff liegen in festen und flüssigen Brennstoffen in chemischen Bindungen vor. Der Term $6{,}3\,n$ resultiert aus der freiwerdenden Bindungsenergie, der Term $-9{,}8\,o$ berücksichtigt, daß mit Sauerstoff schon gebundener Kohlenstoff oder Wasserstoff bei der Verbrennung keine Energie freigeben kann. Bezugstemperatur 25 °C.

Die *molaren Brenn-* und *Heizwerte gasförmiger Brennstoffe* können neben der Bestimmung im Kalorimeter auch aus den Molanteilen der Bestandteile berechnet werden:[1]

$$H_{um} = (282{,}98\ CO^b + 241{,}81\ H_2^b + 802{,}60\ CH_4^b + 1323{,}15\ C_2H_4^b + 1428{,}64\ C_2H_6^b + 1925{,}97\ C_3H_6^b + 2043{,}11\ C_3H_8^b + 2657{,}32\ C_4H_{10}^b)\ \frac{\text{MJ}}{\text{kmol}} \qquad \textbf{(Gl 9.5a)}$$

$$H_{om} = (282{,}98\ CO^b + 285{,}83\ H_2^b + 890{,}63\ CH_4^b + 1411{,}18\ C_2H_4^b + 1560{,}69\ C_2H_6^b + 2058{,}02\ C_3H_6^b + 2219{,}17\ C_3H_8^b + 2877{,}40\ C_4H_{10}^b)\ \frac{\text{MJ}}{\text{kmol}} \qquad \textbf{(Gl 9.5b)}$$

Bei Kokereigas können die nicht näher bekannten schweren Kohlenwasserstoffe angenähert wie Propan C_3H_8 behandelt werden.

9.1.2 Verbrennungsvorgang

Kohlenstoff, Wasserstoff und Schwefel bilden gasförmige Verbrennungsprodukte. Reagieren diese Stoffe zu den Endprodukten CO_2, H_2O und SO_2, so wird die Verbrennung als *vollständig* bezeichnet. Treten nach der Verbrennung noch brennbare Gase, wie CO, H_2, CH_4 und schwere Kohlenwasserstoffe, oder brennbare feste Stoffe auf, so ist die Verbrennung *unvollständig*. Der genaue Vorgang des Abbaus der Kohlenwasserstoffe und ihrer Verbindung mit Sauerstoff ist noch nicht ganz geklärt. Für die Berechnung genügt es aber, die Enderzeugnisse zu kennen.

SO_2 und CO sind Schadstoffe, außerdem das bei der Verbrennung entstehende Stickoxid NO_x (NO und NO_2). Wegen seiner Klimawirksamkeit ist auch das CO_2 so gering wie möglich zu halten. Näheres zu Schadstoffen im Abgas folgt in Abschn. 9.6.

Die Verbrennung findet statt, wenn folgende Bedingungen erfüllt sind:

a) Der erforderliche *Sauerstoff* muß verfügbar sein. Er wird meist der Umgebungsluft entnommen. In besonderen Fällen wird auch reiner Sauerstoff verwendet, wie beispielsweise beim Schweißen zur Erzielung hoher Temperaturen, oder chemisch gebundener Sauerstoff in Treibmitteln für Raketen und in Sprengstoffen.

b) Die *Zündtemperatur* muß erreicht sein. Diese Temperatur ist physikalisch nicht eindeutig definierbar. Man versteht darunter die Temperatur, bei der die Verbrennung so schnell verläuft, daß sie unter starker Wärmeabgabe selbsterhaltend aufrecht erhalten wird. Auch bei niedriger Temperatur reagiert der Brennstoff mit dem Luftsauerstoff, allerdings sehr langsam, wobei die freiwerdende Wärme in der Regel an die Umgebung abgeführt werden kann. Wird diese Wärmeabfuhr behindert, so kommt es zur Erwärmung und damit zur *Selbstzündung*.

c) Bei Gasen und Dämpfen muß die Mischung mit Sauerstoff oder Verbrennungsluft örtlich innerhalb der *Zündgrenzen* liegen. Diese sind dadurch begründet, daß die bei der Reaktion des Gases mit dem Sauerstoff freiwerdende Wärme ausreichen muß, um eine Mindesttemperatur aufrecht zu erhalten (ca. 1200 °C). Das ist durch eine kleine Luftmenge in einer großen Gasmenge nicht möglich, da dann nur ein kleiner Teil des Brenngases reagieren kann, also nur wenig Energie frei wird. Aber auch eine kleine

[1] Werte nach DIN 51857 (03.97) bei 25 °C Bezugstemperatur.

Gasmenge in einer großen Luftmenge liegt außerhalb der Zündgrenzen, da durch die kleine Gasmenge die große Gemischmenge nicht auf der notwendigen Mindesttemperatur gehalten werden kann.

9.1.3 Reaktionsgleichungen

Die brennbaren Bestandteile des Brennstoffes können mit Sauerstoff folgende Verbindungen eingehen:

$$1\,C + 1\,O_2 \rightleftharpoons 1\,CO_2 \qquad \textbf{(Gl 9.6a)}$$

$$1\,C + \frac{1}{2}\,O_2 \rightleftharpoons 1\,CO \qquad \textbf{(Gl 9.6b)}$$

$$1\,CO + \frac{1}{2}\,O_2 \rightleftharpoons 1\,CO_2 \qquad \textbf{(Gl 9.6c)}$$

$$1\,H_2 + \frac{1}{2}\,O_2 \rightleftharpoons 1\,H_2O \qquad \textbf{(Gl 9.6d)}$$

$$1\,S + 1\,O_2 \rightleftharpoons 1\,SO_2 \qquad \textbf{(Gl 9.6e)}$$

Die Gleichungen gelten für jeweils 1 Molekül des brennbaren Bestandteiles. Sie gelten aber auch für 1 kmol und beim idealen Gas auch für 1 m^3 im Normzustand, da 1 kmol bzw. beim idealen Gas 1 m^3 im Normzustand eine ganz bestimmte Anzahl Moleküle enthalten (Abschn. 2.1.3).

Die (Gln 9.6) sind Reaktionsgleichungen, die einen chemischen Vorgang beschreiben. Es sind keine Größengleichungen, die etwa besagen, daß *C plus O_2 gleich CO_2 sind,* sondern daß C und O_2 sich zu CO_2 verbinden.

Mit Hilfe der Reaktionsgleichungen lassen sich der erforderliche Luftbedarf und die Verbrennungs- oder Abgasmenge berechnen. Zu energetischen Fragen siehe Abschnitt 9.8.1.

Beispiel 9.1: Für Ethin (Acetylen C_2H_2) mit einem spezifischen Brennwert von 50,0 $\frac{\text{MJ}}{\text{kg } C_2H_2}$ bei 25 °C sind zu ermitteln:

a) der Sauerstoffbedarf in $\frac{\text{kmol } O_2}{\text{kmol } C_2H_2}$

b) der spezifische Heizwert in $\frac{\text{MJ}}{\text{kg}}$ und der auf das Normvolumen bezogene Heizwert in $\frac{\text{MJ}}{m^3}$.

Zu a: $1\,C_2H_2 + 2{,}5\,O_2 \rightleftharpoons 2\,CO_2 + 1\,H_2O$

Die Gleichung gilt unter anderem für 1 kmol C_2H_2, demnach beträgt der Sauerstoffbedarf $2{,}5\,\frac{\text{kmol } O_2}{\text{kmol } C_2H_2}$.

Zu b: 1 kmol C_2H_2 sind $m_B = 26$ kg C_2H_2. Sie ergeben durch Verbrennung $m_{H_2O} = 18$ kg H_2O, d.h.

$$w_a = \frac{m_{H_2O}}{m_B} = \frac{18\text{ kg } H_2O}{26\text{ kg } C_2H_2} = 0{,}693\,\frac{\text{kg } H_2O}{\text{kg } C_2H_2}$$

Spezifischer Heizwert (Gl 9.3):

$$H_u = H_o - w_a r = 50{,}0 \frac{\text{MJ}}{\text{kg C}_2\text{H}_2} - 0{,}693 \frac{\text{kg H}_2\text{O}}{\text{kg C}_2\text{H}_2} \cdot 2{,}442 \frac{\text{MJ}}{\text{kg H}_2\text{O}}$$

$$\underline{H_u = 48{,}3 \frac{\text{MJ}}{\text{kg C}_2\text{H}_2}}$$

Auf das Normvolumen bezogener Heizwert: Mit $\varrho_n = 1{,}1722 \frac{\text{kg}}{\text{m}^3}$ **(T 2.1)** wird nach (Gl 9.2b) und (Gl 2.8b):

$$H_{un} = H_u \frac{M}{V_{mn}} = H_u \varrho_n$$

$$H_{un} = 48{,}3 \frac{\text{MJ}}{\text{kg}} \cdot 1{,}1722 \frac{\text{kg}}{\text{m}^3} = \underline{56{,}6 \frac{\text{MJ}}{\text{m}^3}}$$

Aufgabe 9.1: Hexan (C_6H_{14}) hat einen spezifischen Heizwert von $45{,}1 \frac{\text{MJ}}{\text{kg}}$ bei 25 °C. Aus diesem Wert ist der spezifische Brennwert zu berechnen.

9.2 Verbrennungsrechnung

Ziel ist die Berechnung des Sauerstoff- und Luftbedarfs sowie der Verbrennungsgasmenge und -zusammensetzung.

9.2.1 Feste und flüssige Brennstoffe

Die Berechnung ist darauf ausgerichtet, daß die Elementaranalyse des Brennstoffes bekannt, die Bindungsformen der Elemente aber unbekannt sind, was in der Regel zutrifft. Für chemisch einfach aufgebaute Stoffe aber, wie z.B. Benzol (C_6H_6), empfiehlt sich die Berechnung nach Abschn. 9.2.2.[1]

Sauerstoffbedarf. Bei der Behandlung chemischer Reaktionen ist es zweckmäßig, mit Stoffmengen in kmol zu rechnen, da dann die Reaktionsgleichungen ohne Veränderung anwendbar sind (Gl 9.6). Wir setzen voraus, daß die Brennstoffzusammensetzung in Massenanteilen gegeben ist. Diese Massenanteile (in kg Anteil/kg Brennstoff) rechnen wir in kmol Anteil/kg Brennstoff wie folgt um.

Nach (Gl 2.5) gilt z.B. für den Kohlenstoff:

$$n_c = \frac{m_c}{M_c} = \frac{c\, m_B}{M_c} \qquad \text{mit } c = \frac{m_c}{m_B}$$

Hierin sind m_c die mit dem Brennstoff eingebrachte Kohlenstoffmasse, m_b die Brennstoffmasse, c der Kohlenstoffmassenanteil, n_c die mit dem Brennstoff eingebrachte Kohlenstoffmenge in kmol und M_c die molare Kohlenstoffmasse.

Daraus ergibt sich die in 1 kg Brennstoff enthaltene Kohlenstoffmenge in kmol c zu:

$$\frac{n_c}{m_B} = \frac{c}{M_c} = \left\{\frac{c}{12}\right\} \qquad \frac{c}{12} \text{ in } \frac{\text{kmol C}}{\text{kg B}}$$

[1] Die hier dargestellte Berechnung, nach der sich bei festen und flüssigen Stoffen die Mengen in kmol/kg B ergeben, wird in der Praxis bevorzugt. Der Vorteil zeigt sich besonders bei Brenngasen, bei denen die Mengen in kmol/kmol B ermittelt werden. Man kann natürlich auch Gln entwickeln, nach denen sich die Sauerstoff-, Luft- und Verbrennungsgasmengen als Massen (in kg/kg B) ergeben.

Entsprechend gilt für Wasserstoff, Schwefel und Sauerstoff, jeweils in kmol je kg Brennstoff[1]:

$$\frac{n_h}{m_B}=\frac{h}{M_h}=\left\{\frac{h}{2}\right\} \qquad \frac{n_s}{m_B}=\frac{s}{M_s}=\left\{\frac{s}{32}\right\} \qquad \frac{n_o}{m_B}=\frac{o}{M_o}=\left\{\frac{o}{32}\right\}$$

Nun ist für 1 kmol C zur vollständigen Verbrennung 1 kmol O_2 erforderlich (Gl 9.6a), also wird für die je kg Brennstoff vorhandene Kohlenstoffmenge $\frac{c}{12}\left(\text{in}\ \frac{\text{kmol C}}{\text{kg B}}\right)$ die Sauerstoffmenge $\frac{c}{12}\left(\text{in}\ \frac{\text{kmol O}_2}{\text{kg B}}\right)$ benötigt. Für 1 kmol H_2 ist $\frac{1}{2}$ kmol O_2 erforderlich (Gl 9.6 d), für die Wasserstoffmenge $\frac{h}{2}\left(\text{in}\ \frac{\text{kmol H}_2}{\text{kg B}}\right)$ wird dann die Sauerstoffmenge $\frac{h}{4}\left(\text{in}\ \frac{\text{kmol O}_2}{\text{kg B}}\right)$ gebraucht. Für die Schwefelmenge $\frac{s}{32}\left(\text{in}\ \frac{\text{kmol S}}{\text{kg B}}\right)$ ist die Sauerstoffmenge $\frac{s}{32}\left(\text{in}\ \frac{\text{kmol O}_2}{\text{kg B}}\right)$ erforderlich (Gl 9.6e).

Der im Brennstoff bereits vorhandene Sauerstoff $o\left(\text{in}\ \frac{\text{kg O}_2}{\text{kg B}}\right)$ oder $\frac{o}{32}\left(\text{in}\ \frac{\text{kmol O}_2}{\text{kg B}}\right)$ braucht nicht mehr zugeführt zu werden und muß daher bei der Ermittlung der theoretisch zur vollständigen Verbrennung erforderlichen Sauerstoffmenge abgezogen werden. Diese auf die Brennstoffmenge bezogene Sauerstoffmenge heißt *Mindestsauerstoffbedarf*[2].

$$\{o_{min}\}=\frac{c}{12}+\frac{h}{4}+\frac{s}{32}-\frac{o}{32} \qquad o_{min}\ \text{in}\ \frac{\text{kmol O}_2}{\text{kg B}} \tag{Gl 9.7}$$

Luftbedarf. 1 kmol trockene Luft enthält 0,21 kmol Sauerstoff. Der Rest besteht aus Stickstoff und kleinen Mengen anderer nicht an der Verbrennung beteiligter Gase. Wir bezeichnen die theoretisch zur vollständigen Verbrennung erforderliche, auf die Brennstoffmenge bezogene Luftmenge als *Mindestluftbedarf:*

$$l_{min}=\frac{o_{min}\ \text{kmol L}}{0{,}21\ \text{kmol O}_2} \tag{Gl 9.8}$$

(Gl 9.8) gilt für trockene Luft. Das Einheitenzeichen kmol L in (Gl 9.8) und folgenden Gln bedeutet daher immer kmol *trockene* Luft.

Die Luftfeuchte wird hier am besten als Beladung w_l (Gl 6.12b) in kmol H_2O je kmol *trockener* Luft angegeben. Dieses Verhältnis ist gleichbedeutend mit dem des Partialdruckes des Wasserdampfes p_d^* zu dem der trockenen Luft p_l^* (Abschn. 6.4.3):

$$w_l=\frac{p_d^*}{p_l^*}=\frac{p_d^*}{p-p_d^*} \qquad w_l=\frac{\varphi_l\, p_s}{p-\varphi_l\, p_s}\ \frac{\text{kmol H}_2\text{O}}{\text{kmol L}} \tag{Gl 9.9a}$$

mit der relativen Feuchte der Luft φ_l (Gl 6.56) und dem Sättigungsdruck des Wasserdampfes p_s (T 6.1). Die auf die Brennstoffmenge bezogene *feuchte* Mindestluftmenge ist

$$l_{min\,f}=(1+w_l)\, l_{min} \tag{Gl 9.9b}$$

---

[1] Die molaren Massen wurden abgerundet. Nachfolgend wird bei den Zahlenwerten $\frac{c}{12}$, $\frac{n}{4}$ usw. wegen der besseren Lesbarkeit auf die Klammer { } verzichtet.

[2] (Gl 9.7) ist, wie viele Gleichungen in der Verbrennungsrechnung, eine Zahlenwertgleichung.

Für die Umrechnung des Sauerstoff- oder Luftbedarfs von kmol in kg gilt: $m = nM$ (Gl 2.5); für die Umrechnung von kmol in das Normvolumen V_n gilt (Gl 2.7): $V_n = n V_{mn}$, mit $V_{mn} = 22{,}4 \frac{m^3}{kmol}$ (Gl 2.6) für das ideale Gas. Zur Berechnung der Luftmenge in m^3 feuchte Luft s. Beispiel 9.4.

Luftüberschuß. Im praktischen Feuerungsbetrieb muß mehr Luft zugeführt werden, als theoretisch erforderlich ist, da sonst nicht jedem brennbaren Molekül der erforderliche Sauerstoff zugeteilt werden könnte. Das Verhältnis der wirklich zugeführten zur theoretisch bei vollständiger Verbrennung erforderlichen Mindestluftmenge heißt *Luftverhältnis* λ:

$$\lambda = \frac{l}{l_{min}}$$

Die tatsächlich zuzuführende Verbrennungsluftmenge ist

$$l = \lambda l_{min} \qquad \textbf{(Gl 9.10 a)}$$

Der *Luftüberschuß*

$$l_ü = (\lambda - 1)\, l_{min} \qquad \textbf{(Gl 9.10 b)}$$

soll möglichst gering sein. Erfahrungswerte für das Luftverhältnis betragen $\lambda \approx 1{,}05 \ldots 1{,}2$ für Öl- und Gasgebläsebrenner, $\lambda \approx 1{,}2 \ldots 1{,}5$ für Kohle, $\lambda \approx 1{,}2 \ldots 2{,}0$ für Gasbrenner ohne Gebläse.

Verbrennungsgasmenge. Die gasförmigen Verbrennungsprodukte werden *Verbrennungsgas* oder – beim Verlassen der Feuerung – *Abgas* genannt. Bei vollständiger Verbrennung kann das Verbrennungsgas CO_2, SO_2, H_2O, N_2 und O_2 enthalten. Die gesamte auf die Brennstoffmenge bezogene *feuchte Verbrennungsgasmenge* v_f ist bei vollständiger Verbrennung[1]

$$v_f = v_{CO_2} + v_{SO_2} + v_{H_2O} + v_{N_2} + v_{O_2} \qquad \textbf{(Gl 9.11)}$$

Ein Teil dieser Bestandteile entsteht bei der chemischen Reaktion des Brennstoffes, z.B. wird aus 1 kmol C 1 kmol CO_2 (Gl 9.6a). Aus der in 1 kg Brennstoff enthaltenen Kohlenstoffmenge $\frac{c}{12}\left(\text{in } \frac{\text{kmol C}}{\text{kg B}}\right)$ entsteht demnach die CO_2-Menge $\frac{c}{12}\left(\text{in } \frac{\text{kmol CO}_2}{\text{kg B}}\right)$. Entsprechendes gilt für die übrigen brennbaren Elemente. Daneben gehen die im Brennstoff und in der Verbrennungsluft vorhandenen Wasser- und Stickstoffmengen und der überschüssige Sauerstoff in das Verbrennungsgas über. Die Stickstoffmenge des Brennstoffes ist $\frac{n}{28}\left(\text{in } \frac{\text{kmol N}_2}{\text{kg B}}\right)$, die Wassermenge im Brennstoff ist $\frac{w}{18}\left(\text{in } \frac{\text{kmol H}_2\text{O}}{\text{kg B}}\right)$. Die Stickstoffmenge der Luft ist (Edelgase und CO_2-Gehalt der Luft zum Stickstoff zugerechnet) $0{,}79\,\lambda \{l_{min}\}$, die mit der Luft zugeführte Wasserdampfmenge ist $w_l\,\lambda \{l_{min}\}$, der Sauerstoffüberschuß ist $0{,}21 \{l - l_{min}\} = 0{,}21 \{\lambda - 1)\{l_{min}\}$.

[1] Für die auf die Brennstoffmenge bezogene Verbrennungsgas*menge* verwenden wir in der Verbrennungslehre das Formelzeichen v. Diese Mengenbezeichnung darf nicht mit dem *spezifischen Volumen* des Verbrennungsgases verwechselt werden. Bei festen und flüssigen Brennstoffen bedeutet $v = \frac{n_a}{m_B}$, bei gasförmigen ist $v = \frac{n_a}{n_B}$ mit n_a = Verbrennungsgasmenge. Den Index a verwenden wir einheitlich für Verbrennungsgas und Abgas.

Somit ergibt sich bei *vollständiger* Verbrennung für die *Einzelbestandteile des Verbrennungsgases* je kg Brennstoff:[1]

$$\left.\begin{aligned}
\{v_{CO_2}\} &= \frac{c}{12} & & v_{CO_2} \text{ in } \frac{\text{kmol CO}_2}{\text{kg B}} \\
\{v_{SO_2}\} &= \frac{s}{32} & & v_{SO_2} \text{ in } \frac{\text{kmol SO}_2}{\text{kg B}} \\
\{v_{H_2O}\} &= \frac{h}{2} + \frac{w}{18} + w_1 \lambda \, \{l_{min}\} & & v_{H_2O} \text{ in } \frac{\text{kmol H}_2\text{O}}{\text{kg B}} \\
\{v_{N_2}\} &= \frac{n}{28} + 0{,}79\, \lambda \, \{l_{min}\} & & v_{N_2} \text{ in } \frac{\text{kmol N}_2}{\text{kg B}} \\
\{v_{O_2}\} &= 0{,}21\, (\lambda - 1)\, \{l_{min}\} & & v_{O_2} \text{ in } \frac{\text{kmol O}_2}{\text{kg B}}
\end{aligned}\right\} \quad \textbf{(Gl 9.12)}$$

Für verschiedene verbrennungstechnische Berechnungen ist die Kenntnis der *trockenen Verbrennungsgasmenge* erforderlich. Darunter versteht man die Verbrennungsgasmenge ohne den Wasseranteil. Sie ist bei *vollständiger* Verbrennung:

$$v_t = v_{CO_2} + v_{SO_2} + v_{N_2} + v_{O_2} \qquad \textbf{(Gl 9.13)}$$

Zusammenhang zwischen trockener und feuchter Verbrennungsgasmenge:

$$v_f = v_t + v_{H_2O} \qquad \textbf{(Gl 9.14)}$$

Die *Mindestverbrennungsgasmenge* $v_{min\,f}$ (feucht) oder $v_{min\,t}$ (trocken) entsteht bei vollständiger Verbrennung ohne Luftüberschuß. Sie kann nach (Gl 9.11) bis (Gl 9.13) mit $\lambda = 1$ oder nach der Überlegung berechnet werden, daß die Differenz zwischen der wirklichen und der kleinsten Verbrennungsgasmenge durch den Luftüberschuß $(\lambda - 1)\, l_{min}$ und die Wassermenge der Überschußluft $w_1(\lambda - 1)\, l_{min}$ verursacht wird. Zusammenhang zwischen wirklicher und Mindestverbrennungsgasmenge:

$$v_f = v_{min\,f} + (\lambda - 1)\,(1 + w_1)\, l_{min} \qquad \textbf{(Gl 9.15a)}$$

$$v_t = v_{min\,t} + (\lambda - 1)\, l_{min} \qquad \textbf{(Gl 9.15b)}$$

Gl 9.15a und Gl 9.15b gelten nur für vollständige Verbrennung ($\lambda \geq 1$).

Für die Umrechnung der Verbrennungsgasmenge von kmol in kg bzw. in das Normvolumen gelten, wie bei der Umrechnung des Luftbedarfs, (Gl 2.5) bzw. (Gl 2.7). Die Angabe des Normvolumens wird durch den Index n gekennzeichnet, z. B. $l_{min\,n}$, v_{fn}.

In vereinfachten Berechnungen wird oft mit trockener Verbrennungsluft ($w_1 = 0$) gerechnet. Das Verbrennungsgas ist in der Regel trotzdem feucht, weil die meisten Brennstoffe Wasser oder Wasserstoff enthalten. Bei sehr genauen Berechnungen werden statt der abgerundeten molaren Massen die genauen Werte und bei der Umrechnung in das Normvolumen das wirkliche Volumen jedes einzelnen Gases eingesetzt **(T 2.1).** Außerdem werden dann die Edelgase und das Kohlendioxid der Luft nicht gemeinsam mit dem Stickstoff, sondern getrennt berücksichtigt.

---

[1] Die Gl für v_{N_2} gilt auch bei unvollständiger Verbrennung.

Unvollständige Verbrennung. Bei der unvollständigen Verbrennung treten im Verbrennungsgas brennbare Gase wie CO, CH_4, schwere Kohlenwasserstoffe oder H_2 auf; (Gl 9.11) bis (Gl 9.15) gelten dann nicht. Die Ursache kann Luftmangel oder ungenügende Durchmischung von Brennstoff und Luft trotz ausreichender Luftzufuhr sein. Im zweiten Fall tritt außerdem freier Sauerstoff im Verbrennungsgas auf. In normalen Feuerungen ist die unvollständige Verbrennung wegen der hohen Verluste durch die chemisch gebundene Energie äußerst unerwünscht. 1% CO im Verbrennungsgas verursacht z.B. einen Wirkungsgradverlust der Feuerung von etwa 4 bis 6%! In Sonderfällen, wie z.B. bei metallurgischen Prozessen, kann auch unvollständige Verbrennung unter Luftmangel beabsichtigt sein. Durch diese *reduzierende Feuerungsatmosphäre* wird die Oxidation des Metalls stark verringert. Die Verbrennungsgasmenge und -zusammensetzung ändern sich gegenüber der vollständigen Verbrennung durch die brennbaren Gase sowie den bei ungenügender Durchmischung nicht verbrauchten Sauerstoff. Wir behandeln die unvollständige Verbrennung in Beispiel 9.3 und Beispiel 9.5.

Stickoxide. Stickoxide werden im Vergleich zu den anderen Verbrennungsprodukten nur in geringer Menge gebildet und daher in der Bilanz vernachlässigt. Stickstoffmonoxid NO, auf das ca. (90...95)% des bei der Verbrennung entstehenden NO_x entfällt, verändert die Verbrennungsgasmenge bei $\lambda > 1$ nicht, da sich $1\,N_2$ mit $1\,O_2$ zu $2\,NO$ verbinden. Stickstoffdioxid NO_2 bindet zusätzlich $\frac{1}{2}\,O_2$, so daß sich die Verbrennungsgasmenge dadurch geringfügig verringert.

Verbrennungsgaszusammensetzung. Als Bestandteil des feuchten Verbrennungsgases treten CO_2, SO_2, H_2O, O_2 und N_2 auf, bei unvollständiger Verbrennung zusätzlich CO sowie CH_4 und H_2; schwere Kohlenwasserstoffe wollen wir vernachlässigen, ebenso NO_x, wenn es sich nicht ausdrücklich um eine Schadstoffbetrachtung handelt (vgl. Abschn. 9.7). Beim trockenen Verbrennungsgas wird das H_2O nicht angegeben. Die für verschiedene Berechnungen notwendigen Stoffmengenanteile im trockenen Verbrennungsgas kennzeichnen wir durch den hochgestellten Index a. Auch für die trockene Verbrennungsgasmenge verwenden wir hier den hochgestellten Index a (v_t^a). Die mit v_t^a aufgestellten Gleichungen gelten für vollständige und unvollständige Verbrennung. Bei vollständiger Verbrennung ist v_t^a mit der nach Gl 9.12/9.13 ermittelten Verbrennungsgasmenge v_t identisch, dann ist $v_t^a = v_t$.

Die Stoffmengenanteile im trockenen Verbrennungsgas sind (z.B. Kohlendioxidanteil, die übrigen entsprechend):

$$CO_2^a = \frac{v_{CO_2}}{v_t^a} \qquad \textbf{(Gl 9.16)}$$

Die Summe der Stoffmengenanteile des trockenen Verbrennungsgases ist:

$$CO_2^a + SO_2^a + O_2^a + N_2^a + CO^a + CH_4^a + H_2^a = 1 \qquad \textbf{(Gl 9.17)}$$

Beispiel 9.2: Heizöl S, bestehend aus 84,4% Kohlenstoff, 11,7% Wasserstoff und 3,9% Schwefel wird mit feuchter Luft von 1 bar, 25 °C und 60% relativer Feuchte bei 15% Luftüberschuß vollständig verbrannt.

Es sind, bei vernachlässigter Abweichung vom idealen Gaszustand, als Normvolumen in m^3/kg Brennstoff zu ermitteln:

a) der Mindestluftbedarf,

b) die feuchte und trockene Mindestverbrennungsgasmenge,

c) die tatsächliche feuchte und trockene Verbrennungsgasmenge.

Zu a: Mindestsauerstoffbedarf (Gl 9.7):

$$\{o_{\min}\} = \frac{c}{12} + \frac{h}{4} + \frac{s}{32} \qquad o_{\min} \text{ in } \frac{\text{kmol O}_2}{\text{kg B}}$$

$$\{o_{\min}\} = \frac{0{,}844}{12} + \frac{0{,}117}{4} + \frac{0{,}039}{32}$$

$$o_{\min} = 0{,}1008\ \frac{\text{kmol O}_2}{\text{kg B}}$$

Mindestluftbedarf (Gl 9.8):

$$l_{\min} = \frac{o_{\min}\ \text{kmol L}}{0{,}21\ \text{kmol O}_2} = \frac{0{,}1008\ \text{kmol O}_2\ \text{kmol L}}{\text{kg B}\ 0{,}21\ \text{kmol O}_2} = 0{,}48\ \frac{\text{kmol L}}{\text{kg B}}$$

$$l_{\min\,n} = l_{\min} V_{m\,n} = 0{,}48\ \frac{\text{kmol L}}{\text{kg B}} \cdot 22{,}4\ \frac{\text{m}^3}{\text{kmol}} = \underline{10{,}75\ \frac{\text{m}^3\ \text{L}}{\text{kg B}}}$$

Zu b: Feuchte Mindestverbrennungsgasmenge,[1] (Gl 9.11) und (Gl 9.12) mit $\lambda = 1$:

$$\{v_{\min f}\} = \frac{c}{12} + \frac{s}{32} + \frac{h}{2} + w_1\{l_{\min}\} + 0{,}79\ l_{\min} \qquad v_{\min f} \text{ in } \frac{\text{kmol fA}}{\text{kg B}}$$

$$\{v_{\min f}\} = \frac{0{,}844}{12} + \frac{0{,}039}{32} + \frac{0{,}117}{2} + 0{,}0194 \cdot 0{,}48 + 0{,}79 \cdot 0{,}48$$

$$v_{\min f} = 0{,}518\ \frac{\text{kmol fA}}{\text{kg B}}$$

$$v_{\min f\,n} = 0{,}518\ \frac{\text{kmol fA}}{\text{kg B}} \cdot 22{,}4\ \frac{\text{m}^3}{\text{kmol}} = \underline{11{,}6\ \frac{\text{m}^3\ \text{fA}}{\text{kg B}}}$$

darin ist die Luftfeuchte (Gl 9.9 a):

$$w_1 = \frac{\varphi_1 p_s}{p - \varphi_1 p_s}\ \frac{\text{kmol H}_2\text{O}}{\text{kmol L}}$$

$$w_1 = \frac{0{,}6 \cdot 0{,}03170\ \text{bar}}{1\ \text{bar} - 0{,}6 \cdot 0{,}03170\ \text{bar}} \cdot \frac{\text{kmol H}_2\text{O}}{\text{kmol L}} = 0{,}0194\ \frac{\text{kmol H}_2\text{O}}{\text{kmol L}}$$

Trockene Mindestverbrennungsgasmenge, (Gl 9.13) und (Gl 9.12) mit $\lambda = 1$:

$$\{v_{\min t}\} = \frac{c}{12} + \frac{s}{32} + 0{,}79\{l_{\min}\} \qquad v_{\min t} \text{ in } \frac{\text{kmol tA}}{\text{kg B}}$$

$$\{v_{\min t}\} = \frac{0{,}844}{12} + \frac{0{,}039}{32} + 0{,}79 \cdot 0{,}48$$

$$v_{\min t} = 0{,}450\ \frac{\text{kmol t A}}{\text{kg B}}$$

$$v_{\min t\,n} = 0{,}450\ \frac{\text{kmol t A}}{\text{kg B}}\ 22{,}4\ \frac{\text{m}^3}{\text{kmol}} = \underline{10{,}1\ \frac{\text{m}^3\ \text{t A}}{\text{kg B}}}$$

[1] Das Einheitenzeichen A verwenden wir einheitlich für Verbrennungsgas und Abgas.

Zu c: Tatsächliche feuchte Verbrennungsgasmenge (Gl 9.15a):

$$v_f = v_{\min f} + (\lambda - 1)\,(1 + w_l)\,l_{\min}$$

$$v_{fn} = 11{,}6\,\frac{\text{m}^3\ \text{fA}}{\text{kg B}} + (1{,}15 - 1)\,(1 + 0{,}0194)\cdot 10{,}75\,\frac{\text{m}^3}{\text{kg B}}$$

$$\underline{v_{fn} = 13{,}24\,\frac{\text{m}^3\ \text{fA}}{\text{kg B}}}$$

Tatsächliche trockene Verbrennungsgasmenge (Gl 9.15b):

$$v_t = v_{\min t} + (\lambda - 1)\,l_{\min}$$

$$v_{tn} = 10{,}1\,\frac{\text{m}^3\ \text{t A}}{\text{kg B}} + (1{,}15 - 1)\cdot 10{,}75\,\frac{\text{m}^3}{\text{kg B}}$$

$$\underline{v_{tn} = 11{,}71\,\frac{\text{m}^3\ \text{t A}}{\text{kg B}}}$$

Aufgabe 9.2: In einem Dampfkessel wird Braunkohle mit 62,5% Kohlenstoff, 4,3% Wasserstoff, 0,2% Schwefel, 18% Sauerstoff, 10% Wasser und 5% Asche verfeuert. Die Verbrennung erfolgt mit Luft von 12°C, 995 mbar und 75% relativer Feuchte bei 40% Luftüberschuß. Es sind zu berechnen, zu b) bis d) bei vernachlässigter Abweichung vom idealen Gaszustand,

a) spezifischer Heizwert und Brennwert nach Näherungsgleichungen,

b) Luftbedarf,

c) feuchte und trockene Mindestverbrennungsgasmenge,

d) tatsächliche feuchte und trockene Verbrennungsgasmenge.

Beispiel 9.3: Das Heizöl des Beispiels 9.2 ($c = 0{,}844$; $h = 0{,}117$; $s = 0{,}039$) wird mit 5% Luftmangel verbrannt. Neben den Endprodukten der Verbrennung soll im Verbrennungsgas nur CO als unverbrannter Bestandteil auftreten. Fester Kohlenstoff bleibt nicht zurück, freier Sauerstoff tritt nicht auf.

Es sind zu berechnen:

a) die feuchte und trockene Verbrennungsgasmenge in $\frac{\text{kmol}}{\text{kg B}}$,

b) die prozentuale Verbrennungsgaszusammensetzung, bezogen auf trockenes Verbrennungsgas.

Aus Beispiel 9.2 werden folgende Zwischenergebnisse übernommen:

$$o_{\min} = 0{,}1008\ \text{kmol O}_2/\text{kg B};\qquad l_{\min} = 0{,}48\ \text{kmol L/kg B};$$

$$w_l = 0{,}0194\ \text{kmol H}_2\text{O/kmol L}$$

Zu a: Bei Luftmangel und sauerstofffreiem Verbrennungsgas ist der Sauerstoffmangel gleich dem Sauerstoffrestbedarf zur vollständigen Verbrennung ($o_{\text{Man}} = o_{\text{Bed}}$). Für den Sauerstoffmangel gilt

$$o_{\text{Man}} = (1 - \lambda)\,o_{\text{Min}}$$

Wenn nur CO als brennbarer Verbrennungsgasbestandteil auftritt, so ist der Sauerstoffrestbedarf (Gl 9.6c)

$$\{o_{\text{Bed}}\} = \frac{\{v_{\text{CO}}\}}{2}$$

Daraus:

$$\{v_{\text{CO}}\} = 2(1 - \lambda)\{o_{\min}\}\qquad v_{\text{CO}}\ \text{in}\ \frac{\text{kmol CO}}{\text{kg B}}$$

$$v_{\text{CO}} = 2\,(1 - 0{,}95)\,0{,}1008\,\frac{\text{kmol CO}}{\text{kg B}} = 0{,}0101\,\frac{\text{kmol CO}}{\text{kg B}}$$

Infolge O_2-Mangel verbrennt der Kohlenstoffanteil c' nach CO statt nach CO_2. Aus 1 kmol C entsteht bei unvollständiger Verbrennung 1 kmol CO (Gl 9.6b), aus $\frac{c'}{12}\left(\text{in } \frac{\text{kmol C}}{\text{kg B}}\right)$ entsteht demnach die CO-Menge $\frac{c'}{12}\left(\text{in } \frac{\text{kmol CO}}{\text{kg B}}\right)$. Somit:

$$\{v_{CO}\} = \frac{c'}{12} \qquad v_{CO} \text{ in } \frac{\text{kmol CO}}{\text{kg B}}$$

$$c' = 12\{v_{CO}\} = 12 \cdot 0{,}0101 = 0{,}121 \text{ in } \frac{\text{kg C}}{\text{kg B}}$$

Die übrigen Verbrennungsgasbestandteile sind in $\frac{\text{kmol}}{\text{kg B}}$ (Gl 9.12):

$$\{v_{CO_2}\} = \frac{c - c'}{12} = \frac{0{,}844 - 0{,}121}{12}$$

$$v_{CO_2} = 0{,}0602 \frac{\text{kmol } CO_2}{\text{kg B}}$$

$$\{v_{SO_2}\} = \frac{s}{32} = \frac{0{,}039}{32}$$

$$v_{SO_2} = 0{,}0012 \frac{\text{kmol } SO_2}{\text{kg B}}$$

$$\{v_{H_2O}\} = \frac{h}{2} + w_1 \lambda \{l_{min}\} = \frac{0{,}117}{2} + 0{,}0194 \cdot 0{,}95 \cdot 0{,}48$$

$$v_{H_2O} = 0{,}0673 \frac{\text{kmol } H_2O}{\text{kg B}}$$

$$\{v_{N_2}\} = 0{,}79 \lambda \{l_{min}\} = 0{,}79 \cdot 0{,}95 \cdot 0{,}48$$

$$v_{N_2} = 0{,}360 \frac{\text{kmol } N_2}{\text{kg B}}$$

Gesamte feuchte Verbrennungsgasmenge:

$$v_{fu} = v_{CO} + v_{CO_2} + v_{SO_2} + v_{H_2O} + v_{N_2}$$

$$v_{fu} = (0{,}0101 + 0{,}0602 + 0{,}0012 + 0{,}0673 + 0{,}360) \frac{\text{kmol fA}}{\text{kg B}}$$

$$\underline{v_{fu} \approx 0{,}499 \frac{\text{kmol fA}}{\text{kg B}}}$$

Gesamte trockene Verbrennungsgasmenge:[1]

$$v_{tu} = v_{CO} + v_{CO_2} + v_{SO_2} + v_{N_2}$$

$$v_{tu} = (0{,}0101 + 0{,}0602 + 0{,}0012 + 0{,}360) \frac{\text{kmol tA}}{\text{kg B}} \approx \underline{0{,}432 \frac{\text{kmol tA}}{\text{kg B}}}$$

[1] Index u zur Kennzeichnung der unvollständigen Verbrennung.

Zu b: Verbrennungsgaszusammensetzung, bezogen auf trockenes Verbrennungsgas (Gl 9.16):

$$CO_2^a = \frac{v_{CO_2}}{v_{tu}} = \frac{0{,}0602\,\dfrac{\text{kmol CO}_2}{\text{kg B}}}{0{,}432\,\dfrac{\text{kmol tA}}{\text{kg B}}} = 0{,}1394\,\frac{\text{kmol CO}_2}{\text{kmol tA}} \quad \text{oder} \quad \underline{13{,}94\,\%}$$

$$CO^a = \frac{v_{CO}}{v_{tu}} = \frac{0{,}0101\,\dfrac{\text{kmol CO}}{\text{kg B}}}{0{,}432\,\dfrac{\text{kmol tA}}{\text{kg B}}} = 0{,}0234\,\frac{\text{kmol CO}}{\text{kmol tA}} \quad \text{oder} \quad \underline{2{,}34\,\%}$$

$$SO_2^a = \frac{v_{SO_2}}{v_{tu}} = \frac{0{,}0012\,\dfrac{\text{kmol SO}_2}{\text{kg B}}}{0{,}432\,\dfrac{\text{kmol tA}}{\text{kg B}}} = 0{,}0028\,\frac{\text{kmol SO}_2}{\text{kmol tA}} \quad \text{oder} \quad \underline{0{,}28\,\%}$$

$$N_2^a = \frac{v_{N_2}}{v_{tu}} = \frac{0{,}360\,\dfrac{\text{kmol N}_2}{\text{kg B}}}{0{,}432\,\dfrac{\text{kmol tA}}{\text{kg B}}} = 0{,}8344\,\frac{\text{kmol N}_2}{\text{kmol tA}} \quad \text{oder} \quad \underline{83{,}44\,\%}$$

9.2.2 Gasförmige Brennstoffe

Außer für Gase ist die hier behandelte Berechnung auch für chemisch einfach aufgebaute Flüssigkeiten zweckmäßig. Die nachfolgenden Gleichungen sind für schwefelfreie Brenngase aufgestellt, wovon bei Brenngasen der öffentlichen Gasversorgung ausgegangen werden kann.

Sauerstoff- und Luftbedarf. Wir stellen für einzelne Gase zusätzliche Reaktionsgleichungen auf:

$$1\,CH_4 + 2\,O_2 \rightleftharpoons 1\,CO_2 + 2\,H_2O \qquad \textbf{(Gl 9.6f)}$$

$$1\,C_2H_4 + 3\,O_2 \rightleftharpoons 2\,CO_2 + 2\,H_2O \qquad \textbf{(Gl 9.6g)}$$

oder für beliebige Kohlenwasserstoffe

$$1\,C_nH_m + \left(n + \frac{m}{4}\right) O_2 \rightleftharpoons n\,CO_2 + \frac{m}{2}\,H_2O \qquad \textbf{(Gl 9.6h)}$$

Aus den Reaktionsgleichungen kann der Sauerstoffbedarf direkt abgelesen werden. Wenn man nämlich für 1 kmol CH_4 zur Verbrennung 2 kmol O_2 benötigt, so ist z.B. für einen 25%igen Methananteil im Brenngas die Sauerstoffmenge $2\,CH_4^b = 2 \cdot 0{,}25\,\frac{\text{kmol O}_2}{\text{kmol B}} = 0{,}5\,\frac{\text{kmol O}_2}{\text{kmol B}}$ erforderlich. Der gesamte *Mindestsauerstoffbedarf* ist:

$$o_{min} = \left[\frac{1}{2}(CO^b + H_2^b) + 2\,CH_4^b + \Sigma\left(n + \frac{m}{4}\right) C_nH_m^b - O_2^b\right] \frac{\text{kmol O}_2}{\text{kmol B}} \qquad \textbf{(Gl 9.18)}$$

Daraus ergibt sich der Mindestluftbedarf (Gl 9.8). Für Luftüberschuß gilt (Gl 9.10), für die Luftfeuchte (Gl 9.9).

Da die Gaszusammensetzung in Raumanteilen des trockenen Gases ermittelt wird, gilt (Gl 9.18) für trockenes Brenngas. Das Einheitenzeichen kmol B bedeutet daher immer kmol *trockenes* Brenngas. Im allgemeinen ist das Brenngas feucht. Als Bezugsgröße wird aber am besten die *trockene Gasmenge* in kmol beibehalten, aus der die Masse mittels der molaren Masse des Gases (Gln 6.10 oder 6.11) und daraus das Volumen ermittelt werden können (Gl 6.58).

Verbrennungsgasmenge. Das Verbrennungsgas setzt sich bei vollständiger Verbrennung aus den gleichen Bestandteilen wie bei festen und flüssigen Brennstoffen zusammen (Gl 9.11 und Gl 9.13 bis Gl 9.15). Die Bestandteile ergeben sich aus den Reaktionsgleichungen, aus dem Zustand und dem Überschuß der Verbrennungsluft und aus der Brenngasfeuchte. Die Brenngasfeuchte wird, wie die Luftfeuchte, hier als Beladung w_g, bezogen auf die *trockene Brenngasmenge,* angegeben:

$$w_g = \frac{p_d^*}{p_g^*} = \frac{\varphi_g \, p_s}{p - \varphi_g \, p_s} \, \frac{\text{kmol H}_2\text{O}}{\text{kmol B}} \qquad \textbf{(Gl 9.19)}$$

Die Einzelbestandteile sind:

$$\left.\begin{aligned}
v_{CO_2} &= (CO^b + CH_4^b + \Sigma\, n\, C_n H_m^b + CO_2^b) \, \frac{\text{kmol CO}_2}{\text{kmol B}} \\
v_{H_2O} &= \left(H_2^b + 2\, CH_4^b + \Sigma \, \frac{m}{2} \, C_n H_m^b + w_l \, \lambda \, l_{min} + w_g \right) \frac{\text{kmol H}_2\text{O}}{\text{kmol B}} \\
v_{N_2} &= (N_2^b + 0{,}79 \, \lambda \, l_{min}) \, \frac{\text{kmol N}_2}{\text{kmol B}} \\
v_{O_2} &= 0{,}21 \, (\lambda - 1) \, l_{min} \, \frac{\text{kmol O}_2}{\text{kmol B}}
\end{aligned}\right\} \qquad \textbf{(Gl 9.20)}$$

Die Mindestverbrennungsgasmenge ergibt sich wieder bei $\lambda = 1$, bzw. nach (Gl 9.15).

Bei vernachlässigter Abweichung vom idealen Gaszustand ist zu (Gl 9.18) bis (Gl 9.20) sowie zu (Gl 9.8) und (Gl 9.9) bei Angabe des Normvolumens auch die Einheit m^3/m^3 gültig.

Beispiel 9.4: Feuchtes Kokereigas von 1,3 bar, 15 °C und 80% relativer Feuchte wird mit feuchter Luft von 1,01 bar, 20 °C und 70% relativer Feuchte verbrannt. Gaszusammensetzung in Molprozenten, bezogen auf trockenes Gas: 21,5% CO, 51,5% H_2, 17,0% CH_4, 2,0% C_2H_4, 4% CO_2, 4% N_2.

Es sind bei vernachlässigter Abweichung vom idealen Gaszustand zu bestimmen:

a) der Mindestluftbedarf als Normvolumen in $\frac{\text{m}^3\ \text{L}}{\text{m}^3\ \text{B}}$ und als wirkliches Volumen in $\frac{\text{m}^3\ \text{fL}}{\text{m}^3\ \text{fB}}$

b) die feuchte Mindestverbrennungsgasmenge als Normvolumen in $\frac{\text{m}^3\ \text{fA}}{\text{m}^3\ \text{B}}$

Zu a) Mindestsauerstoffbedarf (Gl 9.18), bei Angabe als Normvolumen:

$$o_{min\,n} = \left[\frac{1}{2} (CO^b + H_2^b) + 2\, CH_4^b + \left(2 + \frac{4}{4} \right) C_2 H_4^b \right] \frac{\text{m}^3\ \text{O}_2}{\text{m}^3\ \text{B}}$$

$$o_{\min n} = \left[\frac{1}{2}(0{,}215 + 0{,}515) + 2 \cdot 0{,}17 + 3 \cdot 0{,}02\right] \frac{m^3\ O_2}{m^3\ B}$$

$$o_{\min n} = 0{,}765\ \frac{m^3\ O_2}{m^3\ B}$$

Mindestluftbedarf (Gl 9.8), bei Angabe als Normvolumen:

$$l_{\min n} = \frac{o_{\min}\ m^3\ L}{0{,}21\ m^3\ O_2} = \frac{0{,}765\ m^3\ O_2\ m^3\ L}{m^3\ B \cdot 0{,}21\ m^3\ O_2} = 3{,}64\ \frac{m^3\ L}{m^3\ B}$$

Umrechnung in das wirkliche Volumen in $\frac{m^3\ fL}{m^3\ fB}$:

Wir ermitteln das Verhältnis des wirklichen Volumens zum Normvolumen, indem wir die im Normzustand in V_{gn} enthaltene Masse des trockenen Gases (Gl 2.3) und die im wirklichen Zustand in V_{fg} enthaltene Masse des trockenen Gases (Gl 6.58) errechnen und gleichsetzen:

(Gl 2.3) $m_g = \frac{p_n V_{gn}}{R_g T_n}$ (trockenes Gas)

(Gl 6.58) $m_g = \frac{(p_{ges\,g} - \varphi_g p_{sg}) V_{fg}}{R_g T_g}$ (feuchtes Gas)

daraus, mit p_{sg} nach **T 6.1**:

$$\frac{V_{fg}}{V_{gn}} = \frac{p_n T_g}{T_n (p_{ges\,g} - \varphi_g p_{sg})}$$

$$\frac{V_{fg}}{V_{gn}} = \frac{1{,}01325\ \text{bar} \cdot 288\ \text{K}}{273\ \text{K}\,(1{,}3 - 0{,}8 \cdot 0{,}01706)\ \text{bar}} = 0{,}831$$

Entsprechend ergibt sich für die Luft:

$$\frac{V_{fl}}{V_{ln}} = \frac{p_n T_l}{T_n (p_{ges\,l} - \varphi_l p_{sl})}$$

$$\frac{V_{fl}}{V_{ln}} = \frac{1{,}01325\ \text{bar} \cdot 293\ \text{K}}{273\ \text{K}\,(1{,}01 - 0{,}7 \cdot 0{,}02339)\ \text{bar}} = 1{,}094$$

Das wirkliche Mindestluftvolumen, bezogen auf das wirkliche Brenngasvolumen in m^3 fB, ist dann:

$$l_{\min f} = l_{\min n} \frac{V_{gn}}{V_{fg}} \frac{V_{fl}}{V_{ln}}$$

$$l_{\min f} = \frac{3{,}64\ m^3\ L \cdot 1{,}094}{m^3\ B \cdot 0{,}831} = 4{,}79\ \frac{m^3\ (f) L}{m^3\ (f) B}$$

Zu b) Feuchte Mindestverbrennungsgasmenge, (Gl 9.11) und (Gl 9.20) mit $\lambda = 1$:

$$v_{\min fn} = (CO^b + CH_4^b + 2\ C_2H_4^b + CO_2^b + H_2^b + 2\ CH_4^b + 2\ C_2H_4^b + $$
$$+ w_{ln} l_{\min n} + w_g + N_2^b + 0{,}79\, l_{\min n})\ \frac{m^3\ fA}{m^3\ B}$$

Hierin sind w_l und w_g nach (Gl 9.9a) und (Gl 9.19):

$$w_l = \frac{\varphi_l\, p_s}{p - \varphi_l p_s} \; \frac{m^3\ H_2O}{m^3\ L}$$

$$w_l = \frac{0{,}7 \cdot 0{,}02339\ \text{bar}}{1{,}01\ \text{bar} - 0{,}7 \cdot 0{,}02339\ \text{bar}} \; \frac{m^3\ H_2O}{m^3\ L} = 0{,}0165\ \frac{m^3\ H_2O}{m^3\ L}$$

$$w_g = \frac{\varphi_g\, p_s}{p - \varphi_g p_s} \; \frac{m^3\ H_2O}{m^3\ B}$$

$$w_g = \frac{0{,}8 \cdot 0{,}01706\ \text{bar}}{1{,}3\ \text{bar} - 0{,}8 \cdot 0{,}01706\ \text{bar}} \; \frac{m^3\ H_2O}{m^3\ B} = 0{,}0106\ \frac{m^3\ H_2O}{m^3\ B}$$

Damit wird

$$v_{\min fn} = (0{,}215 + 0{,}17 + 2 \cdot 0{,}02 + 0{,}04 + 0{,}515 + 2 \cdot 0{,}17 + 2 \cdot 0{,}02 + \\ + 0{,}0165 \cdot 3{,}64 + 0{,}0106 + 0{,}04 + 0{,}79 \cdot 3{,}64)\ \frac{m^3\ fA}{m^3\ B}$$

$$\underline{v_{\min fn} = 4{,}35\ \frac{m^3\ fA}{m^3\ B}}$$

Aufgabe 9.3: Für Propan (C_3H_8) ist der prozentuale CO_2-Gehalt des Verbrennungsgases, bezogen auf die trockene Verbrennungsgasmenge zu bestimmen, wenn eine vollständige Verbrennung mit dem Mindestluftbedarf erfolgt. Es ist näherungsweise mit idealem Gasverhalten zu rechnen.

Beispiel 9.5: Das Kokereigas des Beispiels 9.4 wird mit 10% Luftmangel verbrannt, weil aus Werkstoffgründen eine reduzierende Feuerungsatmosphäre verlangt wird.

Zu berechnen sind, bei vernachlässigter Abweichung vom idealen Gasverhalten

a) die tatsächlich zuführende Luftmenge,
b) die prozentuale Verbrennungsgaszusammensetzung, bezogen auf die trockene Verbrennungsgasmenge, wenn nur CO als brennbarer Verbrennungsgasbestandteil und kein freier Sauerstoff auftreten.

Die Berechnung erfolgt in $\frac{\text{kmol}}{\text{kmol}}$, wobei die in Beispiel 9.4 für das Normvolumen in $\frac{m^3}{m^3}$ ermittelten Ergebnisse unverändert übernommen werden können:

$$o_{\min} = 0{,}765\ \text{kmol}\ O_2/\text{kmol B}; \qquad l_{\min} = 3{,}64\ \text{kmol L/kmol B};$$

Zu a: Tatsächliche Luftmenge (Gl 9.10):

$$l = \lambda\, l_{\min} = 0{,}9 \cdot 3{,}64\ \frac{\text{kmol L}}{\text{kmol B}} = \underline{3{,}28\ \frac{\text{kmol L}}{\text{kmol B}}}$$

Zu b: Das trockene Verbrennungsgas setzt sich bei dieser unvollständigen Verbrennung aus CO, CO_2 und N_2 zusammen:

$$v_{tu} = v_{CO} + v_{CO_2} + v_{N_2}$$

Wir ermitteln zunächst die CO-Menge v_{CO} (vgl. Beispiel 9.3):

$$v_{CO} = 2(1 - \lambda)\, o_{\min}$$

$$v_{CO} = 2(1 - 0{,}9)\, 0{,}765\ \frac{\text{kmol CO}}{\text{kmol B}}$$

$$v_{CO} = 0{,}153\ \frac{\text{kmol CO}}{\text{kmol B}}$$

Die CO_2-Menge im Verbrennungsgas ist gegenüber der vollständigen Verbrennung um die CO-Menge v_{CO} verringert:

$$v_{CO_2} = v_{CO_2,\,\text{vollst}} - v_{CO}$$

Hierin $v_{CO_2,\,\text{vollst}}$ nach Gl 9.20:

$$v_{CO_2} = (CO^b + CH_4^b + 2\,C_2H_4^b + CO_2^b - v_{CO})\,\frac{\text{kmol CO}_2}{\text{kmol B}}$$

$$v_{CO_2} = (0{,}215 + 0{,}17 + 2 \cdot 0{,}02 + 0{,}04 - 0{,}153)\,\frac{\text{kmol CO}_2}{\text{kmol B}} = 0{,}312\,\frac{\text{kmol CO}_2}{\text{kmol B}}$$

Stickstoffgehalt (Gl 9.20):

$$v_{N_2} = (N_2^b + 0{,}79\,\lambda\,l_{min})\,\frac{\text{kmol N}_2}{\text{kmol B}}$$

$$v_{N_2} = (0{,}04 + 0{,}79 \cdot 0{,}9 \cdot 3{,}64)\,\frac{\text{kmol N}_2}{\text{kmol B}} = 2{,}63\,\frac{\text{kmol N}_2}{\text{kmol B}}$$

Gesamte trockene Verbrennungsgasmenge:

$$v_{tu} = (0{,}153 + 0{,}312 + 2{,}63)\,\frac{\text{kmol tA}}{\text{kmol B}} = 3{,}095\,\frac{\text{kmol tA}}{\text{kmol B}}$$

Verbrennungsgaszusammensetzung (Gl 9.16):

$$CO^a = \frac{v_{CO}}{v_{tu}} = \frac{0{,}153\,\frac{\text{kmol CO}}{\text{kmol B}}}{3{,}095\,\frac{\text{kmol tA}}{\text{kmol B}}} = \underline{0{,}0495\,\frac{\text{kmol CO}}{\text{kmol tA}}} \quad \text{oder} \quad \underline{4{,}95\,\%}$$

$$CO_2^a = \frac{v_{CO_2}}{v_{tu}} = \frac{0{,}312\,\frac{\text{kmol CO}_2}{\text{kmol B}}}{3{,}095\,\frac{\text{kmol tA}}{\text{kmol B}}} = \underline{0{,}1010\,\frac{\text{kmol CO}_2}{\text{kmol tA}}} \quad \text{oder} \quad \underline{10{,}10\,\%}$$

$$N_2^a = \frac{v_{N_2}}{v_{tu}} = \frac{2{,}63\,\frac{\text{kmol N}_2}{\text{kmol B}}}{3{,}095\,\frac{\text{kmol tA}}{\text{kmol B}}} = \underline{0{,}8495\,\frac{\text{kmol N}_2}{\text{kmol tA}}} \quad \text{oder} \quad \underline{84{,}95\,\%}$$

9.2.3 Näherungslösungen

Eine angenäherte Ermittlung des Mindestluftbedarfs und der Mindestverbrennungsgasmenge ist bei Kenntnis des Heizwertes durch empirische Gleichungen möglich, wie sie beispielsweise von *Rosin* und *Fehling* angegeben wurden **(T 9.1).**

Die Gleichungen sind bis zu einem Aschegehalt von etwa 10% anwendbar, darüber hinaus sind Korrekturen erforderlich. Die Genauigkeit ist bei festen und flüssigen Brennstoffen größer als bei Gasen. Die Auswertung der Gleichungen kann auch durch graphische Darstellung erfolgen.

T 9.1 Normvolumen der Mindestluft- und Mindestverbrennungsgasmengen (Näherungsgleichungen)*

Brennstoff	Gl	Mindestluftbedarf $l_{min\,n}$	Gl	Mindestverbrennungsgasmenge $v_{min\,fn}$	Werte als Normvolumen
Feste Brennstoffe $\left(H_u \text{ in } \frac{MJ}{kg}\right)$	**9.21a**	$0{,}241\,\{H_u\}+0{,}5$	**9.21b**	$0{,}213\,\{H_u\}+1{,}65$	in $\frac{m^3}{kg\ B}$
Flüssige Brennstoffe $\left(H_u \text{ in } \frac{MJ}{kg}\right)$	**9.22a**	$0{,}203\,\{H_u\}+2{,}0$	**9.22b**	$0{,}265\,\{H_u\}$	in $\frac{m^3}{kg\ B}$
Armgase $\left(H_{u\,n} < 13\,\frac{MJ}{m^3}\right)$	**9.23a**	$0{,}209\,\{H_{u\,n}\}$	**9.23b**	$0{,}173\,\{H_{u\,n}\}+1{,}0$	in $\frac{m^3}{m^3\ B}$
Starkgase $\left(H_{u\,n} \geqq 13\,\frac{MJ}{m^3}\right)$	**9.24a**	$0{,}260\,\{H_{u\,n}\}-0{,}25$	**9.24b**	$0{,}272\,\{H_{u\,n}\}+0{,}25$	in $\frac{m^3}{m^3\ B}$

* Graphische Lösungen siehe [17].

Durch zusätzliche Einführung bestimmter Brennstoffkenngrößen, auf die hier nicht näher eingegangen wird, läßt sich bei festen und flüssigen Brennstoffen durch solche vereinfachten Berechnungsverfahren eine Genauigkeit von $\pm 1\%$ erzielen, wenn der Schwefelgehalt nicht extrem hoch ist. Dieses Verfahren hat in letzter Zeit besonders bei automatischer Feuerungsregelung und bei Programmierung der Verbrennung durch Prozeßrechner Bedeutung erlangt.

Aufgabe 9.4: Bei Verbrennung mit 10% Luftüberschuß sind der Luftbedarf und die Verbrennungsgasmenge zu bestimmen

a) für Heizöl mit einem spezifischen Heizwert von $42\,\frac{MJ}{kg}$

b) für Erdgas mit einem auf das Normvolumen bezogenen Heizwert von $37\,\frac{MJ}{m^3}$

9.3 Verbrennungskontrolle

9.3.1 Meßmethode

Bei der Verbrennung soll der Luftüberschuß so gering wie möglich sein, denn mit der überschüssig zugeführten Luft steigt die Abgasmenge und damit die in ihr abgeführte Energie, d.h. der Abgasverlust.[1] Andererseits muß der Luftüberschuß so groß sein, daß die Verbrennung vollständig ist und keine brennbaren Stoffe die Feuerung unge-

[1] Die Verbrennungskontrolle erfolgt in der Regel am Ende der Feuerstätte, daher sprechen wir in diesem Abschnitt von *Abgas*. In einer dichten Feuerung ändert sich die Verbrennungsgasmenge bis zum Abgasaustritt nicht.

nutzt verlassen. Außerdem soll das Abgas möglichst wenig Schadstoffe enthalten. Um die Güte der Verbrennung zu überprüfen, müssen demnach das Luftverhältnis, eventuell vorhandene brennbare Abgasbestandteile, Schadstoffe und feste Rückstände ermittelt werden.

Eine unmittelbare Messung der Luftmenge macht Schwierigkeiten, insbesondere weil auch die an undichten Stellen der Feuerung angesaugte Falschluft zur Bestimmung des Abgasverlustes erfaßt werden muß. Auch die Abgasmenge läßt sich kaum direkt messen. Das Luftverhältnis und die auf die Brennstoffmenge bezogene Abgasmenge können aber aus der Abgaszusammensetzung berechnet werden. Die Abgasanalyse gibt also volle Auskunft darüber, ob die Verbrennung richtig geführt wird, vorausgesetzt, daß die Menge der eventuell vorhandenen festen brennbaren Rückstände bekannt ist.

Eine Analyse ist mittels chemischer und physikalischer Methoden möglich. Die Analyse des Abgases von Feuerungen wird bei Raumtemperatur durchgeführt, bei der der größte Teil des Wasserdampfes des feuchten Abgases bereits kondensiert ist. Das Abgas ist also gesättigt. Bei der chemischen Analyse im *Orsatgerät* werden die Abgasbestandteile CO_2, O_2 und CO nacheinander in geeigneten Flüssigkeiten absorbiert. Dabei verringert sich auch der Wasserdampfgehalt der Probe um die gleichen Volumenanteile wie der jeweils absorbierte Abgasbestandteil, da das durch den absorbierten Bestandteil vorher dampfförmig gehaltene Wasser infolge der Volumenverringerung der Probe auskondensiert (Abschn. 6.2.1).

Die Meßwerte ergeben daher die auf das *trockene* Abgas bezogene Abgasanalyse. Die Volumenanteile im Meßzustand sind gleichbedeutend mit der Menge in $\frac{\text{kmol Anteil}}{\text{kmol tA}}$ bzw. $\frac{\text{m}^3\,\text{Anteil}}{\text{m}^3\,\text{tA}}$ im physikalischen Normzustand, wenn wir das Abgas als ideales Gas betrachten (Gl 9.16 und Gl 9.17).

Auf Prüfständen für Kraftfahrzeuge ergeben sich die Meßwerte für den Nachweis der Euro- oder US-Norm jedoch als Volumenanteile des *feuchten* Abgases, da das Abgas entweder bei hoher Temperatur (ca. 185 °C) oder nach vorheriger Verdünnung mit Luft (1:8 bis 1:10) analysiert wird, so daß der Wasserdampf nicht kondensiert. Dagegen werden bei der Nachuntersuchung (ASU) die Emissionswerte im *trockenen* Abgas ermittelt.

Statt des beschriebenen Verfahrens nach Orsat werden heute weitgehend physikalische Meßverfahren (z. B. auf Infrarotabsorptionsbasis) angewandt.

9.3.2 Auswertung der Messung

Stoffbilanzen. Alle Stoffe, die der Feuerung zugeführt werden, müssen sie auch wieder verlassen **(B 9.1)**. Zugeführt wird neben dem Brennstoff die feuchte Verbrennungsluft; abgeführt werden das Abgas mit den Bestandteilen CO_2, SO_2, H_2O, N_2 und O_2, und bei unvollständiger Verbrennung zusätzlich CO, H_2 und CH_4, ferner die festen Rückstände, die Asche und, bei unvollständiger Verbrennung, auch feste Brennstoffteile enthalten. Schwere Kohlenwasserstoffe und NO_x können wir wegen der geringen Mengen bei diesen Stoffbilanzen vernachlässigen. Es wird vorausgesetzt, daß die *brennbaren*

Rückstände nur aus Kohlenstoff bestehen, während die übrigen brennbaren Bestandteile restlos in das Abgas übergehen. Diese Voraussetzung stimmt mit der Erfahrung überein. Den Anteil des unverbrannt gebliebenen Kohlenstoffs bezeichnen wir mit $\bar{c}$.

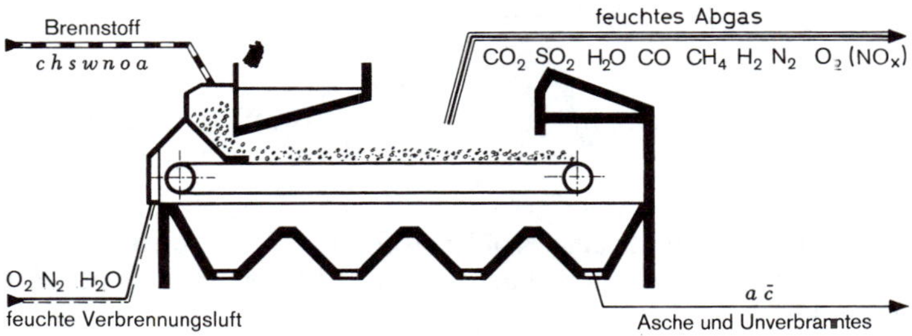

B 9.1 Stoffdurchsatz in einer Feuerung

Wir stellen für die einzelnen in der Feuerung durchgesetzten Stoffe Bilanzen auf und werden daraus die Abgasmenge und das Luftverhältnis ermitteln.

Abgasmenge. Die Abgasmenge kann aus der Kohlenstoffbilanz bestimmt werden. Bei festen und flüssigen Brennstoffen wird der Feuerung die Kohlenstoffmenge $\frac{c}{12}\left(\text{in } \frac{\text{kmol C}}{\text{kg B}}\right)$ zugeführt, bei unvollständiger Verbrennung werden $\frac{\bar{c}}{12}\left(\text{in } \frac{\text{kmol C}}{\text{kg B}}\right)$ als fester Kohlenstoff abgeführt. Im Abgas wird Kohlenstoff in Form von CO_2, CO und CH_4 abgeführt, die Anteile davon werden durch die Abgasanalyse in $\frac{\text{kmol Anteil}}{\text{kmol tA}}$ ermittelt. Nun ist in 1 kmol CO_2 ebenso wie in 1 kmol CO oder in 1 kmol CH_4 jeweils 1 kmol C enthalten. Wir können für die Abgasanteile CO_2^a, CO^a und CH_4^a demnach als Einheit $\frac{\text{kmol C}}{\text{kmol tA}}$ setzen. Wenn wir die Summe aus den Anteilen CO_2^a, CO^a und CH_4^a mit der trockenen Abgasmenge v_t^a in der Einheit $\frac{\text{kmol tA}}{\text{kg B}}$ multiplizieren, so erhalten wir den mit den Abgasen abgeführten Kohlenstoff in $\frac{\text{kmol C}}{\text{kg B}}$:

$$\{v_t^a\}\,(CO_2^a + CO^a + CH_4^a)$$

Kohlenstoffbilanz je kg Brennstoff:

zugeführter = abgeführter Kohlenstoff

$$\frac{c}{12} = \frac{\bar{c}}{12} + \{v_t^a\}\,(CO_2^a + CO^a + CH_4^a)$$

$$\{v_t^a\}\,(CO_2^a + CO^a + CH_4^a) = \frac{c - \bar{c}}{12} = \frac{\alpha c}{12}$$

mit dem vergasten Kohlenstoff $\alpha c = c - \bar{c}$

Trockene Abgasmenge je kg Brennstoff:

$$\{v_t^a\} = \frac{\alpha \frac{c}{12}}{CO_2^a + CO^a + CH_4^a} \qquad v_t^a \text{ in } \frac{\text{kmol tA}}{\text{kg B}} \qquad \textbf{(Gl 9.25)}$$

Die auf die Brennstoffmenge bezogene trockene Abgasmenge kann also ohne unmittelbare Messung, allein durch Analyse des Abgases und des Brennstoffes, sowie durch Ermittlung des unverbrannten Kohlenstoffes, bestimmt werden.

Die *feuchte Abgasmenge* ist dann, mit v_{H_2O} nach (Gl 9.12):

$$v_f^a = v_t^a + v_{H_2O} \qquad \textbf{(Gl 9.26)}$$

Die Kohlenstoffbilanz für gasförmige Brennstoffe wird in Beispiel 9.7 behandelt.

Luftverhältnis. Durch eine Kohlenstoff- und Stickstoffbilanz kann das Luftverhältnis aus der Abgasanalyse berechnet werden. Mit dem Brennstoff wird die Stickstoffmenge $\frac{n}{28}\left(\text{in } \frac{\text{kmol } N_2}{\text{kg B}}\right)$ und mit der Verbrennungsluft $0{,}79\lambda\,\{l_{min}\}\left(\text{in } \frac{\text{kmol } N_2}{\text{kg B}}\right)$ zugeführt, während im Abgas $\{v_t^a\}\, N_2^a \left(\text{in } \frac{\text{kmol } N_2}{\text{kg B}}\right)$ abgeführt werden.

Stickstoffbilanz je kg Brennstoff:

zugeführter = abgeführter Stickstoff

$$\frac{n}{28} + 0{,}79\lambda\,\{l_{min}\} = \{v_t^a\}\, N_2^a$$

$$\{v_t^a\} = \frac{0{,}79\lambda\,\{l_{min}\} + \dfrac{n}{28}}{N_2^a} \qquad v_t^a \text{ in } \frac{\text{kmol tA}}{\text{kg B}} \qquad \textbf{(Gl 9.27)}$$

Wir setzen die rechten Seiten der (Gl 9.25) und (Gl 9.27) gleich und erhalten mit $l_{min} = \frac{o_{min}}{0{,}21}$ (Gl 9.8) das Luftverhältnis bei *festen* und *flüssigen Brennstoffen*:

$$\lambda = \frac{21}{79}\,\frac{\dfrac{c}{12}}{\{o_{min}\}}\left(\frac{\alpha N_2^a}{CO_2^a + CO^a + CH_4^a} - \frac{\dfrac{n}{28}}{\dfrac{c}{12}}\right) \qquad \textbf{(Gl 9.28)}$$

Für *gasförmige Brennstoffe* – außer für reinen Wasserstoff – ergibt sich durch entsprechende Ableitung:

$$\lambda = \frac{21}{79\,o_{min}}\left[\frac{(CO^b + CH_4^b + \Sigma\, n\, C_n H_m^b + CO_2^b)\, N_2^a}{CO_2^a + CO^a + CH_4^a} - N_2^b\right] \qquad \textbf{(Gl 9.29)}$$

Eine *eingeschränkt gültige Gleichung* für das Luftverhältnis ergibt sich durch eine Sauerstoff- und Stickstoffbilanz:

Wir setzen für unvollständige Verbrennung, bei der jedoch nur CO neben den Endprodukten der Verbrennung auftreten soll, eine Bilanz für den überschüssig zugeführten Sauerstoff $0{,}21\,(\lambda - 1)\, l_{min}$ an. Dann ist der im Abgas wirklich vorhandene Sauerstoff $v_{O_2} = v_t^a\, O_2^a$ größer als der Sauerstoffüberschuß, da der für die Verbrennung des CO erforderliche Sauerstoff $\frac{v_{CO}}{2} = v_t^a \frac{CO^a}{2}$ eigentlich noch hätte verbraucht werden müssen. Er ist deshalb von dem vorhandenen Sauerstoff abzuziehen.

Sauerstoffbilanz für feste, flüssige und gasförmige Brennstoffe:

überschüssig zugeführter = im Abgas vorhandener — für CO erforderlicher Sauerstoff

$$0{,}21\,(\lambda-1)\,l_{\min}=v_{O_2}-\frac{v_{CO}}{2}=v_t^a\left(O_2^a-\frac{CO^a}{2}\right)$$

$$v_t^a=\frac{0{,}21\,(\lambda-1)\,l_{\min}}{O_2^a-\dfrac{CO^a}{2}} \qquad \textbf{(Gl 9.30)}$$

(Gl 9.30) gilt exakt für

$$\alpha=1, \qquad H_2^a=0 \quad \text{und} \quad CH_4^a=0$$

Die Stickstoffbilanz schränken wir auf Brennstoff ohne Stickstoff ein und erhalten aus (Gl 9.27) und (Gl 9.30) mit $n=0$ das *Luftverhältnis:*

$$\lambda=\frac{N_2^a}{N_2^a-\dfrac{79}{21}\left(O_2^a-\dfrac{CO^a}{2}\right)} \qquad \textbf{(Gl 9.31)}$$

(Gl 9.31) gilt exakt nur für $n=0$, $\alpha=1$, $H_2^a=0$ und $CH_4^a=0$, andernfalls gilt sie angenähert.

Eine einfache Gleichung für das Luftverhältnis erhält man durch eine zweimalige Kohlenstoffbilanz für den gleichen Brennstoff, aber einmal für $\lambda=1$ und vollständige Verbrennung, und einmal für $\lambda>1$, wobei auch CO im Abgas, sonst aber keine brennbaren Stoffe auftreten dürfen. Bei Verbrennung mit $\lambda=1$ entsteht wegen des fehlenden Luftüberschusses die kleinstmögliche Abgasmenge $v_{\min t}$, der CO_2-Anteil des Abgases nimmt dagegen den für den betreffenden Brennstoff größtmöglichen Wert $CO^a_{2\max}$ an, da keine Verdünnung des Abgases durch die Überschußluft eintritt.

Die abgeführte Kohlenstoffmenge ist vom Luftverhältnis unabhängig. Ansatz für feste, flüssige und gasförmige Brennstoffe:

$$v_{\min t}\,CO^a_{2\max}=v_t^a(CO_2^a+CO^a)$$

Wir ersetzen v_t^a (Gl 9.15b), wobei $v_t^a=v_t$ *bei vollständiger Verbrennung exakt,* bei unvollständiger mit guter Näherung gilt:

$$v_{\min t}\,CO^a_{2\max}=[v_{\min t}+(\lambda-1)\,l_{\min}]\,(CO_2^a+CO^a)$$

$$\lambda=1+\frac{v_{\min t}}{l_{\min}}\left(\frac{CO^a_{2\max}}{CO_2^a+CO^a}-1\right) \qquad \textbf{(Gl 9.32)}$$

Führt man die relativ grobe Näherung $v_{\min t}\approx l_{\min}$ ein, die für Brennstoffe mit hohem Brenn- und Heizwert für abschätzende Berechnungen zulässig ist, so erhält man für *überschlägliche Ermittlungen des Luftverhältnisses:*

$$\lambda\approx\frac{CO^a_{2\max}}{CO_2^a+CO^a} \qquad \textit{Näherungsgleichung} \qquad \textbf{(Gl 9.33)}$$

9.3.3 Verbrennungsdreiecke

Verbrennungsdreiecke veranschaulichen den Zusammenhang zwischen dem CO_2-, O_2- und CO-Gehalt des Abgases und ermöglichen die graphische Ermittlung des Luftverhältnisses.

Das *Bunte-Dreieck*[1] gilt jeweils für nur einen Brennstoff bei vollständiger Verbrennung ($CO^a = 0$). Über dem O_2-Gehalt des trockenen Abgases wird der CO_2-Gehalt aufgetragen **(B 9.2).** Bei $\lambda = \infty$ besteht das Abgas aus Luft mit 21 Vol.-% O_2 und 0 Vol.-% CO_2, bei vollständiger Verbrennung mit $\lambda = 1$ erreicht der CO_2-Gehalt bei 0 Vol.-% O_2 seinen maximal möglichen Wert $CO^a_{2\,max}$, der vom Kohlenstoffgehalt des Brennstoffes abhängt. Die lineare Verbindung dieser beiden Eckpunkte ergibt den Zusammenhang zwischen O_2 und CO_2 bei der vollständigen Verbrennung.

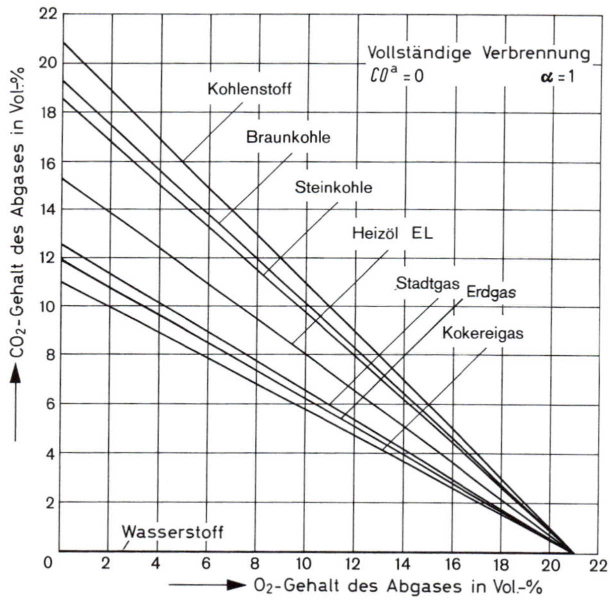

B 9.2 *Bunte*-Dreieck für verschiedene Brennstoffe

Aus dem Bunte-Dreieck ist für $CO^a = 0$ ablesbar:

$$\frac{CO^a_{2\,max}}{CO^a_2} = \frac{O^a_{2\,max}}{O^a_{2\,max} - O^a_2} = \frac{0{,}21}{0{,}21 - O^a_2}$$

In Gl 9.32 eingeführt ergibt sich für das Luftverhältnis *bei vollständiger Verbrennung exakt,* bei unvollständiger mit guter Näherung:

$$\lambda = 1 + \frac{v_{min\,t}}{l_{min}} \frac{O^a_2}{0{,}21 - O^a_2} \qquad \textbf{(Gl 9.34)}$$

---

[1] *Bunte, H. H. C.* (1848—1925), Chemiker, begründet die wissenschaftliche Verbrennungslehre.

Mit der Näherung $v_{min\,t} \approx l_{min}$ erhält man für *überschlägliche Ermittlungen des Luftverhältnisses:*

$$\lambda \approx \frac{0{,}21}{0{,}21 - O_2^a} \quad \textit{Näherungsgleichung} \qquad \textbf{(Gl 9.35)}$$

Auch das *Ostwald-Dreieck*[1] gilt jeweils nur für einen bestimmten Brennstoff und Verbrennung ohne feste brennbare Rückstände ($\alpha = 1$), jedoch wird die unvollständige Verbrennung des Kohlenstoffes erfaßt. Aus dem Ostwald-Dreieck kann das Luftverhältnis graphisch ermittelt und die Abgasanalyse auf ihre Richtigkeit überprüft werden, da durch Bestimmung zweier Abgasanteile (z.B. CO_2^a und CO^a) der dritte (O_2^a) bereits festliegt. Als Beispiel ist das Ostwald-Dreieck für Heizöl S angegeben **(B 9.3)**, auf die Berechnung des Dreiecks wird hier verzichtet.

Neben den genannten sind weitere Verbrennungsdreiecke bekannt.

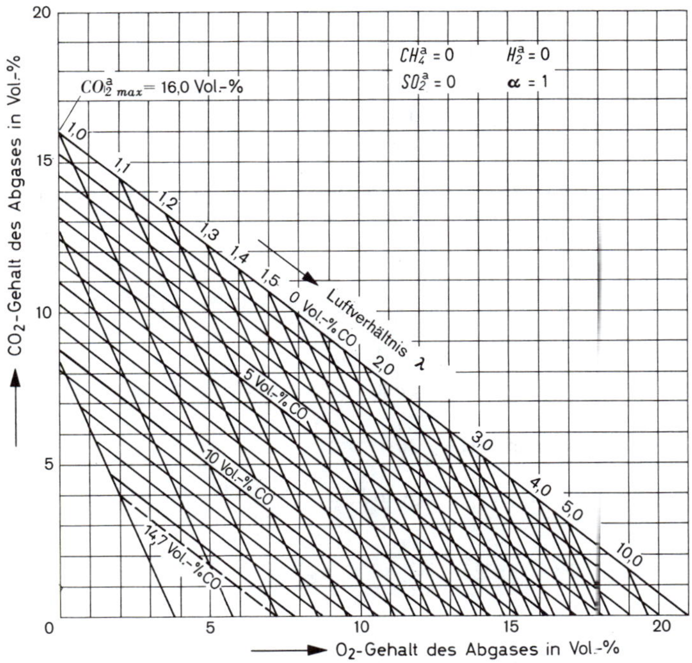

B 9.3 *Ostwald*-Dreieck für Heizöl S

Beispiel 9.6: Bei der Verbrennung von Heizöl S des Beispiels 9.2 ($c = 0{,}844$; $h = 0{,}117$; $s = 0{,}039$) ergibt die Abgasanalyse 8,0% CO_2, 9,5% O_2 und 0,8% CO. Andere brennbare Bestandteile enthält das Abgas nicht, geringe Rußmengen können vernachlässigt werden. Auf eine Korrektur der Abgasmengen infolge des Schwefelgehaltes im Brennstoff soll verzichtet werden.

Wie groß sind als Normvolumen in $\frac{m^3}{kg\ B}$, unter Vernachlässigung der Abweichung vom idealen Gaszustand

a) die Verbrennungsluftmenge

b) die feuchte Abgasmenge?

[1] *Ostwald, Walter* (1886—1958), Chemiker, Arbeitsgebiete Kraftfahrzeuge und Verbrennungstechnik.

Zu a: (Gl 9.31) gilt hier exakt. Darin ist N_2^a (Gl 9.17):

$$N_2^a = 1 - CO_2^a - O_2^a - CO^a = 1 - 0{,}080 - 0{,}095 - 0{,}008 = 0{,}817$$

$$\text{Luftverhältnis: } \lambda = \frac{N_2^a}{N_2^a - \frac{79}{21}\left(O_2^a - \frac{CO^a}{2}\right)} = \frac{0{,}817}{0{,}817 - \frac{79}{21}\left(0{,}095 - \frac{0{,}008}{2}\right)} = 1{,}72$$

Zugeführte Verbrennungsluftmenge ($l_{\min n} = 10{,}75\,\text{m}^3$ L/kg B, s. Beispiel 9.2):

$$l_n = \lambda\, l_{\min n} = 1{,}72 \cdot 10{,}75\,\frac{\text{m}^3\text{ L}}{\text{kg B}} = \underline{18{,}5\,\frac{\text{m}^3\text{ L}}{\text{kg B}}}$$

Zu b: Trockene Abgasmenge [(Gl 9.25), mit $\alpha = 1$ und $CH_4^a = 0$] in $\frac{\text{kmol tA}}{\text{kg B}}$

$$\{v_t^a\} = \frac{\frac{c}{12}}{CO_2^a + CO^a} = \frac{\frac{0{,}844}{12}}{0{,}08 + 0{,}008}$$

$$v_t^a = 0{,}798\,\frac{\text{kmol tA}}{\text{kg B}}$$

Wasserdampfmenge im Abgas [(Gl 9.12), $w_1 = 0{,}0194$ kmol H_2O/kmol L und $l_{\min} = 0{,}48$ kmol L/kg B, s. Beispiel 9.2] in $\frac{\text{kmol H}_2\text{O}}{\text{kg B}}$

$$\{v_{H_2O}\} = \frac{h}{2} + w_1\lambda\,\{l_{\min}\} = \frac{0{,}117}{2} + 0{,}0194 \cdot 1{,}72 \cdot 0{,}48$$

$$v_{H_2O} = 0{,}0745\,\frac{\text{kmol H}_2\text{O}}{\text{kg B}}$$

Feuchte Abgasmenge (Gl 9.26):

$$v_f^a = v_t^a + v_{H_2O} = (0{,}798 + 0{,}0745)\,\frac{\text{kmol}}{\text{kg B}}$$

$$v_{fn}^a = 0{,}8725\,\frac{\text{kmol fA}}{\text{kg B}}\,22{,}4\,\frac{\text{m}^3}{\text{kmol}} = \underline{19{,}5\,\frac{\text{m}^3\text{ fA}}{\text{kg B}}}$$

Beispiel 9.7: An einer mit Erdgas (90% CH_4, 2% C_2H_6 und 8% N_2) betriebenen Feuerung werden in Brennernähe 10,0% CO_2, am Abgasstutzen 9,4% CO_2 gemessen. CO und Ruß treten nicht auf. Die Verringerung des CO_2-Gehaltes kann nur durch Vergrößerung der Verbrennungsgasmenge infolge Falschluft verursacht worden sein.

Wie groß ist bei vernachlässigter Abweichung vom idealen Gaszustand die Falschluftmenge in $\frac{\text{kmol L}}{\text{kmol B}}$?

Verbrennungsgasmenge am Abgasstutzen v_{tA}^a und am Brenner v_{tB}^a mittels der Kohlenstoffbilanz:

$$v_t^a\, CO_2^a = CH_4^b + 2\, C_2H_6^b$$

$$v_t^a = \frac{CH_4^b + 2\, C_2H_6^b}{CO_2^a}$$

$$v_{tA}^{a} = \frac{(0{,}90 + 2 \cdot 0{,}02)\,\dfrac{\text{kmol C}}{\text{kmol B}}}{0{,}094\,\dfrac{\text{kmol C}}{\text{kmol tA}}} = 10{,}0\,\frac{\text{kmol tA}}{\text{kmol B}}$$

$$v_{tB}^{a} = \frac{(0{,}90 + 2 \cdot 0{,}02)\,\dfrac{\text{kmol C}}{\text{kmol B}}}{0{,}10\,\dfrac{\text{kmol C}}{\text{kmol tA}}} = 9{,}4\,\frac{\text{kmol tA}}{\text{kmol B}}$$

Die Erhöhung der Verbrennungsgasmenge ist gleich der Falschluftmenge:

$$l_{\text{falsch}} = v_{tA}^{a} - v_{tB}^{a}$$

$$l_{\text{falsch}} = (10{,}0 - 9{,}4)\,\frac{\text{kmol}}{\text{kmol B}} = \underline{0{,}6\,\frac{\text{kmol L}}{\text{kmol B}}}$$

Die Falschluft verschlechtert den Wirkungsgrad, die Undichtigkeiten an der Feuerung müssen daher beseitigt werden.

Aufgabe 9.5: Braunkohle mit $c = 0{,}36$, $h = 0{,}03$, $o = 0{,}14$, $a = 0{,}07$ und $w = 0{,}40$ wird mit Luft von 15 °C, 997 mbar und 80 % rel. Feuchte verbrannt. Im Abgas werden 10,0 % CO_2, 9,5 % O_2 und 1,0 % CO gefunden. 1 % der Brennstoffmenge verläßt als unvergaster Kohlenstoff die Feuerung.

Wie groß sind bei vernachlässigter Abweichung vom idealen Gaszustand als Normvolumen in $\frac{\text{m}^3}{\text{kg B}}$

a) die zugeführte trockene Luftmenge

b) die feuchte Abgasmenge?

Aufgabe 9.6: Trockenes Hochofengas (2 % H_2, 30 % CO, 8 % CO_2 und 60 % N_2) wird bei 5 % Luftmangel verbrannt.

Welche Meßwerte muß die Abgasanalyse ergeben, wenn nur CO als brennbarer Abgasbestandteil, kein Ruß und kein freier Sauerstoff im Abgas auftreten (näherungsweise ideales Gasverhalten vorausgesetzt)?

9.4 Theoretische Verbrennungstemperatur

Bei vollständiger Verbrennung in einem adiabaten System erreicht das Verbrennungsgas die *theoretische Verbrennungstemperatur*.

Wir führen einem solchen System Brennstoff mit der Enthalpie $H_{\text{B ges}}$ und Verbrennungsluft mit der Enthalpie H_l zu; abgeführt werden das Verbrennungsgas mit der Enthalpie H_a und die Asche, deren Enthalpie wir vernachlässigen wollen **(B 9.4).** Die Brennstoffenthalpie $H_{\text{B ges}}$ setzt sich aus dem chemisch gebundenen, als Heizwert bezeichneten Anteil und dem durch die Temperatur des Brennstoffes festliegenden Anteil H_B zusammen.

Die Enthalpie der Stoffe *vor* der Verbrennung fassen wir zu H_v zusammen und stellen sie gemeinsam mit der Verbrennungsgasenthalpie H_a in einem H, t-Diagramm dar **(B 9.5).** Das Diagramm gilt für einen bestimmten Brennstoff und festliegendes Luftverhältnis. Wir vereinbaren H_a für dampfförmig bleibendes H_2O sowie H_B und H_l gleich Null bei 0 °C.

Werden Brennstoff und Luft im Zustand 1 (**B 9.5**) mit der gemeinsamen Temperatur t_1 der adiabaten Feuerung zugeführt, so erreicht bei isobarer Verbrennung und vernachlässigter Änderung der kinetischen und potentiellen Energie das Verbrennungsgas den Zustand 2 (H = konst.) und damit die maximal mögliche Enthalpie $H_{a\,max}$. Die Temperatur des Punktes 2 ist die theoretische Verbrennungstemperatur t_{max}.

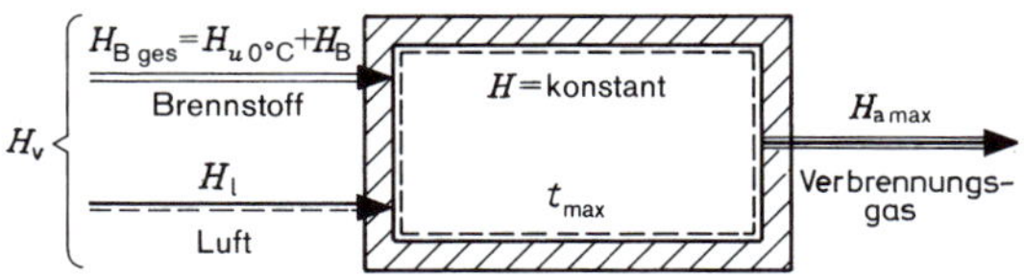

B 9.4 Theoretische Verbrennungstemperatur

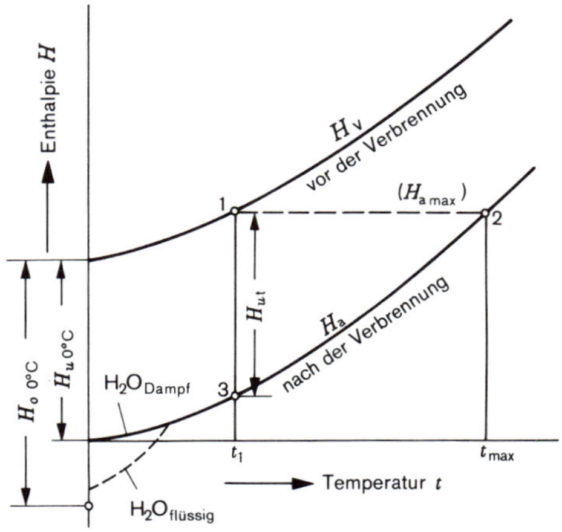

B 9.5 H,t-Diagramm der Verbrennung (λ = konstant)

Energiebilanz:[1]

$$H_{B\,ges} + H_l = H_{a\,max}$$

In $H_{B\,ges}$ ist der Heizwert bei 0 °C einzusetzen[2], nicht etwa der Brennwert, weil der Nullpunkt von H_a für dampfförmig bleibendes H_2O vereinbart wurde:

$$H_{B\,ges} = H_{u\,0°C} + H_B$$

$$H_{u\,0°C} + H_B + H_l = H_{a\,max} \qquad \textbf{(Gl 9.36)}$$

Für $H_{a\,max}$ gilt, bezogen auf die Brennstoffmenge (Gl 2.20):

$$H_{a\,max} - 0 = v_f\, C_{mpa}\Big|_{0°C}^{t_{max}} (t_{max} - 0\,°C)$$

$$H_{a\,max} = v_f\, C_{mpa}\Big|_{0°C}^{t_{max}} (t_{max} - 0\,°C) \qquad \textbf{(Gl 9.37)}$$

mit (Gl 6.15):

$$C_{mpa}\Big|_{0°C}^{t_{max}} = r_{CO_2}\, C_{mp\,CO_2}\Big|_{0°C}^{t_{max}} + r_{H_2O}\, C_{mp\,H_2O}\Big|_{0°C}^{t_{max}} + r_{SO_2}\, C_{mp\,SO_2}\Big|_{0°C}^{t_{max}} + $$
$$+ r_{N_2}\, C_{mp\,N_2}\Big|_{0°C}^{t_{max}} + r_{O_2}\, C_{mp\,O_2}\Big|_{0°C}^{t_{max}}$$

worin $r_{CO_2} = \frac{v_{CO_2}}{v_f}$, $r_{H_2O} = \frac{v_{H_2O}}{v_f}$ usw. sind. C_{mp} ist für 1 kmol einzusetzen.
In (Gl 9.36) eingesetzt:

$$t_{max} = \frac{H_{u\,0°C} + H_B + H_l}{v_f\, C_{mpa}\Big|_{0°C}^{t_{max}}} + 0\,°C \qquad \textbf{(Gl 9.38)}$$

---

[1] Bei isochorer Verbrennung gilt $U_{B\,ges} + U_l = U_{a\,max}$. Hierin ist $H_{u\,0°C}$ bei konstantem Volumen einzusetzen.
[2] Anstelle der Heizwerte bei 0 °C können mit guter Näherung die bei 25 °C tabellierten Werte verwendet werden.

Hierin ist H_B die mit dem Brennstoff von der Temperatur t_B eingebrachte und auf die Brennstoffmenge bezogene Enthalpie

$$H_B = c_{pB}\Big|_{0\,°C}^{t_B} (t_B - 0\,°C) \quad \text{für 1 kg Brennstoff} \qquad \textbf{(Gl 9.39a)}$$

$$H_B = C_{mpB}\Big|_{0\,°C}^{t_B} (t_B - 0\,°C) \quad \text{für 1 kmol Brennstoff} \qquad \textbf{(Gl 9.39b)}$$

mit c_{pB} für 1 kg, C_{mpB} für 1 kmol B. Die Enthalpie H_l der auf die Brennstoffmenge bezogenen Verbrennungsluft ist

$$H_l = \lambda\, l_{min}\, C_{mpl}\Big|_{0\,°C}^{t_l} (t_l - 0\,°C) \qquad \textbf{(Gl 9.40)}$$

mit C_{mpl} für 1 kmol Luft.

Luft- und Brenngasfeuchte wurden in Gl 9.39 und Gl 9.40 vernachlässigt. Außerdem erfolgte die Berechnung unter der Annahme, daß die Verbrennungsgasbestandteile nicht dissoziieren, worunter der mit Energieverbrauch verbundene Zerfall des CO_2 und H_2O, sowie bei höheren Temperaturen des H_2 und O_2 in ihre Atome und die Bildung von NO verstanden werden. Die Dissoziation tritt oberhalb von 1 500 °C merklich in Erscheinung und senkt die theoretische Verbrennungstemperatur.

Die auf die feuchte Verbrennungsgasmenge bezogene Enthalpie ist

$$H_{ma} = \frac{H_a}{v_f}$$

Diese Enthalpie schwankt bei Verbrennung mit Luft trotz der unterschiedlichen Verbrennungsgaszusammensetzung bei verschiedenen Brennstoffen nur um $\pm 1{,}5\%$, wie *Rosin* und *Fehling*[1] nachgewiesen haben. Man kann daher ein H_{ma}, t-Diagramm für die Enthalpie beliebiger Verbrennungsgase verwenden und die theoretische Verbrennungstemperatur für den Maximalwert

$$H_{ma\,max} = \frac{H_{a\,max}}{v_f} = \frac{H_{u\,0\,°C} + H_B + H_l}{v_f} \qquad \textbf{(Gl 9.41)}$$

angenähert graphisch ermitteln **(B 9.6).** Der Einfluß der Dissoziation ist hier berücksichtigt, die Werte für t_{max} sind daher etwas geringer als nach (Gl 9.38). In **(B 9.6)** tritt als Luftgehalt l_a der Molanteil der überschüssig zugeführten Luft im feuchten Verbrennungsgas auf:

$$l_a = \frac{(\lambda - 1)\, l_{min}}{v_f} \qquad \textbf{(Gl 9.42)}$$

l_a kann näherungsweise den Diagrammen in **(B 9.6)** oben entnommen werden.

Die theoretische Verbrennungstemperatur steigt mit höherem Heizwert, mit steigender Vorwärmung von Brennstoff und Verbrennungsluft und mit kleiner werdendem Luftverhältnis, vollständige Verbrennung vorausgesetzt. Verbrennung mit reinem Sauerstoff erhöht die Verbrennungstemperatur, weil die Verbrennungsgasmenge infolge des fehlenden Luftstickstoffes kleiner ist.

---

[1] *P. Rosin* und *R. Fehling:* das *i*, *t*-Diagramm der Verbrennung, Berlin: VDI-Verlag 1929.

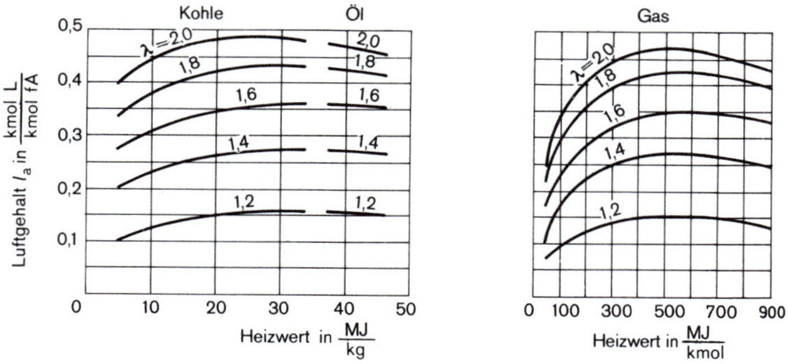

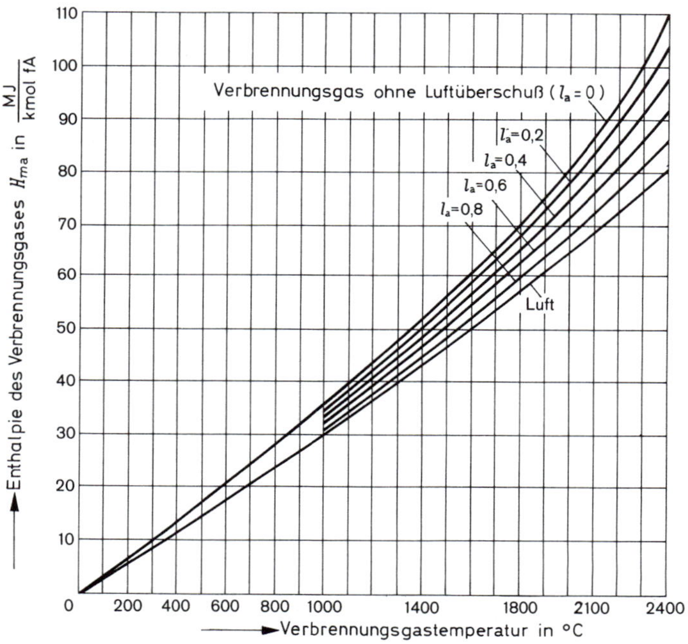

B 9.6 H_{ma}, t-Diagramm für Verbrennungsgase (nach *Rosin* und *Fehling*)

Im praktischen Feuerungsbetrieb bleibt die wirkliche Flammentemperatur wegen der sofort einsetzenden Wärmeabgabe weit unter dem theoretischen Wert, sie liegt für Verbrennung mit Luft bei etwa 1000 °C bis 1400 °C. Soll die theoretische Verbrennungstemperatur für Verbrennung bei konstantem Volumen ermittelt werden, so ist die Berechnung für $U_v = U_a$ durchzuführen, sowie der Heizwert $H_{u0\,°C}$ für konstantes Volumen einzusetzen.

In **(B 9.5)** kann man die Temperaturabhängigkeit des Heizwertes verfolgen. Der senkrechte Abstand zwischen H_v und H_a stellt den Heizwert bei der Temperatur t_1 dar ($H_{ut} = H_1 - H_3$). Wegen der unterschiedlichen Temperaturabhängigkeit der spezifischen Wärmekapazitäten der Stoffe vor und nach der Verbrennung wird der Abstand mit steigender Temperatur etwas geringer, d.h., der Heizwert fällt mit steigender Bezugstemperatur (Abschn. 9.1.1).

Außerdem wurde in **(B 9.5)** der Brennwert bei 0 °C $H_{o\,0\,°C}$ eingetragen. Er ist gegenüber $H_{u\,0\,°C}$ um die Verdampfungsenthalpie des gesamten vom Brennstoff verursachten H_2O im Verbrennungsgas größer. Der gestrichelte Verlauf H_a berücksichtigt die bei Abkühlung des Verbrennungsgases freiwerdende Kondensationsenthalpie des H_2O, von dem bei 0 °C nur noch ein kleiner, dem Sättigungszustand entsprechender Restbetrag dampfförmig im Verbrennungsgas zurückbleibt.

Beispiel 9.8: Das Kokereigas des Beispiels 9.4 (21,5% CO, 51,5% H_2, 17,0% CH_4, 2,0% C_2H_4, 4% CO_2, 4% N_2) wird bei 20% Luftüberschuß vollständig verbrannt. 30% der Verbrennungsluft wird als Erstluft, der Rest als vorgewärmte Zweitluft mit 200 °C zugeführt. Luft- und Gaszustand wie Beispiel 9.4; die Enthalpien des Kokereigases und der Erstluft können jedoch angenähert gleich Null und $H_{u\,0\,°C} = H_{u\,25\,°C}$ gesetzt werden.

Die theoretische Verbrennungstemperatur ist zu ermitteln

a) rechnerisch

b) mit Hilfe des H_{ma}, t-Diagramms.

Zu a: Verbrennungstemperatur (Gl 9.38):

$$t_{max} = \frac{H_{u\,0\,°C} + H_B + H_l}{v_f\, C_{mpa}\big|_{0\,°C}^{t_{max}}} + 0\,°C$$

Hierin sind, mit jeweils auf 1 kmol Brennstoff bezogenen Werten:

(Gl 9.5 a) $$H_{um} = (283{,}0\; CO^b + 241{,}8\; H_2^b + 802{,}6\; CH_4^b + 1323{,}2\; C_2H_4^b)\;\frac{\text{MJ}}{\text{kmol}}$$

$$H_{um} = (283{,}0 \cdot 0{,}215 + 241{,}8 \cdot 0{,}515 + 802{,}6 \cdot 0{,}17 + 1323{,}2 \cdot 0{,}02)\;\frac{\text{MJ}}{\text{kmol}} = 348\;\frac{\text{MJ}}{\text{kmol}}$$

ähnlich (Gl 9.40)

$$H_l = 0{,}7\,\lambda\, l_{min} \cdot C_{mpl}\big|_{0\,°C}^{t_l}\,(t_l - 0\,°C)$$

$$H_l = 0{,}7 \cdot 1{,}2 \cdot 3{,}64\;\frac{\text{kmol L}}{\text{kmol B}} \cdot 29{,}30\;\frac{\text{kJ}}{\text{kmol L K}} \cdot (200-0)\,\text{K}\;\frac{\text{MJ}}{10^3\,\text{kJ}} = 18\;\frac{\text{MJ}}{\text{kmol B}}$$

mit $l_{min} = 3{,}64$ kmol L/kg B aus Beispiel 9.4 und

$$C_{mpl}\big|_{0\,°C}^{200\,°C} = 29{,}30\;\frac{\text{kJ}}{\text{kmol K}} \qquad \textbf{(T 2.2)}$$

(Gl 9.11) und (Gl 9.20): v_f (tabellarisch):

	Abgasbestandteil in $\frac{\text{kmol}}{\text{kmol B}}$	
v_{CO_2}	$CO^b + CH_4^b + 2\,C_2H_4^b + CO_2^b$	$0{,}215 + 0{,}170 + 2 \cdot 0{,}02 + 0{,}04 = 0{,}465$
v_{H_2O}	$H_2^b + 2\,CH_4^b + 2\,C_2H_4^b + w_l\lambda\, l_{min} + w_g$	$0{,}515 + 2 \cdot 0{,}170 + 2 \cdot 0{,}02 + 0{,}0165 \cdot 1{,}2 \cdot 3{,}64 + 0{,}0106 = 0{,}978$
v_{N_2}	$N_2^b + 0{,}79\,\lambda\, l_{min}$	$0{,}04 + 0{,}79 \cdot 1{,}2 \cdot 3{,}64 = 3{,}490$
v_{O_2}	$0{,}21\,(\lambda - 1)\, l_{min}$	$0{,}21\,(1{,}2 - 1)\,3{,}64 = 0{,}153$
v_f	$v_{CO_2} + v_{H_2O} + v_{N_2} + v_{O_2}$	$= 5{,}086$

(Gl 6.15): $$C_{mpa}\big|_{0\,°C}^{1900\,°C} = \Sigma\, r_i C_{mpi}\big|_{0\,°C}^{1900\,°C} = 37{,}09\;\frac{\text{kJ}}{\text{kmol fA K}}$$

unten tabellarisch gelöst mit einer vorausgeschätzten Verbrennungstemperatur von $t_{max} = 1900\,°C$. Bei falscher Vorausschätzung muß die Wärmekapazität neu errechnet werden.

Raumanteil im feuchten Abgas $r_i = \frac{v_i}{v_f}$	Molare Wärmekapazität $C_{mpi}\Big\|_{0\,°C}^{1900\,°C}$ **(T 2.2)** in $\frac{kJ}{kmol\ K}$	$r_i \cdot C_{mpi}\Big\|_{0\,°C}^{1900\,°C}$ in $\frac{kJ}{kmol\ K}$
$r_{CO_2} = 0{,}0915$	54,1	4,95
$r_{H_2O} = 0{,}1924$	43,5	8,37
$r_{N_2} = 0{,}6860$	33,1	22,72
$r_{O_2} = 0{,}0301$	35,0	1,05
$\Sigma\, r_i = 1{,}0000$		37,09

Mit diesen Einzelwerten wird die theoretische Verbrennungstemperatur ohne Berücksichtigung der Dissoziation:

$$t_{max} = \frac{(348 + 0 + 18)\,\frac{MJ}{kmol\ B}\,10^3\,\frac{kJ}{MJ}}{5{,}086\,\frac{kmol\ fA}{kmol\ B} \cdot 37{,}09\,\frac{kJ}{kmol\ fA\,K}} = 1940\ K + 0\,°C$$

t_{max} liegt um die Temperaturdifferenz 1940 K oberhalb von 0 °C und beträgt somit:

$$t_{max} = \underline{1940\,°C}$$

Auf eine Korrektur von $C_{mpa}\Big|_{0\,°C}^{t_{max}}$ kann verzichtet werden, da t_{max} annähernd richtig vorausgeschätzt wurde.

Zu b: Enthalpie des Verbrennungsgases nach der Verbrennung (Gl 9.41):

$$H_{ma\,max} = \frac{H_{u\,0\,°C} + H_B + H_l}{v_f} = \frac{(348 + 18)\,\frac{MJ}{kmol\ B}}{5{,}086\,\frac{kmol\ fA}{kmol\ B}}$$

$$H_{ma\,max} = 72{,}0\,\frac{MJ}{kmol\ fA}$$

Luftgehalt (Gl 9.42):

$$l_a = \frac{(\lambda - 1)\,l_{min}}{v_f} = \frac{(1{,}2 - 1) \cdot 3{,}64\,\frac{kmol\ L}{kmol\ B}}{5{,}086\,\frac{kmol\ fA}{kmol\ B}} = 0{,}143\,\frac{kmol\ L}{kmol\ fA}$$

Theoretische Verbrennungstemperatur, mit Berücksichtigung der Dissoziation **(B 9.6):**

$$t_{max} = \underline{1850\,°C}$$

Dieser Wert ist infolge der berücksichtigten Dissoziation niedriger als der unter a) berechnete.

Aufgabe 9.7: Wie hoch ist die theoretische Verbrennungstemperatur ohne Berücksichtigung der Dissoziation, wenn CO von 25 °C mit trockener Luft von 25 °C verbrannt wird:

a) mit $\lambda = 1{,}0$,

b) mit $\lambda = 1{,}4$?

Aufgabe 9.8: Bei einem Schmelzprozeß wird eine theoretische Verbrennungstemperatur von 2000 °C gefordert. Die Beheizung erfolgt mit dem Heizöl S des Beispiels 9.2, das mit 110 °C zugeführt wird. Luftüberschuß 40 %, Luftzustand wie Beispiel 9.2, spezifische Wärmekapazität des Heizöls $1{,}88 \frac{\text{kJ}}{\text{kg K}}$.

Wie hoch muß die Luft erwärmt werden? Die Ermittlung soll

a) rechnerisch ohne Berücksichtigung der Dissoziation,

b) graphisch mit Berücksichtigung der Dissoziation erfolgen.

9.5 Abgasverlust und feuerungstechnischer Wirkungsgrad

9.5.1 Konventionelle Verbrennungsanlagen

Abgasverlust q_a (B 9.7 und B 9.8). Der Abgasverlust erfaßt die mit dem Abgas bei vollständiger Verbrennung abgeführte Enthalpie. Die gegenüber dem Umgebungszustand (t_b) nicht genutzte Enthalpiedifferenz des Abgases ist:

$$H_{a\,4} - H_{a(b)} = v_f\, C_{mpa}\Big|_{t_b}^{t_{a\,4}} (t_{a\,4} - t_b) \qquad \textbf{(Gl 9.43)}$$

Es wurde vorausgesetzt, daß das H_2O im Verbrennungsgas dampfförmig ist und auch bei Abkühlung auf t_b dampfförmig bleibt, entsprechend der Definition des Heizwertes H_u. Bezogen auf den Heizwert H_u als Maß für die eingesetzte Energie[1] ist der *Abgasverlust:*

$$q_a = \frac{H_{a\,4} - H_{a(b)}}{H_u} \qquad \textbf{(Gl 9.44a)}$$

$$q_a = \frac{v_f\, C_{mpa}\Big|_{t_b}^{t_{a\,4}} (t_{a\,4} - t_b)}{H_u} \qquad \textbf{(Gl 9.44b)}$$

In Gl 9.44 wurde unterstellt, daß Brennstoff und Luft mit Bezugstemperatur der Anlage zugeführt und dann – eventuell – durch Eigenvorwärmung erwärmt werden. Oft wird vereinfachend mit dem Umgebungszustand $t_b = 0$ °C gerechnet, wobei $H_{a(b)} = 0$ wird.

Die auf die Brennstoffmenge bezogene *Abgasenthalpie* H_{a4} ist, mit der Vereinbarung $H_a = 0$ bei 0 °C (Abschn. 9.4):

$$H_{a\,4} = v_f\, C_{mpa}\Big|_{0\,°C}^{t_{a\,4}} (t_{a\,4} - 0\,°C) \qquad \textbf{(Gl 9.45a)}$$

Feuerungstechnischer Wirkungsgrad η_f. Der feuerungstechnische Wirkungsgrad berücksichtigt den Abgasverlust:

$$\eta_f = 1 - q_a \qquad \textbf{(Gl 9.46)}$$

Durch Vorwärmung der Verbrennungsluft und/oder des Brennstoffes **(B 9.7)** werden der Wirkungsgrad verbessert und höhere Arbeitstemperaturen erzielt. Da in den Vorwärmern Verluste auftreten, ist es zweckmäßig, die in q_a erfaßte Abgasenthalpie hinter dem letzten Vorwärmer H_{a4} durch die Abgasenthalpie am Ende der Verbrennungsanlage $H_{a\,2}$ nach den Bilanzen

$$H_l - H_{l(b)} = H_{a\,2} - H_{a\,3}$$

$$H_B - H_{B(b)} = H_{a\,3} - H_{a4}$$

[1] In USA, England und Frankreich wird mit dem Brennwert H_0 gerechnet, was bei Vergleichen zu beachten ist.

zu ersetzen. Die Bilanzen wurden verlustlos angesetzt. Da aber H_l und H_B aus den Temperaturen t_l und t_B ermittelt werden (Gln 9.39/9.40), werden die bei der Vorwärmung auftretenden Verluste berücksichtigt. Werden Brennstoff und Luft mit Umgebungstemperatur t_b zugeführt, so ist die dadurch eingebrachte Enthalpie etwa gleich der Enthalpie des Abgases bei Umgebungstemperatur

$$H_{a(b)} \approx H_{B(b)} + H_{l(b)}$$

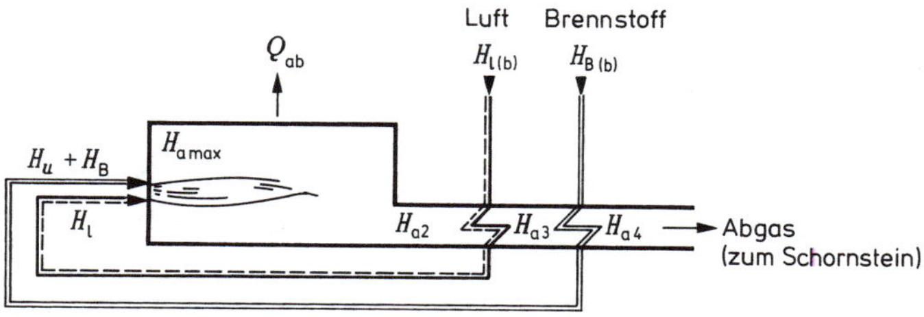

B 9.7 Verbrennungsanlage mit Eigenvorwärmung von Brennstoff und Verbrennungsluft

Wir führen diese und die obige Bilanz in Gl 9.46 ein, ersetzen q_a nach Gl 9.44 und erhalten für den auf den *Heizwert H_u bezogenen feuerungstechnischen Wirkungsgrad:*

$$\eta_f = \frac{H_u + H_B + H_l - H_{a\,2}}{H_u} = \frac{H_{a\,max} - H_{a\,2}}{H_u} \qquad \textbf{(Gl 9.47 a)}$$

$$\eta_f = \frac{v_f\, C_{m\,p\,a}\big|_{t_{a\,2}}^{t_{a\,max}} (t_{a\,max} - t_{a\,2})}{H_u} \qquad \textbf{(Gl 9.47 b)}$$

Hierin wurde $H_{a\,max}$ nach Gl 9.36 eingeführt. Die Abgasenthalpie bei $t_{a\,2}$ ist

$$H_{a\,2} = v_f\, C_{m\,p\,a}\big|_{0\,°C}^{t_{a\,2}} (t_{a\,2} - 0\,°C) \qquad \textbf{(Gl 9.45 b)}$$

9.5.2 Verbrennungsanlagen mit Kondensation im Abgas

Zur Erhöhung der Energieausbeute wird in Spezialkonstruktionen das Abgas bis unter die Taupunkttemperatur abgekühlt (*kondensierende Wärmeerzeuger* oder *„Brennwertkessel“*) (Abschn. 9.6). Dabei wird die Enthalpie des Abgases („fühlbare“ Energie) weiter vermindert und zusätzlich die durch Teilkondensation des im Abgas enthaltenen Wasserdampfes freiwerdende Kondensationsenthalpie genutzt.

Abgasverlust $q_{a,\,kon}$. Bei Anlagen mit teilweiser Kondensation des im Abgas enthaltenen Wasserdampfes ist auch die mit dem Kondensat abgeführte Enthalpie zu berücksichtigen. Die Kondensation beginnt bei Unterschreitung des Abgastaupunktes t_τ (**B 9.8,** ausgezogene Linie $1 \rightarrow 4_{kon}$). Zur einfacheren Berechnung von $H_{a4,\,kon}$ kann man sich aber vorstellen, daß das gesamte H_2O im Abgas zunächst bis zu 4′ in Dampfform gekühlt und dann die Teilmenge w_{kon} bei $t_{a4,\,kon}$ = konstant auskondensiert wird (Verlauf

$4' \rightarrow 4_{kon}$). Dann gilt für die *Abgas- einschließlich Kondensatenthalpie* unterhalb des Abgastaupunktes:

$$H_{a\,4,\mathrm{kon}} = v_f\, C_{mpa}\Big|_{0\,°C}^{t_{a4,\mathrm{kon}}} (t_{a\,4,\mathrm{kon}} - 0\,°C) - w_{\mathrm{kon}}\, r \qquad \textbf{(Gl 9.48)}$$

w_{kon} ist die auf die Brennstoffmenge bezogene Kondensatmasse, Werte für die Verdampfungsenthalpie r des H_2O sind bei $t_{a\,4,kon}$ einzusetzen.

$H_{a4,kon}$ kann negative Werte annehmen, da $H_a = 0$ bei 0 °C für *dampfförmig* bleibendes H_2O vereinbart wurde.

Der Abgasverlust $q_{a,kon}$ ergibt sich entsprechend Gl 9.44 mit $H_{a4,kon}$, jedoch ist $H_{a(b)}$ weiterhin für dampfförmig gebliebenes H_2O anzusetzen. $q_{a,kon}$ kann negativ werden.

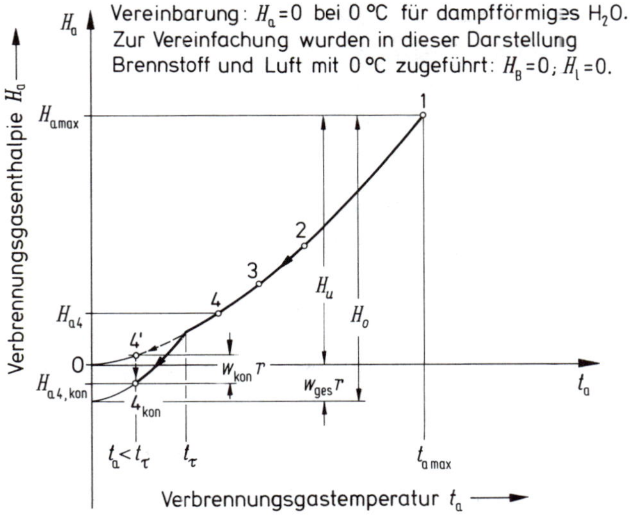

B 9.8 H_a, t-Diagramm für Verbrennungsanlagen mit Kondensation im Abgas

Feuerungstechnischer Wirkungsgrad. Es gilt Gl 9.47. Falls schon vor einer eventuellen Luft- oder Brennstoffvorwärmung (B 9.7) Kondensation im Abgas eintritt, ist $H_{a\,2}$ durch $H_{a\,2,kon}$ zu ersetzen. Bei Kondensation im Abgas kann der feuerungstechnische Wirkungsgrad größer als 1 sein. Bei solchen Anlagen ist daher statt des Heizwertes H_u der Brennwert H_o, der Kondensationsenthalpie des Wasserdampfes enthält, die sinnvollere Bezugsgröße. Auf den *Brennwert H_o bezogener feuerungstechnischer Wirkungsgrad:*

$$\eta_f^* = \frac{H_{a\,max} - H_{a\,2}}{H_o} = \frac{H_u + H_B + H_l - H_{a\,2}}{H_o} \qquad \textbf{(Gl 9.49)}$$

Falls im Zustand 2 der Taupunkt unterschritten wird, ist $H_{a\,2,kon}$ statt $H_{a\,2}$ einzusetzen.

Zusammenhang zwischen η_f – auf den Heizwert H_u bezogen – und η_f^* – auf den Brennwert H_o bezogen – (Gl 9.47/Gl 9.49):

$$\eta_f^* = \frac{H_u}{H_o}\, \eta_f \qquad \textbf{(Gl 9.50)}$$

Beispiel 9.9: In einem Brennwertkessel wird Kokereigas nach Beispiel 9.4 mit 20% Luftüberschuß (wie in Beispiel 9.8) verbrannt. Brennstoff und Luft werden hier mit 20 °C zugeführt und nicht weiter vorgewärmt, das Abgas verläßt den Wärmeerzeuger mit 43,8 °C. Die Hälfte des bei der Verbrennung entstehenden H_2O soll in dem Brennwertkessel kondensieren. Zwischenwerte sollen aus Beispiel 9.4/9.8 entnommen werden, wobei die Differenz gegenüber der dort etwas niedriger angesetzten Kokereigastemperatur vernachlässigt werden kann.

Es sind zu ermitteln:

a) Die Summe der Abgas- und Kondensatenthalpie,

b) der Abgasverlust,

c) der feuerungstechnische Wirkungsgrad, bezogen auf den Heizwert,

d) der feuerungstechnische Wirkungsgrad, bezogen auf den Brennwert.

Zu a: Abgas- einschließlich Kondensatenthalpie bei $t_{a4} = 43{,}8$ °C (Gl 9.48):

$$H_{a\,4,\mathrm{kon}} = v_f\, C_{mpa}\Big|_{0\,°C}^{t_{a4,\mathrm{kon}}} (t_{a\,4,\mathrm{kon}} - 0\,°C) - w_{\mathrm{kon}}\, r$$

Hierin werden eingesetzt:

$$v_f = 5{,}086\,\frac{\mathrm{kmol\,f\,A}}{\mathrm{kmol\,B}} \qquad \text{(aus Beispiel 9.8)}$$

$$C_{mpa}\Big|_{0\,°C}^{43{,}8\,°C} = \Sigma\, r_i\, C_{mpi}\Big|_{0\,°C}^{43{,}8\,°C}$$

mit r_i aus Beispiel 9.8 und $C_{mpi}\Big|_{0\,°C}^{43{,}8\,°C}$ aus T 2.2

$$C_{mpa}\Big|_{0\,°C}^{43{,}8\,°C} = (0{,}0915 \cdot 36{,}92 + 0{,}1924 \cdot 33{,}58 + 0{,}6860 \cdot 29{,}11 + 0{,}0301 \cdot 29{,}38)\,\frac{\mathrm{kJ}}{\mathrm{kmol\,fA\,K}}$$

$$C_{mpa}\Big|_{0\,°C}^{43{,}8\,°C} = 30{,}69\,\frac{\mathrm{kJ}}{\mathrm{kmol\,fA\,K}}$$

Kondensatmenge, mit $v_{H_2O} = 0{,}978\,\frac{\mathrm{kmol\,H_2O}}{\mathrm{kmol\,B}}$ aus Beisp. 9.8 und $M_{H_2O} = 18{,}0153\,\frac{\mathrm{kg}}{\mathrm{kmol}}$ aus T 2.2:

$$w_{\mathrm{kon}} = 0{,}5\, v_{H_2O}\, M_{H_2O} = 0{,}5 \cdot 0{,}978\,\frac{\mathrm{kmol\,H_2O}}{\mathrm{kmol\,B}}\; 18{,}0153\,\frac{\mathrm{kg\,H_2O}}{\mathrm{kmol\,H_2O}} = 8{,}81\,\frac{\mathrm{kg\,H_2O}}{\mathrm{kmol\,B}}$$

Kondensationsenthalpie $r = 2\,397{,}0\,\frac{\mathrm{kJ}}{\mathrm{kg}}$ (T 5.4).

Oben eingesetzt:

$$H_{a\,4,\,\mathrm{kon}} = 5{,}086\,\frac{\mathrm{kmol\,fA}}{\mathrm{kmol\,B}}\; 30{,}69\,\frac{\mathrm{kJ}}{\mathrm{kmol\,fA\,K}}\,(43{,}8 - 0)\,\mathrm{K} - 8{,}81\,\frac{\mathrm{kg\,H_2O}}{\mathrm{kmol\,B}}\; 2\,397{,}0\,\frac{\mathrm{kJ}}{\mathrm{kg\,H_2O}}$$

$$\underline{H_{a\,4,\,\mathrm{kon}} = -\,14\,281\,\frac{\mathrm{kJ}}{\mathrm{kmol\,B}}}$$

Zu b: Abgasenthalpie bei Bezugstemperatur $t_b = 20$ °C (entspr. Gl 9.45 a):

$$H_{a(b)} = v_f\, C_{mpa}\Big|_{0\,°C}^{t_{a(b)}} (t_{a(b)} - 0\,°C)$$

Hierin (wie unter a)

$$C_{mpa}\Big|_{0\,°C}^{20\,°C} = \Sigma\, r_i\, C_{mpi}\Big|_{0\,°C}^{20\,°C}$$

$$C_{mpa}\Big|_{0\,°C}^{20\,°C} = (0{,}0915 \cdot 36{,}38 + 0{,}1924 \cdot 33{,}52 + 0{,}6860 \cdot 29{,}10 + 0{,}0301 \cdot 29{,}32)\,\frac{\mathrm{kJ}}{\mathrm{kmol\,fA\,K}}$$

$$C_{mpa}\Big|_{0\,°C}^{20\,°C} = 30{,}62\,\frac{\mathrm{kJ}}{\mathrm{kmol\,fA\,K}}$$

$$H_{a(b)} = 5{,}086\,\frac{\mathrm{kmol\,fA}}{\mathrm{kmol\,B}}\; 30{,}62\,\frac{\mathrm{kJ}}{\mathrm{kmol\,fA\,K}}\,(20 - 0)\,\mathrm{K} = 3\,115\,\frac{\mathrm{kJ}}{\mathrm{kmol\,B}}$$

Abgasverlust (entspr. Gl 9.44), mit $H_{u\,\mathrm{m}} = 348\,\dfrac{\mathrm{MJ}}{\mathrm{kmol}}$ (Beisp. 9.8):

$$q_{\mathrm{a,\,kon}} = \frac{H_{\mathrm{a\,4,\,kon}} - H_{\mathrm{a(b)}}}{H_{u\,\mathrm{m}}} = \frac{(-14{,}3 - 3{,}1)\,\dfrac{\mathrm{MJ}}{\mathrm{kmol\,B}}}{348{,}0\,\dfrac{\mathrm{MJ}}{\mathrm{kmol\,B}}} = \underline{-0{,}050} \mathrel{\hat{=}} \underline{-5{,}0\,\%}$$

Verursacht durch die Festlegung $H_{\mathrm{a}} = 0$ bei 0 °C und dampfförmigem H_2O werden die Enthalpie $H_{\mathrm{a4,\,kon}}$ und der Abgasverlust $q_{a,\,\mathrm{kon}}$ in diesem Fall *negativ!*

Zu c: Feuerungstechnischer Wirkungsgrad, bezogen auf den Heizwert H_u (Gl 9.46):

$$\eta_{f,\,\mathrm{kon}} = 1 - q_{a,\,\mathrm{kon}} = 1 - (-0{,}050) = \underline{1{,}050} \mathrel{\hat{=}} \underline{105{,}0\%}$$

Der Wert >1 wird durch die unzweckmäßige Bezugsgröße H_u verursacht.

Zu d: Mit dem Brennwert (Gl 9.5b)

$$H_{o\,\mathrm{m}} = 283{,}0\,CO^{\mathrm{b}} + 285{,}8\,H_2^{\mathrm{b}} + 890{,}4\,CH_4^{\mathrm{b}} + 1\,410{,}6\,C_2H_4^{\mathrm{b}}$$

$$H_{o\,\mathrm{m}} = (283{,}0 \cdot 0{,}215 + 285{,}8 \cdot 0{,}515 + 890{,}4 \cdot 0{,}17 + 1\,410{,}6 \cdot 0{,}02)\,\frac{\mathrm{MJ}}{\mathrm{kmol}}$$

$$H_{o\,\mathrm{m}} = 387{,}6\,\frac{\mathrm{MJ}}{\mathrm{kmol}}$$

ergibt sich der auf den Brennwert bezogene feuerungstechnische Wirkungsgrad (Gl 9.50):

$$\eta^*_{f,\,\mathrm{kon}} = \eta_{f,\,\mathrm{kon}}\,\frac{H_{u\,\mathrm{m}}}{H_{o\,\mathrm{m}}} = 1{,}050\,\frac{348\,\dfrac{\mathrm{MJ}}{\mathrm{kmol}}}{387{,}6\,\dfrac{\mathrm{MJ}}{\mathrm{kmol}}} = \underline{0{,}943} \mathrel{\hat{=}} \underline{94{,}3\,\%}$$

Aufgabe 9.9 Das Kokereigas des Beispiels 9.9 wird in einem konventionellen Wärmeerzeuger verbrannt. Das Abgas verläßt den Wärmeerzeuger mit 200 °C. Die übrigen Voraussetzungen sind die gleichen wie in Beispiel 9.9.

Es sind zu ermitteln:

a) Die Abgasenthalpie am Abgasaustritt,

b) der Abgasverlust,

c) der feuerungstechnische Wirkungsgrad, bezogen auf den Heizwert.

9.6 Abgastaupunkt

Die Taupunkttemperatur des Abgases t_τ – auch *Abgastaupunkt* genannt – ist die Temperatur, bei der bei isobarer Abkühlung bei konstantem Gehalt an kondensierbaren Bestandteilen gerade Sättigung erreicht wird (Abschn. 6.4.1). Bei Abgasen sind der Wasserdampf- und der Schwefelsäuretaupunkt zu unterscheiden.

Bei schwefelfreien Brennstoffen tritt immer nur der *Wasserdampftaupunkt* auf.

Zu seiner Ermittlung wird der Wasserdampfpartialdruck p_{d}^* im feuchten Abgas bestimmt. Dieser Partialdruck verhält sich zum Gasdruck des feuchten Abgases p_{fa} wie das Partialvolumen zum Gesamtvolumen.

$$\frac{p_d^*}{p_{fa}} = \frac{v_{H_2O}}{v_f}$$

$$p_d^* = p_{fa} \frac{v_{H_2O}}{v_f} \qquad \textbf{(Gl 9.51)}$$

Der Taupunkt wird bei $p_d^* = p_s$ erreicht (Tafel 6.1). In B 9.8 ist er als Knickpunkt auf der Linie zwischen den Punkten 4 und 4_{kon} erkennbar. Er liegt etwa im Temperaturbereich (50 … 70) °C. Der Taupunkt ist abhängig vom Wasserstoffgehalt des Brennstoffes und erhöht sich mit zunehmender Brennstoff- und Verbrennungsluftfeuchte. Höherer Luftüberschuß verdünnt das Abgas und verringert den Taupunkt. Durch Schwefel im Brennstoff (Kohle, Heizöl, nichtentschwefeltes Gas) wird der wesentlich höhere Taupunkt verdünnter Schwefelsäure etwa im Temperaturbereich (90 … 160) °C erreicht. Der *Schwefelsäuretaupunkt* steigt mit dem Schwefelgehalt des Brennstoffes und mit dem Anteil des aus SO_2 aufoxidierten SO_3, er fällt mit dem Luftüberschuß. [1]

Bei Unterschreitung des Taupunktes kann es an den Heizflächen und Abgasanlagen zur Korrosion kommen, beim Wasserdampftaupunkt durch die Anwesenheit des Kohlendioxids, beim Schwefelsäuretaupunkt durch die anfallende Schwefelsäure. Wird eine Senkung der Abgastemperatur bis unter den Taupunkt angestrebt, um auch die Kondensationsenthalpie des Wasserdampfes im Abgas zu nutzen, so sind die in Abschn. 9.5.2 erwähnten kondensatbeständigen Konstruktionen erforderlich.

Beispiel 9.10: Welchen Wert hat die Taupunktemperatur des Abgases bei der Verbrennung des Kokereigases nach Beispiel 9.8? Der Abgasdruck soll gleich dem Luftdruck der Umgebung sein.

Aus Beisp. 9.4 übernehmen wir: $p_{fa} = 1{,}01$ bar

Aus Beisp. 9.8 übernehmen wir:

$$v_{H_2O} = 0{,}978 \frac{\text{kmol } H_2O}{\text{kmol B}} \qquad v_f = 5{,}086 \frac{\text{kmol fA}}{\text{kmol B}}$$

Der Partialdruck des Wasserdampfes im Abgas ist (Gl 9.51):

$$p_d^* = p_{fa} \frac{v_{H_2O}}{v_{fa}} = 1{,}01 \text{ bar} \frac{0{,}978}{5{,}086} = 0{,}1942 \text{ bar}$$

Für $p_d^* = p_s$ ist nach T 6.1 (näherungsweise linear interpoliert) die Sättigungstemperatur:

$$t_\tau = \underline{59{,}4\ °C}$$

Aufgabe 9.10: Propan C_3H_8 (trocken) wird mit feuchter Luft von 25 °C, 990 mbar, 80% relativer Feuchte bei 40% Luftüberschuß vollständig verbrannt. Abgasdruck = Umgebungsdruck.
Welchen Wert hat der Taupunkt, abgerundet auf ganze Zahlen?

9.7 Emissionen aus Verbrennungsanlagen

9.7.1 Einführung

Emissionsbegrenzung. Abgase aus Verbrennungsanlagen enthalten neben umweltneutralen Gasen, wie z. B. N_2, O_2, H_2O, auch klimabeeinflussende Gase, wie z. B. CO_2, sowie Schadstoffe, wie z. B. SO_2, NO_x und – im Staub – Schwermetalle.

[1] Die rechnerische Ermittlung ist schwierig. Diagramme und Näherungsgleichungen s. DIN 4705 T1 (10. 1993): Feuerungstechnische Berechnung von Schornsteinabmessungen.

Als *klimabeeinflussendes Gas* verursacht vor allem CO_2 den Treibhauseffekt (Abschn. 5.5.2). Eine Reduzierung der CO_2-Emissionen hat daher hohe Priorität. Das kann vor allem durch sparsame Energieverwendung, durch vermehrten Einsatz regenerativer Energie, durch Kernenergie oder auch durch Verwendung von Brennstoffen mit geringem Kohlenstoffanteil – wie z.B. Erdgas – erfolgen, vgl. **T 9.2.**

Schadstoffe können brennstoffabhängig sein, wie z.B. SO_2, oder prozeßabhängig, wie z.B. CO.

Vorrang bei der Emissionsminderung haben *Primärmaßnahmen*, die die prozeßabhängige Schadstoffbildung verringern. Durch *Sekundärmaßnahmen* werden entstandene Schadstoffe reduziert. Bei Großanlagen sind in der Regel *Rauchgasreinigungsanlagen* (RRA) erforderlich zur

Staubabscheidung: Absetzkammern, Zyklonabscheider, Elektrofilter,
Entschwefelung: REA (Rauchgasentschwefelungsanlage),
Entstickung: DeNOx (Entstickungsanlage).

In vielen Ländern sind für Emissionen aus Verbrennungsanlagen Grenzwerte vorgegeben, für Großfeuerungsanlagen in der EU z.B. nach einer EU-Richtlinie vom 23. 10. 2001. Diese ist (2002) noch nicht in nationales Recht umgesetzt. In Deutschland werden bei Genehmigungen die z.T. strengeren Grenzwerte auf der Basis des Bundes-immisionsschutzgesetzes (BImSchG) i.d.F. von 1990 zu Grunde gelegt. **T 9.3** enthält auszugsweise Werte für Großfeuerungsanlagen, die Werte sind in mg/m³ tA (Normzustand) für einen vereinbarten O_2-Gehalt im tr. Abgas angegeben.

Die für Staub vorgegebenen Grenzwerte werden durch geeignete Filter, die für CO vorgegebenen Grenzwerte durch geeignete Prozeßführung erreicht. Auf die nach Menge und Wirksamkeit besonders schädlichen Abgaskomponenten SO_2 und NO_x gehen wir in den Abschnitten 9.7.2 und 9.7.3 näher ein.

T 9.2 CO_2-Bildung verschiedener Brennstoffe, bez. auf die Brennstoffenergie [27]

Emissionsfaktor	Braunkohle	Steinkohle	Heizöl EL	Erdgas
$E_{CO_2} = \frac{m_{CO_2}}{Q_b}$ in $\frac{kg}{kW\,h}$	0,40	0,33	0,26	0,20

T 9.3 Emissionsgrenzwerte für Neuanlagen mit $\dot{Q}_b > 300$ MW in der BR Deutschland[1]

Schadstoff[2] in $\frac{mg}{m^3\,tA}$	Staub	Schwefel-oxide[3] SO_2	Stick-oxide[3] NO_2	Kohlen-monoxid CO	Chloride HCl	Fluoride HF	C_2^a-Bezugswert Vol.-%
Fester Brennstoff	50	200	200	250	100	15	5…7
Flüssiger Brennstoff	50	200	150	175	30	5	3
Erdgas	5	35	100	100	–	–	3

[1] Nach der Verordnung über Großfeuerungsanlagen (13. BImSchV; 1983, zuletzt geändert 2000), bei SO_2 und NO_2 gemäß Genehmigungspraxis (Stand: 2002). In der EU und anderen Industrieländern sind vergleichbare Grenzwerte festgelegt.

[2] Die Grenzwerte sind auf tr. Abgas mit dem jeweils genannten Sauerstoffgehalt bezogen. Bei festen Brennstoffen gilt 5% für Schmelzfeuerung, 7% für Rost- oder Wirbelschicht- und 6% für sonstige Feuerungen. Meßwerte müssen darauf umgerechnet werden. In SO_2 bzw. NO_2 sind die als SO_3 bzw. NO vorliegenden Werte – nach Umrechnung – einzubeziehen.

[3] Die in der 13. BImSchV genannten Werte für NO_2 sind z.T. erheblich höher, für SO_2 (feste und flüssige Brennstoffe) betragen sie z.B. 400 mg/m³ tA.

Meßwerte und deren Bewertung. Abgasanalysen werden bei unterschiedlichen Betriebsverhältnissen durchgeführt. Die Meßwerte müssen daher auf einen einheitlichen Bezugszustand umgerechnet werden. Für Feststoff-Großfeuerungen z.B. ist $O^a_{2\,Bez} = (5\ldots7)$ Vol.-% festgelegt (T 9.3). In anderen Fällen gelten andere Bezugszustände, z.B. gilt für Holz-Kleinfeuerungen $O^a_{2\,Bez} = 13\%$.

In ppm oder in Vol.-% vorliegende Meßwerte müssen zur Bewertung in mg/m³ tA (T 9.3) umgerechnet werden.

NO ist als NO_2 zu bewerten. Falls NO getrennt gemessen wird, ist es entsprechend umzurechnen. Das gleiche gilt für SO_3, das als SO_2 zu bewerten ist.

Umrechnung des Meßwertes auf den Bezugssauerstoffgehalt. Wir leiten die Umrechnung für CO ab, sie gilt in gleicher Weise auch für andere Emissionen. Der Index *gem* kennzeichnet den gemessenen, der Index *Bez* den Bezugs- bzw. zu bewertenden Wert.

Entsprechend Gl 9.16 gilt

$$v_{CO} = v^a_{t\,gem}\, CO^a_{gem} = v^a_{t\,Bez}\, CO^a_{Bez}$$

$$CO^a_{Bez} = CO^a_{gem} \frac{v^a_{t\,gem}}{v^a_{t\,Bez}}$$

Wir führen $v_t = v_{min\,t} + (\lambda - 1)\, l_{min}$ (Gl 9.15b) und $v_{min\,t} \approx l_{min}$ (wie bei Gl 9.33 und Gl 9.35) ein

$$CO^a_{Bez} = CO^a_{gem} \frac{v_{min\,t} + \lambda_{gem}\, l_{min} - l_{min}}{v_{min\,t} + \lambda_{Bez}\, l_{min} - l_{min}} \approx CO^a_{gem} \frac{\lambda_{gem}}{\lambda_{Bez}}$$

sowie λ nach Gl 9.35 und erhalten bei üblichem CO-Gehalt (z.B. nach T 9.3):

$$CO^a_{Bez} \approx CO^a_{gem} \frac{0{,}21 - O^a_{2\,Bez}}{0{,}21 - O^a_{2\,gem}} \qquad \textbf{(Gl 9.52)}$$

Umrechnung von Raumanteilen in die Massenkonzentration. Aus Gl 6.23b ergibt sich der Zusammenhang zwischen einem Raumanteil r_a und dessen Massenkonzentration (Partialdichte): $\varrho^*_a = \varrho_a r_a$. Für CO z.B. gilt (mit $r_{CO} = CO^a$):

$$\varrho^*_{CO} = \varrho_{n\,CO}\, CO^a \qquad \textbf{(Gl 9.53)}$$

Normdichten s. T 2.1; weitere Werte: $\varrho_{n\,NO_2} = 2{,}05$ kg/m³, $\varrho_{n\,NO} = 1{,}34$ kg/m³.

Für andere Schadstoffe als CO gelten die Gln 9.52 und 9.53 entsprechend.

Umrechnung der Massenkonzentration ϱ^*_{NO} in den zu bewertenden Wert $\varrho^*_{NO_2}$. Die Umrechnung kann mittels der molaren Massen oder der Dichten erfolgen:

$$\varrho^*_{NO_2} = \frac{M_{NO_2}}{M_{NO}}\, \varrho^*_{NO} = \frac{\varrho_{n\,NO_2}}{\varrho_{n\,NO}}\, \varrho^*_{NO} \qquad \textbf{(Gl 9.54a)}$$

Mit den o.g. Dichten für NO_2 und NO ergibt sich:

$$\varrho^*_{NO_2} = 1{,}53\, \varrho^*_{NO} \qquad \textbf{(Gl 9.54b)}$$

Bei den Raumanteilen (bzw. Vol.-% oder ppm) erübrigt sich die Umrechnung, da 1 NO zu 1 NO_2 wird und sich somit, bei Annahme idealen Gasverhaltens, das Volumen nicht ändert. Die Umrechnung von SO_3 in SO_2 erfolgt entsprechend.

Umrechnung in Emissionsfaktoren. Als Emissionsfaktoren bezeichnet man die auf die Brennstoffenergie bezogene Schadstoffmasse, z.B. für CO (für andere Schadstoffe entsprechend):

$$E_{CO} = \frac{m_{CO}}{Q_B}$$

Mit der Brennstoffenergie $Q_B = m_B H_u$ und der Schadstoffmasse $m_{CO} = m_B v_{tn}^a \varrho_{CO}^*$ erhält man:

$$E_{CO} = \varrho_{CO}^* \frac{v_{tn}^a}{H_u} \qquad \textbf{(Gl 9.55)}$$

Emissionsfaktoren werden bevorzugt in mg/kW h angegeben. Sie werden manchmal auch auf die Nutzenergie bezogen. Bei Kraftfahrzeugen werden auch die auf die Fahrstrecke bezogenen Schadstoffmengen (z. B. in g/km) Emissionsfaktoren genannt.

Beispiel 9.11: Bei einer Braunkohlen-Staubfeuerung (trockener Ascheabzug) mit >300 MW Brennstoffleistung werden 153 ppm NO und 5 ppm NO_2 bei 4 Vol.-% O_2 im trockenen Abgas gemessen.

Wird der Grenzwert nach T 9.3 eingehalten?

Die gesamte Stickoxidmenge ist

$$NO_x^a = NO_2^a + NO_{(\text{als } NO_2)}^a = (5+153)\ \text{ppm} = 158\ \text{ppm}$$

Als NO_x-Anteil im Abgas ausgedrückt: $NO_x^a = 158 \cdot 10^{-6} \dfrac{\text{m}^3\ NO_2}{\text{m}^3\ \text{tA}}$

Umgerechnet in die Massenkonzentration in mg NO_2/m³ tA ergibt sich entspr. Gl 9.53:

$$\varrho_{NO_x}^* = \varrho_{n,\,NO_2} NO_x^a = 2{,}05 \frac{\text{kg}\ NO_2}{\text{m}^3\ NO_2}\ 158 \cdot 10^{-6} \frac{\text{m}^3\ NO_2}{\text{m}^3\ \text{tA}}\ 10^6 \frac{\text{mg}}{\text{kg}} = 324 \frac{\text{mg}\ NO_2}{\text{m}^3\ \text{tA}}$$

Dieser Wert gilt als der gemessene NO_x-Wert. Er muß vom Meßzustand mit $O_2^a = 0{,}04 = 4$ Vol.-% auf den Bezugszustand (T 9.3) mit $O_2^a = 0{,}06 = 6$ Vol.-% entspr. Gl 9.52 umgerechnet werden:

$$\varrho_{NO_x\,Bez}^* = \varrho_{NO_x\,gem}^* \frac{0{,}21 - O_{2\,Bez}^a}{0{,}21 - O_{2\,gem}^a} = 324 \frac{\text{mg}\ NO_2}{\text{m}^3\ \text{tA}} \frac{0{,}21 - 0{,}06}{0{,}21 - 0{,}04} = 286 \frac{\text{mg}\ NO_2}{\text{m}^3\ \text{tA}}$$

Der Grenzwert $\varrho_{NO_x\,zul}^* = 200$ mg NO_2/m³ tA (T 9.3) wird *überschritten.*

Aufgabe 9.11: Welcher Meßwert ist bei der Feuerung nach Beispiel 9.11 für SO_2 in mg/m³ tA und in ppm zulässig?

Aufgabe 9.12: Bei der Verbrennung des Heizöls nach Beispiel 9.2 wird im Abgas 150 mg NO_2/m³ tA gemessen. Heizwert des Heizöls 11,5 kW h/kg.

Wie hoch ist der Vergleichs-Emissionsfaktor in mg NO_2/kW h?

9.7.2 Minderung der Schwefeloxidemission

Minderungsmöglichkeiten. Der im Brennstoff enthaltene Schwefel verbrennt zu SO_2 (Gl 9.6e), ein geringer Teil auch zu SO_3. Die entstehende Schwefeloxidmenge ist vom Schwefelgehalt des Brennstoffes abhängig. Übliche Werte:

Steinkohle:	ca. 1 Massen-% S,
Braunkohle:	ca. (0,5 … 3,5) Massen-% S,
Heizöl EL:	max. 0,2 Massen-% S (ab 1989), max 0,1 Massen-% S (ab 1999),
Erdgas:	unter 30 mg/m³, kurzzeitig zulässig bis 150 mg/m³.

Gasförmige Brennstoffe werden *vor der Verbrennung* entschwefelt. Das ist grundsätzlich auch bei festen und flüssigen Brennstoffen möglich, bei Kohle z. B. durch Kohlevergasung und Auswaschen des Schwefels. Wegen des hohen Energieaufwandes wird dieses Verfahren aber z. Z. großtechnisch nicht eingesetzt. Die geringen Schwefelgrenzwerte im Heizöl werden in den Raffinerien durch schwefelarmes Rohöl oder durch Zufuhr des Rohölschwefels zu den schweren Fraktionen (Asphalt) erreicht.

Schwefeleinbindung *während der Verbrennung* ist bei Staub- und Wirbelschichtfeuerungen möglich, indem z.B. Kalkstein ($CaCO_3$) zugegeben wird, der zu Gips umgesetzt wird.

Bei Großfeuerungsanlagen erfolgt die Entschwefelung in der Regel *nach der Verbrennung* in einer *Rauchgasentschwefelungsanlage* (REA), nach vorheriger Entstaubung **(B 9.9)**. Es wurden verschiedene Verfahren entwickelt, Emissionsgrenzwerte s. T 9.3.

Verfahren. Unter den möglichen Verfahren hat sich für große Kohlekraftwerke das *Naßwaschverfahren mit Calciumcarbonat* $CaCO_3$ (Kalkstein) durchgesetzt, nach dem z.B. in Deutschland ca. 95% aller Anlagen arbeiten. $CaCO_3$ wird in Wasser angemischt, teilweise wird auch Calciumoxid CaO (gebrannter Kalk) eingesetzt. Mit dieser Suspension wird in einem Waschturm das Abgas besprüht und das gasförmige SO_2 gelöst, das anschließend nach folgendem vereinfachten Reaktionsschema zu Calciumsulfit $CaSO_3$ reagiert:

$$SO_2 + CaCO_3 \rightarrow CaSO_3 + CO_2 \qquad \textbf{(Gl 9.56)}$$

Das von SO_2 gereinigte Abgas verläßt den Waschturm über einen Tropfenabscheider. Das $CaSO_3$ wird im unteren Teil des Waschturms durch Einblasen von Luft oxidiert:

$$CaSO_3 + \tfrac{1}{2}O_2 + 2\,H_2O \rightarrow CaSO_4 \cdot 2\,H_2O \qquad \textbf{(Gl 9.57)}$$

Es entsteht Calciumsulfat-Dihydrat (Gips), der bis auf ca. 10% Restfeuchte entwässert und rieselfähig gelagert werden kann.

Aus 1 kmol SO_2 (64 kg) wird 1 kmol $CaSO_4$ (172 kg); 1 kg SO_2 wird somit in 2,69 kg (entwässerten) Gips umgewandelt.

Das Waschadditiv wird verbraucht, das Verfahren ist somit nicht regenerativ. Es werden Entschwefelungsgrade um 95% erreicht.

In Deutschland bisher nur einmal eingesetzt (ab 2002 voraussichtlich außer Betrieb) wurde das *Naßwaschverfahren mit Natriumsulfit* Na_2SO_3 (Wellman-Lord-Verfahren), das sich mit SO_2 zur Natriumhydrogensulfit ($NaHSO_3$) anreichert, das anschließend thermisch regeneriert wird. Reaktionsschema:

$$Na_2SO_3 + SO_2 + H_2O \rightleftharpoons 2\,NaHSO_3 \qquad \begin{array}{l} \rightarrow \text{Absorption} \\ \leftarrow \text{Regeneration} \end{array} \qquad \textbf{(Gl 9.58)}$$

Das bei der Regeneration freiwerdende SO_2 wird über eine Schwefelwasserstoff-Zwischenstufe zu reinem Schwefel verarbeitet, der als Rohstoff verwertbar ist.

Das Waschadditiv wird erneut eingesetzt, das Verfahren ist somit regenerativ, bis auf eine kleine Teilmenge, die durch eine unerwünschte Nebenreaktion zu Natriumsulfat (Na_2SO_4) ersetzt werden muß.

Der erreichbare Entschwefelungsgrad liegt bei $>95\%$.

Auf andere Verfahren, wie z.B. die *Trockenentschwefelung durch Aktivkoks*, gehen wir nicht näher ein; der erreichte Entschwefelungsgrad beträgt ca. 80%. Bei dem *Trockenadditiv-Verfahren* ($CaCO_3$-Einblasen in die Feuerung) werden Entschwefelungsgrade um 50% erreicht.

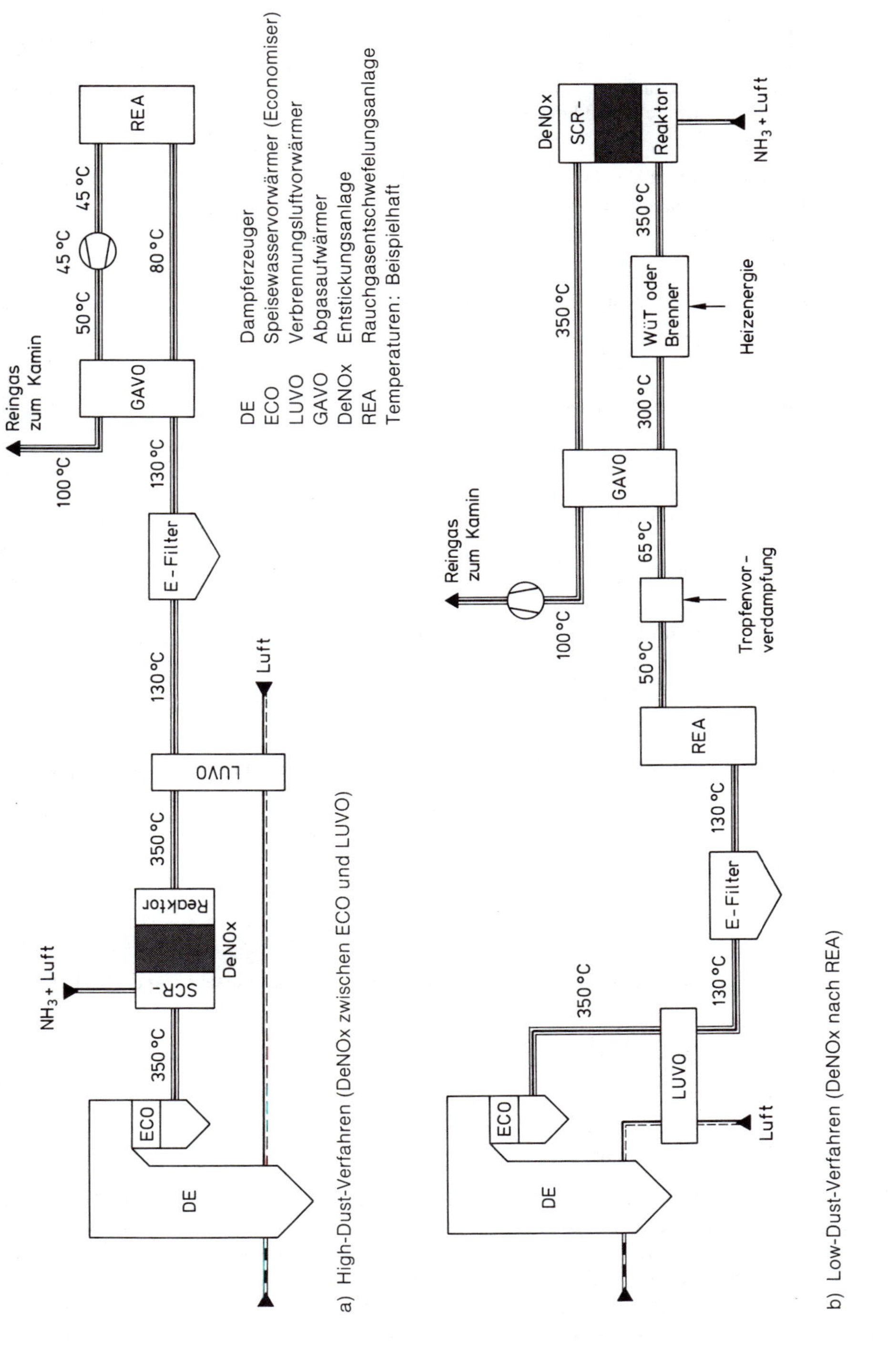

B 9.9 Rauchgasreinigungsanlage (RRA)

Beispiel 9.12: In einem Kraftwerk mit 2000 MW Feuerungswärmeleistung werden 240 t/h Steinkohle mit 1 Massen-% Schwefel in einer Schmelzfeuerung eingesetzt. Die Abgasmenge beträgt 9,0 m^3 tA/kg B bei dem Bezugssauerstoffgehalt von 5 Vol.-% O_2 im tr. Abgas. Das Abgas soll durch Naßwäsche mit Calciumcarbonat bis zu dem nach Genehmigungspraxis üblichen Grenzwert entschwefelt werden. Schwefeleinbindung in der Asche soll vernachlässigt werden.

Es sind zu ermitteln:

a) die SO_2-Konzentration im trockenen Abgas in mg SO_2/m^3 tA,

b) der stündlich zu entfernende SO_2-Massenstrom,

c) die stündlich anfallende (entwässerte) Gipsmasse.

Zu a: Mit dem Brennstoff zugeführter Schwefelmassenstrom:

$$\dot{m}_s = s\,\dot{m}_b = 0{,}01 \cdot 240\,\frac{t}{h} = 2{,}4\,\frac{t}{h}$$

Aus 1 kg S entstehen 2 kg SO_2 (Gl 9.6e):

$$\dot{m}_{SO_2} = 2\,\dot{m}_s = 2 \cdot 2{,}4\,\frac{t}{h} = 4{,}8\,\frac{t}{h}$$

Bezogen auf den trockenen Abgasvolumenstrom

$$\dot{V}_t = \dot{m}_b\, v_t = 240000\,\frac{\text{kg B}}{\text{h}}\,9{,}0\,\frac{\text{m}^3\,\text{tA}}{\text{kg B}} = 2{,}16 \cdot 10^6\,\frac{\text{m}^3\,\text{tA}}{\text{h}}$$

ergibt sich die SO_2-Konzentration im trockenen Abgas:

$$\varrho^*_{SO_2} = \frac{\dot{m}_{SO_2}}{\dot{V}_t} = \frac{4{,}8 \cdot 10^9\,\text{mg SO}_2\,\text{h}}{\text{h}\,2{,}16 \cdot 10^6\,\text{m}^3\,\text{tA}} = \underline{2222\,\frac{\text{mg SO}_2}{\text{m}^3\,\text{tA}}}$$

Zu b: Mit $\varrho^*_{SO_2\,zul} = 200$ mg SO_2/m^3 t A (T 9.3) ergibt sich die zu entfernende SO_2-Konzentration:

$$\Delta\varrho^*_{SO_2} = \varrho^*_{SO_2} - \varrho^*_{SO_2\,zul} = (2222 - 200)\,\frac{\text{mg SO}_2}{\text{m}^3\,\text{t A}} = 2022\,\frac{\text{mg SO}_2}{\text{m}^3\,\text{t A}}$$

Daraus ermitteln wir den zu entfernenden SO_2-Massenstrom:

$$\Delta\dot{m}_{SO_2} = \dot{V}_t\,\Delta\varrho^*_{SO_2} = 2{,}16 \cdot 10^6\,\frac{\text{m}^3\,\text{t A}}{\text{h}}\,2022\,\frac{\text{mg SO}_2}{\text{m}^3\,\text{t A}}\,\frac{\text{t}}{10^9\,\text{mg}} = \underline{4{,}37\,\frac{\text{t}}{\text{h}}}$$

Zu c: Nach Gl 9.57 wird 1 kg SO_2 in 2,69 kg Gips umgewandelt. Somit entsteht stündlich die Gipsmasse

$$\dot{m}_{Gips} = 2{,}69 \cdot \Delta\dot{m}_{SO_2} = 2{,}69 \cdot 4{,}37\,\frac{t}{h} = \underline{11{,}7\,\frac{t}{h}}$$

9.7.3 Minderung der Stickoxidemission

Entstehung von Stickoxiden. Stickoxid NO_x im Abgas von Feuerungen besteht zu ca. (90...95)% aus Stickstoffmonoxid NO und zu ca. (5...10)% aus Stickstoffdioxid NO_2. In der Atmosphäre wandelt sich NO allmählich zu NO_2 um, das als der eigentliche Schadstoff betrachtet wird. Bei der Emissionsbeurteilung wird daher die NO-Konzentration in NO_2 umgerechnet und die Summe NO_x (als NO_2) bewertet. Im Abgas von Großfeuerungsanlagen findet man ohne Minderungsmaßnahmen bei

Steinkohle-Schmelzfeuerung	1200 ... 2000 mg NO_2/m^3 tA
Steinkohle-Trockenfeuerung	500 ... 1500 mg NO_2/m^3 tA
Heizöl- oder Erdgasfeuerung	400 ... 1200 mg NO_2/m^3 tA

Bei der Genehmigung von Neuanlagen werden bei Großfeuerungen mit mehr als 300 MW Feuerungswärmeleistung bei festem Brennstoff max. 200 mg NO_2/m^3 t A zugelassen, bei flüssigem oder gasförmigem Brennstoff weniger. Die Werte sind jeweils auf trockenes Abgas mit einem vereinbarten Bezugssauerstoffgehalt bezogen, bei Erdgas z.B. auf $O_2^a = 3\%$ (T 9.3).

Stickoxide sind auf *drei Bildungsmechanismen* zurückzuführen:

Thermisches NO bildet sich vor allem ab ca. 1300 °C aus molekularem Stickstoff und atomarem Sauerstoff unter Abspaltung eines Stickstoffatoms, das sich mit Sauerstoff ebenfalls zu NO umwandelt. Einfluß haben die Verbrennungstemperatur, die Verweilzeit bei hoher Temperatur und der Luftüberschuß.

Brennstoff NO wird schon unterhalb von ca. 1400 °C aus dem im Brennstoff gebundenen Stickstoff erzeugt. Einfluß haben der Stickstoffgehalt, das Sauerstoff-Stickstoff-Verhältnis des Brennstoffes, bei Kohle die Mahlfeinheit, ferner der Luftüberschuß. Bei festen Brennstoffen kann das Brennstoff NO bis zu 75% des gesamten NO betragen. Bei Erdgas z.B. entsteht kein Brennstoff NO.

Promptes NO bildet sich, indem Luftstickstoff mit Kohlenwasserstoffradikalen (z.B. CH, CH_2) zu Zwischenprodukten wie HCN reagiert, das dann – ähnlich wie beim Brennstoff NO – zu NO weiterreagiert. Prompt NO-Bildung nimmt, wie die thermische NO-Bildung, mit steigender Temperatur zu.

Durch geeignete Maßnahmen ist die Entstehung von Stickoxiden bei der Verbrennung niedrig zu halten (*Primärmaßnahmen*), gegebenenfalls sind Entstickungsanlagen erforderlich (*Sekundärmaßnahmen*).

Primärmaßnahmen. In Dampferzeugern mit Steinkohlefeuerung kann durch Primärmaßnahmen, d.h. Maßnahmen während der Verbrennung, die Stickoxidbildung um mehr als 30% vermindert werden, bei Braunkohlefeuerungen wurden bis zu 70% erreicht, wodurch der zulässige Grenzwert meistens eingehalten wird. Bei kleinen Gasfeuerungen wurden schon Minderungen bis zu 90% erzielt.

Beispiele für Primärmaßnahmen sind:

Wärmeabfuhr aus der Reaktionszone, z.B. durch gekühlte Brennräume, gekühlte Brenner oder Einsätze zur Flammenkühlung, die z.B. bei kleinen atmosphärischen Gasbrennern verwendet werden.

Rückführung kalter Abgase zum Brenner. Bei zu hoher Rückführrate kann die CO-Bildung ansteigen, so daß die Rückführrate auf ca. (15 ... 20)% begrenzt ist.

Gestufte Verbrennung durch:

Aufteilung der Brennerleistung auf verschiedene Brennerebenen,

Stufenbrenner mit Luftstufung, wobei zunächst mit Luftmangel verbrannt und im weiteren Verbrennungsverlauf die notwendige Restluft zugeführt wird,

Stufenverbrennung mit Brennstoffstufung, wobei nach einer Primärverbrennung mit starkem Luftüberschuß weiterer Brennstoff zugeführt wird. Wird diese zweite Stufe insgesamt mit Luftmangel betrieben, so ist in einer dritten Stufe die Restluft zuzuführen.

Sekundärmaßnahmen. Soweit Primärmaßnahmen nicht ausreichen, z.B. in Steinkohle-Kraftwerken, werden nach der Verbrennung Entstickungs-(DeNOx-)Anlagen eingesetzt. Es werden verschiedene Verfahren angewendet.

Am häufigsten wird bei Großfeuerungen das *SCR-(Selective Catalytic Reduction-)Verfahren* verwendet, in dem katalytisch bei ca. (300 ... 400) °C Stickoxide unter Zugabe von Ammoniak NH_3 abgebaut werden. Reaktionsschema:

$$4\,NO + 4\,NH_3 + O_2 \xrightarrow{\text{katal.}} 4\,N_2 + 6\,H_2O \qquad \textbf{(Gl 9.59)}$$

$$6\,NO_2 + 8\,NH_3 \xrightarrow{\text{katal.}} 7\,N_2 + 12\,H_2O \qquad \textbf{(Gl 9.60)}$$

1 kmol NO (30 kg) reagiert mit 1 kmol NH_3 (17 kg), für 1 kg NO ist somit ca. 0,57 kg NH_3 erforderlich, für 1 kg NO_2 ist entsprechend ca. 0,49 kg NH_3 notwendig.

Das zugegebene Ammoniak soll möglichst vollständig verbraucht werden, es soll also kein NH_3-Schlupf auftreten.

Die Katalysatoren tragen auf nichtaktivem Trägermaterial – keramische Wabenkörper oder Edelstahlplatten – die aktiven Katalysatorstoffe, z.B. Titandioxid TiO_2 (ca. 95%), durchmischt mit z.B. Vanadiumpentoxid V_2O_5 (ca. 5%).

Je nach Schaltung spricht man von High-Dust- (heißem) oder vom Low-Dust- (kaltem) DeNOx-Verfahren **(B 9.9).**

Beim *High-Dust-Verfahren* (B 9.9 a) wird der DeNOx-Katalysator zwischen dem Speisewasservorwärmer des Dampferzeugers (ECO = Economiser) und dem Verbrennungsluftvorwärmer (LUVO) angeordnet. Das hat den Vorteil, daß das Abgas hier die notwendige Reaktionstemperatur von (300 ... 400) °C hat. Das Abgas ist allerdings noch nicht entstaubt, was zu Katalysatorschäden durch Erosion und zur Katalysator-„Vergiftung“, z.B. durch Arsen, führen kann.

Beim *Low-Dust-Verfahren* (B 9.9 b) ist der DeNOx-Katalysator hinter der REA, somit auch hinter der Entstaubung angeordnet. Die oben erwähnten Nachteile sind dadurch begrenzt. Das Abgas muß aber wieder auf die notwendige Reaktionstemperatur von >300 °C vor dem SCR-Katalysator aufgeheizt werden.

Neben dem SCR-Verfahren sind *weitere Verfahren* bekannt, z.B. werden bei dem *Aktivkoksverfahren* zur Entschwefelung gleichzeitig die Stickoxide entfernt. Auch durch direkte Einspeisung von NH_3 in heißes Abgas von (900 ... 1000) °C reagiert NO_x nach dem vorn dargestellten Schema; das Verfahren heißt *SNCR-(Selective Non Catalytic Reduction-)Verfahren.* In Kraftwerken wurden beide Verfahren in Deutschland nur vereinzelt angewandt.

Aufgabe 9.13: In dem Kraftwerk nach Beispiel 9.12 wird im Abgas unter sonst gleichen Bedingungen 1500 mg NO_2/m^3 tA gemessen. Zur Entstickung bis auf den zulässigen Grenzwert wird NH_3 eingesetzt.

Es sind zu ermitteln:

a) Die zu entfernende NO_x-Konzentration in mg NO_2/m^3 tA,

b) der stündlich im SCR-Katalysator zu entfernende NO-Massenstrom in t/h unter der näherungsweisen Annahme, daß das gesamte NO_x im Abgas als NO vorliegt,

c) der für den NO-Massenstrom nach b) erforderliche NH_3-Massenstrom in t/h.

9.8 Chemische Reaktionen und Irreversibilität der Verbrennung

9.8.1. Enthalpie, Entropie, freie Enthalpie

Bisher hatten wir Änderungen der Enthalpie und der Entropie einheitlicher Stoffe bei unterschiedlichen Zuständen berechnet. Dabei entfielen die Integrationskonstanten. Bei chemischen Reaktionen (für Brennstoffe z.B. nach Gl 9.6) treten ebenfalls Änderungen der Enthalpie und der Entropie ein. Infolge der unterschiedlichen Stoffe fallen aber die Integrationskonstanten nicht heraus. Nachfolgend wird gezeigt, wie man auch hier zu einfachen Rechenverfahren kommt. Wegen der chemischen Reaktionen ist es zweckmäßig, mit Stoffmengen (in mol bzw. kmol) zu rechnen. Wir beziehen daher die energetischen Zustandsgrößen auf die Stoffmengen. Bei Gasen setzen wir den idealen Gaszustand voraus. Als Bezugszustand für Eigenschaften und chemische Reaktionen führen wir den chemischen Standardzustand (Index „0") ein:

$$t_0 = 25\,°\mathrm{C}, \qquad p_0 = 1{,}0\ \mathrm{bar} \qquad \textit{chemischer Standardzustand}^1 \qquad \textbf{(Gl 9.61)}$$

Enthalpie. Die bei isotherm-isobarer Reaktion eintretende Änderung der Enthalpie wird als *Reaktionsenthalpie* bezeichnet. Zu ihrer Ermittlung geht man wie folgt vor:

1. Man vereinbart ein Bezugsniveau: den chemischen Standardzustand (Gl 9.61).
2. Man setzt die Enthalpie der Elemente in ihrer stabilen Phase (z.B. H_2, nicht H) im Standardzustand = Null.
3. Man mißt für Verbindungen die Enthalpieänderung im Standardzustand bei der Bildung aus Elementen, oder man berechnet sie aus schon gemessenen.

Die so gewonnenen Werte der Enthalpie der Stoffe nennt man *Standardbildungsenthalpie*, bezogen auf die ihrer Bildung zugrunde liegende Stoffmenge („Formelumsatz") *molare Standardbildungsenthalpie* $\Delta_B H_m^0$. Werte s. **T 9.4**.

Für Elemente gilt also:

$$\Delta_B H_m^0 = 0 \quad \textit{für Elemente in stabiler Phase}$$

Bei Verbindungen ist somit $\Delta_B H_m^0$ die Reaktionsenthalpie bei der Bildung eines mols (kmols) aus den Elementen im Standardzustand.

Mit Hilfe der tabellierten molaren Standardbildungsenthalpie läßt sich die molare Standardreaktionsenthalpie berechnen:

$$\Delta_R H_m^0 = \Sigma \nu_i \, \Delta_B H_{m\,i}^0 \qquad \textit{molare Standardreaktionsenthalpie} \qquad \textbf{(Gl 9.62)}$$

$\Delta_R H_m$ ist auf die der Reaktion zugrunde liegenden Stoffmengen bezogen, die durch die stöchiometrischen Zahlen ν_i gekennzeichneten sind. Für die Stoffe am Ausgang (Produkte) ist ν_i positiv, für die Einsatzstoffe ist ν_i negativ; z.B. gilt für die Reaktion

$$H_2 + \frac{1}{2}\,O_2 = H_2O: \qquad \nu_{H_2} = -1, \qquad \nu_{O_2} = -\frac{1}{2}, \qquad \nu_{H_2O} = +1.$$

In der Regel verläuft die Reaktion nicht im Standardzustand. Während die Druckabhängigkeit oft vernachlässigt werden kann, ist die Temperaturabhängigkeit zu beach-

---

[1] $p_0 = 1{,}00$ bar ist, gemäß IUPAC-Empfehlung von 1982 [36], bei neueren Tabellierungen üblich, daneben wird auch $p_0 = 1{,}01325$ bar verwendet. Der chemische Standardzustand ist von dem physikalischen Normzustand ($t_n = 0\,°\mathrm{C}$, $p_n = 1{,}01325$ bar) zu unterscheiden.

ten. Bei beliebiger Temperatur gilt:

$$\Delta_R H_m = \Delta_R H_m^0 + \Sigma \nu_i \, C_{mp\,i}|_{T_0}^{T} (T - T_0) \quad \textit{molare Reaktionsenthalpie} \qquad \textbf{(Gl 9.63)}$$

Falls $\Delta_R H_m$ negativ ist, wird Wärme abgegeben: die Reaktion verläuft *exotherm*; falls $\Delta_R H_m$ positiv ist, muß Wärme zugeführt werden: die Reaktion verläuft *endotherm* (das folgt aus Gl 1.30a, in der, mit Ausnahme elektrochemischer Reaktionen, $W_{i\,12} = 0$ ist).

Den bei der Verbrennung eines Brennstoffes freigesetzten Betrag der Reaktionsenthalpie nennt man, wenn das entstandene H_2O dabei flüssig vorliegt, *Brennwert*. Bezogen auf die Stoffmenge ist es der *molare Brennwert* $H_{o\,m}$ [Beispiel 9.13 b) und c)].

$$H_{o\,m} = -\Delta_R H_m \quad (\Delta_R H_m \text{ für flüssiges } H_2O) \quad \textit{molarer Brennwert} \qquad \textbf{(Gl 9.64)}$$

Setzt man die Reaktionsenthalpie für gasförmig bleibendes H_2O an, so erhält man den *Heizwert*. Bezogen auf die Stoffmenge ist es der *molare Heizwert* $H_{u\,m}$ (vergl. Abschnitt 9.1.1 sowie T 9.4 und T 9.6):

$$H_{u\,m} = -\Delta_R H_m \quad (\Delta_R H_m \text{ für gasförmiges } H_2O) \quad \textit{molarer Heizwert} \qquad \textbf{(Gl 9.65)}$$

Der spezifische Brennwert H_o und der spezifische Heizwert H_u sind auf die Masse bezogen (Gl 9.4 und T 9.7).

Beispiel 9.13: Für die bei 25 °C, 1,0 bar verlaufenden Reaktionen

a) $C + \frac{1}{2} O_2 \rightarrow CO$

b) $CO + \frac{1}{2} O_2 \rightarrow CO_2$

c) $C + O_2 \rightarrow CO_2$

ist jeweils die molare Standardreaktionsenthalpie zu ermitteln.

Lösung:

Stoffwerte nach T 9.4. Molare Standardreaktionsenthalpie jeweils nach

$$\text{(Gl 9.62)} \quad \Delta_R H_m^0 = \Sigma \nu_i \, \Delta_B H_{m\,i}^0$$

Zu a): Für die Reaktion $C + \frac{1}{2} O_2 \rightarrow CO$ gilt, mit $\nu_C = -1$, $\nu_{O_2} = -\frac{1}{2}$, $\nu_{CO} = +1$:

$$\Delta_R H_m^0 = -1 \Delta_B H_{m\,C}^0 + \left(-\frac{1}{2}\right) \Delta_B H_{m\,O_2}^0 + 1 \Delta_B H_{m\,CO}^0 = -0 - 0 + \left(-110\,529 \frac{\text{kJ}}{\text{kmol}}\right)$$

$$\underline{\Delta_R H_m^0 = -110\,529 \frac{\text{kJ}}{\text{kmol}}}$$

CO wurde im Standardzustand aus den Elementen C und O_2 gebildet. Als Ergebnis ergibt sich somit die molare Standardbildungsenthalpie des CO: $\Delta_B H_{m\,CO}^0$ (vergl. T 9.4).

Zu b): Für die Reaktion $CO + \frac{1}{2} O_2 \rightarrow CO_2$ gilt, mit $\nu_{CO} = -1$, $\nu_{O_2} = -\frac{1}{2}$, $\nu_{CO_2} = +1$:

$$\Delta_R H_m^0 = -1 \Delta_B H_{m\,CO}^0 + \left(-\frac{1}{2}\right) \Delta_B H_{m\,O_2}^0 + 1 \Delta_B H_{m\,CO_2}^0$$

$$\Delta_R H_m^0 = -\left(-110\,529 \frac{\text{kJ}}{\text{mol}}\right) + 0 + \left(-393\,522 \frac{\text{kJ}}{\text{mol}}\right)$$

$$\underline{\Delta_R H_m^0 = -282\,993 \frac{\text{kJ}}{\text{kmol}}}$$

Der Betrag des Ergebnisses $|-\Delta_R H_m|$ ist der molare Brennwert H_{om} des CO (s. Gl 9.64 und T 9.6).

Zu c): Für die Reaktion $C + O_2 \rightarrow CO_2$ gilt, mit $\nu_C = -1$, $\nu_{O_2} = -1$, $\nu_{CO_2} = +1$:

$$\Delta_R H_m^0 = -1\Delta_B H_{m\,C}^0 - 1\Delta_B H_{m\,O_2}^0 + 1\Delta_B H_{m\,CO_2}^0$$

$$\Delta_R H_m^0 = -0 - 0 + \left(-393\,522\,\frac{\text{kJ}}{\text{kmol}}\right)$$

$$\Delta_R H_m^0 = \underline{-393\,522\,\frac{\text{kJ}}{\text{kmol}}}$$

Der Betrag des Ergebnisses $|-\Delta_R H_m^0|$ ist der molare Brennwert H_{om} des Kohlenstoffes (vergl. T 9.6).

Beispiel 9.13 zeigt: Das Gesamtergebnis zu c) ist zugleich die Summe der Einzelergebnisse von a) und b). Das wird allgemein in dem Satz von *Hess* zum Ausdruck gebracht:[1]

Bei allen Folgen von Reaktionen, die von jeweils gleichen Einsatzstoffen zu jeweils gleichen Produkten führen, ist die Summe der Reaktionsenthalpien gleich.

Das ist einleuchtend, da die Enthalpie eine Zustandsgröße ist und ihre Änderung, d.h. die Reaktionsenthalpie, nur vom Anfangs- und Endzustand abhängt.

Beispiel 9.14: Bei 200 °C soll Wasserstoff mit Sauerstoff zu Wasserdampf reagieren. Wie groß ist die molare Reaktionsenthalpie? Näherungsweise soll für die isobare molare Wärmekapazität der Mittelwert zwischen 0 °C und 200 °C eingesetzt werden. Das Ergebnis ist mit dem tabellierten Wert nach T 9.8 zu vergleichen.

Lösung:

Es gilt Gl 9.63. Darin sind einzusetzen:

$\Delta_R H_{m\,(g)}^0$ nach T 9.4

$C_{mpi}|_{T_0}^{T}$ nach T 2.2

$$\nu_{H_2} = -1; \qquad \nu_{O_2} = -\frac{1}{2}; \qquad \nu_{H_2O} = +1$$

Molare Reaktionsenthalpie nach Gl 9.63:

$$\Delta_R H_m = \Delta_R H_m^0 + \Sigma \nu_i\, C_{mpi}|_{T_0}^{T}\,(T - T_0)$$

$$\Delta_R H_m = -241\,827\,\frac{\text{kJ}}{\text{kmol}} + \left(-1 \cdot 29{,}07 - \frac{1}{2} \cdot 29{,}92 + 1 \cdot 34{,}08\right)\frac{\text{kJ}}{\text{kmol K}}\,(200 - 25)\,\text{K}$$

$$\Delta_R H_m = \underline{-243\,568\,\frac{\text{kJ}}{\text{kmol}}}$$

Das Ergebnis entspricht dem für $T = 473$ K interpolierten Wert nach T 9.8.

Entropie. Die bei isotherm-isobarer Reaktion eintretende Änderung der Entropie wird als *Reaktionsentropie* $\Delta_R S$ bezeichnet; bezogen auf die der Reaktion zugrunde liegenden Stoffmengen ist es die *molare Reaktionsentropie* $\Delta_R S_m$:

$$\Delta_R S_m = \Sigma \nu_i\, S_{mi} \quad \textit{molare Reaktionsentropie} \qquad \textbf{(Gl 9.66)}$$

Bei Reaktionen im chemischen Standardzustand wird die Bezeichnung molare *Standard*reaktionsentropie $\Delta_R S_m^0$ verwendet:

$$\Delta_R S_m^0 = \Sigma \nu_i\, S_{mi}^0 \quad \textit{molare Standardreaktionsentropie} \qquad \textbf{(Gl 9.67)}$$

[1] *Hess* formulierte diesen Satz schon 1840, d.h. bevor der 1. Hauptsatz bekannt war.

Der Nullpunkt der Entropie wird durch einen von *Nernst*[1] gefundenen Erfahrungssatz festgelegt, der als *Nernstsches Wärmetheorem* oder als *3. Haupsatz der Thermodynamik* bezeichnet wird:

Die Entropie jedes homogenen, kristallisierten Stoffes wird bei 0 K zu Null.

Der von diesem Nullpunkt aus für einen bestimmten Zustand ermittelte Wert der Entropie wird als *absolute Entropie* bezeichnet. Für praktische Berechnungen ist die Ermittlung der absoluten Entropie von jeweils 0 K an umständlich. Deshalb wird die absolute Entropie verschiedener Stoffe im chemischen Standardzustand tabellarisch erfaßt. Diese wird als *molare Standardentropie* S^0_{m} bezeichnet (T 9.4). Für beliebige andere Zustände kann aus der molaren Standardentropie S^0_{m} die molare Entropie S der Masse m ermittelt werden, z.B. nach Gl 3.4:

$$\mathrm{d}S = \frac{\mathrm{d}H}{T} - \frac{V\,\mathrm{d}p}{T}$$

Daraus für das ideale Gas:

$$\mathrm{d}S = \frac{mc_p\,\mathrm{d}T}{T} - \frac{mR_{\mathrm{i}}\,\mathrm{d}p}{p}$$

Integriert, sowie $S = \frac{m}{M}\,S_{\mathrm{m}}$, R_{m} nach Gl 2.14 und $C_{\mathrm{m}p}$ nach Gl 2.24b:

$$S_{(T,p)} = S^0 + m\,c_{p\mathrm{m}}|_{T_0}^{T}\,\ln\frac{T}{T_0} - m\,R_{\mathrm{i}}\,\ln\frac{p}{p_0} \qquad \textbf{(Gl 9.68)}$$

$$S_{\mathrm{m}\,(T,p)} = S^0_{\mathrm{m}} + C_{\mathrm{m}p}|_{T_0}^{T}\,\ln\frac{T}{T_0} - R_{\mathrm{m}}\,\ln\frac{p}{p_0} \qquad \textbf{(Gl 9.69)}$$

Beispiel 9.15 Für die Reaktionen nach Beispiel 9.13 ist die molare Standardreaktionsentropie zu ermitteln.

Lösung:

Stoffwerte nach T 9.4, ν_{i} wie Beispiel 9.13; molare Standardreaktionsentropie jeweils nach

(Gl 9.67) $\Delta_{\mathrm{R}}S^0_{\mathrm{m}} = \Sigma\nu_{\mathrm{i}}\,S^0_{\mathrm{m\,i}}$

Zu a): Für die Reaktion $C + \frac{1}{2}\,O_2 \rightarrow CO$ gilt:

$$\Delta_{\mathrm{R}}S^0_{\mathrm{m}} = -1S^0_{\mathrm{m\,C}} + \left(-\frac{1}{2}\right)S^0_{\mathrm{m\,O_2}} + 1S^0_{\mathrm{m\,CO}}$$

$$\Delta_{\mathrm{R}}S^0_{\mathrm{m}} = \left[-5{,}74 + \left(-\frac{1}{2}\right)205{,}2 + 197{,}7\right]\frac{\mathrm{kJ}}{\mathrm{kmol\,K}}$$

$$\underline{\Delta_{\mathrm{R}}S^0_{\mathrm{m}} = +\,89{,}36\,\frac{\mathrm{kJ}}{\mathrm{kmol\,K}}}$$

Zu b): Für die Reaktion $CO + \frac{1}{2}\,O_2 \rightarrow CO_2$ gilt:

$$\Delta_{\mathrm{R}}S^0_{\mathrm{m}} = -1S^0_{\mathrm{m\,CO}} + \left(-\frac{1}{2}\right)S^0_{\mathrm{m\,O_2}} + 1S^0_{\mathrm{m\,CO_2}}$$

$$\Delta_{\mathrm{R}}S^0_{\mathrm{m}} = \left[-197{,}7 + \left(-\frac{1}{2}\right)205{,}2 + 213{,}8\right]\frac{\mathrm{kJ}}{\mathrm{kmol\,K}}$$

$$\underline{\Delta_{\mathrm{R}}S^0_{\mathrm{m}} = -\,86{,}50\,\frac{\mathrm{kJ}}{\mathrm{kmol\,K}}}$$

[1] *W. Nernst* (1864–1941), Prof. für Physik in Göttingen und Berlin, Mitbegründer der physikalischen Chemie, erhielt 1920 den Nobelpreis für Chemie.

Zu c) Für die Reaktion $C + O_2 \rightarrow CO_2$ gilt:

$$\Delta_R S^0_m = -1 S^0_{m\,C} + (-1)\, S^0_{m\,O_2} + 1 S^0_{m\,CO_2}$$

$$\Delta_R S^0_m = (-5{,}74 - 205{,}2 + 213{,}8)\,\frac{\text{kJ}}{\text{kmol K}}$$

$$\Delta_R S^0_m = \underline{+2{,}86\,\frac{\text{kJ}}{\text{kmol K}}}$$

Da die Entropie eine Zustandsgröße ist, ist das Gesamtergebnis zu c) gleich der Summe der Einzelergebnisse von a) und b).

Beispiel 9.16: Welchen Wert hat die absolute Entropie von 10 kg O_2 bei 10 bar, 800 °C?

(Gl 9.68) $$S = S^0 + m\, c_{pm}|_{T_0}^{T} \ln\frac{T}{T_0} - m R_{O_2} \ln\frac{p}{p_0} \qquad \text{mit} \quad S^0 = \frac{m}{M}\, S^0_m$$

$$S = \frac{10\text{ kg}\; 205{,}2\text{ kJ kmol}}{\text{kmol K}\; 32\text{ kg}} + 10\text{ kg}\; 1{,}02\frac{\text{kJ}}{\text{kg K}} \ln\frac{1073}{298} - 10\text{ kg}\; 0{,}2598\,\frac{\text{kJ}}{\text{kg K}} \ln\frac{10}{1{,}0}$$

$$S = \underline{71{,}2\,\frac{\text{kJ}}{\text{K}}}$$

Freie Enthalpie. Bei chemischen Reaktionen tritt häufig der Term $H - T\,S$ auf. Wir werden das bei der Behandlung der Brennstoffzelle feststellen (Abschn. 9.9.2). Es ist daher zweckmäßig, diesen nur aus Zustandsgrößen bestehenden Term zu einer neuen Zustandsgröße zusammenzufassen, der *freien Enthalpie* (auch *Gibbs*[1]*-Funktion* genannt) G:

$$G = H - T\,S \quad \textit{freie Enthalpie} \qquad \textbf{(Gl 9.70)}$$

Ähnlich hatten wir schon die Enthalpie definiert (Gl 1.27: $H = U + p\,V$). G ist immer negativ, da $T\,S > H$ ist.

Bezogen auf die Stoffmenge erhält man die *molare freie Enthalpie* G_m, für den chemischen Standardzustand die *molare freie Standardenthalpie* G^0_m (T 9.4). Auch hier gelten die für die Enthalpie und die Entropie getroffenen Vereinbarungen.

Die bei isotherm-isobarer Reaktion eintretende Änderung der freien Enthalpie wird als *freie Reaktionsenthalpie* (auch als *Reaktions-Gibbs-Funktion*) $\Delta_R G$, bezogen auf die Stoffmenge als *molare* freie Reaktionsenthalpie $\Delta_R G_m$ bezeichnet:

$$\Delta_R G_m = \Sigma \nu_i\, G_{m\,i} \qquad \textbf{(Gl 9.71a)}$$

oder, mit Gl 9.70

$$\Delta_R G_m = \Delta_R H_m - T \Delta_R S_m \quad \textit{molare freie Reaktionsenthalpie} \qquad \textbf{(Gl 9.71b)}$$

Neben der Temperatur T muß auch der Druck p aller Reaktionspartner gleiche Werte haben. Man kann sich den Ablauf so vorstellen, daß jeder Einsatzstoff getrennt mit p, T zuströmt und jeder Produktpartner getrennt mit gleichem p, T abströmt. Mischungseffekte (z.B. nach Gl 6.33) werden nicht berücksichtigt.

Bei Reaktionen im chemischen Standardzustand verwenden wir die Bezeichnung molare freie *Standard*reaktionsenthalpie $\Delta_R G^0_m$:

$$\Delta_R G^0_m = \Sigma \nu_i\, G^0_{m\,i} \qquad \textbf{(Gl 9.72a)}$$

$$\Delta_R G^0_m = \Delta_R H^0_m - T_0\, \Delta_R S^0_m \quad \textit{molare freie Standardreaktionsenthalpie} \qquad \textbf{(Gl 9.72b)}$$

[1] *G.W. Gibbs* (1839–1903), Prof. für mathematische Physik an der Yale-Universität in New Haven (USA), schuf die thermodynamischen Grundlagen der physikalischen Chemie.

T 9.4 Molare Standardbildungsenthalpie $\Delta_B H_m^0$, molare Standardentropie S_m^0 und molare freie

Stoff	H_2	O_2	$H_2O_{(fl)}$	$H_2O_{(g)}$	N_2
$\Delta_B H_m^0$ in $\frac{KJ}{kmol}$	0	0	−285 838	−241 827	0
S_m^0 in $\frac{kJ}{kmol\,K}$	130,7	205,2	69,9	188,8	191,6
G_m^0 in $\frac{kJ}{kmol}$	−38 962	−61 166	−306 690	−298 130	−57 128

Man erkennt (mit Gl 9.64), daß bei Brennstoffen $\Delta_R G_m^0$ mit dem Brennwert $H_{o\,m}$ durch den Summanden $T_0\,\Delta_R S_m^0$ verknüpft ist.

Falls eine elektrochemische Reaktion vorliegt (z.B. in der Brennstoffzelle, Abschn. 9.9), kann bei reversiblem Vorgang die freie Reaktionsenthalpie in die maximal mögliche *reversible Reaktionsarbeit* W_R umgesetzt werden. Bezogen auf die Stoffmenge gilt:

$$W_{R\,m} = \Delta_R G_m \quad \textit{molare reversible Reaktionsarbeit} \qquad \textbf{(Gl 9.73)}$$

$W_{R\,m}^0$ bzw. $\Delta_R G_m^0$ sind feststehende Eigenschaften der isotherm-isobaren Reaktion im chemischen Standardzustand. Werte für einige Brennstoffe s. **T 9.6**. Ist die Reaktionsarbeit negativ, so wird Arbeit abgegeben.

Beispiel 9.17 Für die Reaktionen nach Beispiel 9.13 ist die molare freie Standardreaktionsenthalpie zu ermitteln.

Lösung:

Stoffwerte nach T 9.4, ν_i wie Beispiel 9.13; molare freie Standardreaktionsenthalpie jeweils nach

$$\text{(Gl 9.71a)} \quad \Delta_R G_m^0 = \Sigma \nu_i G_{m\,i}^0$$

Zu a): Für die Reaktion $C + \frac{1}{2}\,O_2 \rightarrow CO$ gilt:

$$\Delta_R G_m^0 = -1 G_{m\,C}^0 + \left(-\frac{1}{2}\right) G_{m\,O_2}^0 + 1 G_{m\,CO}^0$$

$$\Delta_R G_m^0 = \left[-1(-1711) - \frac{1}{2}\,(-61\,166) + 1(-169\,460)\right] \frac{kJ}{kmol}$$

$$\underline{\Delta_R G_m^0 = -137\,166\,\frac{kJ}{kmol}}$$

Zu b): Für die Reaktion $CO + \frac{1}{2}\,O_2 \rightarrow CO_2$ gilt:

$$\Delta_R G_m^0 = -1 G_{m\,CO}^0 + \left(-\frac{1}{2}\right) G_{m\,O_2}^0 + 1 G_{m\,CO_2}^0$$

$$\Delta_R G_m^0 = \left[-1(-169\,460) - \frac{1}{2}\,(-61\,166) + 1(-457\,250)\right] \frac{kJ}{kmol}$$

$$\underline{\Delta_R G_m^0 = -257\,207\,\frac{kJ}{kmol}}$$

Standardenthalpie G^0_m im chemischen Standardzustand ($t_0 = 25\,°\mathrm{C}$, $p_0 = 1{,}0\,\mathrm{bar}$) [1; 7]

Stoff	C_graphit	CO	CO_2	CH_4	Luft
$\Delta_\mathrm{B} H^0_\mathrm{m}$ in $\frac{\mathrm{KJ}}{\mathrm{kmol}}$	0	−110 529	−393 522	−74 873	−142
S^0_m in $\frac{\mathrm{kJ}}{\mathrm{kmol\,K}}$	5,74	197,7	213,8	186,3	198,8
G^0_m in $\frac{\mathrm{kJ}}{\mathrm{kmol}}$	−1 711	−169 460	−457 250	−130 400	−59 420

Zu c): Für die Reaktion $C + O_2 \rightarrow CO_2$ gilt:

$$\Delta_\mathrm{R} G^0_\mathrm{m} = -1 G^0_{\mathrm{m\,C}} - 1 G^0_{\mathrm{m\,O_2}} + 1 G^0_{\mathrm{m\,CO_2}}$$

$$\Delta_\mathrm{R} G^0_\mathrm{m} = [-1(-1711) - 1(-61\,166) + 1(-457\,250)]\,\frac{\mathrm{kJ}}{\mathrm{kmol}}$$

$$\Delta_\mathrm{R} G^0_\mathrm{m} = \underline{-394\,373\,\frac{\mathrm{kJ}}{\mathrm{kmol}}}$$

Da die freie Enthalpie eine Zustandsgröße ist, ist das Gesamtergebnis zu c) gleich der Summe der Einzelergebnisse von a) und b).

Beispiel 9.18: Kohlenstoff soll mit Sauerstoff zu Kohlendioxid reagieren.

a) Aus tabellierten Werten für die Standardbildungsenthalpie und die Standardentropie ist die molare freie Standardreaktionsenthalpie zu ermitteln.

b) Um wieviel Prozent weicht beim Kohlenstoff der Betrag der molaren freien Standardreaktionsenthalpie vom Brennwert (bei 25 °C Bezugstemperatur) ab? Welcher mathematischer Term erfaßt die Abweichung?

Lösung:

Zu a): Reaktion nach Gl 9.6a: $C + O_2 \rightarrow CO_2$

Molare freie Standardenthalpie nach Gl 9.72b:

$$\Delta_\mathrm{R} G^0_\mathrm{m} = \Delta_\mathrm{R} H^0_\mathrm{m} - T_0 \Delta_\mathrm{R} S^0_\mathrm{m}$$

$\Delta_\mathrm{R} H^0_\mathrm{m}$ ist die molare Bildungsenthalpie $\Delta_\mathrm{B} H^0_\mathrm{m}$ des CO_2. Wir ersetzen $\Delta_\mathrm{R} S_\mathrm{m} = \Sigma \nu_\mathrm{i} S^0_{\mathrm{m\,i}}$ (Gl 9.67) mit $\nu_{CO_2} = +1$, $\nu_C = -1$, $\nu_{O_2} = -1$ und erhalten mit den Werten nach T 9.4:

$$\Delta_\mathrm{R} G^0_\mathrm{m} = \Delta_\mathrm{B} H^0_\mathrm{m} - T_0 (S^0_{\mathrm{m\,CO_2}} - S^0_{\mathrm{m\,C}} - S^0_{\mathrm{m\,O_2}})$$

$$\Delta_\mathrm{R} G^0_\mathrm{m} = -393{,}52\,\frac{\mathrm{MJ}}{\mathrm{kmol}} - 298\,\mathrm{K}\,(213{,}8 - 5{,}74 - 205{,}2)\,\frac{\mathrm{kJ}}{\mathrm{kmol\,K}}\,\frac{\mathrm{MJ}}{10^3\,\mathrm{kJ}}$$

$$\Delta_\mathrm{R} G^0_\mathrm{m} = -393{,}52\,\frac{\mathrm{MJ}}{\mathrm{kmol}} - 0{,}85\,\frac{\mathrm{MJ}}{\mathrm{kmol}}$$

$$\Delta_\mathrm{R} G^0_\mathrm{m} = \underline{-394{,}37\,\frac{\mathrm{MJ}}{\mathrm{kmol}}} \qquad \text{(vergl. T 9.6)}$$

T 9.5 Partialdrücke p_i gesättigter feuchter Luft im Standardzustand [7]

Luftbestandteil		N_2	O_2	H_2O	Ar	CO_2
Partialdruck p_i	bar	0,7561	0,2028	0,0317	0,0091	0,0003[illegible]1

Zu b): Abweichung zwischen $|\Delta_R G^0_m|$ und H^0_{om}.

Mit der unter a) umgeformten Gl 9.72b, mit $\Delta_R H_m = -H_{om}$ (Gl 9.64) und den oben eingesetzten Werten gilt:

$$\Delta_R G^0_m + H^0_{om} = -T_0 \Delta_R S^0_m = -T_0 (S^0_{m\,CO_2} - S^0_{m\,C} - S^0_{m\,O_2})$$

$$\Delta_R G^0_m + H^0_{om} = \underline{-0{,}85\ \frac{MJ}{kmol}}$$

Die Abweichung beträgt in Prozent:

$$\psi = \frac{|\Delta_R G^0_m + H^0_{om}|}{H_{om}} = \frac{|-0{,}85|\ MJ/kmol}{393{,}52\ MJ/kmol} = 0{,}022 \quad \underline{\hat{=}\ 2{,}2\,\%}$$

Die Abweichung zwischen $|\Delta_R G^0_m|$ und H^0_{om} liegt lediglich in dem Term $T_0 \Delta_R S_m$ begründet. Dessen Wert ist vergleichsweise klein.

Aufgabe 9.14: Wie groß ist die molare freie Standardreaktionsenthalpie bei der isotherm-isobaren Reaktion von Wasserstoff mit Sauerstoff zu

a) H_2O in flüssiger,

b) H_2O in gasförmiger Phase?

9.8.2 Brennstoffexergie

Definition. Die Exergie eines Brennstoffes ist der Teil der Bindungsenergie, der im günstigsten Fall bei reversibler chemischer Reaktion zwischen dem Brennstoff und dem Luftsauerstoff in technische Arbeit umgewandelt werden kann, wenn nach der Reaktion zwischen System und Umgebung physikalisches und auch chemisches Gleichgewicht herrscht (Abschn. 3.7.1). Die Umgebung ist hinsichtlich Temperatur, Druck und Zusammensetzung festzulegen. Als Umgebung wird hier gesättigte Luft im Standardzustand ($t_b = t_0 = 25\,°C$, $p_b = p_0 = 1{,}0$ bar) gewählt **(T 9.5)**.

Zur Berechnung der Exergie gehen wir von dem Bilanzsystem nach **B 9.10** aus. Dadurch können wir auf die schon definierte reversible Reaktionsarbeit W_R (Gl 9.73) zurückgreifen. In dem System sollen Brennstoff und Sauerstoff im Standardzustand reagieren.

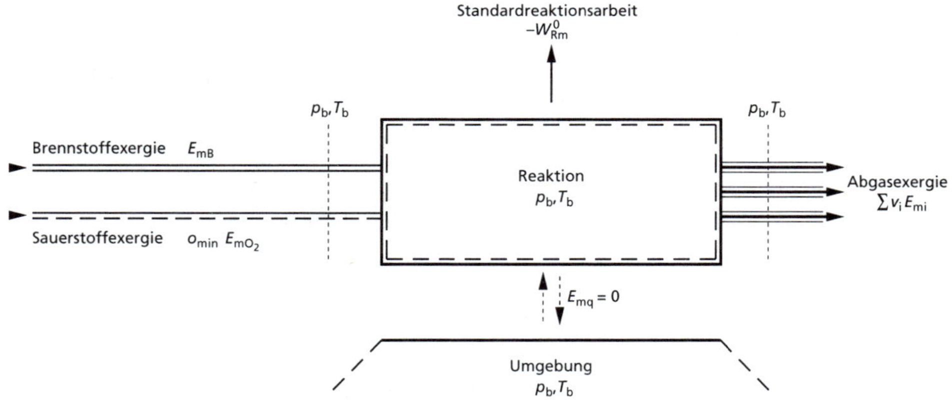

B 9.10 Exergiebilanz zur molaren Brennstoffexergie ($t_b = t_0 = 25\,°C$, $p_b = p_0 = 1{,}0$ bar)

Zugeführt werden: Die Brennstoffexergie $E_{m\,B}$ und die auf die Brennstoffmenge bezogene Exergie des Luftsauerstoffes $o_{min} E_{m\,O_2}$. Der Sauerstoff bringt Exergie mit, da er mit $p_0 = 1$ bar zurückgeführt wird, in der Umgebung aber nur mit dem Partialdruck $p^*_{O_2}$ vorkommt.

Abgeführt werden: Die molare reversible Standardreaktionsarbeit W_{Rm} und die auf die Brennstoffmenge bezogene Exergie der Abgaskomponenten $\Sigma\nu_i E_{mi}$. Auch die Abgaskomponenten führen Exergie mit, da ihr Druck $p_0 = 1$ bar noch mit dem Partialdruck p^*_i des selben Stoffes in der Umgebung ins Gleichgewicht gebracht werden kann.

Wir stellen folgende Exergiebilanz auf (B 9.10):

$$E_{mB} + o_{min} E_{mO_2} = -W^0_{Rm} + \Sigma\nu_i E_{mi} \qquad \textbf{(Gl 9.74)}$$

Für die molaren Exergien des Sauerstoffes und des Abgases gilt allgemein Gl 3.35

$$E_{m1} = H_{m1} - H_{mb} + T_b(S_{mb} - S_{m1})$$

mit $H_{m1} - H_{mb} = 0$, da $T_1 = T_b = T_0$ ist. Enddruck (anstelle des Bezugsdruckes p_b) ist hier der jeweilige Partialdruck p^*_i. Der Druck des Zustandes 1 ist hier der Druck $p_1 = p_0 = 1$ bar an der Bilanzgrenze. Mit Gl 9.69 (für $T = T_0$)

$$S_{m(p^*_i)} - S_{m(p_0)} = -R_m \ln \frac{p^*_i}{p_0}$$

läßt sich für die molare Exergie des Sauerstoffes und des Abgases angeben:

$$E_{m1} = -T_0 R_m \ln \frac{p^*_i}{p_0} \qquad \textbf{(Gl 9.75)}$$

Damit erhalten wir für die vom Luftsauerstoff in das Bilanzsystem (nach B 9.10) eingebrachte Exergie

$$o_{min} E_{mO_2} = -o_{min} T_0 R_m \ln \frac{p^*_{O_2}}{p_0} \qquad \textbf{(Gl 9.76)}$$

und für die vom Abgas aus dem Bilanzsystem (nach B 9.10) abgeführte Exergie

$$\Sigma\nu_i E_{mi} = -T_0 R_m \Sigma\nu_i \ln \frac{p^*_i}{p_0} \qquad \textbf{(Gl 9.77)}$$

Eingesetzt in Gl 9.74 ergibt sich für die molare Brennstoffexergie:

$$E_{mB} = -W^0_{Rm} - o_{min} E_{mO_2} + \Sigma\nu_i E_{mi}$$

$$E_{mB} = -W^0_{Rm} - T_0 R_m \left(\Sigma\nu_i \ln \frac{p^*_i}{p_0} - o_{min} \ln \frac{p^*_{O_2}}{p_0} \right) \qquad \textbf{(Gl 9.78)}$$

Die Abgasbestandteile sind CO_2 und SO_2, H_2O soll flüssig vorliegen.

Für schwefelfreien Brennstoff ist als Abgaskomponente nur CO_2 zu berücksichtigen:

$$E_{mB} = -W^0_{Rm} - T_0 R_m \left(\nu_{CO_2} \ln \frac{p^*_{CO_2}}{p_0} - o_{min} \ln \frac{p^*_{O_2}}{p_0} \right) \quad \textit{für schwefelfreien Brennstoff} \qquad \textbf{(Gl 9.79)}$$

Gl 9.78 kann durch Einsetzen von $\Delta_R G^0_m = W^0_{Rm}$ (Gl 9.73) und weiter mit Gl 9.72b ($\Delta_R G^0_m = \Delta_R H^0_m - T_0 \Delta_R S^0_m$) sowie Gl 9.64 ($\Delta_R H^0_m = -H_{om}$) umgeformt werden in

$$E_{mB} = H_{om} + T_0(S_{ab} - S_{mB} - S_{O_2}) \qquad \textbf{(Gl 9.80)}$$

Mit S_{ab} ist hier die Summe der Entropien der Abgaskomponenten im Bezugszustand bezeichnet. Auch in Gl 9.80 sind bei S_{ab} und S_{O_2} die Partialdrücke in der vereinbarten Umgebung zu berücksichtigen.

Auf welche Weise die maximal mögliche technische Arbeit praktisch erzielt werden kann, wird hier nicht näher diskutiert. Denkbar wäre z.B. zur Nutzung der Teildrücke der Einzelstoffe in der Umgebungsluft die Verwendung einer semipermeablen Membran.

Die herkömmlichen Verfahren, bei denen der Brennstoff bei hoher Temperatur verbrannt und die dann im Verbrennungsgas vorhandene Energie zum Betrieb einer Wärmekraftmaschine verwendet wird, nützen die Exergie des Brennstoffes nicht angenähert aus.

Zusammenhang zwischen Brennstoffexergie und Brennwert. Gl 9.80 verknüpft die Brennstoffexergie E_B mit dem Brennwert H_o. Da der 2. Term in Gl 9.80 klein gegenüber H_o ist, ist die Exergie von Brennstoffen hoch und liegt in der Größenordnung des Brennwertes (**T 9.6** und **T 9.7**).

T 9.6 Molarer Brennwert H_{om}, molarer Heizwert H_{um}, molare reversible Reaktionsarbeit W^0_{Rm}, molare Exergie E_{mB} und Energiequalitätsgrad φ_{EQ} einiger einfacher Brennstoffe im chemischen Standardzustand (25 °C, 1,0 bar). Bezugszustand für E_{mB}: Gesättigte feuchte Luft nach T 9.5 im Standardzustand.[1]

Brennstoff	H_{om} in $\frac{MJ}{kmol}$	H_{um} in $\frac{MJ}{kmol}$	$W^0_{Rm} = \Delta_R G^0_m$ in $\frac{MJ}{kmol}$	E_{mB} in $\frac{MJ}{kmol}$	$\frac{E_{mB}}{-W_{Rm}}$	$\varphi_{EQ} = \frac{E_{mB}}{H_{om}}$
$C_{graphit}$	393,5	393,5	−394,37	410,4	1,041	1,043
H_2	285,8	241,8	−237,15*	235,2	0,992	0,823
CO	283,0	283,0	−257,21	275,2	1,070	0,973
CH_4	890,6	802,6	−817,90*	830,0	1,015	0,932
C_2H_6	1560,7	1428,64	−1467,3*	1495,5	1,019	0,958

[1] Brenn- und Heizwerte der Gase nach DIN 51 857, W^0_{Rm} aus [1], E_{mB} aus [1; 9. Aufl.]
* H_2O nach der Reaktion in flüssiger Phase

T 9.7 Spezifischer Brennwert H_o, spezifische Exergie e_B und Energiequalitätsgrad φ_{EQ} einiger flüssiger und fester Brennstoffe bei 25 °C, 1,01325 bar [26]

Brennstoff	H_o in $\frac{MJ}{kg}$	e_B in $\frac{MJ}{kg}$	$\varphi_{EQ} = \frac{e_B}{H_o}$
Heizöl EL	45,96	45,1	0,981
Rohbraunkohle (Rhein)	9,90	10,1	1,020
Steinkohle (Ruhr)			
– Fettkohle	32,82	33,3	1,015
– Anthrazit	32,67	33,0	1,011
Koks (Steinkohle)	29,01	29,5	1,019

Die Exergie ist bei Kohlenstoff um 4,3% größer als der Brennwert, die Ursache liegt darin, daß bei dieser maximal möglichen technischen Arbeit Wärme aus der Umgebung zugeführt wird. Bei Wasserstoff ist die Exergie um 17,7% kleiner als der Brennwert. Eine Berechnung der Exergie ist nur bei chemisch einfachen Stoffen, nicht jedoch bei Kohle und Heizöl möglich, da diese aus vielfältigen Verbindungen bestehen. In solchen Fällen wird die Exergie durch statistisch gefundene Näherungsgleichungen ermittelt, z.B. gilt für feste und flüssige Brennstoffe $e_B \approx H_o$ (T 9.7) und für Brenngase — außer für Wasserstoff — $e_B \approx (0{,}93 \ldots 0{,}97)\, H_o$ (T 9.6). Näherungsweise ist somit der Energiequalitätsgrad bei Brennstoffen $\varphi_{EQ} \approx 1$ (Definition s. Abschn. 3.7.7).

Zusammenhang zwischen Brennstoffexergie und reversibler Reaktionsarbeit. Gl 9.78/ Gl 9.79 verknüpfen die Brennstoffexergie E_B mit der reversiblen Reaktionsarbeit im Standardzustand W_R^0. Beide Begriffe sind für die gleiche Temperatur (25 °C) definiert. Sie unterscheiden sich aber durch folgende Vereinbarung hinsichtlich des Druckes:

Bei der Brennstoffexergie sind nach der Reaktion bei $p_b = p_0 = 1{,}0$ bar die Drücke der einzelnen Abgasbestandteile ins Gleichgewicht mit den *Partial*drücken p_i^* der selben Stoffe in der vereinbarten Umgebung zu bringen. Die aus dem Bilanzsystem (B 9.10) mit $p_b = 1{,}0$ bar austretenden Abgaskomponenten verfügen somit noch über Exergie. Beim Sauerstoff ist zu beachten, daß dieser gemäß Definition bei p_b mit dem Brennstoff reagieren soll, in der Umgebungsluft aber nur mit dem Partialdruck $p_{O_2}^*$ vorkommt. Der Luftsauerstoff bringt somit Exergie mit. Bei der reversiblen Reaktionsarbeit wird dagegen vereinbarungsgemäß für jeden Reaktionspartner gleichbleibender Druck (im Standardzustand $p_0 = 1{,}0$ bar) vorausgesetzt.

Dadurch ergeben sich bei den meisten Brennstoffen etwas höhere Werte für die Brennstoffexergie E_B als für den Betrag der reversiblen Reaktionsarbeit im Standardzustand W_R^0 (T 9.6 und Beispiel 9.19). Während die reversible Reaktionsarbeit eine Eigenschaft der Brennstoffreaktion ist, hängt die Brennstoffexergie von der vereinbarten Umgebung ab. Unterschiedliche Umgebungsmodelle führen zu leicht unterschiedlichen Brennstoffexergien.

Beispiel 9.19: Wie groß ist im chemischen Standardzustand

a) die molare Exergie von Kohlenstoff,

b) ihre Differenz zur molaren Reaktionsarbeit der Reaktion $C + O_2 \rightarrow CO_2$? Worin liegt die Abweichung begründet?

Lösung

Zu a) Reaktionsgleichung (Gl 9.6a): $C + O_2 \rightarrow CO_2$

Lösungsweg 1: Brennstoffexergie nach Gl 9.79

$$E_{\mathrm{m\,B}} = -W_{\mathrm{R\,m}}^0 - T_0 R_{\mathrm{m}} \left(\nu_{CO_2} \ln \frac{p_{CO_2}^*}{p_0} - o_{\min} \ln \frac{p_{O_2}^*}{p_0} \right)$$

mit

$$W_{\mathrm{R\,m}}^0 = -394{,}37 \ \frac{\mathrm{kJ}}{\mathrm{kmol}} \quad (\mathrm{T}\ 9.6)$$

$$\nu_{CO_2} = 1; \qquad o_{\min} = 1 \quad (\text{gem. Gl } 9.6\text{a})$$

$$p_{CO_2}^* = 0{,}00031\,\mathrm{bar}, \qquad p_{O_2}^* = 0{,}2028\,\mathrm{bar} \quad (\mathrm{T}\ 9.5)$$

ergibt sich:

$$E_{\mathrm{m\,B}} = -\left(-394{,}37 \ \frac{\mathrm{MJ}}{\mathrm{kmol}} \right) - 298\,\mathrm{K}\ 8{,}3145 \ \frac{\mathrm{kJ}}{\mathrm{kmol\,K}} \ \frac{\mathrm{MJ}}{10^3\,\mathrm{kJ}} \ (\ln 0{,}00031 - \ln 0{,}2028)$$

$$\underline{E_{\mathrm{m\,B}} = 410{,}4 \ \frac{\mathrm{MJ}}{\mathrm{kmol}}} \quad (\text{vergl. T}\,9.6)$$

Lösungsweg 2: Brennstoffexergie nach Gl 9.80

$$E_{\mathrm{mB}} = H_{o\,\mathrm{m}} + T_0(S_{\mathrm{ab}} - S_{\mathrm{mC}} - S_{O_2})$$

Hierin sind, mit S^0_{m} nach T 9.4 und $H_{o\,\mathrm{m}}$ nach T 9.6, gem. Gl 9.69:

$$S_{\mathrm{ab}} = S_{\mathrm{m}\,CO_2} = S^0_{\mathrm{m}\,CO_2} - R_{\mathrm{m}} \ln \frac{p^*_{CO_2}}{p_0}$$

$$S_{\mathrm{m}\,CO_2} = 213{,}8 \,\frac{\mathrm{kJ}}{\mathrm{kmol\,K}} - 8{,}3145 \,\frac{\mathrm{kJ}}{\mathrm{kmol\,K}} \ln 0{,}00031 = 281{,}0 \,\frac{\mathrm{kJ}}{\mathrm{kmol\,K}}$$

$$S_{O_2} = S_{\mathrm{m}\,O_2} = S^0_{\mathrm{m}\,O_2} - R_{\mathrm{m}} \ln \frac{p^*_{O_2}}{p_0}$$

$$S_{\mathrm{m}\,O_2} = 205{,}2 \,\frac{\mathrm{kJ}}{\mathrm{kmol\,K}} - 8{,}3145 \,\frac{\mathrm{kJ}}{\mathrm{kmol\,K}} \ln 0{,}2028 = 218{,}5 \,\frac{\mathrm{kJ}}{\mathrm{kmol\,K}}$$

Somit wird: $E_{\mathrm{mB}} = 393{,}5 \,\frac{\mathrm{MJ}}{\mathrm{kmol}} + 298\,\mathrm{K}\;(281{,}0 - 5{,}74 - 218{,}5 \,\frac{\mathrm{kJ\;MJ}}{\mathrm{kmol\,K} \cdot 10^3\,\mathrm{kJ}}$

$$\underline{E_{\mathrm{mB}} = 410{,}4 \,\frac{\mathrm{MJ}}{\mathrm{kmol}}} \quad \text{(vergl. T 9.6)}$$

Zu b): Die Differenz zwischen der molaren Brennstoffexergie E_{mB} und dem Betrag der molaren reversiblen Reaktionsarbeit W^0_{Rm} ist gering. Sie liegt in der Vereinbarung über die Drücke begründet. Bei W^0_{Rm} ist der Druck der Partner vor und nach der Reaktion vereinbarungsgemäß $p_0 = 1$ bar. Bei E_{mB} wird dagegen der Druck der Reaktionspartner mit deren Partialdruck in der vereinbarten Umgebung ins Gleichgewicht gebracht. Die Differenz beträgt

$$T_0 R_{\mathrm{m}} \left(\Sigma \nu_{\mathrm{i}} \ln \frac{p^*_{\mathrm{i}}}{p_0} - o_{\min} \ln \frac{p^*_{O_2}}{p_0} \right)$$

und errechnet sich im vorliegenden Beispiel zu 16,0 MJ/kmol oder ca. 4%.

Aufgabe 9.15: Für Methan ist die molare Exergie aus dem Wert der molaren reversiblen Reaktionsarbeit (T 9.6) zu berechnen und mit dem Tabellenwert (ebenfalls T 9.6) zu vergleichen.

9.8.3 Exergieverlust bei der Verbrennung

Die Summe der mit dem Brennstoff und der Verbrennungsluft in eine Feuerung eingebrachten Exergie ist größer als die Exergie des Verbrennungsgases nach der Verbrennung in einem adiabaten System. Die Differenz ist der Exergieverlust:

$$E_v = E_{\mathrm{B}} + E_{\mathrm{l}} - E_{\mathrm{a\,max}} \qquad \textbf{(Gl 9.81)}$$

E_{B} = die Brennstoffexergie (entspr. Gl 9.78/79 und Gl 9.80)

E_{l} = die auf die Brennstoffmenge bezogene Exergie der Luft, von der wir vereinfachend annehmen wollen, daß sie mit $p_{\mathrm{b}} = p_0$ und $t_{\mathrm{b}} = t_0$ zugeführt wird; dann ist $E_{\mathrm{l}} = 0$

$E_{\mathrm{a\,max}}$ = die auf die Brennstoffmenge bezogene Exergie des Verbrennungsgases bei Verbrennung in einer adiabaten Feuerung, also bei theoretischer Verbrennungstemperatur $t_{\max}$. Die Annahme der adiabaten Feuerung ist notwendig, da die Exergieverringerung des Verbrennungsgases bei Abkühlung nicht der Verbrennung zugeschrieben werden darf.

Die *Verbrennungsgasexergie* bei t_{max} ist (Gl 3.35):

$$E_{a\,max} = H_{a\,max} - H_{a\,b} + T_0(S_{a\,b} - S_{a\,max})$$

mit $H_{a\,max} - H_{a\,b} = H_o$ (B 9.8)

$$E_{a\,max} = H_o + T_0(S_{a\,b} - S_{a\,max}) \qquad \textbf{(Gl 9.82)}$$

Damit wird der Exergieverlust bei adiabater Verbrennung (Gl 9.82 und Gl 9.80 in Gl 9.81 eingesetzt):

$$E_v = T_0(S_{a\,max} - S_B - S_l) \qquad \textbf{(Gl 9.83)}$$

Das Ergebnis entspricht — wie zu erwarten — Gl 3.48. $S_{a\,max}$ besteht aus der Entropie der einzelnen Abgasbestandteile und deren Mischungsentropie nach Gl 6.33.

Der Exergieverlust erreicht bei der Verbrennung beachtliche Werte (Beispiel 9.20), die Verbrennung ist also ein Vorgang von hoher Irreversibilität. Eine annähernd reversible Reaktion ist durch Brennstoffzellen erreichbar, in denen die chemische Energie des Brennstoffes direkt in elektrische Energie umgewandelt wird (Abschn. 9.9).

Beispiel 9.20: Welcher Exergieverlust tritt bei der Verbrennung von 1 kmol CO mit Luft bei $\lambda = 1$ ein? Die Brennstoff- und Lufttemperatur sollen 25 °C, der Umgebungszustand 25 °C, 1,0 bar betragen. Die Mischungsentropie der Abgasbestandteile soll vernachlässigt werden.

Wir ermitteln zunächst die Entropien:

$$S_B = S^0_{m\,CO} = 197{,}7\ \frac{\text{kJ}}{\text{kmol B K}} \qquad \text{(T 9.4)}$$

$$S_l = l_{min} S^0_{m\,l} = 2{,}38\ \frac{\text{kmol L}}{\text{kmol B}}\ 198{,}8\ \frac{\text{kJ}}{\text{kmol L K}} = 473{,}1\ \frac{\text{kJ}}{\text{kmol B K}}$$

$$S_{a\,max} = v_{CO_2} S_{m\,max\,CO_2} + v_{N_2} S_{m\,max\,N_2}$$

$$S_{a\,max} = 1\ \frac{\text{kmol CO}_2}{\text{kmol B}}\ 336{,}5\ \frac{\text{kJ}}{\text{kmol CO}_2\,\text{K}} + 1{,}88\ \frac{\text{kmol N}_2}{\text{kmol B}}\ 267{,}2\ \frac{\text{kJ}}{\text{kmol N}_2\,\text{K}}$$

$$S_{a\,max} = 838{,}8\ \frac{\text{kJ}}{\text{kmol B K}}$$

Hierin sind:

$$l_{min} = \frac{o_{min}\ \text{kmol L}}{0{,}21\ \text{kmol O}_2} = \frac{\text{CO}^b\ \text{kmol L}}{2 \cdot 0{,}21\ \text{kmol B}} = \frac{1\ \text{kmol L}}{0{,}42\ \text{kmol B}} = 2{,}38\ \frac{\text{kmol L}}{\text{kmol B}}$$

$$v_{CO_2} = CO^b\ \frac{\text{kmol CO}_2}{\text{kmol B}} = 1\ \frac{\text{kmol CO}_2}{\text{kmol B}}$$

$$v_{N_2} = 0{,}79\,\lambda\, l_{min}\ \frac{\text{kmol N}_2}{\text{kmol B}} = 0{,}79 \cdot 1{,}0 \cdot 2{,}38\ \frac{\text{kmol N}_2}{\text{kmol B}} = 1{,}88\ \frac{\text{kmol N}_2}{\text{kmol B}}$$

$$S_{m\,max\,CO_2} = S^0_{m\,CO_2} + C_{mp\,CO_2}|_{T_0}^{T_{max}} \ln \frac{T_{max}}{T_0} \qquad \text{[(Gl 9.69); } t_{max} = 2400\,°\text{C, Aufgabe 9 7]}$$

$$S_{m\,max\,CO_2} = 213{,}8\ \frac{\text{kJ}}{\text{kmol CO}_2\,\text{K}} + 55{,}92\ \frac{\text{kJ}}{\text{kmol K}} \ln \frac{2673\ \text{K}}{298\ \text{K}} = 336{,}5\ \frac{\text{kJ}}{\text{kmol CO}_2\,\text{K}}$$

$$S_{m\,max\,N_2} = 191{,}6\ \frac{\text{kJ}}{\text{kmol N}_2\,\text{K}} + 34{,}45\ \frac{\text{kJ}}{\text{kmol K}} \ln \frac{2673\ \text{K}}{298\ \text{K}} = 267{,}2\ \frac{\text{kJ}}{\text{kmol N}_2\,\text{K}}$$

Damit ist der Exergieverlust (Gl 9.83):

$$E_v = T_0(S_{a\,max} - S_B - S_l)$$

$$E_v = 298\ \text{K}\ (838{,}8 - 197{,}7 - 473{,}1)\ \frac{\text{kJ}}{\text{kmol B K}}\ \frac{\text{MJ}}{10^3\ \text{kJ}} = 50{,}0\ \frac{\text{MJ}}{\text{kmol B}}$$

Bezogen auf die Brennstoffexergie (T 9.6) beträgt der Exergieverlust:

$$\frac{E_v}{E_B} = \frac{50{,}0}{275{,}2} = 0{,}182 \quad \text{oder} \quad \underline{18{,}2\,\%}$$

Aufgabe 9.16: Wie groß ist der Exergieverlust für das Beispiel 9.20, wenn der Luftüberschuß 40% beträgt? ($t_{max} = 1920\,°C$ aus Aufgabe 9.7)

9.9 Brennstoffzellen

9.9.1 Wirkprinzip

In Brennstoffzellen verläuft eine elektrochemische Reaktion zwischen Brennstoff (Wasserstoff) und Sauerstoff. Dabei wird elektrische Arbeit abgegeben.

Zwischen zwei Elektroden (Anode und Kathode) befindet sich ein flüssiger oder fester Elektrolyt. An der Anode wird Brennstoff, an der Kathode werden Sauerstoff oder Luft zugeführt. Wir erläutern den Vorgang am Beispiel einer Brennstoffzelle mit Phosphorsäure als Elektrolyt (PAFC), die bei etwa 200 °C arbeitet **(B 9.11)**.

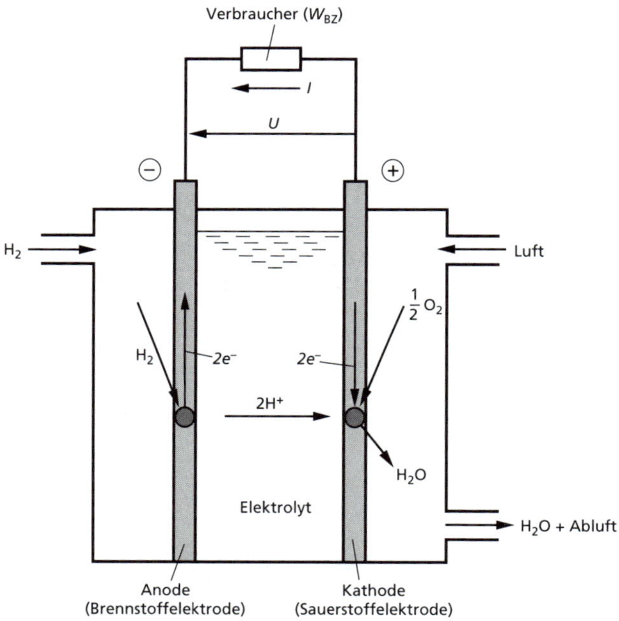

B 9.11 Wirkschema einer Brennstoffzelle (PAFC) [nach 17]

An der Anode spalten sich je H_2-Molekül zwei Elektronen ab:

$$H_2 \rightarrow 2H^+ + 2e^-$$

Die Elektronen fließen über den äußeren Stromkreis (Verbraucher), die Wasserstoff-Ionen (Protonen) über den Elektrolyten zur Kathode. Dort reagieren sie mit Sauerstoff:

$$\frac{1}{2}\,O_2 + 2H^+ + 2e^- \rightarrow H_2O$$

Das entstandene H_2O wird mit den verbleibenden Luftbestandteilen als Wasserdampf abgeführt.

Es gibt auch anderswirkende Elektrolyten. So wandern z.B. in der oxidkeramischen Brennstoffzelle (SOFC) Sauerstoff-Ionen von der Kathode zur Anode, an der dann die Oxidation stattfindet.

9.9.2 Energetische Bewertung

Arbeit. In der Brennstoffzelle wird bei isotherm-isobarer Reaktion von Wasserstoff mit Sauerstoff die elektrische Arbeit $W_{\mathrm{BZ,i}}$ abgegeben. Dabei bildet sich H_2O.

$W_{\mathrm{BZ,i}}$ ermitteln wir in Anlehnung an die für einheitliche Stoffe entwickelte Gl 1.30a (1. Hauptsatz, Änderung der kinetischen und potentiellen Energie vernachlässigt):

$$W_{\mathrm{i}\,12} = H_2 - H_1 - Q_{12}$$

Ersetzt man darin Q_{12} für isotherme Vorgänge nach Gl 3.13

$$Q_{12} + W_{\mathrm{diss}\,12} = T(S_2 - S_1)$$

so erhält man

$$W_{\mathrm{i}\,12} = H_2 - H_1 - T(S_2 - S_1) + W_{\mathrm{diss}\,12}$$

Wir wenden diese Gleichung auf die isotherm-isobare Reaktion in der Brennstoffzelle an (Ablauf wie bei der Definition der freien Reaktionsenthalpie; s. Anmerkung zu Gl 9.71), beziehen sie auf die Stoffmenge des Wasserstoffs und führen ein:

$$H_{\mathrm{m}\,2} - H_{\mathrm{m}\,1} = \Delta_{\mathrm{R}} H_{\mathrm{m}} \quad \text{(Reaktionsenthalpie, Gl 9.62),}$$

$$S_{\mathrm{m}\,2} - S_{\mathrm{m}\,1} = \Delta_{\mathrm{R}} S_{\mathrm{m}} \quad \text{(Reaktionsentropie, Gl 9.66)}$$

$$\Delta_{\mathrm{R}} G_{\mathrm{m}} = \Delta_{\mathrm{R}} H_{\mathrm{m}} - T \Delta_{\mathrm{R}} S_{\mathrm{m}} \quad \text{(freie Reaktionsenthalpie, Gl 9.71b)}$$

Dann erhalten wir, mit der in der Brennstoffzelle dissipierten Energie $W_{\mathrm{diss}\,12} = W_{\mathrm{BZ\,diss}}$:

$$W_{\mathrm{BZ,m\,i}} = \Delta_{\mathrm{R}} G_{\mathrm{m}} + W_{\mathrm{BZ,m\,diss}} \quad \textit{molare Arbeit der Brennstoffzelle} \qquad \textbf{(Gl 9.84a)}$$

Die maximal mögliche molare elektrische Arbeit $W_{\mathrm{BZ,m}}$ wird von einer reversibel arbeitenden Brennstoffzelle abgegeben (Gl 9.84a mit $W_{\mathrm{BZ,m\,diss}} = 0$):

$$W_{\mathrm{BZ,m}} = \Delta_{\mathrm{R}} G_{\mathrm{m}} \quad \textit{reversible molare Arbeit der Brennstoffzelle} \qquad \textbf{(Gl 9.84b)}$$

$\Delta_{\mathrm{R}} G_{\mathrm{m}}$ setzen wir für gasförmiges H_2O ein, was bei Brennstoffzellen in der Regel zutrifft. Im Standardzustand ist $\Delta_{\mathrm{R}} G_{\mathrm{m}} = -228{,}58$ MJ/kmol. Mit höherer Reaktionstemperatur verringern sich $\Delta_{\mathrm{R}} G_{\mathrm{m}}$ und somit die reversible Arbeit der Brennstoffzelle $W_{\mathrm{BZ,m}}$ **(T 9.8)**.

Wärme. Bei der Reaktion in der Brennstoffzelle wird Wärme abgeführt. Sie nimmt mit höherer Temperatur zu. Aus Gl 1.30a folgt gemäß den vorstehenden Voraussetzungen (mit $\Delta_{\mathrm{R}} H_{\mathrm{m}} = -H_{\mathrm{u\,m}}$ für gasförmiges H_2O; Gl 9.65):

$$Q_{\mathrm{m}} = \Delta_{\mathrm{R}} H_{\mathrm{m}} - W_{\mathrm{BZ,m\,i}} = -H_{\mathrm{u\,m}} - W_{\mathrm{BZ,m\,i}} \qquad \textbf{(Gl 9.85a)}$$

Auch bei reversibler Reaktion in der Brennstoffzelle wird Wärme abgeführt:

$$Q_{\mathrm{m}} = \Delta_{\mathrm{R}} H_{\mathrm{m}} - W_{\mathrm{BZ,m}} = -H_{\mathrm{u\,m}} - W_{\mathrm{BZ,m}} \quad \textit{reversibel} \qquad \textbf{(Gl 9.85b)}$$

T 9.8 Molare Standardentropie S_m, molare Reaktionsenthalpie $\Delta_R H_m$ und molare freie Reaktions

	Temperatur T in K					
	298,15	300	400	500	600	700
S_m in $\frac{kJ}{kmol\,K}$	188,83	189,04	198,79	206,53	213,05	218,74
$\Delta_R H_m$ in $\frac{MJ}{kmol}$	−241,83	−241,84	−242,85	−243,83	−244,76	−245,63
$\Delta_R G_m$ in $\frac{MJ}{kmol}$	−228,58	−228,50	−223,90	−219,05	−214,01	−208,81

Leistung und Klemmenspannung. Mit dem Brennstoffmengenstrom $\dot{n}$ (H_2-Schlupf vernachlässigt) ergibt sich die elektrische Leistung der Brennstoffzelle $P_{BZ,i}$:

$$P_{BZ,i} = \dot{n} W_{BZ,m\,i} \quad \textit{Leistung der Brennstoffzelle} \qquad \textbf{(Gl 9.86a)}$$

Bei reversibler Brennstoffzelle wird die maximal mögliche Leistung erreicht:

$$P_{BZ} = \dot{n} W_{BZ,m} = \dot{n} \Delta_R G_m \qquad \textbf{(Gl 9.86b)}$$

Die Leistung kann auch aus der tatsächlich erzeugten Spannung U_i und dem elektrischen Strom I ermittelt werden:

$$P_{BZ,i} = -U_i I \quad \textit{Leistung der Brennstoffzelle} \qquad \textbf{(Gl 9.87a)}$$

Bei reversibler Brennstoffzelle werden die maximal mögliche Leistung P_{BZ} und die maximale Spannung U_{rev} erzeugt:

$$P_{BZ} = -U_{rev} I \qquad \textbf{(Gl 9.87b)}$$

Der elektrische Strom I resultiert aus dem Stoffmengenstrom der Moleküle $\dot{n}_{el}$ und der *Faraday-Konstanten*:[1]

$$I = \dot{n}_{el} F$$

Die *Faraday-Konstante* gehört zu den physikalischen Konstanten.

$$\boldsymbol{F} = eN_A = 96\,485{,}3\,\mathrm{C/mol} \quad \textit{Faraday-Konstante} \qquad \textbf{(Gl 9.88)}$$

Da je Molekül des Wasserstoffs 2 Elektronen frei werden, gilt für die Stoffmengenströme:

$$\dot{n}_{el} = 2\dot{n}_{H_2}$$

Damit kann die Spannung der reversiblen Brennstoffzelle berechnet werden (Gl 9.86b in Gl 9.87b eingesetzt, I nach o. Gl mit F nach Gl 9.88):

$$U_{rev} = -\frac{P_{BZ}}{I} = -\frac{\dot{n}_{H_2} \Delta_R G_m}{2\dot{n}_{H_2} F}$$

$$U_{rev} = -\frac{\Delta_R G_m}{2F} \qquad \textbf{(Gl 9.89)}$$

[1] Michael Faraday (1791–1867), engl. Naturwissenschaftler, Autodidakt, Prof. für Chemie, entdeckte u.a. die elektromagnetische Induktion.

enthalpie $\Delta_R G_m$ von $H_2O_{(g)}$ (Gasphase). Standarddruck: 1,0 bar.[1]

	Temperatur T in K					
	800	900	1000	1100	1200	1300
S_m in $\dfrac{\text{kJ}}{\text{kmol K}}$	223,83	228,46	232,74	238,73	240,49	244,04
$\Delta_R H_m$ in $\dfrac{\text{MJ}}{\text{kmol}}$	−246,44	−247,19	−247,86	−248,46	−249,00	−249,47
$\Delta_R G_m$ in $\dfrac{\text{MJ}}{\text{kmol}}$	−203,50	−198,08	−192,59	−187,03	−181,43	−175,77

[1] J. Phys. Chem. Ref. Data, Vol. 14, Suppl. 1, 1985, S. 1274

Bei reversibler Reaktion im chemischen Standardzustand ergibt sich

$$U^0_{\text{rev}} = +1{,}23\,\text{V}$$

Die erzielbare Spannung ist gering. Daher müssen Brennstoffzellen in großer Zahl zusammengeschaltet werden. Bei höherer Reaktionstemperatur ist die maximal erreichbare Spannung noch geringer (vergl. Beispiel 9.21), da die freie Reaktionsenthalpie sich verringert (T 9.8).

Wirkungsgrad. In der Brennstoffzelle wird Brennstoffenergie ohne den Umweg über die Wärme in elektrische Energie umgewandelt. Daher ist, im Gegensatz zu den Wärmekraftanlagen, der Wirkungsgrad der Brennstoffzelle η_{BZ} nicht prinzipiell durch den Carnotfaktor η_c begrenzt. Wir definieren den *Wirkungsgrad der Brennstoffzelle* als Verhältnis der tatsächlichen Reaktionsarbeit $W_{BZ,i}$ zur reversiblen Reaktionsarbeit $W_{BZ} = \Delta_R G$ oder als Verhältnis der tatsächlichen zur reversiblen Leistung:

$$\eta_{BZ} = \frac{W_{BZ,mi}}{\Delta_R G_m} = \frac{P_{BZ,i}}{P_{BZ}} \quad \textit{Wirkungsgrad der Brennstoffzelle} \qquad \textbf{(Gl 9.90)}$$

η_{BZ} kann auch aus der erzeugten Spannung U ermittelt werden (Gl 9.87a und Gl 9.87b) und wird deshalb auch *Spannungswirkungsgrad* genannt.

$$\eta_{BZ} = \frac{P_{BZ,i}}{P_{BZ}} = \frac{U_i}{U_{rev}} \qquad \textbf{(Gl 9.91)}$$

η_{BZ} erfaßt alle in einer Brennstoffzelle auftretenden Irreversibilitäten. Bisher wurden Werte um $\eta_{BZ} = 0{,}4\ldots0{,}6$ erreicht. Der Systemwirkungsgrad ist wegen des Eigenbedarfs für die Gasaufbereitung und Luftversorgung aber deutlich geringer. Ggf. ist auch H_2-Schlupf zu beachten.

Bei herkömmlichen Wärmekraftanlagen ist der Gesamtwirkungsgrad η_{ges} auf den Heizwert bezogen. Um die Brennstoffzelle auf dieser Basis vergleichen zu können, führen wir den idealen Wirkungsgrad η_{id} ein:[1]

$$\eta_{id} = \frac{\Delta_R G_m}{\Delta_R H_m} = \frac{|\Delta_R G_m|}{H_{um}} \qquad \textbf{(Gl 9.92)}$$

[1] Für η_{id} findet man im Schrifttum auch die Bezeichnung *thermischer Wirkungsgrad* der Brennstoffzelle. Da der Begriff belegt ist (Gl 2.51) verwenden wir ihn hier nicht.

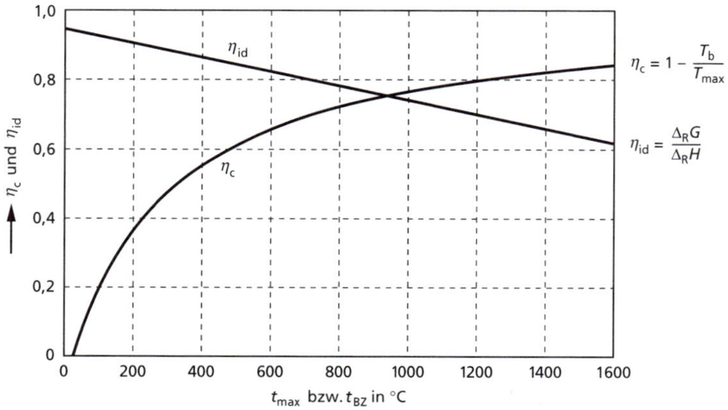

B 9.12 Carnotfaktor η_c und idealer Wirkungsgrad der Brennstoffzelle η_{id} im Vergleich

η_{id} verringert sich mit steigender Temperatur **(B 9.12)**, da $\Delta_R G_m$ geringer wird und H_{um} leicht steigt (T 9.8). Für die Reaktion im chemischen Standardzustand ergibt sich mit $\Delta_R G_m = -228{,}58$ MJ/kmol und $H_{um} = 241{,}83$ MJ/kmol (T 9.6/T 9.8):

$$\eta_{id}^0 = 0{,}945 \quad \textit{idealer Wirkungsgrad im Standardzustand}$$

Damit können wir den in der Praxis üblichen, auf den Heizwert bezogenen Gesamtwirkungsgrad der Brennstoffzelle formulieren:

$$\eta_{BZ,ges} = \eta_{BZ}\eta_{id} = \frac{|W_{BZ,mi}|}{H_{um}} \quad \textit{Gesamtwirkungsgrad der Brennstoffzelle}$$

(Gl 9.93)

$\eta_{BZ,ges}$ ist mit dem Gesamtwirkungsgrad einer herkömmlichen Wärmekraftanlage (Kraftwerksnettowirkungsgrad η_{ges} nach Gl 5.35) vergleichbar. Beide Wirkungsgrade sind auf den Brennstoffheizwert H_u bezogen. Es ist aber zu beachten, daß bei der Brennstoffzelle der Eigenbedarf zusätzlich zu berücksichtigen ist.

9.9.3 Bauarten

Brennstoffzellentypen (Stand 2002). Brennstoffzellen werden nach ihren Elektrolyten unterschieden. Die wichtigsten Typen enthält T 9.9, der Betriebstemperaturen, Leistungsbereiche und Gesamtwirkungsgrade (elektrisch) entnommen werden können.

Die Polymermembran-Brennstoffzelle *(PEMFC)* arbeitet mit einer protonenleitenden Polymer-Elektrolytmembran im Niedertemperatur (NT)-Bereich bei etwa 80 °C. Die PEMFC ist als Antriebsaggregat im Verkehrsbereich in der praktischen Demonstrationsphase. Sie wurde auch als dezentrales Gerät zur Strom- und Wärmeversorgung von Gebäuden als Prototyp mit einer elektrischen Leistung bis etwa 10 kW entwickelt. Die PEMFC benötigt Wasserstoff mit hohem Reinheitsgrad.

Die Phosphorsäure-Brennstoffzelle *(PAFC)* arbeitet mit konzentrierter Phosphorsäure (H_3PO_4) im Mitteltemperatur (MT)-Bereich bei etwa 200 °C. Die PAFC ist zur dezentralen Stromerzeugung, z.T. auch mit Abwärmenutzung, mit elektrischen Leistungen bis etwa 200 kW (im Einzelfall bis 10 MW) in der Erprobungsphase.

T 9.9 Brennstoffzellen, Entwicklungsstand 2002 [11, 34]

Elektrolyt	Abkürzung	englische Bezeichnung	Typische Betriebs-temperatur t in °C	Leistungsbereich P_{el}	Gesamtwir-kungsgrad (etwa) $\eta_{BZ,ges}$ in %
Polymer-membran	PEMFC	*P*roton *E*xchange *M*embrane *F*uel *C*ell	80	bis 10 kW	40
Phosphorsäure	PAFC	*P*hosphoric *A*cid *F*uel *C*ell	200	bis 200 kW (10 MW)	40
Karbonat-schmelze	MCFC	*M*olten *C*arbonate *F*uel *C*ell	650	bis 1 MW	50…60
Oxidkeramik	SOFC	*S*olid *O*xide *F*uel *C*ell	1000	1 kW…einige MW	50…60

Die Karbonatschmelzen-Brennstoffzelle *(MCFC)* arbeitet mit Alkalikarbonatschmelzen (Li_2CO_3; K_2CO_3), die in keramischem Material ($LiAlO_2$) fixiert sind, im Hochtemperatur (HT)-Bereich bei etwa 650 °C. Anlagen bis etwa 1 MW befinden sich in der Demonstrationsphase.

Die oxidkeramische Brennstoffzelle *(SOFC)* arbeitet mit einer Mischkeramik aus Zinkoxid (Kathodenseite) und Lanthan-Strontium-Manganat (Anodenseite) im HT-Bereich bei etwa 1000 °C. Die SOFC befindet sich in der Entwicklungs- und Testphase. Angestrebt wird ein Leistungsbereich von etwa 1 kW bis zu einigen MW.

Neben den in T 9.9 aufgeführten gibt es weitere Bauarten, wie z.B. die alkalische Brennstoffzelle *(AFC)*, die reinen Sauerstoff und Reinstwasserstoff benötigt. Sie wird für militärische Zwecke und in der Raumfahrt verwendet. An weiteren Typen wird gearbeitet, u.a. an Klein-Brennstoffzellen im Leistungsbereich bis 100 W als Batterieersatz. Sie befinden sich im Entwicklungsstadium.

Brennstoffzellenaggregat (B 9.13). Die in einer einzelnen Brennstoffzelle erzielbare Spannung (Gl 9.89) ist für die praktische Verwertung zu gering. Daher müssen Brennstoffzellen zu *Zellenstapeln* bzw. *Zellenblöcken* zusammengeschaltet werden.

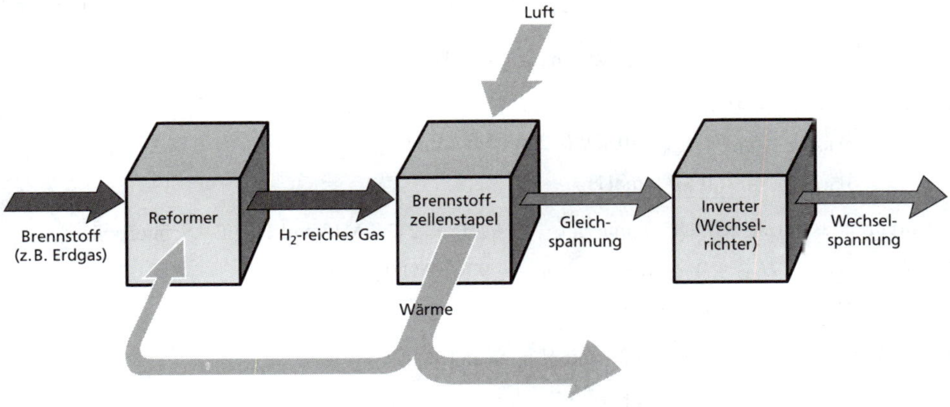

B 9.13 Brennstoffzellenaggregat, Prinzip [nach 34]

Da der für die elektrochemische Reaktion in der Brennstoffzelle erforderliche Wasserstoff in der Natur nicht vorkommt, muß er erzeugt werden. In Betracht kommt z.Z. nur die Gewinnung aus einem Primärbrennstoff, in der Regel aus Erdgas. Das geschieht bei NT- und MT-Brennstoffzellen (PEMFC, PAFC) in einem vorgeschalteten *Reformer*. Bei der HT-Brennstoffzelle (MCFC, SOFC) ist auch eine Reformierung des eingesetzten Erdgases in der Brennstoffzelle selbst möglich.

Die vom Zellstapel abgegebene Gleichspannung muß im allgemeinen in einem nachgeschalteten elektrischen *Inverter* in Wechselspannung umgeformt werden.

Entwicklungspotential. Der Aufwand für die beschriebenen Verfahrensschritte ist hoch. Gleichzeitig wurden die herkömmlichen Energieumwandlungsverfahren effizienter. Es sind daher erhebliche Anstrengungen notwendig, um die Brennstoffzelle zu einem wettbewerbsfähigen Produkt zu entwickeln. Daran arbeiten z.Z. zahlreiche Forschungseinrichtungen und Unternehmen. Gleichwohl wird erst mittel- bis längerfristig ein größerer Anteil der Brennstoffzellen bei der Energieumwandlung erwartet. Langfristig aber ist damit zu rechnen, daß bei höheren Stückzahlen und dadurch sinkenden Herstellungskosten Brennstoffzellen andere Energieumwandlungsverfahren in merklichem Umfang ergänzen werden.

Beispiel 9.21: Eine PEM-Brennstoffzelle soll bei üblichen Werten der Betriebstemperatur und des Gesamtwirkungsgrades betrieben werden. H_2-Schlupf soll vernachlässigt werden.

a) Wie groß ist die maximal mögliche (reversible) elektrische Arbeit für 1 kmol H_2?

b) Wie groß sind die je kmol H_2 tatsächlich verrichtete elektrische Arbeit und abzuführende Wärme?

c) Welche elektrische Leistung kann ein Normvolumenstrom von 8 m^3 H_2/h verrichten?

d) Welcher Wärmestrom ist dabei abzuführen?

Lösung:

Zu a): Reversible molare Arbeit der Brennstoffzelle (Gl 9.84b), bei 80 °C Betriebstemperatur (T 9.9), mit $\Delta_R G_m = -226{,}1$ MJ/kmol (T 9.8, interpoliert).

$$W_{BZ,m} = \Delta_R G_m = W_{Rm} = \underline{-226{,}1 \text{ MJ/kmol H}_2}$$

Zu b): Tatsächlich verrichtete molare Arbeit (Gl 9.90), mit

$$\eta_{BZ,ges} = 0{,}40 \text{ (T 9.9)},$$

$$\eta_{id} = \frac{\Delta_R G_m}{\Delta_R H_m} = \frac{-226{,}1 \text{ MJ/kmol}}{-242{,}4 \text{ MJ/kmol}} = 0{,}933 \quad \text{(nach Gl 9.92 mit } \Delta_R H_m \text{ aus T. 9.8. interpoliert)},$$

$$\eta_{BZ} = \frac{\eta_{BZ\,ges}}{\eta_{id}} = \frac{0{,}40}{0{,}933} = 0{,}429 \text{ (nach Gl 9.93).}$$

Damit ergibt sich (Gl 9.90):

$$W_{BZ,mi} = \eta_{BZ} W_{BZ,m} = 0{,}429\ (-226{,}1 \text{ MJ/kmol H}_2)$$

$$W_{BZ,mi} = \underline{-97{,}0 \text{ MJ/kmol H}_2}$$

Abzuführende Wärme (Gl 9.85a), mit $H_{um} = -\Delta_R H_m = 242{,}4$ MJ/kmol H_2 (T 9.8, interpoliert):

$$Q_m = -H_{um} - W_{BZ,mi} = [-242{,}4 - (-97{,}0)] \text{ MJ/kmol H}_2$$

$$Q_m = \underline{-145{,}4 \text{ MJ/kmol H}_2}$$

Zu c): Stoffmengenstrom nach Gl 2.7 mit V_{mn} nach T 2.1:

$$\dot{n} = \frac{\dot{V}_n}{V_{mn}} = \frac{8\,\text{m}^3}{\text{h}} \frac{\text{kmol}}{22{,}428\,\text{m}^3} \frac{\text{h}}{3600\,\text{s}} = 0{,}0000991 \frac{\text{kmol}}{\text{s}}$$

Damit ergibt sich die elektrische Leistung der Brennstoffzelle (Gl 9.86a):

$$P_{BZ,i} = \dot{n} W_{BZ,mi} = 0{,}0000991\,\frac{\text{kmol}}{\text{s}}\left(-97{,}0\,\frac{\text{MJ}}{\text{kmol}}\right)\frac{10^3\,\text{kJ}}{\text{MJ}}$$

$$P_{BZ,i} = \underline{-9{,}6\,\text{kW}}$$

Zu d): Abzuführender Wärmestrom:

$$\dot{Q}_m = \dot{n} Q_m = 0{,}0000991\,\frac{\text{kmol}}{\text{s}}\left(-145{,}4\,\frac{\text{MJ}}{\text{kmol}}\right)\frac{10^3\,\text{kJ}}{\text{MJ}}$$

$$\dot{Q}_m = \underline{-14{,}4\,\text{kW}}$$

Beispiel 9.22: Welche theoretische und tatsächliche Klemmenspannung ist bei folgenden Brennstoffzellen erreichbar?

a) PEMFC; $t = 100\,°\text{C}$, $\eta_{BZ} = 0{,}43$,

b) SOFC; $t = 1000\,°\text{C}$, $\eta_{BZ} = 0{,}58$.

Lösung:

Theoretische Klemmenspannung nach Gl 9.89: $U_{rev} = -\dfrac{\Delta_R G_m}{2F}$

Tatsächliche Klemmenspannung nach Gl 9.91: $U_i = \eta_{BZ} U_{rev}$

Faraday-Konstante nach Gl 9.88: $F = 96\,485{,}3$ C/mol, mit 1 C = 1 A s = 1 J/V

Zu a): Mit $\Delta_R G_m = -225{,}14$ MJ/kmol = $-225\,140$ J/mol (T 9.8, interpoliert) erhält man:

$$U_{rev} = -\frac{-225\,140\,\text{J}}{\text{mol}}\,\frac{\text{V mol}}{2\cdot 96\,485{,}3\,\text{J}} = \underline{1{,}17\,\text{V}}$$

$$U_i = \eta_{BZ} U_{rev} = 0{,}43 \cdot 1{,}17\,\text{V} = \underline{0{,}50\,\text{V}}$$

Zu b): Mit $\Delta_R G_m = -177{,}30$ MJ/kmol = $-177\,300$ J/mol (T 9.8, interpoliert) erhält man:

$$U_{rev} = -\frac{-177\,300\,\text{J}}{\text{mol}}\,\frac{\text{V mol}}{2\cdot 96\,485{,}3\,\text{J}} = \underline{0{,}92\,\text{V}}$$

$$U_i = \eta_{BZ} U_{rev} = 0{,}58 \cdot 0{,}92\,\text{V} = \underline{0{,}53\,\text{V}}$$

Aufgabe 9.17: Bei einer mit 650 °C betriebenen Brennstoffzelle für 100 kW elektrische Leistung mit Karbonatschmelze-Elektrolyten (MCFC) wird eine Spannung von 0,50 V je Zelle gemessen. H_2-Schlupf soll vernachlässigt werden.

Es sind zu ermitteln:

a) Der elektrische Wirkungsgrad der Brennstoffzelle,

b) die verrichtete Arbeit je kmol H_2,

c) die Dissipationsarbeit je kmol H_2,

d) die abgegebene Wärme je kmol H_2

e) der erforderliche stündliche Normvolumenstrom des H_2,

f) der Gesamtwirkungsgrad der Brennstoffzelle.

Kontrollfragen (Antwort in Abschnitt 11.9)

9.1

1. Welches sind die brennbaren Bestandteile in Brennstoffen, welche sonstigen Stoffe kommen außerdem vor?
2. Wie wird die im Brennstoff gebundene Energie gekennzeichnet?
3. Wie hängen spezifischer, molarer und auf das Normvolumen bezogener Brennwert zusammen?
4. Welche Voraussetzungen müssen zur Einleitung der Verbrennung erfüllt sein?

9.2

5. Definieren Sie die Begriffe: a) Mindestluftmenge, b) Luftverhältnis, c) Mindestverbrennungsgasmenge, d) feuchte und trockene Verbrennungsgasmenge.
6. a) Wie wird der Wasserstoffanteil h in die Einheit $\frac{\text{kmol H}_2}{\text{kg B}}$ umgerechnet?
   b) Wie wird der hierfür erforderliche Mindestsauerstoffbedarf angesetzt?
   c) Wie wird aus dem Mindestsauerstoff- der Mindestluftbedarf ermittelt?
7. Ist bei Verbrennung mit trockener Luft das Verbrennungsgas trocken oder feucht, wenn man a) trockenes Holz, b) trockenes CO verbrennt? Begründung!

9.3

8. a) Beschreiben Sie die Orsatanalyse. b) Warum ist der Meßwert auf trockenes Abgas bezogen?
9. Für trockenes Erdgas (Mischung aus CH_4 und N_2) sind bei vollständiger Verbrennung mit Luftüberschuß Bilanzen aufzustellen für a) Kohlenstoff, b) Stickstoff, c) Sauerstoff.
10. Die Fragestellung 9. ist auf Flüssiggas (Mischung aus C_3H_8 und C_4H_{10}) anzuwenden.
11. Heizöl (c, h, s) wird verbrannt, durch Abgasanalyse werden CO_2, O_2 und CO gefunden. Die a) Kohlenstoff- und b) Sauerstoffbilanz ist anzusetzen.
12. Unter welcher Bedingung tritt im Abgas der maximal mögliche CO_2-Anteil auf? Begründung!
13. Welche wesentliche Näherung führt zu der Gleichung $\lambda = \frac{CO^{a}_{2\,max}}{CO_2^{a} + CO^{a}}$?
14. Zeichnen Sie als Prinzipskizze a) das Bunte-Dreieck, b) das Ostwald-Dreieck für Erdgas mit $CO^{a}_{2\,max} = 12$ Vol.-%.

9.4

15. a) Was versteht man unter theoretischer Verbrennungstemperatur? Wie wird sie durch b) Dissoziation, c) Luftüberschuß beeinflußt?
16. a) Skizzieren Sie das Enthalpie, Temperatur-Diagramm der Verbrennung.
    b) Tragen Sie den Heizwert bei 0 °C und bei t ein.
    c) Begründen Sie die Temperaturabhängigkeit des Heizwertes.
17. Wie sind folgende Begriffe definiert: a) Reaktionsenthalpie, b) Reaktionsentropie, c) freie Enthalpie, d) freie Reaktionsenthalpie?

9.8

18. Wie lautet der 3. Hauptsatz der Thermodynamik?
19. Wie ist die Brennstoffexergie definiert?
20. Welcher Exergieverlust tritt bei der Verbrennung auf?

9.9

21. Wie wirkt (im Prinzip) eine Brennstoffzelle mit Phosphorsäure?
22. Wie sind folgende Wirkungsgrade bei einer Brennstoffzelle definiert:
    a) Spannungswirkungsgrad, b) idealer Wirkungsgrad, c) Gesamtwirkungsgrad?
23. Wie hängen der ideale Wirkungsgrad einer Brennstoffzelle und der Carnotfaktor von der Temperatur ab?
24. Benennen Sie einige Bauarten von Brennstoffzellen und deren Arbeitstemperaturen.

10 Lösungsergebnisse der Aufgaben

1 Grundlagen der Thermodynamik (S. 13 bis S. 57)

1.1 a) $W_{10\,\text{min}} = 60$ GJ b) $W_{10\,\text{min}} = 16667$ kW h

1.2 a) $p = 5\,890\,000\ \dfrac{\text{N}}{\text{m}^2} = 5{,}89$ MPa b) $p = 600000\ \dfrac{\text{kp}}{\text{m}^2}$

1.3 a) $p = 143\,400$ Pa $= 1{,}434$ bar b) $h = 0{,}334$ m

1.4 $p = 1{,}47 \cdot 10^5\ \text{Pa} = 15000\ \dfrac{\text{kp}}{\text{m}^2} = 1{,}47\ \text{bar} = 1103\ \text{Torr}$

1.5 $t_C = 37{,}8\,°\text{C}$ $T_K = 310{,}95$ K $T_R = 560\,°\text{R}$

1.6 a) $t = 98{,}6\,°\text{C}$ b) $F = 408$ kN

1.7 5,57 %

1.8 a) $U_2 - U_1 = -1{,}5$ MJ b) $W_{\text{diss}\,12} = 1{,}5$ MJ

1.9 a) $W_{u\,12} = -51$ kJ b) $W_{n\,12} = -49$ kJ

1.10 $Q_{12} = -10$ MJ

1.11 a) $c_p = 1{,}1157\ \dfrac{\text{kJ}}{\text{kg K}}\ \left(\text{T 8.3 a}: 1{,}116\ \dfrac{\text{kJ}}{\text{kg K}}\right)$

b) $c_{p\text{m}}\big|_{373\,\text{K}}^{873\,\text{K}} = 1{,}0589\ \dfrac{\text{kJ}}{\text{kg K}}\ \left(\text{T 2.2}: 1{,}0586\ \dfrac{\text{kJ}}{\text{kg K}}\right)$

1.12 a) $Q_{12} = -8{,}1$ MJ b) $H_2 - H_1 = -8{,}1$ MJ

1.13 $t_{\text{Mi}} = 225{,}8\,°\text{C}$

1.14 $\dot{m}_\text{w} = 60\,260$ kg/h

1.15 a) $m_\text{w} = 0{,}63$ kg b) $m_\text{w} = 0{,}50$ kg

1.16 a) $Q_{12} = 13{,}5$ GJ b) $W_{v\,12} = -3{,}31$ GJ c) $U_2 - U_1 = 10{,}19$ GJ

1.17 a) $Q_{12} = 3{,}2\ \text{Gcal} = 1{,}38 \cdot 10^9\ \text{kp m} = 3750\ \text{kW h}$

b) $W_{v\,12} = -0{,}8\ \text{Gcal} = -0{,}34 \cdot 10^9\ \text{kp m} = -919\ \text{kW h}$

c) $U_2 - U_1 = 2{,}4\ \text{Gcal} = 1{,}04 \cdot 10^9\ \text{kp m} = 2\,831\ \text{kW h}$

2 Zustandsänderungen des idealen Gases (S. 58 bis 104)

2.1 $V = 1{,}27\ \text{m}^3$; $v = 0{,}255\ \dfrac{\text{m}^3}{\text{kg}}$; $\varrho = 3{,}93\ \dfrac{\text{kg}}{\text{m}^3}$

2.2 $m_{\text{ab}} = 0{,}7$ kg

2.3 $t = 10\,°\text{C}$

2.4 $m = 1170$ kg

2.5 $\varrho_n = 1{,}25\ \frac{kg}{m^3}$; $R_{CO} = 297\ \frac{J}{kg\,K}$

2.6 a) $\dot{H}_{Mi} - \dot{H}_a = -42{,}9$ MJ/h b) $\dot{H}_{Mi} - \dot{H}_1 = +22{,}9$ MJ/h

2.7 $\dot{m}_w = 168\,600\ \frac{kg}{h}$

2.8 a) $t = 64{,}3\,°C$ b) $p_e = 1{,}97$ bar c) $U_2 - U_1 = 2{,}55$ kJ $H_2 - H_1 = 3{,}57$ kJ
d) $\Delta m = 0{,}0105$ kg

2.9 a) $V_2 = 331\,800\ m^3$; $v_2 = 1{,}33\ \frac{m^3}{kg}$ b) $H_2 - H_1 = 13{,}5$ GJ

2.10 a) $W_{v\,ith\,23} = -51{,}0$ kJ b) $Q_{ith\,23} = 51{,}0$ kJ
c) $W_{v\,ith\,14} = -25{,}2$ kJ; $Q_{ith\,14} = 25{,}2$ kJ

2.11 a) $W_{v\,isen\,12} = +3{,}78$ kJ; $W_{v\,isen\,34} = +3{,}78$ kJ
b) $p_2 = 25{,}1$ bar $v_2 = 0{,}0827\ \frac{m^3}{kg}$ $T_2 = 723$ K
$p_3 = 10{,}0$ bar $v_3 = 0{,}0827\ \frac{m^3}{kg}$ $T_3 = 288$ K
$p_4 = 251$ bar $v_4 = 0{,}00827\ \frac{m^3}{kg}$ $T_4 = 723$ K
$U_2 - U_1 = +3{,}78$ kJ $H_2 - H_1 = +5{,}30$ kJ
$U_4 - U_3 = +3{,}78$ kJ $H_4 - H_3 = +5{,}30$ kJ
c) $Q_{ich\,23} = -3{,}78$ kJ;
$U_3 - U_2 = -3{,}78$ kJ;
$H_3 - H_2 = -5{,}30$ kJ
d) s. **B 10.1**

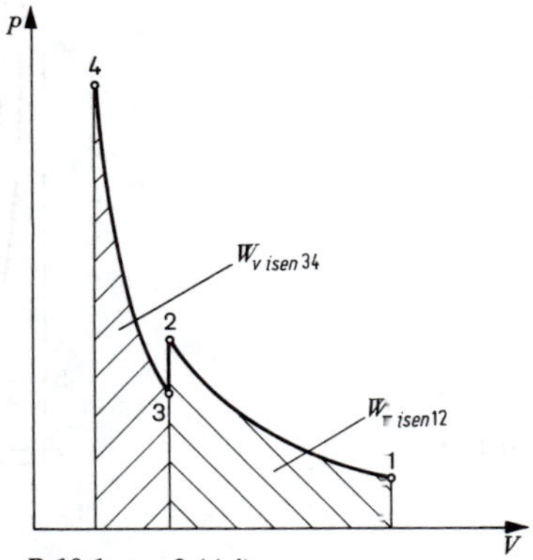

B 10.1 zu 2.11 d)

2.12 a) $p_2 = 15{,}9$ bar; $T_2 = 456$ K; $U_2 - U_1 = 1{,}46$ kJ; $H_2 - H_1 = 2{,}05$ kJ
b) $W_{v\,pol\,12} = +2{,}92$ kJ; $Q_{pol\,12} = -1{,}46$ kJ

2.13 a) $n = 1{,}502$ b) $W_{e\,pol\,12} = -5{,}79$ MJ c) $Q_{pol\,12} = 1{,}43$ MJ
d) $U_2 - U_1 = -4{,}36$ MJ; $H_2 - H_1 = -7{,}27$ MJ

2.14 a) 1) $W_{t\,ith\,12} = +2{,}3$ kJ; $W_{t\,ith\,23} = +2{,}3$ kJ
2) $Q_{ith\,12} = -2{,}3$ kJ; $Q_{ith\,23} = -2{,}3$ kJ
3) $U_2 - U_1 = 0$; $U_3 - U_2 = 0$; $H_2 - H_1 = 0$; $H_3 - H_2 = 0$
4) s. **B 10.2**
b) 1) $W_{t\,isen\,12} = +3{,}26$ kJ; $W_{t\,isen\,23} = +6{,}30$ kJ
2) $Q_{isen\,12} = 0$; $Q_{isen\,23} = 0$
3) $U_2 - U_1 = 2{,}33$ kJ; $U_3 - U_2 = 4{,}51$ kJ; $H_2 - H_1 = 3{,}26$ kJ; $H_3 - H_2 = 6{,}30$ kJ
c) 1) $W_{t\,pol\,12} = +2{,}80$ kJ; $W_{t\,pol\,23} = +4{,}12$ kJ
2) $Q_{pol\,12} = -1{,}165$ kJ; $Q_{pol\,23} = -1{,}72$ kJ

3) $U_2 - U_1 = 1{,}165$ kJ; $U_3 - U_2 = 1{,}72$ kJ
$H_2 - H_1 = 1{,}635$ kJ; $H_3 - H_2 = 2{,}40$ kJ

2.15 a) $\dot{Q}_{12} = 393$ kW b) $\xi = 2{,}54$

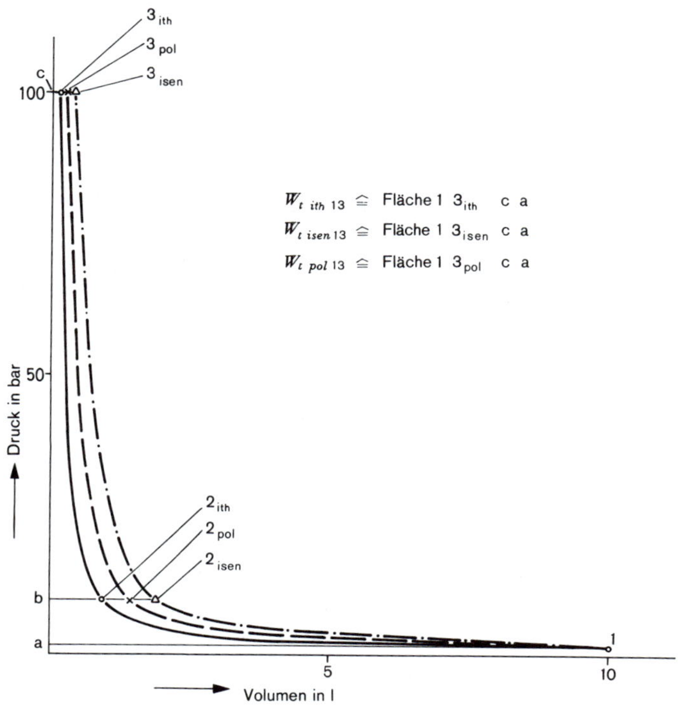

B 10.2 zu 2.14

3 Irreversible Vorgänge und Zustandsgrößen zu ihrer Beurteilung (S. 105 bis S. 146)

3.1 $S_2 - S_1 = 4{,}07 \dfrac{\text{kJ}}{\text{K}}$

3.2 $T_1 = 300$ K

$T_2 = 600$ K; $s_2 - s_1 = 0{,}71 \dfrac{\text{kJ}}{\text{kg K}}$

$T_3 = 900$ K; $s_3 - s_1 = 1{,}158 \dfrac{\text{kJ}}{\text{kg K}}$

$T_4 = 1200$ K; $s_4 - s_1 = 1{,}508 \dfrac{\text{kJ}}{\text{kg K}}$

$T_5 = 1500$ K; $s_5 - s_1 = 1{,}790 \dfrac{\text{kJ}}{\text{kg K}}$

B 10.3

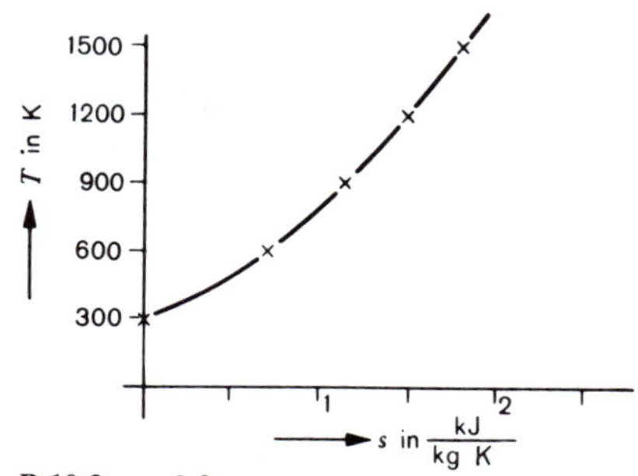

B 10.3 zu 3.2

3.3 $S_2 - S_1 = -80{,}4 \dfrac{\text{kJ}}{\text{K}}$

3.4 a) $S_2 - S_1 = 5{,}15\,\dfrac{\text{kJ}}{\text{K}}$

b) $Q_{12} = 2204$ kJ

c) $W_{t12} = 60641$ kJ

3.5 a) $P_{i12} = -10040$ kW

b) $P_{diss\,12} = 4038$ kW

c) $\dot{S}_2 - \dot{S}_1 = 5{,}27\,\dfrac{\text{kW}}{\text{K}}$

d) $P_{t12} = -14078$ kW

3.6 $T_3 = 665$ K; $s_2 - s_1 = 0{,}229\,\dfrac{\text{kJ}}{\text{kg K}}$

B 10.4

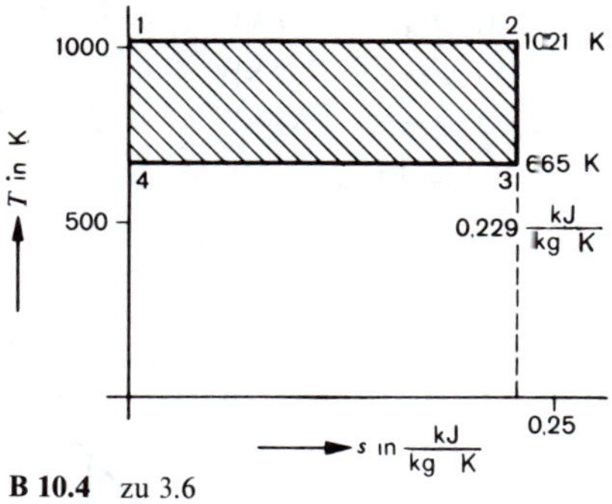

B 10.4 zu 3.6

3.7 a) $S_2 - S_1 = 40{,}2\,\dfrac{\text{kJ}}{\text{K}}$ b) $W_{\text{diss}\,12} = 6947$ kJ

3.8 $p_2 = 3{,}91$ bar

3.9 $e_2 - e_1 = 55{,}2\,\dfrac{\text{kJ}}{\text{kg}}$

3.10 a) $e_2 - e_1 = -183{,}3\,\dfrac{\text{kJ}}{\text{kg}}$ b) $e_2 - e_1 = -150{,}8\,\dfrac{\text{kJ}}{\text{kg}}$

3.11 a) $e_{v12} = 8{,}87\,\dfrac{\text{kJ}}{\text{kg}}$ b) $w_{diss\,12} = 9{,}17\,\dfrac{\text{kJ}}{\text{kg}}$

3.12 $\dot{E}_{v\,12} = 1544$ kW

3.13 a) $\varphi_{EQ} = 0{,}12$ b) $\varphi_{EQ} = 0$

3.14 a) $\eta_{th} = 0{,}369$ b) $\zeta = 0{,}522$

4 Das ideale Gas in Maschinen (S. 147 bis S. 194)

4.1 a) $\dfrac{p_2}{p_1} = 8{,}78$ b) $\eta_{th} = 0{,}462$, $\zeta = 0{,}725$

c) $w_j = -233\,\dfrac{\text{kJ}}{\text{kg}}$ d) $r_{\dot{w}} = 0{,}462$

e) $s_3 - s_2 = 0{,}624\,\dfrac{\text{kJ}}{\text{kg K}}$

4.2 **B 10.5**

4.3 a) **B 10.6** b) $T_4 = 584$ K

c) $w_k = -241{,}5\,\dfrac{\text{kJ}}{\text{kg}}$ d) $\eta_{th} = 0{,}349$

4.4 a) $P_{ik} = -17{,}6$ MW b) $\eta_i = 0{,}77$

4.5 a) $P_{i\text{V}} = 11{,}1$ MW

b) $P_{i\text{T}} = -27{,}7$ MW

c) $P_{i\,\text{gen}} = -16{,}6$ MW

d) $\eta_{\text{ges}} = 0{,}459$

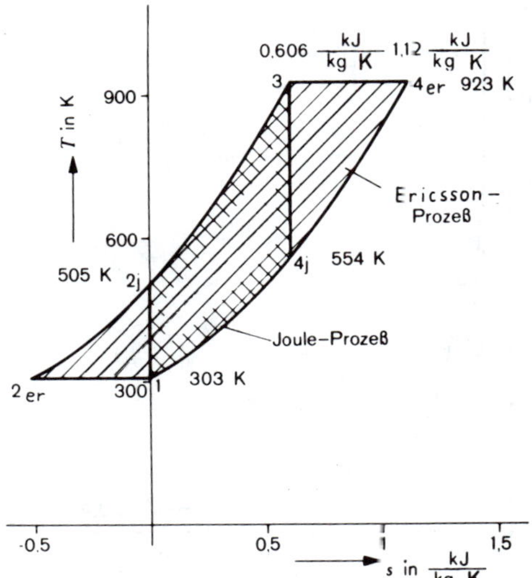

B 10.5 zu 4.2

4.6 a) $\dot{Q}_{34} = 57{,}1$ kW
b) $\dot{Q}_{12} = -18{,}9$ kW
c) $\dot{Q}_{23} = 50{,}2$ kW

4.7 $\varepsilon = 10{,}08$

4.8 $\zeta = 0{,}80 \quad r_w = 0{,}43$

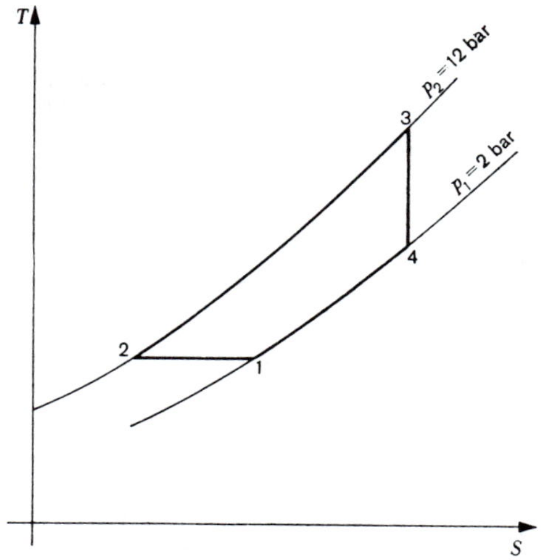

B 10.6 zu 4.3 a)

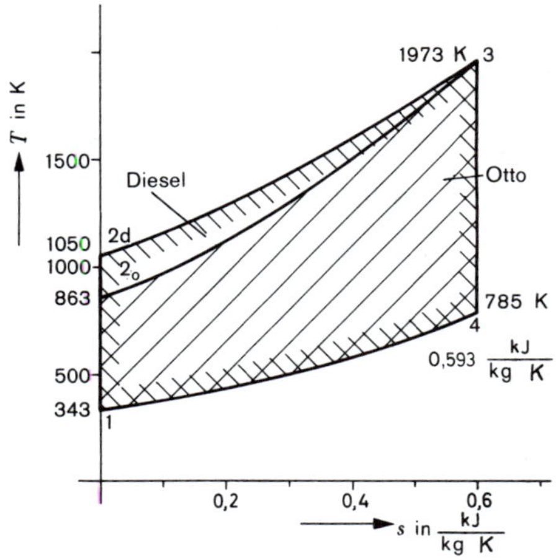

B 10.7 zu 4.9

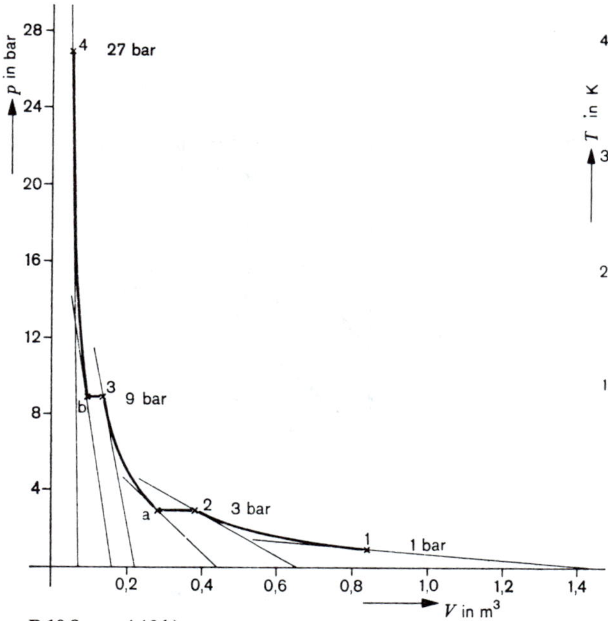

B 10.8 zu 4.10 b)

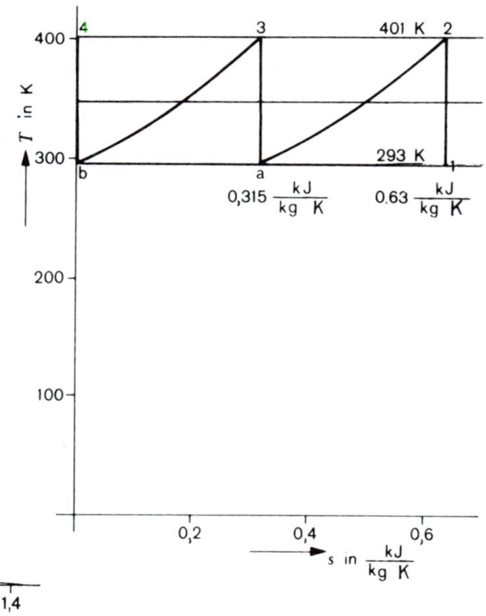

B 10.9 zu 4.11 c)

4.9 **B 10.7**

4.10 a) $V_1 = 0{,}84\ m^3$; $V_2 = 0{,}383\ m^3$; $V_3 = 0{,}128\ m^3$; $V_4 = 0{,}0427\ m^3$
b) **B 10.8**
c) **B 10.9**

4.11 a) $p_1 = 1{,}5$ bar; $p_2 = 3{,}41$ bar; $p_3 = 7{,}76$ bar; $p_4 = 17{,}65$ bar; $p_z = 40$ bar
b) $T_2 = 370$ K
c) $T_{z\,isen} = 748$ K

4.12 $\mu = 0{,}941$

4.13 a) $\mu = 0{,}8494$ b) $\lambda = 0{,}804$

4.14 a) $\eta_{ith\,ind} = 0{,}783$ b) $P_e = 12{,}7$ kW

5 Der Dampf und seine Anwendung in Maschinen (S. 195 bis 256)

5.1 $Q_{12} = 38{,}87$ MJ

5.2 $Q_{12} = 4{,}389$ MJ

5.3 $m_{eis} = 0{,}76$ kg

5.4 $h_2 - h_1 = -1244{,}7\ \frac{kJ}{kg}$ $v_2 - v_1 = 1{,}18\ \frac{m^3}{kg}$

5.5 a) $h_1 = 2449{,}2\ \frac{kJ}{kg}$
b) $h_2 = 3278{,}5\ \frac{kJ}{kg}$
c) $q_{12} = 829{,}3\ \frac{kJ}{kg}$

5.6 a) $h = 2816{,}8\ \frac{kJ}{kg}$ b) $t_2 = 195\,°C$

5.7 $\dot{Q}_{12} = 15{,}66\ \frac{GJ}{h} = 4{,}35$ MW

5.8 $\dot{Q}_{12} = -8{,}81\ \frac{GJ}{h} = -2{,}45$ MW

5.9 $x_2 = 0{,}0429\ \frac{\text{kg Dampf}}{\text{kg } H_2O}$

5.10 a) $p_1 = 67$ bar
b) $w_{c/r} = -1065\ \frac{kJ}{kg}$; $\eta_{th} = 0{,}33$

5.11 a) **B 10.10**
b) t = 118,2 °C; $\eta_{th}^* = 0{,}3865$

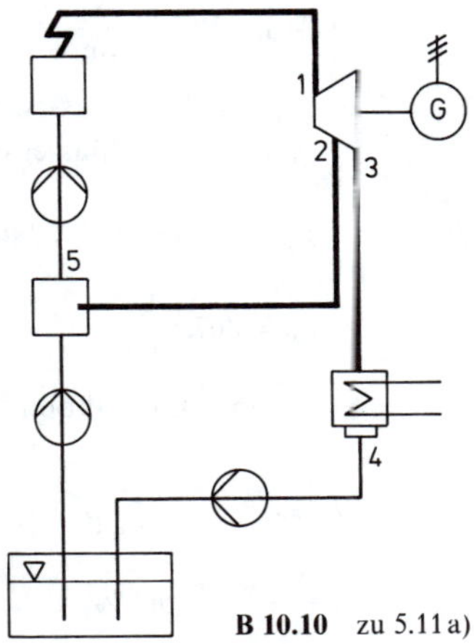

B 10.10 zu 5.11 a)

5.12 $t = 394\,°C$

5.13 $h_1 = 3064{,}4\ \frac{kJ}{kg}$; $t_1 \approx 330\,°C$; $s_1 = 6{,}6\ \frac{kJ}{kg\,K}$

5.14 a) $\eta_{th}^* = 0{,}39$
b) $P_{kl} = -15{,}4\ MW$

5.15 $\eta_{th\,i}^* = \eta_{th}^*\,\eta_i = 0{,}403$

5.16 $P_{kl} = 163{,}4\ MW$

5.17 a) $\eta_{GUD} = 45{,}6\%$ $\frac{P_G}{P_D} = 2{,}63$
b) $\eta_{GUD} = 39{,}8\%$ $\frac{P_G}{P_D} = 1{,}76$

5.18 a) $|P_G| = 1{,}02\ MW$
b) $|P_D| = 2{,}80\ MW$
c) $|P_{GUD}| = 3{,}82\ MW$
d) $\eta_{GUD} = 28{,}1\%$

5.19 a) $|w_{i\,ORC}| = 26\ kJ/kg$
b) $q_{61} = 189\ kJ/kg$
c) $\eta_{th\,i}^* = \eta_{th}^*\eta_i = 13{,}8\%$
d) $P_{i\,ORC} = 72{,}2\ kW$

6 Gemische (S. 257 bis S. 297)

6.1 a) $M_{Mi} = 18{,}532\ \frac{kg}{kmol}$
b) $\mu_{CH_4} = 70{,}81$ Massen-%; $\mu_{C_2H_6} = 4{,}54$ Massen-%; $\mu_{C_3H_8} = 0{,}95$ Massen-%; $\mu_{C_4H_{10}} = 0{,}63$ Massen-%; $\mu_{CO_2} = 1{,}90$ Massen-%; $\mu_{N_2} = 21{,}16$ Massen-%

6.2 $\mu_a = 50$ Massen-%; $\mu_b = 50$ Massen-%

6.3 a) $\varrho_{Mi} = 867{,}8\ \frac{kg}{m^3}$
b) Volumenkontraktion

6.4 a) $c_{p\,Mi} = 3{,}012\ \frac{kJ}{kg\,K}$
b) $\frac{\Delta c_{p\,Mi}}{c_{p\,Mi}} = -6{,}6\%$

6.5 a) $t_{\mathrm{Mi}} = 23{,}56\,°\mathrm{C}$

b) $S_{\mathrm{m\,Mi}} = 2613\,\frac{\mathrm{J}}{\mathrm{kmol\,K}}$

c) $\Delta\dot{S}_{\mathrm{Mi,\,ges}} = 27{,}51\,\frac{\mathrm{W}}{\mathrm{K}}$

6.6 a) $w_{t\,12} = 39{,}96\,\frac{\mathrm{kJ}}{\mathrm{kg}}$

b) $w_{t\,12} = 30{,}79\,\frac{\mathrm{kJ}}{\mathrm{kg}}$

6.7 $\dot{W}_{t\,12} = 5130\,\mathrm{W}$

6.8 $\dot{V}_{\mathrm{Mi}} = 10\,149\,\frac{\mathrm{m}^3}{\mathrm{h}}$

6.9 $\frac{\dot{m}_{\mathrm{H_2O}}}{\dot{m}_1} = \frac{\dot{m}_{\mathrm{w}}}{\dot{m}_1} = -0{,}0488\,\frac{\mathrm{kg\,H_2O}}{\mathrm{kg\,tr\,L}}$

6.10 $\varphi_2 = 0{,}84$

6.11 $\Delta h_{1+x} = 0{,}2514\,\frac{\mathrm{kJ}}{\mathrm{kg\,tr\,L}}$

6.12 $Q_{12} = 11\,930\,\mathrm{kJ}$

6.13 $t_2 \approx 13{,}5\,°\mathrm{C}$; $\varphi_2 \approx 1$; $x_2 \approx 0{,}0093\,\frac{\mathrm{kg\,H_2O}}{\mathrm{kg\,tr\,L}}$; $h_2 \approx 38\,\frac{\mathrm{kJ}}{\mathrm{kg}}$

6.14 $x = 6{,}5\,\frac{\mathrm{g\,H_2O}}{\mathrm{kg\,tr\,L}}$

7 Strömungsvorgänge (S. 298 bis S. 323)

7.1 a) $P^*_{i\,12} = 8{,}8\,\mathrm{kW}$ b) 34% c) $\eta_{i\mathrm{V}} = 66\%$

7.2 a) $P^*_{i\,12} = -1\,221\,\mathrm{kW}$ b) $P_{diss\,12} = 342\,\mathrm{kW}$

7.3 a) $c_{2'} = 28{,}5\,\mathrm{m/s}$ b) $c_2 = 24{,}7\,\mathrm{m/s}$

7.4 a) $F_{\mathrm{i}} = 0{,}33\,\mathrm{N}$ b) $F_{\mathrm{p}} = 5{,}55\,\mathrm{N}$
c) $F_{\mathrm{res}} = 5{,}88\,\mathrm{N}$

7.5 a) $F_{\mathrm{i}} = -1{,}271\,\mathrm{N}$ (entgegen der Strömungsrichtung)
b) $F_{\mathrm{p}} = 6989\,\mathrm{N}$ (in Strömungsrichtung)
c) $F_{\mathrm{res}} = 5718\,\mathrm{N}$ (in Strömungsrichtung)

7.6 a) $M_d = 61\,\mathrm{N\,m}$ b) $P_{\mathrm{Sch}} = 9{,}6\,\mathrm{kW}$

7.7 a) $p_L = 52{,}9$ bar $T_L = 252{,}8$ K $c_L = 302{,}9$ m/s
b) $T_2 = 157{,}5$ K $c_2 = 515{,}8$ m/s
c) $\dot{m} = 0{,}61$ kg/s
d) $\alpha = 0{,}95$

7.8 a) $p_{2\,(max)} = 15{,}2$ bar $T_2 = 956{,}3$ K
b) $p_L = 8{,}0$ bar $T_L = 796{,}9$ K
c) $c_L = 566$ m/s
d) $\dot{m} = 396{,}0$ kg/s
e) $p_3 = 9{,}1$ bar

7.9 $c_1 = 532{,}5$ m/s

8 Wärmeübertragung (S. 324 bis S. 367)

8.1 $A = 0{,}423\ \mathrm{m^2}$

8.2 $\dot{q} = 50{,}5\ \dfrac{\mathrm{kW}}{\mathrm{m^2}}$

8.3 a) $\dot{Q} = 2{,}30$ kW b) $+3{,}4\%$

8.4 a) $\dot{Q} = 942$ W b) $\dot{Q} = 2262$ W

8.5 a) $\alpha_i = 7500\ \dfrac{\mathrm{W}}{\mathrm{m^2\,K}}$; $\alpha_a = 8{,}35\ \dfrac{\mathrm{W}}{\mathrm{m^2\,K}}$

b) $R_{üi} = 0{,}167\ \dfrac{\mathrm{K}}{\mathrm{kW}}$; $R_{üa} = 150\ \dfrac{\mathrm{K}}{\mathrm{kW}}$

c) $R_l = 0{,}167\ \dfrac{\mathrm{K}}{\mathrm{kW}}$

8.6 $\alpha = 41{,}8\ \dfrac{\mathrm{W}}{\mathrm{m^2\,K}}$

8.7 $\alpha = 467\ \dfrac{\mathrm{W}}{\mathrm{m^2\,K}}$

8.8 $\dot{m}_d = 38{,}4\ \dfrac{\mathrm{kg}}{\mathrm{h}}$

8.9 a) $\alpha = 3{,}8\ \dfrac{\mathrm{kW}}{\mathrm{m^2\,K}}$; $t_w = 201{,}3\,°\mathrm{C}$; $A = 4{,}66\ \mathrm{m^2}$

b) $\alpha = 19{,}1\ \dfrac{\mathrm{kW}}{\mathrm{m^2\,K}}$; $t_w = 204{,}4\,°\mathrm{C}$; $A = 0{,}466\ \mathrm{m^2}$

8.10 $\dot{Q} = 190{,}3$ W

8.11 $\dot{Q}_{12} = 4{,}7$ kW

8.12 a) $k = 8{,}33\ \dfrac{\text{W}}{\text{m}^2\ \text{K}}$

b) $R_\text{d} = 150\ \dfrac{\text{K}}{\text{kW}}$

8.13 a) $k = 97{,}8\ \dfrac{\text{W}}{\text{m}^2\ \text{K}}$

b) $\dot{q} = 99{,}8\ \dfrac{\text{kW}}{\text{m}^2}$

c) $R_\text{d} = 10{,}2\ \dfrac{\text{K}}{\text{kW}}$

d) $t_{\text{w}1} = 201{,}8\,°\text{C}$; $t_{\text{w}2} = 192{,}2\,°\text{C}$

8.14 $\dot{Q} \approx 300\ \text{kW}$

8.15 a) $\dot{m}_\text{a} = 586\ \text{kg/s}$ $\dot{m}_\text{b} = 50{,}6\ \text{kg/s}$

b) $\dot{Q}_1 = 45{,}4\ \text{MW}$ $\dot{Q}_2 = 86{,}7\ \text{MW}$ $\dot{Q}_3 = 14{,}9\ \text{MW}$

c) $t_{\text{a}\,1} = 450{,}0\ °\text{C}$ $t_{\text{b}\,1} = 45{,}8\ °\text{C}$

$t_{\text{a}\,2} = 424{,}6\ °\text{C}$ $t_{\text{b}\,2} = 250{,}3\ °\text{C}$

$t_{\text{a}\,3} = 277{,}1\ °\text{C}$ $t_{\text{b}\,3} = 250{,}3\ °\text{C}$

$t_{\text{a}\,4} = 200{,}0\ °\text{C}$ $t_{\text{b}\,4} = 350{,}0\ °\text{C}$

d) $\Delta t_{\text{m}\,1} = 72{,}8\ \text{K}$ $\Delta t_{\text{m}\,2} = 78{,}8\ \text{K}$ $\Delta t_{\text{m}\,3} = 133{,}7\ \text{K}$

8.16 $\Delta t^\text{P}_\text{min} = 26{,}8\ \text{K}$

8.17 $\dot{E}_{v\,12} = 212\ \text{kW}$

9 Verbrennung (S. 368 bis S. 435)

9.1 $H_o = 48{,}68\ \dfrac{\text{MJ}}{\text{kg}}$

9.2 a) $H_u = 23{,}6\ \dfrac{\text{MJ}}{\text{kg}}$; $H_o = 24{,}9\ \dfrac{\text{MJ}}{\text{kg}}$

b) $l_\text{n} = 8{,}55\ \dfrac{\text{m}^3\ \text{L}}{\text{kg B}}$

c) $v_{min\,\text{fn}} = 6{,}67\ \dfrac{\text{m}^3\ \text{fA}}{\text{kg B}}$; $v_{min\,\text{tn}} = 6{,}00\ \dfrac{\text{m}^3\ \text{tA}}{\text{kg B}}$

d) $v_\text{fn} = 9{,}14\ \dfrac{\text{m}^3\ \text{fA}}{\text{kg B}}$; $v_\text{tn} = 8{,}44\ \dfrac{\text{m}^3\ \text{tA}}{\text{kg B}}$

9.3 $CO_2^\text{a} = 13{,}75\,\%$

9.4 a) $l_\text{n} \approx 11{,}6\ \dfrac{\text{m}^3\ \text{L}}{\text{kg B}}$; $v_\text{fn} \approx 12{,}2\ \dfrac{\text{m}^3\ \text{fA}}{\text{kg B}}$

b) $l_\text{n} \approx 10{,}3\ \dfrac{\text{m}^3\ \text{L}}{\text{m}^3\ \text{B}}$; $v_\text{fn} \approx 11{,}3\ \dfrac{\text{m}^3\ \text{fA}}{\text{m}^3\ \text{B}}$

9.5 a) $l_n = 5{,}98 \dfrac{m^3\,L}{kg\,B}$

b) $v_{fn}^a = 6{,}86 \dfrac{m^3\,fA}{kg\,B}$

9.6 $CO_2^a = 23{,}5\,\%$; $CO^a = 1{,}03\,\%$; $O_2^a = 0\,\%$

9.7 a) $t_{max} = 2400\,°C$

b) $t_{max} = 1920\,°C$

9.8 a) $t_l = 530\,°C$

b) $t_l = 650\,°C$

9.9 a) $H_{a4} = 31{,}7 \dfrac{MJ}{kmol\,B}$

b) $q_a = 0{,}082 \mathrel{\widehat{=}} 8{,}2\%$

c) $\eta_f = 0{,}918 \mathrel{\widehat{=}} 91{,}8\%$

9.10 $t_\tau \approx 52\,°C$

9.11 $\varrho^*_{SO_2\,gem} = 453 \dfrac{mg\,SO_2}{m^3\,tA}$ $SO^a_{2\,gem} = 155$ ppm

9.12 $E_{NO_x} = 153 \dfrac{mg\,NO_2}{kW\,h}$

9.13 a) $\Delta\varrho^*_{NO_x} = 1300 \dfrac{mg\,NO_2}{m^3\,tA}$

b) $\Delta\dot{m}_{NO} = 1{,}84$ t/h

c) $\dot{m}_{NH_3} = 1{,}05$ t/h

9.14 a) $\Delta_R G_m^0 = -237\,145$ kJ/kmol

b) $\Delta_R G_m^0 = -228\,585$ kJ/kmol

9.15 $E_{m\,CH_4} = 830{,}3 \dfrac{MJ}{kmol}$

9.16 $E_v = 59{,}1 \dfrac{MJ}{kmol\,B}$; $\dfrac{E_v}{E_B} = 0{,}214$ oder 21,4%

9.17 a) $\eta_{BZ} = 0{,}49$

b) $W_{BZ,\,mi} = -96{,}5$ MJ/kmol

c) $W_{BZ,\,m\,diss} = 96{,}7$ MJ/kmol

d) $\dot{Q} = -150{,}8$ MJ/kmol

e) $\dot{V}_n = 83{,}7\,m^3/h$

f) $\eta_{BZ,\,ges} = 0{,}39$

11 Antworten auf die Kontrollfragen

11.1 Grundlagen der Thermodynamik

1. Länge, Meter; Masse, Kilogramm; Zeit, Sekunden; Stromstärke, Ampere; Kelvin-Temperatur, Kelvin; Lichtstärke, Candela.

2. Zustandsgrößen beschreiben die Eigenschaften eines Stoffes; unterschieden werden thermische und kalorische Zustandsgrößen; die thermischen sind Volumen, Druck, Temperatur.

   Daneben unterscheidet man intensive (unabhängig von der Systemgröße), extensive (proportional zur Systemgröße), spezifische (auf die Masse bezogene) und molare (auf die Stoffmenge bezogene) Zustandsgrößen.

3. Absolutdruck: Druck des Systems gegenüber luftleerer Umgebung. Überdruckbereich: positive Druckdifferenz zwischen System- und Umgebungsdruck. Unterdruckbereich: negative Druckdifferenz zwischen System- und Umgebungsdruck. Druckeinheit: $1\ \text{Pa} = 1\ \text{N/m}^2$. Besonderer Name für 10^5 Pa : 1 bar.

4. a) Eine empirische Temperaturskala entsteht, wenn man reproduzierbare Temperaturfestpunkte festlegt und dann z.B. die durch Temperaturerhöhung zwischen zwei Festpunkten eintretende Verlängerung eines Quecksilberfadens in gleiche Teile teilt; die so gewonnenen Intervalle stimmen wegen des temperaturabhängigen Wärmeausdehnungskoeffizienten mit den wirklichen Temperaturdifferenzen nicht genau überein.

   b) Die thermodynamische Temperaturskala basiert auf der Erkenntnis, daß ein absoluter Nullpunkt existiert. Durch Festlegung der Temperatur des Tripelpunktes des Wassers mit 273,16 K werden die gleichen Intervalle wie bei der Celsius-Skala erreicht.

   c) Die ITS ist durch international vereinbarte Temperaturfestpunkte verwirklicht.

5. a) $\Delta l = \alpha_m \big|_{t_1}^{t_2} l_0 (t_2 - t_1) \qquad \Delta V = \gamma_m \big|_{t_1}^{t_2} V_0 (t_2 - t_1)$

   b) Längendehnung oder relative Längenänderung ist das Verhältnis der Längenänderung zur Ausgangslänge: $\varepsilon = \dfrac{\Delta l}{l_1}$

   c) Beim idealen Gas; Wasser dehnt sich bei Abkühlung unter $+4\,°\text{C}$ aus.

6. In einem geschlossenen System befindet sich eine bestimmte Stoffmenge, ein offenes System ist ein bestimmter Raum mit Stoffdurchfluß.

7. Technische Arbeit tritt im offenen, Volumenänderungsarbeit im geschlossenen System auf.

8. a) Volumenänderungsarbeit ist die an einem geschlossenen System bei reversibler Zustandsänderung verrichtete Arbeit $W_{v12} = -\int_1^2 p \cdot \mathrm{d}V$.

   b) Technische Arbeit ist die an einem offenen System bei reversibler Zustandsänderung verrichtete Arbeit. $W^*_{t12} = \int_1^2 V\,\mathrm{d}p + \dfrac{m}{2}(c_2^2 - c_1^2) + m\,g\,(z_2 - z_1)$.

   c) Innere Energie ist die in einem System gespeicherte Energie.

   d) Enthalpie ist die Summe aus der inneren Energie und dem Produkt $p\,V$.

   e) Wärme ist Energie, die bei einem System mit nichtadiabater Grenze aufgrund eines Temperaturunterschiedes über die Systemgrenze tritt. Beim geschlossenen System ist sie die Differenz aus der Änderung der inneren Energie und der verrichteten Arbeit.

9. a) B. 1,10 b, Volumenänderungsarbeit, positiv.
   b) B. 1,17, technische Arbeit, positiv.
10. a) U steigt um 10 kJ
    b) um 10 kJ
    c) um 20 kJ
11. a) Die spezifische Wärmekapazität ist meßbar als diejenige Wärme (oder Dissipationsarbeit), mit der man die Temperatur von 1 kg eines Stoffes, der keine Aggregatzustandsänderung erfährt, um 1 K steigern kann.
    b) c ist, außer beim einatomigen idealen Gas, bei allen Stoffen temperaturabhängig.
12. a) Zwei Systeme mit der gleichen Temperatur sind im thermodynamischen Gleichgewicht.
    b) Wärme ist eine Energieform. Eine Maschine kann nur Arbeit verrichten, wenn ihr der gleiche Betrag anderer Energie zugeführt wird.
    $Q_{12} + W_{g\,12} = U_2 - U_1$ (geschlossenes System).
    $Q_{12} + W^*_{t12} = H_2 - H_1 + \frac{m}{2}(c_2^2 - c_1^2) + m\,g(z_2 - z_1)$ (offenes System).

11.2 Zustandsänderungen des idealen Gases

1. a) Ein ideales Gas befolgt die Gleichung nach b) bei beliebigen Drücken.
   b) $pv = R_i T$
   c) $R_i = \frac{pv}{T}$, R_i ist vom physikalischen Zustand des Gases unabhängig.
2. a) $pV =$ konstant bei $T =$ konstant
   b) $\frac{V}{T} =$ konstant bei $p =$ konstant
   In beiden Fällen nur für das ideale Gas.
3. $p_n = 1{,}01325$ bar, $t_n = 0\,°C$ bzw. $T_n = 273{,}15$ K.
4. a) Bei idealen Gasen ist in gleichem Volumen bei gleichen Drücken und Temperaturen dieselbe Anzahl Moleküle enthalten.
   b) $\mathbf{N}_A = 6{,}022 \cdot 10^{26} \frac{1}{\text{kmol}}$; Zahl der Moleküle in 1 kmol.
5. Stoffmenge, bestehend aus $\{\mathbf{N}_A\}$ Molekülen.
   b) Masse eines Kilomols, z. B. ist $M_c = 12$ kg/kmol.
   c) Volumen, das 1 kmol einnimmt; bei physikalischem Normzustand ist
   $V_{mn} = 22{,}4 \frac{\text{m}^3}{\text{kmol}}$.
   d) Von einer Gasmenge bei physikalischem Normzustand eingenommenes Volumen.
6. a) $m = nM$
   b) $V_{mn} = \frac{V_n}{n}$
   c) $\varrho_n = \frac{M}{V_{mn}}$

7. a) $R_m = \frac{p V_m}{T}$

b) Für physikalischen Normzustand gilt $R_m = \frac{p_n V_{mn}}{T_n}$ mit $V_{mn} = 22{,}4\ \frac{m^3}{kmol}$ für alle idealen Gase; somit ist R_m für alle idealen Gase gleich.

c) $R_m = M R_i$

8. a) $du = c_v dT$; $dh = c_p dT$

b) Sie gelten für beliebige Zustandsänderungen.

c) $du = c_v dT$ bei $v =$ konstant, $dh = c_p dT$ bei $p =$ konstant, in beiden Fällen bei unverändertem Aggregatzustand.

9. Die innere Energie des idealen Gases ist bei konstanter Temperatur vom Volumen unabhängig: $\left(\frac{\partial u}{\partial v}\right)_T = 0$. Somit ist u eine reine Temperaturfunktion; aus $u = f(v, T)$ wird $u = f(T)$ oder $du = c_v dT$.

10. a) $c_p - c_v = R_i$ (nicht temperaturabhängig), $\varkappa = \frac{c_p}{c_v}$ (temperaturabhängig)

b) Die auf 1 kmol eines Stoffes bezogene Wärmekapazität $C_{mv} = M c_v$, $C_{mp} = M c_p$

c) $C_{mp} - C_{mv} = R_m$ (nicht temperaturabhängig), $\varkappa = \frac{C_{mp}}{C_{mv}}$ (temperaturabhängig).

11. Prozesse bewirken Zustandsänderungen. Z.B. kann eingeschlossenes Gas durch Wärmezufuhr oder durch Dissipationsenergie erwärmt werden; die Zustandsänderung ist die gleiche, die Prozesse sind verschieden. Der Begriff des Prozesses ist somit umfassender.

12. a) $Q_{ich12} = mc_{vm}\Big|_{T_1}^{T_2} (T_2 - T_1)$; negativ; gedeckt aus der inneren Energie.

b) $U_2 - U_1 = Q_{ich12}$; negativ (U fällt)
$H_2 - H_1 = \varkappa(U_2 - U_1)$; negativ (H fällt).

c) $W_{v\,ich12} = 0$.

13. a) $Q_{ib12} = mc_{pm}\Big|_{T_1}^{T_2} (T_2 - T_1)$; negativ, gedeckt aus der Enthalpie.

b) $H_2 - H_1 = Q_{ib12}$; negativ (H fällt).
$U_2 - U_1 = \frac{H_2 - H_1}{\varkappa}$; negativ ($U$ fällt).

c) $W_{vib12} = (U_2 - U_1) - Q_{ib12}$; positiv, wird zugeführt.

14. a) Isotherme

b) Die Fläche $-\int_1^2 p\,dV$ stellt beim geschlossenen System die Volumenänderungsarbeit W_{v12} dar, bei der Isothermen aber auch den Betrag der Wärme Q_{ith12}.

c) nichtadiabat

d) U und H bleiben konstant.

15. Die Gasart ist bei gleicher Stoffmenge ohne Einfluß (vgl. Gl 2.30).

16. a) $Q_{isen\,12} = 0$ und reversibler Vorgang.
    b) $W_{v\,12}$; bei der Isentropen aber auch $U_2 - U_1$, da $Q_{isen\,12} = 0$.
    c) $p V^{\varkappa} = \text{konstant}$.

17. Die Isotherme ist die erwünschtere Zustandsänderung, denn ein isotherm entspanntes System verrichtet die größere, ein isotherm komprimiertes System erfordert die kleinere Volumenänderungsarbeit; s. B. 2.8.

18. a) $p V^n = \text{konstant}$.
    b) $n = \infty$: Isochore, $n = 0$: Isobare, $n = 1$: Isotherme, $n = \varkappa$: Isentrope; s. B. 2.9.
    c) $1 < n < \varkappa$, jedoch liegt n näher bei $\varkappa$.
    d) $p V^{-1} = \text{konstant}$; $p = \text{konstant} \cdot V$, d.h. Gerade durch den Nullpunkt (s.B. 2.11).

19. a) s. B. 2.8b und B2.9; die Polytrope mit $1 < n < \varkappa$ verläuft zwischen der Isentropen ($n = \varkappa$) und der Isothermen ($n = 1$).
    b) Die zugeführte Arbeit wandelt sich bei der Isothermen in abgegebene Wärme ($W_{v\,ith\,12} = -Q_{ith\,12}$), bei der Isentropen in innere Energie ($W_{v\,isen\,12} = U_2 - U_1$), bei der Polytropen z.T. in abgegebene Wärme, z.T. in innere Energie um ($W_{v\,pol\,12} = U_2 - U_1 - Q_{pol\,12}$).

20. a) Bei Strömungsprozessen ist keine Vorrichtung zur Zu- oder Abfuhr von Arbeit vorhanden: $W_{i\,12} = 0$. Beispiel: Wärmeübertrager.
    b) Bei Arbeitsprozessen wird innere bzw. technische Arbeit zu- oder abgeführt; Beispiel: Turbine.

21. a) B. 1.10 Volumenänderungsarbeit, positiv.
    b) B. 1.17 technische Arbeit, positiv.

22. a) $W_{t\,ith\,12} = W_{v\,ith\,12}$.
    b) $W_{t\,isen\,12} = \varkappa\, W_{v\,isen\,12}$.
    c) $W_{t\,pol\,12} = n\, W_{v\,pol\,12}$.

23. a) Volumenänderungsarbeit, $W_{v\,isen\,12} = -\int_1^2 p\,\mathrm{d}V = U_2 - U_1$, positiv, wird in innere Energie umgewandelt. Isentrope. Zum p, V-Diagramm s. B. 2.7b, jedoch Punkte 1 und 2 vertauscht.
    b) Technische Arbeit, $W_{t\,isen\,12} = \int_1^2 V\,\mathrm{d}p = H_2 - H_1$, positiv, wird in Enthalpie umgewandelt (da $c_2 = c_1$ und $z_2 = z_1$). Isentrope. Zum p, V-Diagramm s. B. 2.12b.

24. a) *Geschlossenes* System: $W_{v\,ith\,12} > W_{v\,pol\,12} > W_{v\,isen\,12}$ (Volumenänderungsarbeit, negativ)
    Offenes System: $W_{t\,ith\,12} > W_{t\,pol\,12} > W_{t\,isen\,12}$ (Technische Arbeit, negativ).
    b) Geschlossenes System: B. 2.8a, offenes System: B. 2.13a; die Polytrope $1 < n < \varkappa$ verläuft in beiden Diagrammen zwischen der Isothermen und der Isentropen.
    c) *Isotherme*: Beim geschlossenen und offenen System aus der zugeführten Wärme:
    $W_{v\,ith\,12} = W_{t\,ith\,12} = -Q_{ith\,12}$;
    Isentrope: Beim geschlossenen System durch Verringerung der inneren Energie:
    $W_{v\,isen\,12} = U_2 - U_1$;
    beim offenen System durch Verringerung der Enthalpie:
    $W_{t\,isen\,12} = H_2 - H_1$.

Polytrope: Beim geschlossenen System aus zugeführter Wärme und durch Verringerung der inneren Energie:

$W_{v\,pol\,12} = U_2 - U_1 - Q_{pol\,12}$;

beim offenen System aus zugeführter Wärme und durch Verringerung der Enthalpie: $W_{t\,pol\,12} = H_2 - H_1 - Q_{pol\,12}$.

25. *Geschlossenes* System: $W_{v\,ith\,12} < W_{v\,pol\,12} < W_{v\,isen\,12}$ (Volumenänderungsarbeit, positiv).

Offenes System: $W_{t\,ith\,12} < W_{t\,pol\,12} < W_{t\,isen\,12}$ (technische Arbeit, positiv).

26. a) Bei einem Kreisprozeß wird durch aufeinanderfolgende Zustandsänderungen der Anfangszustand wieder erreicht.

b) Bei einem Arbeitsprozeß wird in einem offenen System innere bzw. (reversible) technische Arbeit verrichtet.

27. $W_k = \Sigma W_v = \Sigma W_t = -\Sigma Q$.

28. B. 2,16 a und 2,17 a, negativ.

b) B. 2,16 c und 2,17 b, positiv.

29. a) Wärmekraftmaschine, wandelt Wärme in Arbeit um, die abgegebene Arbeit ist die Nutzenergie.

b) Wärmepumpe oder Kältemaschine, beide nehmen Wärme bei geringer Temperatur auf und geben eine um die zugeführte Arbeit vergrößerte Wärme bei höherer Temperatur ab. Aufgabe der Wärmepumpe ist die Beheizung eines anderen Systems, die abgegebene Wärme ist die Nutzenergie. Aufgabe der Kältemaschine ist die Kühlung eines anderen Systems, die aufgenommene Wärme ist die Nutzenergie.

30. a) $\eta_{th} = \frac{|W_k|}{Q_{zu}}$; η_{th} gibt an, welcher Anteil der zugeführten Wärme in Arbeit umgewandelt wird. $\eta_{th} = 1$ ist nicht erreichbar.

b) $\varepsilon_w = \frac{|Q_{ab}|}{W_k} = \frac{\text{Nutzwärme}}{\text{Arbeitsaufwand}}$; $\varepsilon_w > 1$

c) $\varepsilon_k = \frac{Q_{zu}}{W_k} = \frac{\text{Nutzwärme}}{\text{Arbeitsaufwand}}$; $\varepsilon_k \gtrless 1$

d) $\varepsilon_w = 1 + \varepsilon_k$.

31. a) Aus 2 Isothermen und 2 Isentropen

b) $\eta_c = 1 - \frac{T_3}{T_1}$ zeigt:

1. Wärmezufuhr ist bei möglichst hoher Temperatur (T_1), Wärmeabfuhr bei möglichst niedriger Temperatur (T_3) anzustreben,
2. $\eta_c = 1$ ist nicht erreichbar, da $T_3 = 0\,\text{K}$ nicht möglich ist,
3. ohne Temperaturgefälle ($T_3 = T_1$) wird die Nutzarbeit Null.

32. B 4.5; negativ.

b) Wärmekraftmaschinenprozeß mit der Aufgabe, Wärme in Arbeit umzuwandeln.

33. An einer Carnotmaschine wird der Wirkungsgrad gemessen. Aus $\eta_c = 1 - \frac{T_3}{T_1}$ kann dann durch willkürliche Festlegung einer der beiden Temperaturen die andere berechnet werden (Gedankenexperiment).

11.3 Irreversible Vorgänge und Zustandsgrößen zu ihrer Beurteilung

1. Irreversible Vorgänge verlaufen von selbst nur in einer Richtung; bei ihnen wird Energie entwertet; sie lassen sich wieder rückgängig machen, dann muß von außen in das System eingegriffen werden, wodurch Veränderungen in der Umgebung zurückbleiben.
2. Irreversible thermodynamische Vorgänge sind:
   a) Dissipationsprozesse; z. B. Reibung, plastische Verformung, elektrische Vorgänge, Verbrennung.
   b) Ausgleichsprozesse; z. B. Temp.-, Druck-, Konzentrationsausgleich.
3. Wärme kann nicht von selbst von einem System niederer Temperatur auf ein System höherer Temperatur übergehen.
4. Die allgemeinste Form des 2. Hauptsatzes lautet: Alle natürlichen Prozesse sind irreversibel.
5. $\mathrm{d}S = \dfrac{\mathrm{d}Q_i + \mathrm{d}W_{diss}}{T}$
6. Die Summe der Entropien aller an irreversiblen Vorgängen beteiligten Systeme wächst.
7. $Q_{i12} + W_{diss12}$
8. Im T, S-Diagramm kann bei reversiblen Vorgängen die Wärme direkt als Fläche dargestellt werden.
9. Zur Darstellung der zur polytropen Zustandsänderung gehörenden Energien vergleiche B 3,12.
10. a) Carnot-Prozeß im T, S-Diagramm, vergleiche B 3,15 a

    b) $\eta_{th} = \dfrac{|W_{car}|}{Q_{zu}} = \dfrac{\text{Fl } 1234}{\text{Fl } 12\text{ba}} = \dfrac{(T_1 - T_3)(S_b - S_a)}{T_1 (S_b - S_a)}$

    $\eta_{th} = 1 - \dfrac{T_3}{T_1}$
11. a) Eine Drosselung ist die Druckminderung eines strömenden Stoffes ohne Arbeitsabgabe.
    b) Die Gesetze gelten für die stationäre Strömung durch eine adiabate Drosselstelle.
    c) Neben obigen Bedingungen müssen die Geschwindigkeiten vor und nach der Drosselstelle gleich sein, damit die Drosselung bei konstanter Enthalpie verläuft.
12. a) Der Begriff „Exergie“ wurde eingeführt, weil von innerer Energie und zugeführter Wärme selbst bei reversiblen Zustandsänderungen nur ein Teil in mechanische Arbeit, also in hochwertige Energie, umgewandelt werden kann und daher eine besondere Bezeichnung für den umwandelbaren Teil der Energie vorteilhaft ist.
    b) Energie = Exergie + Anergie
13. Exergie ist der Teil der Energie, der sich in einer vorgegebenen Umgebung in jede beliebige Energieform umwandeln läßt. Anergie ist der Teil der Energie, der nicht in Exergie umgewandelt werden kann.
14. a) Die Gleichung für die Exergie eines strömenden Fluids lautet:

    $$E_1 = H_1 - H_b + T_b (S_b - S_1) + \frac{m}{2} c_1^2 + m g z_1$$

    b) Zur Exergie eines strömenden idealen Gases vergleiche B 3.24.

15. Die Exergie der Wärme ist die Nutzarbeit eines reversiblen Kreisprozesses, bei dem die Wärme längs beliebiger Zustandsänderungen zugeführt wird und die Wärmeabfuhr isotherm bei Umgebungstemperatur erfolgt.
16. Bei allen irreversiblen Vorgängen treten Exergieverluste auf.
17. Darstellung von Wärme, Dissipationsarbeit, Exergie, Anergie und Exergieverlust vergleiche B 3.29b.
18. Das Exergieflußbild zeigt auch die Exergieverluste, die bei irreversiblen Vorgängen auftreten.

11.4 Das ideale Gas in Maschinen und Anlagen

1. Die Vergleichsprozesse sind idealisierte Kreisprozesse, die das thermodynamische Arbeitsprinzip der Wärmekraftmaschinen möglichst gut wiedergeben.
2. Durch die einfachen idealisierten Kreisprozesse ist es möglich, übersichtliche Gesetzmäßigkeiten für die Nutzarbeit und die Bewertungsziffern aufzustellen, um so Hinweise für die Verbesserung der Prozesse zu finden.
3. a) Der thermische Wirkungsgrad ist das Verhältnis des Betrages der Nutzarbeit des idealisierten Kreisprozesses zur zugeführten Wärme.
   b) Der exergetische Wirkungsgrad ist das Verhältnis des Betrages der Nutzarbeit des idealisierten Kreisprozesses zur Exergie der zugeführten Wärme.
   c) Das Arbeitsverhältnis ist das Verhältnis der Nutzarbeit des idealisierten Kreisprozesses zu der bei der Druckminderung verrichteten Arbeit.
4. Ein Arbeitsverhältnis nahe eins zeigt, daß der idealisierte Kreisprozeß gegenüber Irreversibilität wenig anfällig und daher gut zu realisieren ist.
5. Der Nachteil des Joule-Prozesses ist das gegenläufige Verändern von thermischem Wirkungsgrad und Arbeitsverhältnis. Mit steigendem thermischen Wirkungsgrad sinkt das Arbeitsverhältnis.
6. Die Wärmezufuhr beeinflußt den thermischen Wirkungsgrad des Joule-Prozesses nicht.
7. Zwei isotherme und zwei isobare Zustandsänderungen ergeben den Ericsson-Prozeß.
8. Vorteil: Beim Ericsson-Prozeß wächst das Arbeitsverhältnis mit steigendem thermischen Wirkungsgrad. Der thermische Wirkungsgrad ist gleich dem des Carnot-Prozesses.

   Nachteil: Der Ericsson-Prozeß läßt sich nur durch komplizierte Anlagen und Maschinen verwirklichen.
9. a) Bei der geschlossenen Anlage können minderwertige, billige Brennstoffe verwendet werden, sie können bei höherem Druckniveau betrieben werden, ihr Teillastwirkungsgrad ist besser.
   b) Die offenen Anlagen mit innerer Wärmezufuhr haben kleinere Heizflächen und geringeres Gewicht; sie lassen sich schneller anfahren, die Anlagen sind wirtschaftlicher.
10. Bei den Verbrennungsmotoren unterscheidet man Otto-Prozeß (Gleichraumprozeß), Diesel-Prozeß (Gleichdruckprozeß) und Seiliger-Prozeß (Gemischter Vergleichsprozeß).
11. Vergl. B 4.17 und 4.19.
12. Das größtmögliche Verdichtungsverhältnis des Otto-Motors ist durch die Gefahr der Selbstentzündung des angesaugten brennbaren Gemisches begrenzt.

13. Der als Rotationskolbenmaschine arbeitende Verbrennungsmotor heißt Wankelmotor.
14. Der Arbeitsaufwand des zweistufigen Verdichters ist am kleinsten, wenn die Druckverhältnisse der beiden Stufen gleich groß sind.
15. Das Restvolumen ist ein „Schadraum", weil durch die Rückdehnung des in diesem Raum verbleibenden Gases nur ein Teil des Hubvolumens zum Ansaugen ausgenutzt werden kann.
16. a) Der Füllungsgrad ist das Verhältnis des angesaugten Volumens zum Hubvolumen.
    b) Der Liefergrad ist das Verhältnis der geförderten Gasmasse zu der Gasmasse, die das Hubvolumen im Ansaugezustand füllen würde.
17. Der Liefergrad ist kleiner als der Füllungsgrad, weil durch Erwärmen und Drosseln des Gases beim Ansaugen die angesaugte Gasmenge geringer ist, als sie sein würde, wenn das angesaugte Gas den Zustand vor dem Verdichter behalten würde.

11.5 Der Dampf und seine Anwendung in Maschinen und Anlagen

1. Die Temperatur ändert sich beim isobaren Verdampfen nicht.
2. Der kritische Punkt ist der Endpunkt der Siedelinie im p, t-Diagramm. In ihm erfolgt der Übergang von der Flüssigkeit zum Dampf ohne Zwischenschaltung des Naßdampfgebietes.
3. a) Verdampfungsenthalpie oder Verdampfungswärme r nennt man die Energie, die erforderlich ist, um 1 kg bei konstantem Druck zu verdampfen.
   b) Schmelzenthalpie oder Schmelzwärme σ nennt man die Energie, die erforderlich ist, um 1 kg bei konstantem Druck zu schmelzen.
4. Der Tripelpunkt ist der Treffpunkt von Siede-, Schmelz- und Sublimationslinie im p, t-Diagramm. In diesem Punkt sind bei bestimmtem Druck und bestimmter Temperatur alle drei Aggregatzustände möglich.
5. a) Die Gleichung von van der Waals gibt den Zusammenhang der thermischen Zustandsgrößen nichtidealer Gase näherungsweise an.
   b) Die Gleichung hat den Vorteil, daß die Korrekturglieder anschaulich gedeutet werden können.
6. Oberhalb des kritischen Punktes gibt es keine Grenze zwischen Flüssigkeit und Dampf; die Unterscheidung verliert physikalisch ihren Sinn.
7. Die Werte der Enthalpie und der Entropie des Wasserdampfes werden auf Wasser im Tripelpunkt als Nullpunkt bezogen.
8. Beim Verdampfen sind
   a) $h'' - h' = r$
   b) $s'' - s' = \dfrac{r}{T_s}$
9. Vergl. B 5.6.
10. In dem Zustandsgebiet, in dem die Isothermen waagerecht verlaufen, verhält sich der Wasserdampf wie das ideale Gas. Dort ist neben $\mathrm{d}h = 0$ auch $\mathrm{d}T = 0$, also ist die kalorische Zustandsgleichung des idealen Gases $\mathrm{d}h = c_p \mathrm{d}T$ erfüllt.
11. Vergl. B 5.11

12. Durch isochoren Wärmeentzug überhitzten Dampfes mit $v > v_k$ können nur das Naßdampfgebiet und das Sublimationsgebiet erreicht werden, eine vollständige Verflüssigung ist nicht möglich.
13. Beide Prozesse bestehen aus zwei isentropen und zwei isobaren Zustandsänderungen. Beim Clausius-Rankine-Prozeß ändert sich aber der Aggregatzustand des Arbeitsmittels. Bei der isobaren Wärmezufuhr verdampft es, und bei der isobaren Wärmeabfuhr wird es wieder verflüssigt.
14. Beim Clausius-Rankine-Prozeß expandiert Dampf, während der Druck des Wassers erhöht werden muß, wofür nur relativ wenig Arbeit erforderlich ist.
15. Vergl. B 10.10.
16. a) Vier Maßnahmen gibt es zur Steigerung des thermischen Wirkungsgrades des Clausius-Rankine-Prozesses:
    1. Steigerung von Druck und Temperatur bis über den kritischen Punkt,
    2. Senken des Gegendruckes soweit wie möglich (Kondensationsturbinen),
    3. Anzapfvorwärmung,
    4. Zweistoffverfahren.

    Daneben ist die Koppelung von Gas- und Dampfturbinen zu erwähnen, die insbesondere den Wirkungsgrad gegenüber dem reinen Gasturbinenprozeß verbessert.

    b) Vergl. B 5.17.
17. Durch das Zwischenüberhitzen soll die Dampfnässe in den letzten Turbinenstufen vermindert werden.
18. Wenn die Turbine näherungsweise als adiabates System betrachtet und die Änderung der kinetischen und potentiellen Energie vernachlässigt werden können, also $W_{i12} = H_2 - H_1$ ist, kann die Arbeit direkt als Enthalpiedifferenz dem Diagramm entnommen werden.
19. Der Wirkungsgrad kann gegenüber den Einzelanlagen erheblich gesteigert werden.
20. Die Arbeitsmedien sollen für das vorhandene Temperaturniveau weder einen zu kleinen noch zu großen Sättigungsdruck haben. Die Arbeitsmedien sollen die Umwelt nicht gefährden (kein FCKW).
21. FCKW trägt zum Ozonabbau (*ODP*-Wert) und zum Treibhauseffekt (*HGWP*-Wert) bei. Substitutionsprodukte müssen chlorfrei sein, z. B. R134a anstelle von R12.
22. ORC-Anlagen eignen sich zur Umwandlung von Wärme mit niedriger Temperatur in mechanische Arbeit. Der Wirkungsgrad ist jedoch niedrig.
23. Bei der Kaltdampfanlage wird die Flüssigkeit nicht bis zur Ausgangstemperatur abgekühlt, sondern von höherer Temperatur auf Anfangstemperatur und -druck gedrosselt.

11.6 Gemische

1. Das Gemisch besteht aus
   a) einer Phase,
   b) zwei Komponenten.
2. a) Der Massenanteil μ_a einer Komponente a im Gemisch ist das Verhältnis der Masse m_a zur Masse des Gemisches m_{Mi}.

b) Der Stoffmengenanteil y_a einer Komponente a im Gemisch ist das Verhältnis der Stoffmenge n_a zur Stoffmenge des Gemisches n_{Mi}.

c) Für die Definition setzt man voraus, daß die Masse m_b einer der Komponenten unverändert bleibt. Die Beladung eines binären Gemisches ist dann $x = m_a/m_b$.

3. Die molare Masse berechnet sich aus den molaren Massen der Komponenten mit

a) den Stoffmengenanteilen durch $M_{Mi} = y_a M_a + y_b M_b + y_c M_c$,

b) den Massenanteilen durch $\frac{1}{M_{Mi}} = \frac{\mu_a}{M_a} + \frac{\mu_b}{M_b} + \frac{\mu_c}{M_c}$.

4. Für die Umrechnung benötigt man die molaren Massen der Komponenten. Es gilt $\frac{M_{Mi}}{M_a} = \frac{y_a}{\mu_a}$.

5. Bei gegebenen Größen Druck und Temperatur ist das

a) Gemischvolumen die Summe der Volumen der ungemischten Komponenten (Gesetz von Amagat),

b) tatsächliche Gemischvolumen kleiner als die Summe der Volumen der ungemischten Komponenten.

6. Die Masse einer Komponente a wird bei der Partialdichte auf das Gemischvolumen bezogen ($\varrho_a^* = m_a/V_{Mi}$), bei der Dichte der ungemischten Komponente auf das Komponentenvolumen ($\varrho_a = m_a/V_a$).

7. Der Raumanteil r_a einer Komponente a im idealen Gemisch ist das Verhältnis des Volumens V_a im ungemischten Zustand zum Gemischvolumen V_{Mi} bei gleichen Größen Druck und Temperatur.

8. Die Gemischdichte eines idealen Gemisches ist

a) die Summe der Partialdichten $\varrho_{Mi} = \varrho_a^* + \varrho_b^* + \varrho_c^*$,

b) die Summe der mit den Raumanteilen gewichteten Dichten der ungemischten Komponenten $\varrho_{Mi} = r_a \varrho_a + r_b \varrho_b + r_c \varrho_c$,

c) aus den Massenanteilen mit $\frac{1}{\varrho_{Mi}} = \frac{\mu_a}{\varrho_a} + \frac{\mu_b}{\varrho_b} + \frac{\mu_c}{\varrho_c}$ berechenbar.

9. Mit $z = Z/m$ als spezifischer und $Z_m = Z/n$ als molarer Zustandsgröße gilt für die Gemischgröße:

a) $z_{Mi} = \mu_a z_a + \mu_b z_a + \mu_a z_a$,

b) $Z_{m\,Mi} = y_a Z_{m\,a} + y_b Z_{m\,b} + y_c Z_{m\,c}$.

10. Mit Berücksichtigung der molaren Mischungsentropie

$\Delta S_{m\,Mi} = -R_m(y_a \ln y_a + y_b \ln y_b + y_c \ln y_c)$ gilt:

$S_{m\,Mi} = y_a S_{m\,a} + y_b S_{m\,b} + y_c S_{m\,c} + \Delta S_{m\,Mi}$.

11. Das Gemisch idealer Gase ist ein ideales Gemisch, die innere Energie und die Enthalpie hängen nur von der Temperatur ab. Mit der speziellen Gaskonstanten des Gemisches

$R_{Mi} = \mu_a R_a + \mu_a R_a + \mu_a R_a$ ist die thermische Zustandsgleichung $p v_{Mi} = R_{Mi} T$.

12. a) Der Partialdruck ist das Produkt aus Stoffmengenanteil und Gesamtdruck: $p_a^* = y_a p$.

b) Der Partialdruck einer Gaskomponente im Gemisch ist gleich dem Druck, den die Komponente allein im Gemischvolumen bei gleicher Temperatur annimmt.

13. a) Der Druck jeder Komponente vor der Gemischbildung ist gleich dem Gesamtdruck nach der Gemischbildung.
    b) Durch die Anordnung von B 6.1. Der unveränderte Druck wird durch die gewichtsbelasteten Kolben im Schwerefeld erzielt.

14. a) Bei der isothermen und isobaren Gemischbildung diffundieren die zunächst ungemischten Komponenten vom Gesamtdruck p auf den Partialdruck ($p_a^* = y_a\, p$) ohne Abgabe von Arbeit.
    b) Der Exergieverlust ist das Produkt von Umgebungstemperatur und Mischungsentropie: $T_{amb}\, \Delta S_{Mi}$.

15. Im Gemisch idealer Gase sind Stoffmengen- und Raumanteile gleich.

16. a) Der Partialdruck p_d^* des Wasserdampfes in der feuchten Luft kann den Sättigungsdruck p_s nicht überschreiten, d.h. $p_d^* \leq p_s$.
    b) Es liegen Gas- und Kondensatphase vor, wobei die Gasphase gesättigt ist.
    c) Bei isobarer Abkühlung sinkt der von der Temperatur abhängende Sättigungsdruck der kondensierbaren Komponente. Die bei $p_d^* = p_s$ erreichte Temperatur ist der Taupunkt.

17. a) Die absolute Feuchte ϱ_d^* ist die Partialdichte des Wasserdampfes in der feuchten Luft, also die Masse m_d des Wasserdampfes bezogen auf das Gemischvolumen V_{Mi}.
    b) Die relative Feuchte φ ist bei gegebener Temperatur das Verhältnis von Wasserdampfpartialdruck p_d^* und Sättigungsdruck p_s bzw. von Wasserdampfpartialdichte ϱ_d^* und Sättigungs(partial)dichte ϱ_s^*.
    c) Der Feuchtegehalt x ist die Wasserbeladung der trockenen Luft, d.h. die Masse m_{H_2O} des H_2O bezogen auf die Masse m_l der trockenen Luft.

18. Mit sinkendem Druck p wird der Wasserdampfpartialdruck $p_d^* = y_d\, p$ kleiner. Da sich der Sättigungsdruck p_s im Gemisch idealer Gase bei konstanter Temperatur nicht ändert, muß die relative Feuchte $\varphi = p_d^*/p_s$ kleiner werden.

19. Die extensiven Zustandsgrößen des Gemisches V_{Mi} und H_{Mi} werden auf die Masse m_l der trockenen Luft bezogen.
    a) $v_{1+x} = \dfrac{V_{Mi}}{m_l}$
    b) $h_{1+x} = \dfrac{H_{Mi}}{m_l}$

20. Die Gültigkeitsbereiche sind:
    – $\varphi \leq 1$ (ungesättigt und gesättigt),
    – $\varphi > 1, t \geq 0\,°C$ (übersättigt, Wasser),
    – $\varphi > 1, t \leq 0\,°C$ (übersättigt, Eis).

21. Zustandspunkte von reinem H_2O sind im h,x-Diagramm nicht enthalten. Bei adiabater Mischung von H_2O mit feuchter Luft läßt sich die Richtung der Zustandsänderung $h_{H_2O} = \dfrac{\Delta h_{1+x}}{\Delta x}$ mit Pol und Radmaßstab ermitteln.

22. Das Vorzeichen der spezifischen Enthalpie hängt vom Zustand der feuchten Luft und von der Nullpunktswahl ab. Die Enthalpienullpunkte der Komponenten für feuchte Luft sind willkürlich festgelegt, nämlich flüssiges Wasser und trockene Luft bei 0 °C. Danach besitzt feuchte Luft unterhalb von 0 °C im allgemeinen eine negative spezifische Enthalpie.

23. Bei isobarer Wärmezufuhr tritt keine Änderung des Feuchtegehaltes x auf. Die Zustandsänderung verläuft senkrecht im h,x-Diagramm.

24. Auf der Mischungsgeraden zwischen den beiden Zustandspunkten 1 und 2 der feuchten Luft liegt der Mischungspunkt 3. Das Verhältnis der Strecken $\overline{13}$ und $\overline{32}$ ist gleich dem Kehrwert des Verhältnisses von den trockenen Massen der feuchten Luft im Zustand 1 und 2.

25. Die Kühlgrenztemperatur t_{wg} ist die niedrigste Wassertemperatur, die durch adiabate und isobare Verdunstungskühlung bei gegebenem Zustand der zuströmenden Luft erreicht werden kann. Die abströmende feuchte Luft hat die Temperatur des Wassers (thermisches Gleichgewicht) und ist zugleich gesättigt ($\varphi = 1$, stoffliches Gleichgewicht).

11.7 Strömungsvorgänge

1. Kontinuitätsgleichung für kompressible Fluide:
   $\dot{m} = \varrho \, c_m \, A = \text{konst}$

2. Bernoulligleichung für reibungsfreie Strömung durch adiabate Systeme:
   $$u_2 + p_2 \, v_2 + \frac{c_2^2}{2} + g \, z_2 = u_1 + p_1 \, v_1 + \frac{c_1^2}{2} + g \, z_1$$

3. Das Enthalpiegefälle dient unter den genannten Voraussetzungen nur zur Erhöhung der Geschwindigkeitsenergie:
   $$h_1 - h_2 = \frac{1}{2}(c_2^2 - c_1^2)$$

4. $\vec{F}_{res} = \vec{F}_p + \vec{F}_i$ mit der resultierenden Druckkraft $\vec{F}_p$ und der resultierenden Impulskraft $\vec{F}_i = \dot{m}(\vec{c}_1 - \vec{c}_2)$.

5. Mit Hilfe der Eulerschen Gleichung werden die Kraft auf ein Schaufelgitter bzw. das Drehmoment und die Leistung berechnet.

6. a) Im engsten Querschnitt der Düse tritt Laval- bzw. Schallgeschwindigkeit auf.
   b) Der Gegendruck nach der Düse muß kleiner sein als der zum Anfangszustand gehörende Laval-Druck p_L.

7. Die Mach-Zahl ist das Verhältnis der Geschwindigkeit eines Stoffes zu der zum Zustand gehörenden Schallgeschwindigkeit.

11.8 Wärmeübertragung

1. Wärmeleitung, konvektiver Wärmeübergang, Wärmestrahlung.

2. a) $\dot{Q} = \frac{\lambda}{\delta} \cdot A(t_1 - t_2)$

   b) $\dot{q} = \frac{\dot{Q}}{A}$

   c) $\lambda = f(T) =$ Proportionalitätsfaktor; Energie, die bei 1 m dicker Wand durch 1 m^2 Fläche strömt, wenn $t_1 - t_2 = 1$ K ist.

3. a) $R = \frac{|\Delta t|}{\dot{Q}}$ (gilt allgemein) b) $R_1 = \frac{\delta}{\lambda \cdot A}$

4. a) $\dot{Q} = \alpha \cdot A(t_f - t_w)$
   b) α hängt von den Stoffeigenschaften und dem Strömungszustand des Fluids sowie von der Form der Heizfläche ab.
   c) α wird aus Nu ermittelt; bei erzwungener Konvektion ist $Nu = f(Re, Pr)$, bei freier Konvektion ist $Nu = f(Gr, Pr)$.

5. a) Bei freier Konvektion wird die Strömung durch die Wärmeübertragung selbst verursacht, bei erzwungener Konvektion wird die Bewegung durch Pumpen oder Gebläse hervorgerufen.
   b) Bei laminarer Strömung bewegt sich das Fluid in geordneten Stromfäden, bei turbulenter Strömung tritt eine ungeordnete Querbewegung auf. Geschwindigkeitsverteilung B 7.2.

6. Bei Filmkondensation baut sich auf der Heizfläche ein laminar oder turbulent ablaufender Kondensatfilm auf. Bei unbenetzbarer Oberfläche tritt Tropfenkondensation auf, die Wärmeübergangskoeffizienten sind besser.

7. a) B 8.5.
   b) Freie Konvektion, Blasenverdampfung, Filmverdampfung.

8. a) Temperaturstrahlung wird durch die Temperatur des Körpers verursacht, sie ist außer von der Oberfläche des Körpers nur von dessen Temperatur abhängig.
   b) $\lambda = (0{,}35 \div 10)\ \mu m$.

9. a) Die spezifische Ausstrahlung der Temperaturstrahlung ist nach B 8.7 über die Wellenlängen verteilt.
   b) Das Maximum der spektralen spezifischen Ausstrahlung verschiebt sich bei höherer Temperatur zu niedrigeren Wellenlängen.
   c) Das Absorptions- ist gleich dem Emissionsvermögen.
   d) Die spezifische Ausstrahlung M ist beim schwarzen Körper der 4. Potenz der Kelvin-Temperatur proportional: $M_s = \sigma \cdot T^4$.
   e) Schräg zur Fläche nimmt die spezifische Ausstrahlung ab: $M_\varphi = M_n \cdot \cos \varphi$.

10. Beim schwarzen Körper erreichen Absorption und Emission ihr Maximum: $a = \varepsilon = 1$, beim weißen Körper ihr Minimum: $a = \varepsilon = 0$; hier ist $r = 1$. Graue Körper absorbieren bei allen Wellenlängen den gleichen Energieanteil, farbige absorbieren bei verschiedenen Wellenlängen unterschiedlich stark.

11. a) Die Strahlungskonstante des schwarzen Körpers ist ein Proportionalitätsfaktor, der die Temperatur mit der maximal möglichen spezifischen Ausstrahlung eines Körpers – des „schwarzen" Körpers – verknüpft.
    b) Die Strahlungsaustauschkonstante verknüpft als Proportionalitätsfaktor die Temperaturen der im Strahlungsaustausch stehenden Körper mit dem übertragenen Wärmestrom unter Beachtung der Körperformen und Emissionskoeffizienten.
    c) Die Definitionen eines Wärmeübergangskoeffizienten der Strahlung ermöglicht es, den Wärmeübergang bei Strahlung nach dem Ansatz von Newton zu berechnen. α_s kann aus der Strahlungsaustauschkonstanten berechnet werden.

12. a) $R_ü = \dfrac{t_f - t_w}{\dot{Q}} = \dfrac{1}{\alpha \cdot A}$
    b) $R_d = \dfrac{t_{f1} - t_{f2}}{\dot{Q}} = \dfrac{1}{k \cdot A}$

13. Maßnahmen: Höhere Strömungsgeschwindigkeit, Turbulenzeinrichtungen und Rippen auf der Seite mit dem schlechteren Wärmeübergang. Besser leitendes Wandmaterial ist nur bei hohen α-Werten auf beiden Seiten sinnvoll.

14. a) Rekuperatoren, Regeneratoren, Mischwärmeübertrager.
    b) Gegen-, Gleich- und Kreuzstrom; die Leistung ist bei Gegenstrom am höchsten, da die mittlere logarithmische Temperaturdifferenz hierbei am höchsten ist.

15. $\dot{Q} = k\,A\,\Delta t_m$ mit $\Delta t_m = \dfrac{\Delta t_{max} - \Delta t_{min}}{\ln \dfrac{\Delta t_{max}}{\Delta t_{min}}}$

16. B 8.15.

11.9 Verbrennung

1. Brennbar sind Kohlenstoff, Wasserstoff, Schwefel; sonstige Stoffe sind Sauerstoff, Stickstoff, Asche, Wasser.
2. Brennwert H_o: Auf die Brennstoffmenge bezogene Energie, die bei vollständiger Verbrennung bei konstantem Druck frei wird, wenn die Verbrennungsprodukte auf t_b zurückgekühlt werden. Heizwert $H_u = H_o - w_a \cdot r$: gegenüber dem Brennwert wird die Kondensationswärme des bei der Verbrennung entstehenden H_2O nicht berücksichtigt.
3. $H_{om} = H_o \cdot M = H_{on} \cdot V_{mn}$
4. Der erforderliche Sauerstoff muß verfügbar, die Zündtemperatur erreicht sein. Bei Gasen und Dämpfen müssen die Zündgrenzen eingehalten sein.
5. a) l_{min} ist die auf die Brennstoffmenge bezogene Luftmenge, die zur vollständigen Verbrennung des Brennstoffes theoretisch erforderlich ist.
   b) $\lambda = \dfrac{l}{l_{min}}$ mit l als tatsächlich zugeführter Luftmenge.
   c) v_{min} ist die bei vollständiger Verbrennung mit l_{min} entstehende, auf die Brennstoffmenge bezogene Verbrennungsgasmenge.
   d) Verbrennungsgasmenge mit bzw. ohne die H_2O-Menge im Verbrennungsgas;
   $v_f = v_t + v_{H_2O}$
6. a) $\dfrac{m_h}{m_B} = \dfrac{h}{M_h} = \dfrac{h}{2} \dfrac{\text{kmol } H_2}{\text{kg B}}$ b) $\{o_{min\,(h)}\} = \dfrac{1}{2} \cdot \dfrac{h}{2} = \dfrac{h}{4}$ in $\dfrac{\text{kmol } O_2}{\text{kg B}}$
   c) $l_{min} = \dfrac{o_{min} \text{ kmol L}}{0{,}21 \cdot \text{kmol } O_2}$
7. a) Trockenes Holz enthält Kohlenwasserstoffverbindungen, die zu CO_2 und H_2O reagieren; das Verbrennungsgas ist feucht.
   b) CO reagiert nach CO_2; da auch die Luft kein H_2O enthalten soll, ist das Verbrennungsgas trocken.
8. a) Dem gekühlten Abgas wird nacheinander CO_2, O_2 und CO durch Absorption entzogen, wobei der Druck konstant gehalten wird; die jeweilige Volumenverringerung entspricht dem absorbierten Abgasbestandteil.
   b) Der Meßwert ist auf die trockene Abgasmenge bezogen, da bei der Volumenverringerung aus dem gesättigten Abgas der anteilige H_2O-Gehalt herauskondensiert.

9. a) $CH_4^b = v_t \cdot CO_2^a$; b) $N_2^b + 0{,}79 \cdot \lambda \cdot l_{min} = v_t \cdot N_2^a$; c) $0{,}21(\lambda - 1) \cdot l_{min} = v_t \cdot CO_2^a$

10. a) $3\,C_3H_8^b + 4\,C_4H_{10}^b = v_t \cdot CO_2^a$; b) $0{,}79 \cdot \lambda \cdot l_{min} = v_t \cdot N_2^a$; c) $0{,}21(\lambda - 1) \cdot l_{min} = v_t \cdot O_2^a$

11. a) $\frac{c}{12} = \{v_t^a\}\,(CO_2^a + CO)^a$; b) $0{,}21(\lambda - 1)\,l_{min} = v_t^a\left(O_2^a - \frac{CO^a}{2}\right)$

12. Bei vollständiger Verbrennung mit $\lambda = 1$ ergibt sich die Mindestabgasmenge. In der Gleichung $CO_2^a = \frac{v_{CO_2}}{v_t}$ nimmt der Nenner den kleinstmöglichen Wert an, so daß der CO_2-Anteil sein Maximum $CO^a_{2\,max}$ erreicht.

13. $l_{min} \approx v_{min\,t}$.

14. a) B 9.2. b) B 9.3, jedoch $CO^a_{2\,max} = 12\,\%$.

15. a) Theoretische Verbrennungstemperatur t_{max} wird bei vollständiger Verbrennung in einem adiabaten System erreicht.
    b) Dissoziation verringert t_{max}.
    c) Mit größer werdendem Luftüberschuß verringert sich t_{max}.

16. a) b) B 9.4. c) Wegen unterschiedlicher Temperaturabhängigkeit der spezifischen Wärmekapazitäten der Stoffe vor und nach der Verbrennung wird der senkrechte Abstand zwischen den Linien H_v und H_a, der den Heizwert darstellt, mit steigender Temperatur in der Regel geringer. Beim Wasserstoff ist es umgekehrt.

17. a) Reaktionsenthalpie: Änderung der Enthalpie bei isotherm-isobarer Reaktion.
    b) Reaktionsentropie: Änderung der Entropie bei isotherm-isobarer Reaktion.
    c) freie Enthalpie: $G = H - TS$.
    d) freie Reaktionsenthalpie: Änderung der freien Enthalpie bei isotherm-isobarer Reaktion.

18. Die Entropie jedes festen kristallisierten Körpers, der aus gleichen und gleichgeordneten Teilchen besteht, wird bei 0 K zu Null.

19. Die Exergie eines Brennstoffes ist der Teil der Bindungsenergie, der bei der Reaktion des Brennstoffes mit Luftsauerstoff im günstigsten Fall in technische Arbeit umgewandelt werden kann, wenn nach der Reaktion Gleichgewicht mit der Umgebung herrscht.
    $E_B = H_o + T_b(S_a - S_B - S_{O_2})$

20. Der Exergieverlust bei Verbrennung ergibt sich aus der Differenz zwischen der mit dem Brennstoff und der Verbrennungsluft der Feuerung zugeführten Exergie und der im Verbrennungsgas bei adiabater Reaktion enthaltenen Exergie.
    $E_v = E_B + E_l - E_{a\,max}$.

21. In der PAFC verläuft eine elektrochemische Reaktion zwischen Wasserstoff und Sauerstoff. An der Anode spalten sich je H_2 – Molekül zwei Elektronen ab, die über einen äußeren Stromkreis (Verbraucher) fließen. Die Wasserstoff-Ionen fließen über den Elektrolyten (Phosphorsäure) zur Kathode und reagieren dort mit Sauerstoff zu H_2O (B 9.11).

22. a) $\eta_{BZ} = \frac{W_{BZ,\,mi}}{\Delta_R G_m} = \frac{U_i}{U_{rev}}$ b) $\eta_{id} = \frac{\Delta_R G_m}{\Delta_R H_m} = \frac{|\Delta_R G_m|}{H_{um}}$ c) $\eta_{BZ,\,ges} = \frac{|W_{BZ,\,mi}|}{H_{um}}$

23. Der ideale Wirkungsgrad der Brennstoffzelle verringert sich leicht, der Carnotfaktor steigt mit höherer Temperatur (B 9.12).

24. Polymermembran-Brennstoffzelle (PEMFC), ca. 80 °C,
    Phosphorsäure-Brennstoffzelle (PAFC), ca. 200 °C,
    Karbonatschmelzen-Brennstoffzelle (MCFC), ca. 650 °C,
    oxidkeramische Brennstoffzelle (SOFC), ca. 1000 °C.

Anhang

A1 Schrifttum

Allgemeine Thermodynamik

1 Baehr, H.D.: Thermodynamik. 10. Auflage, Berlin, Heidelberg u.a.O. 2000
2 Baehr, H.D.: Mollier-i, x-Diagramm für feuchte Luft. Berlin, Göttingen, Heidelberg 1961
3 Bošnjaković, F./Knoche, K.F.: Technische Thermodynamik, Teil 1, 7. Aufl. 1988, Teil 2, 6. Aufl. 1997, Darmstadt
4 Elsner, N. u.a.: Grundlagen der Technischen Thermodynamik. Bd I und Bd II 8. Aufl., Berlin 1993
5 Kalide, W.: Energieumwandlung in Kraft- und Arbeitsmaschinen. 8. Auflage, München, Wien 1995
6 Stephan/Mayinger: Thermodynamik. Berlin, Heidelberg, New York. Bd I 14. Aufl. 1992, Bd II 13. Aufl. 1992
7 Lucas, K.: Thermodynamik. 3. Auflage, Berlin, Heidelberg u.a.O. 2001

Wärmeübertragung

8a Baehr/Stephan: Wärme- und Stoffübertragung. 3. Auflage, Berlin, Heidelberg u. a. O. 1998
8b Grigull U. (Hrsg.): Wärme- und Stoffübertragung. Wärmeleitung 1990, Konvektive Wärmeübertragung 1987, Strahlung 1988, Kondensieren und Sieden 1988, Berlin, Heidelberg, New York
9 Gröber/Erk/Grigull: Grundgesetze der Wärmeübertragung. 3. Auflage, Berlin, Göttingen, Heidelberg 1963
10 VDI-Wärmeatlas. 9. Auflage, Düsseldorf 2002

Verbrennung

11 Cerbe u.a.: Grundlagen der Gastechnik. 5. Auflage, München, Wien 1999
12 Gumz, W.: Kurzes Handbuch der Brennstoff- und Feuerungstechnik. Berlin, Göttingen, Heidelberg 1962
13 Günther, R.: Verbrennung und Feuerungen. Berlin, Heidelberg, New York 1974

Tabellenwerke

14 Dubbel Taschenbuch für den Maschinenbau. 20. Aufl., Berlin, Heidelberg, New York 2001
15 Hütte. Die Grundlagen der Ingenieurwissenschaften. 31. Aufl., Berlin, Heidelberg, New York 2000
16 Netz, H.: Formeln der Technik. Braunschweig 1961
17 Recknagel/Sprenger/Schramek: Taschenbuch für Heizung und Klimatechnik, 69. Aufl., München 1999
18 Wagner/Kruse: Zustandsgrößen von Wasser und Wasserdampf; Der Industrie-Standard IAPWS-IF97. Berlin, Heidelberg 1998
19 D'Ans-Lax: Taschenbuch für Chemiker und Physiker. Berlin 1992

Zeitschriften

20 Brennstoff – Wärme – Kraft. VDI-Verlag, Düsseldorf
21 VDI-Zeitschrift. VDI-Verlag, Düsseldorf

Verwendete sonstige Veröffentlichungen

22 Hoechst AG, Frankfurt/M.: Kältemittel Reclin 134a (1992)
23 Siemens AG, Power Generation, Erlangen: Wirkungsgradverlauf fossil befeuerter Kraftwerke
24 Vereinigung Deutscher Elektrizitätswerke – VDEW – e.V.; Druckschrift Hd/Pi, 4. 11. 88
25 Klenke, W.: Der erste Hauptsatz bei Prozessen mit feuchter Luft, Ki Klima + Kälte Ingenieur H5 (1977) S. 183/186
26 Baehr, H.D.: Die Exergie der Brennstoffe, BWK 31 (1979) Nr. 7, S. 292/297
27 Enquete-Kommission des Deutschen Bundestages „Vorsorge zum Schutz der Erdatmosphäre“ (1990)
28a Optarget GmbH, Hamm: Einsatz moderner Wärmeintegrationsverfahren zur Optimierung der industriellen Wärmenutzung (1991)
28b Gries, A.: Die Pinch-Point-Methode zur Optimierung der Energieeinsparung in der Industrie. Institut für Wärme- und Brennstofftechnik. TU Braunschweig (1991)

29 Brennstoff – Wärme – Kraft Nr. 20 (1989), S. 413/429 und Techn. Rundschau (1990), S. 64/77
30 Knoche, Rudolf, Schaefer: Zur Problematik der Bewertung von Energieträgern und Energieumwandlungsprozessen. Brennstoff – Wärme – Kraft (1994) Nr. 10, S. 431/436
31 Wagner, W., Saul, A., Pruß, A.: International equations for the pressure along the melting curve and the sublimation curve of ordinary water substance. J. Phys. Chem. Ref. Data 23 (1994), 515–527.
32 Pruß, A., Wagner, W.: IAPWS formulation 1995 for the thermodynamic properties of ordinary water substance for general and scientific use. J. Phys. Chem. Ref. Data 31 (2002), im Druck
33 Solvay Fluor und Derivate GmbH, Hannover: Solkane Taschenbuch Kälte- und Klimatechnik (1997) und IKW Universität Hannover
34 Ruhrgas AG. Essen 2001
35 Jones J.B./Dugan, R.E.: Engineering Thermodynamics. New Jersey, USA 1996
36 IUPAC: Größen, Einheiten und Symbole in der Physikalischen Chemie. VCH Weinheim 1996

A2 Nachweis verwendeter Unterlagen

T 1.6 Hütte [15]
T 2.1 Baehr [1], Stephan/Mayinger [6]
T 2.2 Baehr [1], Stephan/Mayinger [6]
B 2.2 VDI-Wärmeatlas [10]
T 5.1 VDI-Wärmeatlas [10], Baehr [1], Stephan/Mayinger [6], D'Ans-Lax [19]
T 5.2 VDI-Wärmeatlas [10], Dubbel [14], Hütte [15]
T 5.3 Bošnjaković/Knoche [3]
T 5.4 Wasserdampftafeln [18]
T 5.5 Wasserdampftafeln [18]
T 5.6 Solvay [33]
T 6.1 Wasserdampftafeln [18], Wagner/Saul/Pruß [31], Pruß/Wagner [32]
T 8.1 Stephan/Mayinger [6], Gröber/Erk/Grigull [9]
T 8.2 Gröber/Erk/Grigull [9]
T 8.3 a VDI-Wärmeatlas [10], Baehr [1] und Stephan/Mayinger [6]
T 8.3 b Gröber/Erk/Grigull [9]
T 8.4 Stephan/Mayinger [6], Gröber/Erk/Grigull [9] und VDI-Wärmeatlas [10]
T 8.6 VDI-Wärmeatlas [10]
T 9.4 Baehr [1] und Lucas [7]
T 9.5 Lucas [7]
T 9.6 DIN 51857, Baehr [1]
T 9.7 Baehr [26]
T 9.8 Cerbe [11], Ruhrgas AG [34]

A3 Formelzeichen

A	Fläche
a	Absorptionskoeffizient
a	Ascheanteil
a	Beschleunigung
a	Temperaturleitfähigkeit
C_{12}	Strahlungsaustauschkonstante
c	Geschwindigkeit
c_s	Schallgeschwindigkeit
c	Kohlenstoffanteil
c	spezifische Wärmekapazität
c_p, c_v	–, konst. Druck, konst. Vol.
C_m	molare Wärmekapazität
C_{mp}, C_{mv}	– konst. Druck, konst. Vol.
d	Durchlaßkoeffizient
d	Durchmesser
E	Exergie, Arbeitsfähigkeit
E_B	Brennstoffexeregie
E_m	Molare Exergie
E_q	Exergie der Wärme
E_v	Exergieverlust
e	spezifische Exergie
F	Faraday-Konstante
F	freie Energie (Helmholtz-Funktion)
F	Kraft
G	freie Enthalpie (Gibbs-Funktion)
G	Gewichtskraft
Gr	Grashof-Zahl
g	Fallbeschleunigung
H	Enthalpie
H_m	Molare Enthalpie
H_o, H_u	spezifischer Brennwert, Heizwert
H_{om}	Molarer Brennwert,
H_{um}	– Heizwert
h	spezifische Enthalpie
h	Höhe, Länge
h	Wasserstoffanteil
$\vec{I}$	Impuls
I	Strom, elektr.
k	Wärmedurchgangskoeffizient
l	Verbrennungsluftmenge
l	Länge
l_a	Luftgehalt des Abgases
M	molare Masse
M	spezifische Ausstrahlung
M_s	–, des schwarzen Körpers
M_λ	spektrale spezifische Ausstrahlung
$M_{\lambda s}$	–, des schwarzen Körpers
Ma	Mach-Zahl
m	Masse
M_d	Drehmoment
N_A	Avogadro- oder Loschmidt-Konstante
Nu	Nußelt-Zahl
n	Polytropenexponent
n	Stickstoffanteil
n	Stoffmenge (kmol)
o	Sauerstoffmenge
o	Sauerstoffanteil
P	Leistung
P_{diss}	dissipierte Leistung
P_e	Kupplungsleistung
P_{ei}	Eigenbedarfsleistung
P_{gen}	Generatorleistung
P_i	innere Leistung
P_{ind}	indizierte Leistung
P_{kl}	Klemmenleistung
Pe	Péclet-Zahl
Pr	Prandtl-Zahl
p	Druck, Absolutdruck
p_{abs}	Absolutdruck
p_{amb}	atmosphärischer Bezugsdruck
p_d	Überdruck (allgemein)
$p_{dü}$	Düsendruck, kritischer Druck
p_e	Überdruck (über Atmosphärendruck)
p^*	Partialdruck
Q	Wärme
$\dot{Q}$	Wärmestrom
$\dot{Q}_B$	Brennstoffleistung, Feuerungswärmeleistung
Q_i	Wärme bei irreversiblen Vorgängen
$\dot{Q}_L$	Wärmeleistung
q	auf die Masse bezogene Wärme
$\dot{q}$	Wärmestromdichte, Heizflächenbelastung
q_a	Abgasverlust
q_f	Flüssigkeitswärme
R	Gaskonstante
R	Wärmewiderstand
R_d	Wärmedurchgangswiderstand
R_l	Wärmeleitwiderstand
$R_ü$	Wärmeübergangswiderstand
Ra	Rayleigh-Zahl
Re	Reynolds-Zahl
r	Radius

r	Raumanteil
r	Reflexionskoeffizient
r	Verdampfungswärme
r_w	Arbeitsverhältnis
S	Entropie
S_{m}	Molare Entropie
s	spezifische Entropie
s	Schwefelanteil (Brennstoff)
T	Thermodynamische Temperatur
t	Celsius-Temperatur
U	Innere Energie
U	Spannung, elektr.
u	spezifische innere Energie
u	Umfangsgeschwindigkeit
V	Volumen
V_{f}	Volumen der feuchten Luft
V_{m}	molares Volumen
v	spezifisches Volumen
v_{f}, v_{t}	Abgasmenge, feucht, trocken
W	Arbeit
W_{BZ}	Arbeit der Brennstoffzelle
W_{diss}	Dissipationsenergie
W_{ek}	Kupplungsarbeit
W_{g}	Kolbenarbeit (geschlossenes System)
W_i	innere Arbeit (offenes System)
W_{i}^*	innere Arbeit einschl. kin. und pot. Energieänderung
W_{ik}	Arbeit des irreversiblen Kreisprozesses
W_{ind}	indizierte Arbeit
W_k	Arbeit des reversiblen Kreisprozesses
W_n	Nutzarbeit an der Kolbenstange
W_{R}	Reaktionsarbeit
W_r	Reibungsarbeit
W_t	technische Arbeit
W_u	Verschiebearbeit
W_v	Volumenänderungsarbeit
w	spezifische Arbeit
w	Geschwindigkeit
w	Wasseranteil
x	Dampfgehalt im Naßdampf
x	Feuchtegehalt feuchter Luft
y	Stoffmengenanteil
Z	Extensive Zustandsgröße
Z	Realgasfaktor
z	Höhe
α	Düsenbeiwert
α	Längenausdehnungskoeffizient
α	Wärmeübergangskoeffizient
β	Schaufelwinkel
γ	Raumausdehnungskoeffizient
γ	Wichte
$\Delta_{\mathrm{R}}G$	freie Reaktionsenthalpie
$\Delta_{\mathrm{R}}H$	Reaktionsenthalpie
$\Delta_{\mathrm{R}}S$	Reaktionsentropie
δ	Wandstärke
ε	Emissionskoeffizient
ε	Längendehnung
ε	Verdichtungsverhältnis
ε_k, ε_w	Leistungszahl, Kältemaschine, Wärmepumpe
ε_0	relativer Schadraum (Kolbenverdichter)
ζ	exergetischer Wirkungsgrad
η	dynamische Viskosität
η	Wirkungsgrad
η_a	Ausnutzungsgrad (GUD-Prozeß)
η_{A}	Abkühlgrad (Rückkühlwerk)
η_{BZ}	Wirkungsgrad der Brennstoffzelle
η_c	Carnotfaktor, η_{th} beim Carnotprozeß
η_{D}	wärmetechnischer Kraftwerksnettowirkungsgrad
η_{Diff}	Diffusorwirkungsgrad
$\eta_{Dü}$	Düsenwirkungsgrad
η_{ei}	Eigenbedarfswirkungsgrad
η_f	feuerungstechnischer Wirkungsgrad
η_{gen}	Generatorwirkungsgrad
η_{ges}	Gesamtwirkungsgrad, Kraftwerksnettowirkungsgrad
η_i	innerer Wirkungsgrad
η_{id}	idealer Wirkungsgrad der Brennstoffzelle
η_{ind}	indizierter Wirkungsgrad
η_k	Kesselwirkungsgrad
η_m	mechanischer Wirkungsgrad
η_r	Rohrleitungswirkungsgrad
η_{th}	thermischer Wirkungsgrad
$\eta_{th\,i}$	thermischer Wirkungsgrad des irreversiblen Kreisprozesses
$\varkappa$	Isentropenexponent, Verhältnis c_p/c_v
λ	Liefergrad von Kolbenverdichtern
λ	Luftverhältnis bei der Verbrennung
λ	Wellenlänge
λ	Wärmeleitfähigkeit
λ_{A}	Aufheizgrad (Kolbenverdichter)
λ_{P}	Drosselgrad (Kolbenverdichter)

μ	Füllungsgrad von Kolbenverdichtern
μ	Massenanteil
ν	kinematische Viskosität
ν	stöchiometrische Zahl
ξ	Heizzahl
ϱ	Dichte
ϱ	innere Verdampfungsenthalpie
ϱ^*	Partialdichte
σ	Stefan-Boltzmann-Konstante
τ	Zeit
φ	Einspritzverhältnis
φ	relative Feuchte
φ_{EQ}	Energiequalitätsgrad
ψ	äußere Verdampfungsenthalpie
ψ	Druckverhältnis
ψ	Durchflußfunktion
ω	Winkelgeschwindigkeit

Indizes

0	chem. Standardzustand (25 °C, 1,0 bar)
0	Zustand bei 0 K oder 0 °C
1	vor der Zustandsänderung
2	nach der Zustandsänderung
12	Änderung vom Zustand 1 nach 2
a	in Achsrichtung
a	Abgas, Verbrennungsgas
a	Wert aus Abgas- bzw. Verbrennungsanalyse
a	Komponente (Gemisch)
ab	abgeführt
ad	adiabat
amb	Umgebungszustand
B, b	Brennstoff
b	Bezugszustand, Umgebungszustand
b	Komponente (Gemisch)
BZ	Brennstoffzelle
c	Komponente (Gemisch)
car	Carnot-Prozeß
c/r	Clausius-Rankine-Prozeß
D, d	Dampf
d	Diesel-Prozeß
diss	Dissipation
er	Ericsson-Prozeß
f	feucht, Flüssigkeit
g	Gas
g	geschlossen (System)
gef	gefördert (Kolbenverdichter)
i	beliebige Komponente
i	Impulsänderung
ib	isobar
ich	isochor
id	ideal
isen	isentrop
ith	isotherm
j	Joule-Prozeß
k	Kesselaustritt
k, kr	kritisch
kv	Kolbenverdichter
L, l	Luft
Mi	Mischungswert
m	Mittelwert
m	molare Größe
m	in Meridianrichtung
n	Normalrichtung (senkrecht)
n	physikalischer Normzustand (0 °C, 1,01325 bar)
n	Nullpunkt
n	Nutzen
o	Otto-Prozeß
pol	polytrop
r	Reibung
rev	reversibel
s	Sättigungs-, Siedezustand
s	Seiliger-Prozeß
st	Stirling-Prozeß
t	trocken
tr	Tripelpunkt
u	Umgebung
u	in Umfangsrichtung
u	unvollständig verbrannt
v	vor der Verbrennung
w	Wand
w	Wasser
w	Welle
x	beliebiger Zwischenzustand
x	Naßdampf
z	zwischenüberhitzt
zu	zugeführt
′	siedende Flüssigkeit
″	Sattdampf
.	zeitliche Ableitung eines Wertes, z.B. Massenstrom $\dot{m}$
*	vereinfachter Clausius-Rankine-Prozeß
*	Partialgröße (Gemisch)

A4 Wiederholung häufig benutzter Tafeln

T 2.1 Stoffwerte von Gasen[1]

Gas	Chemisches Symbol	Molares Normvolumen V_{mn} bei 0 °C, 1,01325 bar $\frac{m^3}{kmol}$	Molare Masse M $\frac{kg}{kmol}$	Spezielle Gaskonstante R_i $\frac{J}{kg\,K}$	Dichte im Normzustand ϱ_n bei 0 °C, 1,01325 bar $\frac{kg}{m^3}$	Molare und spezifische Wärmekapazität bei 0 °C und idealem Gaszustand: C_{mp} $\frac{kJ}{kmol\,K}$	c_p $\frac{kJ}{kg\,K}$	C_{mv} $\frac{kJ}{kmol\,K}$	c_v $\frac{kJ}{kg\,K}$	$\varkappa = \frac{c_p}{c_v}$ bei 0 °C und idealem Gaszustand
Helium	He	22,425	4,0026	2077,3	0,1785	20,7859	5,1931	12,4714	3,1158	1,667
Argon	Ar	22,392	39,948	208,1	1,7841	20,7858	0,5203	12,4713	0,3122	1,667
Wasserstoff	H_2	22,428	2,0159	4124,5	0,0899	28,6228	14,2003	20,3083	10,0758	1,409
Stickstoff	N_2	22,403	28,0135	296,8	1,2504	29,0967	1,0389	20,7823	0,7421	1,400
Sauerstoff	O_2	22,392	31,9988	259,8	1,4290	29,2722	0,9150	20,9578	0,6552	1,397
Luft (trocken)	—	22,401	28,9626	287,2	1,2929	29,0743	1,0043	20,7598	0,7171	1,401
Kohlenmonoxid	CO	22,398	28,010	296,8	1,2506	29,1242	1,0403	20,8097	0,7435	1,399
Kohlendioxid	CO_2	22,264	44,010	188,9	1,9767	35,9336	0,8169	27,6191	0,6280	1,301
Schwefeldioxid	SO_2	21,876	64,065	129,8	2,9285	38,9666	0,6092	30,6521	0,4794	1,271
Ammoniak	NH_3	22,078	17,0306	488,2	0,7714	35,0018	2,0557	26,6873	1,5675	1,312
Methan	CH_4	22,360	16,043	518,3	0,7175	34,5667	2,1562	26,2522	1,6379	1,316
Ethin (Acetylen)	C_2H_2	22,212	26,038	319,3	1,1722	39,3536	1,5127	31,0391	1,1934	1,268
Ethen (Ethylen)	C_2H_4	22,246	28,054	296,4	1,2611	45,1842	1,6119	36,8697	1,3155	1,225
Ethan	C_2H_6	22,190	30,070	276,5	1,3551	51,9556	1,7291	43,6411	1,4526	1,190

[1] R_i, C_{mp} und c_p nach Stephan/Mayinger [6], für Helium nach Baehr [1].
M, V_{mn} und ϱ_n nach DIN 1871 (05.99) und DIN 51 857 (03.97), C_{mv}, c_v und $\varkappa$ nach Gl 2.21 und Gl 2.22 berechnet.

T 2.2: Mittlere isobare molare und isobare spezifische Wärmekapazität von Gasen für den

Temp. in °C	H_2		N_2		O_2		CO	
	$C_{mp}\|_{0\,°C}^{t}$ $\frac{kJ}{kmol\,K}$	$c_{pm}\|_{0\,°C}^{t}$ $\frac{kJ}{kg\,K}$	$C_{mp}\|_{0\,°C}^{t}$ $\frac{kJ}{kmol\,K}$	$c_{pm}\|_{0\,°C}^{t}$ $\frac{kJ}{kg\,K}$	$C_{mp}\|_{0\,°C}^{t}$ $\frac{kJ}{kmol\,K}$	$c_{pm}\|_{0\,°C}^{t}$ $\frac{kJ}{kg\,K}$	$C_{mp}\|_{0\,°C}^{t}$ $\frac{kJ}{kmol\,K}$	$c_{pm}\|_{0\,°C}^{t}$ $\frac{kJ}{kg\,K}$
0	28,62	14,20	29,10	1,039	29,27	0,9150	29,12	1,040
100	28,94	14,36	29,12	1,039	29,53	0,9227	29,16	1,041
200	29,07	14,42	29,20	1,042	29,92	0,9351	29,29	1,046
300	29,14	14,45	29,35	1,048	30,39	0,9496	29,50	1,053
400	29,19	14,48	29,56	1,055	30,87	0,9646	29,77	1,063
600	29,32	14,54	30,11	1,075	31,75	0,9922	30,41	1,086
800	29,52	14,64	30,69	1,096	32,49	1,0154	31,05	1,109
1000	29,79	14,78	31,25	1,116	33,11	1,0347	31,65	1,130
1200	30,12	14,94	31,77	1,134	33,62	1,0508	32,17	1,149
1400	30,47	15,12	32,22	1,150	34,07	1,0648	32,63	1,165
1600	30,84	15,30	32,62	1,164	34,47	1,0772	33,03	1,1[illegible]
1800	31,21	15,48	32,97	1,177	34,83	1,0885	33,38	1,192
2000	31,58	15,66	33,28	1,188	35,17	1,0990	33,69	1,203
2200	31,93	15,84	33,55	1,198	35,48	1,1089	33,96	1,212
2500	32,44	16,09	33,91	1,210	35,93	1,1229	34,31	1,225
3000	33,22	16,48	34,40	1,228	36,62	1,1443	34,79	1,242
M in $\frac{kg}{kmol}$	2,0159		28,0135		31,9988		28,010	
ϱ_n in $\frac{kg}{m^3}$	0,0899		1,2504		1,4290		1,2506	

Anmerkungen zu T 2.2:

Isochore spezifische Wärmekapazität $c_{vm}|_{0\,°C}^{t}$ nach (Gl 2.21 a): $c_{vm}|_{0\,°C}^{t} = c_{pm}|_{0\,°C}^{t} - R_i$

Isochore molare Wärmekapazität $C_{mv}|_{0\,°C}^{t}$ nach (Gl 2.21 b): $C_{mv}|_{0\,°C}^{t} = C_{mp}|_{0\,°C}^{t} - R_m$

Mittelwert $\varkappa_m|_{0\,°C}^{t}$ nach (Gl 2.22): $\varkappa_m|_{0\,°C}^{t} = \dfrac{c_{pm}|_{0\,°C}^{t}}{c_{vm}|_{0\,°C}^{t}} = \dfrac{C_{mp}|_{0\,°C}^{t}}{C_{mv}|_{0\,°C}^{t}}$

$c_{pm}|_{t_1}^{t_2}$ kann auch mittels Polynom (Gl 1.44 c) berechnet werden. Die Ergebnisse können von den Tabellenwerten leicht abweichen.

idealen Gaszustand[1] $C_{mp}|_{0\,°C}^{t}$ in $\frac{kJ}{kmol\,K}$ $c_{pm}|_{0\,°C}^{t}$ in $\frac{kJ}{kg\,K}$

Temp. in °C	H_2O		CO_2		SO_2		Luft	
	$C_{mp}\|_{0\,°C}^{t}$ $\frac{kJ}{kmol\,K}$	$c_{pm}\|_{0\,°C}^{t}$ $\frac{kJ}{kg\,K}$	$C_{mp}\|_{0\,°C}^{t}$ $\frac{kJ}{kmol\,K}$	$c_{pm}\|_{0\,°C}^{t}$ $\frac{kJ}{kg\,K}$	$C_{mp}\|_{0\,°C}^{t}$ $\frac{kJ}{kmol\,K}$	$c_{pm}\|_{0\,°C}^{t}$ $\frac{kJ}{kg\,K}$	$C_{mp}\|_{0\,°C}^{t}$ $\frac{kJ}{kmol\,K}$	$c_{pm}\|_{0\,°C}^{t}$ $\frac{kJ}{kg\,K}$
0	33,47	1,859	35,93	0,8169	38,97	0,6092	29,07	1,004
100	33,71	1,871	38,17	0,8673	40,71	0,6355	29,15	1,007
200	34,08	1,892	40,13	0,9118	42,43	0,6624	29,30	1,012
300	34,54	1,917	41,83	0,9505	43,99	0,6868	29,52	1,019
400	35,05	1,945	43,33	0,9846	45,35	0,7079	29,79	1,029
600	36,15	2,007	45,85	1,0417	47,55	0,7423	30,41	1,050
800	37,34	2,073	47,86	1,0875	49,20	0,7680	31,03	1,071
1000	38,56	2,140	49,50	1,1248	50,47	0,7879	31,60	1,091
1200	39,76	2,207	50,85	1,1555	51,49	0,8038	32,11	1,109
1400	40,91	2,271	51,98	1,1811	52,31	0,8167	32,57	1,124
1600	42,00	2,332	52,93	1,2027	53,00	0,8273	32,97	1,138
1800	43,03	2,388	53,74	1,2211	53,59	0,8365	33,32	1,150
2000	43,97	2,441	54,44	1,2370	54,09	0,8444	33,64	1,161
2200	44,86	2,490	55,06	1,2510	54,54	0,8514	33,93	1,171
2500	46,07	2,557	55,85	1,2690	55,13	0,8606	34,31	1,185
3000	47,82	2,654	56,91	1,2932	55,95	0,8734	34,84	1,203
M in $\frac{kg}{kmol}$	18,0153		44,010		64,065		28,9626	
ϱ_n in $\frac{kg}{m^3}$	0,8038		1,9767		2,9285		1,2929	

[1] Auszug der Werte für $C_{mp}|_{0\,°C}^{t}$ aus Tabellen nach Baehr, H.D. [1] und Stephan/Mayinger [6], M und ϱ_n nach DIN 1871 (05.99) und DIN 51857 (03.97), $c_{pm}|_{0\,°C}^{t}$ berechnet, für H_2O bei 0 °C nach Wagner/Kruse [18]. Auf den zusätzlichen Index m zur Kennzeichnung des Mittelwertes bei der molaren Wärmekapazität wird verzichtet; wir schreiben $C_{mp}|_{0\,°C}^{t}$ statt $C_{mpm}|_{0\,°C}^{t}$.

T 2.4 Temperaturabhängigkeit der spezifischen Wärmekapazität; Koeffizienten für das Polynom $c_p = R_i\,(a + b\,T + c\,T^2 + d\,T^3 + e\,T^4)$ nach Gl 1.42 und für das Polynom nach Gl 1.44c; für ideale Gase [35]

Gas	Temperaturbereich T	Koeffizienten in Gl 1.42				
		a	b	c	d	e
	K	–	$\frac{1}{K}$	$\frac{1}{K^2}$	$\frac{1}{K^3}$	$\frac{1}{K^4}$
H_2	300–1000 1000–3000	2,892 3,717	$3{,}884 \cdot 10^{-3}$ $-0{,}922 \cdot 10^{-3}$	$-8{,}850 \cdot 10^{-6}$ $1{,}221 \cdot 10^{-6}$	$86{,}94 \cdot 10^{-10}$ $-4{,}328 \cdot 10^{-10}$	$-29{,}88 \cdot 10^{-13}$ $0{,}5202 \cdot 10^{-13}$
N_2	300–1000 1000–3000	3,725 2,469	$-1{,}562 \cdot 10^{-3}$ $2{,}467 \cdot 10^{-3}$	$3{,}208 \cdot 10^{-6}$ $-1{,}312 \cdot 10^{-6}$	$-15{,}54 \cdot 10^{-10}$ $3{,}401 \cdot 10^{-10}$	$1{,}154 \cdot 10^{-13}$ $-0{,}3454 \cdot 10^{-13}$
O_2	300–1000 1000–3000	3,837 3,156	$-3{,}420 \cdot 10^{-3}$ $1{,}809 \cdot 10^{-3}$	$10{,}99 \cdot 10^{-6}$ $-1{,}052 \cdot 10^{-6}$	$-109{,}6 \cdot 10^{-10}$ $3{,}190 \cdot 10^{-10}$	$37{,}47 \cdot 10^{-13}$ $-0{,}3629 \cdot 10^{-13}$
CO	300–1000 1000–3000	3,776 2,654	$-2{,}093 \cdot 10^{-3}$ $2{,}226 \cdot 10^{-3}$	$4{,}880 \cdot 10^{-6}$ $-1{,}146 \cdot 10^{-6}$	$-32{,}71 \cdot 10^{-10}$ $2{,}851 \cdot 10^{-10}$	$6{,}984 \cdot 10^{-13}$ $-0{,}2762 \cdot 10^{-13}$
CO_2	300–1000 1000–3000	2,227 3,247	$9{,}992 \cdot 10^{-3}$ $5{,}847 \cdot 10^{-3}$	$-9{,}802 \cdot 10^{-6}$ $-3{,}412 \cdot 10^{-6}$	$53{,}97 \cdot 10^{-10}$ $9{,}469 \cdot 10^{-10}$	$-12{,}81 \cdot 10^{-13}$ $-1{,}009 \cdot 10^{-13}$
H_2O	300–1000 1000–3000	4,132 2,798	$-1{,}559 \cdot 10^{-3}$ $2{,}693 \cdot 10^{-3}$	$5{,}315 \cdot 10^{-6}$ $-0{,}5392 \cdot 10^{-6}$	$-42{,}09 \cdot 10^{-10}$ $-0{,}01783 \cdot 10^{-10}$	$12{,}84 \cdot 10^{-13}$ $0{,}09027 \cdot 10^{-13}$
Luft	300–1000 1000–3000	3,721 2,786	$-1{,}874 \cdot 10^{-3}$ $1{,}925 \cdot 10^{-3}$	$4{,}719 \cdot 10^{-6}$ $-0{,}9465 \cdot 10^{-6}$	$-34{,}45 \cdot 10^{-10}$ $2{,}321 \cdot 10^{-10}$	$8{,}531 \cdot 10^{-13}$ $-0{,}2229 \cdot 10^{-13}$

T 5.1 Verdampfungsenthalpie und Siedetemperatur bei 1,01325 bar und kritischer Punkt verschiedener Stoffe[1]

Stoff		Verdampfungsenthalpie bei 1,01325 bar	Siedetemperatur bei 1,01325 bar	kritische Daten	
				p_k	t_k
		$\frac{kJ}{kg}$	°C	bar	°C
Ammoniak	NH_3	1369	−33,4	112,8	132,3
Äthylalkohol	C_2H_5OH	846	78,3	63,8	243,1
Kohlendioxid	CO_2	(574[2])	(−78,5[3])	73,9	31,0
Quecksilber	Hg	285	356,7	1608	1480
Schwefeldioxid	SO_2	402	−10,0	78,8	157,5
Wasser	H_2O	2256,5	100[4]	220,64	373,95

[1] Werte aus Wagner/Kruse [18], VDI-Wärmeatlas [10], Baehr [1], Stephan/Mayinger [6] und D'Ans-Lax [19]
[2] Sublimationsenthalpie.
[3] Sublimationstemperatur – sublimiert bei 1,01325 bar.
[4] Wissenschaftlich genauer Wert: 99,97 °C [18]

T 5.2 Schmelzenthalpie und Schmelztemperaturen einiger Stoffe bei 1,01325 bar[1]

Stoff		Schmelzenthalpie σ kJ/kg	Schmelztemp. t_{sch} °C
Ammoniak	NH_3	339	− 77,9
Äthylalkohol	C_2H_5OH	108	− 114,2
Kohlendioxid[2]	CO_2	184	− 56,6
Quecksilber	Hg	11,3	− 38,9
Schwefeldioxid	SO_2	116,8	− 75,5
Wasser (Eis)	H_2O	333,5	0
Aluminium	Al	356	658
Blei	Pb	23,9	327,3
Eisen, rein	Fe	207	1530
Stahl mit ca. 0,2 % C		~209	~1500
Grauguß		~ 96	~1200
Kupfer	Cu	209	1083

[1] Werte aus VDI-Wärmeatlas [10], Dubbel [14] und Hütte [15]
[2] σ und t_{sch} gelten für den Tripelpunkt, da CO_2 erst bei Drücken ab 5,18 bar schmilzt.

T 5.4 Wasserdampftafel, Stättigungszustand (Drucktafel)[1]

p bar	t °C	v' m³/kg	v'' m³/kg	h' kJ/kg	h'' kJ/kg	r kJ/kg	s' kJ/kg K	s'' kJ/kg K
0,0061	0	0,00100002	206,14	–0,04	2500,9	2500,9	–0,0002	9,1558
0,0061	0,01	0,00100002	206,00	0,00	2500,9	2500,9	0	9,1555
0,01	6,97	0,00100001	129,18	29,30	2513,7	2484,4	0,1059	8,9749
0,02	17,50	0,0010014	66,99	73,43	2532,9	2459,5	0,2606	8,7227
0,03	24,08	0,0010028	45,66	100,99	2544,9	2443,9	0,3543	8,5766
0,04	28,96	0,0010041	34,79	121,40	2553,7	2432,3	0,4224	8,4735
0,05	32,88	0,0010053	28,19	137,77	2560,8	2423,0	0,4763	8,3939
0,06	36,16	0,0010064	23,73	151,49	2566,7	2415,2	0,5209	8,3291
0,07	39,00	0,0010075	20,53	163,37	2571,8	2408,4	0,5591	8,2746
0,08	41,51	0,0010085	18,10	173,85	2576,2	2402,4	0,5925	8,2274
0,09	43,76	0,0010094	16,20	183,26	2580,3	2397,0	0,6223	8,1859
0,1	45,81	0,0010103	14,671	191,81	2583,9	2392,1	0,6492	8,1489
0,2	60,06	0,0010171	7,648	251,40	2609,0	2357,6	0,8320	7,9072
0,3	69,10	0,0010222	5,229	289,23	2624,6	2335,3	0,9439	7,7675
0,4	75,86	0,0010264	3,993	317,57	2636,1	2318,5	1,0259	7,6690
0,5	81,32	0,0010299	3,240	340,48	2645,2	2304,7	1,0910	7,5930
0,6	85,93	0,0010331	2,732	359,84	2652,9	2293,0	1,1452	7,5311
0,7	89,93	0,0010359	2,365	376,68	2659,4	2282,7	1,1919	7,4790
0,8	93,49	0,0010385	2,087	391,64	2665,2	2273,5	1,2328	7,4339
0,9	96,69	0,0010409	1,870	405,13	2670,3	2265,2	1,2694	7,3942
1,0	99,61	0,0010431	1,694	417,44	2675,0	2257,5	1,3026	7,3588
1,1	102,29	0,0010453	1,550	428,77	2679,2	2250,4	1,3328	7,3268
1,2	104,78	0,0010473	1,428	439,30	2683,1	2243,8	1,3608	7,2976
1,3	107,11	0,0010492	1,325	449,13	2686,7	2237,5	1,3867	7,2708
1,4	109,29	0,0010510	1,237	458,37	2690,0	2231,6	1,4109	7,2460
1,5	111,35	0,0010527	1,159	467,08	2693,1	2226,0	1,4335	7,2239
2,0	120,21	0,0010605	0,8857	504,68	2706,2	2201,6	1,5301	7,1269
3,0	133,53	0,0010732	0,6058	561,46	2724,9	2163,4	1,6718	6,9916
4,0	143,61	0,0010836	0,4624	604,72	2738,1	2133,3	1,7766	6,8954
6,0	158,83	0,0011006	0,3156	670,50	2756,1	2085,6	1,9311	6,7592
8,0	170,41	0,0011148	0,2403	721,02	2768,3	2047,3	2,0460	6,6615
10	179,89	0,0011272	0,1943	762,7	2777,1	2014,4	2,1384	6,5850
15	198,30	0,0011539	0,1317	844,7	2791,0	1946,3	2,3147	6,4431
20	212,38	0,0011768	0,0996	908,6	2798,4	1889,8	2,4470	6,3392
30	233,86	0,0012167	0,0667	1008,4	2803,3	1794,9	2,6456	6,1858
40	250,36	0,0012526	0,0498	1087,4	2800,9	1713,5	2,7967	6,0697
50	263,94	0,0012864	0,0394	1154,5	2794,2	1639,7	2,9207	5,9737
60	275,59	0,0013193	0,0324	1213,7	2784,6	1570,8	3,0274	5,8901
70	285,83	0,0013519	0,0274	1267,4	2772,6	1505,1	3,1220	5,8146
80	295,01	0,0013847	0,0235	1317,1	2758,6	1441,5	3,2077	5,7448
90	303,35	0,0014181	0,0205	1363,7	2742,9	1379,2	3,2866	5,6790
100	311,00	0,001453	0,0180	1407,9	2725,5	1317,6	3,3603	5,6159
110	318,08	0,001489	0,0160	1450,3	2706,4	1256,1	3,4300	5,5545
120	324,68	0,001526	0,0143	1491,3	2685,6	1194,3	3,4965	5,4941
130	330,86	0,001566	0,0128	1531,4	2662,9	1131,5	3,5606	5,4339
140	336,67	0,001610	0,0115	1570,9	2638,1	1067,2	3,6230	5,3730
150	342,16	0,001657	0,0103	1610,2	2610,9	1000,7	3,6844	5,3108
160	347,36	0,001710	0,0093	1649,7	2580,8	931,1	3,7457	5,2463
180	356,99	0,001839	0,0075	1732,0	2509,6	777,6	3,8717	5,1056
200	365,75	0,002039	0,0059	1827,1	2411,5	584,4	4,0155	4,9301
210	369,83	0,002212	0,0050	1889,4	2337,7	448,3	4,1093	4,8065
220	373,71	0,002750	0,0036	2021,9	2169,3	147,3	4,3109	4,5386
220,64	373,95	0,003106		2087,55		0	4,4120	

[1] Auszug aus den Wasserdampftafeln [18]. Bei Berechnung von h'' nach Gl 5.10 ($h'' = h' + r$) treten gegenüber den Tabellenwerten z.T. rundungsbedingte Abweichungen auf. Temperaturtafel s. **T 6.1.**

Tafel 5.5: Auf der folgenden Doppelseite

T 6.1 Partialdruck des Wasserdampfes und absolute Feuchte (Partialdichte) in gesättigter feuchter Luft und anderen gesättigten Gasen[1]

t °C	p_s bar	ϱ_s $\frac{kg}{m^3}$	t °C	p_s bar	ϱ_s $\frac{kg}{m^3}$
−20	0,001033	0,000884	26	0,033637	0,024404
−18	0,001249	0,001061	27	0,035679	0,025801
−16	0,001507	0,001270	28	0,037828	0,027256
−14	0,001812	0,001515	29	0,040089	0,028802
−12	0,002173	0,001804	30	0,042467	0,030412
−10	0,002599	0,002141	32	0,047592	0,033864
−8	0,003100	0,002534	34	0,053247	0,037647
−6	0,003687	0,002992	36	0,059475	0,041785
−4	0,004375	0,003523	38	0,066324	0,046306
−2	0,005177	0,004139	40	0,073844	0,051237
0	0,006112	0,004851	42	0,082090	0,056608
1	0,006571	0,005196	44	0,091118	0,062451
2	0,007060	0,005563	46	0,100988	0,068797
3	0,007581	0,005952	48	0,111764	0,075682
4	0,008135	0,006365	50	0,123513	0,083140
5	0,008726	0,006802	52	0,136305	0,091210
6	0,009354	0,007265	54	0,150215	0,099931
7	0,010021	0,007756	56	0,165322	0,109344
8	0,010730	0,008276	58	0,181704	0,119492
9	0,011483	0,008825	60	0,199458	0,130418
10	0,012282	0,009407	62	0,218664	0,142170
11	0,013129	0,010021	64	0,239421	0,154795
12	0,014028	0,010670	66	0,261827	0,168344
13	0,014981	0,011355	68	0,285986	0,182869
14	0,015989	0,012078	70	0,312006	0,198423
15	0,017057	0,012840	72	0,340001	0,215063
16	0,018188	0,013644	74	0,370088	0,232846
17	0,019383	0,014491	76	0,402389	0,251832
18	0,020647	0,015384	78	0,437031	0,272083
19	0,021982	0,016324	80	0,474147	0,293663
20	0,023392	0,017313	90	0,701824	0,423882
21	0,024881	0,018353	100	1,014180	0,598136
22	0,026452	0,019447			
23	0,028109	0,020596			
24	0,029856	0,021804			
25	0,031697	0,023073			

[1] Als Partialdruck wurde der Dampfdruck p_s des H_2O tabelliert. Bei mäßigem Gesamtdruck, wie er z.B. in Anlagen der Trocknungs- und Klimatechnik vorliegt (um 1 bar), stimmen p_s^* und p_s überein. Drücke für $t = -20$ °C bis −2 °C, aus Wagner/Saul/Pruß [31], Partialdichten aus Pruß/Wagner [32]; Werte für $t = 0$ °C bis 100 °C: Wasserdampftafeln [18]. Drucktafel s. T 5.4.

T 5.5 Wasserdampftafel, überhitzter Dampf[1]

p bar	*t* °C	*v* m^3/kg	*h* kJ/kg	*s* kJ/kg K	*t* °C	*v* m^3/kg	*h* kJ/kg	*s* kJ/kg K
0,2	100	8,586	2686,2	8,1262	350	14,375	3177,4	9,1311
	150	9,749	2782,3	8,3680	400	15,530	3279,8	9,2892
	200	10,907	2879,1	8,5842	450	16,684	3383,8	9,4383
	250	12,064	2977,1	8,7811	500	17,839	3489,6	9,5797
	300	13,220	3076,5	8,9624	600	20,147	3706,2	9,8431
0,4	100	4,280	2683,7	7,8009	350	7,185	3177,0	8,8108
	150	4,866	2780,9	8,0455	400	7,763	3279,5	8,9690
	200	5,448	2878,2	8,2629	450	8,341	3383,6	9,1182
	250	6,028	2976,5	8,4602	500	8,918	3489,4	9,2596
	300	6,607	3076,0	8,6419	600	10,073	3706,0	9,5231
0,6	100	2,845	2681,1	7,6083	350	4,788	3176,6	8,6232
	150	3,239	2779,5	7,8557	400	5,174	3279,2	8,7815
	200	3,628	2877,3	8,0743	450	5,559	3383,3	8,9308
	250	4,016	2975,8	8,2722	500	5,944	3489,1	9,0722
	300	4,402	3075,5	8,4541	600	6,714	3705,9	9,3358
1,0	100	1,696	2675,8	7,3610	350	2,871	3175,8	8,3865
	150	1,937	2776,6	7,6147	400	3,103	3278,5	8,5451
	200	2,172	2875,5	7,8356	450	3,334	3382,8	8,6945
	250	2,406	2974,5	8,0346	500	3,566	3488,7	8,8361
	300	2,639	3074,5	8,2171	600	4,028	3705,6	9,0998
1,2	150	1,611	2775,1	7,5278	400	2,585	3278,2	8,4606
	200	1,809	2874,6	7,7499	450	2,778	3382,6	8,6101
	250	2,004	2973,9	7,9495	500	2,971	3488,5	8,7517
	300	2,198	3074,1	8,1323	550	3,164	3596,1	8,8866
	350	2,392	3175,4	8,3019	600	3,356	3705,4	9,0155
1,5	150	1,286	2772,9	7,4207	400	2,067	3277,8	8,3571
	200	1,445	2873,1	7,6447	450	2,222	3382,2	8,5067
	250	1,601	2972,9	7,8451	500	2,376	3488,2	8,6484
	300	1,757	3073,3	8,0284	550	2,530	3595,8	8,7833
	350	1,912	3174,9	8,1983	600	2,685	3705,2	8,9123
2,0	150	0,9599	2769,1	7,2809	400	1,5493	3277,0	8,2235
	200	1,0805	2870,8	7,5081	450	1,6655	3381,5	8,3733
	250	1,1989	2971,3	7,7100	500	1,7814	3487,6	8,5151
	300	1,3162	3072,1	7,8940	550	1,8973	3595,4	8,6501
	350	1,4330	3173,9	8,0643	600	2,0130	3704,8	8,7792
4,0	150	0,4709	2752,8	6,9305	400	0,7726	3273,9	7,9001
	200	0,5343	2861,0	7,1724	450	0,8311	3379,0	8,0507
	250	0,5952	2964,6	7,3805	500	0,8894	3485,5	8,1931
	300	0,6549	3067,1	7,5677	550	0,9475	3593,6	8,3286
	350	0,7139	3170,0	7,7398	600	1,0056	3703,2	8,4579
6,0	200	0,3521	2850,7	6,9684	450	0,5530	3376,4	7,8609
	250	0,3939	2957,7	7,1834	500	0,5920	3483,3	8,0039
	300	0,4344	3062,1	7,3740	550	0,6309	3591,7	8,1398
	350	0,4743	3166,1	7,5480	600	0,6698	3701,7	8,2694
	400	0,5137	3270,7	7,7095	650	0,7085	3813,2	8,3937
8,0	200	0,2609	2839,8	6,8176	450	0,4139	3373,8	7,7255
	250	0,2932	2950,5	7,0403	500	0,4433	3481,2	7,8690
	300	0,3242	3056,9	7,2345	550	0,4726	3589,9	8,0053
	350	0,3544	3162,2	7,4106	600	0,5019	3700,1	8,1353
	400	0,3843	3267,6	7,5733	650	0,5310	3811,9	8,2598

[1] Auszug aus den Wasserdampftafeln [18].

Fortsetzung ►

T 5.5 Wasserdampftafel, überhitzter Dampf (Fortsetzung)[1]

p bar	*t* °C	*v* m³/kg	*h* kJ/kg	*s* kJ/kg K	*t* °C	*v* m³/kg	*h* kJ/kg	*s* kJ/kg K
10	200	0,2060	2828,3	6,6955	450	0,3304	3371,2	7,6198
	250	0,2327	2943,2	6,9266	500	0,3541	3479,0	7,7640
	300	0,2580	3051,7	7,1247	550	0,3777	3588,1	7,9007
	350	0,2825	3158,2	7,3028	600	0,4011	3698,6	8,0309
	400	0,3066	3264,4	7,4668	650	0,4245	3810,6	8,1557
15	200	0,1324	2796,0	6,4537	450	0,2192	3364,7	7,4259
	250	0,1520	2924,0	6,7111	500	0,2352	3473,6	7,5716
	300	0,1697	3038,3	6,9199	550	0,2510	3583,5	7,7093
	350	0,1866	3148,0	7,1035	600	0,2668	3694,6	7,8404
	400	0,2030	3256,4	7,2708	650	0,2825	3807,2	7,9657
20	250	0,1145	2903,2	6,5474	500	0,1757	3468,1	7,4335
	300	0,1255	3024,3	6,7685	550	0,1877	3578,9	7,5723
	350	0,1386	3137,6	6,9582	600	0,1996	3690,7	7,7042
	400	0,1512	3248,2	7,1290	650	0,2115	3803,8	7,8301
	450	0,1635	3358,1	7,2863	700	0,2233	3918,2	7,9509
30	250	0,07062	2856,6	6,2893	500	0,11619	3457,0	7,2356
	300	0,08118	2994,4	6,5412	550	0,12437	3569,6	7,3767
	350	0,09056	3116,1	6,7449	600	0,13245	3682,8	7,5102
	400	0,09938	3132,6	6,9233	650	0,14045	3797,0	7,6373
	450	0,10788	3344,7	7,0853	700	0,14840	3912,3	7,7590
40	300	0,05887	2961,7	6,3638	550	0,09270	3560,2	7,2353
	350	0,06647	3093,3	6,5843	600	0,09886	3674,9	7,3704
	400	0,07343	3214,4	6,7712	650	0,10494	3790,2	7,4989
	450	0,08004	3331,0	6,9383	700	0,11097	3906,4	7,6125
	500	0,08441	3445,8	7,0919	750	0,11696	4023,8	7,7391
60	300	0,03619	2885,5	6,0702	550	0,06102	3541,2	7,0306
	350	0,04225	3043,9	6,3356	600	0,06526	3658,8	7,1692
	400	0,04742	3178,2	6,5431	650	0,06943	3776,4	7,3002
	450	0,05217	3302,8	6,7216	700	0,07354	3894,5	7,4248
	500	0,05667	3423,0	6,8824	750	0,07761	4013,4	7,5439
80	300	0,02428	2786,4	5,7935	550	0,04517	3521,8	6,8798
	350	0,02998	2988,1	6,1319	600	0,04846	3642,4	7,0221
	400	0,03435	3139,3	6,3657	650	0,05167	3762,4	7,1557
	450	0,03820	3273,2	6,5577	700	0,05483	3882,4	7,2823
	500	0,04177	3399,4	6,7264	750	0,05793	4002,9	7,4930
100	350	0,02244	2924,0	5,9458	600	0,03838	3625,8	6,9045
	400	0,02644	3097,4	6,2139	650	0,04102	3748,3	7,0409
	450	0,02979	3242,3	6,4217	700	0,04359	3870,3	7,1696
	500	0,03281	3375,1	6,5993	750	0,04613	3992,3	7,2918
	550	0,03566	3501,9	6,7584	800	0,04862	4114,7	7,4087
150	350	0,01148	2693,0	5,4435	600	0,02492	3583,3	6,6797
	400	0,01567	2975,6	5,8817	650	0,02680	3712,4	6,8235
	450	0,01848	3157,8	6,1433	700	0,02862	3839,5	6,9576
	500	0,02083	3310,8	6,3479	750	0,03039	3965,6	7,0839
	550	0,02295	3450,5	6,5230	800	0,03212	4091,3	7,2039
200	400	0,00995	2816,8	5,5525	650	0,01969	3675,6	6,6596
	450	0,01272	3061,5	5,9041	700	0,02113	3808,2	6,7994
	500	0,01479	3241,2	6,1445	750	0,02252	3938,5	6,9301
	550	0,01657	3396,2	6,3390	800	0,02387	4067,7	7,0534
	600	0,01818	3539,2	6,5077				

[1] Auszug aus den Wasserdampftafeln [18].

T 8.1 Wärmeübertragungseigenschaften einiger fester Stoffe[1]

	t °C	ϱ $\frac{kg}{m^3}$	c $\frac{kJ}{kg\,K}$	λ $\frac{W}{K\,m}$	a $\frac{m^2}{s}$
Aluminium 99,99	20	2700	0,945	238	$93{,}4 \cdot 10^{-6}$
Stahl, unlegiert	0	7850	0,465	59	$16{,}2 \cdot 10^{-6}$
Stahl, unlegiert	200	7800	0,535	52	$12{,}5 \cdot 10^{-6}$
Stahl, unlegiert	400	7730	0,630	44	$9{,}0 \cdot 10^{-6}$
Kupfer, Handelsware	20	8300	0,419	372	$107 \cdot 10^{-6}$
Messing	20	8600	0,381	81–116	$25\text{–}35 \cdot 10^{-6}$
Zink	20	7130	0,835	113	$39 \cdot 10^{-6}$
Kiesbeton	20	2400	0,88	2,1	$0{,}99 \cdot 10^{-6}$
Fensterglas	20	2500	0,70–0,93	0,80	ca. $0{,}4 \cdot 10^{-6}$
Mauerwerk, Hochlochziegel	20	1200/1400	–	0,50/0,58	ca. $0{,}42 \cdot 10^{-6}$
Glaswolle	25	200	0,66	0,037	$0{,}28 \cdot 10^{-6}$

[1] Werte aus Gröber/Erk/Grigull [9], Stephan/Mayinger [6] und DIN 4108 T4 (03.1998)

[1] Werte aus Gröber/Erk/Grigull [9], erweitert durch Werte aus Stephan/Mayinger [6].

T 8.2 Wärmeübertragungseigenschaften einiger Flüssigkeiten[1]

Stoff	t °C	ϱ $\frac{kg}{m^3}$	c_p $\frac{kJ}{kg\,K}$	λ $\frac{W}{K\,m}$	γ $\frac{1}{K}$	η $\frac{kg}{m\,s}=\frac{N\,s}{m^2}$	ν $\frac{m^2}{s}$	a $\frac{m^2}{s}$	Pr –
Ammoniak (NH_3)	20	610	4,77	0,494	0,00244	$220\cdot10^{-6}$	$0{,}361\cdot10^{-6}$	$0{,}17\cdot10^{-6}$	2,12
Wasser	0	999,8	4,217	0,555	0,00006	$1790\cdot10^{-6}$	$1{,}789\cdot10^{-6}$	$0{,}132\cdot10^{-6}$	13,6
Wasser	20	998,2	4,182	0,598	0,00020	$1002\cdot10^{-6}$	$1{,}006\cdot10^{-6}$	$0{,}143\cdot10^{-6}$	7,03
Wasser	60	983	4,184	0,651	0,00054	$469\cdot10^{-6}$	$0{,}478\cdot10^{-6}$	$0{,}159\cdot10^{-6}$	3,01
Wasser	100	958	4,216	0,681	0,00078	$282\cdot10^{-6}$	$0{,}294\cdot10^{-6}$	$0{,}169\cdot10^{-6}$	1,75
Wasser	200	865	4,499	0,665	0,00155	$138\cdot10^{-6}$	$0{,}160\cdot10^{-6}$	$0{,}171\cdot10^{-6}$	0,94
Transformatorenöl	40	854	1,99	0,123	0,00069	$14220\cdot10^{-6}$	$16{,}7\cdot10^{-6}$	$0{,}072\cdot10^{-6}$	230
Transformatorenöl	80	830	2,09	0,120	0,00071	$4315\cdot10^{-6}$	$5{,}2\cdot10^{-6}$	$0{,}066\cdot10^{-6}$	79,4

[1] Bei 0,980665 bar. Wenn der Dampfdruck größer ist, bei dem zu der genannten Temperatur gehörenden Sättigungsdruck.

T 8.3b Wärmeübertragungseigenschaften einiger Gase bei 0,980665 bar[2]

Stoff	t °C	ϱ $\frac{kg}{m^3}$	c_p $\frac{kJ}{kg\,K}$	λ $\frac{W}{K\,m}$	η $\frac{kg}{m\,s}=\frac{N\,s}{m^2}$	ν $\frac{m^2}{s}$	a $\frac{m^2}{s}$	Pr –
Kohlendioxid (CO_2)	50	1,617	0,875	0,0178	$16{,}2\cdot10^{-6}$	$10{,}0\cdot10^{-6}$	$12{,}6\cdot10^{-6}$	0,80
Kohlenmonoxid (CO)	0	1,210	1,040	0,022	$16{,}6\cdot10^{-6}$	$13{,}28\cdot10^{-6}$	$16{,}74\cdot10^{-6}$	0,794
Sauerstoff (O_2)	20	1,289	0,915	0,026	$20{,}3\cdot10^{-6}$	$18{,}4\cdot10^{-6}$	$25{,}7\cdot10^{-6}$	0,716
Schwefeldioxid (SO_2)	0	2,832	0,609	0,0084	$11{,}6\cdot10^{-6}$	$4{,}1\cdot10^{-6}$	$4{,}76\cdot10^{-6}$	0,86
Stickstoff (N_2)	0	1,210	1,039	0,023	$16{,}6\cdot10^{-6}$	$13{,}26\cdot10^{-6}$	$18{,}3\cdot10^{-6}$	0,725
Wasserdampf (H_2O)	100	0,578	1,88	0,0242	$12{,}8\cdot10^{-6}$	$22{,}1\cdot10^{-6}$	$19{,}6\cdot10^{-6}$	1,12
Wasserdampf (H_2O)	200	0,452	1,93	0,0328	$16{,}6\cdot10^{-6}$	$36{,}8\cdot10^{-6}$	$37{,}6\cdot10^{-6}$	0,97
Wasserdampf (H_2O)	400	0,316	2,05	0,0551	$23{,}5\cdot10^{-6}$	$74{,}4\cdot10^{-6}$	$85{,}0\cdot10^{-6}$	0,88
Wasserstoff (H_2)	50	0,0735	14,4	0,202	$9{,}42\cdot10^{-6}$	$128\cdot10^{-6}$	$191\cdot10^{-6}$	0,67
Ammoniak (NH_3)	100	0,540	2,23	0,0300	$13{,}0\cdot10^{-6}$	$24{,}1\cdot10^{-6}$	$24{,}9\cdot10^{-6}$	0,97

Temperaturabhängigkeit der Wärmeleitfähigkeit λ (näherungsweise) bei 0,980665 bar

Luft	$\{\lambda\}=0{,}0242\ (1+0{,}003\ \{t\})$ in W/K · m
Kohlendioxid (CO_2)	$\{\lambda\}=0{,}0143\ (1+0{,}004\ \{t\})$ in W/K · m
Wasserstoff (H_2)	$\{\lambda\}=0{,}176\ (1+0{,}003\ \{t\})$ in W/K · m

[2] ϱ und c_p teilweise aus T 2.1 berechnet. Werte aus Gröber / Erk / Grigull [9].

$\gamma=\frac{1}{T_f}$ (s. Erläuterungen zu Gl 8.14)

$\nu=\nu_{Tab}\ \frac{p_{Tab}}{p}$

T 8.3a Wärmeübertragungseigenschaften von trockener Luft bei 1 bar[1]

t °C	ϱ $\frac{kg}{m^3}$	c_p $\frac{kJ}{kg\,K}$	λ $\frac{W}{K\,m}$	η $\frac{kg}{m\,s}$	ν $\frac{m^2}{s}$	a $\frac{m^2}{s}$	Pr –
−20	1,3765	1,007	0,02263	$16{,}22 \cdot 10^{-6}$	$11{,}78 \cdot 10^{-6}$	$16{,}33 \cdot 10^{-6}$	0,7215
0	1,2754	1,004	0,02418	$17{,}24 \cdot 10^{-6}$	$13{,}52 \cdot 10^{-6}$	$18{,}83 \cdot 10^{-6}$	0,7179
20	1,1881	1,007	0,02569	$18{,}24 \cdot 10^{-6}$	$15{,}35 \cdot 10^{-6}$	$21{,}47 \cdot 10^{-6}$	0,7148
40	1,1120	1,007	0,02716	$19{,}20 \cdot 10^{-6}$	$17{,}26 \cdot 10^{-6}$	$24{,}24 \cdot 10^{-6}$	0,7122
60	1,0452	1,009	0,02860	$20{,}14 \cdot 10^{-6}$	$19{,}27 \cdot 10^{-6}$	$27{,}13 \cdot 10^{-6}$	0,7100
80	0,9859	1,010	0,03001	$21{,}05 \cdot 10^{-6}$	$21{,}35 \cdot 10^{-6}$	$30{,}14 \cdot 10^{-6}$	0,7083
100	0,9329	1,012	0,03139	$21{,}94 \cdot 10^{-6}$	$23{,}51 \cdot 10^{-6}$	$33{,}26 \cdot 10^{-6}$	0,7070
120	0,8854	1,014	0,03275	$22{,}80 \cdot 10^{-6}$	$25{,}75 \cdot 10^{-6}$	$36{,}48 \cdot 10^{-6}$	0,7060
140	0,8425	1,016	0,03408	$23{,}65 \cdot 10^{-6}$	$28{,}07 \cdot 10^{-6}$	$39{,}80 \cdot 10^{-6}$	0,7054
160	0,8036	1,019	0,03539	$24{,}48 \cdot 10^{-6}$	$30{,}46 \cdot 10^{-6}$	$43{,}21 \cdot 10^{-6}$	0,7050
180	0,7681	1,022	0,03668	$25{,}29 \cdot 10^{-6}$	$32{,}93 \cdot 10^{-6}$	$46{,}71 \cdot 10^{-6}$	0,7049
200	0,7356	1,026	0,03795	$26{,}09 \cdot 10^{-6}$	$35{,}47 \cdot 10^{-6}$	$50{,}30 \cdot 10^{-6}$	0,7051
250	0,6653	1,035	0,04106	$28{,}02 \cdot 10^{-6}$	$42{,}11 \cdot 10^{-6}$	$59{,}62 \cdot 10^{-6}$	0,7063
300	0,6072	1,046	0,04409	$29{,}86 \cdot 10^{-6}$	$49{,}18 \cdot 10^{-6}$	$69{,}43 \cdot 10^{-6}$	0,7083
400	0,5170	1,069	0,04996	$33{,}35 \cdot 10^{-6}$	$64{,}51 \cdot 10^{-6}$	$90{,}38 \cdot 10^{-6}$	0,7137
500	0,4502	1,093	0,05564	$36{,}62 \cdot 10^{-6}$	$81{,}35 \cdot 10^{-6}$	$113{,}1 \cdot 10^{-6}$	0,7194
600	0,3986	1,116	0,06114	$39{,}71 \cdot 10^{-6}$	$99{,}63 \cdot 10^{-6}$	$137{,}5 \cdot 10^{-6}$	0,7247
700	0,3576	1,137	0,06646	$42{,}66 \cdot 10^{-6}$	$119{,}3 \cdot 10^{-6}$	$163{,}5 \cdot 10^{-6}$	0,7295
800	0,3243	1,155	0,07154	$45{,}48 \cdot 10^{-6}$	$140{,}2 \cdot 10^{-6}$	$191{,}0 \cdot 10^{-6}$	0,7342
900	0,2967	1,171	0,07633	$48{,}19 \cdot 10^{-6}$	$162{,}4 \cdot 10^{-6}$	$219{,}7 \cdot 10^{-6}$	0,7395
1000	0,2734	1,185	0,08077	$50{,}82 \cdot 10^{-6}$	$185{,}9 \cdot 10^{-6}$	$249{,}2 \cdot 10^{-6}$	0,7458

[1] Werte aus VDI-Wärmeatlas, Auszug [10]. c_p bei 0 °C nach Baehr [1] und Stephan/Mayinger [6]. Für c_p nach dem Polynom Gl 1.42 errechnete Werte können von den tabellierten Werten leicht abweichen.

T 8.5 Wärmeübergangskoeffizienten (Anhaltswerte)

	Wärmeübergangskoeffizient α in $\frac{W}{m^2\,K}$	
	erreichbare Werte	in der Praxis übliche Werte
1. *Gase und Dämpfe*		
freie Strömung	5 ··· 25	8 ··· 15
erzwungene Strömung	12 ··· 120	20 ··· 60
2. *Wasser*		
freie Strömung	70 ··· 700	200 ··· 400
erzwungene Strömung	600 ··· 12000	2000 ··· 4000
Verdampfung	2000 ··· 12000	ca. 4000
Filmkondensation	4000 ··· 12000	ca. 6000
Tropfenkondensation	35000 ··· 45000	–
3. *Zähe Flüssigkeiten*		
erzwungene Strömung	60 ··· 600	300 ··· 400

Sachwortverzeichnis